ORGANIC CHEMISTRY

유기화학

장구수 저

문운당

머리말

오늘날 유기화학은 탄소와 그 화합물에 관한 화학 혹은 탄소와 그 유도체에 관한 화학으로 정의하고 있다. 유기화합물은 분자식에 탄소를 가진 화합물로 자연에서 얻은 화합물뿐 아니라 합성된 화합물을 일컫는다. 현재 합성되는 유기화합물의 수가 자연에서 분리하여 얻는 것보다 많다.

유기화학은 우리가 일상생활을 살아가면서 알게 모르게 매우 밀접하게 연관되어 있는 학문이다. 유기화학에서 다루는 유기화합물은 예를 들면 자연에서 얻어지는 면, 모직, 천연고무 등은 물론이고 가솔린과 같은 각종 연료유, 플라스틱, 나일론과 폴리에스터 등의 합성섬유, 타이어와 같은 합성고무, 비타민과 페니실린 등의 의약품, 염료, 살충제, 접착제, 향료, 세제 등은 모두 합성 유기화합물이다. 또한 우리 몸의 주요 구성 성분인 단백질, 탄수화물, 지질 (지방), 핵산 (DNA, RNA), 세포막, 효소, 호르몬 등도 유기화합물로 이루어져 있다.

이와 같은 유기화학에 대하여 이 책은 전체 16장으로 되어 있고 각 장은 대부분 유기화합물의 구조, 명명법, 물리적 성질, 제법 및 반응으로 구성되어 있으며 본 교재의 특징은 다음과 같다. 첫째, 전문대학과 4년제 대학에서 사용할 수 있도록 중간 난이도로 가능한 쉽게 기술하려고 노력하였다. 둘째, 가능한 색상을 단순화하여 복잡성을 피하고 용어 및 기호를 통일하여 일관성을 꾀하려고 노력하였다. 셋째, 예제와 문제 대신에 유기화합물의 상세한 명명법과 분자구조식만 보면 쉽게 유기화합물의 종류를 알 수 있도록 충분한 명명 보기 예를 그룹으로 분류하여 수록하였다. 넷째, 우선 유기화학이라면 어렵고 부담감을 자아낼 수 있는 많은 복잡한 문제를 수록하는 대신에 각 장 끝에 관련 천연 및 합성 유기화합물의 사진과 분자 구조식 그리고 간단한 설명을 넣어 보다 친근함을 느낄 수 있도록 하였다. 다섯째, 대부분 원유에서 비롯되는 탄화수소의 근원을 비교적 상세히 다루고 있다. 여섯째, 많은 수의 작용기와 최신 주기율표를 부록에 추가하였다.

본 교과서가 화학에 대한 기초가 부족한 학생들도 거부감 없이 유기화학에 흥미를 가질 수 있도록 많은 도움이 되었으면 하는 바램을 가져본다. 본 교재를 집필하는데 다수의 유기화학 관련 교재를 참조하였으며 부족한 점은 지속적으로 보완해 나갈 것이다. 끝으로 이 책이 나오기까지 수고를 아끼지 않으신 문운당 출판사 여러분들께 심심한 감사를 드리는 바이다.

장구수

CONTENTS

01장 화학구조와 결합 및 산 염기

02장 유기화합물

03장 유기반응

10장 알코올과 페놀

11장 에터와 황 화합물

14장 카복실산과 그 유도체

15장 생체분자화학

16장 유기화학 구조 분석

부록

01 장

화학구조와 결합 및 산 염기

01 장

화학구조와 결합 및 산 염기

유기화학(Organic Chemistry)은 우리가 살아가면서 일상생활에 알게 모르게 매우 밀접 하게 연관되어 있는 학문이다. 유기화학에서 다루는 유기화합물은 우리 일상생활에 필수 불가결한 물질이다. 자연에서 얻어지는 면, 모직, 천연고무 등은 물론이고 가솔린과 같은 각종 연료유, 플라스틱, 나일론과 폴리에스터 등의 합성섬유, 타이어와 같은 합성고무, 비타민과 페니실린 등의 의약품, 염료, 살충제, 접착제, 향료, 세제 등이 모두 합성 유기화합물이다. 또한 우리 몸의 주요 구성 성분인 단백질, 탄수화물, 지질(지방), 핵산(DNA, RNA), 세포막, 효소, 호르몬 등도 유기화합물로 이루어져 있다.

유기화합물(Organic Compound)은 분자식에 탄소(Carbon)를 가진 화합물로 자연에서 얻은 화합물 뿐 아니라 합성된 화합물을 일컫는다. 현재 합성되는 유기화합물의 수가 자연에서 분리하여 얻는 것보다 많다. 비타민, 아미노산, 인디고 염료(Indigo Dye), 페니실린 등은 처음에는 자연으로부터 얻었지만 지금은 합성되어 상업화된 화합물들이다.

일반적으로 유기화학은 탄소 화합물에 대한 학문으로 현재까지 알려진 화합물 중 99% 이상이 탄소를 포함한다. 탄소의 최외각전자는 4개로, 4개의 다른 원자와 전자를 공유 즉 공유결합할 수 있다. 더욱이 탄소는 탄소 원자들끼리 결합하여 긴 사슬과 고리를 만들 수 있다. 예를 들면 탄소는 메테인(Methane) CH_4와 같은 매우 간단한 화합물에서부터 수십억 개의 탄소를 함유하는 매우 복잡한 물질인 DNA에 이르기까지 엄청난 수의 화합물을 이룬다. 이와 같이 유기화합물은 인간생활과 생명에 관련된 수많은 화합물과 깊은 연관을 맺고 있어 우리는 유기화학이라는 학문을 배우게 된다. 유기화학을 배우기 위해서는 우선 물질을 이루고 있는 원자와 분자 그리고 그 결합 등에 대한 일반화학의 기초화학 이론에 대한 개념을 이해해야 하며 이에 대하여 살펴보기로 한다.

1.1 원자의 구조

모든 물질은 원자(Atom)로 이루어져 있다. 원자는 작고 밀도가 높은 핵(원자핵)과 핵을 둘러싸고 있으면서 상대적으로 넓은 공간의 어떤 영역에 분포되어 있는 전자들로 구성되어 있다. 핵(Nucleus)은 전기적으로 양전하를 띠고 있는 양성자(Proton)와 전기적으로 중성인 중성자(Neutron)로 이루어져 있다. 양성자수와 중성자수를 합한 양을 그 원소의 질량수(Mass Number)라고 한다. 그리고 전자(Electron)는 음전하를 띠고 있고 양성자수와 같은 양의 전하를 가지고 있으므로(양성자수=전자수) 전기적으로 원자는 중성이다. 또한 원자의 질량은 대부분 핵이다.

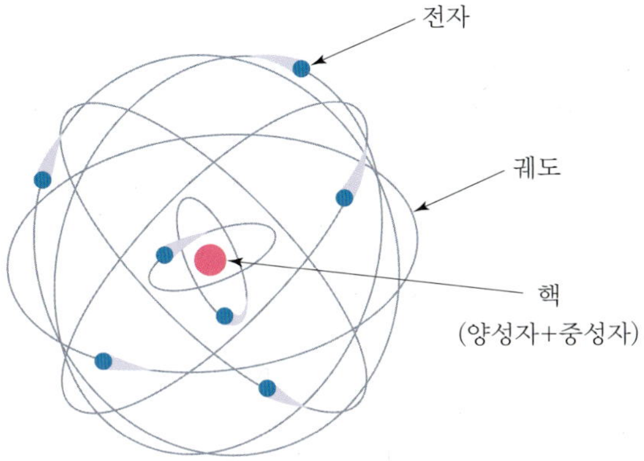

원자의 구조

핵의 양성자수를 원자 번호(Atomic Number)라 하며 이것은 원소의 고유한 값이다. 원자핵의 중성자수는 원소에 따라 다른 값을 가질 수 있다. 이것을 그 원소의 동위원소(Isotope)라고 한다. 예를 들어 원자 번호 6인 탄소는 같은 양의 중성자를 가지고 있어서 질량수가 12($^{12}_{6}C$)이나 중성자수가 7과 8인 2개의 동위원소($^{13}_{6}C$, $^{14}_{6}C$)가 존재한다. 또한 원자량은 동위원소를 포함한 어떤 원소의 평균 질량을 의미한다. 편의상 탄소의 원자량을 12로 정하고 이것을 기준으로 한 상대적인 질량을 원자량으로 사용하고 있다. 참고로 유기화학에서 자주 사용되는 원소들로는 C, H, O, N, S, P와 할로젠 원소인 F, Cl, Br, I 등의 10여종에 불과하다.

1.1.1 오비탈과 전자 껍질

주양자수인 전자 껍질(n=1,2,3, …)은 오비탈(궤도함수)이라는 부양자수의 속 껍질(s, p, d, f)로 구성된다.

(1) 오비탈(Orbital)

원자 내에 전자가 놓여 있는 상태를 전자 구조 또는 전자 배치라 한다. 전자는 핵 주위에 아무렇게나 배치되어 있는 것이 아니라 핵에서 가까운 즉 에너지 준위가 낮은 정해진 영역에 순차적으로 배치된다. 전자는 크기와 질량이 매우 작기 때문에 그 위치를 정확하게 관찰할 수 없다. 따라서 전자가 있는 위치는 전자가 존재할 확률이 가장 높은 영역으로 표시한다. 이것을 오비탈(Orbital) 또는 궤도함수라고 하며 수학적으로 표현한 파동함수이다.

궤도함수의 종류로는 s, p, d, f 등의 4종류가 있는데 s궤도함수는 공 모양, p궤도함수는 아령 모양, d궤도함수는 클로버 모양의 전자 밀도를 가지고 있다. 여러 가지 가능한 궤도함수 중에서 유기 화학에서는 주로 s 및 p궤도함수가 가장 일반적이다. 탄소 원자의 전자는 s와 p궤도함수만 가지고 있다.

s궤도함수에서 전자를 발견할 확률은 오직 핵으로부터 전자까지 거리에 의존하며 방향과 무관하다. s궤도함수는 공간에서 구형의 가능한 배향은 오직 한 가지이므로, 각 s궤도함수는 오직 한 개의 궤도함수만을 갖는다. 껍질수가 증가하면 s궤도함수의 크기가 커진다. 바깥껍질 s궤도함수에 있는 전자는 안쪽 s궤도함수에 있는 전자보다 평균적으로 더 멀리 떨어져 있다는 것을 의미한다. s궤도함수의 모형은 다음과 같다.

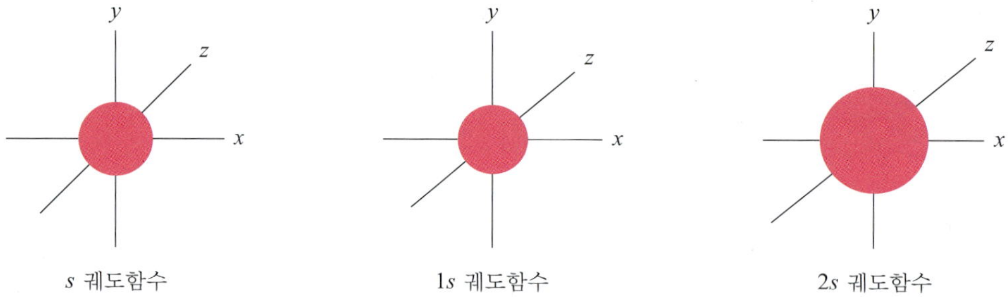

s 궤도함수

p형 궤도함수는 원자 핵을 지나는 마디 평면에 의하여 분리되어 있다. 여기서 원자핵은 원점에 있다. p궤도함수는 3개가 있으며, 3궤도함수의 모양은 동일하나 방향은 서로 다르다. 둥근 부분이 각각 x, y, z 축에 서로 직각으로 놓여 있기 때문에 p_x, p_y, p_z의 3가지 공간 배위가 있다.

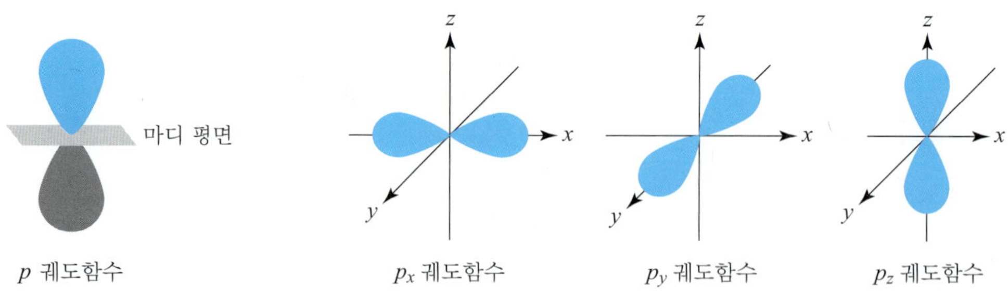

p 궤도함수

(2) 전자 껍질(Electron Shell)

원자 내의 전자는 순차적으로 에너지 준위가 가장 낮은(핵에서 가까운) 상태로부터 높은 상태에 있는 궤도함수에 채워진다. 왜냐하면 음전하를 가진 전자를 가장 단단히 묶어 놓을 수 있는 곳은 양전하를 가진 핵에서 가장 가깝게 위치한 영역이기 때문이다. 전자가 배치될 수 있는 영역을 핵에서 가까운 순서대로 1, 2, 3, …, n의 숫자를 매겨 전자 껍질이라 하는데 n=1, 2, 3의 전자 껍질을 각각 K, L, M 껍질이라 부른다. 이때 n으로 표시되는 자연수 값을 주양자수 (Principal Quantum Number)라고 한다. 아래 그림의 s 궤도함수에서 에너지 준위는 1s 〈 2s 〈 3s 이다.

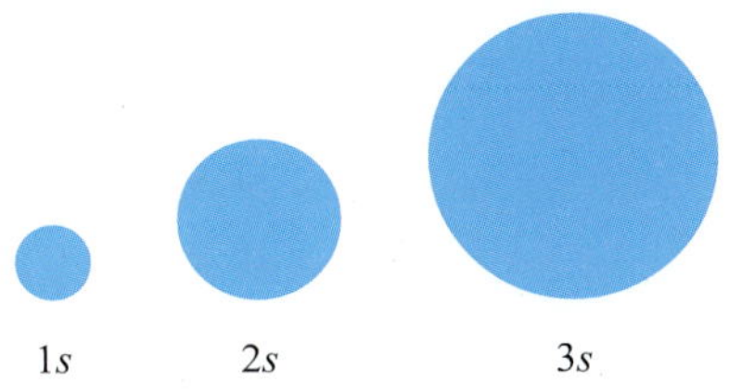

전자 껍질은 s, p, d, f 궤도함수라 부르는 속껍질 (부양자수)로 구성되어 있는데 첫 번째 껍질 (n=1)인 K 껍질은 오직 1s 궤도함수 한 가지, 2번째 껍질 (n=2)인 L 껍질은 2s와 2p 궤도함수, 3번째 껍질(n=3)인 M 껍질은 3s, 3p, 3d의 3종류 궤도함수로 구성되어 있다. 2번째 껍질인 L 껍질에는 2s, $2p_x$, $2p_y$, $2p_z$ 등 4종류의 궤도함수가 있게 된다.

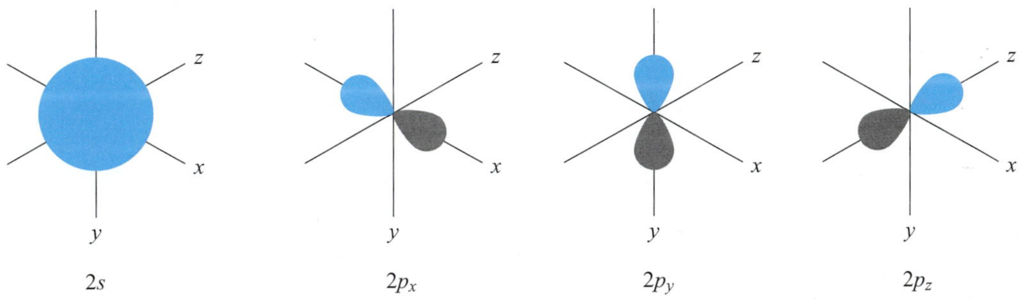

2s와 2p 궤도함수를 모두 동일 좌표계에 배치시킨 모형은 다음과 같다.

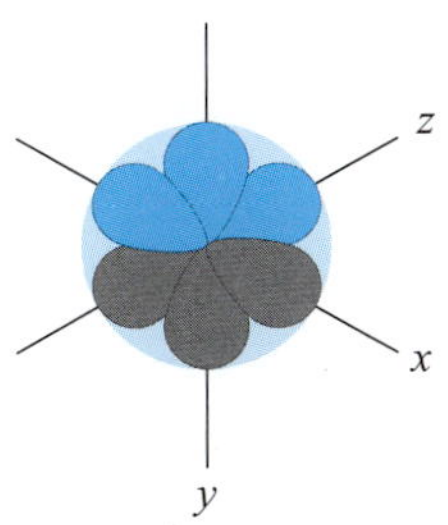

궤도함수 한 개에는 회전 방향이 서로 반대인 전자 (스핀 양자수가 서로 반대인 전자)가 오직 2개 (한 쌍)만 들어갈 수 있다. 따라서 각 전자 껍질마다 전자를 수용할 수 있는 개수는 $2n^2$(n=1, 2, 3, …) 이다. 예를 들면 K 껍질(n=1)에는 2개, L 껍질(n=2)에는 8개, M

껍질(n = 3)에는 18개의 전자를 수용할 수 있다. 동일한 궤도함수에 2개 이상의 전자는 수용할 수 없다는 이론을 Pauli 배타 원리(Pauli Exclusion Principle)라고 한다. 위에서 언급한 내용을 정리하면 아래 표와 같다.

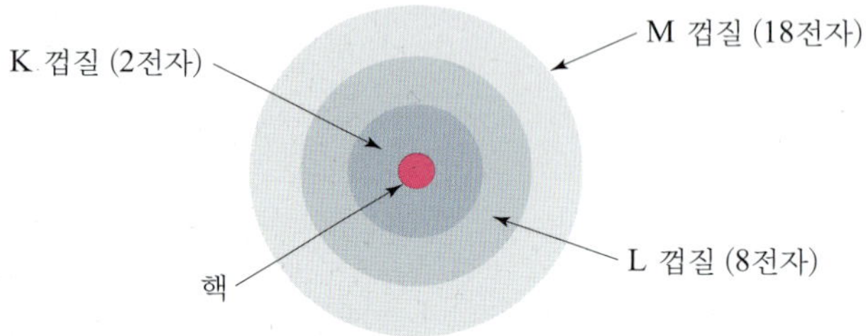

표 1.1 전자 껍질

전자 껍질 (n)	껍질 내 궤도함수의 수	수용 가능한 최대 전자수 ($2n^2$)	상대 에너지
3 (M)	3s 한 개+3p 3개+3d 5개	18 (=2+6+10)	
2 (L)	2s 한 개+2p 3개	8 (=2+6)	↑ 높음
1 (K)	1s 한 개	2	

(3) 전자 배치 순서

원자 내의 전자는 어떻게 배치되어 있는지를 알아보는 것은 분자를 형성하는 과정을 이해하는데 중요하다. 여러 가지 궤도함수의 상대적 에너지를 알면 전자가 어느 궤도함수에 어떻게 채워져 있는가를 예측할 수 있다. 이것을 원자의 전자배치(Electron Configuration)라 한다. 쌓음원리(Aufbau Principle)에 의하면 궤도함수를 채우는 전자들은 에너지가 낮은 궤도함수부터 채운다. 이렇게 해서 얻은 최저 에너지의 전자배치를 원자의 기저상태(Ground State) 전자배치라 한다. 반면에 원자가 에너지를 얻어 전자가 기저상태보다 높은 에너지의 원자껍질로 이동한 상태를 여기상태(Excited State)라 한다. 원자의 전자배치는 다음의 3가지 규칙에 따라 결정되며 핵에 가장 가까운 궤도함수부터 순차적으로 채워진다.

1) 쌓음 원리(Aufbau Principle)

궤도함수에 전자가 채워지는 순서는 가장 낮은 에너지 상태로부터 에너지가 증가하는 순으로 채워진다. K, L, M 껍질 중 에너지 준위는 양으로 하전된 핵에 가장 가까이 있는 주양자수 n=1인 첫 번째 껍질 즉 K 껍질이 가장 낮고 K 〈 L 〈 M 껍질 순으로 에너지가 증가한다. 같은 껍질에서 속 껍질의 에너지 준위는 s 〈 p 〈 d 〈 f 이다. 따라서 이들을 고려한 에너지 준위는 1s 〈 2s 〈 2p 〈 3s 〈 3p 〈 4s 〈 3d… 순이 된다. 이와 같이 전자는 첫 번째 껍질로부터 채워지며 같은 껍질에서는 s 궤도함수가 p 궤도함수에 앞서 전자가 먼저 채워져 가는 순서를 쌓음 원리라고 한다.

2) 파울리 배타 원리(Pauli Exclusion Principle)

전자는 지구가 회전하는 것과 같이 축 주위를 회전하고 위(↑)와 아래(↓)로 표시 한다. 한 개의 궤도함수에는 2개의 전자가 존재할 수 있으며 2개의 전자도 동일한 에너지 상태에 있는 것이 아니라 하나는 스핀 양자수가 +1/2, 다른 하나는 −1/2로서 에너지 상태가 다르다. 이것을 파울리 배타 원리라고 한다.

3) 훈트 규칙(Hund Rule)

에너지 준위가 같은 여러 개의 궤도함수에 전자가 채워질 때 어떤 한 궤도함수에 2개의 전자가 한꺼번에 채워지는 것이 아니라 궤도함수에 한 개씩 전자가 우선적으로 채워진 다음에 2번째 전자가 들어가 짝을 이룬다. 이를 훈트 규칙이라 한다.

각 세분된 궤도함수에는 각각 전자가 2개까지 수용될 수 있으므로 s, p, d 궤도함수에는 각각 2, 6, 10개의 전자가 수용될 수 있다. 원자의 전자 배치 상태를 나타내는 방법에는 전자표기법과 궤도함수표로 표기하는 2가지 방법이 널리 사용된다. 전자표기법은 원자의 속 껍질의 기호(s, p, d)와 전자수로 표시하는 방법이다. 예를 들어 특정 궤도함수에서의 전자수는 $1s^2$, $2s^2$, $3p^3$ (혹은 $3p_x{}^1 3p_y{}^1 3p_z{}^1$)등과 같이 위 첨자로 나타낸다. 궤도함수표(Orbital Diagram)는 각 궤도함수의 수를 _(혹은 □)로 표시하고 전자 스핀의 방향을 화살표 표시(↑ ↓) 하여 전자를 배치하는 방법이다. 예를 들면 6개의 전자를 가지고 있는 탄소의 경우 에너지 준위가 낮은 순서대로 1s와 2s 궤도함수에 2개씩 먼저 채우진 뒤 나머지 2개의 전자는 p_x, p_y, p_z 중 한 궤도함수에 편중하여 우선 채워지는 것이 아니라 3개의 궤도함수에 하나씩 우선 채워진다. 이 경우 3개의 궤도함수 중 한 궤도함수는 전자가 없는 빈 궤도함수가 된다. 즉 탄소 원자의 전자 배치는 다음과 같다.

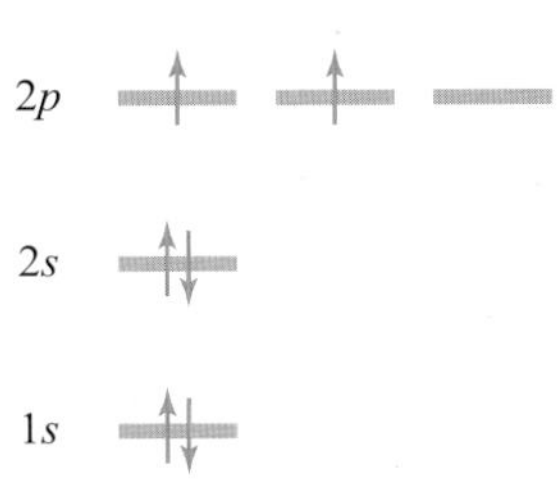

다음 표는 몇 가지 원소의 기저상태에 대한 전자배치를 전자표기법과 궤도함수표로 함께 나타내었다.

표 1.2 전자배치 표기법

원소	전자표기법	궤도함수표				
		1s	2s	2p	3s	3p
$_1$H	$1s^1$	↑				
$_2$He	$1s^2$	↑↓				
$_6$C	$1s^22s^22p^2$	↑↓	↑↓	↑ ↑ _		
$_7$N	$1s^22s^22p^3$	↑↓	↑↓	↑ ↑ ↑		
$_8$O	$1s^22s^22p^4$	↑↓	↑↓	↑↓ ↑ ↑		
$_9$F	$1s^22s^22p^5$	↑↓	↑↓	↑↓ ↑↓ ↑		
$_{10}$Ne	$1s^22s^22p^6$	↑↓	↑↓	↑↓ ↑↓ ↑↓		
$_{16}$S	$1s^22s^22p^63s^23p^4$	↑↓	↑↓	↑↓ ↑↓ ↑↓	↑↓	↑↓ ↑ ↑
$_{17}$Cl	$1s^22s^22p^63s^23p^5$	↑↓	↑↓	↑↓ ↑↓ ↑↓	↑↓	↑↓ ↑↓ ↑
$_{18}$Ar	$1s^22s^22p^63s^23p^6$	↑↓	↑↓	↑↓ ↑↓ ↑↓	↑↓	↑↓ ↑↓ ↑↓

1.1.2 원자가전자와 내부전자

전자 배치에서 가장 바깥 전자 껍질에 배치되어 있는 전자를 원자가전자(Valence Electron) 또는 최외각 전자라고 하며 그 안쪽에 채워져 있는 전자를 내부 전자(Internal Electron)라고 한다. 원소 주기율표에서 1주기와 2주기 원소들은 s궤도함수와 p궤도함수만 가지고 있으며 대부분의 유기 화합물은 이들 주기에 속한 원소들로 이루어져 있다. 이들 원소의 전자 배치를 나타내면 아래 표와 같다. 2주기 원소의 전자 배치에서 내부 전자는 첫 번째 전자 껍질(K 껍질)에 들어 있는 전자들이다. 예를 들면 리튬(Li)의 원자가전자수는 한 개이고 탄소(C)의 원자가전자수는 4개이며 플루오린(F)의 원자가전자수는 7개이다. 이와 같은 원자가전자는 모든 화학반응에 관여하며 원소의 화학적 성질을 지배한다. 원자들이 어떤 화학결합(이온결합, 공유결합)으로 결합하는가에 관계없이 원자구조는 원자가전자에 의해 제한을 받는다. 주기율표상의 전형원소(1-2족, 13-18족)의 원자가전자수는 족(Group)의 수와 같다.

표 1.3 1, 2주기 원소의 전자배치

주기	원자 번호	원소	전자표기법	원자가전자
1	1	H	$1s^1$	1
1	2	He	$1s^2$	2
2	3	Li	$1s^2 2s^1$	1
2	4	Be	$1s^2 2s^2$	2
2	5	B	$1s^2 2s^2 2p_x^1$	3
2	6	C	$1s^2 2s^2 2p_x^1 2p_y^1$	4
2	7	N	$1s^2 2s^2 2p_x^1 2p_y^1 2p_z^1$	5
2	8	O	$1s^2 2s^2 2p_x^2 2p_y^1 2p_z^1$	6
2	9	F	$1s^2 2s^2 2p_x^2 2p_y^2 2p_z^1$	7
2	10	Ne	$1s^2 2s^2 2p_x^2 2p_y^2 2p_z^2$	8

주) 푸른색: 내부전자

예제 탄소 원자의 전자배치를 전자표기법 및 궤도함수표로 나타내고 원자가전자는 얼마인가?

해답 다음과 같다.

	전자표기법	궤도함수표	원자가전자
$_6C$	$1s^2 2s^2 2p^2$	2p ↑ ↑ _ 2s ↑↓ 1s ↑↓	4

1.2 화학결합과 팔전자 규칙

원자 또는 원자단이 서로 전자를 주고 받아 안정한 집합체(분자)을 형성하는 결합을 화학결합(Chemical Bond)이라고 한다. 불활성 기체(Inert Gas)를 제외한 모든 기체는 원소끼리 결합하여 홑원소 물질(예:H_2, O_2, N_2 등)을 만들며 2개 이상의 원소들이 화학 결합 할 경우 화합물(예: H_2O, CH_4, NH_3 등)을 만든다. 원자가 화학 결합을 할 때 참여하는 전자는 각 원자의 원자가전자이며 이들 사이에서 전자를 주고 받거나 공유함으로써, 모든 화학 결합이

He를 제외하고 모두 최외각 껍질에 8개의 전자를 가진 18족(영족)의 전자 배치를 가지도록 결합을 형성한다. 예를 들어 He($1s^2$), Ne($1s^2$ $2s^2$ $2p^6$), Ar($1s^2$ $2s^2$ $2p^6$ $3s^2$ $3p^6$) 등이 있다. 이들은 속껍질에 전자가 완전히 채워져 있어 안정하며 반응성이 없는 불활성(Inert Gas)이다. 다시 말해 1주기($n=1$) 원소인 수소는 최외각 껍질에 2개의 전자를 가진 헬륨 구조를 갖도록 결합에 참여하고 2주기($n=2$) 원소들은 최외각 껍질에 8개의 전자를 가진 네온의 전자 구조를 갖도록 결합에 참여한다. 이와 같이 분자를 구성하는 각각의 원자는 최외각 껍질에 8개의 전자가 있을 때 가장 안정한 상태가 된다는 화학 이론을 팔원자 규칙(Octet Rule)이라고 한다.

1.3 이온 결합과 공유 결합

유기 화합물의 결합에는 이온 결합과 공유 결합이 있으며 각각 다음과 같다.

1.3.1 이온 결합(Ionic Bond)

이온 결합은 결합하는 원자 사이에 전자를 잃거나 얻어 팔전자 규칙을 만족하는 결합이다. 이때 전자를 잃는 원소는 양이온이 되고 전자를 얻는 원소는 음이온이 되어 이들 사이의 정전기적 인력에 의해 결합이 이루어진다. 이 결합은 LiF, LiCl, NaCl 등과 같이 원자가전자가 한 개인 1족 원소(알칼리 금속)와 7개인 17족 원소(할로겐 원소) 사이에서 주로 이루어진다. 이 경우 1족 원소는 양이온으로, 17족 원소는 음이온으로 작용한다. 예를 들어 아래 그림과 같은 이온 결합에서 Li 원자는 전자 한 개를 잃고 Li^+ 양이온으로 되어 He의 전자 배치를 하고, F 원자는 전자 한 개를 얻어 F^- 음이온으로 되어 Ne의 전자 배치가 된다. 둘 다 모두 팔원자 규칙을 만족시키고 있다.

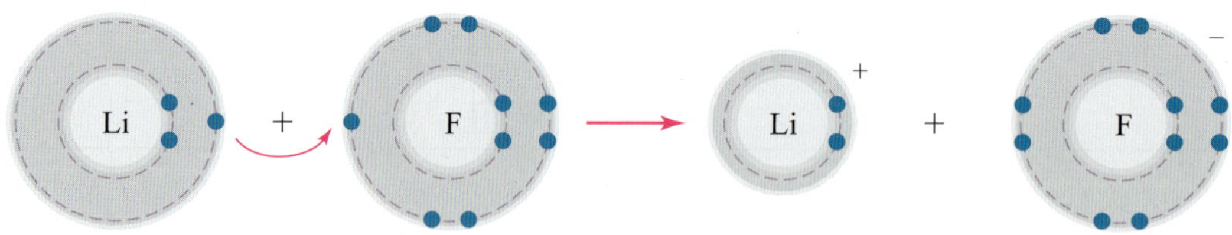

1.3.2 공유 결합(Covalent Bond)

공유 결합은 결합에 참여하는 2핵 사이에 전자를 공유하여 팔원자 규칙을 만족시키는 결합이다. 이 결합은 주기율표의 2족과 17족 사이에 속한 원자들 사이의 결합에서 자주 일어난다. 1족 원소 중 수소는 2원자가 원자가전자를 서로 공유하여 헬륨(He) 전자 구조를 형성한다. 공유 결합은 다른 원소들 사이뿐만 아니라 질소, 산소, 할로겐 원소 등과 같이 동일한 원소들 사이에서도 원자가전자를 공유함으로써 팔전자 규칙을 만족시키는 결합이 일어난다. 몇 가지 공유 결합의 예를 다음 표에 나타내었다.

표 1.4 몇가지 공유 결합의 예

원소	원자가전자수	공유 결합의 수	예
H	1	1	H_2
Li	1	1	LiH
Be	2	2	BeH_2
B	3	3	BH_3
C	4	4	CH_4
N	5	3+비공유 전자쌍 한 개	NH_3
O	6	2+비공유 전자쌍 2개	H_2O

그리고 원자들이 공유 결합을 할 수 있는 수는 원자가전자가 1~3개까지는 같은 수의 공유 결합을 만들고, 원자가전자가 4개 이상의 경우는(8－원자가전자수)개의 공유 결합을 만든다. 또한 비공유 전자쌍은 결합에 참여하지 않으나 팔전자 규칙을 만족시키는데 참여한다.

1.4 Lewis 구조와 형식 전하

1.4.1 Lewis 구조

루이스 구조(Lewis Structure)는 원자가전자를 원자 기호 주변에 점 또는 실선으로 나타내어 화학 결합을 보여 주는 방식을 말하며 Lewis 구조식이라고도 한다. 화학 결합에서 Lewis 구조는 원자들이 어떤 모습으로 결합하여 팔원자 규칙을 만족시키는 지를 간편하게 보여 준다. 따라서 화학 결합을 Lewis 구조로 나타내는 능력은 유기화학을 배우는데 중요한 기초 기술이다. 원자가전자를 간단히 표시하는 방법으로 Lewis 점 구조(Lewis Dot Structure)를 흔히 사용한다. 이것은 원소의 동서남북 방향에 원자가전자의 개수를 점을 찍어 나타내는 방법이다. 각 방향에 2개씩, 총 8개의 전자를 나타낼 수 있다. 몇 가지의 Lewis 점 구조로 나타낸 원자가전자는 다음 표에 나타내었다.

표 1.5 몇가지 Lewis 점 구조 예

1족	2족	13족	14족	15족	16족	17족	18족
H·							He:
Li·	Be:	Ḃ:	·Ċ:	·Ṅ:	:Ö:	:F̤:	:N̤̈e:
Na·	Mg:	Ȧl:	·Ṡi:	·Ṗ:	:S̤:	:C̤̈l:	:Ä̤r:

Lewis 구조를 그릴 때는 다음 규칙을 적용한다.

규칙 1 원자가전자만 그린다.

규칙 2 수소와의 결합에는 2개의 전자가 나타나도록 그린다(Lewis 구조에서의 실선은 공유 전자쌍을 나타낸다).

규칙 3 2주기 원소들과의 결합에는 비공유 전자쌍을 포함하여 팔전자계를 이루도록 한다.

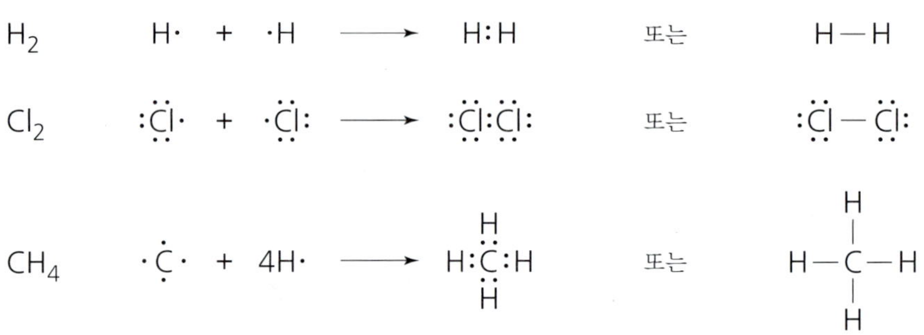

팔전자 규칙의 예외로는 베릴륨(Be), 붕소(B)와 같이 각각 주기율표의 2족과 13족에 속한 원소들은 원자가전자가 부족하여 팔전자계를 만들 수 없다. BeH_2와 BF_3의 경우 중심 원자 주위에 각각 4개와 6개의 전자만 가지고 있다.

또한 황(S), 인(P)과 같은 3주기에 속한 원소들은 추가적으로 빈 d궤도함수에 전자가 들어갈 수 있기 때문에 8개 이상의 전자를 가질 수 있다.

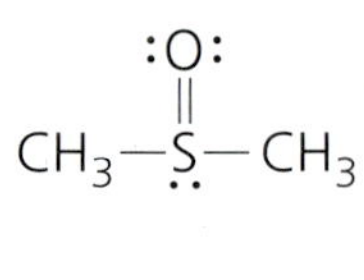

S 주위 10개 전자

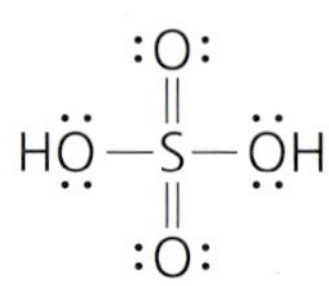

S 주위 12개 전자

1.4.2 형식 전하(Formal Charge)

하이드로늄 이온(H_3O^+), 암모늄 이온(NH_4^+), 탄산 음이온(CO_3^{2-}) 등과 같은 다원자 이온을 Lewis 구조로 나타내었을 경우, 구성 원자 중 어느 원자가 양전하 또는 음전하를 띠고 있는지 알 수 없다. 형식 전하란 Lewis 구조식의 각 원자에 부과된 전하량을 지칭한다. 형식 전하는 다음과 같은 식으로부터 계산된다. 이 계산은 모든 구성 원자에 대하여 수행되어야 한다.

형식전하=(원자가전자수) − [비공유전자수 + $\frac{1}{2}$(공유전자수)]

예를 들면 아래와 같은 Lewis 구조식의 H_3O^+ 형식 전하는 다음과 같다.

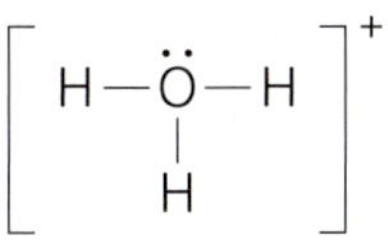

O 원자의 형식 전하=6−[2+6/2]=+1
H 원자의 형식 전하=1−[0+2/2]=0
H_3O^+의 전체 형식 전하=(+1)+0=+1

1.5 시그마 결합과 파이 결합의 결합 궤도함수

원자와 원자 사이의 공유 결합은 각 원자 궤도함수에 있는 전자들이 관여하여 이들 원자 궤도함수가 겹쳐지는 겹침(중첩) 현상을 의미한다. 예를 들어 수소 원자는 1s 궤도함수에 있는 전자 한 개가 다른 수소 원자의 1s 궤도함수에 있는 전자 한 개와 s−s 궤도함수 겹침으로 결합하여 수소 분자 궤도함수를 형성한다. 이와 같은 결합은 전자들이 결합축을 기준으로 대칭적으로 놓여 있는데 이런 결합을 시그마(σ) 결합이라고 한다.

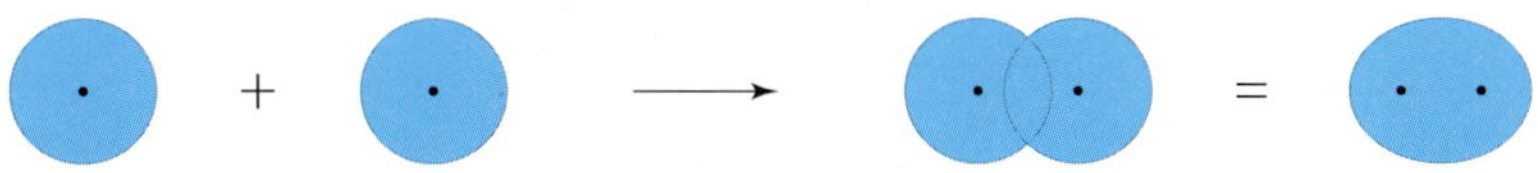

s 궤도함수 *s* 궤도함수 *s-s* 궤도함수 겹침 시그마 결합

시그마 결합은 s 궤도함수와 궤도함수 겹침에서도 일어날 수 있으며, p 궤도함수와 p 궤도함수 겹침에서도 일어날 수 있는데, 후자의 경우 p 궤도함수가 오직 같은 축에서 겹칠 때만 가능하다.

s 궤도함수 *p* 궤도함수 시그마 결합

p 궤도함수 *p* 궤도함수 시그마 결합

p 궤도함수와 p 궤도함수가 같은 축에서 겹치지 않고 옆 겹침(수평 겹침)이 일어나 생성된 결합을 파이(π) 결합이라고 한다.

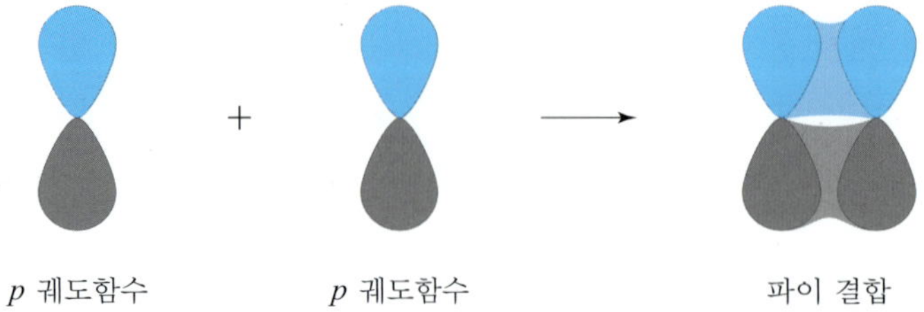

이와 같이 공유 결합은 원자 궤도함수의 겹침 현상이라 볼 수 있다.

1.6 전기음성도와 극성 결합

전기음성도(Electronegativity)는 화학 결합을 이루고 있는 원자 사이에서 상대편 원자가 공유하고 있는 전자를 끌어 당기는 힘의 척도를 의미한다. 1930년경 라이너스 폴링(Linus Pauling)이 제안한 표에 의하면 전기 음성도가 가장 큰 원자는 플루오린(F)으로서 그 척도는 4.0이고 나머지 원자들에 의한 척도는 이 값을 기준으로 0과 4사이에서 상대적으로 부여되었다. 이 표에서 전기음성도 값은 주기율표에서 같은 주기에 있는 원소는 왼쪽에서 오른쪽으로 갈수록, 같은 족에 있는 원소는 아래쪽에서 위쪽으로 갈수록 증가한다. 왼쪽에서 오른쪽으로 갈수록 값이 증가하는 것은 핵의 양전하가 증가하여 원자가전자를 끄는 힘이 점차 강해지기 때문이다. 아래쪽에서 위쪽으로 갈수록 증가하는 것은 원자 반지름이 점차 작아져 핵과 원자가전자 사이의 거리가 가까워지기 때문이다. 몇 가지 원소의 전기음성도는 다음 그림과 같다.

전기음성도 값은 화학 결합 특히 공유 결합에서 공유하고 있는 전자가 2핵 사이에 균등하게 배분되어 있는가 아니면 불균등하게 배분되어 있는가를 나타내는 지표로 사용된다. 예를 들어 수소-수소 또는 염소-염소와 같이 동일한 원자끼리 결합한 공유 결합의 경우는 전자를 당기는 힘이 같으므로 공유된 전자는 두 핵으로부터 동일한 위치에 균등하게 배분된 상태로

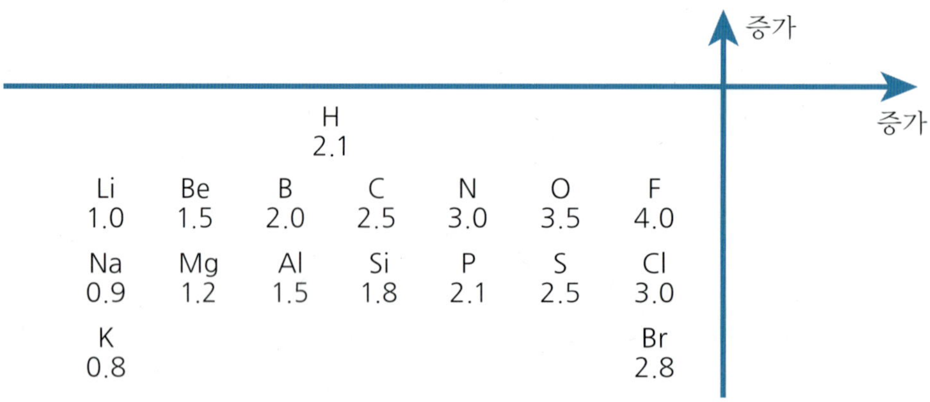

있지만 HF처럼 전기음성도의 차이가 큰 원자끼리 공유 결합을 하고 있는 분자의 경우는 공유된 전자가 전기음성도가 더 큰 플루오린 쪽으로 치우쳐 있게 된다. 이와 같이 전하가 분리된 현상을 극성(Porarity)이라 하고 이런 결합은 쌍극자(Dipole)를 만들어 낸다.
아래와 같이 분자 내의 전하의 분포를 보여 주는 정전기 전위 지도를 보면 붉은색은 높은 전자 밀도를 나타내는 영역이며 푸른색은 낮은 전자 밀도 영역이다.

LiH　　　　H_2　　　　HF

아래 결합에서 보듯이 C–O 결합은 극성 결합이다. 즉 C는 전자 결핍의 δ^+부분 양전하를 나타내고 O는 전자 밀도가 높은 δ^-부분 음전하를 각각 나타낸다.

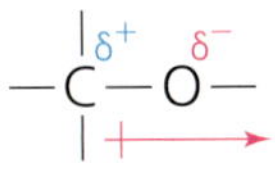

결합 쌍극자

쌍극자의 크기는 쌍극자 모멘트(Dipole Moment)로 계산되는데 데바이(Debye)의 D 값으로 표현된다. 극성이 없으면 이 값은 0이 되고 이 값이 커질수록 극성이 강해진다. 또한 아래 표와 같이 결합 원자 사이의 전기음성도값 차이를 기준으로 결합의 형태가 극성인지, 비극성인지, 이온성인지를 구분하기도 한다.

표 1.6 전기음성도 차이에 의한 결합형태

전기음성도 차이	결합 형태
0.5 이하	비극성 공유 결합
0.5~1.9	극성 공유 결합
1.9 이상	이온 결합

1.7 공명 구조

원자가 놓인 위치는 같으나 전자의 배열 위치만 다르게 나타낸 구조를 공명 구조라고 한다. 예를 들어 벤젠 A와 B의 구조는 구성 원자인 탄소와 수소의 위치는 같으나 탄소–탄소 2중 결합의 위치가 다르다. 그러나 이 2개의 공명 구조는 어느 것도 벤젠의 실제 구조를 나타내지 못한다. 실제 구조는 A와 B가 혼성된 구조이다. 이를 공명 혼성체라고 한다. 그 증거의 하나로서 벤젠의 6개 탄소-탄소 결합의 길이는 모두 같은 1.39Å으로서, 탄소-탄소 단일 결합의 길이인 1.47Å과 탄소-탄소 2중 결합의 길이인 1.34Å의 사이에 있다. 이들 공명 구조는 양쪽 머리 화살표(↔)로 나타내며 평형을 나타내는 ⇄ 표시와는 구별하여 사용한다. 즉 공명 구조는 서로 평형 관계도, 서로 이성질체도, 분자나 이온의 실제 구조를 나타낸 것도 아닌 공명 혼성체(Resonance Hybrid)를 나타낸다.

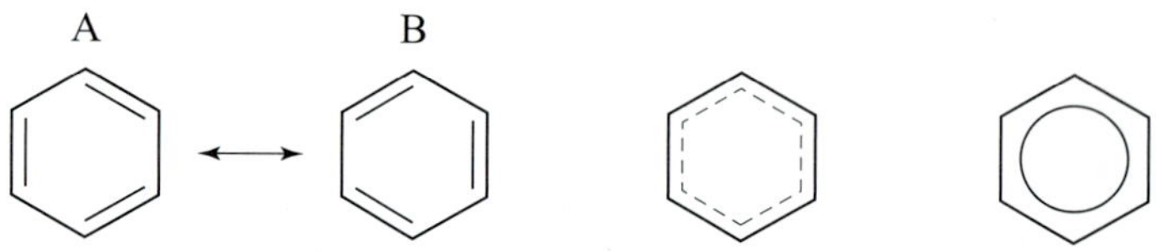

공명 기여체　　　　공명 혼성체

이와 같은 공명 현상의 특징은 전자의 밀도가 한 원자에 몰려 있는 즉 편재화(Localization) 되어 있는 것이 아니라 전체 분자 또는 이온에 분산되어 즉 비편재화(Delocalization) 되어 있어 전체적으로 안정성이 증가한다. 그리고 둘 이상의 공명 구조를 가지고 있는 분자 또는 이온을 일컬어 공명 안정화(Resonance Stabilization) 되어 있다고 말한다. 또한 공명에 참여하는 공명 구조를 공명 기여체라고 하는데 공명 기여체가 많을수록 그 분자나 이온의 안정도는 더욱 증가하게 된다.

참고로 공명 구조를 올바르게 그리는 방법은 다음과 같다.

[1] 모든 공명 구조는 Lewis 구조의 조건을 만족시켜야 한다.
[2] 2중 결합 및 3중 결합에 참여하는 전자쌍 또는 비공유 전자쌍의 위치만 달라지고 원자나 단일 결합의 전자 위치는 변하지 않는다. 전자쌍의 이동은 굽은 화살표로 나타낸다.

예를 들어 탄산음이온(Carbonate) CO_3^{2-}의 공명 기여체는 다음과 같이 나타낸다.

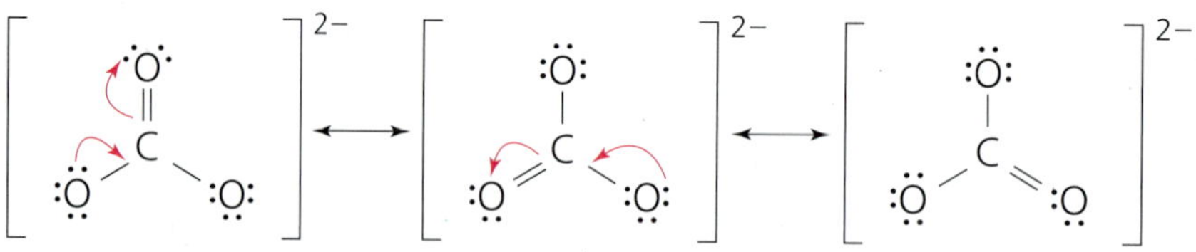

다음은 탄산음이온(CO_3^{2-}) 공여 기여체의 정전기 전위 지도인데 (−)전하가 3개의 산소 원자에 균등하게 분포되어 있음을 보여 준다.

[3] 모든 공명 구조는 짝지어진 전자수와 짝지어 있지 않은 전자(홀전자) 수가 같아야 한다.

예를 들어 아래와 같이 A와 B는 공명 구조이나 C는 A와 B의 공명 구조가 아니다. 즉 A와 B는 홀전자가 없다.

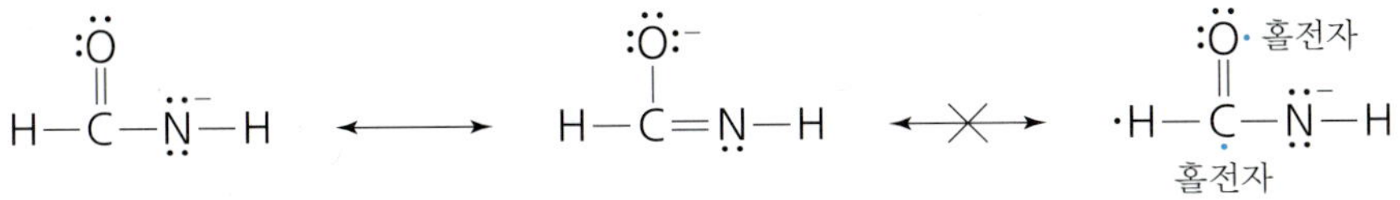

A B C

1.8 유기 분자의 모양

Lewis 구조는 원자들이 어떻게 결합하고 있는지는 알려 주지만 결합하여 만들어진 분자의 모양에 대해서는 아무런 정보를 주지 못한다. 분자의 모양을 결정하는 2요소는 결합 길이(Bond Length)와 결합각(Bond Angle)이다.

1.8.1 유기 분자 결합 길이

결합하는 2핵 사이의 평균 거리이다. 보통 Å으로 나타낸다. 주기율표상에서 결합 길이는 같은 주기에서 오른쪽으로 갈수록 결합 길이는 감소하고, 다중 결합이 될수록 즉 결합 세기가 클수록 결합 길이는 짧아지며, 같은 족에서는 주기가 커질수록 원자의 크기가 증가하면서 결합 길이도 증가한다.

1.8.2 유기 분자 결합각

2원자 이상이 결합하여 만들어진 분자에서 결합을 이루는 원자간의 각도를 말한다. 다음 표에 몇 가지 간단한 분자의 기하학적 구조를 나타낸다.

비공유 전자쌍을 포함하여 특정 원자와 결합하고 있는 원자단은 전자들의 반발력을 최소화하기 위하여 가능한 한 서로 멀리 떨어져 있을려고 한다. 이것을 원자가전자쌍 반발 이론이라고 한다. 이것은 비공유 전자쌍을 포함하여 결합에 참여한 원자가전자쌍들이 음전하를 띤 공간을 가지고 있기 때문이다. 예를 들어 메테인(CH_4) 분자는 탄소가 정사면체의 중심에 있고 정사면체의 꼭지점에 있는 수소 원자와 결합하고 있는 모양을 가지고 있다. 즉 탄소의 원자가전자 4개가 모두 4개의 수소와 공유결합에 쓰이고 비공유전자는 없다. 이것은 4개의 탄소-수소 결합 전자쌍이 반발력을 최소화시키는 구조이다. 이 결과 탄소 원자와 수소 원자 사이의 결합각은 109.5°를 이루게 된다. 만약에 결합 전자쌍 반발력이 없다면 메테인 분자는 결합각이 90°인 사각 평면형으로 예상되지만 실제로 이러한 기하학적 구조는 생기지 않는다.

표 1.7 몇가지 분자의 기하학적 구조

화합물	구조식	전자쌍 반발력	분자 모양	입체 모형
Methane (CH_4)	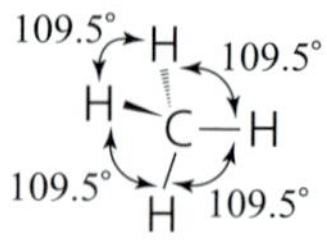	4C−H 결합 전자쌍	정사면체형	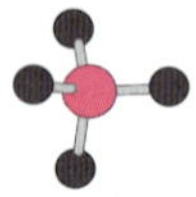
Water (H_2O)	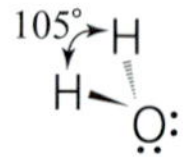	2O−H 결합 전자쌍 + 2개의 비공유 전자쌍	굽은형	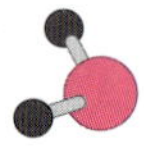
Ammonia (NH_3)	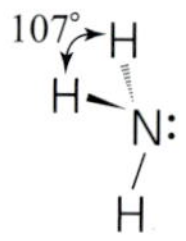	3N−H 결합 전자쌍 + 한 개의 비공유 전자쌍	삼각 피라미드형	
Boron trifluoride (BF_3)	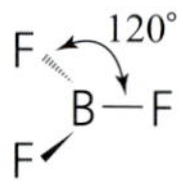	3B−F 결합 전자쌍	삼각 평면형	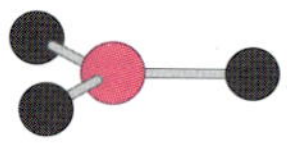
Formaldehyde (CH_2O)	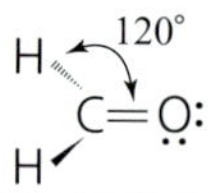	2C−H 결합 전자쌍 + 1C＝O 결합 전자쌍	삼각 평면형	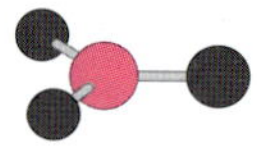
Ethene (C_2H_4)	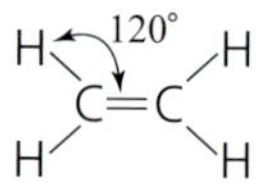	2C−H 결합 전자쌍 + 1C＝C 결합 전자쌍	삼각 평면형	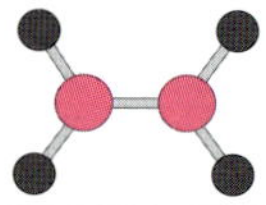
Ethyne (C_2H_2)	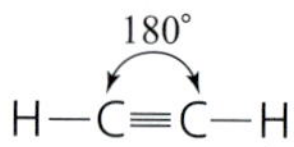	1C−H 결합 전자쌍 + 1C≡C 결합 전자쌍	선형	
Carbon dioxide (CO_2)	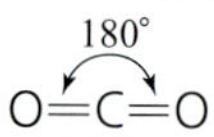	2C＝O 결합 전자쌍	선형	

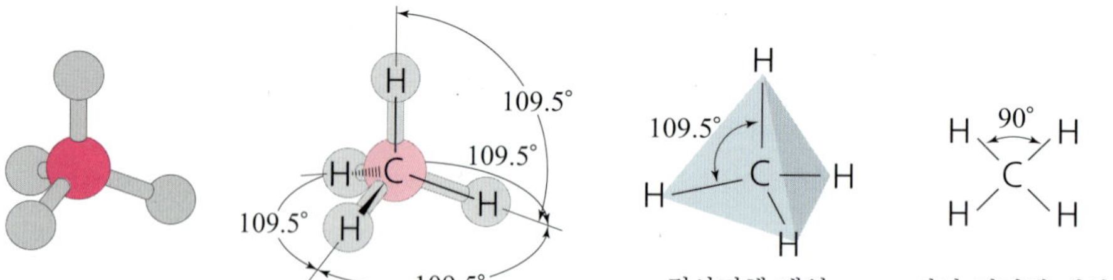

정사면체 배열 사각 평면체 배열

물(H_2O) 분자의 경우 2개의 O−H 결합 전자쌍과 산소 원자에 2개의 비공유 전자쌍을 가지고 있기 때문에(즉 O는 원자가전자 6개중 2개는 수소와 공유결합에 쓰이고 나머지 4개는 비공유 전자쌍으로 남아 있슴) 4군데에서 전자쌍 반발이 일어날 수 있다. 일반적으로 비공유 전자쌍의 반발력은 결합 전자쌍보다 크다. 따라서 H−O−H의 결합각은 109.5° 보다 작은 105°를 이루며 분자 모양은 굽은형이다.

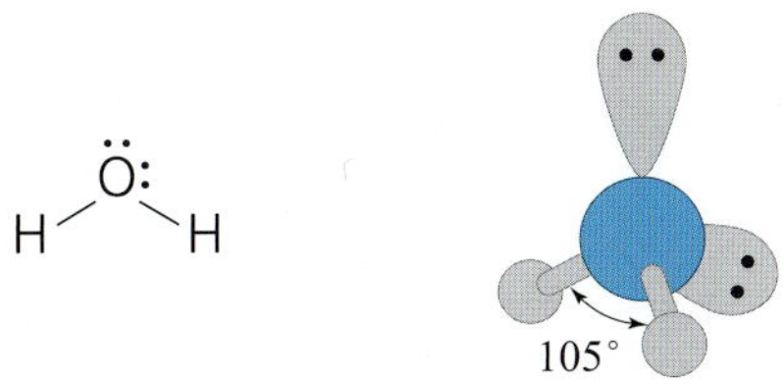

암모니아(NH_3) 분자의 경우는 3개의 N−H 결합 전자쌍과 질소 원자에 있는 한 개의 비공유 전자쌍 사이에서(N원자가전자 5개) 반발이 일어날 수 있기 때문에 삼각 피라미드형을 나타내며 결합각은 물보다는 크고 메테인보다는 작은 107°를 이룬다.

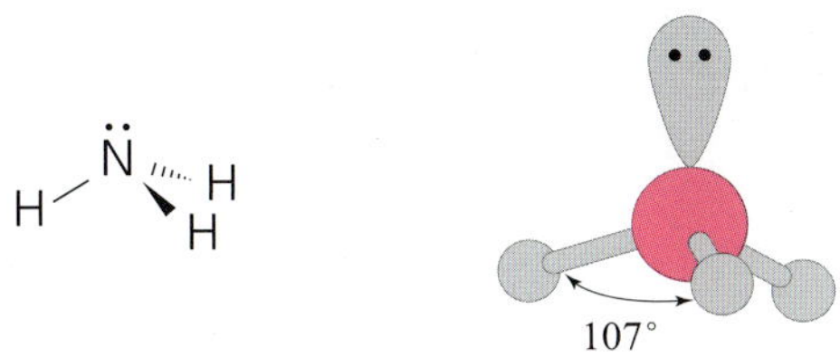

1.9 유기화학 반응의 산과 염기 정의

많은 유기화학 반응은 산−염기 반응의 형태로 일어나거나 이와 관련이 되어 있다. 따라서 산−염기 화학의 기초 개념을 익히는 것이 필요하며 다음과 같은 3가지의 정의를 살펴보자.

1.9.1 아레니우스(Arrehenius) 산-염기

이것은 산과 염기에 대하여 최초로 정의내린 개념으로 이 정의에 의하면 산은 물에 용해되어 수소 양이온(양성자, H^+)을 내주는 물질이며 염기는 물에 용해되어 하이드록시기(OH^-)을 내주는 물질이다. 그러나 H^+는 물과 반응하여 하이드로늄 이온(H_3O^+)이 되므로 H^+ 자체로는 존재하지 않는다. 뿐만 아니라 이 정의는 물에서 일어나는 반응으로 제한되기 때문에 물속이 아닌 조건에서 산−염기 반응을 설명하기에는 적절한 개념이 아니다.

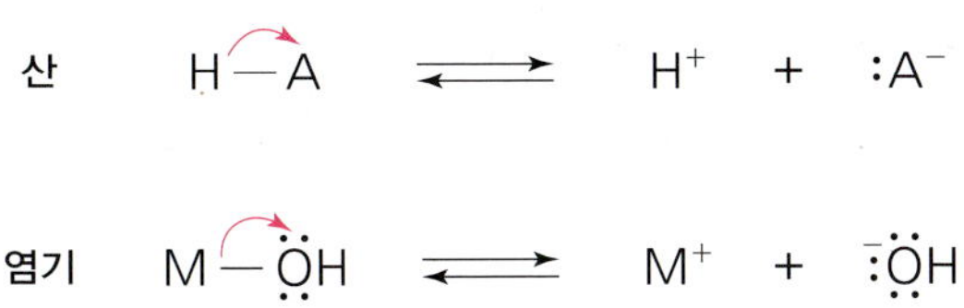

1.9.2 브뢴스테드-로우리(Brønsted-Lowry) 산-염기

이 정의에 의하면 산은 물에 용해되는 것과 관계없이 반드시 양성자를 가지고 있는 물질이고 일반적으로 H−A로 표시하며, 염기는 양성자를 받아 결합할 수 있는 비공유 전자쌍이나 π

전자를 가지고 있는 물질로 일반식으로 :B로 표시한다. 다시 말해 산은 양성자를 주는 화학종(양성자 주개) 이고 염기는 양성자를 받는 화학종(양성자 받개) 이다.

염기　　산　　　　　　짝산　　짝염기

다음의 표에 브뢴스테드-로우리 산-염기의 예를 나타내었다.

표 1.8　브뢴스테드-로우리 산-염기의 예

Brønsted-Lowry 산 (H-A)	Brønsted-Lowry 염기(:B)
양성자를 가짐	비공유 전자쌍 또는 π전자를 가짐
H-X(X= F, Cl, Br, I)	H_20
H_2SO_4	NH_3
HNO_3	HO^-
H_3O^+	RO^-
CH_3COOH	$CH_2=CH_2$
	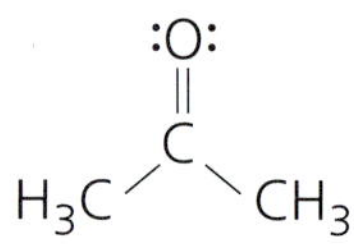

1.9.3 루이스(Lewis) 산-염기

Lewis 산-염기는 Brønsted-Lowry 산-염기에서 정의한 양성자를 주고 받는 화학종에 제한되지 않고 보다 넓은 개념으로 사용될 수 있다. 예를 들면 BF_3와 $AlCl_3$은 H^+를 주고받는 물질이 아니어서 브뢴스테드-로우리 산-염기로는 정의할 수 없지만 Lewis 산-염기 정의에 의하면 이 물질들은 전자쌍을 받아들일 수 있는 빈 궤도함수를 가지고 있으므로 Lewis 산이다. 다시 말해 Lewis 산은 전자쌍 받개이며 전자쌍을 받아들일 수 있는 빈 궤도함수를 가진 화학종이다. 따라서 양성자주개(Brønsted-Lowry 산)는 Lewis 산에 포함된다. Lewis 염기는 전자쌍 주개이며 모든 Brønsted-Lowry 염기는 Lewis 염기에 포함된다.

1.10 유기화학의 산-염기 반응

Brønsted-Lowry 산-염기 반응은 양성자 전달 반응이다. 이 반응을 통해 짝염기와 짝산이 생성된다. 즉 산은 양성자를 잃고 짝염기를 형성하고 염기는 양성자를 얻어 짝산을 형성한다. 일반적인 산-염기 반응은 다음과 같다.

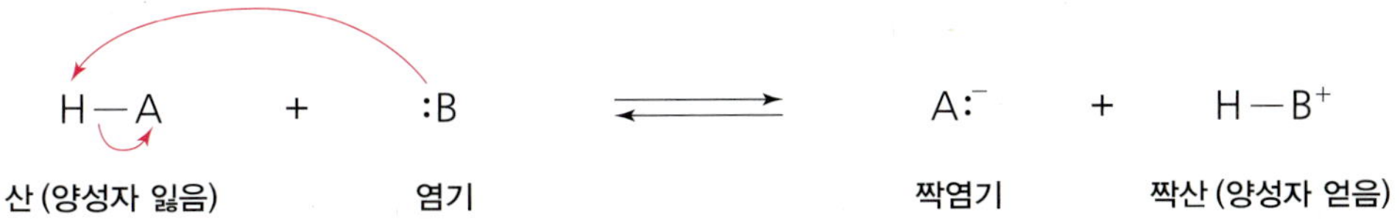

이때 전자의 흐름은 굽은 화살표로 나타내는데 전자가 풍부한 쪽에서 전자가 부족한 쪽으로 화살표 방향이 되도록 표시한다. Lewis 산-염기 반응에서 Lewis 염기는 Lewis 산에 전자쌍을 제공한다.

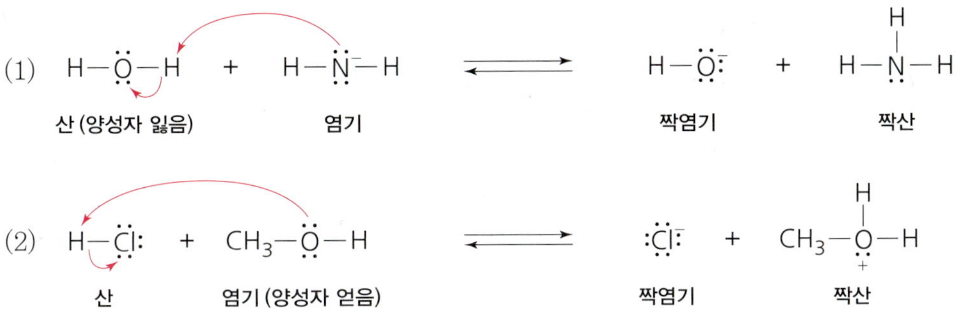

BF_3와 H_2O의 반응에서 비공유 전자쌍을 가지고 있는 H_2O가 Lewis 염기로 작용하여 B 주위에 6개의 전자만 가지고 있는 BF_3에 전자쌍을 제공한다.

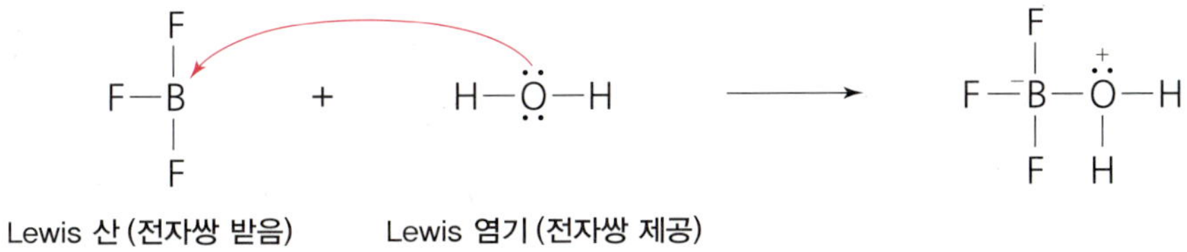

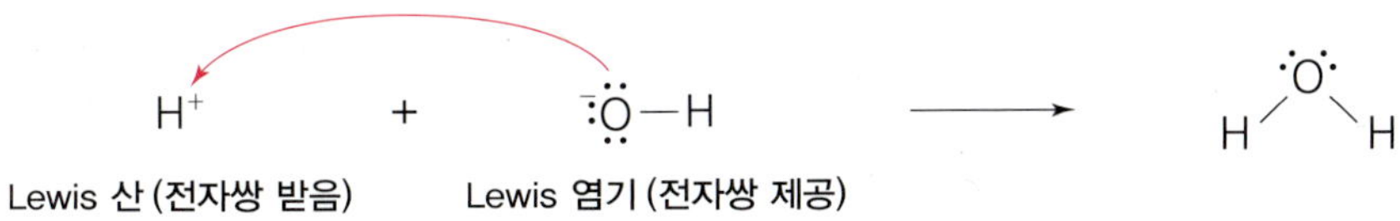

이와 같이 전자가 풍부한 화학종이 전자가 부족한 화학종과 반응하는 현상은 유기화학 반응에서 흔히 관찰되고 있다. 전자가 풍부한 화학종을 친핵체(Nucleophile)라고 하며 Lewis 염기는 친핵체로 작용한다. 한편 전자가 부족한 화학종은 친전자체(Electrophile)라고 하며 Lewis 산은 친전자체로 작용한다.

1.11 유기화학 반응의 산-염기의 세기

염산과 같은 강산은 거의 모든 분자가 이온으로 쪼개지는(해리) 물질이며 화학 평형식에서 오른쪽 방향(정방향)이 긴 화살표로 표시한다. 반면에 아세트산과 같은 약산은 거의 해리가 되지 않으므로 왼쪽 방향(역방향)이 긴 화살표로 표시한다.

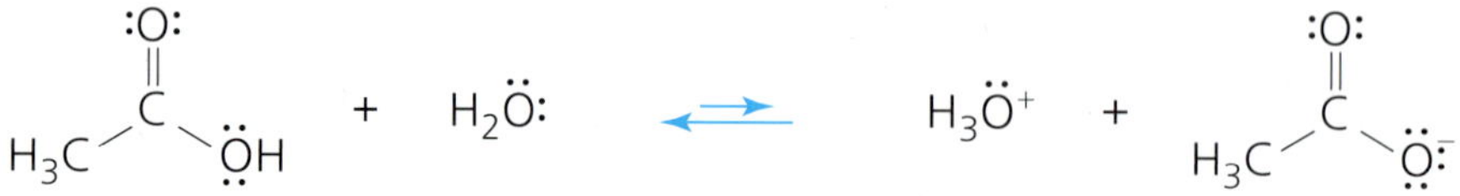

1.11.1 산해리 상수(pKa)

산(H−A)이 해리되는 정도는 평형 상수(Equilibrium Constant, Keq)로 나타낸다. 그러나 산의 해리 정도는 보통 묽은 용액에서 측정하므로 물의 농도는 일정하다고 간주하고 산해리 상수(K_a)로 나타내는데 K_a 값이 클수록 강산이다. 예를 들어 염산의 K_a 값은 10^7인 반면에 아세트산의 K_a 값은 1.74×10^{-5}이다. 보통 유기산은 아세트산처럼 (−)지수값을 가지고 있으므로 이들 값을 보다 편리하게 사용하기 위하여 K_a 대신 K_a의 역로그값 pK_a를 사용한다. pK_a값이 작을수록 강산이다.

$$HA + H_2O \rightleftharpoons H_3O^+ + A^-$$

$$K_{eq} = \frac{[H_3O^+][A^-]}{[H_2O][HA]} \qquad K_a = \frac{[H_3O^+][A^-]}{[HA]} = K_{eq}[H_2O]$$

K_{eq} = 평형 상수

K_a = 산해리 상수

몇 종류의 산에 대한 값은 다음 표와 같다.

표 1.9 몇가지 산의 산해리상수

산	pK_a	짝염기
H−Cl	−7	Cl^-
CH_3CO-H (C=O)	4.8	CH_3CO^- (C=O)
HO−H	15.7	HO^-
CH_3CH_2O-H	16	$CH_3CH_2O^-$
HC≡CH	25	$HC \equiv C^-$
H−H	35	H^-
H_3N-H	38	H_2N^-
$CH_2=CH_2$	44	$CH_2=\bar{C}H$
CH_3-H	50	$\bar{C}H_3$

산도 증가 (↑)

염기도 증가 (↓)

1.11.2 산의 세기 척도

양성자를 내놓는 경향을 측정한 값을 산도(Acidity) 라고 하고 양성자를 받아들이는 경향을 측정한 값(양성자 친화도)을 염기도(Basicity) 라고 한다. 산의 세기와 짝염기의 세기는 반비례한다. 즉 짝염기의 염기도가 셀수록 약산이다(양성자가 떨어져 나가기 어렵다). 한편 짝염기의 염기도가 약할수록 강산이다(양성자가 떨어져 나가기 쉽다). 예를 들면 강산인 HCl(pK_a=−7)의 경우 짝염기인 Cl^-은 양성자와의 친화력이 작은 약 염기이고 반대로 약산인 H_2O(pK_a=15.7)의 경우 짝염기인 ^-OH는 양성자와 친화력이 큰 강염기이다.

1.12 산의 세기를 결정하는 요인

산의 세기를 결정하는 가장 중요한 요인은 짝염기의 안정화이다. 왜냐하면 짝염기가 안정화되면 양성자와의 친화력이 감소되므로 양성자를 많이 내놓게 되어 결과적으로 강산이 되기 때문이다. 짝염기를 안정화시키는 요인에는 원소 효과, 전자 유발 효과, 공명 효과, 혼성 효과 등이 있다. H−A(산)의 산도에 영향을 미치는 요인을 정리하면 다음과 같다.

1.12.1 원소 효과(Element Effect)

H−A의 산도는 짝염기 원소인 A의 소속이 주기율표에서 주기를 따라 오른쪽으로 갈수록, 족을 따라 아래쪽으로 갈수록 증가한다. 여기에는 전기음성도와 원자의 크기 등 2가지 요인이 작용한다. 예를 들어 H_2O는 CH_4보다 강산(더 산성)이고 짝염기인 O의 음전하는 더 안정하다. 이것은 산소 원자가 탄소 원자보다 전기음성도가 더 커서 짝염기 음이온을 더 안정화시킬 수 있기 때문이다.

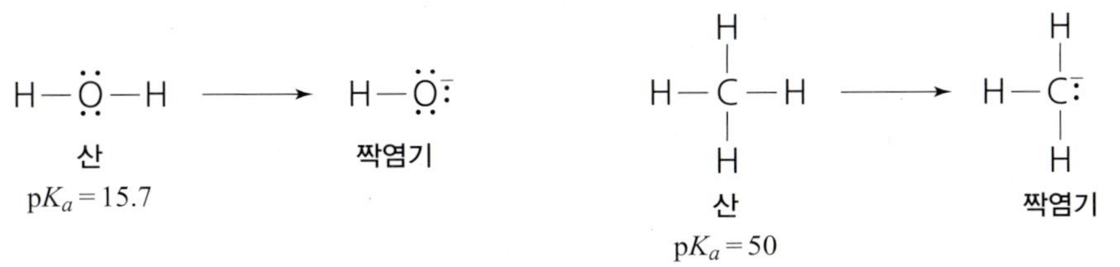

다음과 같이 짝염기 원소의 전기음성도가 증가할수록 산도도 증가한다.

$pK_a \approx 50$	$pK_a \approx 38$	$pK_a \approx 16$	$pK_a \approx 3.2$
—C—H (C에 위아래 결합)	—N—H (N에 아래 결합)	—O—H	H—F

또한 짝염기 원자의 크기가 증가할수록 산도가 증가한다. 이는 짝염기의 부피가 커지면

음전하를 더 많이 분산시켜 안정화 시킬 수 있기 때문이다.

$pK_a \approx 3.2$	$pK_a \approx -7$	$pK_a \approx -9$	$pK_a \approx -10$
H—F	H—Cl	H—Br	H—I

1.12.2 전자 유발효과 (Electron Inductive Effect)

전기음성도 차이 등의 이유로 시그마(σ) 결합을 통해 전자를 끌거나 주는 현상를 말한다. 전자를 끌기의 치환기는 짝염기의 음이온의 전자 밀도를 감소시켜(짝염기의 염기도 감소) 산도를 증가시킨다. 예를 들면 트라이플루오로에탄올은 에탄올보다 강산이다. 그 이유는 CF_3기가 전자를 끌어당겨 O원자의 음전하 밀도를 감소시켜 더 안정하게 만들었기 때문이다. 반면에 에탄올의 CH_3CH_2기는 전자를 제공하여 O 원자의 음전하 밀도를 증가시켜 준다.

$CF_3CH_2O—H$

2,2,2 – Trifluoroethanol

$pK_a = 12.4$

$CH_3CH_2O—H$

Ethanol

$pK_a = 16$

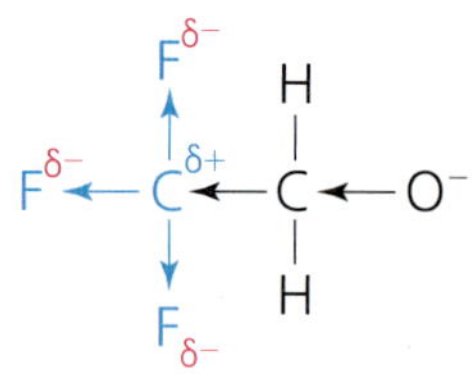

$CH_3CH_2O^-$

1.12.3 공명 효과 (Resonance Effect)

짝염기의 음이온이 공명 안정화되면 음전하가 분산되는 효과를 가져옴으로 양성자와의 친화력이 약해져 짝산의 산도가 증가한다. 예를 들어 아세트산은 에탄올보다 더 강한 산이다. 이유는 아세트산은 2개의 아세테이트 음이온(짝염기)의 공명 구조를 가지고 있다. 따라서 짝염기의 음전하는 2개로 O 원자에 비편재화되어 공명 안정화가 가능하므로서 더 안정된 짝염기가 된다. 따라서 아세트산이 더 강산이 된다.

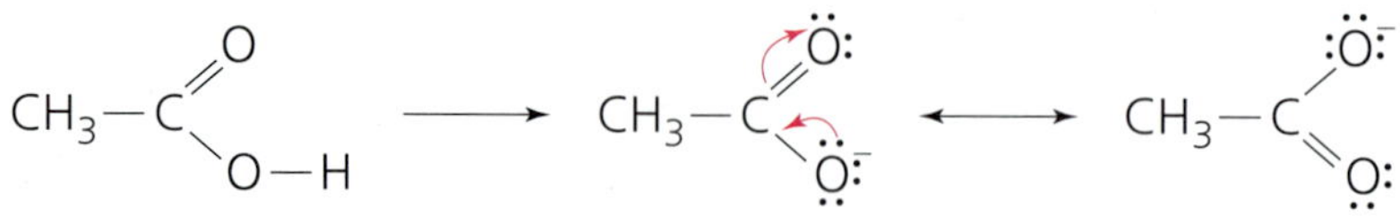

산 (Acetic Acid)

$pK_a = 4.8$

짝염기 (Acetate 음이온)

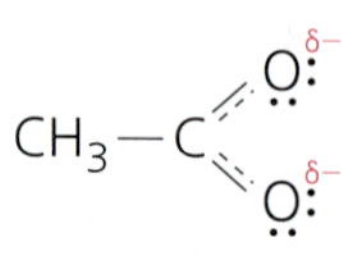

공명 안정화

한편 에탄올은 에톡사이드 음이온(짝염기)이 Lewis 구조 하나뿐이고 공명 구조가 없으므로 음전하는 O에 편재화되어 더 안정하지 못하다.

$$CH_3CH_2O-H \longrightarrow CH_3CH_2\ddot{\underset{\cdot\cdot}{O}}{:}^-$$

산 (Ethanol)   짝염기 (Ethoxide 음이온)

$pK_a = 16$

1.12.4 혼성화 효과 (Hybridization Effect)

원자핵에 가장 가까이 위치한 궤도함수는 s 궤도함수이다. 따라서 H−A에서 짝염기(:A⁻)에 있는 음이온의 전자가 s 궤도함수 또는 s 궤도함수 성질이 큰 궤도함수에 놓여 있을수록 음이온에 있는 전하가 핵의 양전하와 중화되기 쉬워 짝염기가 안정화되므로 강산이 된다. 예를 들어 에테인(Ethane), 에틸렌(Ethylene), 아세틸렌(Acetylene)의 산도는 다음과 같다.

CH_3CH_3	$CH_2=CH_2$	$H-C\equiv C-H$
$pK_a \approx 50$	$pK_a \approx 44$	$pK_a \approx 25$

아세틸렌에 있는 수소의 산도가 가장 큰 이유는 짝염기 원자의 s 궤도함수 성질 백분율이 아세틸라이드 음이온의 경우가 50%로 가장 높아 탄소음이온을 안정화시킬 수 있기 때문이다.

$CH_3\overset{-}{\ddot{C}}H_2$	$CH_2=\overset{-}{\ddot{C}}H$	$H-C\equiv\overset{-}{C}{:}$
sp^3 혼성화 탄소	sp^2 혼성화 탄소	sp 혼성화 탄소
25%	33%	50%

1.13 유기 화합물 보기

유기 화합물의 화학구조와 결합 그리고 산과 염기를 보충 설명하였다.

1.13.1 화학구조와 결합

극성 공유 결합에서 전자들이 불균일하게 공유됨으로 나타나는 중요한 결과로 더 큰 전기음성도의 원자가 더 큰 비율의 공유된 전자를 가지게 되고 기호 δ^-로 표시되는 부분 음전하를 얻게 된다. 전기음성도가 더 작은 원자는 적은 비율의 공유된 전자를 가지며 기호 δ^+로 표시되는 부분 양전하가 된다. 이러한 전하의 분리로 쌍극자(Dipole)가 만들어지게 된다. 이는 화살표로 쌍극자의 존재를 표시할 수 있다. 또한 공유 결합의 극성은 전자 밀도 모형(Electron Density Model)으로 나타낼 수 있으며 붉은색은 높은 전자 밀도 영역(δ^- 전하 부분)이고 푸른색은 낮은 전자 밀도 영역(δ^+ 전하 부분) 이다.

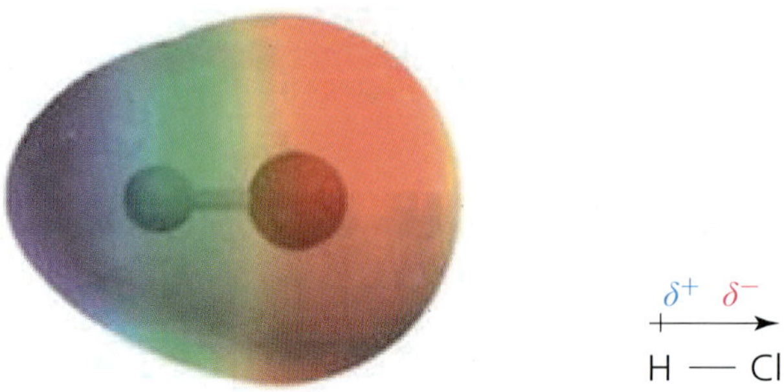

그림 1.1 HCl의 전자 밀도 모형

빌로발라이드(Bilobalide)는 지구상에 현존하는 씨앗 식물 중에 가장 오래된 종인 은행나무(Ginkgo Biloba)에서 얻어진다. 은행나무의 잎, 뿌리, 껍질, 씨앗 등에서 얻어지는 추출물은 동양 의학에서 약으로 사용되었고 현재도 허브 건강보조제로 널리 쓰이고 있다. 탄소에 몇 개의 탄소가 결합되어 있느냐의 탄소 차수로 탄소를 분류하는 방법은 헤테로 원자를 포함한 복잡한 분자에도 적용할 수 있다. 언급된 은행나무에서 추출된 빌로발라이드 화합물은 각 sp^3탄소 원자를 1차(1°), 2차(2°), 3차(3°), 4차(4°)로 구분하면 다음과 같다.

그림 1.2 은행나무

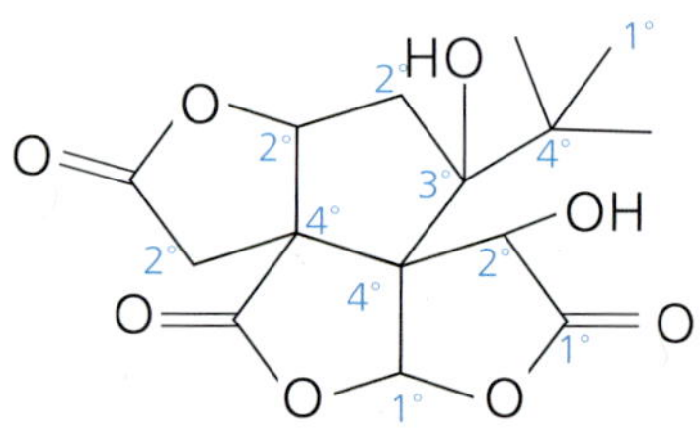

빌로발라이드

1.13.2 산과 염기

시트르산은 하이드록시기를 가지는 다염기 카복실산의 약한 유기산의 하나이다. 이는 천연방부제로 음식과 탄산음료의 신맛을 내는 데 사용한다. 주로 감귤류의 과일(레몬, 라임)에 높은 농도로 존재한다. 시트르산 회로의 중요한 중간체로 쓰이고 모든 생물체의 호기적 물질대사에 매우 중요하다. 지방, 단백질, 탄수화물의 생리적 산화반응에 관여하는 화합물로 작용한다.

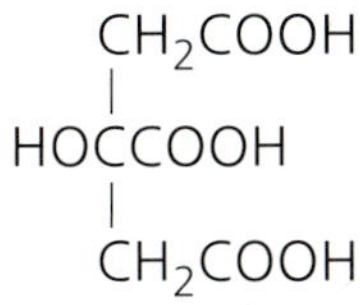

시트르산

그림 1.3 밀감류

아세트산(CH_3COOH)이 강한 유기산으로 여전히 식초로 소비되고 있다.

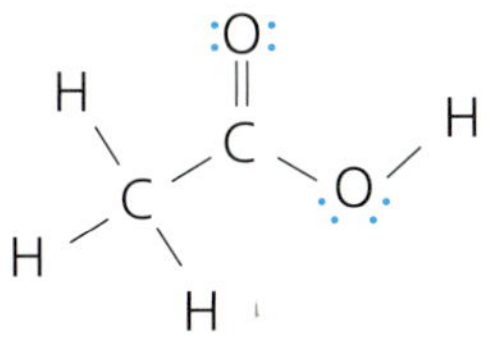

아세트산

강한 염산(HCl)이 대부분의 포유류의 위에 상당량 존재한다. 알켄 반응에서 사용되는 염산은 이와 같이 위산에서 발견되는 것과 동일한 산이다.

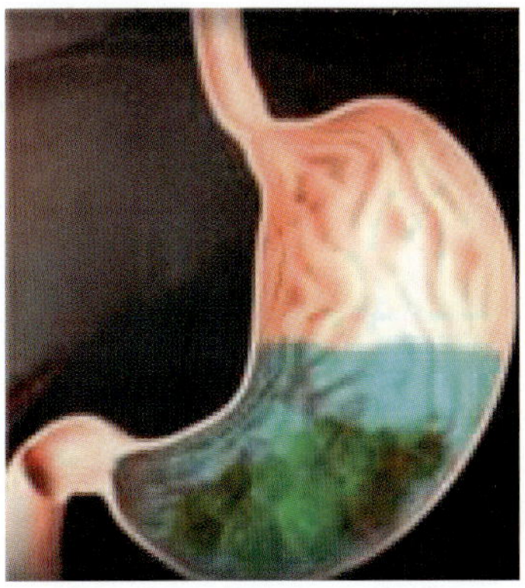

염산

그림 1.4 위산

그리고 아세트산과 구조와 반응성이 유사한 약염기인 탄산수소염(베이킹소다, $NaHCO_3$)이 염산에 의해 우리의 위가 손상되지 않도록 보호하는 역할을 하고 있다.

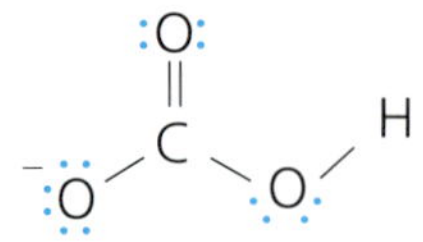

탄산수소염

대부분의 유기산과 유기염기는 약한 산 및 염기이다. 가장 흔한 유기산은 카복시기(−COOH)를 가진 카복실산이다. 다음 반응에서는 아세트산과 하이드로늄(Hydronium) 이온의 2가지 산이 존재하고 물과 아세트산 이온의 두 염기가 존재한다.

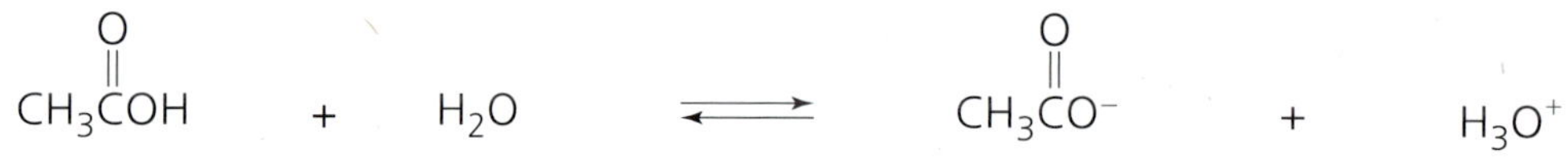

아세트산 (약 산) 물 (약 염기) 아세트산 짝염기 (강 염기) 물 짝산 (강 산)

모르핀(Morphine)은 아편 양귀비(Opium Poppy)에서 얻는다. H_2O나 CH_3OH와 같이 수소 원자와 고립 전자쌍을 모두 가지고 있는 화합물의 경우는 주어진 반응 여건에 따라 산일수도 있고 염기일 수도 있다. 이 기본 원칙은 화합물이 아무리 복잡해도 변함이 없다. 예를 들어 중독성이 있는 진통제인 모르핀은 많은 수소 원자를 가지고 있기 때문에 브뢴스테드−로우리 산이다. 또한 O와 N에 각각 고립 전자쌍과 4개의 π결합을 가지고 있으므로 브뢴스테드−로우리 염기이기도 하다. O에 결합된 H원자들은 모르핀을 산으로 만든다. 고립 전자쌍과 π결합(푸른색)으로 모르핀은 염기이다.

그림 1.5 아편 양귀비

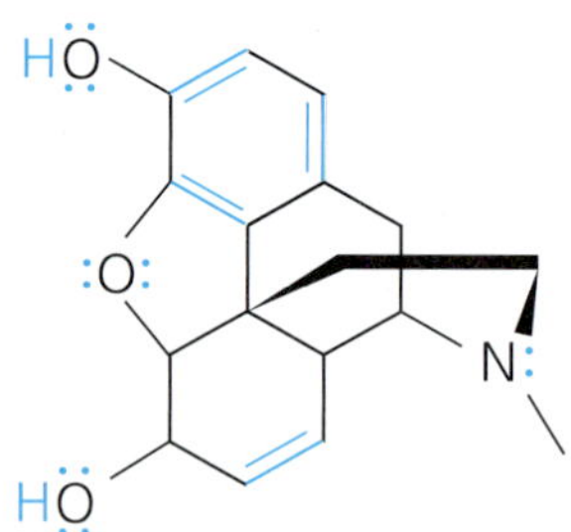

모르핀

02 장

유기화합물

02장

유기화합물

1859년 Kekulé는 유기화학을 탄소(C)의 화학(Chemistry of Carbon)이라 정의하였다. 오늘날 유기화학은 탄소와 그 화합물에 관한 화학 혹은 탄소와 그 유도체에 관한 화학으로 정의하고 있다. 유기화합물(Organic Compound)은 탄소를 가진 화합물로 정의된다. 단, 탄소화합물 중에서 일산화탄소(CO), 이산화탄소(CO_2), 탄산(H_2CO_3), 탄산염(MCO_3, M은 금속원소), 이황화탄소(CS_2), 사이안화수소(HCN), 탄화칼슘(CaC_2), 탄화규소(SiC) 등은 탄소 원자를 가지고 있으나 무기화합물로 취급한다.

현재까지 3,700백만 여종의 화합물이 알려져 있고 그 중에서 99% 이상이 유기화합물이다. 우리의 일상생활에 영향을 미치는 물질인 플라스틱, 세제, 의약품, 살충제, 가솔린, 타이어, 의류, 종이, 필름, 향료 등 수많은 화합물들이 탄소 화합물로 유기화합물이다. 이들 유기화합물의 일반적인 개념을 살펴보기로 한다.

2.1 유기 화합물 구조식

유기 화합물은 분자식이 아니라 반드시 구조식으로 나타내야 한다. 구조식이란 탄소 원자가 Lewis 구조식을 만족하면서 다른 원자와 결합하고 있는 상태를 나타내는 것이다. 구조식을 나타내는 방법은 Lewis 구조식, 축소 구조식, 골격 구조식(또는 선 구조식이라 함)이 있다. 그리고 sp^3 탄소의 3차원 배열 표시는 굵은 꺽쇠 모양(▲)과 점선 꺽쇠 모양(⋮)을 사용하여 표시한다. 다음과 같은 여러 자지 예를 들 수 있다.

표 2.1 몇가지 유기화합물의 구조식

Lewis 구조식	축소 구조식	골격(선) 구조식
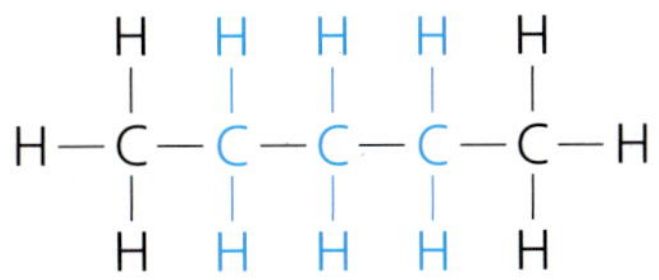	$CH_3CH_2CH_2CH_2CH_3$ $CH_3(CH_2)_3CH_3$ 주) CH_2 3개가 결합 표시	
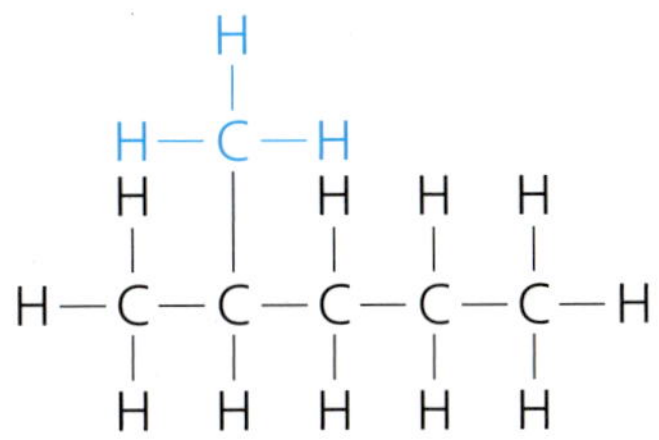	CH_3 | $CH_3CHCH_2CH_2CH_3$ $CH_3CH(CH_3)CH_2CH_2CH_3$ 주) 괄호는 CH_3기 탄소 사슬에 결합 표시	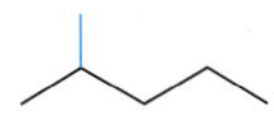
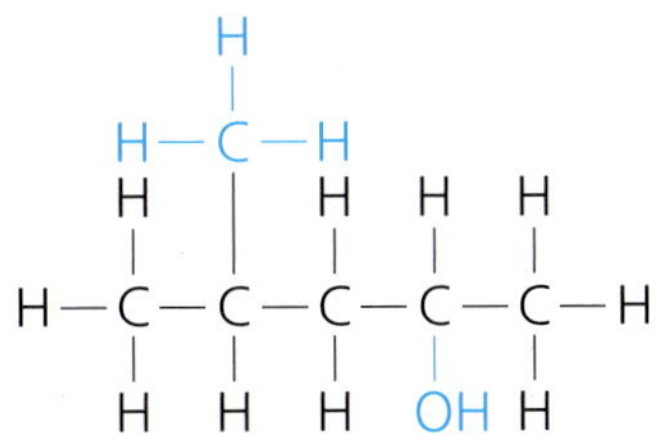	CH_3 | $CH_3CHCH_2CHCH_3$ | OH $CH_3CH(CH_3)CH_2CH(OH)CH_3$ 주) CH_3, OH는 탄소 사슬에 곁가지(Branch)	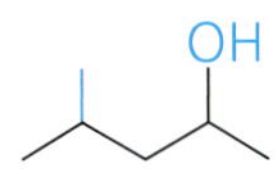
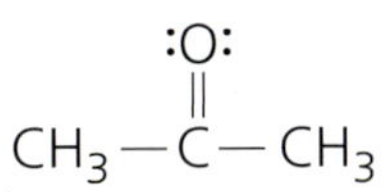	CH_3COCH_3	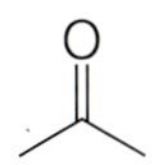
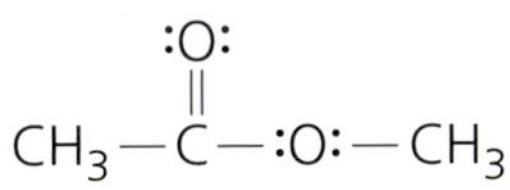	$CH_3CO_2CH_3$	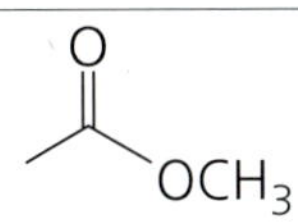

sp^3 혼성 탄소 원자의 3차원 배열 표시의 굵은 쐐기 표시는 종이면 앞쪽으로 배향되었고 점선 쐐기 표시는 종이면 뒤쪽으로 배향되었음을 나타낸다.

CH_3CH_3

Ethane

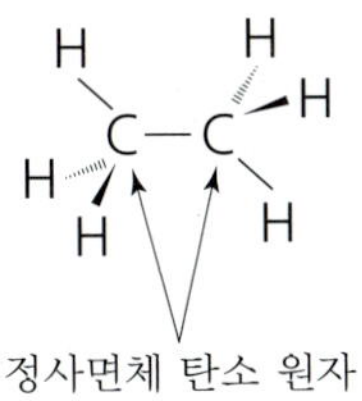

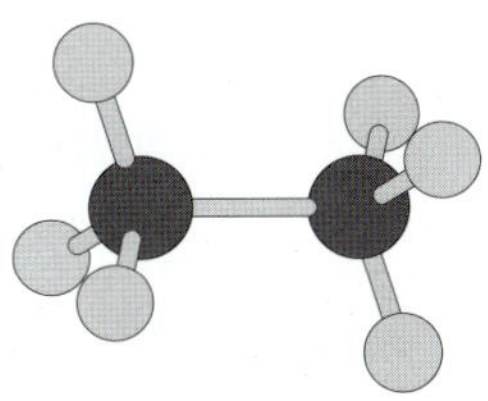

2.2 유기 화합물의 분류

유기화합물의 대부분의 원료인 석유와 천연가스의 주성분은 탄화수소(Hydrocarbon)로 이루어져 있다. 탄화수소는 탄소(C)와 수소(H)로만 이루어진 화합물을 말한다. 그 구조에 따라 지방족 탄화수소와 방향족 탄화수소로 대별된다. 지방족 탄화수소(Aliphatic Hydrocarbon)는 탄소 원자들 간에 사슬(Chain) 형태의 공유결합으로 이루어진 유기화합물로 탄소 원자들 사이의 결합 형태에 따라서 세분화 된다. 탄소-탄소간의 결합이 모두 단일 결합(C-C)인 탄화수소는 포화 탄화수소(Saturated Hydrocarbon)라 하고 여기에는 직쇄형의 알케인(Alkane)과 고리형의 사이클로알케인(Cycloalkane)이 있다. 그리고 탄소-탄소간의 결합이 2중결합(C=C)인 알켄(Alkene) 혹은 3중결합(C≡C)인 알카인(Alkyne)을 가진 탄화수소를 불포화 탄화수소(Unsaturated Hydrocarbon)라 한다. 방향족 탄화수소(Aromatic Hydrocarbon)는 6개의 탄소 원자로 이루어진 아렌(Arene)의 고리 화합물인 벤젠(Benzene)과 이와 유사한 구조를 가진 유도체의 고리화합물(톨루엔, 자일렌 등)로 된 불포화 탄화수소이다. 방향족 탄화수소는 지방족 탄화수소와 매우 다른 성질을 가지고 있으며, 이들은 대부분 향기가 있는데 이로 인해 방향성이라는 이름이 붙었다. 다음은 알케인, 알켄, 알카인, 아렌의 예를 각각 나타낸다.

알케인

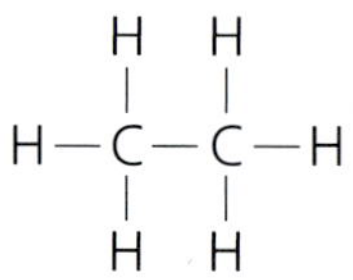

에테인

알켄

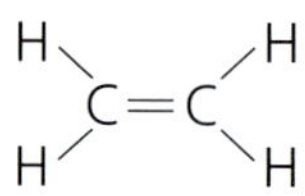

에텐

알카인

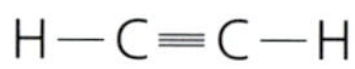

에타인

아렌

벤젠

2.2.1 구조에 의한 분류

포화와 불포화, 지방족과 방향족, 비고리형(사슬형)과 고리형 화합물로 나눈다. 지방족과 방향족 예는 다음과 같다.

표 2.2 몇가지 지방족과 방향족 화합물

	지방족 화합물	방향족 화합물
탄화수소	CH_3CH_3, $CH_2{=}CH_2$, $HC{\equiv}CH$	Benzene, Toluene
알코올	CH_3CH_2OH, $CH_2{=}CHCH_2OH$	Phenol
아민	CH_3NH_2, $HC{\equiv}CCH_2NH_2$	Aniline
카복실산	CH_3CO_2H	Benzoic Acid

비고리형(사슬형)과 고리형 화합물은 다음과 같다. 특히 고리 중 탄소 원자 대신 N, O, S

등이 있는 화합물을 헤테로 고리 화합물이라 한다.

표 2.3 몇가지 비고리형/고리형 및 헤테로 고리형 화합물

비고리형 화합물	고리형 화합물	헤테로 고리형 화합물
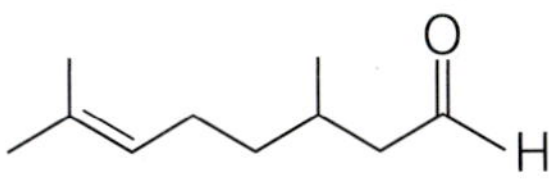 Citronellal (방충제)	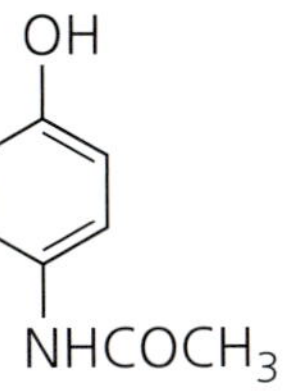 Acetaminophen (진통제)	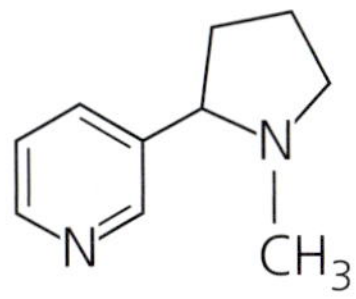 Nicotine (담배 성분 중 하나)

2.2.2 작용기에 의한 분류

작용기(Functional Group)는 분자 안의 원자들로 이루어진 원자단으로 어떤 특정한 조건에서 분자의 화학반응에 영향을 주는 단위구조이다. 같은 작용기를 가진 유기화합물은 분자의 크기와 복잡성에 상관없이 동일하거나 비슷한 화학반응을 일으킨다. 예를 들어 탄소(C)는 수소(H) 및 다른 탄소(C)와 결합하거나 할로젠 원소(X: F, Cl, Br, I), 산소(O), 질소(N), 황(S) 등과 결합하여 여러 가지의 작용기를 가진 유기화합물을 만든다. 몇 가지 화합물과 작용기 구조의 예를 살펴보자. 작용기의 구조에 결합된 수소나 탄화수소 곁사슬(Hydrocarbon Side Chain)을 나타내는 기호 R 과 R′ (알킬) 혹은 방향족 탄화수소 곁사슬을 나타내는 Ar(페닐)을 표시할 경우 완전한 화합물(계통명)의 일반 구조식이 된다.

(1) 탄화수소 그룹

탄화수소는 탄소(C)와 수소(H) 로만 이루어진 유기화합물로 탄소(C)－탄소(C) 간에 다중결합을 가질 수 있다. 알케인(Alkane)은 탄소(C)－탄소(C) 간에 단일결합을 가진 포화 탄화수소, 알켄(Alkene)은 2중결합을 그리고 알카인(Alkyne)은 3중결합을 가진 불포화 탄화수소 화합물이다. 아렌(Arene)은 방향족 탄화수소로 탄소 원자의 육각 고리에 단일결합과 2중결합을 교대로 가지고 있다. 탄화수소 작용기 그룹은 다음 표와 같다.

표 2.4 탄화수소 작용기 그룹

화합물(계통명)	작용기 구조		명명	예
알케인 (Alkane)	$-(CH_2)_nH$	단일결합 C–C/C–H	–에인 (–ane)	CH_3CH_3 에테인(Ethane)
알켄 (Alkene)	$>C=C<$		–엔 (–ene)	$H_2C=CH_2$ 에텐(Ethene)
알카인 (Alkyne)	$-C\equiv C-$		–아인 (–yne)	$HC\equiv CH$ 에타인(Ethyne)
아렌 (Arene)	Ar– (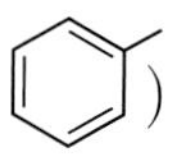)		페닐기 (Phenyl)	 벤젠(Benzene)

(2) 탄소–할로젠 결합 그룹

탄소(C)–할로젠 원소(X)의 결합을 가진 화합물을 할로알케인(Haloalkane) 이라 한다. 일반식은 R–X(X: F, Cl, Br, I) 이다. 이것의 결합은 상대적으로 약하거나 안전한 결합이며 주로 용매로 많이 사용되는 유기화합물이다. 구체적인 알킬(R)–할로젠 작용기(X)를 가진 그룹은 다음 표와 같다.

표 2.5 할로젠 작용기 그룹

화합물(계통명)	작용기 구조	명명	예
플루오로알케인 (Fluoroalkane)	$-\ddot{\underset{..}{F}}:$	플루오로 (Fluoro–)	CH_3F 플루오로메테인 (Fluoromethane)
클로로알케인 (Chloroalkane)	$-\ddot{\underset{..}{Cl}}:$	클로로– (Chloro–)	CH_3Cl 클로로메테인 (Chloromethane)
브로모알케인 (Bromoalkane)	$-\ddot{\underset{..}{Br}}:$	브로모 (Bromo–)	CH_3Br 브로모메테인 (Bromomethane)
아이오도알케인 (Iodoalkane)	$-\ddot{\underset{..}{I}}:$	아이오도 (Iodo–)	CH_3I 아이오도메테인 (Iodomethane)

(3) 탄소 – 산소 단일결합 그룹

탄소(C)에 산소(O)가 단일결합으로 이루어진 화합물로 알코올(Alcohol) 이다. 알코올은 탄소에 하이드록시기(–OH, Hydroxy Group)가 결합된 화합물이다. 산소에 다른 탄소(C) 2개가 단일결합으로 이루어진 화합물은 에터(Ether)이다. 방향족화합물인 벤젠(C_6H_5)에 하이드록시기가 결합된 화합물은 알코올과 물리화학적 성질이 현저하게 다르며 페놀(Phenol)류라 한다. 알코올, 페놀 및 에터는 자연에 널리 존재하며 산업, 제약 및 생물학적으로 많이 이용되고 있다. 탄소(C) – 산소(O) 단일결합 작용기를 가진 그룹은 다음 표와 같다.

표 2.6 탄소–산소 단일결합 작용기

화합물(계통명)	작용기 구조	명명	예
알코올 (Alcohol)	$-\ddot{O}-H$	–올 (–ol)	CH_3OH 메탄올(Methanol)
페놀류	$-\ddot{O}-H$	–올 (–ol)	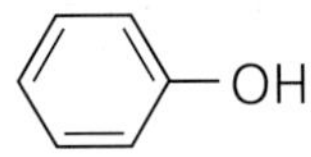 페놀(Phenol)
에터 (Ether)	$-\ddot{O}-R'$	에터 (Ether)	CH_3OCH_3 다이메틸 에터 (Dimethyl Ether)

(4) 탄소 – 황 단일결합 그룹

탄소(C)와 황(S)의 단일결합 작용기를 가진 화합물에는 싸이올(Thiol), 설파이드(Sulfide) 및 다이설파이드(Disulfide) 등이 있다. 싸이올과 설파이드(황화합물)는 알코올과 에터의 황 유사체이다. 탄소(C) – 황(S) 단일결합 작용기를 가진 그룹은 다음 표와 같다.

표 2.7 탄소–황 단일결합 작용기

화합물(계통명)	작용기 구조	명명	예
싸이올 (Thiol)	$-\ddot{S}-H$	–싸이올 (–thiol)	CH_3SH 메테인싸이올 (Methanethiol)
설파이드 (Sulfide)	$-\ddot{S}-$	설파이드 (Sulfide)	CH_3SCH_3 다이메틸 설파이드 (Dimethyl Sulfide)
다이설파이드 (Disulfide)	$-\ddot{S}-\ddot{S}-$	다이설파이드 (Disulfide)	CH_3SSCH_3 다이메틸 다이설파이드 (Dimethyl Disulfide)

(5) 탄소 – 산소 2중결합 그룹

탄소(C)에 산소(O)가 2중결합을 가진 작용기 C=O를 카보닐기(Carbonyl Group)라 한다. 유기화학의 가장 중요한 화합물들이 카보닐기를 가진 것들이다. 이들은 카보닐기의 탄소에 결합된 원자 들의 종류에 따라 분류된다. 알데하이드(Aldehyde)는 카보닐기 C=O에 수소 원자 한 개가 결합된 화합물이고, 케톤(Ketone)은 카보닐기에 2개의 탄소가 결합되어 있다. 카복실산(Carboxylic Acid)은 카보닐기에 한 개의 탄소와 −OH기가 결합된 화합물이고, 그 유도체인 에스터(Ester)는 한 개의 탄소와 한 개의 에터 같은 산소(−OR)가 붙어 있고, 아마이드(Amide)는 한 개의 탄소와 한 개의 질소가, 그리고 산 할로젠화물(Acyl Halide)은 한 개의 탄소와 할로젠 원소가 결합되어 있는 화합물이다. 산 염화물(Acyl Chloride)이 공업적으로 가장 널리 사용된다. 카보닐 작용기를 가진 그룹은 다음 표와 같다.

표 2.8 카보닐 작용기

화합물(계통명)	작용기 구조	명명	예
알데하이드 (Aldehyde)	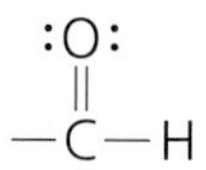	−알 (−al) −카브알데하이드 (−carbaldehyde)	CH_3CHO 에탄알 (Ethanal)
케톤 (Ketone)	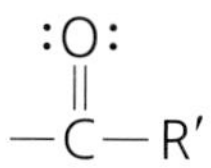	−온 (−one)	CH_3COCH_3 프로판온 (Propanone)
카복실산 (Carboxylic Acid)	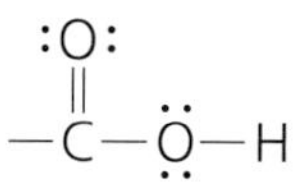	−산 (−oic Acid) −카복실산 (−carboxylic Acid)	CH_3COOH 에탄산 (Ethanoic Acid)
에스터 (Ester)	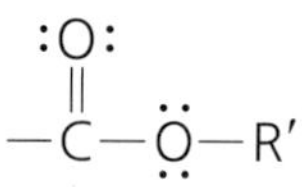	−오에이트 (−oate)	$CH_3COOC_2H_5$ 에틸에탄오에이트 (Ethyl Ethanoate)
아마이드 (Amide)	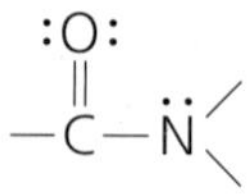	−아마이드 (−amide)	CH_3CONH_2 에탄아마이드 (Ethanamide)
산 할로젠화물 (Acyl Halide)	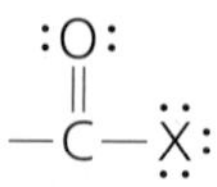	−오일 −이드 (−oyl −ide)	CH_3COCl 에탄오일 클로라이드 (Ethanoyl Chloride)
산 무수물 (Acid Anhydride)	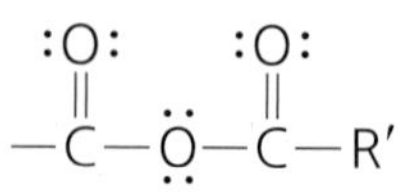	−산 무수물 (−oic Anhydride)	$CH_3COOCOCH_3$ 에탄산 무수물 (Ethanoic Anhydride)

(6) 탄소 – 질소 결합 그룹

탄소(C)가 질소(N)와 결합을 하고 있는 화합물은 아마이드 외에 아민(Amine) 화합물이 있다. 질소에 결합된 탄소의 개수에 따라 1차, 2차, 3차 아민으로 분류된다. 질소에 탄소 원자가 하나 결합되어 있는 아민은 1차 아민(Primary Amine), 2개가 결합되어 있는 것은 2차 아민(Secondary Amine), 그리고 3개가 결합되면 3차 아민(Tertiary Amine)이라 한다. 탄소(C)에 3중결합으로 질소(N)가 결합되어 있는 화합물은 나이트릴(Nitrile)이 있다. 탄소(C) – 질소(N) 단일결합을 가진 작용기 그룹은 다음 표와 같다.

표 2.9 탄소–질소 단일결합 작용기

화합물 (계통명)	작용기 구조	명명	예
1차 아민 (Primary Amine)	$-\ddot{N}H_2$	–아민 (–amine)	CH_3NH_2 메탄아민 (Methanamine)
2차 아민 (Secondary Amine)	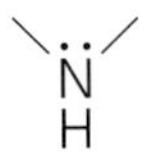	–아민 (–amine)	$(CH_3)_2NH$ N–메틸 메탄아민 (N–Methyl Methanamine)
3차 아민 (Tertiary Amine)		–아민 (–amine)	$(CH_3)_2N$ N,N–다이메틸 메탄아민 (N,N–Dimethyl Methanamine)
나이트릴 (Nitrile)	$-C\equiv\ddot{N}$	–나이트릴 (–nitrile)	CH_3CN 에테인나이트릴 (Ethanenitrile)

(7) 탄소 – 질소–산소 결합 그룹

탄소(C)가 질소(N)와 결합을 하고 질소(N)은 다시 산소(O)와 결합하고 있는 나이트로(Nitro) 화합물이 있다. 탄소(C) – 질소(N) – 산소(O) 결합을 가진 화합물 예는 다음 표와 같다.

표 2.10 탄소 – 질소–산소 결합 작용기

화합물 (계통명)	작용기 구조	명명	예
나이트로 (Nitro)	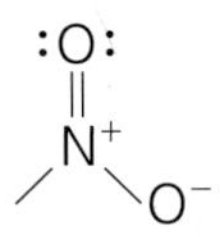	나이트로– (Nitro–)	CH_3NO_2 나이트로메테인 (Nitromethane)

2.2.3 천연물의 작용기

몇 가지 예는 다음과 같다.

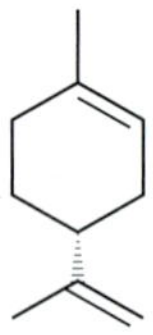

Limonene
오렌지향 성분

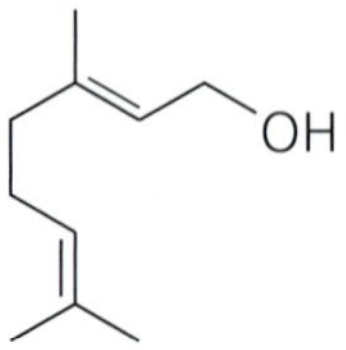

Geraniol
장미기름 성분

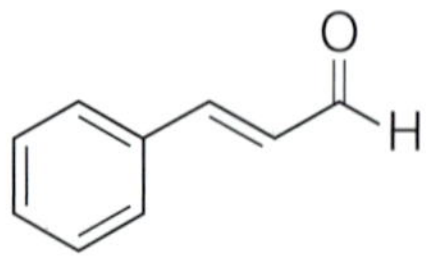

Cinnamaldehyde
계피향 성분

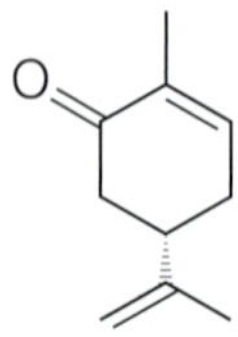

(*R*)−Carvone
박하향 성분

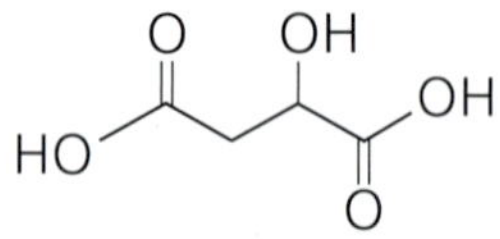

Malic Acid
사과의 신맛 성분

참고 작용기의 접두사와 접미사로 명명

화합물	작용기	접두사	접미사
카복실산 (Carboxylic Acid)	−COOH	카복시(Carboxy)	−카복실산 (−carboxylic Acid)
에스터 (Ester)	−COOR	R 옥시카보닐 (R oxycarbonyl)	−−− 카복실산 R (R−−− carboxylate)
나이트릴 (Nitrile)	−CN	사이아노(Cyano−)	−나이트릴(−nitrile)
알데하이드 (Aldehyde)	−CHO	포밀(Formyl−) 옥소(Oxo−)	−카브알데하이드(−carbaldehyde) −알(−al)
케톤 (Ketone)	−CO−	옥소(Oxo−)	−온(−one)
알코올 (Alcohol)	−OH	하이드록시(Hydroxy−)	−올(−ol)
싸이올 (Thiol)	−SH	머캅토(Mercapto−)	−싸이올(−thiol)
아민 (Amine)	$-NH_2$	아미노(Amino−)	−아민(−amine)

참고 유기화학의 작용기

알케닐기 (Alkenyl)	알카이닐기 (Alkynyl)	페닐기 (Phenyl)	할로젠기 (Halo)	하이드록시기 (Hydroxyl)	알콕시기 (Alkoxy)
$>C=C<$	$-C\equiv C-$	$-C_6H_5$	−X	−OH	−OR
아미노기 (Amino)	**머캅토기 (Mercapto)**	**알킬싸이오기 (Alkylthio)**	**포밀기 (Formyl)**	**옥소기 (Oxo)**	**카복시기 (Carboxyl)**
$-NH_2$	−SH	−SR	−C(=O)−H	C−C(=O)−C	−C(=O)OH

알콕시카보닐기 (Alkoxycarbonyl)	카밤오일기 (Carbamoyl)	사이아노기 (Cyano) 나이트릴기 (Nitrile)	나이트로기 (Nitro)
$-\overset{\text{O}}{\overset{\Vert}{\text{C}}}\text{OR}'$	$-\text{CONH}_2$ $-\text{CONHR}'$ $-\text{CONR}'\text{R}''$	$-\text{CN}$	$-\text{NO}_2$

2.2.4 유기화합물의 전하 밀도 지도

다음과 같은 작용기를 포함하는 유기화합물의 전하 밀도 지도는 다음과 같다.

(1) 탄소–탄소 다중결합

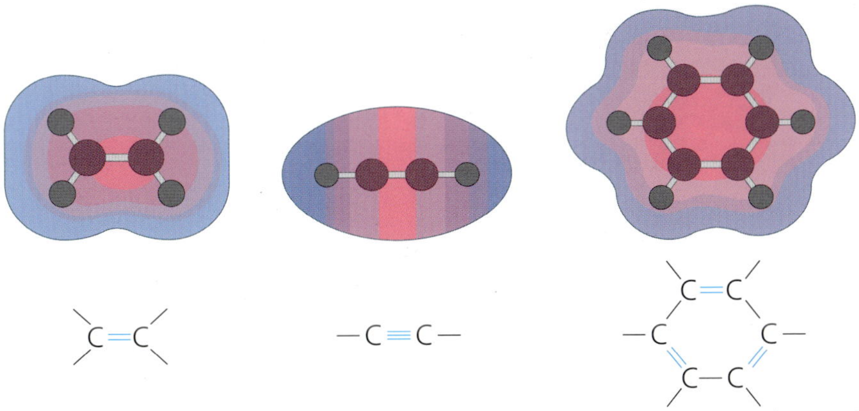

알켄 알카인 아렌 (방향족 고리)

(2) 전기음성인 원자와 탄소의 단일결합

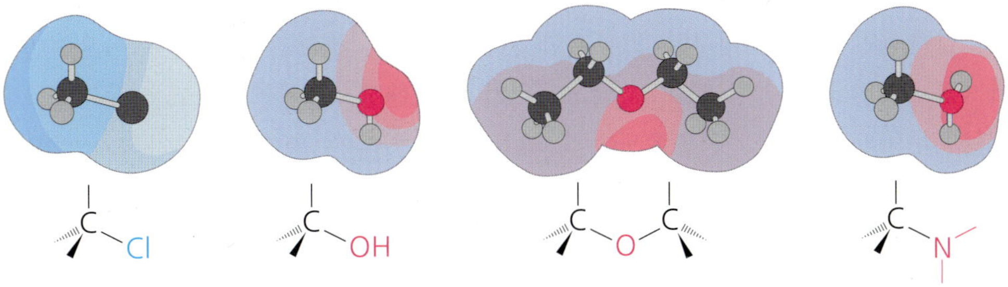

할로젠화 알킬 알콜 에터 아민

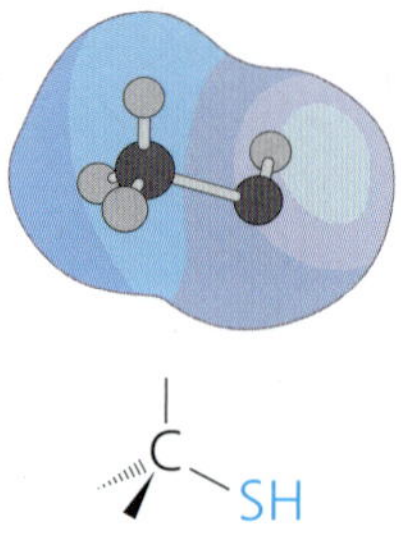

싸이올

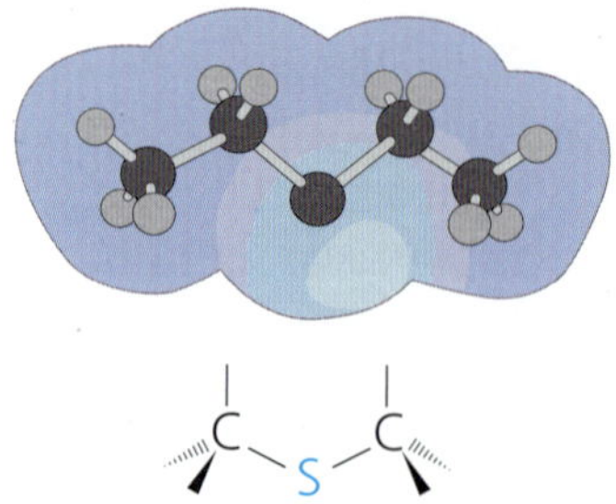

황화물

(3) 탄소–산소 2중결합(카보닐기)

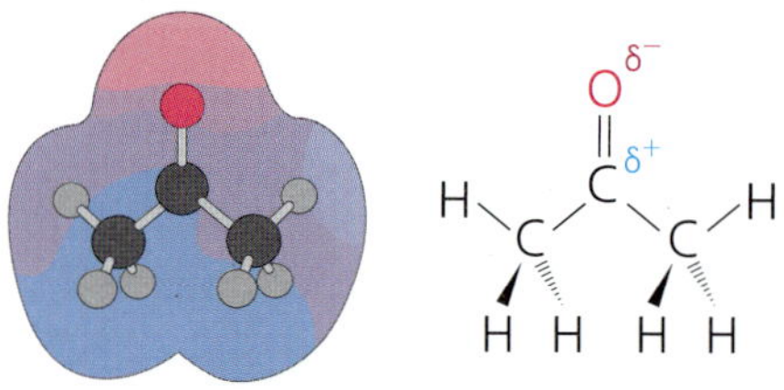

아세톤 (카보닐 화합물)

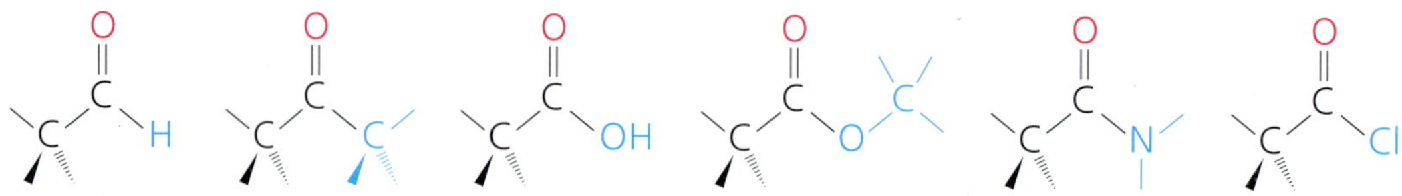

알데하이드 케톤 카복실산 에스터 아마이드 산염화물

2.3 유기 분자간 작용 힘

유기화합물의 일반적인 특성은 대부분 공유결합을 하고 있고, 분자간의 인력이 이온결합에 비해 작아서 녹는점 및 끓는점이 비교적 낮고, 유기용매(벤젠, 톨루엔, 알코올 등)에는 잘 녹으나 물에는 잘 녹지 않는다. 반응속도가 느리고 열, 빛 혹은 촉매 등을 가하지 않으면 반응이 어렵다. 또한 하나의 분자에 대하여 원자의 수나 종류가 동일한 화합물이나 원자들의 배열이 다른 화합물인 이성질체(Isomer)가 많다. 유기화합물은 대부분 합성으로 만들고 있으나 그외 천연에서 얻기도 하고(원유, 천연가스, 당류 등) 알코올과 항생물질 및 유기산 등은 발효에 의해 얻어진다.

공유 결합의 분자들 사이에는 서로 잡아 당기는 힘이 있으며, 이 힘은 분자의 모양, 끓는점, 녹는점, 용해도 등에 큰 영향을 미친다. 대표적 분자간의 힘은 다음 3가지 종류가 있으며 이 중 수소 결합의 힘이 가장 크며 반데르발스 힘이 가장 약하다.

2.3.1 van der Waals 힘 (반데르발스 힘)

분자 내의 일시적인 전하 쏠림 현상으로 극성이 생긴다. 이 극성에 의한 2중 극자(쌍극자) 사이의 상호작용을 말한다. 이 상호작용은 표면적과 편극성이 클수록 크다. 다음 그림과 같이 표면적이 큰 직선 사슬형 펜테인(Pentane) 분자가 표면적이 작은 곁가지 달린 공 모양의 네오 펜테인(Neopentane) 분자보다 반데르발스 상호작용 힘이 더 크다.

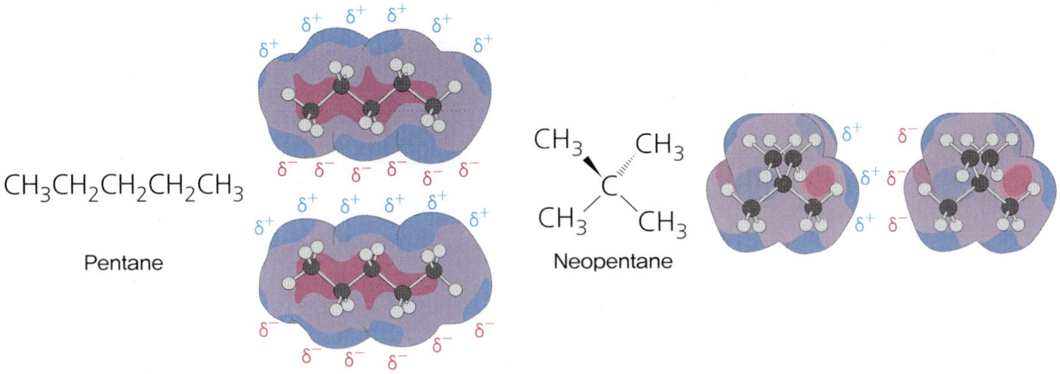

예를 들면 표면적이 가장 큰 펜테인(Pentane)이 가장 높은 끓는점(Boiling Point)을 가진다.

$CH_3CH_2CH_2CH_3$ $CH_3CH_2CH_2CH_2CH_3$ 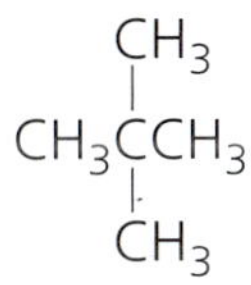

Butane	Pentane	Neopentane
−0.5 ℃	36 ℃	10 ℃

그리고 편극성이 더 높은 요오드 화합물이 플루오르 화합물보다 끓는점이 높다.

CH_3I 42 ℃ > CH_3F -78 ℃

2.3.2 쌍극자-쌍극자 상호작용 (Dipole-Dipole Interaction)

극성 공유 결합 분자에서 분자 내 양전하 부분과 다른 분자의 음전하 부분과의 상호작용을 말한다. 이 작용은 반데르발스 힘보다 더 강하다.

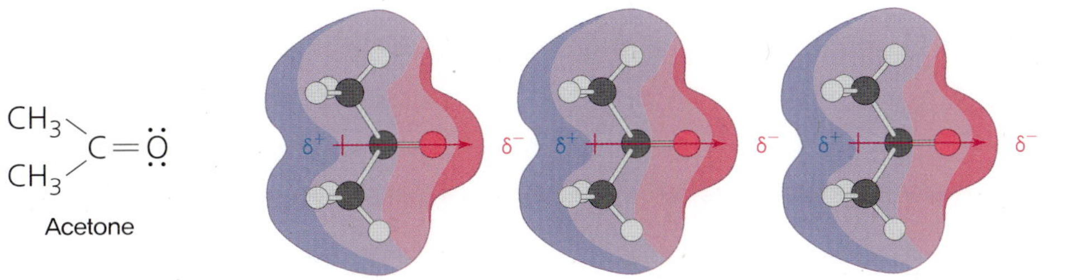

2.3.3 수소 결합 (Hydrogen Bonding)

HF, H_2O, NH_3 등과 같은 분자처럼 전기음성도가 큰 F, O, N과 결합되어 있는 수소 원자는 부분 양전하를 가진다. 수소 결합이란 이 부분 양전하를 가진 수소 원자가 음전하를 가진 다른 분자의 F, O, N와 정전기적으로 결합하여 이루어진 분자간 결합을 말한다. 수소 결합(10 Kcal/mol)은 분자간 결합 중 가장 세지만 O–H 공유 결합(119 Kcal/mol)에 비하면 아주 약한 편이다.

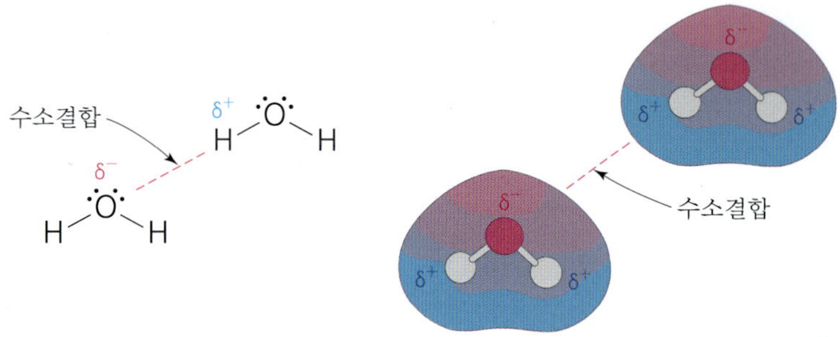

분자간의 힘의 세기는 끓는점이 증가하는 순서와 같다. 즉 수소 결합 〉 쌍극자–쌍극자 상호작용 〉 van der Waals힘이다. 예를 들면 다음과 같다.

Pentane	Butanal	1-Butanol
$CH_3CH_2CH_2CH_2CH_3$	$CH_3CH_2CH_2CHO$	$CH_3CH_2CH_2CH_2OH$
36 ℃	76 ℃	118 ℃

물질의 용해도는 용질이 용매에 녹는 정도를 말한다. 물질이 용해되는 과정에서 용질 분자 사이의 인력이 용매에 의하여 깨어진다. 극성 물질은 극성 용매에 잘 녹고 비극성 물질은 비극성 용매에 잘 녹는다. 즉 비슷한 것끼리 녹인다. 친수성(Hydrophilic) 부위는 분자 내에서 물 분자에 끌리는 부분이고 소수성(Hydrophobic) 부위는 분자 내에서 물 분자를 기피하는 부위이다.

2.4 탄소의 결합

탄소 원자의 원자 오비탈에 있는 전자가 공유 결합을 하는 경우 2가지 방법을 상상할 수 있다. 탄소 원자의 바닥상태와 들뜬 상태에서 전자 배치와 수소와의 가상 결합 형태는 다음과 같다. 즉 (a)처럼 바닥(기저) 상태에서 탄소의 전자 배치는 $2s^22p_x^12p_y^1$으로 2개의 홀전자를 가진다. 이것이 에너지를 받아 (b)처럼 들뜬(여기) 상태가 되면 탄소의 전자 배치는 $2s^12p_x^12p_y^12p_z^1$으로 4개의 홀전자로 된다. 전자는 수소 전자 2개가 결합에 참여한 CH_2의 원자가전자의 전자 배치로 팔원자 규칙을 만족시키지 못한다. 반면에 후자는 수소 전자 4개가 결합에 참여한 CH_4의 전자 배치로 팔원자 규칙을 만족한다. 이때 3개의 C–H 결합은 동일하나 한 개의 C–H결합은 다르다.

(a) CH_2의 원자가전자의 전자 배치　　　　(b) CH_4의 전자배치

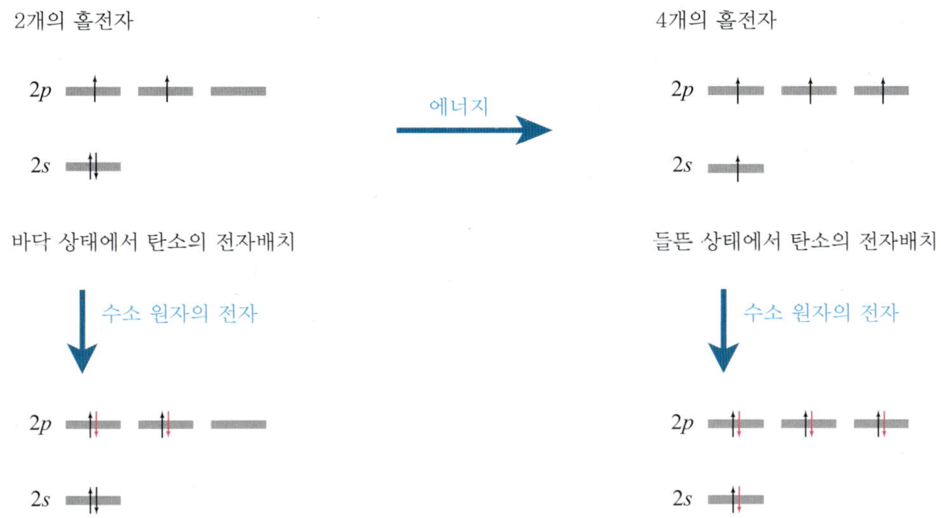

2.5 탄소 원자의 혼성 오비탈

탄소 원자 결합의 혼성 오비탈은 탄소 원자의 2*s*와 2*p* 원자 오비탈이 서로 섞여 새로 만들어진 오비탈로 sp^3, sp^2, *sp* 혼성 오비탈 등 3종류가 있다.

혼성화란 2개 이상의 오비탈을 조합하여 동일한 에너지와 모양을 갖는 오비탈을 만드는 과정을 의미한다. 혼성 오비탈의 윗첨자는 조합에 참여한 오비탈의 개수를 의미한다. sp^3의 경우 *s* 오비탈 1개와 *p* 오비탈 3개(숫자 1은 보통 생략)가 조합되어 만들어진 혼성 오비탈임을 의미한다. 혼성화에 참여하는 원자 오비탈의 수와 동일한 수의 혼성화 오비탈이 만들어진다. 즉, sp^3 혼성 오비탈은 4개의 원자 오비탈이 참여하였으므로 4개의 sp^3 오비탈이, sp^2 혼성 오비탈은 3개의 원자 오비탈이 참여하였으므로 3개의 sp^2 오비탈이, *sp* 혼성 오비탈은 2개의 원자 오비탈이 참여하였으므로 2개의 *sp* 오비탈이 각각 만들어 진다. 오비탈의 에너지 준위는 다음과 같다.

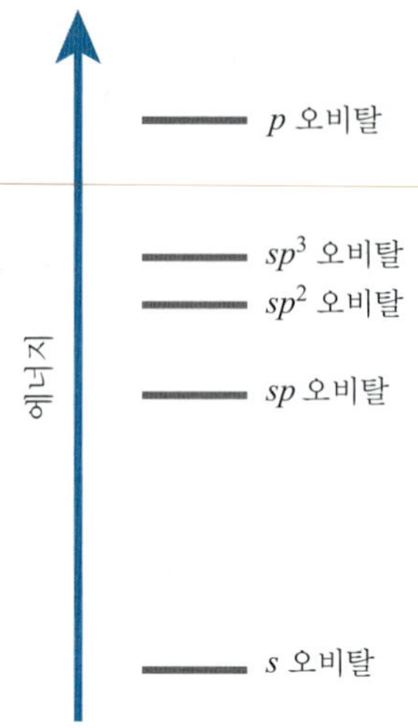

2.5.1 탄소의 단일 결합

단일 결합에 참여하는 탄소 원자의 전자 배치는 4개의 원자가전자 모두가 4개의 sp^3 혼성 오비탈에 각각 1개씩 배치되어 있다.

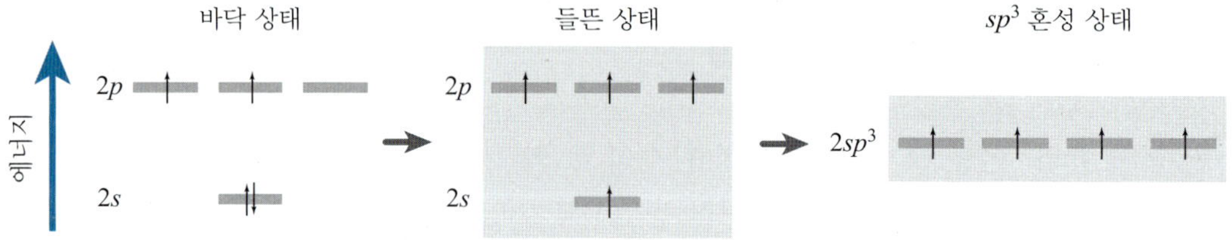

탄소 원자의 sp^3 혼성 오비탈 형성은 sp^3 혼성 오비탈의 모양이 한쪽 귓불이 커진 아령 모양이다. 그 이유는 공 모양의 s 오비탈 1개와 p 오비탈 3개가 조합되어 만들어진 오비탈이기 때문이다.

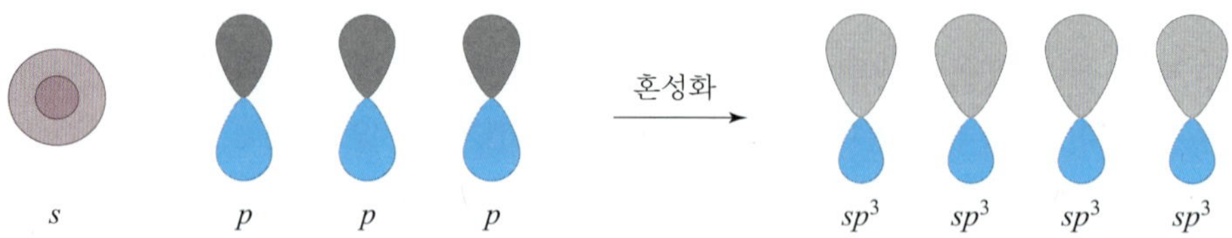

4개의 sp^3 오비탈 형성

CH_4(메테인)과 CH_3CH_3(에테인) 단일 결합 예는 다음과 같다.

(1) CH_4 결합의 경우

메테인(Methane) 분자의 모양은 탄소 원자가 정사면체 중심에 위치하고 정사면체의 꼭지점에서 수소 원자와 결합한 모양을 가지고 있으며 결합각은 109.5° 이다.

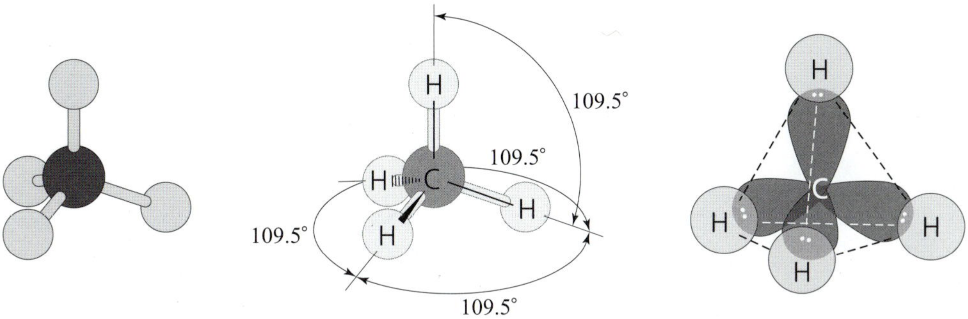

(2) CH_3CH_3 결합의 경우

에테인(Ethane)의 C−H결합은 sp^3−s 겹침에 의해 생기고 C−C 결합은 sp^3−sp^3 겹침에 의해 생긴다. C−H 결합과 C−C 결합 모두 자유 회전이 가능하다.(σ 결합수 4개, π 결합수 0)

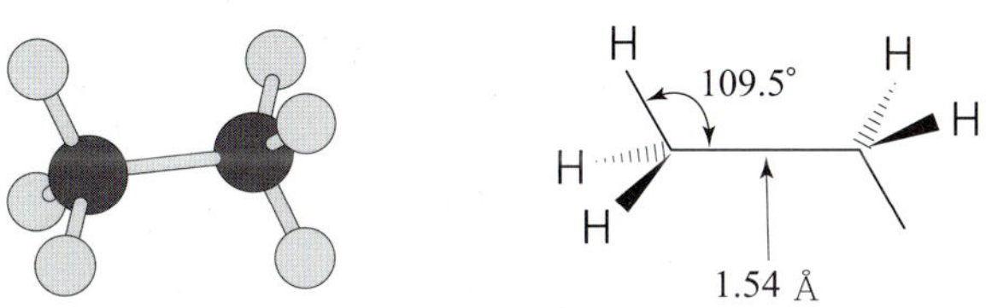

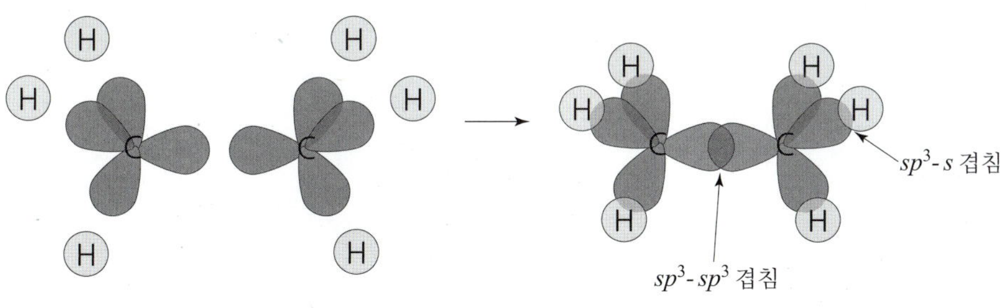

2.5.2 탄소의 2중 결합

2중 결합에 참여하는 탄소 원자의 전자 배치는 4개의 원자가전자 중 3개는 sp^2 혼성 오비탈에 나머지 1개는 $2p$ 원자 오비탈에 배치되어 있다. 탄소 원자의 sp^2 혼성 오비탈 형성은 바닥 상태의 $2s$ 오비탈 전자 한 개가 $2p$ 오비탈로 들뜬 뒤 s 오비탈 전자 한 개와 p 오비탈 전자 2개가 혼성화 되어 3개의 sp^2 혼성 오비탈을 형성한다.

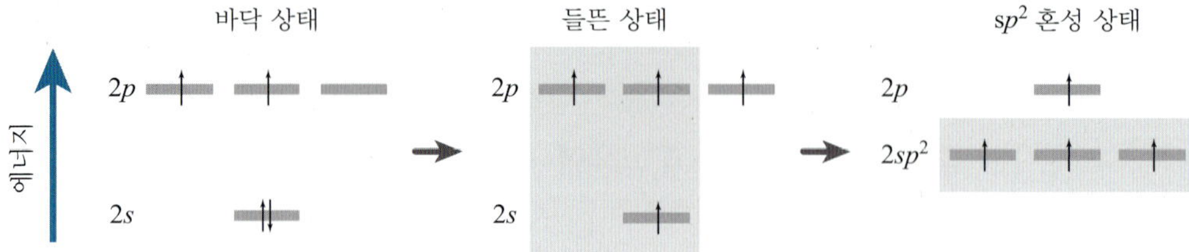

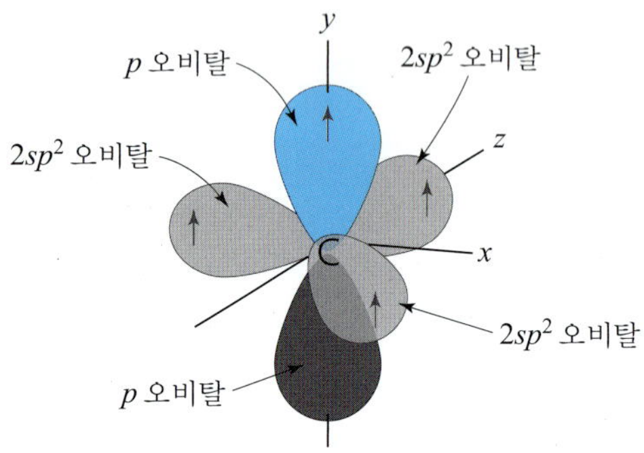

옆에서 본 모습

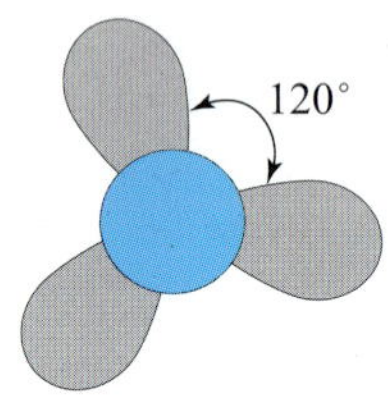

위에서 본 모습

CH_2=CH_2 (에텐)의 2중 결합 예는 다음과 같다.

에텐(Ethene)의 결합은 2개의 $s-sp^2$ 겹침과 한 개의 sp^2-sp^2 겹침으로 생긴 3개의 σ 결합과 p-p 겹침으로 생긴 한 개의 π 결합으로 이루어져 있다. 분자 모양은 평면 삼각형이며 결합각은 120° 이다. 2중 결합을 하고 있는 원자 사이에 자유 회전이 불가능하다.

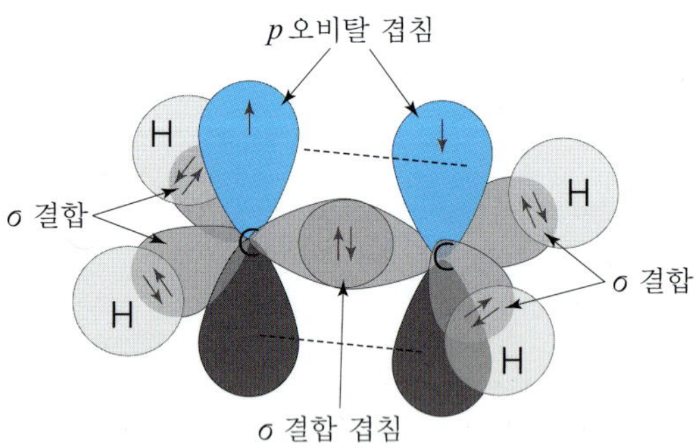

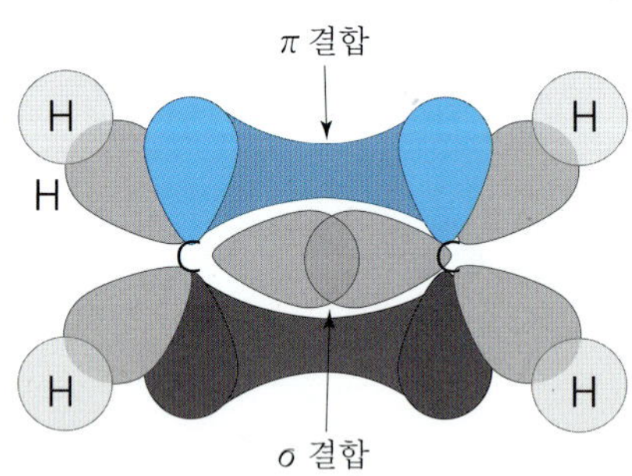

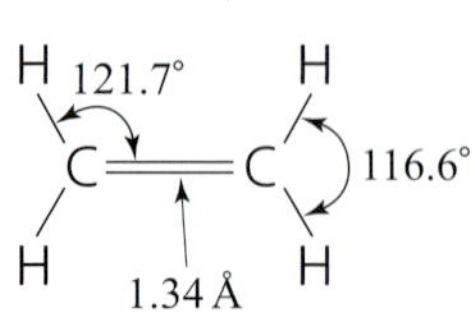

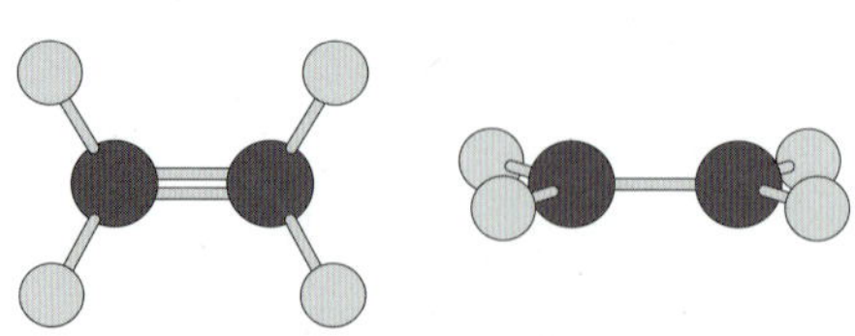

2개 C와 4개 H 원자는 같은 평면

2.5.3 탄소의 3중 결합

3중 결합에 참여하는 탄소 원자의 전자 배치는 4개의 원자가전자 중 2개는 *sp* 혼성 오비탈에 나머지 2개는 2*p* 원자 오비탈에 배치되어 있다. 탄소 원자의 *sp* 혼성 오비탈 형성은 바닥 상태의 2*s* 오비탈 전자 한 개가 2*p* 오비탈로 들뜬 뒤 *s* 오비탈 전자 한 개와 *p* 오비탈 전자 한 개가 혼성화되어 2개의 *sp* 혼성 오비탈을 형성한다.

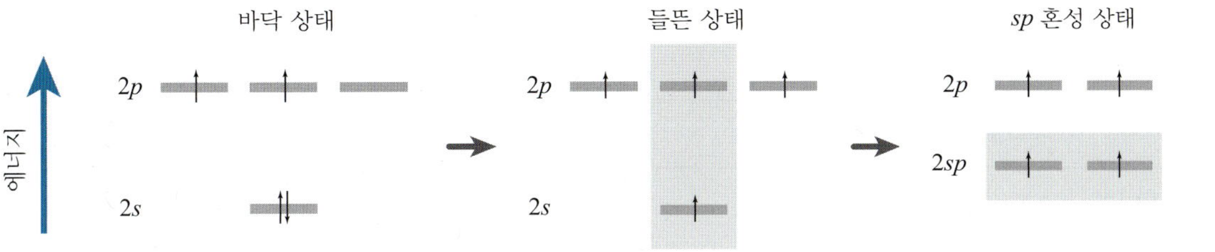

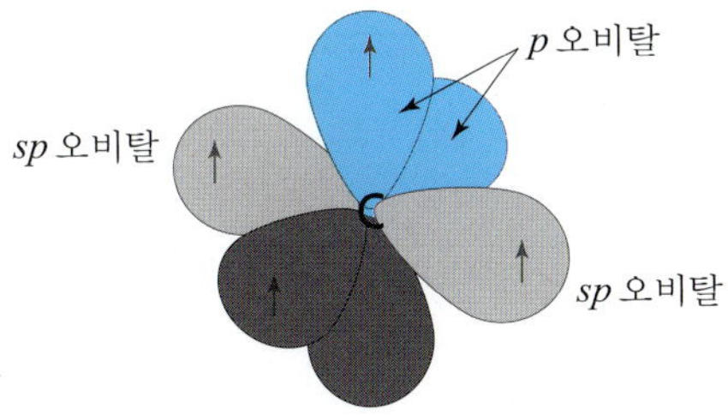

HC≡CH(에타인)의 3중 결합 예는 다음과 같다.
에타인(Ethyne) 탄소의 4개의 원자가전자는 2개의 *sp* 혼성 오비탈(σ 결합 참여)과 2개의 *p* 오비탈(π결합 참여)에 한 개씩 배치되어 결합에 참여하여 2개의 σ 결합과 2개의 π 결합으로 이루어진다. 2개의 π결합은 서로 수직한 평면에 놓여있다. 분자 모양은 선형이며 결합각은 180° 이다. 3중 결합을 하고 있는 원자 사이에 자유 회전이 불가능하다.

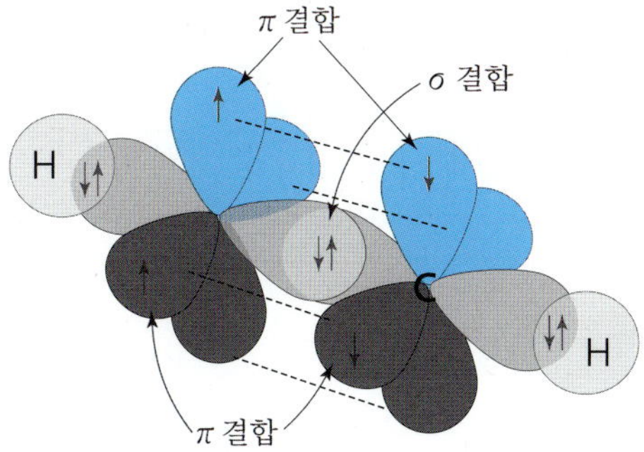

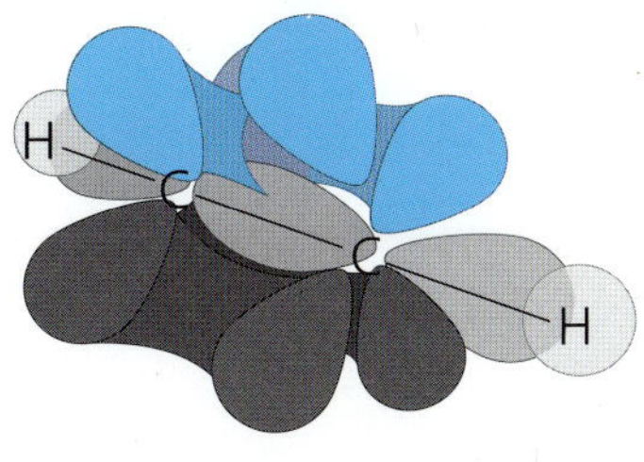

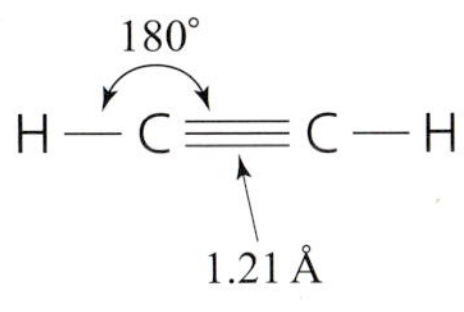

위에서 언급한 탄소결합의 특징은 다음 표와 같이 정리할 수 있다.

표 2.11 탄소–탄소의 결합 특징

		CH_3CH_3 (C–C)	$CH_2{=}CH_2$ (C=C)	HC≡HC (C≡C)
탄소 원자의 혼성 오비탈수		sp^3 4	sp^2 3	sp 2
결합각		109.5°	120°	180°
결합 형태	σ 결합수	4	3	2
	π 결합수	0	1	2
결합 길이 (Å)		1.54	1.34	1.21
결합 세기 (Kcal/mol)		88	152	200
결합 회전		가능	불가능	불가능
분자 모양		정사면체	삼각평면형	선형

2.6 붕소 질소 산소 원자의 결합

비공유 전자쌍 사이의 반발력이 결합 전자쌍 반발력보다 크다. 예를 들면 다음 3분자에 있는 중심 원자의 전자 배치 및 혼성화의 원자 사이의 결합각을 살펴보자. BF_3 분자에서 전자 배치와 혼성화의 경우 B원자의 원자가전자 3개는 sp^2 혼성화로 만들어진 3개의 오비탈에 전자가 한 개씩 배치되어 3군데에서 F원자의 전자와 결합을 함으로 BF_3의 분자 모양은 평면 삼각형 모양이며 결합각은 120° 이다.

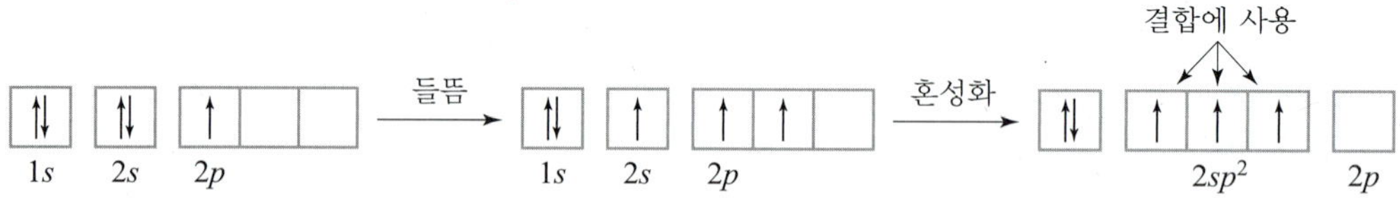

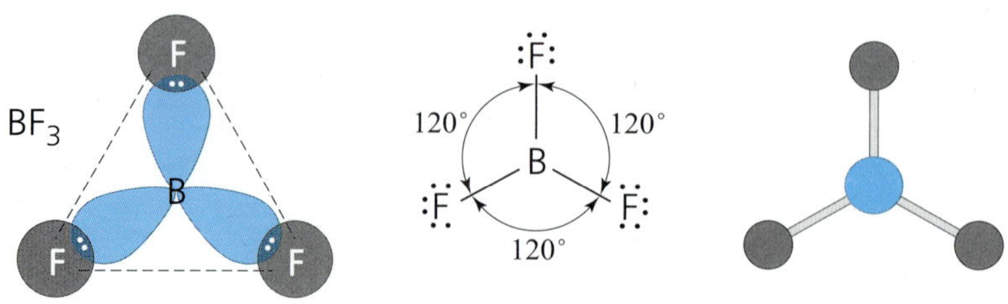

NH_3 분자에서 N원자의 전자 배치와 혼성화 경우는 N원자의 5개의 원자가전자는

sp^3혼성화되어 만들어진 4개의 오비탈 중 한 개에 2개의 전자가 들어가 비공유 전자쌍이 되고 나머지 3오비탈에 전자가 한 개씩 들어가 수소 원자의 전자와 결합한다. 비공유 전자쌍의 반발력 때문에 NH_3의 분자 모양은 삼각 피라미드 모양이 되고 결합각은 107°를 이룬다.

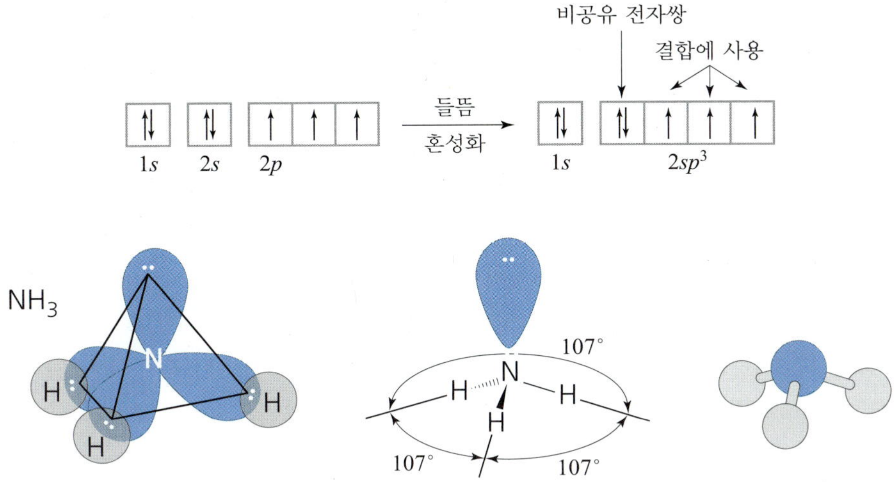

H_2O 분자에서 O원자의 전자 배치와 혼성화의 경우는 O원자의 6개의 원자가전자는 sp^3로 만들어진 4개의 오비탈 중 2개에 각각 전자가 2개씩 배치되어 2개의 비공유 전자쌍이 되고 나머지 2개의 오비탈에 전자가 한 개씩 배치되어 수소 원자의 전자와 결합한다. 2개의 비공유 전자쌍에 의한 전자쌍 반발력 때문에 H_2O의 분자 모양은 정사면체가 일그러진 굽은형이 되고 결합각은 105°이다. NH_3보다 작은 결합각을 갖는 이유는 비공유 전자쌍이 2개 있어 이들의 반발력이 NH_3의 경우보다 더 크게 작용하기 때문이다.

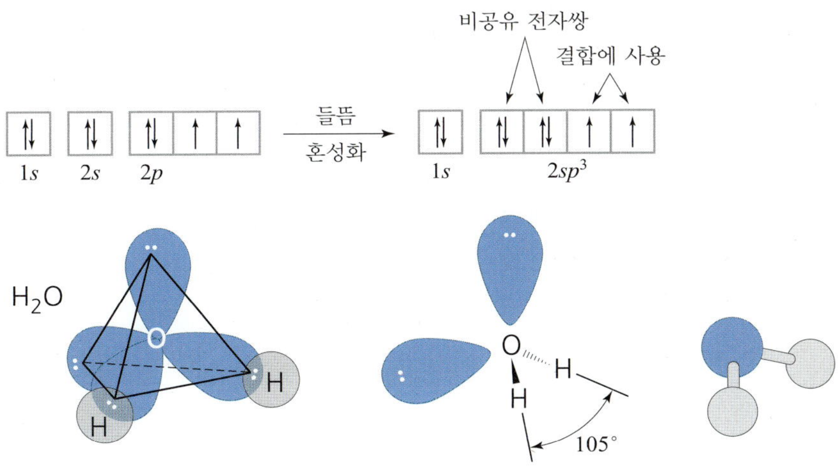

2.7 유기 화합물 보기

유기화합물은 탄소의 화합물이다. 탄소는 다른 탄소와 결합이 가능한 특성을 가진다. 따라서 메테인(CH_4)에서 수천 개의 탄소를 갖는 플라스틱, 수십억 개의 탄소를 갖는 DNA까지 다양한 형태로 존재할 수 있다. 다시 말해 유기화합물은 탄소(C) 원소를 비롯하여 수소(H), 질소(N), 산소(O), 염소(Cl), 황(S), 인(P), 불소(F), 그리고 규소(Si) 원소들이 서로 결합된 화합물이다. 예를 들면 현재 모기로 인한 전염병인 말라리아 퇴치를 위해 많은 양의 유기 화합물이 사용되고 있다.

2.7.1 신코나 나무의 퀴닌

수세기 전에 안데스 산맥에 서식하는 신코나(Cinchona) 나무 껍질에서 추출한 퀴닌 (Quinine)과 합성 약품인 클로로퀸(Chloroquine)이 항 말라리아제이다.

그림 2.1 신코나 나무

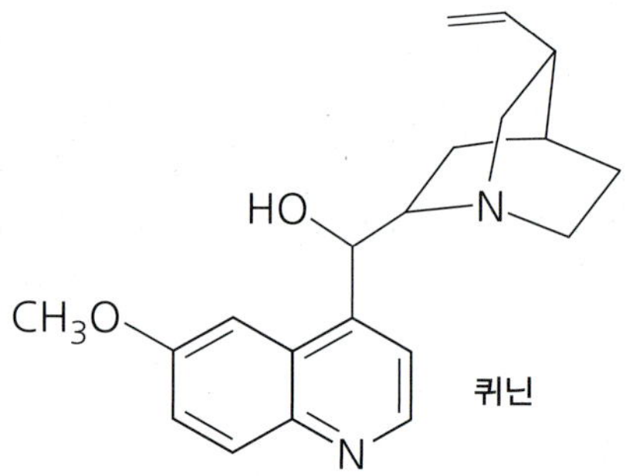

퀴닌

2.7.2 개똥쑥의 아르테미시닌

약물 내성균 형성으로 현재 권장되는 치료법은 아르테미시닌(Artemisinin)이다. 이 아르테미시닌은 수백 년 동안 한약재로 사용된 개똥쑥(Artemisia Annua) 잎에서 추출된 복합 유기 화합물이다. 이 추출 천연 아르테미시닌의 수요를 충족하기 위해서 지금은 유전공학 및 발효 공정을 이용해서 아르테미시닌을 얻고 있다.

그림 2.2 개똥쑥

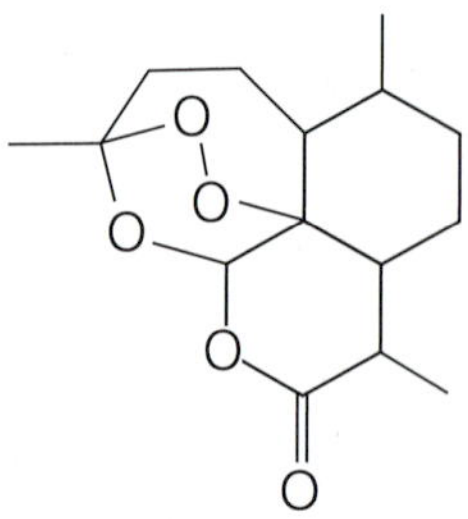

아르테미시닌

03 장

유기반응

03장

유기반응

유기화합물이 반응하여 화학반응을 일으킬 때 어떤 종류의 반응이 일어나고 그리고 어떻게 일어날 것인가에 주로 관심을 두고 있다. 유기 반응은 반응 시약 혹은 반응 조건에 의하여 출발물(반응 기질)에 있던 탄소 원자의 기존 결합이 끊어지고 새로운 결합이 생기는 반응을 말한다. 유기화학반응의 종류에는 어떤 것이 있으며 또한 이러한 화학반응들의 전체과정이 어떻게 일어나는 지에 대하여 알아보는 것을 반응 메커니즘(Reaction Mechanism)이라 한다.

3.1 유기반응의 종류

출발 물질이 변화하는 형태에 따라 유기 반응을 분류하며 크게 치환 반응(Substitution Reaction), 첨가 반응(Addition Reaction), 제거 반응(Elimination Reaction), 재배열 반응(Rearrangement Reaction)의 4종류로 분류할 수 있다.

3.1.1 치환 반응(Substitution Reaction)

탄소 원자에 결합해 있던 원자단이 다른 원자단으로 교체되는 반응을 말한다. 즉 아래에서 Z(H 혹은 할로젠)가 Y로 교체된다.

치환 반응은 반응 메커니즘에 따라 자유 라디컬 치환 반응, 친핵성 치환 반응, 친전자성 치환 반응의 3종류로 구분하며 각각의 반응 예는 다음과 같다.

(1) 자유 라디컬 치환 반응 예

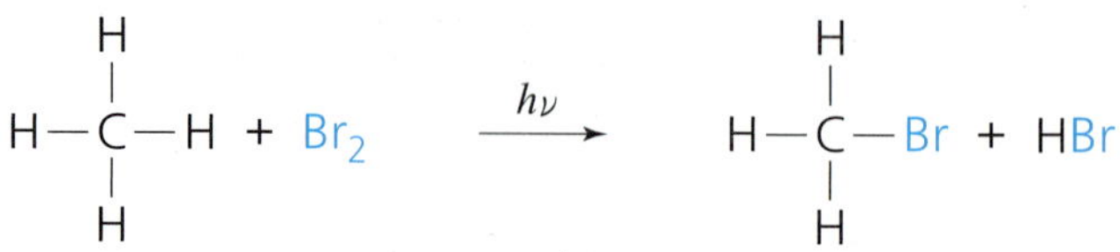

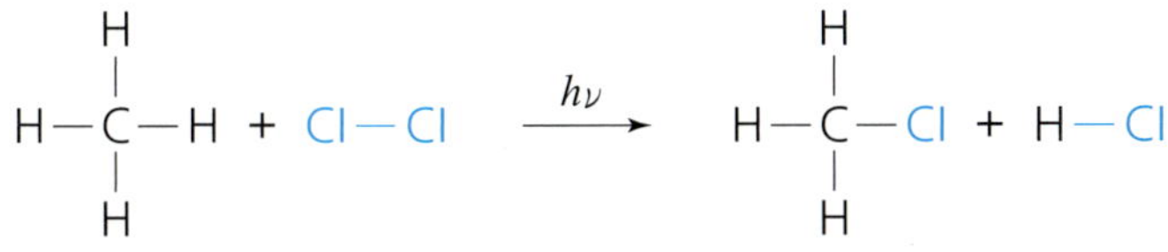

Methane (알케인) Chloromethane (할로젠화 알킬)

(2) 친핵성 치환 반응 예

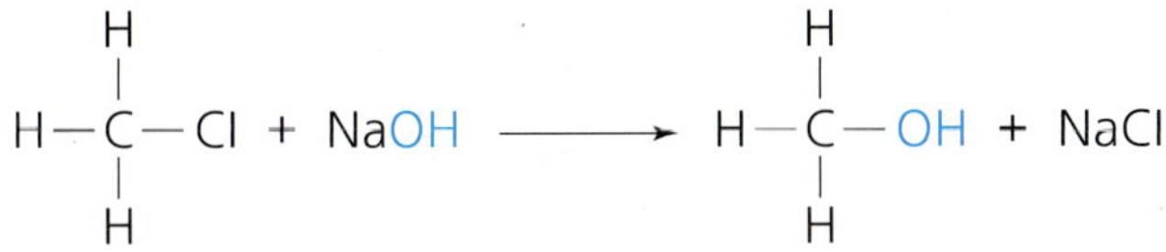

(3) 친전자성 치환 반응 예

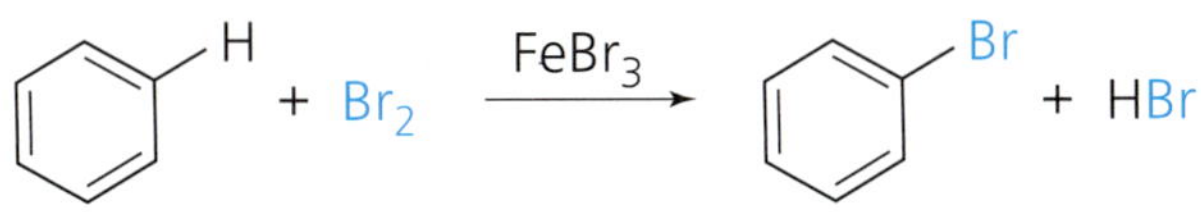

3.1.2 첨가 반응(Addition Reaction)

π결합을 가진 알켄(C=C), 알카인(C≡C), 카보닐기(C=O)를 가진 물질 즉 알데하이드, 케톤, 카복실산 유도체 및 이민(C=N) 등과 같은 화합물에서 π결합이 끊어지고 새로운 σ결합이 생성되는 반응을 말한다.

π 결합 σ 결합

첨가 반응(부가 반응)에는 친전자성 첨가 반응, 친핵성 첨가 반응, Diels–Alder 반응의 3가지 종류가 있고 반응 예는 다음과 같다.

(1) 친전자성 첨가 반응 예

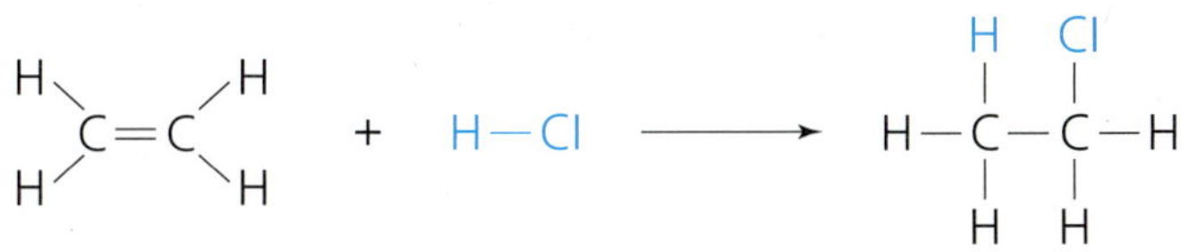

Ethylene (알켄) Chloroethane (할로젠화 알킬)

(2) 친핵성 첨가 반응 예

(3) Diels-Alder 반응 예

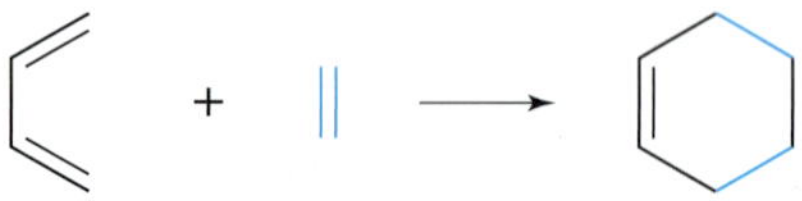

3.1.3 제거 반응(Elimination Reaction)

첨가 반응과 반대로 탄소 원자에 σ결합을 하고 있던 원자단이 제거되면서 π결합이 생성되는 반응을 말한다. 이 반응을 통해 단일 결합에서 2중 결합 또는 3중 결합을 만들 수 있다.

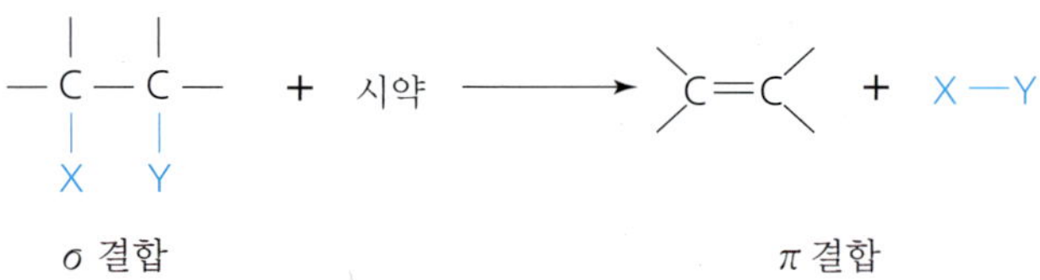

그리고 반응 예는 다음과 같다.

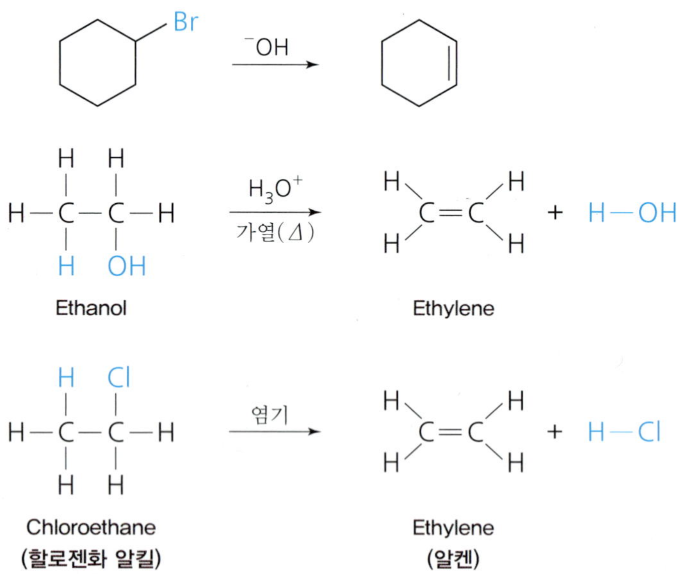

3.1.4 재배열 반응(Rearrangement Reaction)

이 반응은 한 분자를 구성하고 있는 원자단이 그 분자의 다른 부위로 옮겨 가는 반응을 말한다. 자리 옮김 반응이라고도 한다. 반응 예는 다음과 같다.

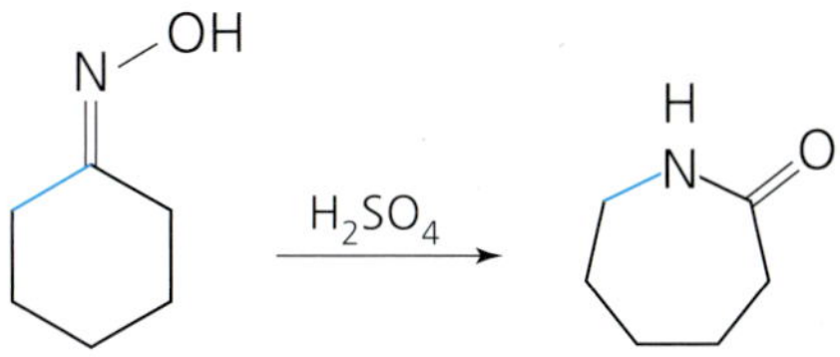

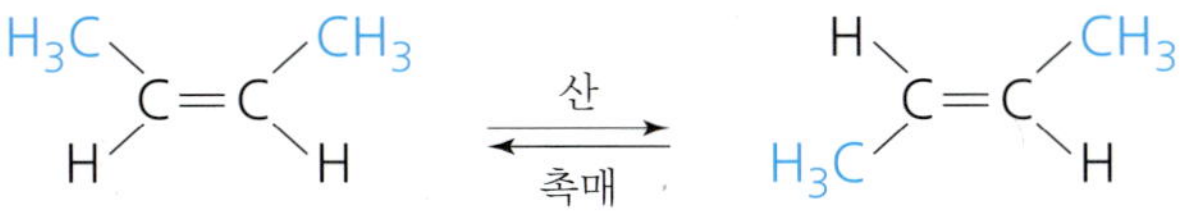

cis−2−Butene　　*trans*−2−Butene

3.2 유기 반응식

유기 분자에서 일어나는 반응은 이온 반응이 아니기 때문에 산−염기 반응처럼 정량적으로 일어나지 않는다. 때문에 특별한 경우를 제외하고 화학 반응식에서 반응 물질의 단량 표시를 하지 않는 것이 보통이다.

일반적으로 유기 반응식의 상태는 반응물을 왼쪽에 놓고 생성물은 오른쪽에 놓은 후에 화살표(→)로 연결한다. 즉 A+B → C 형태로 표기한다. 반응 촉매, 용매, 온도와 같은 반응조건에 대한 표기는 화살표 위 또는 아래에 적는다. 예를 들면 다음 반응에서 화살표에 적은 물질은 반응 용매와 반응 조건을 적은 것이다.

$$CH_2{=}CH_2 \ + \ HCl \xrightarrow[\text{25℃}]{\text{Ether}} CH_3CH_2Cl$$

(1) 상기 반응식을 다음 형태로 쓰기도 하는데, 이때는 반응물 HCl을 화학적으로 더 관심을 두고 있음을 강조하려는 것이다. 반응물과 반응 용매 및 반응조건을 화살표에 함께 배치한다.

$$CH_2{=}CH_2 \xrightarrow[\text{Ether, 25℃}]{HCl} CH_3CH_2Cl$$

(2) 반응식에서 반응물과 촉매를 화살표 위에 함께 표기하기도 한다. H^+는 촉매로 산을 의미하고 있다.

$$CH_3CH{=}CH_2 \xrightarrow{H_2O,\ H^+} CH_3CH_2CH_2OH$$

(3) 다음과 같이 반응식의 화살표 위 아래로 1, 2를 표시한 것은 두 연속 반응을 의미하고 무기 부산물은 생략하기도 한다.

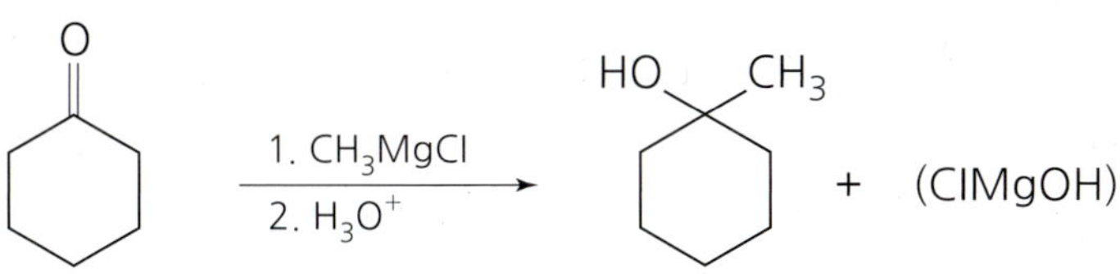

(4) 그 외 반응식에서 삼각형(Δ)은 가열을 나타내고 $h\nu$ 는 빛을 의미한다.

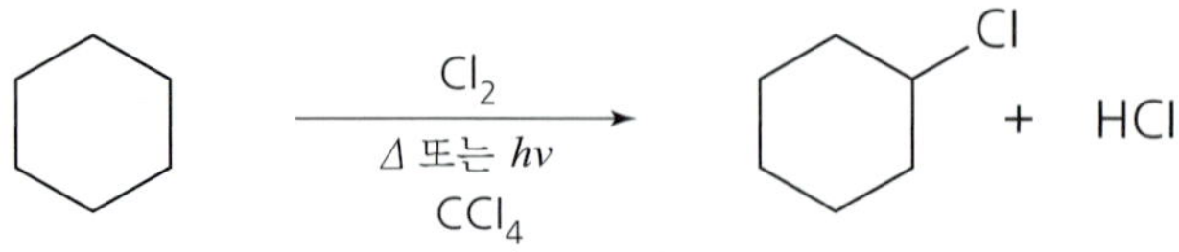

유기반응식에서 화살표 위 아래에 표기된 화합물의 역할을 알아보기 위해서는 전체 반응에 대한 변화를 자세히 살펴야 한다. 그리고 유기 반응에서 사용되는 여러 가지 부호는 다음과 같다.

표 3.1 유기반응 사용 부호

부호		사용 및 의미
→	[반응 화살표]	반응물과 생성물 사이
⇌	[쌍방향 반응 화살표]	반응물과 생성물 평형 반응
↔	[양쪽머리 화살표]	공명 구조 표현
↷	[굽은 화살표]	전자쌍 이동
⇀ (굽은)	[반쪽머리 굽은 화살표]	홀전자 이동
+→	[전자 인력]	전자 쏠림
[O] / [H]	[산화] / [환원]	산화 반응 / 환원 반응
δ^+/ δ^-	[부분 양전하] / [부분 음전하]	전자밀도 낮음 / 전자 밀도 높음
Δ /$h\nu$	[가열] / [빛]	반응에 필요 에너지
)(	[입체 장애]	반응 장애

3.2.1 유기반응 메커니즘

모든 반응은 결합 절단과 결합 생성이 일어난다. 2분자의 반응물이 반응하여 새로운 생성물을 만들 때 반응물은 특정한 결합의 절단이 일어나고 생성물에는 특정한 결합이 생긴다. 공유결합 화합물의 공유전자쌍 분해에는 2가지 방법이 있다. 우선 결합을 이룬 전자들이 분해되어 생성물 조각들이 전자를 하나씩 나눠 가지는 경우와 2개의 결합 전자가 한 개의 생성물 조각에 모두 남아 있고 다른 조각은 빈 궤도함수 형태로 남아 있는 경우이다.

(1) 결합의 분해과정

균일(Homolytic)과 불균일(Heterolytic) 과정이 있다. 예를 들어 아래(a)는 결합의 라디컬에 의한 균일 분해로 각 토막에 전자 한 개씩 존재하고(b)는 결합의 극성에 의한 분균일 분해로 2전자가 하나의 토막에 존재한다.

(a) 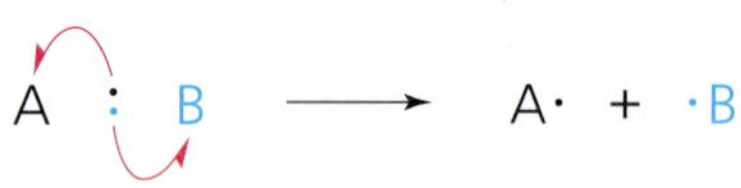

(b) 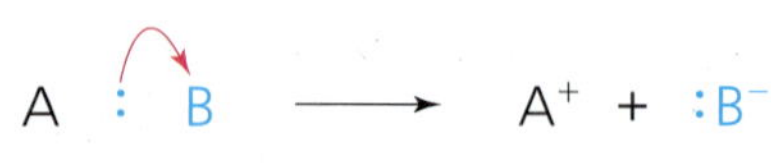

여기서 라디컬(Radical)은 홀수의 원자가 전자를 가진다. 따라서 전자 하나만이 있는 오비탈을 가진 물질을 말한다.

(2) 분해의 결합과정

대칭(Homogenic)과 비대칭(Heterogenic) 공유결합이 있다. 예를 들어 아래(a)는 대칭적으로 결합의 생성이 일어나는 과정으로 라디컬 반응이라 하고 각 토막에 전자 한 개씩을 제공한다. 한편(b)는 비대칭적으로 결합이 형성되고 한 토막에서 전자 2개를 모두 제공한다.

또한 극성결합과 같은 극성반응에서는 한 분자의 전자 풍부 부분이 다른 분자의 전자 결핍 부분과 반응을 한다. 다음과 같이 클로로메테인(Chloromethane)과 메틸리튬(Methyllithium)의 분자를 예로 들 수 있다.

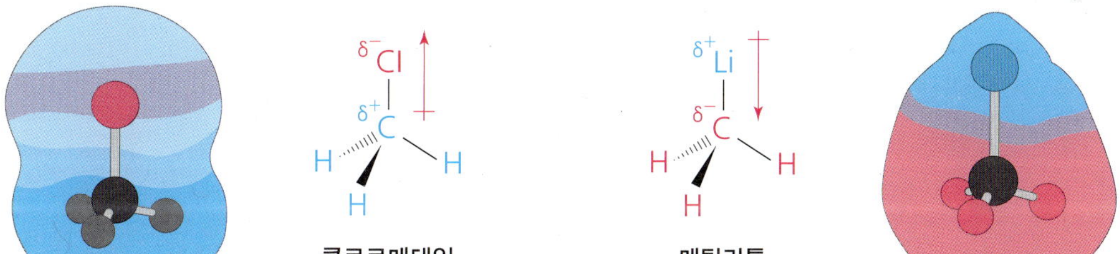

클로로메테인 메틸리튬

3.2.2 탄소 반응종

앞에서 언급한 것과 같이 유기 반응은 탄소 원자와 결합하고 있던 원자나 원자단(C-Z)이 깨져서 일어나는 반응이다. 이 결합이 깨어질 때 생성되는 새로운 종류의 반응성이 높은 화학종을 탄소 반응종이라 한다. 탄소 반응종은 C-Z 결합이 균일 또는 불균일 분해하느냐에 따라 서로 다른 종류가 생성된다. 즉 균일 분해(Homolysis, Homolytic Cleavage)는 C-Z 결합의 전자쌍이 서로 홀전자 하나씩을 가지고 균일하게 분해되는 경우를 말한다. 이때 생성된 탄소 홀전자를 탄소 라디컬(Carbon Radical) 이라고 부른다. 균일 분해 반응에서는 반쪽머리 굽은 화살표가 사용되고 탄소 라디컬 또는 카벤 반응종을 생성하여 라디컬 반응에 참여하게 된다.

라디컬 카벤

반면에 불균일 분해(Heterolysis, Heterolytic Cleavage)는 전자쌍이 불균일하게 분해되는 경우를 말한다. 이 경우 탄소양이온(Carbocation) 또는 탄소음이온(Carbanion)과 같은 이온성 중간체가 생성된다. 불균일 분해 반응에서는 굽은 화살표가 사용되고 탄소 이온성 중간체(탄소 양이온, 탄소 음이온)을 생성하여 극성 반응에 참여하게 된다.

탄소양이온　　　　탄소음이온

탄소양이온과 탄소음이온의 전자 배치는 다음과 같다. 탄소양이온(Carbocation)은 3개의 단일 결합을 가지고 있는 양전하를 띤 탄소 반응종을 말한다. 이 반응종은 탄소의 원자가 껍질에 6개의 전자만을 가지고 있으며 비결합 전자를 가지고 있지 않다. 이 반응종의 탄소 원자는 sp^2혼성화되어 있고 평면 구조이며 약 120°의 결합각을 가지고 있다. 한편 탄소음이온(Carbanion)은 3개의 단일 결합을 가진 음전하를 띤 탄소 반응종이다. 탄소 원자의 원자가 껍질에 8개의 전자를 가지고 있으나 그 중 2개는 비공유 전자쌍으로 남아 있다. 이 반응종의 탄소 원자는 sp^3혼성화되어 있으며 정사면체 구조를 나타낸다.

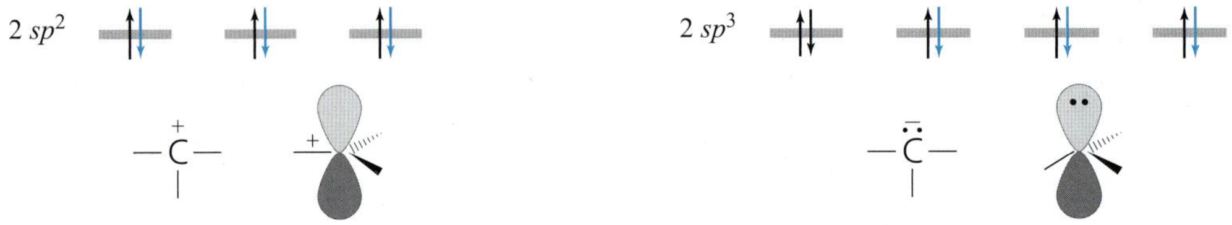

sp^2 탄소양이온　　　　sp^3 탄소음이온

3.2.3 친전자체와 친핵체

친전자체(Electrophile)는 전자를 선호하므로 음전하에 끌리게 되고 대체로 양전하를 갖는 반면 친핵체(Nucleophile)는 핵을 좋아하는 물질로 양전하에 끌리게 되며 전자가 풍부하다. 예를 들면 아래에서 전자가 품부한 친핵체 B^-에서 전자 한 쌍이 전자가 부족한 친전자체 A^+로 이동하여 A–B의 새로운 공유결합에 존재하게 된다.

친전자체　　친핵체　　공유결합

다음 그림은 친핵체(NH_3, OH^-)와 친전자체(CH_3COCH_3, H_3O^+)의 전자 밀도 분포를 나타낸다. 전자가 풍부한 친핵체 부분은 붉은색으로 전자가 결핍된 친전자체은 푸른색으로 각각 나타내고 있다.

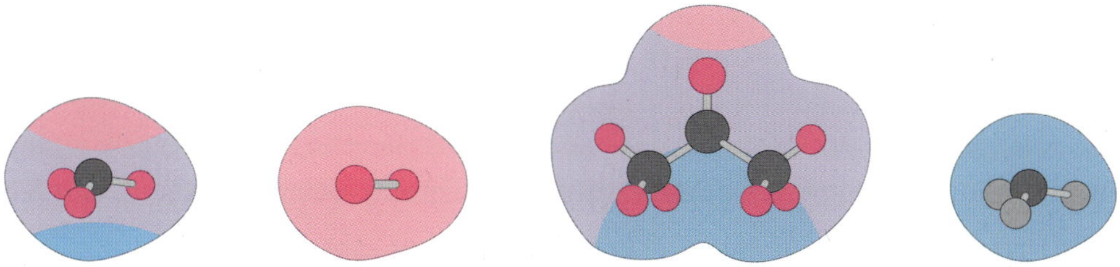

NH_3 OH^- $CH_3C(=O)CH_3$ H_3O^+

다시 말해 전자가 부족한 화학종은 전자가 풍부한 화학종과 결합하여 팔전자계를 이루려는 경향이 있는데 이러한 화학종을 친전자체(Electophile)라 한다. 그리고 전자가 풍부한 화학종은 전자가 부족한 화학종과 결합하여 팔전자계를 이루려는 경향이 있는데 이러한 화학종을 친핵체(Nucleophile)라 한다. 예를 들어 탄소 라디컬과 탄소양이온은 팔전자계를 가지고 있지 않음으로 전자가 부족한 화학종이다. 따라서 이들은 친전자체이다. 탄소음이온은 비공유 전자쌍을 가지고 있는 팔전자계 탄소임으로 전자가 풍부한 화학종이다. 따라서 이것은 친핵체이다. 위에서 언급한 여러가지 탄소 반응종을 정리하면 다음 표와 같다.

표 3.2 여러가지 탄소 반응종

종류	구조식	특성	혼성화	반응성
탄소 라디컬	$-\overset{|}{\underset{|}{C}}\cdot$	홀전자, C 주의 7개 전자	sp^2	친전자체
카벤	$-\overset{|}{C}:$	쌍전자, C 주위 6개 전자	sp^2	친전자체
탄소양이온	$-\overset{|}{\underset{|}{C}}^+$	양전하, C 주위 6개 전자	sp^2	친전자체
탄소음이온	$-\overset{|}{\underset{|}{C}}:^-$	음전하, C 주위 1개 비공유 전자쌍	sp^3	친핵체 또는 염기

3.2.4 유기반응 메커니즘(예 1)

메테인의 염소화 반응은 라디컬 치환반응이다. 라디컬 반응의 메커니즘은 일반적으로 개시, 전파, 종결 단계를 거쳐 진행된다.

(1) 개시 단계

할로젠 분자가 자외선을 받아 쪼개져 할로젠 라디컬이 생성된다. 할로젠 결합은 C−H 혹은 C−C 결합보다 약하여 자외선을 받아 Cl−Cl 결합이 쉽게 끊어진다.

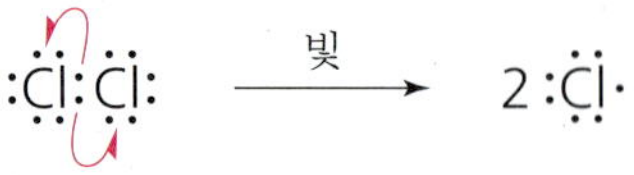

(2) 전파 단계

염소 라디컬은 원자가 껍질에 8개를 가지는 대신에 7개의 전자를 가졌기 때문에 불안정하여 반응성이 매우 크다. 반응성이 큰 염소 라디컬이 메테인 분자와 충돌하여 수소 원자를 떼어내고 메틸 라디컬($\cdot CH_3$)과 HCl을 생성한다. 형성된 메틸 라디컬 역시 반응성이 커서 염소 분자와 충돌하여 클로로메테인과 염소 라디컬을 만든다. 이 단계에서 생성된 염소 라디컬은 계속 반응하여(a)와 (b) 과정을 반복한다. 이러한 과정이 자발적 연쇄적으로 일어나 연쇄반응(Chain Reaction)을 일으킨다.

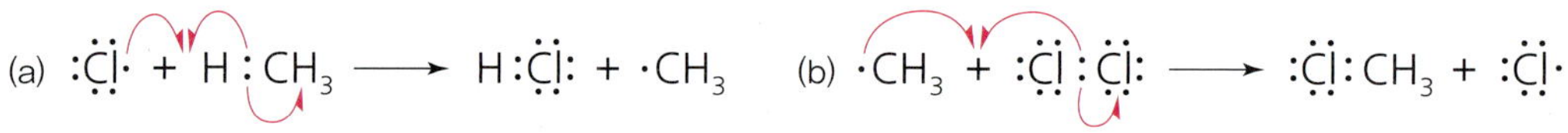

(3) 종결 단계

염소 라디컬과 메틸 라디컬이 결합하여 3가지의 안정한 생성물을 만들 수 있다. 이렇게 되면 연쇄반응은 종결된다.

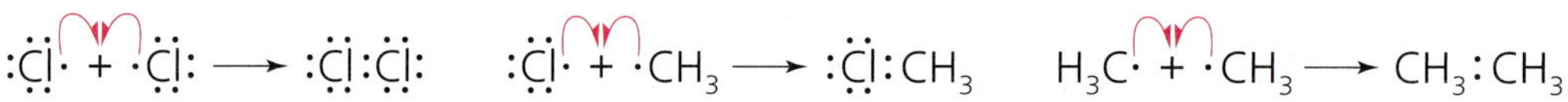

모든 자유 라디컬은 반응성이 큰 화학종이지만 상대적인 크기는 서로 다르다. 라디컬의 상대적인 안정도는 3차 라디컬이 가장 안정하고 이어서 2차, 1차, 메틸 라디컬 순으로 불안정하다. 이와 같이 뷰틸 라디컬은 전체 4개의 종류가 있다.

1차 라디컬 2차 라디컬 1차 라디컬 3차 라디컬

3.2.5 유기반응 메커니즘(예 2)

친핵체인 에틸렌과 친전자체인 염화수소(HCl)의 첨가 반응을 살펴보자. 이 반응은 C=C결합이 친핵체로 작용하는 염화수소(HCl)의 친전자성 첨가반응(Electrophilic Addition)이다. 즉 탄소-탄소 2중결합은 전자가 풍부하며(친핵성) 이의 π전자들은 외부 염화수소 화합물과 비교적 용이하게 반응하게 된다.

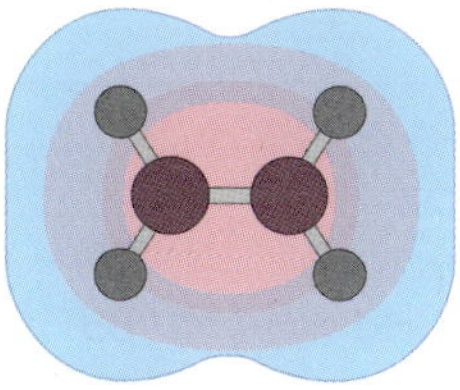

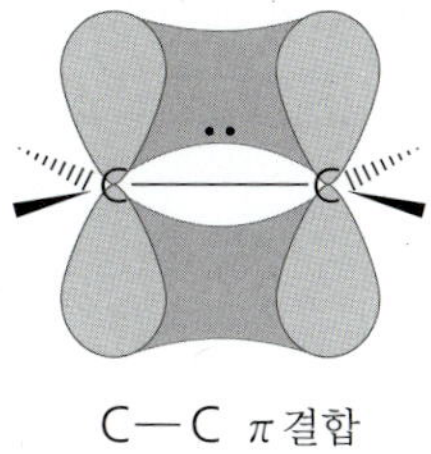

C—C π결합

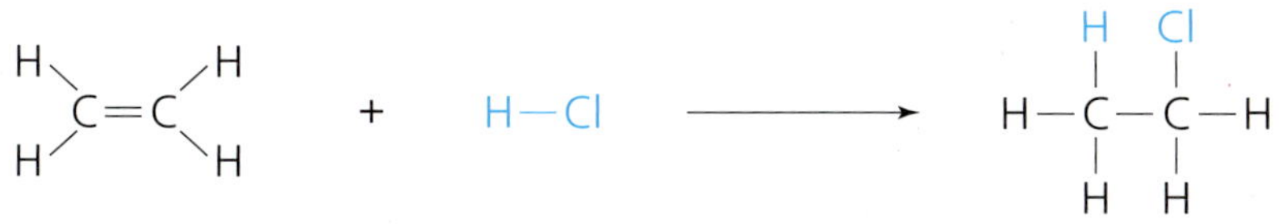

에틸렌 염화수소 클로로메탄

즉 HCl의 에틸렌에 대한 친전자성 첨가반응 메커니즘은 2단계 반응으로 일어나며 중간체 탄소양이온을 수반한다. 1단계는 Cl^-는 양전하를 띤 탄소 원자에 전자쌍을 제공해 C−Cl σ 결합을 형성하고 중성의 첨가 생성물을 만든다. 2단계는 친전자체인 H^+는 2중결합의 p 전자로부터 공격을 받아 새로운 C−H결합이 형성된다. 때문에 다른 탄소 원자는 p 오비탈이 비게 되어 양전하를 띠게 된다.

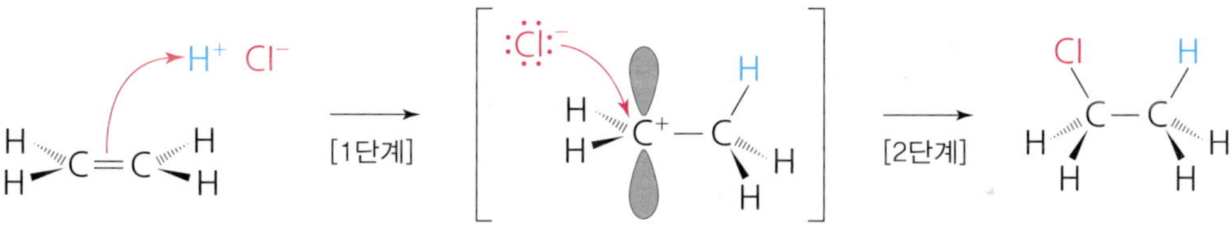

탄소양이온 중간체

3.3 유기반응과 에너지 변화

분자 결합이 끊어지고 새로운 결합이 형성되는 과정은 반응물과 생성물의 에너지 변화로 정량화할 수 있다. 결합 해리 에너지(ΔH^o)는 공유 결합이 균일 분해 하는데 필요한 에너지를 말한다.

$$A-B \longrightarrow A\cdot + \cdot B \quad \Delta H^\circ = \text{결합 해리 에너지}$$

다음에 몇 가지의 결합 해리 에너지(ΔH^o Kcal/mol)를 나타내고 있다.

표 3.3 결합 해리 에너지

H—Z 결합		R—H 결합		R—R 결합	
H—F	136	CH_3—H	104	CH_3—CH_3	88
H—Cl	103	CH_3CH_2—H	98	CH_3—CH_2CH_3	85
H—Br	88	$CH_3CH_2CH_2$—H	98	CH_3—CH=CH_2	92
H—I	71	$(CH_3)_2CH$—H	95	CH_3—C≡CH	117
H—OH	119	$(CH_3)_3C$—H	91		
		CH_2=CH—H	104		
		HC≡C—H	125		
		CH_2=$CHCH_2$—H	87		
		C_6H_5—H	110		
		$C_6H_5CH_2$—H	85		

R—X 결합		R—OH 결합		Z—Z 결합	
CH_3—F	109	CH_3—OH	93	H—H	104
CH_3—Cl	84	CH_3CH_2—OH	94	F—F	38
CH_3—Br	70	$CH_3CH_2CH_2$—OH	92	Cl—Cl	58
CH_3—I	56	$(CH_3)_2CH$—OH	96	Br—Br	46
CH_3CH_2—F	107	$(CH_3)_3C$—OH	96	I—I	36
CH_3CH_2—Cl	81			HO—OH	51
CH_3CH_2—Br	68				
CH_3CH_2—I	53				
$(CH_3)_2CH$—F	106				
$(CH_3)_2CH$—Cl	80				
$(CH_3)_2CH$—Br	68				
$(CH_3)_2CH$—I	53				
$(CH_3)_3C$—F	106				
$(CH_3)_3C$—Cl	79				
$(CH_3)_3C$—Br	65				
$(CH_3)_3C$—I	50				

결합 해리 에너지는 결합의 세기를 나타내는 지표다. ① 센 결합일수록 결합 해리 에너지가 크다. ② 결합 길이가 짧을수록 결합 해리 에너지가 크다. ③ 주기율표에서 아래 주기로 갈수록 결합 해리 에너지는 감소한다.

3.4 반응열 및 에너지 도표

결합이 끊어질 때 에너지가 필요함으로 결합 해리 에너지는 (+)값을 가진다. 이를 흡열 반응이라 한다. 반대로 결합이 생성될 경우 항상 에너지를 방출함으로 발열 반응이고 (−)값을 가진다.

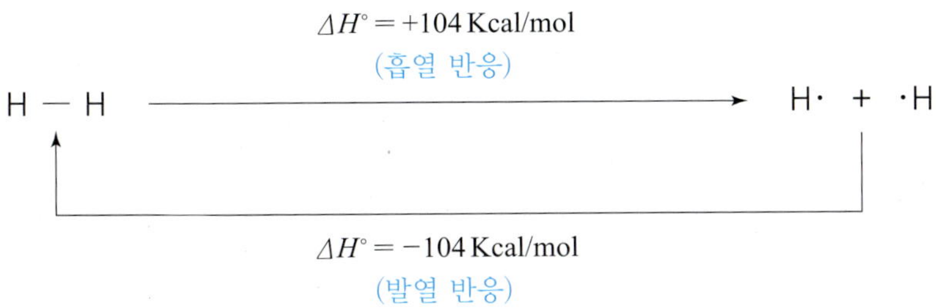

다음에서 A–B 결합이 끊어지고 B–C 결합이 생성된다.

$$\text{A—B} + \text{C:}^- \longrightarrow \text{A:}^- + \text{B—C}$$

에너지 도표는 다음과 같이 반응물에서 생성물이 만들어지는 과정에서 나타나는 에너지의 변화를 개략적으로 나타낸 도표이다.

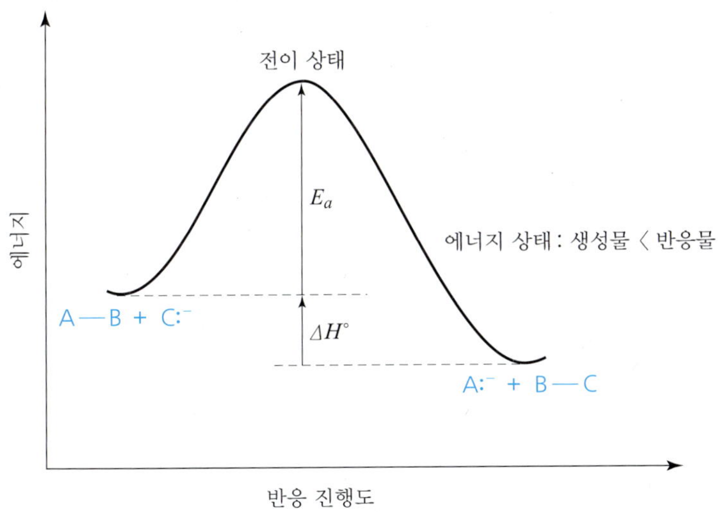

전이 상태(Transition State)는 반응물의 A와 B 사이의 결합은 부분적으로 끊어지고, B와 C 사이의 결합이 새로이 부분적으로 형성된 상태를 말한다. 전이 상태와 반응물의 에너지 차이를 활성화 에너지(Activation Energy, E_a)라 부른다. E_a는 반응이 진행되기 위해 넘어야 할 에너지 장벽(Energy Barrier)이다. 따라서 E_a의 크기는 반응 속도를 결정하며, 이 값이 클수록 반응 속도는 느려진다. 2단계 반응 도표에서 전이상태 1을 거치는 단계가 반응속도 결정 단계이다.

$$A-B + C:^- \longrightarrow [A:^- + B^+ + C:^-] \longrightarrow A:^- + B-C$$

이런 형태의 반응은 2개의 전이 상태가 존재하는데 이 중 반응물에서 반응 중간체가 생성되는 단계(전이 상태 1 경유)의 E_{a1}값이 반응 중간체에서 생성물이 생성되는 단계(전이 상태 2의 경유)의 E_{a2}값보다 더 크기 때문에 전이 상태 1을 거치는 단계가 전체 반응의 반응 속도를 결정하게 된다. 그리고 전체 ΔH^o차이 값이(−)를 가지므로 발열 반응이다.

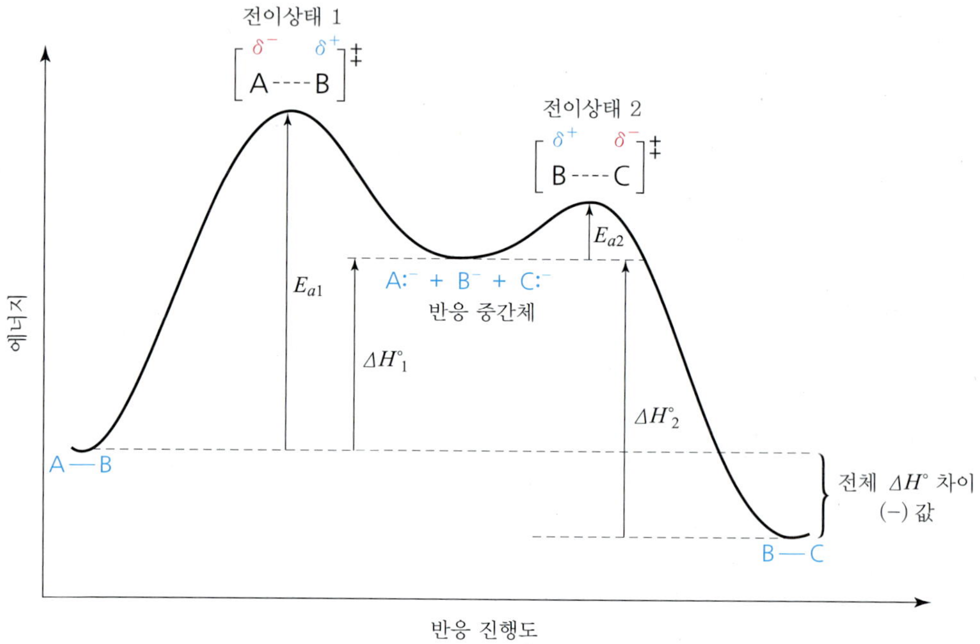

반응열은 화학 반응에서 흡수 또는 방출되는 에너지를 말한다. 반응열을 엔탈피 변화(ΔH^o)라고도 한다. 반응이 일어날 때 전체 에너지 변화는 Gibbs 자유 에너지 차이(ΔG^o)로 표현된다. $\Delta G^o = \Delta H^o - T\Delta S^o$ 이다. 여기서 ΔH^o =엔탈피 변화(결합 해리 에너지), ΔS^o=엔트로피 변화이다. 그러나 ΔS^o는 ΔH^o에 비해 매우 작은 값이므로 전체 엔탈피 변화 값인 ΔH^o를 ΔG^o값으로 대체해 사용할 수 있다.

예를 들어 다음과 같은 에틸렌(Ethylene)과 염화수소(HCl)의 반응을 살펴보자.

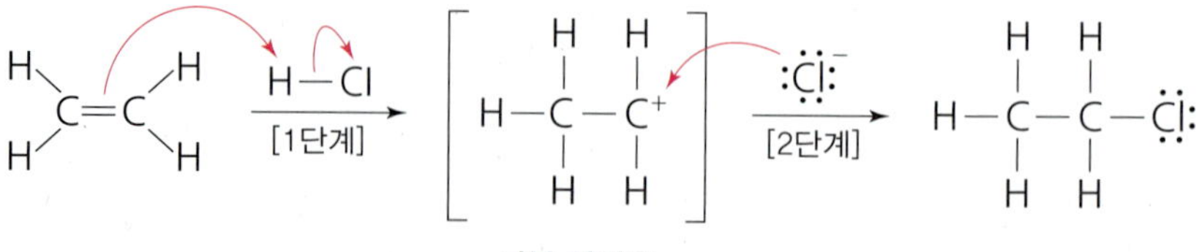

상기 반응의 1단계의 반응 에너지 도표는 다음과 같다. 도표에서 반응물과 전이상태 사이의 에너지 차이는 반응이 얼마나 빨리 일어나는가의 척도(활성화 에너지, E_a) 이고, 반응물과

탄소양이온 사이의 에너지 차이는 반응의 진행 정도를 각각 나타낸다.

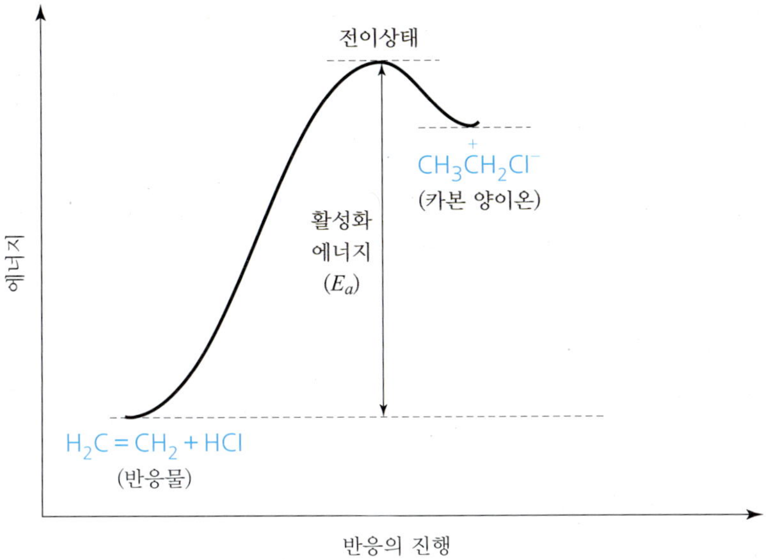

여기서 전이상태(Transition State)는 최대 에너지 상태로 짧은 순간 존재하고 활성화 에너지(Activation Energy)는 반응물질과 전이상태 사이의 에너지 차이를 말한다.

그리고 다음 그림은 에틸렌(Ethylene)의 염화수소(HCl)와의 반응에서 1단계에서의 가상적인 전이상태를 나타낸다. 즉 C=C의 π 결합은 끊어지기 시작하고 C–H 결합은 생기기 시작한다.

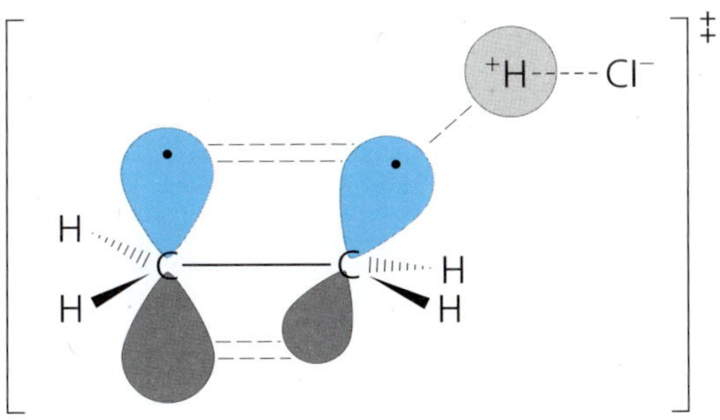

3.5 반응속도론과 촉매

반응 속도는 활성화 에너지(Ea)의 크기에 반비례한다. 즉, Ea가 작을수록 반응 속도는 빨라진다. 다단계 반응의 경우 가장 큰 Ea값을 갖는 단계가 전체 반응 속도를 결정하게 된다. 반응 물질의 농도가 증가할수록 반응 속도가 빨라진다. 이것은 농도가 증가할수록 반응 분자의 충돌 횟수도 증가하기 때문이다. 또한 반응 온도가 증가하면 반응 속도가 빨라진다.

촉매(Catalyst)는 활성화 에너지를 낮추어 반응 속도를 증가시키는 역할을 하는 물질을 말한다.

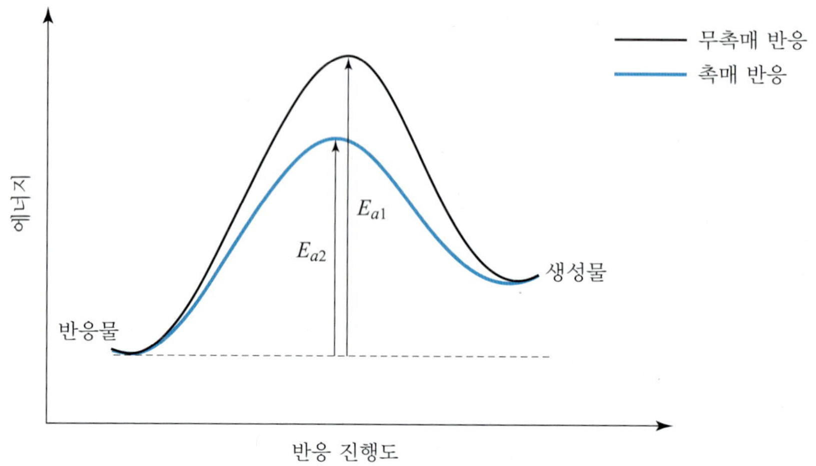

활성화 에너지 : 무촉매 반응(E_{a1}) 〉 촉매 반응(E_{a2})

3.6 유기 화합물 반응 보기

여기서는 유기 화합물 캡사이신, 블라텔라퀴논, 리세르핀, 폴리트리메틸렌 테레프탈레이트(PTT)의 합성법 예를 나타낸다.

3.6.1 고추의 캡사이신

고추의 매운 맛을 내는 것은 캡사이신(Capsaicin) 때문이다. 복잡한 시작 물질의 반응이 치환 반응인지 제거 반응인지 혹은 첨가 반응인지 결정하기 위해서는 작용기의 변화에 주목해야 한다. 아민 화합물 A와 산 염화물 B가 캡사이신 C라는 천연물질로 바뀌는 것은 치환 반응이다. 그 이유는 산 염화물의 Cl이 아민의 N원자로 바뀌기 때문이다.

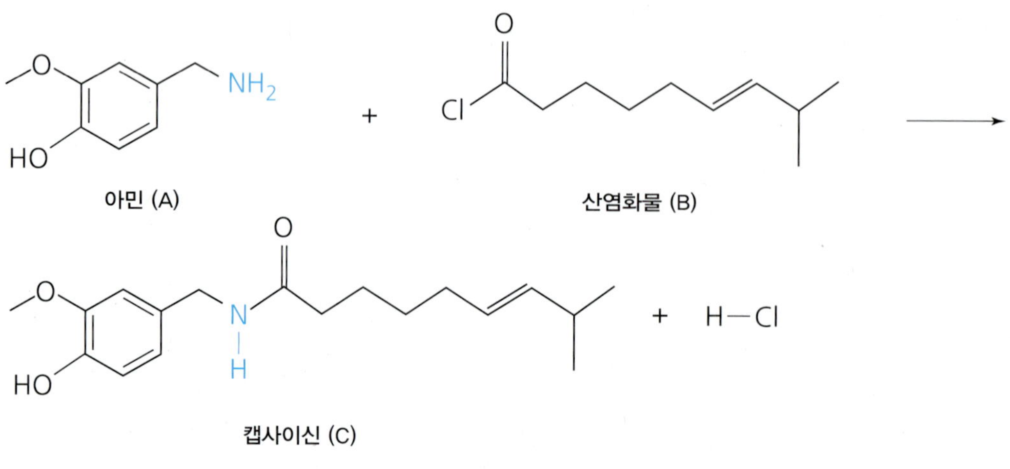

그림 3.1 고추

3.6.2 바퀴벌레의 블라텔라퀴논

독일 바퀴벌레 암컷이 분비하는 성 페로몬인 블라텔라퀴논(Blattellaquinone)의 간단한 실험실 합성법은 이 페로몬을 이용한 덫으로 바퀴벌레를 퇴치하는 새로운 가능성을 열었다. 알코올과 산 염화물로부터 A가 생긴다. A는 한 단계를 거치면 바퀴벌레 암컷이 분비하는 성페로몬인 블라텔라퀴논으로 바뀐다.

그림 3.2 바퀴벌레

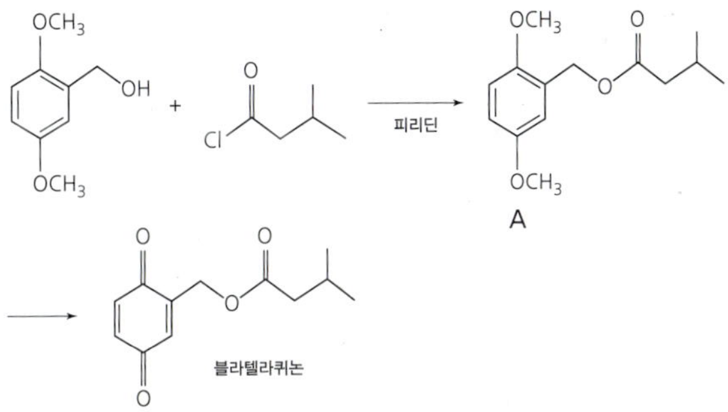

3.6.3 인도사목의 리세르핀

리세르핀(Reserpine)은 인디언들이 수 세기 동안 정신 장애와 뱀에 물린 상처를 치료하는데 사용한 전통 약초인 인도사목(Rauwolfia Serpentina)의 뿌리에서 분리되었다. 1958년에 우드워드(R.B. Woodward)에 의해 리세르핀이 합성되었다. 인도에서 뱀에 물린데 좋다고 알려진 식물인 인도 사목에서 추출 분리된 리세르핀은 불안으로 인한 고혈압을 다스리는데 사용되어 왔다.

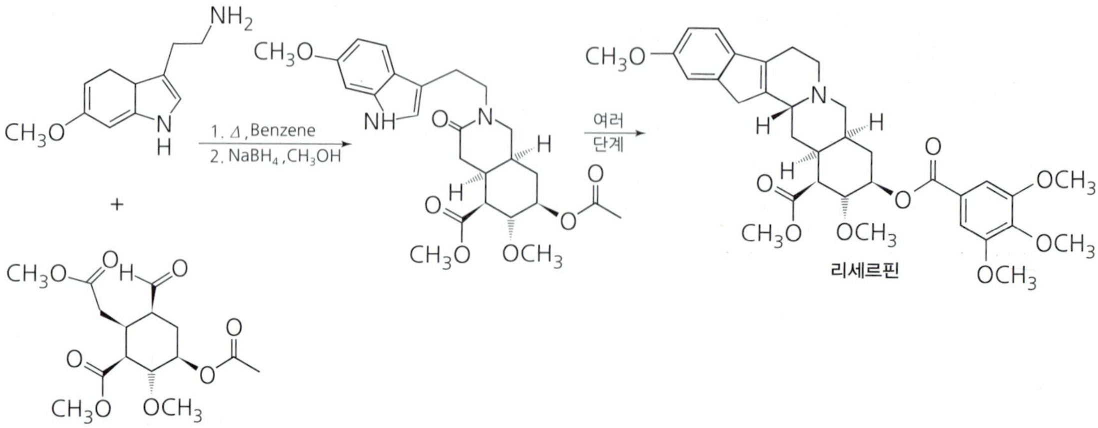

그림 3.3 인도사목

3.6.4 옥수수에서 폴리트리메틸렌 테레프탈레이트

합성고분자(Synthetic Polymer)로 옥수수를 이용해서 수영복을 만들 수 있다. 소로나라는 상품명으로 출시한 폴리트리메틸렌 테레프탈레이트(PTT: Polytrimethylene Terephthalate)는 의류 및 각종 물질에 사용되는 원사(Fiber)를 만든다. 이 물질을 합성하는데 필요한 프로페인-1,3-다이올(Propane-1,3-diol)은 기존에는 석유 화학 원료로부터 제조되었지만 지금은 옥수수와 같은 재생 가능한 식물성 자원으로부터 유용하게 만들어진다. 옥수수의 탄수화물은 프로페인-1,3-다이올로 바뀔 수 있다. 즉 옥수수에서 추출한 프로페인-1,3-다이올로부터 폴리트리메틸렌 테레프탈레이트 (PTT)의 합성이 가능하다.

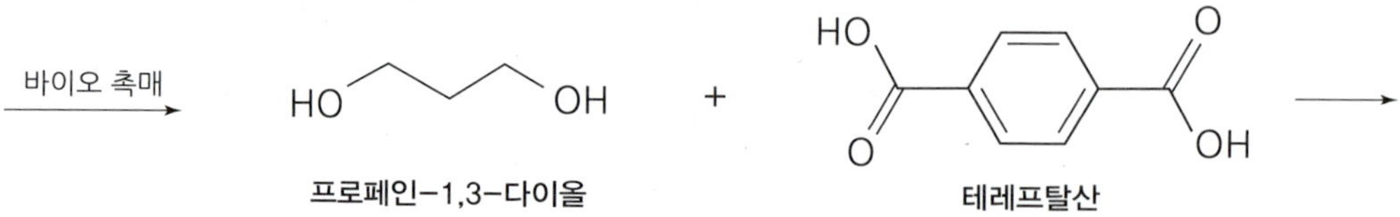

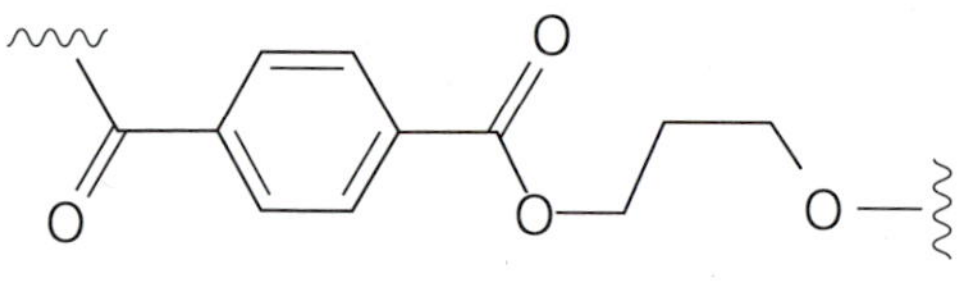

폴리트리메틸렌 테레프탈레이트 (PTT)

그림 3.4 옥수수와 수영복

04 장

포화탄화수소 알케인

04장

포화탄화수소 알케인

포화 탄화수소는 구성 성분이 오직 탄소와 수소 원자로만 되어 있다. 단일 결합으로만 이루어진 탄소-탄소 및 탄소-수소 결합을 가진 유기 화합물을 총칭하여 부르는 이름이다. 자연에 존재하는 천연 포화 탄화수소로는 천연가스 및 원유의 구성 성분 대부분과 의약품의 각종 연고 기재로 사용되는 바셀린, 화장품 원료로 사용되는 미네랄 오일, 과일이나 식물 잎의 표면에 있는 왁스 등이 있다. 아래 탄화수소 분류에서 왼쪽 가장 아래쪽의 비고리형의 알케인과 고리형의 사이클로알케인이 포화탄화수소에 해당한다.

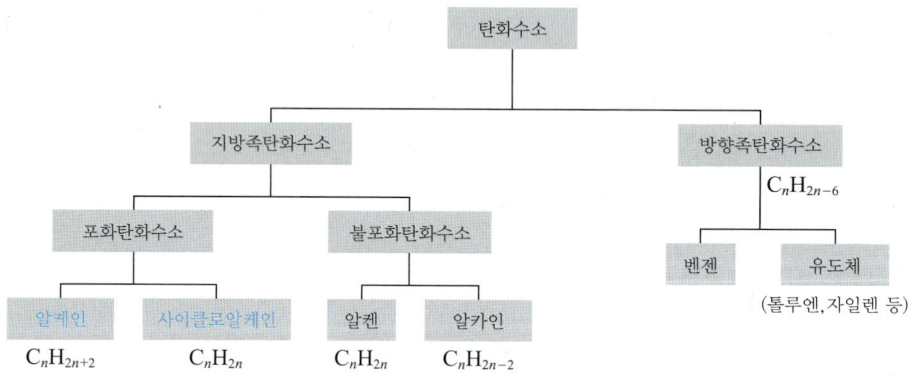

4.1 알케인의 구조

알케인(Alkane)은 파라핀계 탄화수소(Paraffins)라고도 하고 비고리형으로 일반식은 C_nH_{2n+2} $(n \geq 1)$이다. 그리고 고리형인 사이클로알케인은 나프텐(Naphthene)이라고도 하며 포화탄화수소이지만 2중결합이 없고 분자식이 올레핀(Olefin, 2중결합을 가진 불포화탄화수소)과 같다. 일반식은 C_nH_{2n} $(n \geq 3)$으로 사이클로펜탄(C_5H_{10})과 사이클로헵탄(C_7H_{14})이 여기에 속한다.

4.1.1 알케인의 분류

알케인(Alkane)은 탄소-수소의 결합과 탄소-탄소의 결합이 오직 σ결합만으로 이루어져 단일 결합을 하고 있는 지방족 포화 탄화수소군에 속한 유기 화합물을 지칭한다. 이들 가운데 탄소-탄소의 결합이 고리를 이루지 않고 사슬 형태로만 되어 있는 포화 탄화수소 화합물을 사슬형 알케인 또는 비고리형 알케인이라 부른다. 한편 고리 형태를 이루는 포화 탄화수소 화합물을 사이클로알케인(Cycloalkane) 또는 고리형 알케인이라 한다. 구조식에서 탄소가 일렬로 연결된 화합물은 곧은 사슬 알케인(Straight-chain Alkane) 또는 노말 알케인(Normal Alkane)이라 한다. 그러나 노말 알케인의 실제의 탄소 사슬은 직선이 아니라 지그재그 형태의 구조이다. 구조식에서 가지가 달린 알케인이 가능한데 이와 같은 알케인을 가지 달린 사슬 알케인(Branched-chain Alkane)이라 한다. 다음은 비고리형 알케인과 고리형 알케인의 예를 나타낸다.

표 4.1 알케인 예

	비고리형 알케인	고리형 알케인
화합물명	Hexane(헥세인)	Cyclohexane(사이클로헥세인)
분자식	C_6H_{14}	C_6H_{12}
Lewis 구조식	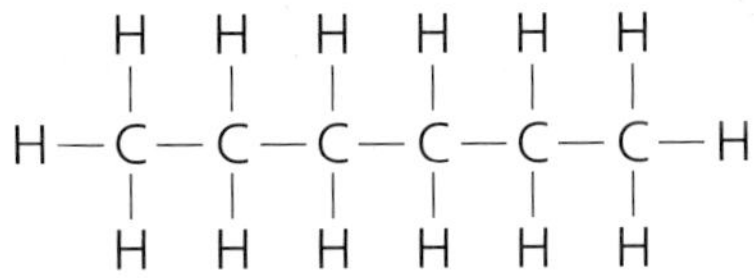	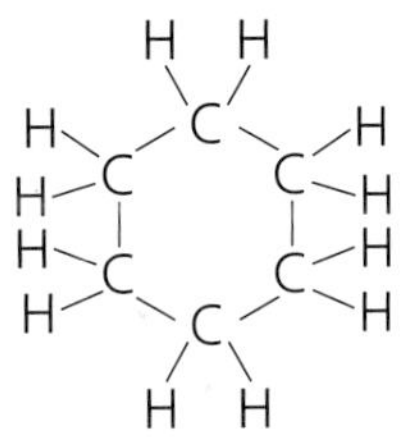
축소 구조식	$CH_3(CH_2)_4CH_3$	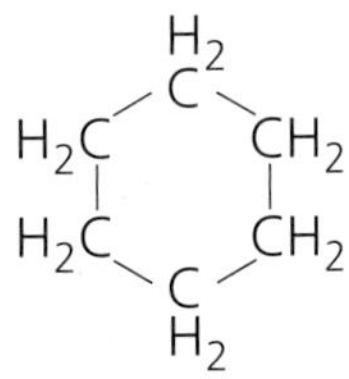
선 구조식	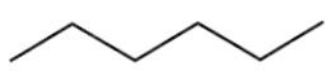	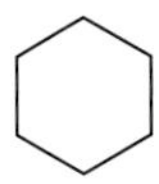
공-막대 모형	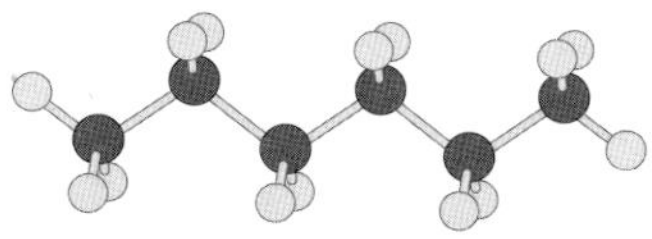	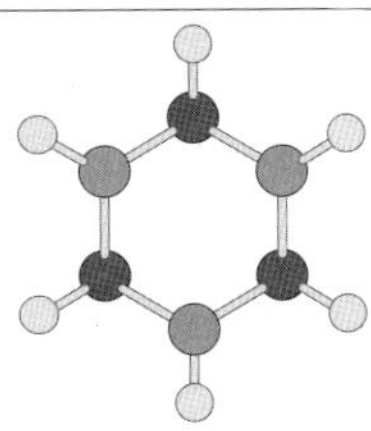 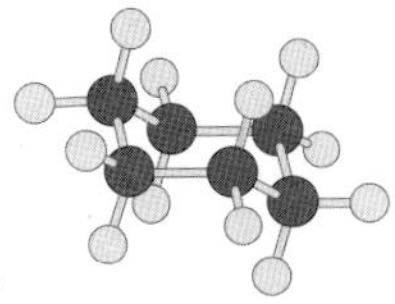

4.1.2 가지 없는 알케인의 IUPAC명

가지가 없는 직선 비고리형 알케인(직선 사슬 알케인) 화합물 중 탄소수가 20개 이하인 화합물에 대하여 이들의 IUPAC명, 분자식과 축소 구조식 등을 다음 표에 나타내었다. 이들 IUPAC명은 유기 화합물 전반에 걸쳐 명명법의 기본이 된다. 또한 표에서 탄소수가 한 개 증가함에 따라 메틸렌기(Methylene Group, CH_2)가 한 개씩 늘어남을 보여 주고 있다.

표 4.2 가지 없는 알케인 예

탄소수	IUPAC명	분자식 (C_nH_{2n+2})	축소구조식	구조 이성질체수
1	Methane(메테인)	CH_4	CH_4	1
2	Ethane(에테인)	C_2H_6	CH_3CH_3	1
3	Propane(프로페인)	C_3H_8	$CH_3CH_2CH_3$	1
4	Butane(뷰테인)	C_4H_{10}	$CH_3(CH_2)_2CH_3$	2
5	Pentane(펜테인)	C_5H_{12}	$CH_3(CH_2)_3CH_3$	3
6	Hexane(헥세인)	C_6H_{14}	$CH_3(CH_2)_4CH_3$	5
7	Heptane(헵테인)	C_7H_{16}	$CH_3(CH_2)_5CH_3$	9
8	Octane(옥테인)	C_8H_{18}	$CH_3(CH_2)_6CH_3$	18
9	Nonane(노네인)	C_9H_{20}	$CH_3(CH_2)_7CH_3$	35
11	Undecane(운데케인)	$C_{11}H_{24}$	$CH_3(CH_2)_9CH_3$	159
12	Dodecane(도데케인)	$C_{12}H_{26}$	$CH_3(CH_2)_{10}CH_3$	355
13	Tridecane(트라이데케인)	$C_{13}H_{28}$	$CH_3(CH_2)_{11}CH_3$	802
14	Tetradecane(테트라데케인)	$C_{14}H_{30}$	$CH_3(CH_2)_{12}CH_3$	1,858
20	Eicosane(에이코세인)	$C_{20}H_{42}$	$CH_3(CH_2)_{18}CH_3$	366,319

가장 간단한 메테인(Methane)과 에테인(Ethane)의 구조를 Lewis 구조, 입체 구조, 공-막대 모형으로 나타내면 다음과 같다. 3차원 배열에서 굵은 쐐기는 결합 방향이 종이면 앞쪽을 향하고 점선 쐐기는 종이면 뒤쪽을 향하고 있음을 의미한다.

표 4.3 메테인과 에테인의 구조

	Lewis 구조	입체 구조	공–막대 모형	입체 모형
CH_4 (메테인)	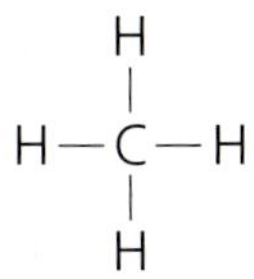	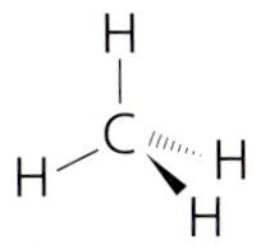	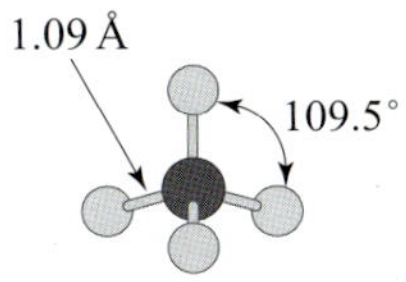	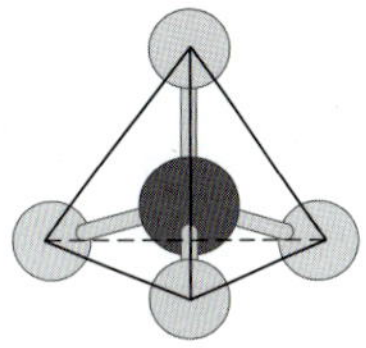
CH_3CH_3 (에테인)	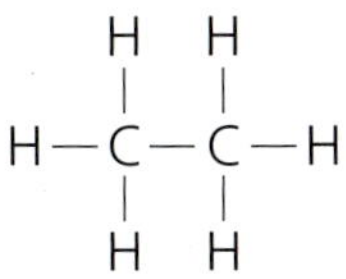	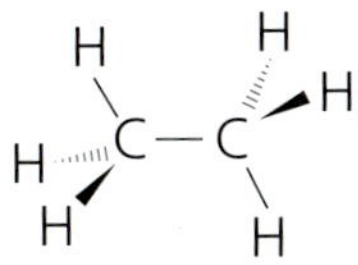	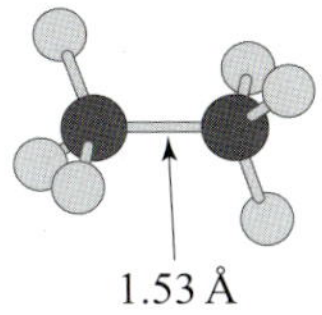	–

4.1.3 알케인의 구조 이성질체 (Structural Isomer)

분자식은 같으나 구성 원자의 연결 방법이 달라 만들어지는 화합물을 말한다. 예를 들어 뷰테인(Butane)은 4개의 탄소 원자가 연속적으로 연결되어 있으나 이소뷰테인(Isobutane)의 경우 탄소 원자 4개가 연속하여 연결되어 있지 않고 탄소 원자 하나는 2번째 탄소 원자에 곁가지처럼 연결되어 있다. 뷰테인과 이소뷰테인의 일반 분자식이 C_4H_{10}으로 같지만 물리적, 화학적 성질이 서로 다른 화합물이다. 이런 관계의 화합물을 구조 이성질체라고 한다.

(a) 직선 사슬 알케인

$CH_3CH_2CH_2CH_3$

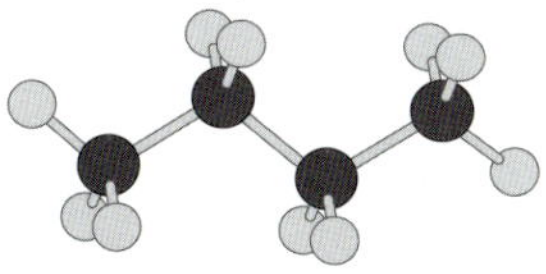

뷰테인

(b) 가지 사슬 알케인

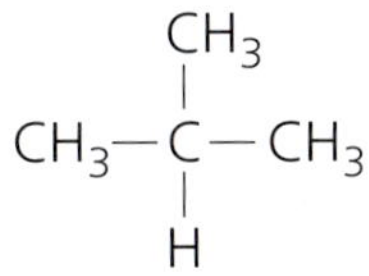

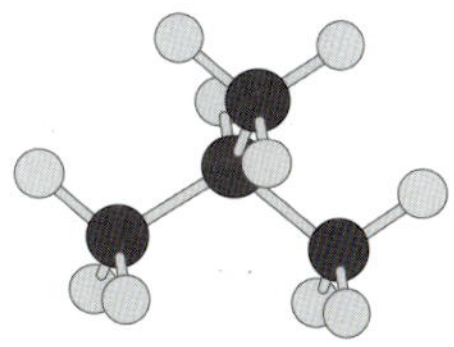

2–메틸프로페인
(이소뷰테인)

그리고 산소의 결합 위치가 다른 분자식이 C_2H_6O인 2개의 구조 이성질체는 다음과 같다.

(a) 에탄올

CH_3CH_2OH

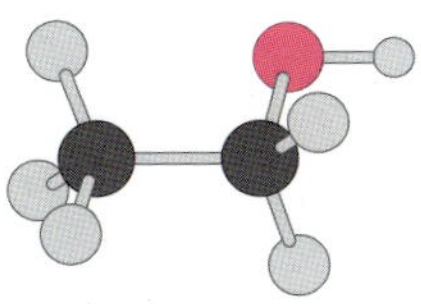

(b) 다이메틸 에터

CH_3OCH_3

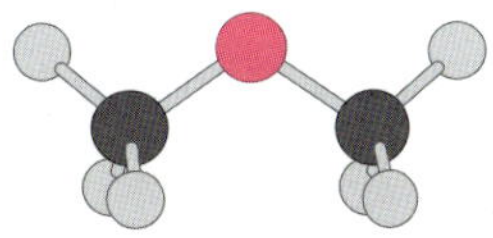

또한 분자식이 C_6H_{14}인 헥세인(Hexane) 화합물의 구조 이성질체를 Lewis 구조식, 선 구조식, 축소 구조식으로 나타내면 각각 다음과 같다.

표 4.4 헥세인의 구조 이성질체

Lewis 구조식	선 구조식	축소 구조식
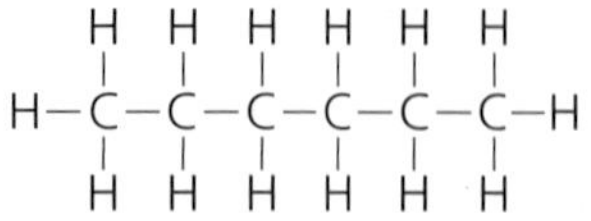	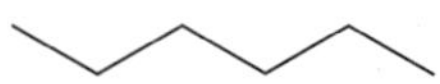	$CH_3CH_2CH_2CH_2CH_2CH_3$
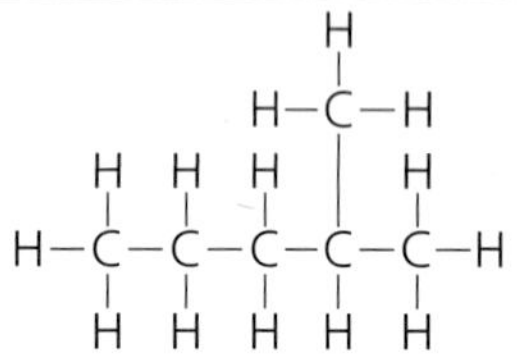	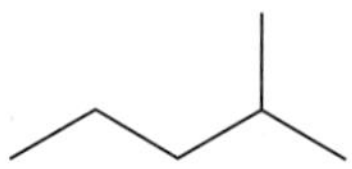	$(CH_3)_2CHCH_2CH_2CH_3$
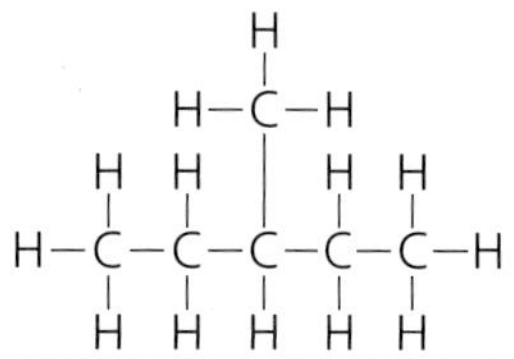	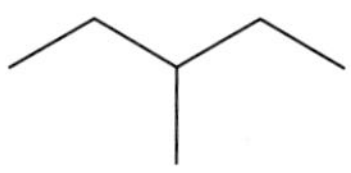	$(CH_3CH_2)_2CHCH_3$
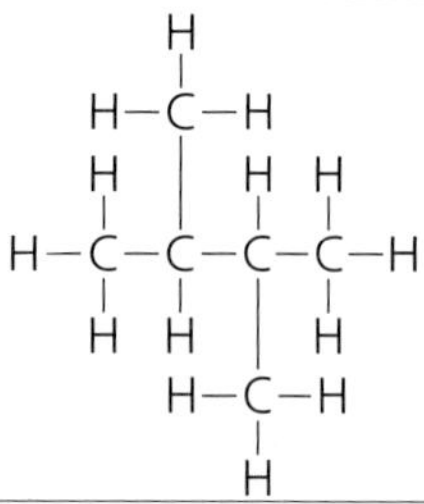	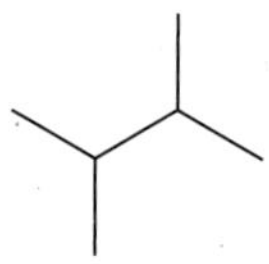	$(CH_3)_2CHCH(CH_3)_2$
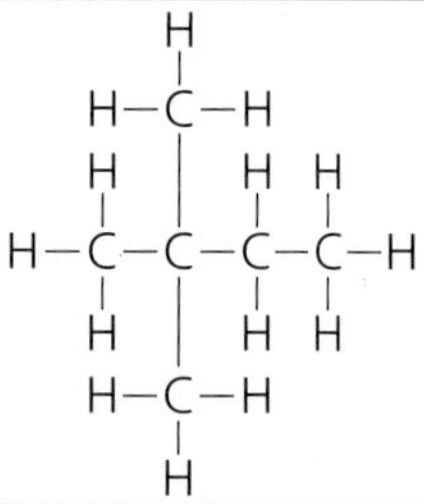	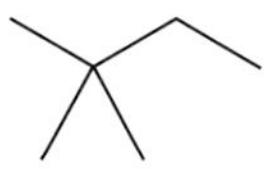	$(CH_3)_3CCH_2CH_3$

4.1.4 알케인 탄소 원자의 분류

알케인을 포함하여 탄소 원자끼리 σ 결합을 하고 있는 유기 화합물에서 탄소 원자가 몇 개의 탄소 원자와 직접 결합되어 있느냐에 따라 탄소 원자를 다음과 같이 1차, 2차, 3차, 4차 탄소로 분류한다. 즉 한 개의 다른 탄소가 결합되어 있으면 1차 (1°) 탄소, 2개, 3개, 4개의 다른 탄소가 결합되어 있으면 각각 2차 (2°) 탄소, 3차 (3°) 탄소, 4차 (4°) 탄소라 부른다.

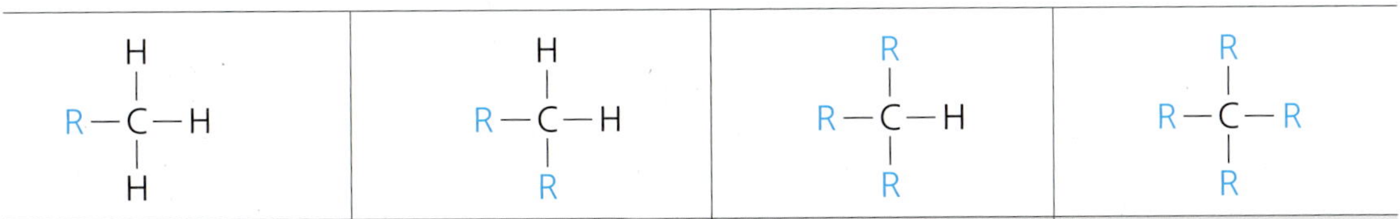

1차 (1°) 탄소	2차 (2°) 탄소	3차 (3°) 탄소	4차 (4°) 탄소

예를 들어 다음과 같이 알케인인 2,2,4-Trimethylpentane에 포함되어 있는 각 탄소의 수를 나타내면 다음과 같다. 즉 1차 탄소는 5개이고 2차, 3차, 4차 탄소는 각각 1개로 구성되어 있다.

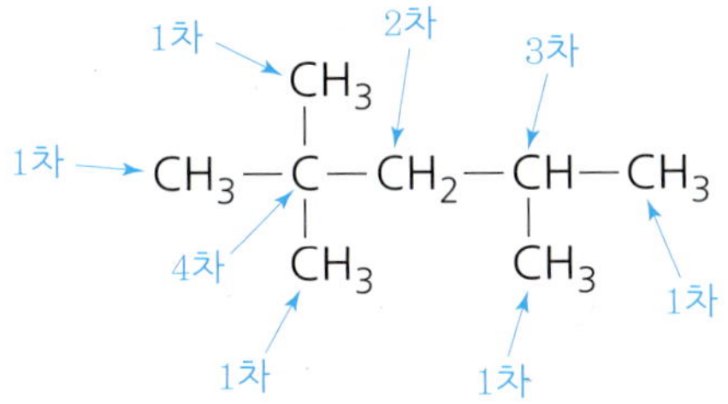

마찬가지로 1차 탄소에 붙어 있는 수소를 1차 수소, 그리고 2차, 3차, 4차 탄소에 붙어 있는 수소는 각각 2차 수소, 3차 수소, 4차 수소라 한다.

4.2 알케인의 명명법

유기화합물의 명명법에는 IUPAC법과 관용법이 있다. IUPAC법에 의해 지어진 이름을 IUPAC명 혹은 체계명(계통명), 관용법으로 지어진 이름은 관용명 혹은 일반명이라 한다. 따라서 알케인(비고리형 알케인)에 대한 명명법을 이들 2가지로 나누어 설명하기로 한다.

4.2.1 IUPAC 명명법

다음과 같은 IUPAC 명명 규칙이 있다.

(1) 곧은 사슬 알케인은 탄소수에 따라 다음 접두어 뒤에 접미어 -ane을 붙여 명명한다. 한글명은 접두어 뒤에 접미어 -에인(-ane)을 붙여 명명한다. 알케인 명명의 접두어는 다음 표와 같다.

표 4.5 사슬 알케인 명명 접두어

탄소수	접두어	탄소수	접두어	탄소수	접두어	탄소수	접두어
1	Meth–	6	Hex–	11	Undec–	20	Icos–
2	Eth–	7	Hept–	12	Dodec–	21	Henicos–
3	Prop–	8	Oct–	13	Tridec	22	Docos–
4	But–	9	Non–	14	Tetradec–	23	Tricos–
5	Pent–	10	Dec–	15	Pentadec–	30	Triacont–

그리고 곧은 사슬 알케인의 탄소 10개까지의 이름을 다음 표에 정리하였다.

표 4.6 사슬 알케인 명명 예

탄소수	이름	한글명	화학식(C_nH_{2n+2})	구조식
1	Methane	메테인	CH_4	CH_4
2	Ethane	에테인	C_2H_6	CH_3CH_3
3	Propane	프로페인	C_3H_8	$CH_3CH_2CH_3$
4	Butane	뷰테인	C_4H_{10}	$CH_3(CH_2)_2CH_3$
5	Pentane	펜테인	C_5H_{12}	$CH_3(CH_2)_3CH_3$
6	Hexane	헥세인	C_6H_{14}	$CH_3(CH_2)_4CH_3$
7	Heptane	헵테인	C_7H_{16}	$CH_3(CH_2)_5CH_3$
8	Octane	옥테인	C_8H_{18}	$CH_3(CH_2)_6CH_3$
9	Nonane	노네인	C_9H_{20}	$CH_3(CH_2)_7CH_3$
10	Decane	데케인	$C_{10}H_{22}$	$CH_3(CH_2)_8CH_3$

(2) 가지 달린 사슬 알케인은 가장 긴 사슬을 기본명으로 하고, 가지의 위치가 작은 번호가 되도록 탄소 원자에 아라비아 숫자를 붙인다. 이때 가지가 달린 탄소 원자의 결합 위치를 나타내는 숫자와 치환기의 이름 사이에 하이픈(–)을 사용하여 기본명 앞에 붙여서 명명한다.

예를 들어 다음과 같은 알케인을 명명하여 보자.

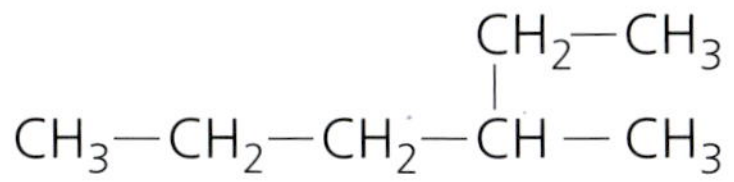

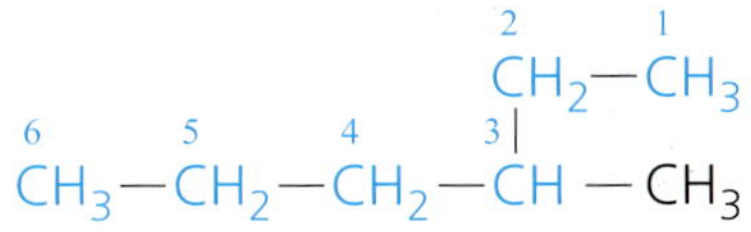

3-Methylhexane

분자 구조에서 가장 긴 탄소 사슬은 C_6인 것을 알 수 있다(C_5가 아님). 또한 번호를 붙이는 경우 왼쪽부터 시작하면 가지가 달린 탄소가 4번이 되고 오른쪽에서 시작하면 3번이 된다. 가지 달린 탄소가 가능한 작은 번호가 되어야 하므로 오른쪽에서 시작하여 3번이 된다. 또한 주사슬에 붙은 원자단을 치환기라 하고 포화 탄화수소의 치환기는 알킬기(Alkyl Group)라 한다. 알킬기는 알케인에서 수소 원자 한 개를 떼어낸 원자단으로 알케인의 어미 -ane 대신에 -일(yl)을 붙여 명명한다. 예를 들어 메테인에서 수소 한 개를 떼어낸 치환체인 CH_3-는 메틸(Methyl)기라 하고, 에테인에서 수소 한 개가 제거된 치환체인 CH_3CH_2-는 에틸(Ethyl)기라 한다. 따라서 상기 알케인의 명명은 3-메틸헥세인(3-Methylhexane)이 된다.

(3) 2개 이상의 동일한 치환기가 주사슬에 연결되어 있으면 치환기의 결합위치, 수, 치환기명을 기본명 앞에 붙여 명명한다. 동일 탄소에 2개의 치환기가 붙어 있으면 같은 번호를 2번 겹쳐 부여한다. 이때 동일 치환기가 2개이면 다이(di-), 3개이면 트라이(tri-), 4개이면 테트라(tetra-) 등의 접두어를 알킬기명 앞에 붙인다. 숫자와 숫자 사이에는 쉼표(,)를 넣고 숫자와 문자 사이에는 하이픈(-)을 사용하여 치환기와 기본명은 붙여 쓴다.
2가지의 명명 예는 다음과 같다.

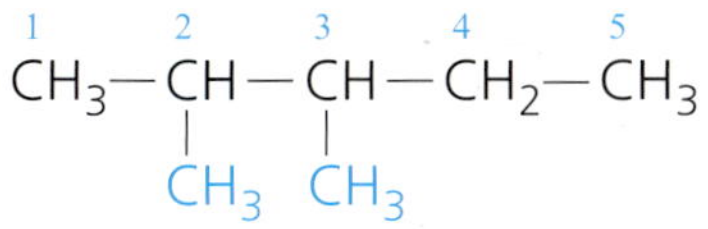

2,3-Dimethylpentane

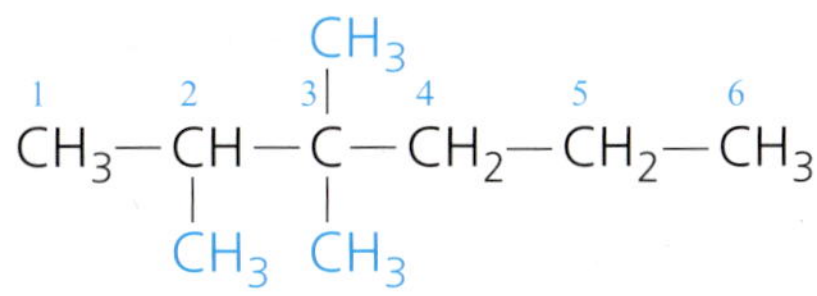

2,3,3-Trimethylhexane

(4) 2개 이상의 다른 치환체가 있을 경우, 처음 나타나는 치환체가 낮은 번호가 되도록 번호를 붙인다. 치환기의 순서는 번호순이 아닌 알파벳순으로 배열한다. 이 때 di-, tri-, tetra- 등의 접두어는 알파벳 순서에 고려하지 않는다. 그리고 마지막 치환기 이름과 기본 알케인의 이름은 붙여서 쓴다. 예를 들어 다음의 알케인을 명명하여 보자. 처음 나타나는 치환체의 위치가 왼쪽에서 번호를 시작하면 2, 오른쪽에서 시작하면 3이 되어, 번호가 작은 2가 되도록 아라비아 숫자를 붙인다. 그러나 에틸기가 메틸기보다 알파벳 순위가 우선하므로 에틸기를 먼저 붙여 명명을 한다. 따라서 주어진 알케인의 명명은 4-에틸-2-메틸헥세인(4-Ethyl-2-methylhexane)이 된다.

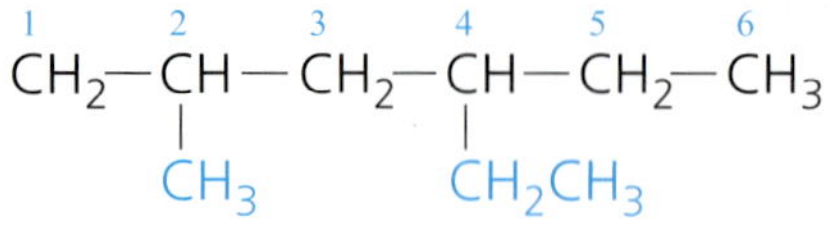

4-Ethyl-2-methylhexane

(5) 다이(Di-), 트라이(Tri-), 테트라(Tetra-) 등의 알킬기 앞에 붙은 접두사와 하이픈(-)으로 연결된 2차(sec-), 3차(tert-)와 같은 알킬기 앞에 붙는 접두사는 알파벳 순서에 고려하지 않는다. 그러나 접두사 아이소(Iso), 사이클로(Cyclo)는 하이픈(-)을 붙인 접두사가 아니며 알파벳 순서에 포함하여 명명한다. 다음에 2가지 예가 있다.

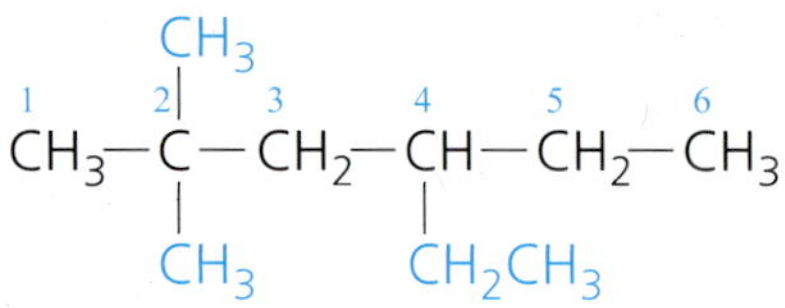

4-Ethyl-2,2-dimethylhexane

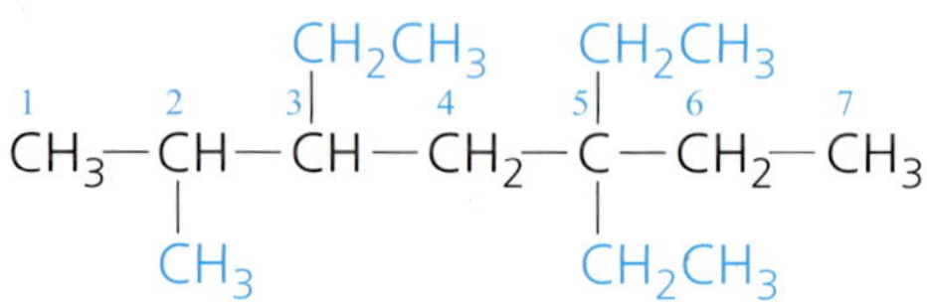

3,5,5-Triethyl-2-methylheptane

(6) 치환기의 위치가 양쪽 방향에서 같은 번호가 붙여진다면 치환기 이름이 알파벳 순서에서 우선하는 쪽에 작은 번호가 되게 한다. 예를 들면 다음과 같다.

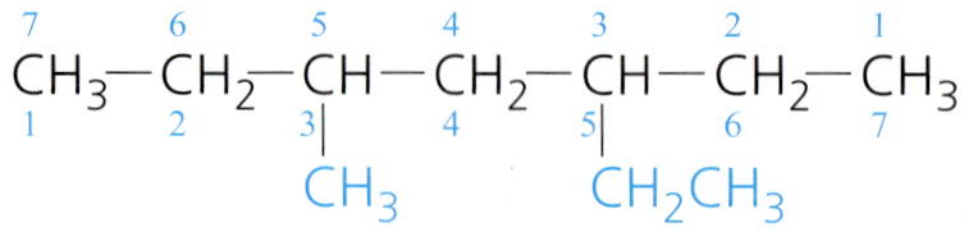

3-Ethyl-5-methylheptane

(7) 만일 가장 긴 탄소의 길이가 동일한 2개 이상의 사슬이 있을 경우에는 치환체가 가장 많이 붙어 있는 사슬을 기본명으로 하여 명명한다. 다음과 같은 예를 들 수 있다.

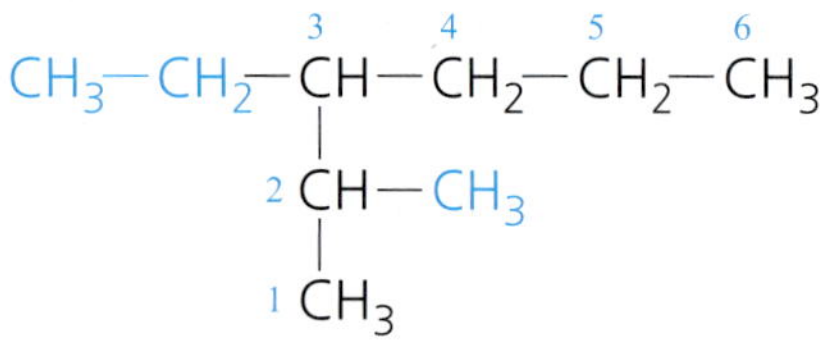

3-Ethyl-2-methylhexane
(2치환체)

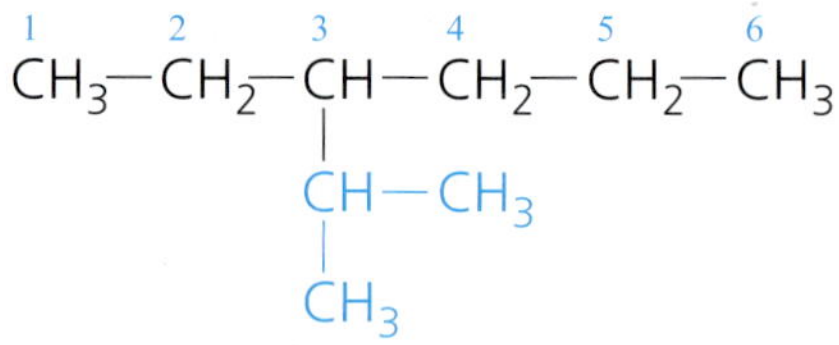

3-Isopropylhexane 아님
(1치환체)

4.2.2 관용법

다음과 같은 관용법의 명명 규칙이 있다.

(1) 알케인의 관용명은 노말(N-), 아이소(Iso), 네오(Neo)의 접두사를 붙여 명명한다. 탄소가 일렬로 연결된 곧은 사슬 알케인은 노말-알케인(N-Alkane)이라 한다. 아이소알케인(Isoalkane)은 곧은 탄소의 사슬 끝에 메틸기가 곁가지로 붙어있는 알케인을 말하고, 네오알케인(Neoalkane)은 2개의 메틸기가 곧은 사슬에 같이 붙어 있는 알케인을

말한다. 일반적으로 뷰테인, 펜테인 및 헥세인은 이런 관용명을 자주 사용한다.

C_4H_{10} (Butane)	$CH_3CH_2CH_2CH_3$ *n*-Butane (노말-뷰테인)	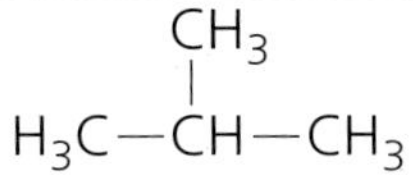 Isobutane (아이소뷰테인)	–
C_5H_{12} (Pentane)	$CH_3CH_2CH_2CH_2CH_3$ *n*-Pentane (노말-펜테인)	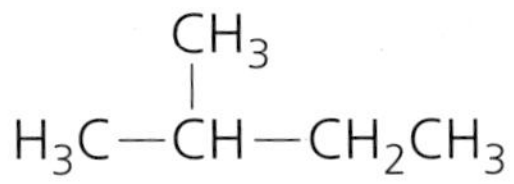 Isopentane (아이소펜테인)	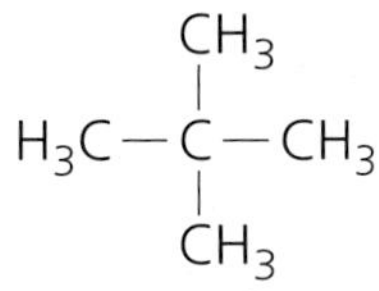 Neopentane (네오펜테인)

(2) 동일한 원자와 동일한 수를 가진 화합물이 원자들의 배열 방법이 다른 것을 이성질체(Isomer)라 한다. 뷰테인은 2개의 구조가 가능하고 펜테인은 3개의 구조가 가능하다. 이와 같이 분자식은 같으나 원자들이 다르게 연결된 화합물을 구조이성질체(Structural Isomer)라 한다.

알케인의 탄소의 갯수가 많아질수록 구조이성질체의 수가 훨씬 많아지는 것을 알 수 있다. 알케인의 분자에 따른 구조이성질체 수는 다음 표와 같다.

Alkane	Butane	Pentane	Hexane	Heptane	Octane	Nonane
이성질체 수	2	3	5	9	18	35

또한 수를 나타내는 그리스 접두사는 다음 표와 같다.

수	1	2	3	4	5	6	7	8	9	10
접두사	Mono–	Di–	Tri–	Tetra–	Penta–	Hexa–	Hepta–	Octa–	Nona–	Deca–

4.2.3 알킬기 (Alkyl Group)

알케인에서 수소가 한 개 제거되어 남아 있는 부분적인 원자단을 알킬기라 하고 보통 R로 표기한다. 알킬기 자체는 안정한 화합물이 아니며 단지 큰 화합물의 일부분이다. 알킬기의 구조식에서 –는 그 위치에 다른 원자 또는 작용기가 붙을 수 있다는 것을 의미한다. 메테인과 에테인에서 유도되는 알킬기는 한 개이고, 프로페인 $CH_3CH_2CH_3$에서 수소 한 개를 제거하는 경우에는 말단의 탄소에서 수소 한 개를 떼어내든지 또는 사슬 안쪽의 탄소에서 수소 한 개를 떼어내어 생기는 2개의 알킬기가 가능하다. 또한 탄소 4개의 알킬기는

n-뷰테인에서 수소 한 개씩을 떼어내어 생기는 2개와 아이소뷰테인에서 생기는 2개로 총 4개가 가능하다. 알킬기의 명명은 알케인의 어미 -에인(-ane) 대신에 -일(-yl)을 붙여 명명한다. C_3 이상의 알킬기의 계통명은 알케인 접미어 -ane의 e 대신에 -yl을 붙인다. 탄소 원자의 번호는 -가 붙은 탄소가 작은 번호가 되도록 하여 숫자를 부여한다. 알킬기들은 관습에 따라 관용명을 사용하기도 한다. 다음 표은 유기화합물 명명에서 자주 등장하는 알킬기의 IUPAC명, 관용명, 약어를 나타낸다.

표 4.7 알킬기의 명명

알킬기	IUPAC명	관용명	약어
CH_3-	Methyl	–	Me
CH_3CH_2-	Ethyl	–	Et
$CH_3CH_2CH_2-$	Propyl	n–Propyl	Pr (또는 n–Pr)
CH_3 | CH_3CH-	1–Methylethyl	Isopropyl	i–Pr
$CH_3CH_2CH_2CH_2-$	Butyl	–	Bu
CH_3 | CH_3CHCH_2-	2–Methylpropyl	Isobutyl	i–Bu
CH_3 | CH_3CH_2CH-	1–Methylpropyl	sec–Butyl	sec–Bu(또는 s–Bu)
CH_3 | CH_3C- | CH_3	1,1–Dimethylethyl	tert–Butyl	tert–Bu(또는 t–Bu)
$-CH_2-$	–	Methylene	–
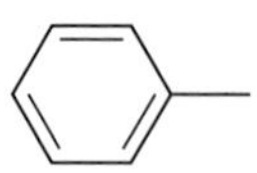	Phenyl	–	Ph

상기 표에서 알킬기의 이름에 사용되는 접두어 sec-(secondary, 2차), tert-(tertiary, 3차) 등은 결합 능력이 있는 탄소 원자에 결합된 다른 탄소의 개수를 나타낸다.

그리고 알케인에서 치환기로 할로젠 원소들이 결합되어 있는 화합물은 R-X로 할로알케인(Haloalkane)이라 한다. 할로젠 원소가 치환기로 사용되었을 경우의 할로젠기 이름은 할로젠 원소 이름의 어미 -ine대신에 -o로 바꾼다. 즉 F(Fluorine)은 플루오로(Fluoro-), Cl(Chlorine)은 클로로(Chloro-), Br(Bromine)은 브로모(Bromo-),

I(Iodine)는 아이오도(Iodo−)로 명명한다.

표 4.8 할로젠기

기	F−	Cl−	Br−	I−
명명	Fluoro− (플루오로)	Chloro− (클로로)	Bromo− (브로모)	Iodo− (아이오도)

예를 들어 다음을 명명하여 보자. 탄소의 수가 5개로 기본명은 펜테인(Pentane)이고, 할로젠기가 달린 탄소에 작은 번호가 되게 번호를 붙이면 2번 탄소에 클로로기, 그리고 3번 탄소에 브로모기가 붙어 있다. 이름은 번호순이 아닌 알파벳 순으로 기본명 앞에 붙여 적으면 되므로 3−Bromo−2−chloropentane이 된다.

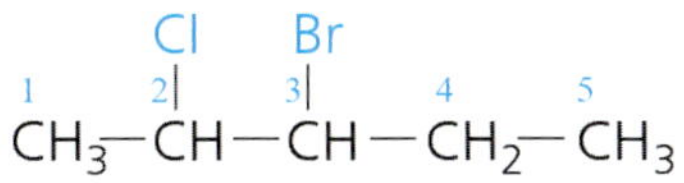

그 외에 자주 사용되는 치환기로 $-NO_2$ 나이트로(Nitro−)기와 $-NH_2$ 아미노(Amino−)기가 있다. 이러한 치환기들의 알케인 유도체 명명법도 알킬기가 치환된 화합물의 명명법과 동일한 규칙에 준하여 작은 번호가 되도록 치환기가 붙은 탄소의 번호를 부여한 후에 알파벳 순으로 치환기를 나열하여 기본명 앞에 붙여 명명한다. 예를 들어 다음과 같은 물질의 명명은 기본명은 Hexane이고 작용기는 모두 3번 탄소에서 시작하나 NH_2인 아미노(Amino) 기가 메틸(Methyl)기보다 우선하므로 아미노기를 3번으로 하여 3−Amino−4−methylhexane이 된다.

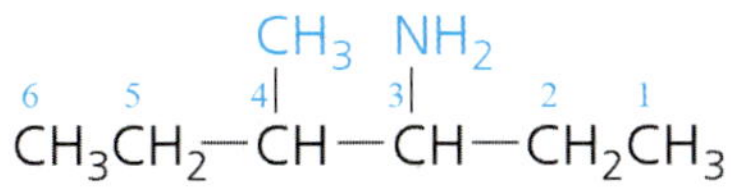

이들 치환기들의 이름은 다음 표에 정리하여 나타내었다.

표 4.9 여러 가지 치환기

치환기	치환기 이름
X	Halo(할로)
F	Fluoro(플루오로)
Cl	Chloro(클로로)
Br	Bromo(브로모)
I	Iodo(아이오도)
NH_2	Amino(아미노)
CN	Cyano(사이아노)
OH	Hydroxy(하이드록시)
NO_2	Nitro(나이트로)
R	Alkyl(알킬)

4.3 알케인의 명명 보기

여러 가지 알케인 물질의 명명을 연습할 수 있도록 직쇄형, 가지형, 선구조식 표현, 알케인 유도체로 각각 구분하여 아래에 나타내었다.

(1) 직쇄(Straight) 형

$CH_3CH_2CH_2CH_3$ Butane	$CH_3CH_2CH_2CH_2CH_3$ Pentane	$CH_3(CH_2)_4CH_3$ Hexane
$CH_3(CH_2)_5CH_3$ Heptane	$CH_3(CH_2)_8CH_3$ Decane	

(2) 가지 (Branch) 형

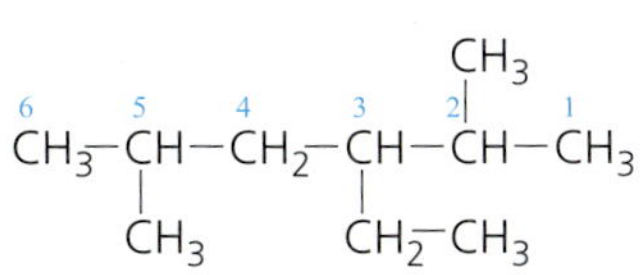 3-Ethyl-2,5-dimethylhexane	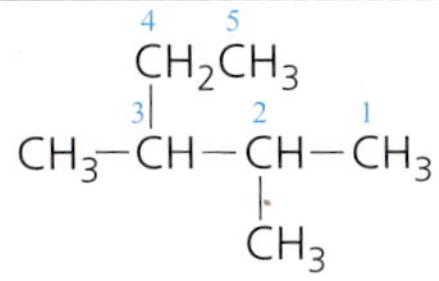 2,3-Dimethylpentane	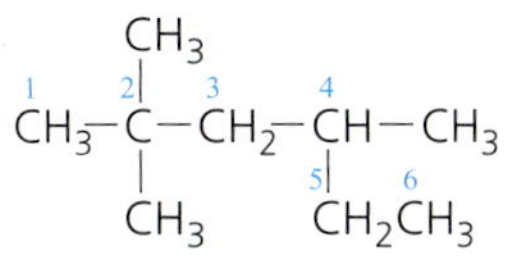 2,2,4-Trimethylhexane
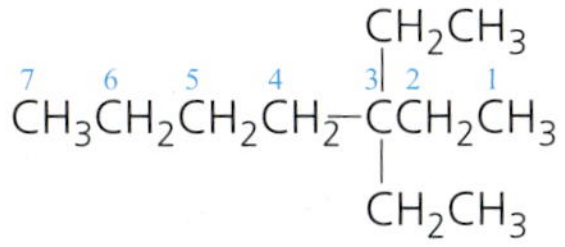 3,3-Diethylheptane	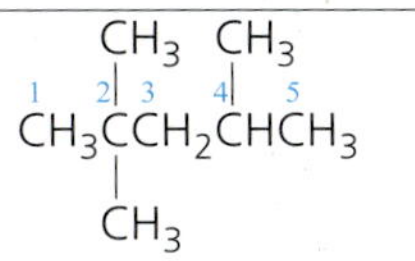 2,2,4-Trimethylpentane	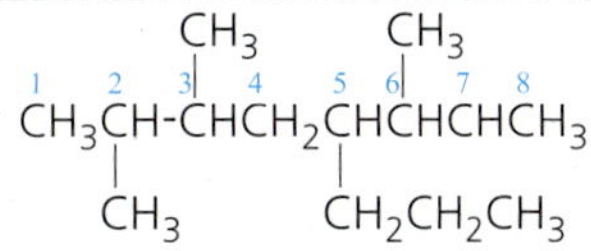 2,3,6-Trimethyl-5-propyloctane
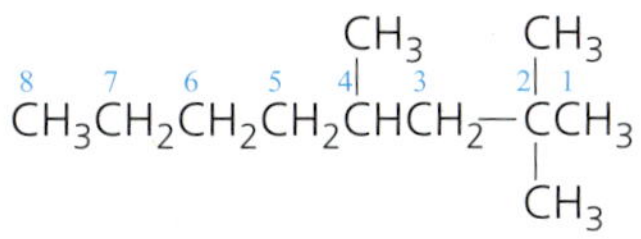 2,2,4-Trimethyloctane	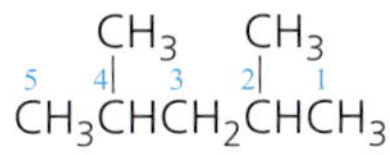 2,4-Dimethylpentane	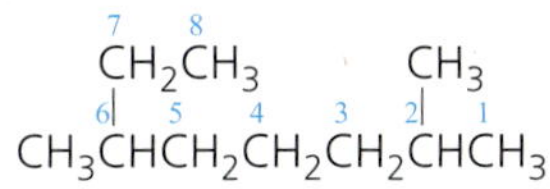 2,6-Dimethyloctane
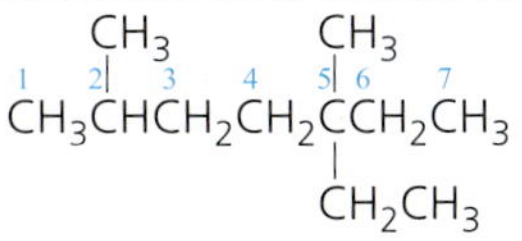 5-Ethyl-2,5-dimethylheptane	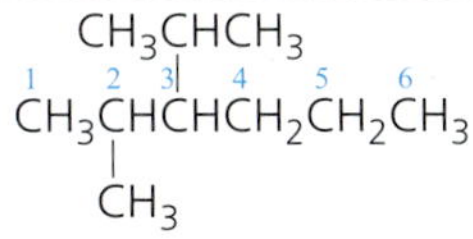 3-Isopropyl-2-methylhexane	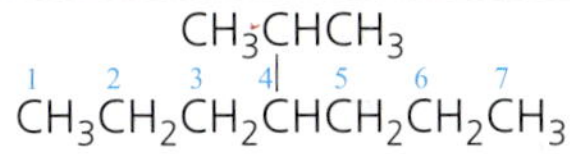 4-Isopropylheptane
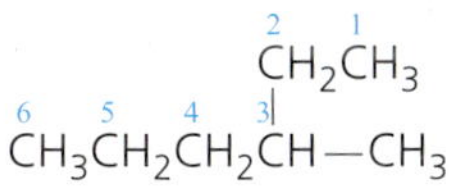 3-Methylhexane	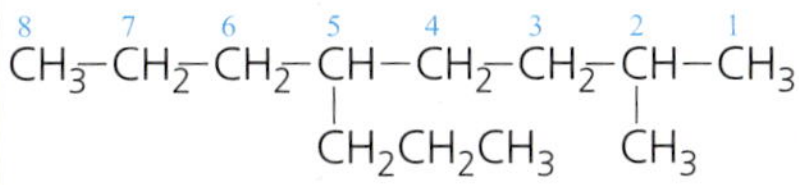 2-Methyl-5-propyloctane	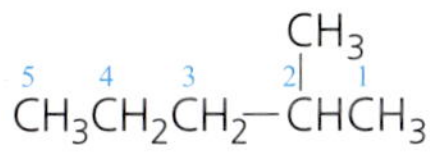 2-Methylpentane
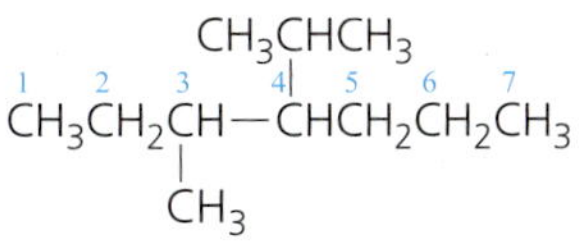 4-Isopropyl-3-mthylheptane	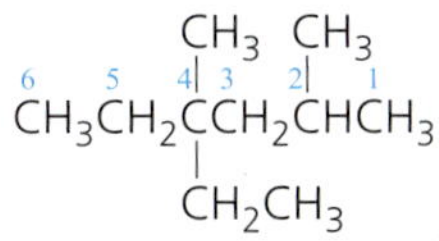 4-Ethyl-2,4-dimethylhexane	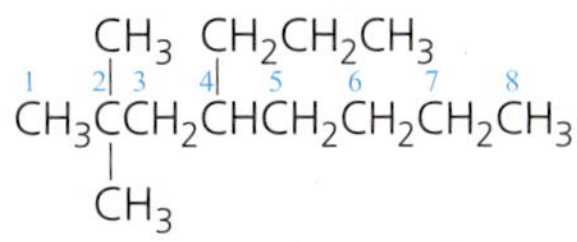 2,2-Dimethyl-4-propyloctane
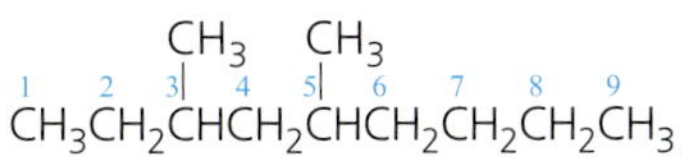 3,5-Dimethylnonane	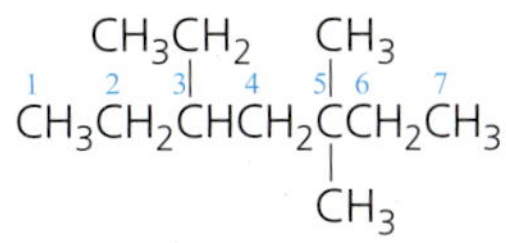 3-Ethyl-5,5-dimethylheptane	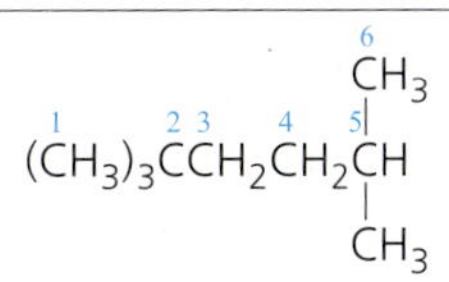 2,2,5-Trimethylhexane
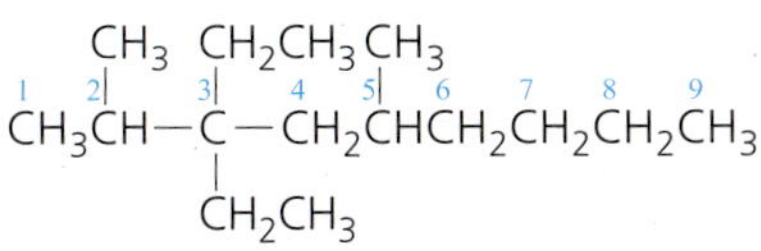 3,3-Diethyl-2,5-dimethylnonane	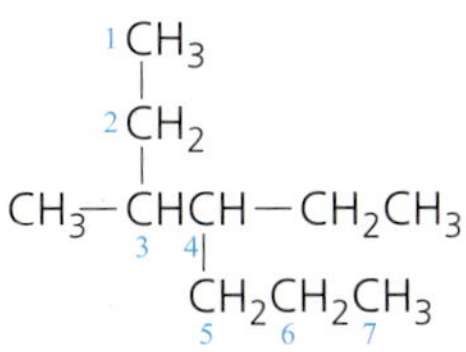 4-Ethyl-3-methylheptane	

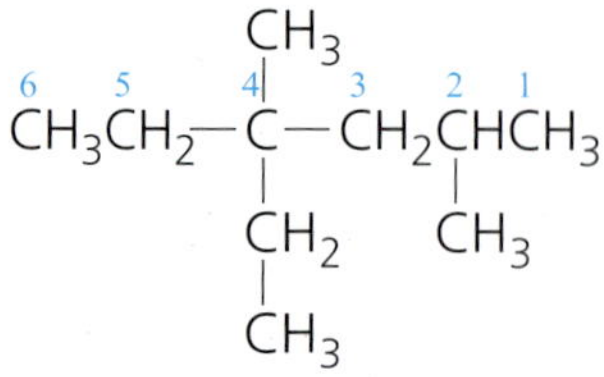 2,4–Methyl–4–ethylhexane	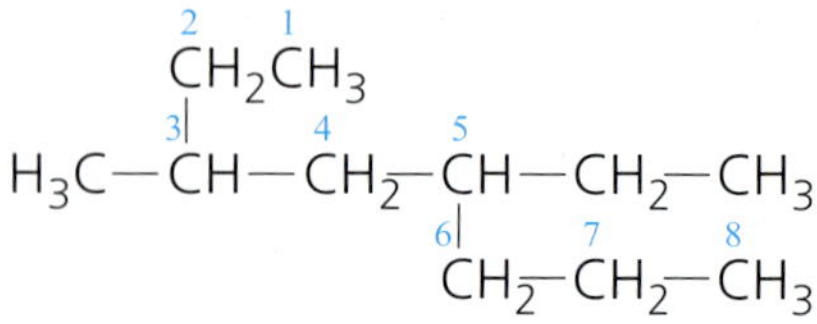 5–Ethyl–3–methyloctane
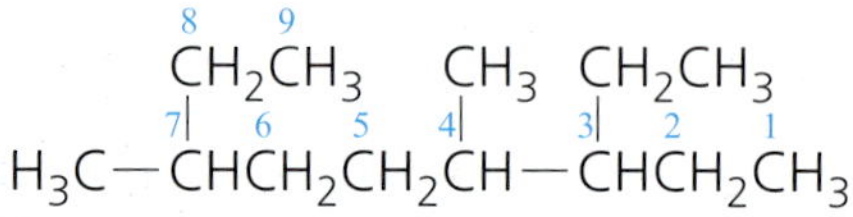 3–Ethyl–4,7–dimethylnonane	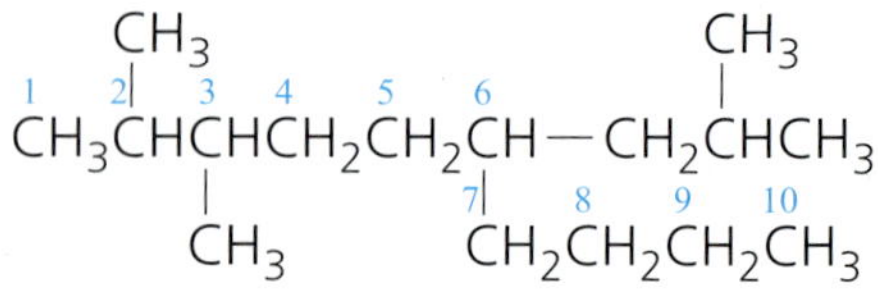 2,3–Dimethyl–6–isobutyldecane

(3) 선 (Line) 구조식 표현

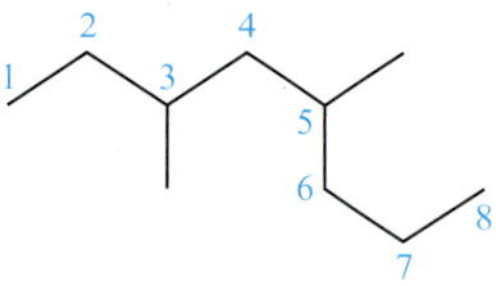 3,5–Dimethyloctane	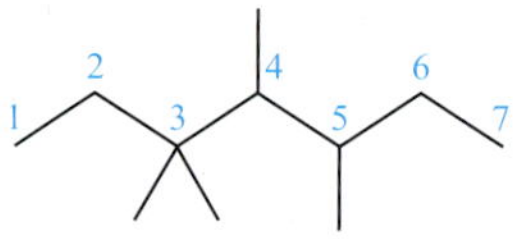 3,3,4,5–Tetramethylheptane	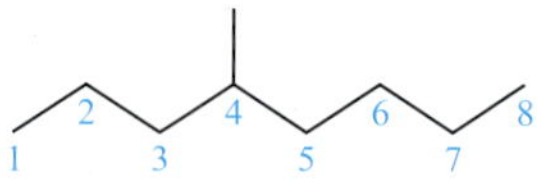 4–Methyloctane
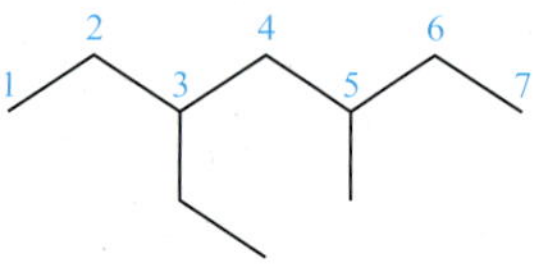 3–Ethyl–5–methylheptane	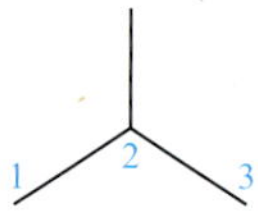 2–Methylpropane	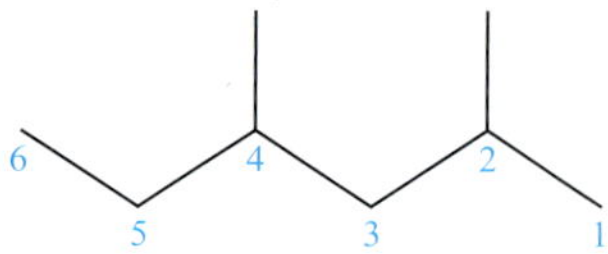 2,4–Dimethylhexane

(4) 알케인 유도체 (Derivatives)

$\overset{4}{C}H_3\overset{3}{C}H_2\overset{2}{C}H_2\overset{1}{C}H_2-Cl$ 1–Chlorobutane	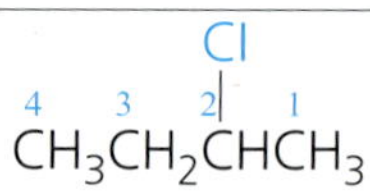 2–Chlorobutane	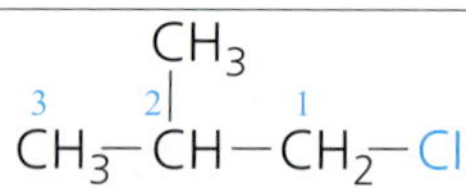 1–Chloro–2–menthylpropane
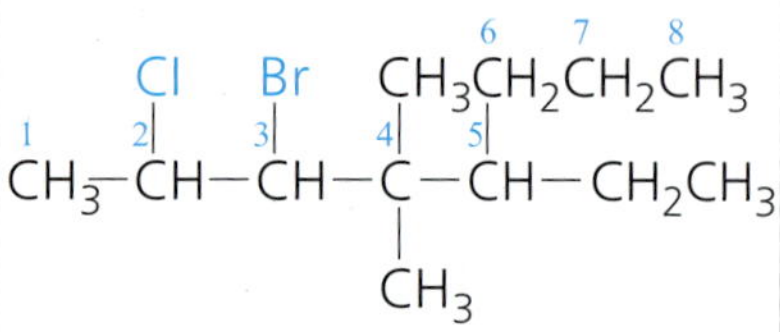 3–Bromo–2–chloro–5–ethyl–4,4–dimethyloctane	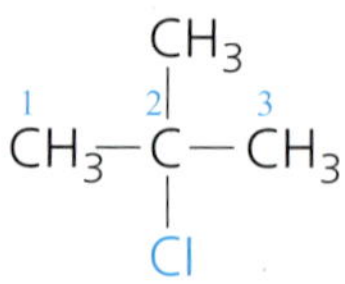 2–Chloro–2–menthyl propane	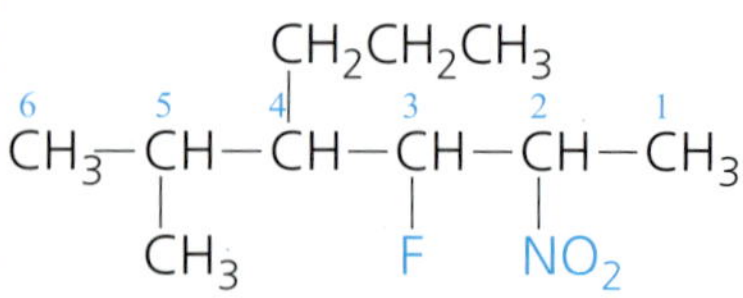 3–Fluoro–4–isopropyl–5–methyl–2–nitroheptane

4.4 알케인의 물리적 성질

알케인은 물에 잘 녹지 않으나 유기용매에는 잘 녹는다. 물은 극성을 띤 공유결합 화합물이지만 알케인은 비극성 공유결합을 이루고 있어 물분자와 수소결합을 형성할 수가 없고 물에 잘 용해되지 않는다. 그러나 알케인은 벤젠, 알코올, 에터 등과 같은 유기용매에는 잘 녹는다. 알케인은 상온, 상압에서 C_4까지인 메테인, 에테인, 프로페인, 뷰테인은 기체이고, C_5~C_{17}은 액체이며 그 이상은 고체이다. 알케인은 비슷한 분자량을 가진 다른 유기화합물보다 끓는점과 녹는점이 낮다. 그 이유는 비극성 분자들간의 인력이 비교적 작고 분자간에 약한 분산력(Dispersion Force)이 작용하기 때문이다. 알케인은 사슬의 길이가 커지면 즉 분자량이 증가함에 따라 끓는점 및 녹는점이 거의 비례하여 증가한다. 즉 그림에서처럼 C_1~C_{14}의 알케인의 탄소수에 따른 녹는점과 끓는점은 일정하게 증가하고 있다.

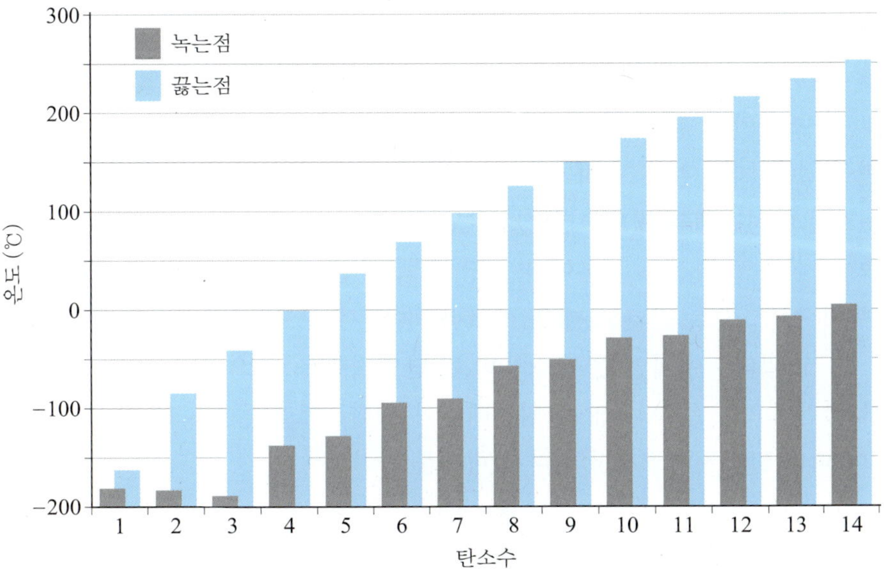

그러나 사슬의 가지가 많을수록 끓는점은 낮아진다. 예를 들면, 펜테인의 끓는점은 36.1℃, 가지가 하나인 아이소펜테인은 27.9℃, 그리고 네오펜테인은 9.4℃이다. 이것은 동일한 탄소수를 가지고 있더라도 곁가지가 달린 알케인은 직선 사슬 알케인보다 표면적이 작기 때문이다.

참고 파라핀(Paraffin)

파라핀은 C_nH_{2n+2}의 분자식을 가지고 있는 알케인의 일반명이다. 라틴어의 Parum(드문) + Affinis(친화성)의 합성어로서 친화력 부족 또는 반응성 부족이라는 의미를 가지고 있다. 탄소 원자의 수가 증가하면 점성을 가진 액상 물질이 되는데 이들 혼합물을 액체 파라핀(Liquid Paraffin), Paraffin Oil, Nujol, Petrolatum 또는 광유(Mineral Oil)라 부른다. 화장품 원료(예: 베이비 오일), 의약품으로서는 설사약으로 사용된다. 화상연고 또는 연고 기제로 사용되는 바셀린(Vaseline)은 반고체상 알케인을 지칭하며 C_{18}이상인 알케인 화합물이다. 탄소수가 20~40($C_{20}H_{42}$~$C_{40}H_{82}$)이 되면 고체상이 되는데 이를 파라핀 왁스라 한다. 파라핀 왁스는 양초 제조의 원료가 되는 물질이며 과일 또는 식물의 잎에서도 발견된다. 이들은 수분 증발을 막고 해충의 공격을 막는 역할을 한다. 참고로 사과 왁스의 주성분은 $C_{27}H_{56}$이다.

4.5 알케인의 회전 배열 이성질체

알케인의 탄소–탄소 단일결합은 한 탄소의 sp^3 혼성궤도함수와 다른 탄소의 sp^3 혼성궤도함수가 겹쳐서 시그마(σ)결합을 이루고 있다. 단일결합은 그 결합축을 중심으로 자유롭게 회전 할 수 있으므로, 탄소–탄소 결합축을 중심으로 한 탄소를 작은 각도로 회전하면 무수히 많은 입체배열을 만들 수 있다. 같은 분자가 탄소–탄소 단일결합의 회전으로 서로 다른 모양의 공간 배향을 가진 이성질체를 형태 이성질체(Conformational Isomer)라 한다.

탄소–탄소 단일결합 중심축의 회전은 실온에서 초당 수백만 번 이상 회전이 가능할 정도로 매우 빠르며 입체 형태 간의 상호 전환도 매우 빠르다. 따라서 구조 이성질체와 달리 형태 이성질체는 분리할 수가 없다. 에테인은 탄소–탄소 단일결합을 축으로 하여 각 탄소를 회전시킬 수가 있어 공간적으로 무수히 많은 입체배열이 있다. 예를 들어 그림에서 표시된 원자의 위치가 회전에 따라 달라져서 2가지의 다른 형태를 가진다.

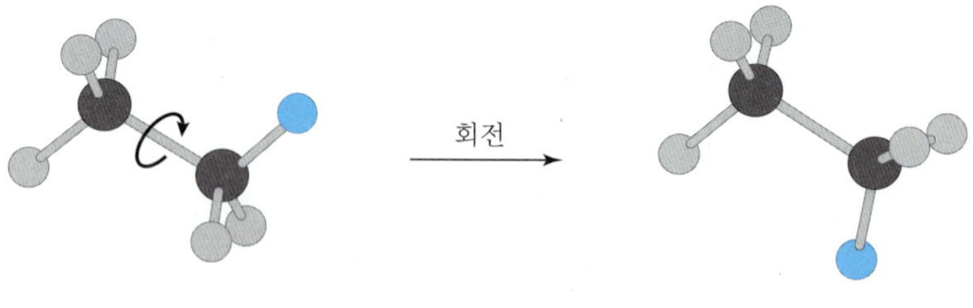

그 중에서 2개의 극단적인 입체형태인 엇갈린 입체형태(Staggered Conformation)와 겹친 입체형태(Eclipsed Conformation)가 있다. 아래 에테인의 2가지 형태 그림에서 겹친 형태의 경우 C–H 결합은 동일 평면상에서 평행하게 배열되어 있고 엇갈린 형태는 앞에 있는 C–H 결합이 뒤에 있는 H–C–H 결합각을 2등분한다.

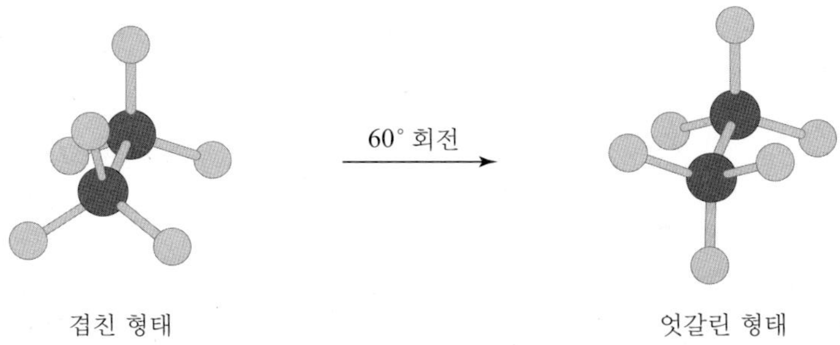

엇갈린 입체형태는 한 탄소에 결합된 수소가 다른 탄소의 수소와 가능한 가장 멀리 떨어져 있는 형태이고, 반면에 겹친 형태는 2 수소가 가장 가까이 있는 형태이다. 분자의 전자쌍 반발 모형에 의하면 엇갈린 형태가 원자들 간의 반발력을 줄일 수 있어서 가장 안정한 형태가 되고, 겹친 형태가 가장 불안정한 상태이다.

이들 화합물은 실제로 3차원 모양이지만 우리는 2차원의 구조를 종이에 그려서 분자의 구조를 이해한다. 원자들의 3차원 공간 배열을 효율적으로 나타내기 위한 방법으로 사용하는 것이 원근법(Dash-wedge)과 뉴만 투영도(Newman Projection)이다. 원근법은 실선 쐐기와 점선 쐐기 모양을 이용하여 3차원 구조를 나타내는 방법이다. 뉴만 투영도는 탄소-탄소 결합을 한쪽 끝에서 투영하듯이 관찰하여 보이는 모양을 그린다. 에테인의 뉴만 투영도를 그려보면, 앞에 보이는 탄소는 3개의 결합이 교차하는 점을 나타내고, 뒤에 보이는 탄소는 원으로 그린다. 각 탄소에서 뻗어 나온 3개의 선은 탄소들이 3개의 수소와 결합한 것이다. 에테인의 뉴만 투영도는 다음과 같이 나타낸다.

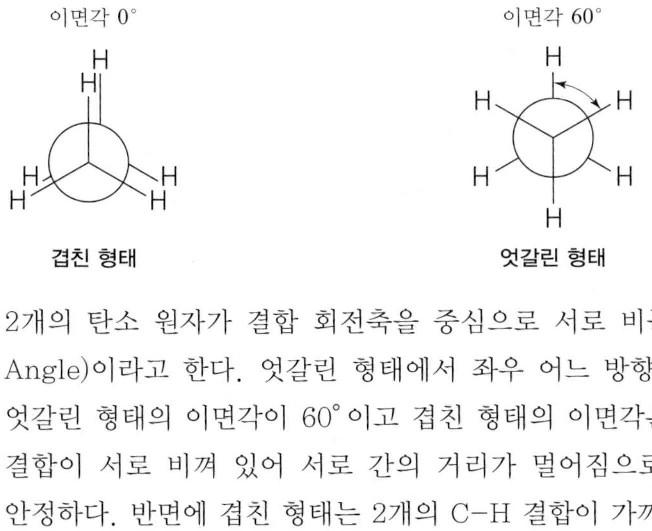

2개의 탄소 원자가 결합 회전축을 중심으로 서로 비틀어져 있는 각도를 이면각(Dihedral Angle)이라고 한다. 엇갈린 형태에서 좌우 어느 방향이든 60° 회전하면 겹친 형태가 된다. 엇갈린 형태의 이면각이 60° 이고 겹친 형태의 이면각은 0° 이다. 엇갈린 형태는 2개의 C-H 결합이 서로 비껴 있어 서로 간의 거리가 멀어짐으로 상호 반발력이 상대적으로 작고 더 안정하다. 반면에 겹친 형태는 2개의 C-H 결합이 가까이 있어 서로 간의 거리가 가까우므로 상호 반발력이 상대적으로 크고 덜 안정하다. 여기서 비틀림 에너지(Torsional Energy)는 엇갈린 형태와 겹친 형태 사이의 에너지 차이를 말하고 비틀림 변형(Torsional Strain)은 비틀림이 생겨 발생한 에너지의 증가분을 말한다. 다음 그림은 에테인의 이면각과 비틀림 에너지의 관계를 나타내고 있다.

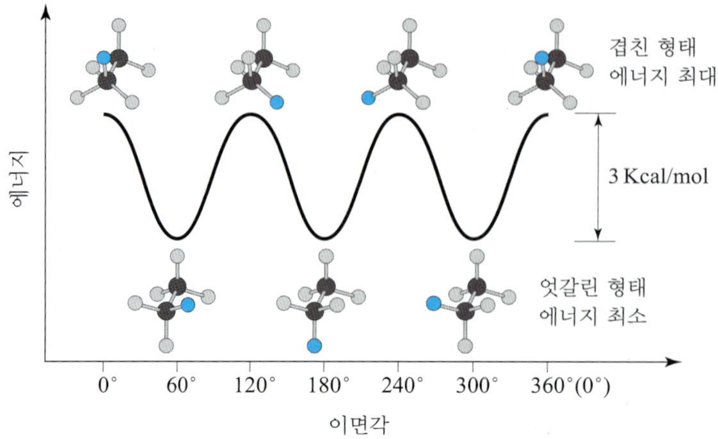

4.6 알케인 유기 화합물 보기

다음은 알케인의 천연 유기화합물의 예를 나타낸다.

4.6.1 바퀴벌레의 운데케인

운데케인(Undecane)은 자연에 존재하는 알케인의 예이다. 바퀴벌레는 운데케인을 분비하여 동료들을 모이게 한다. n-운데케인의 분자 구조는 24 개의 수소 원자와 11개의 탄소 원자로 구성되어($C_{11}H_{24}$) 총 35개의 원자로 형성된다. 그리고 분자에는 총 34개의 화학결합이 있으며 10개의 비수소결합과 8개의 단일결합으로 구성된다. 이는 특히 곤충들이 서로 의사소통을 하기 위해 분비 하는 화학 물질인 페로몬(Pheromone)이다.

그림 4.1 바퀴벌레

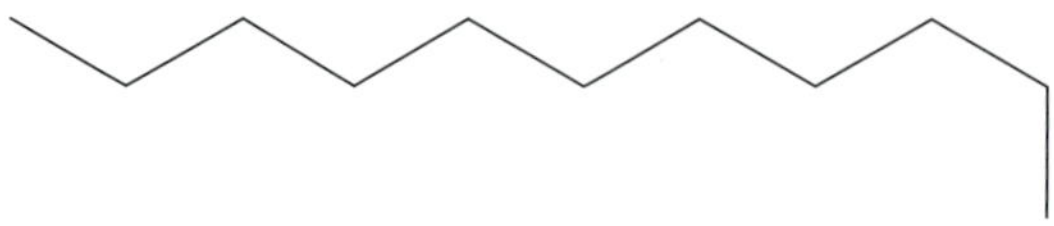

운데케인

4.6.2 상어 간유의 프리스테인

프리스테인(Pristane)은 북대서양과 남태평양 바다의 차가운 물에 서식하는 상어의 간유에서 얻는다. 이것은 민간 요법과 북 유럽의 해안에서 윤활유로 사용했던 분자량이 큰 천연 포화 터페노이드(Terpenoid) 지질의 알케인($C_{19}H_{40}$)이다.

그림 4.2 상어 간유

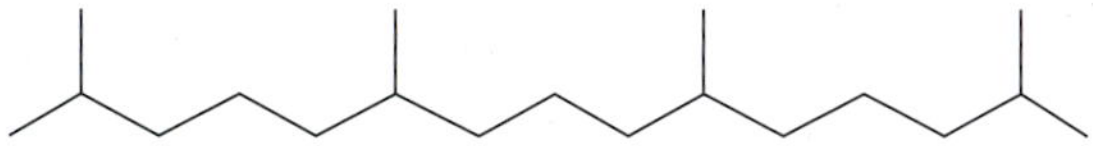

2,6,10,14-Tetramethylpentadecane
(프리스테인)

05장

포화탄화수소 사이클로알케인

05장

포화탄화수소 사이클로알케인

사이클로알케인(Cycloalkane)은 3개 이상의 탄소가 고리(Ring)로 결합된 포화 탄화수소를 말한다. 사이클로알케인은 $-CH_2-$ 고리로 이루어져 있으므로 일반식은 C_nH_{2n} $(n \geq 3)$이 된다.

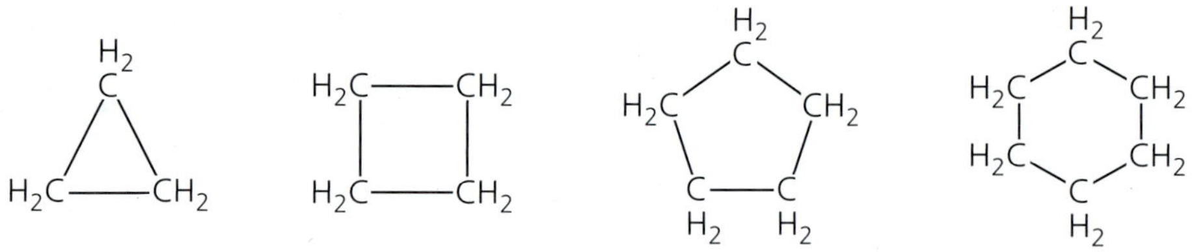

사이클로알케인의 탄소－탄소 결합은 선으로 그리고 탄소에 연결된 수소는 생략한 탄소 골격구조(Carbon Skeletal Structure)로 그린다. 고리의 각 꼭지점은 탄소가 위치하고, 각 탄소는 4개의 결합수를 가져야 하므로 적당한 수의 수소와 결합하고 있다고 생각한다. 사이클로알케인의 명명은 열린 사슬 알케인의 명명법과 비슷하다.

5.1 사이클로알케인의 명명법

사이클로알케인의 명명은 다음과 같이 한다.

(1) 알케인명에 접두어 사이클로(Cyclo－)를 붙여서 부른다.

Cyclopropane　　Cyclobutane　　Cyclopentane　　Cyclohexane

(2) 치환기가 한 개 있는 사이클로알케인은 사이클로알케인을 기본명으로 하고 치환기의 이름을 앞에 붙여 명명한다. 이때 치환기 앞에 번호 1은 붙이지 않는다.

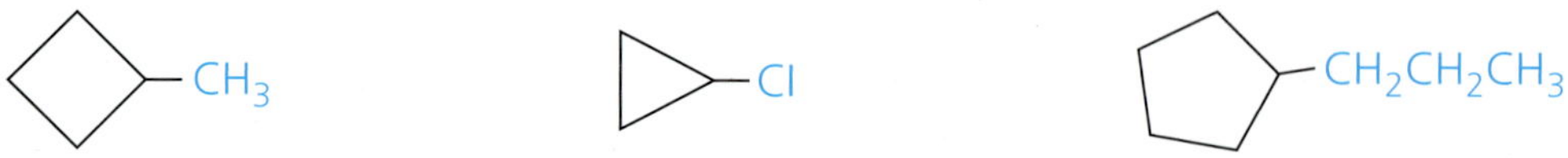

Methylcyclobutane　　Chlorocyclopropane　　Propylcyclopentane

(3) 고리 탄소 원자와 사슬형 치환기 탄소 원자의 수를 비교하여 탄소 원자의 수가 더 많은 쪽을 어미 사슬로 정한다.

Propylcyclobutane

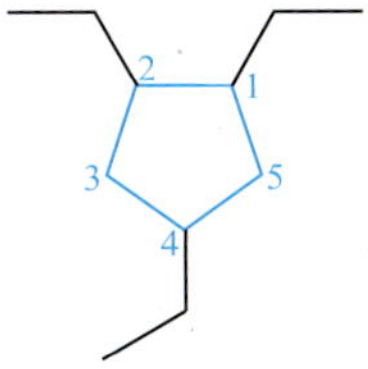

1,2,4-Triethylcyclopentane

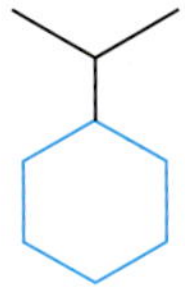

Isopropylcyclohexane

1-Cyclobutylpentane

1-Cyclopropylbutane

(4) 치환기가 2개 이상 존재하면 치환기가 달린 고리에 있는 탄소들의 번호가 작은 번호가 되도록 고리를 돌아가면서 번호를 붙인다. 치환기의 순서는 번호순이 아니라 알파벳 순으로 배열하고, 마지막 치환기 이름과 기본명은 붙여서 쓴다.

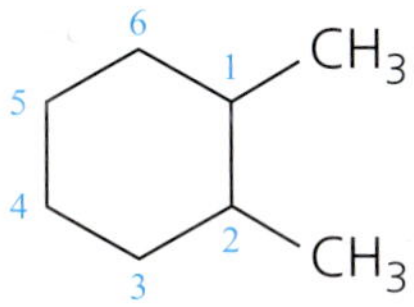

1,2-Dimethylcyclohexane

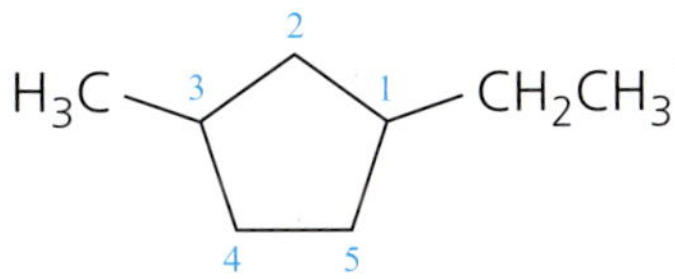

1-Ethyl-3-methylcyclopentane

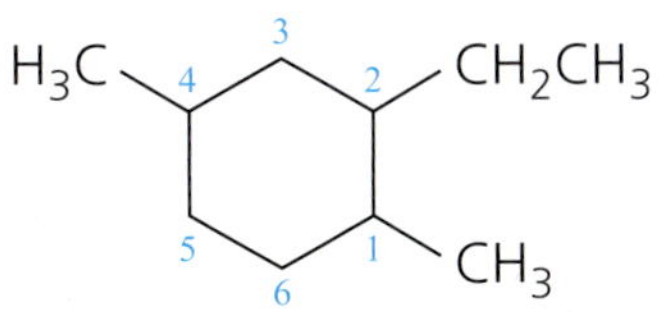

2-Ethyl-1,4-dimethylcyclohexane

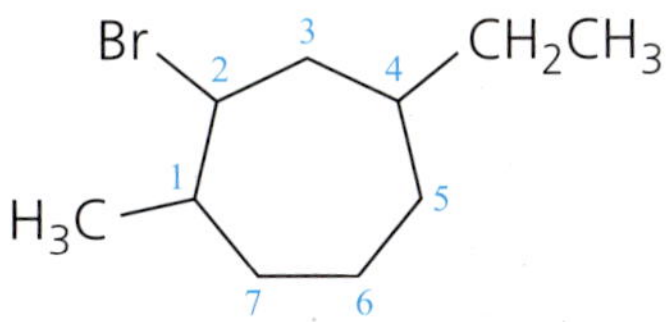

2-Bromo-4-ethyl-1-methylcycloheptane

5.2 사이클로알케인의 명명 보기

다음은 사이클로알케인의 여러 가지 명명 보기를 나타내었다.

(1) 알킬기 치환

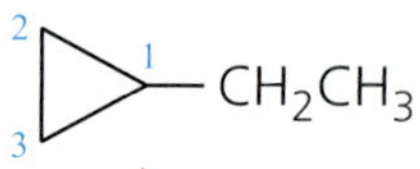 Ethylcyclopropane	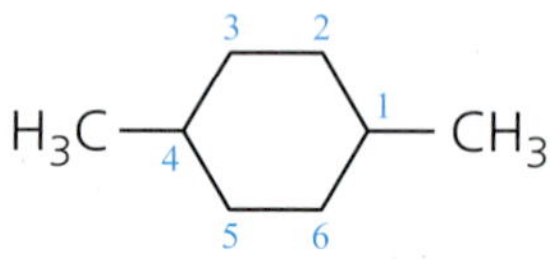 1,4−Dimethylcyclohexane	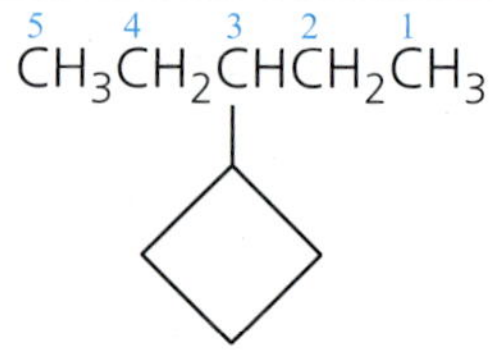 3−Cyclobutylpentane
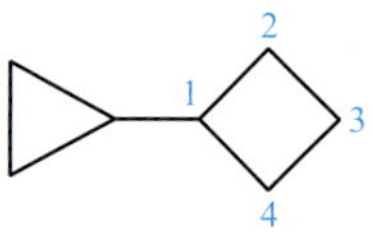 Cyclopropylcyclobutane	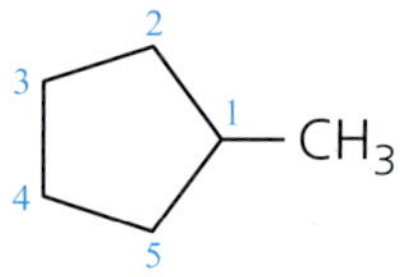 Methylcyclopentane	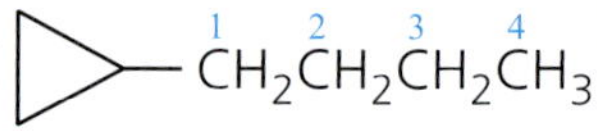 1−Cyclopropylbutane
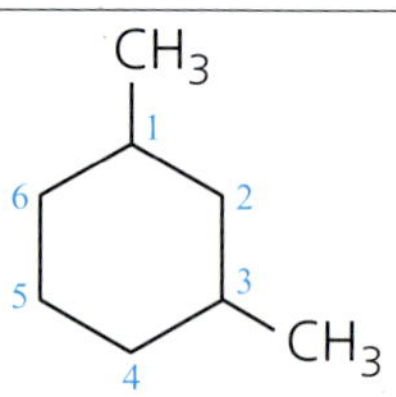 1,3−Dimethylcyclohexane	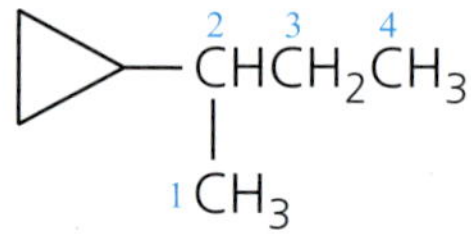 2−Cyclopropylbutane	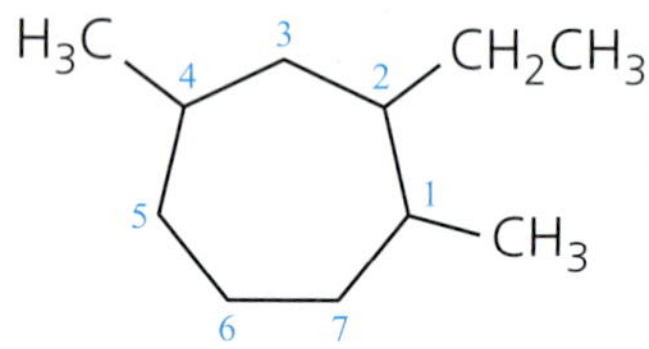 2−Ethyl−1,4−dimethylcycloheptane
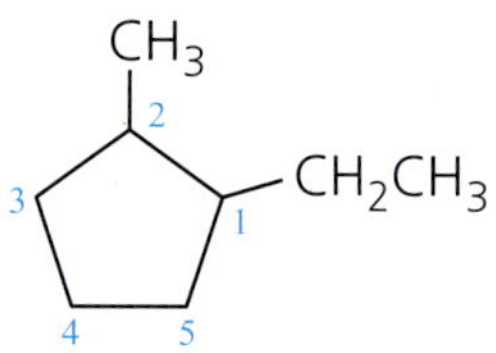 1−Ethyl−2−methylcyclopentane	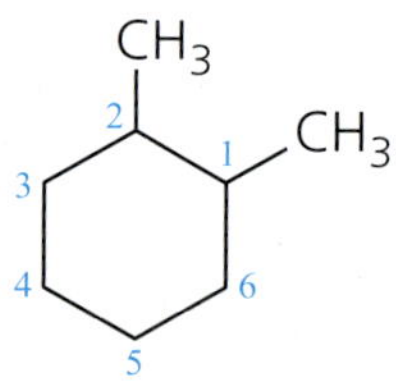 1,2−Dimethylcyclohexane	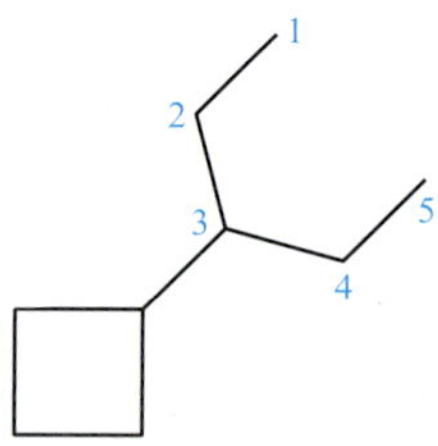 3−Cyclobutylpentane
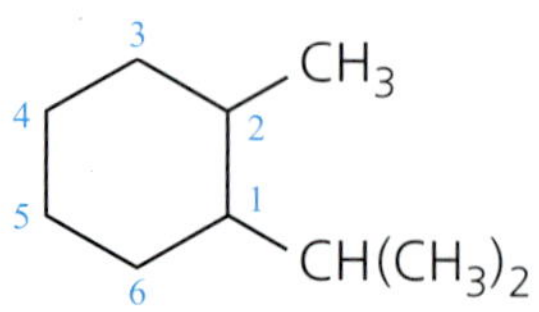 1−Isopropyl−2−methylcyclohexane	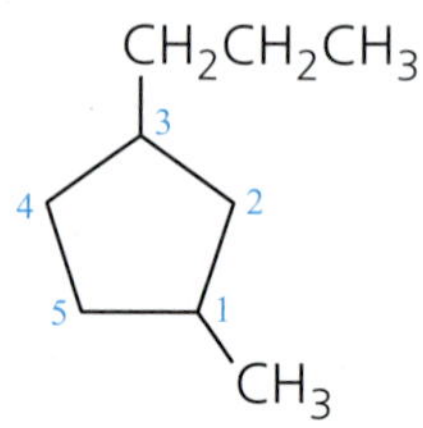 1−Methyl−3−propylcyclopentane	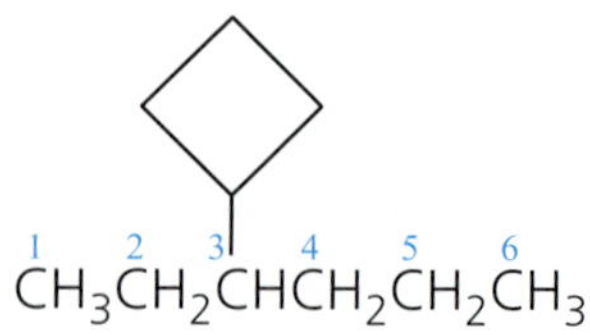 3−Cyclobutylhexane

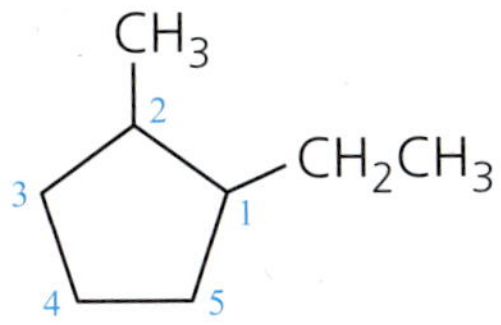 1−Ethyl−2−methylcyclopentane	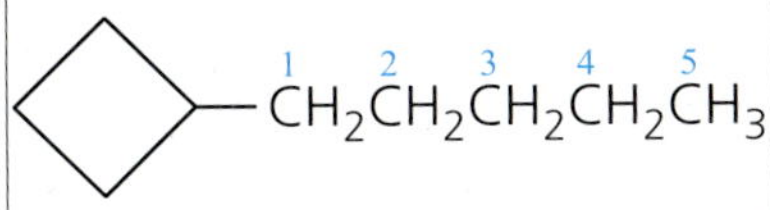 1−Cyclobutylpentane	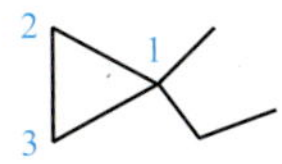 1−Ethyl−1−methyl− cyclopropane
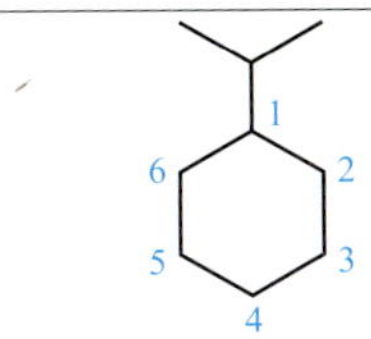 Isopropylcyclohexane	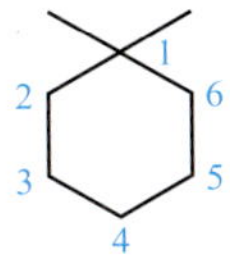 1,1−Dimethylcyclohexane	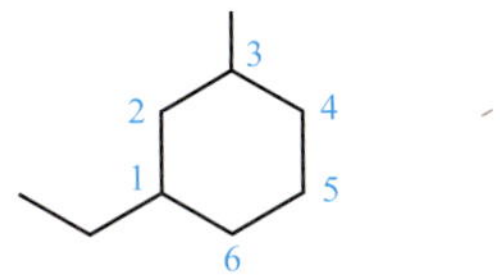 1−Ethyl−3−methylcyclohexane
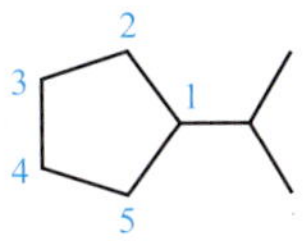 Isopropylcyclopentane	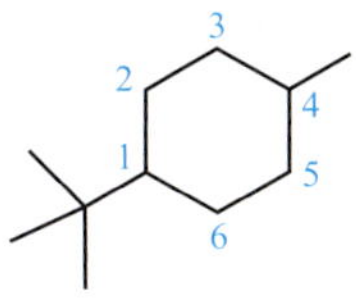 1−*tert*−Butyl−4−methyl− cyclohexane	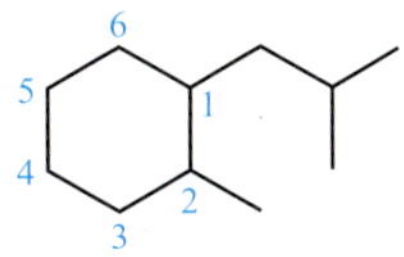 1−Isobutyl−2−methyl− cyclohexane

(2) 타 치환기

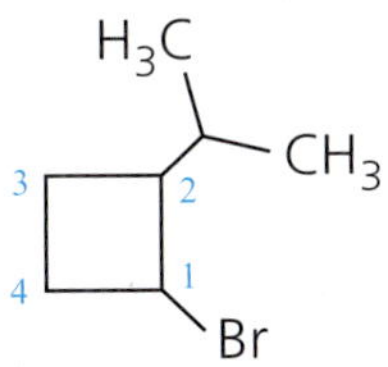 1−Bromo−2− isopropylcyclobutane	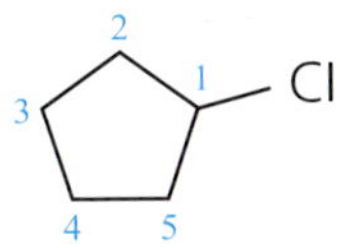 Chlorocyclopentane	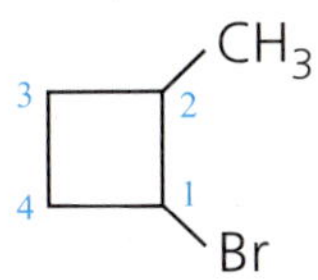 1−Bromo−2−methylcyclobutane
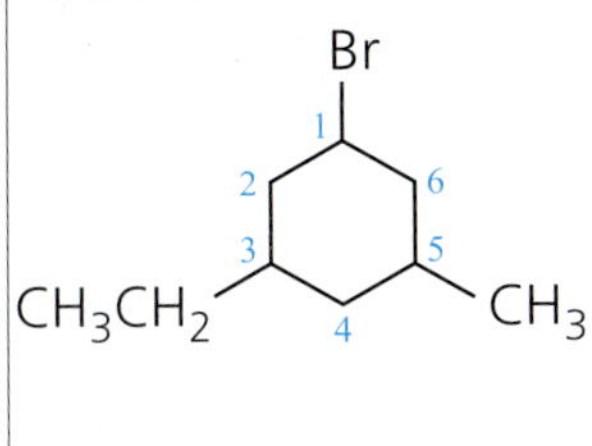 1−Bromo−3−ethyl−5− methylcyclohexane	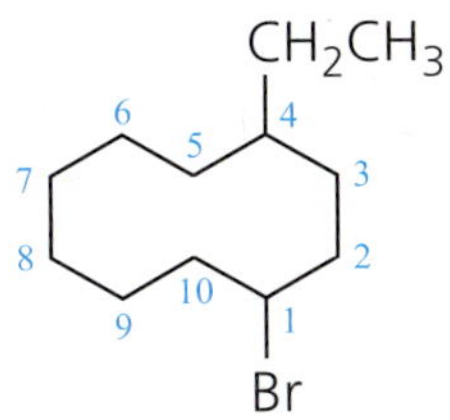 1−Bromo−4− ethylcyclodecane	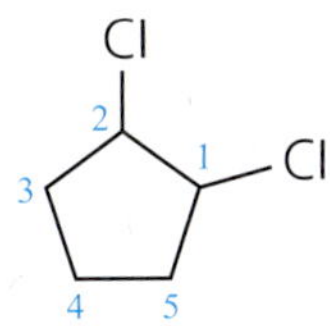 1,2−Dichlorocyclopentane

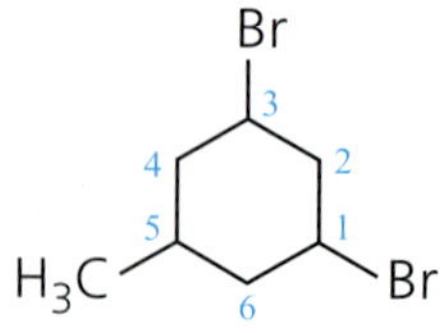 1,3–Dibromo–5–methylcyclohexane	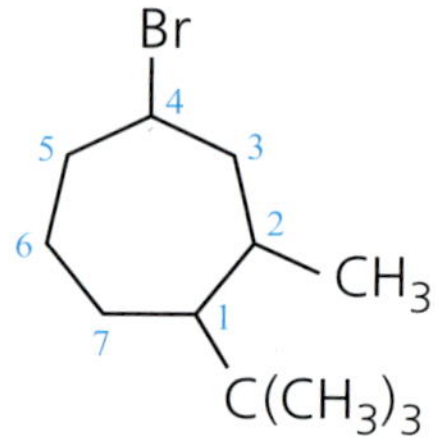 4–Bromo–1–*tert*–butyl–2–methylcycloheptane

(3) 기하 이성질체 (-cis, -trans)

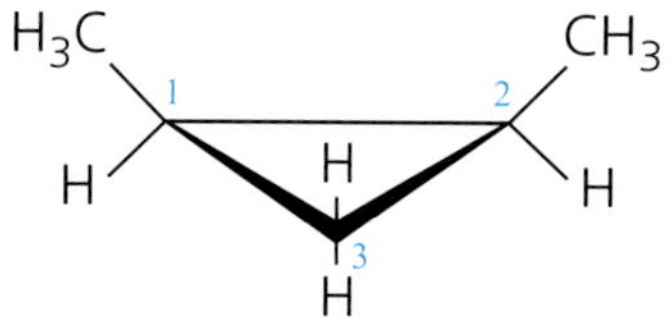 *cis*–1,2–Dimethylcyclopropane	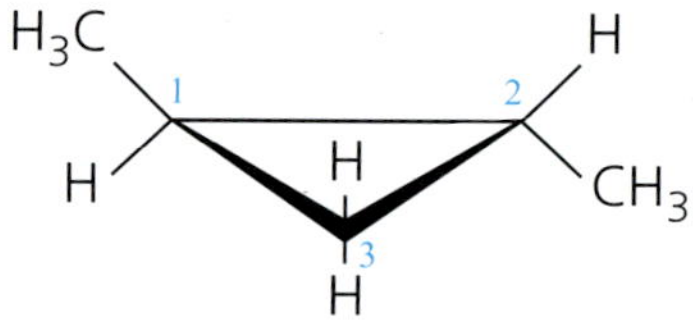 *trans*–1,2–Dimethylcyclopropane
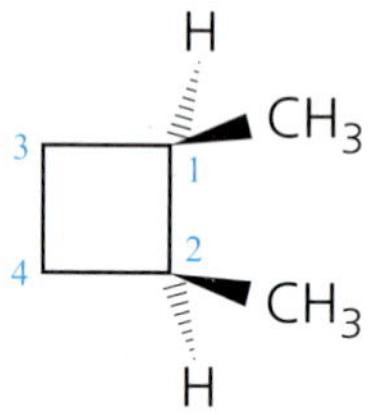 *cis*–1,2–Dimethylcyclobutane	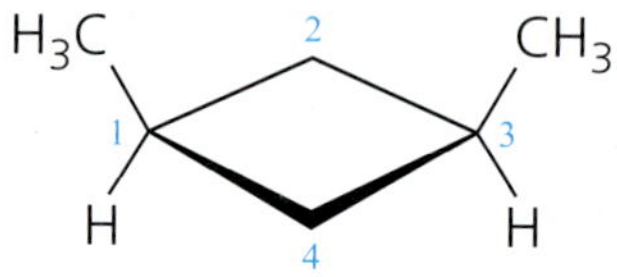 *cis*–1,3–Dimethylcyclobutane
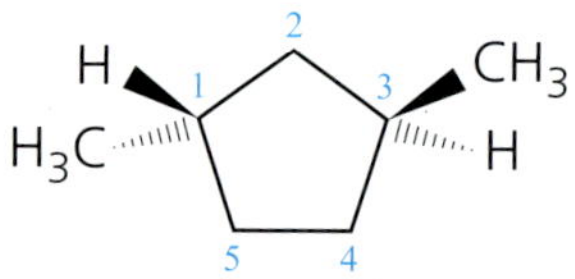 *trans*–1,3–Dimethylcyclopentane	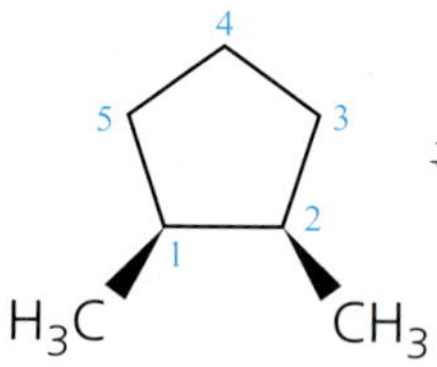 혹은 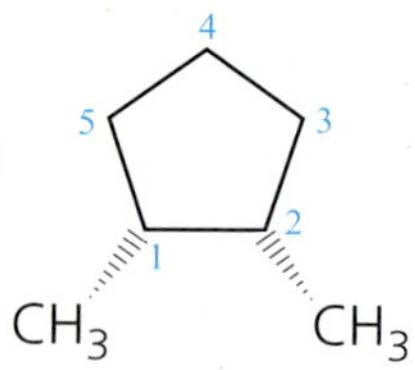 *cis*–1,2–Dimethylcyclopentane
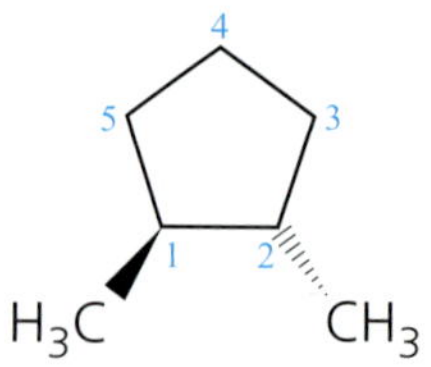 *trans*–1,2–Dimethylcyclopentane	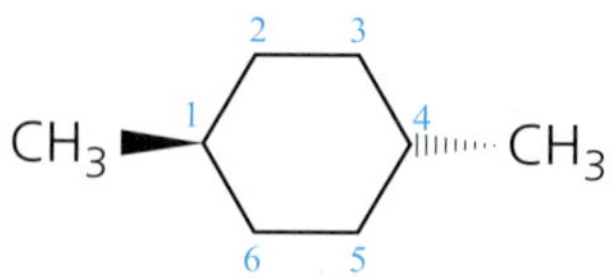 *trans*–1,4–Dimethylcyclohexane

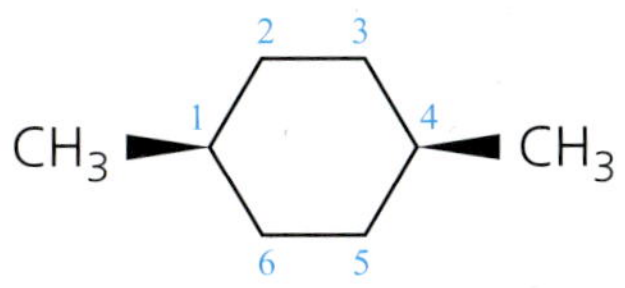

cis−1,4−Dimethylcyclohexane

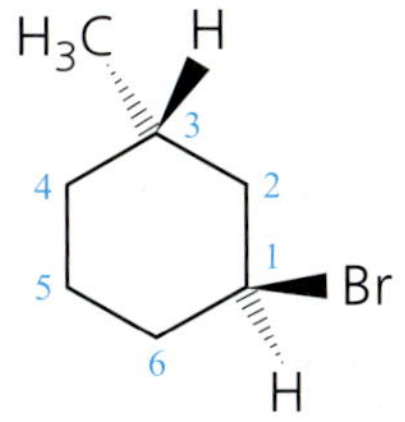

trans−1−Bromo−3−methylcyclohexane

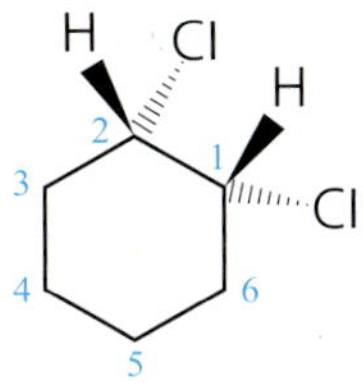

cis−1,2−Dichlorocyclohexane

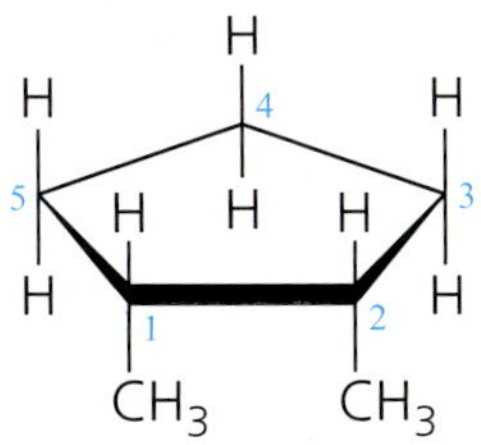

cis−1,2−Dimethyl−cyclopentane

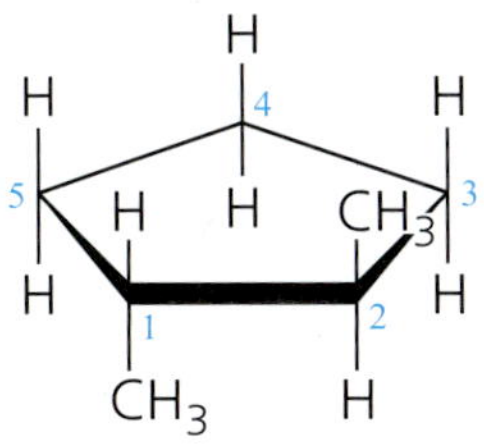

trans−1,2−Dimethyl−cyclopentane

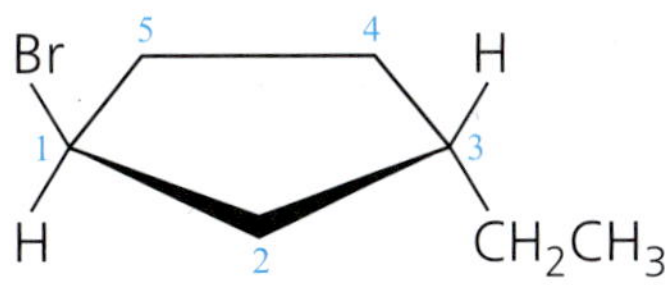

trans−1−Bromo−3−ethylcyclopentane

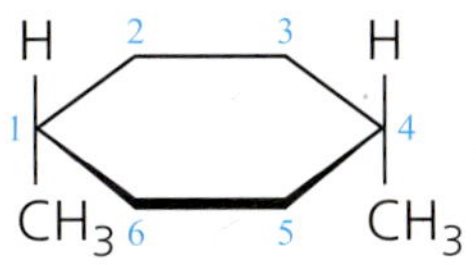

cis−1,4−Dimethylcyclohexane

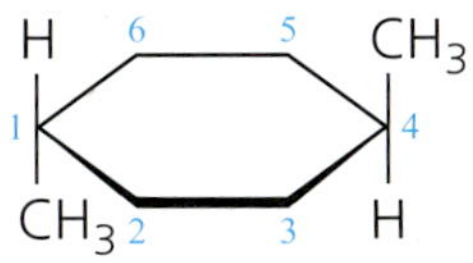

trans−1,4−Dimethylcyclohexane

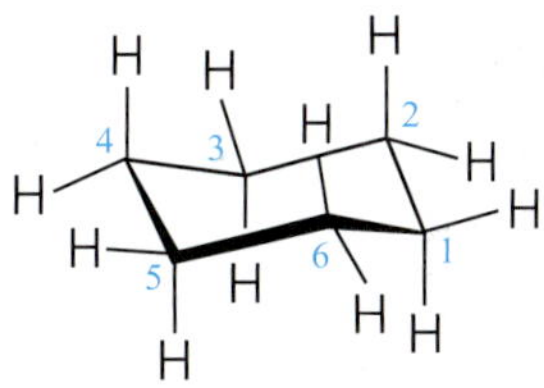

Cyclohexane

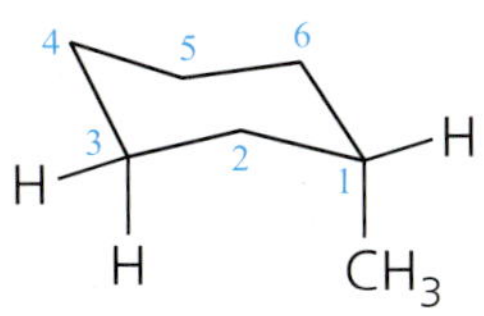

Methylcyclohexane

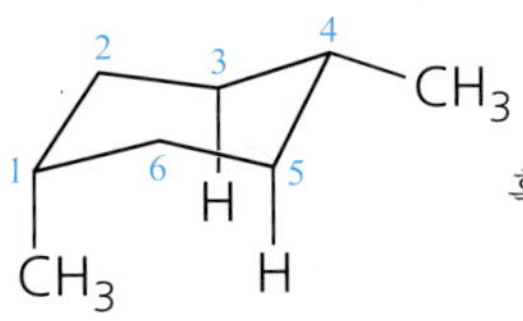

혹은

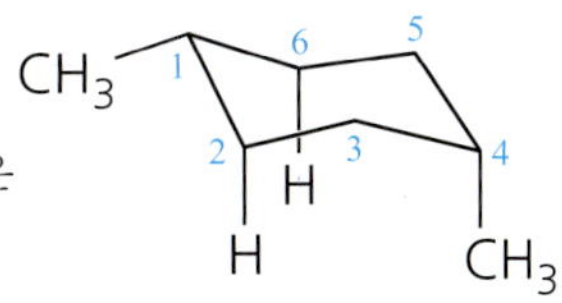

cis−1,4−Dimethylcyclohexane

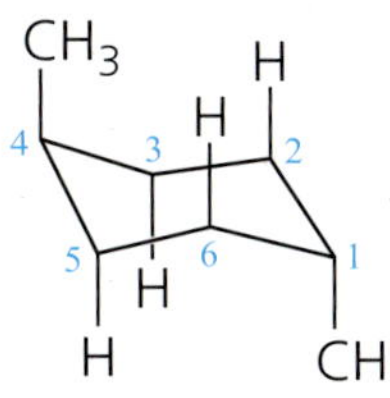

혹은

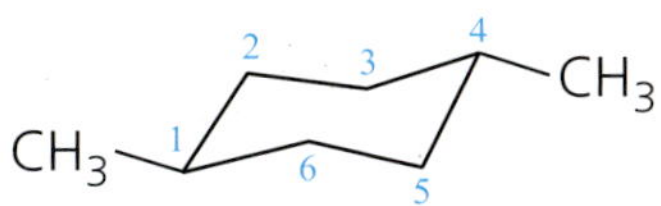

혹은

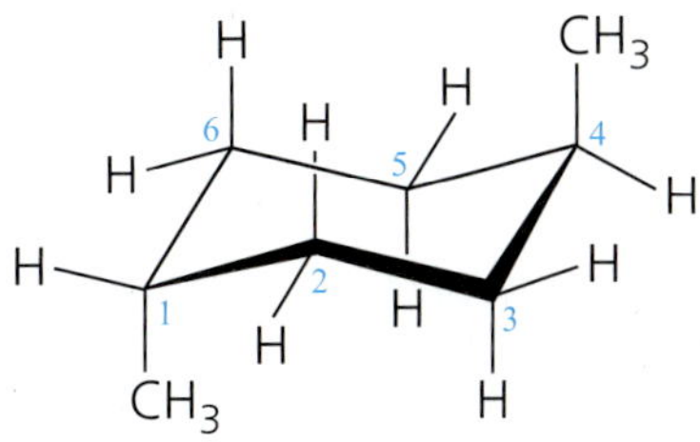

trans−1,4−Dimethylcyclohexane

5.3 사이클로알케인의 구조 형태 및 성질

사이클로프로페인의 입체배열에서 3개의 탄소 원자는 동일한 평면에 놓여 있으며, C−C−C 결합각은 60°이다. 한 탄소의 2 수소 중 하나는 평면 위에 위치하고 다른 하나는 평면 아래에 위치한다. 6개의 모든 C−H 결합은 이웃해 있는 결합과 겹친 입체배열을 가진다. 한 탄소에 4개의 치환체가 연결되어 있는 경우의 이상적인 결합각은 메테인에서와 같이 109.5°이다. 그러나 사이클로프로페인은 각 꼭지점 각은 60°로 결합각 변형(Angle Strain)이 존재한다. 이로 인해 알케인보다 불안정하고 반응성이 더 크다. 사이클로뷰테인과 사이클로펜테인은 탄소들이 동일 평면상에 놓이지 않으며 약간 오므라든 모양의 주름 잡힌 형태를 취한다. 이로 인해 C−H 결합이 서로 가리워진 상태를 다소 감소시켜 비틀림 변형도 사이클로프로페인보다 적게 작용한다. 몇가지의 사이클로알케인의 C-C-C 결합각은 다음과 같다.

표 5.1 몇가지의 사이클로알케인 결합각

Cyclopropane	Cyclobutane	Cyclopentane	Cyclohexane
C_3H_6	C_4H_8	C_5H_{10}	C_6H_{12}
	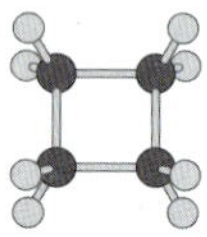	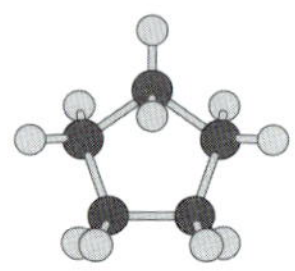	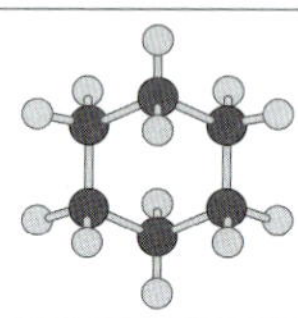
		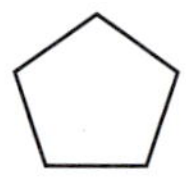	
65°	88°	105°	109.5°

이와 같이 탄소 원자의 수가 4개 이상인 사이클로알케인은 평면 구조가 아닌 찌그러진 모양의 구조를 가지고 있다 그 이유는 비틀림 변형을 최소화함으로써 분자 전체가 더 안정되기 위하여 분자 내의 탄소−탄소 결합이 부분적으로 회전하였기 때문이다. 실제로 사이클로뷰테인의 결합각은 90°가 아닌 88°이며 사이클로펜테인의 경우 108°가 아닌 105°이다. 더욱 놀라운 사실은 사이클로헥세인의 경우 결합각이 120°가 아니라 109.5°라는 것이다. 이는 비고리형 알케인인 헥세인과 같은 결합각을 가지고 있는 안정한 화합물이다. 이 때문에 자연계에는 사이클로헥세인 고리를 가지고 있는 다양한 화합물이 많이 발견되고 있다.

이 사이클로헥세인은 내각이 109.5°인 평면형의 입체배열은 결합각 변형을 많이 받으므로 평면형이 아닌 의자형태(Chair Conformation)를 하고 있다. 의자 형태의 12개의 수소가 축방향(Axial)과 적도방향(Equatorial)으로 6개씩 나누어져 배치되어 있다. 각 탄소는 축방향(혹은 수직방향)과 적도방향(혹은 수평방향)으로 수소를 하나씩 가지고 있고, 인접 탄소는 반대방향으로 교대로 배열된다. 6개의 축방향 수소 중에서 3개는 탄소 평면의 위쪽에 그리고 나머지 3개는 아래쪽에 하나씩 건너서 위치하고 있다. 6개의 적도방향의 수소는 거의 수평면상에 위치한다. 인접 탄소에 붙은 모든 수소 원자는 완전히 엇갈린 형태로 배열된다. 따라서 사이클로헥세인은 의자형태가 가장 안정하고 대부분 이런 형태로 존재한다. 다음은 사이클로헥세인의 의자 형태를 나타낸다.

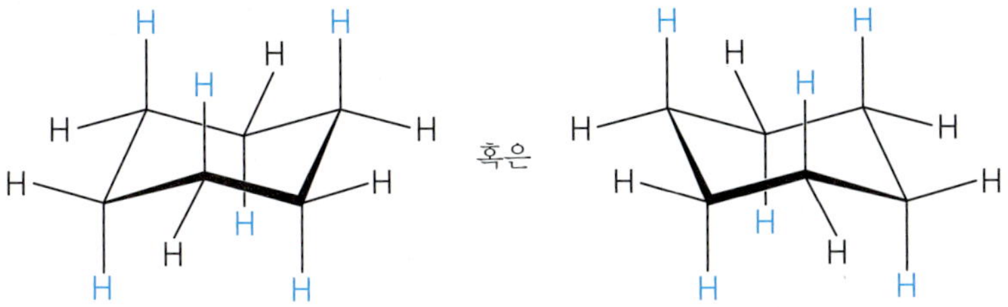

또한 사이클로헥세인의 다른 형태로서 비틀림 입체변형을 갖는 꼬인 보트 형태는 다음과 같다.

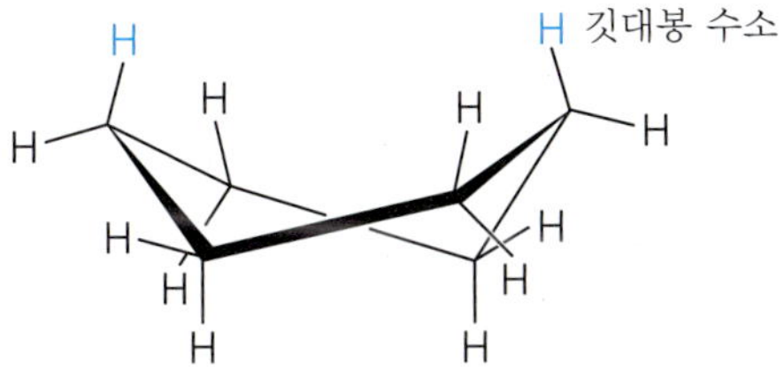

결국 고리형알케인의 의자형과 보트형은 비틀림 무리를 최소화하기 위하여 C–C 결합이 부분 회전하여 결합각이 109.5°가 되도록 찌그러져 있다. 여기서 의자형은 보트형보다 몰당 7Kcal 더 안정하다. 그리고 의자형의 C–H 결합은 모두 엇갈린 형태를 가지고(실제 사이클로헥세인과 비고리형 헥세인의 안정도는 비슷함) 있는 반면, 보트형은 4 곳에 4개의 C–H결합이 가려진 형태와 깃대봉 수소를 가지고 있어 의자형보다 불안정하다.

5.3.1 사이클로알케인의 형태 도시

사이클로헥세인의 의자 형태를 그리는 단계는 다음과 같다.

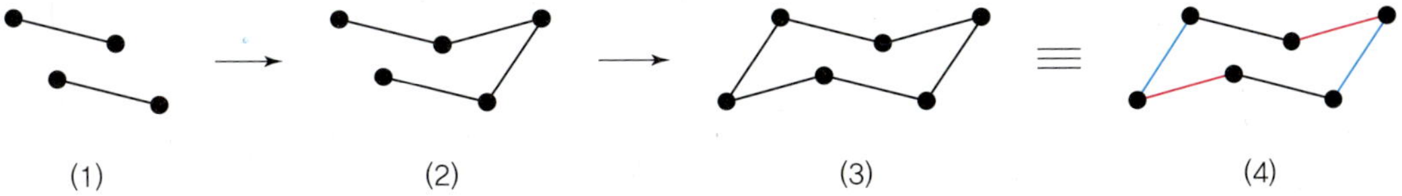

(1) 아래쪽으로 약간 기울어져서 서로 약간 평행한 2개의 평형선을 그린다.

(2) 이것은 사이클로헥세인의 탄소 중 4개가 한 평면 내에 놓여 있음을 의미한다.

(3) 가장 높은 탄소 원자를 다른 4개의 평면의 위와 오른쪽에 놓고 결합을 연결한다.

(4) 가장 낮은 탄소 원자를 가운데 4개의 평면의 아래와 왼쪽에 놓고 결합을 연결한다.
(5) 최바닥 탄소에 연결된 결합이 최고 천정 탄소에 대한 결합과 평행임에 유의한다.

5.3.2 사이클로알케인의 축방향 및 수평방향 결합 도시

의자형 사이클로헥세인에서 축방향 및 적도방향의 결합을 그리기 위한 절차는 다음과 같다.
(1) 축방향 결합은 각 탄소 위에 하나씩 6개의 축방향 결합들이 평행하며 교대로 위, 아래로 있다.

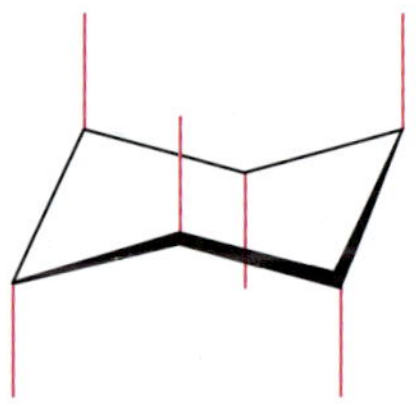

(2) 적도방향 결합은 각 탄소 위에 6개의 결합들이 두 평행한 선의 3개 세트로 되어 있다. 각 세트는 또한 2개의 고리 결합에 대해 평행하다. 적도 방향 결합은 고리 주변의 측면 사이에 교대로 있다.

(3) 다음은 축/적도방향 결합이 완성된 사이클로헥세인 이다.

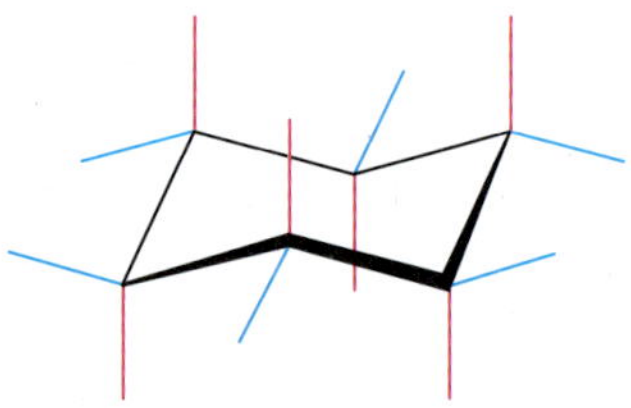

5.3.3 고리 뒤집힘 현상

사이클로헥세인을 볼 때, 고리의 아래에 있는 선은 앞쪽을 향하고 위에 있는 선은 뒤쪽으로 놓여 있다고 간주한다. 이를 나타내기 위하여 고리의 앞쪽 결합이 관찰자에게 더 가까이 있음을 나타내기 위하여 짙고 굵은 선으로 나타낸다. 메틸사이클로헥세인(Methylcyclo hexane)처럼 사이클로헥세인의 수소를 메틸기와 같은 부피가 큰 치환기로 치환된 구조를 살펴보기로 하자. 사이클로헥세인은 고리 뒤집힘(Ring Flip)에 의해 한 의자형태에서 다른 의자형태로 상호전환 한다. 즉 의자형태의 양 끝을 잡고 반대 방향으로 젖히면 고리가 뒤집히는 입체배열이 만들어진다. 다음은 메틸사이클로헥세인의 고리 뒤집힘 의자형태를 나타낸다.

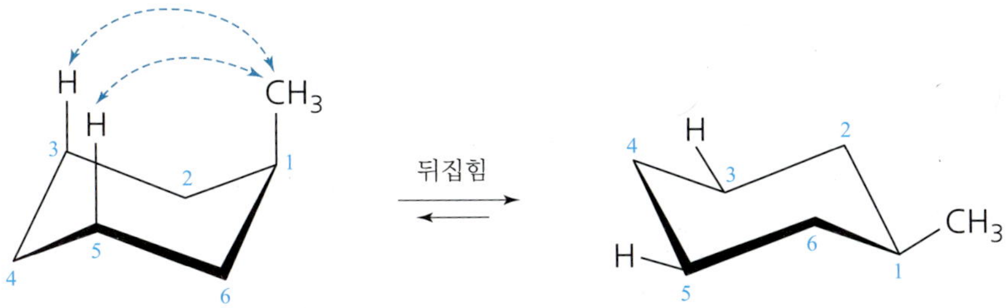

아래는 메틸사이클로헥세인의 회전배열 이성질체와 1,3-이수직 방향 상호작용을 나타낸다. 형태 구조 중 형태 1이 형태 2보다 0.9Kcal/mol 만큼 더 안정하다. 그 이유는 형태 2는 1,3-이축상호작용이 있기 때문이다.

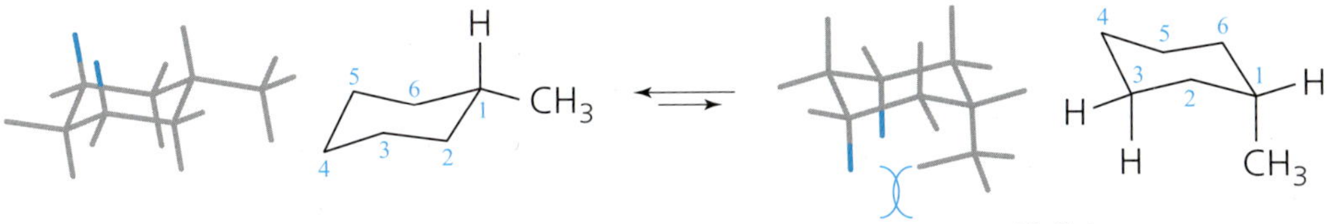

5.3.4 사이클로알케인의 시스-트랜스 입체이성질체

메틸사이클로헥세인의 2가지 의자형태는 상온에서 빠르게 전환하므로 2 형태의 이성질체를 분리하기는 어렵다. 메틸사이클로헥세인의 하나의 의자형태에서 축방향에 위치한 치환기는 고리 뒤집힘 형태에서는 적도방향에 위치하게 되고 반대로 적도방향의 치환기는 축방향의 치환기가 된다. 고리에서 같은 방향에 있는 3개의 축방향 결합은 서로 평행하므로 어떤 축방향에 있는 치환체는 다른 2 축에 있는 치환체와 상대적으로 가깝게 된다. 부피가 큰 치환체가 적도방향에 있을 때 입체장애가 적기 때문에 메틸 치환기가 적도방향에 위치한 입체배열이 축 방향에 있는 입체배열보다 더 안정하다. 구조 연구에서 메틸사이클로헥세인의 약 95%는 메틸 치환체가 적도방향의 위치에 있는 의자 입체배열을 하고 약 5%만이 축방향에 치환체가 있는 입체배열을 하는 것으로 알려져 있다. 메틸기 외에 다른 일치환 사이클로헥세인에서도 메틸사이클로헥세인과 같이 적도방향의 위치에 치환기가 존재하는 입체배열이 축방향에 위치 하는 것보다 더 안정함을 예상할 수 있다.

사이클로알케인 화합물 고리에 치환체 2개를 가진 입체배열을 살펴보면, 2가지의 입체배열 상태가 가능하다. 예를 들면, 1,2-다이메틸사이클로펜테인(1,2-Dimethyl-cyclopentane)의 가능한 구조에서 메틸기가 사이클로펜테인 고리의 각각 같은 방향 혹은 반대 방향에 위치한다. 분자식이 같고 분자의 원자들이 같은 순서로 결합되어 있지만 원자의 공간배열이 서로 다른 이성질체를 입체 이성질체(Stereoisomer)라 한다. 특히 분자식이 같고 원자들의 배열도 같으나 원자들의 공간 배향이 다른 입체 이성질체를 기하

이성질체(Geometric Isomer) 혹은 시스-트랜스 이성질체(cis-trans Isomer)라고 한다. 시스-트랜스 이성질체에서 고정된 골격의 같은 쪽에 치환기들이 붙어 있으면 시스 이성질체 그리고 반대쪽에 치환기들이 붙어 있으면 트랜스 이성질체라 한다.

예를 들어 사이클로펜테인의 시스-트랜스 입체 이성질체는 다음과 같이 나타낸다.

(1) 측면에서 보았을 경우

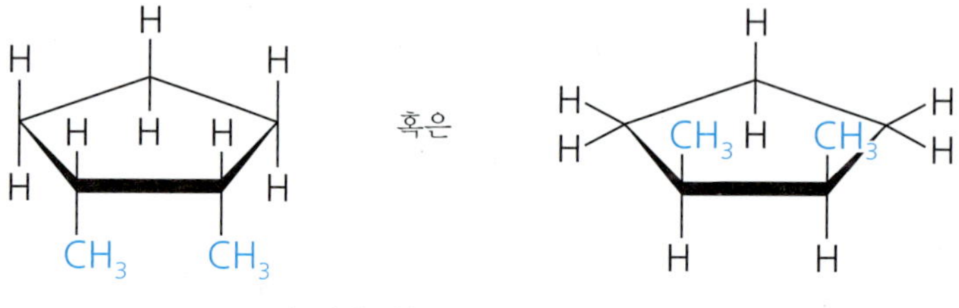

cis−1,2−Dimethylcyclopentane

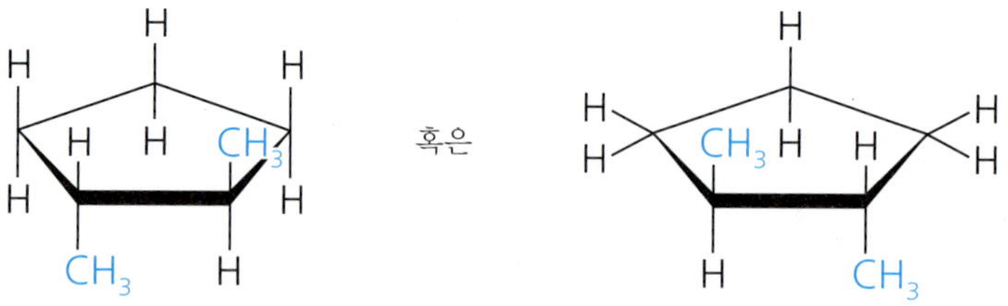

trans−1,2−Dimethylcyclopentane

(2) 위에서 보았을 경우

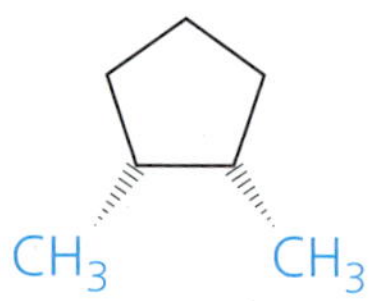

cis−1,2−Dimethylcyclopentane

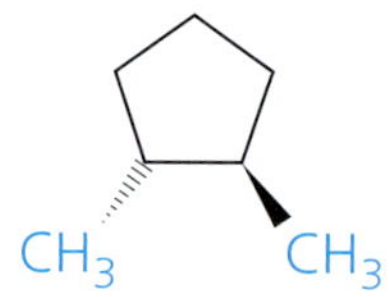

trans−1,2−Dimethylcyclopentane

시스-트랜스 이성질체는 물리 화학적 성질이 서로 다른 화합물이고 이들은 서로 분리할 수 있다.

5.3.5 사이클로헥세인의 시스-트랜스 이성질 현상

cis-/trans-의 2가지 회전 배열 이성질체가 있다. 그리고 사이클로헥세인은 의자 형태로도 나타낼 수 있다.

(1) cis-1,4-다이메틸사이클로헥세인 경우

cis-1,4-다이메틸사이클로헥세인 형태는 다음과 같다.

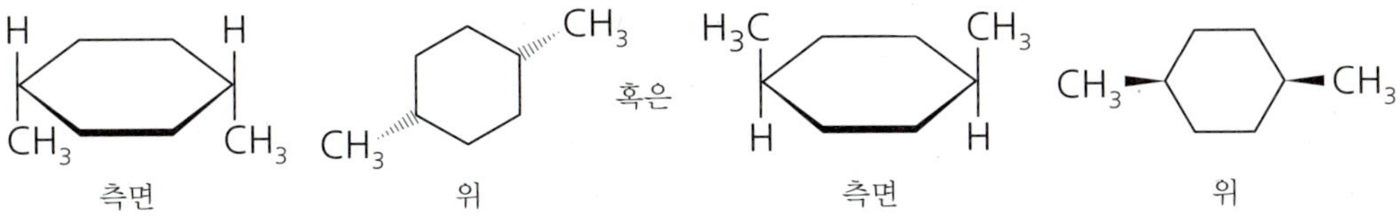

cis−1,4−Dimethylcyclohexane

그리고 양쪽 모두 두 군데 1,3−이수직 방향 상호작용을 하며 형태1과 형태2의 안정도는 동일하다.

즉 한 쌍의 의자 형태는 동일한 안정성을 갖는다. 서로 대체되는 한 쌍의 의자 형태를 다룰 때, 한 의자 형태에서 수직 방향에 있는 모든 기들은 다른 의자 형태에서 모두 수평 방향에 있다.

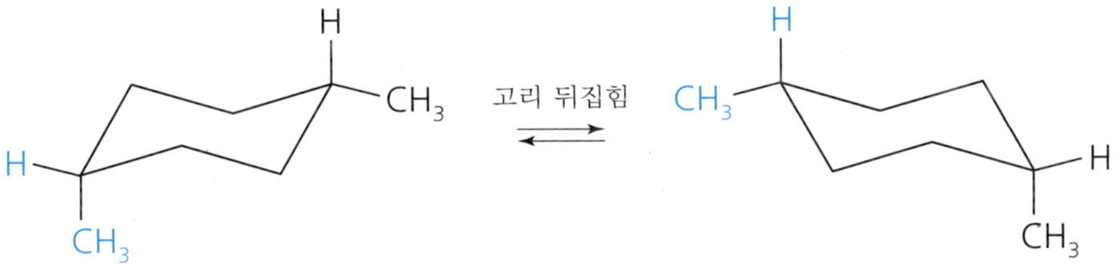

cis−1,4−Dimethylcyclohexane

(2) trans-1,4-다이메틸사이클로헥세인의 경우

trans−1,4−다이메틸사이클로헥세인 형태는 다음과 같다.

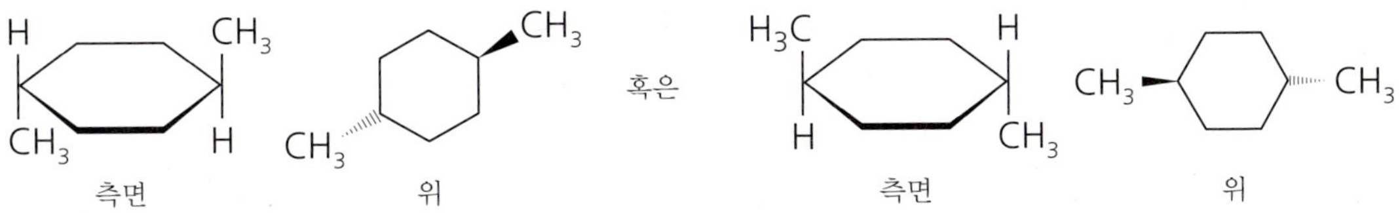

trans−1,4−Dimethylcyclohexane

아래의 형태 1은 1,3−이수직 방향 상호작용이 없으며 형태 2는 2군데에서 1,3−이수직 방향 상호작용을 하고 있다. 따라서 형태 1이 형태 2보다 더 안정하다.

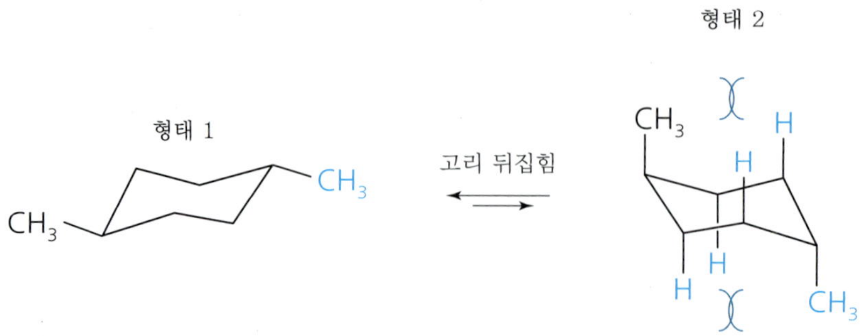

즉 2 메틸기가 수평 방향에 있는 의자 형태가 수직 방향에 있는 의자 형태 보다 상대적으로 더 안정적이다.

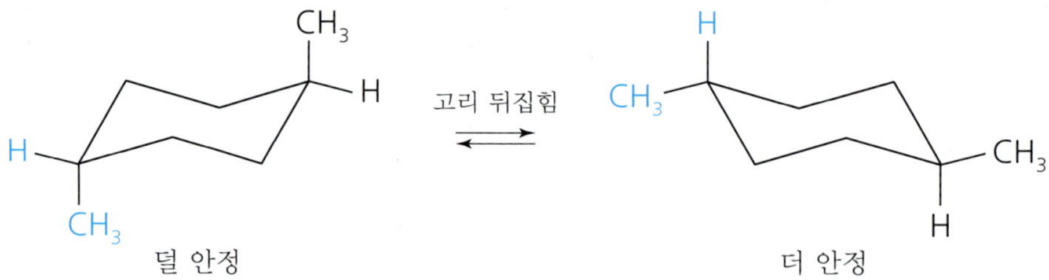

trans-1,4-Dimethylcyclohexane

5.3.6 사이클로알케인 구조를 가진 생물 활성 물질

자연계에는 생물활성을 가지고 있으면서 고리형 알케인 구조를 가지는 물질이 많이 존재한다. 예를 들면 모기향의 원료로 사용되는 피레트린(Pyrethrin)는 제충국의 성분으로 사이클로프로페인(Cyclopropane)고리를 가지고 있는 물질이다. 평활근 수축 및 이완, 혈압 조절, 혈액 응고 등 여러 가지 생리작용을 조절하는 물질인 프로스타글란딘(Prostaglandin) 유도체들은 사이클로펜테인(Cyclopentane) 고리를 가지고 있으며 조류 독감 및 신종 플루(인플루엔자 A의 H1N1형) 치료제인 타미플루(Tamiflu)와 남성 호르몬인 테스토스테론(Testosterone), 여성호르몬인 에스트라디올(Estradiol)은 사이클로헥세인(Cyclohexane) 고리를 가지고 있다.

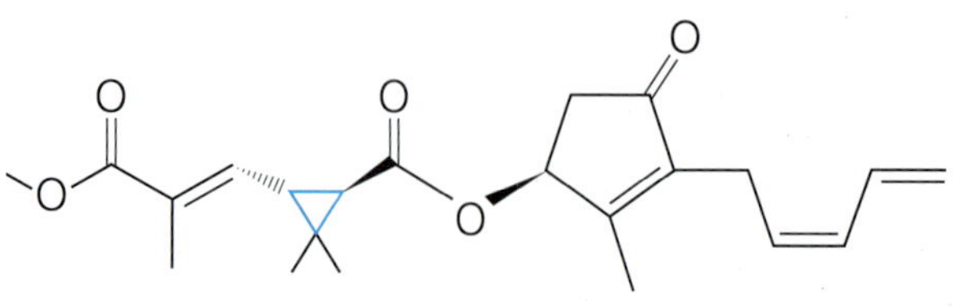

Pyrethrin Ⅱ

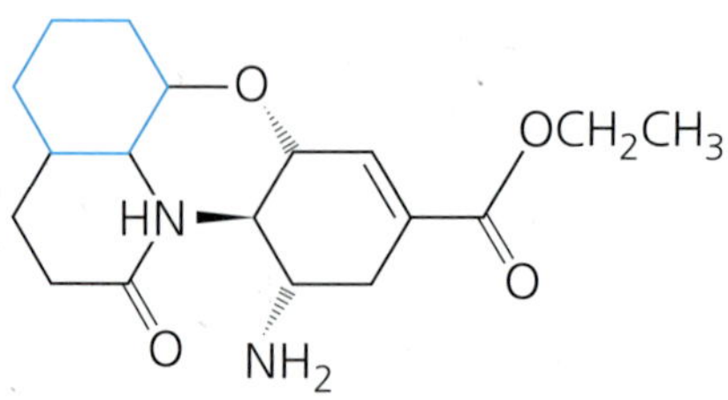

Tamiflu

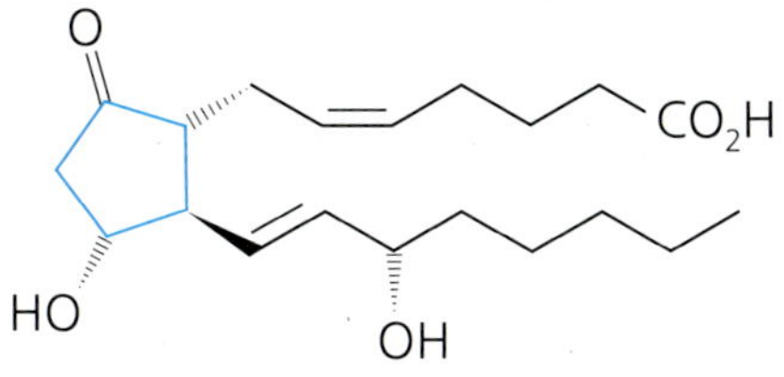

Prostaglandin

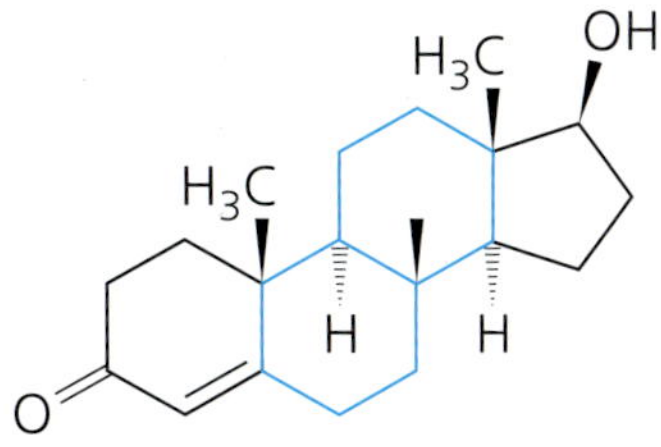

Testosterone

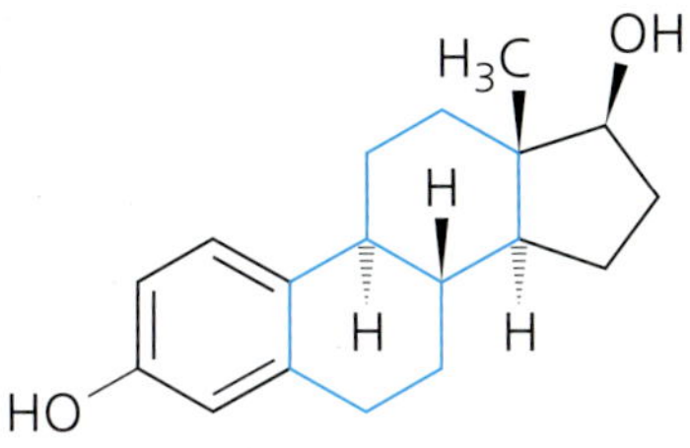

Estradiol

5.4 알케인의 반응

알케인은 단일결합의 공유결합이며 비극성 물질이기 때문에 반응성이 비교적 적다. 알케인을 파라핀(Paraffin)이라고도 부르는데, 이 단어는 친화력이 적은 이라는 라틴어 어원에서 보듯이 알케인은 다른 화합물과 화학적으로 비교적 반응성이 적은 물질임을 가르킨다. 알케인은 가장 일반적인 산, 염기, 산화 및 환원제와 반응을 하지 않는다. 다시 말해 알케인은 C와 H로만 구성되어 있는 비극성 공유결합 화합물임으로 대부분의 반응 시약과는 반응하지 않는다. 이런 이유로 반응성이 매우 큰 금속 Na도 알케인 화합물의 일종인 석유에 저장할 수 있다. 그러나 자유 라디컬이 생성되는 조건에서 산소(연소 반응)나 할로젠 원소와 반응(할로젠화 반응)을 한다.

5.4.1 알케인 연소 반응

알케인이 연소를 하면 많은 열이 발생되며(발열반응), 이산화탄소(CO_2)와 물(H_2O)이 생성된다. 이와 같은 알케인의 산화 반응을 연소(Combustion)라고 한다. 이 반응을 이용하여 우리는 가정용 난방 및 취사에 필요한 에너지를 얻을 수 있으며 자동차 또는 비행기 연료로도 사용한다. 이때 생성되는 열은 연소열(ΔH^o)이라 한다. 예를 들어 메테인(Methane)과 프로페인(Propane)의 연소 반응은 다음과 같다.

$$CH_4 + 2O_2 \xrightarrow{\text{연소}} CO_2 + 2H_2O \quad \Delta H^o = -212\ \text{Kcal/mol}$$

$$CH_3CH_2CH_3 \quad + \quad 5O_2 \quad \xrightarrow{\text{연소}} \quad 3CO_2 \quad + \quad 4H_2O \quad \Delta H^o = -530 \text{ Kcal/mol}$$

그리고 알케인의 일반적인 완전 연소반응식은 다음과 같이 나타내진다.

$$C_nH_{2n+2} + \left(\frac{3n+1}{2}\right) O_2 \longrightarrow nCO_2 + (n+1)H_2O$$

5.4.2 알케인의 할로젠화 반응(라디컬 치환반응)

알케인과 Cl_2 및 Br_2와 같은 할로젠의 혼합물에 빛 또는 열을 가하면 알케인 분자에 있는 수소 원자가 떨어져 나가고 대신 할로젠기가 치환된 할로젠화 알킬이 생성된다. 이 반응은 라디컬 중간체가 생성되어 일어나는 반응이기 때문에 라디컬 치환 반응(Radical Substitution)이라고 한다. 이 반응에서 할로젠 분자 중 F_2는 반응이 너무 격렬히 일어나고 I_2는 반응이 너무 느리기 때문에 잘 이용되지 않는다.

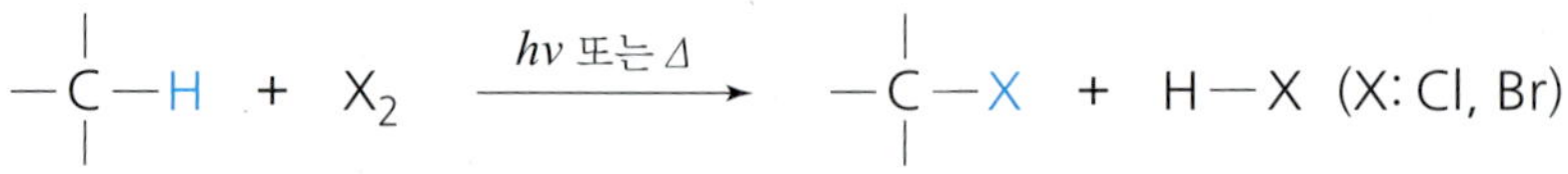

알케인 　　　　할로젠화 알킬

아래와 같이 알케인과 사이클로알케인의 각 예를 들 수 있다.

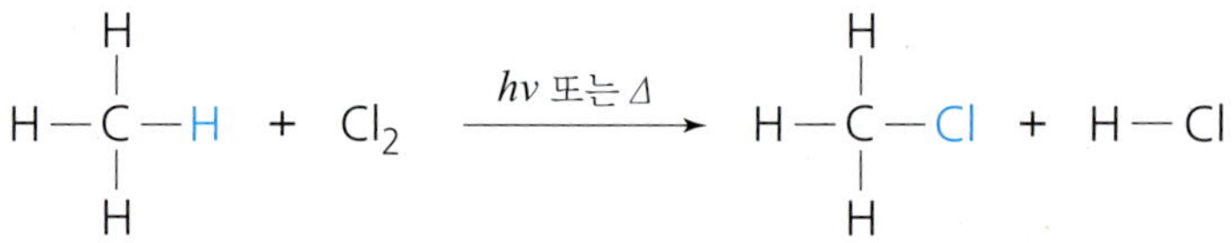

메테인 　　　　클로로메테인

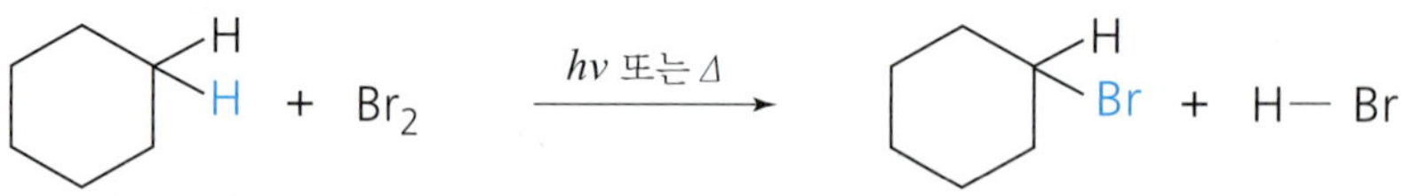

사이클로헥세인 　　　　브로모사이클로헥세인

또한 메테인에 염소 기체와 자외선($h\nu$)을 쪼이거나 혹은 높은 온도에서 가열하면 발열반응이 일어난다. 두 반응물의 상대적인 양과 반응시간에서 염소에 의해 알케인의 수소가 순서대로 치환이 일어나고, 과량의 염소 가스가 존재하면 반응이 계속 진행되어 다염소화 생성물이 얻어진다.

$$CH_4 + Cl_2 \xrightarrow{hv} CH_3Cl + HCl$$

메테인

$$CH_3Cl \xrightarrow{Cl_2} CH_2Cl_2 \xrightarrow{Cl_2} CHCl_3 \xrightarrow{Cl_2} CCl_4$$

클로로메테인

위와 같이 알케인의 반응은 자유 라디컬이 생성되는 조건에서 산소(연소 반응)나 할로젠 원소와 반응(할로젠화 반응)이 일어난다.

5.5 알케인의 공급원

알케인은 주로 천연가스, 석유, 석탄과 같은 화석연료로부터 얻는다. 원유의 끓는점(Boiling Point, BP) 차이를 이용한 분별 증류를 통해 많은 종류의 알케인을 얻을 수 있다.

표 5.2 원유 정제에 의한 알케인 생성

종류		탄소수	끓는점(℃)	용도	기타
LPG	프로판	C_3	–	취사용, 난방용	–
	부탄	C_4		난방용, 운송용	
납사(Naphtha)		C_4~C_9	30~150	가솔린 제조용, 석유화학 원료(경질납사), 방향족원료(중질납사)	–
가솔린(Gasoline)		C_4~C_{12}	30~180	운송용	여러 제품의 블렌딩으로 제조
등유(Kerosene)		C_9~C_{13}	150~235	취사용, 난방용, 석유발동기용	–
경유(Diesel)		C_{10}~C_{25}	180~340	난방용, 운송용, 석유발동기용	–
벙커유(Bunker Oil)		–	235~	산업용 보일러, 선박용	중질유(Heavy Oil)
아스팔트(Asphalt)		–	–	도로포장, 건축재료	감압증류로 생산

(1) 원유(Crude)

원유는 탄화수소(Hydrocarbon)의 혼합물로서 탄소수 1개(C_1)인 매우 가벼운 경질탄화수소에서 탄소수가 수십개 이상(예: C_{90} 중질유)인 중질탄화수소의 혼합물로 구성되어 있다. 이들 탄화수소의 끓는점은 탄소(Carbon)수에 비례하여 상승한다. 그리고 분자구조 및 성상에 따라 크게 파라핀(Paraffin), 나프텐(Naphthene), 방향족(Aromatics),

올레핀(Olefin)의 탄화수소로 구분한다.

(2) 원유 정제

정제 과정은 원유 산지로부터 유조선으로 원유를 운송 하역하여 원유 탱크에 저장한다. 저장 원유는 공정으로 투입되기 전에 불순물을 제거(탈염기)하고 제품으로부터 열을 받아 예열(열교환기)되며 다시 가열(가열로)한 후 상압증류탑에서 탄화수소의 끓는점 차이에 의해 석유제품 즉 연료가스, 프로판/부탄, 납사, 등유, 경유, 벙커유로 분리하게 된다. 다음은 원유 정제 개요도를 나타낸다.

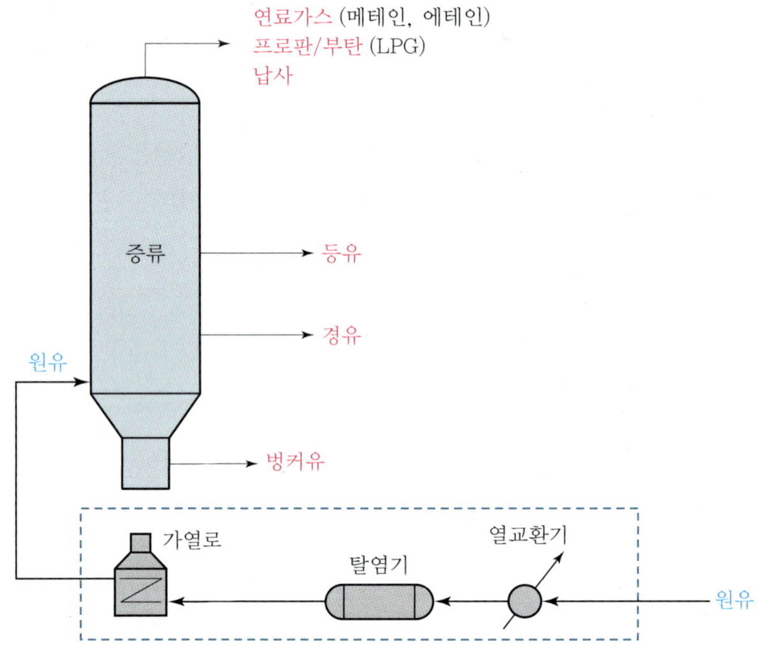

원유 정제 상세 공정도는 다음 그림에 나타내었다.

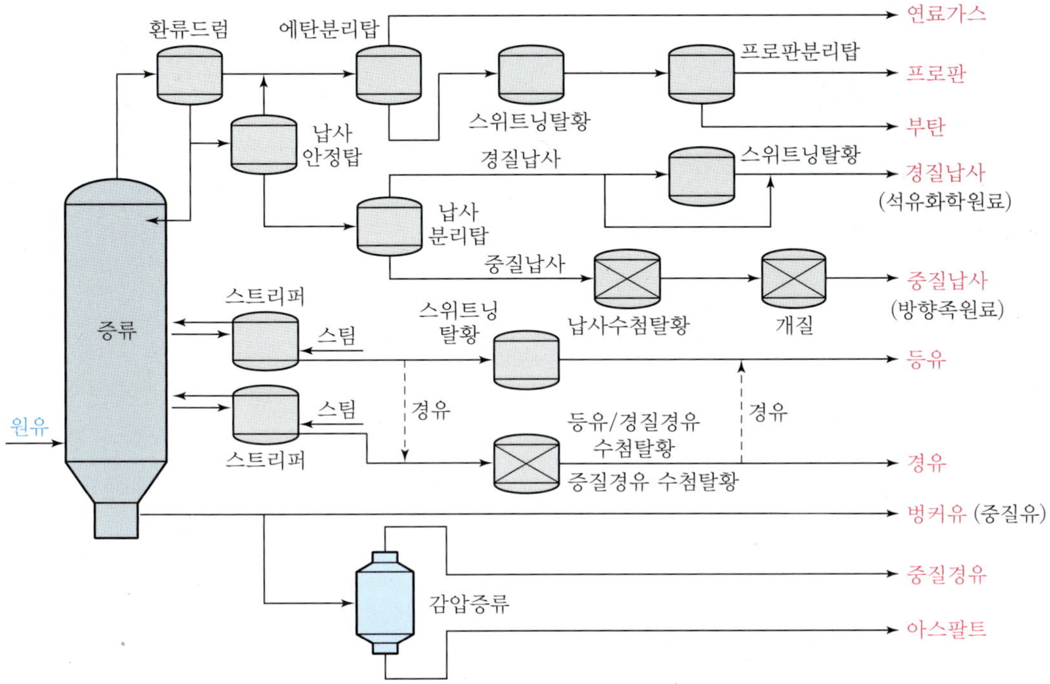

참 고 **석유화학**

원유가 분리되어 대부분 석유제품 연료유로 사용된다. 그 중 일부 중질납사는 개질공정을 거쳐서 방향족 제품인 벤젠, 톨루엔, 자일렌 이성질체를 제조하고 경질납사는 석유화학 공장으로 보내져 납사 분해로에서 열분해하여 석유화학 기초 원료인 에틸렌, 프로필렌, 부타디엔 등을 생성한다. 이들 기초 원료를 합성 및 중합을 통하여 우리의 일상 생활에 필요한 플라스틱, 섬유, 고무, 정밀화학, 바이오 제품 등을 만들게 된다.

5.6 사이클로 알케인의 유기 화합물 보기

다음은 천연 사이클로 알케인의 유기 화합물 예를 나타낸다.

5.6.1 망고의 사이클로헥세인

사이클로헥세인(Cyclohexane)은 자연에 존재하는 알케인의 예이다. 사이클로헥세인(C_6H_{12})은 세계적으로 가장 많이 소비되는 망고 성분 중 하나이다.

그림 5.1 망고

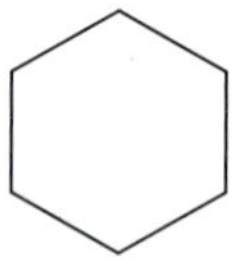

사이클로헥세인

5.6.2 박하의 멘톨

멘톨(Menthol)은 박하 식물(Mentha Piperita)에서 발견되는 물질이다. 이는 한 개의 고리로 이루어진 모노테르펜에 속하는 알코올이며 박하의 잎이나 줄기를 수증기 증류하여 얻는다. 최근에는 합성 L-멘톨을 얻을 수 있으며 의약품, 과자, 화장품 등에 첨가제로 쓰인다. 천연으로는 좌회전성인 L-멘톨이 박하유의 주성분으로서 존재한다.

그림 5.2 박하

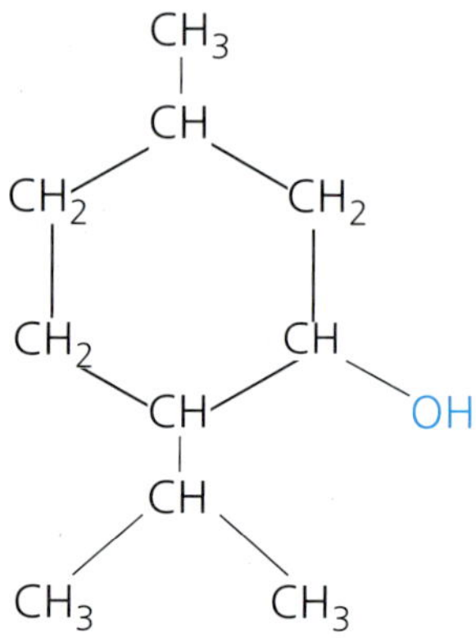

멘톨

06 장

사면체 중심의 입체화학

06장

사면체 중심의 입체화학

원자나 분자의 공간 배열에 관한 연구분야를 입체화학(Stereochemistry)이라 한다. 다시말해 입체화학은 분자의 구조를 3차원적으로 다루고 이해하는 학문이다. 분자식은 같으나 동일하지 않은 화합물을 이성질체(Isomer)라 한다. 이성질체는 구조 이성질체와 입체 이성질체의 2종류로 나눈다. 구조 이성질체(Structural Isomer)는 분자식은 같으나 원자들이 연결된 순서가 다른 화합물이다. 예를 들면 뷰테인과 2-메틸프로페인, 1-브로모프로페인과 2-브로모프로페인 같은 것들은 분자식은 같으나 구조식이 다른 구조 이성질체이다.

입체 이성질체(Stereoisomer)는 분자식도 같고 원자 배치 순서도 같으나 공간상에서 원자들의 3차원적 배열이 다른 물질이며 원자들의 공간적 배열이 다르면 성질과 반응성 또한 달라진다. 입체 이성질체에는 형태 이성질체, 기하 이성질체, 그리고 거울상 이성질체가 있으며 다음에 나타낸 표와 같다.

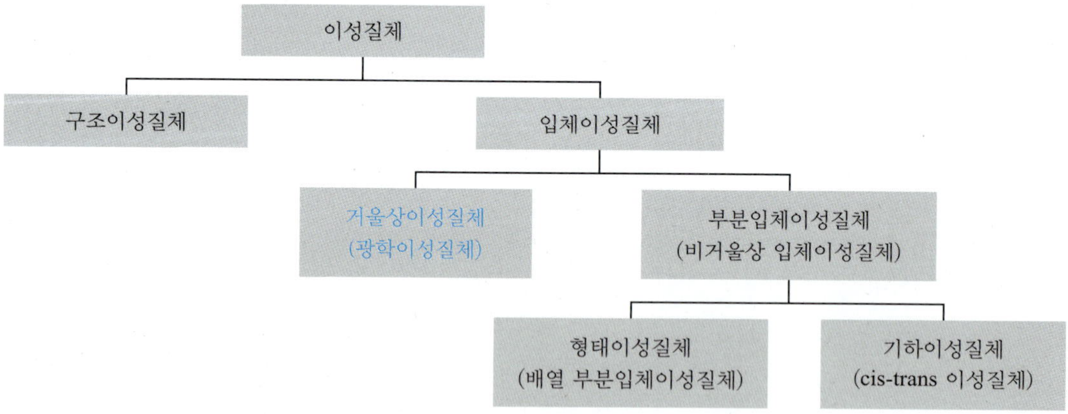

여기서 형태 이성질체(Conformer)는 분자식과 구조식은 같으나 형태가 다른 이성질체이다. 예를 들면, 단일결합 주위로 회전이 가능하여 상호 변환될 수 있는 에테인의 엇갈린 형태와 겹친 형태가 있고, 사이클로헥세인의 의자 형태와 보우트 형태가 이것에 속한다.

기하 이성질체(Geometric Isomer)는 분자식이 같고 구조식도 같으나 분자의 공간에서의 기하학적인 구조가 틀린 입체 이성질체로 분자의 고정된 골격의 같은 쪽 또는 반대쪽에 기들이 붙어 있는 배열에 따라 cis-trans 이성질체라고도 한다. 예를 들면 고리 내에서의 결합으로 인한 회전 제한이 원인이 되는 사이클로알케인의 시스-트랜스 이성질체,

그리고 탄소－탄소 2중결합의 회전 제한으로 생기는 알켄에서의 시스－트랜스(혹은 E－Z) 이성질체가 있다.

거울상 이성질체(Enantiomer)는 서로 거울상인 관계를 가지고 있어 겹칠 수 없는 구조의 입체 이성질체로 광학 이성질체(Optical Isomer)라고도 부른다.

6.1 거울상 이성질체와 카이랄성

거울상 이성질체는 거울상이 원래의 물체와 겹쳐지지 않는 관계를 가진 분자 또는 화합물로 광학이성질체라고도 한다. 카이랄 분자(Chiral Molecule)는 거울상 이성질체 관계를 가지고 있는 분자이다. 카이랄성(Chirality)은 거울상이성질체가 가지는 특성을 일컫는다. 예를 들어 왼손을 거울 속에 비춰보면 거울 속에 보이는 것은 오른손 모양으로 분명히 왼손과 포개지지 않음을 알 수 있다.

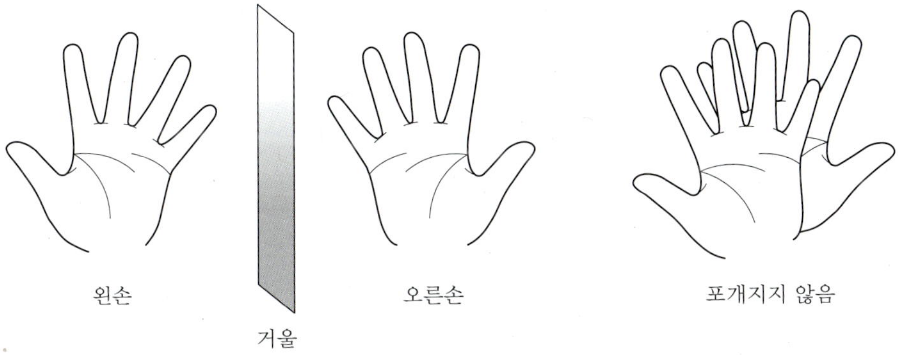

거울상 이성질체

6.1.1 카이랄성과 비카이랄성

거울상 이성질체의 특성(카이랄성)은 이성질체의 편광면을 회전시키는 성질(광회전도)만 다를 뿐 끓는점, 녹는점, 용해도 및 굴절율 등과 같은 물리적 성질은 모두 같다.

비카이랄 물질은 다음과 같이 거울상과 포개어지는 물질을 말한다.

(1) 당구공, 주사위, 야구방망이는 거울상과 포개어지므로 비카이랄 물체이다.

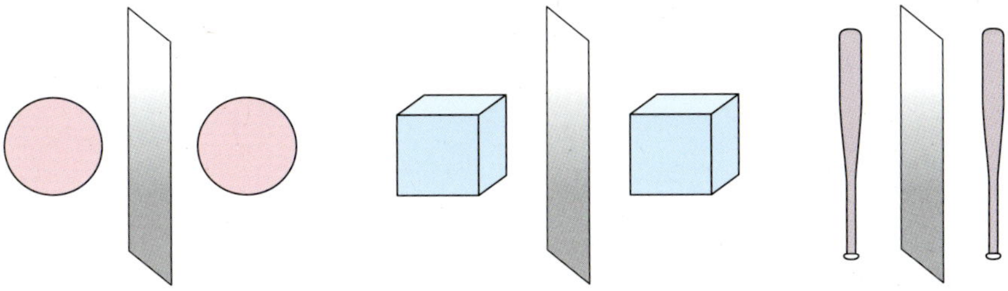

(2) 물(H_2O)은 거울상과 포개어지므로 비카이랄 분자이다.

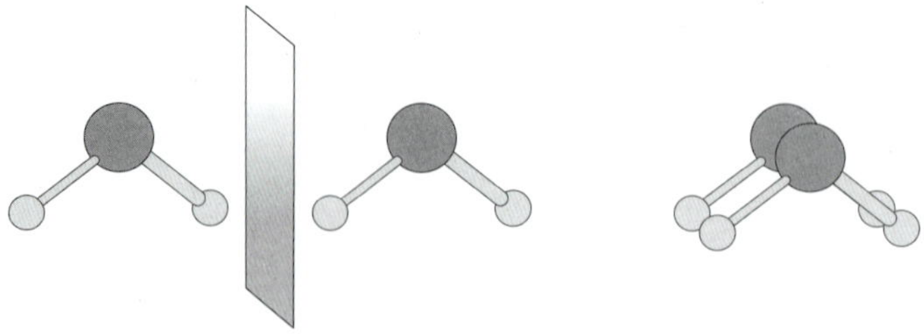

(3) CH_2BrCl은 거울상을 회전시키면(뒤집으면) 포개어지므로 비카이랄 분자이다.

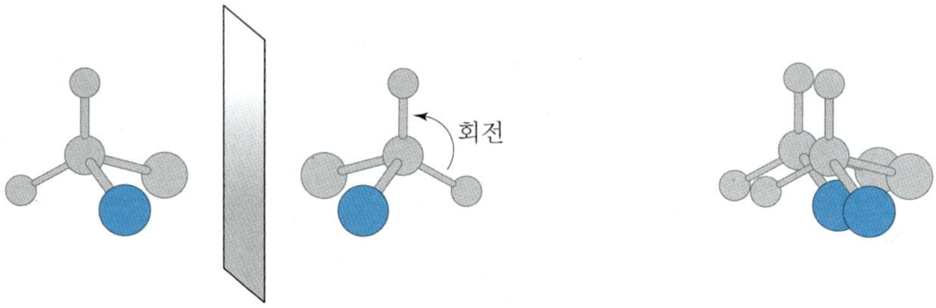

반면에 카이랄성(카이랄 분자)의 조건은 거울상이 포개지지 않는다.

(1) 나선형 물체인 선풍기 날개와 신발은 거울상이 포개지지 않은 카이랄성이다.

(2) CHBrClF은 거울상이 포개어지지 않는 카이랄성 분자이다.

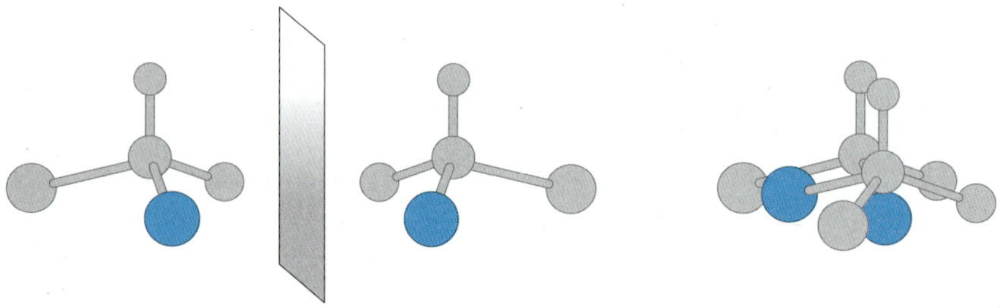

6.1.2 비대칭 탄소와 카이랄성

단일 결합만을 하는 탄소 분자에서 CHBrClF 분자와 같이 탄소 원자 주위의 4개의 치환기가 모두 다른 탄소(sp^3 탄소) 원자를 비대칭 탄소(Asymmetric Carbon)라 하며 그 위치를 비대칭 중심(Asymmetric Center) 또는 카이랄 중심(Chiral Center)이라고 부른다. 카이랄 분자는 비대칭 탄소 원자를 반드시 1개 이상 가지고 있어야 한다. 그러나 비대칭 탄소가 있다 하더라도 분자 내 대칭면이 존재하면 비카이랄 분자가 된다. 예를 들어 CH_2BrCl은 대칭면이 있으므로 비카이랄성이고 CHBrClF은 대칭면이 없으므로 카이랄성이다.

비대칭 탄소는 흔히(*)로 표시되며 비대칭 탄소의 수와 이에 따라 만들어 질 수 있는 입체이성질체의 수는 2^n(n = 비대칭 탄소의 수) 개이다. 비대칭 중심이 한 개(비대칭 탄소가 한 개)인 분자는 항상 카이랄 분자이나 2개 이상인 경우 비카이랄(예: 메조 화합물) 분자도 포함될 수 있다. 예를 들어 비대칭 탄소를 가진 카이랄 화합물은 다음과 같다. 즉 좌쪽의 분자 구조는 H, F, Cl, Br은 서로 다른 원자이고, 오른쪽의 분자는 H, CH_3, CH_2CH_3, OH는 서로 다른 원자 또는 원자단으로 모두 비대칭 탄소를 가지는 화합물이다.

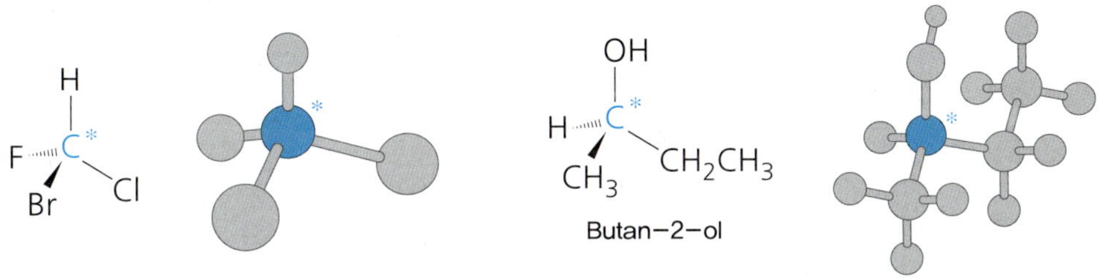

6.1.3 거울상이성질체 그리기

거울상 이성질체는 반드시 3차원적 입체구조로 나타내야 한다. 입체구조를 나타내는 방법은 투시식(Perspective Formular)과 Fischer 투영법(Fischer Projection)이 있다.

(1) 여러 형태의 입체구조식으로 나타낸 Butan-2-ol의 비대칭 중심을 나타낸다. 여기서 굵은 쐐기는 종이 앞면 방향을 가르키고 점선 쐐기는 종이 뒷면 방향을 가르킨다.

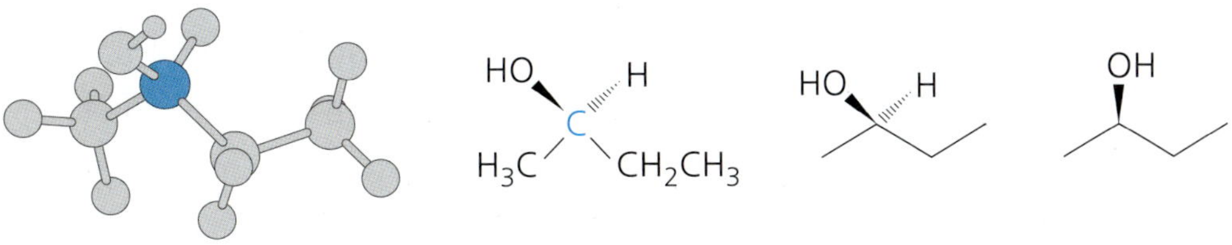

(2) Butan-2-ol의 거울상 이성질체의 상이한 골격 구조식 배열을 나타낸다. 즉 비대칭

중심에서 H와 OH의 배열은 동일하나 지그재그 선의 시작이 다르면 동일한 물질이 아니다. 이 경우 거울상 이성질체이다.

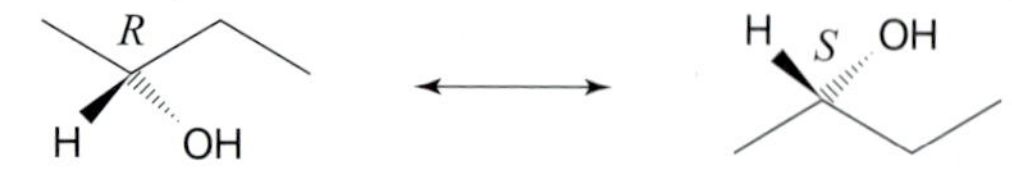

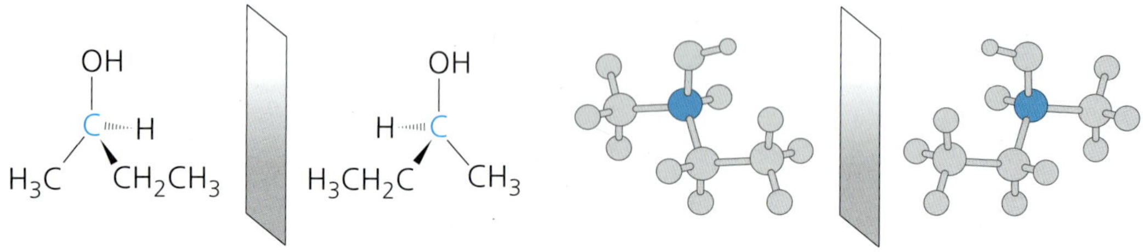

(3) 2-Cyclohexenol은 거울상 이성질체로 비대칭 탄소를 가지고 있으나 Cyclohexanol은 비대칭탄소가 없다

비대칭 탄소 (O)

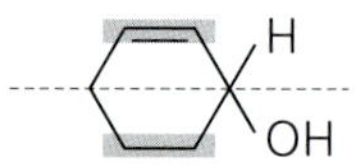

Cyclohex-2-en-l-ol (2-Cyclohexenol)

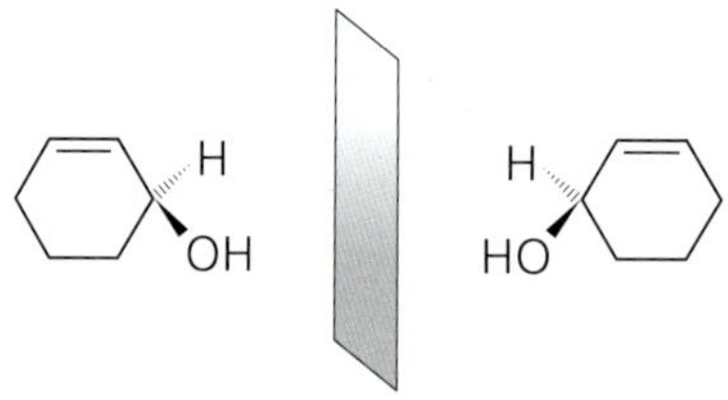

비대칭 탄소 (X)

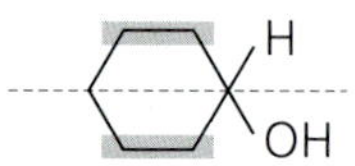

Cyclohexanol

6.2 거울상 이성질체의 입체 중심의 배열 표기법

거울상 이성질체를 표현할 때 일일이 분자의 입체배열 그림을 그리지 않고서 손쉽게 치환기의 배치를 나타낼 수 있는 방법이 필요하다. 거울상 이성질체의 카이랄 중심 원자에 연결된 작용기들의 배치를 배열(Configuration)이라 한다. 거울상 이성질체는 서로 반대의 배열을 가진다. 다음에 설명할 고유 광회전도의 부호와는 상관없이 오직 비대칭 중심에서 치환기의 실제적 공간 배열이 어떻게 되어 있느냐만 나타낸다는 의미이다. 이 배열을 나타내는 방법으로 R, S배열법 [CIP(Cahn-Ingol-Prelog) 법]과 Fischer가 제안한 D, L배열법(Fischer투영법)이 있다. 거울상 이성질체의 배열을 나타내기 위하여 R, S(CIP) 우선순위 규칙을 사용한다. 참고로 CIP 우선순위 규칙은 뒤에서 설명할 알켄의 E, Z 입체화학에서도 그대로 적용된다.

6.2.1 R, S 배열법(CIP법)

다음 3단계의 원칙에 따라 비대칭 중심에서의 치환기의 공간 배열을 표시한다.

1 단계 비대칭 중심에 있는 4개의 치환기의 우선순위를 정한다. 우선순위는 순차 결정 규칙에 따라 정한다.

2 단계 우선순위가 가장 낮은 치환기를 관찰자의 반대편에 놓고, 나머지 3개의 치환기의 우선순위가 가장 높은 것부터 차례로 어떻게 배열되었는지를 관찰한다.

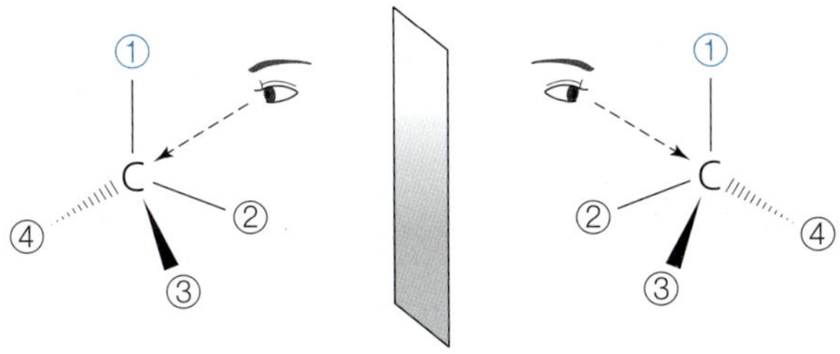

3 단계 이 배열 순서가 시계 방향(우회전)으로 되어 있으면 R(Rectus, 오른쪽) 배열이고 시계 반대방향(좌회전)으로 되어 있으면 S(Sinster, 왼쪽) 배열이라 표기한다.

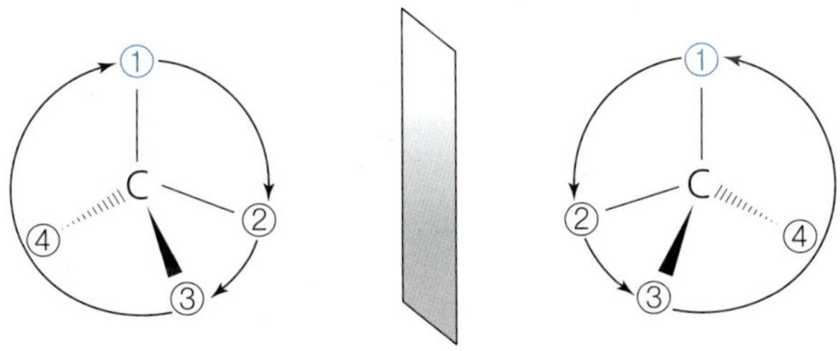

R 배열 (시계 방향) *S* 배열 (반시계 방향)

이 관계를 자동차 핸들을 연상하면 보다 쉽게 이해된다. 예를 들어 우회전의 경우 R 배열은 다음과 같이 나타내어 진다.

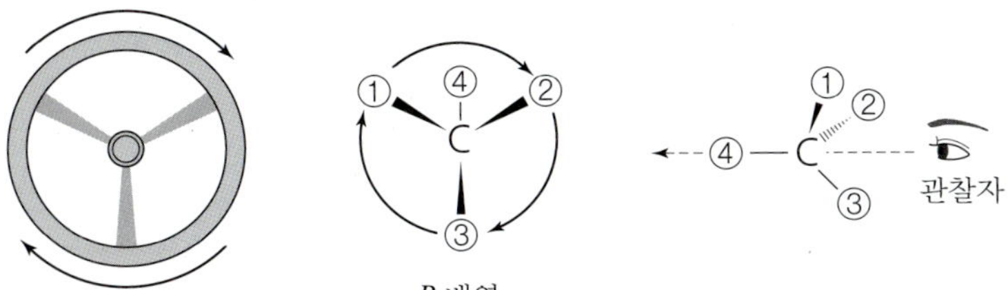

운전대 우회전 *R* 배열

6.2.2 우선순위의 순차 결정 규칙 (Sequence Rule)

다음과 같은 4가지 규칙이 있다.

규칙 1 입체 중심에 직접 결합한 4개의 치환기 원자의 원자 번호를 비교하여 원자 번호가 큰 것부터 작아지는 순으로 번호를 부여한다. 예를 들어 CHBrClF의 경우 우선순위는 Br(1), Cl(2), F(3), H(4)의 순이 된다.

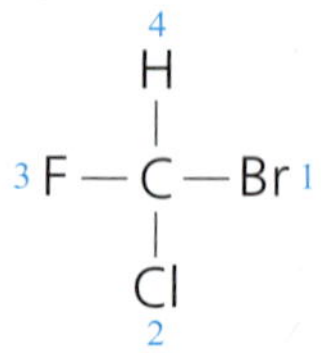

그리고 비대칭 중심 탄소와 직접 결합하고 있는 원자가 다음과 같을 경우 이들 원자의 원자 번호를 비교하면 원자 번호는 F 〉 O 〉 N 〉 C 순이 된다.

F　　HO　　H_2N　　H_3C

규칙 2 입체 중심에 직접 붙어 있는 원자의 원자 번호가 같을 경우 그 원자에 붙어 있는 다른 원자의 원자 번호를 1항에 따라 한 번 더 순위를 매긴 후 이에 따라 우선권을 부여한다.

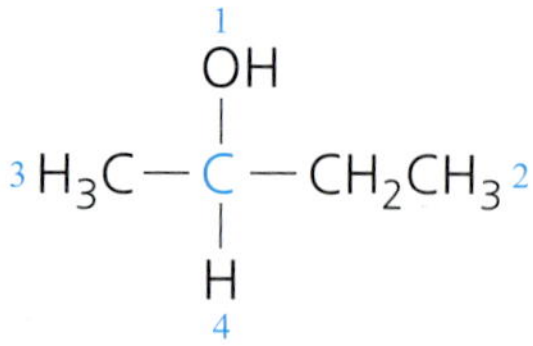

규칙 3 치환기가 2중 결합 또는 3중 결합처럼 다중 결합을 가지고 있는 경우는 이들 결합에 참여하는 2원자들이 마치 2번 또는 3번 반복하여 결합된 것으로 간주하고 1항과 2항을 적용한다.

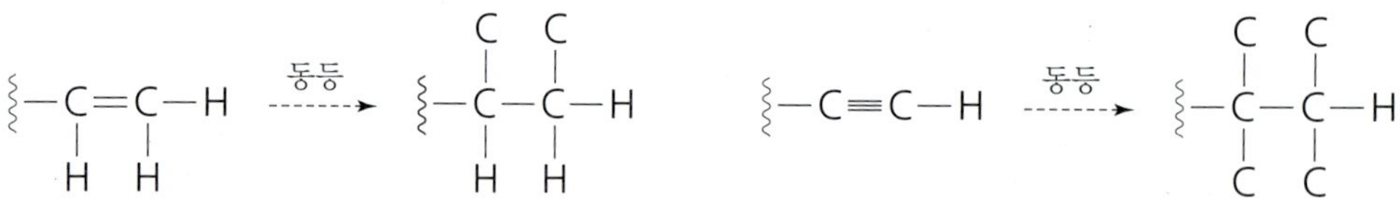

규칙 4 입체 중심에 치환기로 2개의 동위원소가 붙어 있을 경우 질량수가 큰 원소부터 작은 원소의 순으로 우선권을 부여한다. 예를 들어 수소의 동위원소의 우선권은 삼중수소(T), 중수소(D), 수소(H)의 순서가 된다.

예를 들면(R)-(−)-Lactic Acid와(S)-(+)-Lactic Acid의 공간배열 순위 결정의 예는 다음과 같다. 여기서 광학회전의 기호인(+) 또는(−)는 R배열, S배열과는 아무런 상관관계가 없다.

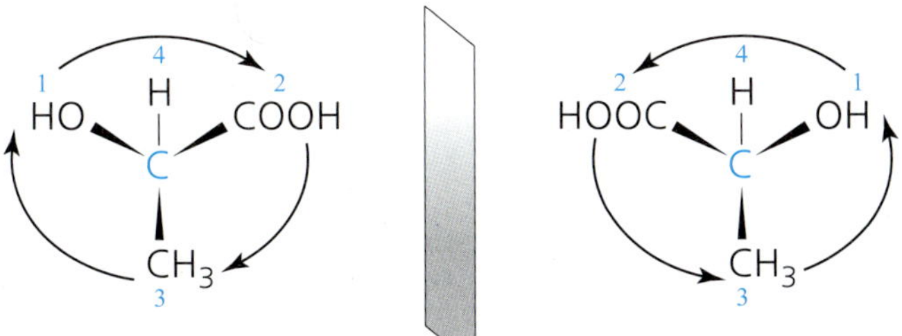

R 배열
(−) −Lactic Acid

S 배열
(+) −Lactic Acid

6.2.3 D, L 배열법 (Fischer 투영법)

분자의 3차원적 배열을 나타내기 위하여 실선 쐐기나 점선 쐐기를 사용하는 원근법을 사용하는데 입체중심 원자가 많은 카이랄 분자에는 이 또한 번거롭고 복잡하다. 카이랄 분자의 3차원적 공간배열을 평면에 2차원적인 표현법을 사용하여 나타내는 방법으로 Fischer 투영식(Fischer Projection)이 널리 사용된다. 이 방법은 단당류 유도체의 배열을 나타내기 위하여 고안한 방법이다. 이 방법은 4개의 치환기의 공간배열을 2개의 교차되는 수직선과 수평선으로 나타내는 방법이다. 즉 입체중심의 치환기를 정해진 법칙에 따라 동서남북 방향에 실선으로 배치하는 방법이다.

D, *L* 배열법(또는 Fisher 투영법)의 배치 규칙에는 다음과 같은 3가지가 있다.

규칙 1 입체 중심을 포함한 가장 긴 탄소 사슬을 세로 방향으로 배치하되 탄소의 산화상태가 상대적으로 더 높은 치환기를 북쪽 방향(위쪽)에 낮은 것을 남쪽 방향(아래쪽)에 놓는다.

규칙 2 입체 중심을 기준으로 동서(좌우) 방향에 있는 2개의 치환기는 종이 앞면을 향하게 배치하며, 남북(상하) 방향에 있는 2개의 치환기는 종이 뒷면을 향하게 배치한다.

규칙 3 1항과 2항을 통해 그려진 구조가 입체 중심으로부터 OH기가 동쪽(오른쪽)에 배열되어 있으면 D, 서쪽(왼쪽)으로 배열되어 있으면 L로 표시한다.

Fischer 투영법은 Glyceraldehyde를 기준 물질로하여 단당류 유도체의 입체 배열을 나타내기 위하여 만들어졌다. 그러나 이 방법은 입체 구조를 평면적으로 나타내는데 편리하므로 다른 거울상 이성질체의 입체배열을 나타내는 데에도 흔히 사용된다. 예를 들어 기준 물질 Glyceraldehyde의 (R)- 및 (S)-Glyceraldehyde를 Fischer 투영법(D, L 배열법)으로 나타내면 다음과 같다.

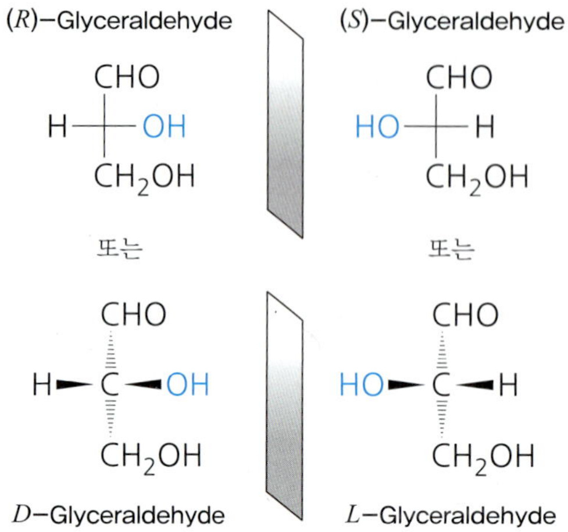

또 다른 예를 들면 카이랄 분자인 젖산(Lactic Acid)의 3차원 모형을 원근법와 Fischer 투영식으로 나타내면 각각 다음과 같다. 즉 원근법에서 점선 쐐기로 된 결합을 Fischer 투영식에서는 수직으로 배치하고 실선 쐐기로 된 결합을 수평으로 놓고 실선으로 연결한다. 이때 가장 긴 탄소 사슬을 수직선상에 놓으며 각 치환기들을 배열에 맞춰 놓으면 된다. Fischer 투영식에서 치환기 $-OH$와 H는 지면의 앞으로 향해 있는 것이고, $-COOH$와 $-CH_3$기는 지면 뒤에 위치한 것으로 간주하여 2차원 모형이지만 3차원 모형으로 해석하게 된다.

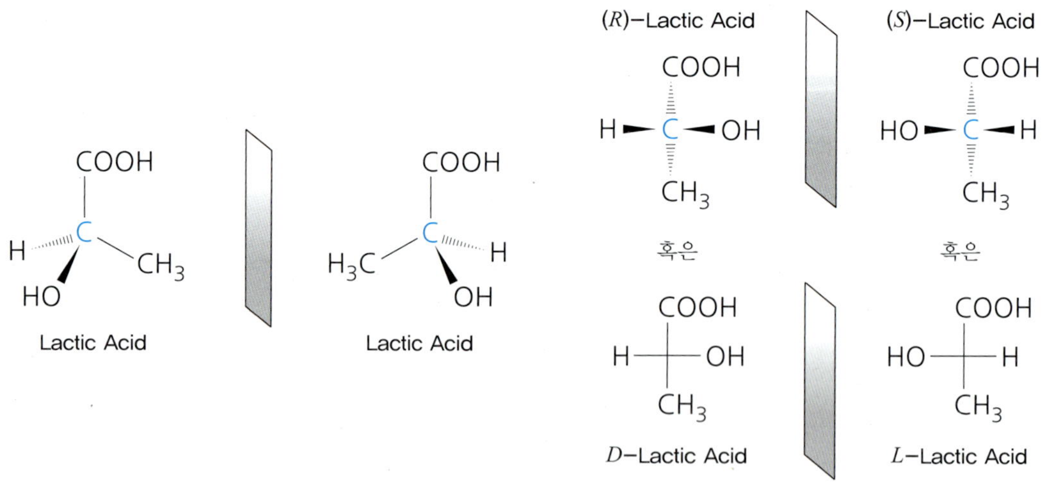

(a) 원근법 (b) Fisher 투영법

Fischer 투영식에 R, S 규칙을 적용하는 법을 알아보자. 첫째 입체중심 원자에 붙은 4개의 치환기의 우선순위를 결정한다. 우선순위가 가장 낮은 치환기를 눈에서 가장 멀리 놓고 나머지 3치환기의 우선순위에 따라 회전시켜 시계방향이면(R)이 되고 반시계방향이면(S)가 된다. 이때 우선순위에 따라 회전시킬 때 수평선에 붙은 치환기는 지면 앞으로 향하고 있음을 상기한다. 예를 들면, 다음 구조에서 우선순위가 가장 낮은 H를 가장 멀리 놓고 나머지 3

치환기의 우선순위 $-OH > -COOH > -CH_3$ 순으로 돌리면 $-OH$기는 지면 앞으로 향해 있으므로 시계방향으로 회전하여(R)배열이 됨을 알 수 있다.

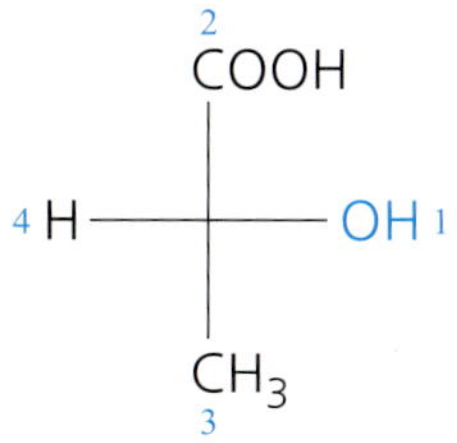

(R)−Lactic Acid

6.2.4 비대칭 탄소가 없는 카이랄 분자

회전장애(Atropisomer) 이성질체로 비대칭 중심 탄소는 없으나 광학 활성인 이성질체이다. 분자 내 결합이 자유 회전이 불가능하여 거울상이 겹치지 않아 광학 활성을 나타낸다. 즉 거울상 이성질체가 생성된다. 예로서 다음과 같은 분자를 들 수 있다.

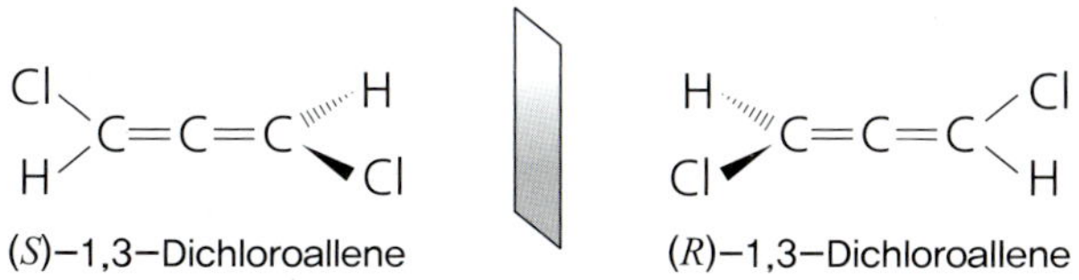

(*S*)−1,3−Dichloroallene (*R*)−1,3−Dichloroallene

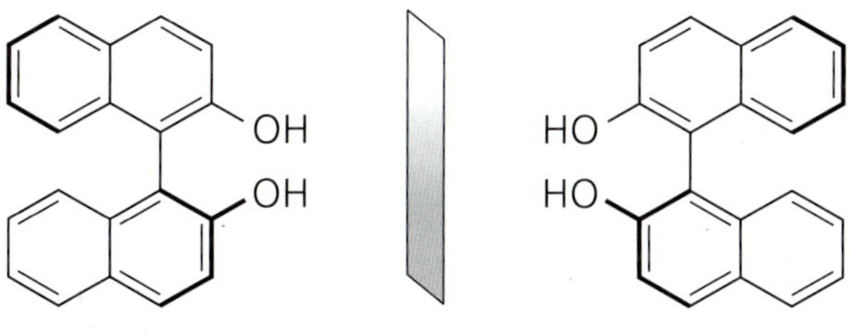

(*S*)−Binaphthol (*R*)−Binaphthol

6.3 카이랄 분자의 광학 활성도

일반적으로 빛의 광선은 진행방향에 수직인 평면 안에서 모든 방향으로 진동하는 파동으로 구성되어 있다. 이 광선이 편극물질(혹은 편광계)을 통과하면 투과된 광선은 모두 같은 방향으로만 진동하게 된다. 이러한 광선을 평면편광화(Plane−polarized) 되었다고 한다. 편광은 편광물질의 편광축과 평행할 때에만 그 편광물질을 통과시키고 2축이 수직을 이루면 빛은 통과하지 못한다. 어떤 유기분자의 용액을 평면편광을 통과시키면 평면편광이 일정한 각도로 회전하는 것을 관찰할 수 있다. 이러한 회전각도를 나타내는 광회전 성질을 광학활성(Optically Active)이라 한다. 모든 유기물질이 이러한 광학활성 현상을 나타내는 것은 아니며 설탕, 장뇌, 젖산, 레몬유, 탄수화물, 단백질, 콜레스테롤, 스테로이드 등은 광학활성 물질이다.

카이랄(광학활성)의 유기물질의 용액을 시료관에 넣고 평면편광을 통과시키면 편광의 회전이 일어나고 빛이 분석기를 통과하여 관찰자에게 도달한다. 분석기 프리즘을 좌우 방향으로 돌려 평면편광이 통과됨으로써 새로운 편극면을 발견하게 되고 회전각(α)이 얼마나 일어났는지를 알 수 있게 된다. 이때 회전 각도가 얼마이고 또한 어떤 방향인지를 알 수 있다. 다음 그림은 이와 같은 편광계의 모형도를 나타낸다.

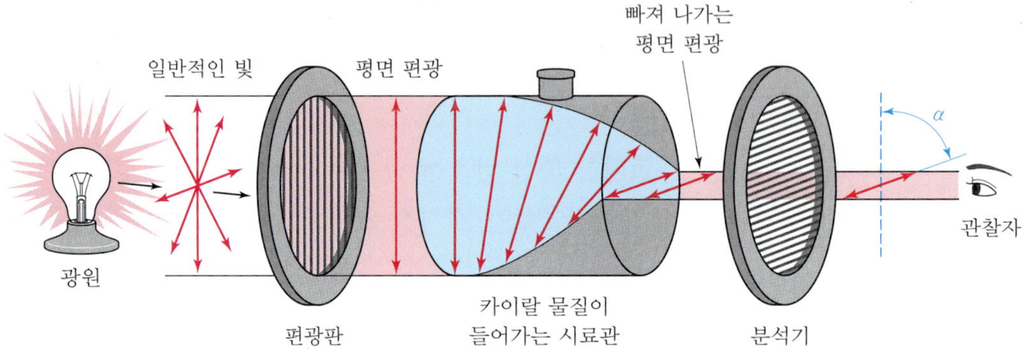

편광계 원리

관찰자 쪽에서 분석기를 바라보아 광학활성 분자들이 평면편광을 시계방향으로 회전시키면 우선성(Dextrorotatory)이라 하고 반시계방향으로 회전시키면 좌선성(Levorotatory)이라 한다. 우선성은 편광평면을 오른쪽(시계 방향)으로 회전시키는 성질로(+) 또는 d 로 나타낸다. 좌선성은 편광평면을 왼쪽(시계 반대 방향)으로 회전시키는 성질로(−) 또는 l 로 나타낸다. 예를 들면(+)-설탕은 우선성이고(−)-콜레스테롤은 좌선성이다. 여기서 광회전 기호(+), (−)는 R, S 명칭과 아무런 관련이 없다. 즉(+)와(−)는 광학활성이 있는 분자가 편광평면을 회전시키는 방향을 나타내고, R 과 S 는 카이랄 분자의 입체중심 원자의 주위에 배열된 기들의 배열 상태를 나타내는 것이다. R 구조인지 S 구조인지는 화합물의 입체구조 배열을 살펴봄으로써 알 수 있지만 화합물이 우선성(+)인지 좌선성(−)인지는 편광계에 넣어 조사해보아야 안다.

고유 광회전도는 편광계로 측정한 광회전도 값을 말하며 물리적 상수이다. 이 회전도는 시료로 사용된 분자의 구조 및 빛이 마주치는 분자수에 영향을 받는다. 또 빛이 마주치는 분자수는 시료의 농도와 시료관의 길이에 따라 달라진다. 이와 같은 고유광회전도의 계산식은 다음과 같다.

$$\text{고유 광회전도} = [\alpha]^{t}_{D} = \frac{\alpha}{l \times c_1}$$

$$\text{또는} \quad \frac{100\alpha}{l \times c_2}$$

t = 측정 온도(℃)
D = 파장이 589 nm인 빛(소듐 증기등)
a = 편광계에서 측정된 회전값
l = 시료관 길이(dm) : 1 dm = 10 cm
c = 농도(c_1 : g/ml, c_2 : g/100ml, % 농도)

또한 다음은 광학 순도를 계산하는 식을 나타낸다.

$$\text{광학 순도(\%)} = \frac{\text{시료의 측정 } [\alpha]\text{값}}{\text{순수 거울상이성질체의 } [\alpha]\text{값}} \times 100$$

그리고 몇몇 유기화합물의 고유광회전도는 아래 표와 같다.

표 6.1 고유광회전도

화합물	$[\alpha]_D$ (°)	화합물	$[\alpha]_D$ (°)
Penicillin V	+233	Cholesterol	−31.5
Sucrose	+66.47	Morphine	−132
Camphor	+44.26	Acetic Acid	0
Monosodium	+25.50	Benzene	0

분자의 구조와 광학활성과의 관계에서 비카이랄성 분자는 광학적으로 비활성이다. 그러나 카이랄성 분자는 광학활성이다. 거울상 이성질체는 카이랄이므로 광학활성이다. 거울상 이성질체는 광학 이성질체라고도 부르는데 녹는점, 끓는점, 밀도, 용해도 같은 물리적 상수는 동일하나 그들의 평면편광을 회전시키는 방향은 반대방향이다. 예를 들면, 젖산(Lactic Acid)은 입체중심 원자를 하나 가진 분자로 거울상 이성질체가 존재한다. 2 이성질체는 녹는점(53℃)이 같고 고유 광회전도 $[\alpha]_D$는 같으나 부호는 반대이다. (R)−젖산은 좌선성(−)이고 (S)−젖산은 우선성(+)이다. 이와 같이 화합물이 어느 방향으로 편광평면을 회전시키는지 안다면 화합물의 이름에 (+)나 (−)를 붙일 수 있다.

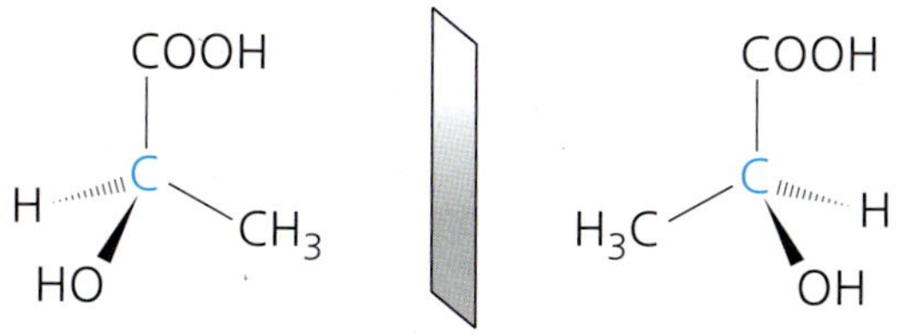

$[\alpha]_D = -3.8°$ (*R*)-(+) Lactic Acid

$[\alpha]_D = +3.8°$ (*S*)-(−) Lactic Acid

또 다른 예로서 글리세르알데하이드(Glyceraldehyde)의 거울상 이성질체의 고유 광회전도 값은 다음과 같다.

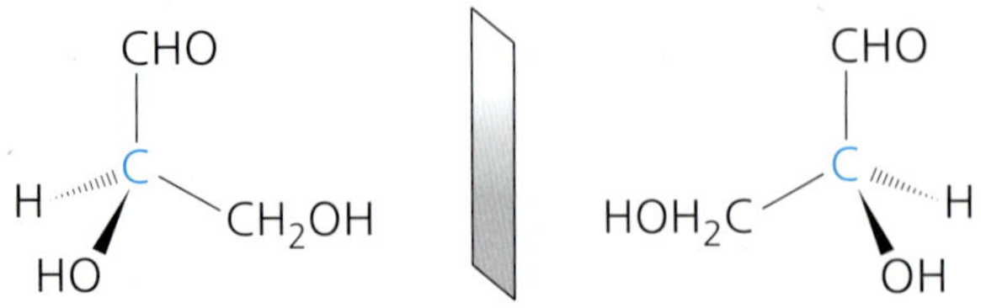

$[\alpha]_D = +8.7°$
(*R*)-(+) Glyceraldehyde

$[\alpha]_D = -8.7°$
(*S*)-(−) Glyceraldehyde

카이랄 물질의 두 거울상 이성질체를 50:50으로 혼합한 용액을 편광계에 놓으면 각 거울상 이성질체가 빛을 회전하는 각도가 같고 방향은 서로 반대이므로 이때는 회전각도가 상쇄되어 광회전을 하지 않는다. 따라서 이 혼합물은 광학활성을 띠지 않는다. 카이랄 물질의 거울상 이성질체가 동일한 양으로 섞여있는 것(50:50)을 라세미 혼합물(Racemic Mixture) 혹은 라세미체(Racemate)라 한다. 라세미 혼합물에서 (+)와 (−)거울상 이성질체는 분할(Resolution)이라고 하는 과정을 통하여 분리해 낼 수 있다.

카이랄 분자(거울상 이성질체, 광학 이성질체)에서 R 구조의 화합물은 (+)일 수도 있고(−)일 수도 있다. 마찬가지로 S 구조의 화합물도(+)일 수도 있고(−)일 수도 있다. 여기서 공간배열 순위결정 규칙을 적용한 예를 하나 살펴보자. 아래 그림(a)는 S배열의 좌선성인 (S)−(−)Glyceraldehyde를 나타내고 그림(b)는 S배열의 우선성인 (S)−(+)Alanine의 배위을 각각 나타내고 있다.

(a)

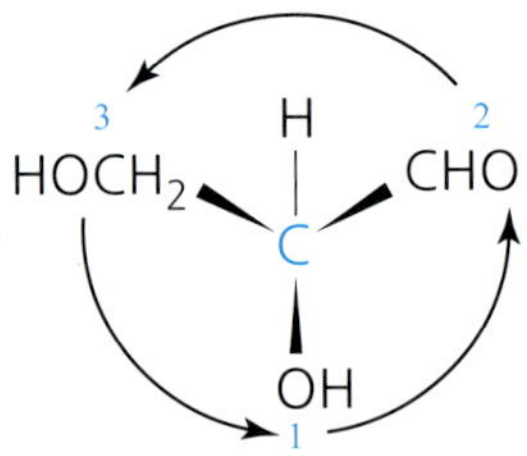

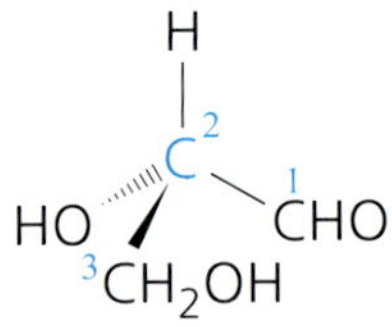

(*S*) Glyceraldehyde
[(*S*)-(−) 2,3-Dihydroxypropanal]
$[\alpha]_D = -8.7°$

(b)

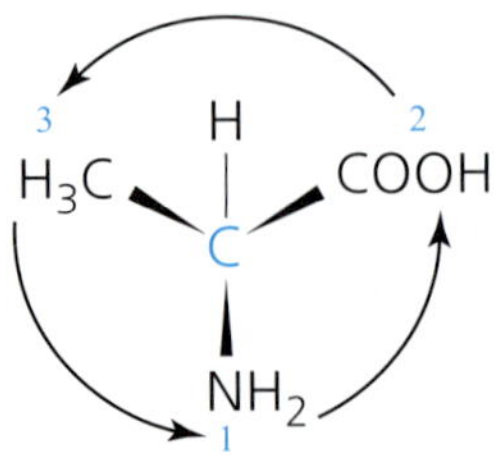

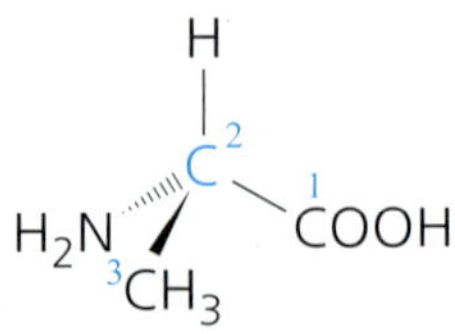

(*S*) Alanine
[(*S*)-(+) 2-Aminopropanoic Acid]
$[\alpha]_D = +8.7°$

6.4 부분입체 이성질체

젖산이나 글리세르알데하이드와 같은 분자는 단 한 개의 입체중심 원자가 있어 2개의 거울상 이성질체만이 존재하여 비교적 이해하기 쉽다. 그러나 입체중심 탄소를 2개 이상 가진 분자를 살펴보자. 예를 들어 필수 아미노산의 하나인 트레오닌(Threonine, 2-아미노-3-하이드록시뷰탄산)은 한 분자 내에 2개의 카이랄성 입체중심 원자를 가지고 있다. 따라서 4개의 입체 이성질체가 가능하다.

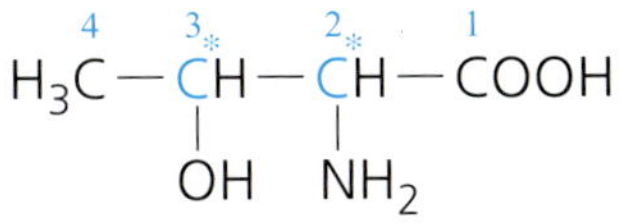

2-Amino-3-hydroxybutanoic Acid

C_2에서 입체배열은 R 또는 S가 될 수 있고, C_3도 R 또는 S를 가질 수 있으므로 입체 이성질체가 모두 4개로 아래와 같이 2쌍의 거울상 이성질체로 분류할 수 있다.

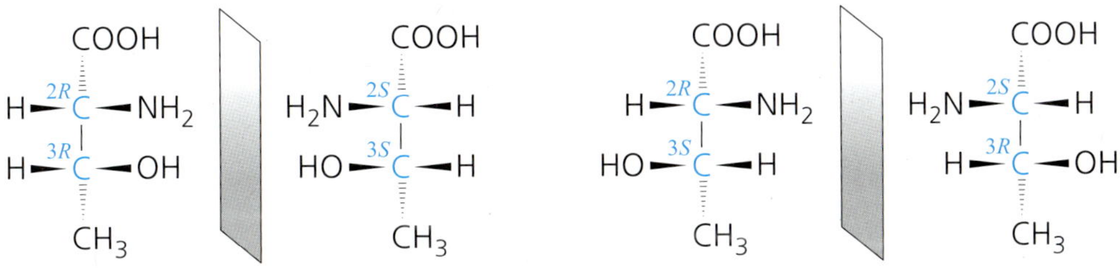

2R, *3R*　　*2S*, *3S*　　*2R*, *3S*　　*2S*, *3R*

(2R, 3R)의 거울상 이성질체는(2S, 3S)이며, (2R, 3S)의 거울상 이성질체는(2S,3R)이다. 그런데(2R, 3R)과(2R, 3S) 이성질체의 관계를 살펴보면 이들은 입체 이성질체이나 거울상 이성질체는 아니다. 왜냐하면 이들은 C_2에서 같은 R배열을 하고 있으나 C_3에서 서로 반대 배열을 하고 있기 때문이다. 이렇게 비슷하나 거울상이 아닌 입체 이성질체를 부분입체 이성질체(Diastereomer)라 한다. (2R, 3R)과(2R, 3S), (2R, 3R)과(2S, 3R), (2S, 3S)와(2R, 3S), 그리고(2S, 3S)와(2S, 3R)는 서로 부분입체 이성질체이다. 이들을 정리하여 표로 나타내면 다음과 같다.

표 6.2 트레오닌 4 입체이성질체 상호관계

입체 이성질체	거울상 이성질체	부분 입체 이성질체
2R, 3R	2S, 3S	2R, 3R / 2R, 3S
2S, 3S	2R, 3R	2R, 3R / 2S, 3R
2R, 3S	2S, 3R	2S, 3S / 2R, 3S
2S, 3R	2R, 3S	2S, 3S / 2S, 3R

거울상 이성질체와 부분입체 이성질체 사이에는 차이가 있다. 거울상 이성질체는 모든 배열이 반대이다. 그러나 부분입체 이성질체는 어느 카이랄성 중심의 배열은 반대지만 다른 카이랄성 중심은 동일한 배열을 가진다. 거울상 이성질체는 카이랄성이므로 카이랄 성질만 서로 다르다. 즉 거울상 이성질체는 녹는점, 끓는점, 용해도, 밀도 등의 물리적 성질은 모두 같으나 카이랄 성질인 평면편광을 회전시키는 고유 광회전도의 각도는 같으나 반대의 부호를 가진다. 따라서 거울상 이성질체는 재결정이나 증류와 같은 물리적 성질에 의한 분리는 불가능하다. 반면에 부분입체 이성질체는 서로 거울상이 아니다. 이들은 끓는점, 녹는점, 용해도, 밀도 등의 물리적 성질뿐만 아니라 고유 광회전도의 각도 및 방향도 모두 다르다. 다시 말해서 부분입체 이성질체는 완전히 서로 다른 2개의 화합물의 특징을 보인다.

6.4.1 Anti형과 Syn형

탄소 결합의 골격을 지그재그형 골격 구조로 그렸을 때 치환기가 동일 배향이면 *syn*형, 다른 배향이면 *anti*형이라 지칭한다.

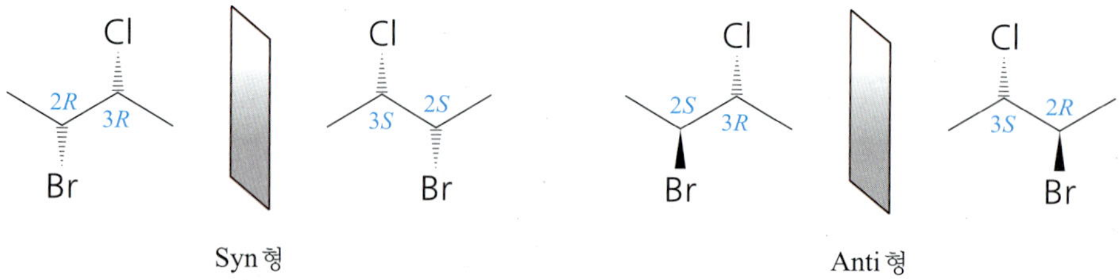

6.4.2 Threo형과 Erythro형

Fischer 투영법으로 나타냈을 때 Threose(트레오스) 구조 형태면 *threo*형, Erythrose(에리트로스) 형태면 *erythro*형이라 지칭한다.

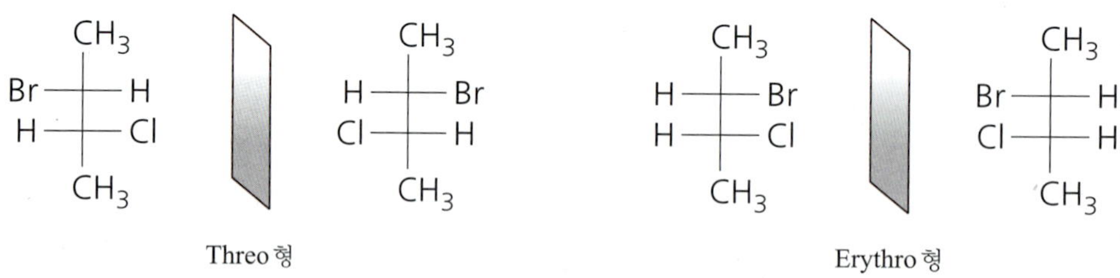

6.5 메조 화합물

2,3-다이브로모뷰테인의 입체 이성질체를 살펴보자. 이 분자는 2개의 카이랄성 탄소 원자를 가지고 있다. 2개의 카이랄 원자 C_2와 C_3에 붙어 있는 서로 다른 4개의 작용기가 동일한 것임을 알 수 있다.

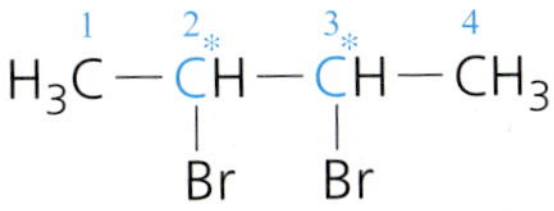

2,3-Dibromobutane

다음과 같이 4개의 입체 이성질체로 이루어진 2쌍의 거울상 이성질체 구조가 가능하다.

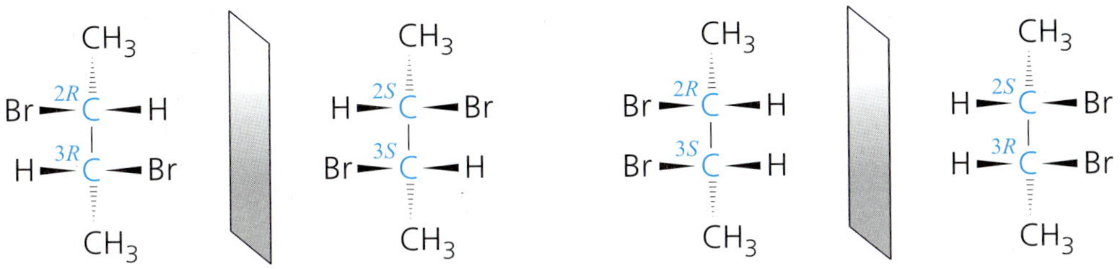

2*R*, 3*R* 2*S*, 3*S* 2*R*, 3*S* 2*S*, 3*R*

거울상(2R, 3R)과(2S, 3S)는 한 쌍의 거울상 이성질체이다. 그러나(2R, 3S)와(2S, 3R) 거울상의 경우는 한 쪽 구조를 180° 회전시키면 같은 구조의 화합물임을 알 수 있다. 이 구조는 분자를 양분하는 대칭면을 가지고 있어 비카이랄 물질이다.

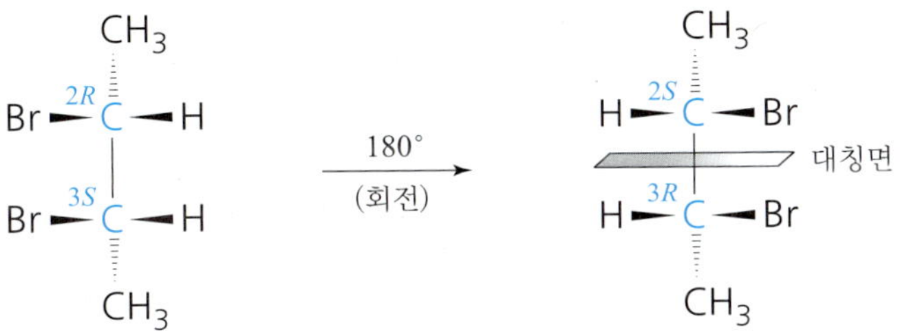

2*R*, 3*S* 2*S*, 3*R*

따라서 2,3-다이브로모뷰테인은 3개의 입체 이성질체만을 가지고 있다. 이와 같이 카이랄성 중심을 가지고 있으나 비카이랄인 부분입체 이성질체를 메조 화합물(Meso Compound)이라 한다. 분자가 2개의 카이랄중심 원자를 가지고 있으나 카이랄중심 원자에 결합된 4개의 작용기가 동일하면 메조 화합물이다. 메조 화합물은 카이랄중심 원자를 가지면서 분자 내 대칭면을 가지고 있어서 비카이랄성인 화합물이다. 메조 화합물은 비카이랄이므로 광학적으로 비활성이다. 거울상 이성질체는 평면편광을 회전시키는 고유 광회전도의 부호만 제외하고 모두 동일한 물리적 성질을 가지는 반면에 메조 화합물은 비카이랄성의 부분입체 이성질체로서 2성질 모두 다르다.

다시 말해 비대칭 중심을 가지고 있으나 분자 내 대칭면이 존재하여 광학 비활성인 물질을 메조 화합물이라 지칭한다. 예를 들어 타타르산(Tartaric Acid)의 거울상이성질체(광학 활성체)와 메조 화합물(메조체)은 각각 다음과 같다.

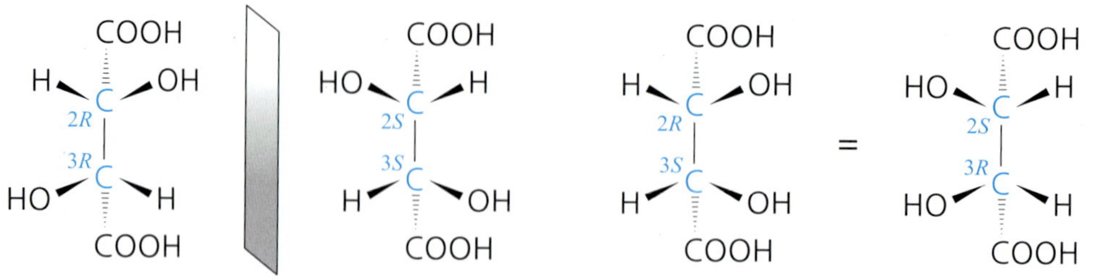

2R,3R-Tartaric Acid　2S,3S-Tartaric Acid　2R,3S-Tartaric Acid　2S,3R-Tartaric Acid

거울상 이성질체　메조 화합물

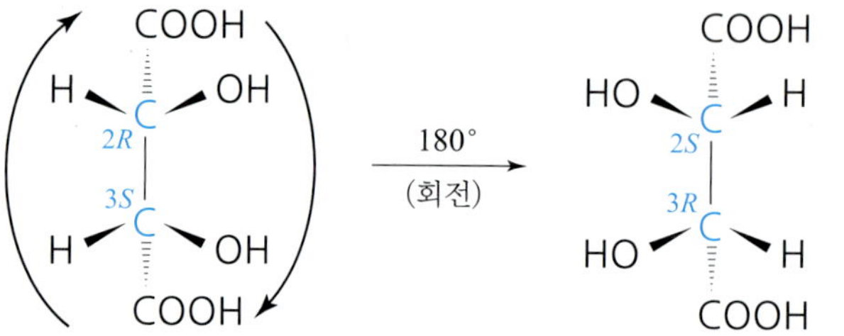

2R,3S-Tartaric Acid　2S,3R-Tartaric Acid

동일

상기 오른쪽의 메조 타타르산 [Meso Tartaric Acid, $HO_2CCH(OH)CH(OH)CO_2H$]은 아래과 같이 분자내 C_2-C_3결합을 자르는 대칭면을 가지고 있기 때문에 왼쪽과 같은 카이랄성의 거울상이성질체가 아닌 비카이랄성의 메조 화합물이 된다.

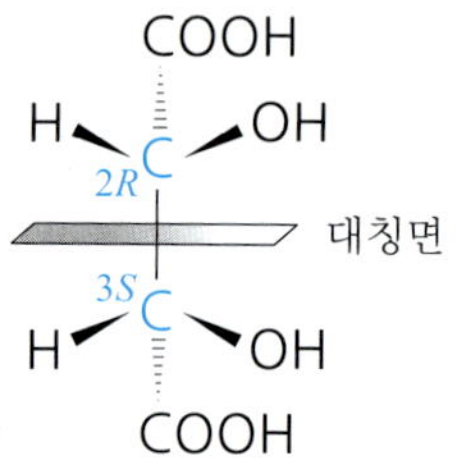

거울상(2R, 3R)과(2S, 3S)는 동일한 구조가 아니므로 한 쌍의 거울상 이성질체이다. 그러나(2R, 3S)와 (2S, 3R)은 한 구조를 180° 회전시키면 동일한 구조임을 알 수 있고 대칭면을 가짐으로 비카이랄이다. 따라서 타타르산은 2개의 카이랄성 중심이 있음에도 불구하고 비카이랄 분자이다. 2개의 거울상 이성질체와 한 개의 메조 화합물로 총 3개의 입체 이성질체를 가지고 있다. 이들 타타르산의 거울상이성체(광학 활성체, 카이랄성)와 메조 화합물(비거울상이성질체, 비카이랄성)의 물리적 성질은 전혀 다르다. 다음은 타타르산의 입체 이성질체(Stereoisomers)의 몇 가지 특성을 나타낸다.

표 6.3 타타르산의 특성

입체 이성질체	녹는점 (℃)	밀도 (g/cm³)	용해도 (g/100mL H_2O)	고유 광회전도 $[\alpha]_D$
거울상 이성질체(2R,3R),(+)	169	1.76	139	+12
거울상 이성질체(2S,3S),(−)	169	1.76	139	−12
라세미체,(±)	206	1.79	21	0
메조체, 부분 입체 이성질체	147	1.67	125	0

결국 파스퇴르가 연구한 타타르산(Tartaric Acid)은 메조 화합물이다.

6.5.1 2개 이상의 입체중심을 가진 화합물

다중 입체중심 화합물의 이성질체 수는 n개의 입체중심을 가지면 2^n개의 입체이성질체 그리고 2^{n-1} 쌍의 거울상 이성질체를 가진다. 예를 들어 콜레스테롤(Cholesterol)은 8개의 입체중심을 갖고 있으며 2^8=286개의 입체이성질체 또는 128개의 거울상 이성질체가 존재 가능하다.

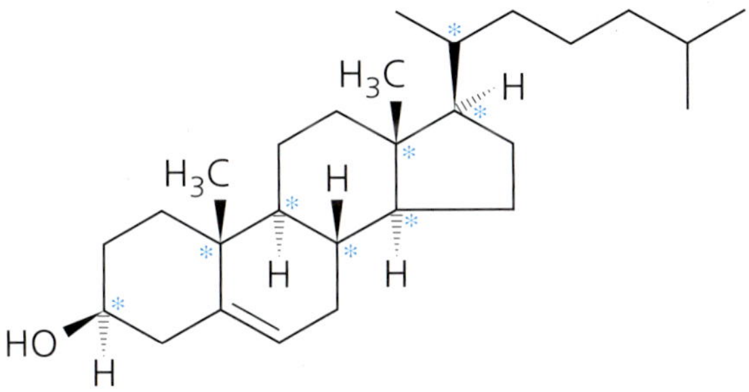

콜레스테롤

6.5.2 입체 중심이 2개인 사이클로알케인

1,2- 또는 1,3- 치환 화합물의 치환기가 동일한 경우 예를 들어 1,2- 또는 1,3-다이브로모사이클로헥세인(Dibromocyclohexane)의 입체 이성질체의 카이랄성 거울상 이성질체는 다음과 같다.

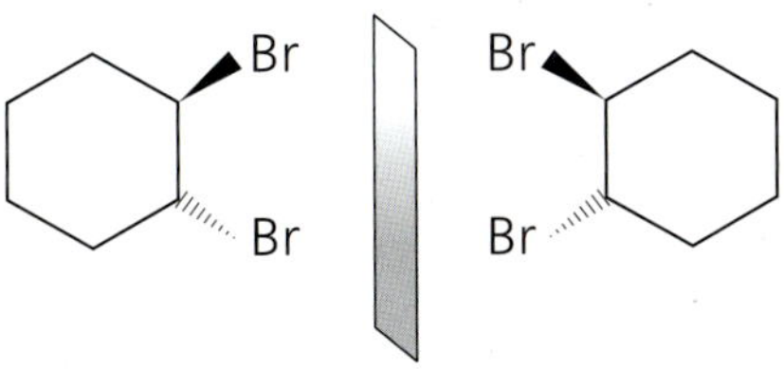

trans−1,2−Dibromocyclohexane

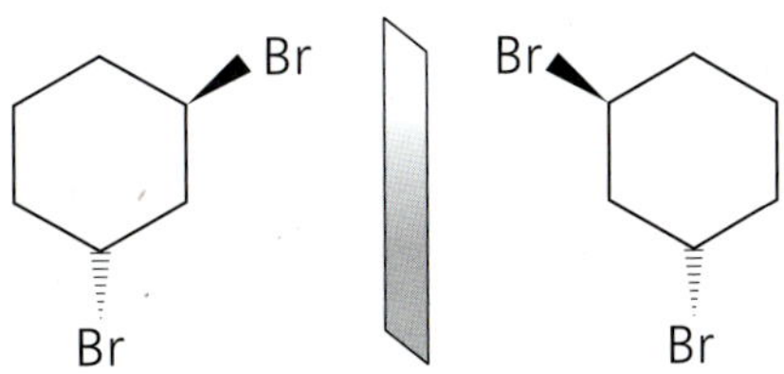

trans−1,3−Dibromocyclohexane

그리고 대칭면이 있는 비카이랄성의 메조 화합물은 다음과 같다.

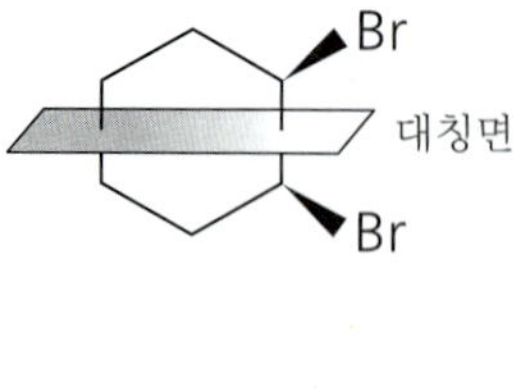

cis−1,2−Dibromocyclohexane

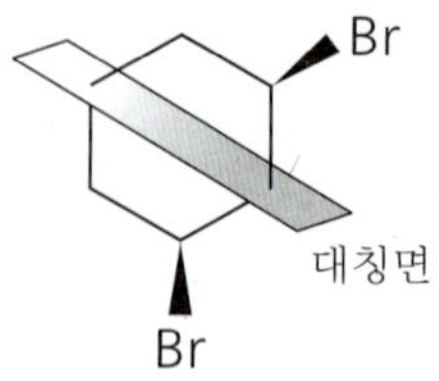

cis−1,3−Dibromocyclohexane

1,2− 또는 1,3− 치환 화합물의 치환기가 다른 경우 예를 들어 cis− 및 trans−1− Bromo-2−chlorocyclohexane의 입체이성질체 모두가 분자 내 대칭면을 가지고 있지 않다. 즉 cis와 trans체 모두 카이랄성 분자이다.

cis: 카이랄성

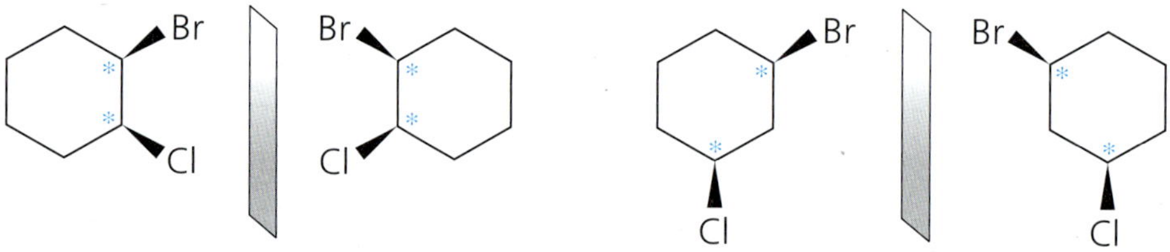

trans: 카이랄성

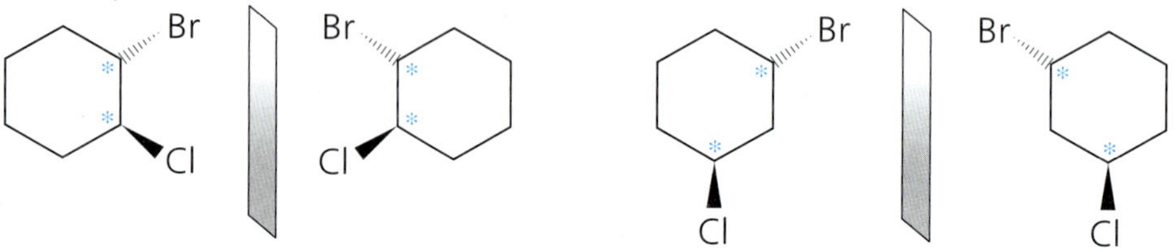

1,4− 치환 화합물은 비대칭 중심이 없으므로 비카이랄 화합물이다.

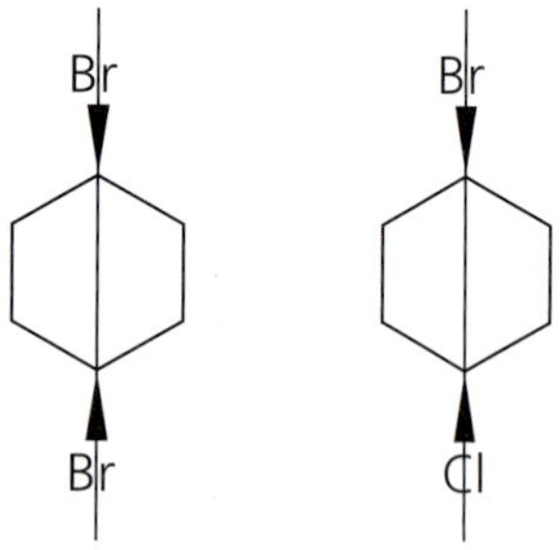

6.6 라세미 혼합물과 거울상 이성질체의 분리

라세미 혼합물(Racemic Mixture)은 2 카이랄성 타타르산(Tartaric Acid)의 거울상 이성질체가 50:50의 혼합물인 화합물을 말한다. 라세미 혼합물은 기호(±) 또는 접두어 d, l로 표시한다. 이 혼합물은 광활성을 보이지 않은데 그 이유는 한 거울상 이성질체의(+)

광회전이 반대 이성질체의 (−)광회전과 서로 상쇄되기 때문이다.

이러한 라세미체(Racemate)의 분할(Resolution)은 (+)와 (−)의 2거울상 이성질체로 분리하는 것을 말한다. 예를 들어 라세미체인(±)−타타르산을(+)와 (−)의 2거울상 이성질체로 분리하는 것이다. 라세미 혼합물의 분리 방법에는 화학적인 방법(부분 입체이성질염을 이용하는 방법), 효소를 이용하는 방법, 카이랄 컬럼을 이용하는 방법 등이 있다. 가장 보편적인 라세미 혼합물로 된 카복실산(RCO_2H)과 카이랄아민(RNH_2)을 섞으면 산−염기 반응으로 암모늄염을 만든 후 분리하는 것이다. 이렇게 형성된 염은 부분 입체이성질체로 서로 다른 화합물이며 화학적 물리적 성질이 다르고 결정화 등으로 분리한다.

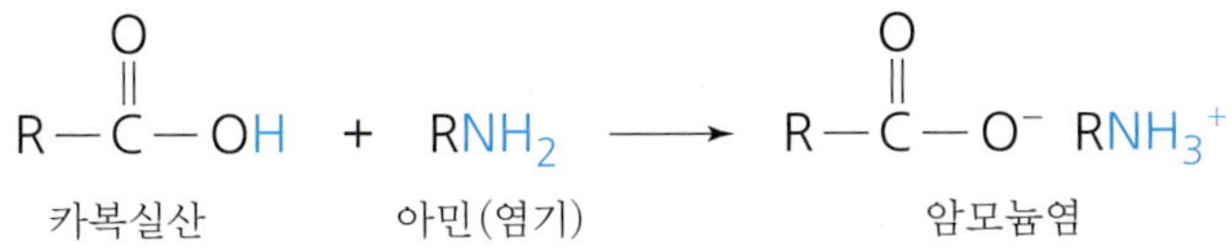

(1) 라세미 혼합물의 젖산(Lactic Acid)과 비카이랄성 메틸아민이 반응하여 라세미 혼합물의 암모늄염을 만든다.

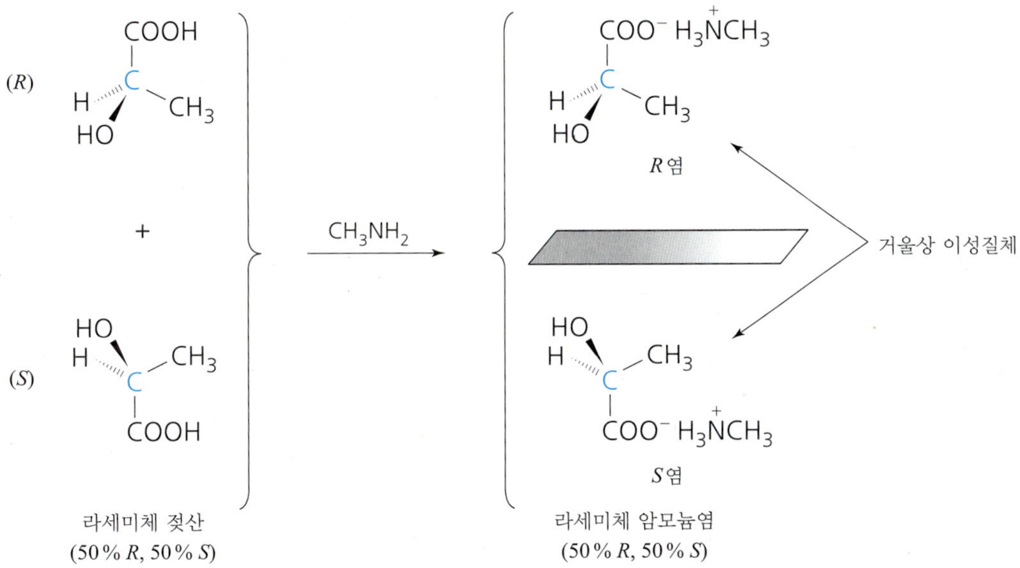

(2) 라세미체 젖산이 광학적으로 순수한(R)−1−Phenylethylamine과 반응하면 부분 입체이성질체의 염으로 된다. 이 2염은 서로 다른 성질을 가지고 있어 원칙적으로 분리가 가능하다.

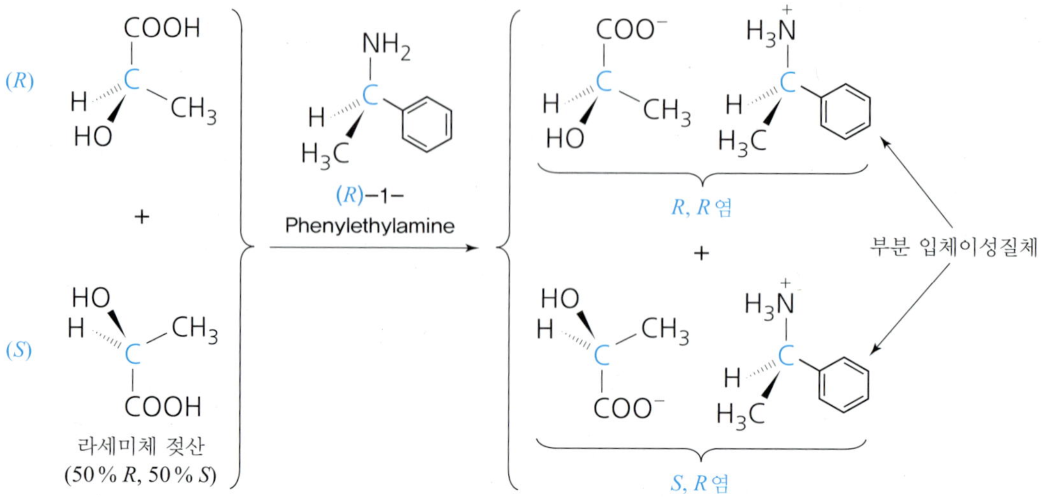

다음 그림은 파스퇴르가 그린 소듐암모늄타타르산염의 결정으로 하나는 우선성(+)이고 다른 하나는 좌선성(−)을 나타낸다.

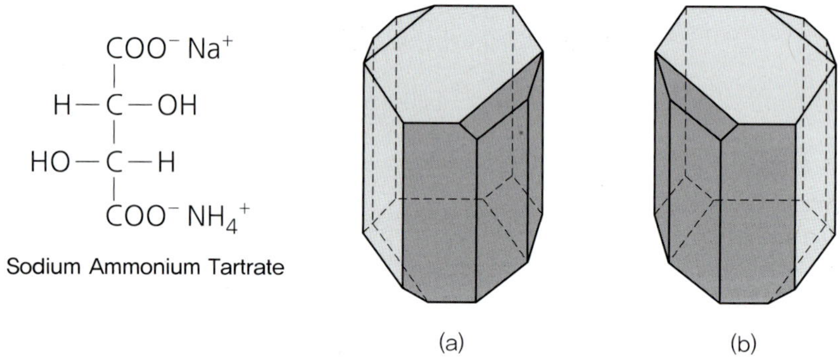

입체 이성질체의 물리적 성질에서 타타르산(Tartaric Acid)은 입체적으로 다른 배열을 갖게 되면 이 물질의 물리적 성질 또한 달라진다.

6.7 카이랄성과 생물학적 특성

입체 이성질체는 물리적 성질도 다르고 생물학적인 성질도 다르다.

그리고 프로작(Prozac)이란 상표명의 플루옥세틴(Fluoxetine)의 라세미 혼합물은 항우울제 기능을 가지고 순수한 S 이성질체는 편두통에 효과가 있다.

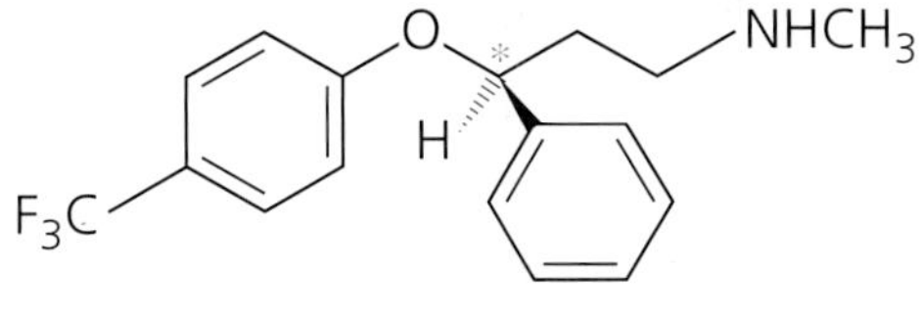

(*S*)-Fluoxetine

그 밖에 다음과 같은 카이랄성 물질들이 존재한다.

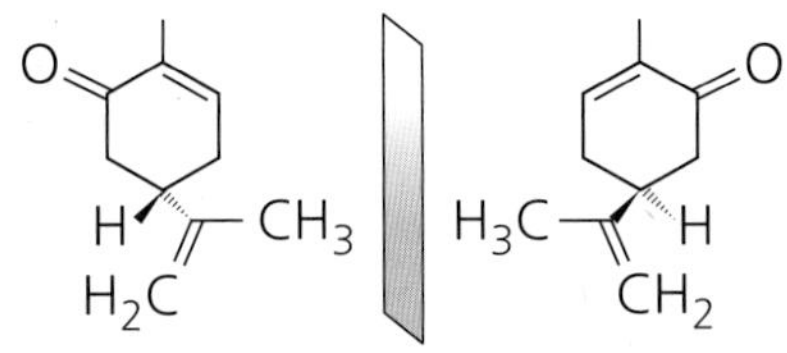

(*S*)−Carvone 회향풀향 | (*R*)−Carvone 박하향

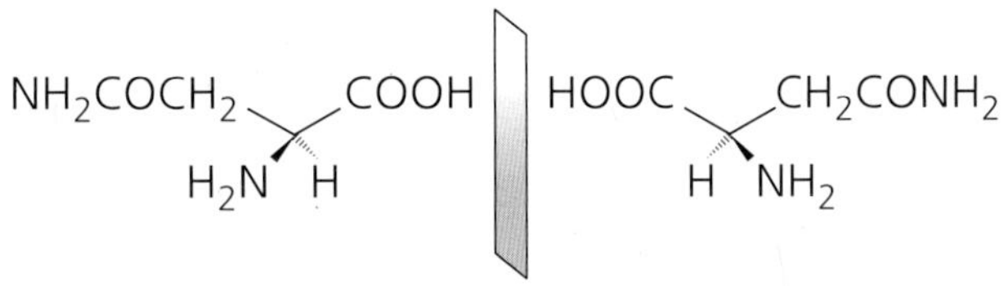

(*S*)−Asparagine 쓴맛 | (*R*)−Asparagine 단맛

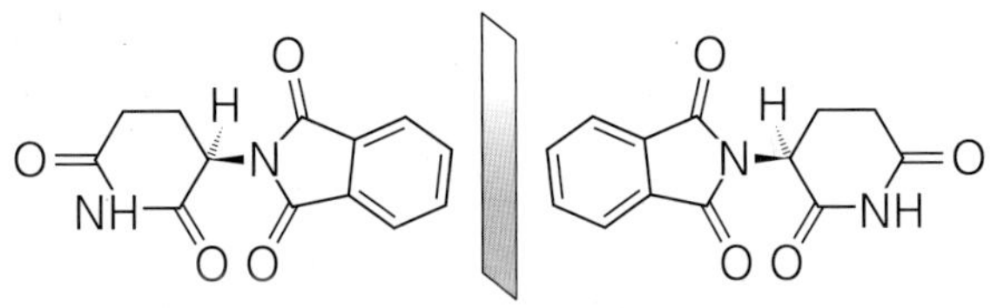

(*R*)−Thalidomide 진정제 | (*S*)−Thalidomide 기형 유발 물질

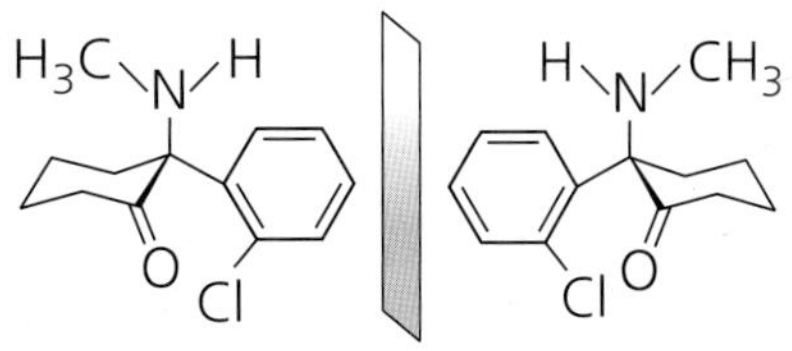

(*S*)−Ketamine 마취제 | (*R*)−Ketamine 환각제

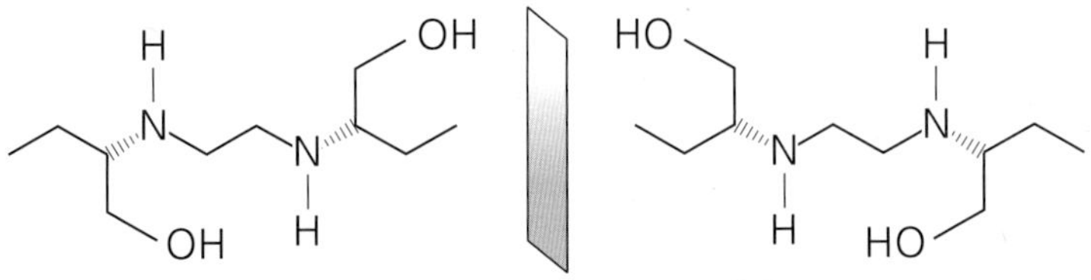

S, *S*-Ethambutol 결핵 치료 | *R*, *R*-Ethambutol 시력 상실

다른 이성질체는 다른 생물학적 활성을 갖는가? 카이랄성 분자는 카이랄성 수용체에 잘 맞아야 한다. 거울상이성질체의 하나는 아래(a)와 같이 카이랄성 수용체에 쉽게 들어 맞아 생물학적으로 활성을 가지나, 다른 거울상 이성질체는(b)처럼 수용체에 결합할 수가 없다.

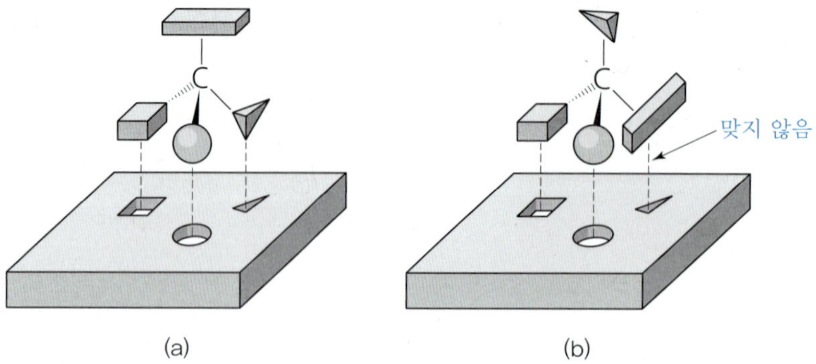

카이랄성 수용체

참 고 **설포라판(Sulforaphane)**

천연 카이랄 황 화합물로 브로콜리에서 발견되는 것으로서 간 해독 작용에 관여하는 효소를 활성화시키는 작용이 있다.

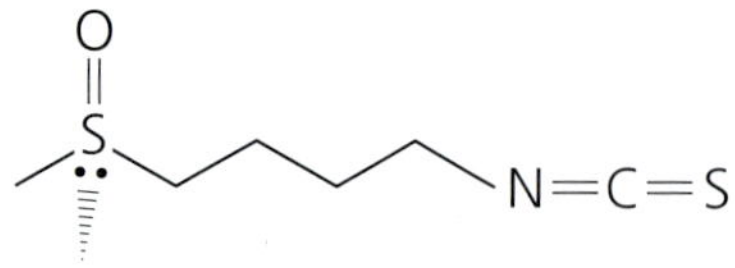

(*R*)-Sulforaphane

6.8 카이랄 의약품

FDA 인가 의약품의 근원은 직접 식물이나 박테리아에서 분리, 천연물을 화학적으로 변형, 완전히 실험실에서 합성과 같이 크게 3가지로 구분할 수 있다.

6.8.1 자연에서 얻거나 화학적으로 변형한 것

일반적으로 라세미 혼합물이 아닌 하나의 거울상으로 존재한다. 예를 들면 페니실리움(Penicillium) 곰팡이에서 분리한 페니실린 V의 배위는 2S, 5R, 6R이다.

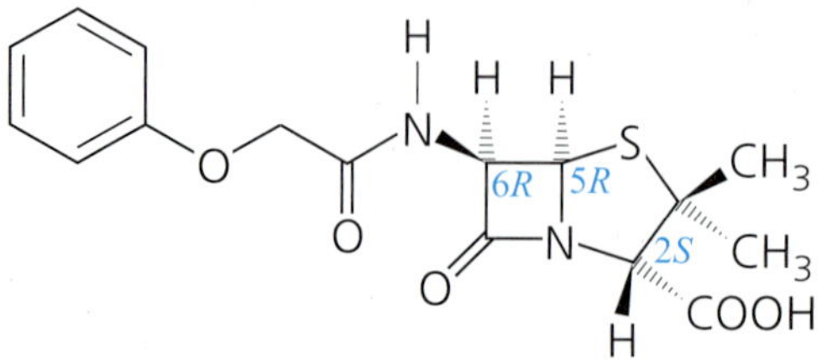

Penicillin V (2*S*, 5*R*, 6*R* Configuration)

6.8.2 실험실에서 합성된 약품

비카이랄이나 카이랄이라도 대개의 경우 라세미 혼합물로 생산되고 판매된다. 이부프로펜(Ibuprofen)은 하나의 입체 중심을 갖고 S 이성질체만이 소염진통 효과가 있다.

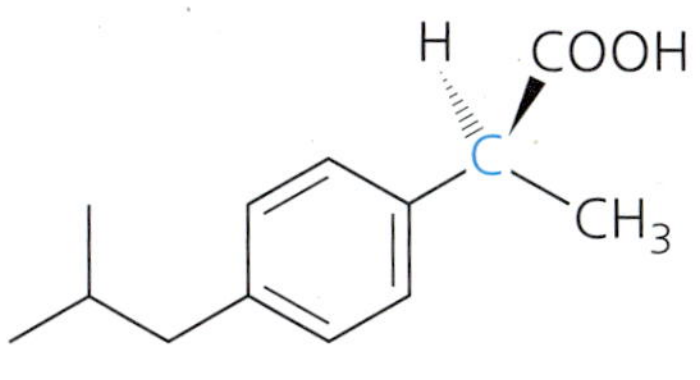

(*S*)-Ibuprofen

6.8.3 그 밖에 카이랄(Chiral) 약품

다음과 같이 (R)체보다 3배 이상의 약효를 가지는 (S)-Ibuprofen, (R)체보다 100배 이상의 약효를 가진 (S)-Propanolol, 항바이러스제 Tamiflu, 항우울제 R-Fluoxetine, 콜레스테롤 흡수 및 합성 저해제인 Atorvastatin(Lipitor)이 있다.

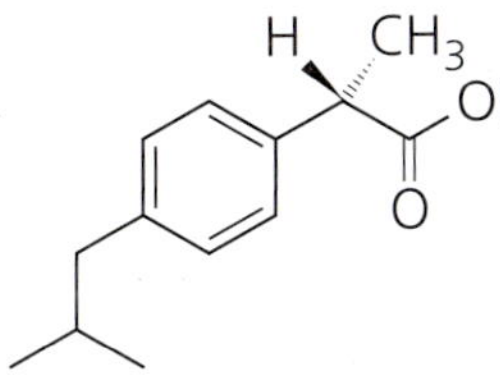

(*S*)-Ibuprofen

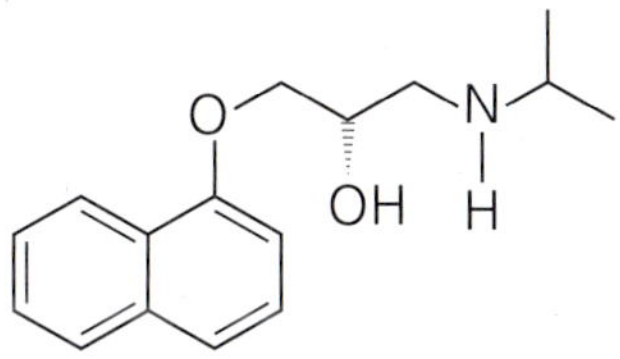

(*S*)-Propanolol

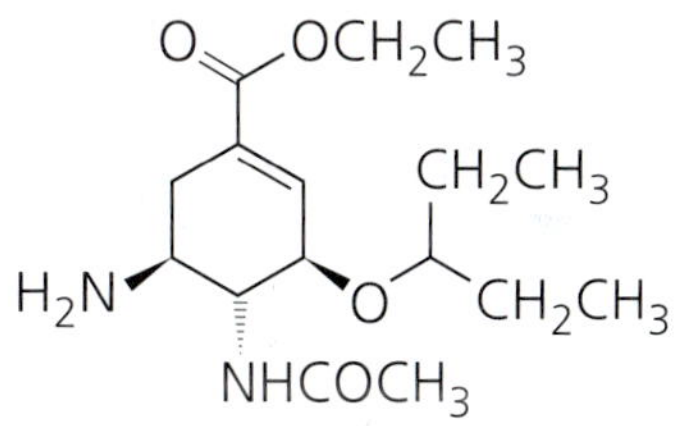

Tamiflu

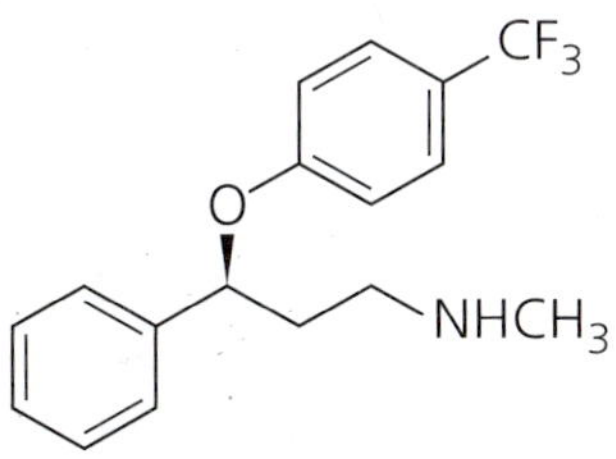

(*R*)-Fluoxetine

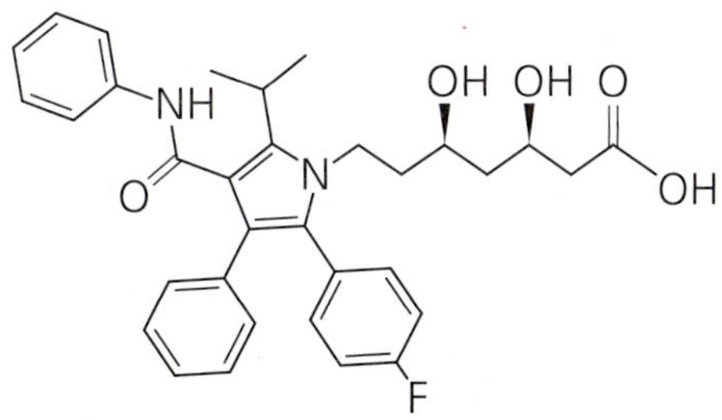

Atorvastatin (Lipitor)

6.9 카이랄 유기 화합물 보기

다음은 2가지의 카이랄 유기 화합물 예를 나타낸다.

6.9.1 나프록센 카이랄 약품

생명 기관은 카이랄 분자들의 보고이다. 많은 약물들은 카이랄이고 흔히 효과적으로 약효를 발휘하기 위하여 카이랄 수용체 또는 카이랄 효소와 상호 작용하여야 한다. 약물의 한쪽 거울상 이성질체는 질병을 효과적으로 치료할 수 있으나 거울상은 비효과적일 수 있다. 예를 들면 Naprosyn과 Aleve는 진통 완화제로 널리 사용되고 있는 카이랄 약물로서 (S)-나프록센(Naproxen)이란 활성이 있는 성분의 화합물이다. 두 치환기의 배향을 교환하여 거울상 이성질체를 만들면 생물학적인 활성을 변화시킬 수 있고 다른 쪽 거울상 이성질체는 나쁜 부작용을 초래한다. 즉 나프록센의 S 입체이성질체는 유효한 소염제이나 R 거울상이성질체는 간에 해로운 독이다.

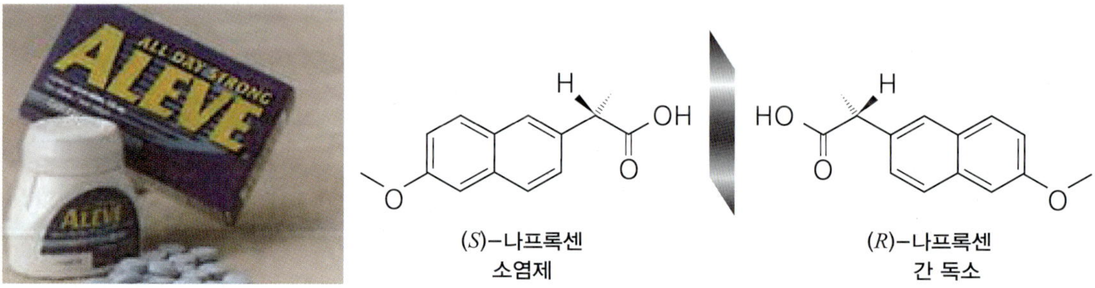

그림 6.1 카이랄 약물 (Aleve)

6.9.2 카르본의 카이랄 물질

카르본(Carvone)은 터페노이드(Terpenoid) 화학종의 하나이다. 주로 천연 방향유 속에서 발견되나 캐러웨이(Caraway) 씨앗, 박하(Spearmint) 그리고 허브(Dill)의 에센셜 오일속에 가장 풍부하다. 카르본은 2가지의 거울상 이성질체가 존재하는데 이들은 코 속의 카이랄 냄새 수용체와 상호작용을 함으로써 서로 다른 냄새를 가진다. 즉 (S)-카르본 [(S)-Carvone]은 캐러웨이의 냄새를 내는 성분이며, (R)-카르본 [(R)-Carvone]은 박하 냄새의 원인이다. 이와 같이 유기화학에서 분자의 3차원 공간 구조가 매우 중요하다.

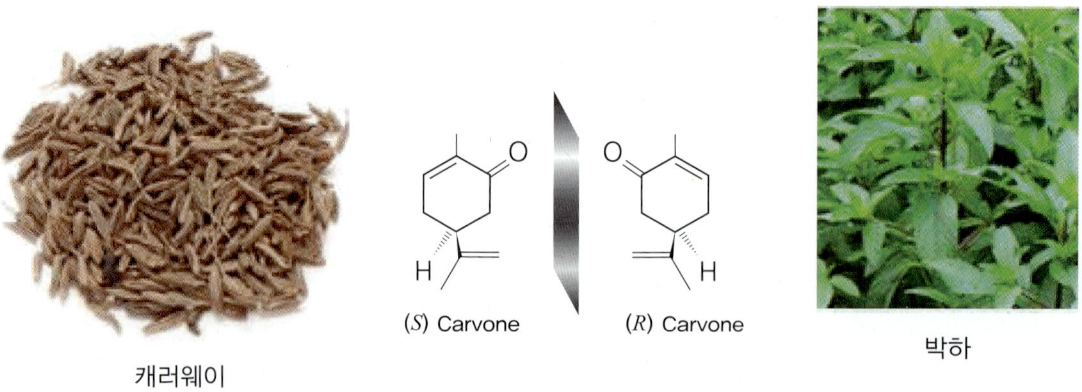

그림 6.2 거울상 이성질체와 향기

07 장

불포화탄화수소 알켄과 알카인

07 장

불포화탄화수소 알켄과 알카인

탄소－탄소 결합이 2중결합(Double Bond) 혹은 3중결합(Triple Bond)을 하나 이상 가진 탄화수소를 불포화 탄화수소(Unsaturated Hydrocarbon)라 한다. 알켄(Alkene)은 탄소－탄소 결합이 2중결합을 이루고 있는 불포화 탄화수소로 올레핀(Olefin) 혹은 에틸렌계 탄화수소라고도 한다. 일반식은 C_nH_{2n}(n=정수, n≥2)이다. 알켄은 천연에 많이 존재하고 생물학적으로 중요한 역할을 한다. 예를 들면 에틸렌(Ethylene)은 식물 성장 호르몬이다. 석유화학공업에서 에틸렌을 비롯한 다양한 알켄류를 제조하고 이들로부터 다양한 유기화합물을 합성해 내고 있다. 알카인(Alkyne)은 탄소－탄소 결합이 3중결합을 가진 불포화 탄화수소로 아세틸렌계 탄화수소라고도 한다. 일반식은 C_nH_{2n-2}(n=정수, n≥2)이다. 알카인은 알켄보다 덜 보편적인 화합물로 많이 다루지 않을 것이다. 알켄에서 작용기는 2중결합이고 알카인에서 작용기는 3중결합이다. 탄소가 2개, 3개인 알켄은 각각 C_2H_4, C_3H_6이고 이 구조식은 오직 한 개씩이다($CH_2=CH_2$, $CH_2=CHCH_3$). 그러나 탄소가 4개인 알켄 C_4H_8의 구조식은 2개가 가능하고($CH_2=CHCH_2CH_3$, $CH_3CH=CHCH_3$) 그 이상의 알켄에서는 더 많은 구조식이 가능하다. 마찬가지로 알카인도 C_3까지는 한 개의 구조식이 존재하고 C_4 이상은 2개 이상의 구조식을 가질 수 있다.

7.1 알켄의 구조와 결합

알켄의 가장 작은 에틸렌의 2중결합에서 탄소는 3개의 sp^2 혼성궤도함수(오비탈)를 가지고 있고 이들은 서로 120° 각을 이루며 동일 평면상에 놓여 있다. 혼성화되지 않은 한 개의 p오비탈은 sp^2 평면에 수직이다. 다른 알켄의 구조도 이와 비슷하다. 에틸렌의 2 탄소가 접근하면, sp^2 오비탈이 정면으로 겹쳐 3개의 시그마(σ) 결합이 형성되고, p오비탈이 측면으로 겹쳐 한 개의 파이(π) 결합을 형성한다. 2중결합된 탄소 원자들과 이들에 결합된 4개의 수소 원자들은 약 120° 의 각을 이루며 동일 평면상에 있다. 단일결합은 탄소－탄소 결합축을 중심으로 회전할 수 있으나, 2중결합은 회전이 불가능하다.

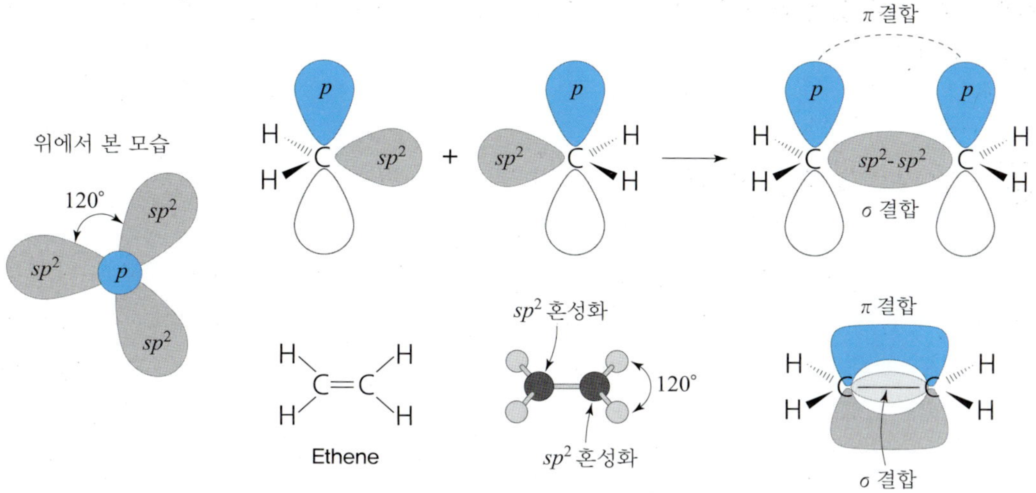

탄소-탄소 2중결합을 축으로 회전이 일어나려면 결합이 깨져야 하고 이때 필요한 에너지는 268 kJ/mol로 단일결합의 12 kJ/mol보다 훨씬 높다.

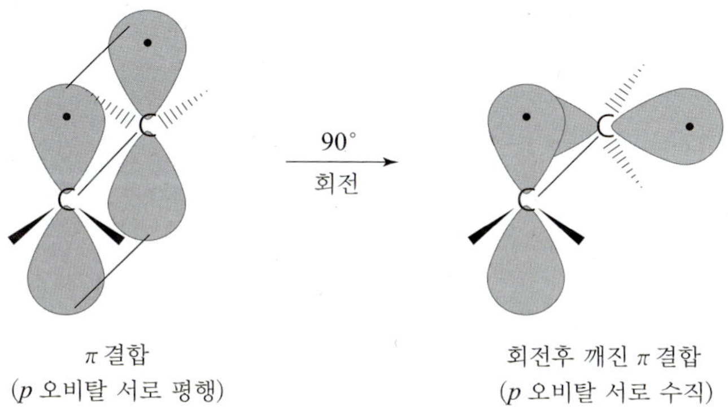

결국 2중결합의 회전이 안되기 때문에 뷰트-2-엔 같은 알켄은 2가지 형태로 존재한다. 뷰트-2-엔의 메틸기 2개는 2중결합의 같은 쪽 또는 다른 쪽에 위치할 수 있다. 2중결합의 2치환기가 같은 방향에 위치하면 시스 이성질체(cis Isomer)라 하고, 반대 방향에 위치하면 트랜스 이성질체(trans Isomer)라 한다. 이러한 화합물을 시스-트랜스 이성질체 또는 기하 이성질체라 한다. 앞에서 살펴본 사이클로알케인의 시스-트랜스 경우는 시스 이성질체는 2치환체가 고리의 같은 쪽에 있고 트랜스 이성질체는 2치환체가 다른 방향에 있었다.

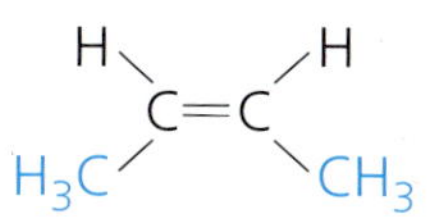

cis-But-2-ene

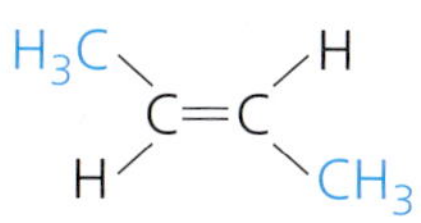

trans-But-2-ene

알켄에서 시스 이성질체는 트랜스 이성질체보다 불안정한데, 그 이유는 부피가 큰 치환기가

2중결합의 같은 쪽에 있을 때 입체 변형이 생기기 때문이다. 따라서 트랜스-뷰트-2-엔이 더 안정한 화합물이다.

7.2 알카인의 구조와 결합

알카인은 탄소-탄소 3중결합을 가진 화합물로서 탄소 원자는 sp 혼성 오비탈을 가지고 있으며 이 탄소의 원자가전자 4개는 2개의 sp혼성 오비탈과 2개의 p오비탈에 각각 2개씩 배치되어 있다. 예를 들어 아세틸렌(H-C≡C-H) 분자의 결합을 살펴보면 탄소 원자의 sp혼성 오비탈의 전자 한 개는 수소 원자의 s오비탈 전자와, 다른 한 개는 다른 탄소 원자의 sp혼성 오비탈의 전자 한 개와 결합하여 2개의 σ 결합을 만들고 나머지 각 탄소 원자에 있는 p오비탈의 전자 2개는 서로 결합하여 2개의 π 결합을 형성하고 있다. 그 결과 탄소-탄소 3중결합은 2개의 σ 결합과 2개의 π 결합으로 이루어진 형태가 된다. 탄소-탄소 3중 결합에 있는 2개의 π 결합은 같은 평면에 있지 않고 서로 결합면이 수직인 상태로 되어 있으며 결합각이 180° 인 선형을 나타낸다.

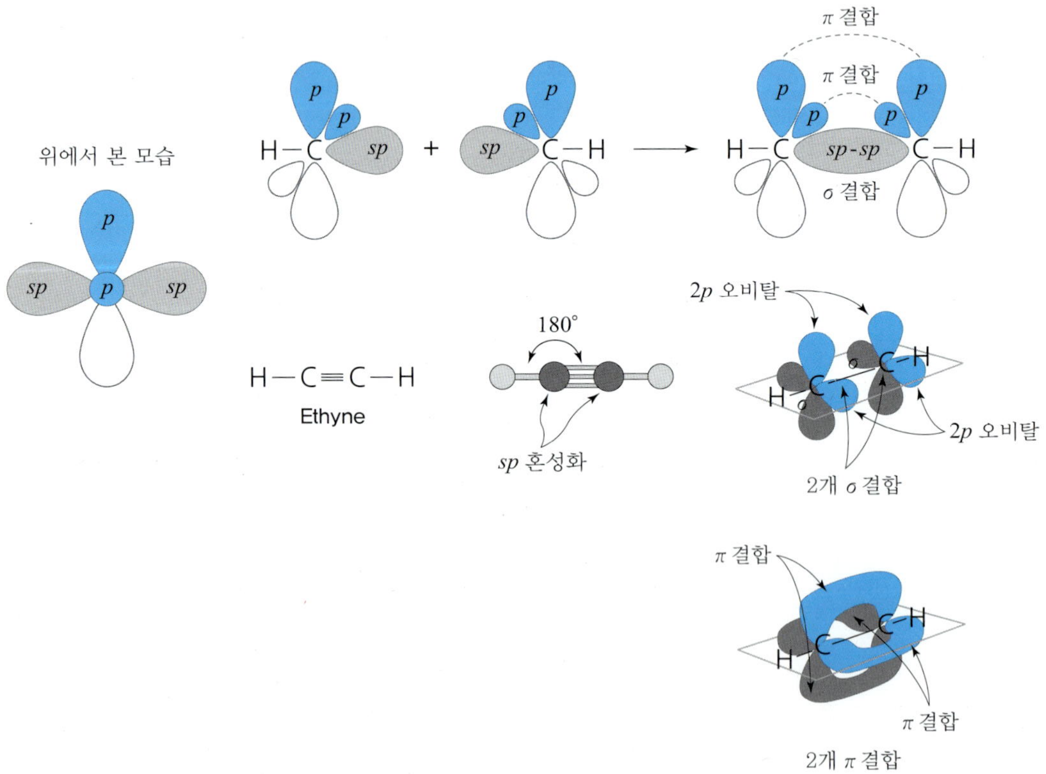

7.3 알켄과 알카인의 형태적 분류

2중 결합을 가지고 있는 알켄에는 2중 결합이 있는 위치와 알켄 형태에 따라 말단 알켄, 내부 알켄, 사이클로알켄으로 구분한다.

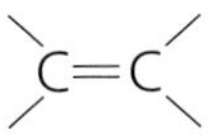

2중 결합

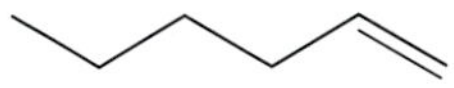

말단 알켄

내부 알켄

사이클로알켄

3중 결합을 가지고 있는 알카인에는 3중 결합이 있는 위치와 알카인 형태에 따라 말단 알카인, 내부 알카인, 사이클로알카인으로 구분한다.

$-C\equiv C-$

3중 결합

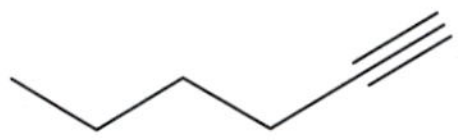

말단 알카인

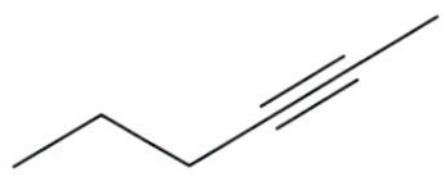

내부 알카인

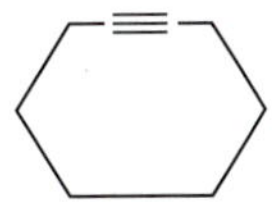

사이클로알카인

그리고 알켄과 알카인은 C=C 또는 C≡C 결합이 짝지어 나타날 경우 짝지은(Conjugate) 알켄 또는 알카인 결합이라 한다. 또한 C=C 결합이 연이어 나타날 경우는 알렌(Allene)이라 한다.

$-C=C-C=C-C=C-$

Conjugated Alkene

$-C=C=C-$

Allene

$-C\equiv C-C\equiv C-C\equiv C-$

Conjugated Alkyne

7.4 알켄의 입체이성질체 표기법

cis–trans 표기법과 E, Z 표기법이 있다.

7.4.1 cis-trans 표기법

2중결합을 갖는 화합물이 2중결합의 회전이 어려워서 입체이성질체를 갖는 화합물을 시스–트랜스 이성질체(cis–trans Isomer)라 말한다. 예를 들어 2–뷰텐의 경우 시스 이성질체는 메틸기를 2중결합의 같은 쪽에 가지고 있으며 트랜스 이성질체는 반대쪽에 가지고 있다.

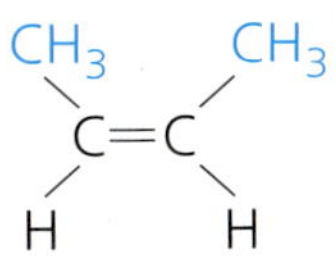

cis–2–Butene

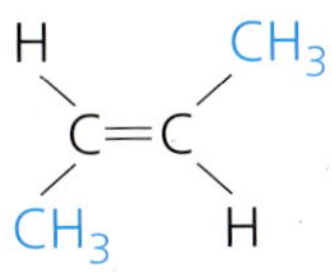

trans–2–Butene

이들 2 이성질체간의 상호전환은 자발적으로 일어나지 않지만 알켄을 강산 촉매로 처리하면 가능하다. 트랜스 이성질체가 시스 이성질체보다 유리하다. 이것은 시스 이성질체의 경우는 입체 변형이 존재하기 때문이다.

trans−2−Butene (76 %) *cis*−2−Butene (24 %)

7.4.2 E, Z 표기법(명명법)

알켄의 시스−트랜스 이성질체는 2중결합의 수소 외에 치환기가 2개인 이치환체에만 적용된다. 그러나 3치환체나 4치환체 2중결합에는 시스−트랜스를 붙여서 명명하는 것이 애매하다. 예를 들어 2−클로로뷰트−2−엔(2−Chlorobut−2−ene)과 같은 알켄 화합물은 기하 이성질체가 존재하나 시스−트랜스를 붙여서 명명하기에는 애매하다. 이와 같은 2중결합을 가진 화합물에 대한 명명은 시스−트랜스 이름을 쓸 수가 없다.

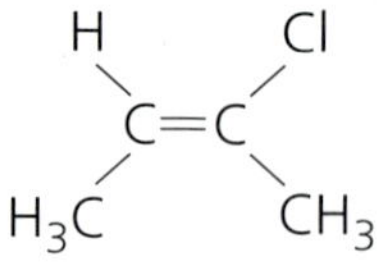

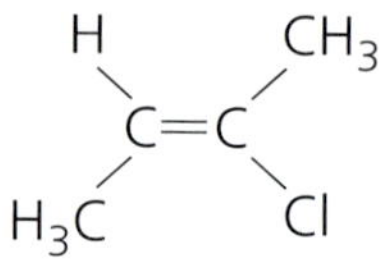

이런 종류의 화합물을 명명하기 위해 E, Z 체계가 고안되었다. 이성질체를 E, Z 체계에 따라 명명하려면, 아래와 같이 C=C 결합을 부분1과 부분2로 양분하고 부분1은 A와 B, 부분2는 C와 D의 순차 규칙에 따라 우선 순위를 매긴다. 부분1과 2에서 우선순위가 제일 높은 것끼리 비교하여 같은 쪽에 있으면 Z(Zusammen, 같이), 반대쪽에 있으면 E(Entgegen, 반대) 이성질체로 명명한다.

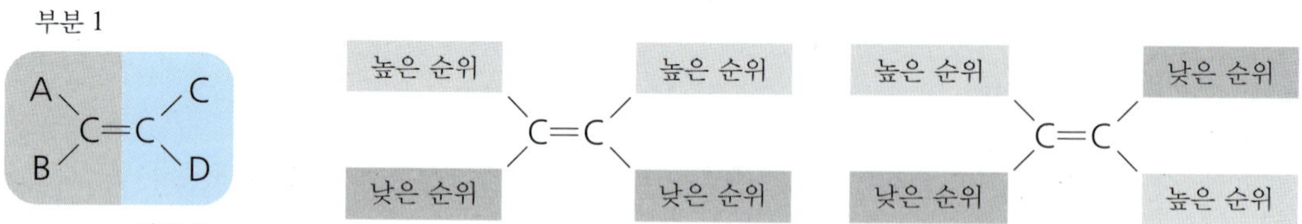

Z 이성질체 *E* 이성질체

예를 들어 아래 왼쪽은 CH_3기가 같은 쪽에 있어(Z)−But−2−ene이고 오른쪽은 반대 쪽에 있어(E)−But−2−ene 이성체로 각각 명명한다.

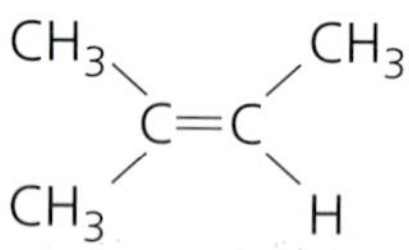

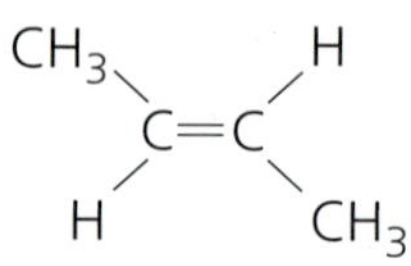

치환기의 상대순위는 다음 CIP **우선순위 규칙**(Cahn–Ingold–Prelog Sequence Rule)으로 정한다.

규칙 1 2중결합의 각 탄소에 결합된 원자들을 비교한다. 원자번호가 큰 원자일수록 우선순위가 높다. 예를 들어 아래와 같은 경우 탄소는 수소보다 원자번호가 크므로 메틸기(CH_3)가 더 우선순위이다. 또한 Cl은 탄소 보다 우선순위가 높다. 따라서 이성질체 (a)는 우선순위가 높은 기들이 2중결합 반대 쪽에 위치하므로 (E)–이성질체이고, 이성질체 (b)는 우선순위가 높은 기들이 2중결합의 같은 쪽에 위치하므로 (Z)–이성질체이다.

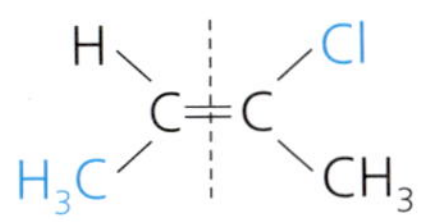

(a) (*E*)–2–chlorobut–2–ene

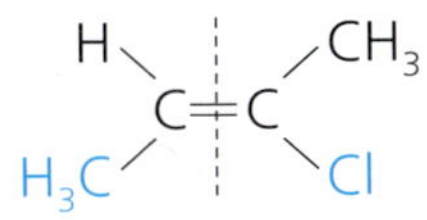

(b) (*Z*)–2–chlorobut–2–ene

규칙 2 2중결합 탄소에 결합된 원자들이 동일한 원자라면 2번째 그리고 3번째 원자의 원자번호를 차례로 비교하여 원자번호가 높은 것을 찾는다. 예를 들면 CH_3–기와 CH_3CH_2–기를 비교해 보면 둘 다 최초의 원자가 탄소 원자로 같다. 2번째 원자를 비교해 보면 메틸기는 수소 원자를 가지고, 에틸기는 가장 높은 원자로 탄소와 결합하고 있으므로 에틸기의 우선순위가 높다. 마찬가지로 –OH와 –NH_2기에서 –OH기가 우선순위가 높다.

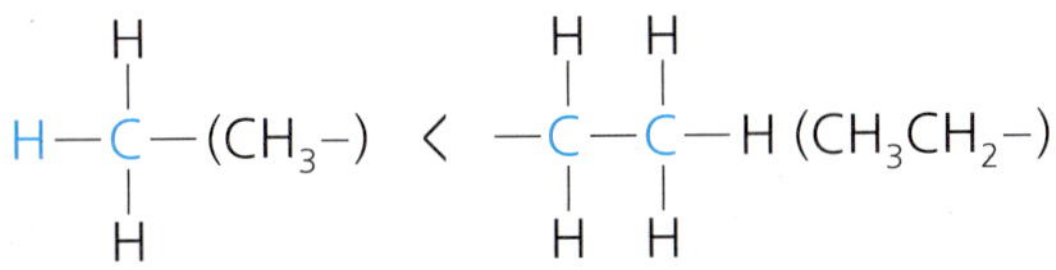

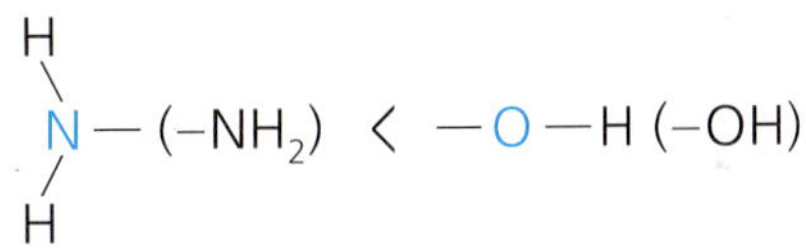

규칙 3 2중결합 및 3중결합 원자들은 단일결합에 그 결합수만큼 원자가 결합되어 있는 것으로 간주한다. 예를 들면 다음과 같다.

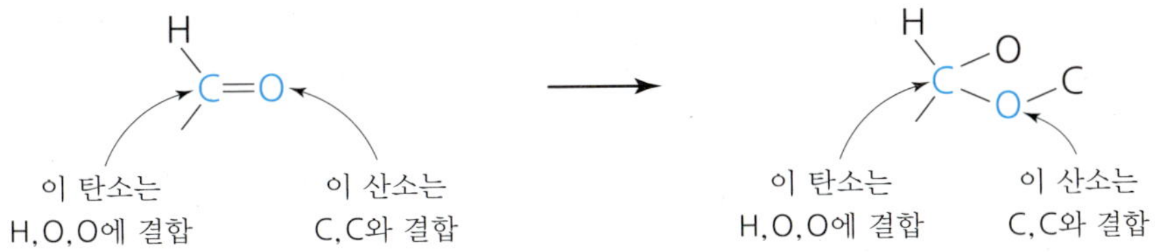

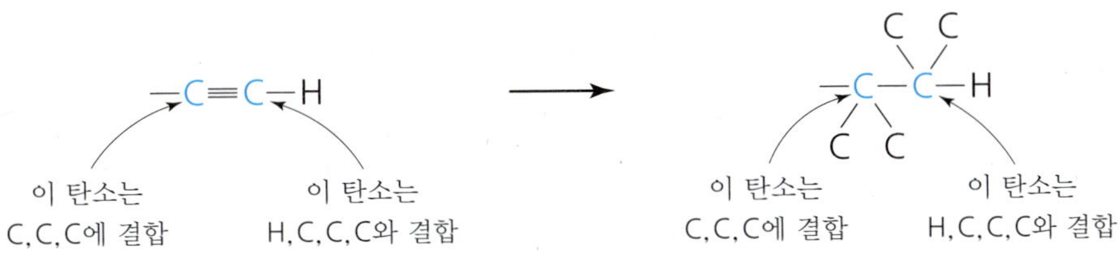

실제로 다음 알켄 화합물의 E, Z 배열을 알아보자. 2중결합의 왼쪽 탄소는 2개의 치환기 $CH(CH_3)_2$와 CH_2CH_3를 가지며, 첫 번째 원자와 2번째 원자가 모두 탄소/수소로 동일하고 3번째 원자를 비교해 보면 $CH(CH_3)_2$는 가장 높은 원자로 탄소 원자를 가지고 CH_2CH_3는 수소 원자를 가지므로 $CH(CH_3)_2$ 기가 우선순위가 높다. 오른쪽 탄소에는 Cl 과 OH기를 가지는데 Cl이 원자번호가 더 크므로 우선순위가 높다. 따라서 2중결합의 같은 쪽에 우선순위가 높은 치환기가 위치 하므로 Z 배열의 이성질체가 된다.

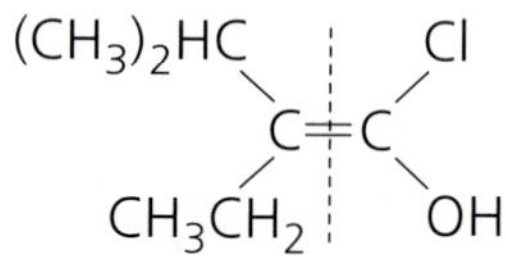

7.4.3 알켄의 안정도

알켄의 C=C 결합의 자유 회전이 불가능하다. 아래 그림에서 왼쪽은 2개의 CH_3기가 같은 편에 있는 *cis*−2−Butene인데 C=C결합의 자유 회전으로 오른쪽과 같은 2개의 CH_3기가 반대편에 있는 *trans*−2−butene으로 불가능하다. 이들 *cis*−2−Butene과 *trans*−2−butene은 기하 이성질체의 부분입체이성질체 관계이다.

이 중에서 *trans* 이성질체가 *cis* 이성질체보다 안정하다. 그 이유는 아래 왼쪽 트랜스 이성질체는 CH_3기가 서로 멀리 떨어져 있어 더 안정한 반면, 오른쪽의 시스 이성질체는 CH_3기가 서로 가까이 있어 입체 장애를 받아 덜 안정하기 때문이다.

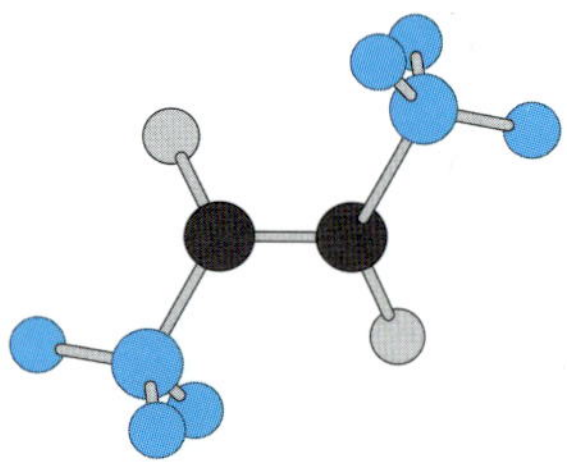

trans: 더 안정

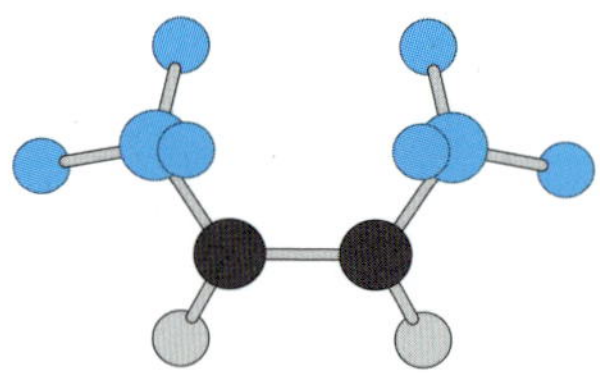

cis: 덜 안정

(1) *cis* 또는 *trans* 알켄을 가열 또는 빛을 쪼이면 이들간에 상호전환 반응이 일어난다.

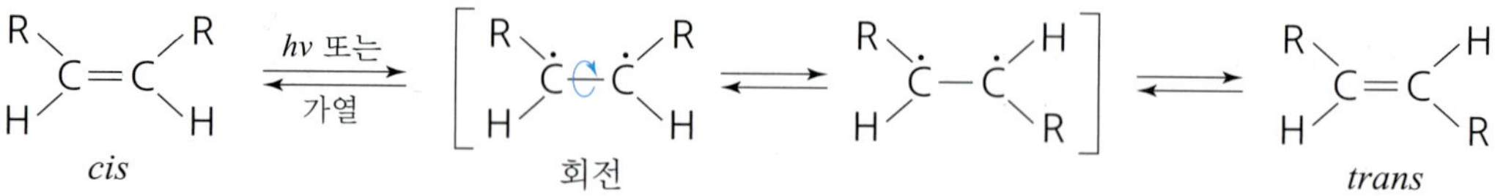

(2) 알케인, 알켄, 알카인의 각 탄소 결합 특성은 다음 표와 같다.

표 7.1 탄소–탄소 결합 특성

성질	C–C	C=C	C≡C
탄소 오비탈	sp^3	sp^2	sp
기하학적 구조	정사면체	평면 삼각형	직선형
결합 각도	109.5°	120°	180°
결합의 회전	자유 회전	불가능	불가능
결합 길이 (Å)	1.54	1.34	1.20
결합 세기(Kcal/mol)	81	145	198

7.5 알켄과 알카인의 명명법

알켄과 알카인의 명명법은 알케인과 유사하며 알케인에 상응하는 포화 탄화수소의 접미사 –에인(–ane) 대신에 –엔(–ene)과 –아인(–yne)으로 각각 바꾸어 명명한다.

7.5.1 IUPAC명 (계통명)

(1) 알켄은 2중결합을 포함한 가장 긴 사슬에 알케인의 접미사 –에인(–ane) 대신에 –엔(–ene)을 사용하여 명명한다. 2중결합이 붙은 탄소 원자에 작은 번호가 되도록 번호를 붙인다. 이때 2중결합 위치를 나타내는 번호를 접미사 –ene 앞에 놓는다.

$CH_2{=}CH_2$
Ethene (에텐)

$CH_2{=}CHCH_3$
Propene (프로펜)

$\overset{1}{C}H_2{=}\overset{2}{C}H{-}\overset{3}{C}H_2{-}\overset{4}{C}H_3$
But–1–ene
(뷰트–1–엔)

$\overset{1}{C}H_3{-}\overset{2}{C}H{=}\overset{3}{C}H{-}\overset{4}{C}H_3$
But–2–ene
(뷰트–2–엔)

$\overset{5}{C}H_3{-}\overset{4}{C}H_2{-}\overset{3}{C}H{=}\overset{2}{C}H{-}\overset{1}{C}H_3$
Pent–2–ene
(펜트–2–엔)

참 고　명명법 변화

종전에는 2중결합의 위치를 나타내는 숫자를 접미사 모체이름 앞에 붙여서 명명하였으나 지금은 알켄 탄소의 번호를 써서 2중결합의 위치를 나타내고 그 번호를 접미사 –ene 바로 앞에 놓아 명명한다.

	$CH_2{=}CHCH_2CH_3$	$CH_3CH{=}CHCH_3$
(종전)	1–Butene	2–Butene
(수정)	But–1–ene	But–2–ene

(2) 가지가 달린 사슬 알켄인 경우 2중결합을 포함한 가장 긴 탄소 사슬을 기본명으로 하고, 2중결합의 탄소가 작은 번호가 되게 번호를 부여한다. 만일 양쪽에서 같은 거리에 2중결합이 있으면 치환기가 붙은 탄소 원자의 번호가 최소가 되게 한다.

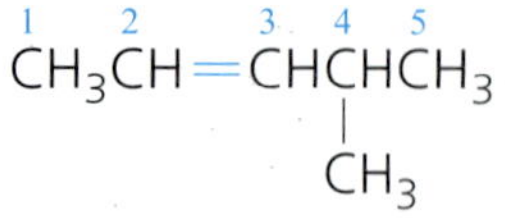

4-Methylpent-2-ene

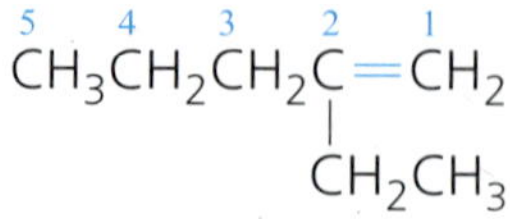

2-Ethylpent-1-ene

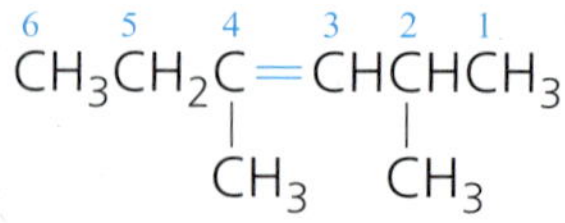

2,4-Dimethylhex-3-ene

(3) 2개 이상의 2중결합이 있으면 그 위치를 나타내는 번호를 접미사 -diene, -triene 앞에 놓아 명명한다. 이때 기본명의 접두사 뒤에 a를 넣는다. 번호는 첫 번째 2중결합의 탄소 원자가 작은 번호가 되도록 한다.

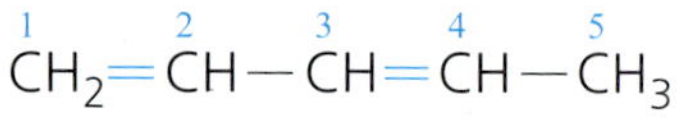

Penta-1,3-diene
(Pent-1,3-diene 아님)

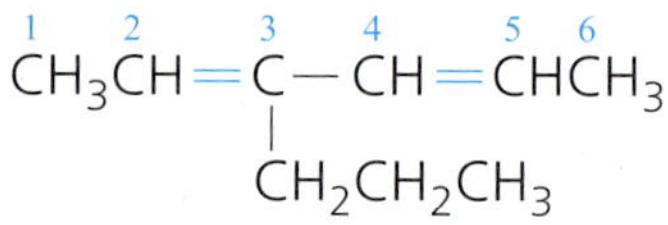

3-Propylhexa-2,4-diene
(3-Propylhex-2,4-diene 아님)

(4) 알카인의 명명은 알켄의 명명법과 동일하며 접미사 -아인(-yne)을 사용하여 명명한다.

$HC\equiv CH$

Ethyne
(에타인)

$HC\equiv C-CH_3$

Propyne
(프로파인)

$HC\equiv CCH_2CH_3$

But-1-yne
(뷰트-1-아인)

(5) 화합물 내에 2중결합과 3중결합을 동시에 가지고 있는 경우에는 -en-yne의 형태로 명명한다(-ene-yne가 아님). 이때 다중결합을 가진 탄소가 작은 번호가 되도록 번호를 붙여서 명명한다. 2중결합과 3중결합이 사슬 끝으로부터 같은 거리에 있으면 2중결합에 더 낮은 번호를 부여한다.

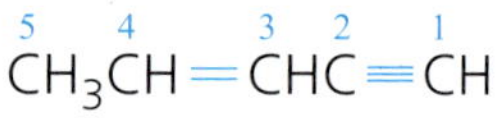

Pent-3-en-1-yne

Pent-1-en-4-yne

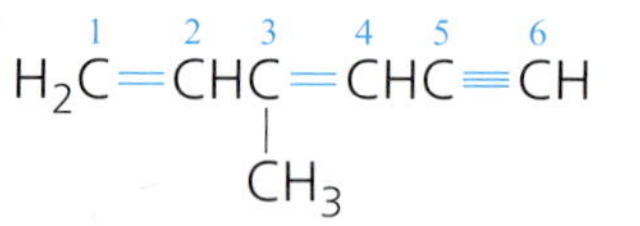

3-Methylhexa-1,3-dien-5-yne

(6) 사이클로알켄은 2중결합을 가진 탄소부터 번호를 붙이되 2중결합이 포함되게 한다. 고리에 2중결합이 1개만 있을 경우에는 2중결합은 항상 C_1과 C_2 사이에 있으므로 이름에 2중결합의 위치를 지정할 필요가 없다. 2중결합이 2개 이상인 경우에는 2중결합의 번호가 최소가 되게 한다.

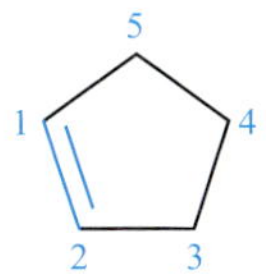

Cyclopentene

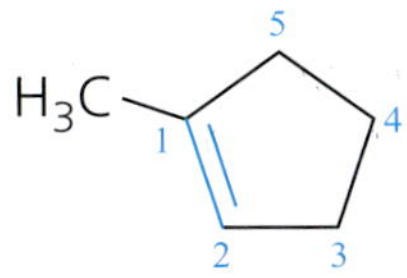

1-Methylcyclopentene

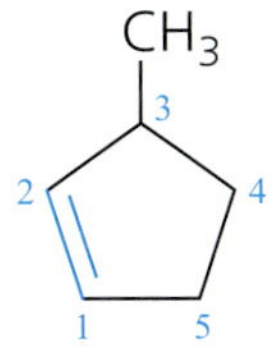

3-Methylcyclopentene

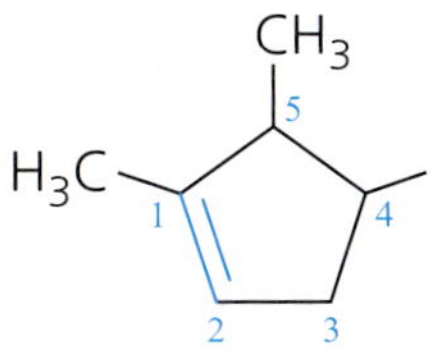

1,5-Dimethylcyclopentene

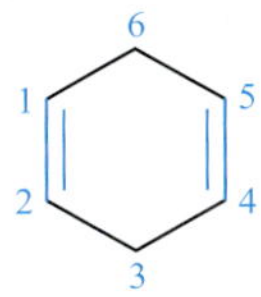

Cyclohexa-1,4-diene

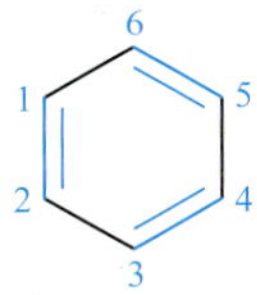

Cyclohexa-1,3,5-triene

7.5.2 관용명(일반명)

몇 가지의 알켄은 관용명이 널리 쓰인다. 예를 들면 에텐은 오랫동안 에틸렌(Ethylene)으로 불려 왔기 때문에 IUPAC에서 인정하고 있는 이름이다. 관용명이 널리 사용되는 몇 가지 알켄 및 알카인을 다음 표에 나타내었다.

표 7.2 몇가지 알켄과 알카인 관용명

화합물	관용명	계통명
$CH_2=CH_2$	에틸렌(Ethylene)	에텐(Ethene)
$CH_2=CHCH_3$	프로필렌(Propylene)	프로펜(Propene)
$H_2C-\overset{CH_3}{\overset{\vert}{C}}=CH_2$	아이소뷰틸렌(Isobutylene)	2-메틸프로펜(2-Mehylpropene)
$H_2C=\overset{CH_3}{\overset{\vert}{C}}-CH=CH_2$	아이소프렌(Isoprene)	2-메틸뷰타-1,3-다이엔 (2-Methylbuta-1,3-diene)
$HC\equiv CH$	아세틸렌(Acetylene)	에타인(Ethyne)

7.5.3 알켄일기

알케인에서 유도되는 알킬기와 같이 알켄에서 수소 한 개가 제거된 기를 알켄일기(Alkenyl Group)라 한다. 알켄일기는 알킬기와 같이 관용명이 주로 사용되고 있다. 계통명은 -ene의 -e대신에 -일(yl)을 붙인다. 번호는 결합능력이 있는 탄소부터 번호를 매긴다.

이들 알켄일기를 가진 화합물의 예는 다음과 같다.

	$CH_2{=}CH{-}$	$CH_2{=}CH{-}CH_2{-}$
(관용명)	Vinyl (바이닐)	Allyl (알릴)
(계통명)	Ethenyl	Prop-2-en-1-yl
	$CH_2{=}CHCl$	$\overset{1}{C}H_2{=}\overset{2}{C}H{-}\overset{3}{C}H_2Cl$
(관용명)	Vinyl Chloride	Allyl Chloride
(계통명)	(Chloroethene)	(3-Chloropropene)

$$\overset{6}{C}H_3\overset{5}{C}H_2\overset{4}{C}H_2\overset{3}{C}H_2\overset{2}{C}H{=}\overset{1}{C}H_2$$

1-Hexene

7.6 알켄과 알카인의 명명 보기

알켄과 알카인의 여러 가지 명명 보기는 다음과 같다.

(1) 단순 2중결합

$(\overset{5}{C}H_3)_2\overset{4}{C}H\overset{3}{C}H{=}\overset{2}{C}(\overset{1}{C}H_3)_2$ 2,4-Dimethylpent-2-ene	$\overset{6}{C}H_3\overset{5}{C}H_2\overset{4}{C}H_2\overset{3}{C}H_2\overset{2}{C}H{=}\overset{1}{C}H_2$ Hex-1-ene	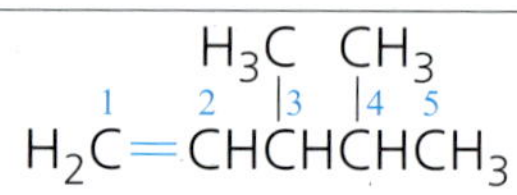 3,4-Dimethylpent-1-ene
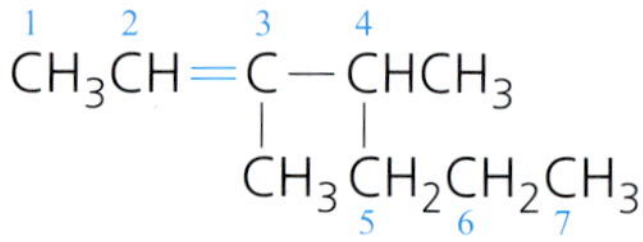 3,4-Dimethylhept-2-ene	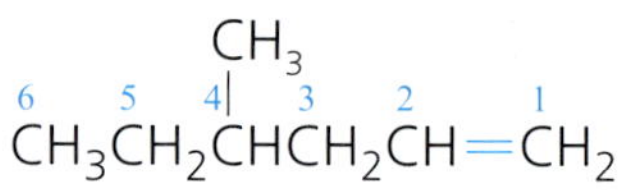 4-Methyl-1-hexene	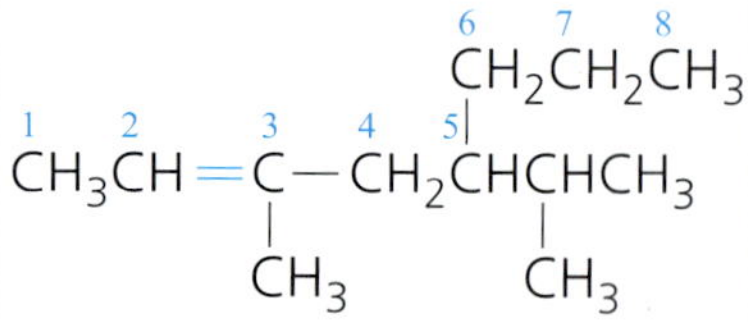 5-Isopropyl-3-methyloct-2-ene
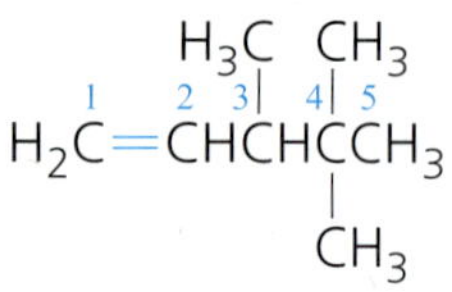 3,4,4-Trimethylpent-1-ene	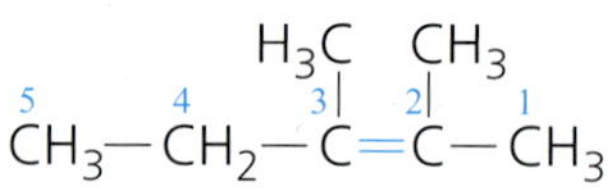 2,3-Dimethylpent-2-ene	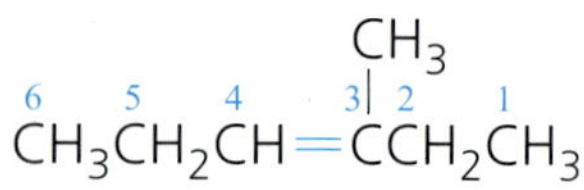 3-Methylhex-3-ene
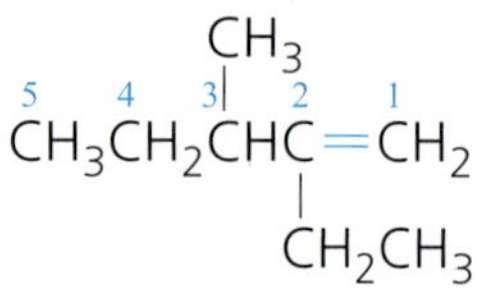 2-Ethyl-3-methylpent-1-ene	$\overset{6}{C}H_3\overset{5}{C}H_2\overset{4}{C}H_2\overset{3}{C}H{=}\overset{2}{C}H\overset{1}{C}H_3$ Hex-2-ene	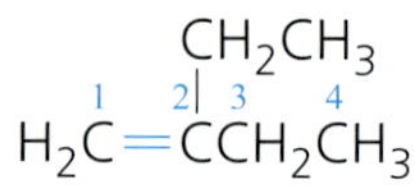 2-Ethylbut-1-ene

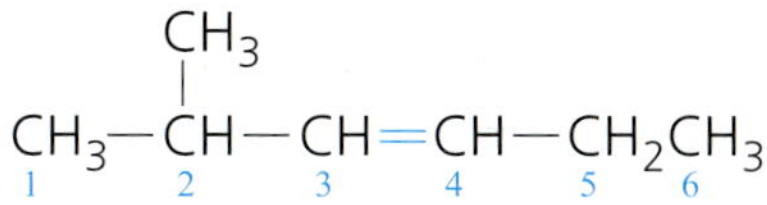 2–Methylhex–3–ene	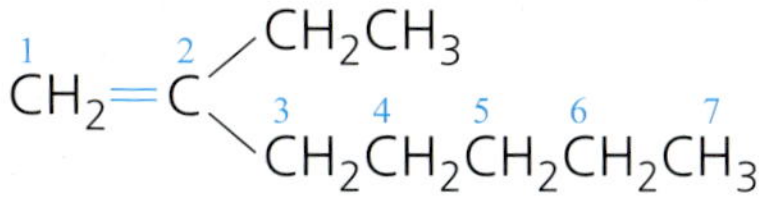 2–Ethylhept–1–ene
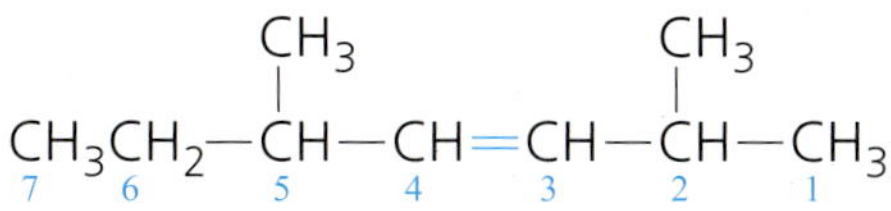 2,5–Dimethylhept–3–ene	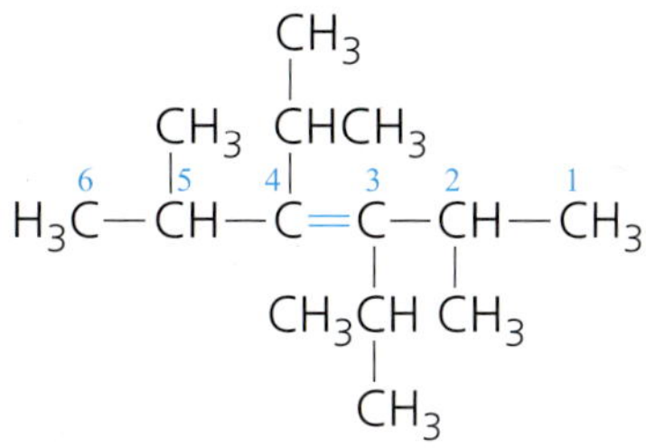 3,4–Diisopropyl–2,5–dimethylhex–3–ene

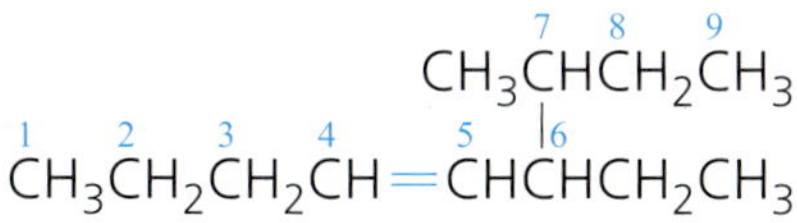 6–Ethyl–7–methylnon–4–ene	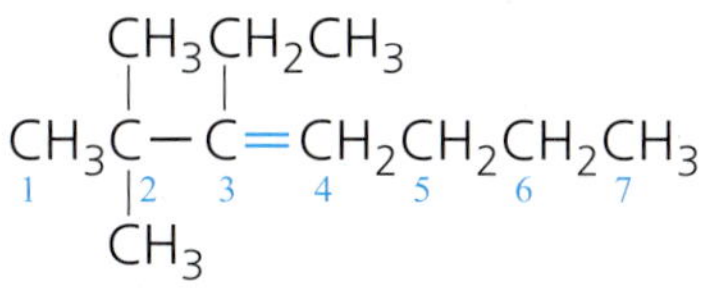 3–Ethyl–2,2–dimethylhept–3–ene	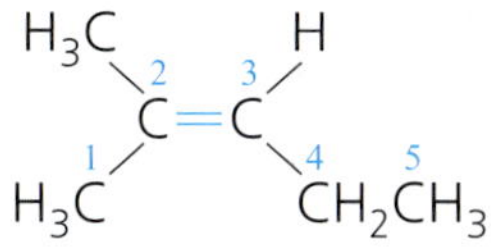 2–Methylpent–2–ene

(2) 2중 (3중) 2중결합

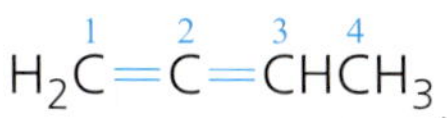 Buta–1,2–diene	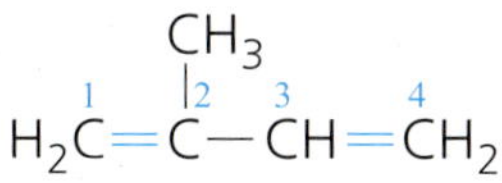 2–Methyl–1,3–butadiene	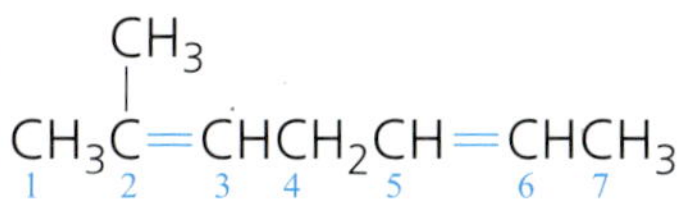 2–Methylhepta–2,5–diene
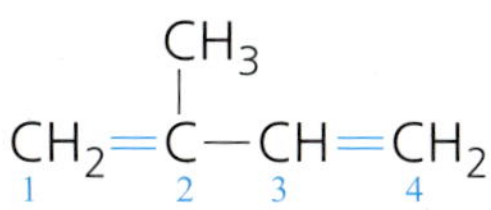 2–Methylbuta–1,3–diene	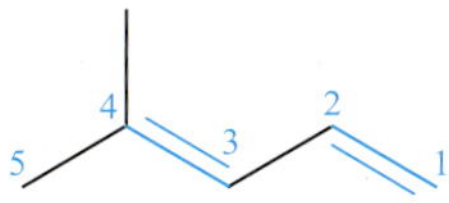 4–Methylpenta–1,3–diene	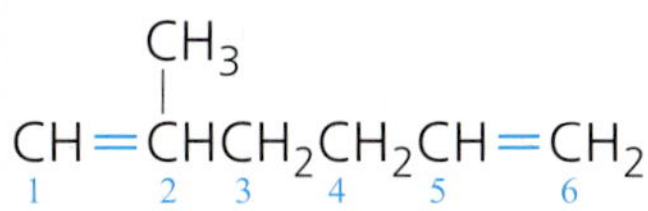 2–Methylhexa–1,5–diene

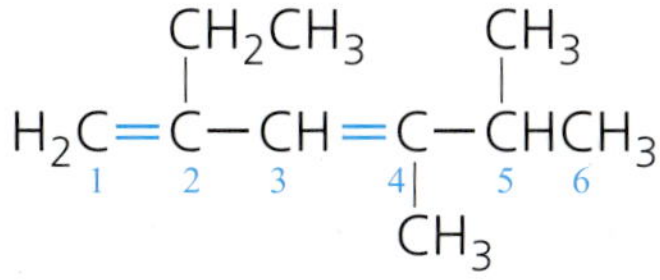 2–Ethyl–4,5–dimethylhexa–1,3–diene	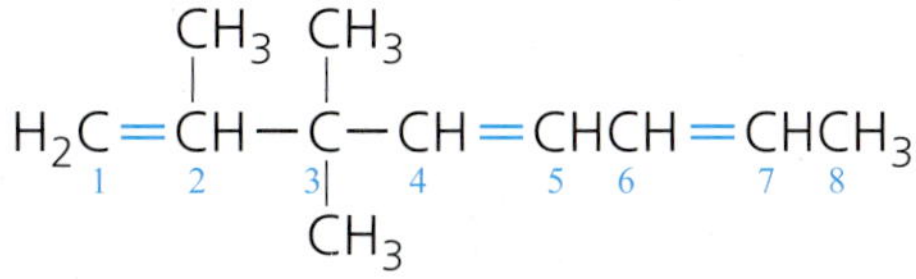 2,3,3–Trimethylocta–1,4,6–triene

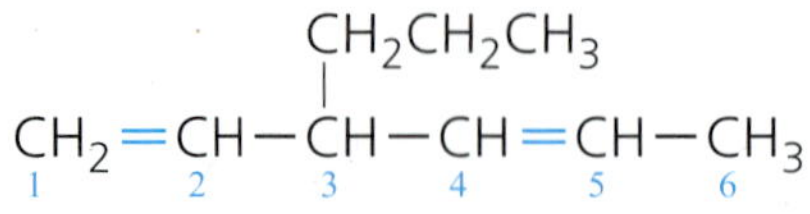 3-Propylhexa-1,4-diene	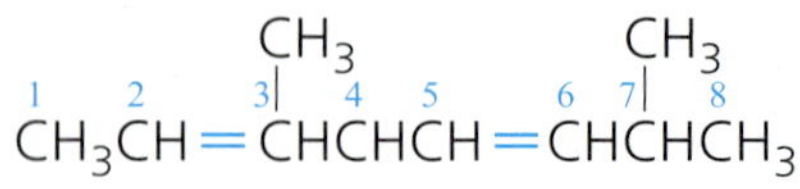 3,7-Dimethylocta-2,5-diene

(3) 단순 3중결합

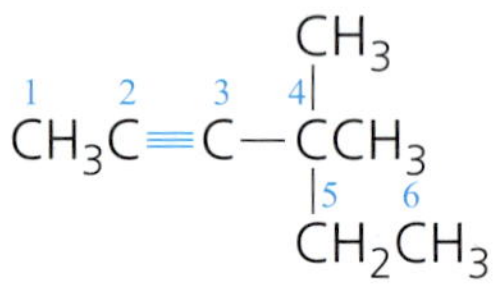 4,4-Dimethylhex-2-yne	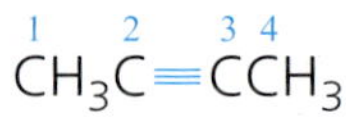 But-2-yne
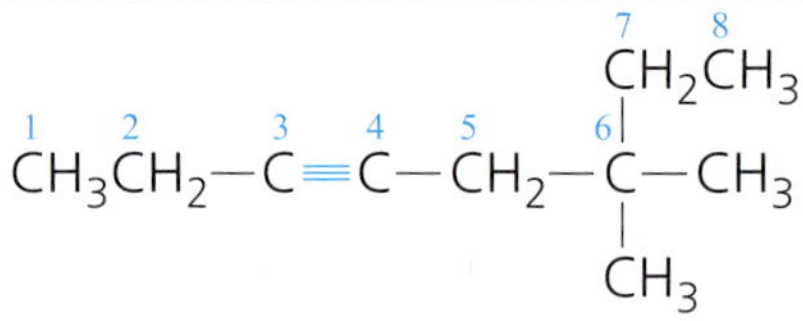 6,6-Dimethyloct-3-yne	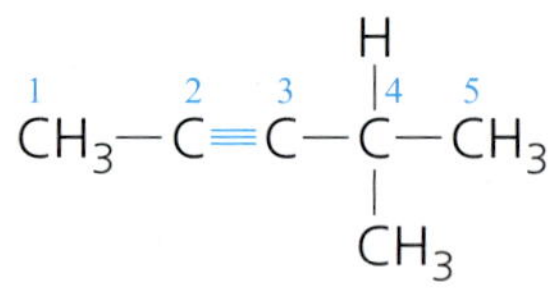 4-Methylpent-2-yne
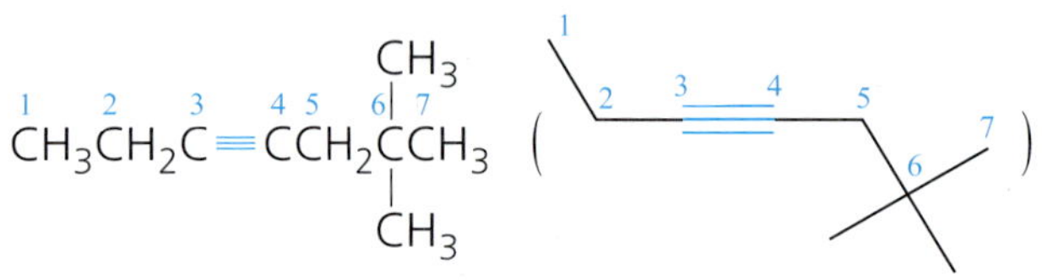 6,6-Dimethyl-hept-3-yne	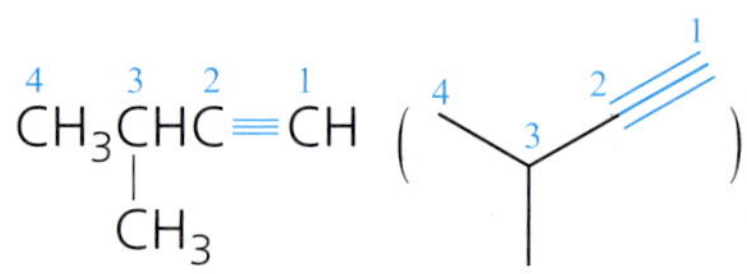 3-Methylbut-1-yne
 Dec-5-yne	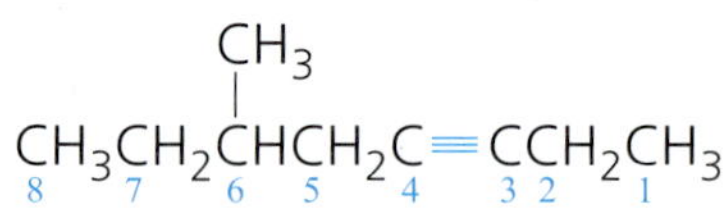 6-Methyloct-3-yne
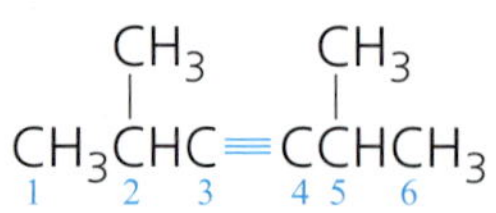 2,5-Dimethylhex-3-yne	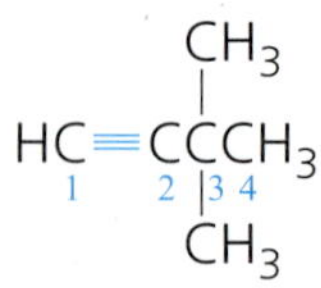 3,3-Dimethylbut-1-yne
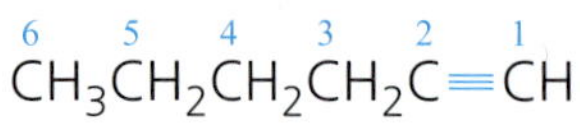 Hex-1-yne	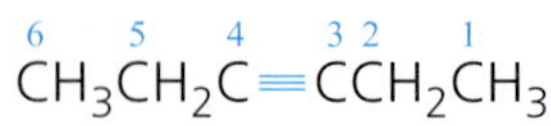 Hex-3-yne

(4) 2중결합/3중결합 혼합

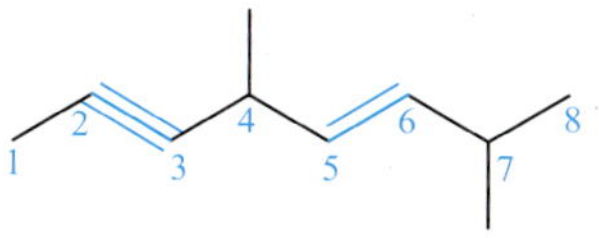 4,7-Dimethyloct-5-en-2-yne	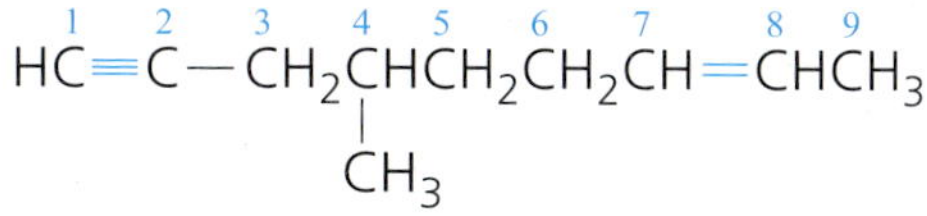 4-Methylnon-7-en-1-yne
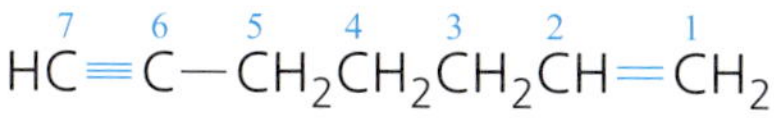 Hept-1-en-6-yne	

(5) 사이클로알켄

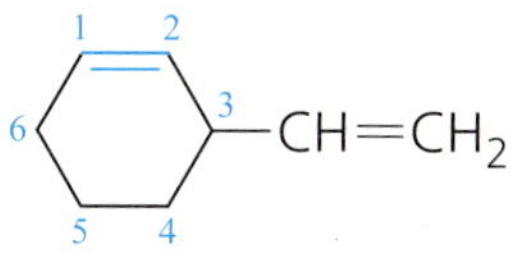 3-Ethenylcyclohexene (3-Vinylcyclohexene)	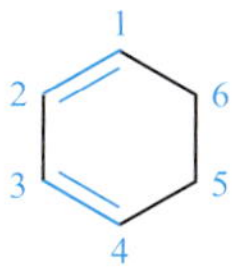 Cyclohexa-1,3-diene	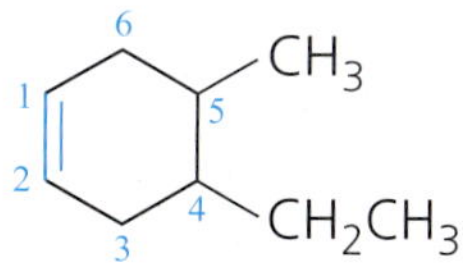 4-Ethyl-5- methylcyclohexene
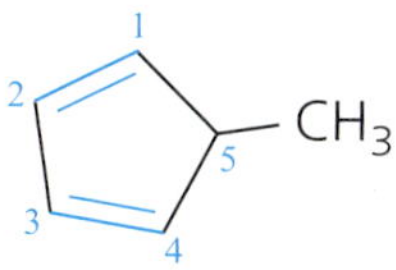 5-Methylcyclopenta-1,3-diene	 Cyclopropene	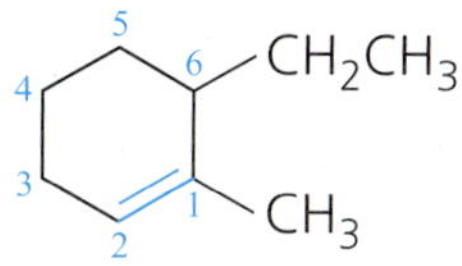 6-Ethyl-1-methylcyclohexene
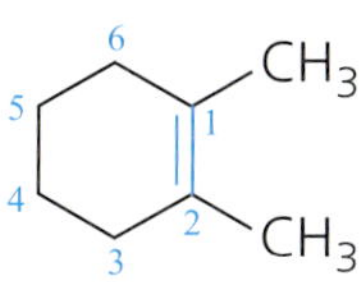 1,2-Dimethylcyclohex-1-ene	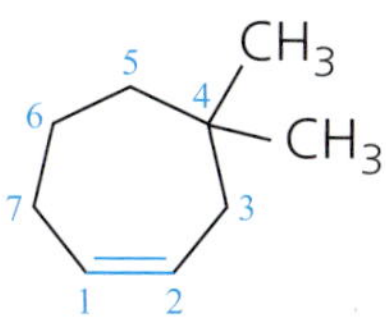 4,4-Dimethylcyclohept-1-ene	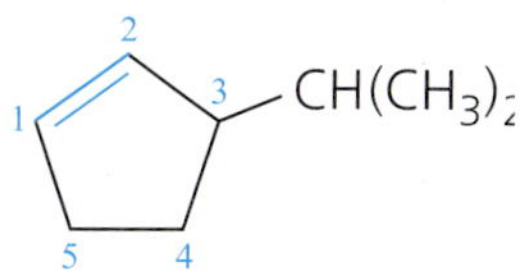 3-Isopropylcyclopent-1-ene
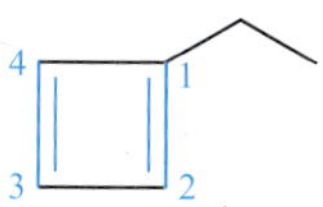 1-Ethylcyclobuta-1,3-diene	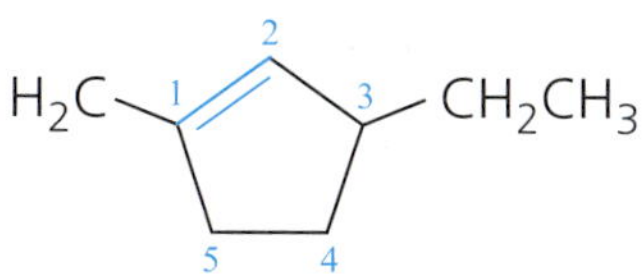 3-Ethyl-1-methylcyclopent-1-ene	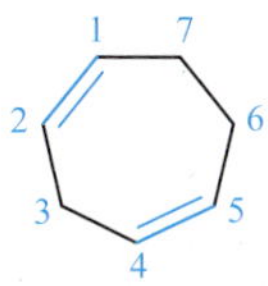 Cyclohepta-1,4-diene

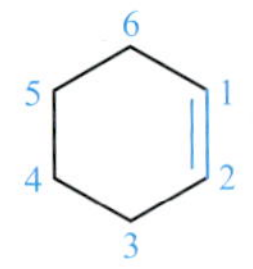	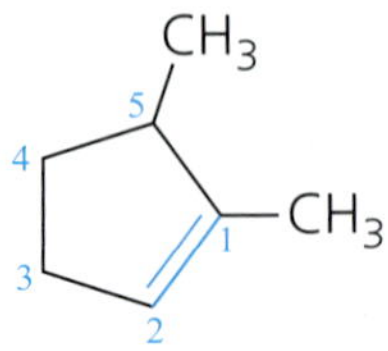	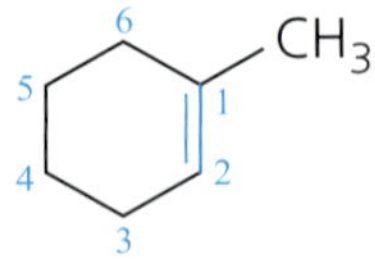

(6) 알켄/알카인의 타 치환기 부가

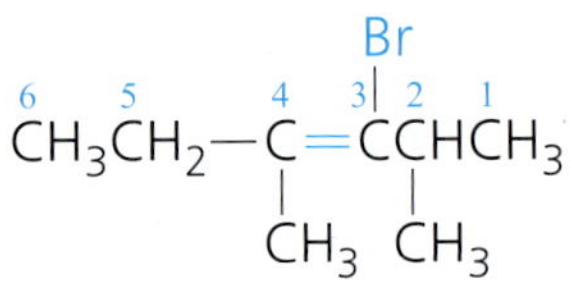 3–Bromo–2,4–dimethylhex–3–ene	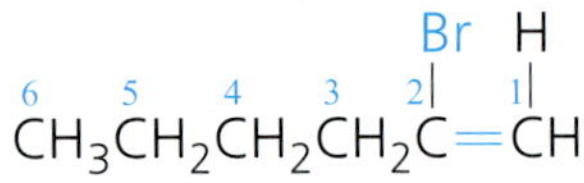 2–Bromo–1–hexene	 2–Butyn–1–ol
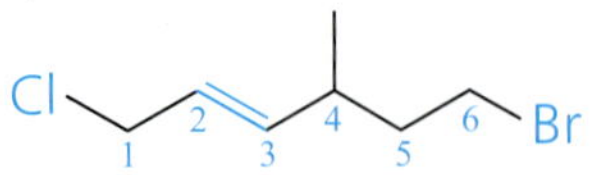 6–Bromo–1–chloro–4–methylhex –2–ene	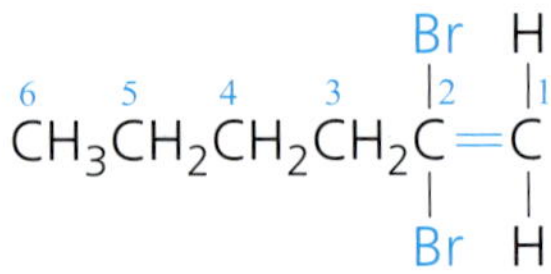 2,2–Dibromohex–1–ene	 3–Chlorobut–1–ene
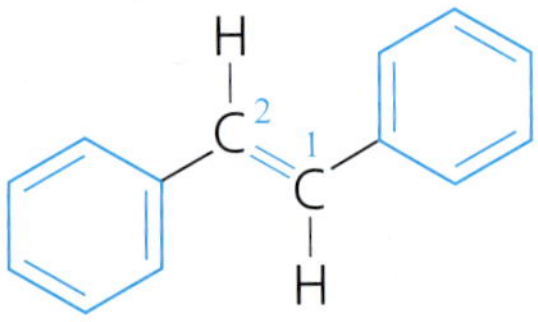 1,2–Diphenylethylene	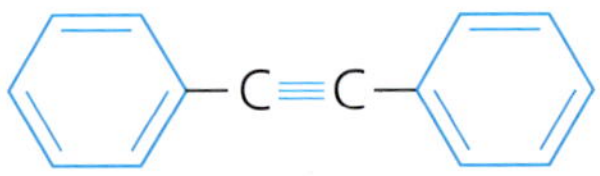 Diphenylacetylene	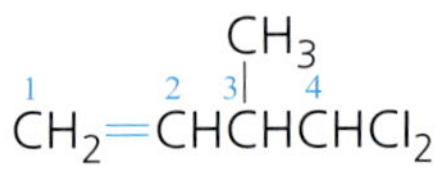 4,4–Dichloro–3–methylbut–1–ene

(7) 사이클로알켄의 타 치환기 부가

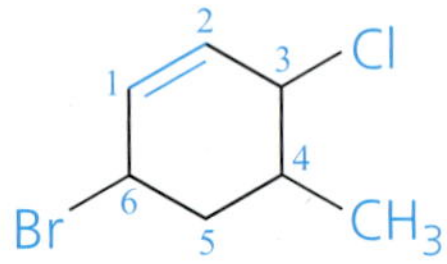 6–Bromo–3–chloro–4–methylcyclohexene	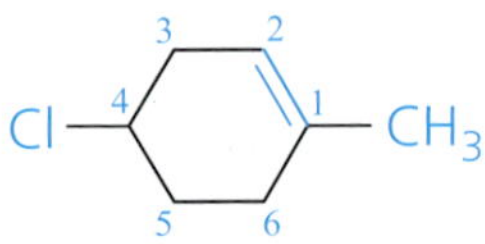 4–Chloro–1–methylcyclohexene	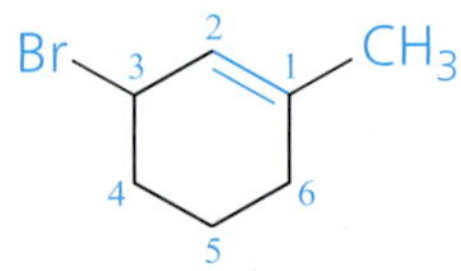 3–Bromo–1–methylcyclohexene

(8) 시스-트랜스 알켄 이성질체

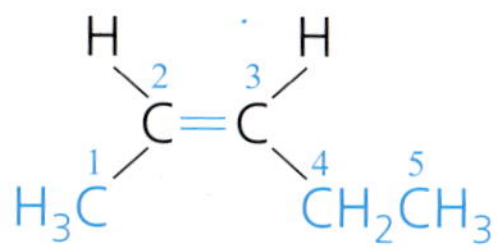
cis−Pent−2−ene

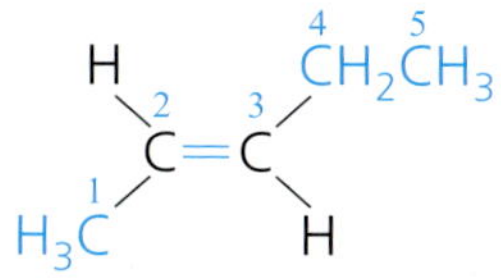
trans−Pent−2−ene

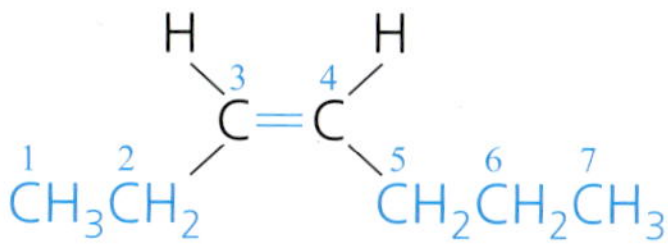
cis−Hept−3−ene

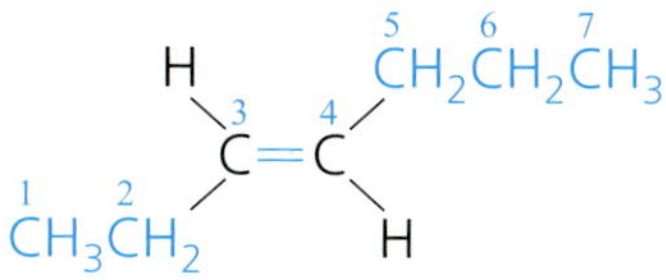
trans−Hept−3−ene

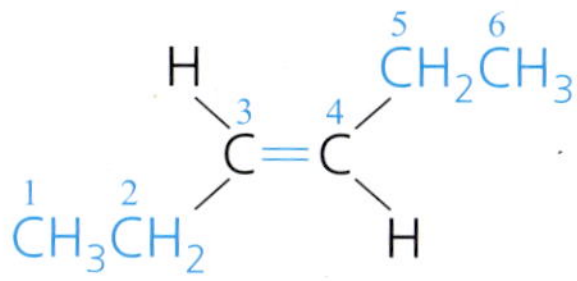
trans−3−Hexene

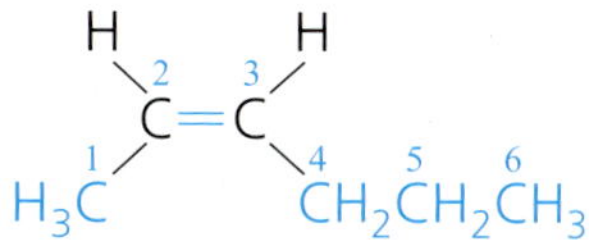
cis−Hex−2−ene

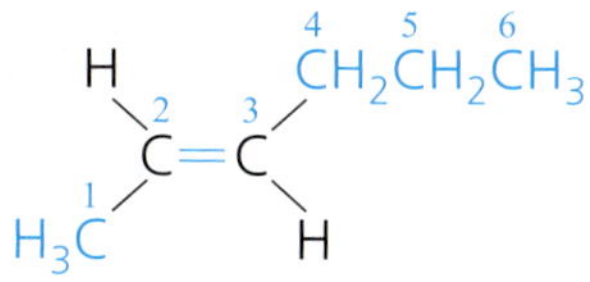
trans−Hex−2−ene

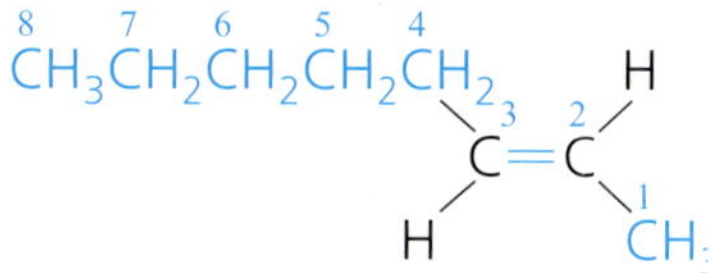
trans−2−Octene

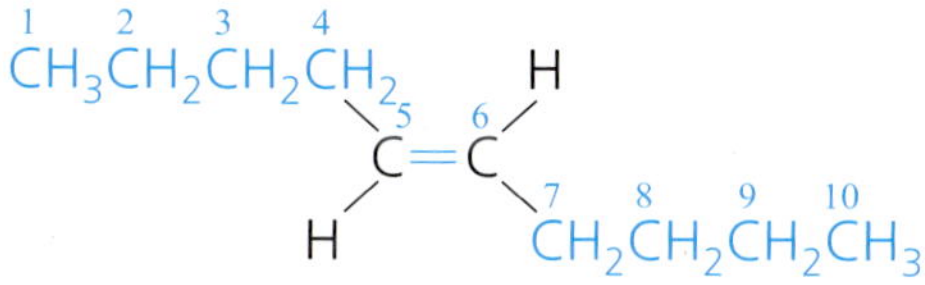
trans−5−Decene

(9) E, Z 표기

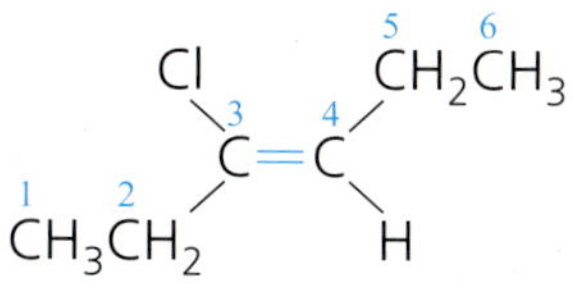
(*Z*)−3−Chloro−3−hexene

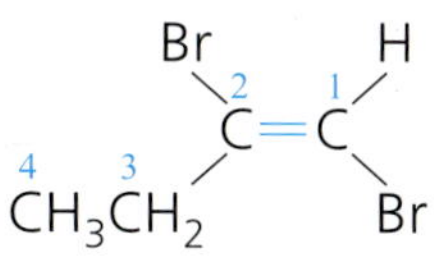
(*E*)−1,2−Dibromo−1−butene

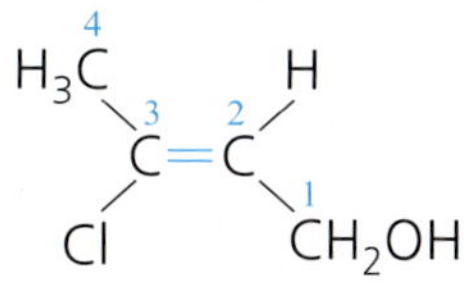
(*Z*)−3−Chloro−2−buten−1−ol

7.7 알켄과 알카인의 제법

알켄과 알카인 화합물은 작용기 전환 반응을 통하여 여러 가지 방법으로 합성할 수 있다.

7.7.1 알켄의 제법

알켄의 제법에는 제거 반응, 부분 환원 반응, Wittig 반응이 있다.

제거 반응: 산 염화물, 알코올, 4차 암모늄염을 염기 또는 산 촉매하에서 가열하면 알켄이 얻어진다.

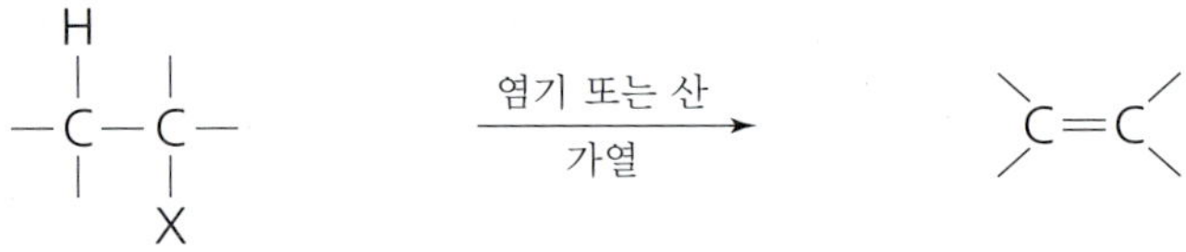

X = Halogen, OH, $^{+}NR_3$

부분 환원(수소첨가) 반응: 알카인에 수소를 부분 첨가(부분 환원) 시켜 합성한다.

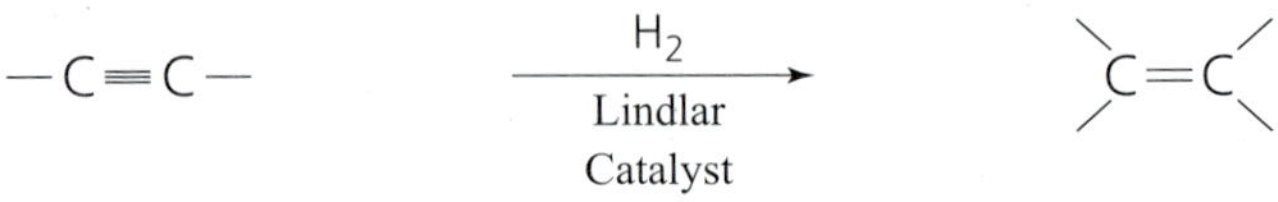

Wittig반응: 알데하이드 또는 케톤으로부터 Wittig 반응을 이용하여 합성한다.

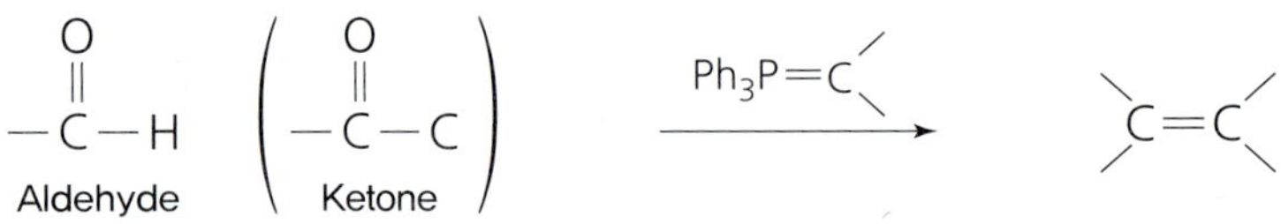

특히 제거 반응에서 알코올의 탈수 반응과 할로젠화 알킬의 탈 HX 반응은 아래와 같다.

(1) 알코올의 탈수 반응에 의한 알켄 제법

알코올에서 물을 제거하는 반응에서 알코올의 하이드록시기(−OH)와 인접한 탄소의 H가 물을 형성하여 제거되고 이 형성된 탄소들 간에 2중결합을 형성하여 알켄을 제조한다. 이때 촉매로 산이 필요하다. 알코올(Alcohol)은 알킬기에 −OH기가 결합된 화합물을 말한다. 알코올의 탈수반응 순서는 3차 알코올〉 2차 알코올〉 1차 알코올 순으로 3차와 2차 알코올은 탈수반응이 잘 진행되나 1차 알코올과 메탄올은 탈수반응이 어렵다. 1차, 2차, 3차의 의미는 탄소의 결합능력을 나타낸다. 즉, −OH기에 붙은 탄소가 다른 탄소 1개와 결합하면 1차, 2개와 결합하면 2차, 그리고 3개의 탄소와 결합하면 3차 알코올이 된다. 인산 촉매 하에서 *tert*-뷰틸 알코올(2-메틸프로판-2-올)을 가열하면 물이 제거되어 알켄이 생성된다.

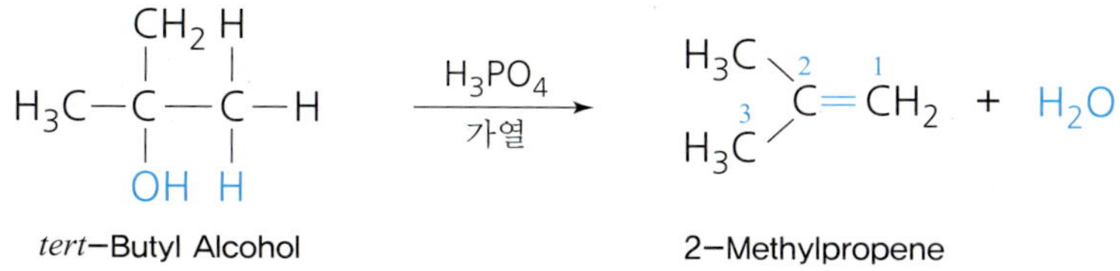

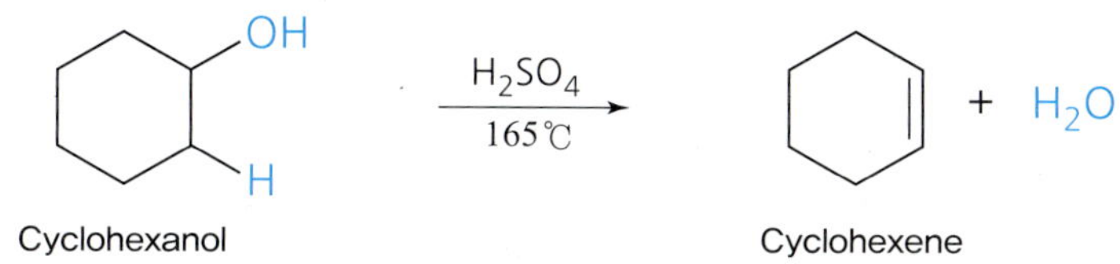

알코올이 탈수되어 알켄을 형성할 때 서로 다른 2가지의 알켄을 형성하는 경우가 있다. 이런 경우에는 2중결합에 치환이 많이 된 알켄이 주생성물로 얻어진다. 즉 제거되는 수소는 치환기가 붙어 있는 탄소의 인접 탄소 원자 중에서 수소 원자수가 더 적은 탄소의 것이 우선적이다. 이와 같이 2중결합에 더 많은 치환기를 가진 알켄을 생성하는 제거반응을 자이체프 규칙(Zaitsev's Rule)이라 한다. 예를 들면 2-메틸뷰탄-2-올의 산 촉매 탈수반응은 -OH기와 인접한 탄소인 에틸기의 수소와 탈수되어 형성되는 2-메틸뷰트-2-엔이 있고, 또 하나는 -OH기와 인접한 탄소인 메틸기의 수소와 탈수되어 형성되는 2-메틸뷰트-1-엔이 있다. 여기서 3치환체인 2-메틸뷰트-2-엔이 2치환체인 2-메틸뷰트-1-엔보다 2중결합에 더 많은 치환기를 가진 알켄으로 주생성물이 된다.

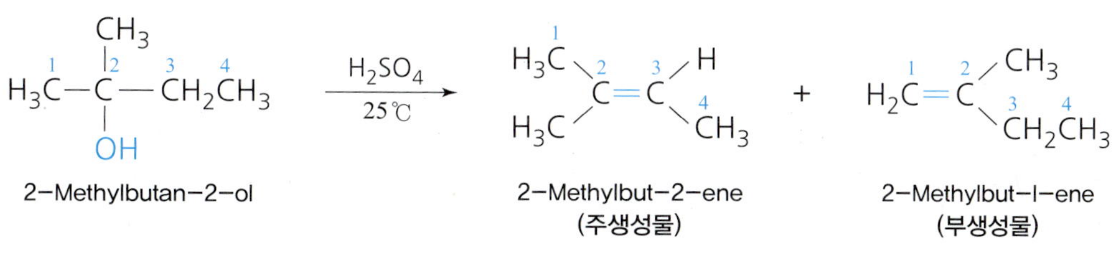

(2) 할로젠화 알킬의 탈 HX 반응에 의한 알켄 제법

할로젠화 알킬을 강염기 존재 하에 알코올 용매 중에서 반응시키면 할로젠화수소(HX)가 제거되면서 알켄이 생성된다. 할로젠화 알킬(Alkyl Halide)은 할로알케인(Haloalkane)으로 알케인의 수소가 할로젠 원소로 치환된 화합물이다. 할로젠화 알킬의 탈 HX 반응에서 알코올 용매로 주로 사용되는 에탄올은 강염기 NaOH나 KOH와 소듐에톡사이드(CH_3CH_2ONa) 또는 포타슘 에톡사이드(CH_3CH_2OK)를 형성하여 반응에 관여하게 된다. 할로젠화 알킬(RX)의 제거반응도 알코올의 탈수반응과 같이 자이체프 규칙(Zaitsev's Rule)을 따른다.

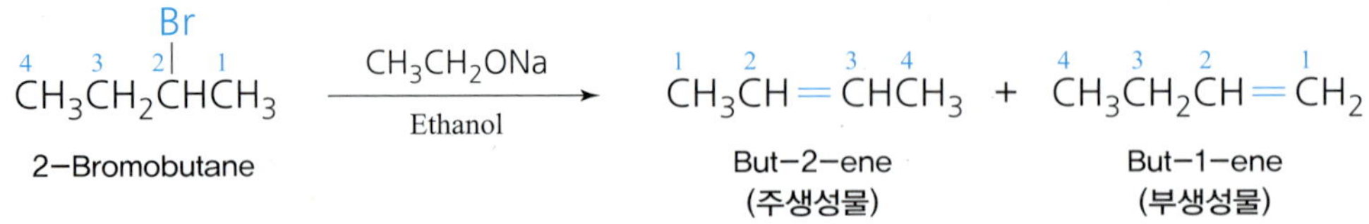

7.7.2 알카인의 제법

제거 반응과 알킬화 반응이 있다.

제거반응: 알케인의 이웃자리 다이할로젠화물(Vicinal Dihalide) 또는 같은자리 다이할로로젠화물(Geminal Dihalide)의 제거 반응을 통해 알카인을 합성한다.

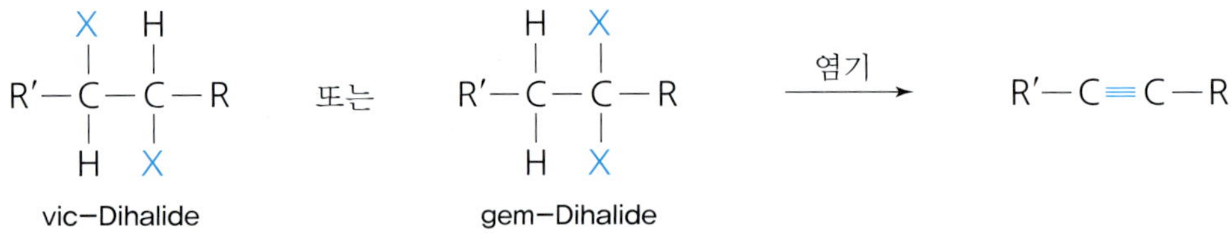

알킬화 반응: 아세틸렌 수소에 알킬기의 친핵성 치환 반응으로 알카인을 얻는다.

$$R'-C\equiv C-H \xrightarrow[\text{2. RX}]{\text{1. NaNH}_2} R'-C\equiv C-R$$

7.7.3 알켄의 안정성

알켄을 강산 촉매로 처리하면 시스-트랜스 이성질체가 상호변환하여 평형에 도달한다. 트랜스 이성질체가 시스 이성질체보다 더 안정하기 때문에 트랜스 이성질체가 더 많이 존재한다. 시스-알켄의 경우 2중결합의 같은 쪽에 부피가 큰 치환기 2개가 존재하는 것이므로 입체변형이 매우 크다.

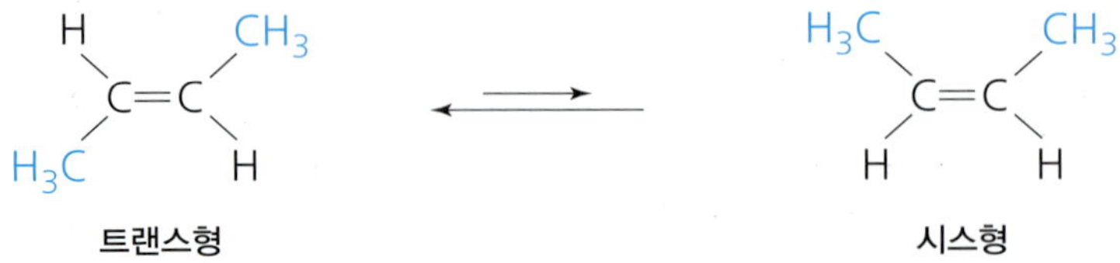

또한 알켄에 치환기 수가 증가하면 알켄의 안정도는 증가한다. C=C의 채워지지 않은 파이(π) 궤도함수와 치환기에 있는 이웃한 C−H 시그마(σ)결합 궤도함수 사이에 상호작용으로 더 안정화된다. 이를 하이퍼콘쥬게이션이라 한다. 알켄에 치환기 수가 많으면 많을수록 하이퍼콘쥬게이션을 할 수 있는 기회가 많아진다. 예로 $H_2C=C-H$와

$H_2C=C-CH_3$의 수소화열 $\Delta H°$를 보면 $H_2C=C-CH_3$가 10 kJ/mol만큼 더 안정하다.

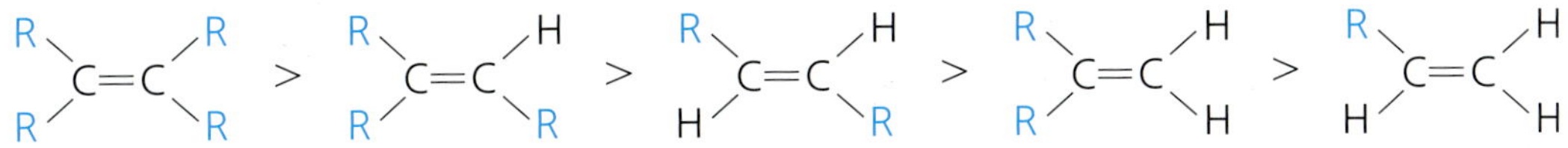

4치환 > 3치환 > *trans*−2치환 > *cis*−2치환 > 1치환

7.8 알켄과 알카인의 친전자성 첨가 반응

알켄과 알카인은 첨가(Addition) 반응을 한다. 이 반응은 이들 분자들이 가지고 있는 C=C 결합과 C≡C 결합에 가지고 있는 π 결합이 끊어져 알켄에서는 2개, 알카인에서는 4개의 새로운 결합이 형성되는 반응이다.

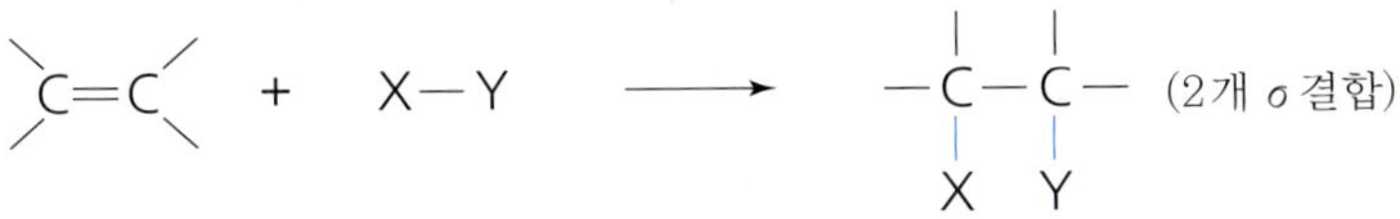

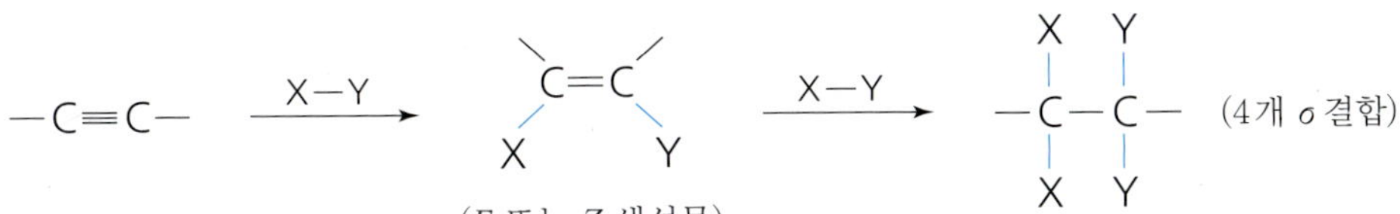

(*E* 또는 *Z* 생성물)

다음은 에틸렌(Ethylene)과 아세틸렌(Ethyne)의 정전기 전위 지도를 나타낸다. 알켄과 알카인에 있는 C=C결합과 C≡C결합은 C−C단일 결합보다 전자가 풍부하다. 또한 탄소−탄소 π 결합은 σ 결합보다 밖으로 노출되어 있고 결합 세기도 σ 결합보다 약하기 때문에 전자가 부족하여 전자쌍을 구하는 화학종인 친전자체(Electrophile)와 반응하여 단일 결합을 생성하게 된다. 이를 친전자체 첨가(Electrophilic Addition) 반응이라 한다.

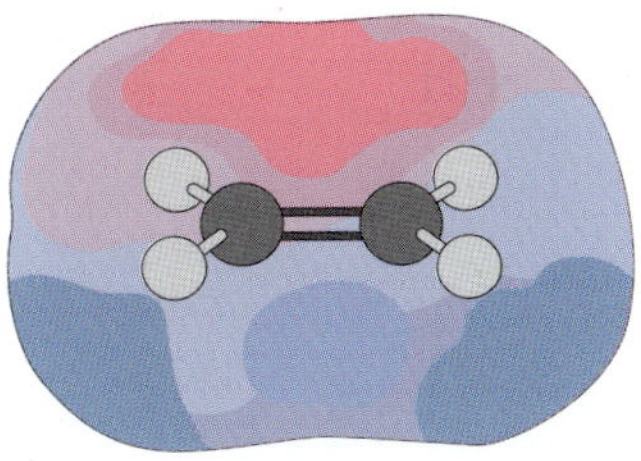

Ethene

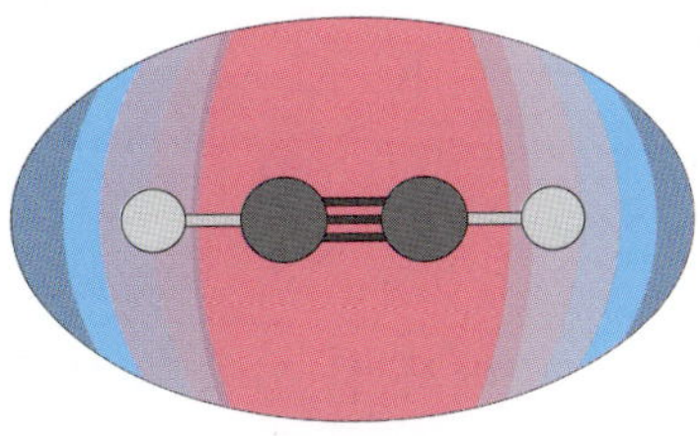

Ethyne

다시 말해 친전자체는 전자가 부족하여 전자쌍을 구하는 화학종을 말한다. 양성자(Proton, H^+), BF_3, $AlCl_3$, 금속 양이온 같은 Lewis산이 대표적인 친전자체이다. 편극성이 강해 일시적으로 전자가 부족한 상태가 되는 분자들도 친전자체로 행동할 수 있다. 친전자성 첨가 반응은 반응 시약인 X−Y의 σ 결합이 불균일 분해하여 생긴 X^+가 친전자체로

작용하여 전자가 풍부한 알켄 또는 알카인의 π 전자와 반응하여 일어난다. 일반적으로 알카인의 친전자성 첨가 반응은 알켄보다 약하다. 그 이유는 반응 중간체로 생기는 비닐성 탄소양이온이 알켄에서 생성되는 알킬 탄소양이온에 비하여 덜 안정하기 때문이다. 일반적으로 안정도가 높은 알켄일수록 반응성이 떨어진다. 그 이유는 안정한 알켄일수록 반응의 활성화 에너지가 높기 때문이다.

7.8.1 알켄의 친전자성 첨가 반응 일반

알켄의 가장 일반적인 반응은 첨가 반응이다. 알켄과 시약의 첨가 반응은 알켄과 반응 시약의 대칭 혹은 비대칭성에 따라 나눌 수 있다. 알켄이 대칭성인 경우에는 모든 반응 시약에 대한 첨가반응은 오직 하나의 생성물만이 가능하다.

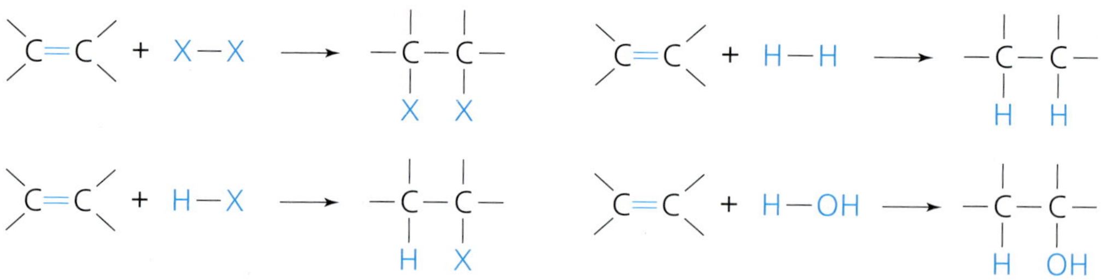

그러나 반응 시약이 비대칭성이고 2중 결합을 가진 2개의 탄소가 서로 다른 개수의 수소를 가진 경우에는 다음과 같이 2가지의 생성물이 가능하다.

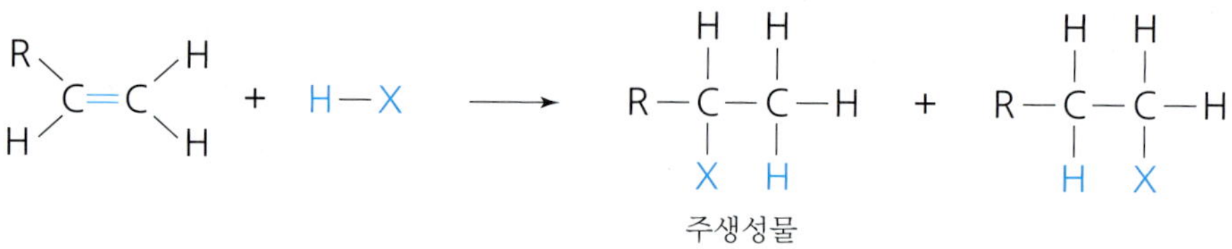

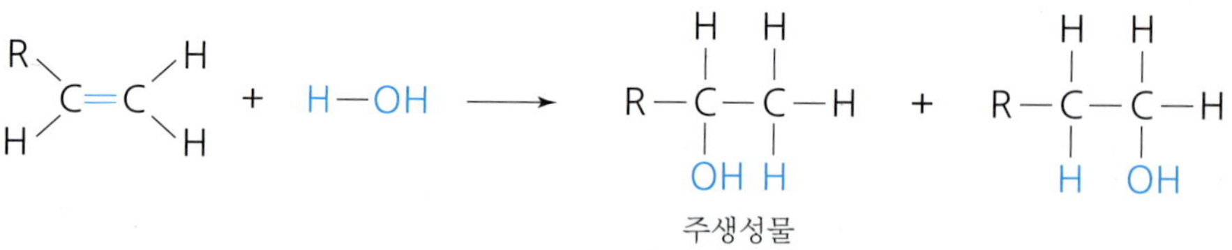

이런 경우 첨가 반응은 2생성물 중에서 한 가지 생성물만이 주로 만들어 지는 경향이 있다. 1870년 러시아 과학자 Vladimir Markovnikov는 할로젠화 수소와 같은 비대칭 시약의 비대칭 알켄의 반응에 대하여 위치 선택성을 제안하였다. 비대칭 알켄에 비대칭 시약이 첨가될 때 비대칭 시약의 양성부분(수소)은 수소 원자가 많은 2중결합의 탄소 원자에 첨가된다. 이를 마르코프니코프 규칙(Markovnikov's Rule)이라 한다. 이 규칙은 알켄에 대한 할로젠(X_2), 수소(H_2), 할로젠화수소(HX), 물(H_2O) 등의 시약과 첨가 반응에서 적용될 수 있다.

7.8.2 알켄의 친전자성 첨가 반응 메커니즘 일반

탄소-탄소 2중결합을 가진 알켄 화합물이 할로젠화 수소(HX) 등과 반응하여 어떻게 첨가반응을 이루는지 그 메커니즘을 살펴보자. 일반적으로 화학결합은 전자가 풍부한 화학종과 전자가 부족한 화학종 간에 일어나는 상호작용이다. 유기반응에서 전자가 풍부한 화학종은 전자가 부족한 화학종과 결합을 하게 된다. 전자가 부족한 화학종을 친전자체(Electrophile)라 하고, 전자가 풍부한 화학종을 친핵체(Nucleophile)라 한다. 친전자체는 전자를 좋아하는 화학종이다. 친전자체는 전자가 부족한 원자를 가지고 있어 한 쌍의 전자를 받아들임으로써 결합을 형성할 수 있다. 예를 들어 산(H_3O^+), 할로젠화 알킬의 탄소양이온($CH_3^+-Cl^-$)은 전자를 받아들일 수 있으므로 친전자체이다. 친전자체는 중성이나 양으로 하전되어 있다.

한편 친핵체는 핵을 좋아하는 화학종이다. 친핵체는 공유할 수 있는 전자쌍을 가지고 있어 친전자체에 1쌍의 전자를 제공하여 결합을 형성할 수 있다. 친핵체는 중성이나 음전하를 가질 수 있다. 암모니아, 물, 하이드록시 이온, 할로젠 이온 등이 그 예이다.

$:NH_3$ $:\ddot{O}H_2$ $^-:\ddot{O}H$ $:\ddot{Cl}:^-$

기존의 공유결합의 절단과 새로운 공유결합의 생성에서 전자들의 이동을 나타내기 위하여 굽은 곡선 화살표를 사용한다. 화살표는 전자가 풍부한 지점(화살표의 꼬리)에서 시작하여 전자가 부족한 지점(화살표의 머리)으로 그린다. 예를 들어 친전자체 A^+가 친핵체 $:B^-$와 결합할 때 곡선 화살표는 전자가 풍부한 $:B^-$에서 전자가 부족한 A^+로 이동함을 보여 주고 있다.

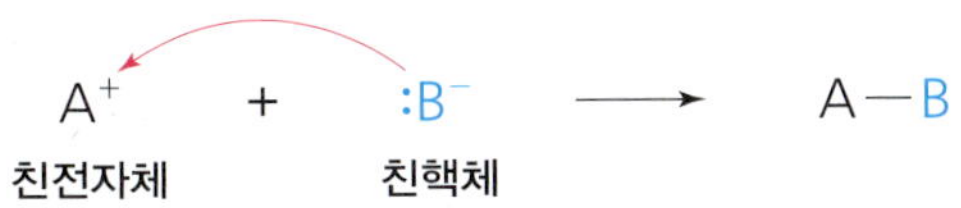

곡선 화살표를 그릴 때 주의할 사항으로는 항상 음전하(친핵체)에서 시작하여 양전하(친전자체)를 향하여 그린다. 2중결합 등과 같은 곡선 화살표는 π 결합에서 시작하고 탄소 원자에서 시작하지 않는다. 탄소음이온인 경우에는 탄소에서 곡선 화살표가 출발한다. 알켄의 탄소-탄소 2중결합은 탄소 원자간의 2개의 sp^2-sp^2 혼성궤도함수의 겹침으로 생기는 σ 결합과 p-p 궤도함수의 겹침으로 생기는 π 결합으로 이루어져 있다. 2중결합의 π 결합은 σ 결합보다 약하다. 알켄의 π 전자는 위 아래에 전자구름으로 구성되어 있어 시약의 공격을 쉽게 받을 수 있고 또한 전자가 풍부한 상태이다. 따라서 알켄의 C=C 2중결합은 친핵체처럼 작용하여 전자가 부족한 친전자체에 전자를 주어 새로운 결합을 형성한다.

반응물 HBr에서 HBr은 강산으로 강력한 양성자(H^+) 주개이다. H^+는 양으로 하전되어 있고 전자 부족이므로 친전자체이다. 따라서 알켄과 H^+의 반응은 친핵체-친전자체간의 전형적인 결합이다. 에텐과 HBr의 반응 예를 살펴보면, 우선 알켄의 C=C 결합으로부터 π 결합을 하고 있는 1쌍의 전자를 HBr에 제공하여 부분적으로 양전하를 띠고 있는 HBr의 H로 끌리는 것을 보이기 위해 곡선 화살표가 그려진다. HBr의 브롬과 연결되어 있는 수소는 이미 2개의 전자를 가지고 있고 2중결합으로부터 수소로 또 다른 전자쌍이 이동하면 H−Br 결합에 있는 전자쌍은 이탈되어야 한다. 따라서 알켄의 π 전자가 H로 이동할 때 H−Br 결합은 절단되어 전자들은 Br에 남고 Br^-이 생성된다.

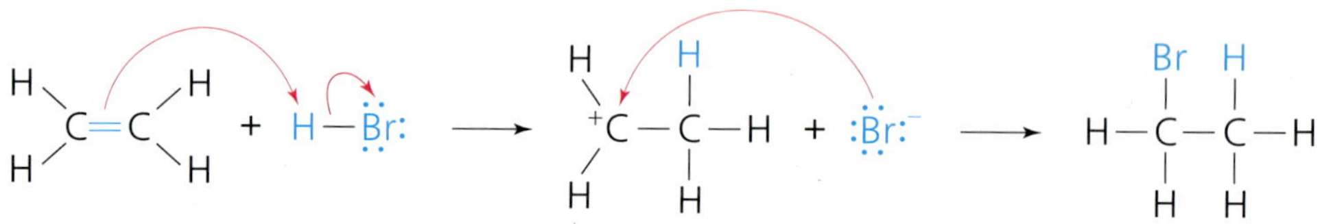

알켄의 탄소 원자의 1개는 π 결합을 이뤘던 2전자와 HBr에서 절단된 H와 σ 결합을 형성한다. 반면에 다른 탄소 원자는 2중결합에 공유되었던 π 결합 전자쌍을 잃고 양의 전하를 띤 탄소양이온(Carbocation)이 된다. 반응의 2번째 단계에서 생성된 탄소양이온은 음전하를 띤 브롬 음이온의 전자쌍 1개를 받아 C−Br 결합을 형성하여 최종 생성물인 브로모에테인이 생성된다.

7.8.3 알켄의 친전자성 첨가 반응

알켄의 2중결합의 탄소 원자들은 모두 삼각 평면 위에 놓여 있기 때문에 X−Y가 첨가될 때는 서로 같은 쪽(syn)과 반대 쪽(anti) 또는 이와 상관 없이 양쪽 방향에서 첨가되는 형태로 나타날 수 있다. X−Y가 모두가 같은 쪽에 첨가되는 반응을 syn 첨가반응, 반대 쪽에 첨가되는 반응을 anti 첨가 반응이라 한다. syn 첨가반응과 anti 첨가 반응을 각각 cis 첨가 반응, trans 첨가 반응이라고도 한다.

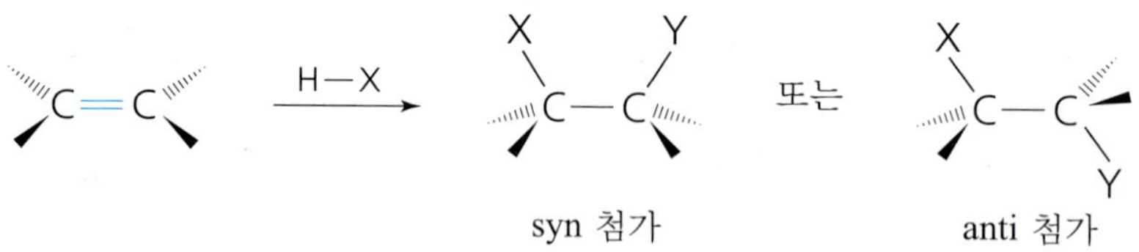

알켄의 친전자성 첨가 반응은 탄소양이온이 생성되는 이온성 첨가 반응, anti 혹은 trans 첨가 반응, syn 혹은 cis 첨가 반응으로 분류하며 다음과 같다.

(a) 이온성 첨가 반응 예는 아래 표와 같다.

표 7.3 이온성 첨가 반응

대 구분	소 구분	반응 예
이온성 첨가 반응 (탄소양이온 형성)	HX 첨가 반응	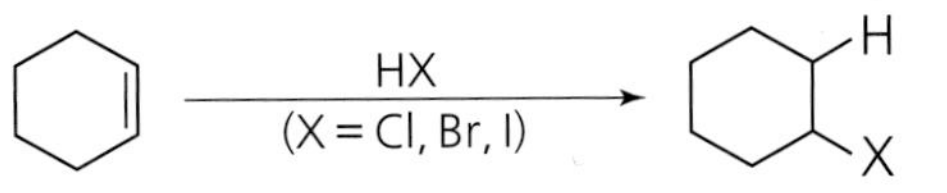
	수화 반응	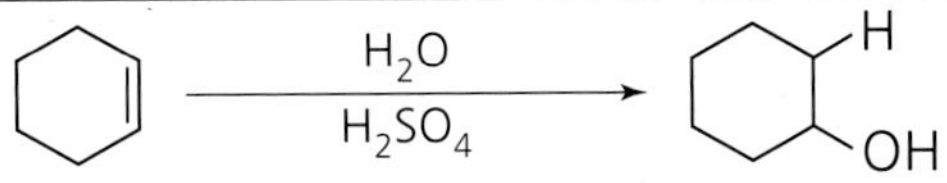
	옥시수은 첨가 및 환원반응	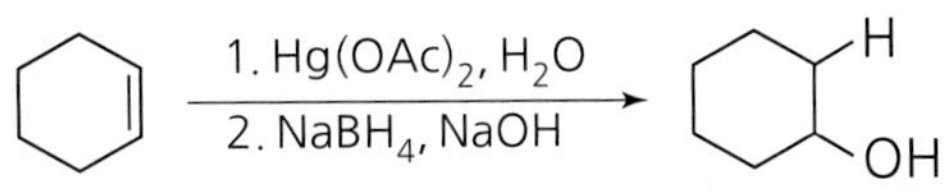

(b) anti(trans) 첨가 반응 예는 아래 표와 같다.

표 7.4 Anti(trans) 첨가 반응

대 구분	소 구분	반응 예
anti(trans) 첨가 반응	할로젠화 반응	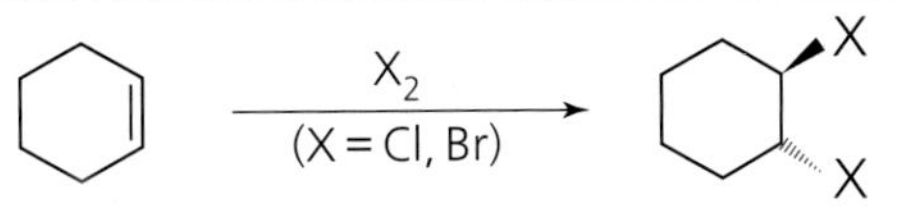
	할로하이드린 형성 반응	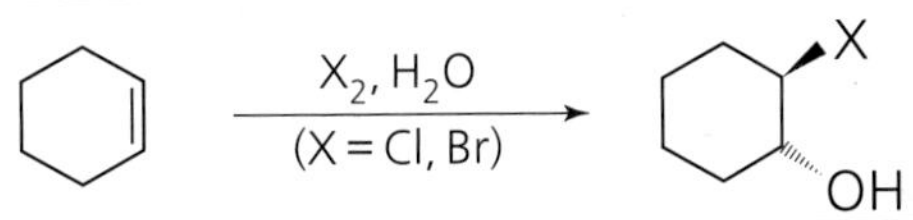

(c) syn(cis) 첨가 반응 예는 아래 표와 같다.

표 7.5 syn(cis) 첨가 반응

대 구분	소 구분	반응 예
syn(cis) 첨가 반응	수소붕소 첨가 및 산화 반응	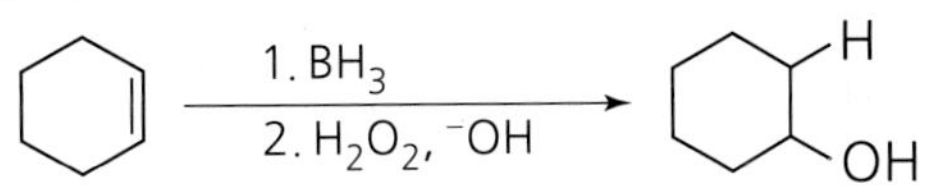
	수소 첨가 반응	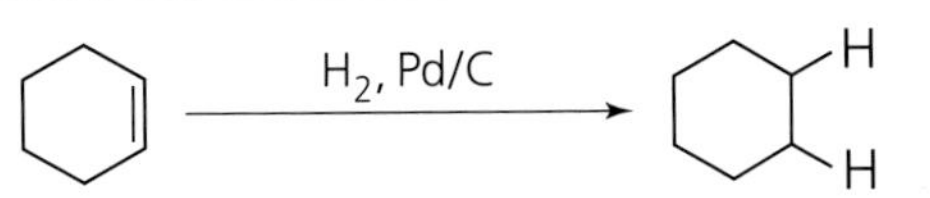
	카벤 첨가 반응	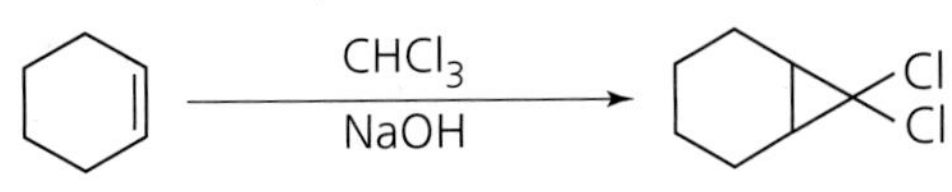

(d) syn(cis) 첨가 산화 반응 예는 아래 표와 같다.

표 7.6 syn(cis) 첨가 산화 반응

대 구분	소 구분	반응 예
syn(cis) 첨가 산화 반응	에폭시화 반응	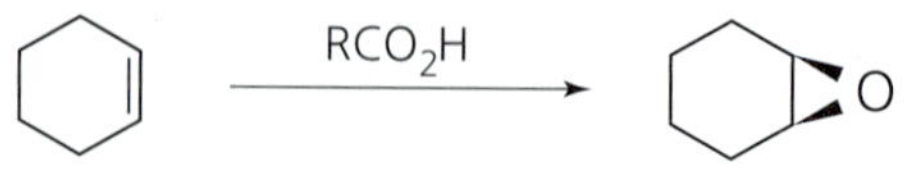
	1,2-다이하이드록시화 반응	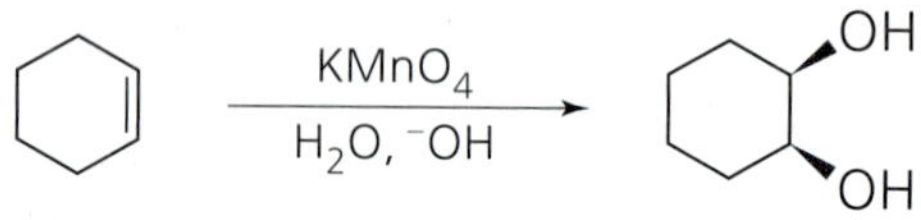
	가오존 분해 반응	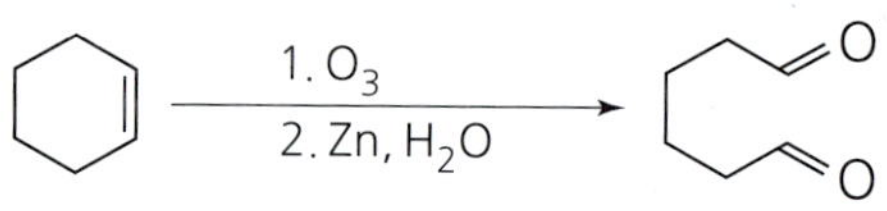

(1) 알켄의 할로젠화 수소(HX) 첨가 반응

할로젠화 수소(X: Cl, Br, I)가 알켄과 반응하여 할로젠화 알킬(RX, Akyl Halide, Haloalkane)을 생성하는 반응이다. 즉 알켄의 C=C π 결합과 H−X의 결합이 끊어지고 C−H와 C−X결합이 새로 만들어진다.

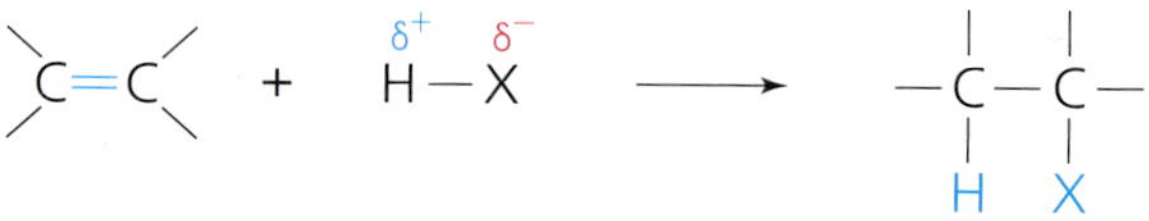

반응 예는 다음과 같으며 산의 세기가 클수록(HF 〈〈 HCl 〈 HBr 〈 HI) 알켄의 첨가 반응 속도가 증가한다.

알켄에 할로젠화 수소(HX) 첨가 반응 메커니즘은 친전자체가 첨가되는 1단계가 반응 속도 결정 단계이므로 친전자성 첨가 반응이라 한다. cis-2-Butene을 예로 들면 다음과 같다.

1 단계 π 결합에 대한 친전자체(H^+)의 첨가

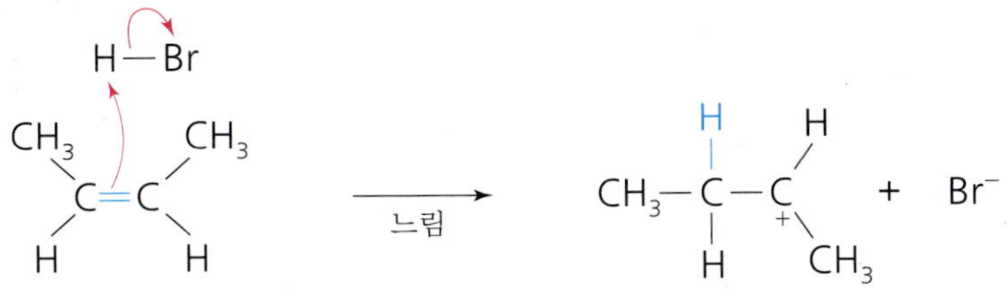

cis-2-Butene

탄소양이온

2 단계 Br^-의 친핵성 공격

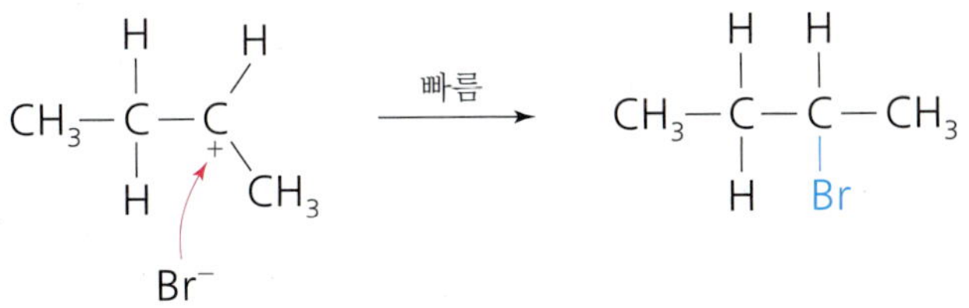

다음은 에틸렌에 할로젠화 수소의 첨가 반응 메커니즘 예를 나타낸다.

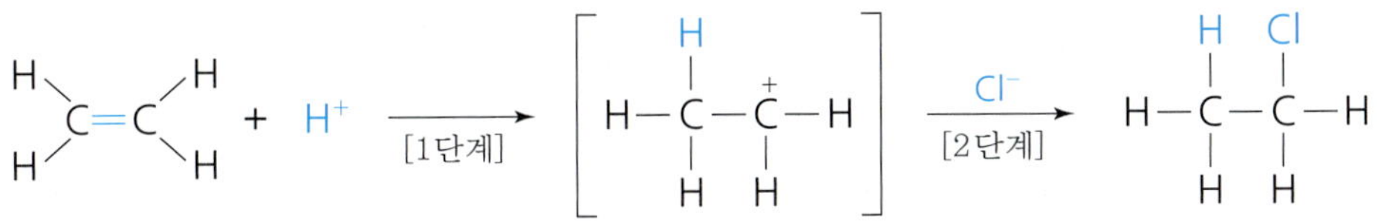

카본양이온
중간체

알켄에 할로젠화 수소(HX)를 첨가하는 다른 반응 예는 아래와 같다.

표 7.7 할로젠화수소 첨가반응

	HX	반응 예
HX 첨가 반응	HCl	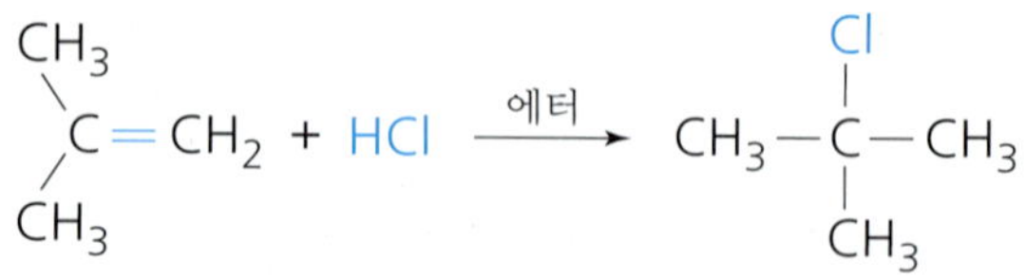 2-Methylpropene → 2-Chloro-2-methylpropane
	HBr	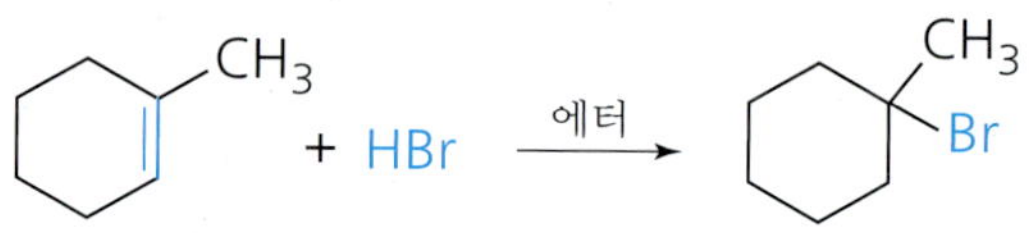 1-Methylcyclohexene → 1-Bromo-1-methylcyclohexane
	HI	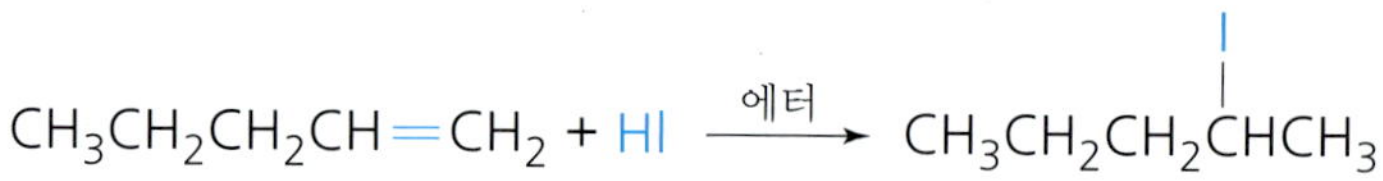 1-Pentene → 2-Iodopentane

1) 대칭 알켄에 비대칭 시약인 할로젠화 수소가 첨가되는 반응 생성물은 1가지만이 생성된다.

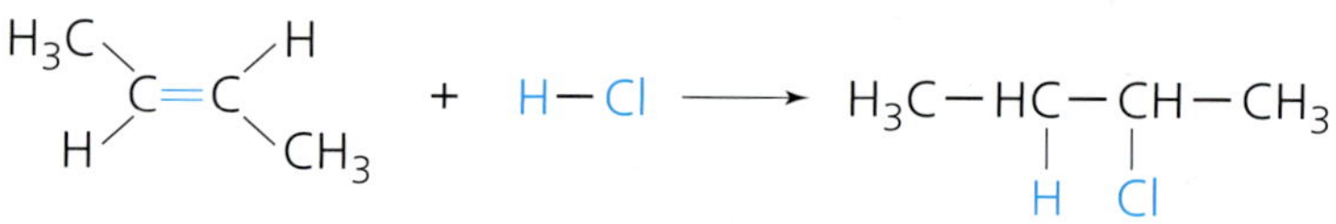

trans-But-2-ene → 2-Chlorobutane

2) 비대칭 알켄에 대칭 시약인 브롬 분자가 첨가되는 반응 생성물 또한 1가지만이 생성된다.

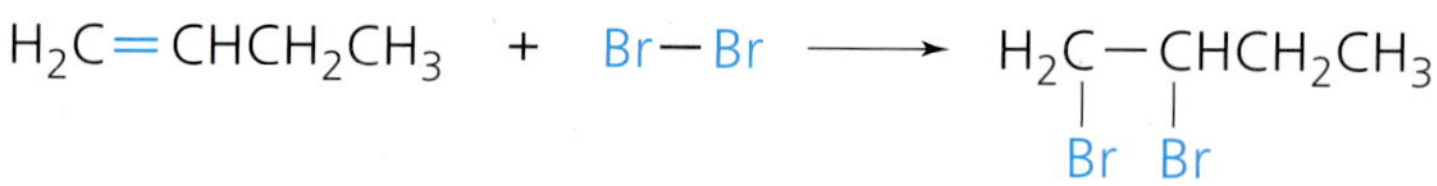

But-1-ene → 1,2-Dibromobutane

3) 2중 결합을 가진 2개의 탄소가 다른 개수의 수소를 가진 비대칭 알켄에 비대칭 시약인 할로젠화 수소가 첨가될 때는 2가지 반응이 가능할 것으로 예상되나 실제로는 1가지 생성물만 주로 만들어 진다. 예를 들면 뷰트-1-엔의 HCl 첨가반응은 1-클로로뷰테인과 2-클로로뷰테인이 생성될 것 같으나, 실제로는 하나만이 주로 생성되는 위치 선택성 반응을 일으킨다. 즉 뒤에서 언급이 될 마르코프니코프 규칙(Markovnikov's Rule)에 의해 HCl의 H는 수소가 많은 2중결합 탄소에 붙고, Cl은 알킬 치환기가 많은 2중 결합 탄소에 붙는다. 따라서 2-클로로뷰테인이 주생성물이 되고 1-클로로뷰테인은 거의 생성되지 않는다.

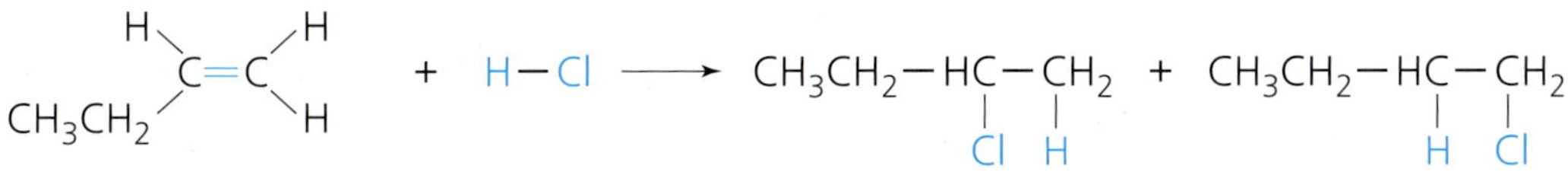

But-1-ene　　2-Chlorobutane (주생성물)　　1-Chlorobutane (생성 안됨)

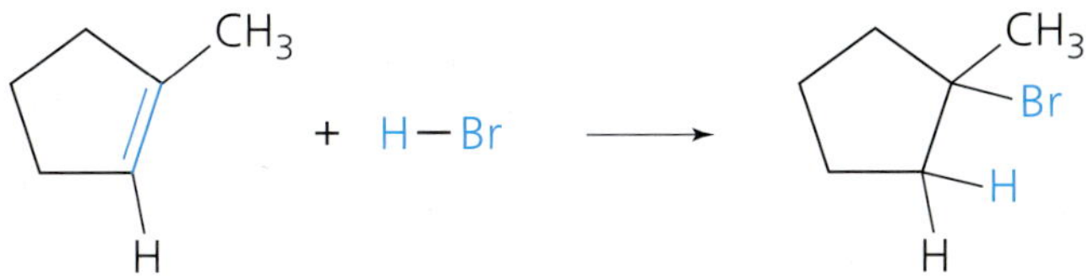

1-Methylcyclopentene　　1-Bromo-1-methylcyclopentane

4) 2중 결합을 가진 2개의 탄소가 같은 개수의 수소를 가진 비대칭 알켄의 비대칭 시약의 첨가 반응 생성물은 2가지 혼합물이 얻어진다

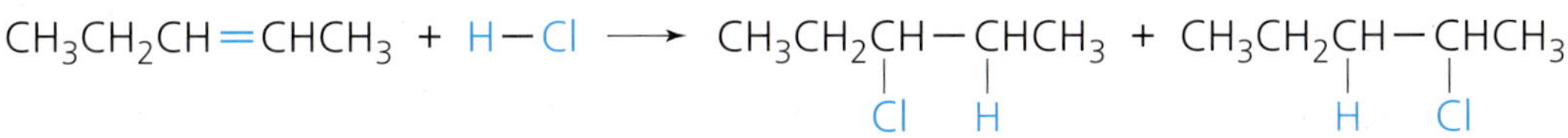

Pent-2-ene　　3-Chloropentane　　2-Chloropentane

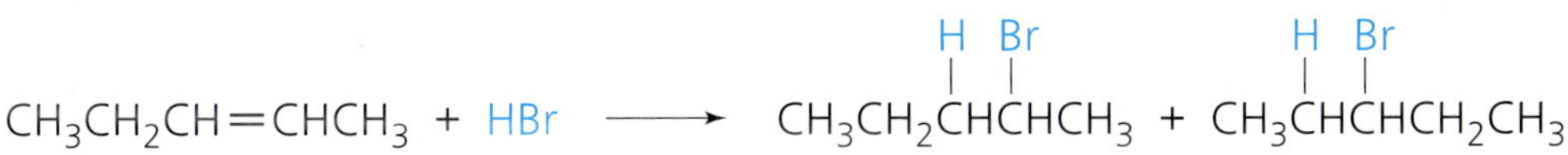

Pent-2-ene　　2-Bromopentane　　3-Bromopentane

참 고　Ethene과 HBr의 정전기 전위 지도

다음과 같이 Ethene의 전자가 풍부한 부위(붉은색)와 HBr의 전자가 부족한 부위(푸른색) 사이에서 상호작용이 일어난다.

$CH_2{=}CH_2$　　HBr

[1] 비대칭 알켄의 마르코프니코프 규칙(Markovnikov' Rule)

비대칭 알켄에 HX가 첨가될 때 수소가 많이 있는 탄소에 H가 적은 탄소 원자에 X가 첨가되는 생성물이 더 많이 생성됨을 나타내는 규칙을 말한다. 예를 들어 비대칭 알켄인 프로펜(Propene)의 2중결합에 HBr을 첨가시키면 2가지 구조 이성질체인 1-Bromopropane과 2-Bromopropane이 1:1로 생성되지 않고 2-Bromopropane이 주로 생성된다. 이와 같이 비대칭 알켄에 HX를 첨가시킬 때 C=C 결합 중 수소가 많이 붙은 탄소 원자에 수소 원자가 첨가되고 수소가 적게 붙은 탄소 원자에 할로젠화 이온이 우선하여 첨가되는 경향을 마르코프니코프 규칙이라 한다. 결과적으로 이 규칙은 HBr이 프로펜의 C_1과 C_2 탄소 중 어느 탄소와 선택적으로 결합하는가를 나타낸다. 이와 같이 비대칭 알켄 화합물의 첨가반응에서 특정한 위치에서만 첨가반응이 일어나고 이를 위치특이성 반응(Regiospecific Reaction) 혹은 위치선택적 반응(Regioselective Reaction)이라 부른다.

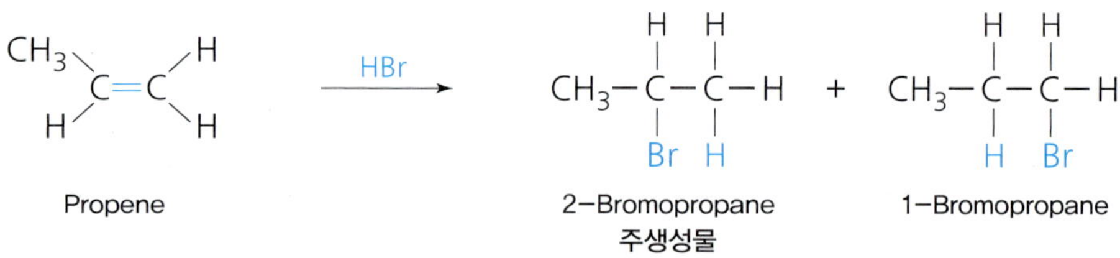

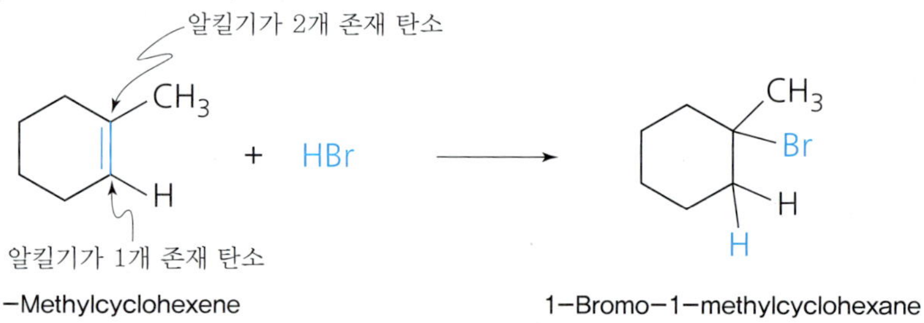

이 규칙이 성립하는 이유는 중간체로 더 안정한 탄소양이온(카르보양이온, 카본양이온)이 많이 생성되기 때문이다.

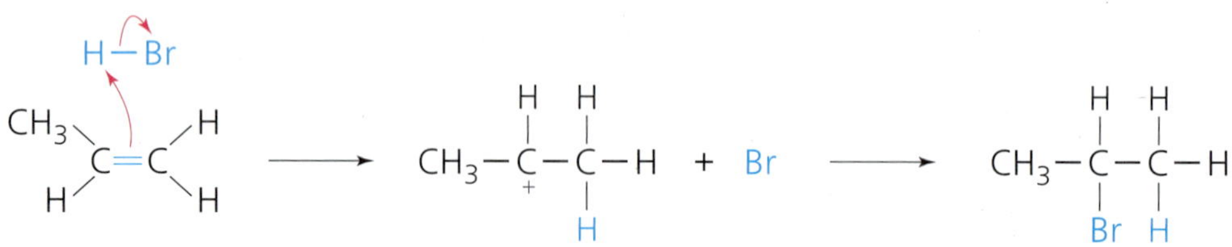

2차 탄소양이온 중간체

다시 말해 알켄의 치환기 수가 많은 탄소양이온 중간체가 치환기 수가 적은 것보다 우선적으로 생성하기 때문이다. 2-메틸프로펜을 예로 들면 다음과 같다.

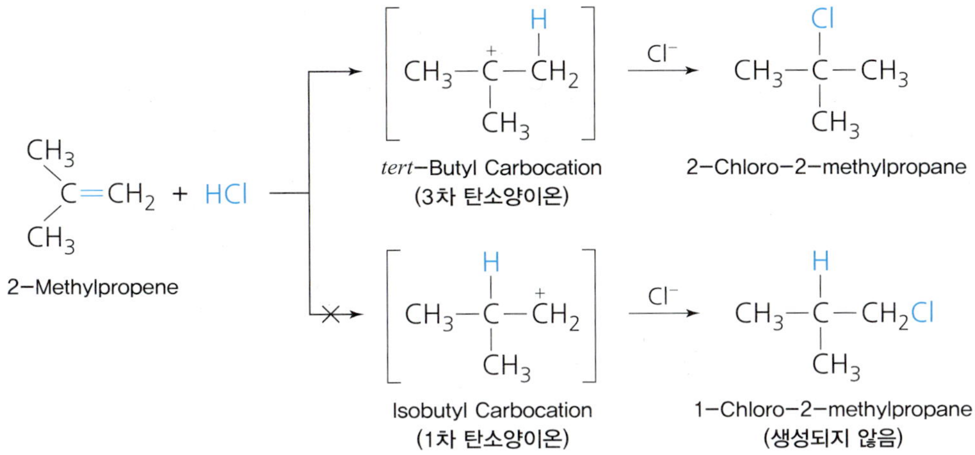

[2] 알켄 반응 중간체 탄소양이온의 안정성

탄소양이온(Carbocation)은 탄소 원자의 원자가 결합 전자가 6개로서 팔전자 규칙을 만족시키지 못하는 전자가 부족한 상태의 탄소 반응종이다. 따라서 탄소양이온(C^+ 이온)의 탄소에 전자를 공여할 수 있는 (+)전자 유발 효과를 가진 알킬기가 많이 치환되어 있을수록 탄소양이온의 안정도는 증가한다. 즉 3차, 2차, 1차 탄소양이온, 메틸 양이온 순으로 안정성이 높다.

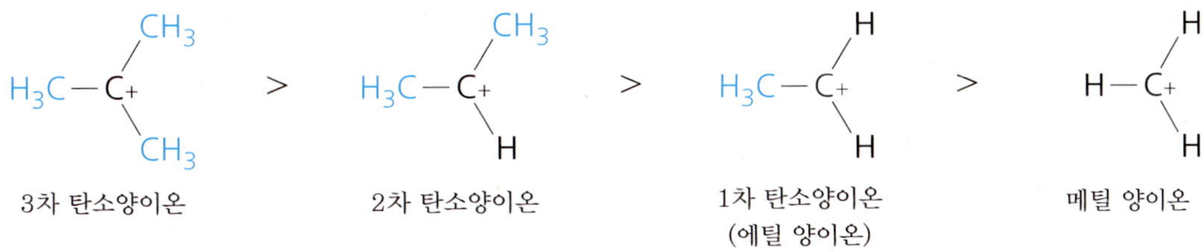

알킬기의 (+)전자 유발 효과가 탄소양이온을 안정화시키는 이유는 알킬기의 C-H의 σ 결합 전자가 탄소양이온의 비어 있는 p 오비탈에 공유됨으로써(오비탈 겹침) 전자가 부족한 탄소양이온을 안정화시킬 수 있기 때문이다. 이러한 현상을 하이퍼콘쥬게이션(Hyperconjugation)이라 부른다. 메틸 양이온은 인근에 하이퍼콘쥬게이션에 참여할 C-H 결합이 없기 때문에 가장 불안정하다.

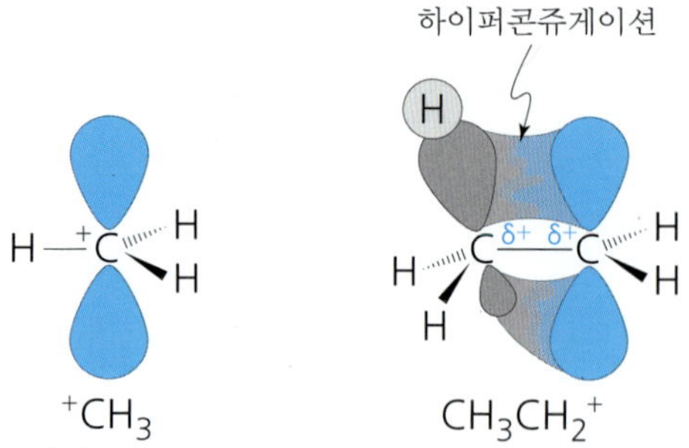

$^+CH_3$
메틸 양이온

$CH_3CH_2^+$
에틸 양이온

이처럼 카본양이온의 안정성이 알킬 치환체 개수가 증가할수록 커지는 것으로서 마르코프니코프 규칙도 설명할 수 있다.

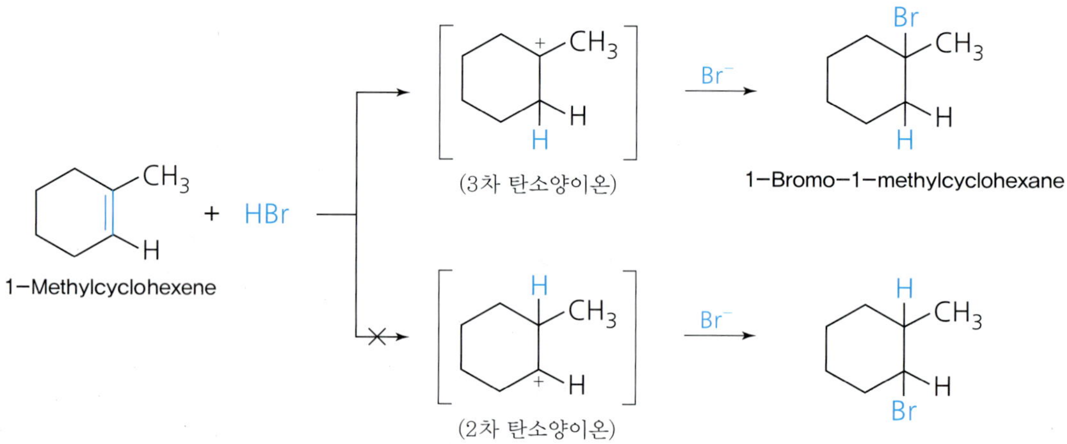

[3] 알켄 반응 중간체 탄소양이온의 입체선택성

탄소 원자 주변에 6개의 원자가 전자를 가지고 있으며 오비탈의 기하학적 모양은 p오비탈이 비어 있는 삼각 평면인 sp^2오비탈의 모양과 비슷한 형태를 하고 있다. 즉 탄소양이온(C^+) 은 그림과 같이 sp^2 혼성 오비탈의 삼각 평면 구조를 가지고 있다.

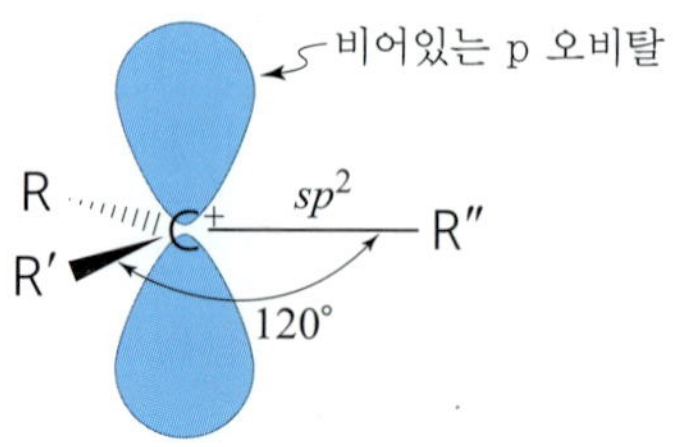

탄소양이온의 구조

이와 같은 구조의 입체 선택성을 살펴보자. 예를 들어 2-Ethylpent-1-ene이 HCl과 첨가반응하면 2-Chloro-2-ethylpentane이 생성된다. 이 생성물은 비대칭 탄소를 가지고 있지만 오직 라세미 혼합물로서만 얻어진다. 그림에서 나타낸 바와 같이 우선 친전자체인 H^+는 C=C 결합에 첨가되어 2차 양이온을 형성한다. 이 첨가 반응은 평면인 C=C 결합의 위, 아래 양쪽에서 일어날 수 있다. 어느 쪽에서 일어나든 동일한 탄소양이온이 생성된다.

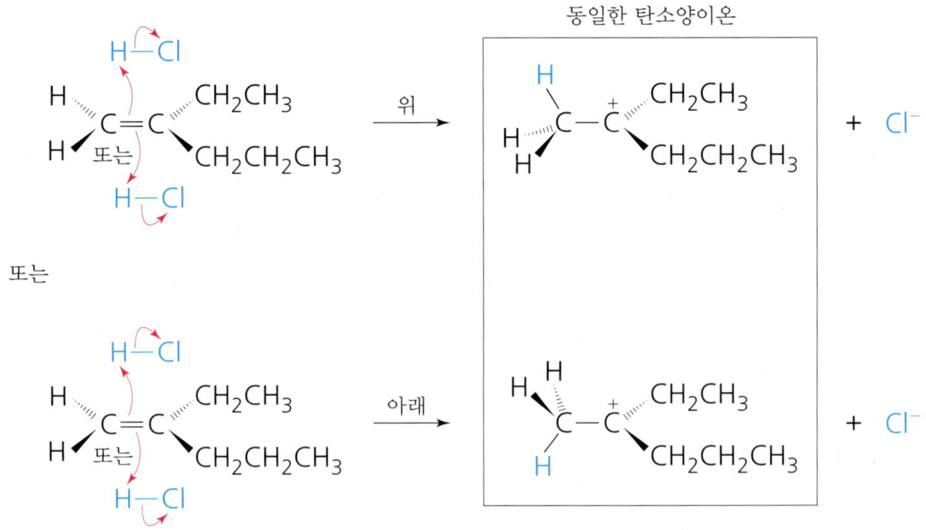

그런데 이 탄소양이온의 탄소 원자는 삼각 평면인 sp^2 혼성 오비탈의 구조를 가지고 있기 때문에 염소 이온이 결합할 때 탄소양이온의 평면 양쪽(위, 아래)에 결합할 수 있는 확률이 1:1이 된다. 따라서 생성물은 라세미 혼합물이 된다. 이 반응을 전체적으로 보면 HCl은 알켄에 대하여 syn 첨가 반응(생성물 A, S 이성질체)과 anti 첨가 반응(생성물 B, R 이성질체)이 1:1로 일어난다.

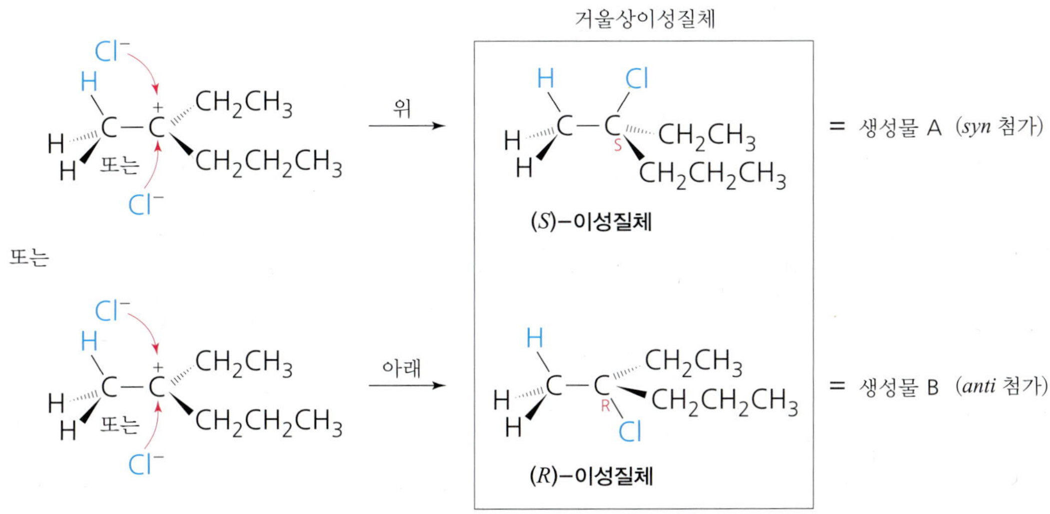

위는 결국 라세미 혼합체 생성 예로서 중간체로 만들어지는 탄소양이온이 삼각 평면 구조이기 때문에 입체 선택성이 없다.

[4] 알켄 반응 중간체 탄소양이온의 재배열

더 안정한 구조가 되기 위하여 알켄의 첨가 이온 반응에서 분자 내 탄소 양이온의 재배열이 일어난다. 예를 들어 3-Methyl-but-1-ene에 HCl을 반응시키면 예상되는 2-Chloro-3-methylbutane이 아닌 2-Chloro-2-methylbutane이 더 많이 생성된다. 그 이유는 H^+ 첨가로 생성된 2차 탄소양이온 중간체에서 옆 탄소의 수소 원자가 수소음이온(Hydride Ion, H^-) 형태로 자리 이동하면 2차 탄소양이온보다 더 안정한 3차 탄소양이온을 생성할 수 있기 때문이다. 이런 현상을 탄소양이온 재배열이라 한다.

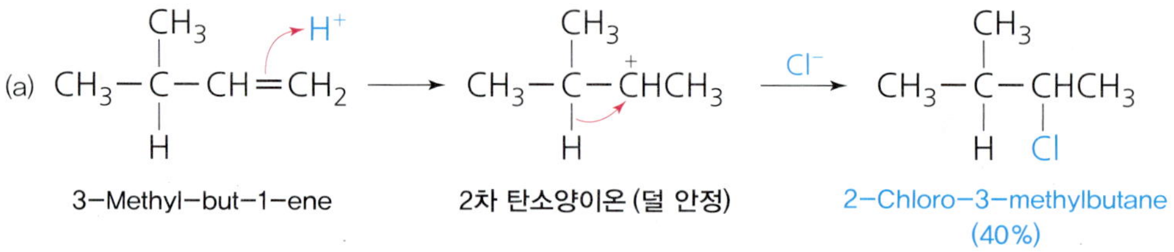

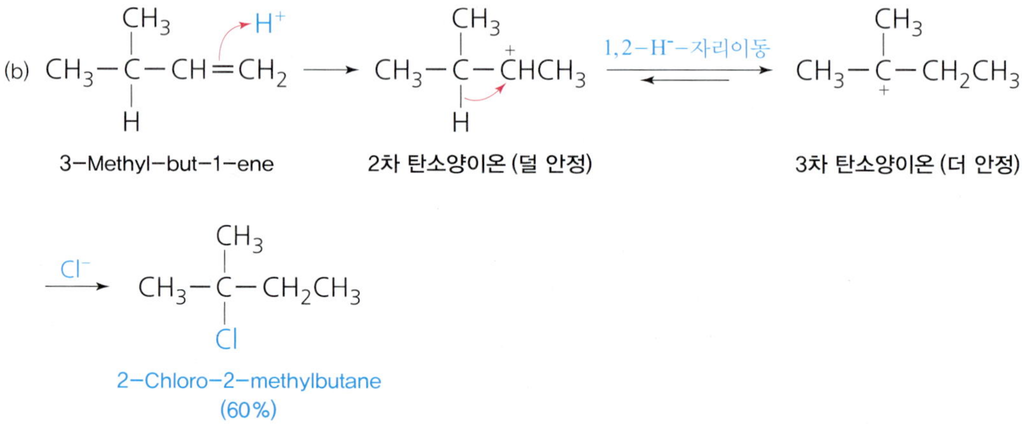

(2) 알켄의 H_2O 첨가 반응 [수화반응(Hydration)]

산 촉매하에 알켄에 물을 첨가시켜 알코올을 생성시키는 반응이다. H_2O 자체는 약산이므로 알켄과 반응하지 않는다. 산 촉매는 친전자체인 H^+가 알켄의 π 전자쌍과 반응하여 반응 중간체인 탄소양이온을 생성시키는 역할을 한다. 이 목적으로 흔히 사용되는 산은 H_2SO_4 또는 H_3PO_4 같은 양성자 산이다. 이 반응은 HX 첨가 반응에서처럼 안정한 탄소양이온이 우선적으로 생성되어 일어나는 반응이기 때문에 위치선택적으로 일어난다. 즉 마르코프니코프 규칙을 따른다. 그러나 이 경우도 앞에서 언급한 탄소양이온의 재배열 반응이 일어나 구조 이성질체가 생성될 수 있다.

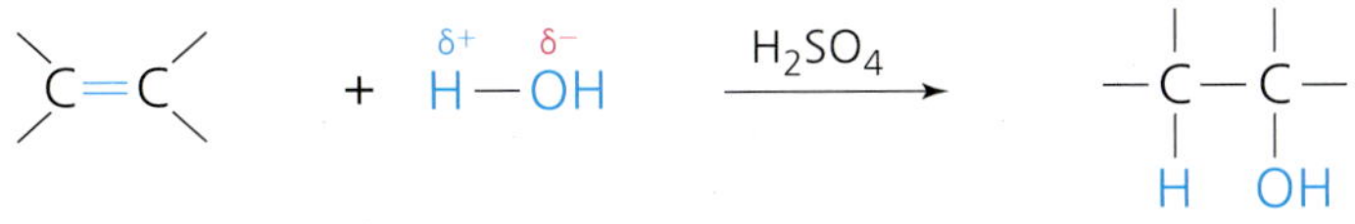

알켄 물 알코올

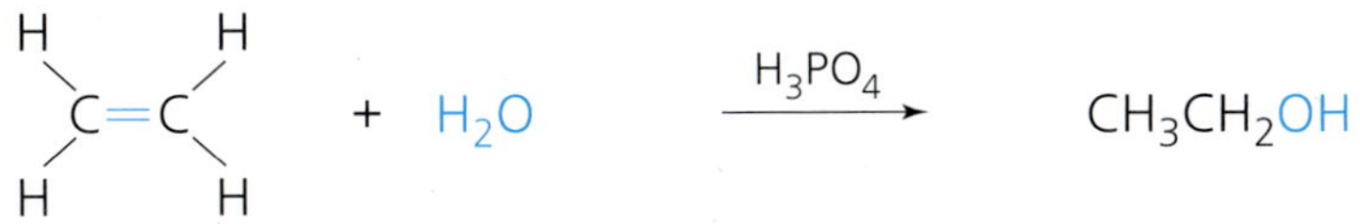

에틸렌 에탄올

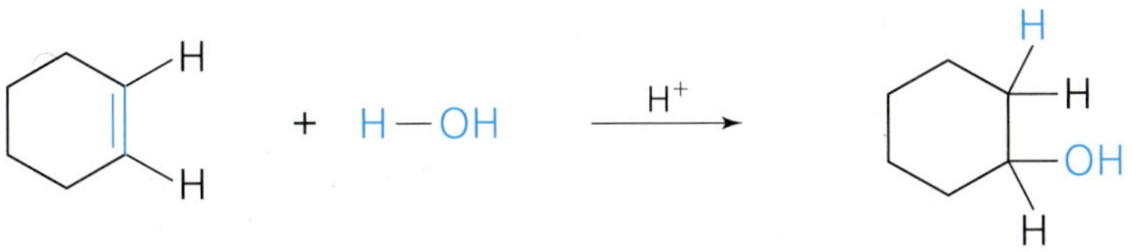

Cyclohexene Cyclohexanol

그리고 아래 반응 예는 모두 마르코프니코프 규칙을 따른다. 이 중 3번째의 비대칭 알켄인 2-메틸프로펜의 경우를 설명해 보면 할로젠화 수소에서와 마찬가지로 H-OH의 H는 수소가 많은 2중 결합 탄소에 붙고 OH는 알킬 치환기가 많은 2중 결합 탄소에 각각 붙어 2-메틸프로판-2-올이 생성된다.

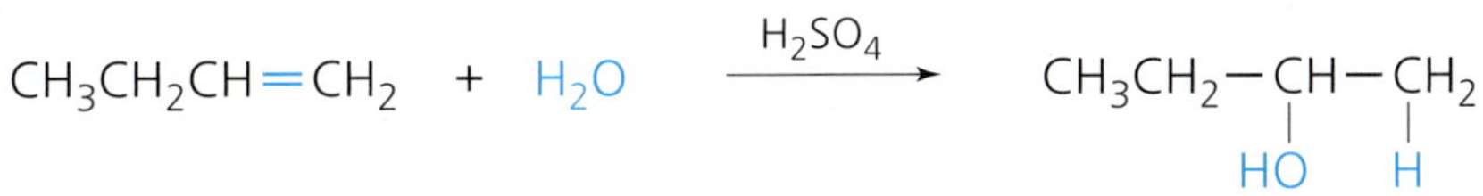

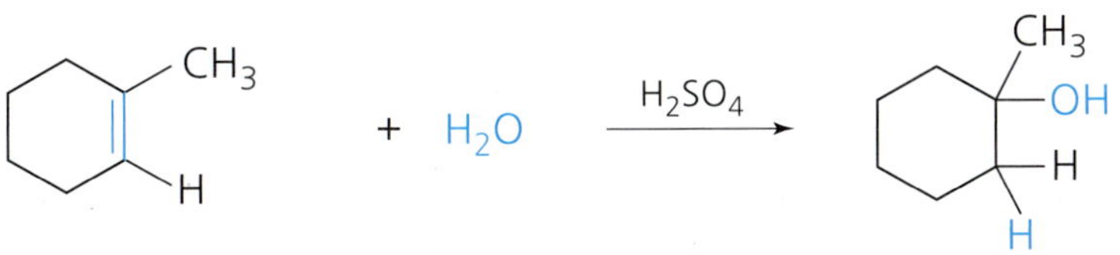

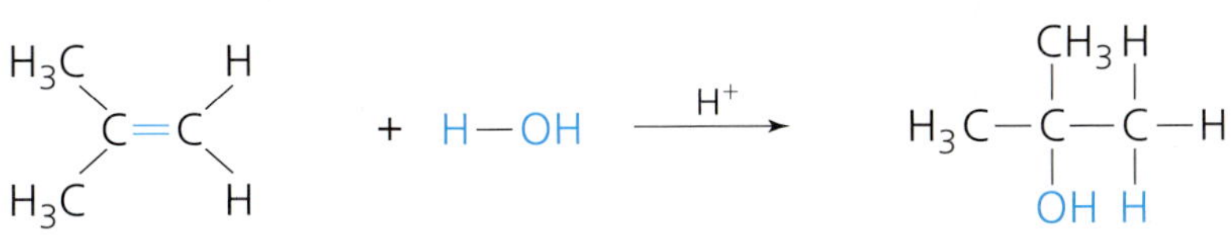

2-Methylpropene 2-Methylpropan-2-ol

알켄에 대한 수화 반응의 메커니즘을 살펴보자. 사이클로헥센(Cyclohexene)을 예로 들어보면 다음과 같이 π 결합에 친전자체(H^+) 첨가, H_2O의 친핵성 공격, 양성자 제거의 3 단계로 일어나고 안정한 탄소양이온이 생성되는 방향으로 반응이 진행된다.

1 단계 π 결합에 친전자체(H^+) 첨가

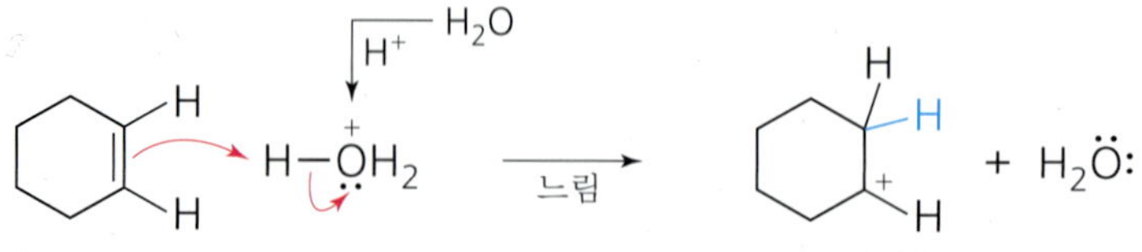

Cyclohexene　　　　탄소양이온

2 단계 H_2O의 친핵성 공격

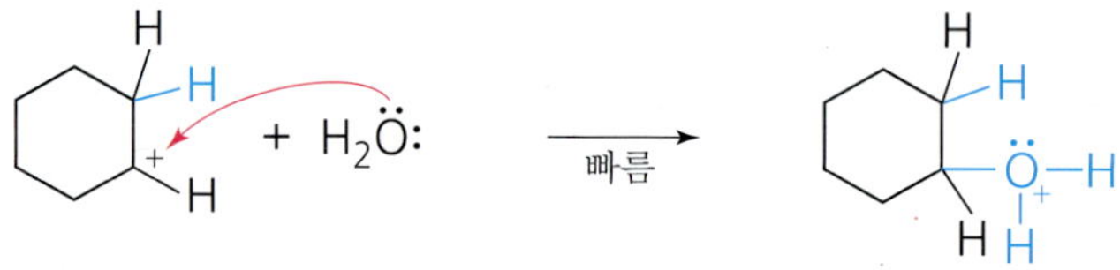

3 단계 양성자 제거

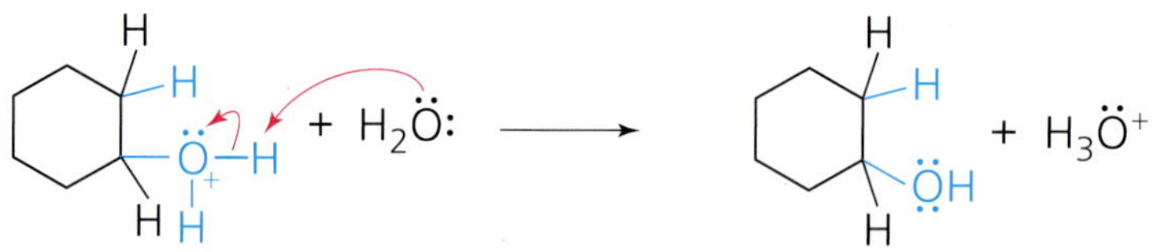

Cyclohexanol

다른 예로서 에틸렌의 수화 반응 메커니즘은 다음과 같다.

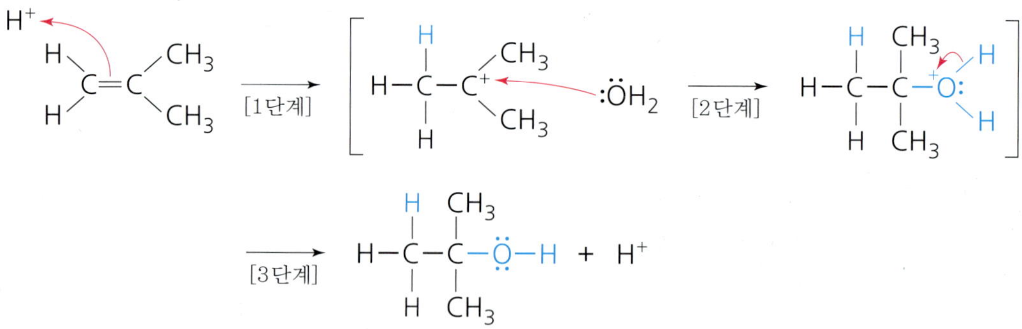

1 단계 알켄의 2중결합은 H^+와 반응해 카본양이온 중간체를 형성한다.

2 단계 물은 친핵체로서 작용하여 전자쌍을 제공해 탄소-산소 결합을 형성하고 양성자화된 알코올 중간체가 형성된다.

3 단계 양성자화된 알코올 중간체에서 H^+을 잃게되면 중성의 알코올이 생성되고 산 촉매는 재생된다.

참 고 **에탄올 생산량**

공업적으로 에틸렌의 수화 반응으로 에탄올을 만들어 내는데, 미국에서는 매년 30만톤 이상, 우리나라는 6만톤 이상 생산된다. 이때 촉매로 인산 (H_3PO_4)이 사용된다.

(3) 알켄의 옥시수은 첨가 - 환원 반응

이 반응은 산(H^+) 대신 $Hg(OAc)_2$(Mercuric Acetate) 수용액으로 알켄에 수화 반응을 일으켜 알코올을 생성시키는 반응이다. 반응은 수용액에서 $Hg(OAc)_2$ 를 알켄에 반응시킨 후 $NaBH_4$로 환원하는 2단계 반응으로 일어난다. 반응에서 $NaBH_4$는 반응 중간체로 생성된 옥시수은 화합물의 C−Hg 결합을 C−H 결합으로 전환시킬 목적으로(수은 제거) 사용되는 환원제이다. 사용된 $Hg(OAc)_2$ 는 금속 양이온인 Hg 이온이 친전자체로 알켄의 π 결합을 활성화시켜 약한 친핵체인 물의 첨가 반응을 쉽게 일으키게 하는 역할을 하며 이 반응에서 마르코프니코프 형태의 알코올이 생성된다. 이 반응의 특징은 산 촉매 수화 반응과 다르게 수화 반응시 탄소양이온의 재배열이 일어나지 않는다는 것이다. 이 반응을 물 대신 알코올 속에서 반응시키면 알코올이 친핵체로 작용하여 에터가 생성된다.

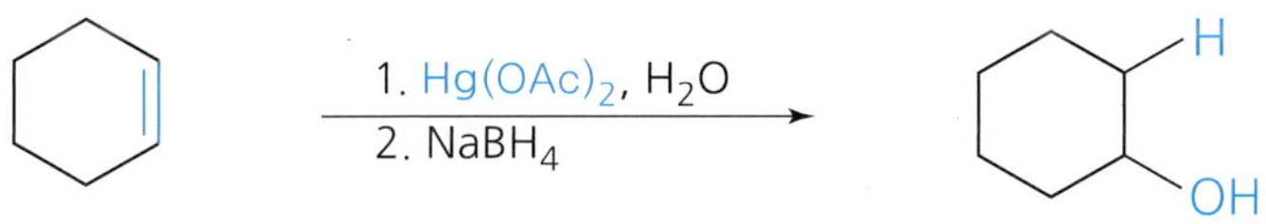

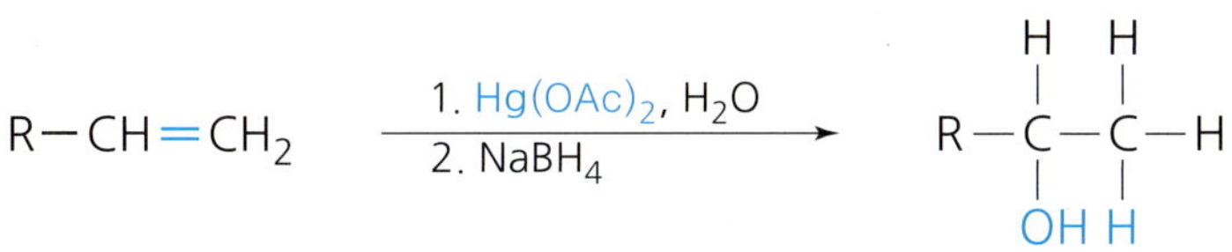

옥시수은 첨가−환원 반응의 메커니즘은 다음과 같다.

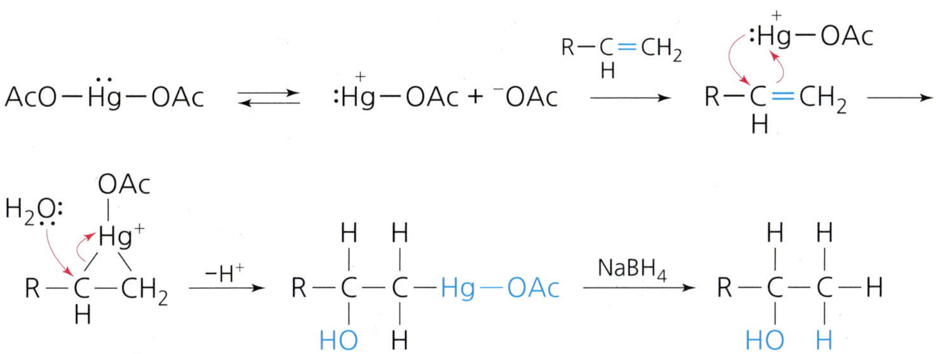

(4) 알켄의 anti (trans) 할로젠 첨가 반응

알켄의 할로젠 첨가 반응은 anti (trans) 첨가로 일어나고 주로 Cl_2와 Br_2에서 일어난다. 참고로 F_2는 너무 반응이 빠르고 I_2는 생성물이 너무 불안정하다. 예를 들어 사이클로헥센(Cyclohexene)에 브롬(또는 염소)를 반응시키면 trans-1,2-Dibromocyclohexane(또는 trans-1,2-Dichlorocyclohexane) 만을 생성하고 cis (syn) 이성질체는 전혀 생성되지 않는다.

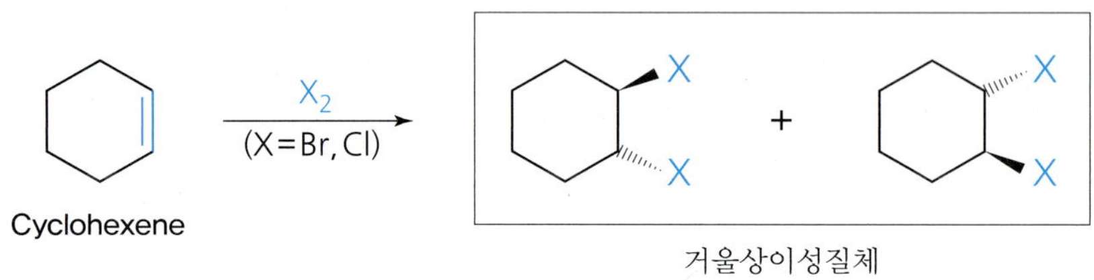

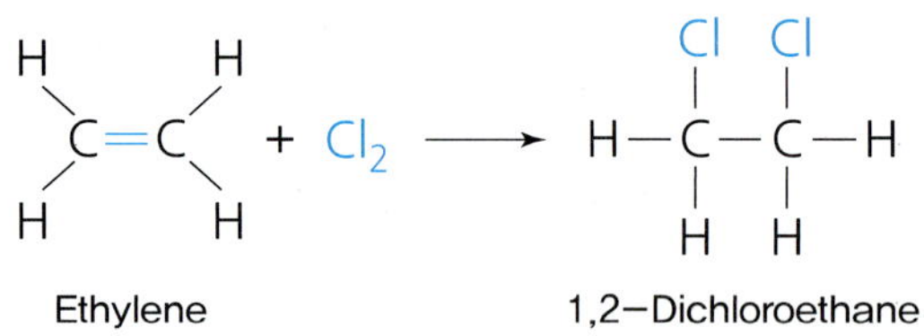

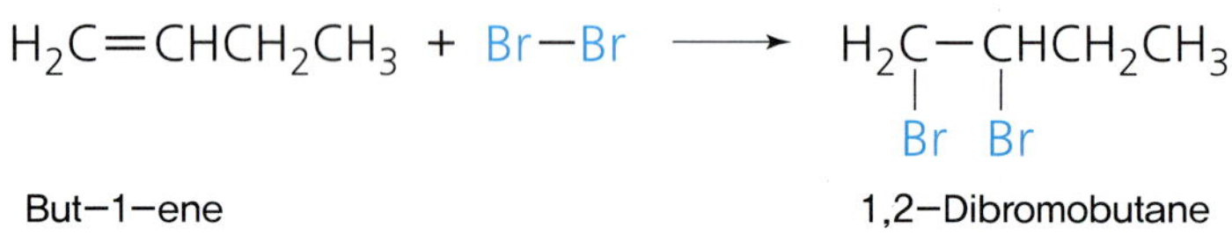

알켄의 할로젠 첨가 반응 메커니즘은 탄소양이온 중간체를 거치지 않고 고리형 할로늄 중간체를 거친다. 오로지 *trans*(*anti*) 첨가 생성물만 만들며 이를 입체특이성 반응이라 한다. 편극화되기 쉬운 할로젠 분자는 전자가 풍부한 2중결합이 접근하면 한쪽 원자는 전자가 부족하고 다른 쪽 원자는 전자가 풍부한 형태인 할로젠의 $X^{\delta+}-X^{\delta-}$ 쌍극자가 유도된다. 이 반응은 2단계로 일어난다. 우선 X_2가 편극화되어 만들어진 $X^{\delta+}$와 알켄의 π 결합이 반응하여 중간체인 3원자 고리 모양의 양전하를 가진 고리형 할로늄 이온(Cyclic Halonium Ion)이 생성되고 그 후에 반대편에서 친핵체인 할로젠화 음이온(X^-)이 친핵성 공격을 하여 일어난다.

1 단계 π 결합에 친전자체(X^+)의 첨가

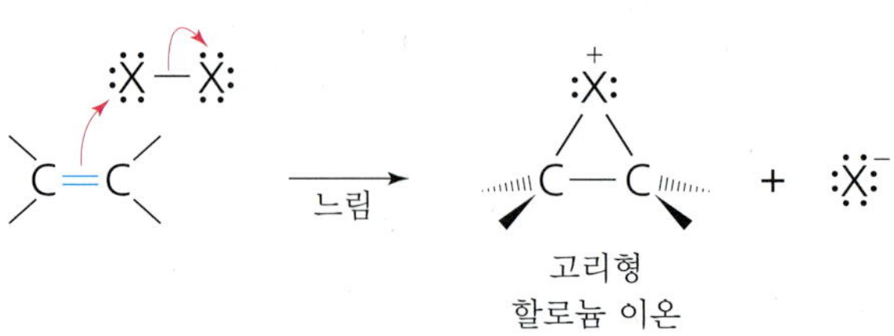

2 단계 X^-의 친핵성 공격

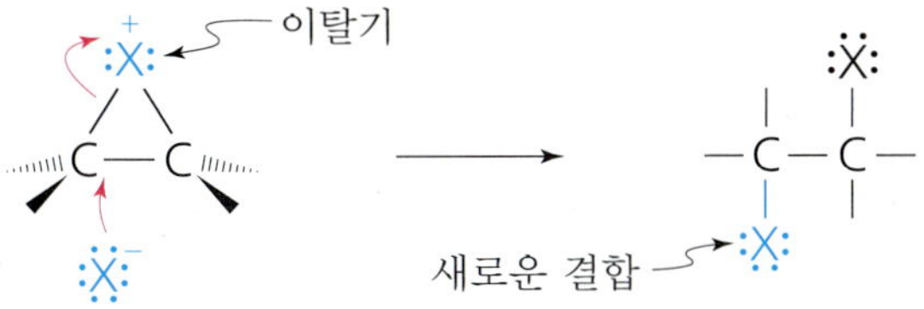

참 고 **탄소양이온 중간체 생성**

탄소양이온이 중간체로 생성될 경우 아래와 같이 X^- 가 위 아래로 동시에 친핵성 공격을 하여 trans와 cis-이성질체 생성물이 1:1로 생성되어야 하나 오직 trans체 만이 생성된다.

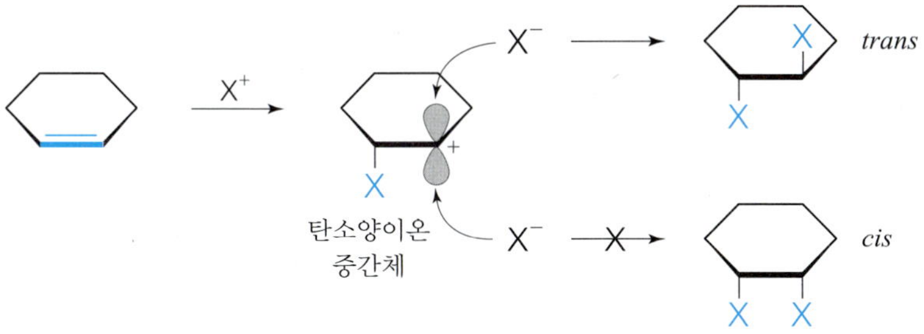

예를 들어 브롬의 사이클로펜텐에 대한 첨가 반응의 입체 화학은 다음과 같으며 트랜스 생성물만이 생긴다.

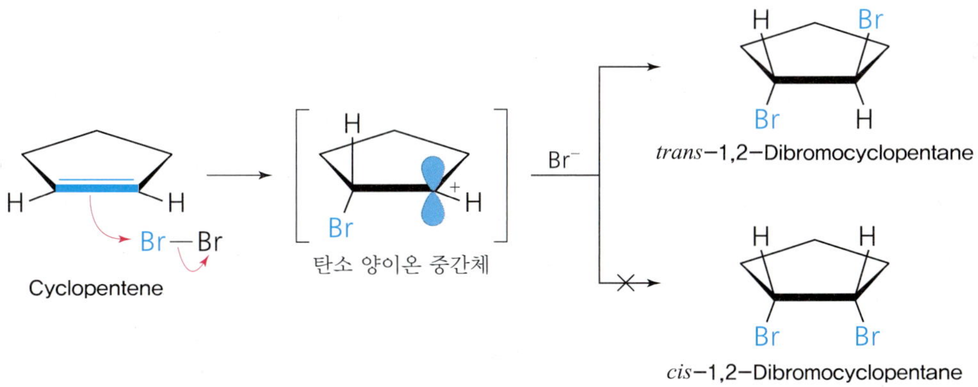

상기 사이클로펜텐의 할로젠 첨가 반응 메커니즘은 다음과 같다.

1 단계 알켄의 π 전자가 Br_2를 공격하고 Br^-을 밀어내면서 브로모 탄소양이온이 된다.

2 단계 브롬 원자는 고립 전자쌍을 이용하여 탄소의 비어 있는 p 오비탈과 겹쳐 고리형 브로모늄 이온을 만든다.

3 단계 Br^-이온은 위쪽(가려져 있지 않은)에서 브로모늄 양이온을 공격하여 트랜스-1, 2-다이브로모사이클로펜테인을 만든다.

참 고 에틸렌에 염소 첨가

에틸렌에 염소를 첨가하여 1,2-다이클로로 에테인(1,2-Dichloroethane)을 합성하는데 상업적으로 우리나라에서는 연간 2백만 톤 이상을 생산하고 있다. 이 화합물은 용매와 폴리염화비닐(PVC)의 합성 원료로 사용된다. 이때 촉매는 $FeCl_3$나 $CuCl_2$ 등이 사용된다.

(5) 알켄의 anti (trans) 할로하이드린 형성 첨가 반응

할로젠을 H_2O 속에서 알켄과 반응시키면 2중 결합에 할로젠(X)기와 하이드록시기(OH)가 첨가된 할로하이드린(Halohydrin)을 생성한다. X가 Br이면 Bromohydrin, Cl이면 Chlorohydrin이라 부른다. 이 반응은 고리형 할로늄 이온을 경유하여 일어난다. 이는 할로젠 첨가 반응에서 친핵체로 작용하는 할로젠화 음이온 대신 과량으로 존재하는 물이 친핵체로 작용한 결과이다.

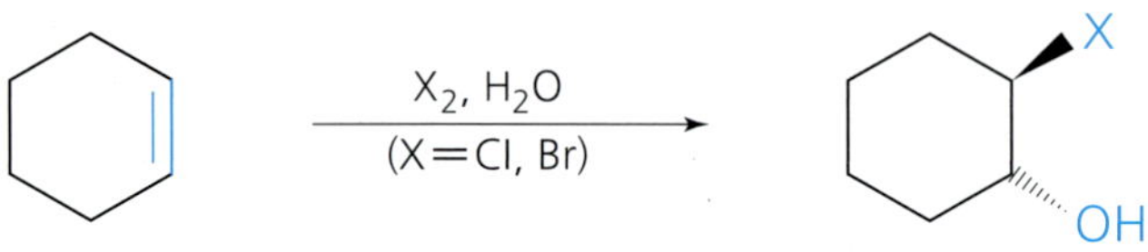

이 반응은 3단계로 일어나며 반응 메커니즘은 다음과 같다.

1 단계 π 결합에 친전자체(X^+)의 첨가

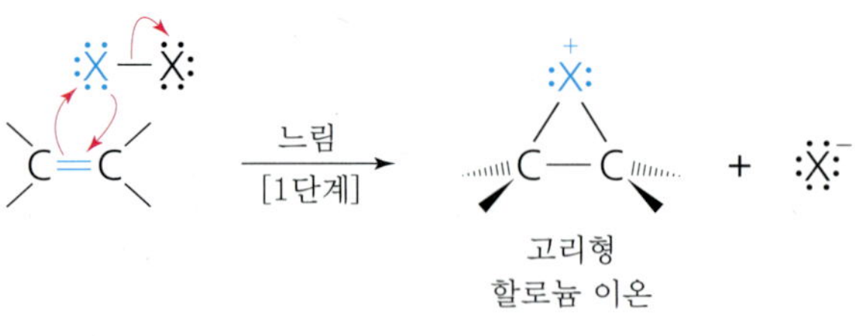

2 단계 와 **3 단계** 각각 H_2O의 친핵성 공격과 양성자 잃음

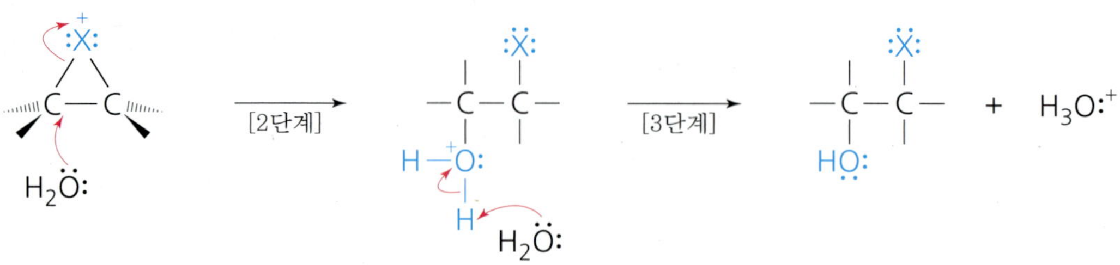

비대칭 알켄의 경우 할로하이드린 형성 반응은 할로젠기가 치환기가 적은 탄소 원자에 결합하고 친핵체인 OH기(H_2O)는 치환기가 많은 탄소 원자와 결합한 형태의 생성물을 제공하며 anti(trans) 첨가 반응으로 일어난다.

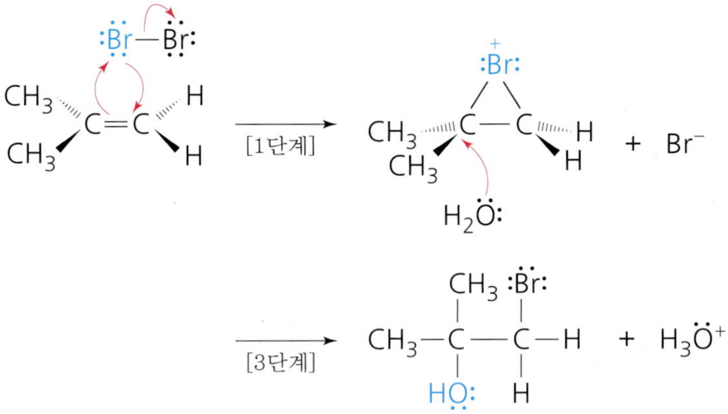

(6) 알켄의 syn(cis) 수소붕소 첨가 반응

Lewis 산인 보레인(BH_3)이 전자가 풍부한 알켄 분자의 π 결합에 접근하여 보레인의 수소 원자와 붕소 원자가 C=C 결합에 syn 첨가되어 알킬보레인을 생성하는 반응을 수소붕소첨가 반응(Hydroboration)이라고 한다. 생성된 C−B 결합은 알칼리 수용액 중에서 과산화수소(Hydrogen Peroxide, H_2O_2)에 의해 산화되어 C−OH기로 전환한다. 이 반응은 수소붕소 첨가 반응과 산화 반응의 2단계 반응을 거쳐 일어나는 반응으로 알켄으로부터 알코올을 합성하는데 이용된다. 입체 장애가 적은 알켄의 경우 보레인 1당량으로 3당량의 알켄에 대하여 수소붕소 첨가 반응을 수행할 수 있다. 이 반응은 anti-Markovnikov형 알코올을 생성시킨다.

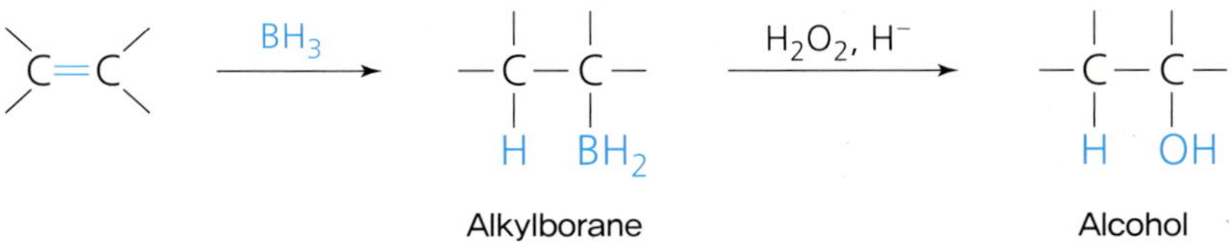

수소붕소 첨가-산화 반응으로 얻어지는 알코올은 알켄의 수화 반응에 의한 생성물과 다르다. 즉 아래에서 (a)는 수화 반응으로 Markovnikov형 알코올을 생성하고 (b)는 수소붕소 첨가-산화 반응으로 anti-Markovnikov형 알코올 생성을 각각 나타낸다.

(a) 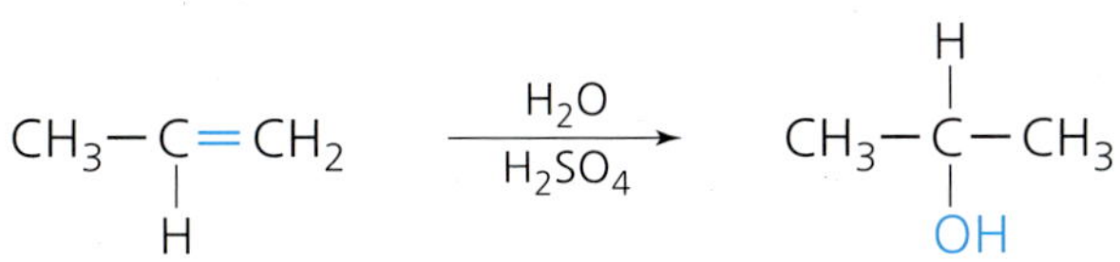

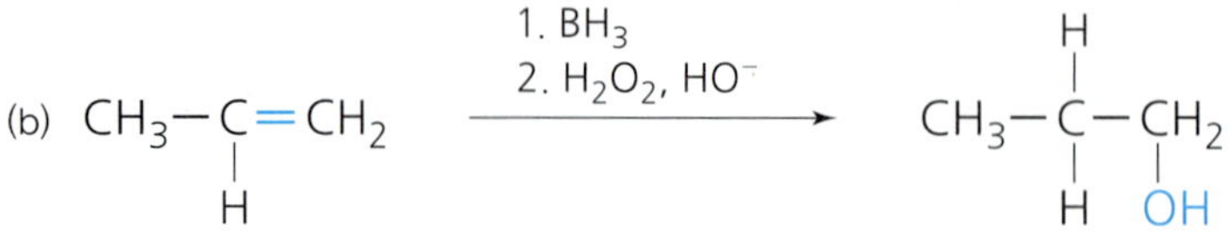

수소붕소 첨가 반응은 syn 첨가로 입체특이적으로 일어나며 C−B 결합의 산화 반응 역시 입체 배열의 이성질화가 일어나지 않고 알킬보레인 구조에 있는 입체 배열을 그대로 유지한 채 입체특이적으로 일어난다.

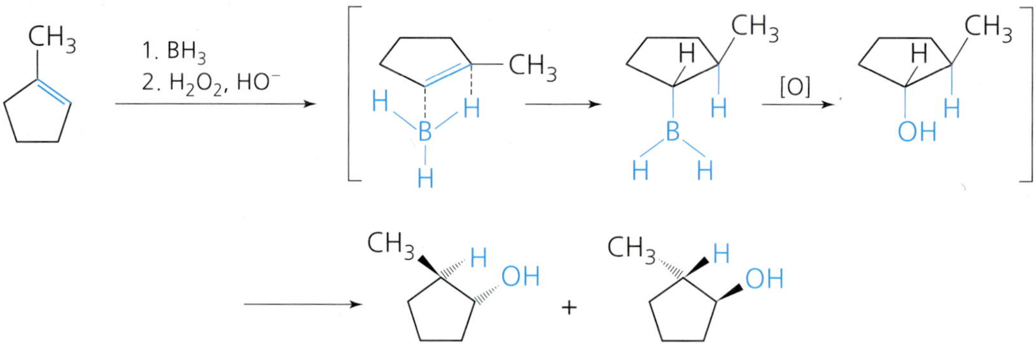

이와 같은 알켄의 수소붕소 첨가−산화 반응이 입체특이적으로 일어나는 이유는 한 단계 반응으로 일어나며 비대칭 알켄에 대하여 붕소 원자는 치환기가 적은 탄소 원자에 결합한다. 더 작은 입체 장애와 더 안정한 전이 상태를 선택하여 반응이 일어나기 때문에 위치선택성과 입체선택성이 높다.

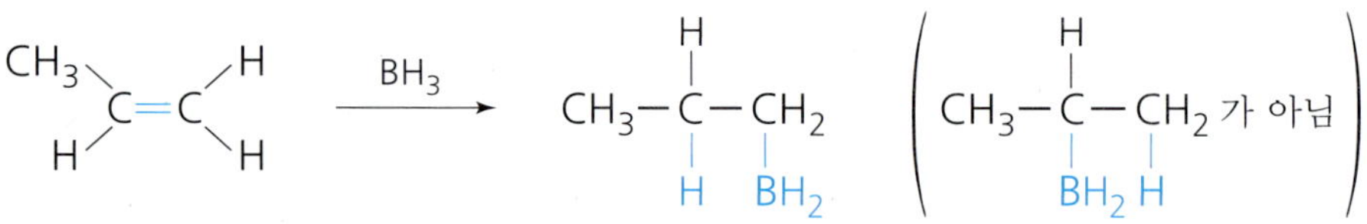

아래에서 (a)는 더 안정한 전이 상태의 2차 탄소양이온을 생성하고 (b)는 덜 안정한 전이 상태의 1차 탄소양이온을 나타낸다.

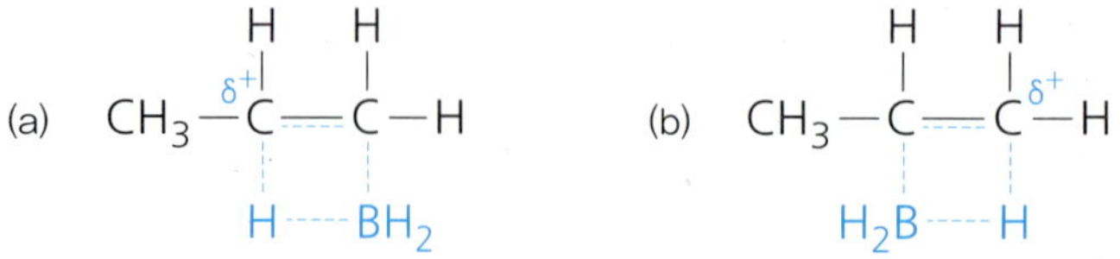

(7) 알켄의 syn (cis) 촉매 수소화 첨가 반응

알켄의 촉매 수소화 반응은 환원(Reduction) 반응이다. 환원 반응은 수소의 첨가나 산소가 제거되는 반응이다. 알켄을 수소와 반응시키면 수소 원자가 C=C 결합에 첨가되어 알케인으로 환원된다. 이 반응은 팔라듐(Pd), 백금(Pt), 니켈(Ni) 등과 같은 전이 금속 촉매의 존재하에서만 일어나므로 촉매 수소화(Catalytic Hydrogenation) 반응이라고 한다. 반응은 H_2가 syn(cis) 첨가로 일어난다.

알켄 알케인

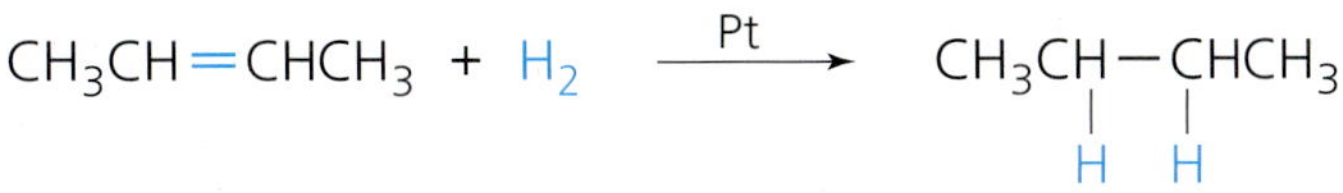

But-2-ene Butane

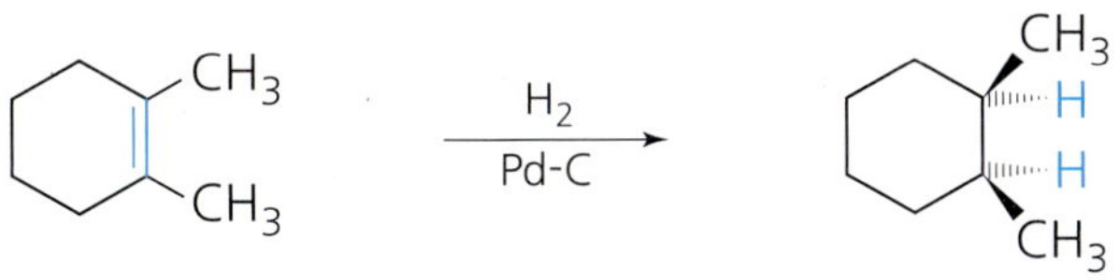

알켄의 수소 첨가 반응 메커니즘은 수소가 H-H 결합이 끊어진 상태로 촉매 표면에 흡착되고 동시에 알켄의 C=C 결합도 촉매 금속과 착물화된다. 이 표면에서 2개의 수소 원자가 연속적으로 착물화된 알켄 분자로 이동하여 수소첨가 생성물인 알케인을 생성한다. 즉 금속 표면에 수소 기체를 흡착하여 촉매와 알켄의 착물화에 의해 반응이 일어난다. 대부분의 유기반응이 용액 중에서 일어나는 균일반응(Homogeneous Reaction)과는 달리 이렇게 용액 중이 아닌 고체 촉매 표면에서 일어나는 반응을 불균일 반응(Heterogeneous Reaction)이라 한다. 알켄의 수소 첨가 반응에서 2수소 모두 촉매 표면으로부터 2중결합의 같은 면으로 첨가된다.

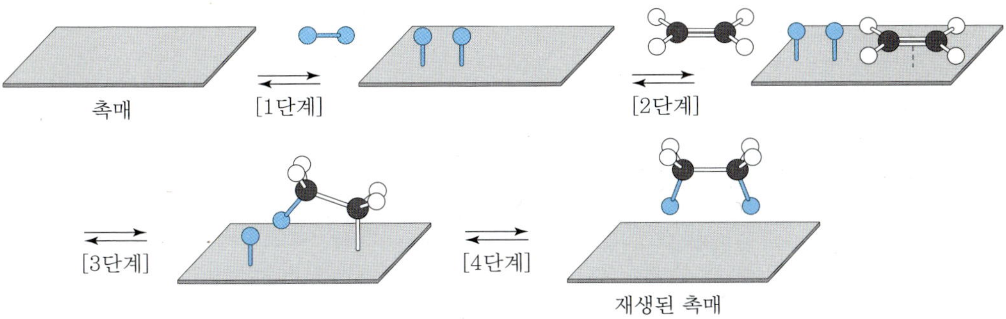

예를 들어1,2-다이메틸사이클로헥센의 수소 첨가는 주로 시스-1,2- 다이메틸사이클로헥세인이 형성된다.

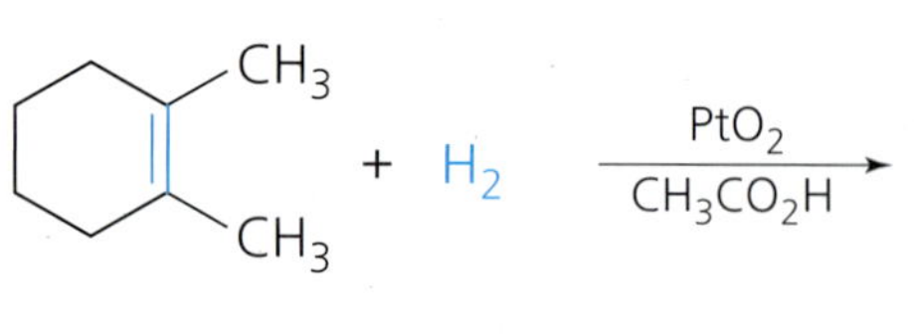

1,2-Dimethylcyclohexene | *cis*-1,2-Dimethylcyclohexane (82 %)

참 고 | 알켄의 수소 첨가 반응

촉매를 사용하는 알켄의 수소 첨가 반응은 식품 산업에서 식물성 기름인 지방산(Fatty Acid)을 마가린이나 다른 요리용 포화 지방산으로 전환하는데 쓰인다. 불포화 식물성 기름은 수소로 환원되어 포화 지방산이나 트랜스 지방산으로 전환되는데 이러한 지방산은 혈액의 콜레스테롤 수준을 높이는 역할을 하는 것으로 알려져 있다.

(8) 알켄의 syn (cis) 카벤 첨가 반응

카벤(Carbene)은 R_2C의 구조를 가진 친전자체인 탄소 반응종으로 탄소 원자는 sp^2 혼성 오비탈을 가지고 있다. 이 카벤이 알켄의 C=C 결합과 첨가 반응하여 사이클로프로페인(Cyclopropane)을 생성한다. 예로는 Simmons-Smith 반응이 대표적이다. 카벤(R_2C:)은 중성의 성질을 가진 반응 중간체로 탄소 주변에 6개의 전자를 가지고 있고 sp^2 혼성화되어 있는 전자가 부족한 반응종이다. 3개의 sp^2 혼성 오비탈 중 2개는 치환기와 σ 결합을 하고 있지만 한 개는 비공유 전자쌍을 가지고 있으며 이 전자쌍은 라디컬 반응성을 보인다.

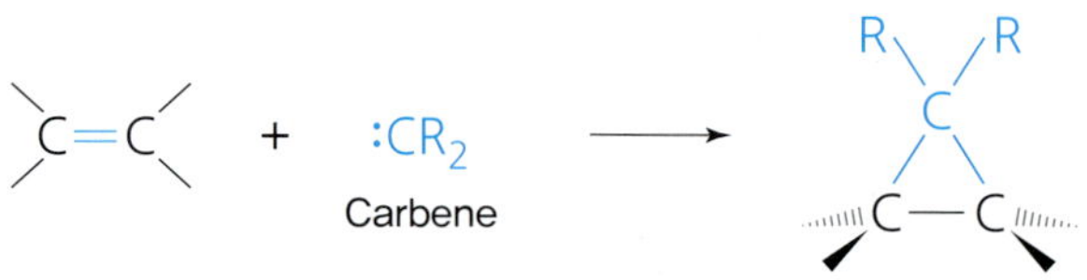

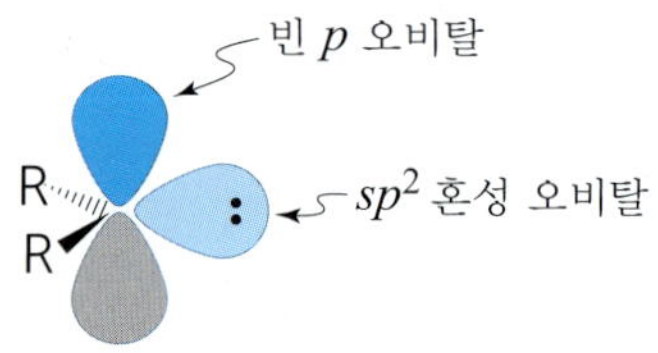

Simmons-Smith 반응은 다음과 같다.

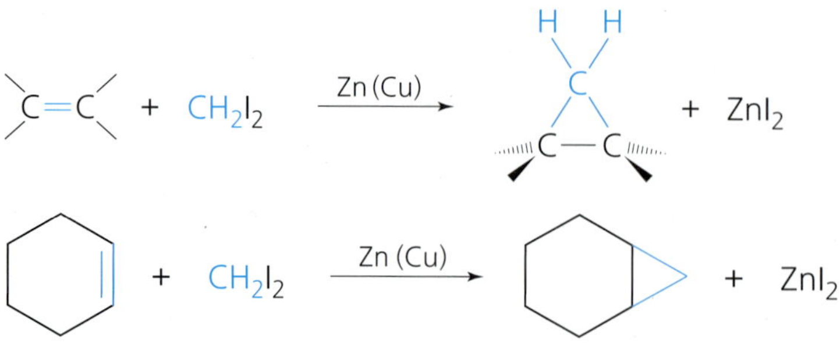

(9) 알켄의 syn (cis) 첨가 산화 반응

알켄의 π 결합은 각종 산화제에 의하여 끊어진 후 탄소 원자는 반응 시약에 있는 산소 원자와 결합하여 다양한 화합물을 생성한다. 사용 산화제에는 과망간산칼륨 ($KMnO_4$), 사산화 오스뮴 (OsO_4), 과산화수소 (H_2O_2), 과산화산 (RCO_3H), 오존 (O_3)등이 있다. 이러한 반응은 주로 syn (cis) 첨가 반응에 의하여 일어난다. 알켄의 산화 반응에는 에폭시화 반응, 1,2-하이드록실화 반응, 가오존분해 반응의 3가지 종류가 있다.

1) 알켄의 에폭시화 반응 (Epoxidation)

알켄에 과산화산 (RCO_3H)을 반응시키면 syn (cis) 첨가 반응으로 에폭시화물이 생성된다. 흔히 사용되는 산화제는 *m*-Chloroperbenzoic Acid (*m*CPBA), 과산화아세트산 (Peracetic Acid, Peroxyacetic Acid, CH_3CO_3H)이다.

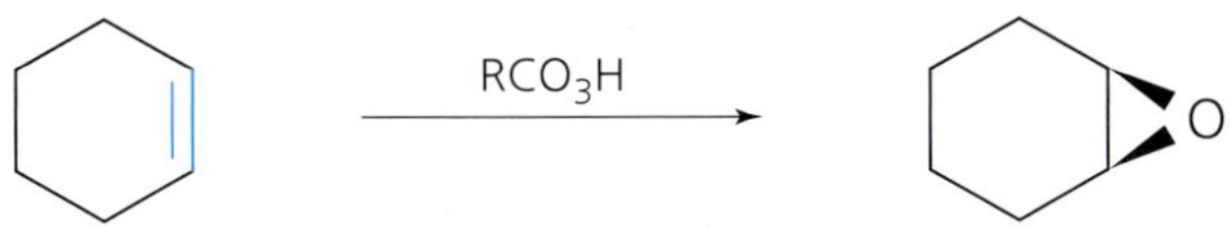

과산화산의 O-O 결합이 끊어져서 알켄과 반응하여 2개의 새로운 C-O 결합을 가지는 syn 첨가 에폭사이드와 카복실산이 생성된다.

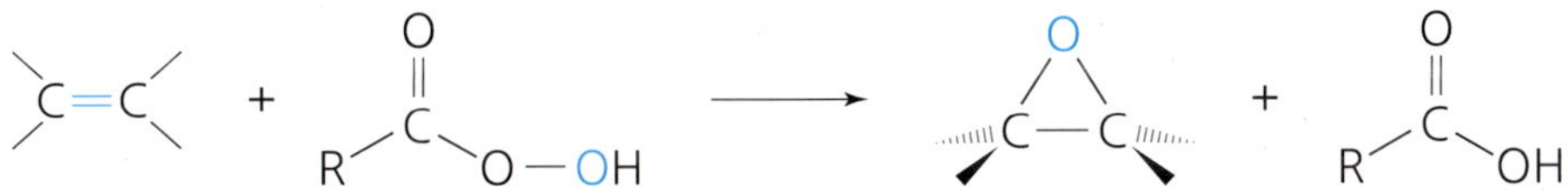

알켄 과산화산 에폭사이드 카복실산

알켄의 에폭시화 반응 예는 다음과 같다.

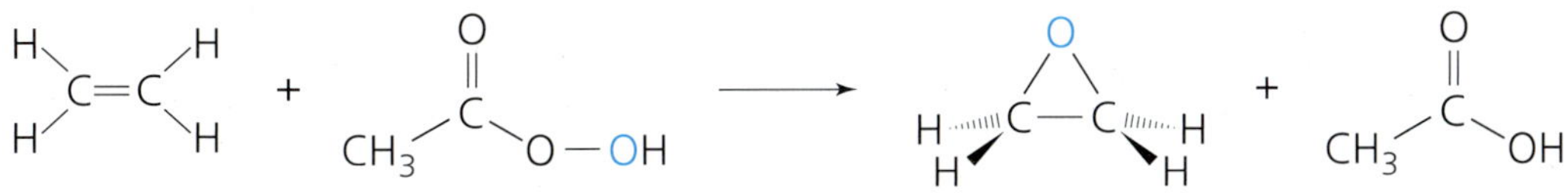

에틸렌 과산화아세트산

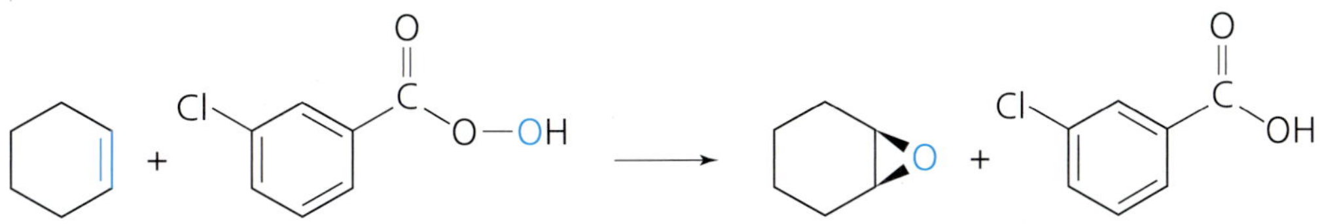

싸이클로 알켄 *m*CPBA

다음은 *cis*- 및 *trans*-2-Butene의 에폭시화 반응과 생성물의 입체이성질체이다. syn 첨가 반응의 증거는 cis-But-2-ene의 에폭시화 반응에서는 메조체가 생성 되지만, trans-But-2-ene에서는 거울상 이성질체가 생성되는 반응을 들수 있다. 그리고 이들은 각각 산소 원자가 평면 위, 아래에 첨가된다.

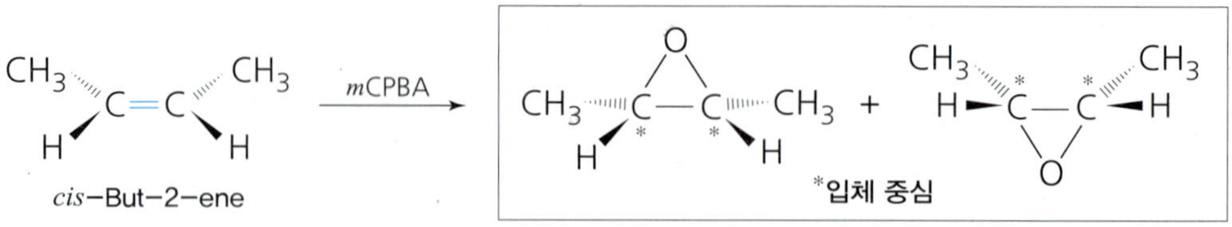

비카이랄성 메조 화합물

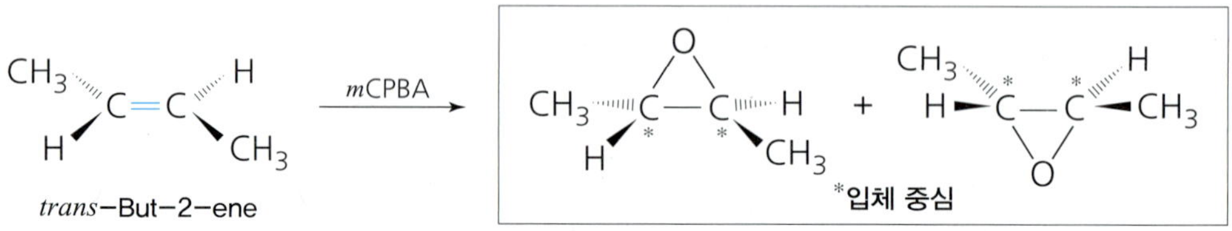

거울상이성질체

다음은 알켄을 은(Ag) 촉매 하에 산소 또는 공기로 250~300℃에서 산화시키면 에폭시알케인(Epoxyalkane)이 생성된다. 이것을 산 촉매 하에서 가수분해시켜서 에틸렌 글리콜(Ethylene Glycol)을 제조한다.

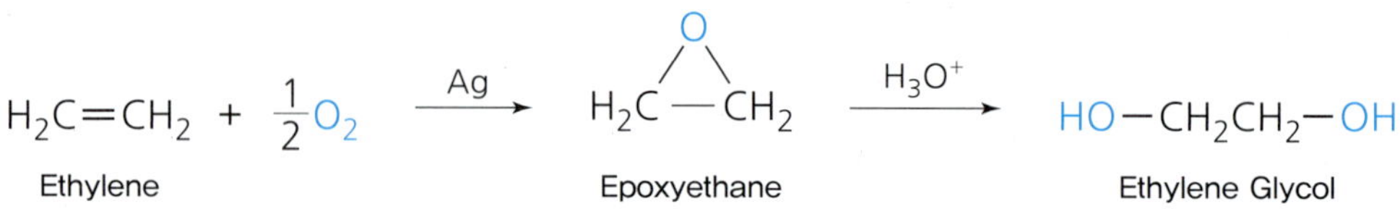

참 고 에틸렌 글리콜

에틸렌 글리콜은 자동차 부동액이나 폴리에스터 섬유 제조의 원료로 사용된다.

2) 알켄의 syn-1,2-다이하이드록실화 반응

알켄을 차가운 물속에서 KM_nO_4로 반응시키거나 O_sO_4로 산화 반응시킨 후 환원하면 cis-다이올이 생성된다. 이반응은 sys 첨가 반응으로 일어난다.

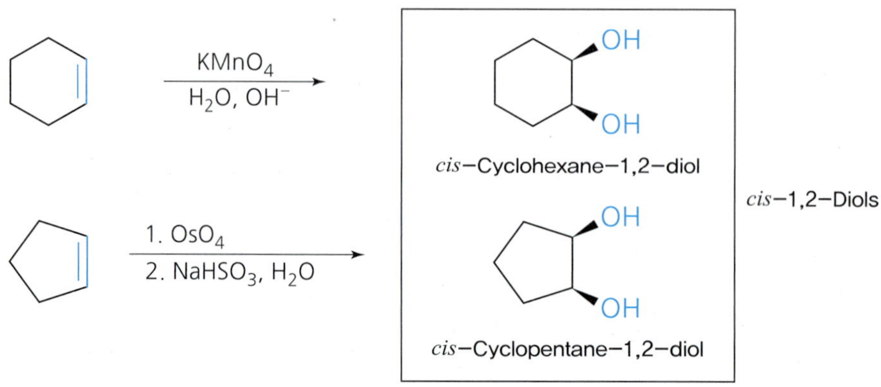

다른 예로 뷰트-1-엔의 하이드록실화 반응으로 뷰테인-1,2-다이올이 생성된다.

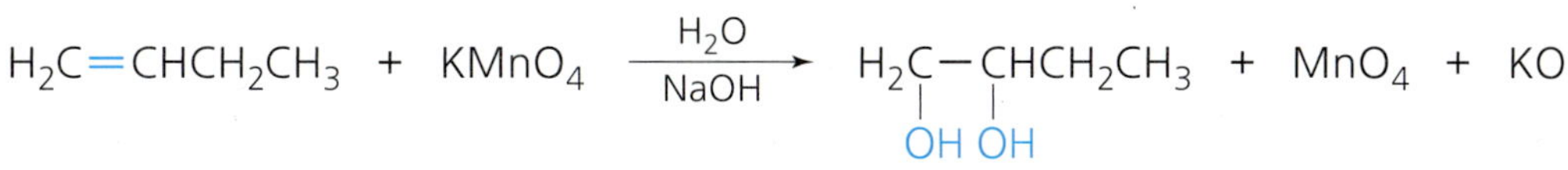

But-1-ene　　　Butane-1,2-diol

다음은 syn-다이하이드록실화 반응에서 C=C 결합의 같은 쪽에 2개의 O가 첨가됨을 나타내고 있다.

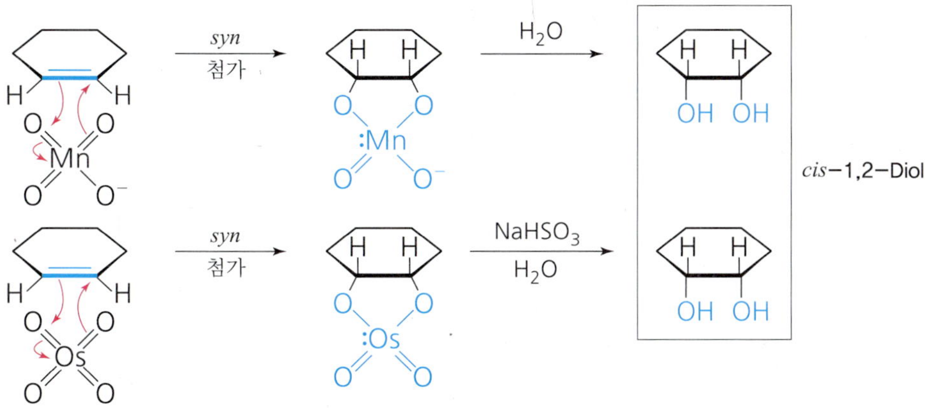

위에서 언급한 $KMnO_4$와의 반응을 뜨거운 조건에서 반응시키면 C=C 결합이 끊어져 2분자의 카복실산이 생성된다. 이와 같은 반응을 산화성 분해(Oxidative Cleavage) 반응이라 한다.

$$CH_3CH_2CH{=}CHCH_3 \xrightarrow[\text{가열}]{KMnO_4,\ H_2O,\ HO^-} CH_3CH_2\overset{O}{\overset{\|}{C}}OH + CH_3\overset{O}{\overset{\|}{C}}OH$$

알켄의 산화를 염기성 용액이 아닌 산성 용액에서 $KMnO_4$로 산화를 시키면 탄소-탄소 2중결합이 쪼개져서 각 탄소는 카보닐기(Carbonyl Group) C=O를 가진 생성물을 얻게 된다. 만일 2중결합 탄소가 4개의 치환기를 가진 알켄이면 생성물은 2개의 케톤(RCOR')이 되며, 2중결합 탄소에 수소가 하나 붙어 있으면 카보닐 생성물 중 하나는 알데하이드(RCHO)를 거쳐 카복실산(RCOOH)이 된다. 그리고 2중결합 탄소에 수소가 2개 붙어 있으면 산화되어 이산화탄소가 생성된다.

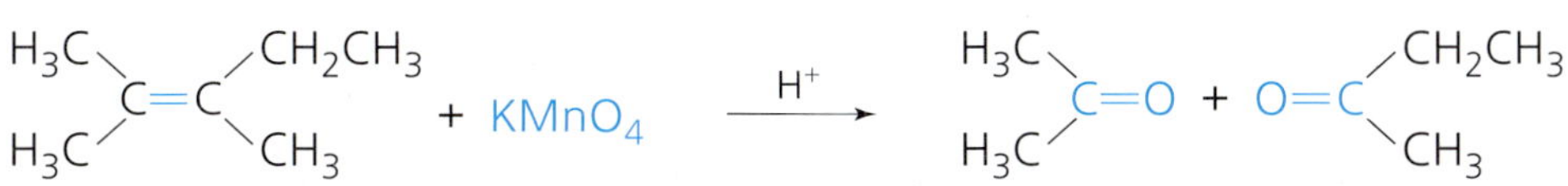

케톤　　　케톤

$$CH_3CH_2CH{=}CH_2 + KMnO_4 \xrightarrow{H^+} \underset{\text{카복실산}}{CH_3CH_2-\overset{O}{\overset{\|}{C}}-OH} + CO_2$$

3) 알켄의 가오존분해 반응

알켄에 오존을 반응시키고 물속에서 Zn 또는 다이메틸 설파이드(CH_3SCH_3)로 처리하면 2중결합이 모두 끊어지고 각 탄소 원자에 산소 원자가 결합하여 2개의 C=O(카보닐기)가 생성되는 산화성 분해 반응이 일어난다. 이 반응을 가오존분해 반응(Ozonolysis)이라고 한다. 알켄의 2중결합 위치를 알아내는데 이용된다. 이 반응은 C=C 결합에 오존이 syn 첨가로 인해 일어난다.

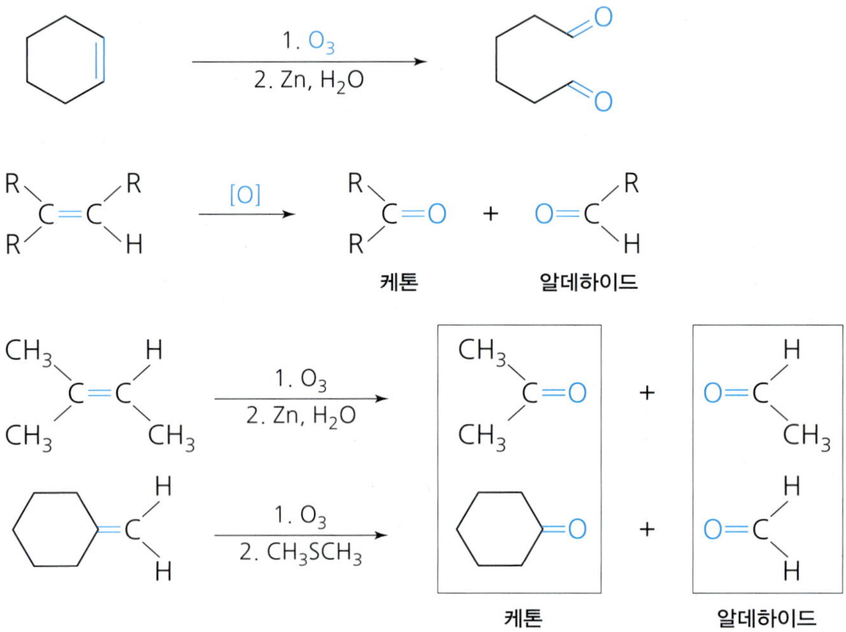

다음은 가오존분해 반응에서의 주요 중간체를 나타낸다.

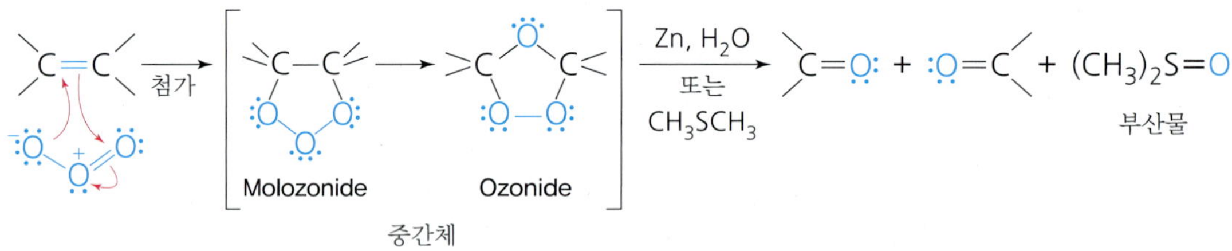

(10) 콘쥬게이트 다이엔(짝지은 2중결합) 알켄의 첨가반응

콘쥬게이트 다이엔(짝지은 2중결합, Conjugate Diene)은 2개 이상의 C=C 결합을 가지고 있는 분자 중 C−C 결합과 C=C 결합이 교대로 나타나는 결합을 말한다. 1,3−Butadiene은 콘쥬게이션형이고 1,4−Pentadiene은 비콘쥬게이션 형이다.

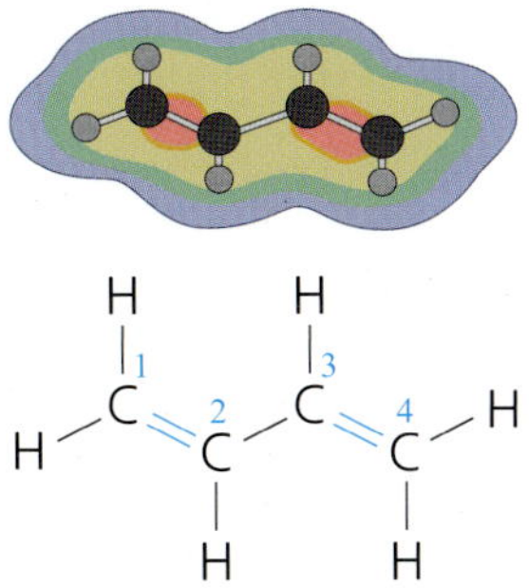

1,3-Butadiene

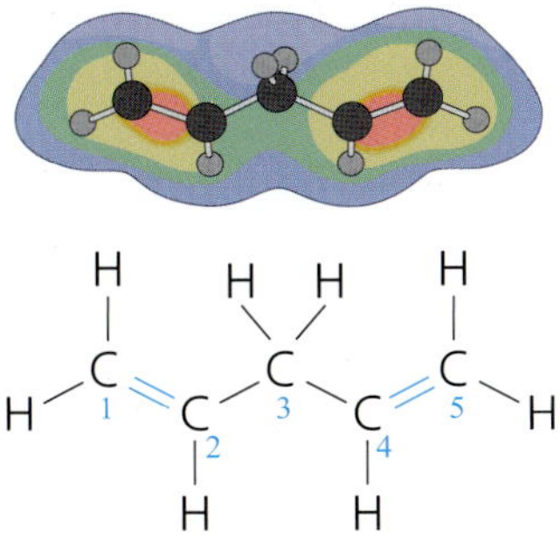

1,4-Pentadiene

콘쥬게이션 오비탈 모양은 2중결합 사이에 전자적 상호작용이 존재한다. p 오비탈이 가운데 있는 단일 결합을 가로질러 겹치기 때문이다. 예를 들어 1,3-뷰타다이엔의 오비탈 모양의 경우 4개의 각 탄소 원자는 p 오비탈을 하나씩 가지고 있어 C_2-C_3 단일 결합을 가로질러 전기적 상호 작용이 가능하다.

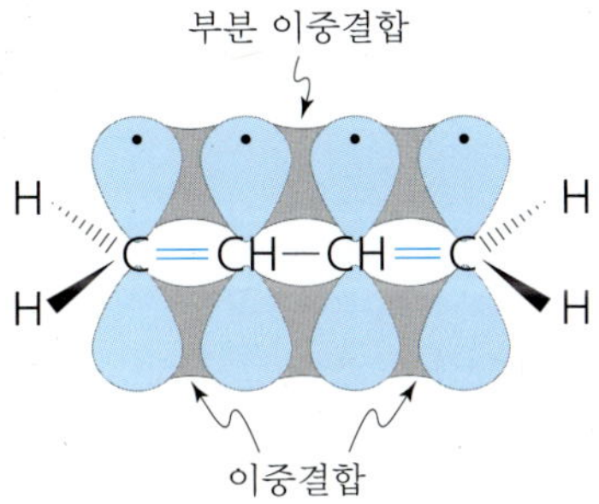

콘쥬게이션의 첨가 반응으로 2개의 화합물이 생성 된다. 즉 다음과 같이 Markovnikov 규칙을 따름과 따르지 않음으로 구분된다.

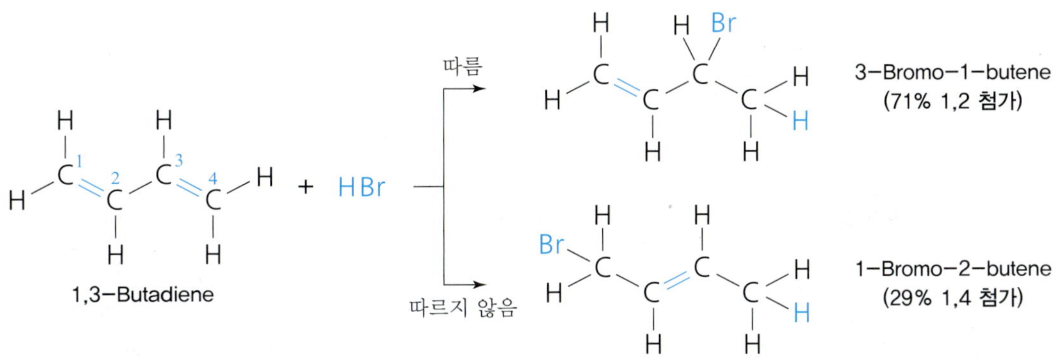

상기 1,4-첨가 생성물의 생성은 알릴성 중간체의 생성과 알릴 탄소양이온의 안정성에 따른다.

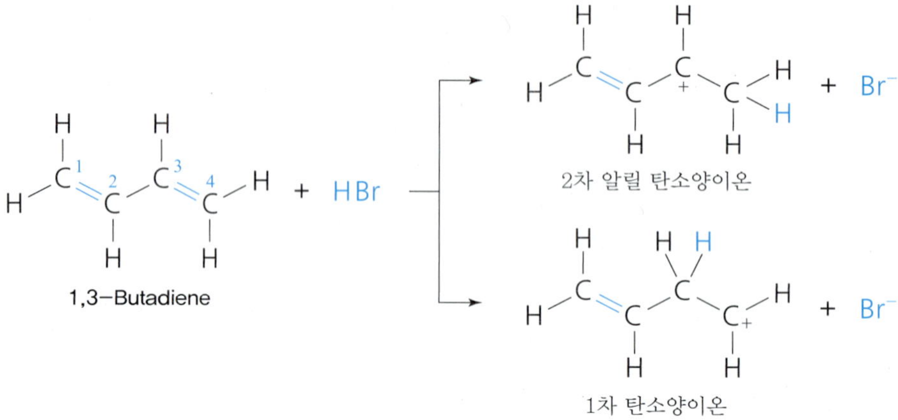

알릴 탄소양이온의 오비탈 모형은 양전하를 가진 탄소 원자는 비어 있는 p 오비탈을 가지고 있어 이웃해 있는 2중결합 p오비탈과 서로 겹칠 수 있다.

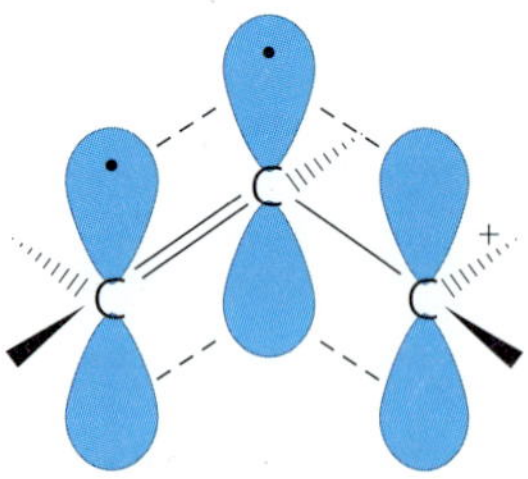

정확한 알릴 탄소양이온의 구조는 다음의 두 구조 중간에 해당하며 공명 혼성체 구조이다. 이를 알릴 탄소양이온 공명 안정성이라 한다.

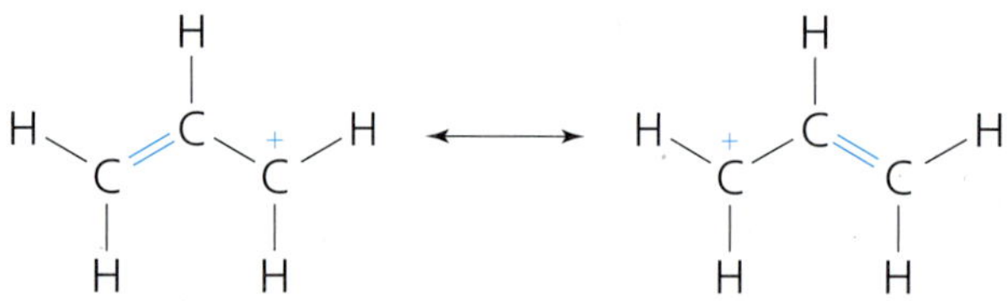

1) 콘쥬게이션 다이엔에 할로젠화 수소의 첨가 반응

짝지은 2중 결합의 구조는 이웃한 p 오비탈이 서로 겹쳐지기 때문에 π 전자 밀도가 고립된 2중 결합에 비해 비편재화되어 안정화될 수 있으므로 그 결과 2개의 C=C 결합 사이에 있는

C-C 결합 길이도 짧아져 있다.

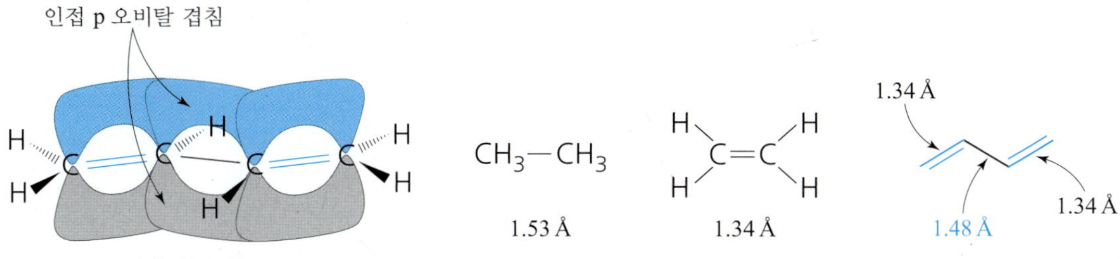

1,3-Butadiene

앞에서 언급된 것처럼 짝지은 이중 결합(콘쥬게이션 다이엔)에 할로젠화 수소(HX)의 1,2- 및 1,4-첨가 반응과 반응 메커니즘을 다음과 같다.

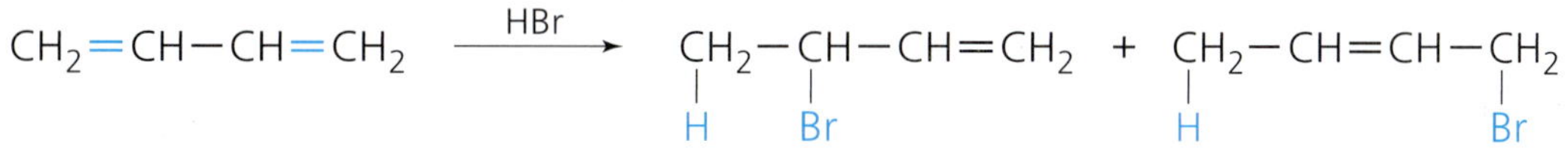

1,3-Butadiene　　1,2-첨가 생성물 (71%)　　1,4-첨가 생성물 (29%)

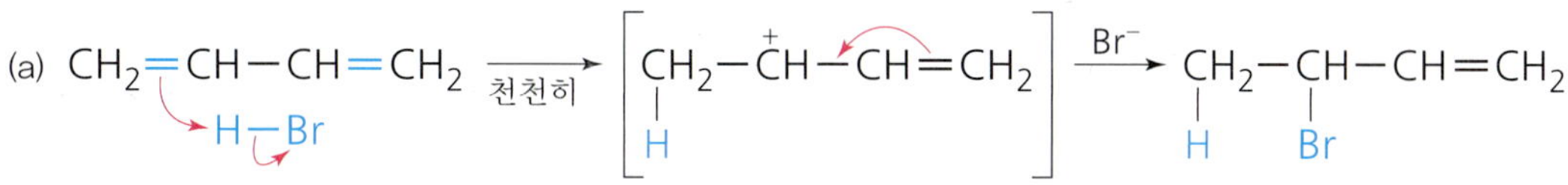

알릴 탄소양이온 A　　1,2-첨가 생성물

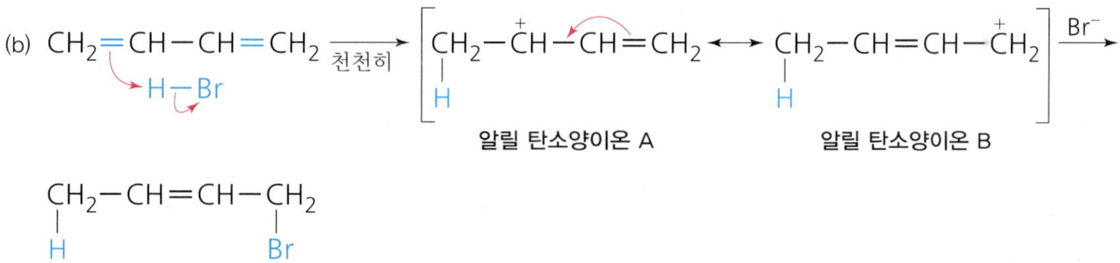

알릴 탄소양이온 A　　알릴 탄소양이온 B

1,4-첨가 생성물

이와 같은 반응이 일어나는 이유는 친전자체인 H^+가 π 결합 1개에 첨가되면 알릴성 탄소양이온 A가 생성되고 이것은 곧 알릴성 탄소양이온 B와 공명 구조를 만들며 안정화되기 때문이다. 1,2- 및 1,4-첨가 생성물이 생기는 것은 이들 탄소양이온 A와 B에 Br^-가 친핵성 공격을 한 결과이다.

이에 반하여 고립된 다이엔의 반응은 다음과 같다. 즉 HBr의 H는 덜 치환된 탄소(수소가 많은 탄소)에 수소 원자가 첨가되어 Markovnikov형 생성물을 얻는다.

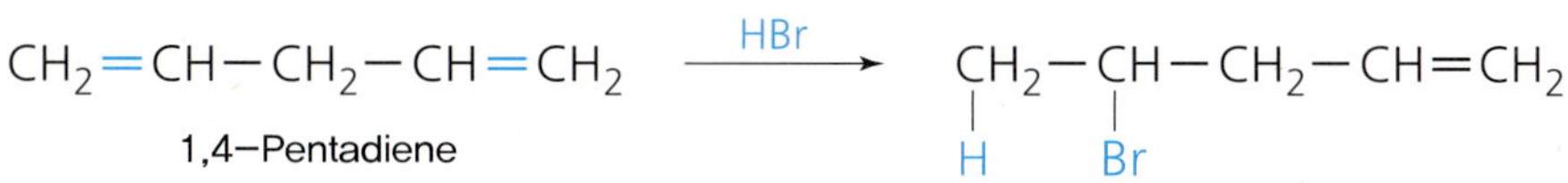

1,4-Pentadiene

2) 공명 구조 그리기와 해석

아세테이트 이온과 벤젠의 공명 구조는 다음과 같다. 아세테이트 이온은 양 쪽 산소들이 전자와 음전하를 동등하게 나눠가지고 있다.

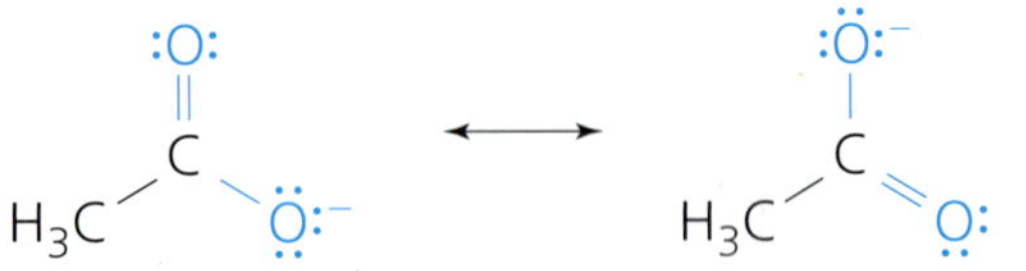

아세테이트 이온

벤젠은 6개의 탄소–탄소 결합이 동일한데 각 구조는 단일 결합과 2중 결합이 하나 걸러 짝지어 있다. 실제 구조는 이 2형태의 혼성체이다.

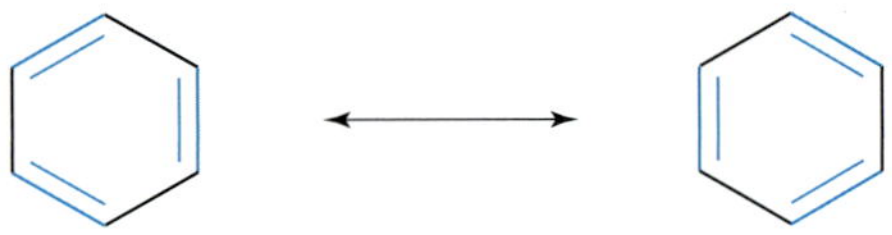

벤젠

공명 구조는 가상적이이고 실제 구조는 여러 구조의 혼합물이다. 공명 구조는 전자 및 비결합 전자(고립 전자쌍)가 있는 위치만 다를 뿐이고 공명구조가 다르다고 해서 원자의 위치나 혼성이 변하지 않는다. 벤젠의 경우에서 전자는 움직이지만 6개의 탄소와 6개의 수소는 제자리에 남아 있다. 공명구조가 다르면 동일하지 않다. 다음은 동일하지 않으나 둘 다 전체 공명혼성체에는 관여하고 있다.

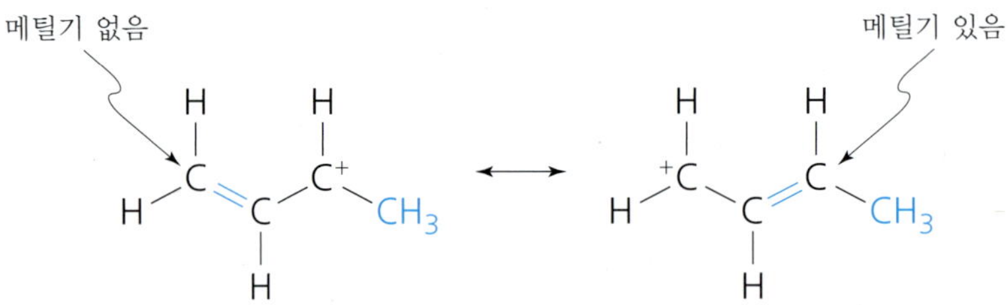

다음은 동일하지 않으나 2차 탄소양이온이 1차 탄소양이온 보다 뷰텐닐 탄소양이온에 가깝다.

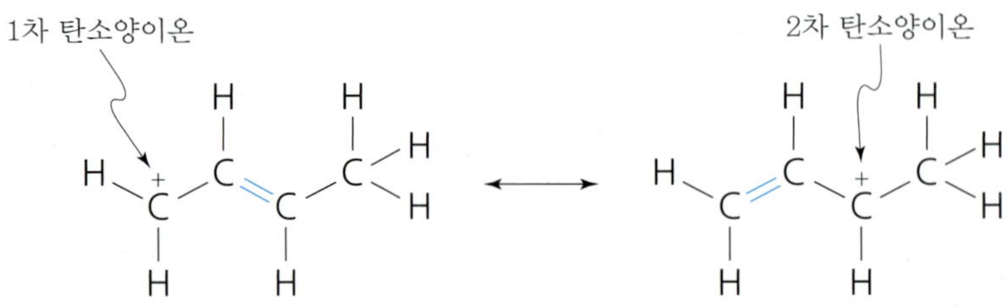

덜 중요한 공명 구조　　　　중요한 공명 구조

공명구조는 Lewis구조를 만족시켜야 하고 원자가 규칙을 따라야 한다. 즉 공명구조도 다른 구조와 비슷하여 팔전자 규칙을 따라야 한다

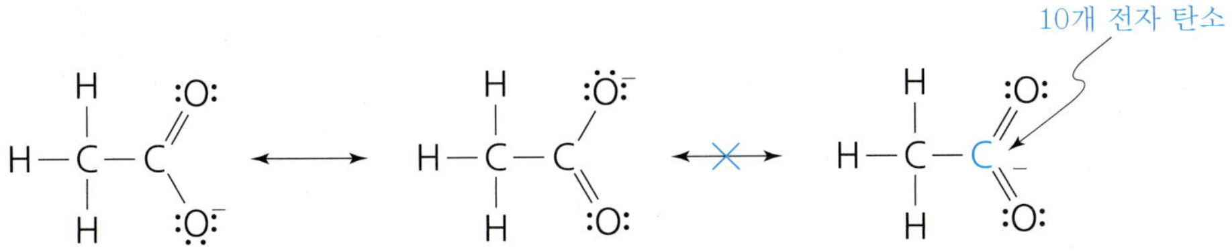

아세테이트 이온 공명혼성체 아님

공명은 안정성과 관련이 있는데 공명구조의 수가 많으면 많을수록 그 화학 종은 보다 안정화되어 있다.

3) Diels-Alder 1,4-첨가 반응

Diels-Alder 반응은 콘쥬게이트 1,3-다이엔(Conjugate 1,3-Diene)과 친다이엔체의 사이에서 열에 의해 6환고리가 생성되는 협동 반응(Concerted Reaction)이다. 이 반응에서 반응 물질에 있는 3개의 결합이 끊어지고 2개의 결합과 1개의 결합이 새롭게 생성된다. 전자가 풍부한 짝지은 다이엔(Conjugate Diene)과 전자가 부족한 친다이엔체(Dienophile) 사이에서 일어나는 6각 불포화 탄소고리(Cyclohexene)의 형성 반응을 말한다. 반응식에서 3개의 새로운 결합은 푸른색으로 표시하였다.

1,3-다이엔 친다이엔체 Diels-Alder 생성물

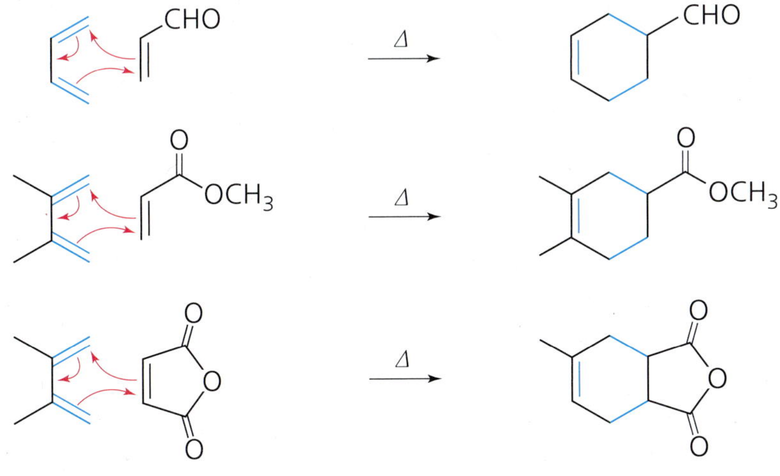

(11) 알켄의 라디컬 첨가반응

알켄의 라디컬 첨가 반응은 anti-Markovnikov형 생성물이 만들어진다. 이온성 첨가 반응의 경우와 반대 생성물이 생성되는 이유는 이 반응은 더 안정한 라디컬이 중간체로 생성되기 때문이다.

1) 알켄에 대한 HBr의 라디컬 첨가반응

앞에서 언급한 프로펜(Propene)에 대한 HBr의 첨가 반응은 Markovnikov형 생성물인 2-브로모프로페인(2-Bromopropane)을 주생성물로 생성시킨다. 즉 아래(a)와 같이 더 적게 치환된(수소가 많은) 탄소에 H 결합을 한다. 그러나 라디컬이 생성되는 조건인 라디컬 개시제, 빛, 가열, 과산화물에서 이 반응을 수행하면 아래(b)와 같이 더 적게 치환된(수소가 많은) 탄소에 Br이 결합하는 anti-Markovnikov형 생성물인 1-브로모프로페인(1-Bromopropane)이 주생성물로 생성된다.

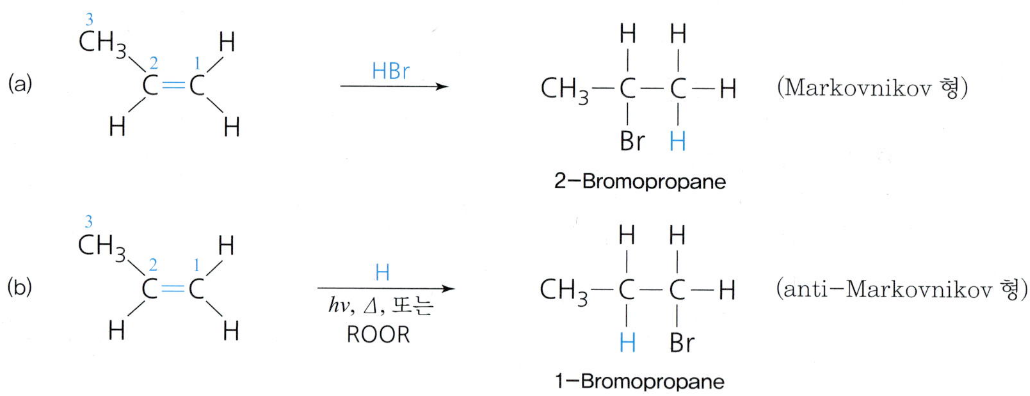

그 이유는 전자의 경우 HBr의 H^+이 결합에 우선 첨가하여 더 안정한 탄소양이온 생성 메커니즘을 통하여 일어나는 이온성 첨가 반응인데 반하여 후자의 경우는 H-Br의 결합이 균일 분해하여 생긴 Br 라디컬이 알켄에 라디컬 첨가 반응을 하기 때문이다.
이 반응에서 생성된 Br 라디컬은 전자가 부족한 화학종이므로 전자가 풍부한 C=C의 π 결합을 공격하게 되는데 이 때 위치선택적으로 더 안정한 2차 탄소 라디컬을 생성시키는 반응이 우선적으로 일어나기 때문이다.

예를 들면 아래(a)는 더 불안정한 1차 라디컬이 생성되는 잘 일어나지 않는 반응이고(b)는 더 안정한 2차 라디컬이 생성되므로 잘 일어나는 반응이 된다.

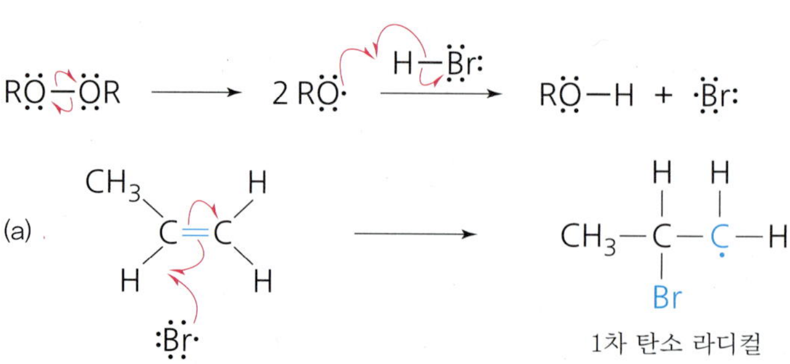

(b)

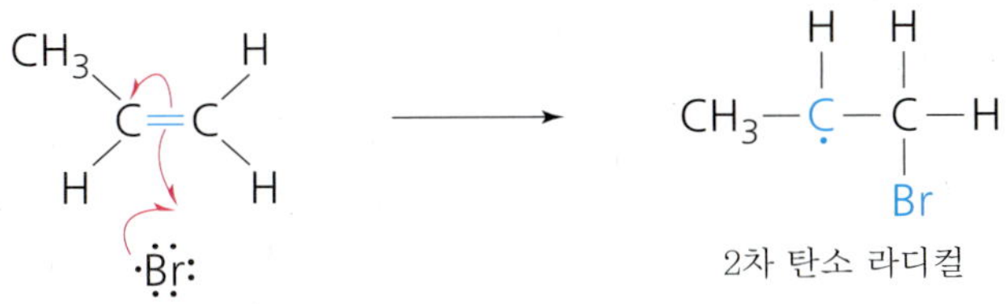

2차 탄소 라디컬

그러나 알켄에 대한 HX의 라디컬 첨가 반응은 전파 단계에서 발열 반응이 일어나는 HBr에서만 일어나고 흡열 반응이 일어나는 HCl과 HI에서는 일어나지 않는다. 한편 사이클로헥센(Cyclohexene)과 Br_2를 라디컬 생성 조건(가열 또는 빛을 쪼임)에서 반응시키면 브롬 첨가 반응이 일어나지 않고 알릴자리 탄소에 치환 반응이 일어난다. 이 반응은 Br 라디컬에 의하여 공명 안정화된 알릴 탄소 라디컬이 중간체로 생겨 라디컬 치환 반응이 일어난 결과이다.

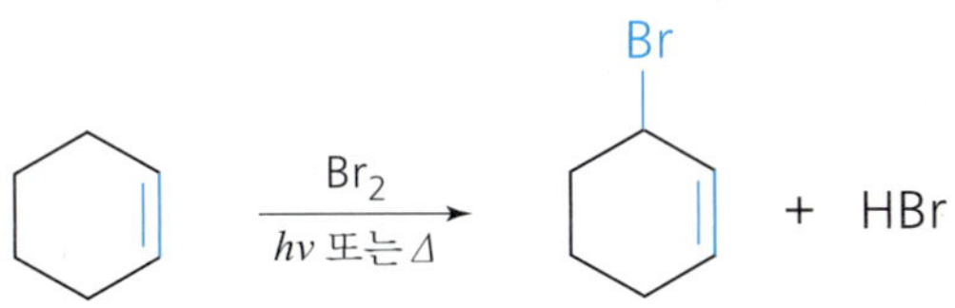

2) 알켄의 라디컬 중합 반응

고분자는 자연 상태에서 존재하는 셀룰로오스, 키틴과 같은 천연고분자(Natural Polymer, Biopolymer)와 폴리에틸렌, 나이론 같은 공업적으로 제조하는 합성고분자로 구분이 된다. 고분자에서 단위체(Monomer)는 고분자(Polymer)의 구조에서 반복되는 단위를 말한다. 중합(Polmerization)이란 단위체가 고분자로 전환되는 과정을 말한다. 단위체로는 일반식 CH_2=CHZ인 알켄 화합물이 주로 사용되며 중합 방법으로 라디컬 중합 반응이 흔히 쓰인다. 이 방법은 라디컬 개시제와 알켄 화합물을 라디컬 생성 조건에서 반응시키는 것이다.

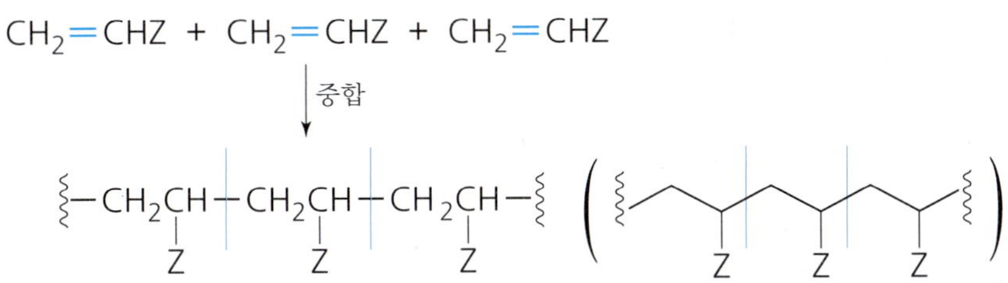

중합체

알켄으로부터 고분자 합성의 경우를 예로 들어 보자. 에틸렌은 일반적으로 높은 압력(1000~3000 atm), 높은 온도(100~200℃)에서 벤조일퍼록사이드(Benzoyl Peroxide)와 같은 라디컬 촉매로 중합을 한다.

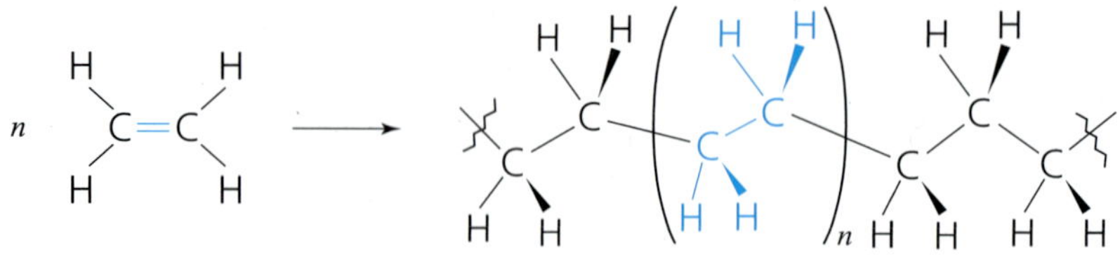

Ethylene Polyethylene (PE)

혹은

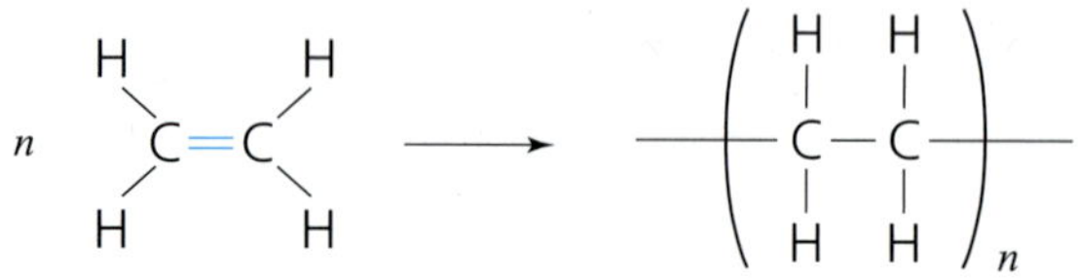

폴리에틸렌의 중합 메커니즘은 다음과 같이 개시단계(Initiation), 전파단계(Propagation), 종결단계(Termination)의 3단계로 일어난다.

1 단계 개시

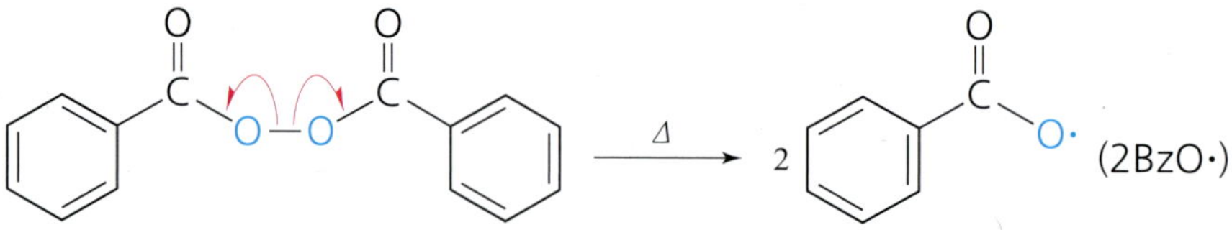

Benzoyl peroxide Benzoyloxy Radical

$$BzO\cdot + H_2C{=}CH_2 \longrightarrow BzO{-}CH_2CH_2\cdot$$

2 단계 전파

$$BzOCH_2CH_2\cdot + H_2C{=}CH_2 \longrightarrow BzOCH_2CH_2CH_2CH_2\cdot \xrightarrow{\text{반복}} BzO(CH_2CH_2)_nCH_2CH_2\cdot$$

3 단계 종결

$$2\,R{-}CH_2CH_2\cdot \longrightarrow R{-}CH_2CH_2CH_2CH_2{-}R$$

이와 같이 라디컬 중합 반응은 일반적인 알켄의 라디컬 반응과 유사한 메커니즘으로 라디컬 개시제에 의해 연쇄적으로 일어나는 반응이다. 즉 다음과 같이 3단계가 계속 반복적으로 일어난다.

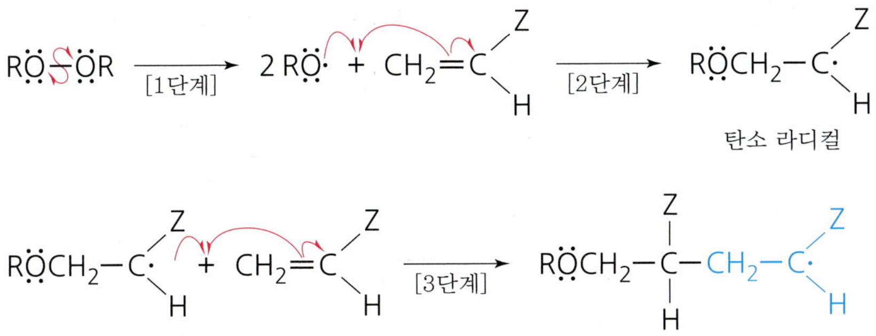

다음 표는 알켄 화합물에 있는 Z의 종류에 따라 다양한 고분자 생성을 나타내고 이들은 우리 생활에서 널리 사용되는 고분자들이다.

표 7.8 몇가지 고분자와 용도

단위체	고분자	용 도
$CH_2 = CH_2$	Polyethylene	식품포장재, 필름
$CH_2 = CHCH_3$	Polypropylene	포장지, 완구
$CH_2 = CHCl$	Poly Vinyl Chloride (PVC)	파이프, 바닥재
$CH_2 = CHCN$	Polyacrylonitrile	옷감
$CH_2 = CHPh$	Polystyrene (Styrofoam)	포장재, 보온재
$CH_2 = CHOCOCH_3$	Polyacetate	페인트, 접착제
$CF_2 = CF_2$	Polytetrafluoroethylene (Teflon)	조리기구 코팅제

(12) 천연 고무 (Natural Rubber)

천연의 알켄 중합체이다. 원천은 고무나무(Hevea Brasiliensis)의 껍질에서 낸 흠집에서 떨어지는 액체를 채집하여 얻는다. 천연고무는 콘쥬게이션 다이엔(짝지은 2중 결합)인 아이소프렌의 중합체이다. 반면에 합성고무(Synthetic Rubber)는 아이소프렌(2-Methyl-1,3-butadiene) 단위체가 1,4-첨가에 의해 중합이 일어나 사슬이 길어지면서 탄소 4개마다 일정하게 2중 결합이 존재하는 중합체가 된다. 2중 결합은 Z 입체구조(Geometry)이다.

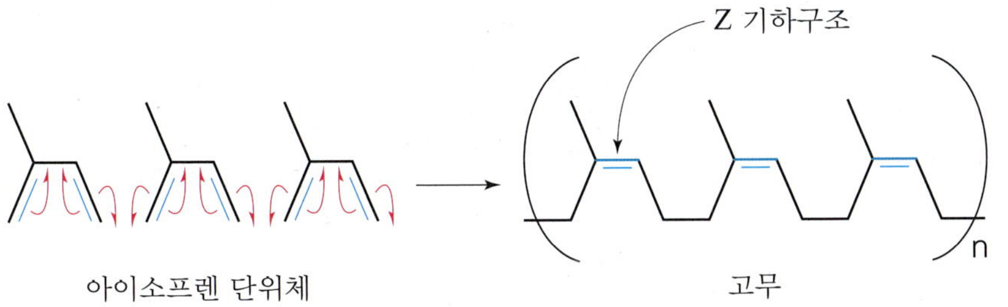

1) 라텍스(Latex)

고무 원료로 고무나무에서 얻어지는 수용성 현탁액을 수집하여 세척 건조시키고 공기 중에서 가열 응고시키면 중합체가 되는데 사슬 길이가 평균 5000개의 단위체로 되어 있으며 분자량은 200,000~500,000이다.

2) 가황(Valcanization)

끈적한 고무를 황과 함께 가열을 하면 망상(Network) 구조를 갖는다. 탄소-황과 결합을 시킨 정도를 이용하여서 자동차 타이어에서 딱딱한 볼링공까지 만들 수 있다. 고무가 뛰어난 신축율을 갖는 것은 2중 결합으로 인한 중합체의 불규칙한 구조에 기인한다.

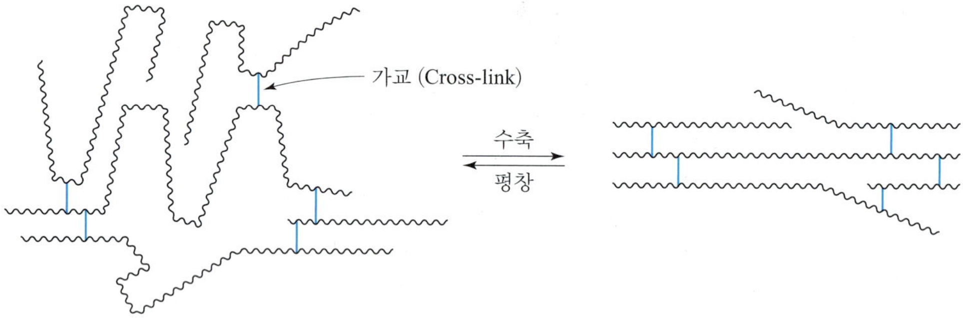

(13) 알켄의 생물학적 첨가 반응

생물학적인 유기 반응은 유기 용매보다 수용성 매체에서 일어나며 효소(Enzyme)라고 하는 복잡한 촉매가 관여한다. 생물학적 반응 양상은 실험실에서의 화학반응과 유사하고, 예로서 푸마라아제(Fumarase)는 효소이고 다음 반응은 우리 몸이 음식물을 대사시키는 엽산회로(Citric Acid Cycle)의 한 단계이다.

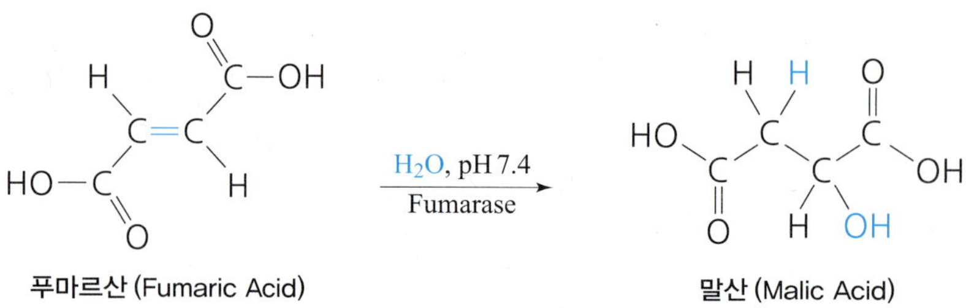

자연계에는 많은 종류의 알켄 화합물이 존재한다. 예를 들면 에텐(Ethene) 또는 에틸렌(Ethylene)은 과일이 익는데 관여하는 식물의 성장 호르몬이다. 천연 고무는 2-Methyl-1,3-Butadiene(Isoprene, 아이소프렌)을 기본 단위로 한 중합체이다. 이 물질은 식물이 열을 견디어 내기 위하여 뿜어내는 성분이기도 하다. 산림이 우거진

숲속에서 피어나는 푸른 안개는 이 물질이 광반응을 일으켜 만들어진 에어로졸이다. 아이소프렌(Isoprene) 단위는 식물이 생화학 작용으로 만들어 내는 다양한 터펜(Terpene)의 단위 물질이기도 하다. 그리고 송진 성분의 α−파이넨(α−Pinene), 레몬과 오렌지의 기름 성분의 리모넨(Limonene), 당근의 색 성분 및 비타민 A의 전구체인 β−카로틴(β−Carotene), 생강 기름의 진지베렌(Zingiberene), 토마토의 붉은 색 성분 및 항산화 작용을 가진 라이코펜(Lycopene), 사과 껍질의 왁스 성분인 α−파네센(α−Farnesene), 박하 기름 성분의 (R)−카르본 [(R)−Carvone] 등이 모두 천연 알켄에 속한다. 또한 천연 알켄 중에는 페로몬 작용을 하는 물질도 많은데 집파리의 성 유인 호르몬인 마스컬우얼(Muscalure)은 C_{23}인 시스−알켄 구조를 가지고 있는 물질이다.

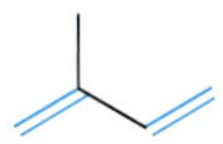

2−Methyl−1,3−butadiene
(Isoprene)

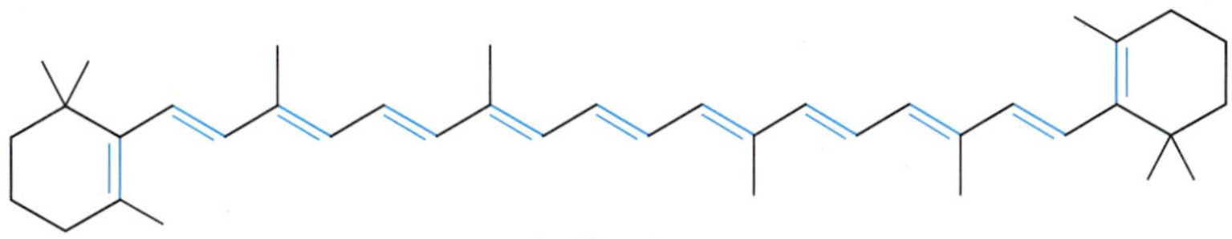

β−Carotene

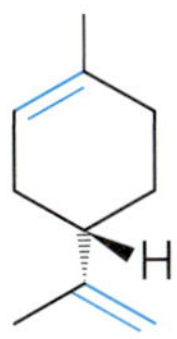

(R)−(+)−Limonene

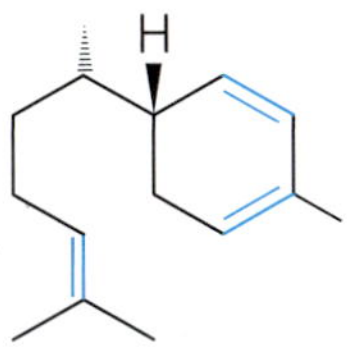

Zingiberene

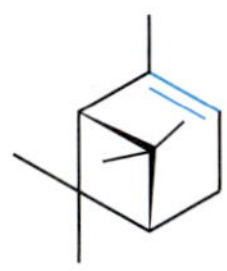

α−Pinene

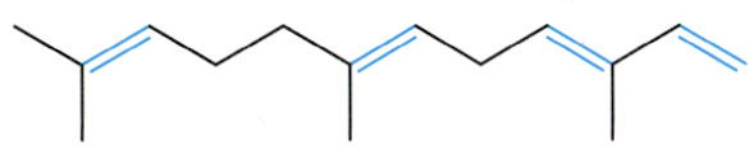

α−Farnesene

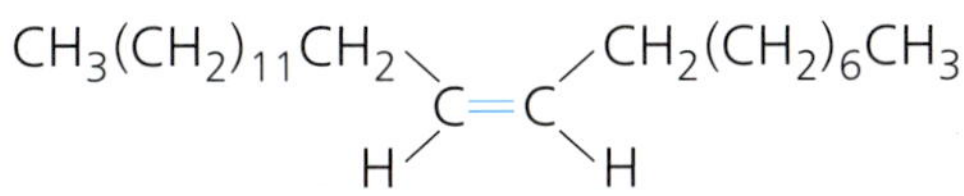

Muscalure

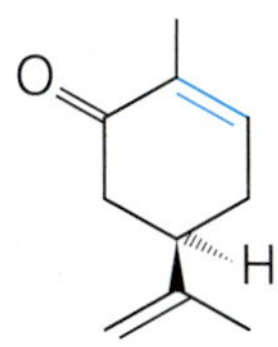

(R)−Carvone

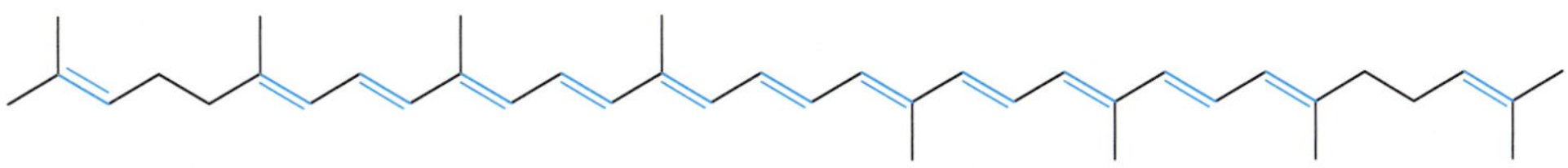

Lycopene

7.8.4 알카인의 친전자성 첨가 반응

알카인은 탄소−탄소 3중결합을 가지고 있는 탄화수소이다. 이 때 탄소는 sp로 혼성화되어 있고 하나의 sp−sp의 시그마(σ) 결합과 2개의 p−p의 파이(π) 결합으로 되어 있다. 알카인의 반응은 C≡C 결합의 첨가 반응과 아세틸라이드 음이온(Acetylide Anion)인 $R-C\equiv C^{-}$의 친핵체로서의 반응이 중요하다. 에타인(아세틸렌, Ethyne)의 정전기 전위 지도를 보면 전자 밀도(붉은색 부위)는 2 탄소 사이에 원통형으로 분포되어 있다.

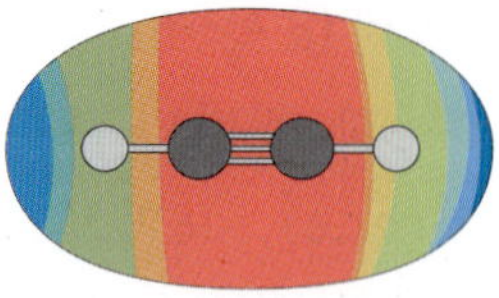

첨가 반응은 알카인의 경우 2개의 π 결합을 가지고 있기 때문에 친전자성 첨가 반응이 2번 일어나 4개의 σ 결합이 새로 생긴 화합물이 생성한다.

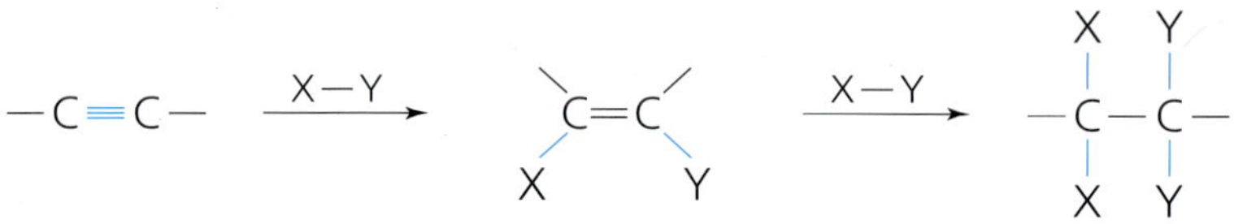

E 또는 *Z* 형태

아세틸라이드 음이온의 반응 경우는 말단 알카인에 있는 수소 원자의 산도는 알케인 또는 알켄의 수소 원자보다 강하므로 $NaNH_2$와 같은 강염기에 의해 양성자로 떨어져 나가 아세틸라이드 음이온으로 쉽게 전환될 수 있다. 이 음이온은 친핵체로서 작용하여 할로젠화 알킬과 같은 친전자체와 친핵성 치환반응을 하며 카보닐 탄소와도 친핵성 첨가 반응을 일으킨다.

다음과 같은 반응 예를 들 수 있다.

$$CH_3C{\equiv}C^- + CH_3I \longrightarrow CH_3C{\equiv}CCH_3$$

일반적으로 알켄과 첨가 반응하는 여러 가지 시약들은 알카인과도 반응을 한다. 즉 알켄의 2중 결합의 반응에서와 같이 수소(H_2), 할로젠(X_2), 할로젠화 수소(HX)는 알카인과 반응을 하게 되며, 알카인의 H_2O 첨가 반응(수화 반응)은 알켄과는 다소 상이한 반응이 이루어진다.

(1) 알카인의 친전자성 할로젠 첨가 반응

C≡C 결합에 할로젠 분자(X_2)가 1당량 첨가 반응하면 트랜스-1,2-다이할로알켄(trans-1,2-Dihaloalkene)이 생성되고 여기에 X_2가 1당량 더 반응하면 테트라할로알케인(Tetrahaloalkane)이 생성된다.

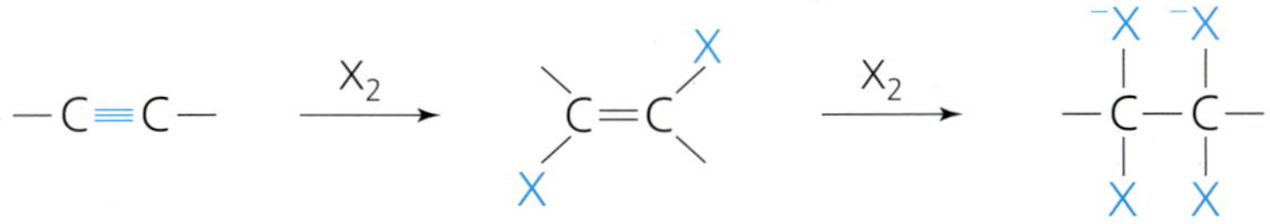

트랜스 다이할로젠화물 테트라할로젠화물

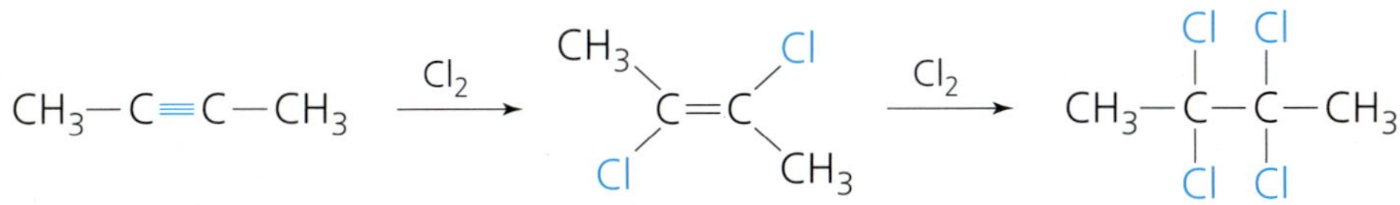

다음은 알카인의 할로젠 첨가 반응 메커니즘으로 trans-1,2-Dihaloalkene을 거쳐 Tetrahaloalkane을 형성한다.

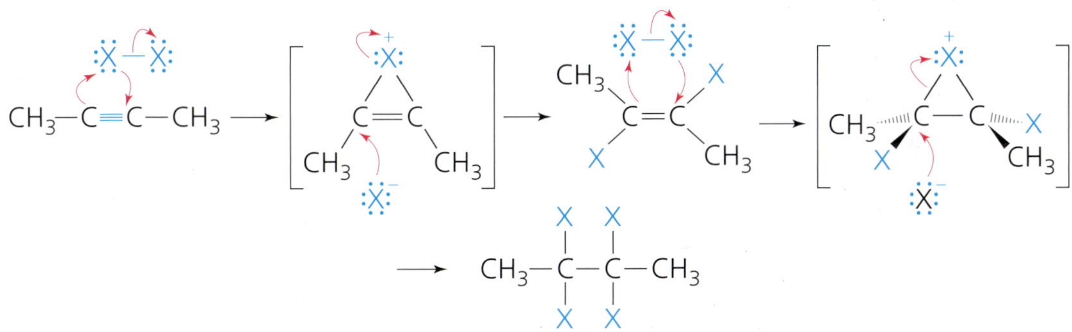

그외 알카인의 할로젠 첨가 반응 예는 다음과 같다.

1-Hexyne (*E*)-1,2-Dibromo-1-hexene

(2) 알카인의 친전자성 할로젠화 수소(HX) 첨가 반응

알카인은 알켄처럼 HCl, HBr, HI와 첨가 반응을 한다. 알카인은 보통 1당량의 HX와 반응하여 1치환 할로젠화물이 생성되나, 과량의 HX 존재 하에서는 2할로젠화물이 생성된다. 이때 1치환 할로젠화 첨가 반응의 위치선택성은 Markovnikov 규칙을 따른다. H 원자는 3중 결합을 가진 탄소 중에서 수소를 많이 가진 탄소에 첨가되며 X원자는 다른 탄소에 첨가된다.

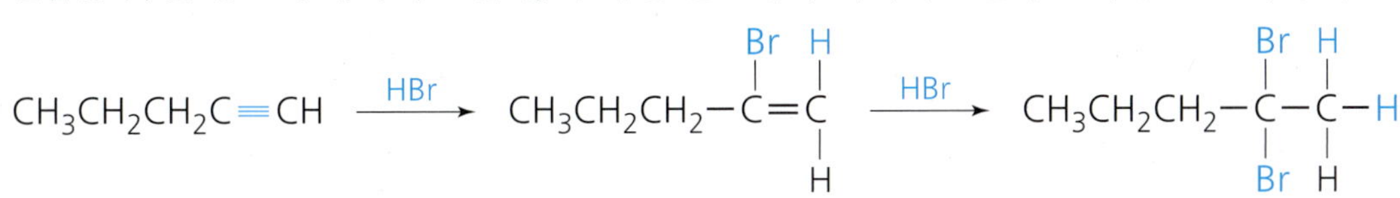

Pent-1-yne 2-Bromopent-1-ene 2,2-Dibromopentane

다시 말해 알카인과 HX 1당량을 첨가 반응시키면 할로젠화 비닐(Vinyl Halide)이 생성되고 여기에 1당량의 HX를 더 첨가시키면 같은 탄소 원자에 할로젠 원자 2개가 치환된 화합물인 같은자리 다이할로젠화 알킬(gem-Alkyl Dihalide)이 생성된다. 그러나 HX에 대한 알카인의 반응성은 알켄보다 약하다. 그 이유는 염화 비닐이 생성될 때 반응 중간체로 생성되는 비닐성 탄소양이온이 알켄과의 반응에서 생기는 알킬 탄소양이온보다 불안정하여 생성되기 어렵기 때문이다.

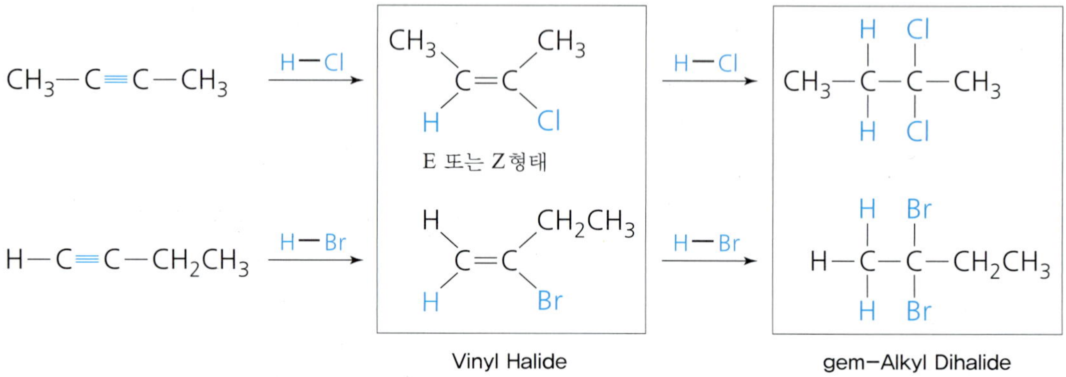

1) 1단계 메커니즘

이 반응 1단계에서 생성되는 할로젠화 비닐(Vinyl Halide)은 Markovnikov 규칙에 따라 위치선택적으로 생성된다. 그 이유는 C≡C 결합에 1당량의 H^+가 첨가될 때 A, B구조를 가진 2종류의 비닐성 탄소양이온의 생성이 가능한데 이 중에서 알킬기의(+)전자 유발 효과로 더 안정한 비닐성 탄소양이온 A가 더 우선하여 생성되고 여기에 X^-가 친핵체로 반응하기 때문이다.

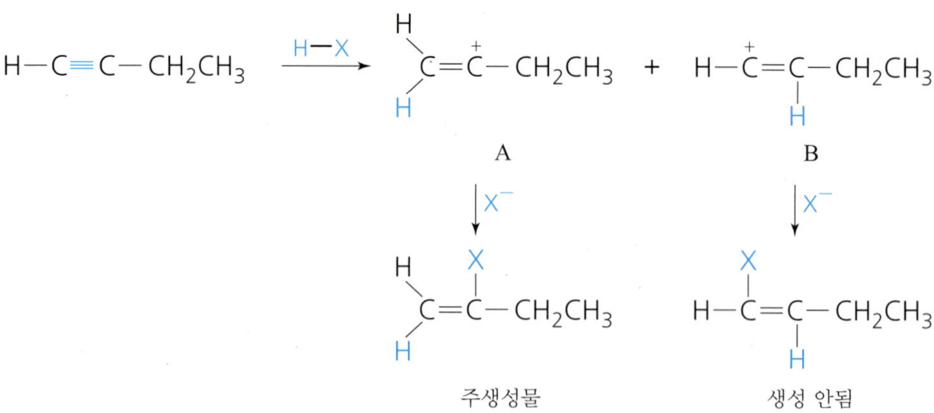

2) 2단계 메커니즘

2번째 단계에서 같은자리 다이 할로젠화물(*gem*−Dihalide)이 생성되는 이유는 공명 안정화될 수 있는 탄소양이온이 형성되는 쪽을 선호하기 때문이다. 즉 gem−Alkyl Dihalide가 생성되는 이유는 공명 안정화될 수 있는 탄소양이온이 형성되는 방향으로 반응이 진행되기 때문이다. 할로젠 원자의 전기음성도가 탄소보다 커서(−)전자 유발 효과로 탄소 양이온을 불안정하게 하는 요인도 있지만 비공유 전자쌍을 탄소양이온에 줌으로써 공명안정화 시킬 수 있다.

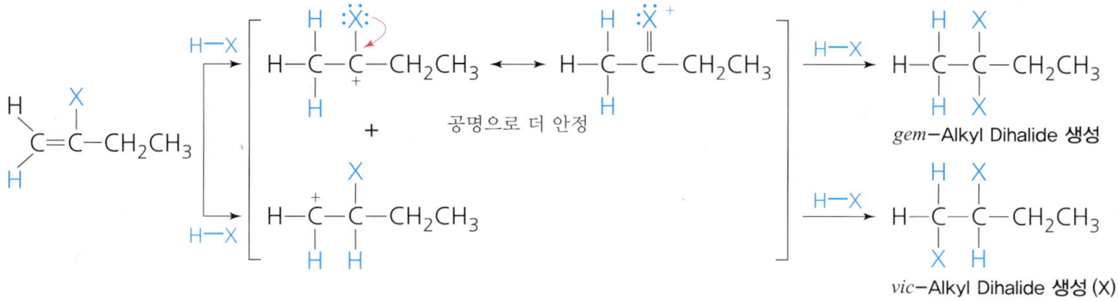

그 외 알카인의 할로젠화 수소첨가 반응 예는 다음과 같다.

1−Hexyne 2−Bromo−1−hexene

(3) 알카인의 친전자성 수소첨가 반응(촉매 수소화 반응)

알카인에 수소를 첨가하는 반응 조건은 알켄에 수소를 첨가하는 반응과 유사하다. 수소 첨가 방법에 따라 알케인 생성과 *cis*− 또는 *trans*− 알케인 생성의 2가지 생성물이 생성될 수 있다. 일반 팔라듐 또는 백금 촉매를 사용하여 알카인에 수소 첨가 반응시키면 알켄을 얻을 수 없고 오직 알케인만 얻을 수 있다. 비록 수소를 1당량만 사용하더라도 알켄은 얻을 수 없다. 이는 수소 첨가 반응시 알카인에서 알켄으로 되는 반응속도(k_1)보다 알켄에서 알케인으로 되는 반응 속도(k_2)가 훨씬 빠르기($k_2 \gg k_1$) 때문이다.

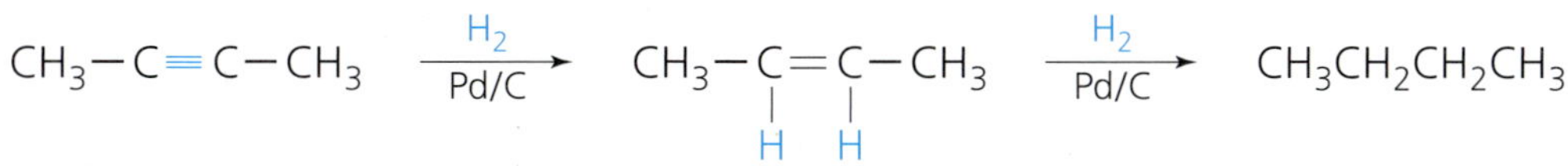

But−2−yne k_1 But−2−ene k_2 Butane

$$CH_3(CH_2)_3C{\equiv}C(CH_2)_3CH_3 \xrightarrow[Pd/C]{2\,H_2} CH_3(CH_2)_8CH_3$$

5−Decyne Decane (96 %)

1) cis-알켄의 합성

알카인에 Lindlar 촉매와 같은 활성도가 낮은 특별한 촉매를 사용하여 수소 첨가 반응을 시키면 오직 cis-알켄만 생성된다. 이 사용 Lindlar촉매는 팔라듐(Pd)을 Lead Acetate[$Pb(OCOCH_3)_2$]와 퀴놀린(Quinoline)으로 처리하여 촉매의 활성을 떨어뜨린 것이다.

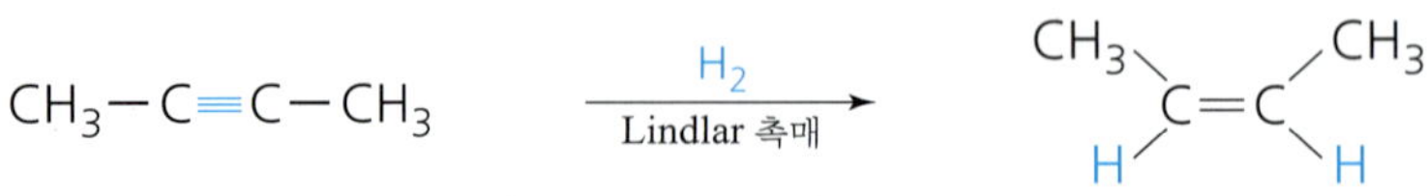

But-2-yne　　　　*cis*-But-2-ene

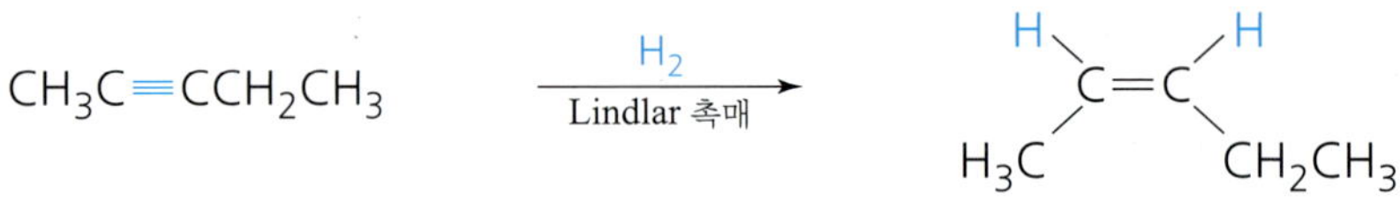

Pent-2-yne　　　　*cis*-Pent-2-ene

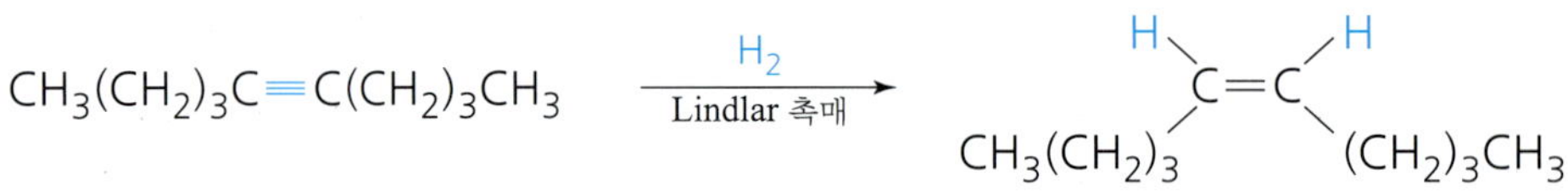

Dec-5-yne　　　　*cis*-Dec-5-ene

2) trans-알켄의 합성

알카인을 액체 암모니아 속에서 Li, Na, K 금속과 반응을 시키거나 $LiAlH_4$와 반응시키면 trans-Alkene으로 전환된다.

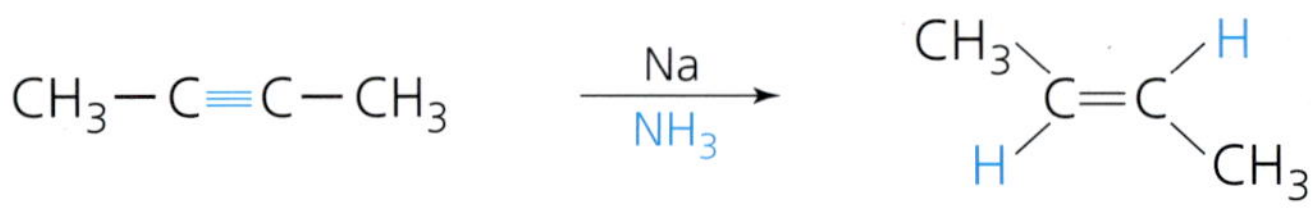

But-2-yne　　　　*trans*-But-2-ene

(4) 알카인의 친전자성 수화 첨가 반응(수화 반응)

알카인의 수화 반응은 알켄보다 잘 일어나지 않는다. 그러나 강산 혹은 Hg^{2+} 이온 존재하에서 물과 반응시키면 물 분자가 C≡C 결합에 첨가되어 엔올(Enol)이 형성되고 이는 곧 토토머화 반응을 하여 카보닐기(C=O)를 가진 케톤으로 전화된다. 참고로 에틸렌(Ethylene)의 수화 반응에서는 알데하이드가 얻어진다.

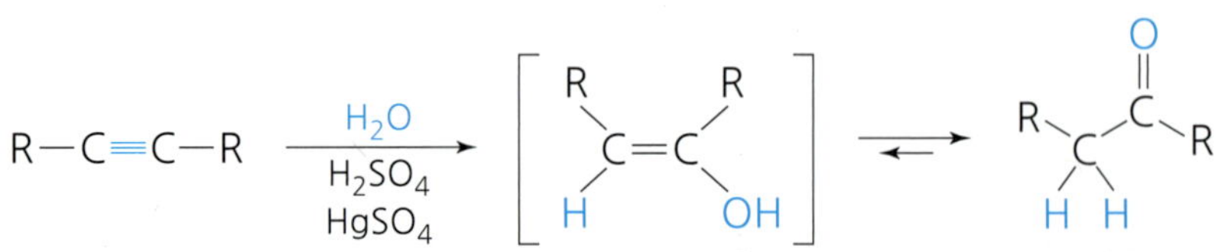

덜 안정 엔올　　　　케톤

내부 알카인의 수화 반응은 강산 존재 조건에서 가능하지만 말단 알카인의 경우는 추가적으로 Hg^{2+} 이온이 필요하다. 말단 알카인의 수화 반응은 Markovnikov 규칙에 따라 일어난다. 즉 H는 3중 결합 탄소의 수소가 많이 달린 탄소에 첨가되고 –OH는 수소를 적게 가진 탄소에 첨가되어 최종 메틸 케톤이 생성된다.

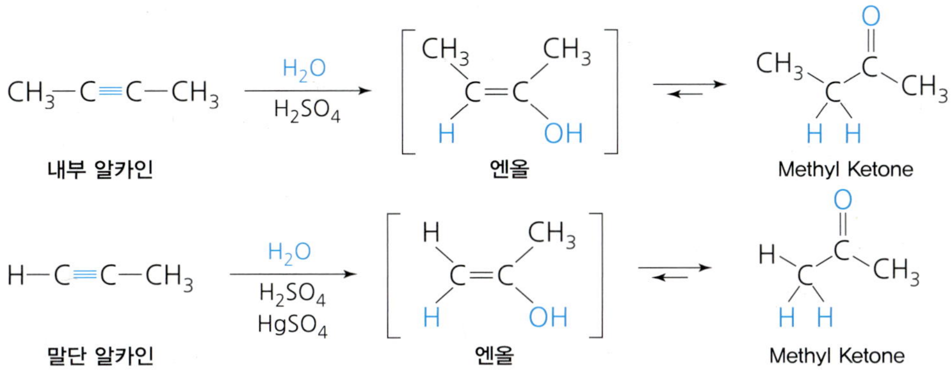

엔올과 케톤은 단지 2중 결합의 위치와 수소 원자의 위치만 다른 구조 이성질체이다. 아래 엔올형과 케토형을 토토머(Tautomer)라 하고 상호 전환을 토토머화 반응이라고 한다. 토토머는 평형 관계에 있지만 C=C 결합보다 C=O 결합이 더 강하므로 케토형으로 더 많이 존재한다.

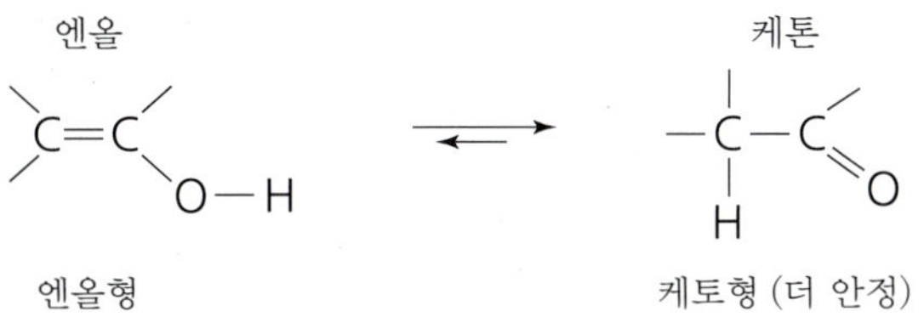

참 고 **엔올(Enol)**

탄소–탄소 2중결합에 –OH가 붙어 있는 특이한 성질을 가지는 화합물의 알코올을 엔올(Enol)이라고 한다. 엔올은 2중 결합을 나타내는 엔(Ene)과 알코올을 의미하는 올(ol)의 합성어이다. 엔올의 중요한 성질 중의 하나는 엔올은 자리옮김을 하여 더 안정한 케톤(RCOR)으로 변환한다는 것이다. 엔올과 케톤은 빠르게 상호전환 한다. 따라서 엔올을 분리하는 것은 매우 어렵다.

(5) 알카인의 친전자성 수소붕소 첨가 산화 반응(산화 반응)

알켄의 C=C 결합과 비슷하게 C≡C 결합도 보레인(Borane)과 수소붕소 첨가 반응을 한다. 비닐 보레인(Vinyl Borane)을 산화시키면 엔올이 생성되는데 토토머화 반응에 의해 내부 알카인은 케톤으로, 말단 알카인은 알데하이드로 전환된다. 여기서 수소붕소(BH_3) 첨가는 치환이 덜된 탄소에 붕소가 결합한 뒤 산화된다.

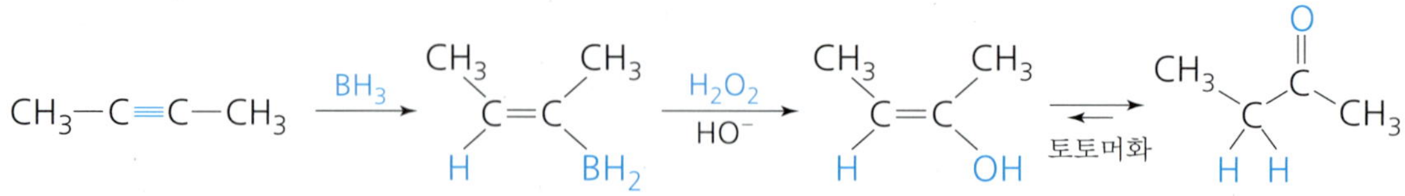

내부 알카인 / Vinyl Borane / Enol / 케톤

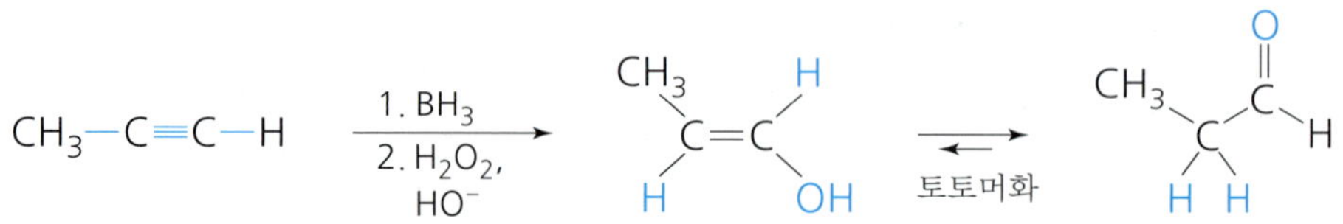

말단 알카인 / Enol / 알데하이드

(6) 알카인의 친전자성 첨가 산화 반응

알카인은 산화성 분해에 의해 카복실산(Carboxylic Acid)으로 전환된다. 즉 알카인에 염기성 $KMnO_4$ 또는 오존(O_3)을 반응시키면 3중 결합이 산화성 분해되어 내부 알카인은 카복실산을 생성시키고 말단 알카인은 카복실산과 CO_2를 생성한다.

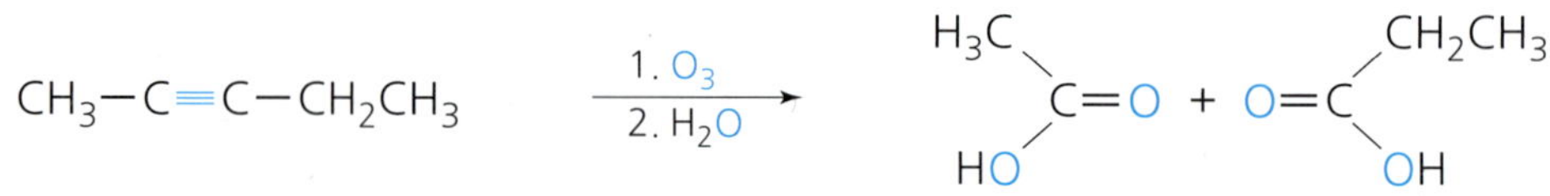

내부 알카인 / 카복실산

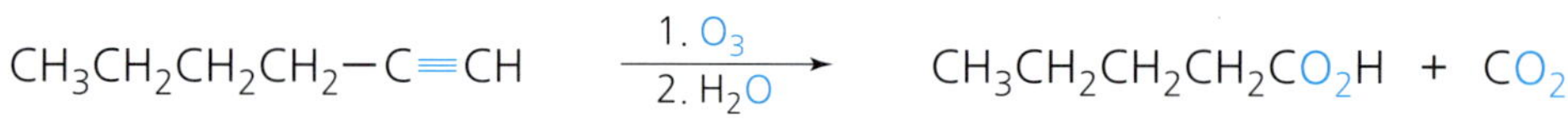

말단 알카인 / 카복실산

(7) 알카인의 친전자성 첨가 아세틸라이드 음이온 반응

말단 알카인은 $NaNH_2$와 같은 강염기와 반응하여 아세틸라이드 음이온이 형성된다. 이 음이온은 친핵체로서 작용한다.

sp 혼성 탄소 원자에 결합되어 있는 수소 원자는 sp^2, sp^3 혼성 탄소 원자의 수소 원자보다 산성이 강해 나트륨아마이드(Sodium Amide, $NaNH_2$)와 같은 강염기에 의해 양성자로서 쉽게 중화되어 아세틸라이드 음이온을 생성한다. 이 음이온은 탄소 친핵체로서 친전자체와 반응하여 유기 합성에서 중요한 C–C 결합을 형성하는 반응에 이용된다.

$HC\equiv CH$ (에타인)	$H_2C=CH_2$ (에텐)	CH_3-CH_3 (에테인)
$pK_a=25$	$pK_a=44$	$pK_a>50$

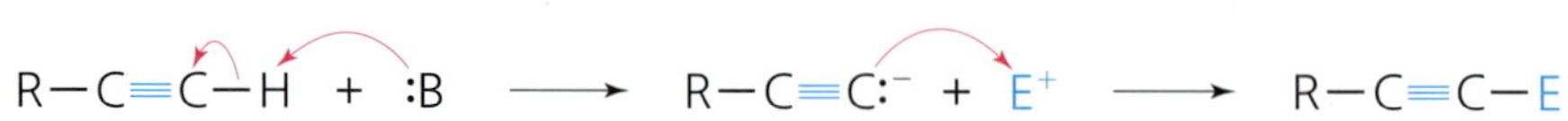

말단 알카인 / 아세틸라이드 음이온

(8) 천연 알카인 화합물

천연에서 발견되는 알카인 화합물은 탄화수소로만 이루어진 알카인 형태보다는 알코올 또는 카복실산(Carboxylic Acid)과 같은 작용기를 가진 화합물이 더 많다. 선충구제액(Nematicide)은 토양속에 있는 기생충을 죽이는 식물이 가지고 있는 살충 성분으로 순수한 탄화수소로만 이루어진 물질이다. 독미나리과 식물에서 발견되는 엔다이아인(Endiyne) 구조를 가진 알코올인 시큐톡신(Cicutoxin)은 신경독을 나타내는 물질이며 미나리과와 두릅나무과 식물에서 발견되는 파낙시놀(Panaxynol)은 토양 속 곰팡이로부터 식물의 뿌리를 보호하는 천연 항진균제이며 사람에겐 접촉성 피부염을 일으키는 물질이다. 또한 비슷한 구조를 가진 패낙시트리올(Panaxytriol)은 인삼에서 발견되는 알카인계 알코올이다. 엔아인(Enyne) 아미노 알코올 구조를 가지고 있는 히스트리오니코톡신(Histrionicotoxin)은 열대 우림 속에 사는 독화살개구리에 있는 신경독을 가진 물질이다. 이들은 모두 외부 환경으로부터 개체 보호를 위해 만들어 내는 자기 방어 물질로 알려져 있다.

Nematicide

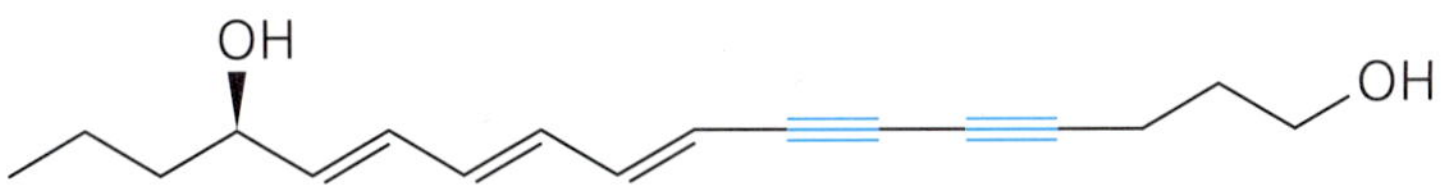

Cicutoxin

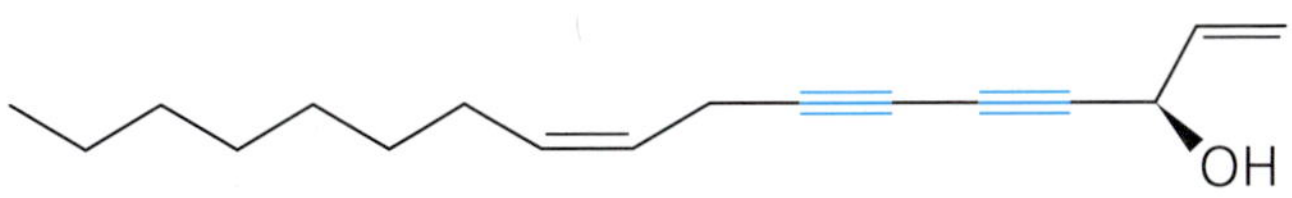

Panaxynol

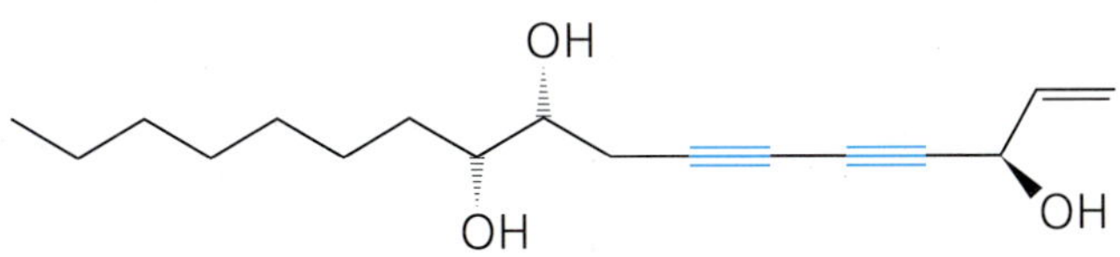

Panaxytriol

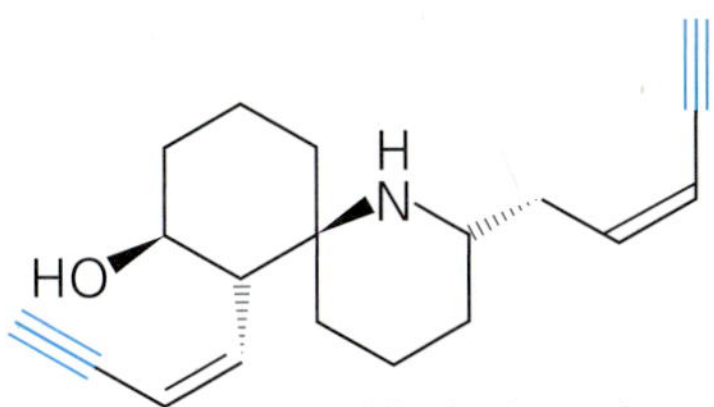

Histrionicotoxin

참 고 **합성 알카인 화합물**

합성 알카인 화합물로 잘 알려진 것은 경구 피임약 성분인 에티닐에스트라다이올(Ethynylestradiol)과 노르에틴드론(Norethindrone)이 있다. 이들은 모두 합성 의약품으로 각각 여성 호르몬인 에스트라디올(Estradiol)과 황체 호르몬인 프로게스테론(Progesterone) 보다 더 강력한 생리 활성을 지니고 있다. 또한 사후 피임약으로 사용되는 RU-486과 레보노르게스트렐(Levonorgestrel)도 아세틸렌기(Ethynyl기)가 있는 합성 의약품이다.

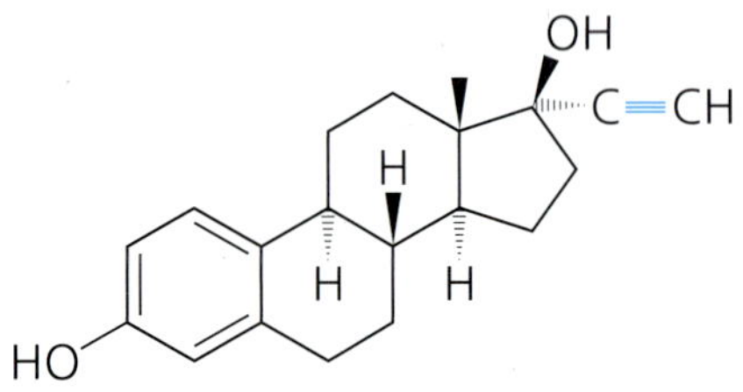

Ethynylestradiol

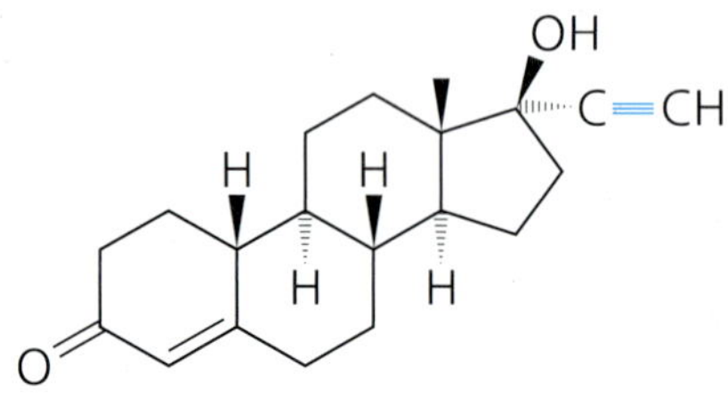

Norethindrone

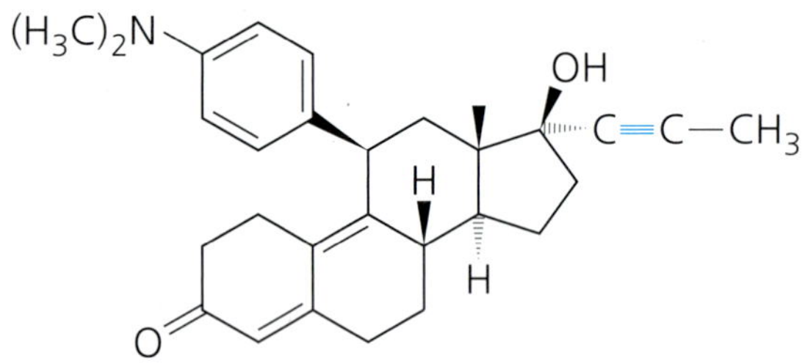

RU-486

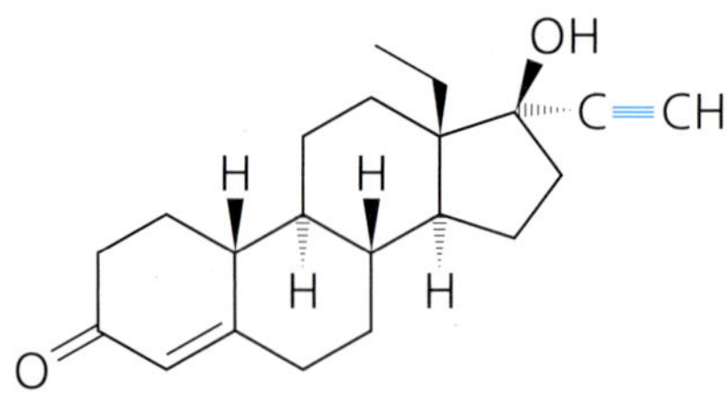

Levonorgestrel

7.9 알켄의 첨가 반응 에너지 도표

반응이 일어나기 위해서는 분자들끼리 충분한 에너지로 충돌하여 결합이 절단되고 새로운 결합이 생성되어야 한다. 이 과정에서 필요한 에너지가 반응의 장애물이다. 장애물의 높이가 높으면 높을수록 반응속도가 늦어지게 된다. 반응이 진행되는 동안의 에너지 변화를 반응 에너지 도표(Reaction Energy Diagram)를 사용하여 나타낸다. 예를 들어 에텐에 HBr의 첨가 반응을 살펴보면 2단계로 반응이 진행된다. 반응 첫 단계는 알켄의 π 결합이 끊어지고 C−H의 σ 결합이 형성되어 탄소양이온 중간체를 생성한다. 탄소양이온은 전이 상태가 아니고 반응 과정 중에 순간적으로 존재하는 반응 중간체(Reaction Intermediate)이다. 2번째 단계에서는 새로운 C−Br의 결합이 형성된다.

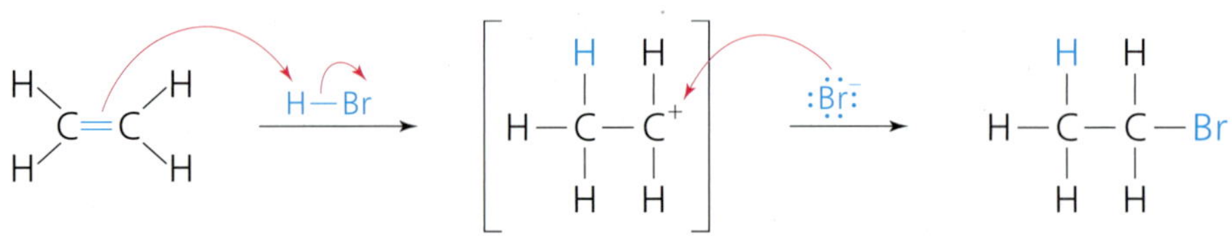

반응 중간체

그림은 에텐에 HBr의 첨가 반응의 반응 에너지 도표를 나타내었다. 도표의 세로축에는 모든 반응물의 전체 에너지를 나타내고 가로축은 반응 시작부터 반응 완료까지의 진행과정으로 반응좌표라 한다.

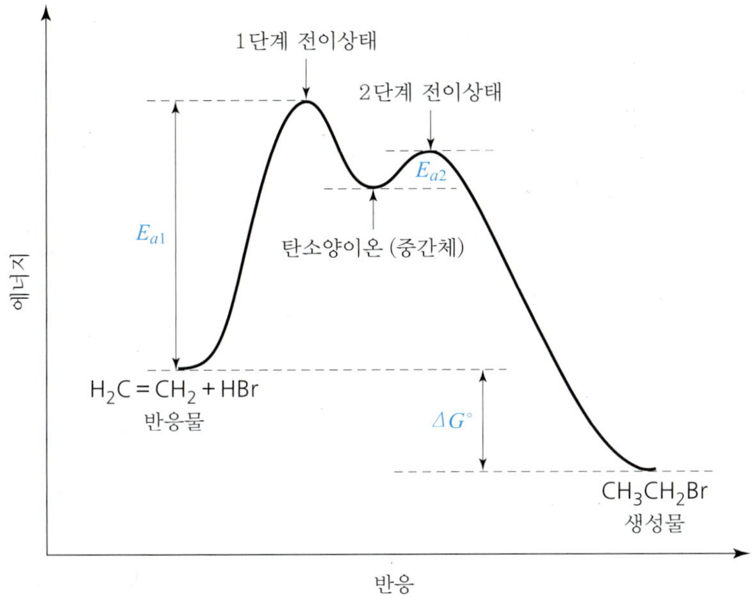

반응 초기에 에텐과 HBr의 전체 에너지량은 그림 왼쪽에 있는 반응물의 위치에서 시작한다. π 결합이 끊어지고 새로운 σ 결합이 형성됨에 따라 생성되는 구조는 최대에너지에 도달하게 된다. 이 최대에너지의 구조에 이르게 되는 위치를 전이상태(Transition Sate)라 한다. 전이상태는 분리할 수도 없고 첫 단계의 탄소양이온이 생성될 때까지 계속 변하게 된다. 반응물과 전이상태 사이의 에너지 차이를 활성화에너지(Activation Energy, Ea_1)라 한다. 이것은 반응이 얼마나 빨리 일어나는지를 결정하는 에너지이다. E_{a1}이 작으면 반응이 빠르고 E_{a1}이 크면 반응이 느리다. 왜냐하면 E_{a1} 이 작으면 반응물이 전이상태로 올라가는데 에너지가 적게 필요하므로 빨리 전이상태에 도달할 수가 있어 반응속도가 빠르게 된다. 대부분의 유기반응은 Ea_1이 40~125 kJ/mole이다. E_{a1}가 80 kJ/mole 이하인 반응은 상온이나 그 이하의 온도에서 반응이 자발적으로 일어나고, 그 이상의 에너지를 가진 반응은 보통 가열을 필요로 한다.

일단 첫 번째 전이상태에 도달하면 새로운 C−H 결합이 완전히 생성되므로 반응에너지 도표 그림의 탄소양이온 중간체 생성 위치에 도달할 때까지 에너지를 방출하게 된다.

일시적으로 형성된 중간체인 탄소양이온이 생성되자마자 2번째 단계에서 브롬 이온이 탄소양이온 중간체의 양전하를 띤 탄소로 접근함에 따라 에너지가 다시 상승하게 된다. 이 에너지를 가진 구조가 2번째 단계의 전이상태가 된다. 탄소양이온과 2번째 전이상태의 에너지 차이는 둘째 단계의 활성화에너지 Ea_2 이다. 일단 2번째 전이상태에 도달하면 새로운 C－Br 결합이 완전히 생성되어 최종 생성물이 되는 점까지 에너지를 방출하게 된다.

반응에너지 도표에서 탄소양이온의 중간체가 반응물보다 에너지가 높으므로 반응의 첫 단계는 흡열반응(Endothermic Reaction)이다. 2번째 단계는 생성물이 탄소양이온보다 에너지가 더 낮으므로 발열반응(Exothermic Reaction)이다. 전체반응은 발열반응인데, 그 이유는 생성물의 에너지가 반응물보다 더 낮기 때문이다. 첫 단계의 활성화에너지 E_{a1}이 상당히 크므로 반응속도는 상대적으로 느리다. 반면에 둘째 단계의 E_{a2}는 매우 작기 때문에 반응속도는 빠르다. 따라서 전체반응에 대한 반응속도는 느린 단계인 첫 번째 단계의 속도에 의해 결정된다. 이런 단계를 속도결정 단계(Rate－limiting Step)라 부른다.

7.10 알켄의 공급원

알켄은 주로 원유정제에서 나오는 납사(특히 경질납사)를 분해하여 석유화학제품의 기초 원료가 되는 에틸렌, 프로필렌, 뷰틸렌 등을 얻을수 있다.

표 7.9 납사분해에 의한 알켄 생성

종류	분자식	분자구조식	용도
에틸렌(에텐)	C_2H_4	$CH_2 = CH_2$	폴리에틸렌, 정밀화학, 기타
프로필렌(프로펜)	C_3H_6	$CH_2 = CHCH_3$	폴리프로필렌, 정밀화학, 기타
뷰틸렌(뷰텐)	C_4H_8	$CH_2 = CHCH_2CH_3$ $(CH_3CH = CHCH_3)$	합성고무, 정밀화학, 기타

(1) 납사분해 알켄 제품

2중결합을 포함하고 있는 선형 불포화탄화수소로 수소수가 포화탄화수소보다 적은 탄화수소에서는 탄소가 부족한 수소의 개수만큼 2중 또는 3중 결합을 하는데 이들중 2중결합을 포함한 선형화합물을 올레핀(Olefin)이라고도 한다. 올레핀은 포화탄화수소보다 불안정하며 2중결합이 끊어지면서 여러 분자들이 결합하여 고분자 화합물을 형성하기 쉬워진다.

(2) 납사분해 공정

경질납사를 열 분해(Thermal Cracking)한 후 급냉, 압축, 회수 및 정제 공정을 거처 석유화학 기초원료인 에틸렌(에텐), 프로필렌(프로펜), 뷰틸렌(뷰텐) 등의 알켄 제품을 얻게되며 일반적인 공정 흐름도는 다음과 같다.

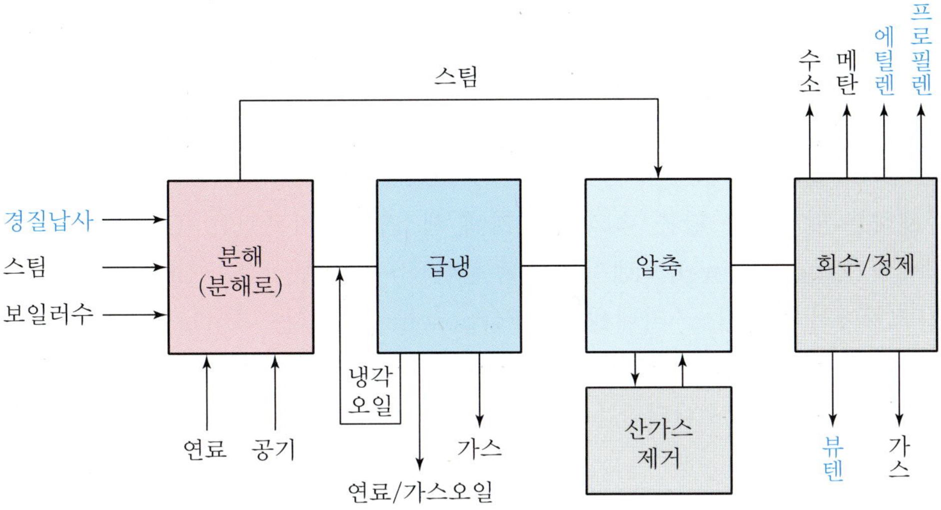

납사분해 공정 개요도

다음은 경질납사를 고온에서 열분해하는 납사 분해로(Naphtha Cracker) 공정도를 나타낸다.

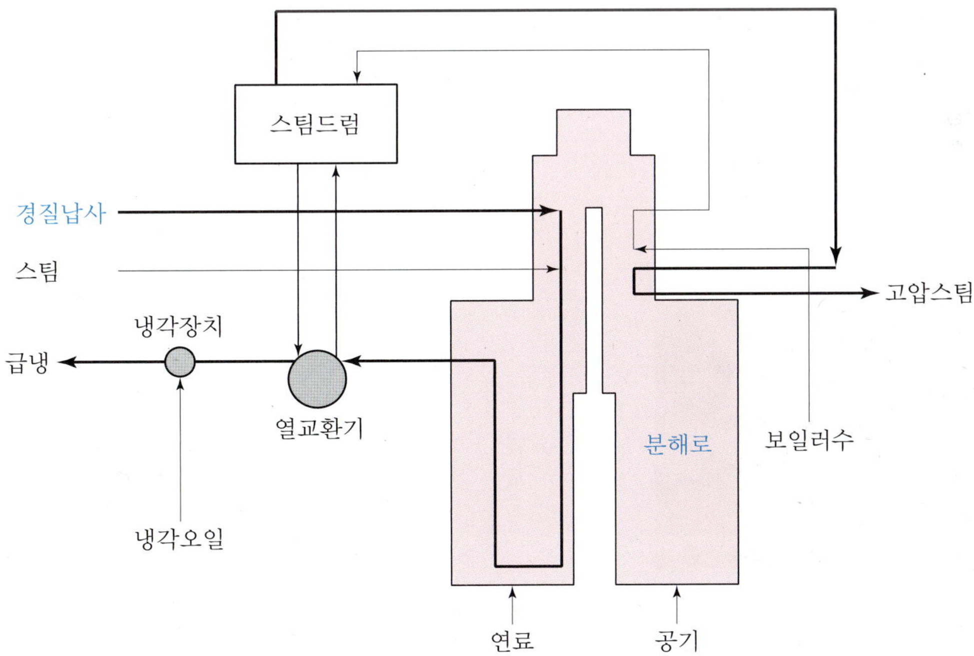

납사 분해로

7.11 알켄과 알카인 유기 화합물 보기

천연 알켄과 알카인의 유기 화합물 보기는 다음과 같다.

7.11.1 당근 / 생강 / 오렌지 / 사과의 알켄 성분

자연계에 존재하는 알켄에는 당근 속의 오렌지색 색소인 β-카로틴(β-Carotene), 생강 오일의 진지베렌(Zingiberene), 오렌지에서 추출한 (S)-리모넨 [(S)-Limonene], 사과 껍질의 왁스 코팅에서 추출된 α-파네센(α -Farnesene)이 있다. 특히 β-카로틴 및 유사 분자들의 알켄을 함유한 화합물은 햇빛을 수확하는데 도움이 된다. 그리고 β-카로틴 같이 단일 결합과 2중 결합이 번갈아 나타나는 분자를 콘쥬게이션(Conjugation) 되었다고 한다.

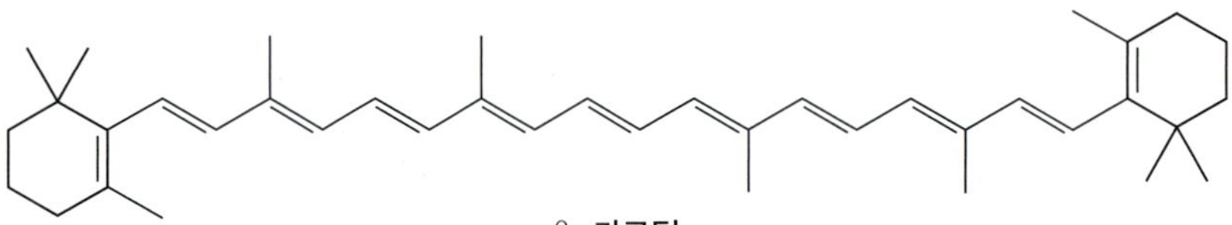

β-카로틴

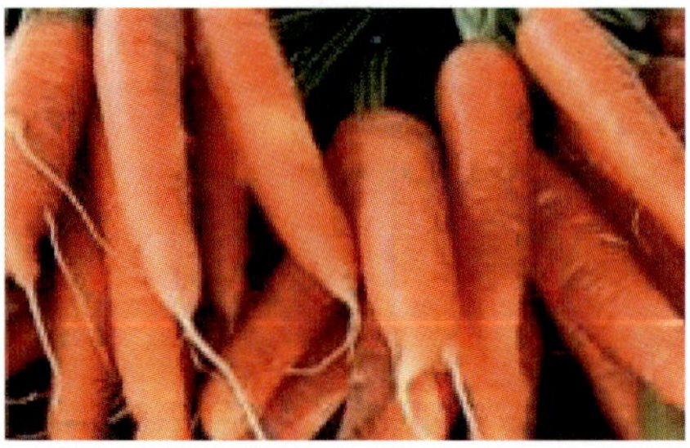

그림 7.1 당근

그림 7.2 생강

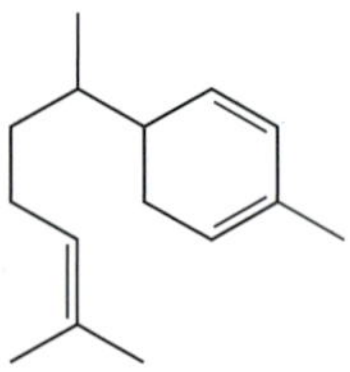

진지베렌

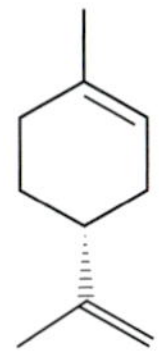

(*S*)-(−)-Limonene

그림 7.3 오렌지

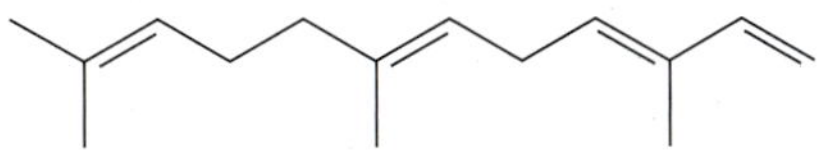

α-파네센

그림 7.4 사과

7.11.2 바나나의 에틸렌 성분

가장 단순한 알켄인 에틸렌(Ethylene)은 식물성장 및 과일의 숙성을 조절하는 호르몬이다. 바나나는 에틸렌(CH_2CH_2)을 방출하기 때문에 잘 익은 바나나는 초록색 토마토의 숙성을 촉진시킨다.

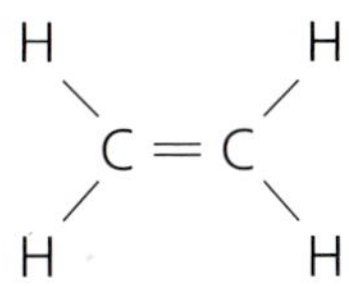

에틸렌

그림 7.5 바나나와 토마토

7.11.3 토마토 / 수박 / 파파야 등의 라이코펜 성분

라이코펜(Lycopene)은 토마토, 수박, 파파야, 구아바, 분홍 그레이프프루트에서 발견되는 붉은색 안료이다. 이는 콘쥬게이션을 이루는 11개의 π 결합 구조를 하고 있다. 또한 과일과 야채들이 가공될 때 파괴되지 않기 때문에 토마토 주스와 케첩에는 라이코펜이 풍부하다.

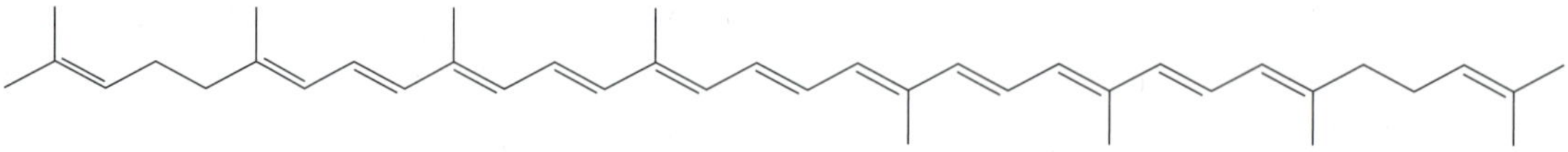

라이코펜

그림 7.6 토마토와 수박 및 파파야

7.11.4 숲 언덕 푸른빛 안개 속 아이소프렌

여름 동안에 숲이 있는 언덕에 걸쳐 있는 푸른빛의 안개에는 2중결합의 천연물인 아이소프렌(Isoprene)이 농축되어 있다. 이것은 아이소프렌이 생각하는 것보다 대기 중에 훨씬 더 풍부하다는 것을 의미한다. 이 안개는 아이소프렌과 다른 탄화수소들(Hydrocarbons)의 과산화에 의해 생성된 에어로졸(Aerosol)이 빛을 산란하여 나타나게 된다. 현재 지구상에서 식물에 의한 아이소프렌 방출은 광합성으로 생성되는 모든 탄소의 약 2%로 추정한다. 식물이 다양한 천연물을 합성할 때 아이소프렌을 이용하기보다는 대기중에 매우 많은 양을 방출하는 것은 온도에 매우 민감하기 때문이라는 것이다. 예를 들어 20℃에서 성장하는 식물들은 아이소프렌을 방출하지 않지만 이들 잎의 온도가 30℃에 이르면 아이소프렌을 방출하기 시작한다. 비토착성이고 공격적인 넝쿨인 칡나무 잎에서 온도에 의한 잎의 손상과 아이소프렌 농도의 관계가 연구되었다. 클로로필의 파괴를 측정하여 잎의 손상이 아이소프렌이 없는 37.5℃에서 일어나기 시작하여 아이소프렌이 있는 45℃에서 손상이 진행되는 것이 발견되었다. 아이소프렌이 잎의 막에 녹아 있고 어느 정도는 열적 긴장에 견딜 수 있다. 아이소프렌은 빠르게 만들어지고 빠르게 잃어버리기 때문에 이것의 농도는 하루 종일 온도와 깊은 연관이 있다고 할 수 있다.

그림 7.7 버지니아 블루릿지(Blue Ridge) 산맥의 안개

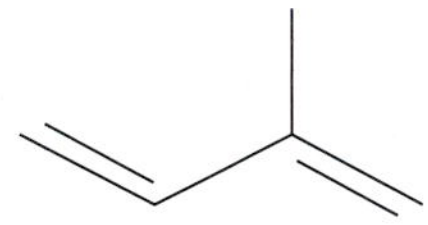

아이소프렌
(2-메틸뷰타-1,3-다이엔)

7.11.5 고무나무의 라텍스

천연고무(Natural Rubber)는 고무나무의 껍질에 상처를 내었을 때 새어나오는 수액인 라텍스(Latex)로부터 얻는다. 라텍스는 아이소프렌 단량체의 중합체인 천연 고분자이다. 이 방수성 라텍스는 상처에 응답하여 스며 나오는 고무나무의 자연적인 방어 과정이다. 1800년대 말까지는 주로 브라질에서 고무가 생산되어 왔지만 지금은 대부분의 고무가 인도네시아와 스리랑카 등의 동남아시아에서 생산되고 있다.

그림 7.8 고무나무 수액

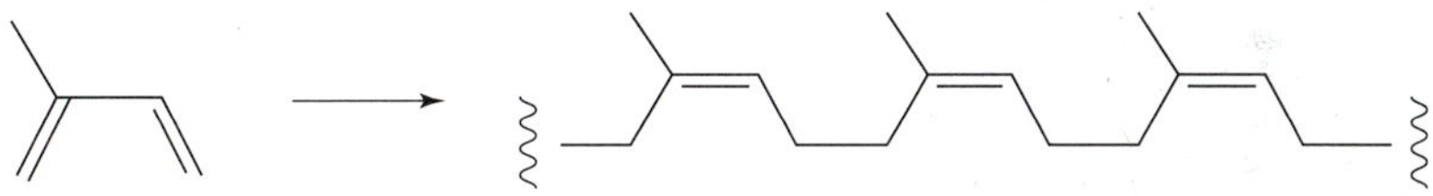

아이소프렌 라텍스 (천연 고무)

7.11.6 아세틸렌 용접

가장 단순한 알카인 아세틸렌(C_2H_2)은 금속 용접 가스에 사용하며 그 근원은 원유에서 비롯된다. 아세틸렌(Acetylene)의 연소는 산소 아세틸렌의 매우 높은 불꽃 온도를 만드는 에너지를 생성한다.

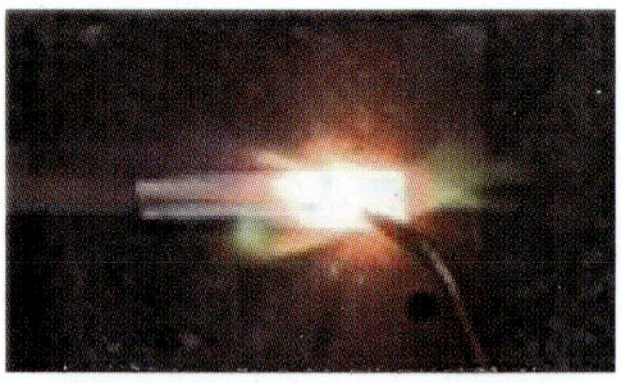

그림 7.9 아세틸렌 산소용접

$$HC \equiv CH$$

아세틸렌

7.11.7 독화살 개구리의 히스트리오니코톡신

독화살 개구리는 열대우림의 습지에 살며 서부 에콰도르나 콜롬비아에서 흔히 발견된다. 이 개구리는 정글의 독충(전갈, 지네)을 잡아먹으면서 독을 모으는데 히스트리오니코톡신의 독소는 강한 포식자로부터 자신을 보호한다. 히스트리오니코톡신(Histrionicotoxin)은 포유동물의 신경 전달을 차단함으로써 오랫동안 근육 수축을 진행하게 한다.

그림 7.10 독화살 개구리

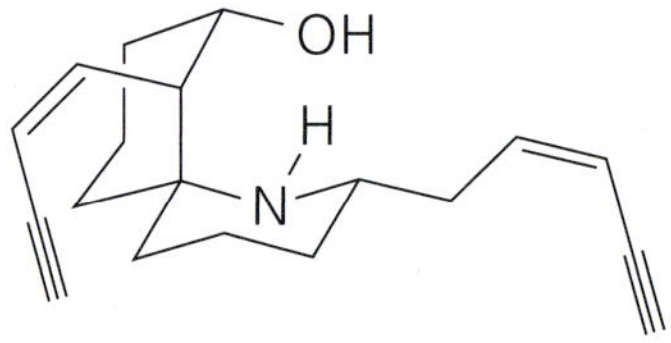

히스트리오니코톡신

08장

할로젠화 알킬(할로알케인)

08장

할로젠화 알킬(할로알케인)

지금까지 탄소와 수소로만 이루어진 탄화수소 화학을 다루었다. 앞으로 탄소와 수소 외에 다른 원자가 포함된 더 복잡한 화합물을 다루어 보자. 즉 할로젠 원자를 1개 또는 그 이상 가진 화합물을 우리는 유기 할로젠화물이라 한다. 알케인의 수소가 할로젠 원자로 치환된 화합물을 할로알케인(Haloalkane) 또는 할로젠화 알킬(Alkyl Halide)이라 부른다. 보통 RX(X=F, Cl, Br, I)로 표시한다.

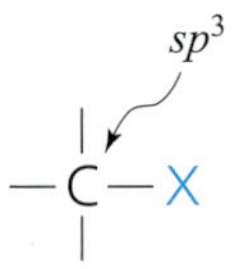

또한 아릴기를 가진 방향족 할로젠화물(Ar−X)도 있다. 여기서는 주로 할로젠화 알킬에 대해 다루기로 한다. 특히 염화 알킬과 브롬화 알킬은 합성에서 매우 다양한 시약으로 쓰이고 있다. 치환반응을 통해서 많은 다양한 유기 할로젠화물을 합성할 수 있다. 그리고 할로젠화 알킬은 할로젠기가 결합하고 있는 탄소 원자의 형태에 따라 1차(1°), 2차(2°), 3차(3°) 할로젠화 알킬(RX)로 분류한다.

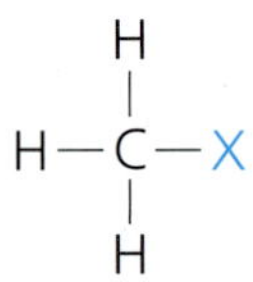

할로젠화 메틸

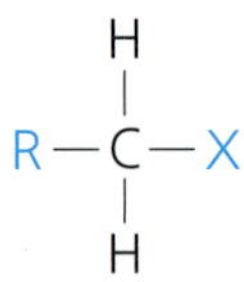

1차 할로젠화 알킬

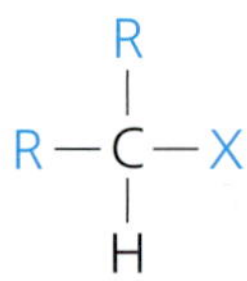

2차 할로젠화 알킬

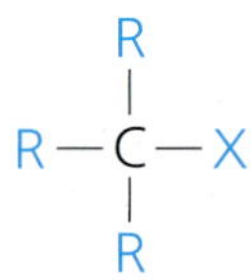

3차 할로젠화 알킬

이들 각 각의 할로젠화 알킬의 예는 다음과 같다.

CH_3I

메틸 아이오딘화물

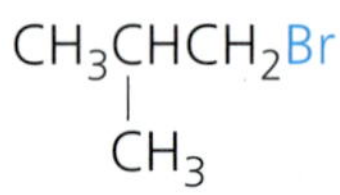

1차 브로민화물

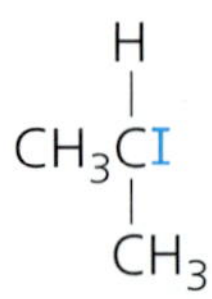

2차 아이오딘화물

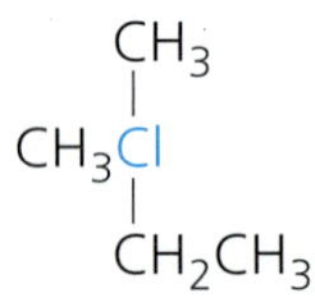

3차 염화물

할로젠화 알킬에서 할로젠기가 같은 탄소에 2개가 결합된 화합물을 같은자리 다이할로젠화 알킬(*gem*−Alkyl Dihalide), 이웃탄소에 결합된 화합물을 이웃자리 다이할로젠화 알킬(*vic*−Alkyl Dihalide)이라 한다.

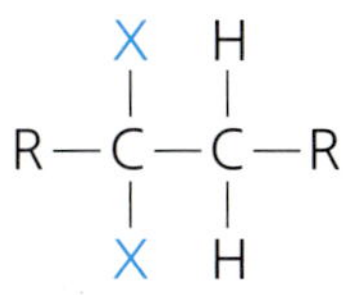

gem−Alkyl Dihalide

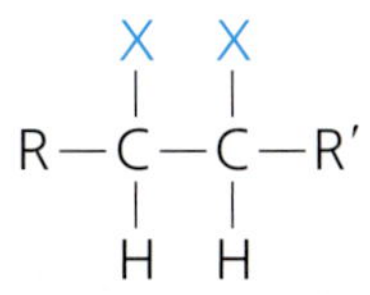

vic−Alkyl Dihalide

이들 할로젠 화합물들은 천연에 광범위하게 퍼져 있다. 특히 해초, 해면동물 및 해양 유기물에서 발견되고 있다. 예를 들면 클로로메테인은 해초와 산불 및 화산의 재에 의해 다량 배출된다. 살아 있는 많은 유기물들은 독성이 있는 유기 할로젠화물을 생산한다. 그 이유는 자기 방어를 위해 포식자의 먹이가 되지 않기 위해서 또는 천연 살충제로 이용하는 것으로 알려져 있다. 유기 할로젠 화합물들은 주로 합성한 것이다. 유기 할로젠화물의 주요한 용도는 공업적 용매, 냉매, 살충제, 제초제, 세척제, 마취제 등으로 사용되거나 유기합성에서 출발물질 및 중간물질로 중요하다.

8.1 할로젠화 알킬의 명명법

할로젠화 알킬의 IUPAC명은 가장 긴 탄화수소 모체 사슬에 치환체로 할로젠을 가진 할로알케인(Haloalkane)으로 명명한다. 탄화수소 명명에 적용된 규칙과 동일하게 적용된다.

(1) 가장 긴 탄소 사슬을 찾아 모체의 기본명으로 한다. 다중결합이 있으면 모체에 포함시켜야 한다.

(2) 사슬에 붙은 치환기의 번호가 작은 번호가 되도록 모체 사슬의 탄소에 번호를 매긴다. 이때 알킬기나 할로젠기에 관계없이 첫 치환기로부터 가까운 말단에서부터 번호를 붙인다. 만일 양쪽 말단에서부터 같은 번호에 치환기가 있다면 치환기의 알파벳 순서를 우선하여 번호를 매긴다.

(3) 할로젠 치환기는 그 원소명의 어미 −ine를 −o로 바꾸어서 명명한다. 즉 F(Fluorine)은 플루오로(Fluoro−), Cl(Chlorine)은 클로로(Chloro−), Br(Bromine)은 브로모(Bromo−), I(Iodine)는 아이오도(Iodo−)로 명명한다.

(4) 만약 2개 이상의 같은 할로젠 치환기가 있으면 다이(Di−), 트라이(Tri−), 테트라(Tetra−) 등의 접두어를 사용한다. 번호와 치환기의 이름 사이에는 하이픈(−)을 쓰고, 번호와 번호 사이에는 콤마(,)로 구분한다.

(5) 이름은 알파벳 순서대로 치환기를 적고 기본명 앞에 놓는다. 이때 마지막 치환기의 이름과 기본명은 붙여서 적는다. 접두어 di−, tri−, tetra−, sec−, tert− 등은 알파벳 순서에 고려하지 않음에 주의한다.

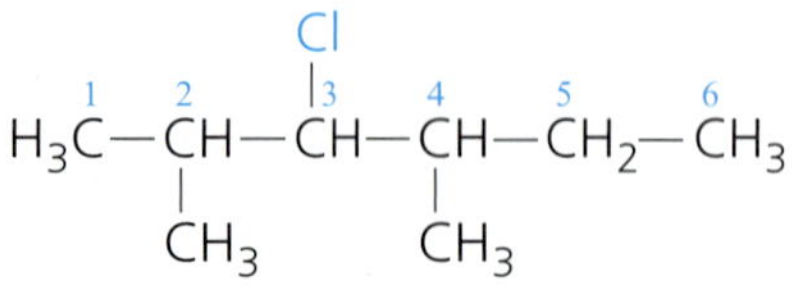

3−Chloro−2,4−dimethylhexane

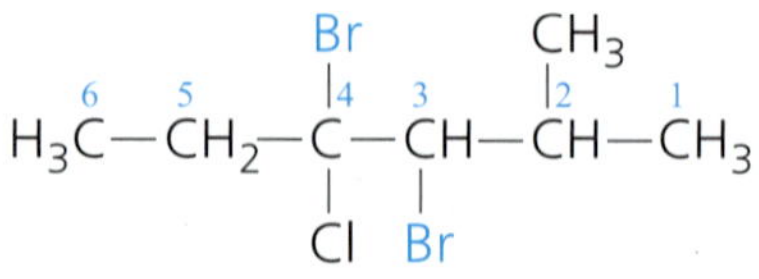

3,4−Dibromo−4−chloro−2−methylhexane

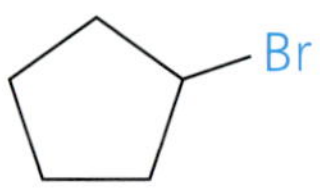

Bromocyclopentane

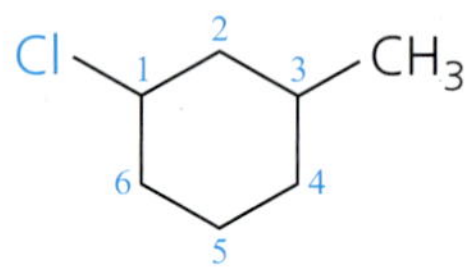

1−Chloro−3−methylcyclohexane

간단한 유기 할로젠화물은 IUPAC명 외에 관용명이 널리 사용된다.

(1) 탄화수소의 할로젠 화합물로 보고 할로젠화 알킬(Alkyl Halide)로 명명한다. 즉, R−X에서 알킬기 R의 이름 뒤에 할로젠 원소의 어미를 −ide로 바꾸어서 명명한다.

(2) 한글명은 할로젠 원소 이름 뒤에 −화(−ide)를 붙여서, 플루오르화, 염화, 브로민화(브롬화), 아이오딘화(요오드화)로 부르고 알킬기를 뒤에 붙여 명명한다.

CH_3CH_2-Cl

Ethyl Chloride
(염화 에틸)

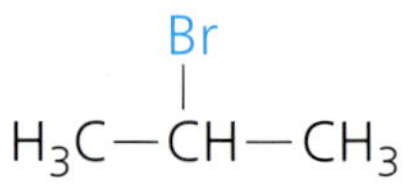

Isopropyl Bromide
(브롬화 아이소프로필)

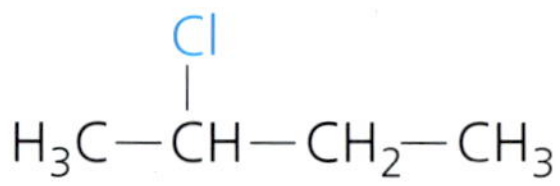

sec−Butyl Chloride
(염화 *sec*−뷰틸)

$CH_2=CH-Cl$

Vinyl Chloride
(염화 바이닐)

$CH_2=CHCH_2-Br$

Allyl Bromide
(브롬화 알릴)

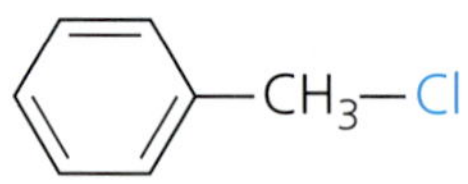

Benzyl Chloride
(염화 벤질)

기타 관용명으로 쓰이는 유기 할로젠화물은 다음과 같다. 모두 관습적으로 많이 사용되고 있어 숙지할 필요가 있다.

	$CHCl_3$	CH_2Cl_2	CCl_4
관용명	Chloroform (클로로폼)	Methylene Chloride (염화 메틸렌)	Carbon Tetrachloride (사염화탄소)
IUPAC명	Trichloromethane	Dichloromethane	Tetrachloromethane

8.2 할로젠화 알킬의 명명 보기

할로젠화 알킬의 여러 가지 명명 보기는 다음과 같다.

(1) 알케인에 할로젠 치환체

[플루오르화 및 혼성 치환]

CH_3CH_2F Fluoroethane (Ethyl Fluoride)	CCl_2F_2 Dichlorodifluoromethane (Freon−12)	CCl_3F Trichlorofluoromethane (Freon−11)

[염화 1, 2, 3치환]

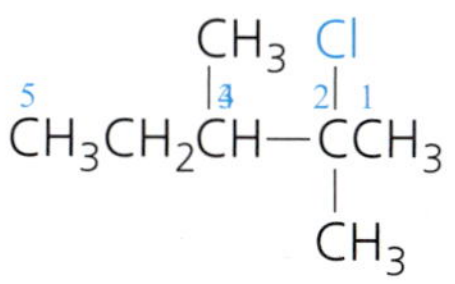 2−Chloro−2,3−dimethylpentane	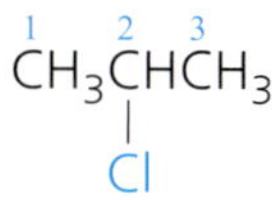 2−Chloropropane (Isopropyl Chloride)	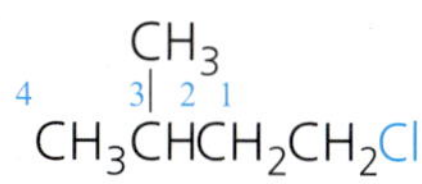 1−Chloro−3−methylbutane
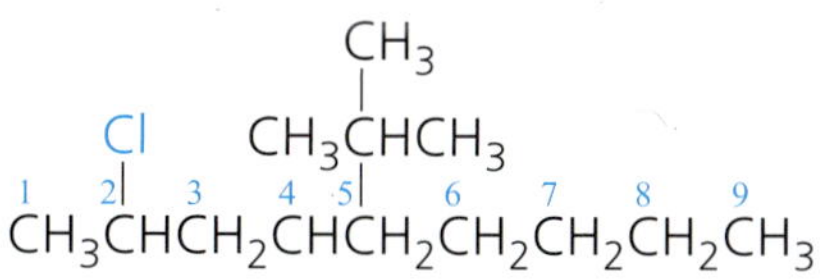 2−Chloro−5−isobutylnonane	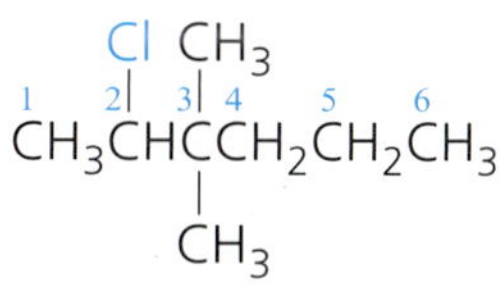 2−Chloro−3,3−dimethylhexane	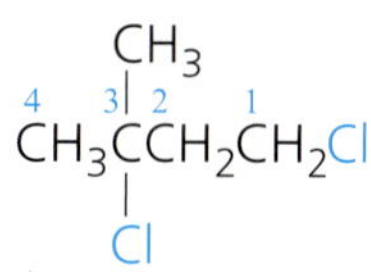 1,3−Dichloro−3−methylbutane
CH_2Cl_2 Dichloromethane (Methylene Chloride)	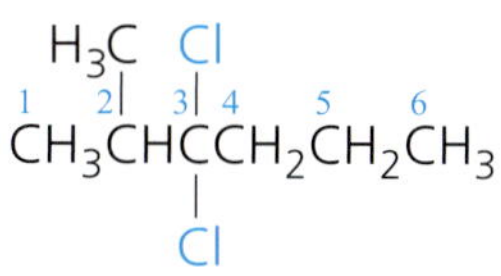 3,3−Dichloro−2−methylhexane	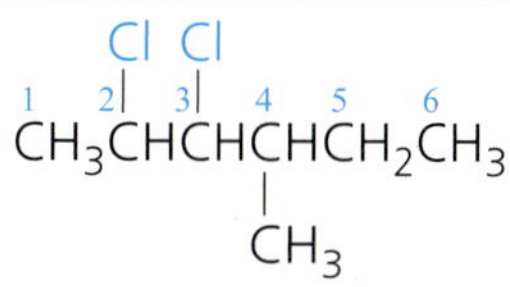 2,3−Dichloro−4−methylhexane
CH_3CCl_3 1,1,1−Trichloroethane (Ethyl Chloroform)	$CHCl_3$ Trichloromethane (Chloroform)	

[브롬화]

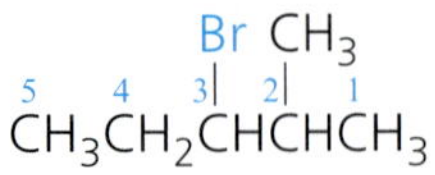 3-Bromo-2-methylpentane	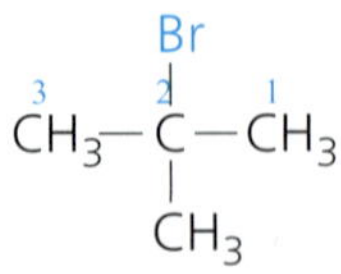 2-Bromo-2-methylpropane (*tert*-Butylbromide)	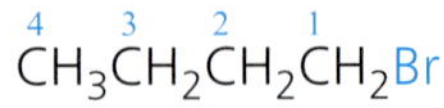 1-Bromobutane (Butyl bromide)
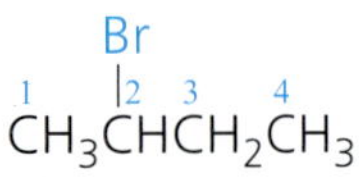 2-Bromobutane (*sec*-Butylbromide)	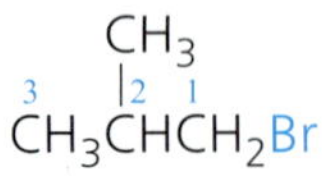 1-Bromo-2-methylpropane (Isobutylbromide)	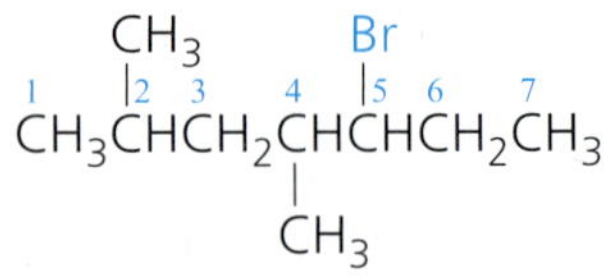 5-Bromo-2,4-dimethylheptane
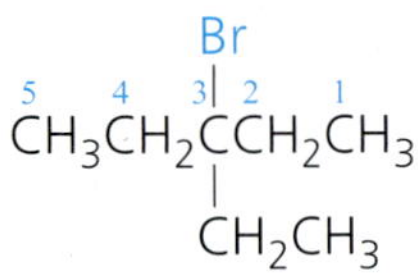 3-Bromo-3-ethylpentane	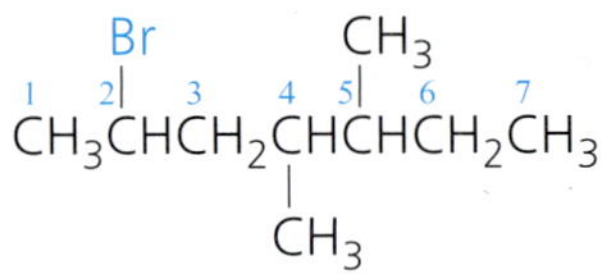 2-Bromo-4,5-dimethylheptane	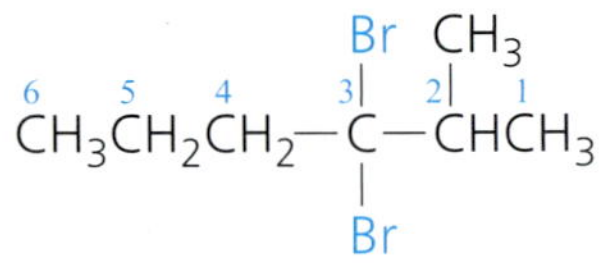 3,3-Dibromo-2-methylhexane
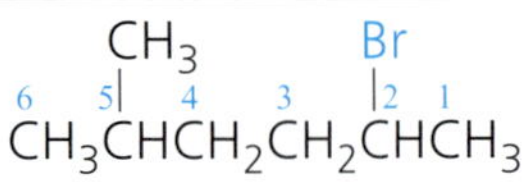 2-Bromo-5-methylhexane	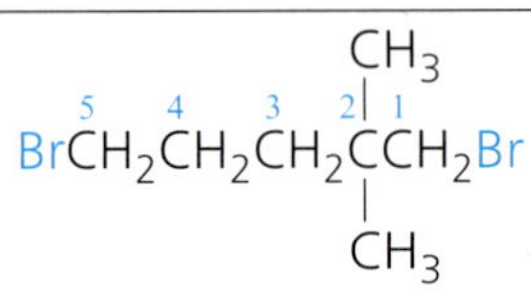 1,5-Dibromo-2,2-dimethylpentane	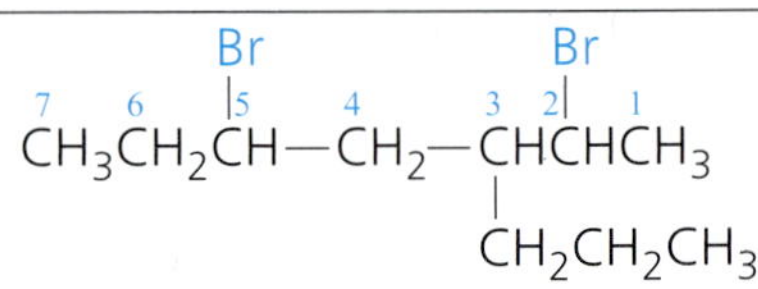 2,5-Dibromo-3-propylheptane

[요오드화]

CH_3I Iodomethane (Methyl Iodide)	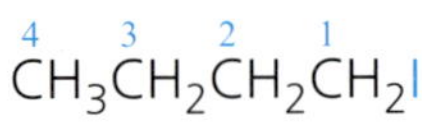 1-Iodobutane	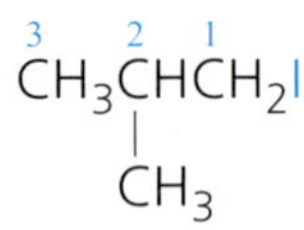 1-Iodo-2-methylpropane (Isobutyl Iodide)

[할로젠 혼합 치환]

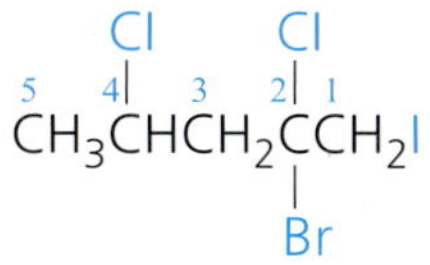 2-Bromo-2,4-dichloro-1-iodopentane	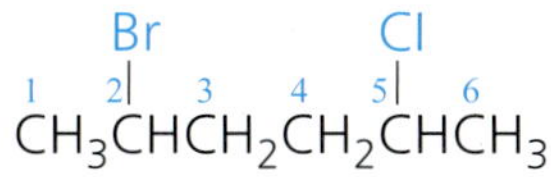 2-Bromo-5-chlorohexane	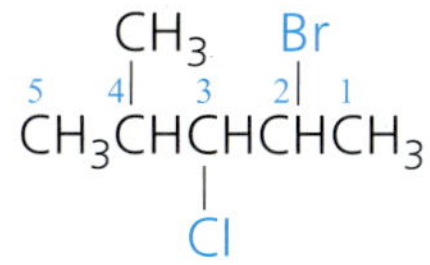 2-Bromo-3-chloro-4-methylpentane
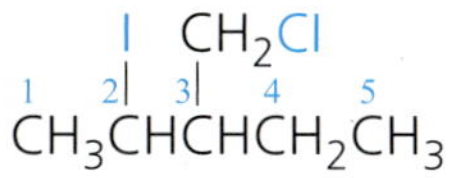 2-Iodo-3-chloromethylpentane	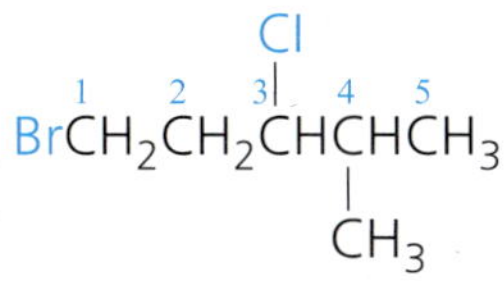 1-Bromo-3-chloro-4-methylpentane	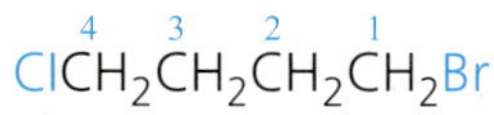 1-Bromo-4-chlorobutane

(2) 알켄/알카인에 할로젠 치환체

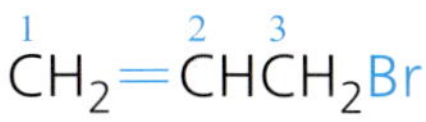 3-Bromopropene	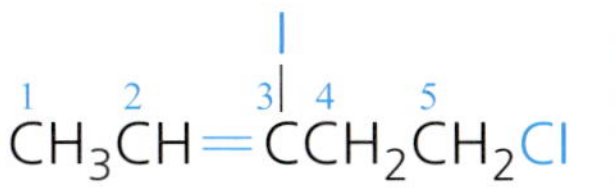 5-Chloro-3-iodopent-2-ene	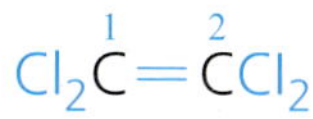 Tetrachloroethene (Tetrachloroethylene)
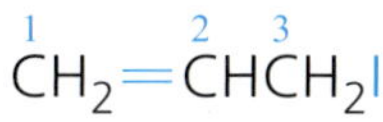 3-Iodoprop-1-ene (Allyl Iodide)	 3-Bromoprop-1-yne (Propargyl Bromide)	

(3) 고리형 알케인에 할로젠 치환체

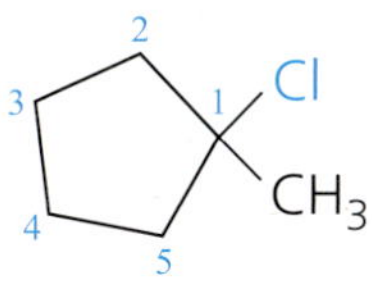 1-Chloro-1-methylcyclcopentane	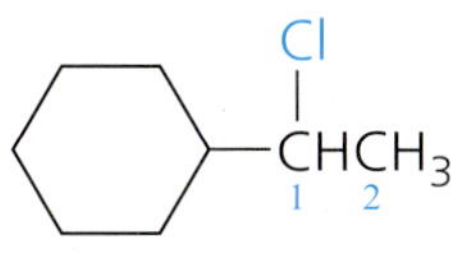 1-Chloro-1-Cyclohexanethane	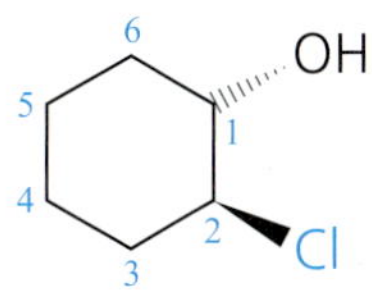 2-Chlorocyclohexanol (*trans*-2-Chlorocyclohexanol)

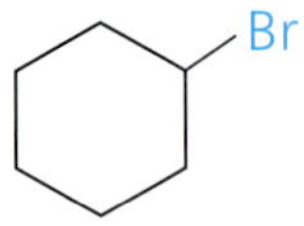 Bromocyclohexane (Cyclohexyl Bromide)	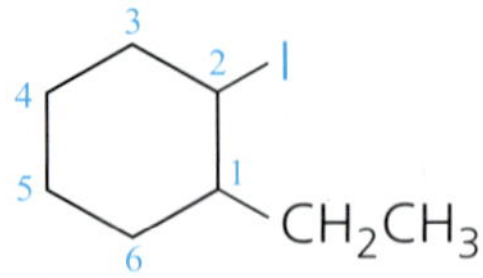 1−Ethyl−2−iodocyclohexane	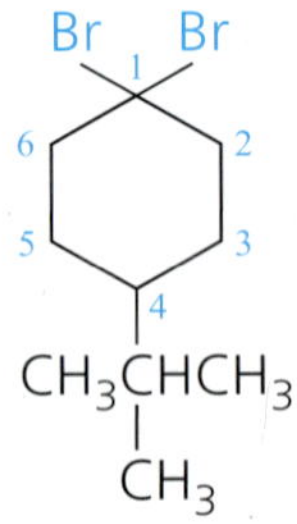 1,1−Dibromo−4−isobutylcyclohexane
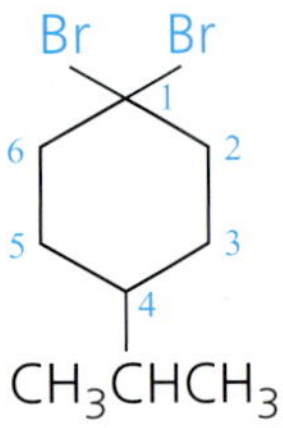 1,1−Dibromo−4−isopropylcyclohexane	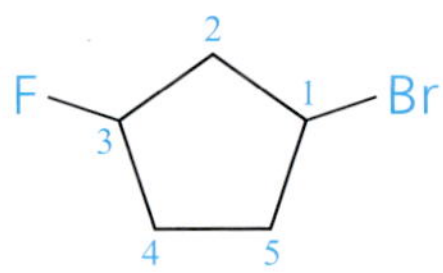 1−Bromo−3−fluorocyclopentane	

(4) 고리형 알켄에 할로젠 치환체

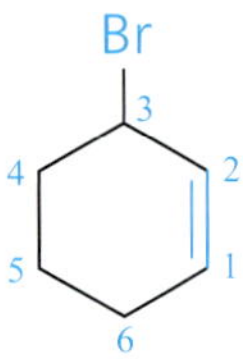 3−Bromocyclohexene	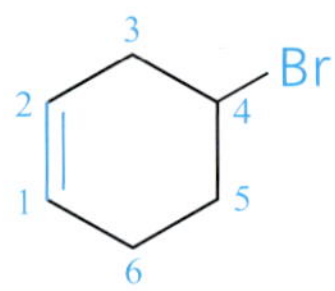 4−Bromocyclohexene	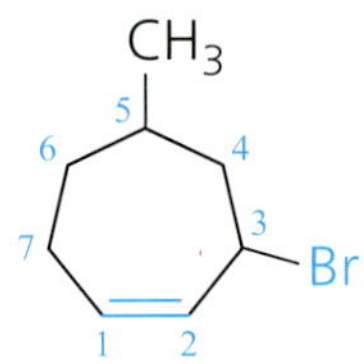 3−Bromo−5−methylcycloheptene
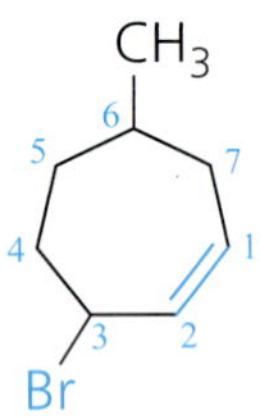 3−Bromo−6−methyl−cycloheptene	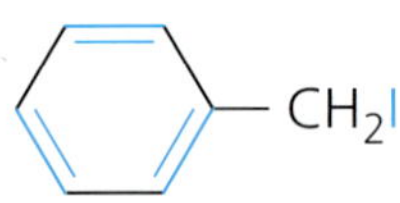 Benzyl Iodide	

8.3 할로젠화 알킬의 특성

할로젠화 알킬(RX)의 C−X 결합은 극성 공유 결합이다. 탄소 원자와 할로젠 원자 사이의 전기 음성도 차이 때문에 전하가 분리되어 탄소 원자는 부분 양전하를, 할로젠 원자는 부분 음전하를 갖게 된다. 따라서 분자 전체는 극성을 가지게 되며 그 결과 쌍극자−쌍극자 상호작용을 나타낸다. 그러나 분자의 나머지 부분의 C−C결합과 C−H 결합만 가지고 있어 수소 결합과 같은 분자간 결합은 할 수 없다.

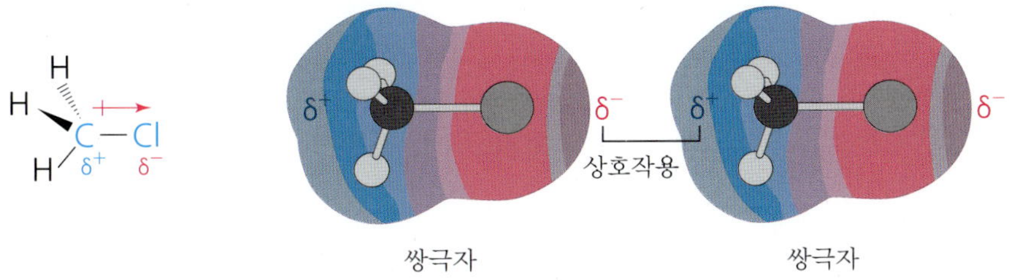

C−X 결합 길이는 C−I 결합이 가장 길고 C−F 결합이 가장 짧다. 그리고 C−X 결합 세기는 C−F 결합이 가장 세고 C−I 결합이 가장 약하다.

표 8.1 C−X 결합길이와 세기

RX	H_3C-F	H_3C-Cl	H_3C-Br	H_3C-I
C−X 결합길이	1.39	1.78	1.93	2.14
C−X 결합세기(Kcal/mol)	109	84	70	56

8.4 할로젠화 알킬의 제법

앞에서 알케인의 염소화반응 및 알켄의 할로젠화 수소(HX)와 할로젠(X_2) 친전자성 첨가반응에서 할로젠화 알킬 합성법을 이미 다루었으며 다시 간략히 정리하면 다음과 같다.

(1) 알케인을 염소 가스와 함께 자외선을 쪼여주면 염소화 반응이 일어난다. 알케인의 염소화는 단일 염화물 외에 다염화물의 혼합 생성물이 생기므로 할로젠화 알킬의 제법으로는 경제적이지 않다.

$$\underset{\text{메테인}}{CH_4} + Cl_2 \xrightarrow{h\nu} \underset{\text{클로로메테인}}{CH_3-Cl} + H-Cl$$

(2) 알켄에 할로젠을 작용시키면 2중결합 탄소에 첨가된다.

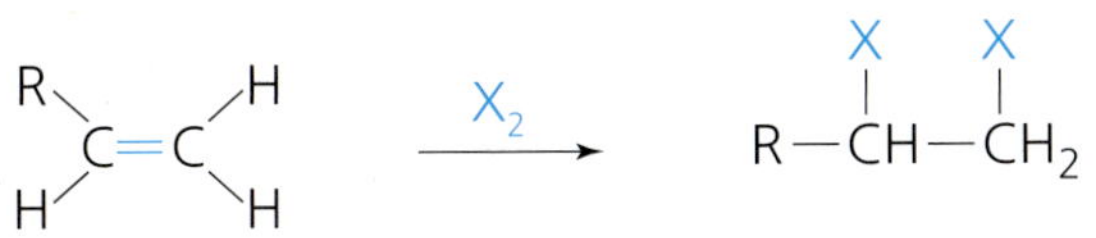

(R = Cl, Br, I)

또한 HX를 작용시키면 Markovnikov 규칙에 따른 친전자성 첨가반응에 따라 할로젠화 알킬이 생성된다.

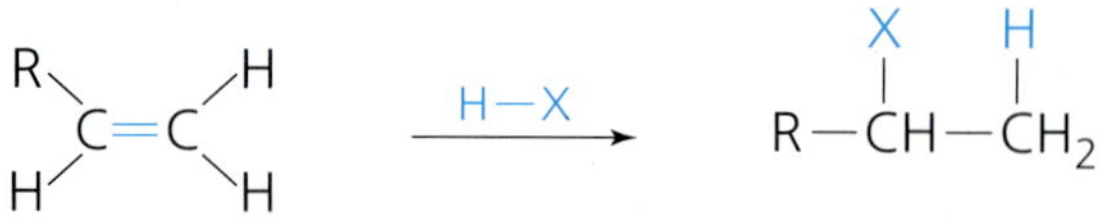

(3) 할로젠화 알킬의 가장 중요한 합성법은 알코올로부터 제조하는 것이다. 알코올은 카보닐 화합물을 환원하여 쉽게 얻을 수 있는 화합물이다. 알코올을 HX와 반응시켜 알코올의 하이드록시기(−OH)를 할로젠으로 치환시켜 할로젠화 알킬을 합성한다.

$$R-OH + HX \longrightarrow R-X + H_2O$$

Alcohol　　　　Alkyl Halide

알코올의 할로젠화 수소에 대한 반응성은 알코올 중에서 3차 알코올의 반응성이 가장 크며, 1차 알코올 및 메틸 알코올의 반응성이 가장 작다. 3차 알코올은 OH가 붙어 있는 탄소에 다른 탄소가 3개 결합된 알코올, 2차 알코올은 탄소 2개가 결합, 그리고 1차 알코올은 탄소 1개가 결합된 알코올을 말한다. HX에 대한 알코올의 반응성은 메틸 알코올 〈 1차 알코올 〈 2차 알코올 〈 3차 알코올 순이다.

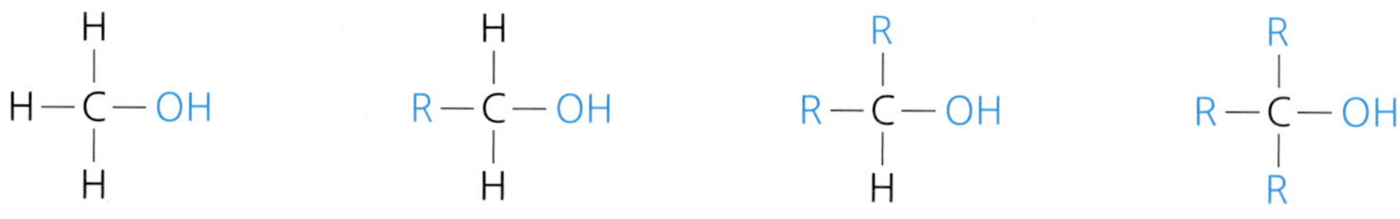

메틸 알코올　　1차 알코올　　2차 알코올　　3차 알코올

3차 알코올을 실온 또는 그 이하의 온도에서 HCl, HBr, HI와 반응시키면 수분 내에 할로젠화 알킬을 높은 수율로 얻을 수 있다. 2차 및 1차 알코올은 반응이 느려서 상대적으로 높은 온도가 필요하다.

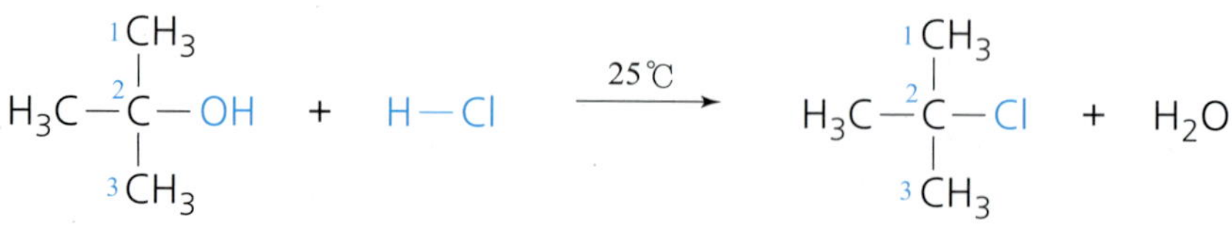

2-Methylpropan-2-ol　　2-Chloro-2-Methylpropane

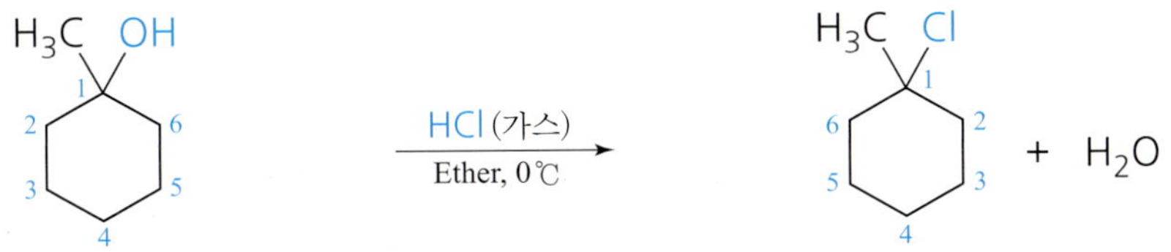

1-Methylcyclohexanol　　1-Chloro-1-methylcyclohexane

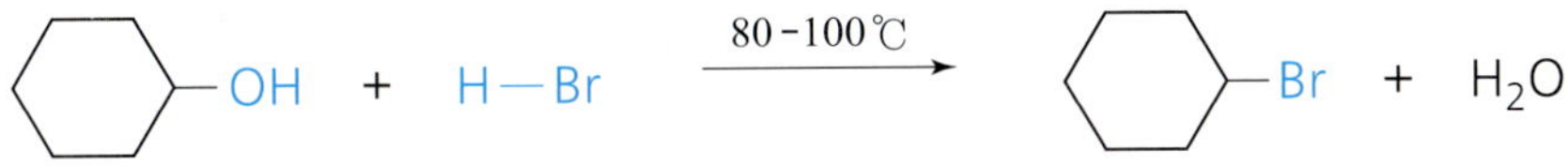

Cyclohexanol　　Bromocyclohexane

(4) 알코올을 염화 싸이오닐($SOCl_2$), 3염화인(PCl_3) 또는 3브롬화인(PBr_3) 등과 반응시키면 할로젠화 알킬로 잘 변환되어 높은 수율이 얻어진다.

Cyclohexanol　　Thionyl Chloride　　Chlorocyclohexane

$$3CH_3CH_2CH(OH)CH_3 + PBr_3 \longrightarrow 3CH_3CH_2CH(Br)CH_3 + P(OH)_3$$

Butane-2-ol　　Phosphorus Tribromide　　2-Bromobutane

8.5 할로젠화 알킬의 반응

치환반응은 포화된 탄소 원자에 붙은 원자 또는 원자단이 다른 원자나 원자단에 의해 치환되는 반응이다. 할로젠화 알킬의 유용성은 여러 종류의 친핵체에 의해 치환반응을 통하여 다양한 치환기를 도입하는 친핵성 치환 반응(Nucleophilic Substitution Reaction)이다. 이 반응은 친핵체가 포화된 탄소 원자에 결합된 다른 원자나 원자단을 치환하는 반응이다.

할로젠화 알킬의 탄소-할로젠 공유결합은 할로젠의 전기음성도가 크므로 탄소의 전자가 할로젠쪽으로 치우쳐 탄소 원자는 전자 부족이 된다. 그러므로 할로젠화 알킬은 친전자체이고 이들 반응은 친핵체와 염기와의 극성 반응들이 포함되어 있다. 할로젠화 알킬이 친핵체 및 염기와 반응하면 친핵체에 의한 X기의 치환반응이 일어나거나 혹은 HX가 제거되는 제거반응으로 알켄이 생성된다. 즉 친핵성 치환 반응은 C-X 결합이 끊어지고 X 대신 새로운 C-Nu 결합이 생성되는 반응이며, 제거 반응은 바로 옆 C-H 결합의 H와 C-X 결합의 X 원자가 HX 형태로 제거되어 C=C 결합이 생성되는 반응이다.

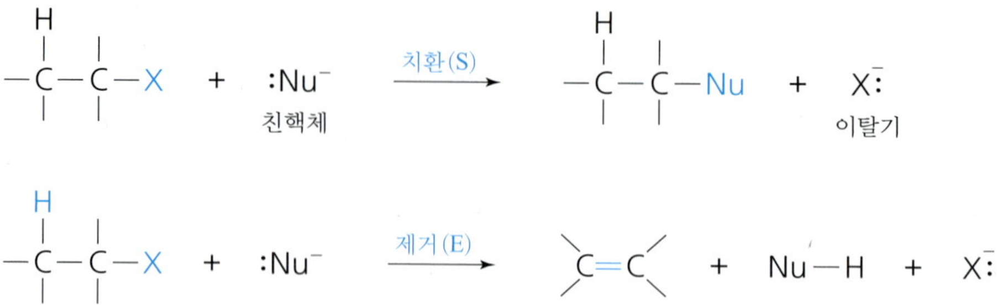

8.5.1 할로젠화 알킬의 친핵성 치환 반응

친핵체(Nucleophile)는 전자가 풍부하여 전자쌍을 내어 주는 화학종을 말하며 중성(Nu:)이나 음전하(Nu:⁻)를 가진다. 가장 흔한 친핵체로는 OH^-, Cl^-, CN^-, RO^-, $:NH_3$ 등이 있다.

친핵성 치환 반응은 전자가 풍부한 반응종인 친핵체가 전자 밀도가 부족한 C–X 결합의 탄소 원자를 공격하여 C–Nu 결합을 생성시키는 반응으로 이때 기존의 C–X 결합에서 떨어져 나오는 원자단($:X^-$)을 이탈기라 한다.

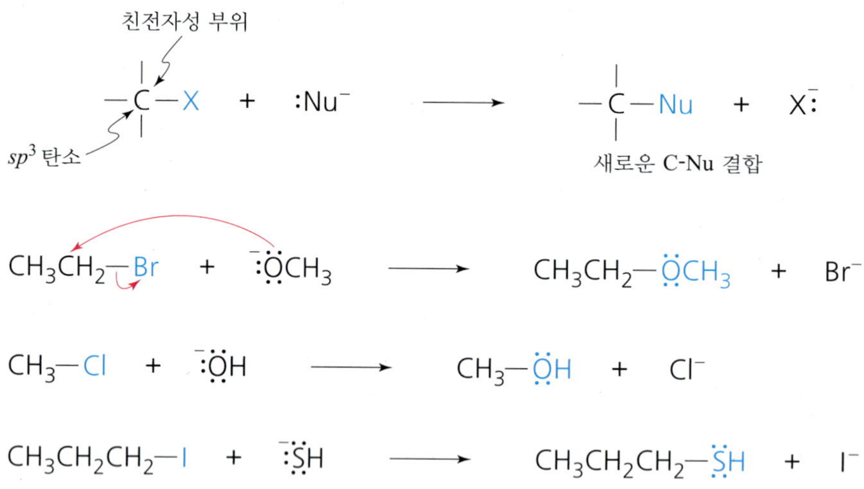

(1) 할로젠화 알킬의 친핵성 치환 반응 종류

S_N1반응과 S_N2반응이 있다. 여기서 S와 N는 Substitution(치환)과 Nucleophilic(친핵)을 의미하며 1과 2는 반응 결정 단계에서 반응물의 종류로 구분을 한다. 이들 메커니즘은 치환 반응에서 전체적인 변화는 동일하다. 즉, 친핵체는 반응물질인 R–X와 반응을 하여 이탈기인 $X:^-$와 치환된 생성물 R–Nu을 만든다.

중성 친핵체 (Nu:)　　$Nu: + R-X \longrightarrow R-Nu^{+} + X:$

음전하 친핵체 ($Nu:^{-}$)　　$Nu:^{-} + R-X \longrightarrow R-Nu + X:^{-}$

예를 들어 브로모메테인(Bromomethane)의 친핵성 치환 반응은 다음과 같다.

$$Nu:^{-} + CH_3Br \longrightarrow NuCH_3 + :Br^{-}$$

(2) 할로젠화 알킬의 친핵성 치환 반응 지배 요인

아래와 같이 할로젠화 알킬의 구조, 친핵체의 반응성(친핵성), 이탈기의 이탈성, 반응 조건(용매 및 온도) 등이 있다.

1) 할로젠화 알킬의 친핵체

친핵체는 비공유(고립) 전자쌍을 가지고 있거나 음이온인 반응종이다. 이들은 친핵성 치환반응으로 많은 화합물을 제조할 수 있다. 다음 표에 여러 가지 친핵체와 이들이 할로젠화 알킬과 반응하여 생성하는 생성물들을 나타내었다.

표 8.2 여러 가지 친핵체와 반응 생성물

친핵성 원자	친핵체		생성물	
	중성(:Nu)	음이온($^{-}$:Nu)	화학식(R — Nu)	작용기명
산소	H_2O	HO^{-}	R — OH	Alcohol
	ROH	RO^{-}	R — OR	Ether
	–	$RCOO^{-}$	R — OCOR	Ester
황	H_2S	HS^{-}	R — SH	Thiol
	RSH	RS^{-}	R — SR	Sulfide
질소	NH_3, RNH_2, R_2NH, R_3N	–	R — NH_2, R — NHR, R — NR_2, R — $\overset{+}{N}R_3X^{-}$	1차, 2차, 3차 Amine 및 4차 암모늄염
	–	N_3^{-}	R — N_3	Azide
할로젠	–	X^{-}(X = Cl, Br, I)	R — X	Haloalkane
탄소	–	$^{-}$:C ≡ N	R — C≡N	Nitrile
	–	$^{-}$:C ≡ CH	R — C≡CH	Alkyne

2) 할로젠화 알킬 반응에서 친핵체의 반응성(친핵성)과 염기성

일반적으로 염기성이 클수록 친핵체의 반응성도 커진다. 전기음성도가 작은 원자의 음이온일수록 친핵성도 커진다. 예를 들어 RO^{-}(짝산인 ROH의 pK_a=16)는

CH_3COO^-(짝산인 RCOOH의 pK_a=5)보다 강염기인 동시에 강한 친핵체이다.

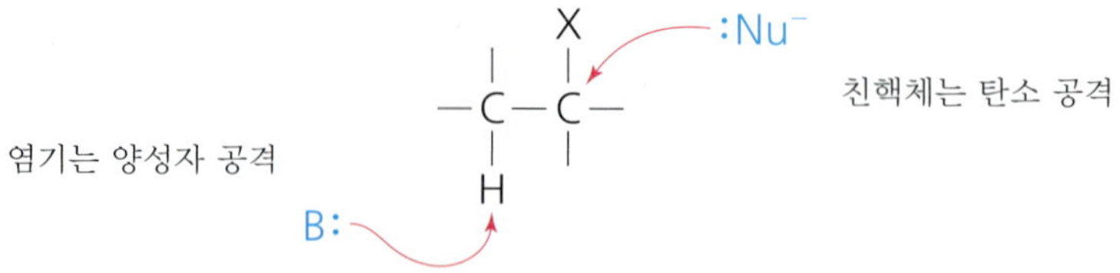

그리고 같은 주기의 원자인 경우 왼쪽에 위치할수록 친핵성이 커진다.

3) 할로젠 이온의 친핵성과 염기성 경우

할로젠 이온의 친핵성과 염기성의 세기는 서로 정반대의 관계이다. 즉 할로젠 원자 중 I^-의 염기성은 가장 약하지만 편극성은 가장 크므로 친핵성은 가장 세다.

친핵성: $I^- > Br^- > Cl^- > F^-$

염기성: $I^- < Br^- < Cl^- < F^-$

4) 친핵체의 입체장애와 친핵성 관계

tert-뷰톡시드(*tert*-Butoxide) 음이온은 에톡시드(Ethoxide) 음이온보다 더 강한 염기지만 입체장애 때문에 친핵성은 더 약하다. 즉 tert-뷰톡시드 음이온은 3개의 CH_3기로 인하여 산소 원자의 입체 장애가 더 커서 더 약한 친핵체가 된다.

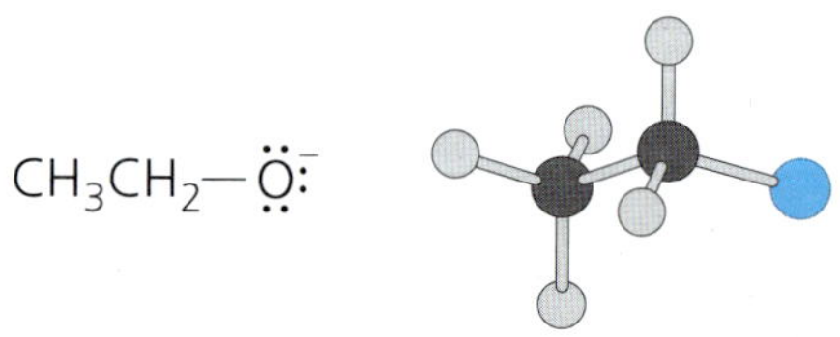

에톡시드 이온

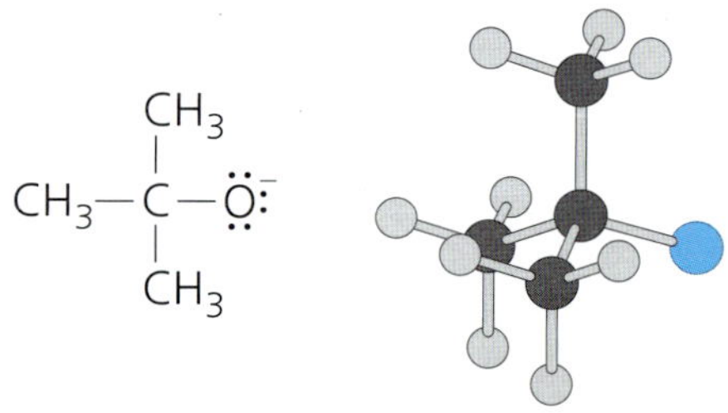

tert-뷰톡시드 이온

5) 친핵성 치환 반응에서 이탈기와 이탈성

약염기일수록 이탈성이 더 좋다. H_2O가 HO^-보다 이탈성이 더 좋다. I^-가 F^-보다 약염기이므로 이탈성이 더 좋다(HI는 HF보다 강산이다). 그리고 C-I의 이탈성이 C-F보다 더 좋은 것은 결합 세기와도 관련이 있다. 이탈기의 반응성 순서는 $I^- > Br^- > Cl^- > F^- > OH^-$, OR^- 순이다. 이탈성이 좋은 반응 기질은 친핵성 2차 치환(S_N2) 반응이 잘 일어나고 이탈성이 좋지 않은 반응기질은 S_N2 반응이 잘 일어나지 않는다.

염기성: $F^- > Cl^- > Br^- > I^-$

이탈성: $F^- < Cl^- < Br^- < I^-$

8.5.2 할로젠화 알킬의 친핵성 치환 반응 메커니즘

친핵성 치환반응의 메커니즘은 두 주요 경로에 의해 일어난다. 친핵체(Nu: 또는 $:Nu^-$)는 반응기질(Substrate) R－X와 반응하여 이탈기(Leaving Group) $X:^-$를 치환시키고 생성물 R－Nu 를 생성한다. 이탈기는 탄소(C)－할로젠(X) 결합으로부터 2개의 전자 모두를 가지고 이탈되며, 친핵체는 새로운 탄소－친핵체 결합에 2전자 모두를 제공한다. 친핵체가 음전하($:Nu^-$)를 가지고 반응기질이 중성이면 생성물은 중성이다. 친핵체가 중성(:Nu)이면 생성물은 전하를 보존하기 위해 양전하를 띠게 된다.
할로젠화 알킬(RX)의 친핵성 치환 반응은 반응속도론적으로 S_N1과 S_N2 메커니즘으로 분류된다. 여기서 S와 N은 앞에서 언급한 것처럼 각각 Substitution(치환 반응)과 Nucleophile(친핵체)의 약자이다. 숫자 1과 2는 반응 속도식에서 반응 차수를 나타내며 반응물 농도의 지수의 합으로 표시된다. 따라서 S_N1와 S_N2은 각각 친핵성 치환 1차, 2차 반응을 의미한다.

$$R-X + :Nu \longrightarrow R-Nu + X:^-$$

σ 결합 절단 새로운 σ 결합 생성

(1) 할로젠화 알킬의 S_N2 반응

S_N2 반응은 친핵성 치환 2차 반응을 의미하며 이와 같은 반응을 2분자 반응(Bimolecular Reaction)이라고도 한다.

$$CH_3-Br + {}^-OH \longrightarrow CH_3-OH + Br^-$$

반응 속도 ＝ k $[CH_3Br]$ $[^-OH]$(k＝속도 상수), 두 반응물의 농도 지수가 각각 1이므로 그 합인 반응 차수는 2가 된다. S_N2 반응은 C－Br 결합의 절단과 C－OH 결합의 생성이 동시에 일어나는 1단계 반응이다. 반응메커니즘은 다음과 같다.

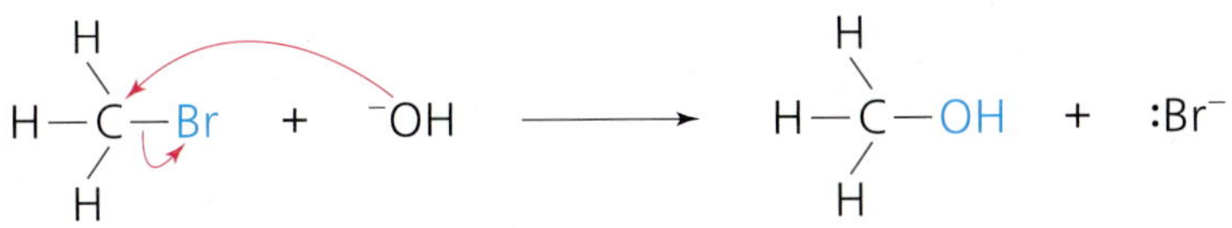

그리고 S_N2 반응에서 친핵체는 다음과 같이 이탈기의 정반대 쪽에서 친전자성 탄소를 공격한다. 이것을 S_N2 반응의 입체화학이라 한다. 중간 전이상태에서 중심 탄소 원자는

주위에 10개의 전자를 가지고 있으므로 불안정하게 된다. 따라서 이탈기가 떨어져 나가 탄소 원자의 팔원자 규칙을 만족시킨다.

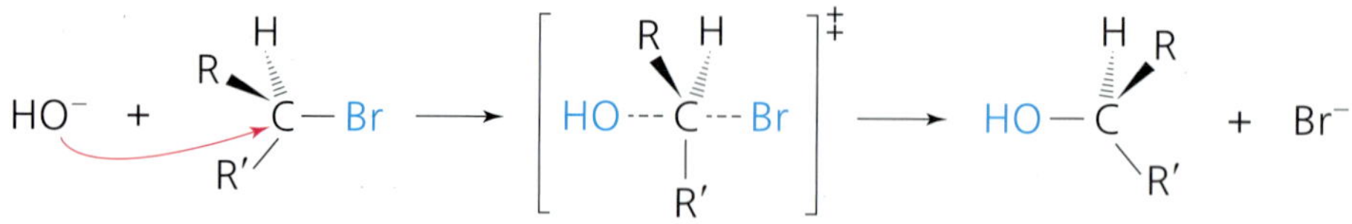

또한 S_N2 반응에서 친핵체의 반대쪽 접근은 입체 중심 탄소에서 배열의 반전(Inversion)을 초래한다. 이를 발덴 반전(Walden Inversion)이라 한다. 즉 친핵체가 이탈기의 정반대에서 공격하여 비대칭 중심의 배열이 반대로 바뀐다. 마치 바람이 부는 날 우산이 뒤집히는 형태와 유사하다. 예를 들면 (R)-2-Bromobutane을 NaOH와 반응시키면 친핵체인 ^-OH가 이탈기인 Br^-의 반대쪽에서 공격하기 때문에 배열의 반전에 의해 (S)-Butan-2-ol이 생성된다.

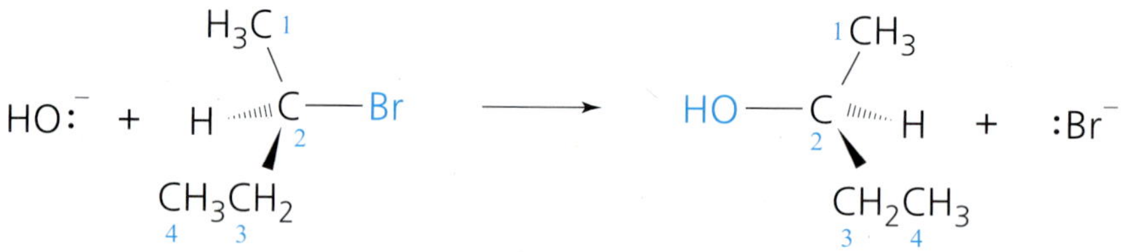

(*R*)-2-Bromobutane (*S*)-Butan-2-ol

S_N2 반응은 친핵체가 이탈기의 반대 방향에서 반응기질을 공격할 때 친핵체(:Nu^-)의 전자쌍은 이탈기(:X^-)를 밀어내고 이탈기는 C-X 결합을 하고 있던 전자쌍을 가지고 분자의 다른 쪽으로 이동한다. 전이상태에서 새로운 Nu-C 결합이 형성되고 동시에 C-X 결합은 끊어지면서 이탈기가 전자쌍을 갖고 떨어져 나감에 따라 친핵체가 탄소 원자에 또 다른 전자쌍을 공급한다.

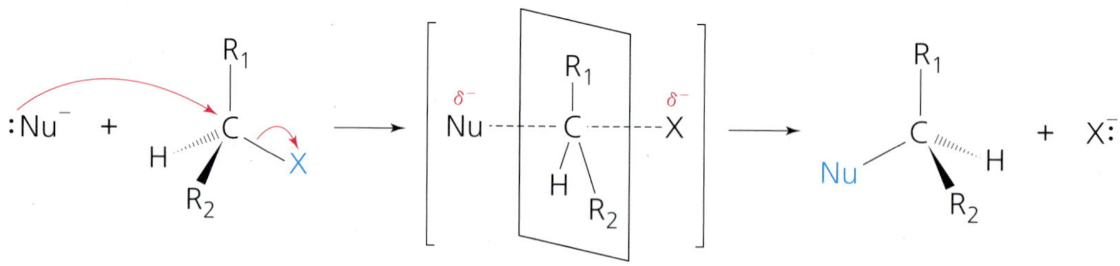

전이상태

예제 1 1-Chloropropane을 NaOH와 반응시켜 얻어지는 치환 생성물을 쓰시오.

풀이 $CH_3CH_2CH_2Cl + Na^+ \ ^-OH \xrightarrow{S_N2} CH_3CH_2CH_2OH + Na^+ \ ^-Cl$

1-Propanol

참 고 S_N2 반응 메커니즘

예를 들어 (S)-2-Bromobutane 경우를 살펴보자. 이것은 한 단계 반응으로 친핵체 ^-OH가 이탈기의 Br의 180° 반대 방향에서 접근하여 반응이 일어나므로 탄소의 배열이 반전된다. 즉 친핵체인 ^-OH는 비결합 전자쌍을 이용하여 할로젠 알킬의 Br로부터 반대쪽에서 공격한다. 이때 부분적으로 C-OH 결합이 형성되고 C-Br 결합이 끊어지는 전이상태를 형성한다. 탄소의 입체화학은 C-OH 결합이 완전히 형성되면 뒤집힌다. 할로젠은 C-Br 결합에서 하나의 전자쌍을 가지고 이탈한다.

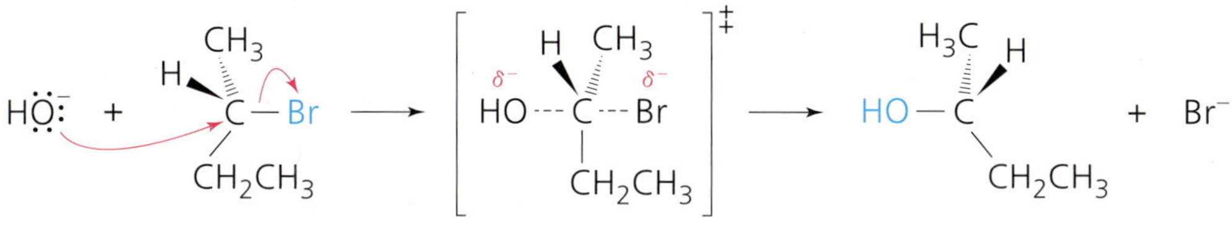

(*S*)-2-Bromobutane   전이상태   (*R*)-2-Butanol

S_N2 반응에서 할로젠화 알킬(RX)의 구조는 입체장애가 작은 할로젠화 메틸(알킬)에서 잘 일어난다. 1차 할로젠화 알킬에서도 S_N2 반응은 비교적 잘 일어난다. 2차 할로젠화 알킬에서는 매우 느리게 일어난다. 3차 할로젠화 알킬에서는 반응이 일어나지 않는다. S_N2 반응에서 반응 기질의 입체 장애 효과는 친핵 중심의 입체 장애가 작을수록 반응성이 증가한다. 예를 들어 아래 모형에서 보듯이 (a) Bromomethane 의 탄소 원자는 친핵체가 쉽게 접근할 수 있어 S_N2 반응이 빠르게 일어나지만 (b)의 Bromoethane, (c)의 2-Bromopropane 및 (d)의 2-Bromo-2-methylpropane탄소들은 점차 접근이 어렵게 되고 그 결과 S_N2 반응은 느려진다.

$$R-Br + Cl^- \xrightarrow{S_N2} R-Cl + Br^-$$

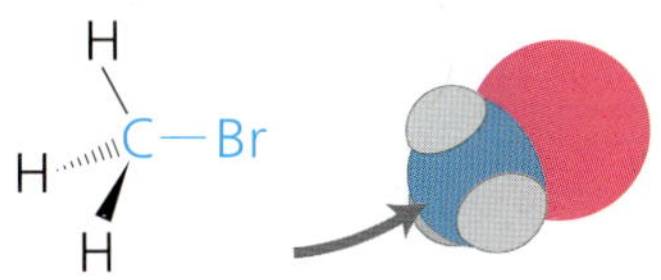

(a) 할로젠화 알킬 (브로모메테인)

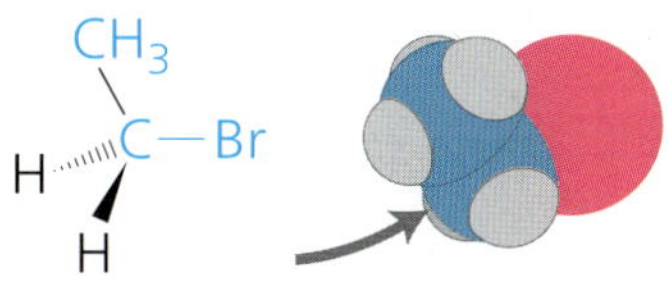

(b) 1차 할로젠화 알킬

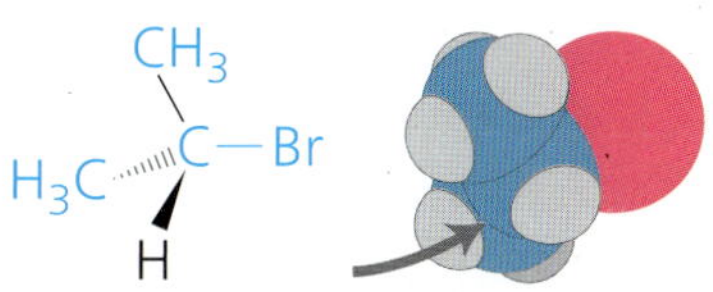

(c) 2차 할로젠화 알킬

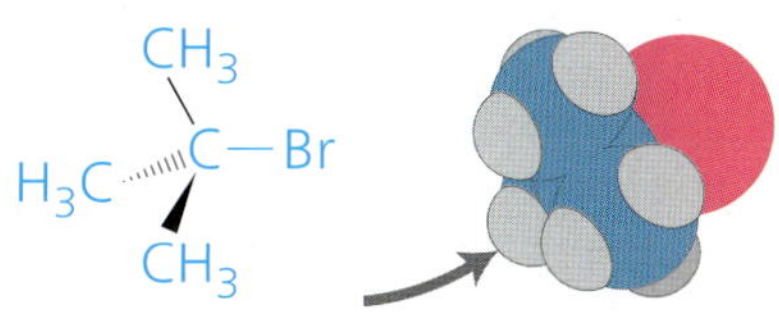

(d) 3차 할로젠화 알킬

예제 2 OH^- 이온이 1-Bromopentane 또는 2-Bromopentane과 반응할 때 더 빨리 반응하는 것은 무엇인가?

풀이 입체 장애물이 적은 것은 $CH_3CH_2CH_2CH_2CH_2Br$이다. 따라서 1-Bromopentane이 더 빠르게 반응한다.

같은 의미에서 할로젠화 바이닐(RCH＝CHX) 및 할로젠화 아릴(Ar－X)은 입체장애로 인하여 친핵체가 뒤에서 공격할 수가 없어 S_N2 반응이 일어나지 않는다.

다음은 S_N2 반응에서 반응 기질의 입체장애 효과를 보여주는 에너지 도표로서(a)가 (b)보다 입체 장애가 더 적으므로 친핵체가 입체 중심의 탄소를 공격하기가 더 용이하다. 따라서(a)가 전이상태 에너지(활성화 에너지)가 더 낮아 보다 빠른 반응이 일어남을 보여준다.

(a) $CH_3Br + {}^-OH \xrightarrow{S_N2} CH_3OH + Br^-$

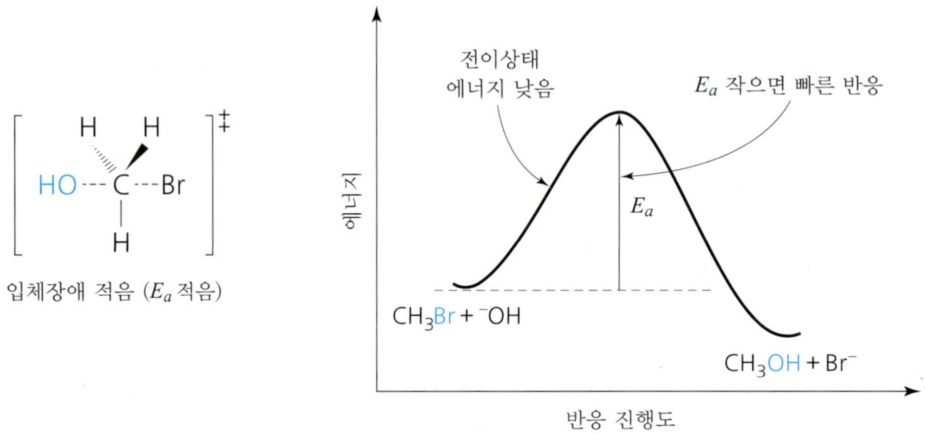

(b) $(CH_3)_2CHBr + {}^-OH \xrightarrow{S_N2} (CH_3)_2CHOH + Br^-$

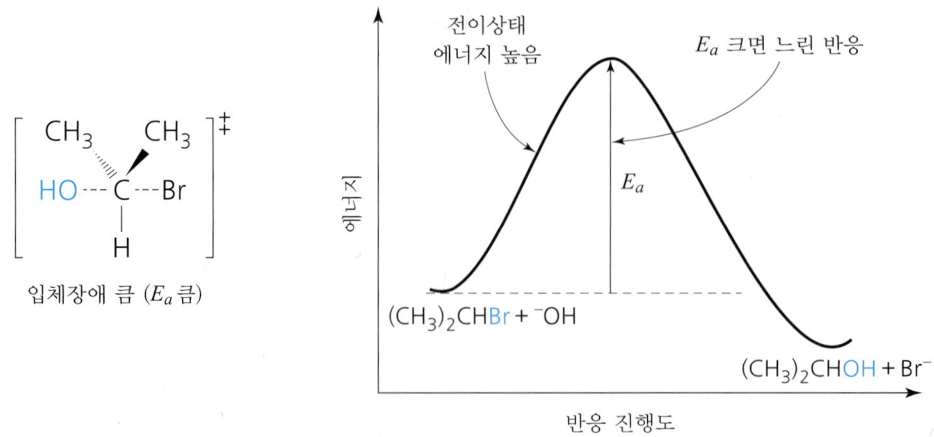

(2) 할로젠화 알킬의 S_N1 반응

친핵성 치환 반응에서 반응 속도가 반응 기질인 RX의 농도에만 의존하는(친핵체의 농도와는 무관) 반응을 S_N1 반응이라 한다. 이 반응은 2단계로 일어나는 1분자 반응(Unimolecular Reaction)이다. S_N1 반응은 3차 할로젠화 알킬(3° RX)에서 잘 일어나고 1차 할로젠화 알킬과 할로젠화 메틸(CH_3X)에서는 일어나지 않는다. 반응 예는 다음과 같다.

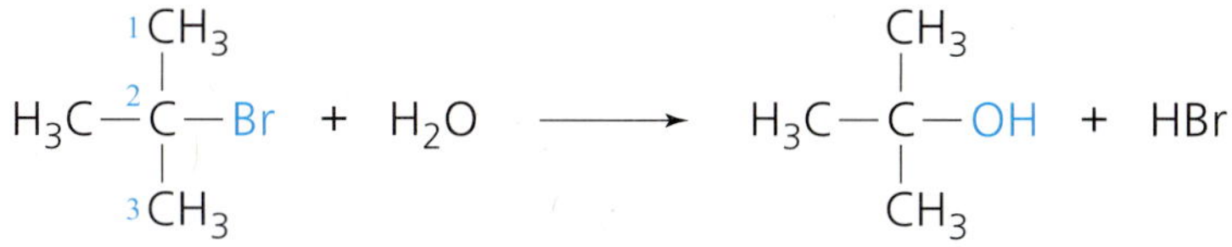

tert–Butyl Bromide (2–Bromo–2–methylpropane) *tert*–Butyl Alcohol (2–Methylpropan–2–ol)

여기서 반응 속도 = k [tert–BuBr] (k = 속도 상수) 이고, 반응물의 농도 지수가 1이므로 반응 차수는 1이 된다. 그리고 2단계로 일어나는 S_N1 반응은 1단계의 반응이 반응 속도 결정 단계이다. 1단계는 반응기질의 C–Br 결합이 끊어지고 반응은 느리게 진행된다. 즉 반응기질의 C–Br 결합이 불균일하게 끊어져 중간체인 탄소양이온이 만들어진다. 이 단계가 반응 속도 결정 단계이다.

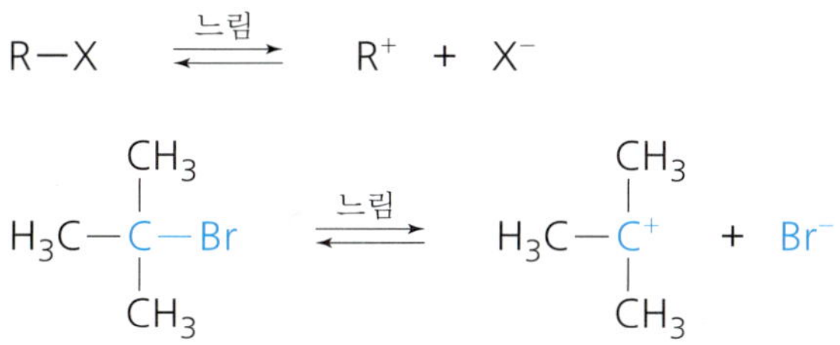

예제 3 (R)–1–Phenyl–1–butanol을 HCl과 반응시킨 경우 생성물의 화학구조 및 입체구조를 쓰시오.

풀이 해답은 다음과 같다.

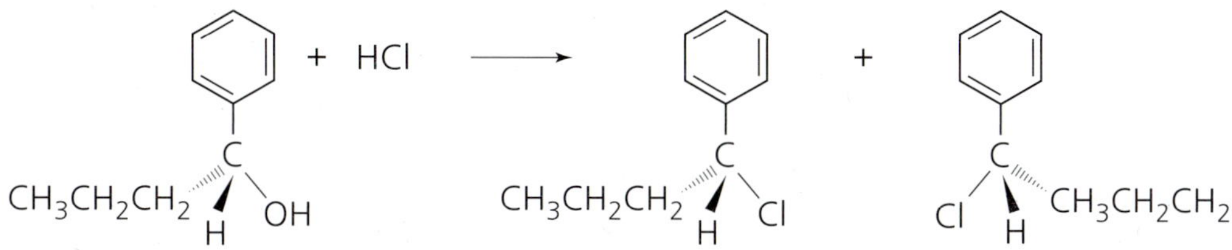

(*R*)–1–Phenyl–1–chlorobutane (50%, 보전) (*S*)–1–Phenyl–1–chlorobutane (50%, 반전)

예제 4 (R)–3–Bromo–3–methylhexane과 메탄올이 반응하여 3–Methoxy–3–methylhexane을 생성시키는 S_N1 반응의 입체화학을 쓰시오?

풀이 해답은 다음과 같다.

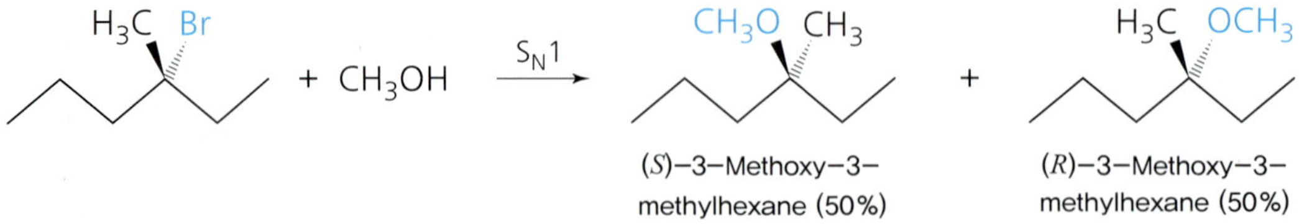

2단계는 C–O 결합 형성 단계이고 반응은 빠르게 진행된다. 다음은 S_N1반응의 반응 도표를 나타낸다.

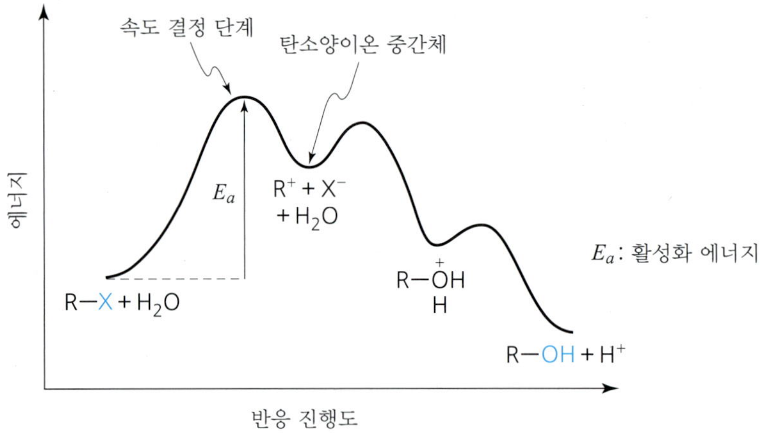

S_N1 반응은 중간체로 탄소양이온이 생성됨으로 더 안정한 탄소양이온이 되기 위한 탄소양이온의 재배열 반응이 일어난다. 예를 들어 아래 (a)와 같이 2-Bromo-3-methylbutane이 물과 S_N1 반응을 할 경우 반응 중간체인 2차 탄소양이온($2° C^+$)이 1,2-수소음이온($1,2\ H^-$) 자리옮김에 의하여 더 안정한 3차 탄소양이온($3° C^+$)으로 전환되어 반응이 일어나기 때문에 2-Methylbutan-2-ol이 더 많이 생성된다. 그러나 물보다 더 강한 친핵체인 ^-OH를 사용하면 이 반응은(b)와 같이 S_N2 반응으로 진행되어 3-Methylbutan-2-ol이 더 많이 생성된다.

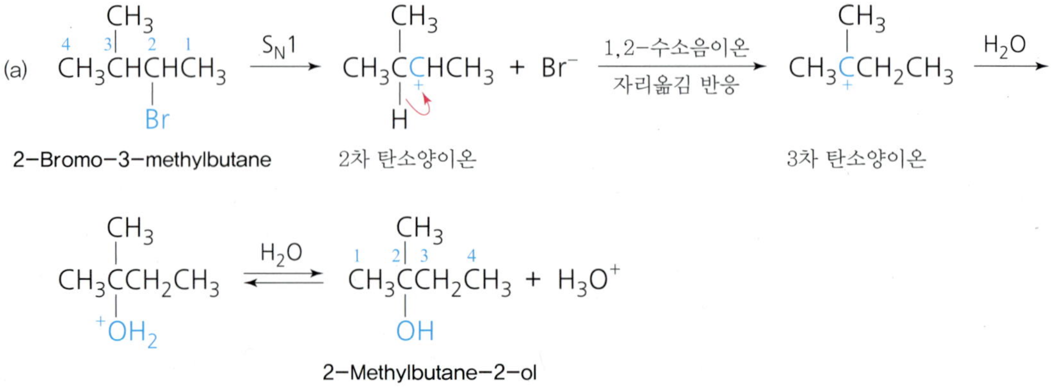

(b) 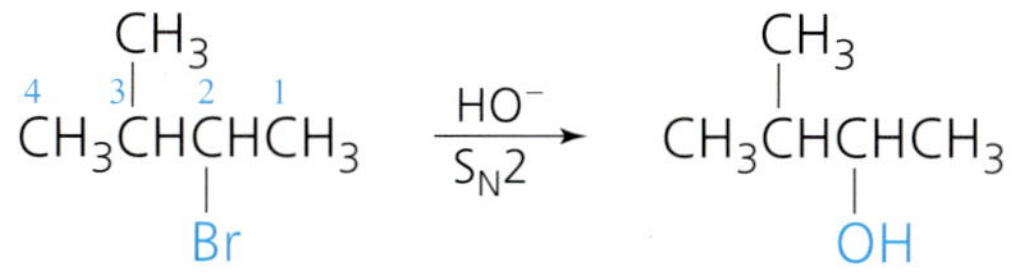

2-Bromo-3-methylbutane　　3-Methylbutan-2-ol

그 외 S_N1 반응 메커니즘 예로서 2-Bromo-2-methylpropane(tert-Butyl Bromide)는 다음과 같다. 1단계는 우선 반응기질인 2-Bromo-2-methylpropane(혹은 tert-Butyl Bromide)이 분해되어 탄소와 이탈기 사이의 결합이 끊어지면서 탄소양이온을 형성한다. 이 단계는 반응이 느린 단계이다. 2단계는 생성 탄소양이온은 물 분자와 빠르게 반응하여 양성자가 첨가된 알코올이 생성된다. 양성자가 첨가된 알코올은 속도가 빠른 산-염기 반응으로 양성자는 해리되어 떨어지고 알코올이 형성된다.

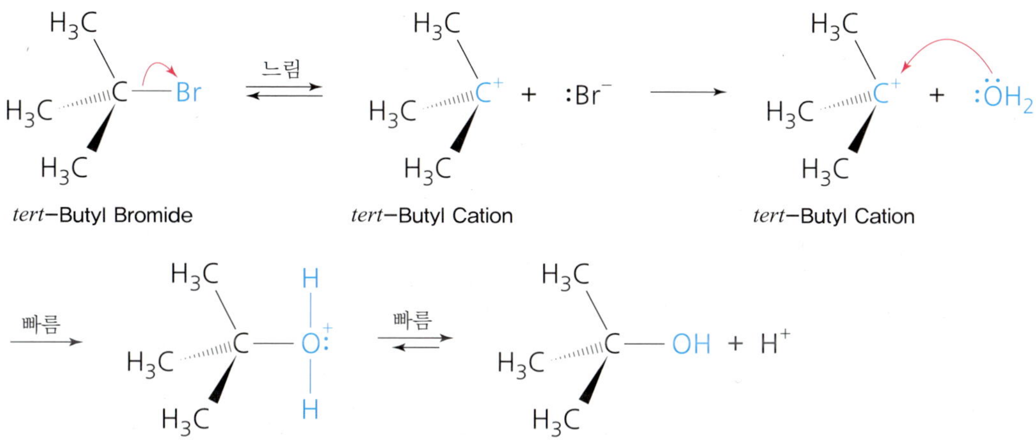

tert-Butyl Bromide　　*tert*-Butyl Cation　　*tert*-Butyl Cation

tert-Butyloxonium Ion　　*tert*-Butyl Alcohol

S_N1반응은 2단계 반응으로 탄소양이온이 먼저 생성되고 여기에 친핵체가 결합하는 반응이다. 따라서 반응기질이 비대칭 중심을 가지고 있어 카이랄 분자라 해도 S_N1 반응을 통해 얻어지는 생성물은 라세미 혼합물이다. 이와 같은 반응을 라세미화 반응이라 한다. 그 이유는 중간체로 생성되는 탄소양이온(비카이랄성)은 sp^2 혼성 탄소 원자로서 평면 삼각형의 형태를 가지므로 친핵체가 평면의 양쪽 방향에서 동시에 공격할 수 있기 때문이다. 다시 말해 순수한 거울상 이성질체 반응물인 카이랄성 반응기질로부터 S_N1 반응에 의해 라세미체인 생성물이 얻어진다.

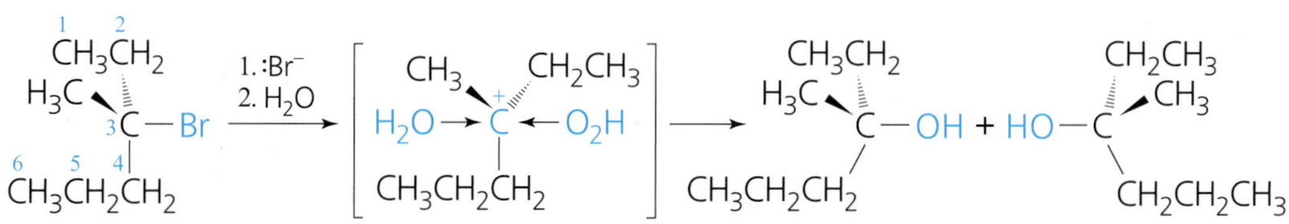

(*S*)-3-Bromo-3-methylhexane　　탄소양이온 중간체　　*S*체 (50%)　　*R*체 (50%)

라세미 혼합물

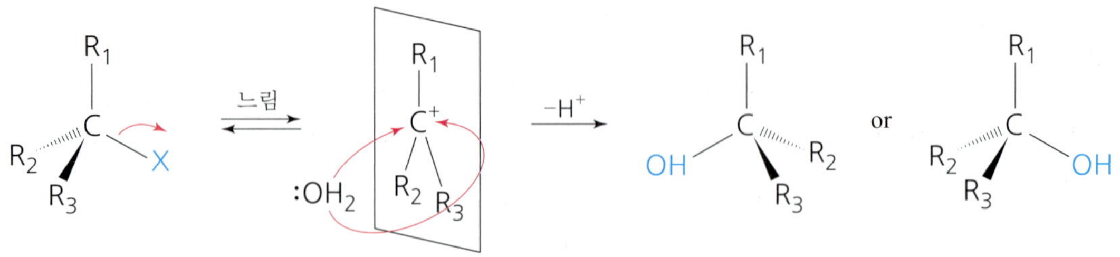

그 밖에 S_N1 반응 예로는 (R)−2−Bromobutane이 수용액 에탄올 용매에서 가수분해를 한다면 2 거울상 이성질체인 라세미 혼합물이 얻어진다.

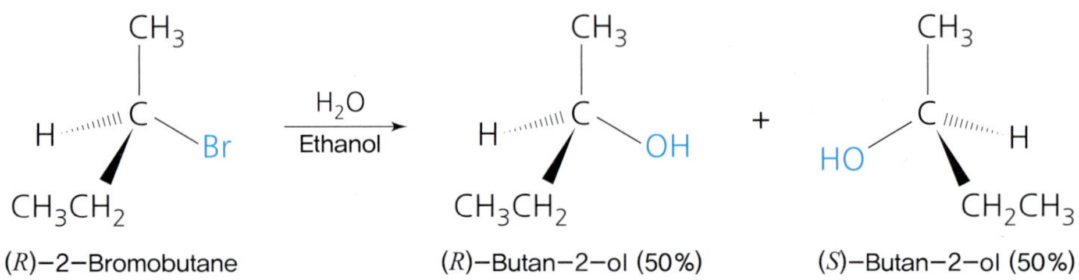

S_N1 반응에서 할로젠화 알킬(RX)의 구조는 안정한 탄소양이온을 생성시킬 수 있는 반응기질일수록 잘 일어난다. 아래 도표에서 보는 바와 같이 반응기질의 구조에 따른 반응성은 S_N2와 정반대이다. 즉 S_N2 반응에서 친핵체의 반응성은 반응 기질의 입체 장애가 적을수록 증가하고 반면에 S_N1반응은 탄소양이온이 안정될수록(입체 장애가 클수록) 반응성이 양호해진다. 같은 이유로 할로젠화 알릴($CH_2=CHCH_2-X$)이나 할로젠화 벤질($C_6H_5-CH_2-X$)은 1차 할로젠화 알킬이지만 공명 안정화된 양이온을 형성하는 화합물로 S_N1 반응이 잘 일어난다. 또한 S_N1 반응의 이탈기의 반응성 순서는 S_N2 반응과 같이 $H_2O \approx I^- > Br^- > Cl^- > HO^-$ 순이다.

S_N2 반응성 (입체 장애 적은 순)

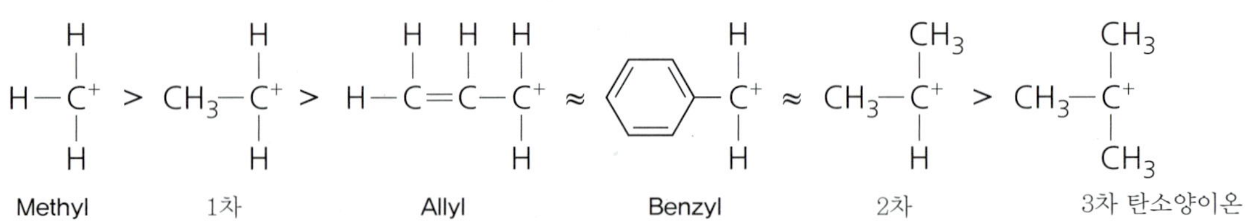

S_N1 반응성 (탄소양이온 안정성)

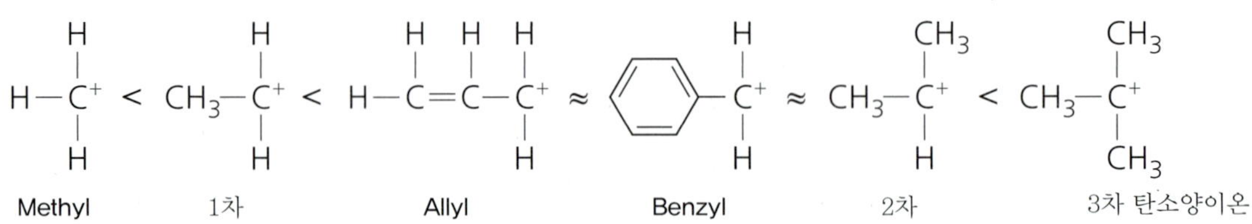

8.5.3 할로젠화 알킬의 친핵성 치환 반응에서 용매 효과

반응 기질일수록 잘 일어난다. 다음은 용매의 분류이다. 즉 반응 물질을 녹이는데 사용되는 용매는 그 성질에 따라 극성 용매와 비극성 용매로 나뉘어진다. 극성 용매는 H_2O 또는 ROH와 같이 양성자(H^+)을 가지고 있는 양성자성 극성 용매와 극성을 가지고 있지만 H^+가 없는 비양성자성 극성 용매로 분류된다.

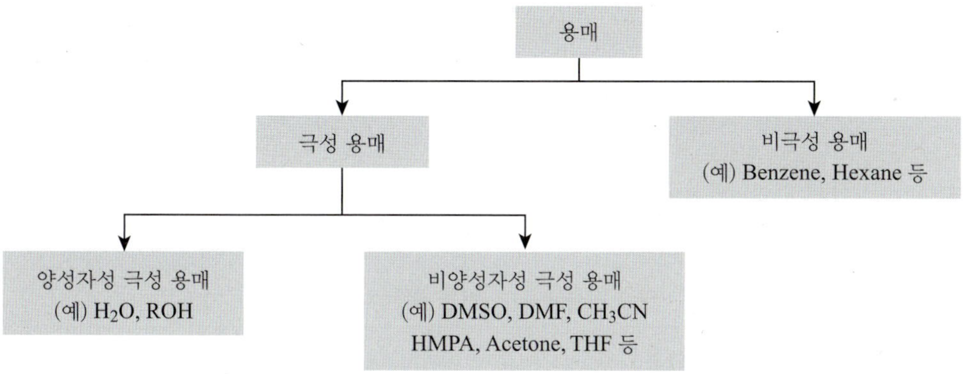

참 고 **몇가지 극성용매 분자 구조식**

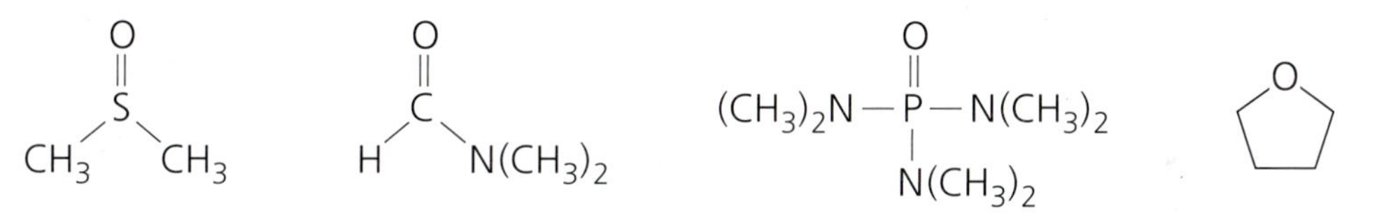

Dimethyl Sulfoxide DMSO | *N*,*N*–Dimethylformamide DMF | Hexamethylphosphoramide HMPA | Tetrahydrofuran THF

친핵성 지환 반응에 참여하는 반응기질은 극성을 띤 분자이고 친핵체는 전자가 풍부한 분자나 이온들이다. 따라서 용매의 극성은 반응의 진행 과정에 큰 영향을 미친다. S_N1 반응의 경우 H_2O와 같은 양성자성 극성 용매 속에서 반응이 잘 일어난다. 그 이유는 아래 그림(a)와 같이 반응기질이 해리하여 생성된 탄소양이온을 H_2O의 산소 음전하가 둘러싸서 안정되게 하고 그림(b)와 같이 해리되어 나온 이탈기의 음전하는 수소 결합을 통해 안정화시킬 수 있기 때문이다. 이와 같은 수소 결합에 의해 음이온이 안정화되는 성질은 친핵체를 용매화시켜 친핵성을 감소시키는 결과를 초래할 수 있다. 그러나 S_N1 반응에서는 탄소양이온이 생성되는 단계가 반응 속도를 결정하므로 이를 극복할 수 있다. 반면에 S_N2 반응은 비양성자성 극성 용매에서 더 잘 일어난다. 이는 비양성자성 극성 용매는 극성은 가지되 수소 결합을 할 수 없고 기질을 안정화시키나 친핵체를 용매화시키지 않기 때문이다.

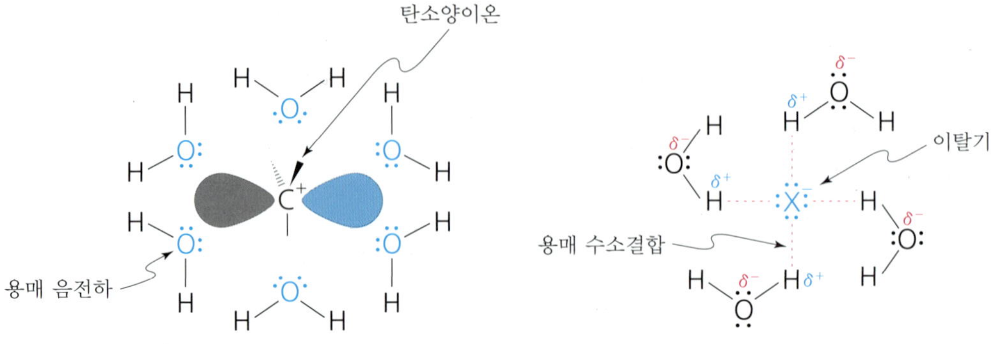

(a) 탄소양이온 안정화　　　(b) 이탈 음전하 안정화

지금까지 앞에서 언급한 S_N2 반응과 S_N1 반응에 대한 특징을 비교하여 정리하면 다음 표와 같다.

표 8.3 S_N2 반응과 S_N1 반응 특징 비교

	S_N2 반응	S_N1 반응
반응속도	속도 = [RX][Nu]	속도 = [RX]
메커니즘	• 2분자 과정 • 반응기질과 친핵체가 반응하여 전이상태를 만들고 이탈기가 절단되면서 생성물이 만들어지는 1단계 반응 • 반응속도는 반응기질과 친핵체 농도에 비례함	• 1분자 과정 • 첫단계에서 반응기질이 해리하여 탄소양이온 형성(느림), 2번째 단계에서 친핵체는 중간체와 빠른 반응으로 생성물 형성하는 2단계 반응 • 반응속도는 반응기질의 농도에만 의존하고 친핵체와는 무관함
입체화학	생성물 구조는 반응물과 반전된 구조	생성물 구조는 반응물과 같은 형태의 구조와 반전(라세미 혼합물)
반응기질의 반응성	메틸 > 1차 > 2차 > 3차	3차 > 2차 > 1차 > 메틸
이탈기의 반응성	$I^- > Br^- > Cl^- > F^- > OH^-, OR^-$	$H_2O \approx I^- > Br^- > Cl^- > HO^-$
친핵체	강한 친핵체 선호	약한 친핵체 선호
용매	비양성자성 극성 용매 선호	양성자성 극성 용매 선호

예제 5 다음 각 반응에 대하여 기대되는 치환 생성물을 쓰고 생성물을 형성하는 메커니즘을 예측하라.

(1) 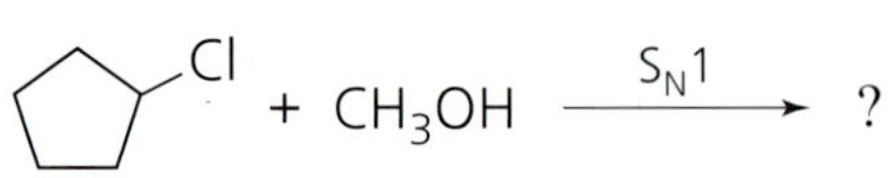

풀이 메탄올은 좋지 못한 친핵체이고 극성 양성자성 용매이다. 염화알킬의 이온화는 2차 탄소 양이온을 형성한다. 그리고 S_N1 메커니즘으로 가정된다.

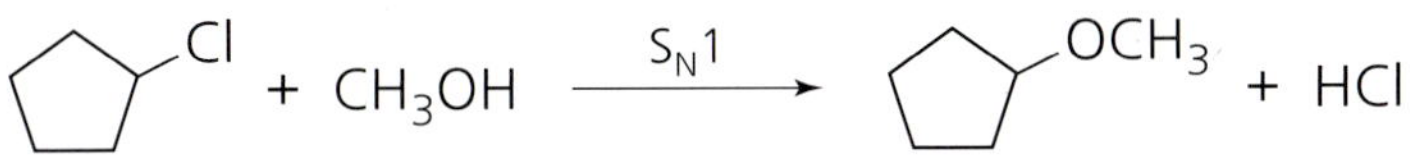

(2) 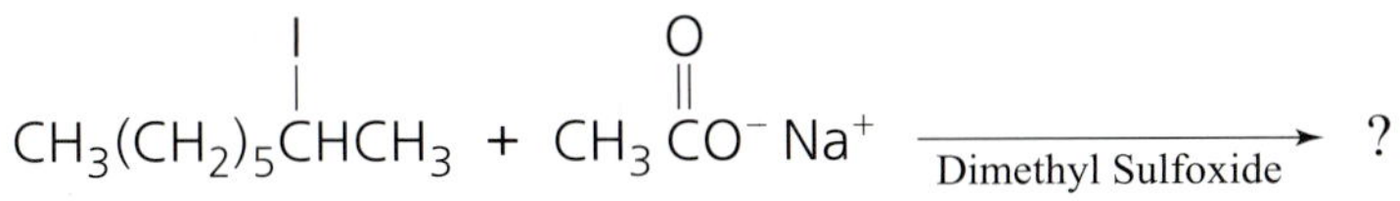

풀이 아이오딘 음이온(I^-)은 2차 탄소에 대해서는 좋은 이탈기이다. 아세트이온(CH_3COO^-)은 중간세기의 친핵체이다. Dimethyl Sulfoxide(DMSO)는 S_N2 반응에 대해 특별히 좋은 용매이다. 입체중심에 대하여 공간배위의 반전을 하는 S_N2 반응메커니즘에 의한 치환으로 가정한다.

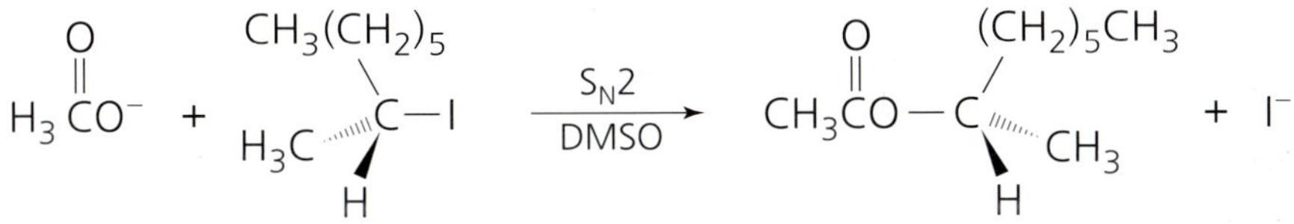

8.5.4 할로젠화 알킬의 제거 반응

제거 반응(Elimination)이란 반응기질로부터 원자 또는 원자단이 제거되어 π 결합을 형성하는 반응이다. 다시 말해 할로젠화 알킬을 염기와 반응시키면 C–X 결합의 X기와 바로 옆 탄소 원자에 결합되어 있는 H원자가 HX로 제거되어 알켄 또는 알카인이 생성된다. HX가 제거되는 반응을 할로젠화 수소 이탈반응(Dehydrohalogenation)이라 한다. X가 결합하고 있는 탄소 원자를 α 탄소라 하고 바로 옆의 탄소 원자를 β 탄소라 부르는데 이 반응은 β 탄소의 수소 원자가 양성자 형태로 염기에 의해 떨어져 나가면서 α 탄소의 할로젠기가 동시에 제거되는 반응이다. 이를 β –제거 반응 또는 1,2–제거 반응이라고도 한다.

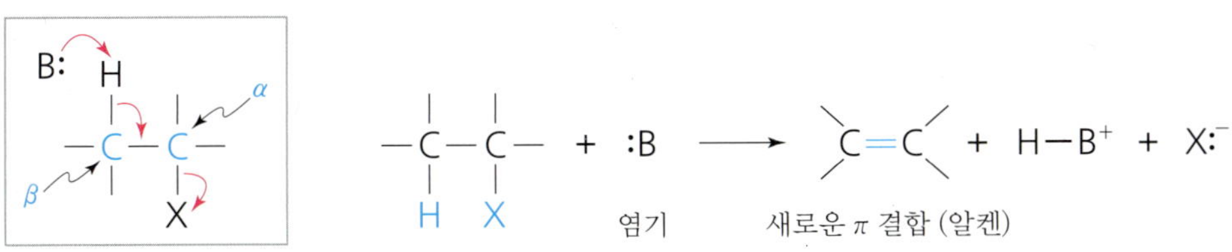

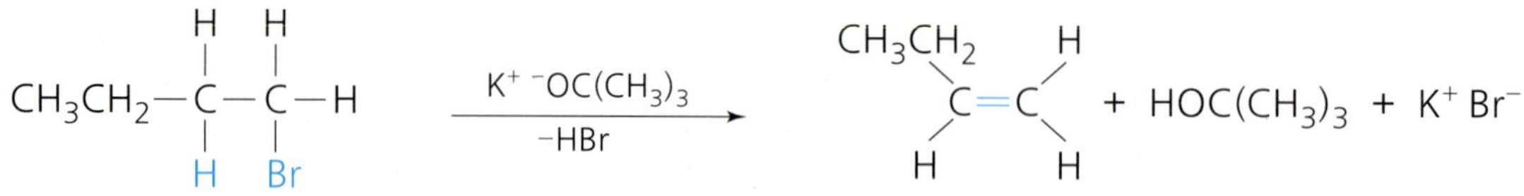

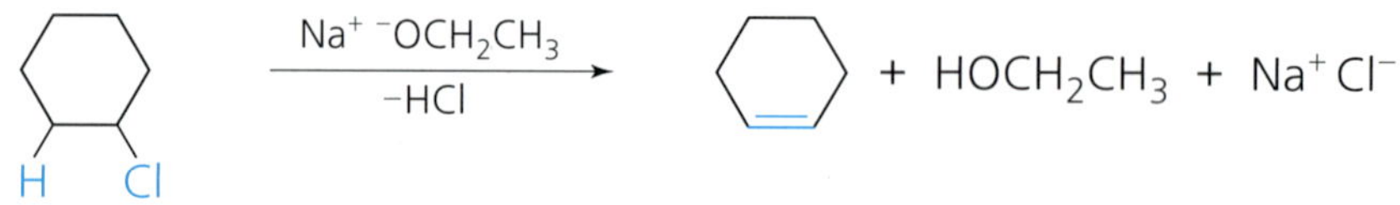

제거 반응에 흔히 사용되는 반응 기질은 할로젠화 알킬, 지방족 알코올, 지방족 4차 암모늄염 등이고 염기는 NaOH(Sodium Hydroxide; Na^+ ^-OH), KOH(Potassium Hydroxide; K^+ ^-OH), $NaOCH_3$(Sodium Methoxide; Na^+ $^-OCH_3$), $NaOCH_2CH_3$(Sodium Ethoxide; Na^+ $^-OCH_2CH_3$), $KOC(CH_3)_3$ [Potassium tert-buthoxide; K^+ $^-OC(CH_3)_3$] 등과 같은 Brønsted-Lowry 염기이다.

한편 같은자리(*gem*-) 또는 이웃자리(*vic*-) 다이할로젠화 알킬을 $NaNH_2$ 또는 K^+ $^-OC(CH_3)_3$와 같은 강염기와 반응시키면 2당량의 HX가 제거되어 알카인이 생성된다.

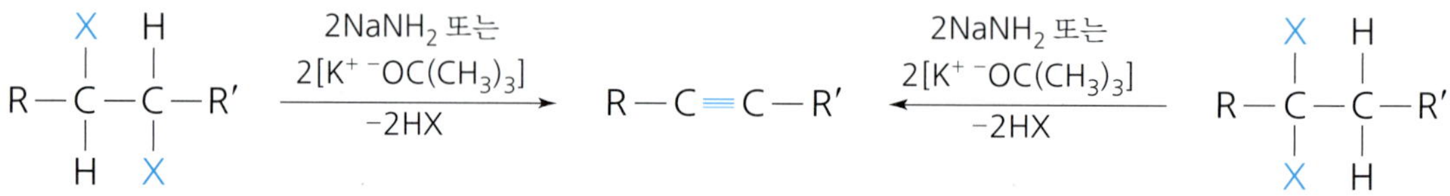

vic-Dihalide

gem-Dihalide

할로젠화 알킬의 제거 반응은 자이체프 규칙 (Zaitsev's Rule)에 따르면 알켄 생성물은 2중결합에 치환기를 더 많이 가진 알켄을 생성한다. 예를 들면, 1-브로모-1-메틸사이클로헥세인과 NaOH를 에탄올 중에서 반응시키면 1-메틸사이클로헥센과 메틸렌사이클로헥세인이 생성한다. 이때 1-메틸사이클로헥센이 2중결합 탄소에 더 많이 치환된 알킬기를 가지므로 주생성물이 되고 메틸렌사이클로헥세인이 부생성물이 된다.

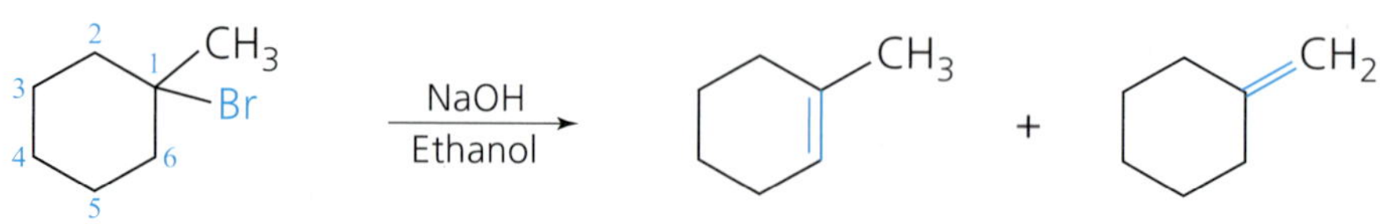

1-Bromo-1-methylcyclohexane

1-Methylcyclohexene (주생성물)

Methylenecyclohexane (부생성물)

여기 또 하나의 예로서 2-브로모-3-메틸펜테인을 에탄올 용액중에서 진한 수산화나트륨과 반응시키면 다음과 같다

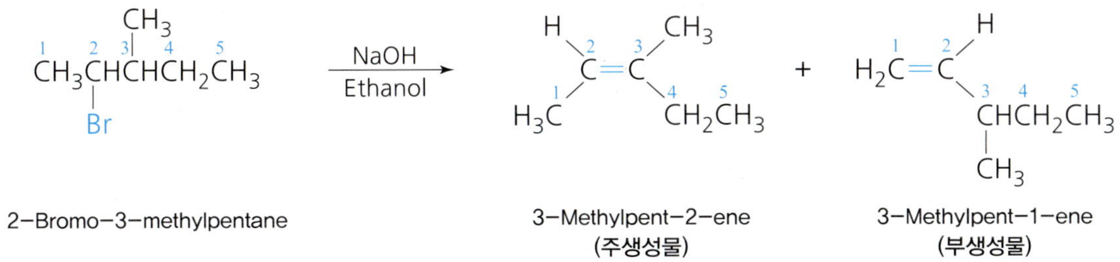

8.5.5 할로젠화 알킬의 제거 반응 메커니즘

제거 반응의 메커니즘은 E2 반응(2 분자 제거 반응)과 E1 반응(1 분자 제거 반응)으로 나눌 수 있다. E는 Elimination(제거)의 약자이며 숫자는 반응 차수를 나타낸다.

(1) 할로젠화 알킬의 E2 반응 메커니즘

할로젠화 알킬이 염기와 반응하여 할로젠화 수소 이탈반응을 일으켜 알켄 또는 알카인이 생성되는 반응이다. 예를 들어 $(CH_3)_3CBr$을 ^-OH와 반응시켜 $(CH_3)_2C=CH_2$를 생성시키는 반응이다. 이 반응은 β 탄소에 있는 수소 원자가 염기에 의해 H^+로 떨어져 나가면서 탄소 원자의 전자쌍이 이동하여 할로젠기가 이탈되면서 C=C 결합이 형성되는 반응이다.

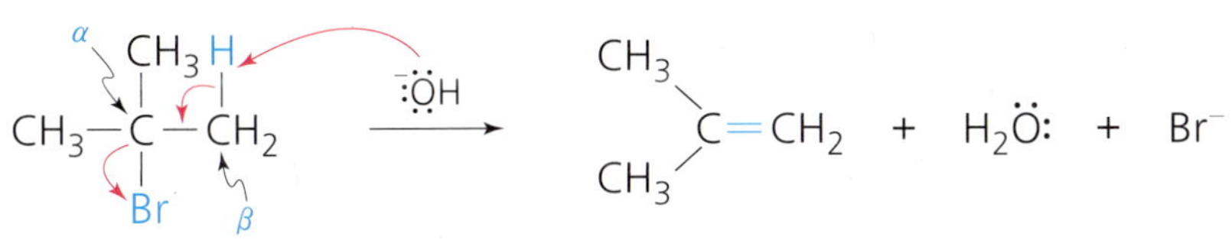

반응 특징은 ① 반응 속도 = k[$(CH_3)_3CBr$] [^-OH]이고 반응기질과 염기 모두가 반응 속도에 영향을 준다. ② 반응 차수는 2차 반응이다. ③ 반응은 1단계로 일어난다. 모든 결합은 동시에 끊어지고 형성된다. ④ 강염기일수록 반응이 잘 일어난다.

1) Zaitsev 규칙과 E2반응의 위치 선택성

자이체프 규칙은 제거 반응이 일어날 때 알킬기가 많이 치환된 알켄이 주로 생성되는 규칙이다. 더 많이 치환된 알켄이 더 안정하기 때문이고 제거 반응시 위치 선택성을 예측하는데 중요 역할을 한다. 아래에서 (a)가 선호되는 반응 경로로서 알킬기가 더 많이 치환된(더 안정된 전이 상태 가짐) 3치환 알켄을 생성한다. 그러나 입체 장애가 큰 염기(K^+ ^-OBu-t)를 사용할 경우는 (b)의 2치환 알켄이 더 많이 생성한다. 그 이유는 덩치가 큰 염기가 β_2 위치에 접근이 곤란하기 때문이다. 아래에서 β_1C−H의 H는 β_2C−H의 H보다 입체 장애가 덜 하다.

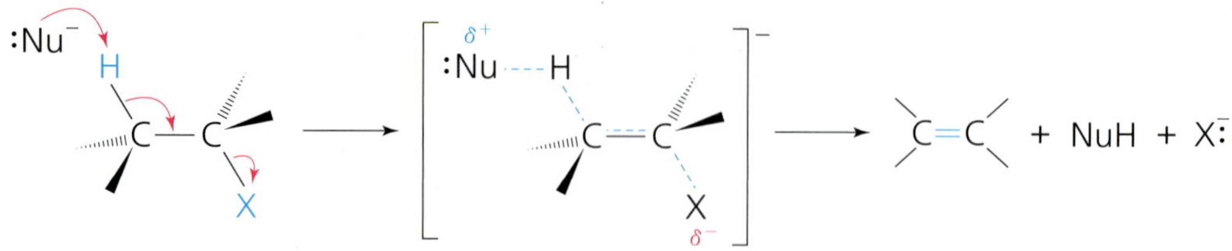

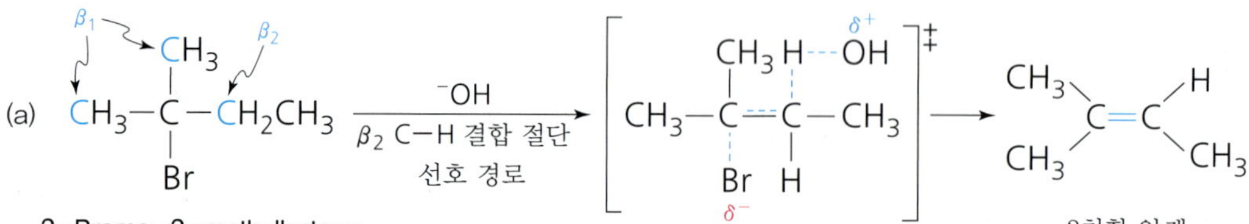

2-Bromo-2-methylbutane

더 안정 전이상태

3치환 알켄
(주생성물)

+

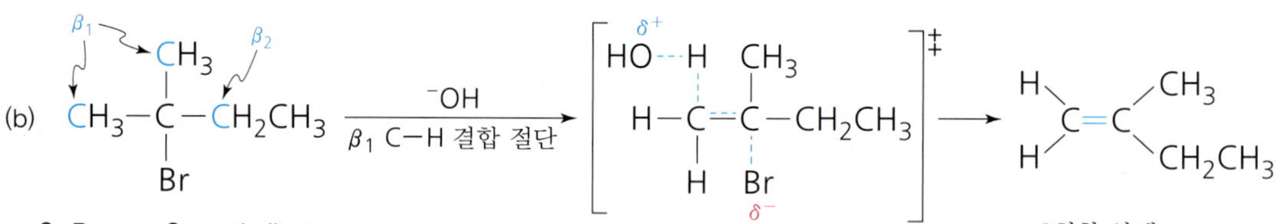

2-Bromo-2-methylbutane

덜 안정 전이상태

2치환 알켄
(부생성물)

참 고 E2 반응 메커니즘

E2 반응도 S_N2 반응처럼 1단계로 일어난다. 푸른 점선은 전이 상태에서의 부분결합을 나타낸다. 다시 말해 [1단계]는 염기(B:)가 이웃해 있는 수소를 공격하여 H를 제거하는 것과 동시에 알켄 2중결합이 생기면서 X가 떨어져 나간다. [2단계]는 C−X 결합이 완전히 끊어져 중성인 알켄이 생기고 X는 C−X 결합을 이루고 있던 전자쌍을 가지고 떨어져 나온다.

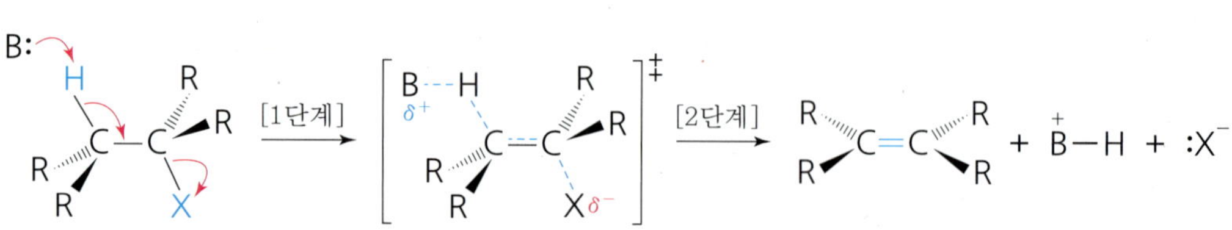

전이상태

다른 E2 반응 예로 2−클로로−2−메틸프로페인을 OH^- 이온으로 처리하면 강염기인 OH^-는 이탈기를 가진 탄소와 이웃한 탄소에서 수소를 떼어 낸다.

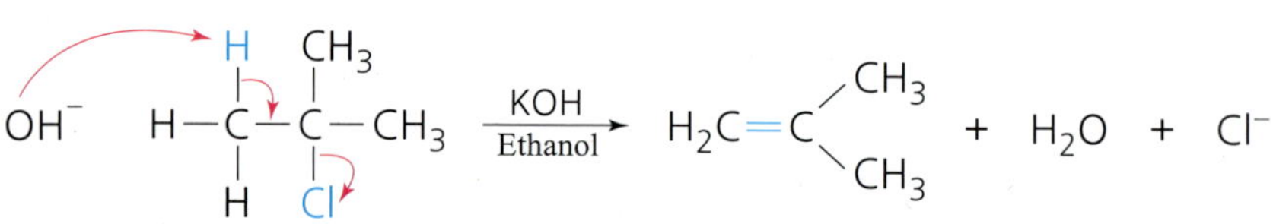

2−Chloro−2−methylpropane 2−Methylpropene

예제 6 1-Chloro-1-methylcyclohexane이 KOH와 에탄올에서 반응하면 어떤 생성물이 나오는가?

풀이 해답은 다음과 같다.

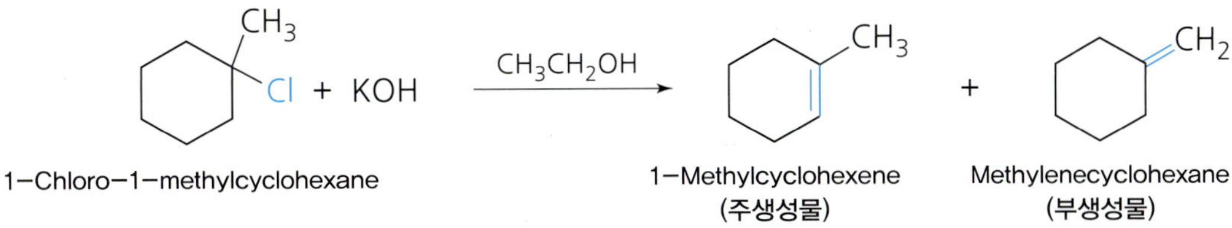

2) E2 반응과 RX의 구조

1차 〈 2차 〈 3차 할로젠화 알킬 순으로 E2 반응성은 높아진다. 즉 S_N2반응의 반대이다. 그리고 할로젠화 알킬(RX)의 E2 반응에서 이탈기 순서는 I^- 〉 Br^- 〉 Cl^- 〉〉 F^-이다

S_N2반응 속도:	RCH_2–X	〉	R_2CH–X	〉	R_3C–X
	1차		2차		3차 할로젠화 알킬
E2 반응 속도:	RCH_2–X	〈	R_2CH–X	〈	R_3C–X
	1차		2차		3차 할로젠화 알킬

3) E2 반응과 RX의 입체 배열

할로젠화 알킬(RX)의 E2 반응은 전이 상태에서 *anti*–준평면(Periplanar) 형태 구조를 취한다. 즉 E2 반응의 H–C_β –C_α –X 4원자는 모두 동일 평면에 놓여 있는 배열에서 일어난다. *anti*–준평면 형태를 선호한다.

syn–준평면　　　　anti–준평면

다음 그림에서(a)와 같이 엇갈린 형태를 가진 *anti*–준평면 형태가(b)처럼 가려진 형태를 가진 *syn*–준평면 형태보다 안정하다. 뿐만 아니라(a) *anti*–준평면 형태는 이탈기가 β 탄소의 H와 멀리 떨어져 있어 염기가 접근하기가(b) *syn*–준평면 형태보다 용이하기 때문에(a) *anti*–제거 반응이 우선하여 일어난다. 다시 말해 *anti*–준평면 형태는 전자가 풍부한 이탈기와 염기가 멀리 떨어져 작용하는데 비해 *syn*–준평면 형태는 전자가 풍부한

이탈기와 염기가 가까이에서 작용한다.

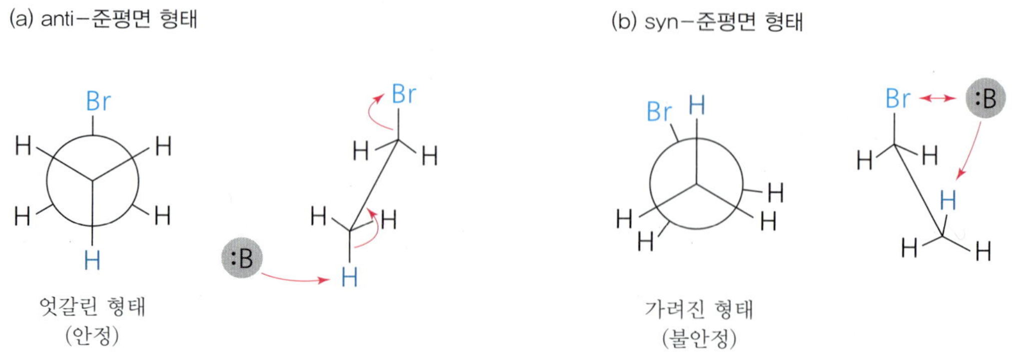

4) 할로젠화 사이클로헥세인의 제거 반응

클로로사이클로헥세인(Chlorocyclohexane)은 빠르게 전환되는 2개의 구조를 가지고 있다. 2가지 구조 중 더 안정한 회전 배열 이성질체는 염소 원자가 수평방향으로 배열되어 있는 (a)이다. 그러나 (a)는 β 탄소의 수소 원자와 anti–준평면을 가질 수 없기 때문에 제거 반응이 일어날 수 없다, 대신에 덜 안정한 형태이지만 염소 원자가 수직방향으로 배열되어 있는 anti–준평면을 가질수 있는 (b)가 제거 반응이 일어난다. 다시 말해1,3–Diaxial Interaction이 없는 (a)가 더 안정하나 H–C–C–Cl 결합이 동일 평면상에 놓여 있지 않아 제거 반응에 참여하지 못한다.

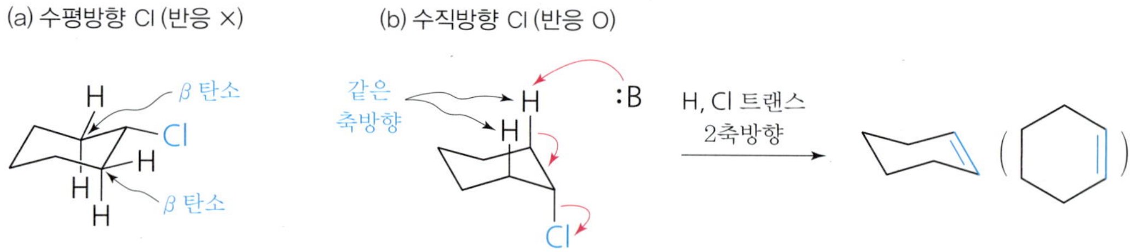

5) E2 반응과 알카인 합성

같은자리 다이할로젠화 알킬(gem–Alkyl Dihalide) 또는 이웃자리 다이할로젠화 알킬(vic–Alkyl Dihalide)을 $NaNH_2$ 혹은 $K^{+-}OC(CH_3)$와 같은 강염기와 반응시키면 다음과 같이 알카인이 생성된다.

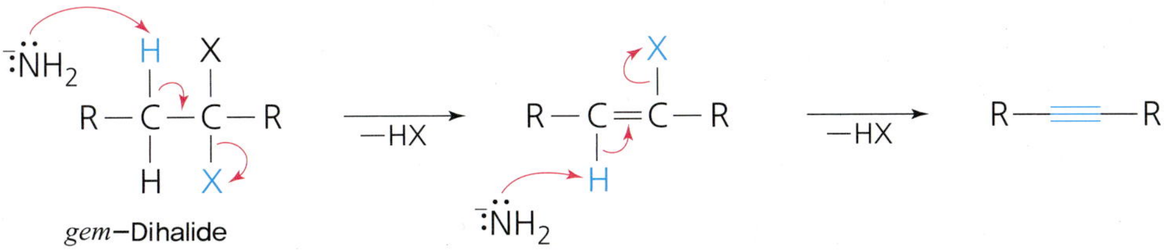

gem–Dihalide

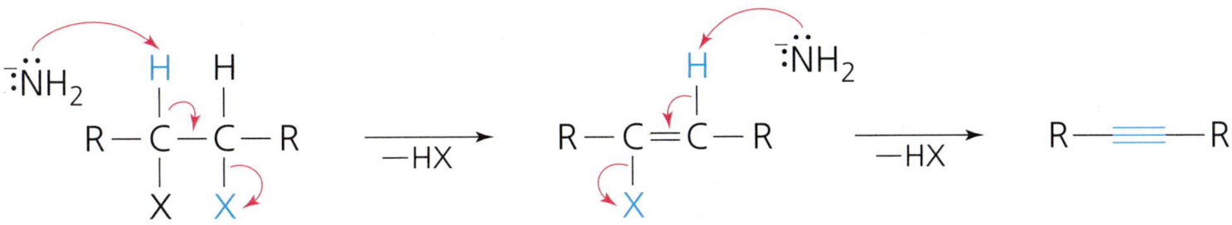

vic–Dihalide

(2) 할로젠화 알킬의 E1 반응 메커니즘

$(CH_3)_3CI$에서 HI가 제거되어 $(CH_3)_2C{=}CH_2$가 생성되는 반응에서 E1 반응의 특징은 반응속도 = k[$(CH_3)_3CI$]이고 반응 기질의 농도에만 의존한다. 반응은 2단계로 일어난다. 즉 탄소양이온 형성 단계와 탄소양이온의 탄소에서 양성자를 떼어내어 새로운 π 결합을 형성하는 단계이다. H_2O과 ROH처럼 약염기에서 반응이 더 잘 일어난다.

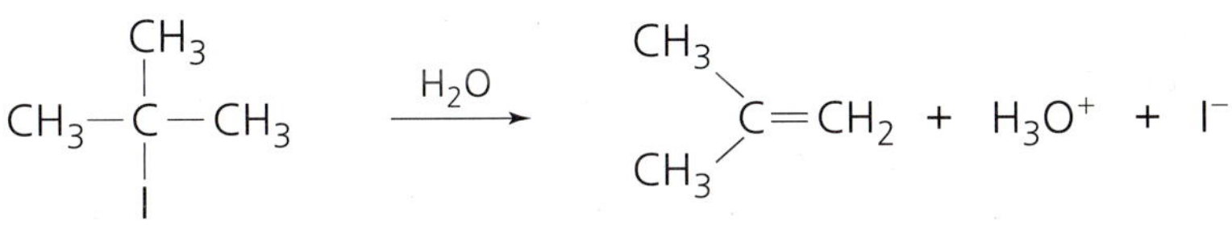

1) E1반응의 위치 선택성

자이체프 규칙에 따라 많이 치환된 알켄이 생성된다. 예를 들어 1–Bromo–1–methylcyclopentane에서 E1반응에 의해 알킬기가 더 많이 치환된(A) 1–Methylcyclo–pent–1–ene이 주생성물로 생성된다.

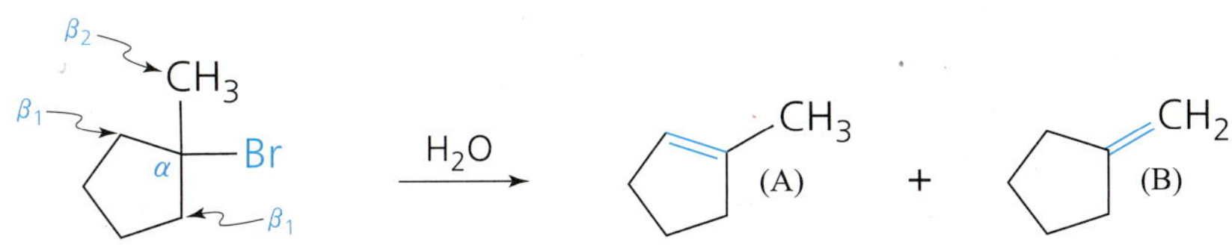

1–Bromo–1–methylcyclopentane

3치환 알켄 (주생성물)

2치환 알켄 (부생성물)

2) E1 반응 메커니즘

E1 반응은 2단계로 반응이 일어난다. 1단계는 할로젠화 알킬의 C–X결합이 해리하여 탄소양이온이 생성되는 단계이고 2단계는 β C–H 결합이 깨어져 π 결합이 생성되는

단계이다. 이 반응의 속도 결정 단계는 1단계이다. 따라서 E1 반응은 안정한 탄소양이온을 생성시킬 수 있는 3차 할로젠화 알킬에서 가장 잘 일어나며 1차 할로젠화 알킬의 경우 잘 일어나지 않는다. 또한 이 반응은 이탈기의 이탈성이 좋을수록 잘 일어난다.

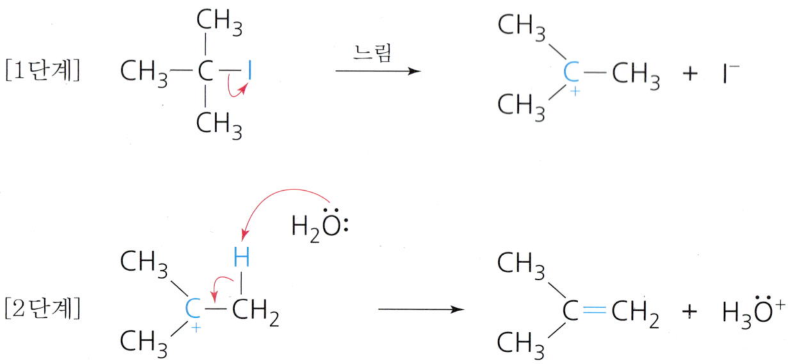

참 고 E1반응 메커니즘

E1 반응 메커니즘도 S_N1 반응과 마찬가지로 2단계 과정으로 진행된다. 첫 단계에서 할로젠화 알킬의 자발적 해리가 느리게 일어나서 탄소양이온(Carbocation)이 형성된다. 이 단계가 속도 결정단계이다. 탄소양이온이 생성된 후에는 다음 단계에서 치환 대신에 중간체 탄소양이온으로부터 H^+를 잃어 중성인 알켄(2중결합)이 빠르게 생성된다. 이때 C–H결합의 전자는 알켄의 π결합을 생성한다.

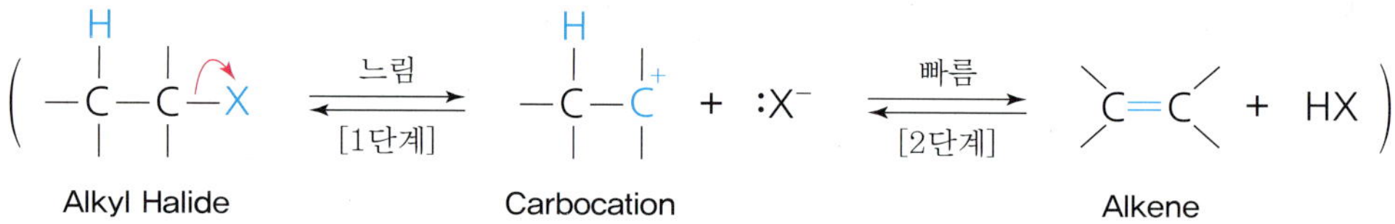

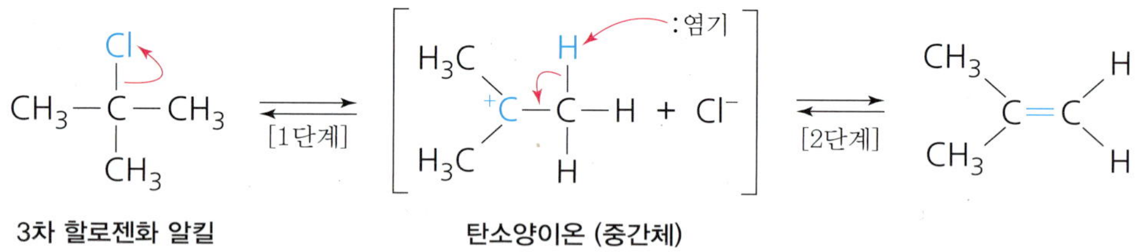

예제 7 다음은 S_N1, S_N2, E1, E2 반응중에서 어떤 경로를 거치는가?

풀이 반응기질이 1차, 2차, 3차 할로젠화 알킬인지 살펴보고 치환 또는 제거반응 중 어느 것이 일어났는지 살펴본다. 반응기질이 2차 할로젠화 알킬이고 제거반응이 일어났다. 그리고 이것은 E2 반응으로 진행되었다.

3) E1 반응과 RX의 구조

E1 반응이 잘 일어나는 순서는 3차 할로젠화 알킬 〉 2차 할로젠화 알킬 〉 1차 할로젠화 알킬 순이다. 이탈기의 이탈성은 F^- 《 Cl^- 〈 Br^- 〈 I^- 순이다.

E1 반응성: RCH_2X 〈 R_2CHX 〈 R_3CX
1차 할로젠화 알킬 2차 할로젠화 알킬 3차 할로젠화 알킬

이탈기의 이탈성: F^- (느림) 《 Cl^- 〈 Br^- 〈 I^- (빠름)

4) 친핵성 치환 반응과 제거 반응의 경쟁 반응

친핵성 치환 반응과 제거 반응에서 친핵체와 염기 사이에 다음과 같은 유사성과 차이점이 있다.

(a) 친핵체와 염기는 모두 전자가 풍부한 화학종이다. 이들이 전자가 부족한 탄소 원자와 결합할 경우 친핵체라 부르고 H^+와 결합할 경우 염기라 부른다.

(b) 치환 반응에서 친핵체는 Lewis 염기처럼 작용하고 제거 반응에서의 염기는 Brønsted-Lowry 염기로 작용한다.

(c) 동일한 화학종이 친핵체로 사용되기도 하고 염기로 사용되기도 한다. 이는 반응 조건에 따라 친핵성 치환 반응과 제거 반응이 동시에 일어날 수 있음을 의미한다.

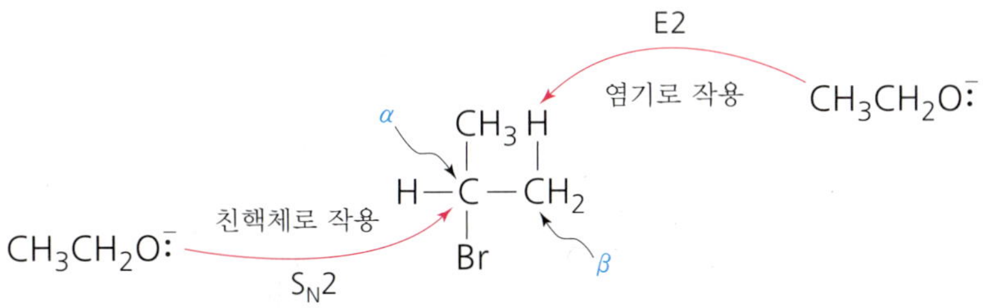

참 고 **탄소양이온의 S_N1/E1 반응**

할로젠화 알킬의 탄소양이온이 생성된 후에는 2가지 반응(S_N1, E1)이 가능하다. 즉 탄소양이온이 친핵체와 결합하는 S_N1 반응과 탄소양이온에 이웃한 탄소 원자로부터 양성자(H^+)가 떨어져 나가 알켄을 형성하는 E1 반응이 일어난다. 일반적으로 S_N1 반응과 E1 반응은 할로젠화 알킬을 OH^- 용매중에서 비염기성 친핵체로 반응시킬 때 경쟁적으로 일어난다.

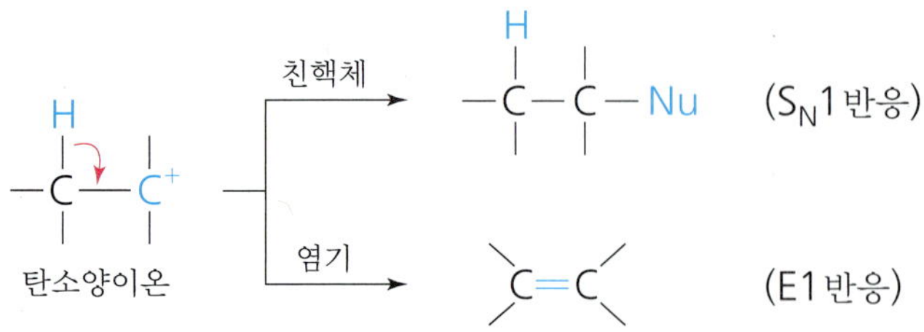

친핵체가 염기로서 작용하면 제거 반응이 경쟁적으로 일어난다. 강염기, 높은 온도, 비극성 용매에서는 제거 반응이 더 잘 일어난다. 실제로 할로젠화 알킬을 수산기 용매에서 비염기성 친핵체로 처리하면 일반적으로 E1 및 S_N1반응이 경쟁적으로 일어난다. 즉 E1반응에 가장 좋은 반응기질은 S_N1반응에도 가장 좋은 반응기질이므로 보통 치환 생성물 및 제거 생성물의 혼합물이 얻어진다. 예를 들어 2-브로모-2-메틸프로페인을 에탄올 수용액에서 처리하면 2-메틸프로판-2-올(S_N1 생성물)과 2-메틸프로펜(E1 생성물)의 혼합물이 약 8:2로 생성된다.

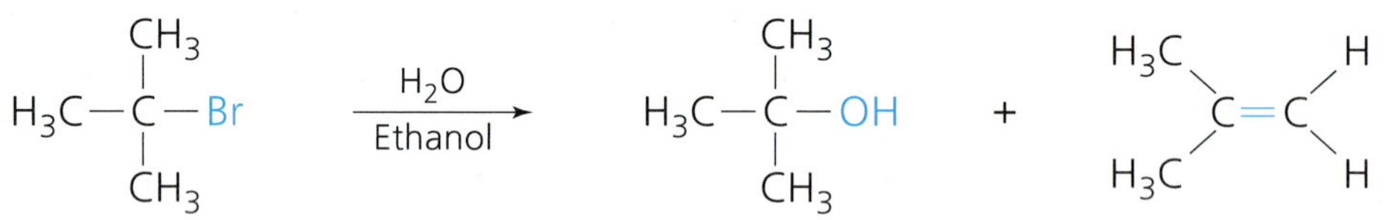

2-Bromo-2-methylpropane 2-Methylpropan-2-ol 2-Methylpropene

다음은 2차 할로젠 알킬의 E1 제거 반응 예를 나타낸다.

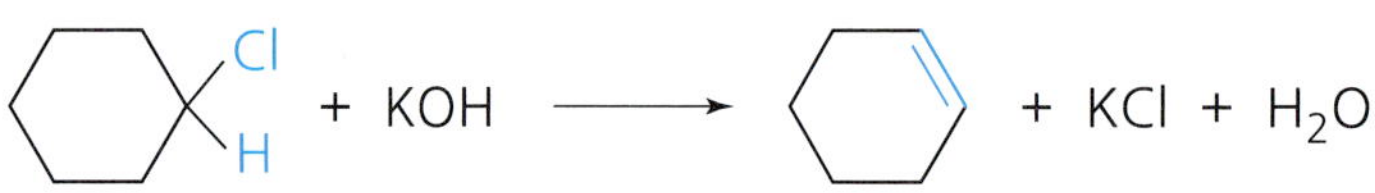

예제 8 2-Chloro-2-methylpropane을 80% 알코올 수용액 속에서 65℃로 가열하면 어떤 물질이 생성되는가?

풀이 앞서 본문에서 언급한 것 처럼 할로젠화 알킬을 하이드록시기 용매에서 비염기성 친핵체로 처리하면 일반적으로 E1 및 SN1 반응이 경쟁적으로 일어난다. 즉 E1 반응에 가장 좋은 반응기질은 S_N1 반응에도 가장 좋은 반응기질이므로 보통 치환 생성물 및 제거 생성물의 혼합물이 얻어진다. 그러므로 S_N1 반응에 의해 알코올이 64%, E1 반응에 의해 알켄이 36% 각각 생성된다.

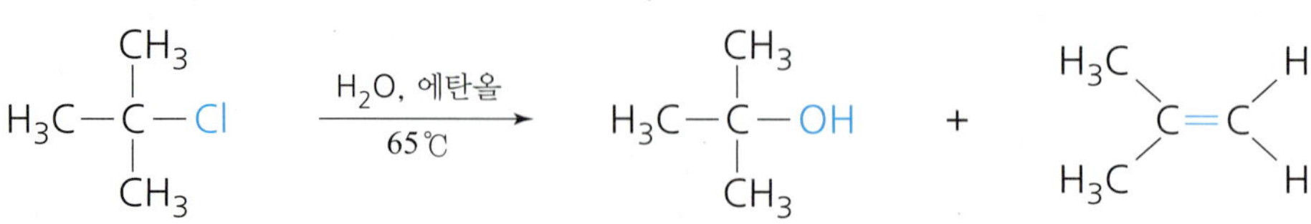

2-Methyl-2-propanol (64%) 2-Methylpropene (36%)

8.5.6 할로젠화 알킬의 반응: (Grignard 시약)

할로젠화 알킬을 에터(Ether) 용매 중에서 금속 마그네슘(Mg)과 반응시키면 탄소-할로젠(C-X) 결합이 깨지면서 마그네슘과 결합하여 할로젠화 알킬마그네슘(RMgX)을 생성한다. 이 시약은 유기화합물 합성에 중요한 시약으로 Grignard 시약(Grignard Reagent)이라 부른다. 이 화합물은 탄소-금속결합을 가지므로 유기금속 화합물이라 한다. 할로젠화 알킬 외에 할로젠화 알켄일(바이닐)과 할로젠화 아릴(방향족)도 마그네슘과 반응하여 Grignard 시약을 만든다. 할로젠은 Cl, Br, 또는 I가 쓰이며 F는 쓰이지 않는다.

$$\text{R-X} + \text{Mg} \xrightarrow{\text{Ether}} \text{R-MgX (R-Mg-X)}$$

R = 1차, 2차, 3차 알킬, 아릴, 바이닐

X = Cl, Br, I

여기서 R은 알킬기, 사이클로알킬기, 알켄일기(바이닐), 아릴기 등이 될 수 있다. Grignard 용매로 사용되는 에터에는 미량의 물이나 알코올이 들어 있어서는 안 된다.

$$CH_3\text{-}Br + Mg \xrightarrow{\text{Ether}} CH_3\text{-}MgBr$$

Methyl Bromide → Methylmagnesium Bromide

$$CH_3CH_2CH_2CH_2CH_2CH_2Br \xrightarrow[\text{에터}]{\text{Mg}} CH_3CH_2CH_2CH_2CH_2CH_2MgBr$$

1-Bromohexane → 1-Hexylmagnesium Bromide

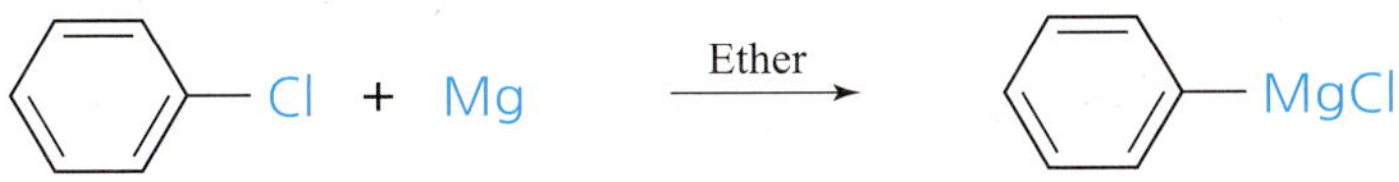

Chlorobenzene → Phenylmagnesium Chloride

예제 9 알코올인 1-Methylcyclohexanol로부터 알케인 Methylcyclohexane을 합성하는 방법을 쓰시오?

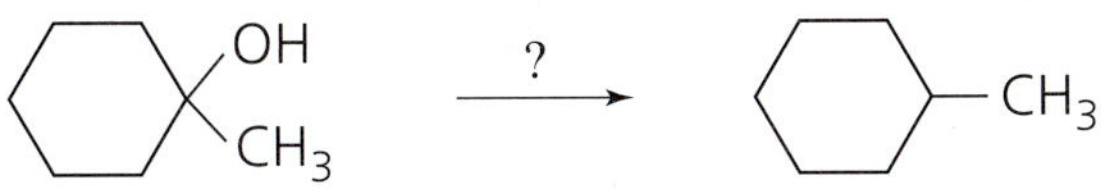

1-Methylcyclohexanol → Methylcyclohexane

풀이 1단계로 되지 않는 반응은 다음과 같이 여러 단계 반응을 연속적으로 수행한다.

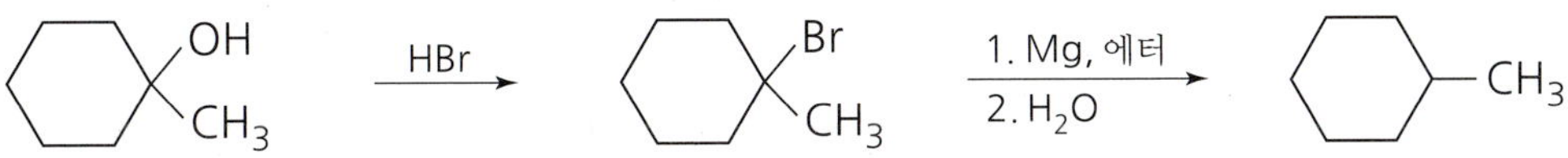

1-Methylcyclohexanol → 1-Bromo-1-methylcyclohexane → Methylcyclohexane

Grignard 시약의 명명은 할로젠화 알킬마그네슘(Alkylmagnesium Halide)로 부르고, 유기원자단의 이름과 마그네슘을 붙여 쓰고 할로젠화(Halide)의 이름은 띄어 쓴다. Grignard 시약의 화학반응에서 알킬 또는 아릴기는 부분 음전하(탄소음이온, δ^-)를 띠고 마그네슘은 부분 양전하(δ^+)를 띠고 있는 것처럼 작용한다.

$$\overset{\delta^-}{R}-\overset{\delta^+}{Mg}X$$

탄소음이온은 강한 염기로서 매우 약한 산인 물과는 물론 $-OH$, $-SH$, $-NH$ 결합과 격렬하게 반응한다. Grignard 반응에서 에터에 극미량의 물이나 알코올이 들어 있어서는 안되는 이유도 여기에 있다. 분자 내에 $-CHO$, $-COR$, $-NO_2$, $-CN$, $-OH$, $-NH_2$, $-NHR$, $-SH$, $-CO_2H$ 등을 가진 화합물은 Grignard 시약을 만들 수 없다. 이들 기들은 Grignard 시약과 반응을 하든가 혹은 Grignard 시약이 양성자화하여 Grignard 시약이 파괴되기 때문이다.

8.5.7 할로젠화 바이닐과 할로젠화 아릴의 치환 반응

sp^2 혼성화 탄소에 할로젠기가 결합된 할로젠화 바이닐과 할로젠화 아릴은 친핵성 치환 반응이 일어나지 않는다. 치환 반응이 일어나지 않는 이유는 ① 탄소 양이온이 생성되기 어렵기 때문이다(이탈기가 떨어지기 어렵다). ② π 전자 때문에 친핵체 접근이 어렵다. 그러나 할로젠화 아릴의 경우는 몇 가지 예외적인 경우가 있다.

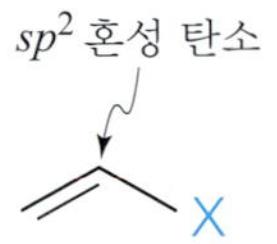

할로젠화 비닐

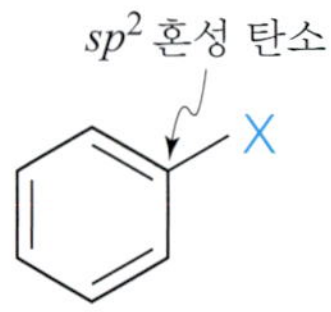

할로젠화 아릴

(1) 할로젠화 아릴의 친핵성 방향족 치환 반응

다음 3경우를 제외하고 할로젠화 아릴(ArX)은 친핵성 치환 반응이 일어나지 않는다.

경우 1 **첨가-제거 반응을 경유:** o- 또는 p- 위치에 NO_2기 같은 강한 전자 끌기기가 치환되어 있을 때 일어난다. 아래 반응은 X기가 F 〉 Cl 〉 Br 〉 I 순으로 잘 일어난다. DNFB는 Sanger 시약으로 단백질 연구에서 말단 아미노산을 찾기 위하여 사용된다.

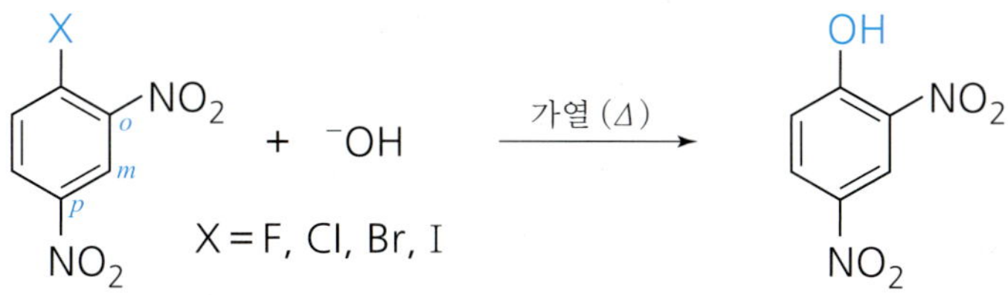

1-Halogen-2,4-dinitrobenzene

(참고)

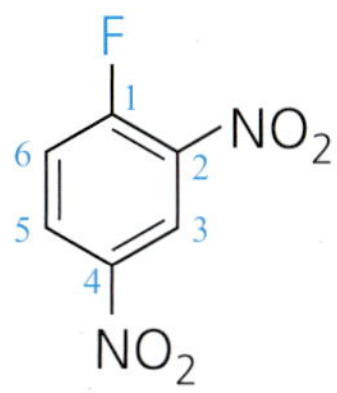

1-Fluoro-2,4-dinitrobenzene
(DNFB, Sanger 시약)

그리고 다음 반응은 S_N1 또는 S_N2 반응 메커니즘과는 다른 첨가-제거 반응을 거쳐 일어난다.

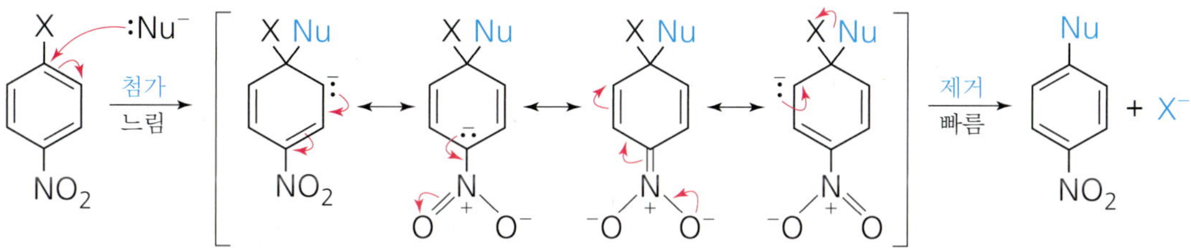

경우 2 **벤자인(Benzyne) 중간체를 경유:** 할로젠화 아릴에 $Na^+\ {}^-NH_2$(강염기 친핵체)를 반응시킨다.

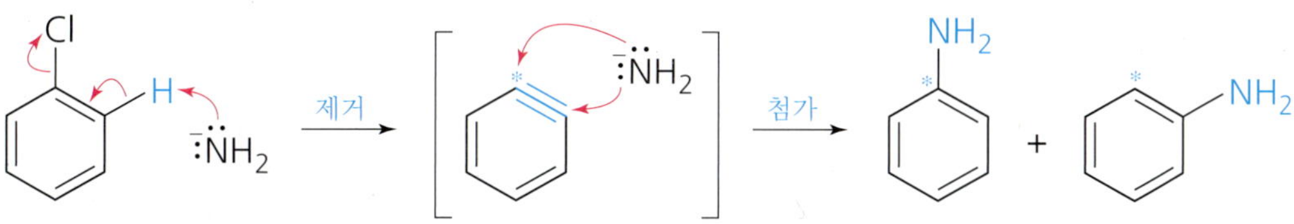

Benzyne

경우 3 **다이아조늄 이온 경유(Snadmyer 반응):** 아릴 다이아조늄염에 친핵체가 직접 공격하여 일어나는 반응이다.

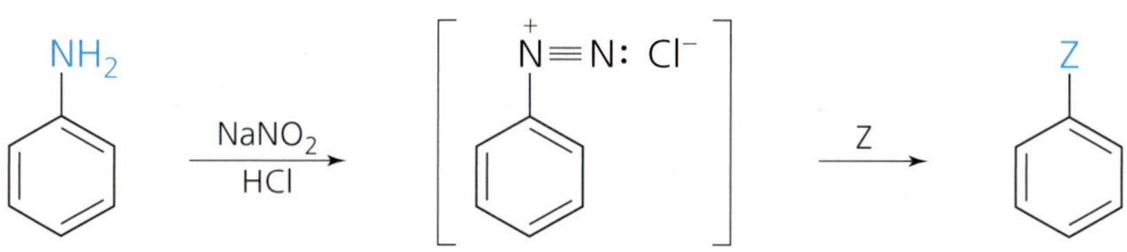

아릴다이아조늄염

Z = Cl, Br, I, CN, OH, H

8.5.8 천연 유기할로젠 화합물

지구상의 생물체가 만들어 내는 유기 할로젠 화합물은 3000종 이상으로 알려져 있다. 가장 간단한 염화메틸(CH_3Cl)로부터 복잡한 구조를 가진 반코마이신(Vancomycin)까지 다양한 구조의 유기 할로젠화물이 토양, 식물, 박테리아, 동물 속에 존재한다. 염화메틸은 산불, 화산 폭발, 해양 갈조류에서 연간 500만톤 이상 방출되어 산업에 의해 방출되는 연간 26,000톤을 훨씬 상회한다. 반코마이신은 토양 세균에서 발견된 강력한 항생 물질로 메티실린 저항성 황색포도상구균(MRSA, Methicillin-resistant Staphylococcus Aureus) 감염 치료에 사용되는 물질이다. 또한 특이한 생물 활성을 가진 많은 종류의 유기 할로젠화물이 해양 생물에서 발견되고 있다. 예를 들어 바다의 산호는 유기할로젠 화합물을 분비하여 불가사리의 먹이가 되지 않도록 한다. 또한 바다에서 풍기는 특이한 냄새도 이들 유기 할로젠화 물질과 관련이 있는 것으로 알려져 있다. 해양 생물체가 만들어 내는 대부분의 유기 할로젠화물은 그들이 처한 환경에서 살아남기 위해 만들어 내는 물질이다. 이들 중에는 항암, 항바이러스, 곤충에 대한 살충 효과가 매우 높은 물질도 발견된다. 예를 들면 해양 적조류에서 분리된 할로몬(Halomon)은 선택적 항암 효과(알킬화제)가 탁월하고 텔페어린(Telfairine)은 모기에 대한 살충 효과가 탁월하다. 또한 남조류에서 분리된 앰비골A(Ambigol A)는 항HIV(항면역력결핍 바이러스) 효능이 있는 것으로 알려져 있다. 참고로 고엽제(Defoliant) 2,4-D(2,4-Dichlorophenoxyacetic Acid)와 2,4,5-T(2,4,5-Trichlorophenoxyacetic Acid) 그리고 다이옥신(Dioxine) TCDD(Tetrachlorodibenzodioxine)는 합성 유기할로젠 화합물이다.

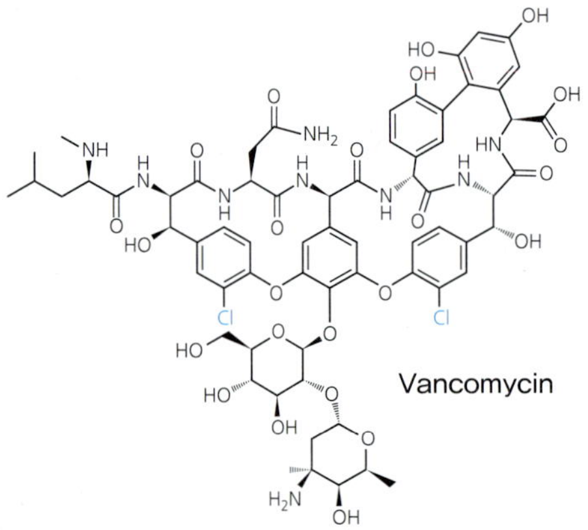

Vancomycin

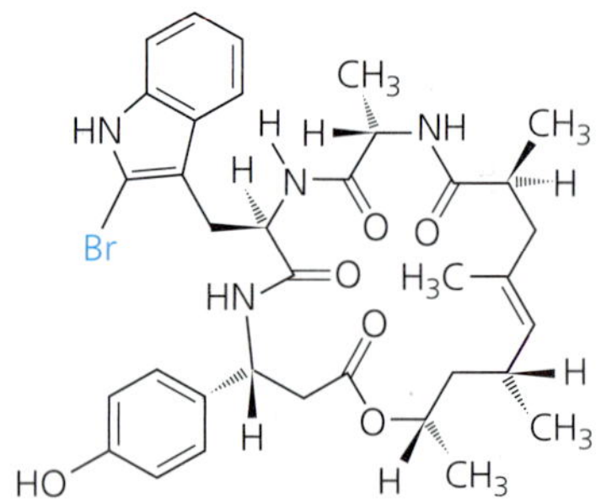

산호 분비 활로젠화물

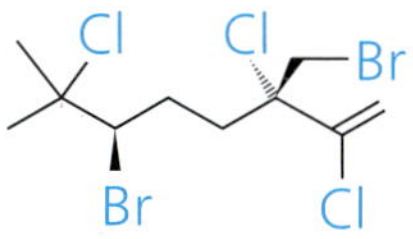

Halomon

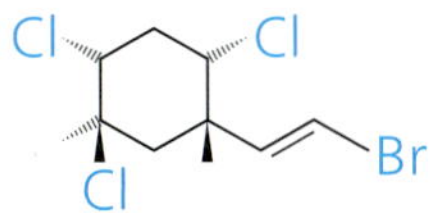

Telfairine

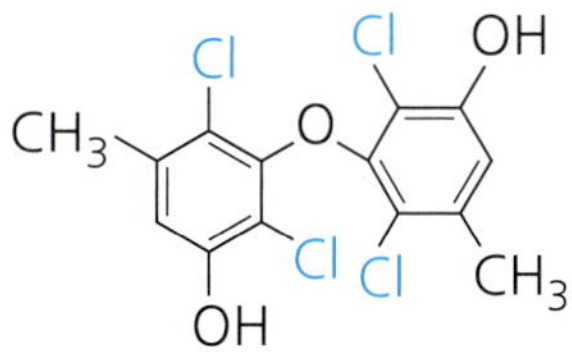

Ambigol A

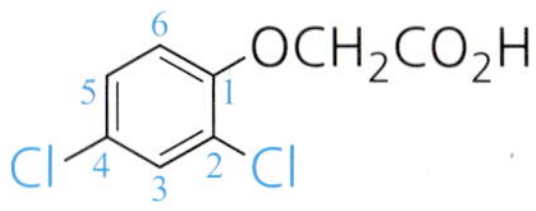

2,4-Dichlorophenoxyacetic Acid
(2,4-D)

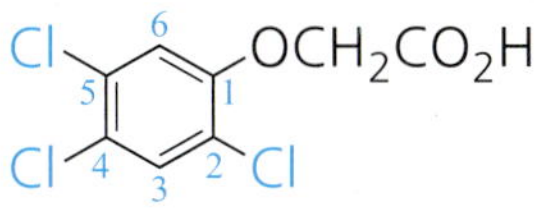

2,4,5-Trichlorophenoxyacetic Acid
(2,4,5-T)

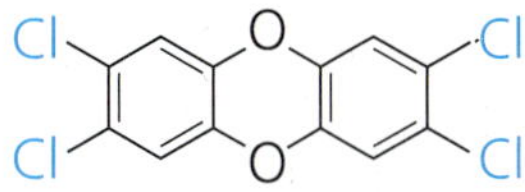

Tetrachlorodibenzodioxine
(TCDD)

8.6 할로젠 유기 화합물 보기

그 밖에 유기할로젠 화합물의 보기는 다음과 같다.

8.6.1 로우렌시아 적조의 마일리온 & 플로코랄아이드 B

다양한 구조와 생물학적 활성을 가지는 수백 개의 유기 할로젠화물이 암초 가장자리의 얕은 바다에서 자라는 해초로 적조(Red Algae)의 한 종 로우렌시아(Laurencia)로부터 분리되었다. 현재 다양한 해양 유기체로부터 수천 개의 할로젠화물이 분리되어 왔다. 해양의 독특한 냄새는 해초에서 발견되는 단순한 할로젠화알킬에 일부 기인한다. 많은 해면과 산호가 이러한 화합물을 포식자와 기생물에 대비하는 화학적 방어제로 사용하였지만 최근 연구에서는 이러한 몇 가지 화합물이 암과 기타 질병을 치료하는 새로운 의학적 특성이 있을 수 있다는 것을 보여 주었다. 즉 2개의 다할로젠화 화합물은 하와이산 적조 식물 Laurencia Cartilaginea로부터 분리한 마일리온(Mailione)과 플로코랄아이드 B(Plocoralide B)이다.

그림 8.1 로우렌시아(적조)

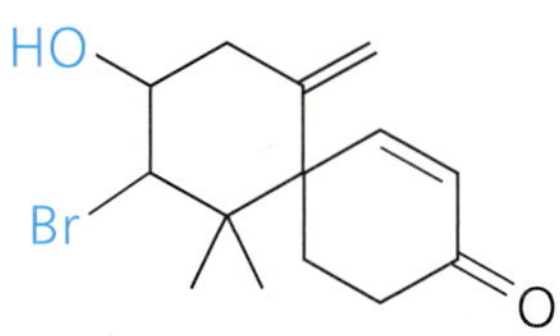

마일리온

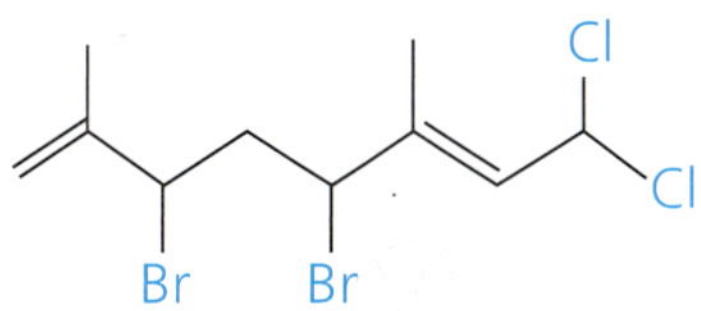

플로코랄아이드 B

8.6.2 플루티카손의 비강 알레르기 치료제

플루티카손(Fluticasone)은 할로젠을 포함하는 유용한 약물이다. 플로네이즈(Flonase)라는 상품명으로 판매되는 플루티카손은 계절 및 재발성 비강 알레르기 치료를 목적으로 사용되는 에어로졸 형태의 흡입용 합성 스테로이드이다. 이 약은 염증을 감소시키는 작용을 하므로 천식과 관련된 만성 폐 염증에도 사용된다.

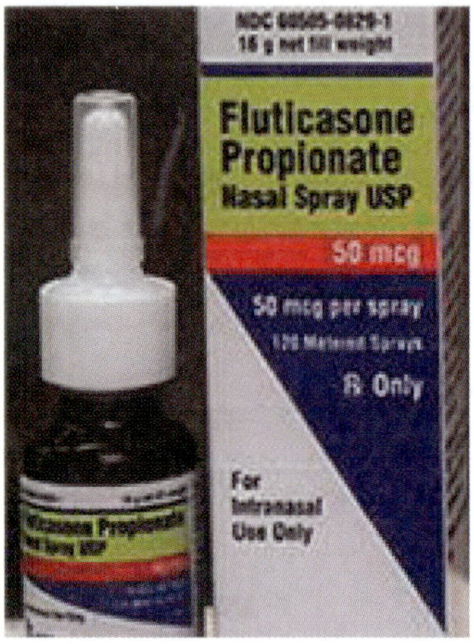

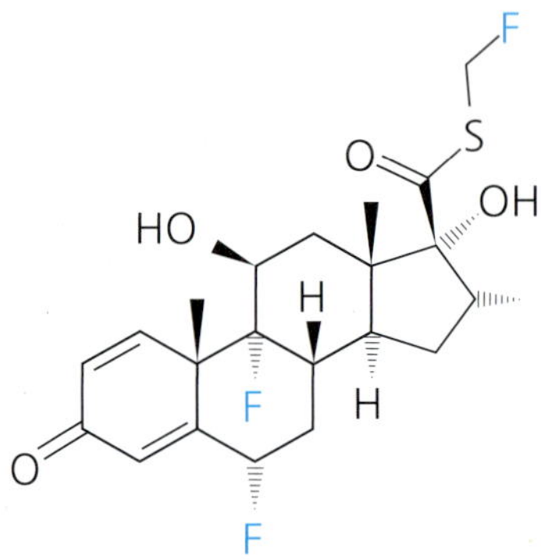

그림 8.2 플루티카손

8.6.3 DDE와 DDT 살충제 농약

다이클로로다이페닐다이클로로에틸렌(DDE, Dichlorodiphenyldichloroethylene)은 유기염소 계열의 살충제 농약인(DDT, Dichlorodiphenyltrichloroethane)에서 HCl의 제거반응으로 만들어 진다. 이들은 농약에 오염된 물고기를 먹고 사는 물수리와 같은 포식자 새들의 조직에 축적된다. 체내 축적된 DDE와 DDT의 농도가 높으면 어미 물수리가 낳은 알이 껍질이 얇게 되면서 쉽게 깨지므로 새끼의 부화가 많이 일어나지 못한다. 이와 같이 땅이나 물속에 잔류하는 DDT는 동식물에 흡수된 후 생물 농축을 통해 인간에 까지도 영향을 줄 수 있다. 실제 한 연구에 따르면 인간의 몸에서도 DDT가 검출되었으며 이는 몸속에서 에스트로겐과 비슷하게 작용하는 내분비계 교란물질이 된다.

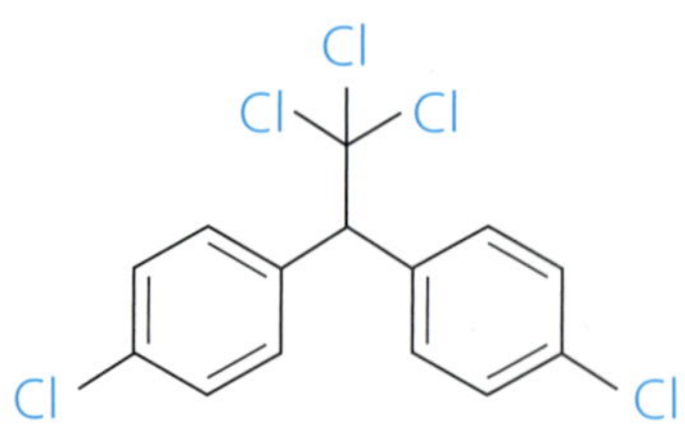

DDT

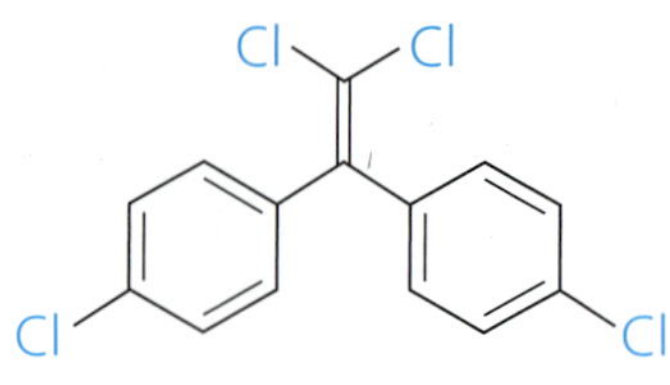

DDE

그림 8.3 물수리

09 장

벤젠과 그 유도체

09장

벤젠과 그 유도체

벤젠 고리를 가지고 있는 탄화수소를 방향족 화합물(Aromatic Compounds) 또는 방향족 탄화수소라고 한다. 탄소의 수에 비해 상대적으로 수소의 수가 적은 벤젠, 톨루엔 같은 화합물은 자연에서 흔하게 발견되고 향기가 있는 물질이어서 방향족(Aromatic)이라 불리어 졌다. 즉 벤즈알데하이드(버찌, 복숭아 및 아몬드에 들어 있음), 톨루엔(톨루발삼, 수지향) 및 벤젠(석탄의 증류액에 들어 있음)과 같은 향기 나는 물질을 말하는데 사용되었다.

Benzene

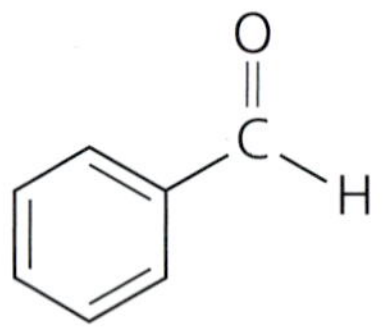

Benzaldehyde

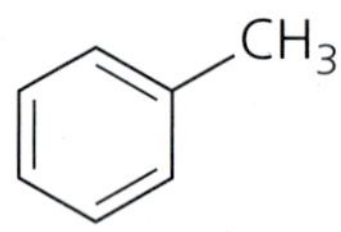

Toluene

그러나 많은 연구를 통하여 이들의 특성을 밝혀 내게 되어 지금은 벤젠과 같이 3개의 2중결합을 가진 고리 화합물뿐만 아니라 벤젠 유도체와 비슷한 화학적 성질과 반응성을 나타내는 고리형 불포화 탄화수소를 모두 방향족 화합물이라 일컫는다. 방향족 화합물의 특징으로는 불포화 탄화수소 구조를 가지고 있으나 2중결합을 가진 알켄류와 매우 다른 성질을 가지고 있다. 지방족 불포화 탄화수소보다 반응성이 훨씬 낮다. 그리고 알켄류가 첨가반응을 하는 것과는 달리 방향족 화합물은 첨가반응 보다는 친전자성 치환반응을 주로 한다.

방향족 화합물의 용도는 다양하다. 예를 들면 수지, 섬유, 의약, 염료 등의 제조 원료로 사용된다. 의약품 중에는 진통제인 아스피린(Aspirin), 아세트아미노펜(Acetaminophen), 아이부프로펜(Ibuprofen)의 2치환체와 식품방부제인 산화방지제 BHT(Butylated Hydroxyl Toluene) 등과 같은 3치환된 벤젠 유도체들이 있다.

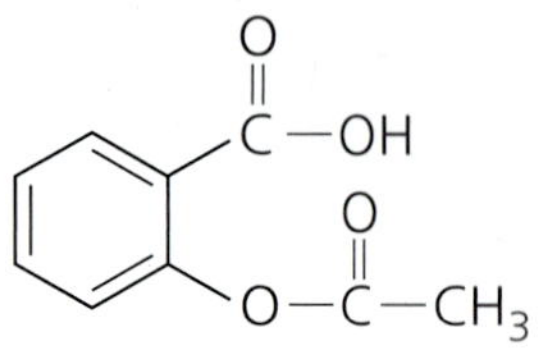

Acetylsalicylic Acid (Aspirin)

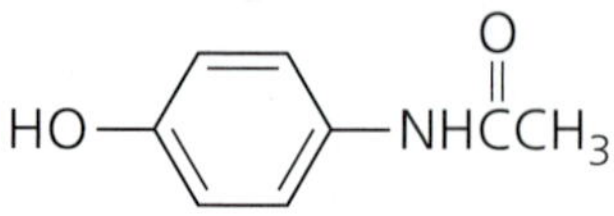

Acetaminophen (Tylenol 성분)

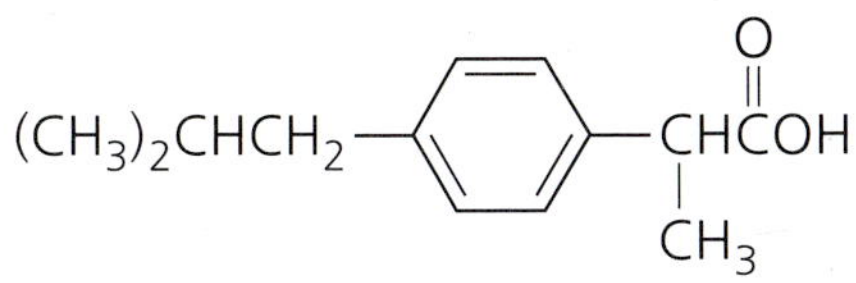

Ibuprofen (Motrin, Advil 성분)

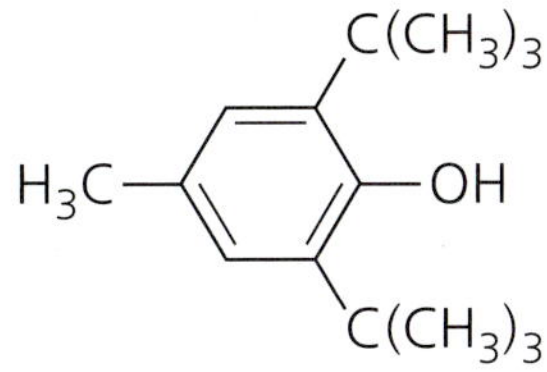

BHT (Butylated Hydroxyl Toluene)

그 밖에 벤젠 고리를 포함하는 수 많은 방향족 화합물들이 존재한다.

9.1 벤젠 구조와 안정도 및 방향족성

벤젠의 공명구조와 오비탈 겹침, 공명 안정도, 방향족성과 Hückel 규칙은 다음과 같다.

9.1.1 벤젠의 공명 구조와 오비탈 겹침

벤젠(C_6H_6)의 구조는 6개의 탄소로 이루어진 정육각형의 꼭지점에 탄소가 놓이고 탄소 고리는 단일결합과 2중결합이 교대로 있으며 각 탄소에 수소 한 개씩이 연결되어 있다고 Kekulé(독일)가 처음으로 타당한 구조를 제안하였다.

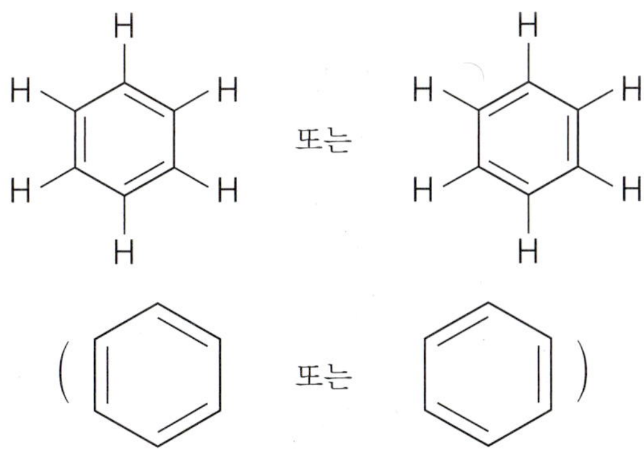

Kekulé의 벤젠 구조식

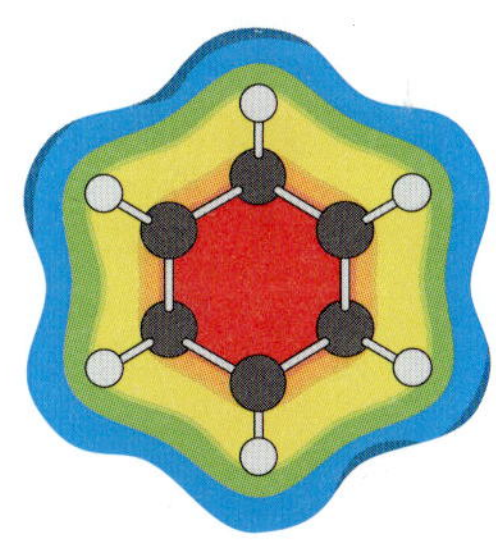

벤젠 전위 지도

벤젠의 Kekulé 구조는 실제 구조와 성질을 정확하게 나타내지 못한다. 벤젠은 X선 회절이나 분광학과 같은 현대적인 기기분석기법을 통하여 구조와 모형을 보다 정확하게 확인할 수 있었다. 그 결과 벤젠은 각 탄소 원자가 정육각형의 꼭지점에 놓인 평면구조를 이룬다. 벤젠의 C−C 결합은 단일결합과 2중결합의 중간형으로 모든 C−C(C−H) 결합길이가 같다. 벤젠의 C−C−C와 H−C−C의 결합각 또한 120°로 모두 동일하다.

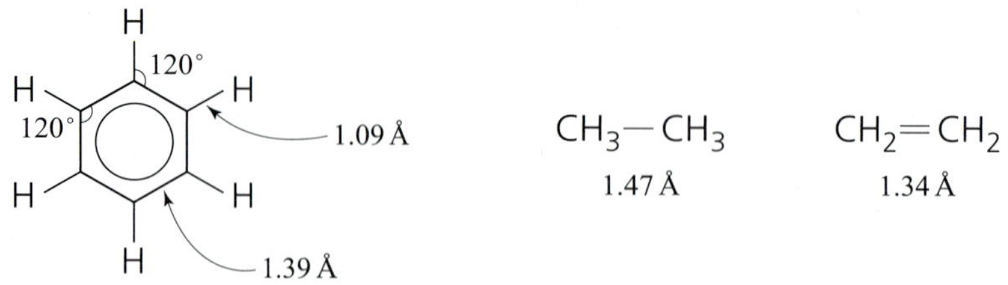

Kekulé의 벤젠 구조로는 이러한 사실을 설명할 수가 없다. 따라서 벤젠은 다음과 같이 공명 혼성 상태에 있고 2가지 공명구조로 나타내는 것이 가장 바람직하다.

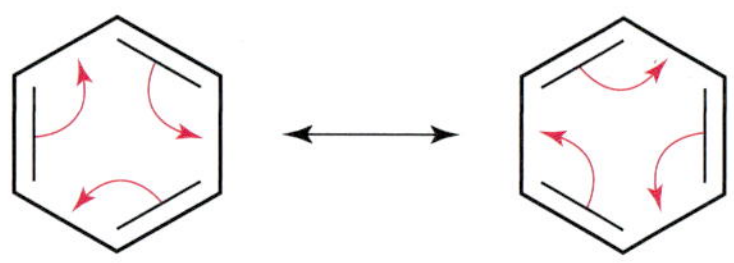

벤젠의 공명구조

모두 같은 평면에 놓여 있는 벤젠의 6개의 탄소 원자 각각은 이웃한 다른 탄소 2개와 수소 원자 1개와 총 3개의 다른 원자와 결합하므로 각 탄소는 sp^2 혼성궤도 함수를 만든다. 각 탄소에는 혼성에 참여하지 않은 2p궤도함수가 하나씩 있으며 이들은 전자를 하나씩 가지고 있다. 따라서 벤젠의 혼성궤도함수 모형은 다음과 같다.

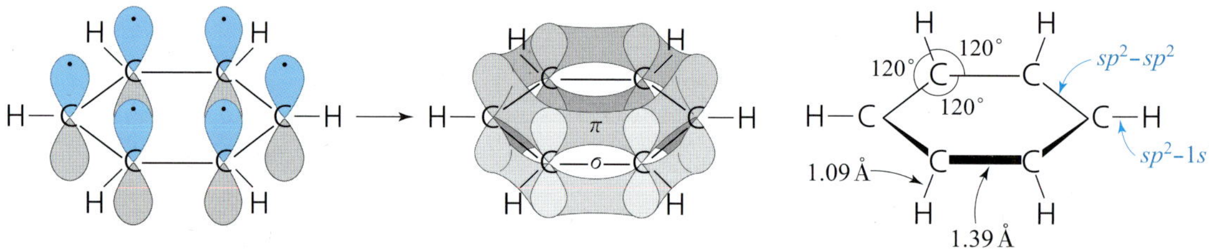

6개의 탄소 원자는 C–C 간에 서로 sp^2–sp^2 혼성궤도함수로 σ결합을 형성한다. 탄소–수소는 탄소의 sp^2 혼성궤도함수와 수소 원자의 1s 궤도함수가 σ결합을 형성한다. 평면에 수직으로 존재하는 탄소들의 6개 π전자의 2p 궤도함수들은 이웃한 궤도함수들끼리 겹쳐 3개의 편재된 π결합을 만드는 것이 아니라 수평으로 겹쳐서 6개의 탄소를 모두 포함하는 하나의 고리형태(도우넛 형태)의 π결합을 형성한다. 6개의 π전자들은 고리에 공유됨으로써 비편재화되어 있다. 즉 벤젠의 전자 분포는 고리 주위에 혼성화되어 있고 다음과 같이 나타낸다.

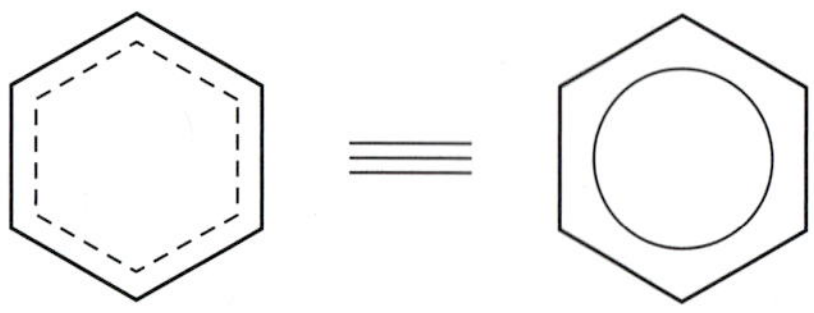

벤젠핵의 전자가 비편재화되어 있으면 벤젠고리는 안정한 상태에 있게 된다. 이러한 벤젠의 공명 안정화 현상 때문에 벤젠은 알켄보다 더 안정하고 반응성은 떨어져서 알켄 결합에서 보이는 첨가반응을 일으키기보다 오히려 치환반응을 일으키게 된다. 벤젠의 구조식은 다음과 같이 2가지 형태로 나타낸다. 하나는 Kekulé 구조와 또 하나는 벤젠고리에 분산되어 있는 π 전자구름을 나타내기 위해 육각형 안에 원을 그려 표시한다.

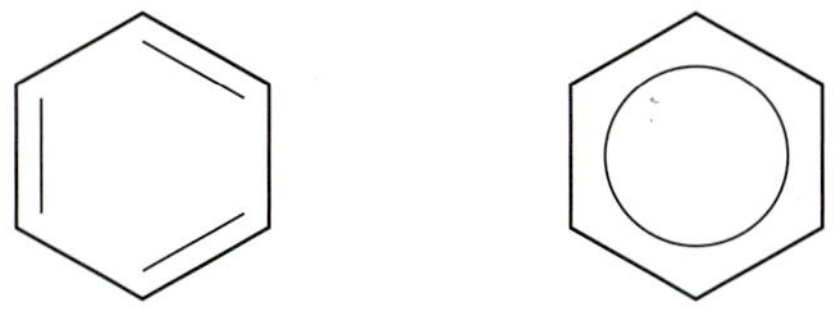

벤젠의 구조를 어떤 방법으로 나타내든 벤젠의 6각형 각 꼭지점에는 수소가 한 개씩 연결되어 있으며 C−C 결합은 2중결합도 단일결합도 아닌 이들의 중간 형태인 하나의 구조만 존재하게 된다.

9.1.2 벤젠의 공명 안정도

벤젠은 탄소 고리 안에 6개의 π전자를 가지고 있는 전자가 풍부한 분자이다. 그럼에도 불구하고 벤젠은 알켄과 같은 친전자성 첨가 반응을 하지 않는다.

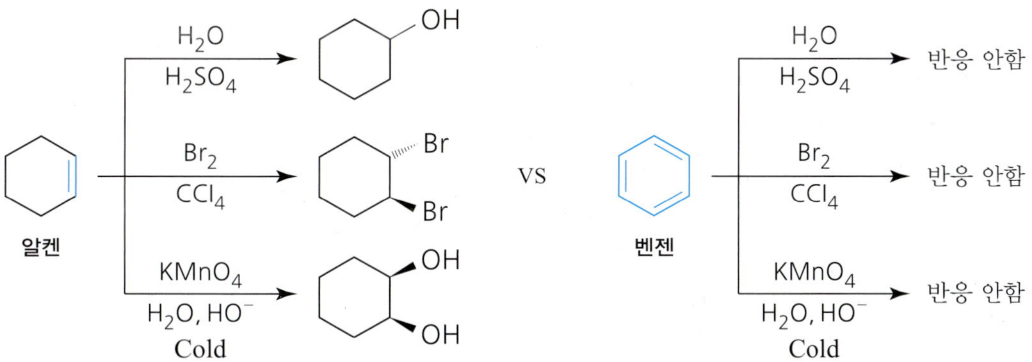

이와 같은 벤젠의 특이한 안정성은 벤젠의 2중결합이 알켄의 2중결합보다 훨씬 안정하다는 것을 의미한다. 벤젠의 안정도는 계산치보다 낮은 수소화 반응열로 알 수 있다. 벤젠은 공명에 의하여 3개의 π결합이 있는 6각형 탄소고리 화합물인 1,3,5-Cyclohexatriene(가상물질)보다 낮은 에너지(36 Kcal/mol) 상태에 있다. 이는 벤젠의 공명 구조 때문에 생기고 이를 공명 안정화 에너지라 부른다. 그리고 이와 같이 벤젠이 2중결합을 가지고 있는 분자이지만 공명 안정화되어 있어 첨가와 산화 반응 같은 전형적인 알켄의 친전자성 첨가 반응을 하지 않고 안정성을 보이는 성질을 방향족성(Aromaticity)이라 한다. 다음은 벤젠의 공명 안정화 에너지를 나타낸다.

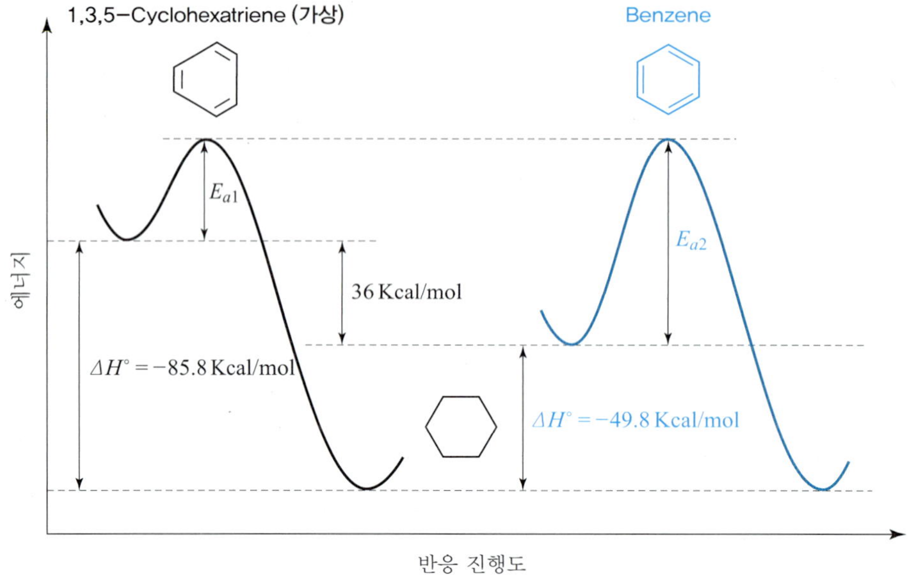

9.1.3 방향족성과 Hückel 규칙

방향족성(Aromaticity)은 벤젠과 같이 C=C 결합을 가지고 있으나 공명 안정화되어 있어 알켄의 친전자성 첨가 반응을 하지 않은 성질을 말한다. 이와 같은 빙향족성을 나타내기 위하여 분자가 가지고 있어야 할 구조적 조건을 Hückel 규칙 또는 $(4n+2)\pi$ (n=1, 2, 3…) 규칙이라 한다. 이 규칙의 성립 조건은 ① 분자는 고리형이고 평면 구조를 가져야 한다. ② 고리를 형성하는 모든 원자는 짝지은 2중결합을 가져야 한다(모든 원자는 p오비탈 겹침이 가능해야 한다). ③ $(4n+2)$개의 π전자(n=1, 2, 3…)를 가지고 있어야 한다. 예를 들어 1,3,5-Hexatriene 물질은 방향족성이 아니다. 이유는 인접한 원자의 p 오비탈은 π전자가 비편재화 될 수 있도록 정렬이 되어야 하고(분자는 평면이어야 하고), 2 개의 말단 C에 있는 p 오비탈 간의 겹침이 없기 때문에 방향족이 아니다.

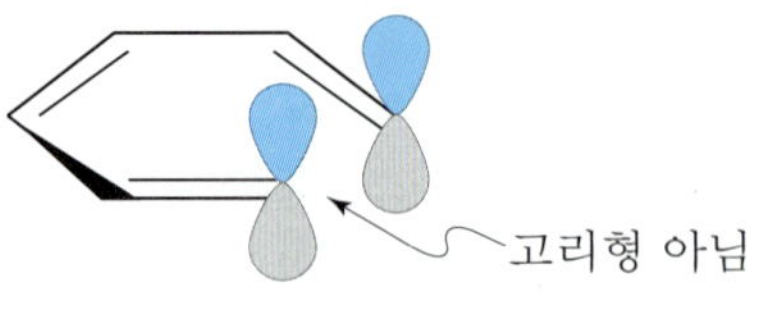

(1) 방향족 화합물

벤젠 유도체 이외의 벤젠 고리가 2개 이상 붙어 있는 나프탈렌(Naphthalene), 안트라센(Anthracene), 페난트렌(Phenanthrene)과 퓨란(Furan), 피롤(Pyrrole) 같은 헤테로 5원자 고리 화합물 그리고 피리딘(Pyridine), 피리미딘(Pyrimidine) 같은 헤테로 6원자 고리 화합물도 방향족성을 나타낸다. 따라서 이들 분자 역시 $(4n+2)\pi$ 전자계를 가지고 있다.

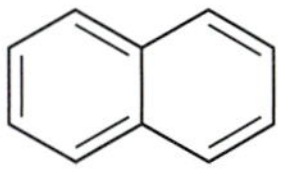

Naphthalene

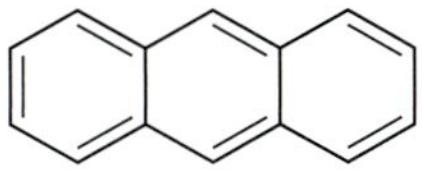

Anthracene

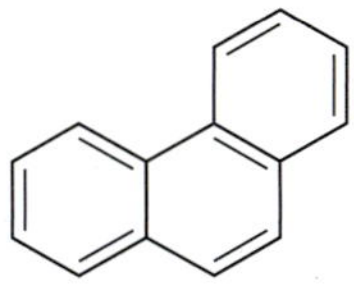

Phenanthrene

Furan

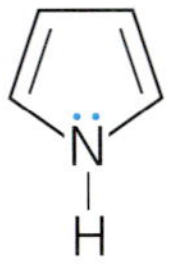

Pyrrole

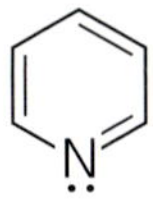

Pyridine

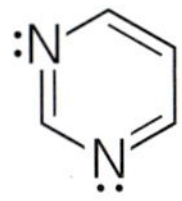

Pyrimidine

그런데 퓨란(Furan)과 피롤(Pyrrole)의 경우는 Furan의 산소 원자와 Pyrrole의 질소 원자에 있는 비공유 전자쌍 하나가 참여하여 각각의 분자에서 Hückel규칙(6π 전자계)을 만족시킨다. 즉 비공유 전자쌍이 방향족성을 나타내는 6π 전자계를 이루는데 사용된다.

(2) 방향족성이 물성에 미치는 영향

방향족성은 다음과 같이 산도와 염기도에 각각 영향을 준다.

1) 방향족성과 산도

방향족성은 비 방향족성보다 산도가 높다. 예를 들어 1,3-Cyclopentadiene이 Cyclopentane보다 강산이다. Cyclopentadiene 음이온은 6π 전자계로 방향족성을 가지나 Cyclopentane 음이온은 고립된 2π전자계로 방향족성이 없다. 따라서 1,3-Cyclopentadiene이 Cyclopentane보다 강산이다. 이유는 산도는 짝염기의 안정도와 비례 관계이다. 즉 Cyclopentadiene 짝염기는 6π 전자계로 방향족성을 가지게 되어 더 안정화되어 있기 때문이다.

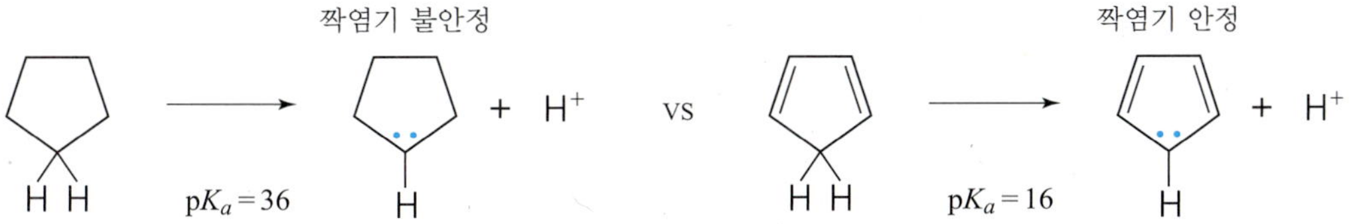

Cyclopentane　　1,3-Cyclopentadiene

2) 방향족성과 염기도

비공유 전자쌍의 6π 전자계 참여 여부가 염기성에 영향을 준다. 예를 들어 피리딘(Pyridine)이 피롤(Pyrrole)보다 강염기이다. 이는 피리딘의 질소에 있는 비공유 전자쌍은 방향족성 6π 전자계에 참여하지 않으므로 피롤의 경우보다 염기로서의 활용도가 더 크다. 다시 말해 피리딘은 질소 원자의 비공유 전자쌍 없이도 6π계 방향족성을 가질수 있으나 피롤은 6π계 방향족성을 갖기 위해 질소 원자의 비공유 전자쌍이 사용되므로 피리딘이 피롤보다 강염기이다.

$pK_b = 8.7$ Pyridine　　　$pK_b = 13.6$ Pyrrole

9.2 벤젠 유도체의 명명법

벤젠 유도체는 명명법이 체계화되기 이전에 널리 사용되었기 때문에 관용명과 IUPAC명이 함께 사용되고 있다. IUPAC 규칙은 계통명을 사용하기를 권장하나 몇 가지 널리 사용되는 관용명은 그 사용을 인정하고 있다. 메틸벤젠은 톨루엔, 하이드록시벤젠은 페놀, 아미노벤젠은 아닐린, 바이닐벤젠은 스타이렌, 메톡시벤젠은 아니솔 등으로 부른다. 몇 가지 전형적인 방향족 화합물(벤젠 유도체)의 관용명과 IUPAC명은 다음과 같다.

표 9.1 몇가지 방향족 화합물 명명

종 류	관용명 / IUPAC명	종 류	관용명 / IUPAC명
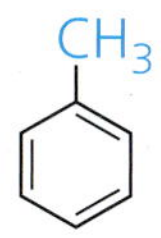	톨루엔(Toluene)	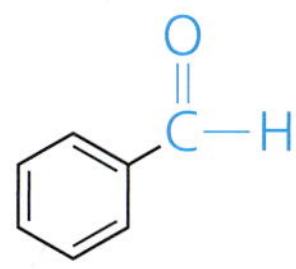	벤즈알데하이드(Benzaldehyde)
	Methylbenzene		Benzene Aldehyde
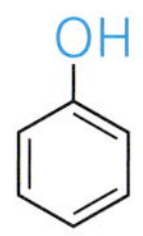	페놀(Phenol)	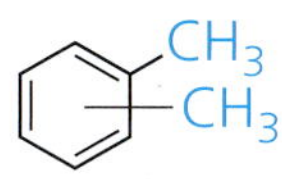	자일렌(Xylene) (*o*-, *m*-, *p*-이성질체)
	Hydroxybenzene		1, 2-1, 3-1, 4-Dimethyl Benzene
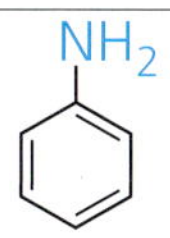	아닐린(Aniline)	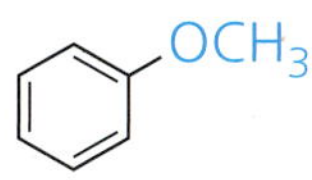	아니솔(Anisole)
	Aminobenzene		Methoxybenzene
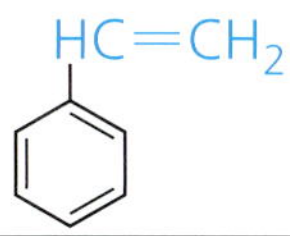	스타이렌(Styrene)	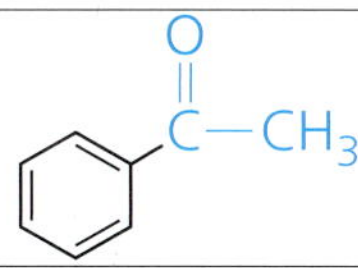	아세토페논(Acetophenone)
	Vinylbenzene		Methyl Phenyl Ketone (1-Phenylethan-1-one)
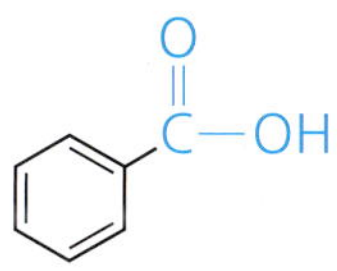	벤조산(Benzoic Acid)	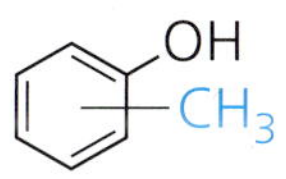	메틸페놀(Methylphenol) (2-,3-,4-이성질체) (*o*-, *m*-, *p*- Cresol)
	Benzene Carboxylic Acid		2,3,4-Methylbenzenol
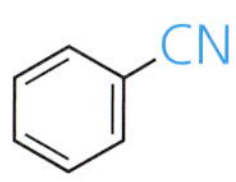	벤조나이트릴 (Benzonitrile)	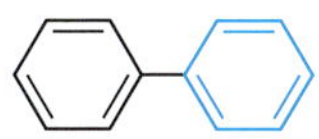	바이페닐(Biphenyl)
	Benzenecarbonitrile		Phenylbenzene

벤젠 유도체의 명명법은 다음과 같다.

(1) 벤젠의 1치환체들은 벤젠(Benzene) 앞에 치환기의 이름을 붙여서 명명한다.

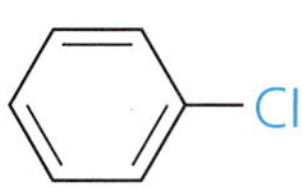

Chlorobenzene
클로로벤젠

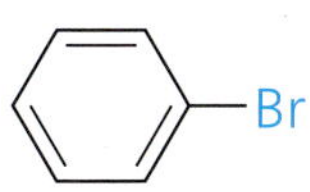

Bromobenzene
브로모벤젠

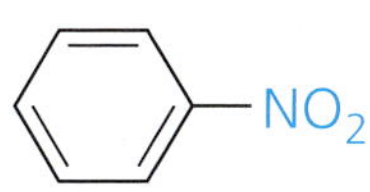

Nitrobenzene
나이트로벤젠

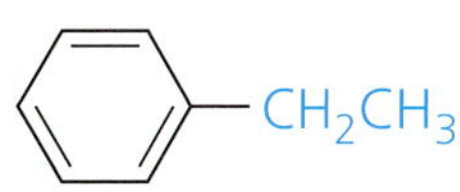

Ethylbenzene
에틸벤젠

(2) 벤젠의 2치환체는 치환된 위치에 따라 관용명으로 1,2-위치는 오쏘(o-), 1,3-위치는 메타(m-), 1,4-위치는 파라(p-) 라는 접두어를 사용하여 명명한다.

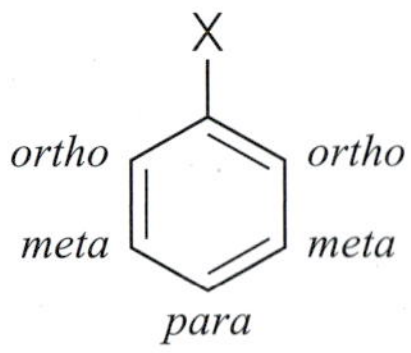

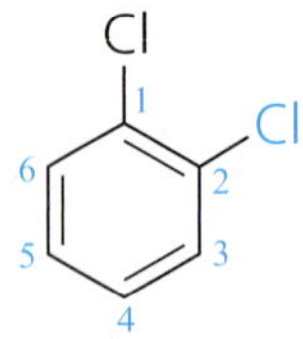

o-Dichlorobenzene
(1,2-Dichlorobenzene)

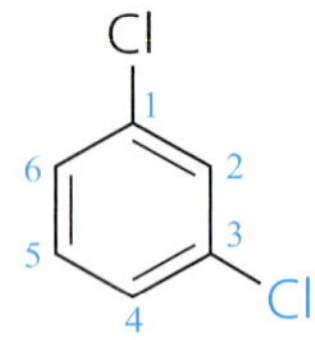

m-Dichlorobenzene
(1,3-Dichlorobenzene)

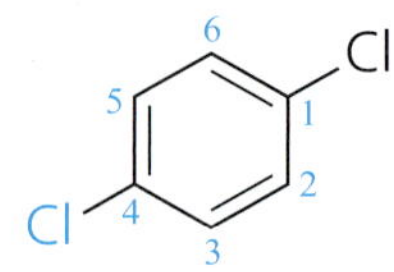

p-Dichlorobenzene
(1,4-Dichlorobenzene)

(3) 계통명에서 번호는 치환기의 알파벳 순서가 우선하는 쪽에 1번을 부여한다. 그러나 널리 사용되는 전형적인 방향족 화합물의 관용명은 모체명으로 그대로 사용(예를 들면 톨루엔, 페놀)하고 주 치환기(예를 들면, 톨루엔에서 $-CH_3$, 페놀에서 $-OH$)가 붙은 탄소를 1번으로 한다. 이 때 치환기명을 먼저 부르고 모체명(예를 들면 톨루엔, 페놀)을 뒤에 붙여서 명명한다.

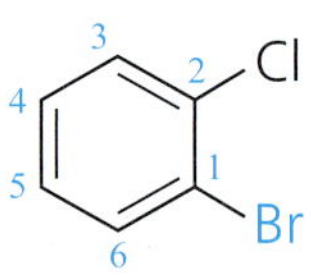

o-Bromochlorobenzene
(1-Bromo-2-chlorobenzene)

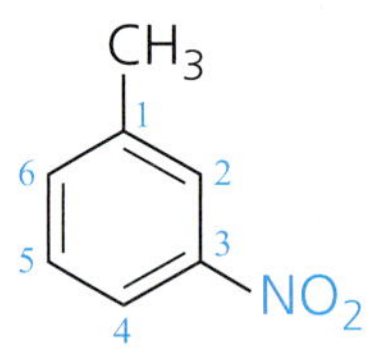

m-Nitrotoluene
(3-Nitrotoluene)

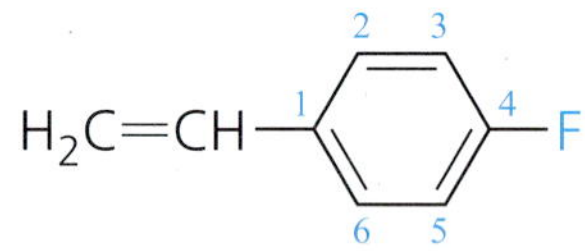

p-Fluorostyrene
(4-Fluorostyrene)

(4) 방향족 화합물을 아렌(Arene)이라 하는데, 아렌에서 수소가 하나 이상 제거된 치환기를 아릴기(Aryl Group)라 하고 Ar로 표시한다. 방향족기는 페닐기(Phenyl Group, Ph−, C_6H_5-)와 벤질기(Benzyl Group, $C_6H_5CH_2-$)가 많이 사용된다.

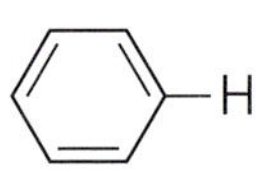

Benzene

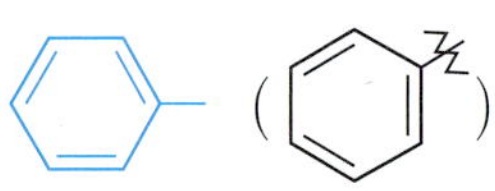

Phenyl기 (Ph)

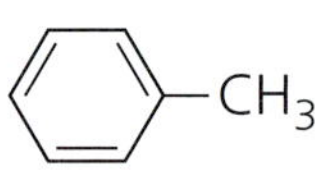

Toluene

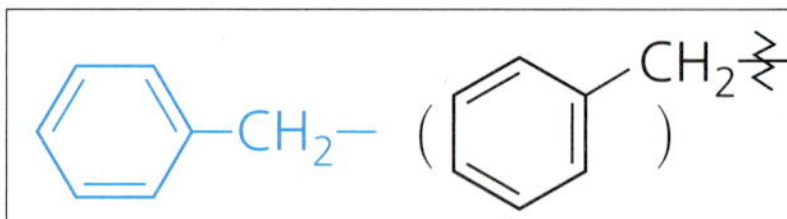

Benzyl기 (Bn)

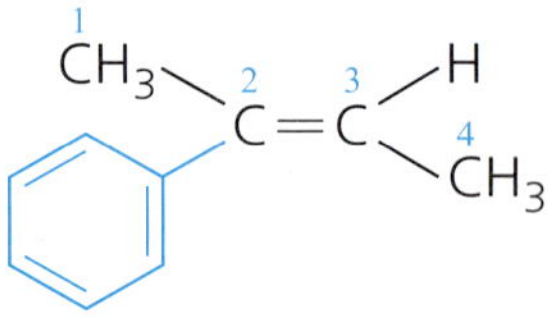

(Z)-2-Phenyl-2-butene

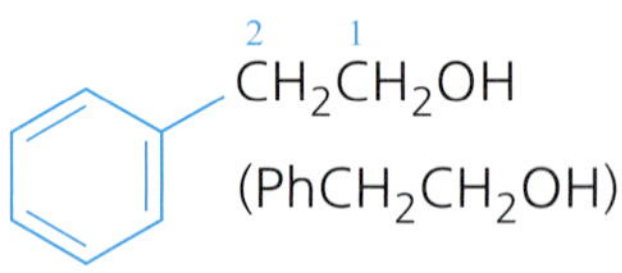

2-Phenylethanol

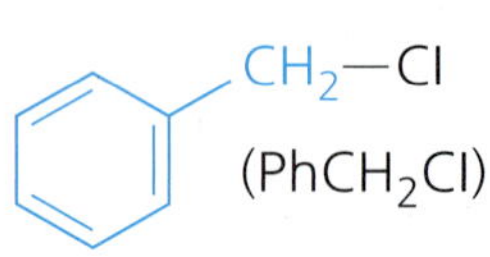

Benzyl Chloride

9.3 벤젠 유도체의 명명 보기

벤젠 유도체의 여러 가지 명명 보기는 다음과 같다.

(1) 고유명사로 사용

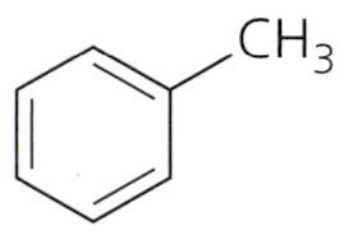 Toluene	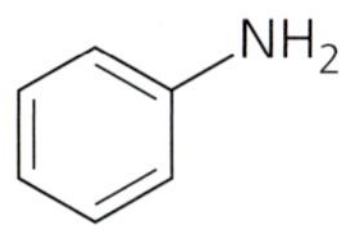 Aniline	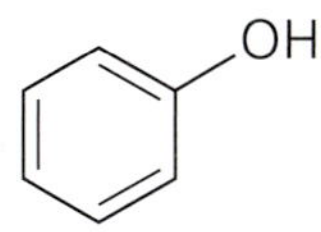 Phenol
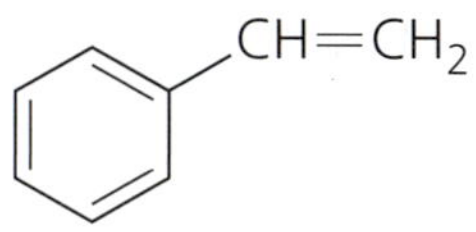 Styrene	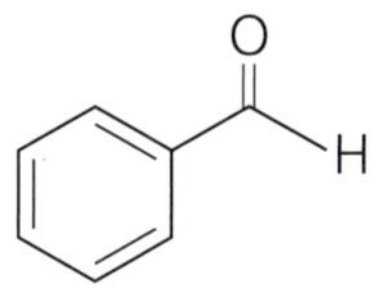 Benzaldehyde	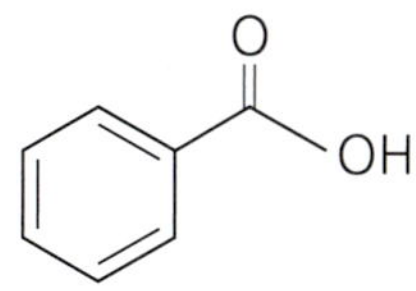 Benzoic Acid
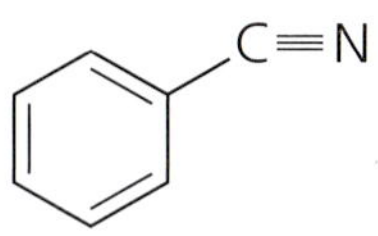 Benzonitrile	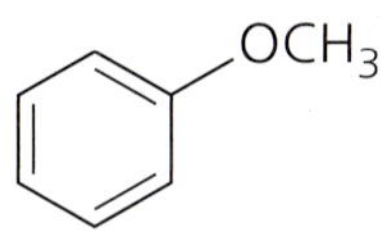 Anisole	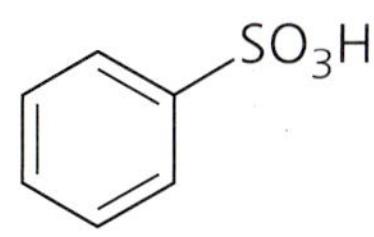 Benzenesulfonic Acid

(2) 1치환 벤젠

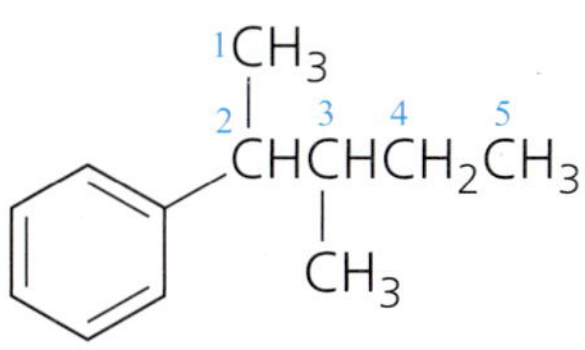 3–Methyl–2–phenylpentane	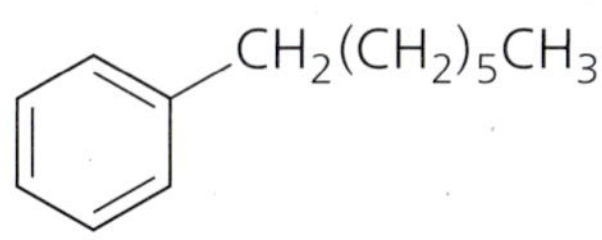 Phenylheptane	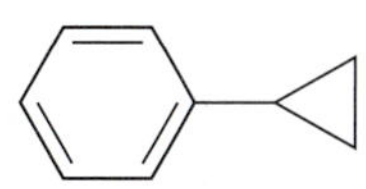 Cyclopropylbenzene
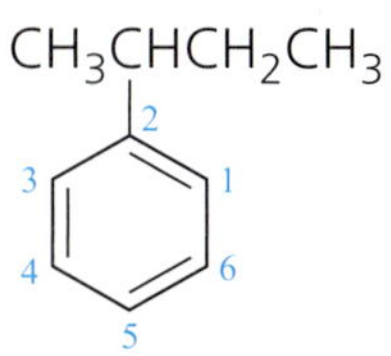 *sec*–Butylbenzene (Butan–2–ylbenzene)	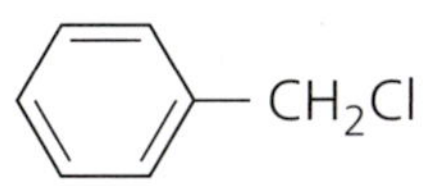 Chlorophenylmethane	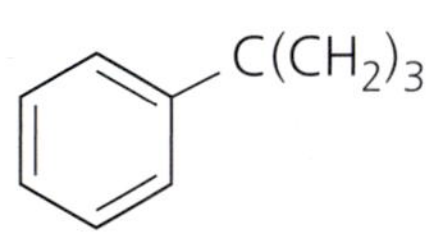 *tert*–Butylbenzene

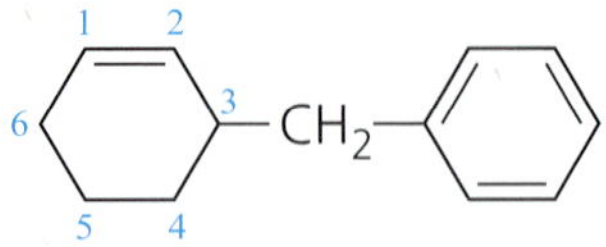 3−Benzylcyclohexene	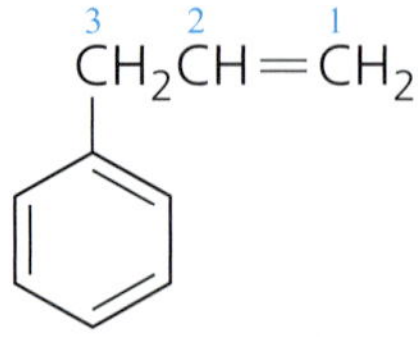 3−Phenylpropene	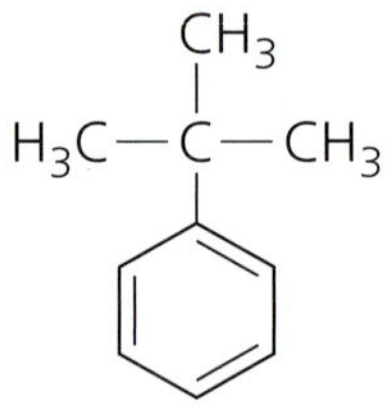 *tert*−Butylbenzene
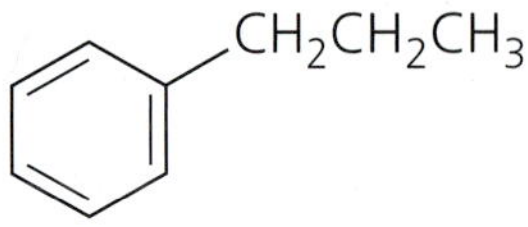 Propylbenzene		

(3) 2치환 벤젠

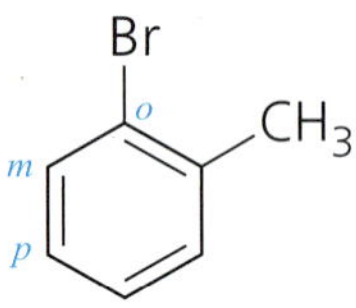 *o*−Bromotoluene	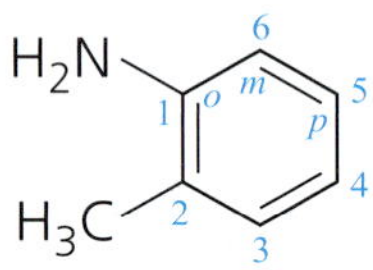 *o*−Aminotoluene (2−Methylaniline)	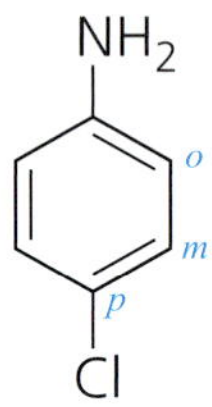 *p*−Chloroaniline
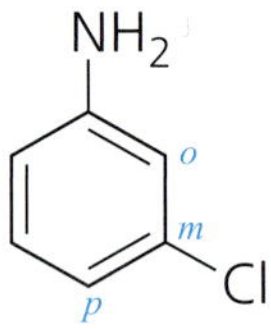 *m*−Chloroaniline	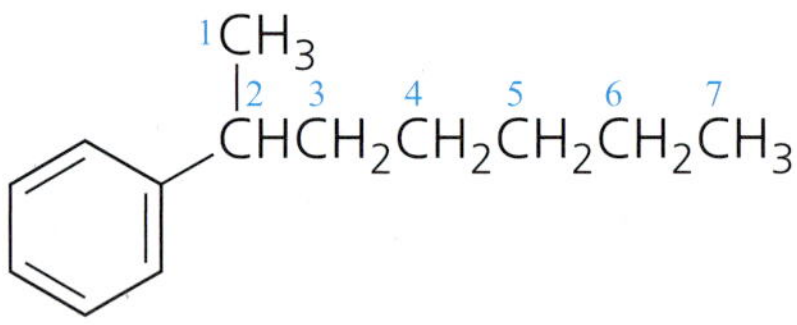 2−Phenylheptane	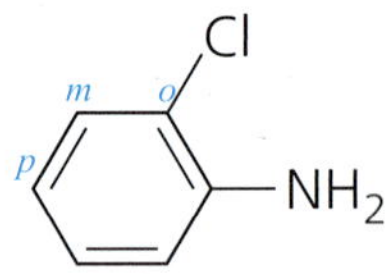 *o*−Chloroaniline
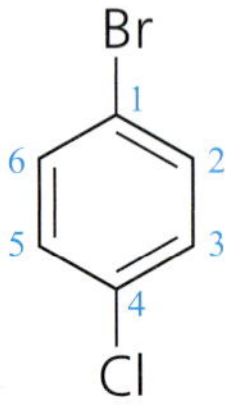 1−Bromo−4−chlorobenzene	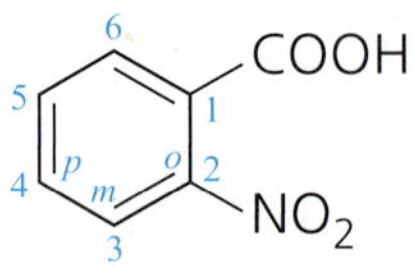 *o*−Nitrobenzoic Acid (2−Nitrobenzoic Acid)	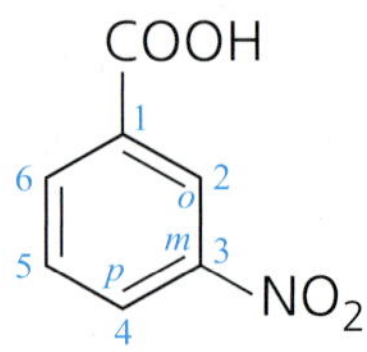 3−Nitrobenzoic Acid (*m*−Nitrobenzoic Acid)

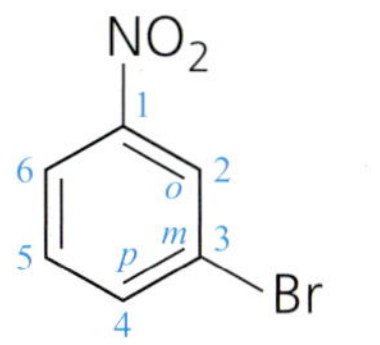

m–Bromonitrobenzene

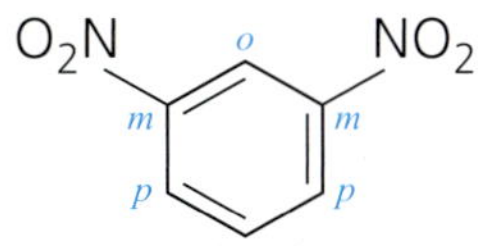

m–Dinitrobenzene

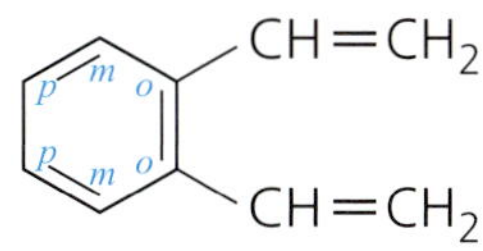

o–Divinylbenzene

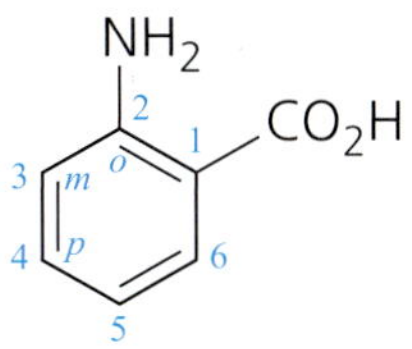

o–Aminobenzoic Acid

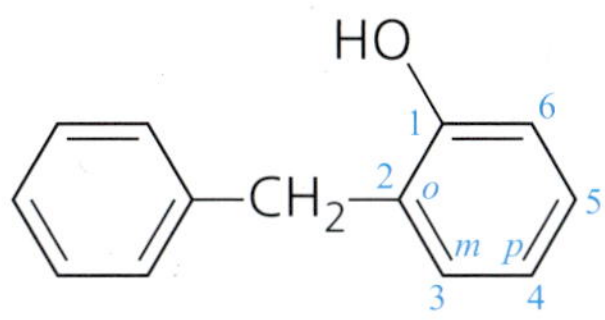

2–Benzylphenol
(*o*–Benzylphenol)

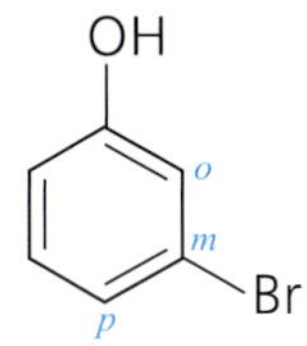

m–Bromophenol

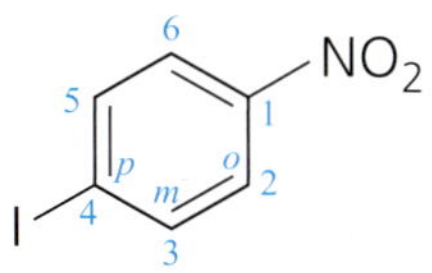

p–Iodonitrobenzene
(4–Iodonitrobenzene)

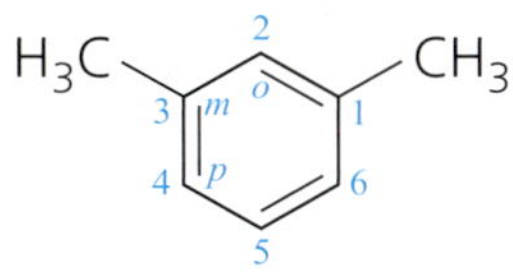

m–Xylene
(3–Methyltoluene)

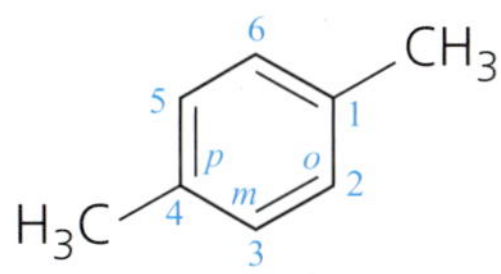

p–Xylene
(4–Methyltoluene)

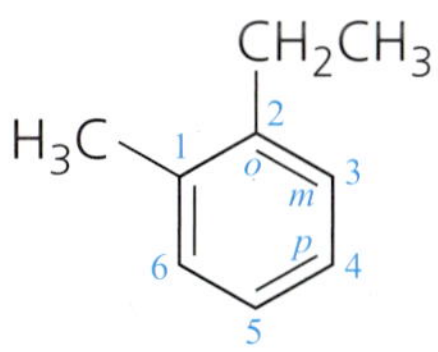

2–Ethyltoluene
(*o*–Ethyltoluene)

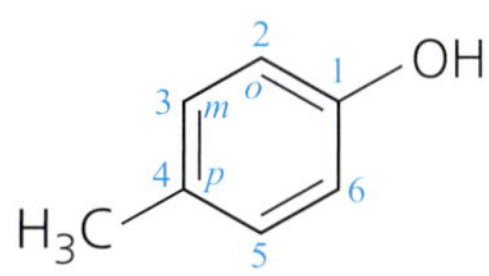

4–Methylphenol
(*p*–Methylphenol or *p*–Cresol)

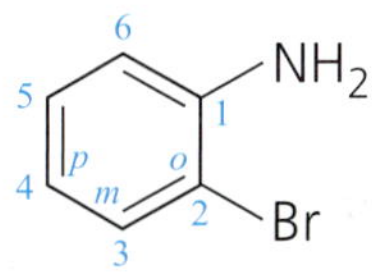

2–Bromoaniline
(*o*–Bromoaniline)

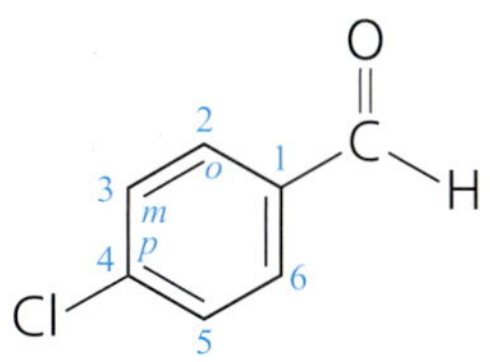

p–Chlorobenzaldehyde

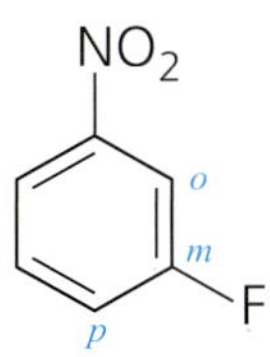

m–Fluoronitrobenzene

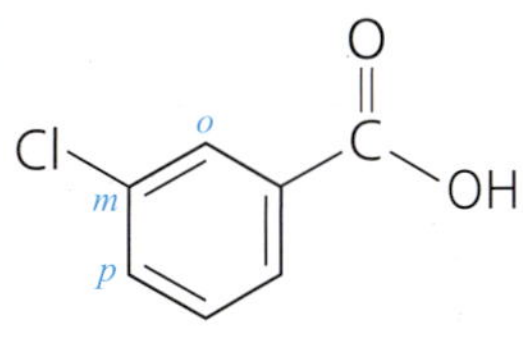

m–Chlorobenzoic Acid

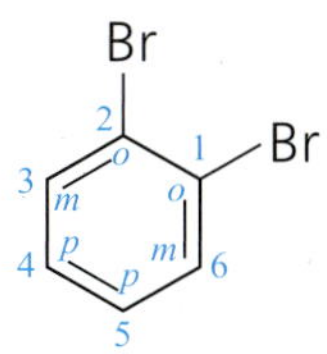

o–Dibromobenzene
1,2–Dibromobenzene

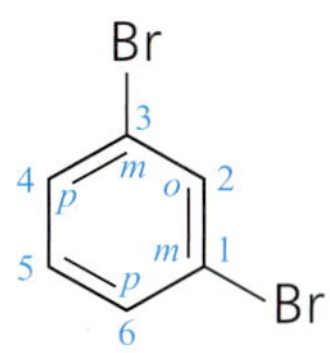

m–Dibromobenzene
1,3–Dibromobenzene

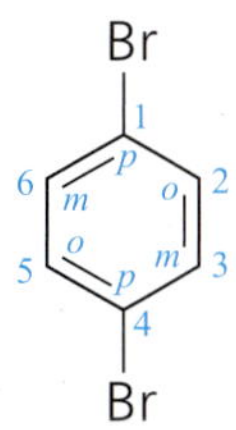

p–Dibromobenzene
1,4–Dibromobenzene

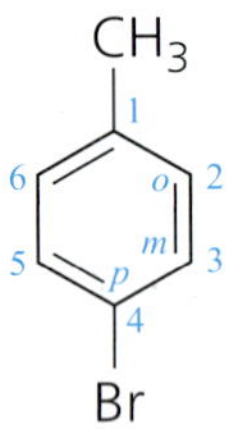 4–Bromotoluene (*p*–Bromotoluene)	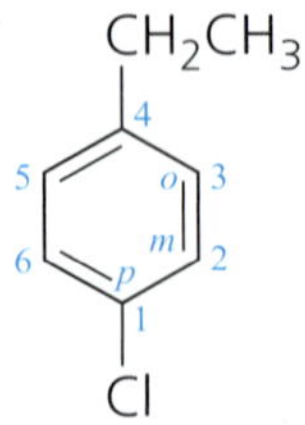 1–Chloro–4–ethylbenzene (*p*–Chloroethylbenzene)	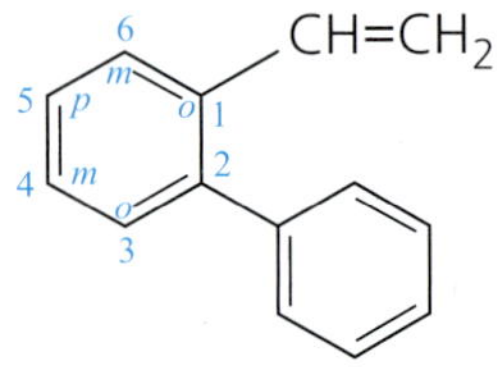 *o*–Vinylbiphenyl (2–Phenylstyrene)
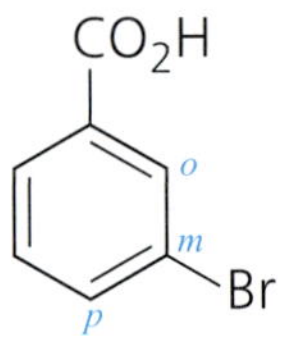 *m*–Bromobenzoic Acid		

(4) 3치환 벤젠

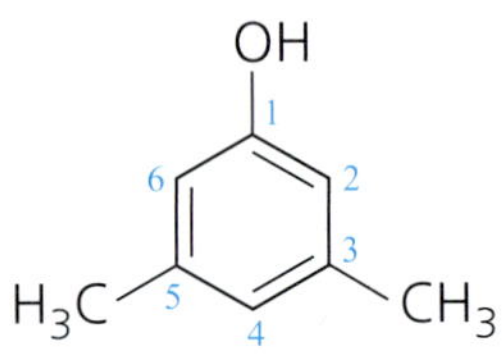 3,5–Dimethylphenol	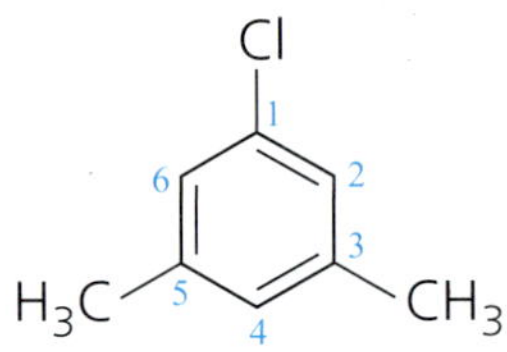 1–Chloro–3,5–dimethylbenzene	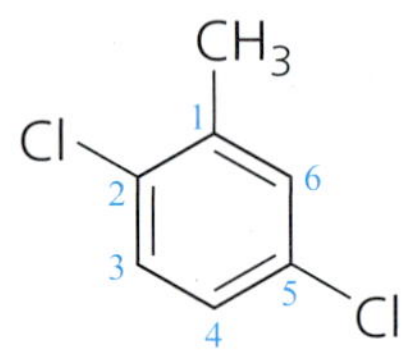 2,5–Dichlorotoluene
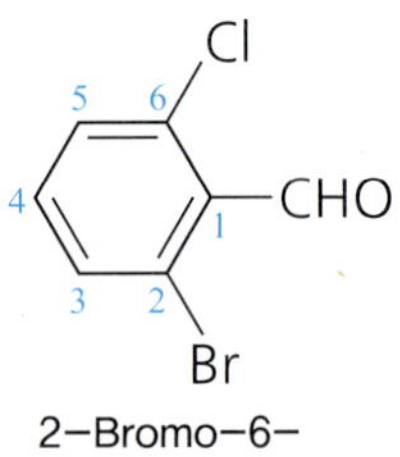 2–Bromo–6– chlorobenzaldehyde	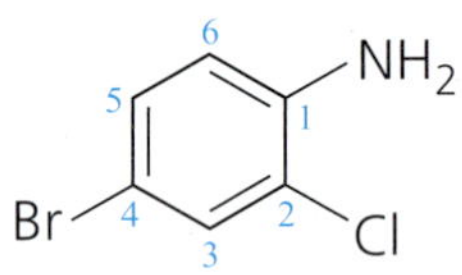 4–Bromo–2–chloroaniline	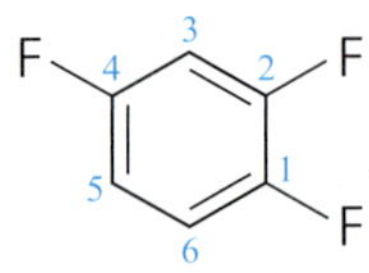 1,2,4–Trifluorobenzene
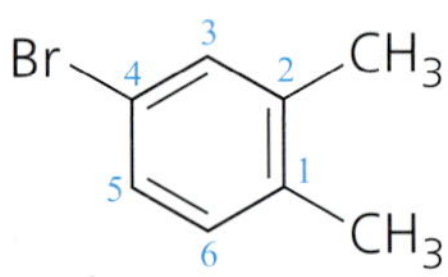 4–Bromo–1,2–dimethylbenzene	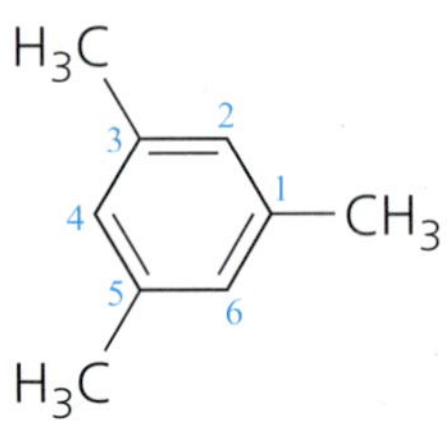 1,3,5–Trimethylbenzene	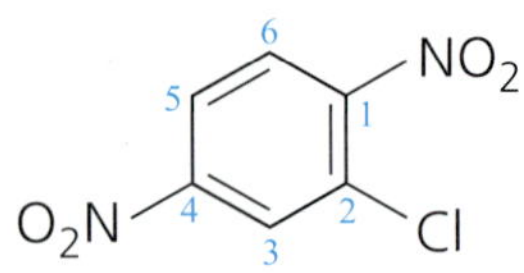 2–Chloro–1,4–dinitrobenzene

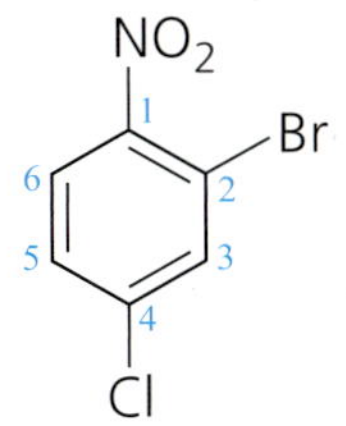 2-Bromo-4-chloro-1-nitrobenzene	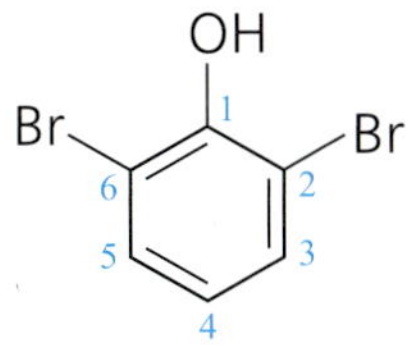 2,6-Dibromophenol	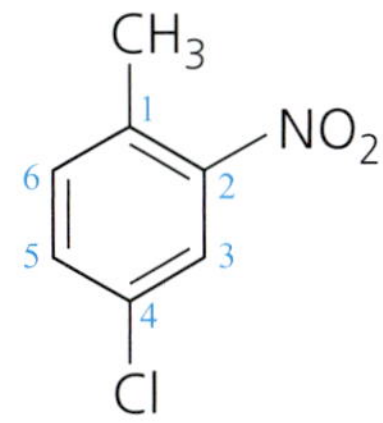 4-Chloro-2-nitrotoluene
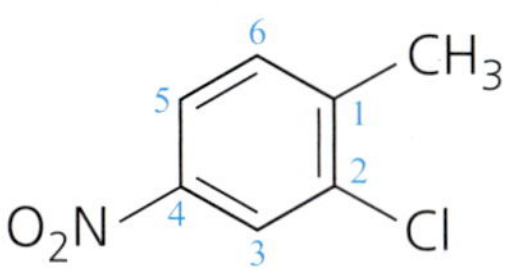 2-Chloro-4-nitrotoluene	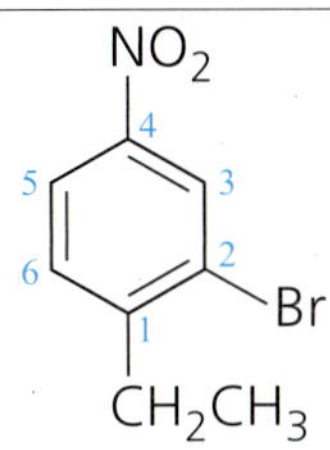 2-Bromo-I-ethyl-4-nitrobenzene	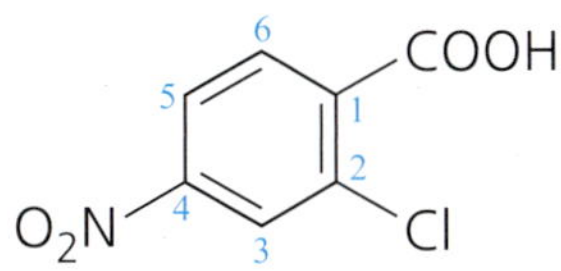 2-Chloro-4-nitrobenzoic Acid
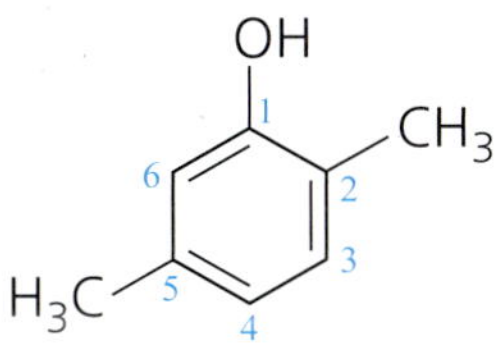 2,5-Dimethylphenol	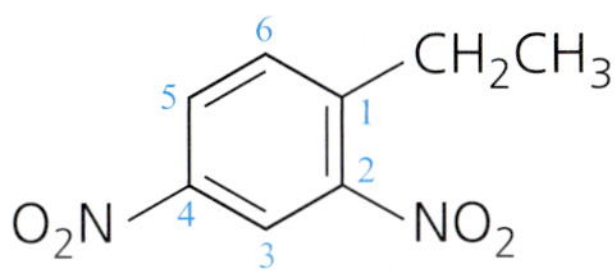 1-Ethyl-2,4-dinitrobenzene	

(5) 4치환 벤젠

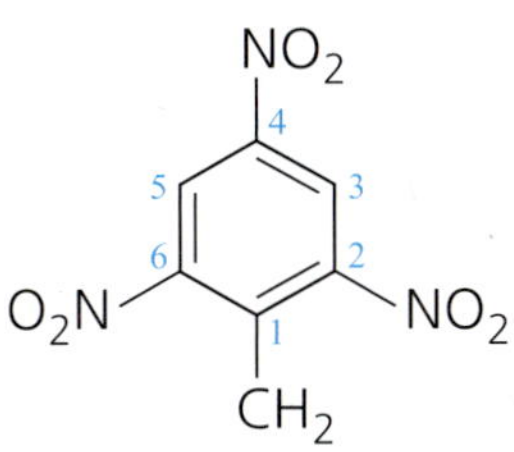 2,4,6-Trinitrotoluene (TNT)	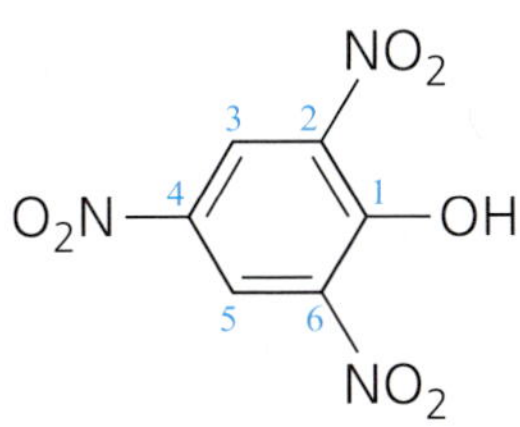 2,4,6-Trinitrophenol	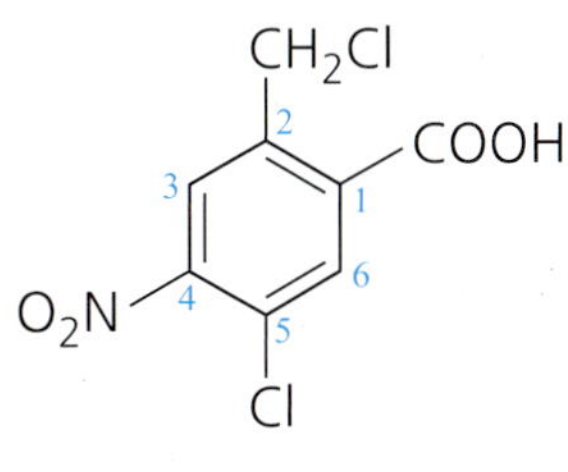 2-Chloromethyl-5-chloro-4-nitrobenzoic Acid
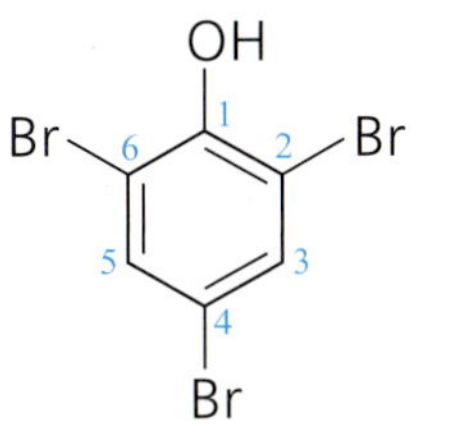 2,4,6-Tribromophenol		

9.4 벤젠의 친전자성 치환 반응

벤젠은 π전자를 6개나 가지고 있는 전자가 풍부한 분자지만 공명 구조에 의해 특별히 안정화되어 있기 때문에 다른 불포화 탄화수소인 알켄과는 아주 다르게 반응을 한다. 예를 들면, 알켄은 브롬 등과 첨가반응을 하는데 반해 같은 조건에서 벤젠은 반응이 일어나지 않는다. 그러나 촉매가 있으면 벤젠도 반응을 하지만 첨가반응이 아닌 치환반응을 하게 된다. 벤젠 같은 방향족 화합물의 벤젠 고리의 수소 원자가 친전자체로 치환되는 반응을 친전자성 방향족 치환 반응이라 한다. 즉, 전자가 부족한 시약인 친전자체 E^+에 의해 벤젠 고리의 수소 원자를 내보내고 치환된다.

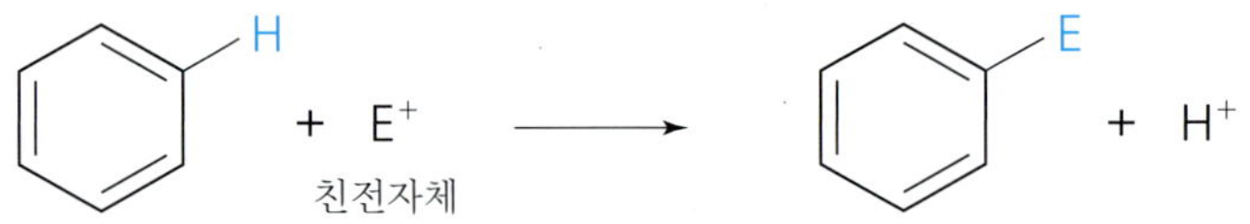

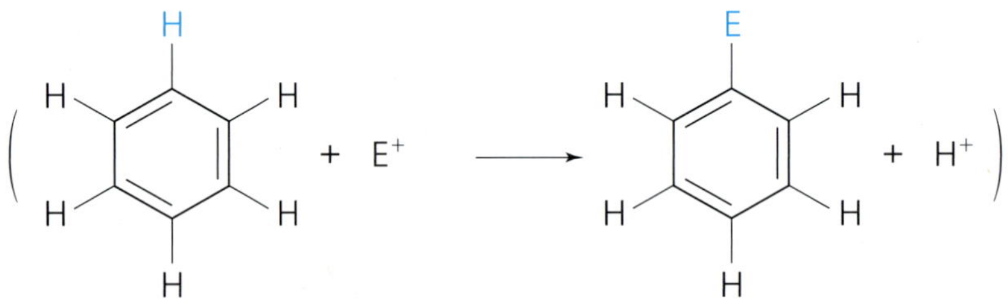

벤젠에 반응하는 친전자체의 종류와 이들이 만들어지는 조건은 다음 표와 같다.

표 9.2 벤젠의 친전자체 종류

반응명	친전자체(E^+)	친전자체 이름	친전자체 생성 조건
할로젠화 (Halogenation)	X^+ (X=Cl, Br)	할로늄 이온 (Halonium Ion)	$X_2 + FeX_3$
나이트로화 (Nitration)	$\overset{+}{N}O_2$ ($O=\overset{+}{N}=O$)	나이트로늄 이온 (Nitronium Ion)	$HNO_3 + H_2SO_4$
설폰화 (Sulfonation)	$\overset{+}{S}O_3H$ ($O=\overset{+}{S}(OH)=O$)	설포늄 이온 (Sulfonium Ion)	$SO_3 + H_2SO4$
알킬화 (Alkylation)	R^+	탄소양이온 (Carbocation)	$RCl + AlCl_3$
아실화 (Acylation)	$R-\overset{+}{C}=O$	아실륨 이온 (Acylium Ion)	$RCOCl + AlCl_3$

상기 친전자체의 치환 반응으로 방향족 고리에 여러 가지 다른 치환기를 도입할 수 있다. 예를 들면, 할로젠(−Cl, −Br, −I), 나이트로기(−NO_2), 설폰산기(−SO_3H), 알킬기(−R), 아실기(−RCO)가 도입될 수 있다. 몇 가지 간단한 출발물질로부터 수많은 치환된 방향족 유도체를 얻을 수 있다. 이러한 모든 반응은 유사한 반응 메커니즘으로 진행한다. 다음은 벤젠의 몇 가지 친전자성 치환 반응을 나타낸다.

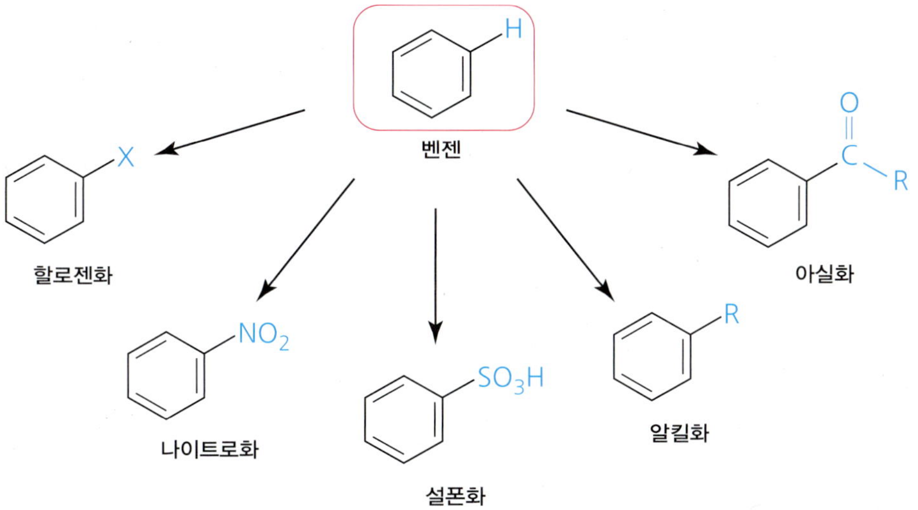

9.4.1 벤젠의 할로젠화 반응(Halogenation)

벤젠을 할로젠화 철(III)(Ferric Halide, FeX_3) 촉매 하에서 Cl_2 혹은 Br_2와 치환반응을 하여 할로젠화 벤젠을 생성하는 반응을 할로젠화(Halogenation)라 한다. 염소화 반응에서는 염화철(III)($FeCl_3$) 촉매를 쓰고 브로민화 반응에서는 브로민화철(III)($FeBr_3$)이 사용된다. 염소화 반응은 수많은 의약품 합성에 많이 이용된다.

일반식

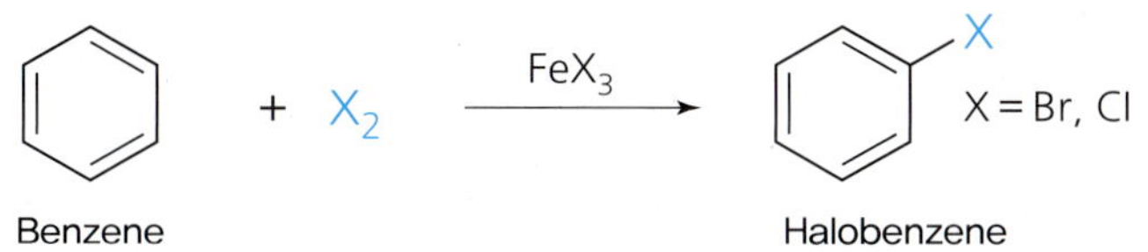

염소화 반응

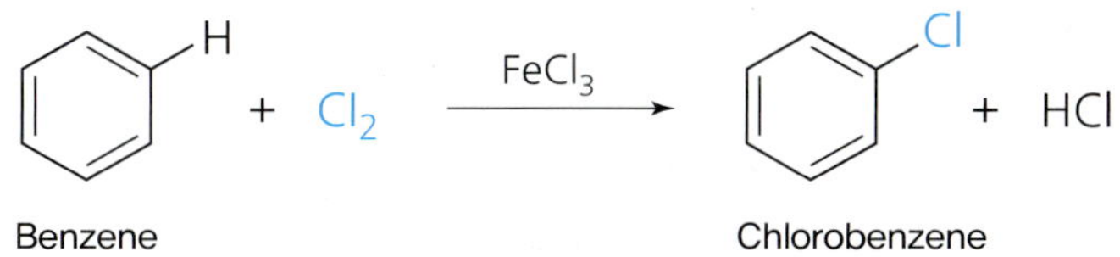

브로민화 반응

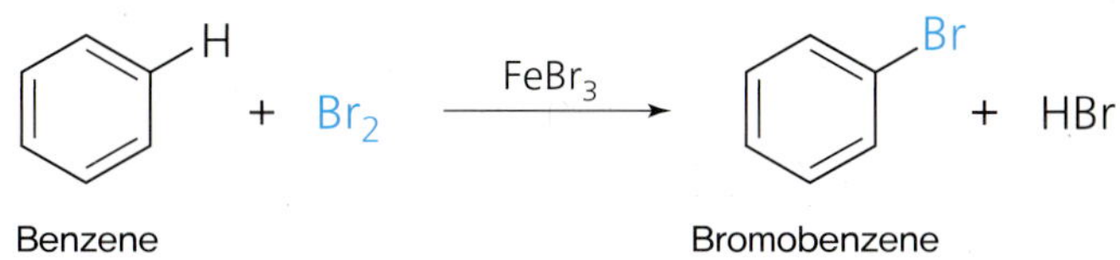

이 반응에서 촉매로 사용된 Lewis산($FeBr_3$) [($FeCl_3$)]은 다음과 같이 친전자체인 브로모늄 이온(Br^+) [클로로늄 이온(Cl^+)]을 생성한다.

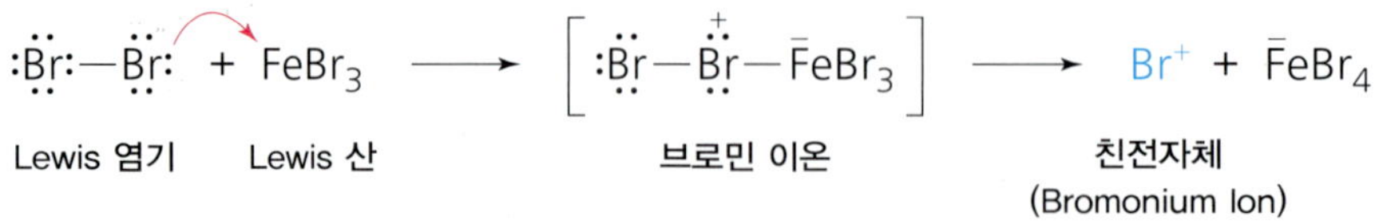

9.4.2 벤젠의 나이트로화 반응(Nitration)

진한 황산을 촉매로 하여 진한 질산과 반응시키면 벤젠의 수소를 나이트로기($-NO_2$)로 치환할 수 있다. 이때 친전자체는 나이트로늄 이온(NO_2^+) 이다.

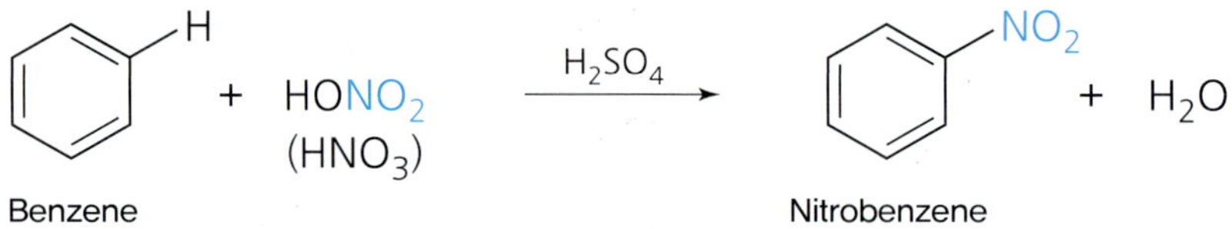

방향족의 나이트로화 반응은 자연에서 일어나지 않으나 중요한 반응이다. 일반적으로 지방족 화합물은 나이트로화가 어렵지만 방향족 화합물은 쉽게 치환 반응이 일어난다. 벤젠 고리에 도입하는 친전자체인 나이트로기의 생성 메커니즘은 다음과 같다.

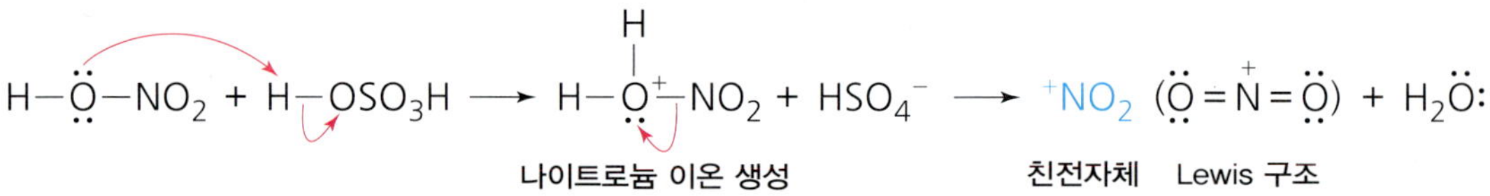

또한 반응물인 벤젠과 나이트로늄 이온의 전자 분포도를 아래와 같이 나타낼 수 있다. 나이트로화 화합물은 폭약, 염료, 용제 등의 제조에 사용되고 철, 주석, $SnCl_2$와 같은 시약으로 환원시켜 방향족 아민(Amine)인 아닐린을 제조하는데 사용된다. 아닐린은 염료나 의약품 제조에 사용되는 물질이다.

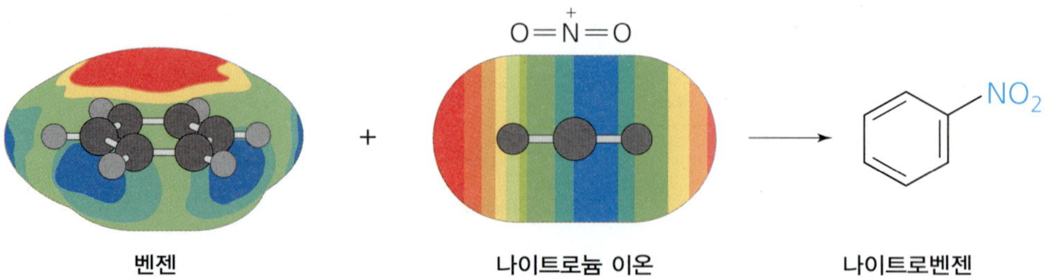

9.4.3 벤젠의 설폰화 반응(Sulfonation)

방향족 화합물에 설폰산기($-SO_3H$)를 도입시키는 반응을 설폰화라 한다. 벤젠을 진한 황산 또는 발연 황산(Fuming Sulfuric Acid, $SO_3+H_2SO_4$)과 반응시키면 벤젠설폰산이 생성된다. 이때 친전자체는 SO_3 혹은 $^{+}SO_3H$이다.

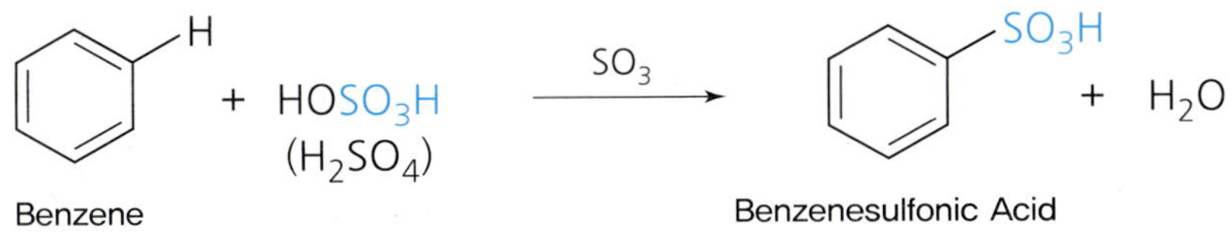

벤젠 고리에 도입하는 친전자체인 설폰산기의 생성 메커니즘은 다음과 같다.

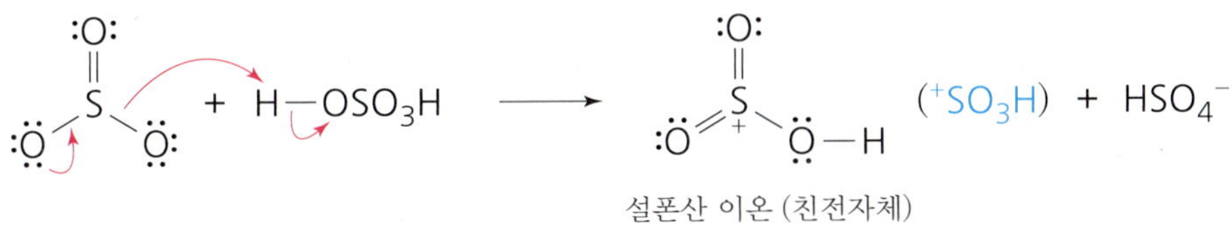

벤젠의 설폰화 반응은 다른 치환 반응과 달리 가역적이다. 따라서 산성 수용액에서 가열하면 설폰산기(SO_3H)를 떼어낼 수 있다.

SO_3의 정전기 전위도는 다음과 같다.

9.4.4 벤젠의 Friedel-Crafts 알킬화 반응

방향족 화합물에 알킬기를 도입시키는 반응을 알킬화 반응(Alkylation)이라 한다. 방향족 화합물의 알킬화 반응은 주로 염화 알루미늄($AlCl_3$) 촉매 하에 염화 알킬(Alkyl Halide, RCl)과 반응시키면 알킬 벤젠이 생성된다. 여기서 $AlCl_3$는 Lewis 산으로 작용하여 친전자체인 알킬 탄소양이온(R^+)을 생성시킨다. 예를 들면 벤젠과 염화 에틸(Ethyl Chloride)로부터 에틸 벤젠의 합성은 다음과 같다.

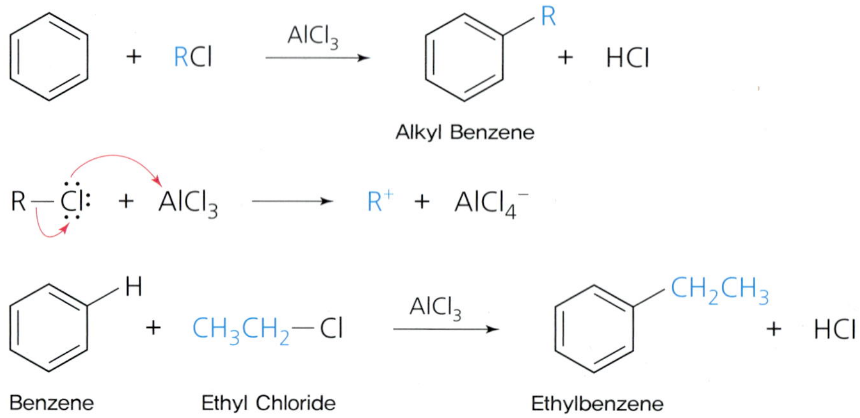

이 반응은 R^+가 친전자체로 작용하여 일어나는 반응이므로 할로젠화 알킬 이외에 탄소양이온을 생성시킬 수 있는 알켄 및 알코올을 알킬기 도입 시약으로 사용할 수 있다.

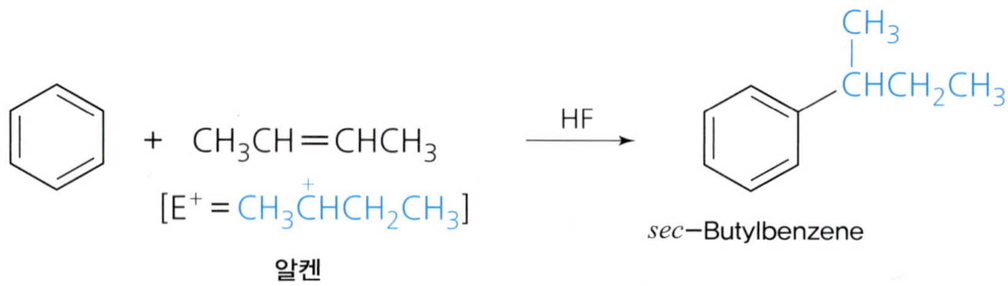

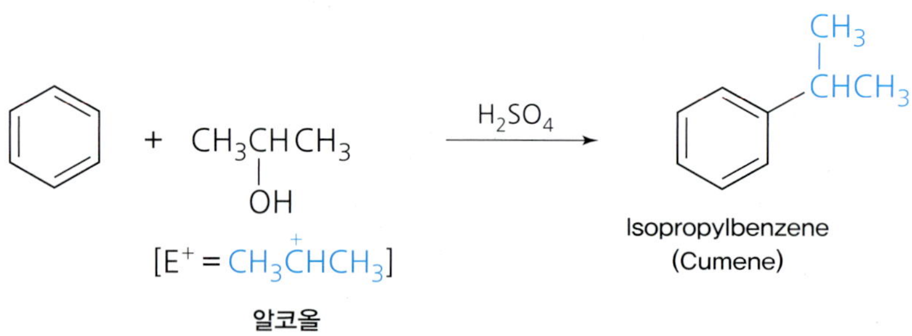

Friedel–Crafts 알킬화 반응은 몇 가지 제약이 있다. 즉 할로젠화 알킬(R–X)만이 반응이 잘 일어나고 클로로벤젠과 같은 방향족 할로젠화물(Ar–X)과 할로젠화 바이닐($CH_2=CHX$)은 반응하지 않는다. 또한 방향족 고리에 이미 $-NO_2$, $-SO_3H$, $-COR$, $-CN$기가 존재하면 알킬화 반응이 잘 일어나지 않는다. 이유는 이들이 $AlCl_3$ 촉매와 반응하여 촉매의 기능을 저하시키기 때문이다. 그리고 Friedel–Crafts 알킬화 반응에서 탄소양이온(친전자체) 재배열 반응이 일어나 더 안정한 알킬기가 도입된다.

다음은 2차 탄소양이온이 3차 탄소양이온으로 재배열한 경우이다.

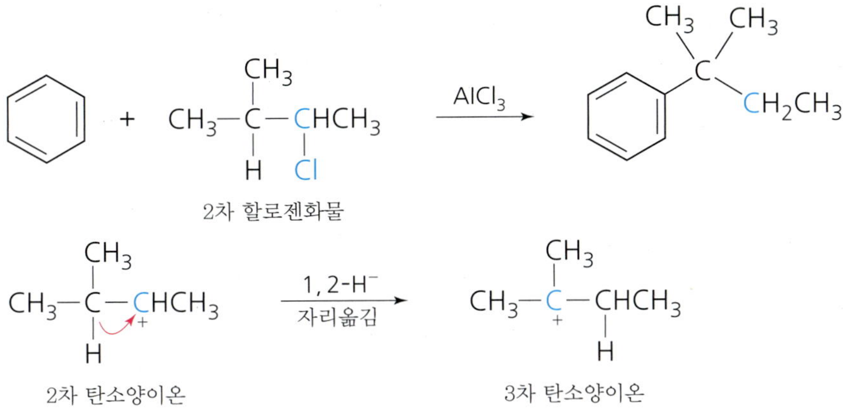

또한 1차 탄소양이온이 2차 탄소양이온으로 재배열은 다음과 같다.

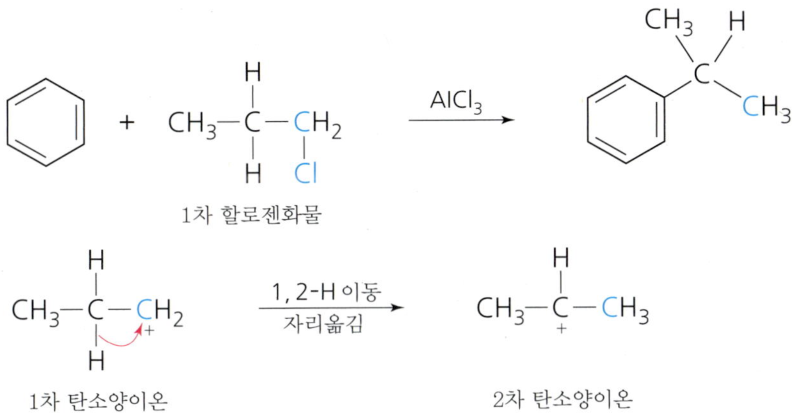

9.4.5 벤젠의 Friedel-Crafts 아실화 반응

방향족 화합물에 아실기(RCO－)를 도입시키는 반응을 아실화 반응(Acylation)이라 한다. Friedel－Crafts 아실화 반응은 Friedel－Crafts 알킬화 반응과 유사하게 일어난다. 방향족 화합물을 $AlCl_3$ 촉매 하에서 염화 아실(RCOCl)과 반응시켜 케톤을 생성시키는 반응(고리에 아실기를 도입시키는 반응) 이다. 이 반응에서 친전자체로 아실륨 이온(Acylium Ion)이 생성된다. 예를 들면, 벤젠과 염화 아세틸(Acetyl Chloride)과의 반응으로 케톤인 아세토페논이 생긴다. 이 반응은 방향족 케톤을 합성하는 유용한 방법이다.

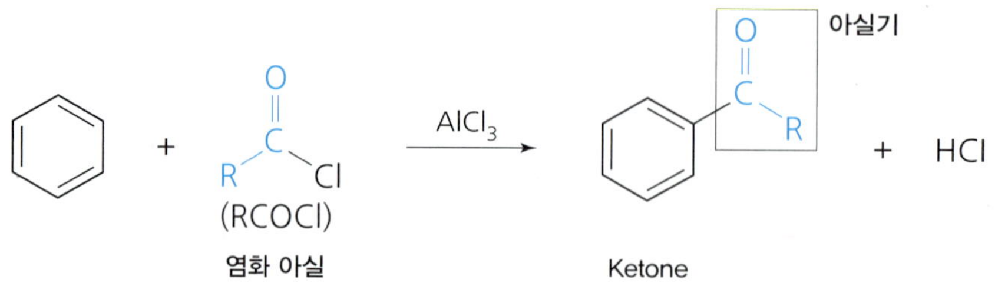

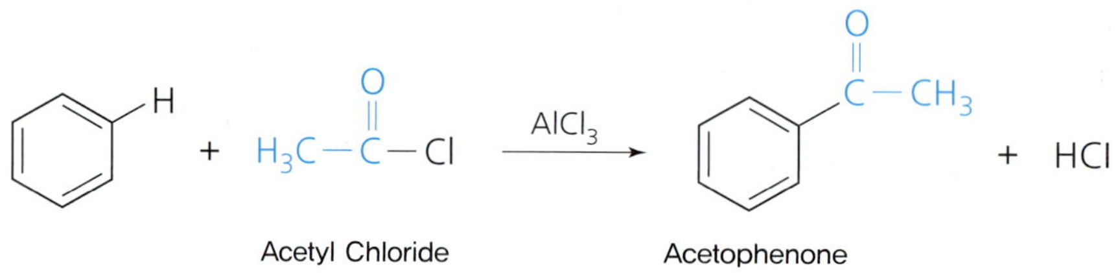

친전자체인 아실륨 이온의 생성 메커니즘은 다음과 같다.

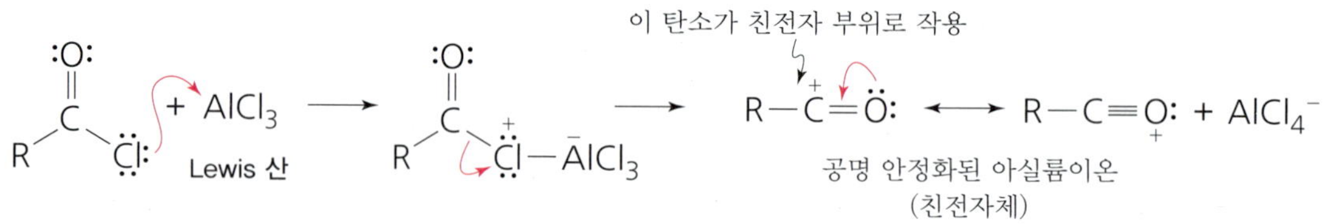

9.4.6 벤젠의 Friedel-Crafts 반응의 제약

벤젠 고리의 전자를 빼앗아갈 수 있는 치환기가 치환되어 있는 경우 Friedel-Crafts 알킬화 반응과 아실화 반응은 수행할 수 없다. 예를 들면 다음과 같은 물질들이 이에 속한다.

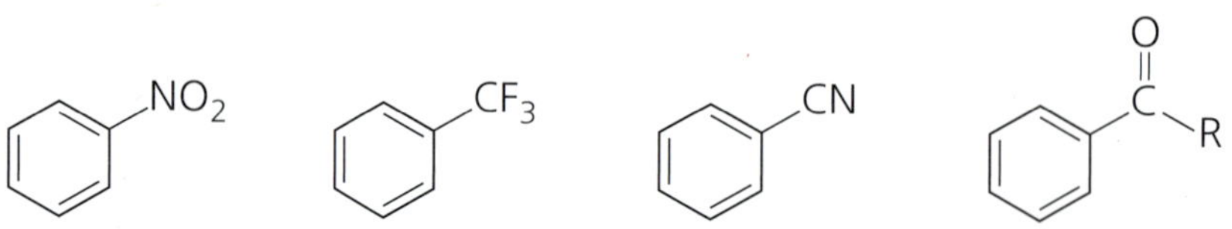

또한 Aniline 유도체는 $AlCl_3$와 착물을 형성할 수 있으므로 이 반응을 방해한다.

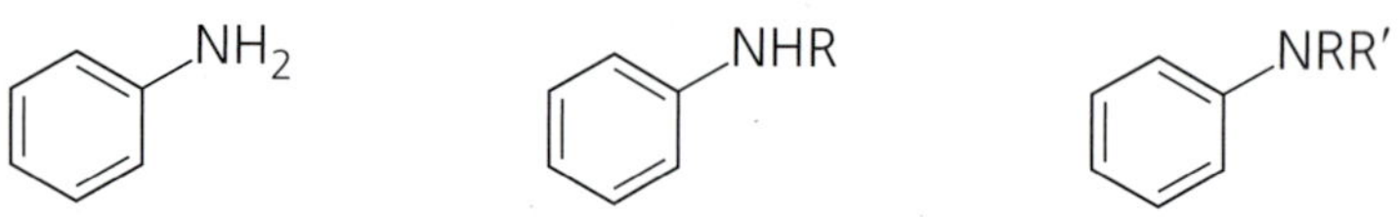

9.4.7 친전자성 방향족 치환 반응 메커니즘

벤젠 고리는 6개의 π전자를 가지고 있고 전자가 고리의 위와 아래에 원형으로 전자 구름이 위치하고 있어서 공격하는 시약이 접근하기 쉬운 구조이다. 따라서 벤젠은 대부분의 반응에서 전자가 풍부한 친핵체로 작용한다.

참고로 앞에서 언급하였던 알켄에 대한 친전자성 첨가 반응은 알켄에 HBr 같은 친전자체가 첨가되면 친전자체인 H^+가 2중결합의 π전자에 접근하여 2중결합을 가진 탄소 하나에 결합을 형성하고 다른 탄소에 양전하를 띠게 하여 탄소 양이온을 형성한다. 이 생성된 탄소 양이온 중간체는 친핵체인 Br^-의 공격을 받아 첨가되어 생성물을 생성한다.

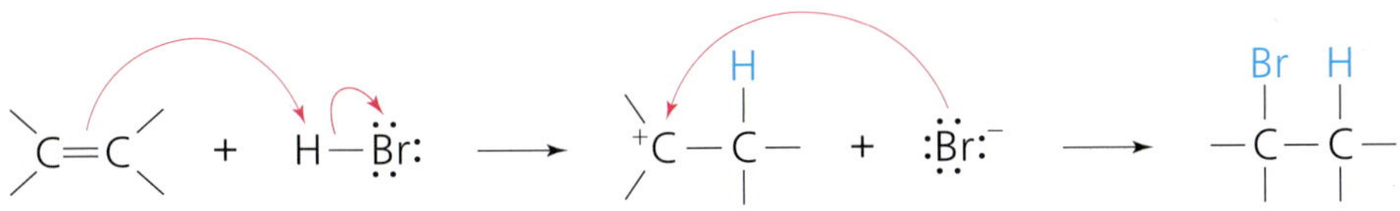

알켄 탄소양이온 중간체 생성물

친전자성 방향족 치환반응도 이와 유사한 방법으로 진행된다. 모든 친전자성 방향족 치환반응도 2단계 반응 메커니즘으로 일어난다. 1단계에서 벤젠 고리의 π전자가 친전자체를 공격하여 탄소양이온 중간체를 형성하게 된다. 이 탄소양이온은 3개의 공명 구조의 혼성체이다. 벤젠 고리와 친전자체의 반응은 비교적 높은 활성화에너지를 가지며 반응속도가 느리다.

반응의 2단계에서는 친전자체와 탄소가 새로운 결합을 형성하며 혼합물 중의 염기가 수소를 떼어내고 결합에 쓰였던 전자는 다시 고리로 들어가 고리의 방향족성을 회복한다. 이 단계는 비교적 빠르게 진행된다.

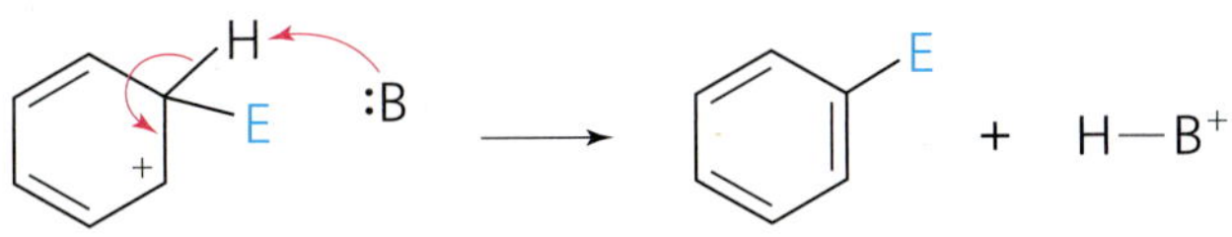

방향족 고리는 알켄보다 친전자체에 대한 반응성이 작다. 따라서 벤젠에 친전자 치환 반응이 일어나려면 촉매가 필요하다. 이 촉매가 친전자체의 반응성을 높여주게 된다. 예를 들면, 벤젠의 브로민화 반응이 일어나려면 촉매 $FeBr_3$가 필요한데 촉매가 $FeBr_4^-$ 와 Br^+ 이온을 만들어 브롬 분자를 더 친전자성이 되게 하는 것이다.

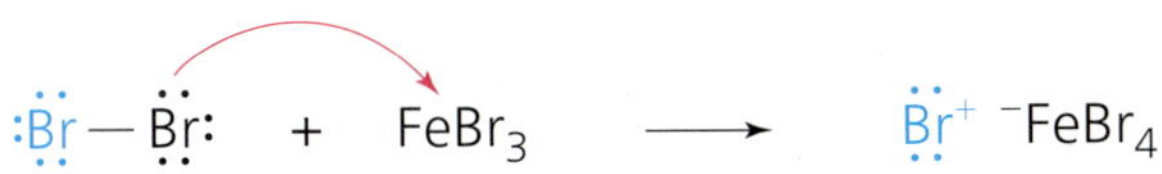

방향족의 염소화 반응, 나이트로화 반응, 설폰화 반응, 알킬화 반응, 아실화 반응의 반응 메커니즘은 모두 2단계 메커니즘 방식으로 진행된다.

1 단계 친전자체가 벤젠 고리의 π전자와 결합하여 공명 안정화된 반응 중간체인 탄소양이온(벤제노늄 이온, Benzenonium Ion)을 형성하는 단계이다.

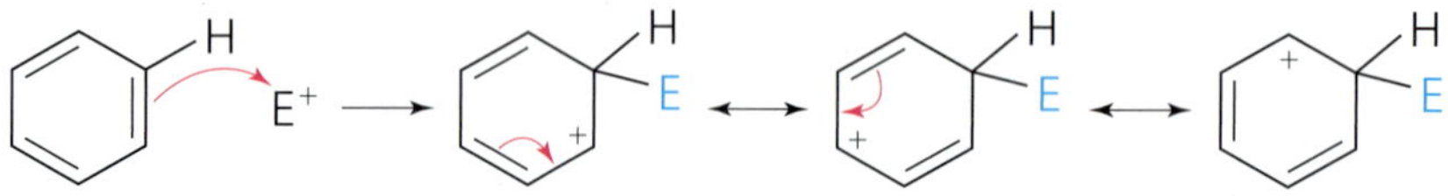

공명 안정화 탄소양이온

2 단계 반응 중간체인 탄소양이온이 양성자를 잃고 방향족 고리를 재형성하는 단계 즉 Hückel 규칙을 만족시키는 6π 전자계를 취하는 단계이다.

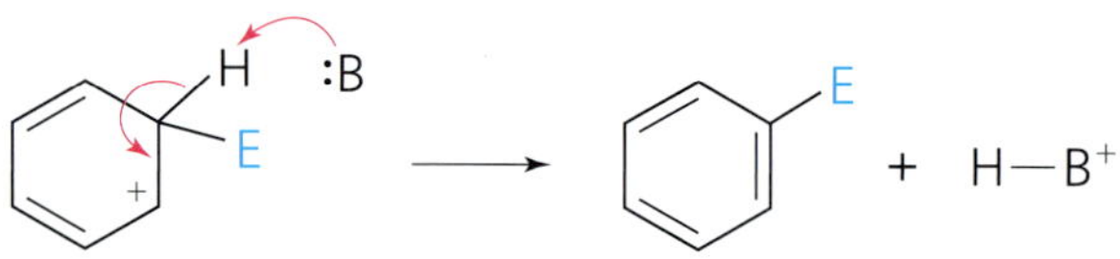

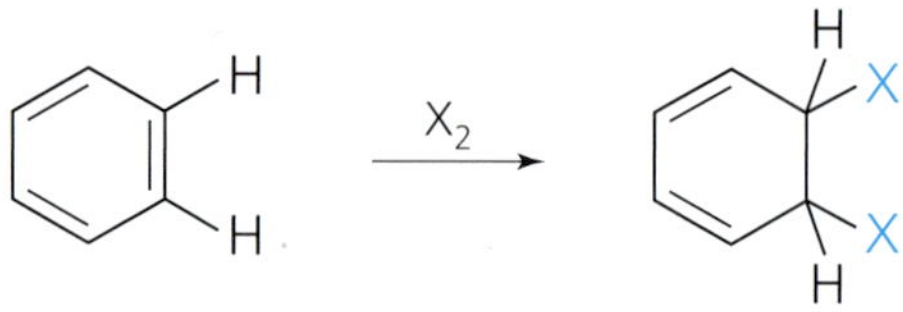

반응일어나지 않음
(첨가)

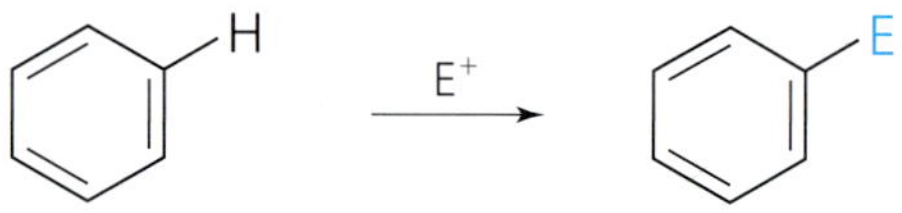

방향족 생성물
(치환)

예를 들어 벤젠의 브로민화 반응에 대한 메커니즘은 다음과 같다. 1 단계로 벤젠 고리로부터 π전자 1쌍이 Br^+를 공격하여 새로운 C−Br 결합을 만들면서 비방향성 탄소양이온 중간체를 만든다. 2 단계로 탄소양이온 중간체는 강한 염기($^-FeBr_4$)에 의해 H^+를 잃고, C−H 결합으로부터 2개의 전자가 고리로 이동하여 새로운 방향족 고리를 재생하면서 치환 생성물을 형성한다.

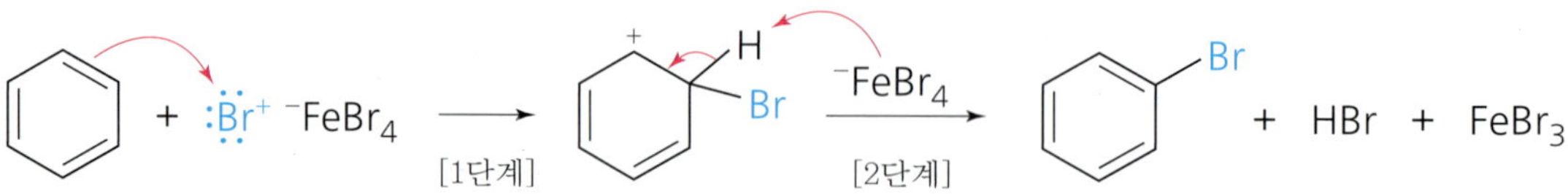

벤젠이 친전자성 치환 반응을 하는 것은 반응 생성물이 방향족성을 유지하도록 진행되기 때문이고 다음은 벤젠의 치환 반응을 나타내는 에너지 도표이다. 즉 친전자성 첨가 반응은 일어나지 않고 촉매하에서 친전자체(E^+)에 의한 친전자성 치환 반응은 일어난다.

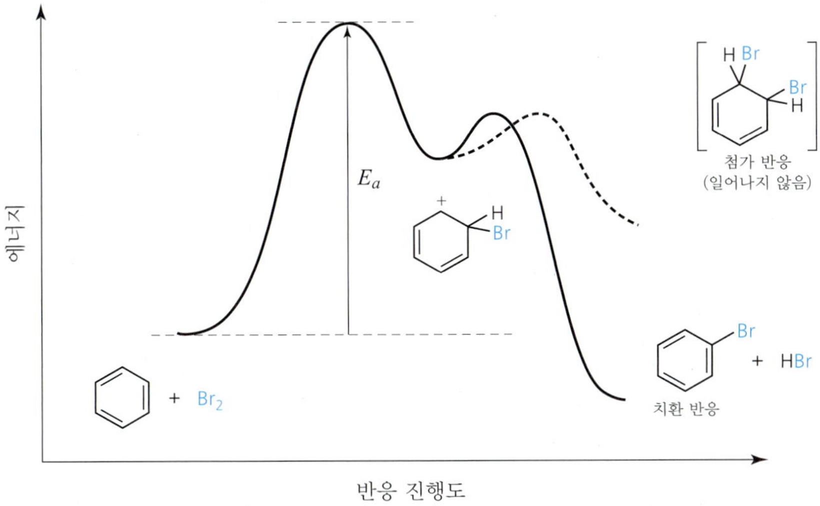

9.5 방향족의 친전자성 치환 반응

벤젠에 친전자성 치환이 일어날 때 1치환 생성물이 얻어진다. 그리고 벤젠 고리에 이미 치환기를 1개 가지고 있는 방향족 치환 반응에서는 고리에 존재하는 치환기가 반응속도와 치환 위치에 영향을 미친다. 이들에 대하여 살펴보기로 하자.

9.5.1 치환기의 전자 유발 효과와 공명 효과

벤젠의 친전자성 치환 반응은 벤젠 고리의 전자 밀도가 증가할 때 잘 일어난다. 이 경우를 벤젠 고리가 활성화되었다고 하고, 반대의 경우를 비활성화되었다고 한다. 벤젠 고리를 활성화시키는 치환기를 활성화 치환기, 비활성화시키는 치환기를 비활성화 치환기라 한다. 이와 같은 효과는 주로 치환기의 전자 유발 효과(Inductive Effect)와 공명 효과(Resonance Effect)에 기인한다.

(1) 전자 유발 효과

전기음성도와 편극성의 차이로 전자를 주거나 끄는 기능을 말한다. 전자 주기 효과를 (+)전자 유발 효과라 하고 전자 끌기 효과를 (−)전자 유발 효과라 한다. 예를 들어 아래 (a)와 같이 전자 주기 효과 [(+)전자 유발 효과]는 알킬기($-CH_3$)가 벤젠 고리에 전자를 밀어준다. 한편 (b)와 같이 전자 끌기 효과 [(−)전자 유발 효과]는 Cl이 C보다 전기음성도가 더 커서 Cl이 벤젠 고리에서 전자를 끌어 당긴다. 그리고 알킬기 (−R)는 (+)전자 유발 효과를 나타내고 $-^{+}NR_3$, $-CX_3$, −X(할로젠)기는 (−)전자 유발 효과를 각각 나타낸다.

(a) 전자 주기효과 [(+) 전자 유발 효과]

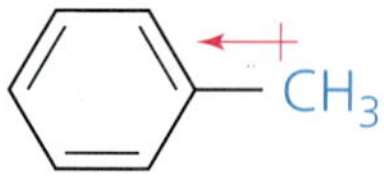

(b) 전자 끌기효과 [(−) 전자 유발 효과]

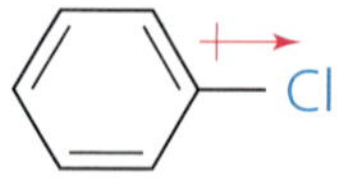

(2) 공명 효과

치환기의 π전자 또는 비공유 전자쌍이 벤젠 고리의 π전자와 공명을 하여 벤젠 고리에 전자를 주거나 빼앗는 기능을 말한다. 전자 주기 치환기는 $-NH_2$, $-NHR$, $-NR_2$, $-OH$, $-OR$, 할로젠기이다. 예를 들어 아닐린(Aniline)은 아미노 치환기($-NH_2$)의 비공유 전자쌍이 전자 주기 공명 효과(3개의 공명 구조)로 벤젠 고리의 전자 밀도가 높아 진다.

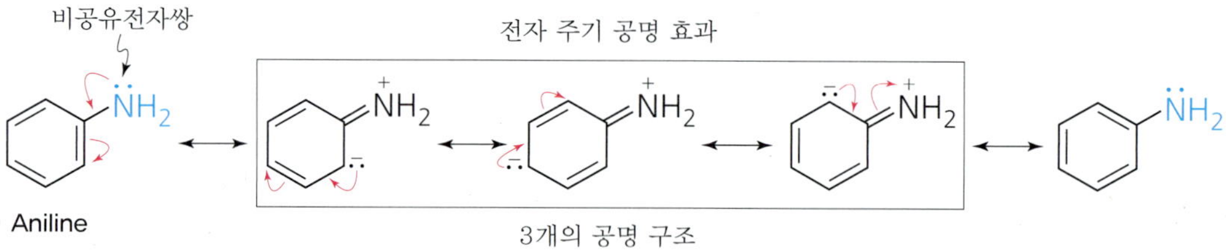

한편 전자 끌기 치환기는 $-NO_2$, $-C{=}O$, $-C{\equiv}N$, $-SO_3H$기이다. 예를 들어 벤즈알데하이드(Benzaldehyde)는 알데하이드 치환기($-CHO$)의 π전자가 전자 끌기 공명 효과(3개의 공명 구조)로 벤젠 고리의 전자 밀도가 감소한다.

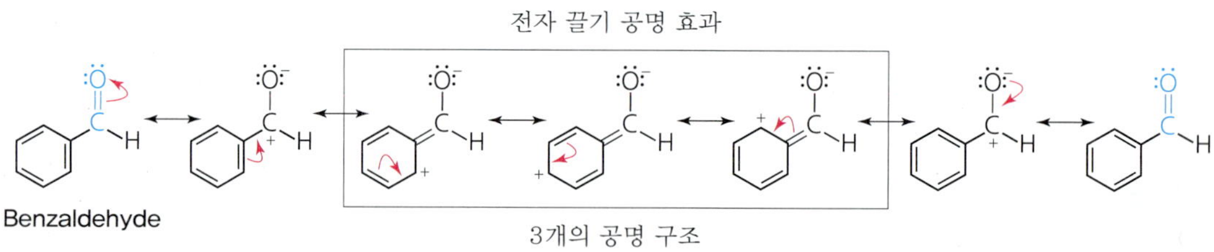

(3) 벤젠 고리 활성화 치환기와 비활성화 치환기

다음 (a)처럼 전자를 주는 치환기($-NH_2$, $-OH$)는 비공유 전자쌍을 가지고 있으므로 전자를 밀어주는 공명효과를 가진다. 공명 또한 전자 밀도를 제거한다. 이들은 벤젠 고리를 활성화하는 치환기에 속한다.

한편(b)와 같이 전자를 끄는 치환기(할로젠 원소)는 전기음성도가 크므로 유도 효과로 전자를 당긴다. 즉(−)전자 유발 효과가 우세하다. 또한 극성 $C{=}O$ 결합은 고리로부터 유도적으로 전자 밀도를 당긴다. 이들은 벤젠 고리를 비활성화 시키는 치환기에 속한다.

(a) 전자 주는기

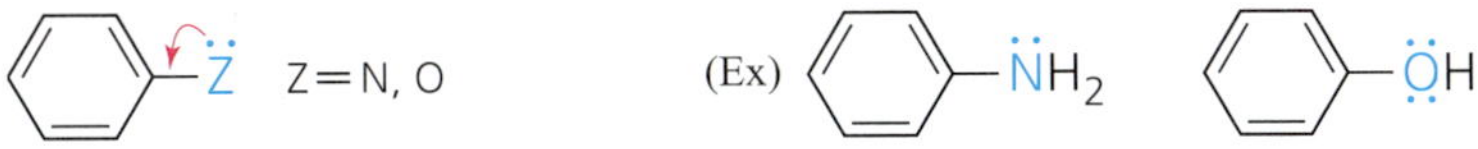

(b) 전자 끄는기

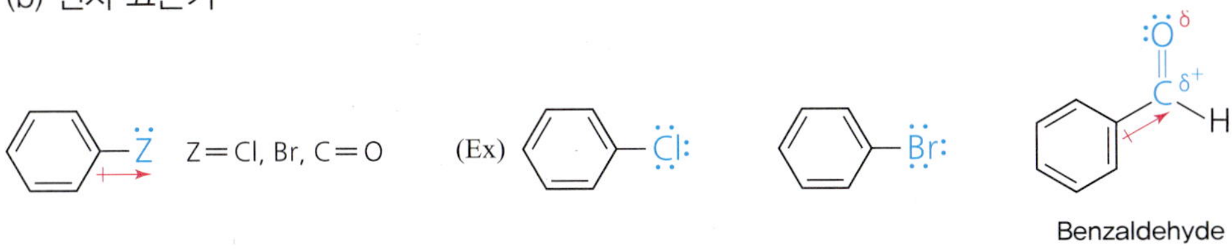

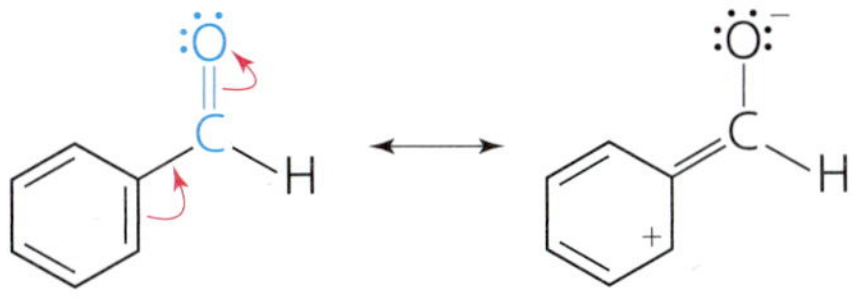

Benzaldehyde

예를 들어 벤젠(Benzene)과 나이트로벤젠(Nitrobenzene, $C_6H_5NO_2$)의 정전기 전위 지도를 보면 붉은 색은 전자 밀도가 높은 부위를 나타낸다. 벤젠에 비해 나이트로벤젠은 전자 밀도가 나이트로기($-NO_2$)에 치우쳐 있어 벤젠고리의 전자 밀도가 감소되어 있다. 즉 나이트로기는 전자를 끄는 비활성화기이다.

Benzene

Nitrobenzene

9.5.2 치환기가 있는 벤젠의 친전자성 치환 반응

벤젠 고리에 치환된 치환기는 벤젠 고리를 활성화시키느냐 비활성화시키느냐에 따라 친전자성 치환 반응의 반응 속도에 영향을 줄 뿐 아니라 친전자체가 벤젠 고리에 치환되는 위치를 결정하는데 영향을 준다. 이 치환기의 영향은 다음과 같다.

(1) 친전자성 치환 반응속도

벤젠에 친전자성 치환이 일어날 때 단지 1치환 생성물만이 얻어진다. 그러나 벤젠 고리에 이미 치환기를 1개 가지고 있는 방향족 치환 반응에서는 고리에 존재하는 치환기가 반응속도와 치환 위치에 영향을 미친다. 어떤 치환기는 방향족 고리를 활성화시켜 벤젠보다 더 반응성이 커서 친전자성 치환이 더 쉽고, 어떤 것들은 고리 활성을 감소시켜 벤젠보다 반응성이 더 적게 한다. 벤젠을 기준으로 몇 가지 치환체(−OH, $-CH_3$ 등)는 치환 반응을 더 빠르게 하고 몇 가지 치환체($-NO_2$, −Cl 등)는 반응을 더 느리게 한다. 예를 들면, 같은 반응조건에서 방향족 나이트로화 반응시에 −OH기가 치환된 고리는 벤젠보다 1,000배, $-CH_3$기가 치환된 고리는 24.5배 정도 반응속도(상대속도 k)가 빨라지지만, 반면에 −Cl기가 치환된 고리는 벤젠보다 33배, $-NO_2$기가 치환된 고리는 1,000만 배 정도 반응속도가 늦어진다.

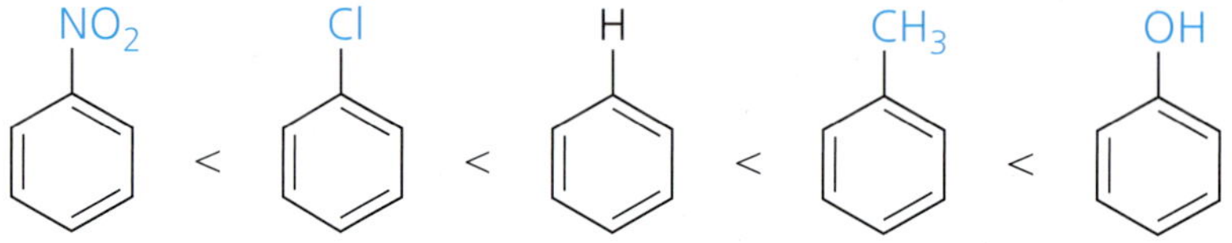

(2) 친전자성 치환 반응 지향성

방향족 고리에 이미 존재하는 치환기는 새로운 치환체가 오쏘(*o*-), 메타(*m*-), 파라(*p*-) 위치에 들어 갈 지를 결정한다. 예를 들면, $-CH_3$기를 가진 톨루엔의 나이트로화 반응은 오쏘 위치(63%), 파라 위치(34%), 그리고 메타 위치(3%) 치환체의 혼합물이 생성된다. 반면에 $-NO_2$기를 가진 나이트로벤젠의 나이트로화 반응에서는 오쏘 위치(7%), 메타 위치(91%), 파라 위치(2%) 치환체가 생성된다. 따라서 톨루엔의 나이트로화 반응은 주로 오쏘, 파라 위치의 치환 반응이고 나이트로벤젠은 메타 위치 치환 반응이 주로 일어난다. 이러한 경향을 지향성(Orientation)이라 한다. 이러한 경향(지향성)은 다른 친전자성 방향족 치환반응인 염소화, 브로민화, 설폰화, 알킬화, 아실화 반응에서도 일어난다. 일반적으로 방향족 고리의 치환기는 오쏘 및 파라 지향성 활성화기, 오쏘 및 파라 지향성 비활성화기, 그리고 메타 지향성 비활성화기의 3가지로 분류한다. 반응속도를 벤젠보다 더 빠르게 하는 치환체는 활성화기로 간주한다. 반대로 벤젠보다 더 느리게 하는 치환체는 비활성화기로 본다.

1) *o*, *p*- 지향성 활성화기

이것은 방향족 고리에 전자를 제공하여 반응을 증가시키는 기로 −R, $-NH_2$, −OH, −OR 등으로 오쏘(ortho), 파라(para) 지향을 한다. 할로젠 원소는 매우 강하게 전자를 끌어당겨 고리를 비활성화 시키지만 비공유전자쌍을 가지고 있어 오쏘(ortho), 파라(para) 지향성을 가진 비활성화기이다. 예를 들어 톨루엔의 브로민화 반응은 다음과 같다.

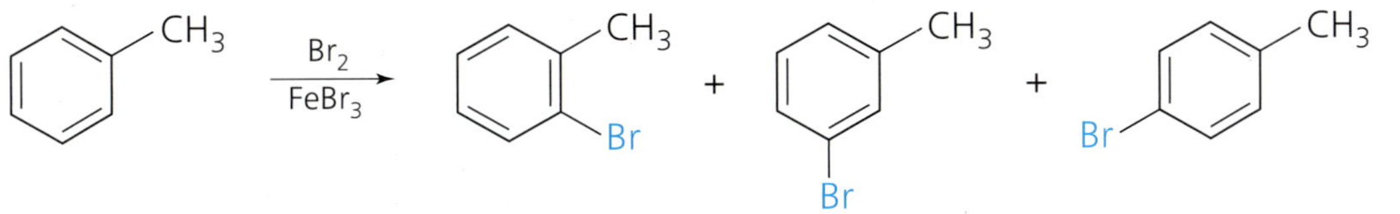

ortho 40 %　　*meta* 흔적　　*para* 60 %

이와 같은 지향성이 생기는 이유는 반응이 가장 안정한 형태의 벤제노늄 이온(Benzenonium Ion)이 생성될 수 있는 방향을 선택하여 일어난다. 아래와 같이 톨루엔은 오쏘(ortho), 파라(para) 지향성이다. 이유는 중간체로 생성되는 안정한 탄소양이온(벤제노늄 이온)이 생성되는 반응이 우선되기 때문이다.

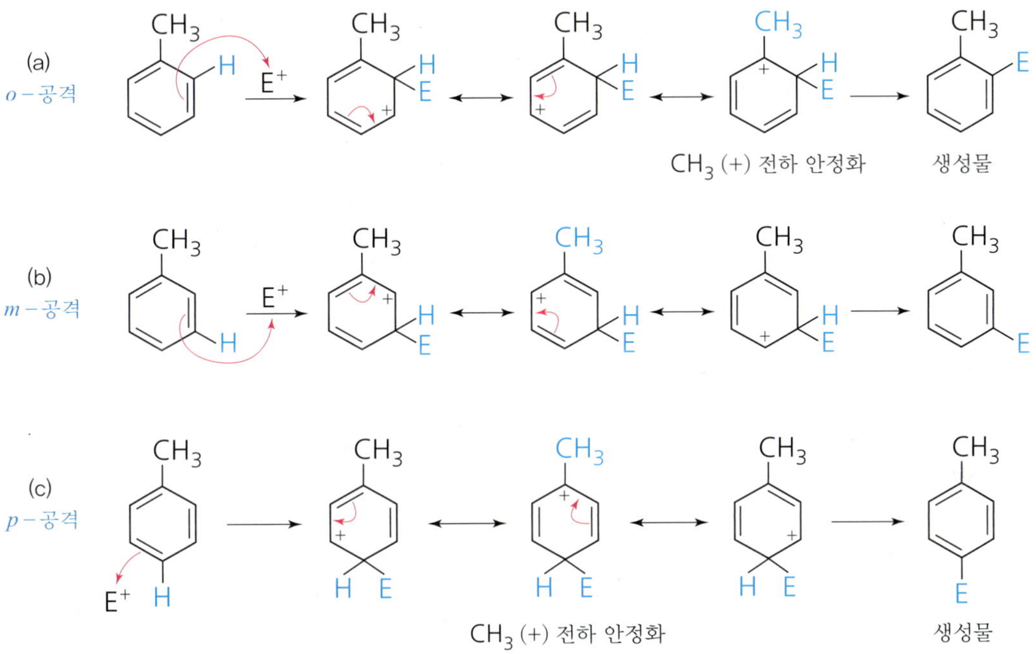

2) m-지향성 비활성화기

이것은 고리의 전자를 잡아당겨 고리의 전자를 감소시키는 기로 $-NO_2$, $-SO_3H$, $-COOH$, $-CHO$, $-CN$ 등으로 메타(meta) 지향을 한다. 예를 들어 나이트로벤젠의 나이트로화 반응은 다음과 같다.

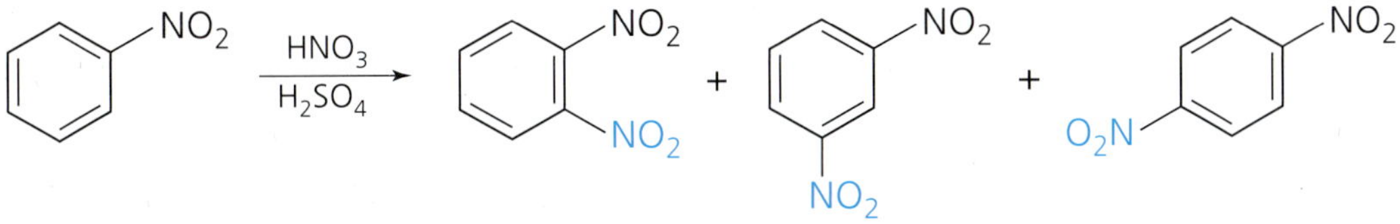

ortho 7 %　　*meta* 93 %　　*para* 흔적

이와 같은 지향성이 생기는 이유는 반응이 가장 불안정한 중간체 생성을 피하는 방향을 선택하여 일어난다. 나이트로벤젠(Nitrobenzene)은 메타(meta) 지향성이다. 이유는 가장 불안정한 탄소양이온(벤제노늄 이온) 생성을 피하는 반응이 선호되기 때문이다.

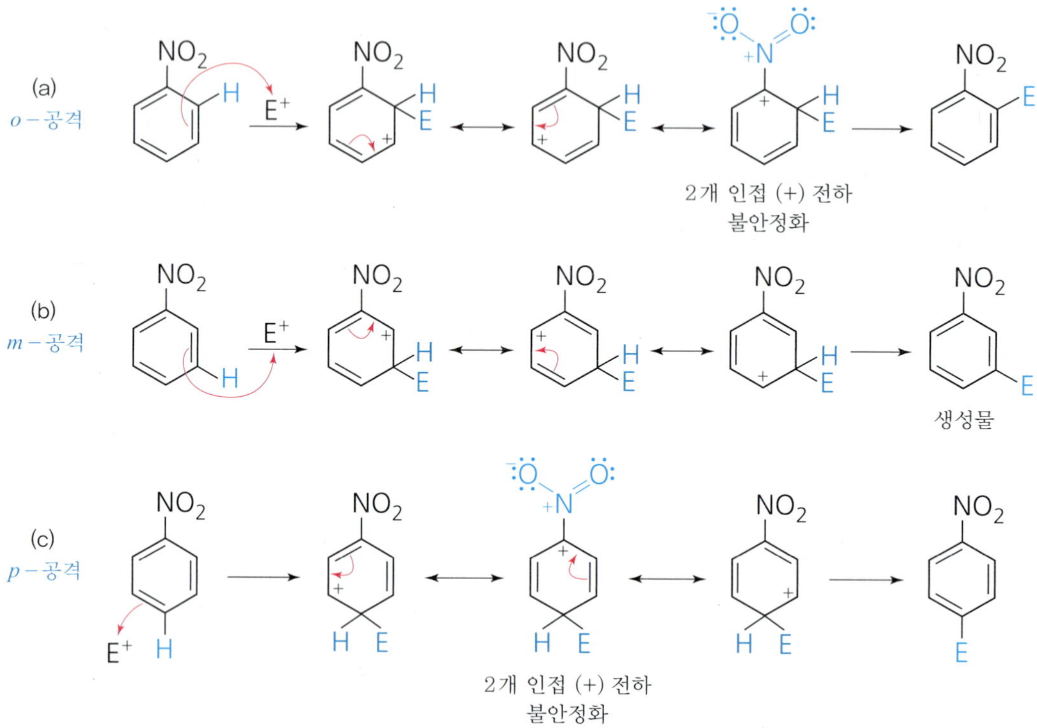

상기 내용을 정리하면 벤젠 고리의 활성화 치환기와 비활성화 치환기는 다음 표와 같다.

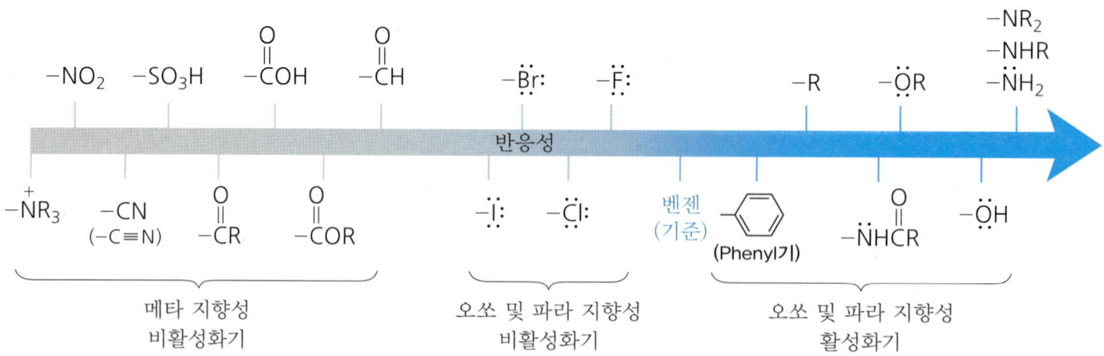

(3) 2개의 치환기를 가진 벤젠 고리의 지향성

이것에는 3가지 종류가 있다. 첫번째는 2치환기의 지향성이 서로 협동하는 경우로 예를 들면 다음과 같이 Br이 CH_3에 대해서 오쏘 위치이고 NO_2에 대해서는 메타 위치이다.

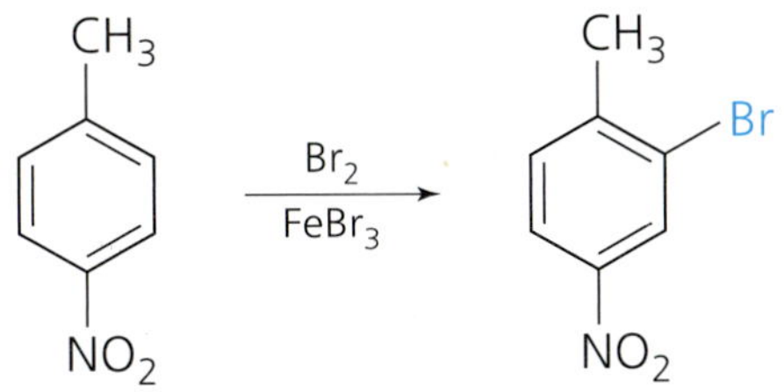

두번째는 2치환기의 지향성이 서로 다른 위치에 있는 경우 활성화도가 더 강한 치환기의 지향성을 따른다. 예를 들어 –OH와 –CH_3는 모두 오쏘, 파라 지향기인데 더 강한 지향기인 –OH기 영향을 받아 Br이 오쏘 위치에 들어간다.

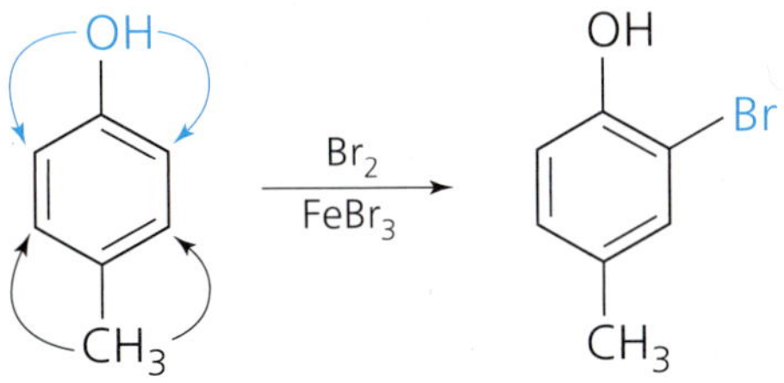

셋째는 2 개의 치환기가 *meta* 위치에 있을 경우 입체 장애가 큰 *ortho* 위치에는 반응이 잘 일어나지 않는다. 예를 들면 m–Xylene에서 Br이 1개의 CH_3기에 대해 오쏘이고 다른 한 개의 CH_3기에 대해는 파라인 위치에 치환된다. 그리고 오쏘 자리에서는 입체 장애로 반응이 잘 일어나지 않는다.

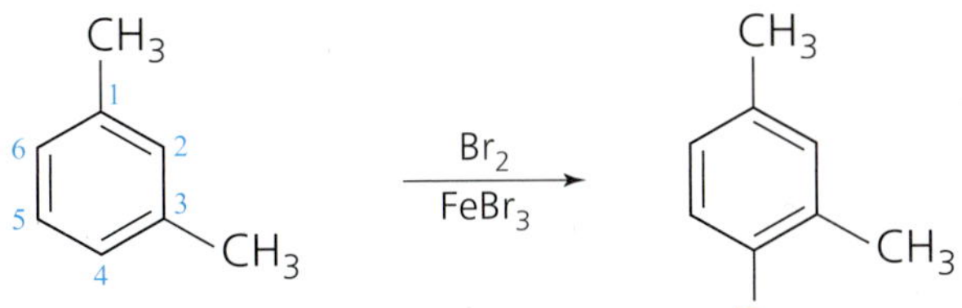

m–Xylene
(1,3–Dimethylbenzene)

9.5.3 알킬 벤젠의 반응

페닐기가 붙어 있는 sp^3혼성 오비탈의 탄소를 벤질 자리 탄소(2개 H는 벤질자리수소)라 한다. 이 탄소의 라디컬과 탄소양이온은 페닐기와 공명 안정화될 수 있어 특별히 안정하다.

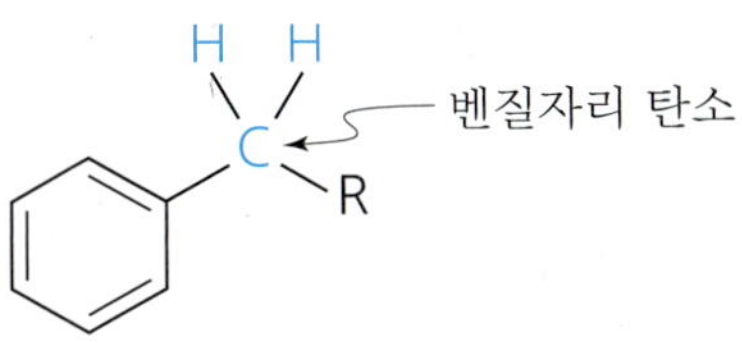

벤질자리에서 일어나는 특이한 반응은 벤질자리 탄소의 C−H 결합이 분해되어 생기는 벤질자리 탄소 라디컬, 벤질자리 탄소양이온 및 벤질자리 탄소음이온 등이 벤젠 고리의 π전자와 공명 안정화될 수 있어 이들 탄소 반응종이 잘 생성될 수 있기 때문이다. 벤질자리 탄소 라디컬의 공명 구조는 다음과 같다.

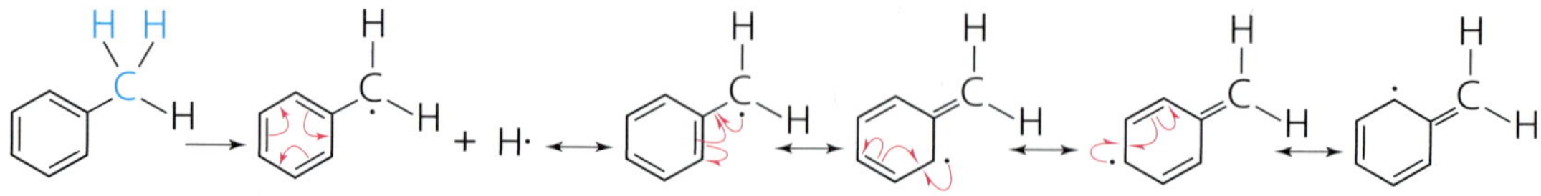

그리고 벤질자리 탄소양이온(Carbocation)의 공명 구조는 아래와 같다.

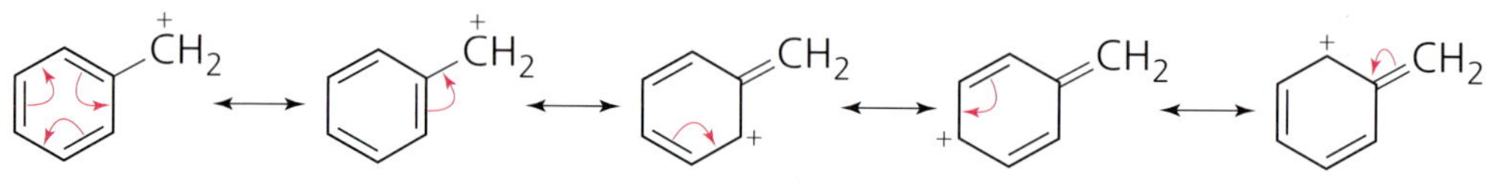

(1) 벤질 자리 탄소의 할로젠화 반응

빛을 쪼이거나 가열 조건과 같은 라디컬 생성 조건에서 할로젠 분자와 반응시키면 벤질 자리 탄소에 할로젠 원자가 치환된다. 이 반응은 벤질 라디컬이 생성되어 진행되는 반응이다.

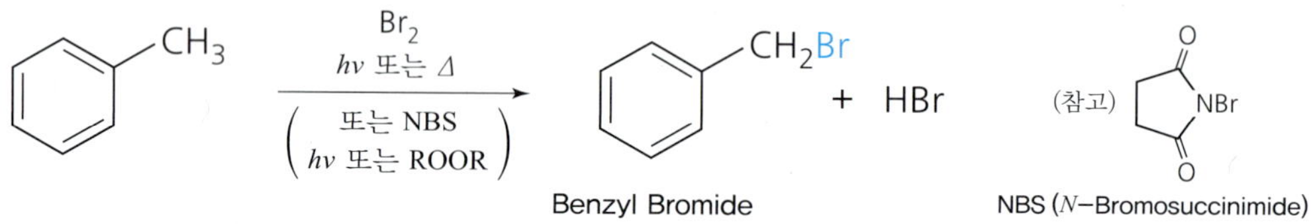

(2) 벤질 자리 탄소의 산화 반응

벤질 자리 탄소는 $KMnO_4$ 또는 $Na_2Cr_2O_7$ + 황산 같은 산화제에 의해 카복시기로 산화된다.

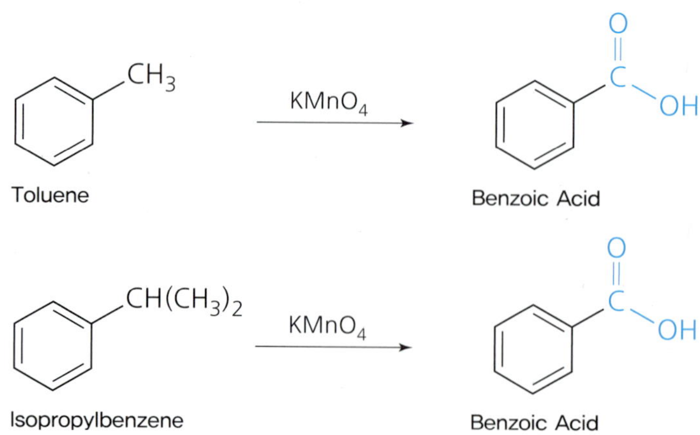

9.5.4 벤젠 유도체의 합성

친전자성 치환 반응을 이용하여 벤젠 고리에 할로젠기, 나이트로기, 설폰산기, 알킬기, 아실기 등을 도입시켜 다양한 벤젠 유도체를 합성할 수 있다. 효과적인 합성법을 적용시키기 위하여 고려할 사항은 다음과 같다.

(a) 치환기의 도입 조건(친전자체 생성 조건) (b) 치환기의 벤젠 고리 활성화 여부 (c) 치환기의 지향성 (d) 벤질 자리 탄소 반응 특이성이다.

위와 관련하여 2가지 예제를 들어 보자.

예제 1 다음과 같은 합성의 경우 CH_3기(o, p−지향성)와 SO_3H(m−지향성) 중 어느 것을 먼저 도입시킬 것인가를 생각한다.

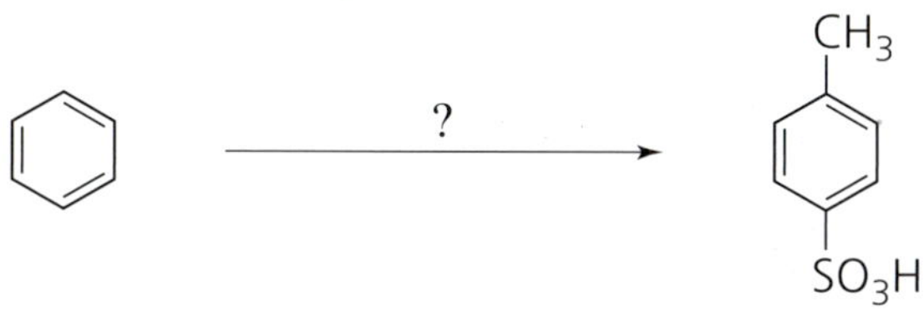

풀이 1 2개의 치환기를 도입하는 2가지 방법이 가능하다. 이 중 1방법이 합당하다. 이유는 벤젠설폰산(Benzenesulfonic Acid)의 SO_3H기는 메타 지향성이기 때문에 p 위치에 CH_3기를 도입할 수 없기 때문이다.

[1방법]

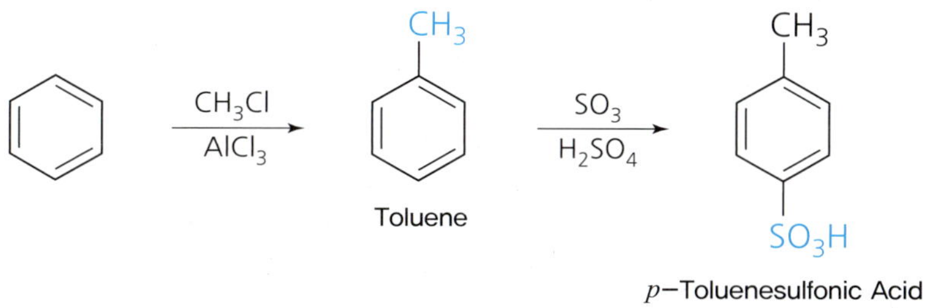

[2방법]

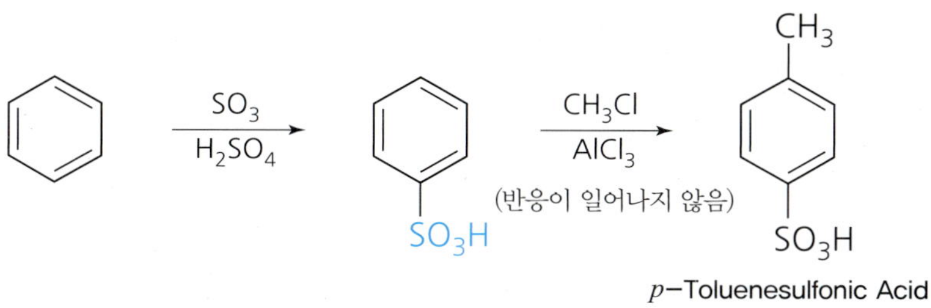

예제 2 다음과 같이 벤젠에 3개의 치환기를 도입하는 방법을 살펴보자.

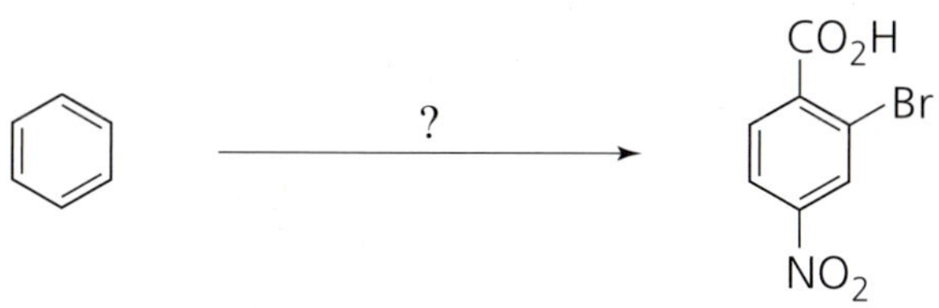

풀이 2 1단계는 Br기와 NO_2기는 친전자성 치환 반응으로 벤젠 고리에 직접 도입이 가능하나 COOH기를 직접 도입하는 방법은 없다. 따라서 벤질자리 탄소의 산화 방법과 같은 간접적 방법을 찾아야 한다. 2단계는 치환기의 지향성을 고려하여 치환기의 도입 순서를 정한다.

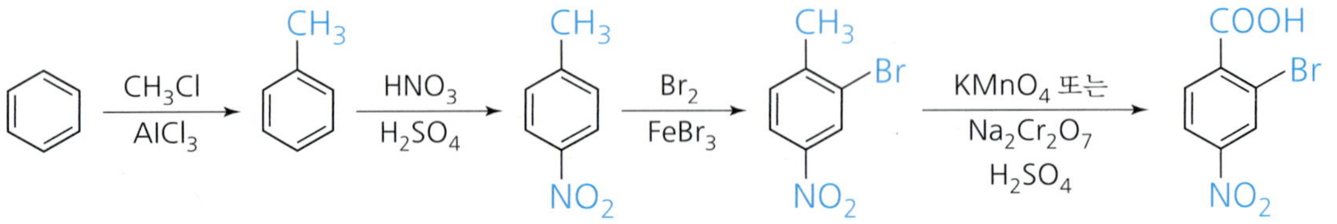

4-Nitrotoluene 2-Bromo-4-nitrotoluene

9.5.5 친핵성 방향족 치환 반응

지금까지 벤젠고리의 수소가 다른 친전자체로 치환되는 친전자성 치환반응에 대하여 알아 보았다. 그러나 전자 끌기가 강한 나이트로벤젠(Nitrobenzene)의 *o*− 또는 *p*− 위치에 할로젠기가 치환되어 있는 경우 이 할로젠이 다른 친핵체에 의해 치환된다. 이를 친핵성 방향족 치환 반응이라 한다.

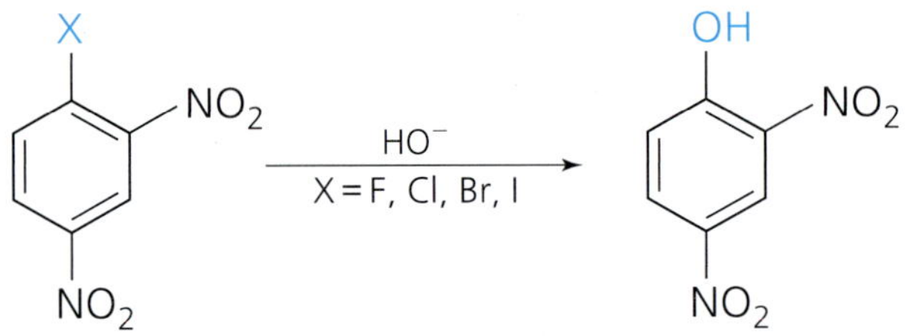

9.6 벤젠 고리 화합물

벤젠 고리 화합물에는 다음과 같은 천연과 합성 화합물이 있다.

9.6.1 벤젠 고리 천연 화합물

벤젠 고리를 가진 천연 생물 활성 물질에는 필수 아미노산(Phenylalanine, Tyrosine), 여성 호르몬(Estrone), 부신수질 호르몬(Adrenaline), 갑상선 호르몬(Tyroxine), 뇌신경전달 물질 (Dopamine), 천연 항생제 (Chloramphenicol, Penicillin G), 고추의 매운맛 성분 (Capsaicin), 후추의 매운맛 성분(Piperine) 등이 있다.

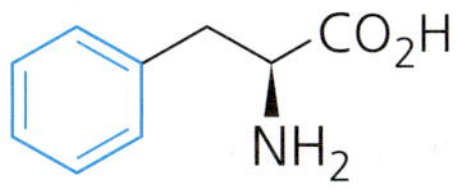
Phenylalanine

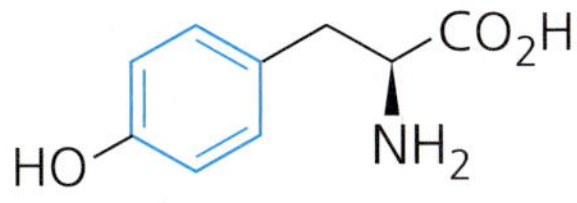
Tyrosine

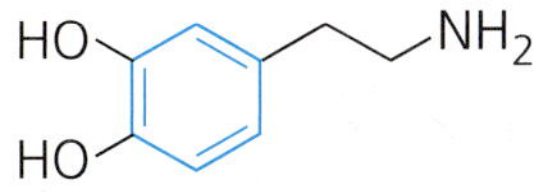
Dopamine

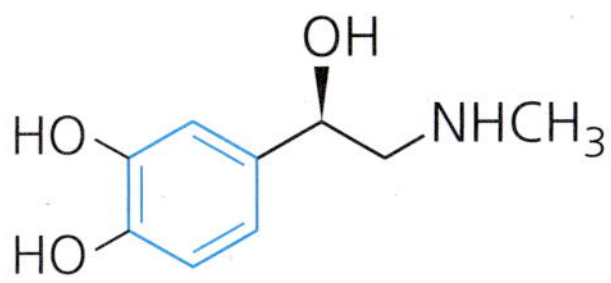
Adrenaline

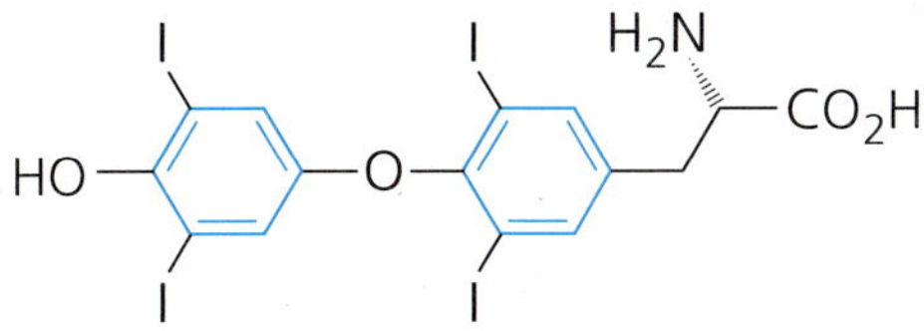
Tyroxine

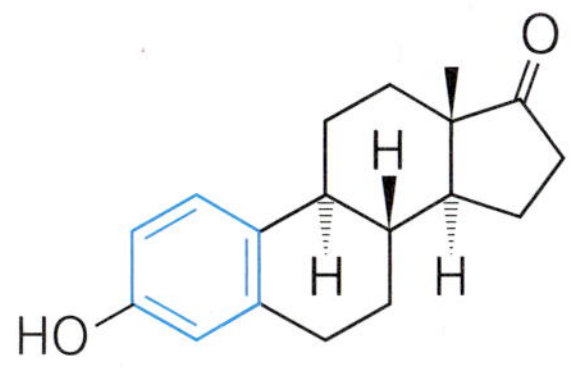
Estrone

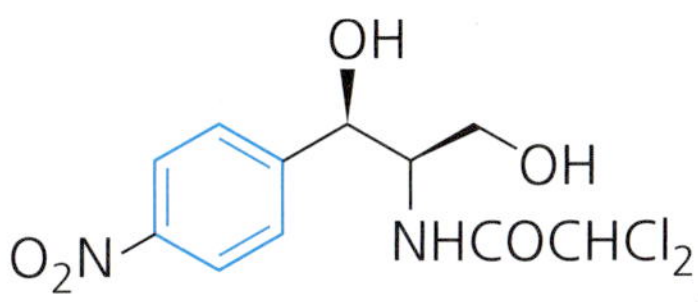
Chloramphenicol

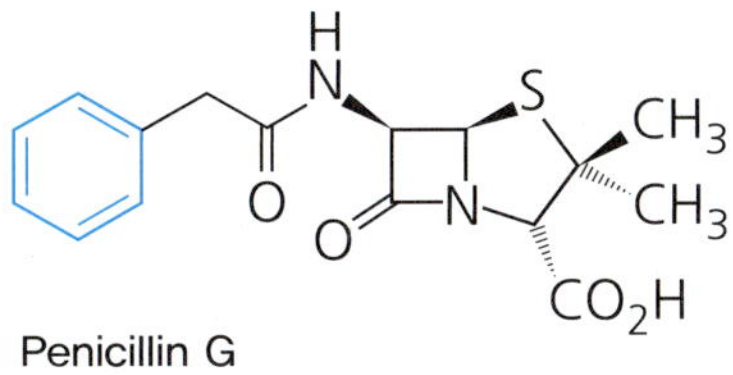
Penicillin G

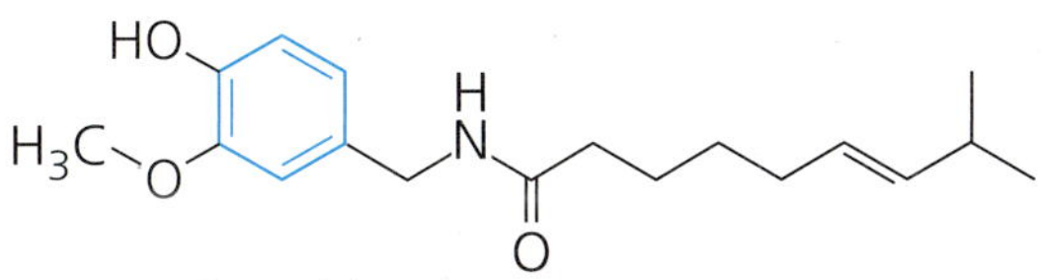
Capsaicin

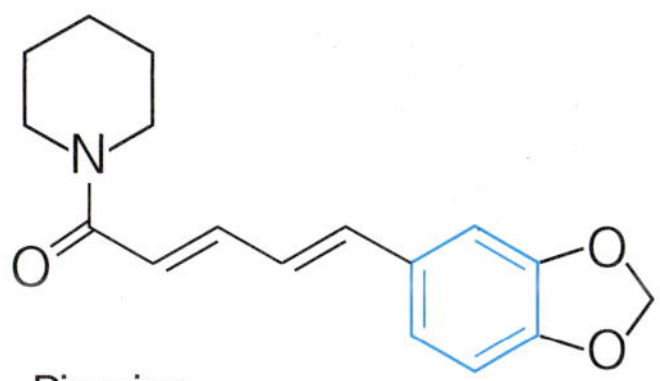
Piperine

9.6.2 벤젠 고리 합성 화합물

벤젠 고리를 가진 합성 의약품들 중에는 해열 진통제(Aspirin), 진통제(Acetaminophen), 소염 진통제(Ibuprofen), 광범위 항생제(Amoxicillin, Cephalexin), 항히스타민제(Chloropheniramine), 항균제(Sulfamethoxazole), 고혈압 치료제(Amlodipine), 고지혈증 치료제(Atorvastatin) 등이 있다.

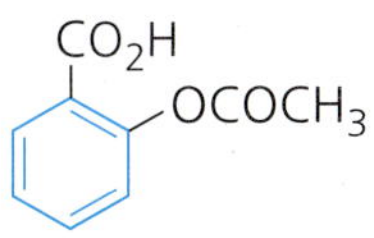
Aspirin

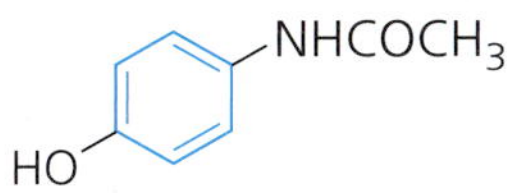
Acetaminophen

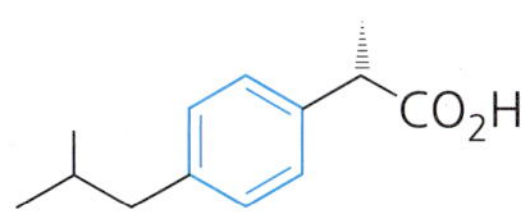
Ibuprofen

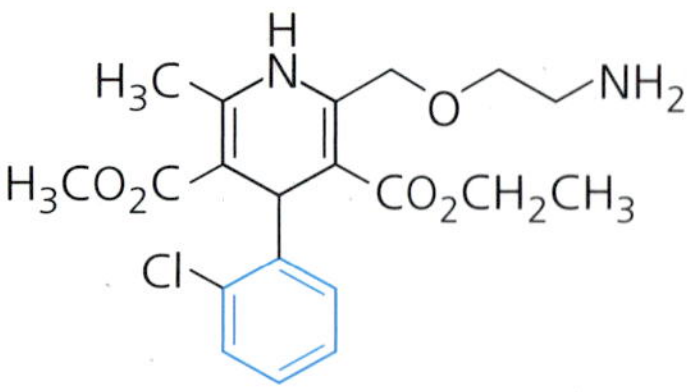

Amlodipine

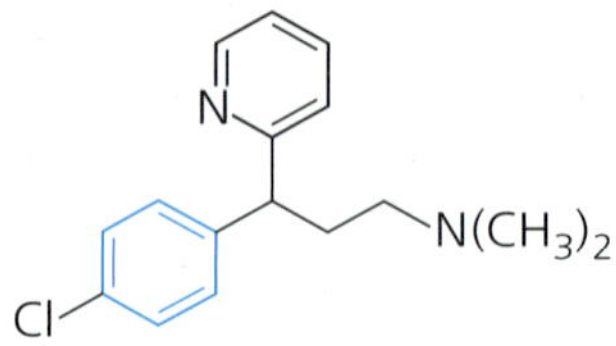

Chloropheniramine

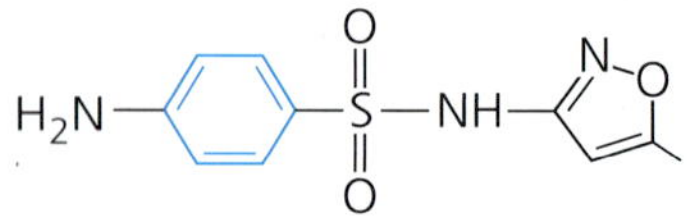

Sulfamethoxazole

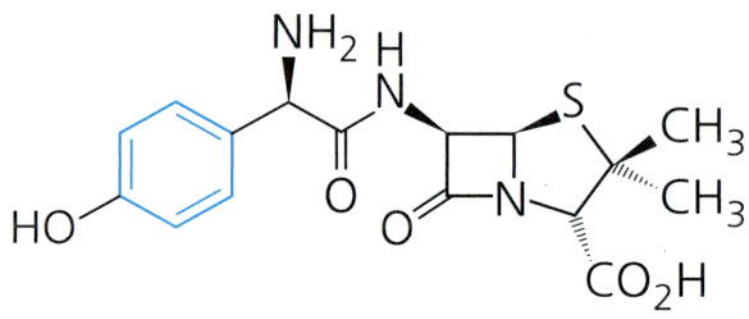

Amoxicillin

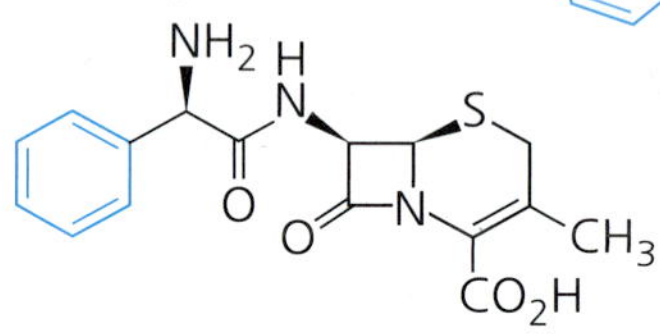

Cephalexin

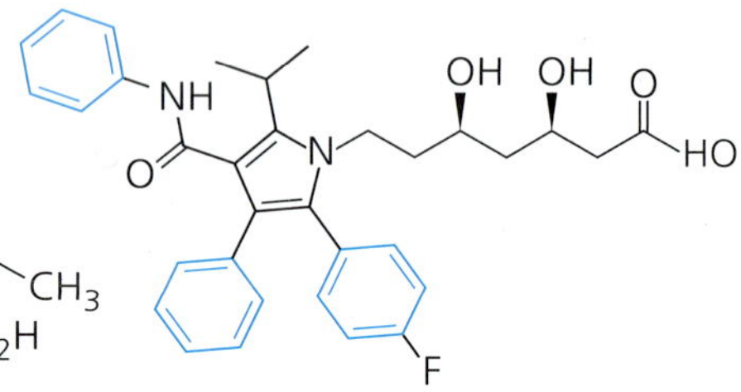

Atorvastatin (Lipitor)

참고 1 통증과 염증

발목을 다치면 통증과 염증이 동시에 생기나 치료법은 다르다. 코데인(Codeine)은 진통제이고 코티즌(Cortisone)은 소염제이다. 통증과 염증이 심하지 않으면 처방전이 없이 소염제인 비스테로이드 소염제(NSAID, NonSteroidal Anti-Inflammatory Drug)을 사용한다. 아스피린(Aspirin)은 가장 흔한 비스테로이드 소염제로서 1800년 후반부터 사용되어 왔다. 화학적으로는 아세틸살리실산(Acetylsalicylic Acid)이다. 미루나무껍질의 활성 성분인 살리신(Salicin)을 물과 반응시켜서 살리실알코올(Salicyl Alcohol)을 만든 후 산화시키면 살리실산이 된다. 살리실산의 페놀의 -OH기를 에스테르로 만들면 아스피린이 된다.

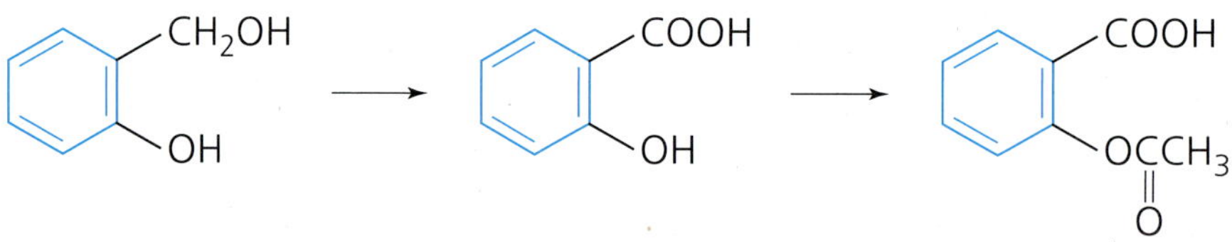

Salicyl Alcohol　　Salicylic Acid　　Acetylsalicylic Acid (아스피린)

참고 2 이부프로펜(Ibuprofen)과 나프록센(Naproxen)

카복실산의 곁가지를 가지고 있는 단순한 방향족 화합물로 이부프로펜(Advil, Mortrin, Nuprin)은 아스피린과 비슷한 효능을 가지고 있지만 위장 장해가 적다. 나프록센(Naproxen, Aleve)은 아스피린과 비슷한 효과를 갖지만 체내에서 6배 이상의 오랜 활성을 지속한다.

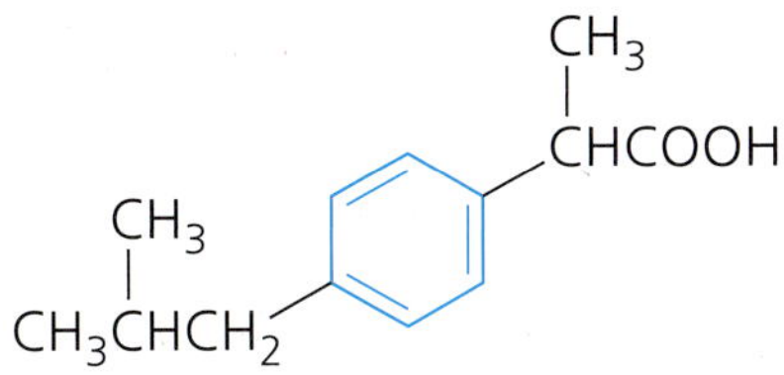

Ibuprofen

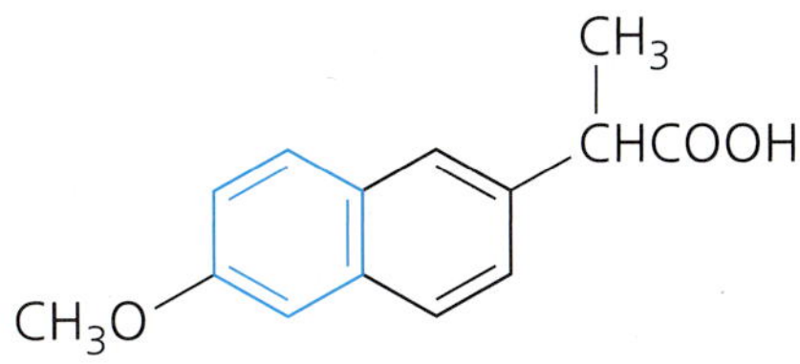

Naproxen

참고 3 고리형 산소화 효소(COX, Cyclooxygenase)

2가지 형태가 존재하는데 프로스타글라딘의 생리합성을 수행하는 COX-1과 관절염과 염증에 대하여 인체 반응을 조절하는 COX-2가 있다. 이 모두 아스피린 등에 의해서 나쁜 방향으로 영향을 받는다. COX-2에 선택적 활성을 갖는 의약들이 최근에는 Monsanto와 Merck사에 의해서 각각 관절염과 염증에 부작용이 없이 치료가 가능한 Celecoxib(Celebrex)와 Vioxx(Rofecoxib)가 개발이 되었다.

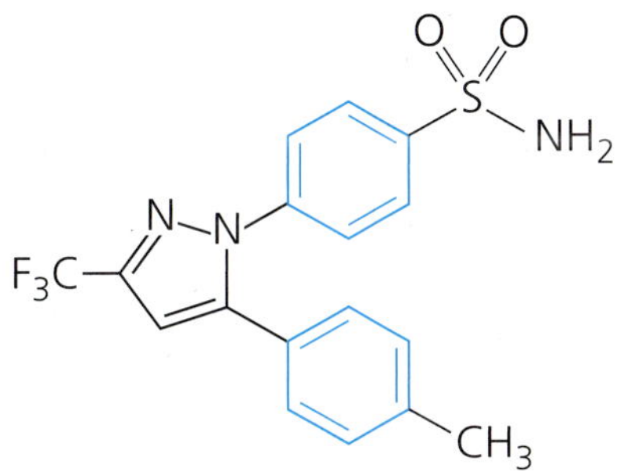

Celecoxib
(Celebrex)

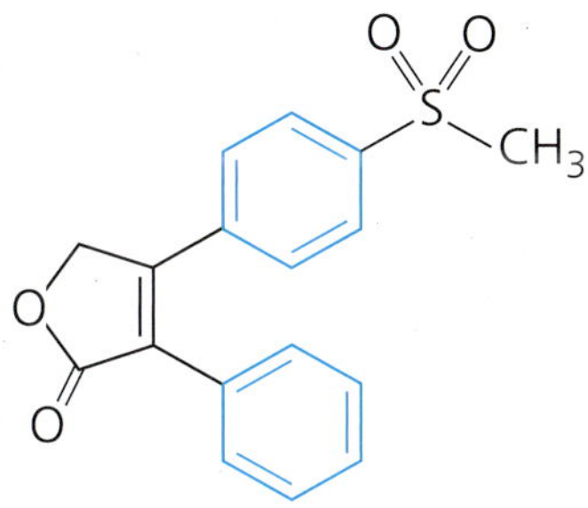

Vioxx
(Rofecoxib)

9.7 벤젠과 그 유도체의 공급원

벤젠과 그 유도체(자일렌 이성체, 톨루엔)의 상업적 대량생산은 원유(Crude)에서 비롯된다. 즉 원유정제에서 나오는 납사(특히 중질납사)을 개질(Roforming)하여 방향족이 풍부한 리포메이트(Reformate)를 생산하고 이를 분리 및 정제하는 공정을 통해서 벤젠, 톨루엔, 오쏘(o-)/메다(m-)/파라(p-) 자일렌과 같은 방향족 제품들을 생산하게 된다. 방향족 제품 생산의 원료 근원은 다음과 같다.

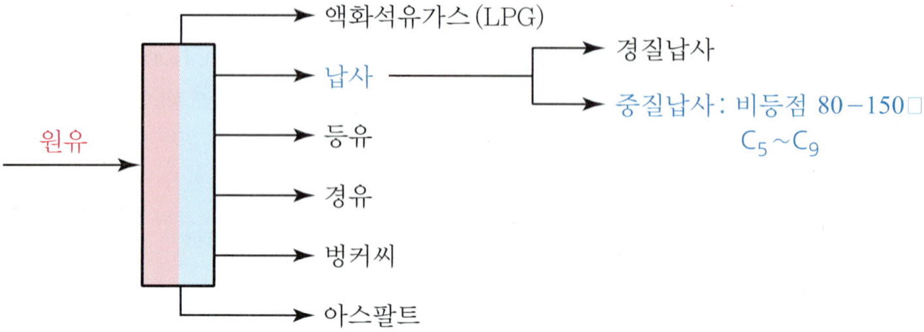

그리고 중질납사 개질에 의한 방향족 제품은 아래표와 같다.

표 9.3 중질납사 개질에 의한 방향족 제품

종류	분자식	분자구조식	용도
벤젠(Benzene)	C_6H_6		페놀, 스타이렌모노머, 사이클로헥산, 무수말레인산, 알킬벤젠의 원료
톨루엔(Toluene)	$C_6H_5(CH_3)$	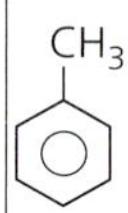	도료용 용제, TDI, 벤조산, TNT원료
자일렌이성체 (Xylene Isomer)	$C_6H_4(CH_3)_2$	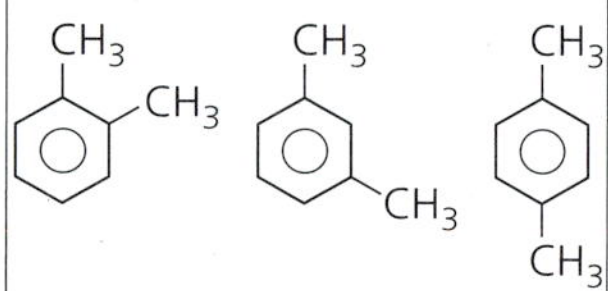	도료용제, 휘발유성분, 에틸벤젠, 테레프탈산, DMT원료
C_9 중질방향족 (C_9 Heavy Aromatic)	$C_6H_5(CH_2CH_2CH_3)$	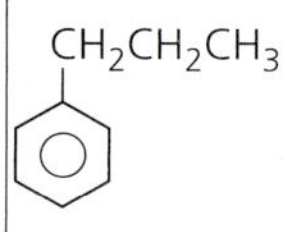	공업용 페인트용제, 농약유화제

(1) 중질납사 개질 방향족제품의 특성

벤젠고리를 포함하는 탄화수소 화합물로 탄소수가 6개(C_6)인 벤젠, 탄소수가 7개(C_7)인 톨루엔, 탄소수가 8개(C_8)인 자일렌이성체 및 에틸벤젠 그리고 탄소수가 9개(C_9)인 중질방향족이 있다. 이들은 다른 탄화수소와는 달리 미량일 때 향긋한 냄새를 풍기며 각각의 특징은 아래와 같다.

(a) 벤젠(Benzene): 무색 내지 옅은 황색으로 방향성 냄새를 가지고 휘발성 액체이다. 용도는 페놀(페놀수지), 스타이렌모노머, 사이클로헥산(나일론), 아닐린, 무수말레

인산(불포화폴리에스테르 수지), 알킬벤젠(합성세제), 의약품, 염료, 농약, 유지약품 등의 원료로 사용된다.

(b) 톨루엔(Toluene): 투명 무색의 방향성 냄새를 가지는 휘발성 액체 물질로 도료용 용제로 주로 사용한다. 예를들면 접착제, 잉크 및 의약품의 용제로 사용하고 TDI(Toluene Diisocyanate, 폴리우레탄), 벤조산(카프로락탐), TNT 등의 원료로 이용된다,

(c) 자일렌 이성체(Xylene Isomer): 엷은 색 내지 무색의 방향성 냄새를 가지는 윤활성 액체이다. 도료 용제 및 휘발유의 성분으로 사용되고 오쏘자일렌(무수프탈산), 메타자일렌(아이소프탈산), 파라자일렌(테레프탈산) 및 에틸벤젠(스타이렌모노머)으로 사용된다. 특히 파라자일렌은 폴리에스테르섬유 및 폴리에틸렌테레프탈레이트의 원료인 테레프탈산(TPA) 및 다이메틸테레프탈레이트(DMT) 원료로 사용된다.

(d) C_9 중질 방향족(C_9 Heavy Aromatic): 방향족 공정에서 생산되는 중질 방향족(Heavy Aromatic) 중에서 C_9성분만 따로 분리해 낸 것으로 방향족 순도가 100%에 가깝다. 그리고 공업용 페인트(선박, 자동차) 용제, 농약 유화제로 사용된다.

(2) 방향족 제품의 개질 및 분리/정제 공정

석유정제 공업이 발전하기 전에는 석탄을 건류하거나 특수한 목재를 건류하여 소량의 벤젠, 톨루엔, 자일렌 등을 제조하였다. 이와 같은 방향족 탄화수소는 그 종류가 수없이 많으나 대표적인 화합물로서 벤젠을 들수 있다. 고리형 방향족은 벤젠과 같은 구조를 모체로하여 이루어져 있다. 방향족 중에 상품 가치가 크고 대량 소요되는 것은 벤젠, 톨루엔, 자일렌이다. 자일렌에는 3가지 이성체가 있으며 그 중에 파라 자일렌은 상품가치가 가장 높다. 생산시설은 방향족을 생산하는 개질공정과 분리/정제하는 시설로 크게 구분할 수 있다.

그 공정 개요도는 다음과 같으며 엷은 푸른색은 개질공정이고 진한 푸른색과 붉은 색은 분리/정제 공정을 나타낸다.

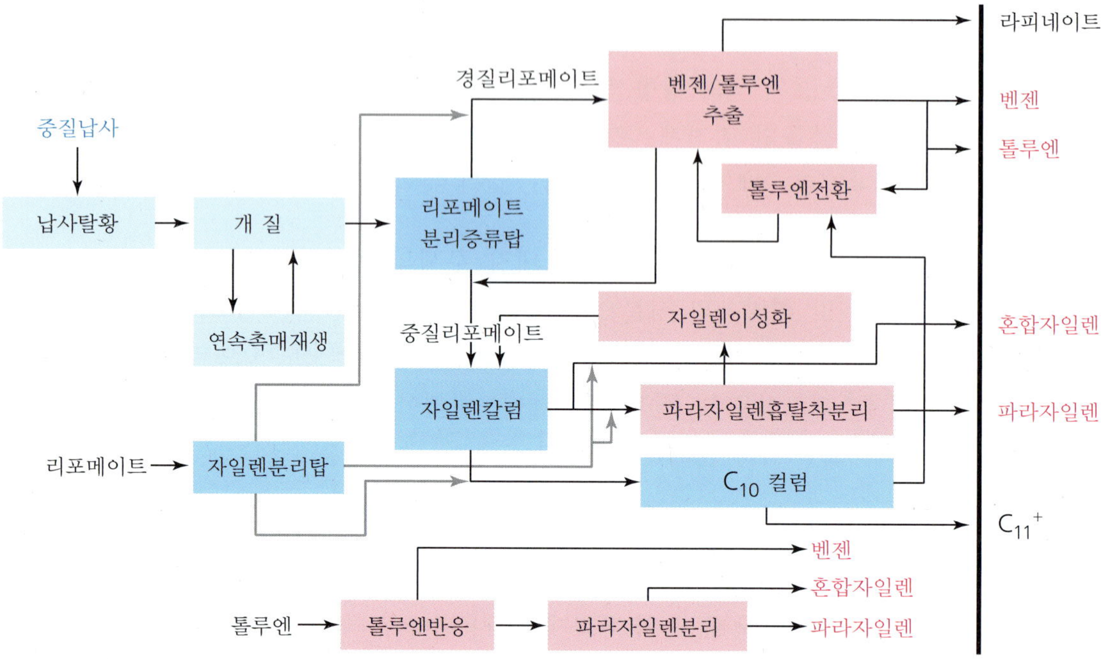

9.8 기타 방향족 유기 화합물 보기

다음은 폴리스타이렌, 벤조피렌, 캡사이신 방향족 화합물에 대해 설명하고 있다.

9.7.1 폴리스타이렌 화합물

원유에서 비롯된 에틸렌과 방향족 벤젠(Benzene)을 반응시켜 방향족 화합물인 스타이렌(Stylene)을 만들고 다시 스타이렌 단량체(Monomer)를 라디컬 중합시켜 얻게 되는 중합체가 폴리스타이렌(Polystylene)이다. 스타이렌 컵은 스타이렌 방향족 화합물로부터 얻어진다.

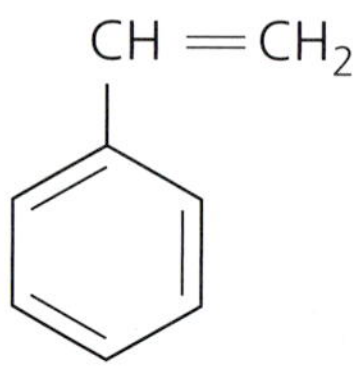

스타이렌

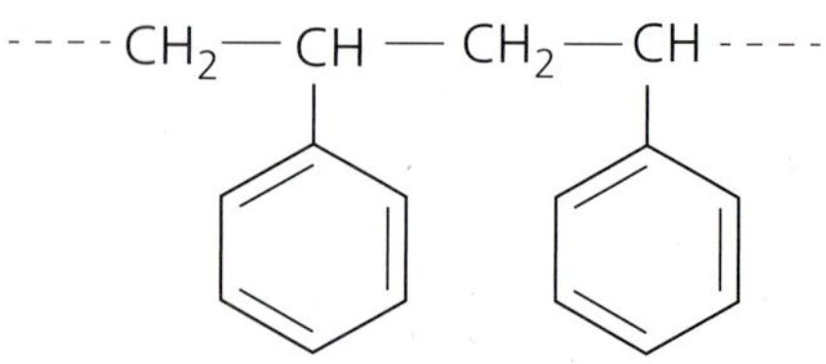

폴리스타이렌

그림 9.1 커피컵

9.7.2 벤조피렌 화합물

벤조[α]피렌(Benzo[α]pyrene)은 가솔린, 연료, 목재, 쓰레기 그리고 담배 등 모든 형태의 유기 물질이 연소할 때 생성되는 만연된 환경오염 물질이다. 이것은 5개의 벤젠고리가 접합되어 있는 다중 고리 방향족 탄화수소(PAH, Polycyclic Aromatic Hydrocarbon)로 물에 녹지 않고 발암 물질이다. 주로 굴뚝 검댕, 차량 매연, 담배 연기, 숯불고기에 존재 하고 쥐에 투여시 피부종양을 일으킬 만큼 독성이 있다. 이 물질이 몸 속으로 들어오면 인체는 다이올에폭사이드라는 수용성 물질로 대사 시켜서 제거하려고 한다. 그러나 다이올에폭사이드는 DNA와 반응하여 공유결합을 형성하므로 DNA 변이화에 의한 암을 유발시킨다.

그림 9.2 담배 연기

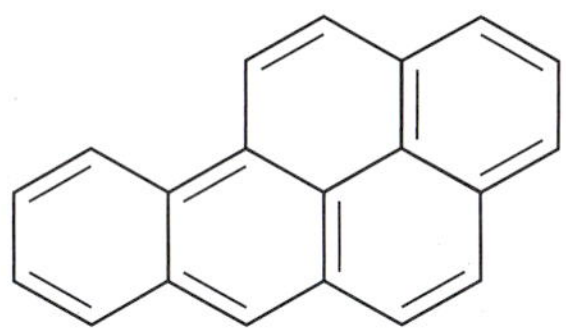

벤조피렌

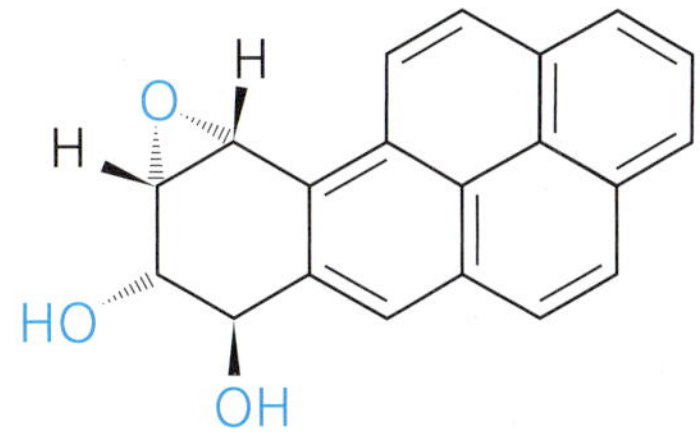

다이올에폭사이드

9.7.3 캡사이신 화합물

고추의 매운 맛을 내는 것은 캡사이신(Capsaicin) 성분 때문이다. 이는 천연 알칼로이드 일종으로 식욕을 촉진하고 대사작용을 활발하게 하여 지방을 태워 없애기 때문에 체내에 지방이 축적되는 것을 막아준다. 이 캡사이신을 생성하는 식물은 곰팡이와 초식동물로부터 자신을 보호하기 위함이다. 미국 애리조나주 남부의 칠레고추밭에서 칠레고추를 먹는 동물들을 관찰한 결과 고추에게 위협이 되는 동물에게는 캡사이신이 독이 되어 이들은 고추를 먹으려 하지 않았고 고추의 씨를 퍼뜨리는 데 도움이 되는 동물 주로 새들에게는 맛 있는 먹이가 되어 고추씨가 이들의 배설물에 섞여 멀리까지 퍼진다는 사실을 알았다. 그리고 고추액을 피부에 바를 경우 매우 따가운 통증을 느끼는 것은 바로 고추의 매운 성분인 캡사이신이 통증 감각 신경을 흥분시키기 때문이다.

그림 9.3 고추 매운맛

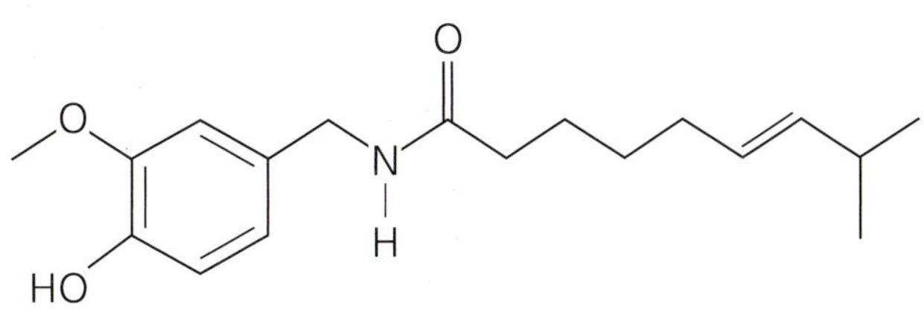

캡사이신

10장

알코올과 페놀

10 장

알코올과 페놀

알코올은 자연에 널리 존재하며 공업적으로나 제약적으로 무수히 많이 응용되고 있다. 알코올은 유기화합물의 생화학적인 변환에 있어서 특히 중요하다. 알코올의 다른 형태의 화합물 예를 들면 알켄(Alkene), 할로알케인(Haloalkane), 알데하이드(Aldehyde), 케톤(Ketone), 카복실산(Carboxylic Acid)과 에스터(Ester) 등으로 변환시킬 수 있다. 알코올은 이와 같은 화합물로 변환시킬 수 있을 뿐아니라 이와 같은 화합물로부터 만들 수도 있다. 이를 도식하면 다음과 같다.

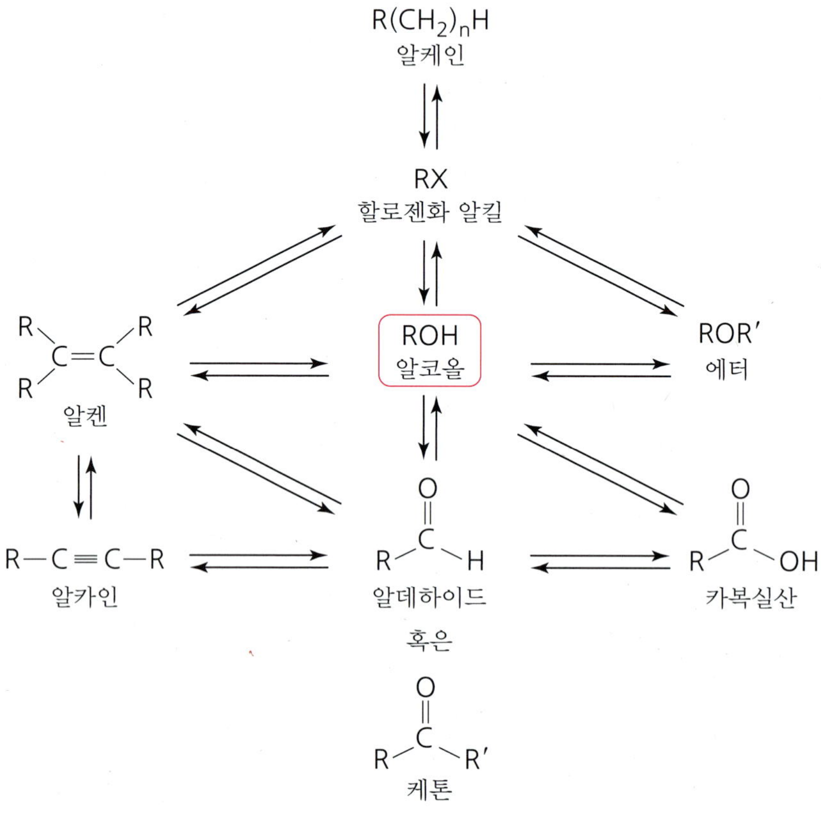

알코올과 유기화합물

알코올(Alcohol)과 페놀(Phenol)은 물의 수소 중 하나가 유기 치환기로 치환된 물의 유기 유도체로 생각할 수 있다. 즉 H–O–H 대 R–O–H와 Ar–O–H이다. 실제로 알코올이란 작용기 이름은 포화된 sp^3혼성 탄소 원자에 결합된 OH기(하이드록시기)를 가지고 있는 화합물에만 제한적으로 사용되며, 바이닐성 sp^2 혼성 탄소에 OH기가 결합된 화합물은 엔올(Enol)이라 부른다.

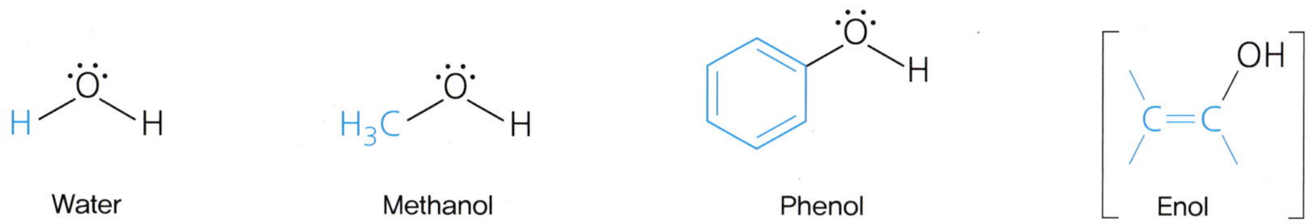

10.1 알코올의 구조 결합 및 분류

탄소 원자에 OH기를 가지고 있는 알코올은 지방족 알코올이라 하고 벤젠 고리에 OH기가 붙어 있는 알코올은 방향족 알코올이라 하여 서로 구별한다. 예를 들어 위에서 나타낸 메탄올(Methanol)은 지방족 알코올이고 페놀(Phenol)은 방향족 알코올이다. 페놀은 지방족 알코올과는 여러 가지 다른 반응성을 나타낸다. 일반적으로 알코올이라 부를 경우는 지방족 알코올을 가르킨다. 알코올의 작용기는 sp^3로 혼성화된 탄소 원자에 결합된 OH기이다. 알코올의 산소 원자도 sp^3로 혼성화되어 있다. 산소에 있는 2개의 sp^3 혼성 오비탈은 탄소와 수소 원자 사이에서 시그마 결합을 이루며, 산소의 나머지 다른 2개의 sp^3 혼성 오비탈은 각각 1개의 비공유 전자쌍을 가지고 있다. 알코올의 일반 구조식에서 R은 수소 원자 혹은 알킬기를 나타낸다.

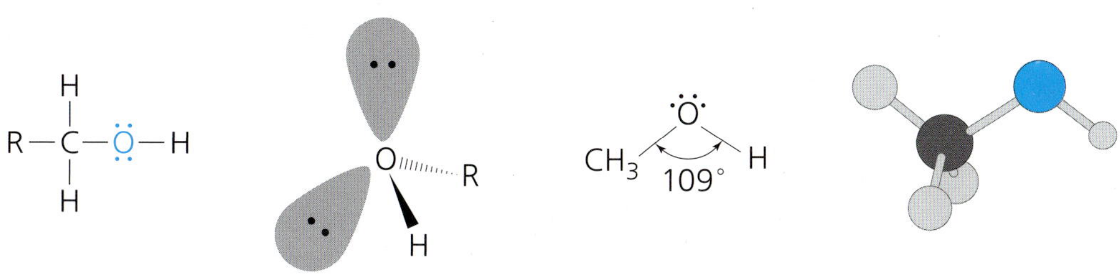

알코올은 OH기에 결합된 탄소 원자가 몇 개의 탄소 원자 혹은 유기원자단과 결합하고 있는지에 따라 다음과 같이 분류한다. 하이드록시기(OH기)가 결합하고 있는 탄소 원자가 다른 탄소 1개와 결합된 알코올을 1차 알코올(Primary Alcohol, 1°)이라 한다. OH기가 결합하고 있는 탄소 원자가 다른 탄소 2개와 결합된 알코올을 2차 알코올(Secondary

Alcohol, 2°), 다른 탄소 3개와 결합된 알코올을 3차 알코올(Tertiary Alcohol, 3°)이라 각각 부른다.

표 10.1 알코올의 분류

1차 알코올(1°)	2차 알코올(2°)	3차 알코올(3°)
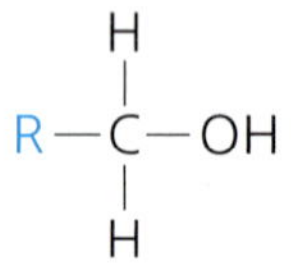	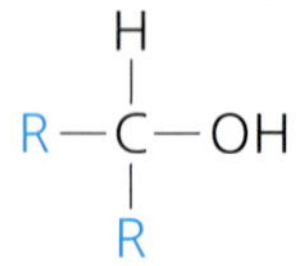	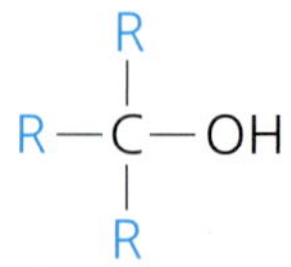
RCH_2–OH (1개의 R기)	R_2CH–OH (2개의 R기)	R_3C–OH (3개의 R기)

알코올은 화합물에 들어 있는 OH기의 숫자에 따라 OH기를 1개 가진 알코올은 1가 알코올(Monohydric Alcohol), OH기를 2개 가진 것을 2가 알코올(Dihydric Alcohol), OH기를 3개 가진 것을 3가 알코올(Trihydric Alcohol) 그리고 OH기를 2개 이상 가진 것을 모두 다가 알코올(Polyhydric Alcohol)이라 한다. 예를 들어 1가 알코올 [일반식 R(OH)]은 메탄올(Methanol)과 에탄올(Ethanol), 2가 알코올 [일반식 $R(OH)_2$)]은 글리콜(Glycol) 혹은 다이올(Diol)이라고도 하며 에틸렌글리콜(Ethylene Glycol), 프로필렌글리콜(Propylene Glycol), 피나콜(Pinacol) 등이 있다. 3가 알코올 [일반식 $R(OH)_3$)]에는 글리세롤(Glycerol) [글리세린(Glycerin) 또는 프로페인 1,2,3-트라이올(Propane-1,2,3-triol)]이 있다. 그리고 포도당을 환원하여 얻을 수 있는 솔비톨(Sorbitol) 또한 다가 알코올의 일종이다.

표 10.2 여러 종류의 알코올

메탄올	에틸렌글리콜	글리세롤(글리세린)	솔비톨
CH_3OH	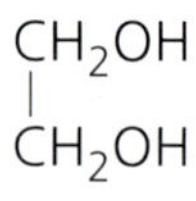	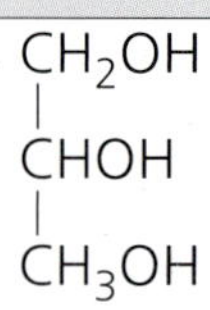	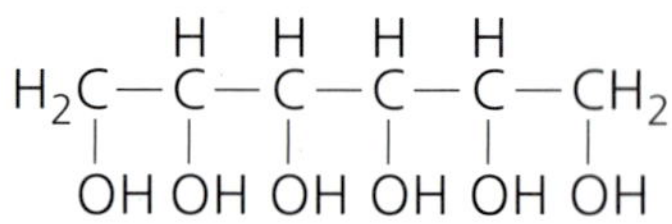
Methanol	1,2-Ethanediol	1,2,3-Propanetriol	1,2,3,4,5,6-Hexanehexanol
R(OH) (1개의 OH기)	$R(OH)_2$ (2개의 OH기)	$R(OH)_3$ (3개의 OH기)	$R(OH)_6$ (6개의 OH기)

이들 화합물은 많은 OH기 때문에 끓는점이 높고 물에 잘 녹는 성질을 가지고 있어 공업적 용도로 다양하다. 예를 들어 에틸렌글리콜은 부동액 또는 열 전달 매체로 글리세롤은 화장품 원료로 솔비톨은 식품첨가제(감미료) 등으로 사용된다.

참 고 **식용 알코올과 공업용 알코올**

식용 알코올은 곡물 또는 과육을 발효시켜 얻은 알코올(에탄올)을 말하고 주정이라 부른다. 에탄올은 에텐으로부터 합성할 수 있는데 식용으로 사용할 수 없다. 공업용 알코올이란 메탄올, 비발효 알코올, 변성 알코올(에탄올에 인공적으로 불순물을 혼합), 아이소프로판올(소독용 알코올) 등을 말한다. 이들은 주로 자동차, 항공기 연료와 유기 합성 원료 및 용매로 사용된다. 메탄올은 먹을시 시신경에 치명적인 해를 끼쳐 실명을 일으킬 수 있다.

10.2 알코올의 물리적 성질

알코올의 가장 중요한 물리적 성질은 OH기의 극성이다. 산소와 탄소 그리고 산소와 수소의 전기 음성도 차이가 크기 때문에 알코올의 C−O 및 O−H 결합은 극성 공유 결합이다. 예를 들어 메탄올에서 탄소와 수소는 부분적인 양전하를 띠고 산소는 부분적인 음전하를 띤다.

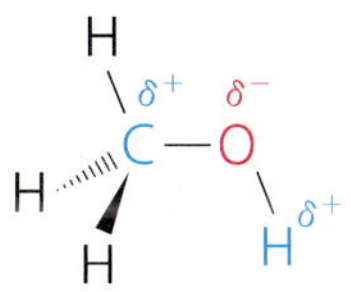

10.2.1 알코올의 끓는점

분자량이 비슷한 알케인보다 알코올의 끓는점이 더 높다. 그 이유는 알코올이 극성 분자이며 또 분자간 인력인 수소 결합(Hydrogen Bonding)에 의해 액체 상태에서 회합되어 있기 때문이다. 액체 상테에서 알코올 분자들 사이에는 수소 결합을 하고 있기 때문에 수소 결합된 알코올 분자를 분리시키기 위해서는 에너지가 더 필요하게 된다. 따라서 알케인의 끓는점보다 알코올의 끓는점이 상대적으로 더 높다. 1 분자 내에 하이드록시기(OH기)가 더 많이 있으면 수소 결합이 더 많아져서 끓는점이 더 높아진다. 다음은 알코올 분자 간의 수소 결합을 나타낸다.

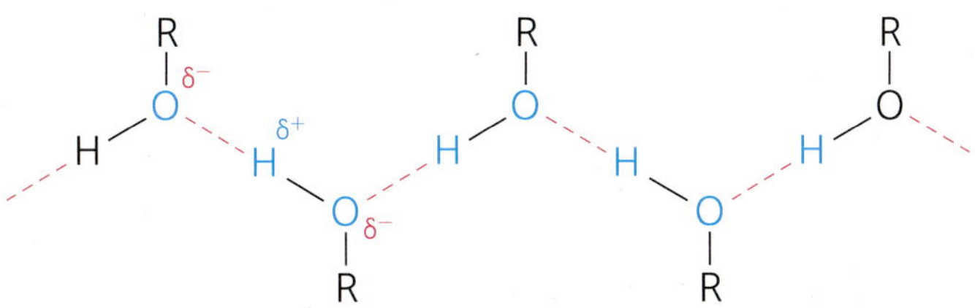

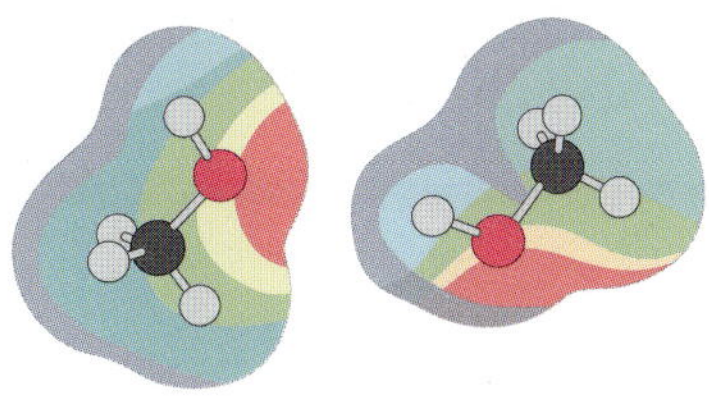

또한 하이드록시기에 대한 입체 장애가 커질수록 수소 결합의 강도는 작아져서 끓는점이 낮아진다. 따라서 같은 탄소수를 가진 알코올 분자라 하더라도 3차 알코올은 1차 및 2차 알코올보다 끓는점이 낮다.

참 고 **수소결합**

산소(O), 질소(N), 플루오린(F) 원자와 직접 결합한 수소(H) 원자의 부분적인 양전하(δ^{+})와 인접한 분자의 산소, 질소, 플루오린 원자의 음전하(δ^{-}) 사이의 인력을 말한다.

10.2.2 알코올의 물에 대한 용해도

알코올은 분자량이 비슷한 알케인, 알켄, 알카인 화합물보다 물에 대한 용해도가 더 크다. 알코올의 큰 용해도는 알코올 분자와 물 분자 사이의 수소 결합에 기인한다. 즉 메탄올, 에탄올, 1-프로판올은 물에 매우 잘 녹는다. 알코올의 분자량이 증가할수록 알코올의 물리적 성질은 분자량이 비슷한 탄화수소와 더욱 더 비슷해진다. 따라서 분자량이 큰 알코올은 그 분자의 탄화수소 부분의 크기가 증가하기 때문에 물에 잘 용해되지 않는다. 이것을 달리 설명하면 알코올 구조에서 탄소 원자의 수가 3개 이하일 경우는 물에 대한 용해도가 무한대이나 그 이상인 경우에는 탄소 원자의 수가 증가할수록 감소한다. 이유는 ROH에서 R기는 친유성이고 OH기는 물과 수소 결합을 할 수 있어 친수성이다. R기가 커질수록 친유성이 증가하여 물에 대한 용해도가 감소한다. 아래는 알코올과 물의 수소 결합을 나타낸다.

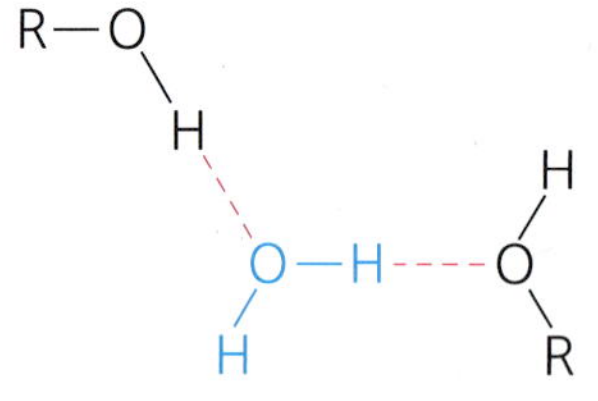

표 10.3 유사한 분자량의 알코올과 알케인의 물성 비교

화합물	화합물 명	분자량	끓는점(℃)	물에 용해도
CH_3OH	Methanol	32	65	무한대
CH_3CH_3	Ethane	30	−89	불용
CH_3CH_2OH	Ethanol	46	78	무한대
$CH_3CH_2CH_3$	Propane	44	−42	불용
$CH_3CH_2CH_2OH$	1−Propanol	60	97	무한대
$CH_3CH_2CH_2CH_3$	Butane	58	0	불용
$CH_3CH_2CH_2CH_2OH$	1−Butanol	74	117	8g/100g
$CH_3CH_2CH_2CH_2CH_3$	Pentane	72	36	불용
$CH_3CH_2CH_2CH_2CH_2OH$	1−Pentanol	88	138	2.3g/100g
$HOCH_2CH_2CH_2CH_2OH$	1,4−Butanediol	90	230	무한대
$CH_3CH_2CH_2CH_2CH_2CH_3$	Hexane	86	69	불용

10.2.3 알코올의 산도

단순 알코올은 물과 산도가 비슷하다. 이것은 알코올 수용액은 순수한 물의 pH 값과 거의 같다는 것을 의미한다. 즉, 메탄올과 에탄올은 물과 비슷한 약간의 약한 산성이다. 알코올은 묽은 수용액 중에서 약간 해리되어 물에 양성자인 하이드로늄 이온(Hydronium Ion, H_3O^+)을 주므로 약산성을 나타낸다. 수용액 중에서 알코올은 알콕시화 이온(Alkoxide Ion)을 형성한다.

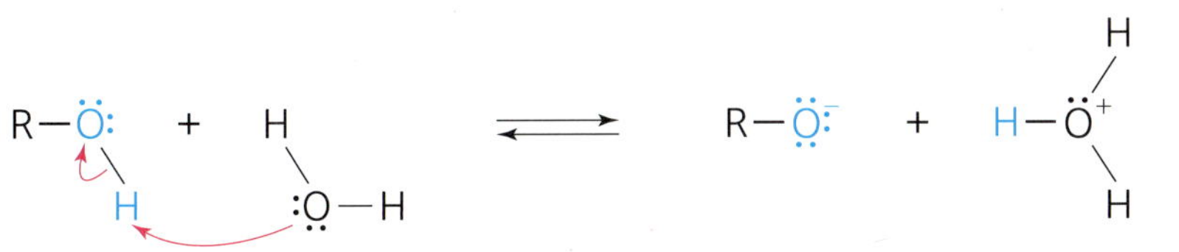

알코올의 산도(Acidity)는 이온화상수인 산도상수 K_a로 나타낸다. 여기서 K_a값이 클수록 (pK_a값이 작을수록) 산도는 높아진다.

$$K_a = \frac{[RO^-][H_3O^+]}{[ROH]} \qquad pK_a = -\log K_a$$

그러나 β 탄소에 전자를 끌어 당기는 원자(전기 음성도가 큰 원자) 또는 치환기가 결합되어 있는 경우 산도가 증가한다. 이유는 이들 치환기의 (−)전자 유발 효과에 의해 짝염기의 전자 밀도를 감소(안정화) 시키기 때문이다. 반대로 (+)전자 유발 효과를 가진 치환기가 결합되어

있는 경우는 이들 치환기의 (+)전자 유발 효과에 의해 짝염기의 전자 밀도를 증가시켜 염기도가 증가하여 산도는 감소한다.

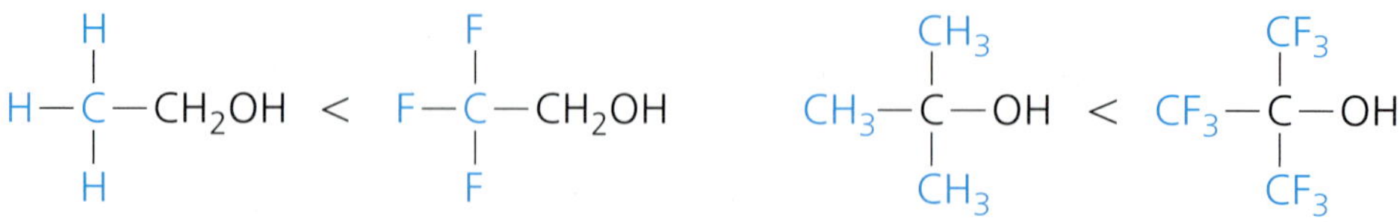

pK_a 15.9 pK_a 12.4 pK_a 18.0 pK_a 5.4

예를 들어 아래 짝염기 A의 경우는 (+)전자 유발 효과로 짝염기의 염기도가 증가하여 산도가 감소한다. 반면에 짝염기 B의 경우는 (−)전자 유발 효과로 짝염기의 염기도가 감소하여 산도가 증가한다.

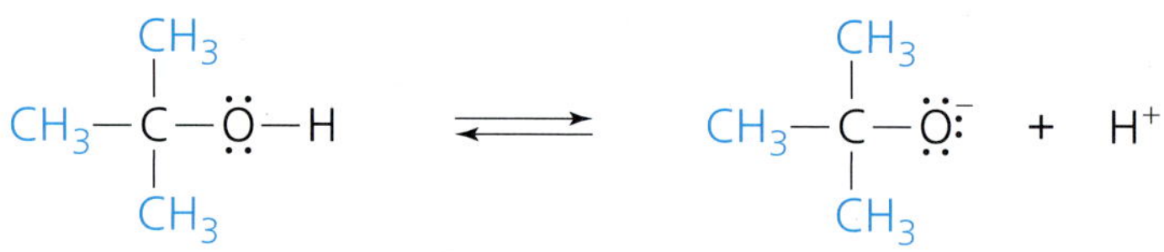

(짝염기 A)

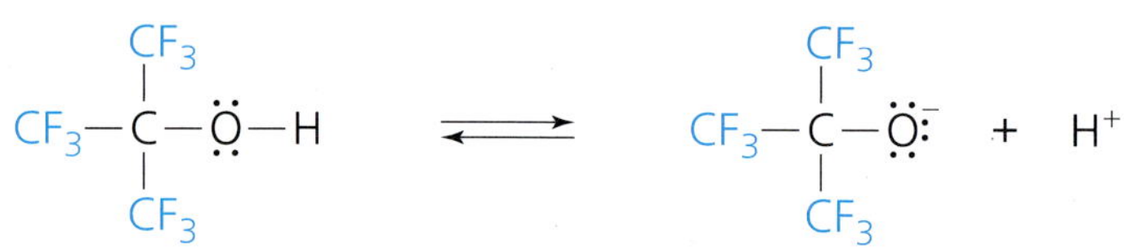

(짝염기 B)

10.2.4 페놀의 산도

페놀은 묽은 수용액 중에서 약간 해리되어 물에 양성자인 하이드로늄 이온(Hydronium Ion, H_3O^+)을 주므로 약산성을 나타낸다. 수용액 중에서 페놀은 페녹시화 이온(Penoxide Ion)을 형성한다.

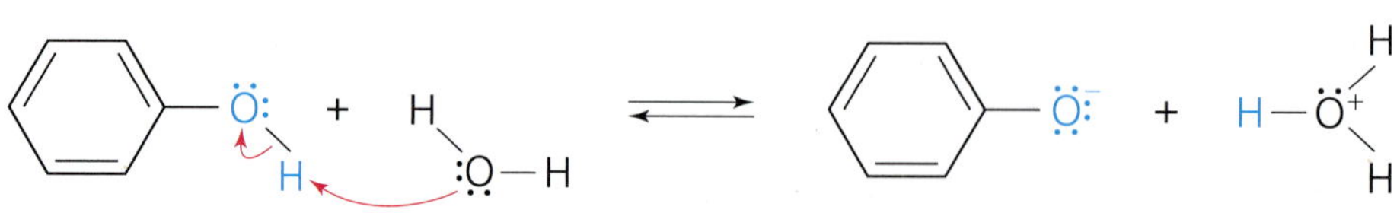

페놀 물 페녹시화 이온

페놀은 알코올보다 훨씬 강한 산이다. 그 이유는 페녹시화 이온이 공명 안정화 될 수 있어 알콕시화 이온보다 안정하기 때문이다. 이러한 이유로 페놀은 NaOH나 KOH와 중화 반응하여 염을 만든다.

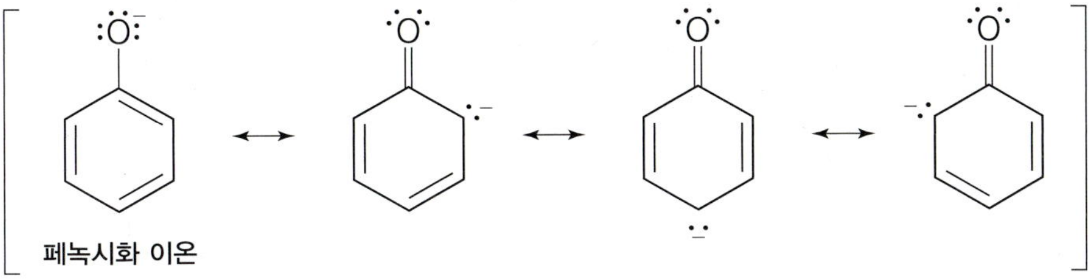

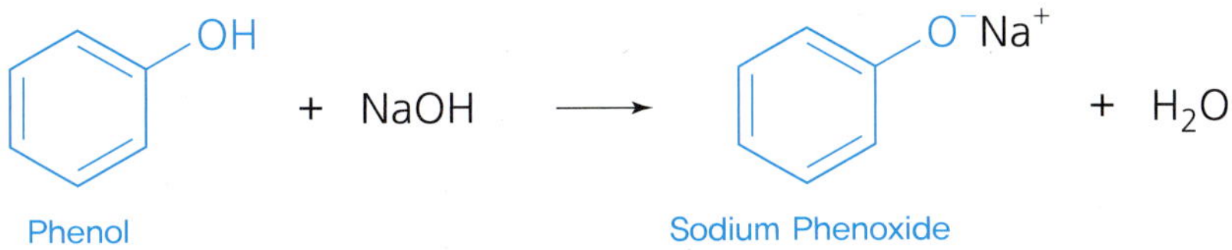

아래에 몇가지 알코올과 페놀의 산도(pK_a)을 나타내었다.

표 10.4 몇가지 알코올과 페놀의 산도

화합물	구조식	pK_a	
2-Methylpropan-2-ol	$(CH_3)_3COH$	18.0	약산
Ethanol	CH_3CH_2OH	16.0	↓
Water (기준)	H_2O	15.7	↓
Methanol	CH_3OH	15.5	↓
p-Methylphenol	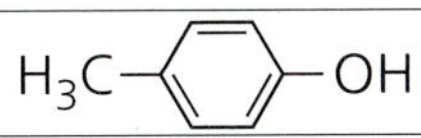	10.2	↓
Phenol	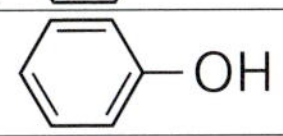	9.9	↓
p-Nitrophenol	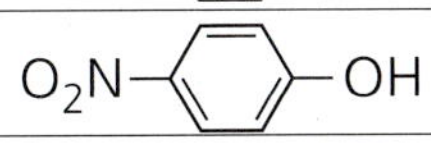	7.2	강산

10.2.5 알코올의 염기도

강산 존재하에서 알코올의 산소 원자는 약염기이며 양성자 이동에 의해서 산화 반응하여 옥소늄(Oxonium) 이온을 생성한다. 따라서 알코올은 약산과 약염기로 모두 작용할 수 있다는 것을 알 수 있다.

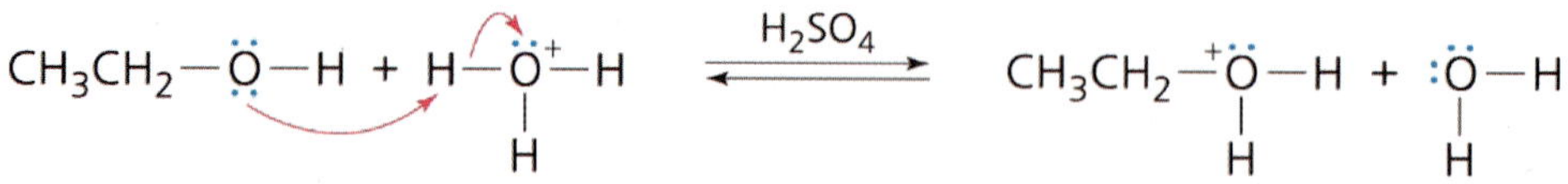

Ethanol Hydronium 이온 Ethyloxonium 이온

10.2.6 알코올의 활성 금속과 반응

앞에서 언급한 것처럼 알코올은 물과 비슷한 산도를 가진 약한 산이기 때문에 아민이나 탄산수소 이온과 같은 약한 염기와 중화반응을 하지 않고 NaOH나 KOH와 같은 강 염기와도 거의 중화반응을 하지 않으나 Li, Na, K, Mg와 같은 활성(알칼리) 금속과 반응하여 수소와 알콕시 화합물(Alkoxide)을 형성한다. 알콕시화(Alkoxide) 이온은 수산화(Hydroxide) 이온보다 좀 더 강한 염기이다. 이는 치환 반응에서 친핵체로 사용되고 β제거 반응에서는 염기로서 사용될 수 있다. 아래 산화–환원 반응에서 Na는 Na^+로 산화되고 H^+는 H_2로 환원된다.

$$2ROH + 2Na \longrightarrow 2RO^-Na^+ + H_2$$

Sodium Alkoxide

$$2CH_3OH + 2Na \longrightarrow 2CH_3O^-Na^+ + H_2$$

Sodium Methoxide

$$2CH_3CH(OH)CH_3 + 2K \longrightarrow 2CH_3CH(O^-K^+)CH_3 + H_2$$

Isopropyl Alcohol Potassium Isopropoxide

참 고 나이트로글리세린

글리세린을 황산 존재하에서 질산과 반응시켜 생성된다. 이 물질은 산업용 폭약(Dynamite) 뿐만 아니라 혈관 확장제로서 협심증 환자의 치료에 사용되는 의약품이다.

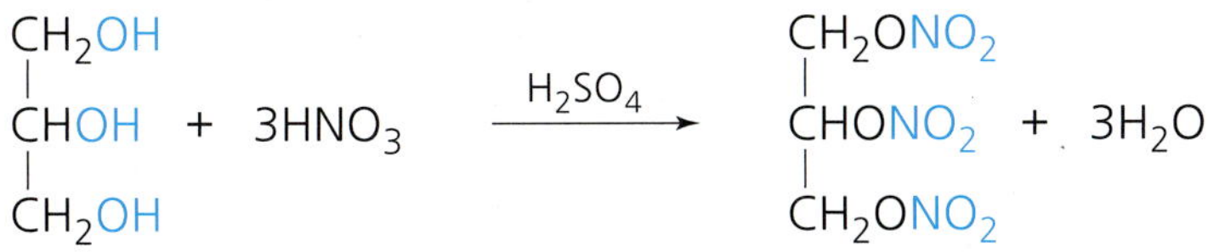

1,2,3-Propanetriol (Glycerin) — Glyceryl Trinitrate (Nitroglycerin)

10.3 알코올의 명명법

알코올 명명에는 IUPAC명과 관용명이 있다.

10.3.1 IUPAC명

(1) 알코올의 계통명은 하이드록시(Hydroxy−) 원자단인 −OH기를 가진 제일 긴 탄소사슬을 모체로 선택하고, 알케인(Alkane), 알켄(Alkene), 알카인(Alkyne)의 어미 −e 대신 −ol을 붙인다. 2개의 모음이 겹칠 때에는 e를 생략한다.

CH_3OH

Methanol (메탄올)

CH_3CH_2OH

Ethanol (에탄올)

(2) 작용기의 위치표시는 −OH기가 붙어 있는 탄소가 최소의 번호가 되도록 붙이고 번호는 −ol 앞에 놓아 명명한다. 종전에는 −OH기가 붙은 탄소의 번호를 최소가 되게 하여 번호를 모체이름 앞에 붙여서 명명하였다 (예: 1−propanol, 2−propanol, 1−butanol 등). 이 −OH기는 2중 결합 또는 3중 결합보다 우선권을 가진다.

Propan−1−ol (프로판−1−올)

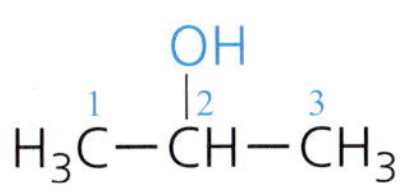

Propan−2−ol (프로판−2−올)

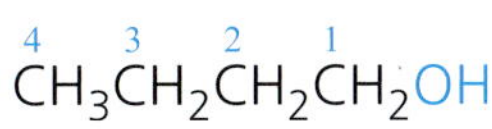

Butan−1−ol (뷰탄−1−올)

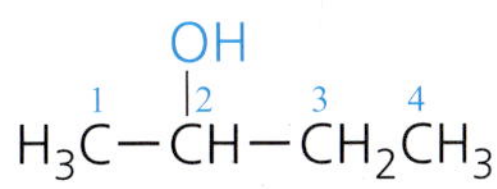

Butan−2−ol (뷰탄−2−올)

(3) 작용기와 치환기가 함께 있다면 작용기인 −OH기가 작은 번호가 되게 한다. 모든 치환기의 위치에 번호를 매기고 알파벳 순으로 치환기를 나열하여 기본명 알코올 앞에 붙여 명명한다. 고리 화합물에서는 −OH 작용기의 위치가 항상 1번이기 때문에 작용기의 위치를 나타내기 위해 번호가 필요하지 않다.

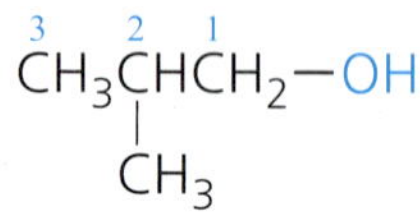

2−Methylpropan−1−ol
(2−메틸프로판−1−올)

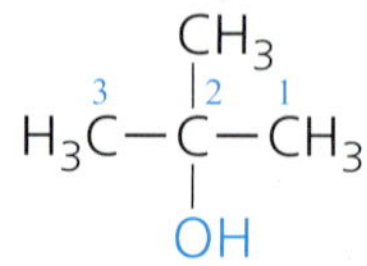

2−Methylpropan−2−ol
(2−메틸프로판−2−올)

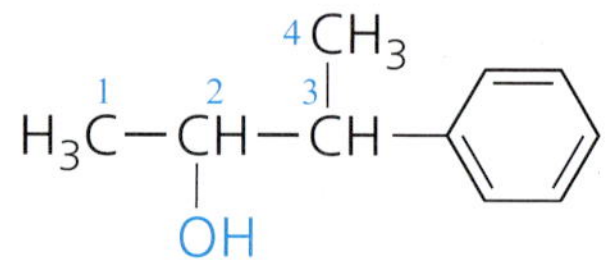

3−Phenylbutan−2−ol
(3−페닐뷰탄−2−올)

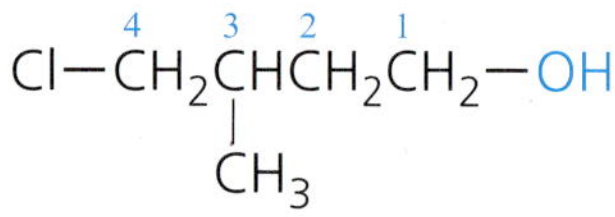

4−Chloro−3−methylbutan−1−ol
(4−클로로−3메틸뷰탄−1−올)

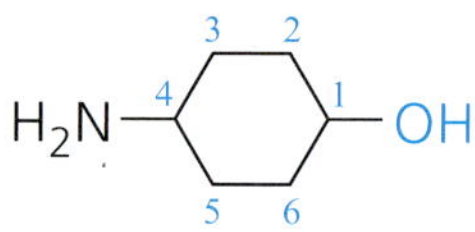

4−Aminocyclohexanol
(4−아미노사이클로헥산올)

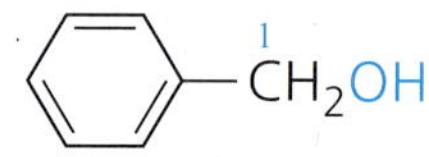

Phenylmethanol
(페닐메탄올)

(4) −OH기가 2 이상인 화합물은 −OH기의 위치 표시와 OH 개수를 나타내는 di−, tri−, tetra−등을 −ol 앞에 붙여 다이올(diol), 트라이올(triol), 테트라올(tetraol) 등으로 명명하고, −OH의 위치를 나타내는 번호는 −diol, −triol 바로 앞에 놓는다. 알케인 어미 −e가 −diol, −triol 등의 자음 앞에서는 그대로 쓰임을 유의한다.

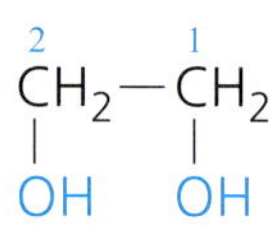

Ethane−1,2−diol
(에테인−1,2−다이올)

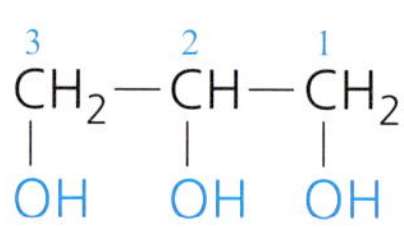

Propane−1,2,3−triol
(프로페인−1,2,3−트라이올)

(5) 불포화 탄화수소를 포함한 알코올에서는 불포화 탄소 원자와 −OH기를 포함하는 가장 긴 탄소사슬을 모체로 하여 접미사 −enol을 붙여 명명한다. −OH 기가 붙은 탄소의 위치를 표시하는 숫자는 −ol의 바로 앞에 놓고 또한 불포화탄소를 나타내는 숫자는 −en 바로 앞에 놓는다. 이때 탄소사슬의 번호는−OH기가 붙은 탄소가 다중결합(2중 결합, 3중 결합)의 탄소보다 작은 번호가 되게 한다.

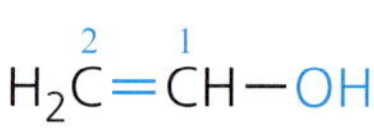

Ethenol
(에텐올)

Prop−2−en−1−ol
(프롶−2−엔−1−올)

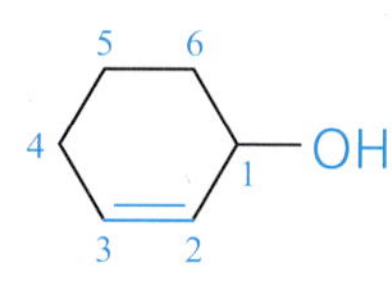

Cyclohex−2−en−1−ol
(사이클로헥스−2−엔−1−올)

10.3.2 관용명

(1) 알킬기의 이름 뒤에 알코올(Alcohol)을 붙인다.

CH_3OH

Methyl Alcohol

CH_3CH_2OH

Ethyl Alcohol

$CH_3CH_2CH_2OH$

Propyl Alcohol

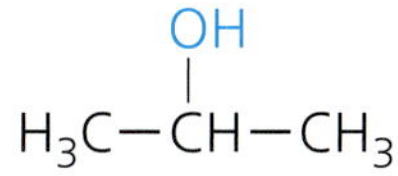

Isopropyl Alcohol

$CH_3(CH_2)_3OH$

Butyl Alcohol

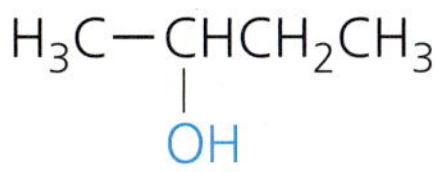

sec−Butyl Alcohol

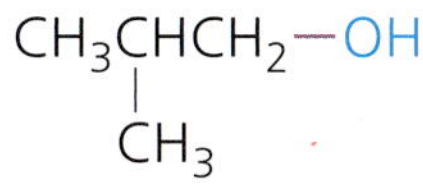

Isobutyl Alcohol

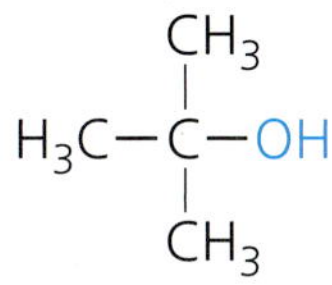

tert−Butyl Alcohol

$CH_2{=}CHOH$

Vinyl Alcohol

$CH_2{=}CHCH_2OH$

Allyl Alcohol

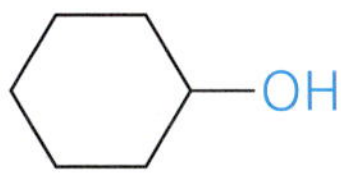

Cyclohexyl Alcohol

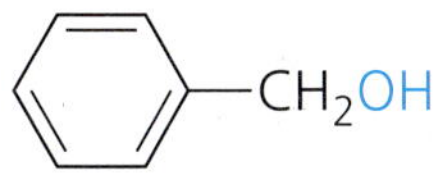

Benzyl Alcohol

(2) −OH기가 2개인 2가 알코올은 탄화수소의 이름 뒤에 글라이콜(Glycol)을 붙인다. 또는 Methylene기($-CH_2$)의 수를 표시하는 접두어에 Methylene Glycol을 붙인다. OH기가 3개인 3가 알코올은 글리세린(Glycerin)이라 한다.

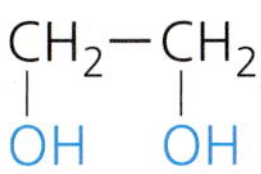

Ethylene Glycol

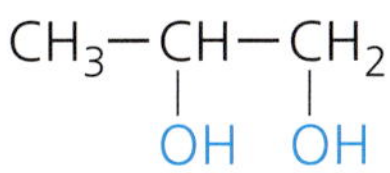

Propylene Glycol

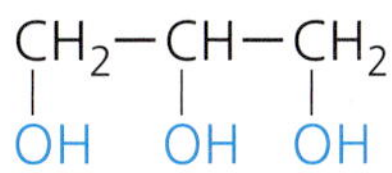

Glycerin (혹은 Glycerol)

10.4 여러가지 알코올 명명 보기

알코올의 여러 가지 명명 보기는 다음과 같다.

(1) 지방족 알코올

1) 1가 알코올(-OH 1개)

$CH_3(CH_2)_4CH_2OH$ (numbering: 6, 2~5, 1) Hexan−1−ol	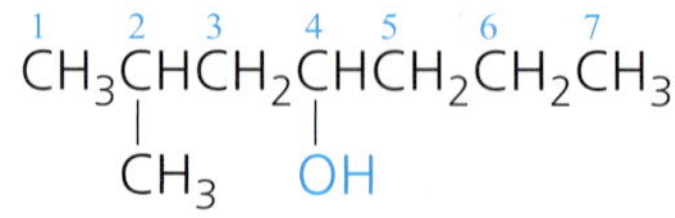 2−Methylheptan−4−ol	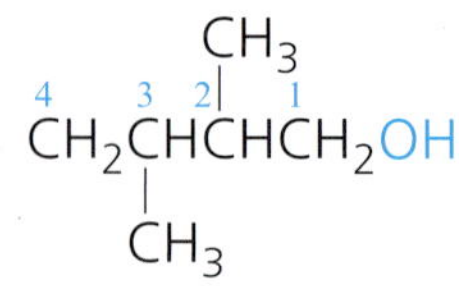 2,3−Dimethylbutan−1−ol
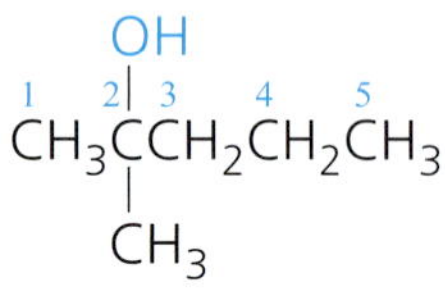 2−Methylpentan−2−ol	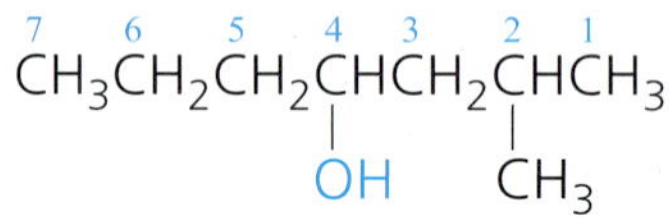 2−Methylheptan−4−ol	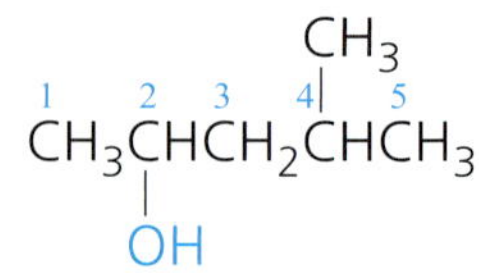 4−Methylpentan−2−o1
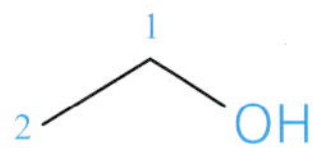 Ethanol (Ethyl Alcohol)	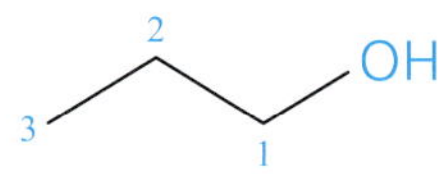 1−Propanol (Propyl Alcohol)	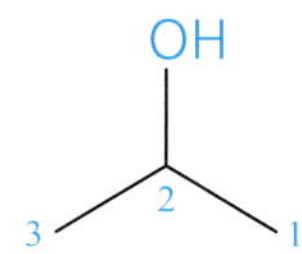 Propan−2−ol (Isopropyl Alcohol)
 Butan−1−ol (Butyl Alcohol)	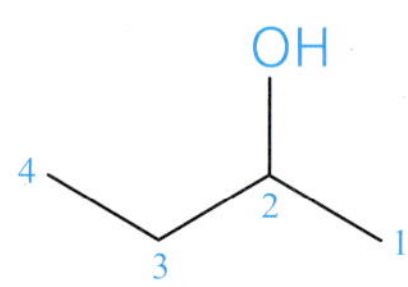 Butan−2−ol (*sec*−Butyl Alcohol)	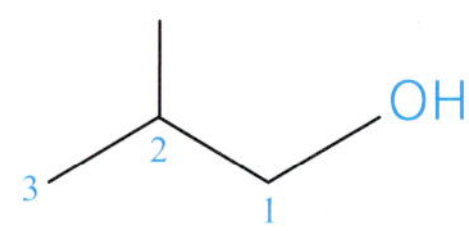 2−Methylpropan−1−ol (Isobutyl Alcohol)
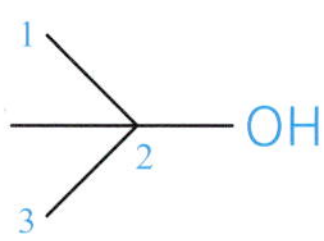 2−Methylpropan−2−ol (*tert*−Butyl Alcohol)	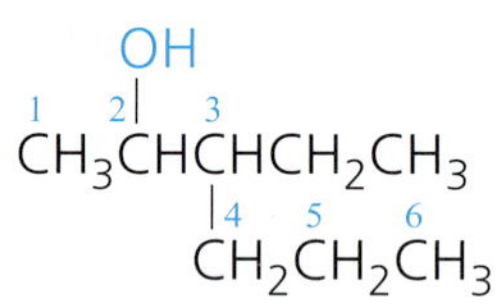 3−Ethylhexan−2−ol	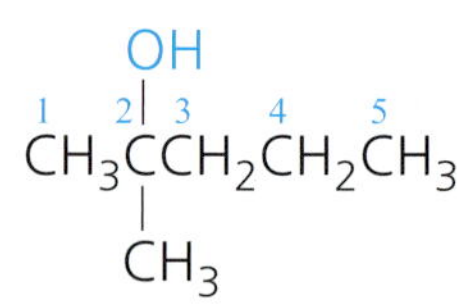 2−Methylpentan−2−ol
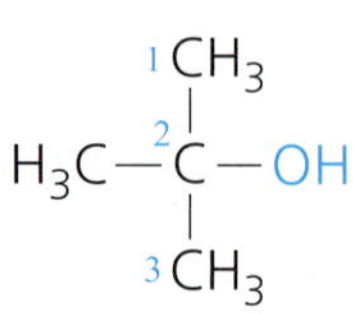 2−Methylpropan−2−ol (*tert*−Butyl Alcohol)	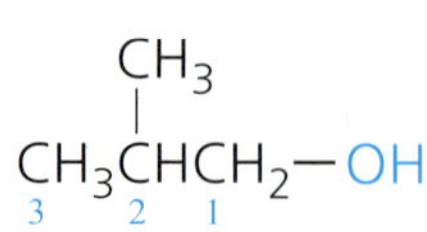 2−Methylpropan−1−ol (Isobutyl Alcohol)	

2) 2가 알코올(-OH 2개, 글라이콜)

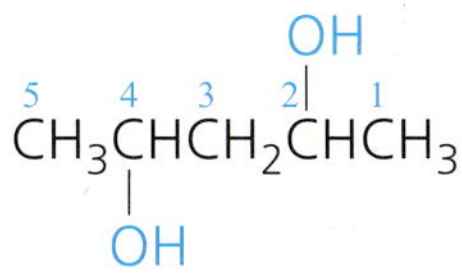 Pentane−2,4−diol	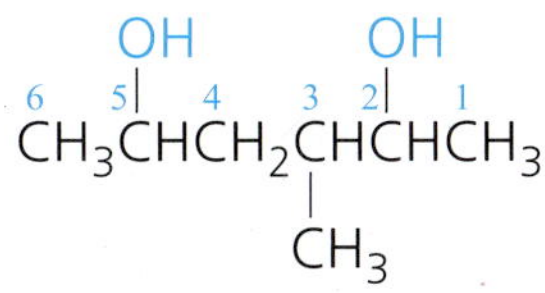 3−Methylhexane−2,5−diol	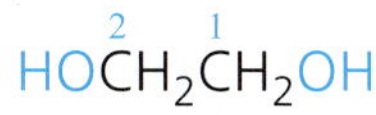 Ethane−1,2−diol (Ethylene Glycol)

3) 3가 알코올(-OH 3개, 글리세롤)

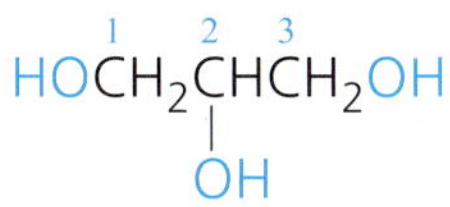 Propane−1,2,3−triol (Glycerol)	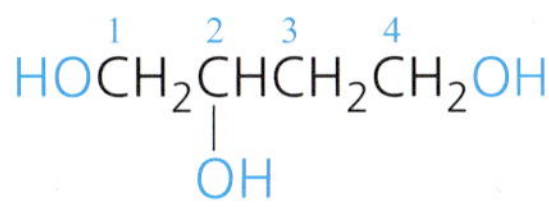 Butane−1,2,4−triol

4) 타치환기

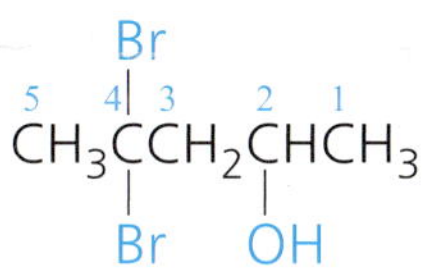 4,4−Dibromopentan−2−ol	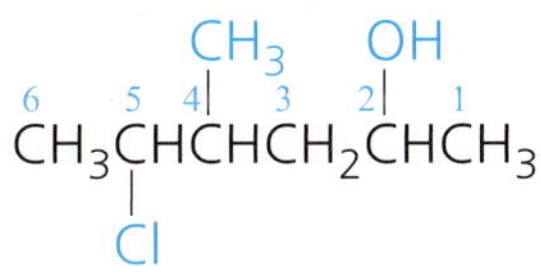 5−Chloro−4−methylhexan−2−ol	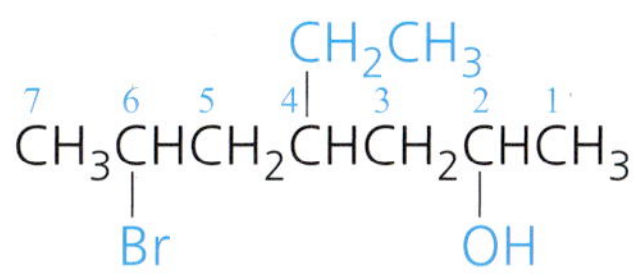 6−Bromo−4−ethylheptan−2−ol

(2) 고리형 알코올

1) 1가 알코올

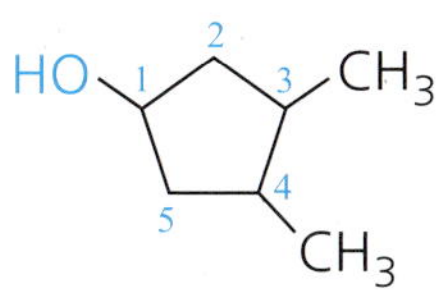 3,4−Dimethylcyclopentanol	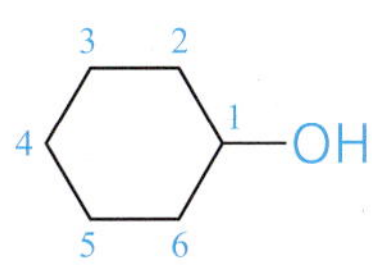 Cyclohexanol (Cyclohexyl Alcohol)	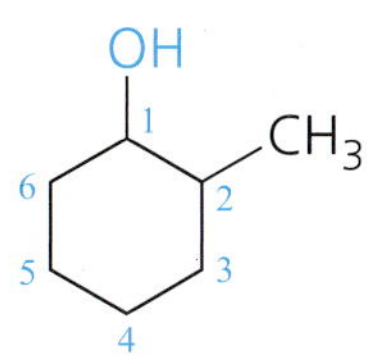 2−Methylcyclohexanol

2) 2가 알코올

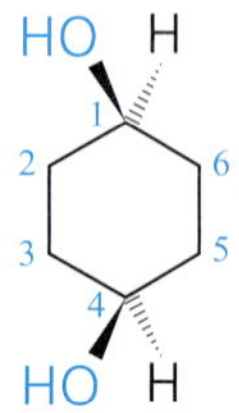 *cis*–Cyclohexane–1,4–diol	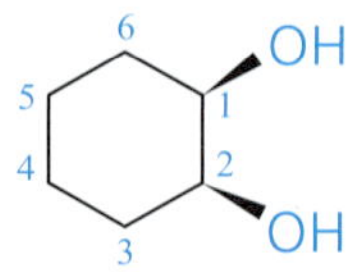 *cis*–Cyclohexane–1,2–diol	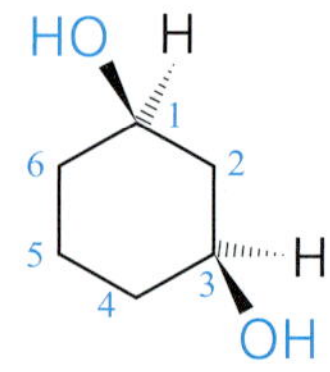 *cis*–Cyclohexane–1,3–diol
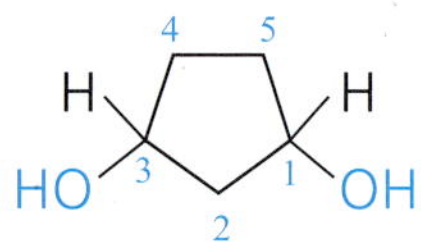 *cis*–Cyclopentane–1,3–diol	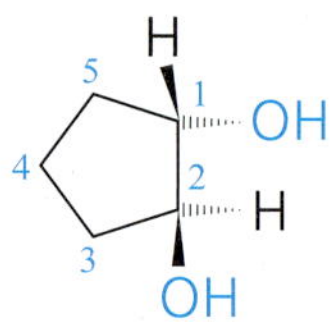 *trans*–Cyclopentane–1,2–diol	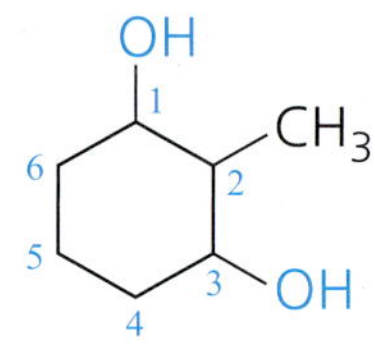 2–Methylcyclohexane–1,3–diol

3) 타치환기

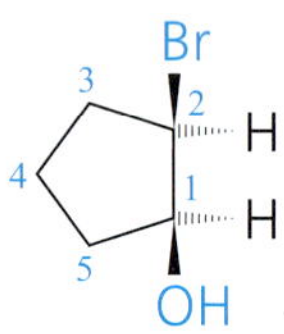 *cis*–2–Bromocyclopentanol	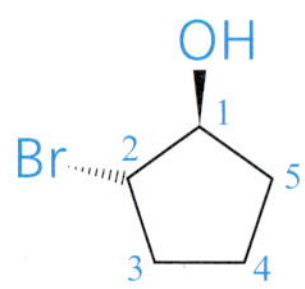 *trans*–2–Bromocyclopentanol

(3) 페닐계/벤질계 알코올

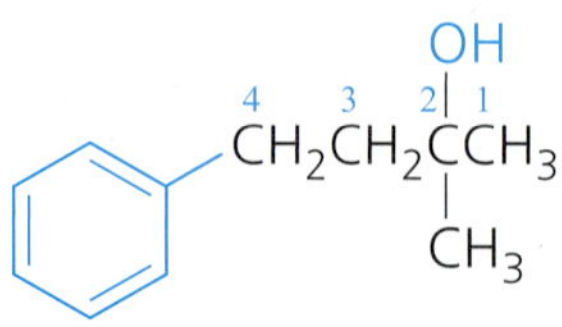 2–Methyl–4–phenylbutan–2–ol	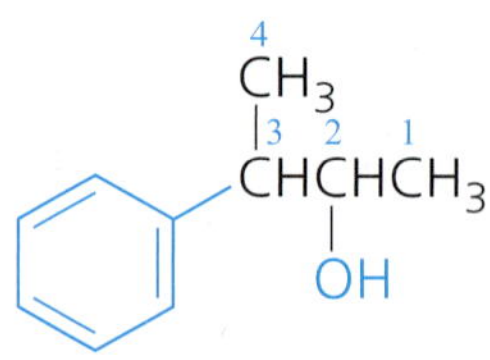 3–Phenylbutan–2–ol	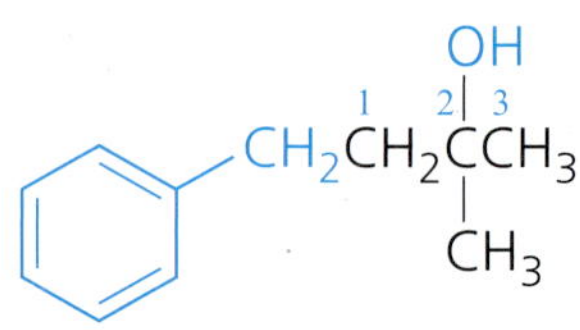 1–Benzyl–2–methylpropan–2–ol
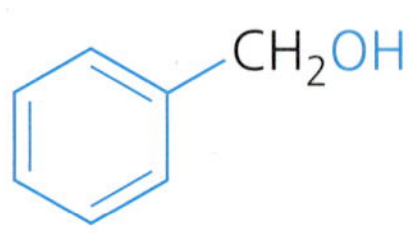 Phenylmethanol (Benzyl Alcohol)		

(4) 불포화 알코올

1) 2중결합(엔올)

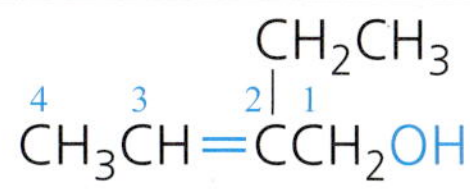 2-Ethylbut-2-en-1-ol	$CH_3CH=CHCH_2CH_2OH$ Pent-3-en-1-ol	$H_2C=CHCH_2-OH$ Prop-2-en-1-ol (Allyl Alcohol)
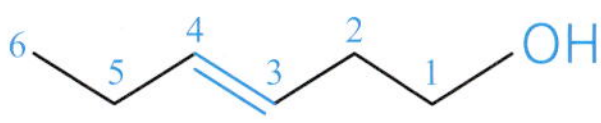 Hex-3-en-1-ol		

2) 3중 결합

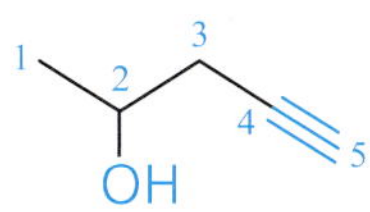 Pent-4-yn-2-ol	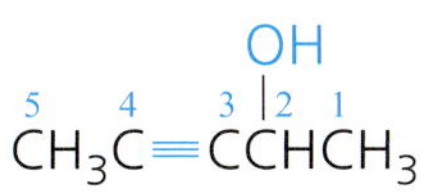 Pent-3-yn-2-ol	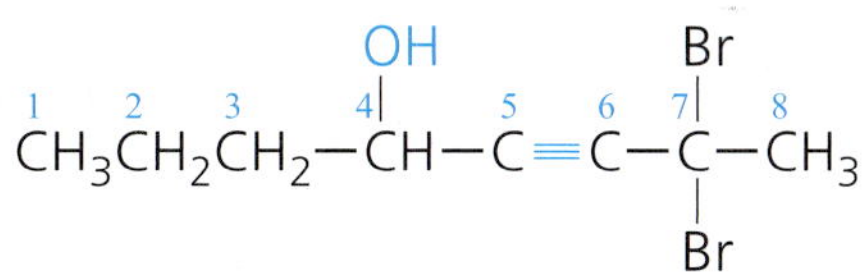 7,7-Dibromooct-5-yn-4-ol

3) 고리형 2중결합(엔올)

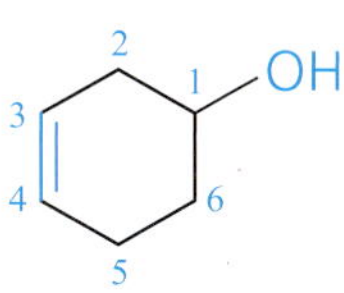 Cyclohex-3-en-1-ol	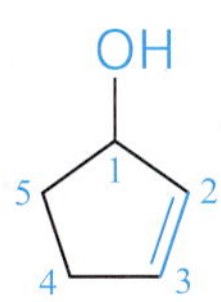 Cyclopent-2-en-1-ol

10.5 페놀의 명명법

페놀은 OH기가 벤젠고리에 직접 결합된 화합물(하이드록시 벤젠)로서 방향족 화합물로 명명하되 –벤젠(Benzene)이 아닌 –페놀(Phenol)로 부른다. 몇 몇 페놀 유도체들은 IUPAC 체계에서 허용하는 일반명을 가진다.

(1) 일반적으로 페놀 화합물의 이름은 페놀과 그 유도체의 이름을 사용하거나 관용명으로 명명한다. 괄호 안은 관용명이다.

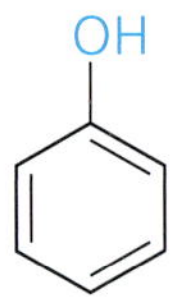

Phenol

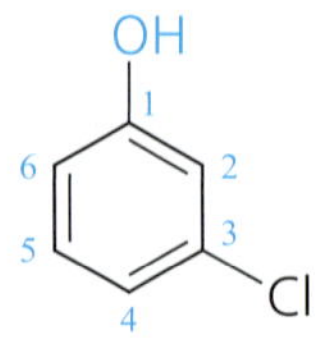

3-Chlorophenol
(*m*-Chlorophenol)

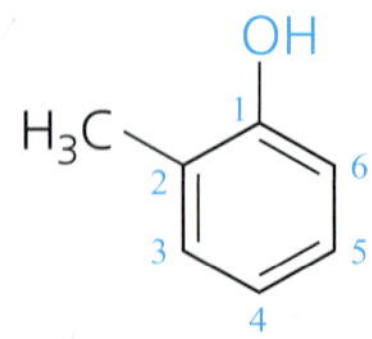

2-Methylphenol
(*o*-Cresol)

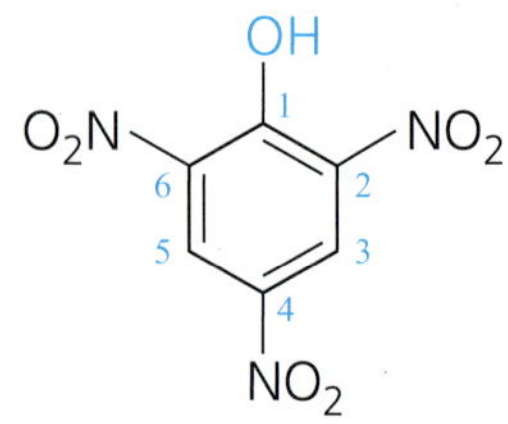

2,4,6-Trinitrophenol
(Picric Acid)

(2) 한 분자 내에 OH기가 카복시기(-COOH), 알데하이드기(-CHO) 등의 작용기와 같이 있을 때는 OH기를 치환체로 취급하여 명명한다.

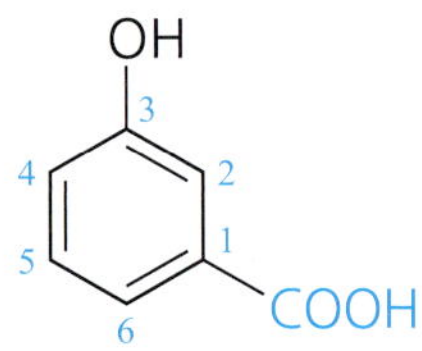

3-Hydroxybenzoic Acid
(*m*-Hydroxybenzoic Acid)

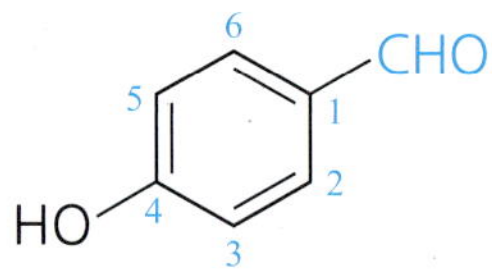

4-Hydroxybenzaldehyde
(*p*-Hydroxybenzaldehyde)

10.6 여러가지 페놀 유도체 명명 보기

페놀 유도체의 여러 가지 명명 보기는 다음과 같다.

(1) 치환기 1개의 페놀 유도체

1) OH 기 1개

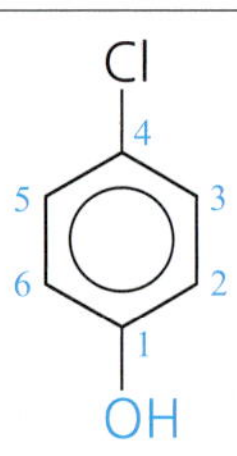	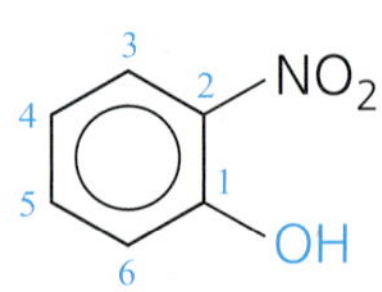	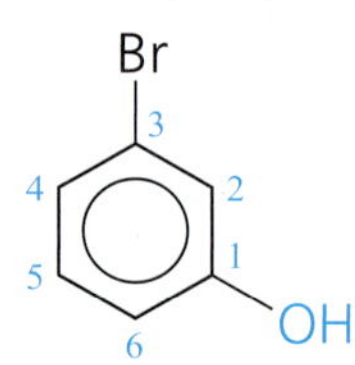
4-Chlorophenol (*p*-Chlorophenol)	2-Nitrophenol (*o*-Nitrophenol)	3-Bromophenol (*m*-Bromophenol)

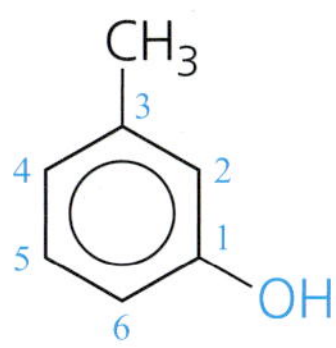 3-Methylphenol (*m*-Cresol)	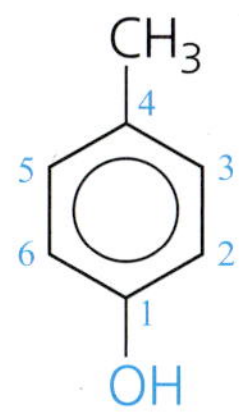 4-Methylphenol (*p*-Cresol)	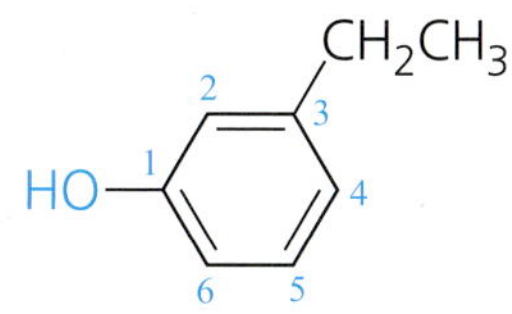 3-Ethylphenol
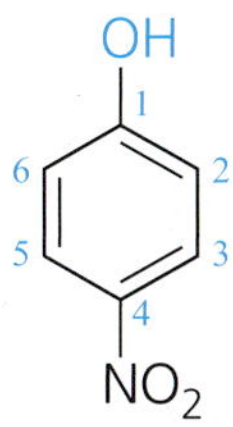 4-Nitrophenol (*p*-nitrophenol)		

2) OH 기 2개

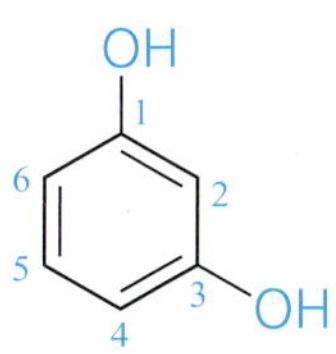 1,3-Benzenediol (Resorcinol)	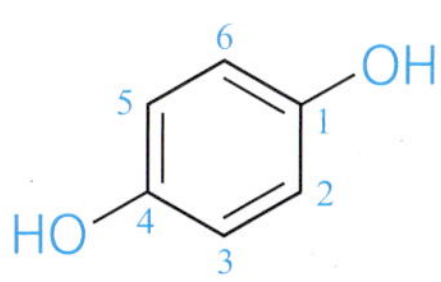 1,4-Benzenediol (Hydroquinone)	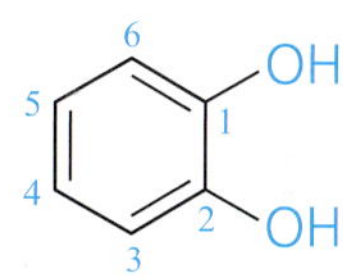 1,2-Benzenediol (Catechol)

(2) 치환기 2개의 페놀 유도체

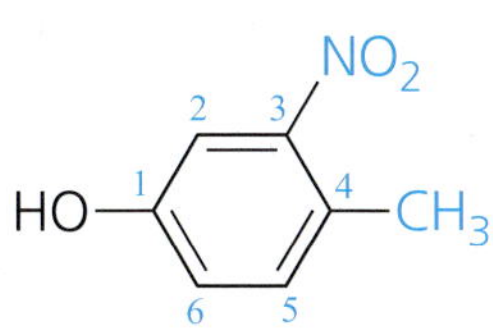 4-Methyl-3-nitrophenol	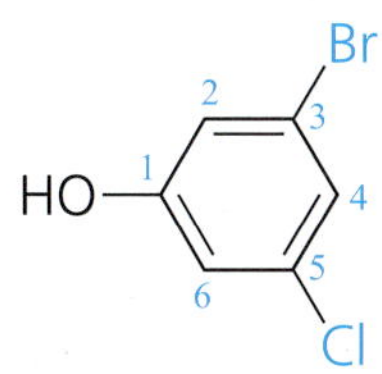 3-Bromo-5-chlorophenol	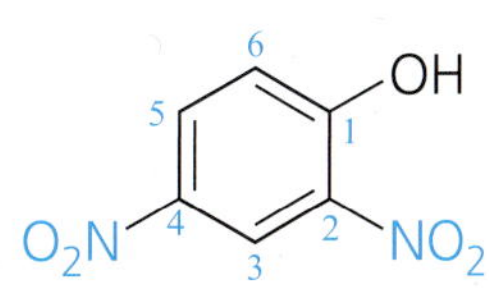 2,4-Dinitrophenol

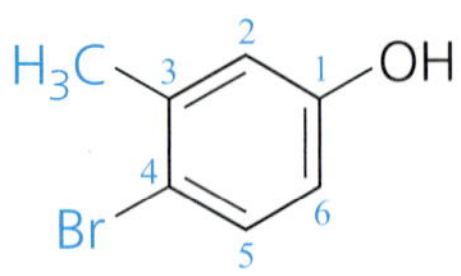 4-Bromo-3-methylphenol	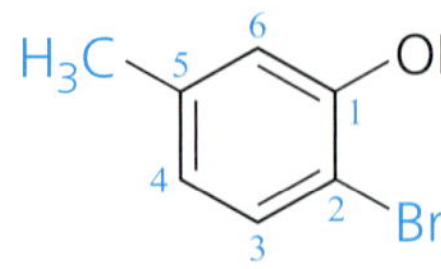 2-Bromo-5-methylphenol	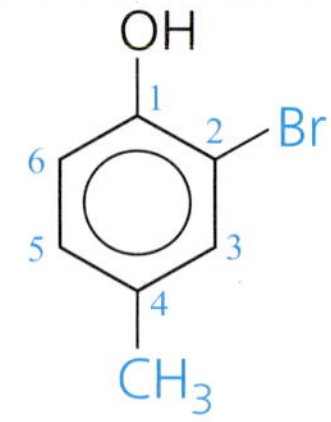 2-Bromo-4-methylphenol

(3) 치환기 3개의 페놀 유도체

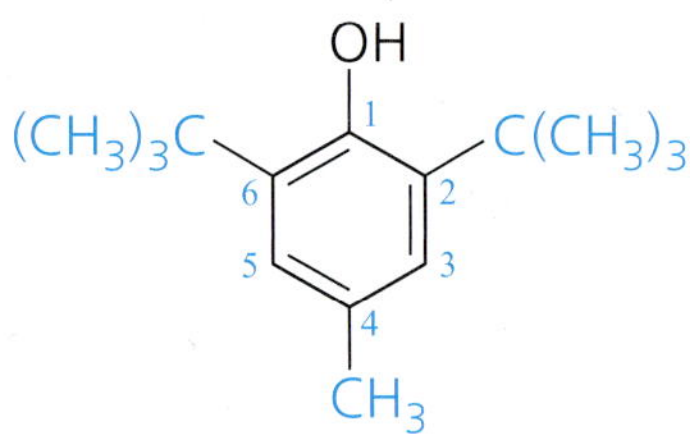 2,6-Di-tert-butyl-4-methylphenol	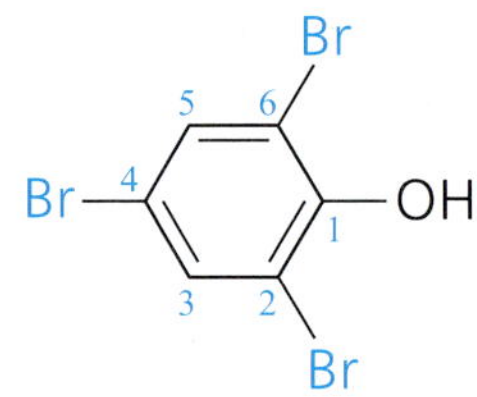 2,4,6-Tribromophenol

(4) 기타 페놀 유도체

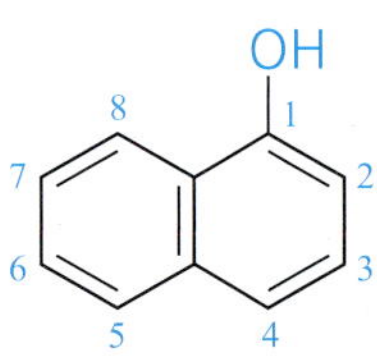 1-Naphthol (α-Naphthol)	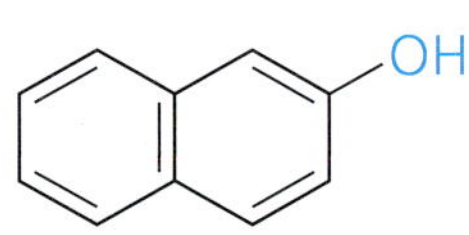 2-Naphthol (β-Naphthol)	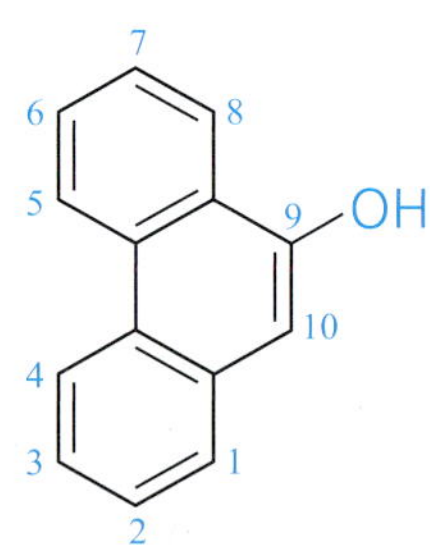 9-Phenanthrol
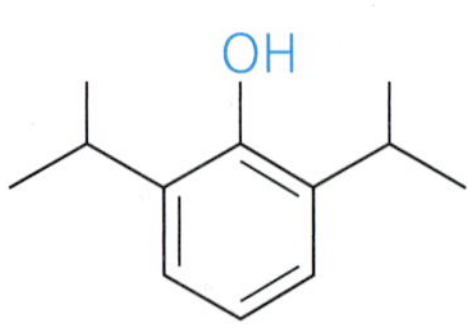 Propofol (프로포폴)		

참 고 **프로포폴 (Propofol)**

수면 내시경 등 짧은 시간 마취용으로 쓰이는 수면 마취제이다.

10.7 알코올의 제법

여러 가지 면에서 알코올은 유기화학에서 중요한 위치를 차지하고 있다. 이들은 수많은 작용기로부터 합성될 수 있고, 또 여러 형태의 다른 화합물로 변형될 수 있다. 알코올의 제법에는 알켄의 친전자 첨가 반응, 할로젠화 알킬(RX)의 친핵성 치환 반응, 알데하이드(RCHO)/케톤(RCOR)/ 카복실산(RCO_2H)/ 산염화물(RCOCl)/ 산무수물[$(RCO)_2O$]/ 에스터(RCO_2R)의 환원 반응, Grignard 반응이 있다.

10.7.1 알켄의 친전자 첨가 반응

여기에는 알켄의 수화 반응, 알켄의 옥시수은 첨가(환원 반응), 알켄의 수소붕소 첨가(산화 반응)가 있으며 각각의 일반 반응식은 다음과 같다.

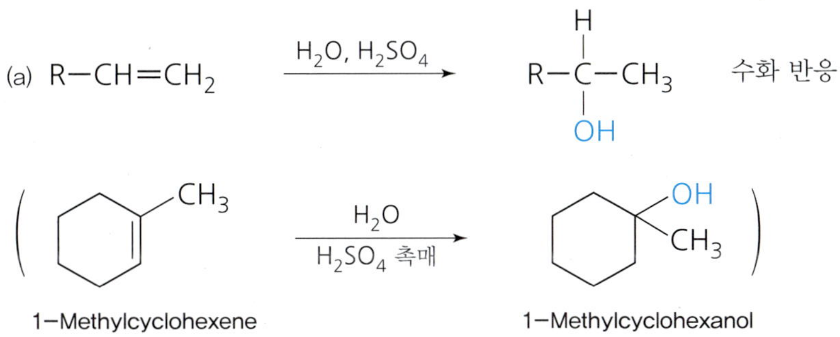

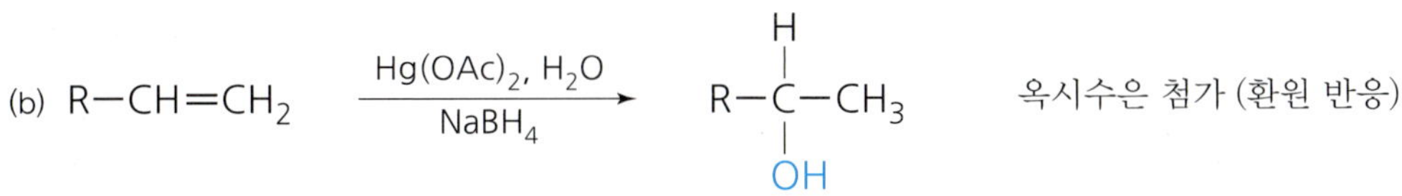

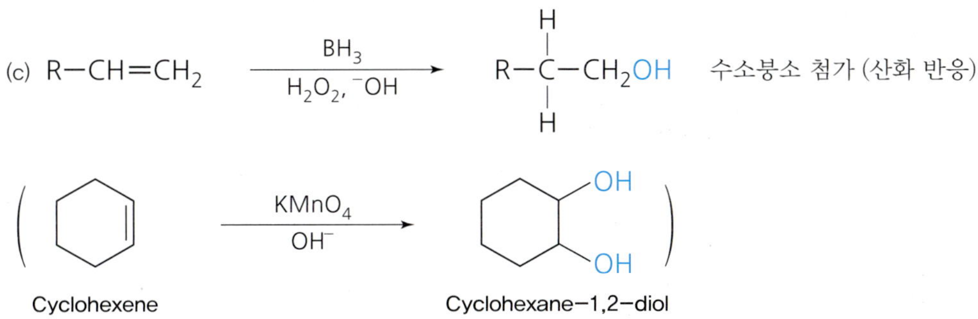

10.7.2 할로젠화 알킬(RX)의 친핵성 치환 반응

할로젠화 알킬에 H_2O, ^-OH 또는 가수분해 과정을 거친 카복실산 음이온(RCO_2^-) 을 친핵체로 사용한 치환 반응(친핵성 치환 1차 혹은 2차 반응: S_N1 혹은 S_N2)을 이용하면 알코올을 생성시킬 수 있다. 일반 반응식과 메커니즘은 아래와 같다. R은 1차, 2차 혹은 3차 할라이드이다.

$$R-Br + H_2O \longrightarrow R-OH$$

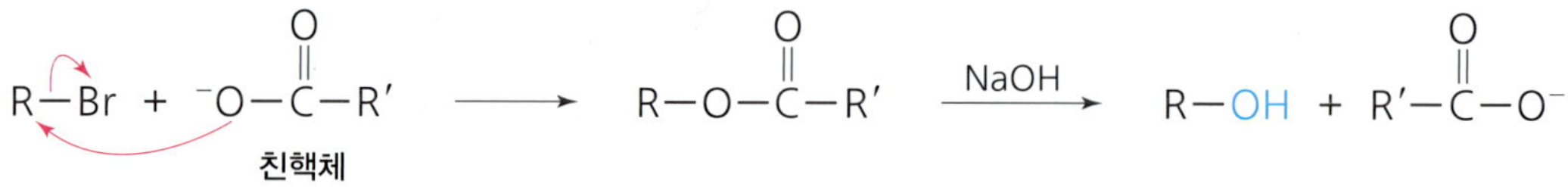

10.7.3 카보닐 화합물의 알코올 환원 반응

알코올을 합성하는 가장 일반적인 방법은 카보닐 화합물을 환원시키는 방법이다. 카보닐 화합물은 C=O결합에 수소가 첨가되는 환원반응에 의하여 알코올이 생성된다. 알데하이드, 케톤, 카복실산, 카복실산 유도체(산염화물, 산무수물, 에스터) 등 모든 종류의 카보닐 화합물은 알코올로 환원될 수 있다. 단, 반응식에서 [H]는 일반적인 환원제를 나타낸다.

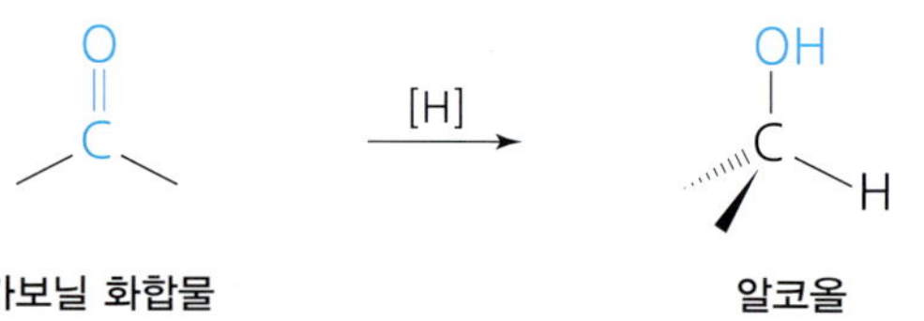

(1) 알데하이드와 케톤의 알코올 환원 반응

알데하이드는 1차 알코올로 환원되고, 케톤은 2차 알코올로 환원된다. 케톤과 알데하이드를 환원시키는 데는 $NaBH_4$가 안정하고 취급이 용이하기 때문에 많이 사용된다. $LiAlH_4$도 사용이 되긴 하는데 $NaBH_4$보다 반응성이 크고 더 위험하다. 물과 격렬하게 반응하기 때문에 120℃ 이상으로 가열하면 폭발적으로 분해된다.

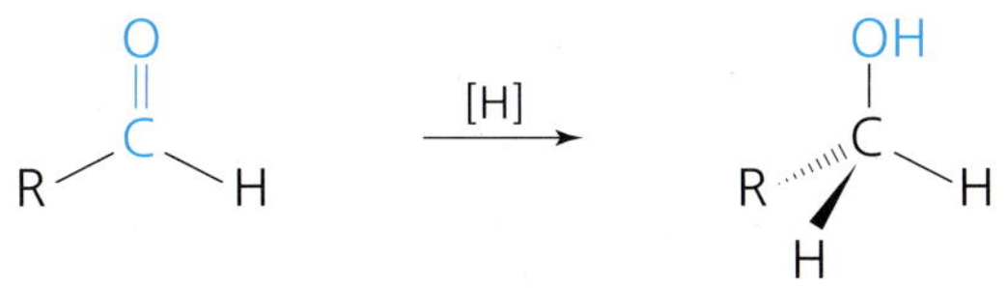

알데하이드 1차 알코올

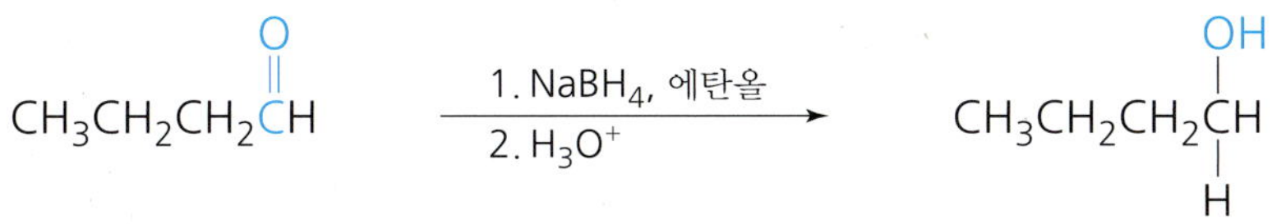

Butanal 1−Butanol

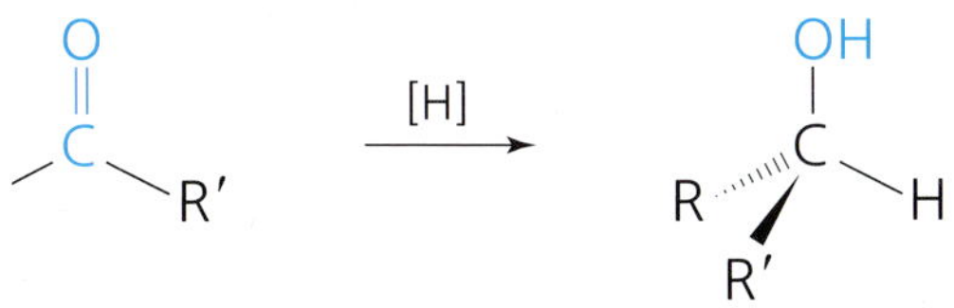

케톤 2차 알코올

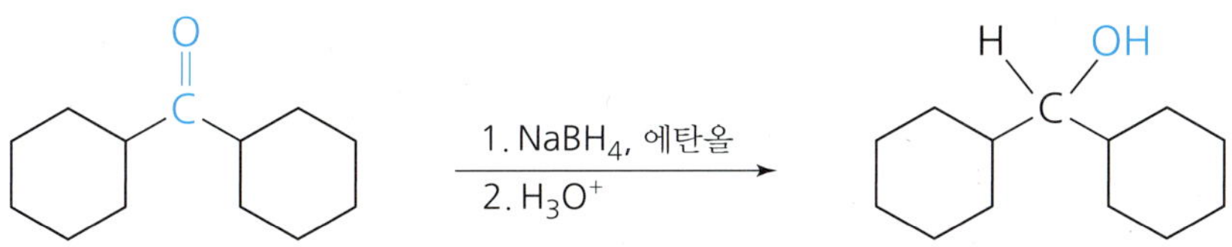

Dicyclohexylketone Dicyclohexylmethanol

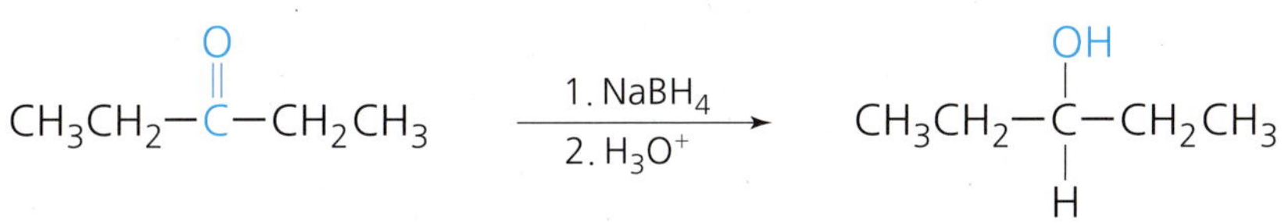

Pentan−3−one Pentan−3−ol

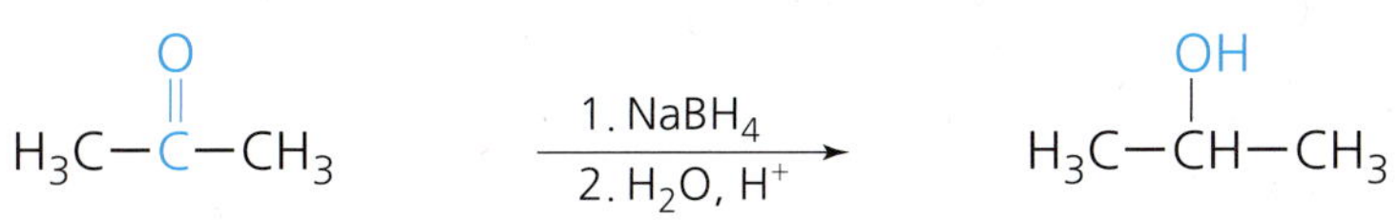

Acetone 2−Propanol

(2) 카복실산과 에스터의 알코올 환원 반응

카복실산과 에스터는 환원되어 1차 알코올로 전환된다. 이 반응은 알데하이드와 케톤의 환원에 비해 빠르지 않다. 따라서 에스터와 카복실산 환원에는 반응성이 더 큰 $LiAlH_4$를 사용한다. 알데하이드와 케톤의 환원에서는 카보닐기에 수소가 1개만 첨가되는 반면에 카복실산과 에스터는 수소가 2개 첨가된다.

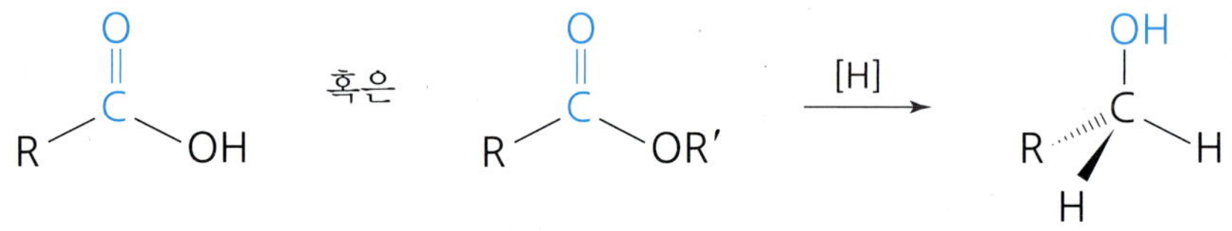

(a) 카복실산 환원 반응예

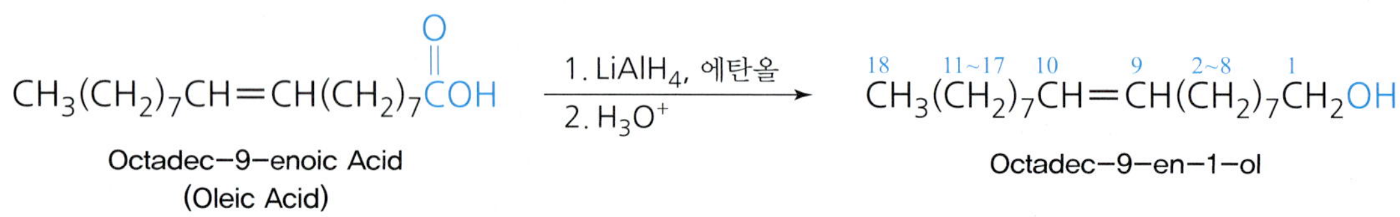

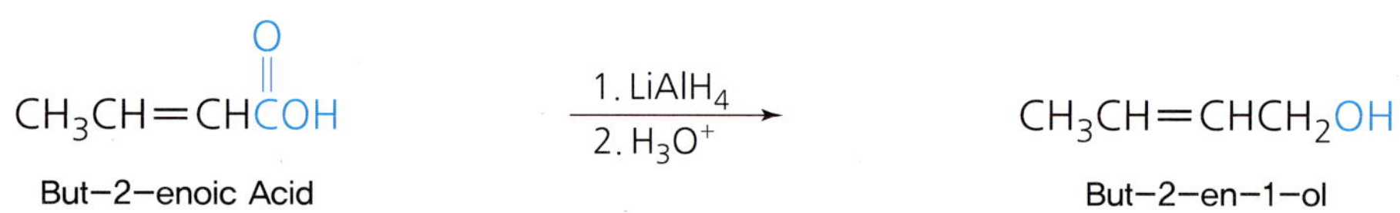

(b) 에스터 환원 반응예

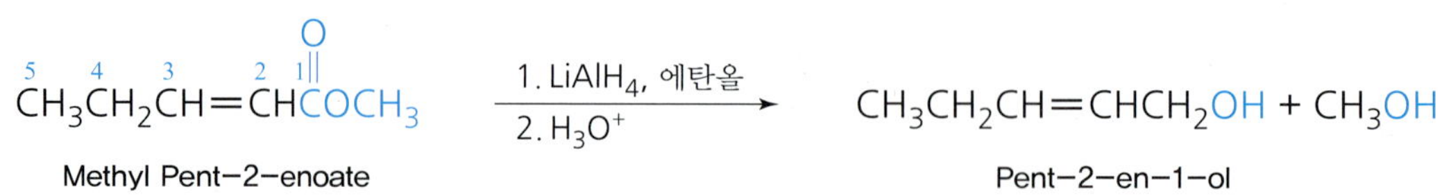

참 고 **카보닐 화합물의 알코올 환원 반응**

알데하이드, 카복실산, 카복실산 유도체 (산염화물, 산무수물, 에스터)를 환원하면 1차 알코올이, 케톤이 환원하면 2차 알코올이 각각 생성된다. 이들의 일반식은 다음과 같다.

(a) $\underset{\text{알데하이드}}{RCHO} \xrightarrow[\text{2. } H_2O,\ H^+]{\text{1. } LiAlH_4} \underset{\text{1차알코올}}{RCH_2OH}$

(b) 

케톤 → 2차알코올

(c) $\underset{\text{카복실산}}{RCO_2H} \xrightarrow[\text{2. } H_2O,\ H^+]{\text{1. } LiAlH_4} \underset{\text{1차알코올}}{RCH_2OH}$

(d) RCOZ (Z=Cl, OCOR, OR′) $\xrightarrow[\text{2. } H_2O,\ H^+]{\text{1. } LiAlH_4} RCH_2OH$

카복실산 유도체 (산염화물, 산무수물, 에스터) → 1차알코올

10.7.4 Grignard 반응을 이용한 알코올 제조

Grignard 시약 (RMgX)을 포름알데하이드(HCHO) 및 에틸렌 옥사이드와 반응시키면 1차 알코올을, 알데하이드(RCHO)와 반응시키면 2차 알코올을, 케톤, 산염화물 및 에스터와 반응시키면 3차 알코올을 각각 생성한다.

(a) **포름알데하이드**

(b) **에틸렌옥사이드**

(c) **알데하이드**

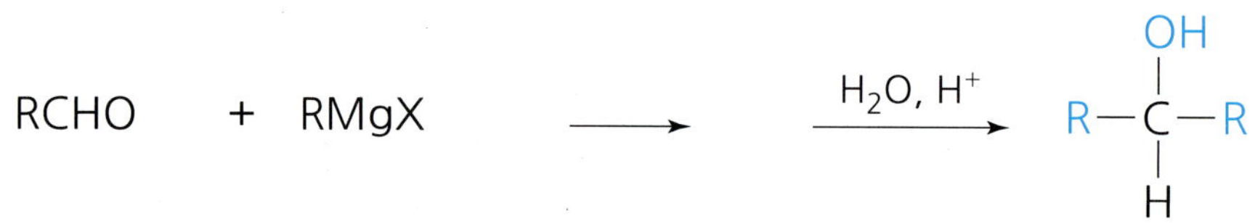

(d) **케톤**

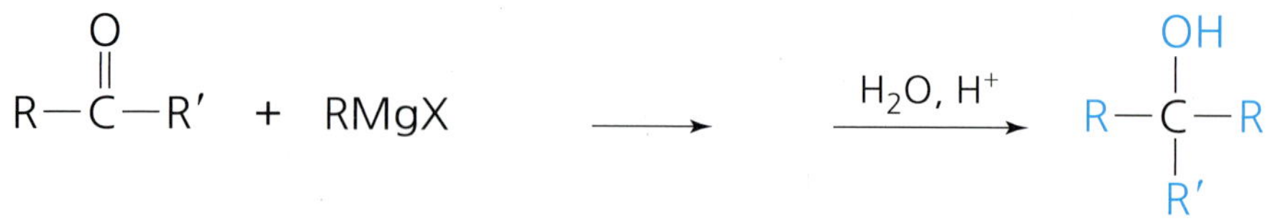

(e) **산염화물 혹은 에스터**

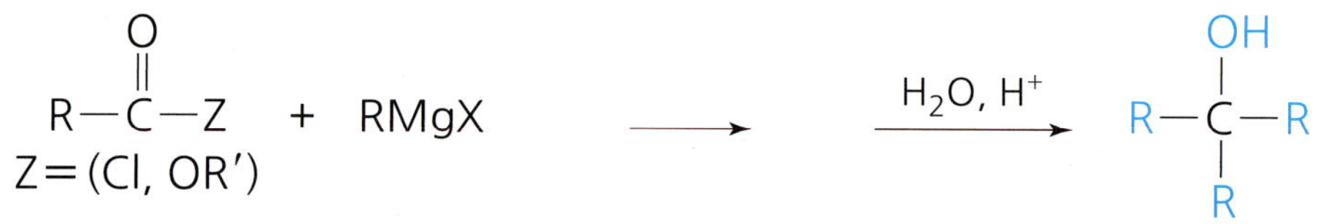

10.8 알코올의 반응

알코올의 대표적인 반응으로 산-염기 반응, 탈수 반응(제거 반응), 산화 반응, 에스터 생성 반응, 치환 반응(RX 및 에터 생성 반응)이 있다.

10.8.1 알코올의 산과 염기로서의 반응

알코올은 약산과 약염기로서의 2가지 반응을 모두 할 수 있다.

(1) 알코올의 산으로 작용

일반 알코올은 물과 비슷한 산도(pK_a=15.5)를 가지고 있기 때문에 LiH 또는 NaH와 같은 금속 수소화물(강 염기)과는 산으로 반응하여 알콕사이드(Alkoxide)와 수소를 생성한다. 예로서 리튬메톡사이드($MeO^{-+}Li$)와 소듐에톡사이드($EtO^{-+}Na$)를 들 수 있다. 금속 수소화물 대신에 Na, Li, Mg 등과 같은 활성 금속을 사용해도 동일한 결과를 얻을 수 있다.

$$\mathrm{ROH} + \begin{matrix}\mathrm{M\,(Li,\ Na,\ Mg)}\ \text{혹은} \\ \mathrm{MH\,(M^{+}H^{-}:\ LiH,\ NaH)}\end{matrix} \longrightarrow \underset{\text{Metal Alkoxide}}{\mathrm{RO^{-+}M}} + \mathrm{H_2}$$

(2) 알코올의 염기로 작용

한편 알코올의 OH기의 산소 원자에 있는 비공유 전자쌍은 염기로 작용하여 강산의 양성자를 받아들여 알킬옥소늄 이온(Alkyloxonium Ion)을 생성한다.

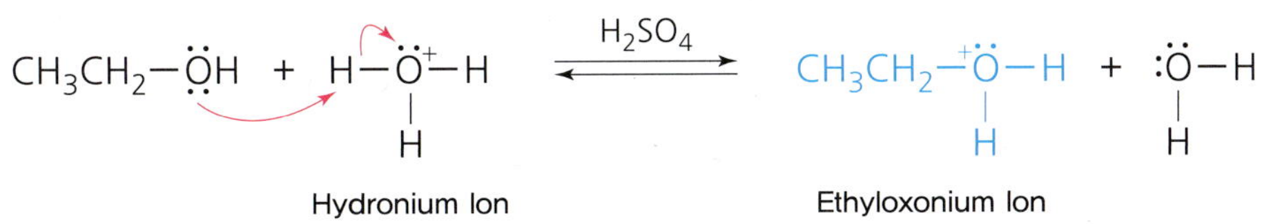

10.8.2 알코올의 탈수 반응(제거 반응)에 의한 알켄 생성

알코올을 황산(H_2SO_4), 인산(H_3PO_4), p–톨루엔설폰산(p–TsOH) 같은 강한 양성자산(H^+)과 반응시키면 탈수 반응(물이 이탈기로 작용)에 의한 제거 반응이 일어나 알켄이 생성된다

(1) 알코올의 양성자산에 의한 탈수 반응

알코올에 강산을 섞어 가열하면 물이 제거되는 탈수반응이 일어나 알켄이 생성된다. 탈수반응은 C–O결합 및 인접한 C–H가 끊어지면서 물과 알켄의 π결합이 형성된다.

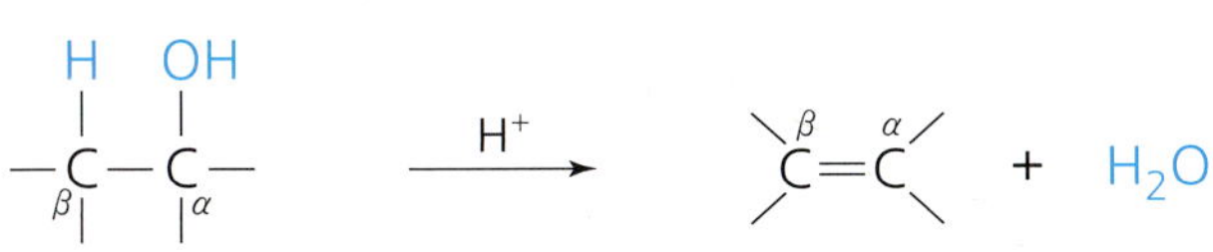

알코올의 산 촉매 탈수반응은 3차 알코올이 가장 쉽게 일어나 보통 실온보다 약간 높은 온도에서 일어나고, 2차 알코올은 다소 높은 온도에서 가열하며, 1차 알코올이 가장 일어나기 어려워 보통 과량의 진한 황산과 고열(180℃)로 가열하여야 반응이 진행된다. 즉 탈수 반응 속도는 1차 알코올(RCH_2-OH) 〈 2차 알코올(R_2CH-OH) 〈 3차 알코올(R_3C-OH) 순으로 빠르게 일어난다.

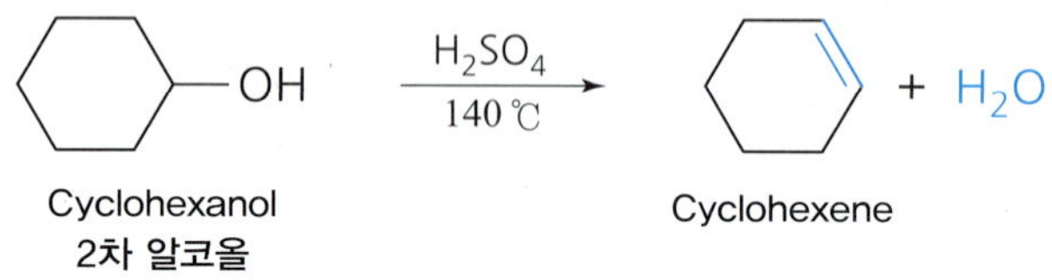

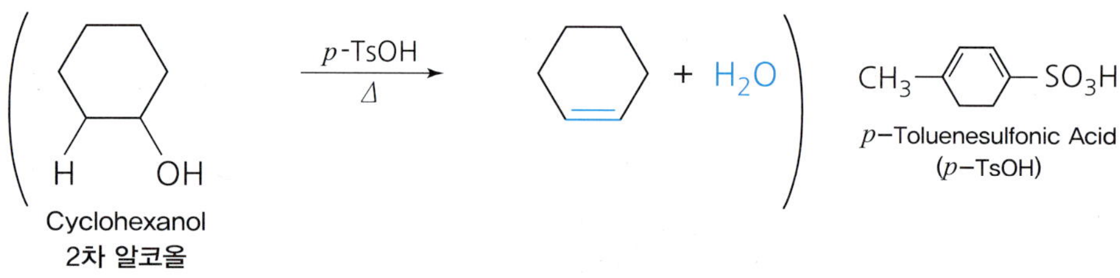

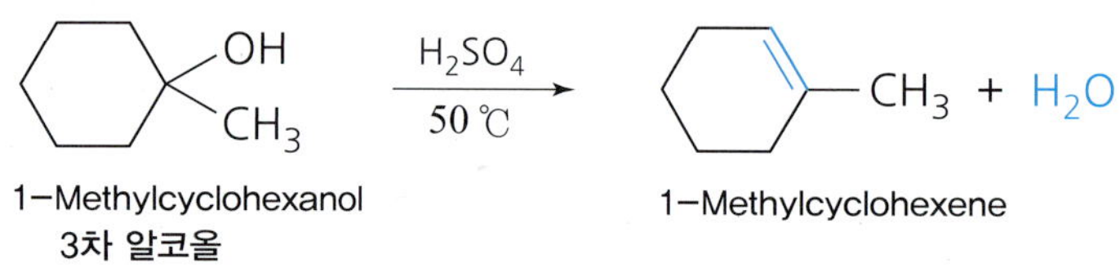

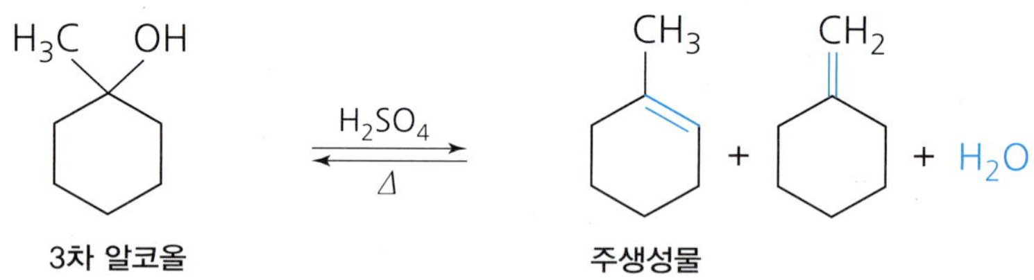

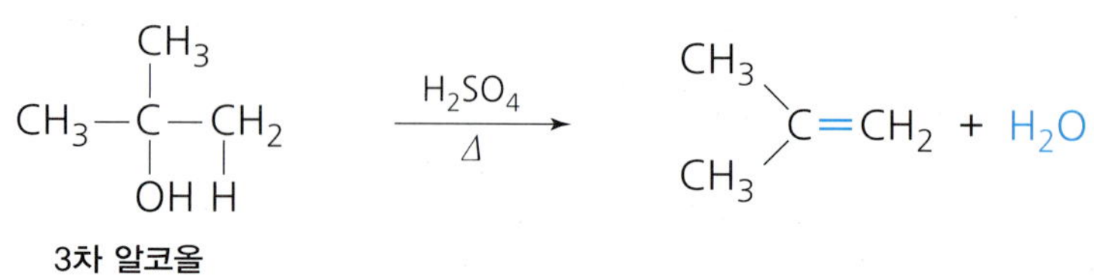

산 촉매 탈수반응은 OH가 붙어 있는 α 탄소와 인접한 β 탄소에 붙어 있는 수소가 제거되는데 수소 원자수가 더 적은 탄소의 것이 우선적이다. 이와 같이 자이체프 규칙(Zaitsev's Rule)에 따라 일어나므로 2중결합에 더 많은 치환기를 가진 알켄이 주생성물로 얻어진다. 예를 들면, 2-메틸뷰탄-2-올의 탈수반응에서 3치환체인 2-메틸뷰트-2-엔이 2치환체인 2-메틸뷰트-1-엔보다 더 많이 생성된다.

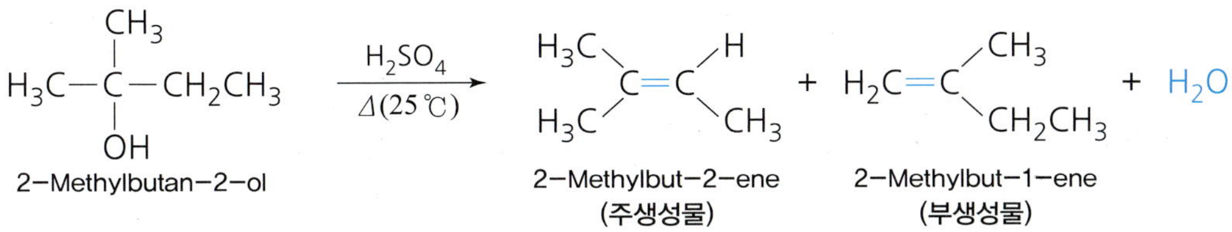

(2) 알코올 탈수 반응 메커니즘

알코올의 탈수반응은 제거반응으로 E1 메커니즘으로 일어난다. 우선 첫 단계 반응은 알코올의 하이드록시기에 양성자가 첨가되어 알코올 중간체가 생성된다. 다음 단계에서 탄소-산소 결합이 끊어지면서 탄소양이온 중간체가 생성되고 결합하고 있던 2개의 전자가 산소에 남게 된다. 이 이온화반응은 쉽게 진행된다.

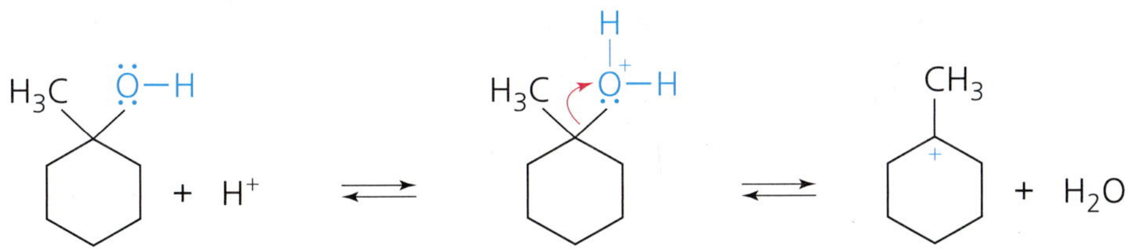

그리고 양전하를 띤 탄소(양이온탄소)의 이웃한 탄소에서 양성자가 제거되어 2중결합이 형성되고 반응이 완결된다.

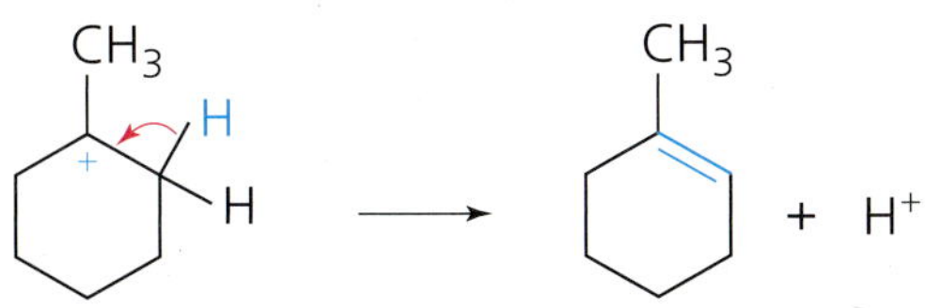

(3) 알코올 탈수 반응의 탄소양이온 재배열

또한 E1 탈수 반응에서 탄소양이온 재배열이 일어나는 반응 예는 다음과 같다.

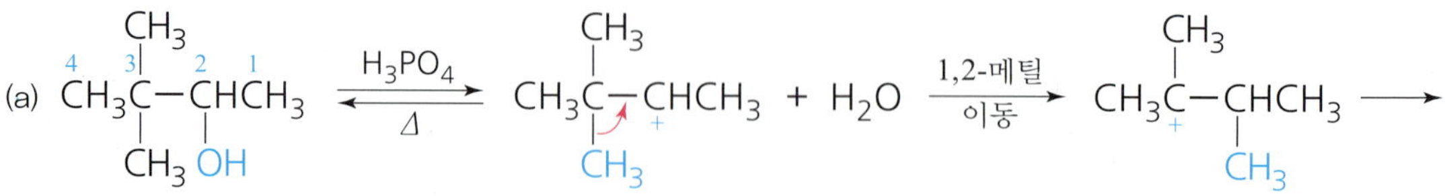

3,3-Dimethyl-2-butanol　　2차 탄소양이온　　3차 탄소양이온

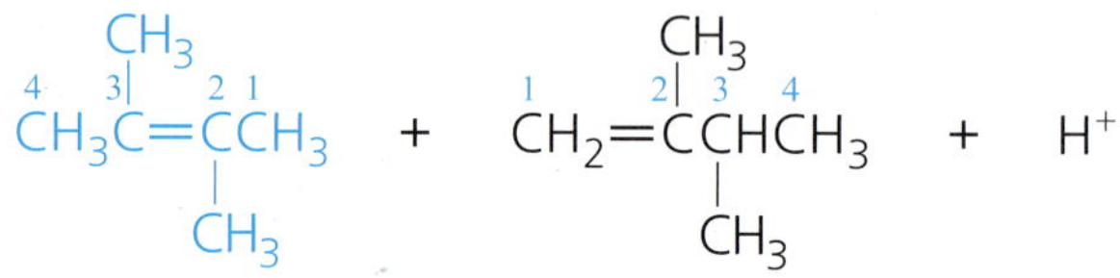

2,3-Dimethyl-2-butene　　2,3-Dimethyl-1-butene
주생성물

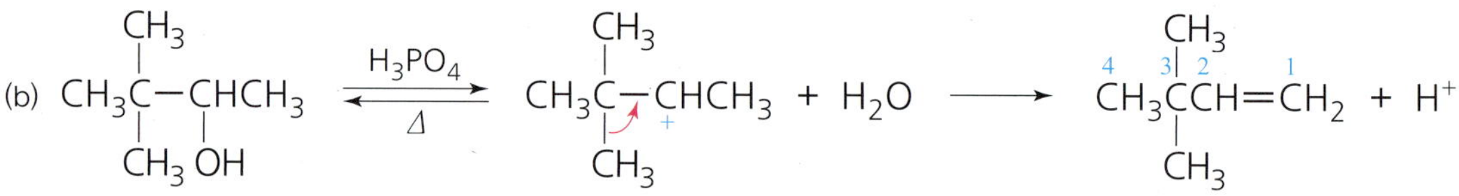

3,3-Dimethyl-2-butanol　　2차 탄소양이온　　3,3-Dimethyl-1-butene

(4) 알코올의 $POCl_3$-pyridine에 의한 탈수 반응

알코올의 탈수 반응은 알코올을 피리딘 존재하에 $POCl_3$(Phosphorus Oxychloride)와 반응시킬 경우에는 잘 일어난다. 이 반응에서 $POCl_3$는 OH기와 반응하여 OH기를 좋은 이탈기로 전환시키는 역할을 한다. 또한 이 반응에서는 강한 양성자 산을 사용할 때 생성되는 탄소양이온 재배열과 같은 반응은 일어나지 않는다.

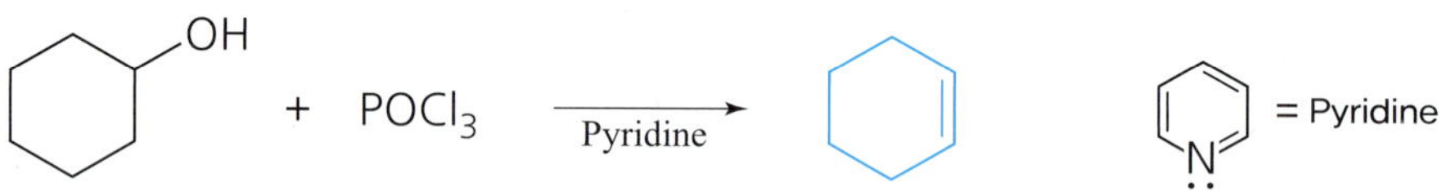

Cyclohexanol　　Cyclohexene

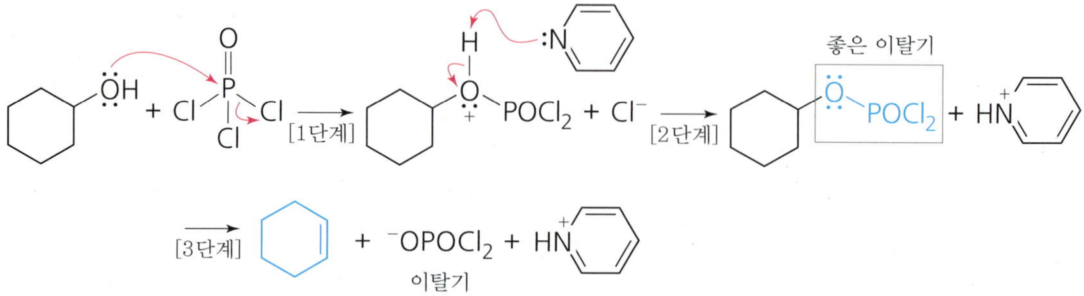

10.8.3 알코올의 카보닐 화합물로 산화 반응

카보닐 화합물을 환원시켜 알코올을 합성하였다. 반대로 알코올을 산화시켜 카보닐 화합물을 만들 수 있다. 1차 알코올은 산화되어 알데하이드나 카복실산이 되고, 2차 알코올은 케톤으로 전환된다. 그러나 3차 알코올은 산화 반응이 일어나지 않는다. 그 이유는 E2 반응 단계가 일어날 수 없기 때문이다. 다음 반응식에서 [O]는 일반적인 산화제를 의미한다.

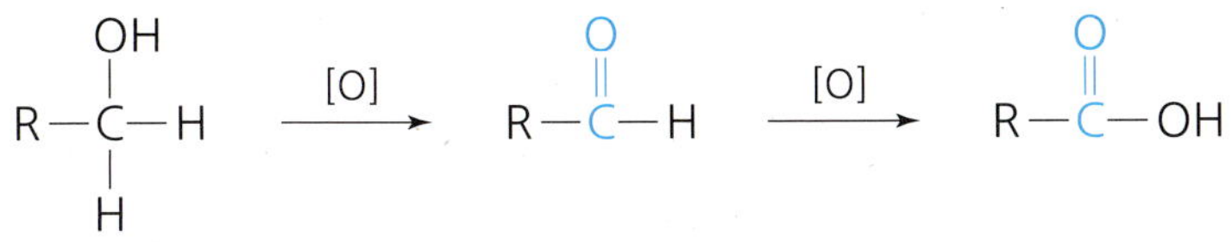

1차 알코올　　알데하이드　　카복실산

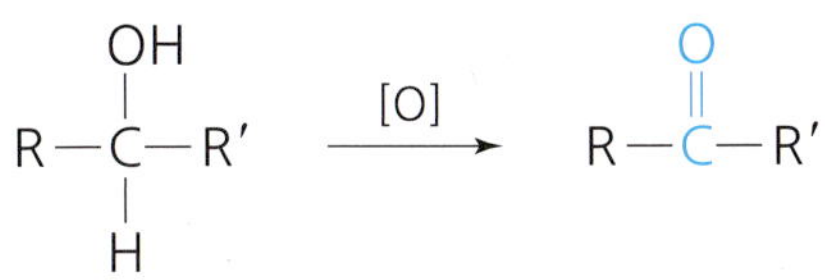

2차 알코올　　케톤

(1) 1차 알코올의 알데하이드와 카복실산으로 산화

1차 알코올은 사용하는 산화제 시약에 따라 알데하이드나 카복실산으로 산화된다. 일반적으로 알코올 산화 반응에 이용되는 크롬산(CrO_3), 중크롬산 칼륨($K_2Cr_2O_7$) 산화제는 1차 알코올을 카복실산으로 산화시킨다. 이 반응에서 중간체로 생성되는 알데하이드는 산화 반응이 연속해서 너무 빠르게 진행되기 때문에 보통 분리할 수 없다. 그리고 CrO_3를 황산수용액이나 아세톤에 혼합한 시약을 Jones′시약(Jones′ Reagent)이라 한다.

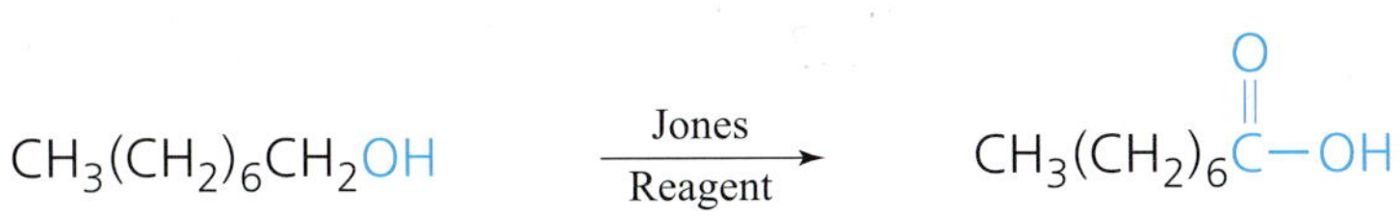

Octan-1-ol　　Octanoic Acid

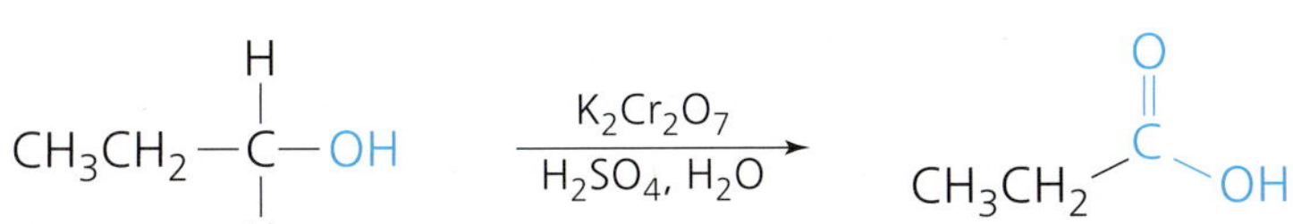

카복실산

일반적으로 Pyridinium Chlorochromate(PCC, $C_5H_5NH^+ClCrO_3^-$)나 과아이오디네인(Periodinane)과 같은 산화제를 사용하면 1차 알코올의 산화 반응을 알데하이드 단계에서 중지시킬 수 있다. 이 시약은 다이클로로메탄(CH_2Cl_2) 용액에서 사용된다.

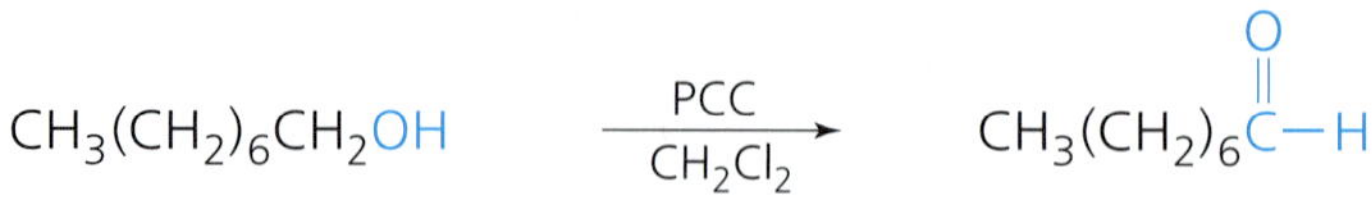

Octan−1−ol　　　　Octanal

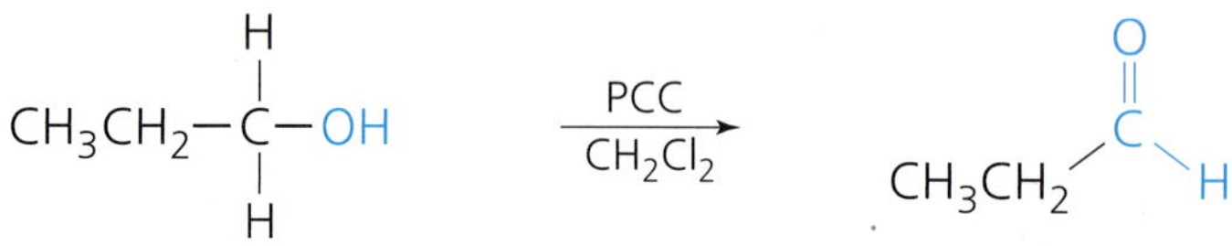

알데하이드

(2) 2차 알코올의 케톤으로 산화

2차 알코올은 쉽게 산화되어 케톤으로 전환된다.

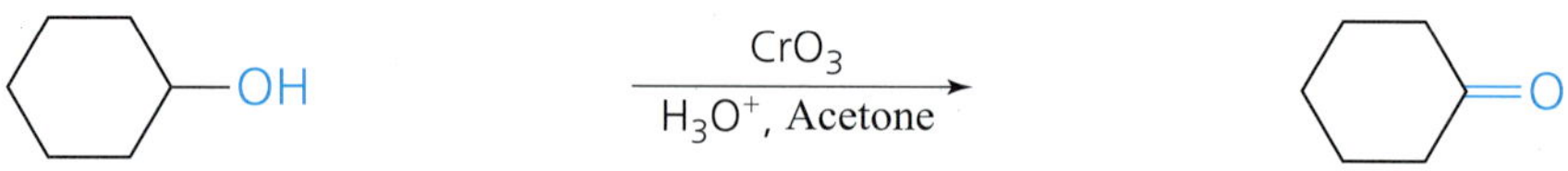

Cyclohexanol　　　　Cyclohexanone

케톤

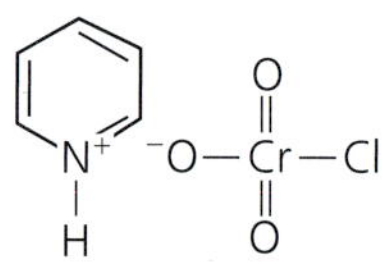

PCC
(Pyridinium Chlorochromate)

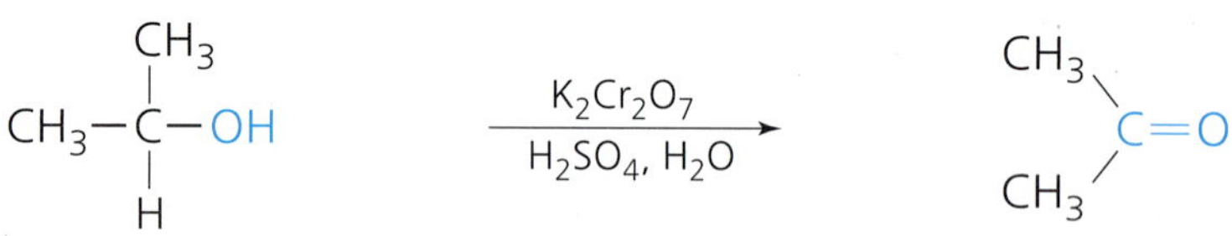

케톤 (아세톤)

(3) 2차 알코올의 크롬산에 의한 산화 반응 메커니즘

크롬산(Chromic Acid) 산화제의 산화는 S_N2반응과 E2반응으로 일어난다. 크롬산에 의한 알코올의 산화 반응 메커니즘은 다음과 같다.

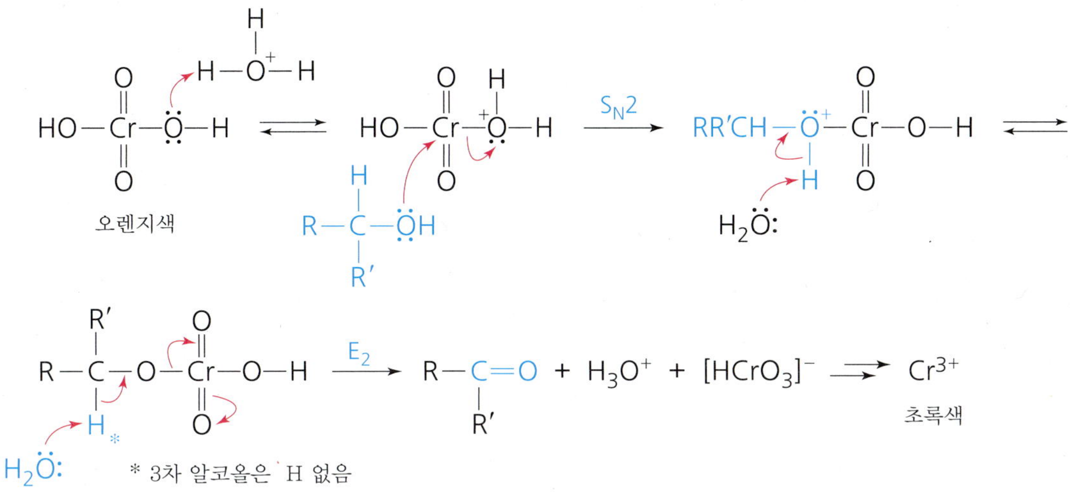

(4) 알코올 산화 반응 응용 음주측정기

밀봉된 유리관 속에 다이크롬산 칼륨($K_2Cr_2O_7$)−황산이 스며들어 있는 실리카겔이 들어 있다. 다이크롬산 칼륨($K_2Cr_2O_7$)의 Cr^{6+} 이온은 붉은 오렌지색을 가진 강한 산화제로서 황산 속에서 에탄올을 아세트산으로 산화시키면서 스스로는 녹색인 Cr^{3+}이온으로 환원한다.

$$CH_3CH_2OH + Cr_2O_7^{2-} \xrightarrow[H_2O]{H_2SO_4} CH_3\overset{O}{\overset{\|}{C}}OH + Cr^{3+}$$

Ethanol, Dichromate 이온 (붉은 오렌지색), Acetic Acid, Chromium(III) 이온 (녹색)

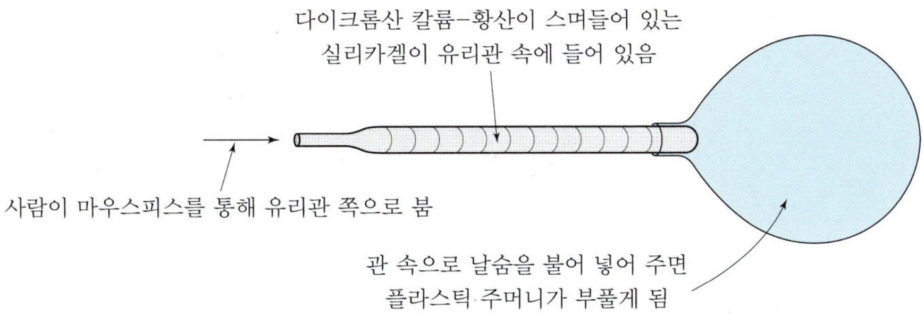

음주 측정기는 이 원리를 이용한 것이다. 폐동맥의 혈액과 날숨 속의 알코올 농도는 평행 관계에 있기 때문에 날숨 속의 알코올 농도를 측정하면 혈중 알코올 농도를 측정할 수 있다.

측정기는 산화제(붉은 오렌지색)를 넣은 밀폐된 관에 날숨을 불어넣게 되면 알코올 농도에 따라 관속의 산화제 색이 녹색으로 변하는 정도의 차이를 측정하게 된다.

(5) 이웃자리 다이올의 산화성 절단 반응(1,2-다이올의 산화성 절단 반응)

이웃자리 다이올이 과아이오딘산(Periodic Acid, HIO_4)과 반응하면 산화성 절단 반응이 일어나 케톤 또는 알데하이드가 생성된다. 이들의 반응식은 아래와 같다.

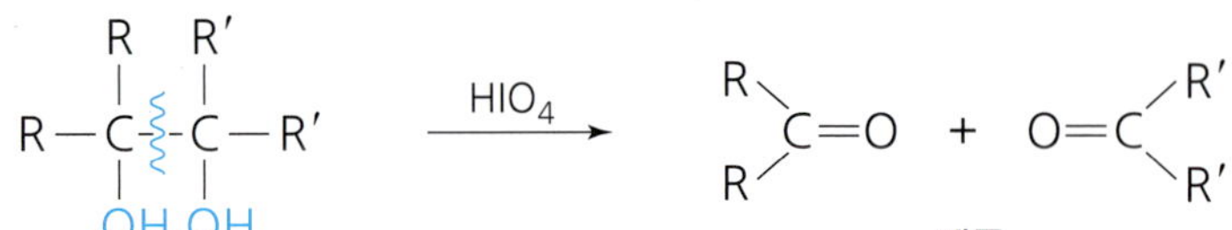

케톤

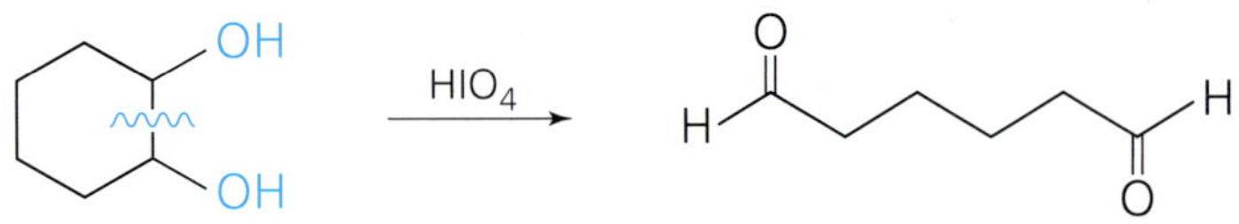

알데하이드

10.8.4 알코올의 산과의 반응에 의한 에스터 생성 반응(에스터화 반응)

알코올은 카복실산, 질산, 황산 및 인산과 반응하여 에스터를 형성한다.

(1) 알코올과 카복실산의 에스터화 반응

알코올과 카복실산을 산 촉매 하에서 반응시키면 물을 잃어 에스터를 생성한다. 이때 알코올에 붙은 OH 대신에 카복실산의 OH와 알코올의 H가 결합하여 물이 빠져나가고 에스터가 생성된다.

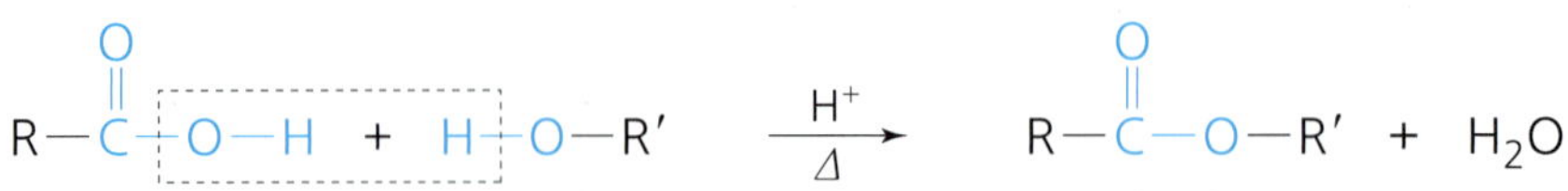

카복실산　　알코올　　에스터

예를 들면 에탄올과 아세트산을 산(H_2SO_4, HCl 등) 촉매 하에서 가열하면 아세트산 에틸(Ethyl Acetate)이 생긴다. 이 반응은 가역반응이고 혼합물을 평형이 될 때까지 환류시킨다.

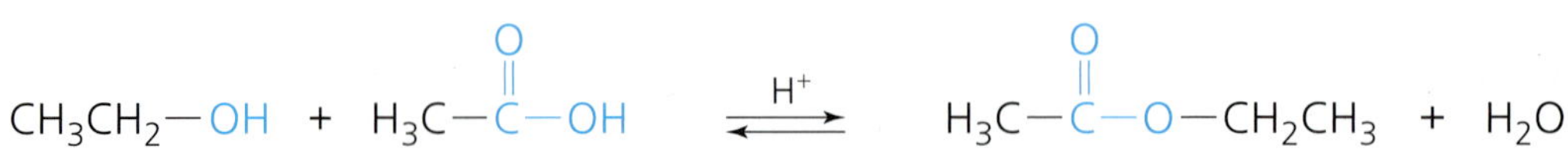

Ethanol　　Acetic Acid　　Ethyl Acetate

(2) 알코올의 무기산과의 에스터화 반응

인산(H_3PO_4, Phosphoric Acid), 황산(H_2SO_4, Sulfuric Acid), 질산(HNO_3, Nitric Acid) 등과 같은 무기산과도 반응하여 무기산 에스터를 형성한다.

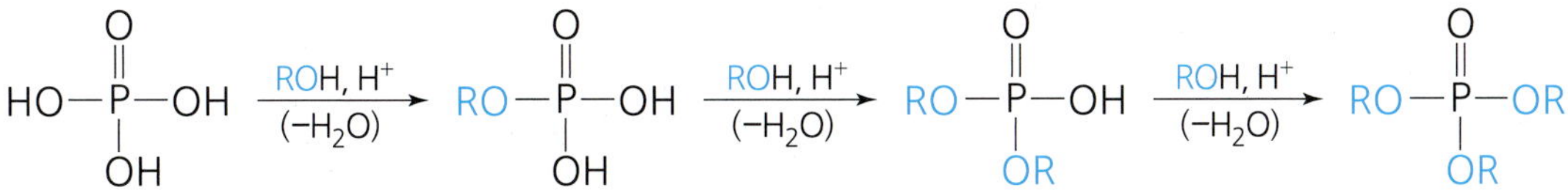

Phosphoric Acid　Alkyl Dihydrogen Phosphate　Dialkyl Hydrogen Phosphate　Trialkyl Phosphate

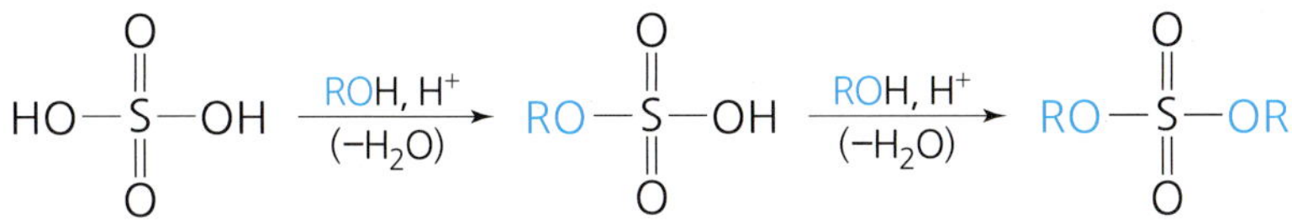

Sulfuric Acid　Alkyl Hydrogen Sulfate　Dialkyl Sulfate

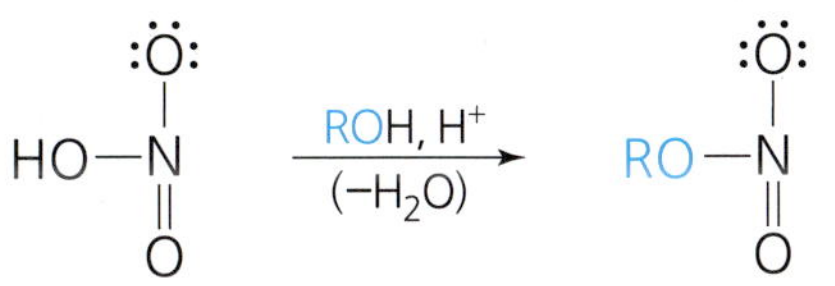

Nitric Acid　Alkyl Nitrate

(3) 글리세린의 질산 에스터화 반응

폭약(Dynamite)과 협심증치료제(혈관 확장제)로 사용되는 나이트로글리세린은 알코올(글리세린)의 질산 에스터이다.

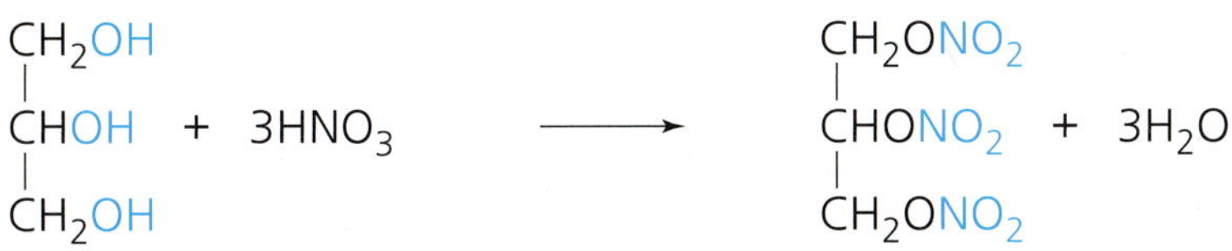

글리세린 (Glycerin)　트리나이트로글리세린 (Trinitroglycerin, TNG)

(4) 알코올의 생화학 에스터화 반응

에너지 대사에서 중요한 ATP, ADP, AMP는 뉴클레오사이드 (아데노신) 분자에 있는 알코올과 인산이 반응하여 만들어진 에스터의 일종이다.

① ATP(Adenosine 5′−TriPhosphate)

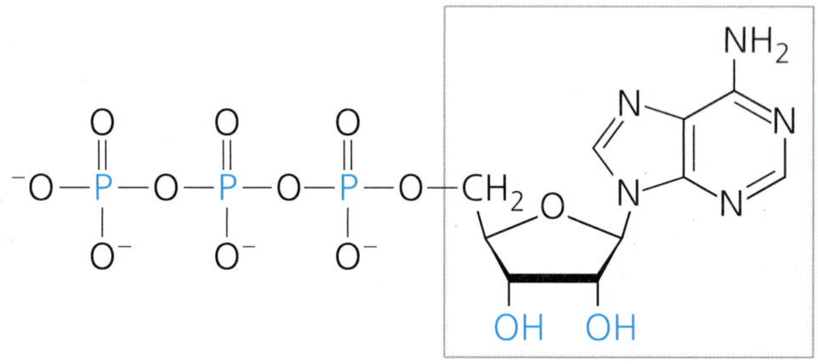

Adenosine (Ad)

② ADP(Adenosine 5′−DiPhosphate)

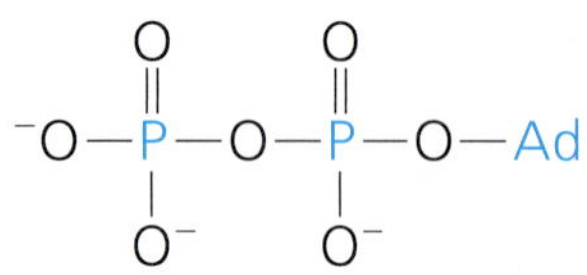

③ AMP(Adenosine 5′−MonoPhosphate)

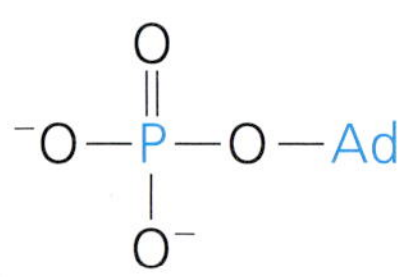

(5) 알코올의 설폰산과의 에스터화 반응

한편 1차 및 2차 알코올을 피리딘과 같은 염기 존재하에 알킬(또는 아릴) 염화 설포닐 [R(Ar)SO_2Cl]과 반응시키면 설폰산 에스터로 전환되는데 이들 설폰산 에스터기는 매우 좋은 이탈성($^-$Br과 비슷)을 나타내는 이탈기이므로 알코올의 친핵성 치환 반응(S_N2반응)의 반응 기질로 자주 사용된다. 설폰산 에스터의 이용 예는 다음과 같다.

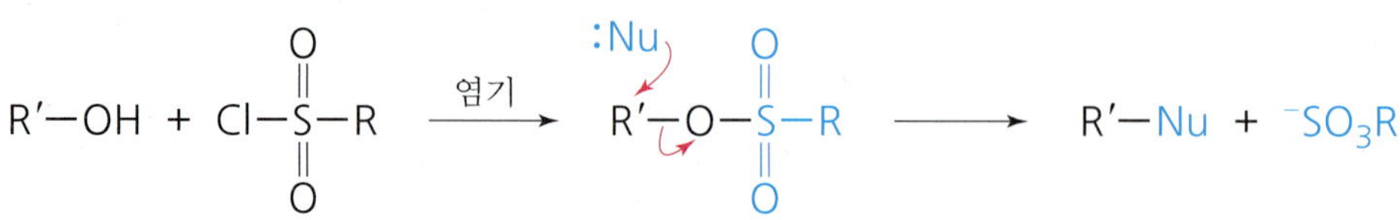

10.8.5 알코올의 친핵성 치환 반응

알코올의 할로젠화 수소(HX), PX_3 및 $SOCl_2$, 에터 생성 Williamson합성과 같은 친핵성 치환 반응이 있다.

(1) 알코올과 할로젠화 수소(HX)의 RX 형성 치환 반응

알코올은 HX(HCl, HBr, HI)와 반응하여 알코올(ROH)의 OH기가 할로젠과 치환되어 할로젠화 알킬 R－Cl, R－Br, R－I를 생성한다. 이 때 HX에 대해 1차 〈 2차 〈 3차 알코올 순으로 반응속도가 증가하고 ROH에 대해서는 H－Cl 〈 H－Br 〈 H－I 순으로 산도가 높을수록 증가한다. 이 반응에서 알코올의 OH기는 물(H_2O)로서 이탈된다.

$$R{-}OH + HX \longrightarrow R{-}X + H_2O \quad (X{=}Cl, Br, I)$$

즉 수용성의 3차 알코올이 가장 반응이 잘 진행되고, 2차 알코올은 보통이고, 1차 알코올은 반응이 상대적으로 매우 느리다. 예를 들면, 3차 알코올인 2-메틸프로판-2-올과 염화수소를 반응시키면 상온 또는 그 이하의 온도에서 수 분만에 염화 tert-뷰틸을 높은 수율로 얻을 수 있다. 그러나 1차 알코올인 1-뷰탄올은 진한 염산과 몇 시간동안 가열하여야 겨우 반응이 일어난다.

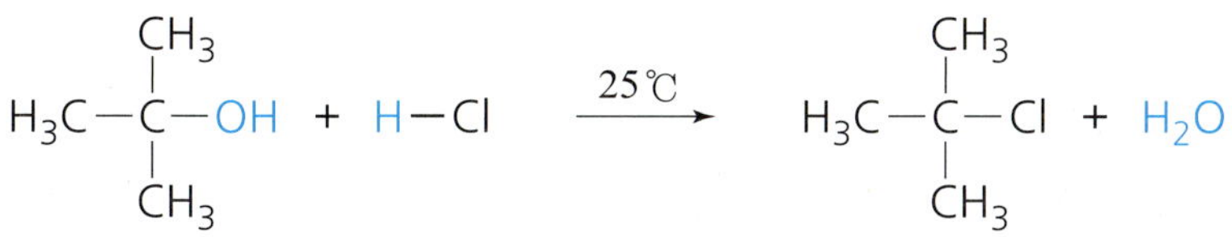

2-Methylpropan-2-ol   *tert*-Butyl Chloride

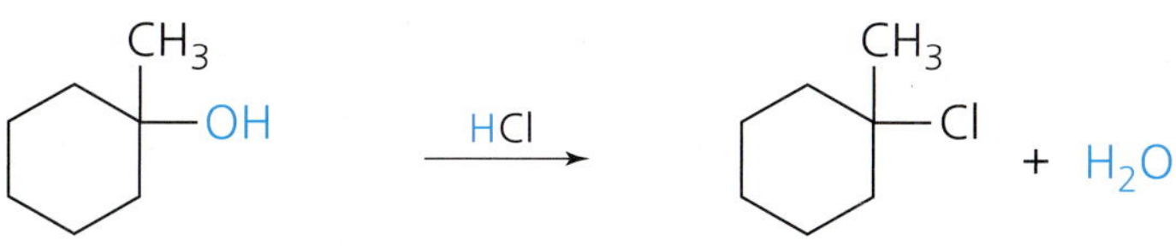

$$CH_3CH_2CH_2CH_2{-}OH \xrightarrow{HBr} CH_3CH_2CH_2CH_2{-}Br + H_2O$$

1) 메틸 알코올 및 1차 알코올의 치환반응

S_N2 메커니즘으로 반응을 진행한다. 이 반응은 OH기의 산소 원자에 양성자가 배위되어 좋은 이탈기(H_2O)를 가진 알킬옥소늄 이온이 만들어지고 동시에 X^-가 친핵체로 공격하는 1단계 반응이다. 입체 화학은 반전이 일어난다.

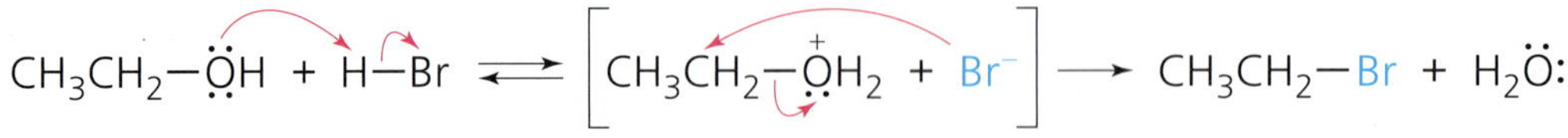

2) 2차 및 3차 알코올의 치환 반응

SN1 메커니즘으로 반응을 진행한다. 이 반응은 알킬옥소늄 이온이 해리되어 탄소양이온이 형성되는 1단계와 친핵체가 반응하는 2단계가 차례로 일어나는 2단계 반응이다. 입체 화학은 라세미 혼합물이 얻어진다.

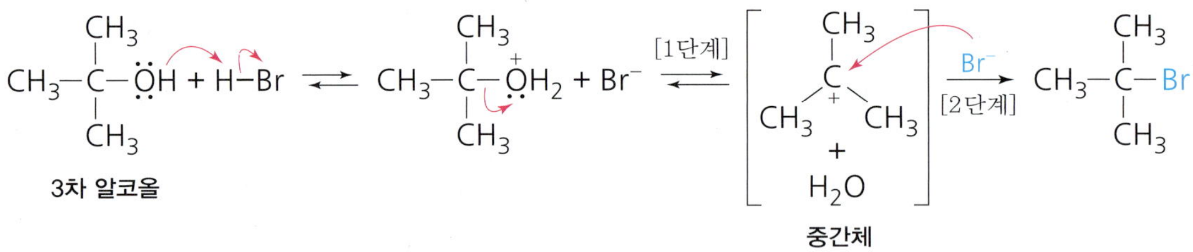

3) 탄소 양이온 재배열에 의한 치환 반응

알코올과 HX와의 반응은 탄소양이온이 중간체로 생성되는 반응이므로 더 안정한 탄소양이온이 형성되는 재배열이 일어나 재배열 이성질체가 생성되기도 한다. 즉 탄소양이온 형성 단계와 탄소양이온 재배열 및 친핵체 결합 단계로 나눈다. 다시 탄소양이온 형성 단계는 양성자 이동 1단계, H_2O 잃음 2단계 그리고 재배열과 결합 단계에는 1,2 H^- 자리 옮김 3단계, 친핵성 공격 4단계로 각각 이루어진다.

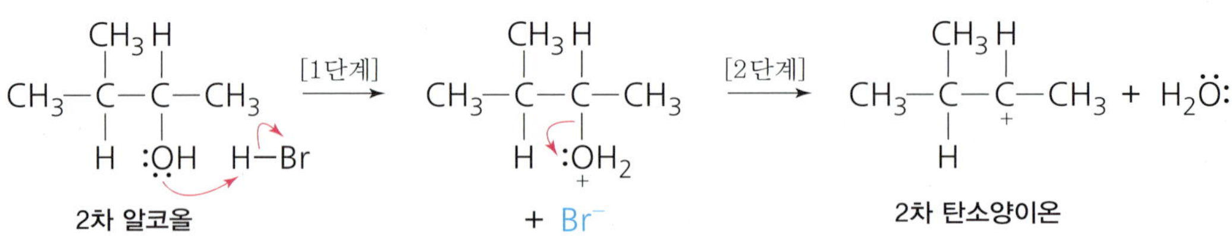

(2) 알코올과 $SOCl_2$ 및 PBr_3의 RX 생성 치환 반응

알코올과 $SOCl_2$ 혹은 PBr_3의 RX생성 친핵성 치환 반응은 다음과 같다.

1) 염화 싸이오닐($SOCl_2$)과 치환 반응

1차 및 2차 알코올을 염화 싸이오닐(Thionyl Chloride, $SOCl_2$)와 반응시키면 할로젠화 알킬이 생성된다. 이는 순도가 높은 할로젠화 알킬을 합성하는 방법으로 부산물로 이산화황과 염화수소가 발생된다.

$$R{-}OH + SOCl_2 \xrightarrow[\text{Pyridine}]{} R{-}Cl + SO_2 + HCl$$

$$CH_3CH_2CH_2{-}OH + SOCl_2 \xrightarrow[\text{Pyridine}]{} CH_3CH_2CH_2{-}Cl + SO_2 + HCl$$

Propan-1-ol → 1-Chloropropane

$$CH_3CH_2{-}OH + SOCl_2 \xrightarrow[\text{Pyridine}]{} CH_3CH_2{-}Cl + SO_2 + HCl$$

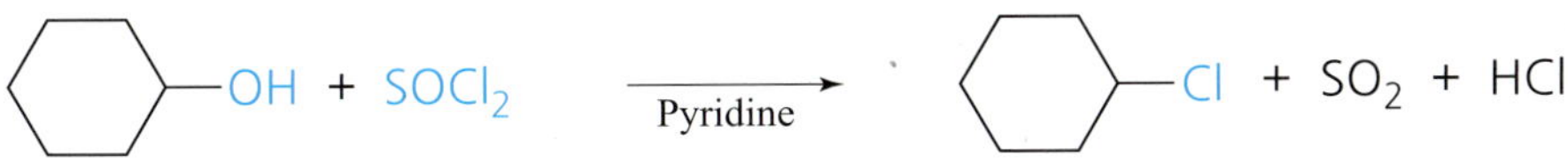

이 반응의 메커니즘은 OH기가 $SOCl_2$에 의해 이탈성이 좋은 이탈기로 전환된 후 친핵체인 Cl^-에 의한 S_N2 반응으로 설명된다.

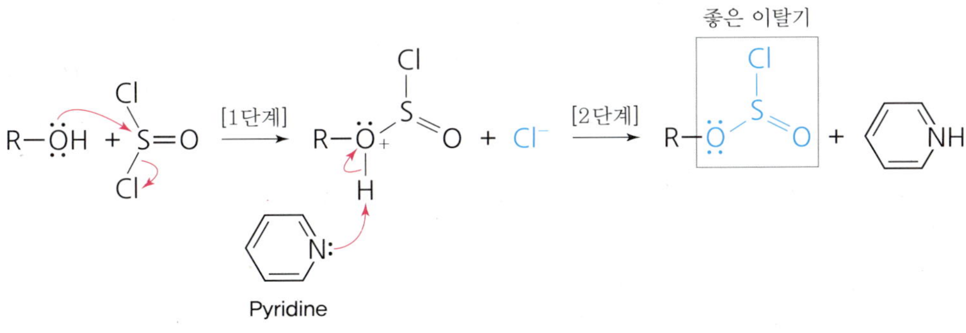

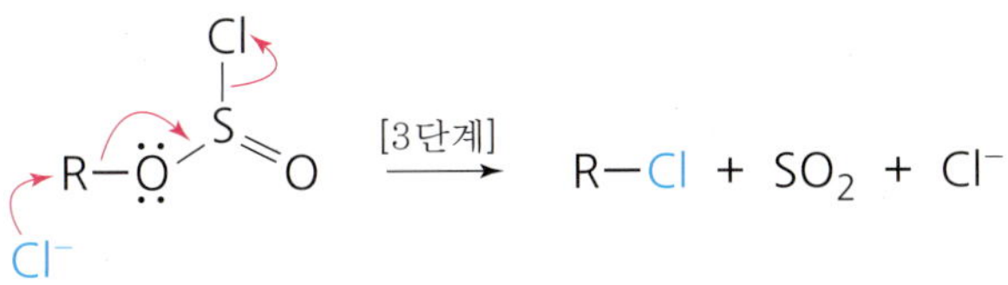

이 반응의 특징은 할로젠화 알킬을 제외한 반응 부산물이 모두 기체여서 원하는 생성물을

분리하기 쉽고 반응 과정에서 탄소양이온이 생성되지 않으므로 탄소 양이온의 재배열이 일어나지 않는다.

2) 3브롬화인(PBr_3)과 치환 반응

알코올을 염화 싸이오닐($SOCl_2$) 대신에 3 브롬화인(PBr_3)과 반응시키면 브롬화 알킬(RBr)이 좋은 수율로 얻어진다.

$$R{-}OH + PBr_3 \longrightarrow R{-}Br + HOPBr_2$$

$$3\ H_2C{=}CHCH(OH)CH_3 + PBr_3 \longrightarrow 3\ H_2C{=}CHCH(Br)CH_3 + P(OH)_3$$

But-3-en-2-ol → 3-Bromobut-1-ene

$$CH_3CH_2{-}OH + PBr_3 \longrightarrow CH_3CH_2{-}Br + HOPBr_2$$

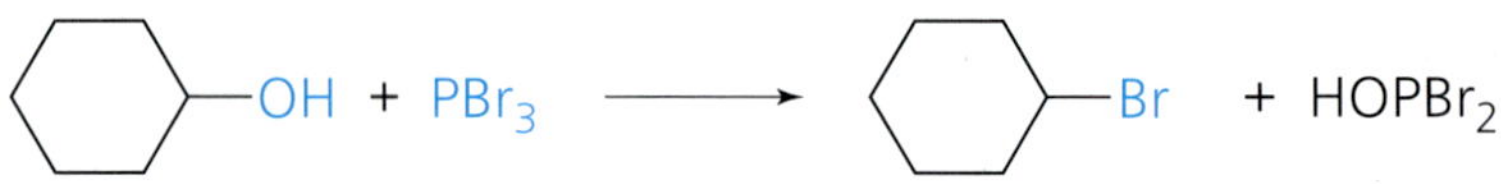

이 반응 역시 이탈기로서는 부적합한 OH기를 PBr_3를 이용하여 좋은 이탈기로 전환시킨 후 반응에서 생성된 친핵체인 Br^-가 S_N2 반응을 하여 RBr을 생성시키는 반응이다.

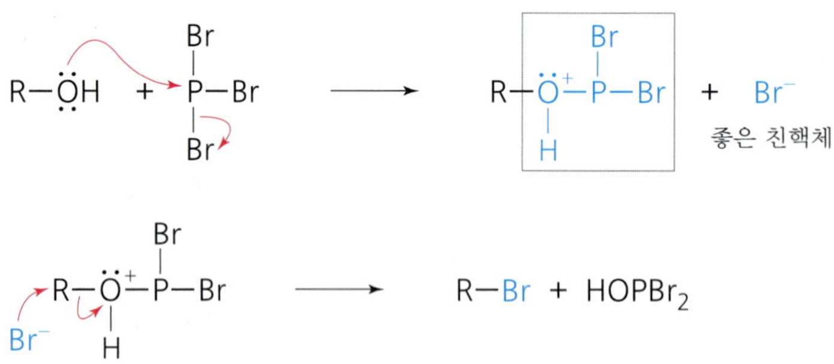

(3) 알코올과 염기의 에터 생성 치환 반응(Williamson 합성)

알코올을 반응성이 큰 알칼리 금속(K, Na)이나 수소화 나트륨(NaH)과 같은 강한 염기와 반응시켜 알콕시화 이온으로 변환시킨 후 할로젠화 알킬(RX)과 반응시키면 에터가 생성된다. 이 반응을 Williamson 합성이라 한다.

$$\left(\begin{array}{l} 2ROH + 2Na \longrightarrow \underset{\text{알콕시화 이온}}{2RO^-Na^+} + H_2 \\ ROH + NaH \longrightarrow \underset{\text{알콕시화 이온}}{RO^-Na^+} + H_2 \end{array}\right) RO^-Na^+ + R'X \longrightarrow ROR' + Na^+X^-$$

$$\underset{\text{Ethanol}}{CH_3CH_2{-}OH} \xrightarrow{Na} \underset{\text{Sodium Ethoxide}}{CH_3CH_2{-}O^-Na^+} \xrightarrow{CH_3Br} \underset{\text{Ethyl Methyl Ether}}{CH_3CH_2{-}O{-}CH_3} + Na^+Br^-$$

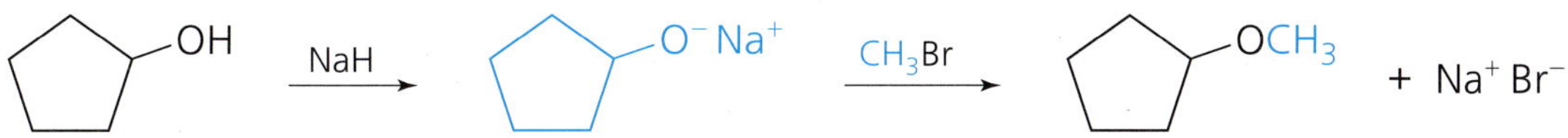

Cyclopentanol　Sodium Cyclopentyloxide　Cyclopentyl Methyl Ether

Williamson 합성은 메커니즘적으로 S_N2 반응으로 할로젠화 이온이 알콕시화 이온으로 치환되는 친핵성 치환반응이다. S_N2 치환반응에서와 같이 할로젠화 메틸 및 1차 할로젠화 알킬이 가장 좋은 기질이다. 2차와 3차 할로젠화 알킬은 S_N2 치환반응보다는 오히려 E2 제거반응에 의해 알콕시화 염기와 반응하는 경향이 있기 때문에 에터 제조에는 적합하지 않다.

참 고　알코올의 전체 반응 개요

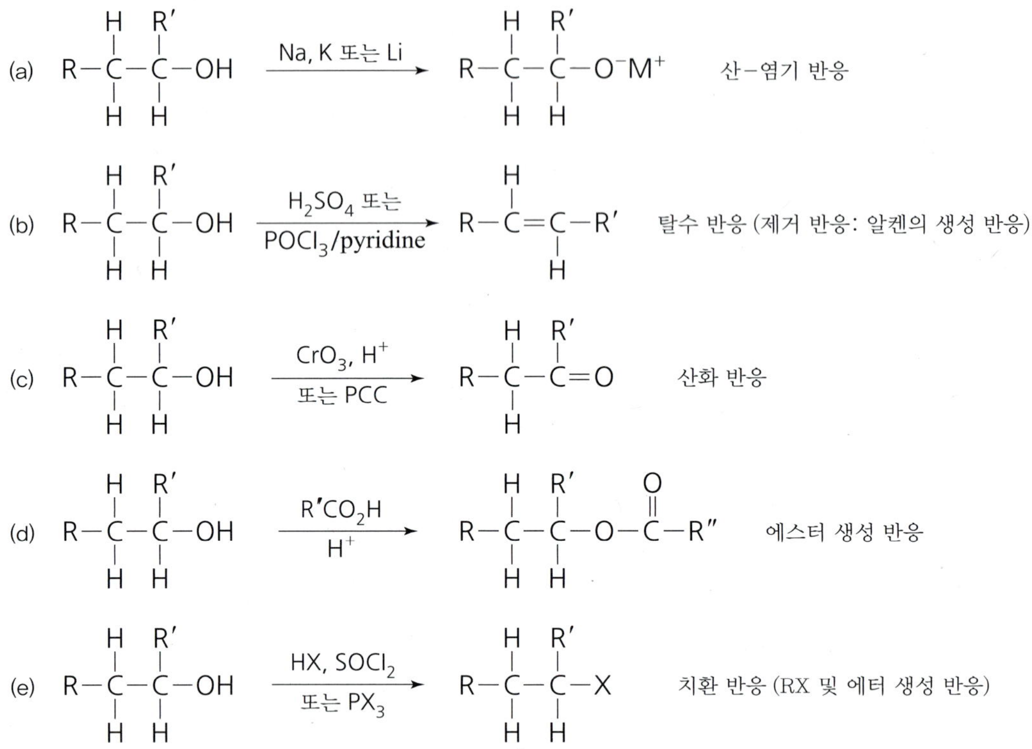

10.9 페놀의 제법

10.9.1 페놀 제법

현재 대부분의 페놀은 아이소프로필벤젠(큐멘)으로부터 합성하고 있다. 이 방법은 벤젠과 프로펜을 출발 물질로하여 아세톤과 페놀을 동시에 합성할 수 있어 공업적으로 널리 사용되는 경제적인 방법이다. 합성은 3단계 과정으로 진행한다. 벤젠과 프로펜(프로필렌)을 Friedel-Crafts 알킬화반응에 의해 아이소프로필벤젠(큐멘)을 만든다. 큐멘을 높은 온도(100~135℃)에서 공기와 반응시키면 라디컬 반응에 의해 큐멘 과산화물(Cumene Hydroperoxide)이 생성되고, 이것을 묽은 황산으로 처리하면 페놀과 아세톤이 합성된다. 이것을 큐멘법이라 한다.

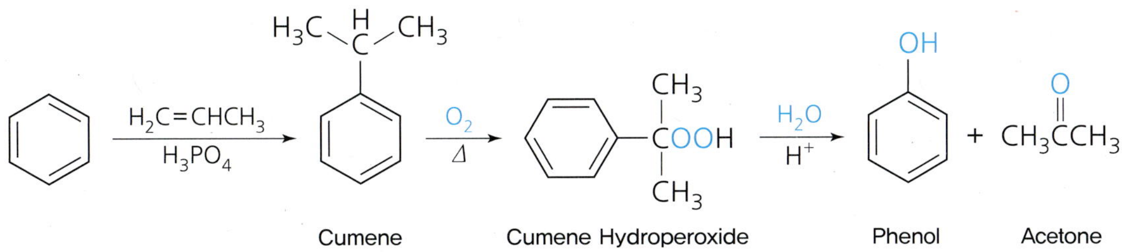

이 외에 다음과 같은 여러가지 페놀 제조법이 있다. 공업적으로 클로로벤젠 또는 벤젠설폰산 소듐과 NaOH을 고온 고압에서 반응시켜(또는 용융시켜) 제조한다. 이를 라쉬히(Raschig) 법이라 한다.

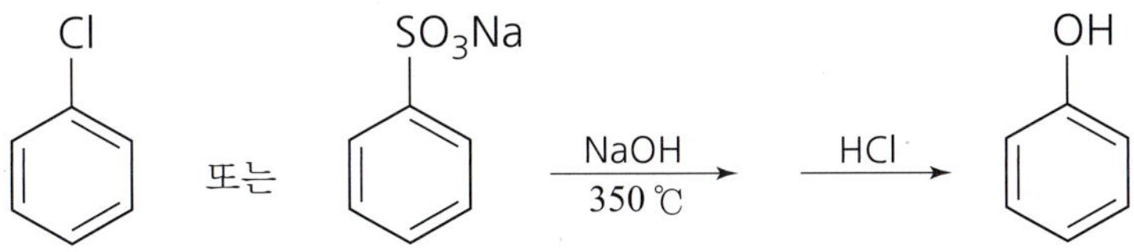

아닐린(Aniline) 유도체를 다이아조화한 후 친핵성 방향족 치환 반응시켜 합성한다.

$$Ar-NH_2 \xrightarrow{HONO} Ar-\overset{+}{N}_2 \xrightarrow[Cu^{2+},\ H_2O]{Cu_2O} Ar-OH$$

페놀은 방향족 화합물에서 출발하여 2 단계를 거쳐서 합성한다. 출발물질을 SO_3/H_2SO_4로 설폰화시키고 생성된 설폰산을 높은 온도에서 NaOH와 반응시키면 페놀이 생성된다.

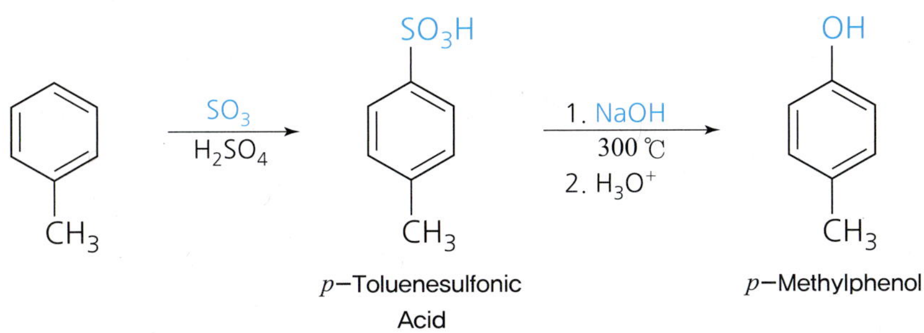

10.9.2 페놀 용도

페놀은 수지와 접착제를 제조하는 용도 이외에 항산화제(Antioxidants)를 합성하는 출발물질이다. 음식물이나 윤활유처럼 공기 중에서 쉽게 산화되는 물질에 페놀 화합물을 첨가하면 산화를 막을 수 있다. 이런 페놀 화합물은 항산화제로 작용한다. 상업적으로 개발된 대표적인 항산화제로 BHT(Butylated Hydroxytoluene)는 음식은 물론 식물성 기름, 윤활유, 합성 고무, 여러 가지 플라스틱 제품의 산화방지제로 사용되고 있다. 특히 BHA(Butylated Hydroxyanisole)는 쇠고기 등 육류의 항산화제로 많이 사용된다.

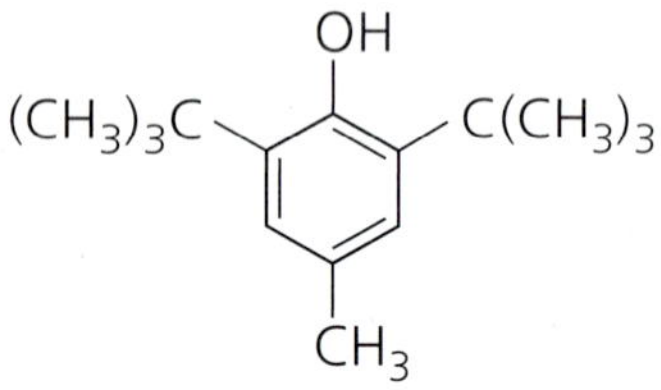

BHT

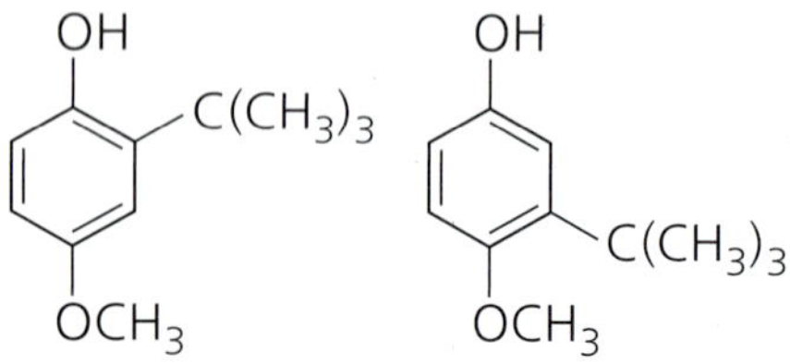

BHA

10.9.3 천연 페놀 화합물

자연계에 존재하는 페놀 화합물로 비타민 E(α-Tocopherol), 비타민 C(Ascorbic Acid)는 항산화제로서의 생물학적 작용을 하는 물질이다.

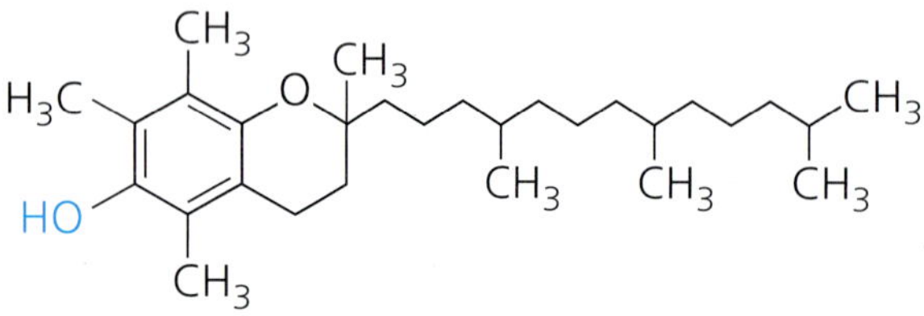

Vitamin E (α-Tocopherol)

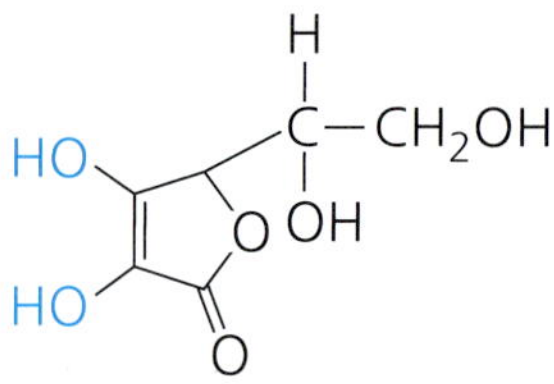

Vitamin C (Ascorbic Acid)

10.10 페놀의 반응

여러 가지 페놀의 반응은 다음과 같다.

10.10.1 페놀의 에터 생성 Williamson 합성

페놀과 알코올은 모두 OH기를 가지고 있으나 화학적 성질이 서로 매우 다르다. 알코올과 달리 페놀은 산으로 탈수반응이 일어나지 않으며 HX로 처리하여 할로젠화물로 전환되지 않는다. 그러나 페놀은 염기 존재하에 1차 할로젠화 알킬로 처리하면 S_N2 반응으로 에터로 전환된다. 페놀의 Williamson 에터 합성은 쉽게 일어나는데 그것은 알코올보다 산성이 더 커서 쉽게 페녹시화 음이온으로 변환되기 때문이다.

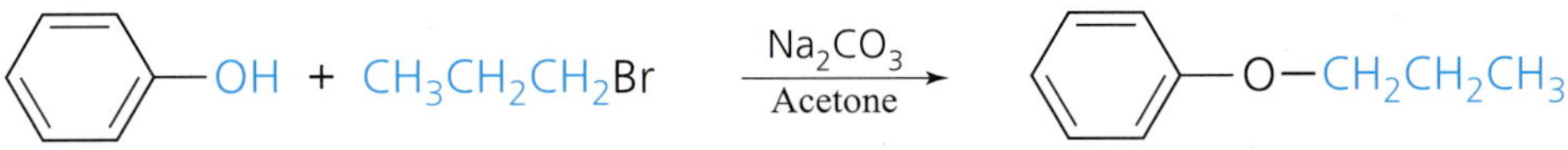

Phenol　1−Bromopropane　Phenyl Propyl Ether

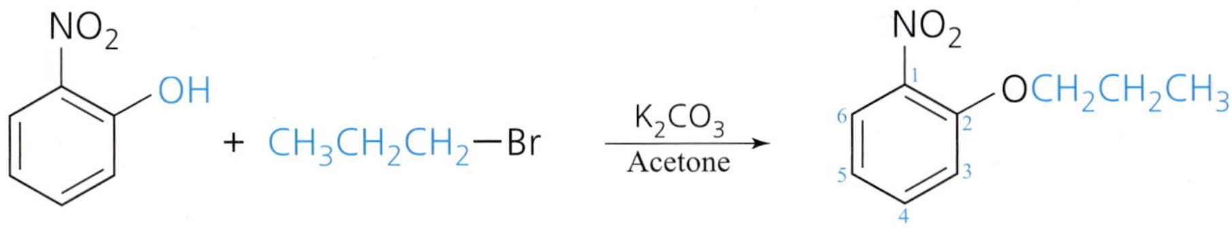

m−Nitrophenol　1−Bromopropane　1−Nitro−2−propoxybenzene

그 외 페놀은 다음과 같이 에스터 형성 반응을 한다(HX와는 반응하지 않음).

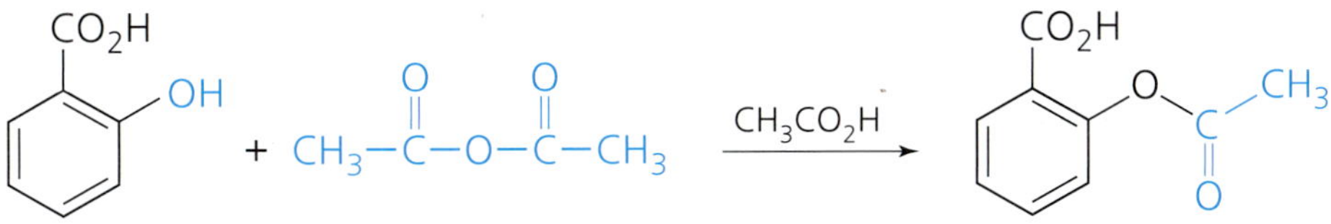

Salicylic Acid　Acetic Anhydride　Acetylsalicylic Acid (Aspirin)

10.10.2 페놀의 친전자성 방향족 치환반응

페놀의 OH기는 공명에 의해 벤젠고리를 활성화시키는 작용기이므로 *o*−(오쏘−) 및 *p*−(파라−) 지향의 친전자성 방향족 치환 반응이 잘 일어난다. 페놀은 친전자성 할로젠화 반응, 나이트로화 반응 및 설폰화 반응에 대한 반응성이 큰 기질이다. 예를 들면, 페놀은 혼산(질산 + 황산)으로 처리하면 나이트로화 반응이 일어나 *o*−(오쏘−) 및 *p*−(파라−) 나이트로페놀을 합성할 수 있고, 브롬수로 브롬화 반응을 시켜 2,4,6−트라이브로모페놀을 합성할 수 있다.

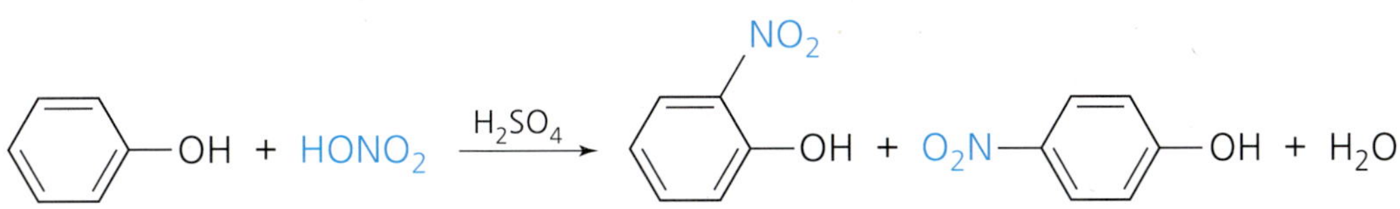

o−Nitrophenol　*p*−Nitrophenol

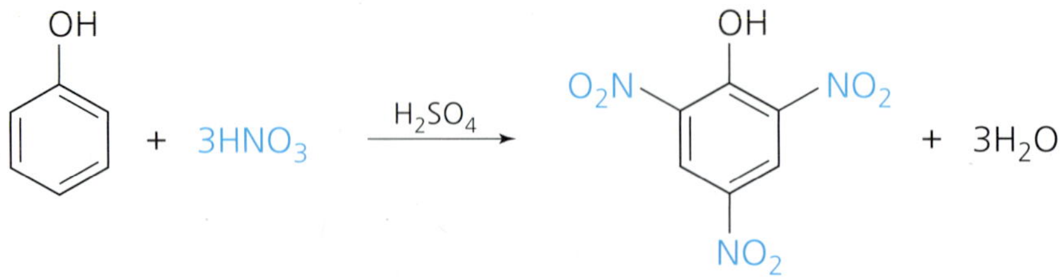

2,4,6-Trinitrophenol

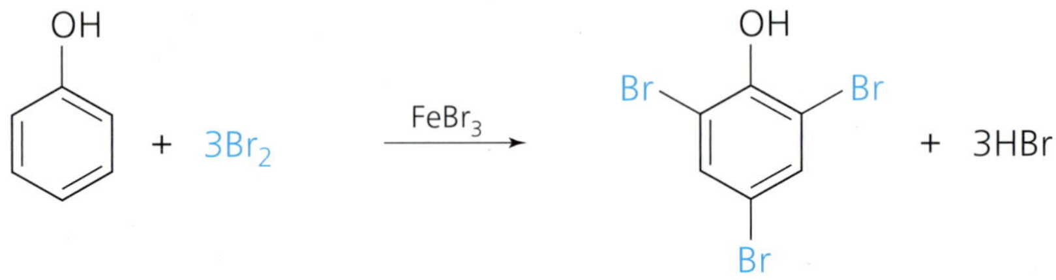

2,4,6-Tribromophenol

그외 설폰화 반응 예는 다음과 같다.

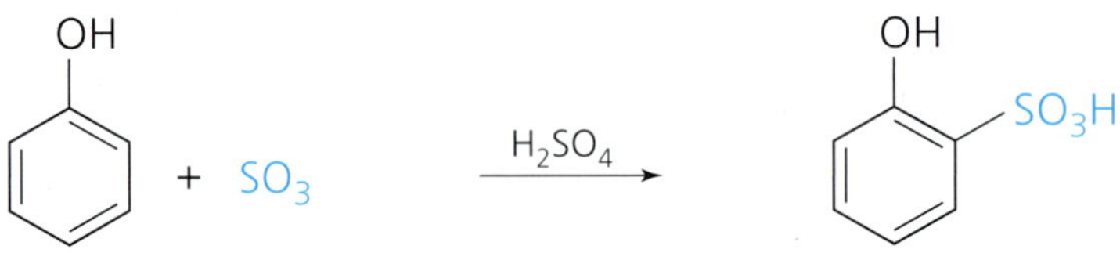

10.10.3 페놀의 산화반응

페놀은 알코올처럼 산화되지 않는데 OH기에 붙어 있는 탄소가 수소를 가지고 있지 않기 때문이다. 그러나 페놀은 크롬산 나트륨($Na_2Cr_2O_7$)과 같은 산화제와 반응하여 p-벤조퀴논(1,4-Benzoquinone)을 생성한다. 이 물질은 오랫동안 흑백필름 현상액으로 사용되는 물질이다. 벤조퀴논은 산화와 환원이 쉽게 되는 흥미로운 화합물이다. 벤조퀴논은 $NaBH_4$나 $SnCl_2$에 의하여 쉽게 환원되어 하이드로퀴논(p-다이하이드록시벤젠)으로 변환되고, 하이드로퀴논은 크롬산 나트륨에 의해 쉽게 산화되어 가역반응으로 다시 퀴논이 된다.

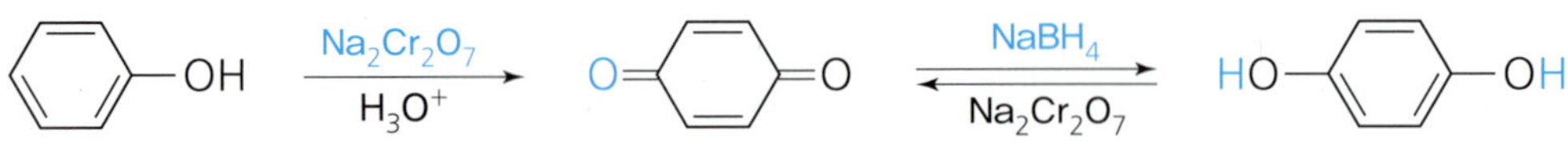

p-Benzoquinone

p-Dihydroxybenzene (Hydroquinone)

즉 하이드로퀴논과 벤조퀴논은 산화–환원 반응에 의해 쉽게 전환된다. 생체내 산화–환원 반응과 관련된 기능을 하는 보조효소 Q(유비퀴논, Ubiquinone)와 혈액 응고에 필수적인 물질인 비타민 K는 퀴논 구조를 하고 있다.

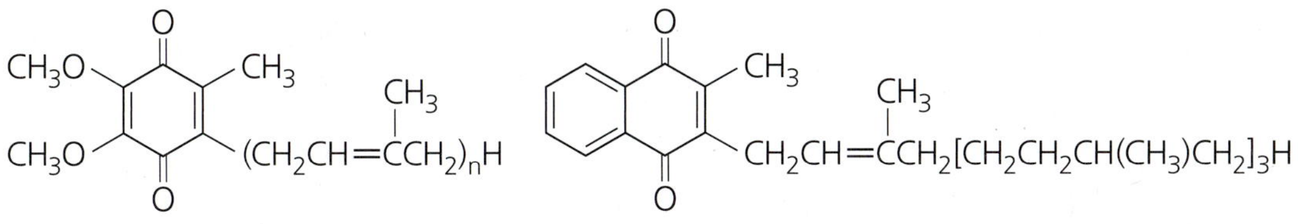

Ubiquinone (Coenzyme Q) n=6~10 Vitamin K

10.10.4 페놀의 카복실화 반응(Kolbe-Schmitt 반응)

소듐 페녹사이드(Phenoxide)를 탄산가스와 고압하에서 가열 반응시키면 페놀의 o위치에 카복실화 반응이 일어나 살리실산(Salicylic Acid)이 생성된다. 이 반응을 콜베–쉬미트(Kolbe– Schmitt) 반응이라 한다.

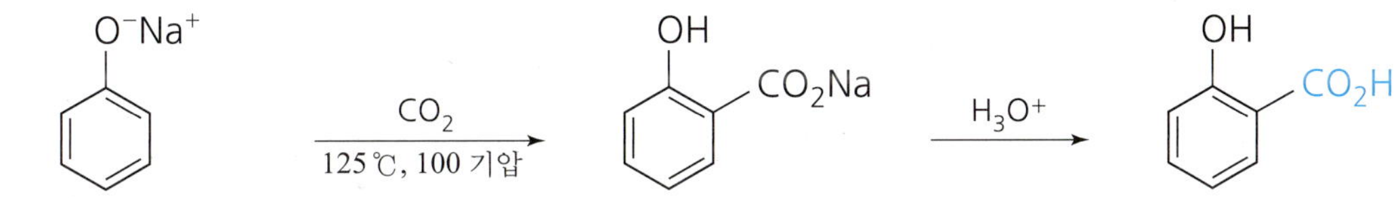

위 반응의 메커니즘은 다음과 같다.

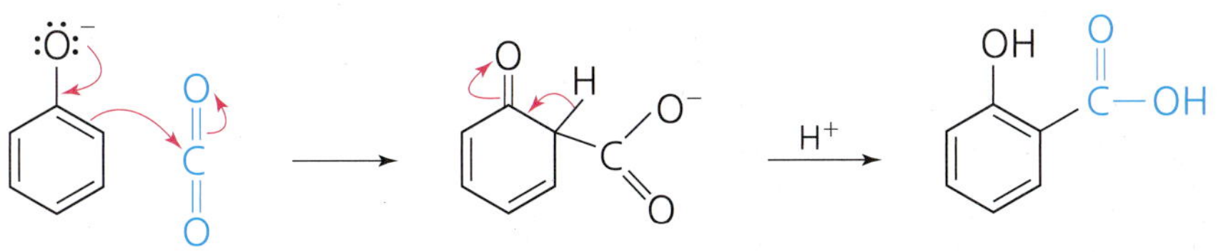

10.11 알코올과 페놀의 유기 화합물 보기

다음은 알코올과 페놀의 천연 유기 화합물 예를 나타낸다.

10.11.1 포도주의 에틸 알코올

알코올이 주는 도취감과 즐거움을 주는 풍미 때문에 인간은 오랜 세월 동안 알코올 음료를 마셔왔다. 포도주, 맥주 및 유사 제품에는 1차 알코올인 에탄올(CH_3CH_2OH)이 들어 있다. 알코올은 위와 소장에서 빨리 흡수되어 혈류 속으로 들어가 빠르게 다른 기관에 전달된다. 다른 1차 알코올과 같이 에탄올은 쉽게 산화된다. 즉, 에탄올이 체내에서 대사되는 이 과정은 간에서 일어나는 일련의 효소 촉매에 의한 산화 반응이다.

에틸알코올

그림 10.1 포도주

10.11.2 옥수수의 에탄올 연료

재생 가능한 연료인 옥수수로부터 에탄올을 얻는다. 옥수수 녹말(아밀로스)을 가수분해하여 얻은 단순당을 발효시켜 에탄올을 만든다. 이를 원유 정제에서 얻은 탄화수소와 혼합하여 유용한 연료를 제조한다. 이 혼합 에탄올과 탄화수소를 연소하면 CO_2와 다량의 에너지가 방출하게 된다.

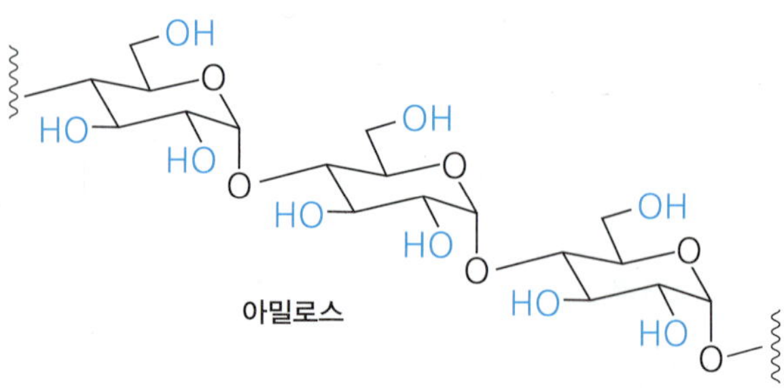

아밀로스

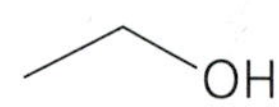

에탄올

그림 10.2 옥수수

10.11.3 허브의 리날로올 알코올

리날로올(Linalool)은 다양한 향기가 나는 허브, 월계수, 감귤류에서 찾을 수 있는 탄소 10개의 알코올이다. R거울상이성질체는 라벤더 오일의 2 가지 주성분 중 하나이며 S 거울상이성질체는 고수(Coriander)와 달콤한 오렌지 꽃에서 발견된다. 쾌적한 냄새 때문에 리날로올은 상업적으로 냄새가 좋은 비누 및 로션에 사용되고 벼룩과 바퀴벌레를 통제하기 위한 살충제의 일종으로 사용된다.

그림 10.3 허브

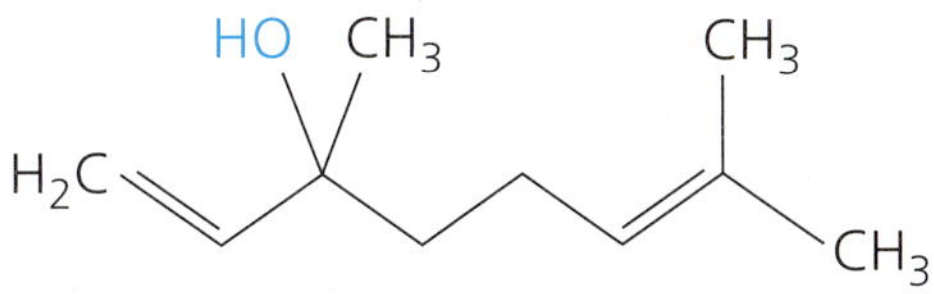

리날로올

10.11.4 파촐리의 알코올

말레이시아가 원산지인 파촐리(Patchouli)에서 추출한 파촐리 알코올(Patchouli Alcohol)은 이국적인 향 때문에 향수 제조에 이용된다. 1800년대에 숄(Shawl)을 해충으로부터 보호하기 위해 종종 파촐리 잎과 함께 포장되어 인도로부터 수입되었으며 독특한 향이 옷에 스며들기도 하였다.

그림 10.4 파촐리

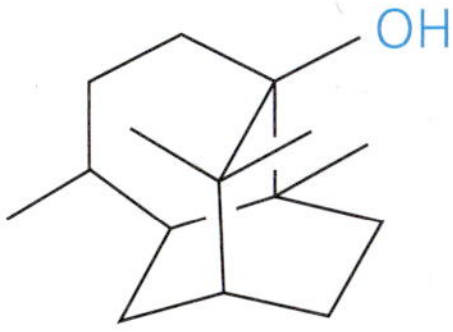

파촐리 알코올

10.11.5 덩굴옻나무의 우루시올 페놀

덩굴옻나무(독성 담쟁이)에서 분리한 우루시올(Urushiol)은 자연에 존재하는 페놀의 하나이다. 우루시올은 옻나무를 비롯한 옻나무속 수종의 유액의 주성분인 페놀성 물질이다. 구조가 유사한 우루시올 I ~ V가 알려져 있다. 특이 체질의 사람은 옻나무에 접근하는 것만으로도 전신에 옻오름이라는 피부염을 일으키는 데 이것은 바로 이 알레르기 유발 항원 때문이다. 또 우루시올은 옻나무속 식물의 유액에 함께 포함되어 있는 락카아제(Laccase)에 의해 공기중에서 산화 및 중합되어 흑색수지상 옻이 되고 양질의 도료로서 옻칠에 사용된다.

그림 10.5 덩굴옻나무

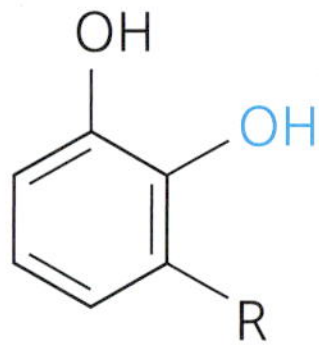

우루시올

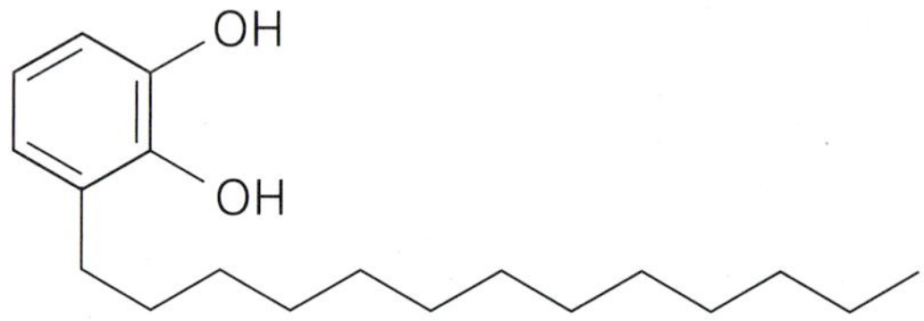

우루시올 예1

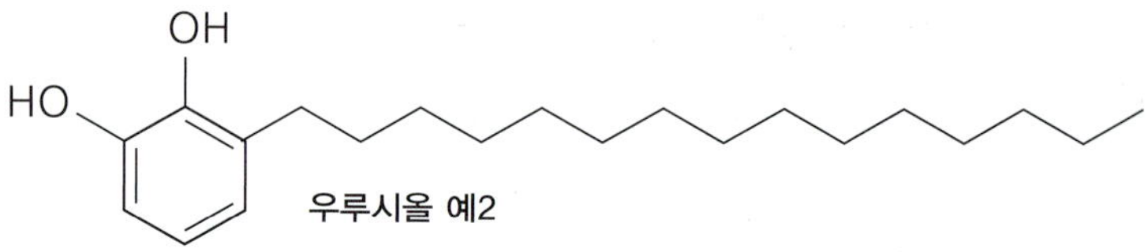

우루시올 예2

10.11.6 식품첨가용 항산화제 BHT

뷰틸화된 뷰틸하이드록시톨루엔(BHT, Butylated Hydroxytoluene)는 익힌 음식의 부패를 지연시키는 항산화제로 자주 사용된다.

그림 10.6 페놀계 항산화제 첨가 식품

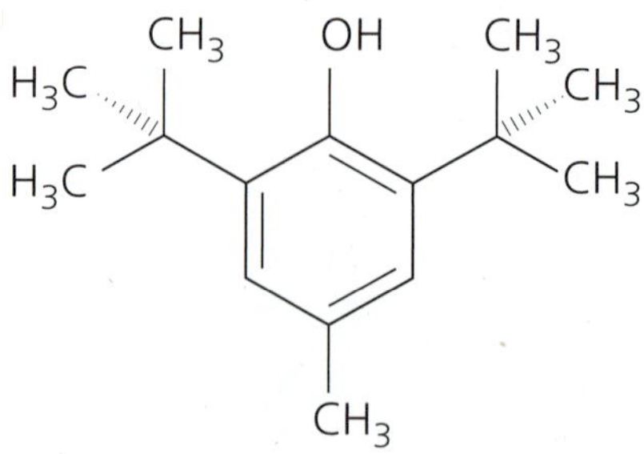

BHT

11장

에터와 황 화합물

11 장

에터와 황 화합물

에터에는 지방족 에터, 방향족 에터, 지방족-방향족 에터, 고리형 에터(에폭사이드) 및 크라운 에터가 있다. 그리고 싸이올과 설파이드는 황화물에 포함된다.

11.1 에터의 구조 결합 및 종류

에터는 산소에 1개가 아닌 2개의 유기 원자단이 결합되어 있다. 유기 원자단은 알킬, 아릴 또는 바이닐기이며, 산소 원자는 고리이거나 열린 사슬의 구조를 가질 수 있다.

에터는 sp^3 혼성 오비탈을 가진 산소 원자를 중심으로 2개의 탄소 원자(sp^3 또는 sp^2 혼성 탄소 원자)가 σ 결합을 하고 있는 구조이다(예를 들어 다이메틸 에터에서 산소 원자의 4개 sp^3혼성 오비탈 중 2개는 2개의 탄소 원자와 시그마 결합을 생성한다. 산소의 나머지 2개 sp^3혼성 오비탈은 각각 1개의 비공유 전자쌍을 가지고 있다). 산소 원자를 중심으로 양쪽에 결합한 알킬기 또는 아릴기가 동일할 경우 대칭 에터, 다를 경우 비대칭 에터라 한다. 산소 원자와 결합하는 탄소 원자는 알킬기 및 아릴기 모두 가능하다. 산소 원자 양쪽의 치환기가 메틸 혹은 에틸의 경우 결합각은 110° 내외이다.

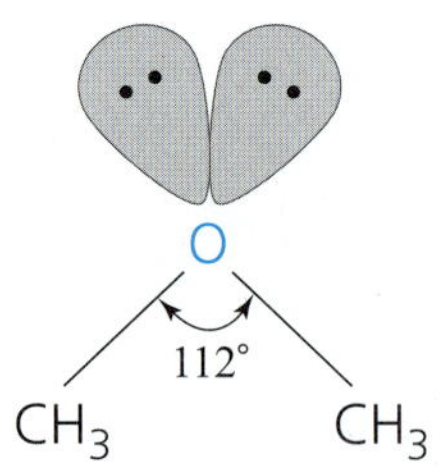

Dimethyl Ether

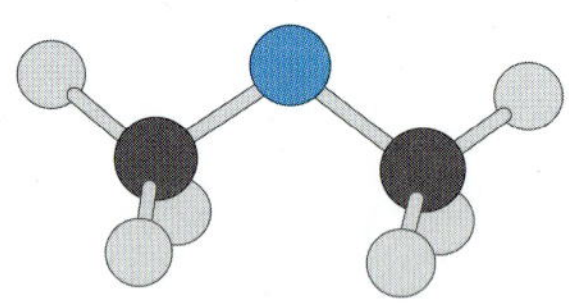

또한 비대칭 에터인 에틸 바이닐 에터(Ethyl Vinyl Ether)의 경우는 에터 산소는 sp^3로 혼성화된 탄소와 sp^2로 혼성화된 탄소에 각각 결합되어 있다.

$$CH_3CH_2-O-CH=CH_2$$

Ethyl Vinyl Ether

지방족 에테르는 R－O－R, 방향족 에테르는 Ar－O－Ar, 그리고 지방족-방향족 에테르는 R－O－Ar의 일반식을 가진다. 가장 잘 알려진 에테르는 다이에틸 에테르(Diethyl Ether)로 오래전부터 마취제로 사용되어 왔다. 이 외에도 향료로 사용되는 아니솔(Anisole)이 있다.

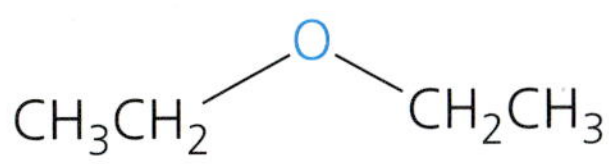

Diethyl Ether

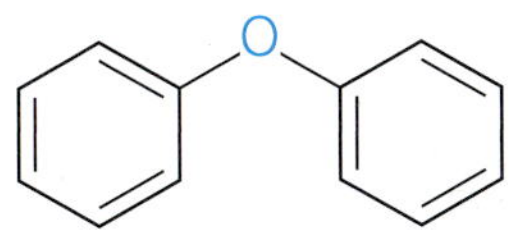

Diphenyl Ether

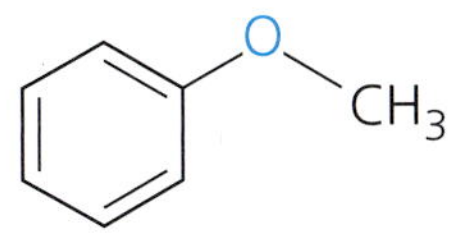

Anisole

11.2 에테르의 명명법

다음과 같이 IUPAC법과 관용법이 있다.

11.2.1 IUPAC법

복잡한 에테르 화합물은 IUPAC명을 따른다. 1개 이상의 알콕시기(Alkoxy, －OR 혹은 －ArO)가 있거나 명명 우선 순위가 큰 작용기가 있는 경우에는 알콕시기를 치환기로 명명하는데 이때 모체 알케인으로 가장 긴 탄소 사슬명을 쓰고 앞에 알콕시기의 이름을 붙인다.

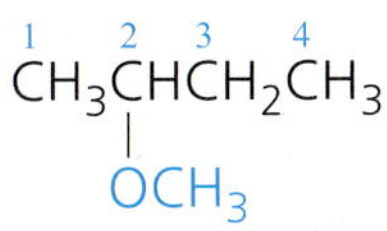

2-Methoxybutane

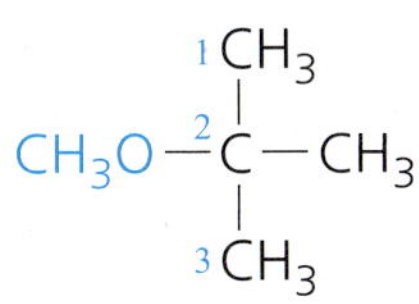

2-Methoxy-2-methylpropane

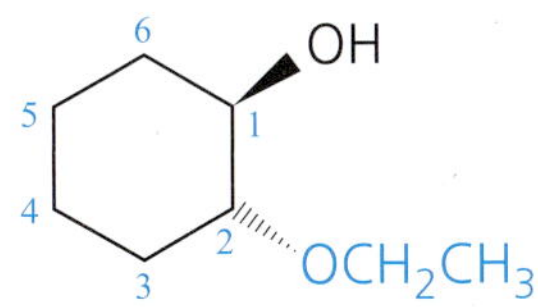

trans-2-Ethoxycyclohexanol

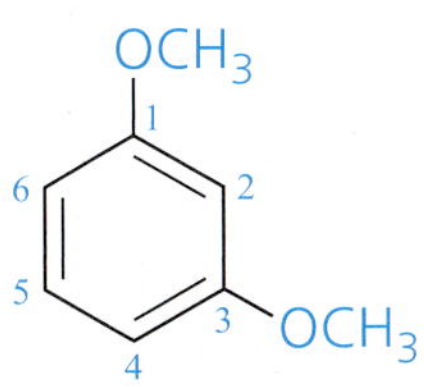

1,3-Dimethoxybenzene

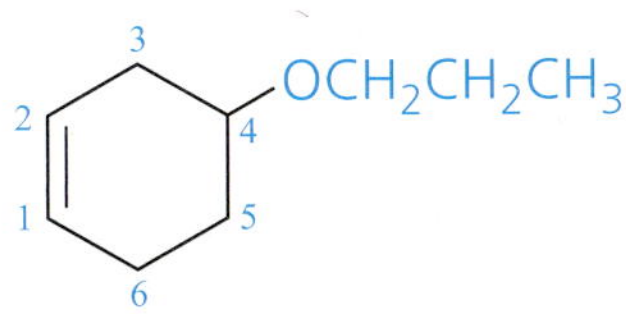

4-Propoxycyclohexene

11.2.2 알콕시기(Alkoxy Group)

알콕시기 RO−기들은 알킬기 R의 이름에 옥시(oxy)를 접미사로 붙인다. C_1~C_4 알콕시기는 축소 형태로 다음과 같이 명명한다.

CH_3-O-
Methoxy (메톡시)

CH_3CH_2-O-
Ethoxy (에톡시)

$CH_3(CH_2)_2-O-$
Propoxy (프로폭시)

$CH_3(CH_2)_3-O-$
Butoxy (뷰톡시)

$CH_3(CH_2)_4-O-$
Pentyloxy

$CH_3(CH_2)_5-O-$
Hexyloxy

$CH_2=CHCH_2-O-$
Allyloxy
[(Prop−2−en−1−yl) oxy]

$C_6H_5CH_2-O-$
Benzyloxy
(Phenylmethoxy)

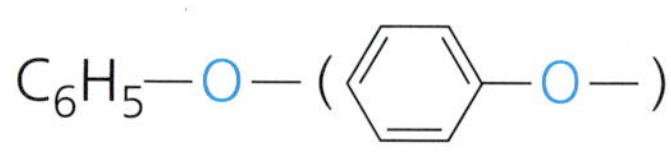
Phenoxy

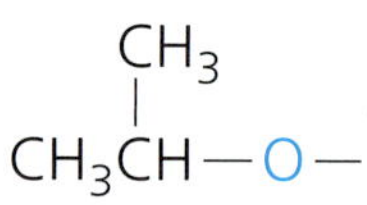
Isopropoxy

11.2.3 관용법

산소 원자를 중심으로 양쪽에 있는 알킬기 또는 아릴기(Aryl Group) 이름을 알파벳 순으로 쓰고 에터(Ether)라 명명한다. 그리고 간단한 에터 화합물은 관용명을 흔히 사용한다. 한글명은 에터와 에테르의 혼용을 허용하고 있다.

CH_3-O-CH_3
Dimethyl Ether
(다이메틸 에터)

$CH_3CH_2-O-CH_2CH_3$
Diethyl Ether
(다이에틸 에터)

$CH_3-O-CH_2CH_3$
Ethyl Methyl Ether
(에틸 메틸 에터)

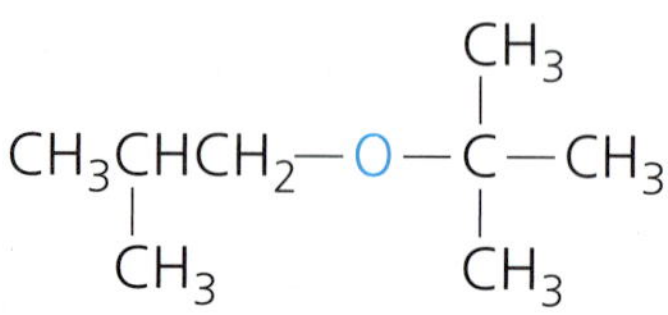
tert−Butyl Isobutyl Ether
(*tert*−뷰틸 아이소뷰틸 에터)

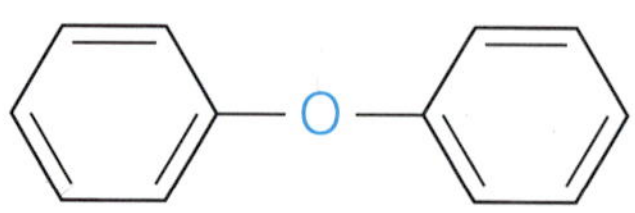
Diphenyl Ether
(다이페닐 에터)

11.3 여러가지 에터 명명 보기

에터의 여러 가지 명명 보기는 아래와 같다.

(1) 지방족 에터(비고리형)

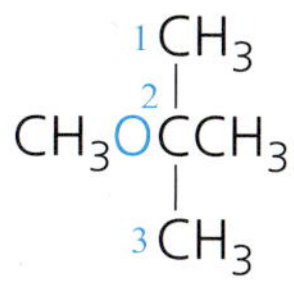 2–Methoxy–2–methylpropane (*tert*–Butylmethyl Ether)	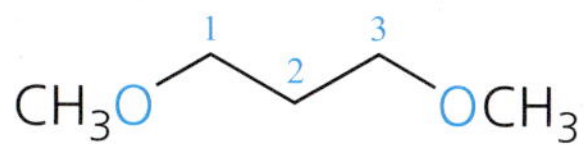 1,3–Dimethoxypropane	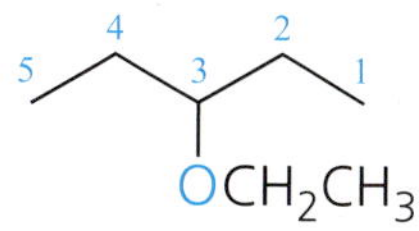 3–Ethoxypentane
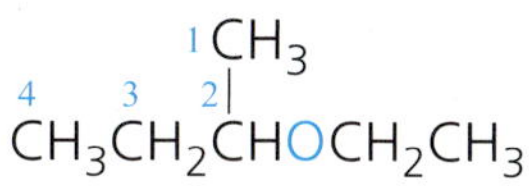 2–Ethoxybutane (*sec*–Butyl Ethyl Ether)	$CH_3CH_2OCH_2CH_3$ Ethoxyethane (Diethyl Ether)	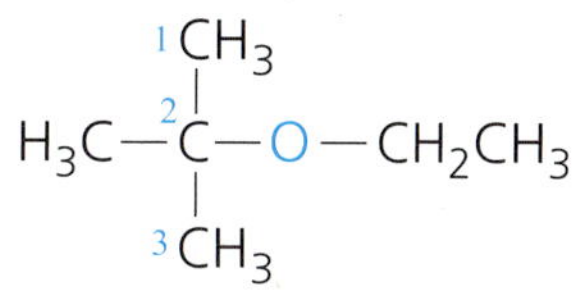 2–Ethoxy–2–methylpropane (*tert*–Butyl Ethyl Ether)
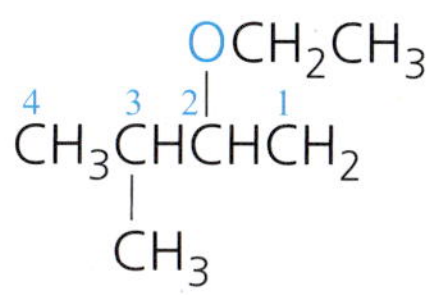 2–Ethoxy–3–methylbutane	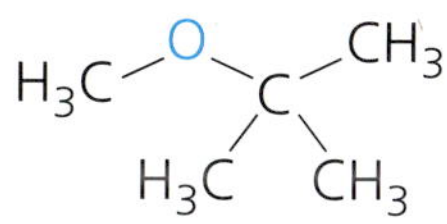 (*tert*–Butyl Methyl Ether)	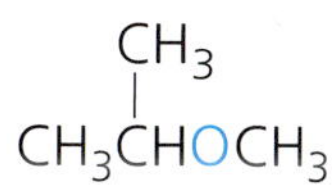 (Isopropyl Methyl Ether)
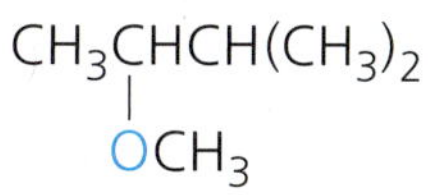 (Isopentyl Methyl Ether)	$CH_3CH_2CH_2-O-CH_2CH_2CH_3$ (Dipropyl Ether)	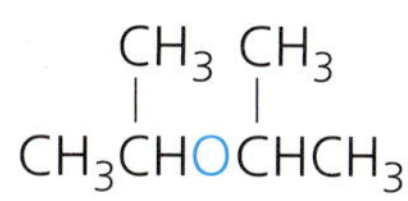 (Diisopropyl Ether)
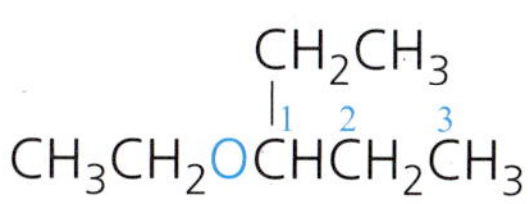 (Ethyl–1–Ethylpropyl Ether)	$CH_3CH_2-O-CH=CH_2$ (Ethyl Vinyl Ether)	$CH_2=CHCH_2-O-CH=CH_2$ (Allyl Vinyl Ether)
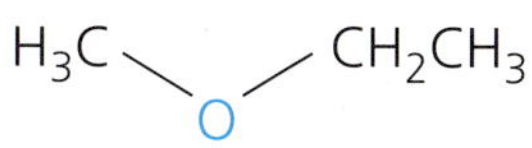 (Ethyl Methyl Ether)	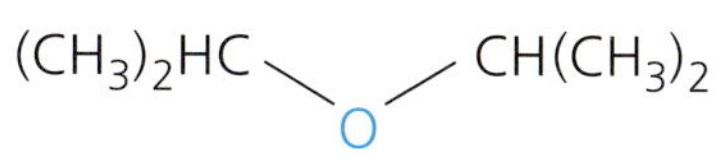 (Diisopropyl Ether)	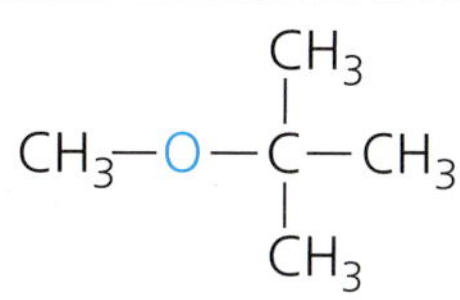 (*tert*–Butyl Methyl Ether)
$CH_3CH_2-O-CH_2CH_3$ (Diethyl Ether)		

주) ( )는 관용명 임

(2) 방향족 에테르

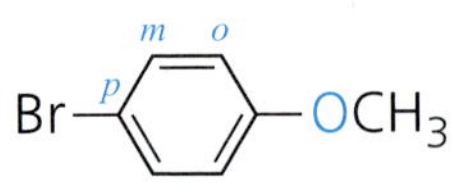 *p*–Bromophenyl Methyl Ether	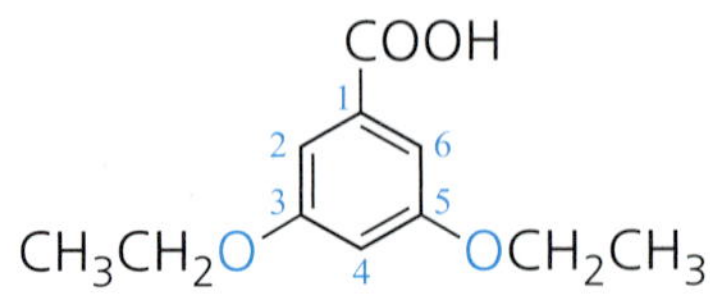 3,5–Diethoxybenzoic Acid	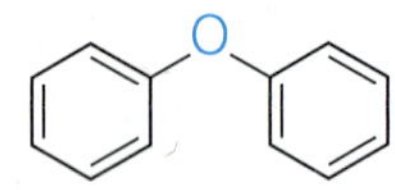 (Diphenyl Ether)

주) ( )는 관용명 임

(3) 지방족-방향족 에테르

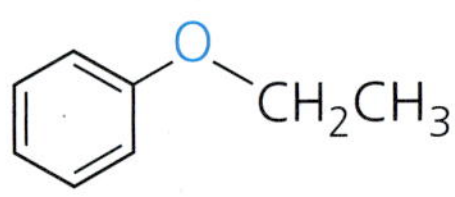 (Ethyl Phenyl Ether)	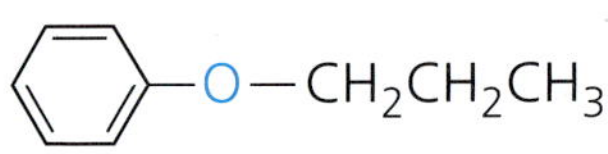 (Phenyl Propyl Ether)	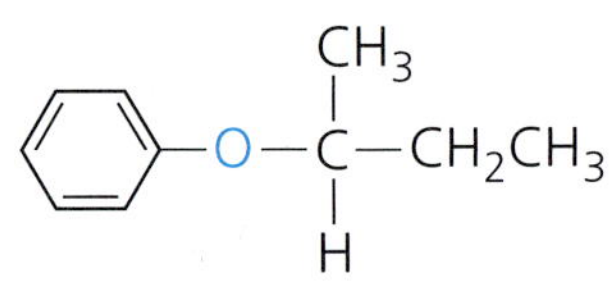 (*sec*–Butyl Phenyl Ether)

주) ( )는 관용명 임

11.4 에테르의 물리적 성질

에테르의 끓는점은 알케인보다 높으나 알코올보다 낮다. 에테르는 극성 분자이지만 산소 원자에 수소가 존재하지 않아 분자간 수소 결합을 할 수 없으며 쌍극자–쌍극자 상호작용(부분 전하 사이의 상호작용) 역시 입체 장애 때문에 약하다. 따라서 에테르는 반데르 발스(van der Waals) 힘 이외에 효과적인 분자간 인력을 가지지 않아 끓는 점이 낮다.

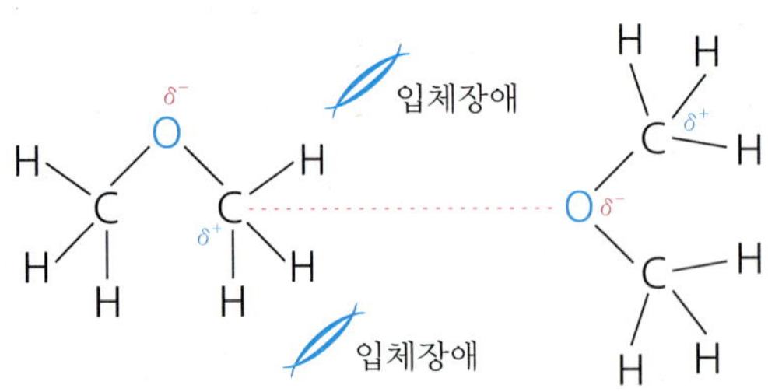

부분 전하 사이 약한 힘

그러나 에테르의 산소 원자는 물 또는 알코올과 수소 결합을 할 수 있어 비극성 분자보다는 물에 대한 용해도가 더 크다. 즉 다음과 같이 에테르의 산소 원자는 물과 수소 결합이 가능하므로 물에 녹는다. 즉 물속 다이메틸 에테르의 부분적으로 음전하인 산소 원자가 수소

결합 받개이고 물의 부분적으로 양전하인 수소 원자가 수소 결합 주개이다.

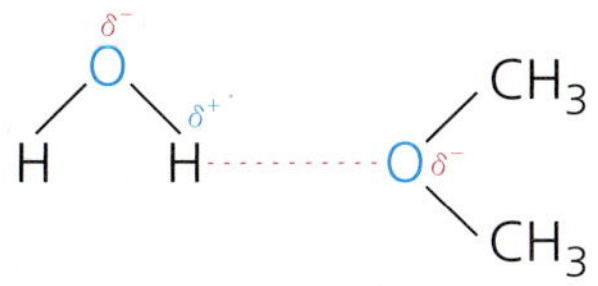

수소결합

아래 표는 분자량이 비슷한 알코올과 에터 그리고 알케인의 끓는점과 용해도의 물성을 서로 비교하였다.

표 11.1 에터와 알코올/알케인의 물성 비교

물 성	1–Butanol	Diethyl Ether	Pentane
분자량	74	74	72
끓는점(℃)	117	34.5	36
용해도(물 100g당 g수)	8.3	8	불용

11.5 에터의 제법

에터의 합성법에는 알코올의 치환반응, Williamson 합성법, 옥시수은 첨가–환원 반응 등이 있다. 각 제법에 대한 설명은 아래와 같다.

11.5.1 알코올의 치환반응 에터 제조

이것은 대칭 에터(R–O–R)의 제법이다. 반응은 1차 알코올을 황산 속에서 가열하면 친핵성 치환 반응에 의해 대칭 에터가 생성된다. 예를 들어 에탄올과 진한 황산 혼합물을 가열(130~140℃)하면 에틸 에터(Ethyl Ether)가 생성된다. 이 반응은 에탄올의 산소 원자에 양성자가 배위하여 생성된 에틸옥소늄 이온에 에탄올이 친핵체로 반응하여 S_N2 반응이 일어난 결과이다. 참고로 반응 온도가 180℃가 되면 탈수 반응(제거 반응)이 일어나 에텐이 주생성물로 얻어진다. 그리고 R이 2차 또는 3차 알킬기인 경우 에터 형성 반응이 일어나지 않고 탈수 반응이 우선적으로 일어난다.

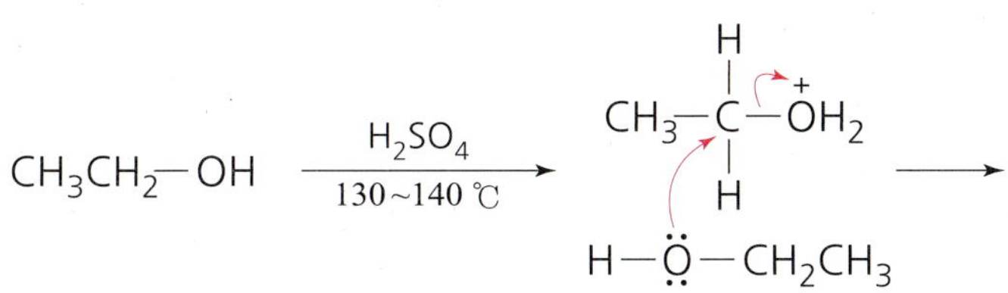

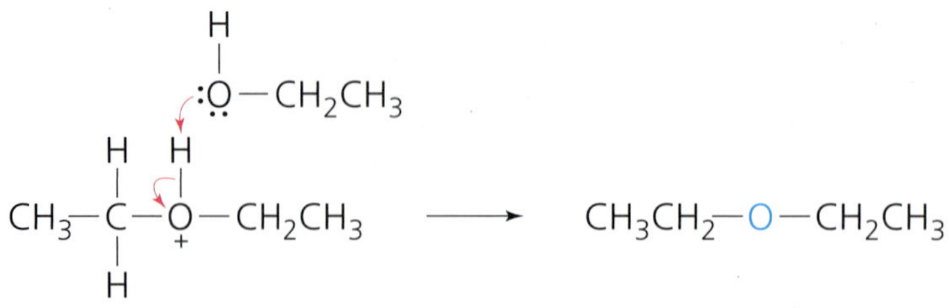

11.5.2 Williamson 합성법

알코올을 알콕사이드 이온으로 만든 다음, 1차 할로젠화 알킬과 S_N2반응을 통하여 쉽게 에터를 합성을 할 수 있다.

$$R-O-H \longrightarrow R-O^- \xrightarrow[S_N2]{R'X} R-O-R'$$

이 제법은 대칭 또는 비대칭 에터의 합성에 이용한다. 입체 장애가 작은 알킬기를 가진 친전자체 R–L(R: 1차 알킬, L: Cl, Br, I, OTs)에 친핵체인 알콕사이드 이온(RO^- 또는 $R'O^-$)을 S_N2 반응시켜 대칭 또는 비대칭 에터를 합성하는 방법을 윌리엄슨(Williamson) 합성법이라 한다.

(a) 비대칭 에터

$$CH_3CH_2CH_2-Cl \;+\; {}^-OCH_3 \xrightarrow[-Cl^-]{S_N2} CH_3CH_2CH_2-OCH_3$$

(b) 대칭 에터

$$CH_3CH_2-Br \;+\; {}^-OCH_2CH_3 \xrightarrow[-Br^-]{S_N2} CH_3CH_2-OCH_2CH_3$$

Williamson 합성법으로 비대칭 에터를 합성할 경우 어떤 반응 기질을 선택해야 되는지 먼저 고려해야 한다. 예를 들어 3차 뷰틸 메틸 에터(tert–Butyl Methyl Ether)를 합성할 경우 CH_3I를 친전자체 기질로 사용하는 아래(a)는 친핵성 치환 반응(S_N2 반응)이 성공적으로 일어나 목적물인 에터를 얻을 수 있다. 그러나 기질로$(CH_3)_3Cl$를 사용하는 아래(b)에서는 치환 반응(S_N1 반응)보다 E2 반응이 우선적으로 일어나 에터 생성물을 얻을 수 없게 된다.

(a)

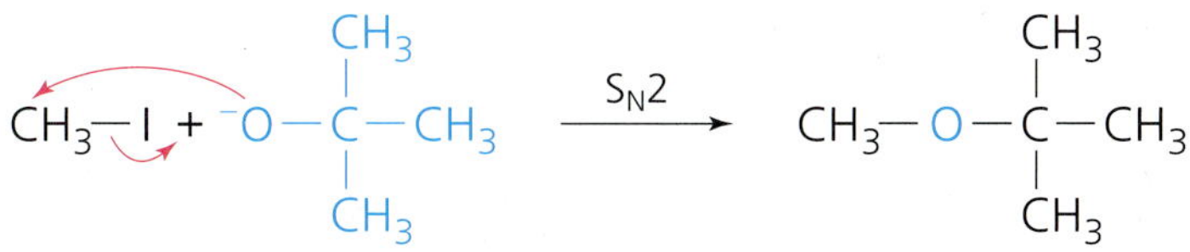

tert-Butyl Methyl Ether

(b)

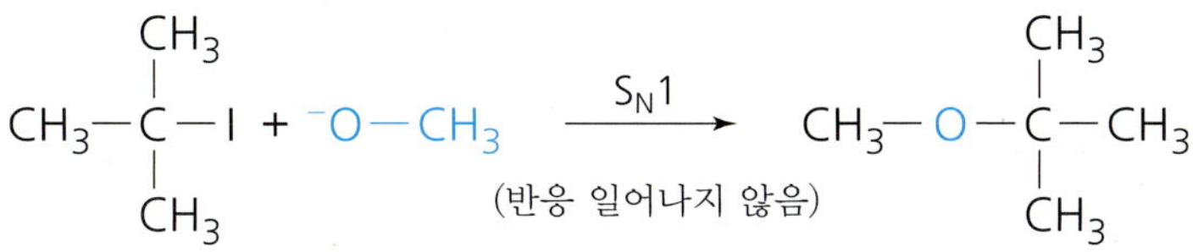

tert-Butyl Methyl Ether

11.5.3 옥시수은 첨가-환원 반응

알켄에서 옥시수은 첨가-환원 반응에서 물 대신에 알코올 속에서 반응을 수행하면 에터가 생성된다.

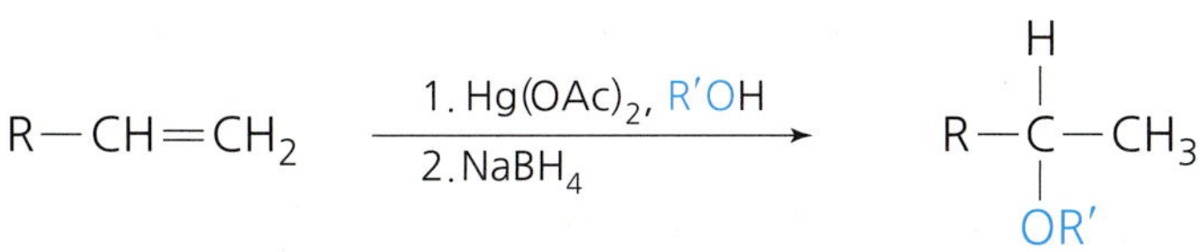

11.6 에터의 반응

에터는 다른 물질과 잘 반응하지 않는 성질로 인해 흔히 반응 용매로 사용 한다. 할로젠, 약산, 염기 및 친핵체들은 대부분의 에터와 특별히 반응을 하지 않는다. 그러나 공기 중에 오래 방치하면 과산화물이 생성될 수 있다. 유일하게 수용성 HI, HBr과 같은 강한 산에 의하여 에터 결합이 분해가 된다.

11.6.1 에터의 과산화물 생성 반응

에터를 공기 중에 오랫동안 방치하면 산소와 반응하여 과산화물(Peroxide)이 생성되어 폭발 가능성이 있다. 따라서 $LiAlH_4$ 또는 금속 Na등을 넣어 과산화물이 생성되는 것을 미리 방지해야 한다.

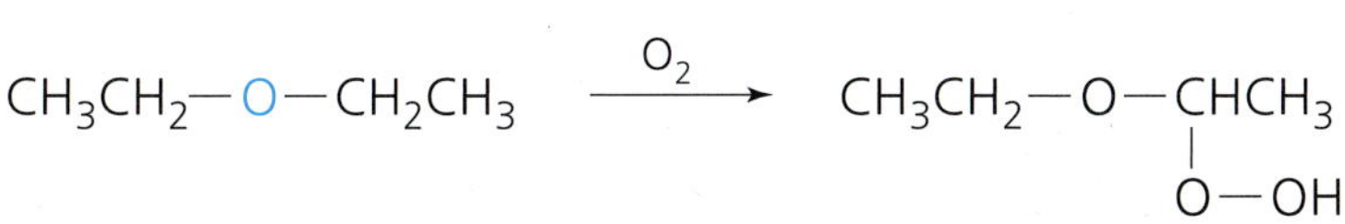

Peroxide

11.6.2 HX 또는 Lewis 산에 의한 에터 결합 분해 반응

에터를 당량의 HX(X: Br, I)와 반응시키면 C−O−C결합이 끊어져 할로젠화 알킬과 알코올이 생성된다. 그러나 만약에 아래와 같이 2 당량 이상의 HX와 반응시키면 C−O−C의 2개의 C−O결합이 끊어져 2개의 새로운 C−X결합이 생성된다. 이것은 생성된 알코올이 할로젠화 알킬로 전환되어 동일하거나(대칭 에터 경우) 다른 할로젠화 알킬(비대칭 에터 경우)이 생성된 것이다.

$$R{-}O{-}R' + 2H{-}X \longrightarrow R{-}X + R'{-}X + H_2O$$

X= Br 또는 I

$$CH_3{-}O{-}CH_2CH_3 + 2HBr \longrightarrow CH_3{-}Br + CH_3CH_2{-}Br + H_2O$$

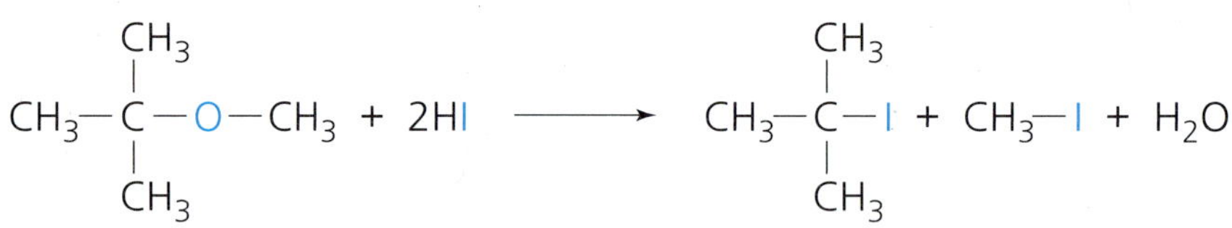

위의 반응 메커니즘은 X^-에 의한 친핵성 치환 반응이 2단계로 일어난다. 즉 1단계은 알코올과 할로젠화 알킬로 분해되는 단계로 S_N1 반응에 의한 3차 C−O 결합의 끊어짐[더 안정된 탄소양이온(C^+) 형성]이다. 반면에 2단계는 생성된 알코올이 할로젠화 알킬로 전환되는 단계로서 S_N2 반응에 의한 CH_3−O 결합의 끊어짐이다.

1 단계

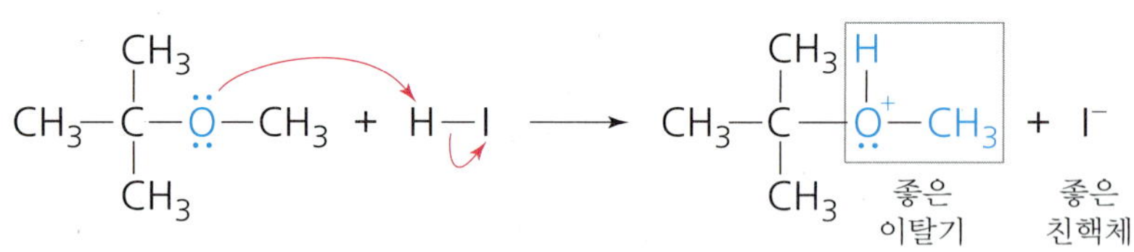

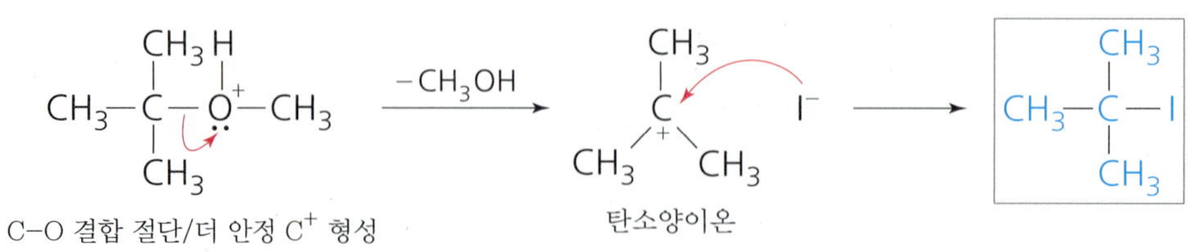

2 단계

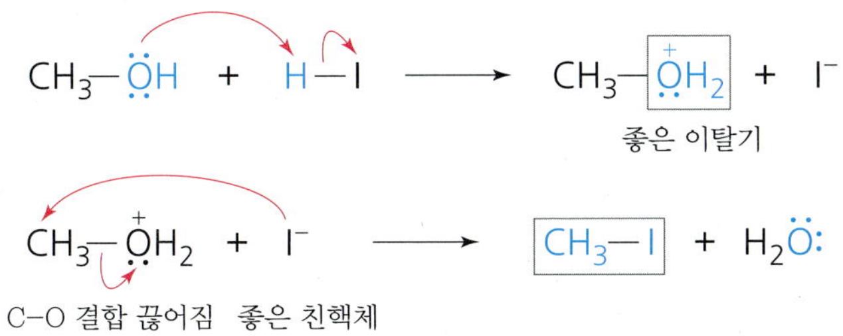

11.7 고리형 에터(에폭사이드)

C–O–C 결합의 산소 원자가 고리에 포함되어 있는 분자를 고리형 에터라 한다. 여러 고리형 에터 중에서 의자 형태의 구조가 가능한 6각형 고리를 제외하면 정4면체 결합각인 109.5°를 벗어난다. 따라서 고리에 존재하는 변형(Strain) 에너지인 각 변형(Angle Strain)을 가지고 있다. 특히 3각형 고리 형태의 에터인 에폭사이드(Epoxide)는 크게 벗어나 각 변형 때문에 일반 에터보다 반응성이 훨씬 커진다. 대표적인 몇 가지 형태의 고리형 에터(에폭사이드)는 아래와 같다.

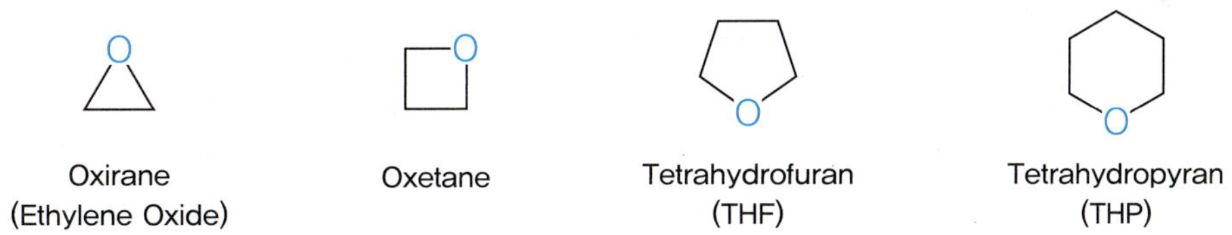

11.8 고리형 에터 명명법

다음과 같이 IUPAC법과 관용법이 있다.

11.8.1 IUPAC법

고리형 에터의 IUPAC명은 알케인의 에폭시(Epoxy) 유도체로서 명명한다. 즉, 알케인명 앞에 접두어 에폭시(Epoxy)를 붙여서 명명하고 산소 고리의 위치를 나타내는 숫자를 되도록 작은 번호가 되게 한다. 혹은 접미사로 옥시레인(Oxirane)을 붙여 부르기도 한다.

11.8.2 관용법

에폭사이드를 생성시킨 알켄의 관용명 뒤에 옥사이드(Oxide)를 붙여서 부른다. 한글명은 산화 뒤에 알켄의 관용명을 붙여서 명명한다.

	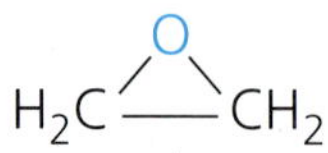	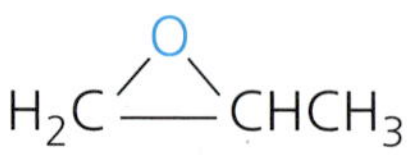	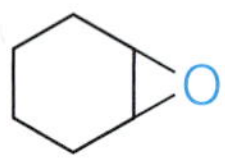
IUPAC명	Epoxyethane	1,2-Epoxypropane	1,2-Epoxycyclohexane
관용명	Ethylene Oxide (산화 에틸렌) Oxirane (옥시레인)	Propylene Oxide (산화 프로필렌) Methyloxirane (메틸옥시레인)	

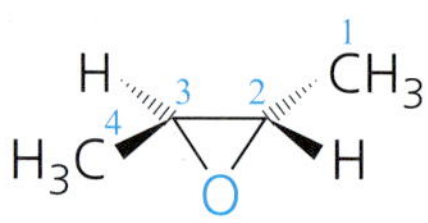

trans-2,3-Epoxybutane

	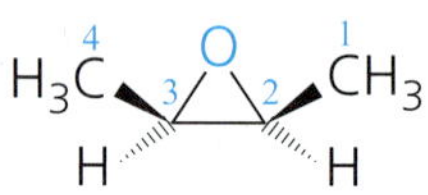	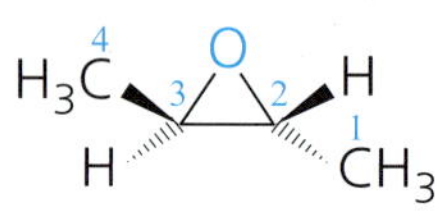	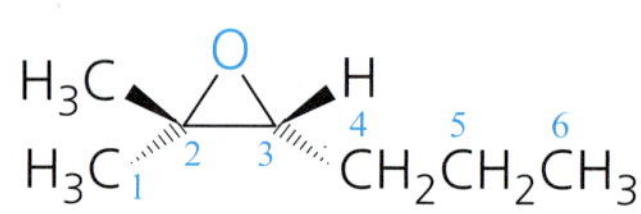
IUPAC명	*cis*-2,3-Epoxybutane *cis*-2,3-Dimethyloxirane	*trans*-2,3-Epoxybutane *trans*-2,3-Dimethyloxirane	2,3-Epoxy-2-Methylhexane 2,2-Dimethyl-3-Propyloxirane
관용명	*cis*-2-Butene Oxide	*trans*-2-Butene Oxide	2-Methyl-2-Hexene Oxide

	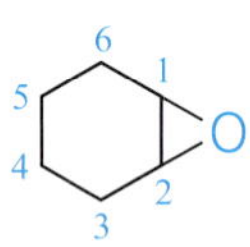	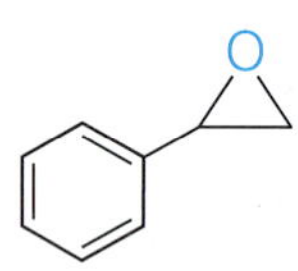
IUPAC명	1,2-Epoxycyclohexane	Phenyloxirane
관용명	Cyclohexene Oxide	Styrene Oxide

11.9 여러가지 고리형 에터 명명 보기

고리형 에터의 여러 가지 명명 보기는 다음과 같다.

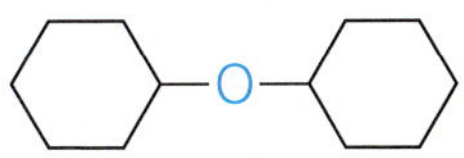

Cyclohexyloxycyclohexane
(Dicyclohexyl Ether)

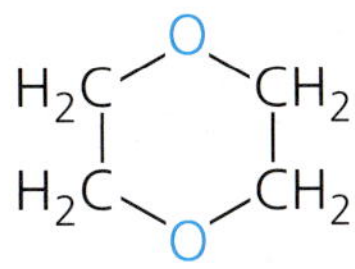

1,4–Dioxane

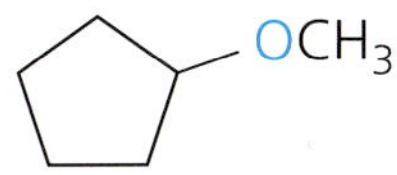

Methoxycyclopentane
(Cyclopentyl Methyl Ether)

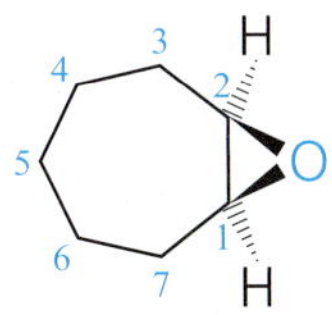

1,2–Epoxycycloheptane

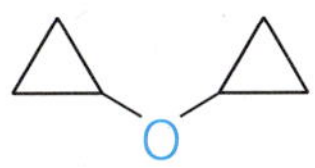

Dicyclopropyl Ether

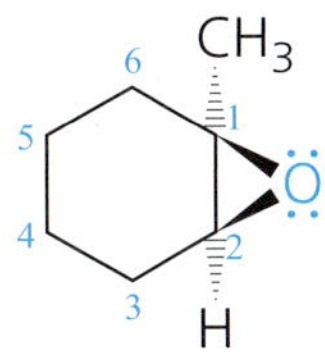

1,2–Epoxy–1–methyl–cyclohexane

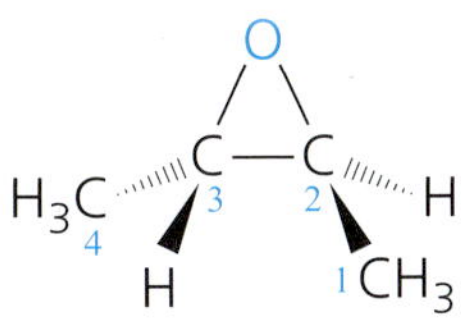

trans–2,3–Epoxybutane

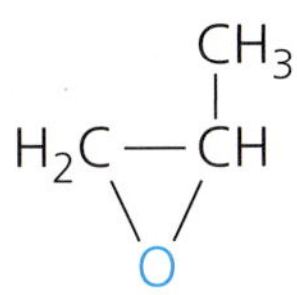

Methyloxirane
(Propylene Oxide)

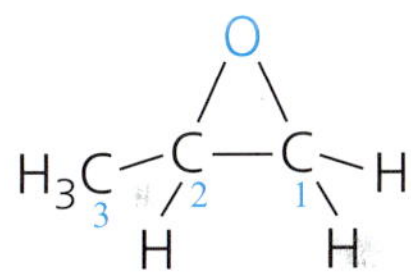

1,2–Epoxypropane

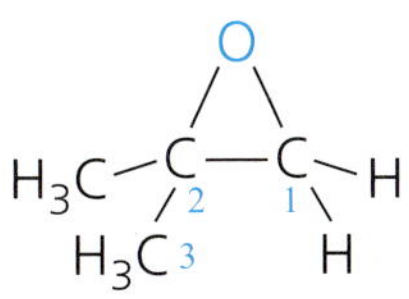

2–Methyl–1,2–epoxypropane

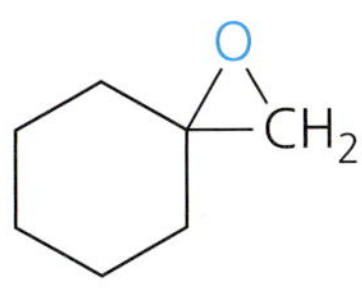

Methylenecyclohexane Oxide

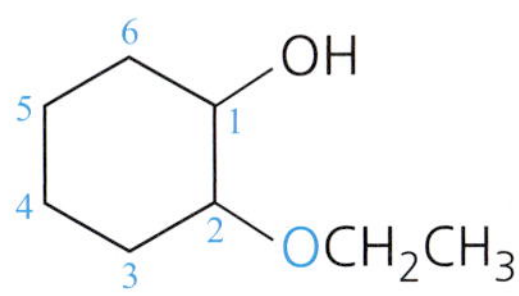

2–Ethoxycyclohexanol

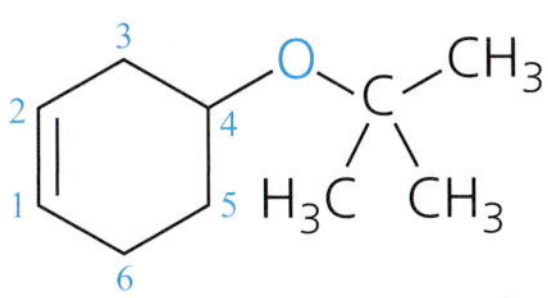

4–*tert*–Butoxy–1–cyclohexene

11.10 고리형 에터의 제법

대부분 고리형 에터는 열린 사슬 에터처럼 작용하는데, 그렇지 않은 고리형 에터는 에폭사이드(Epoxide)라 불리는 3원자 고리화합물이다. 가장 간단한 에폭사이드는 에틸렌 옥사이드(Ethylene Oxide)로, 이름 끝 –ene는 분자 내에 2중결합의 존재를 뜻하기 때문에 체계적인 이름은 아니다. 체계적인 이름은 1,2–Epoxyethane이다. 다음은 2,3–Epoxypentane을 나타낸다.

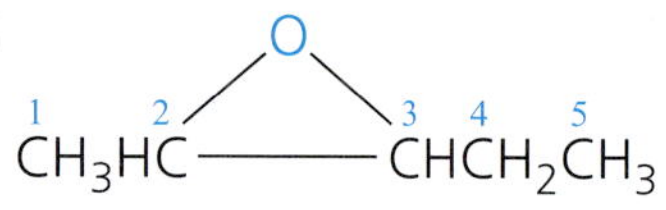

2,3–Epoxypentane

3원자 고리의 고리(사이클로) 에터는 알켄을 과산소산(Peracid)으로 산화하거나 할로하이드린(Halohydrin)에서 HX를 제거하면 얻어진다.

11.10.1 알켄의 산화 반응에 의한 에폭사이드 제조

알켄에 과산소산(Peracid)를 반응시키면 syn 첨가반응으로 에폭사이드가 얻어진다. 사용되는 과산소산으로 과산화아세트산(Peracetic Acid, CH_3CO_3H)과 m–Chloroperbenzoic Acid(mCPBA)이다.

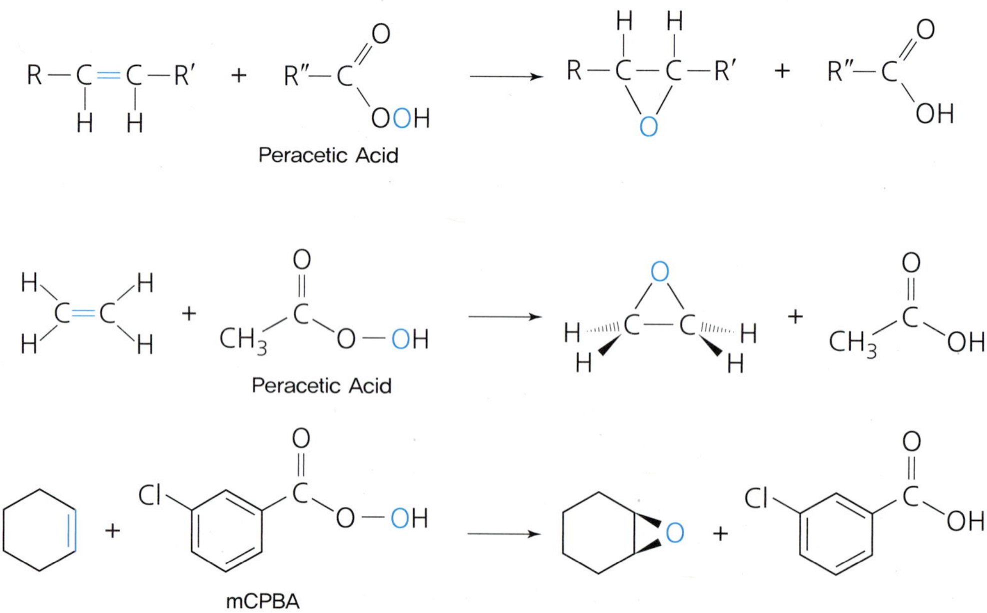

상기의 과산소산의 산소 원자가 알켄으로 이동하는 메커니즘은 아래와 같다.

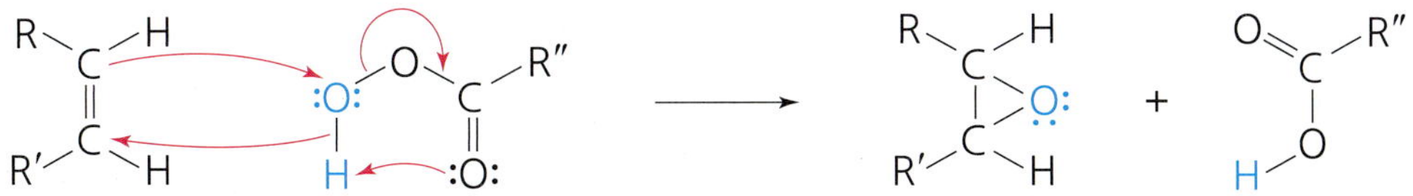

11.10.2 할로하이드린의 에폭사이드 생성 위한 분자 내 친핵성 치환 반응

알켄에 HOX(X: I, Br, Cl)를 반응시켜 합성한 할로하이드린에 염기를 작용시키면 분자내 S_N2 반응이 일어나 에폭사이드가 생성된다.

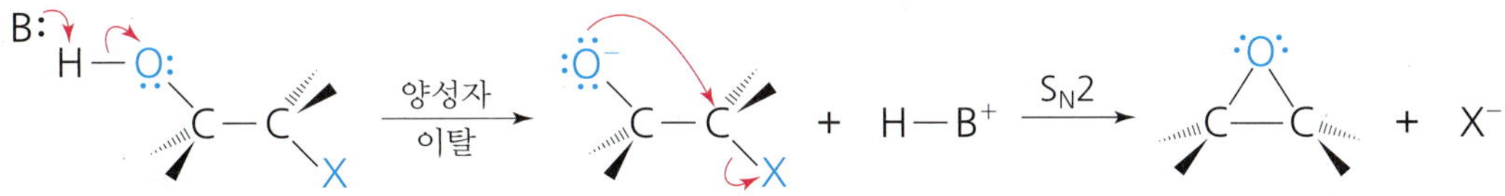

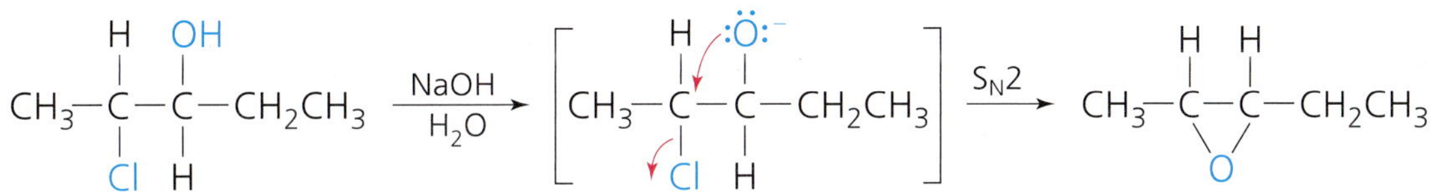

11.11 고리형 에테르의 반응

에폭사이드는 일반적인 sp^3 결합의 결합각인 109°를 가질 수 없고 대신 각 변형(Angle Strain)이 큰 3원자고리를 가진다. 이러한 고리의 각 변형과 더불어 C–O 결합의 극성으로 인하여 다른 에테르와는 달리 친핵성 치환반응에서 대단히 큰 반응성을 갖는다.

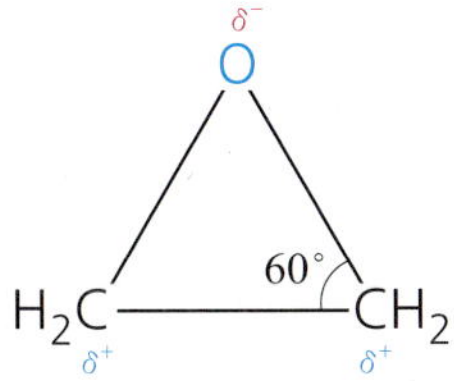

각 변형이 있는 3원자 고리가 열리고 낮은 에너지의 안정한 생성물이 형성된다. 즉 각종 친핵체의 공격을 받아 에폭사이드의 친핵성 고리 열림 반응을 한다.

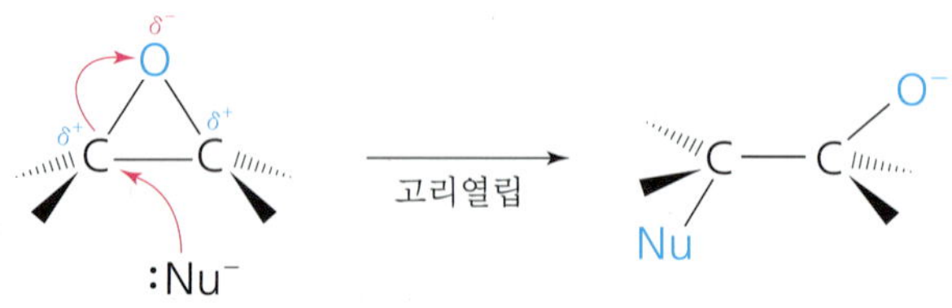

이와 같이 에폭사이드의 특징적인 반응은 고리 열림 반응이며 이 반응은 염기 촉매 조건과 산(양성자) 촉매 조건에서 모두 가능하다.

11.11.1 염기조건 에폭사이드의 친핵성 고리 열림 반응

염기성 조건에서 에폭사이드의 친핵성 고리 열림 반응은 강한 음이온 친핵체가 산소 원자의 반대 방향에서 공격한다. 이 반응은 S_N2 반응으로 친핵체는 입체 장애가 작은 쪽을 우선하여 공격한다. 일반 반응식은 다음과 같다.

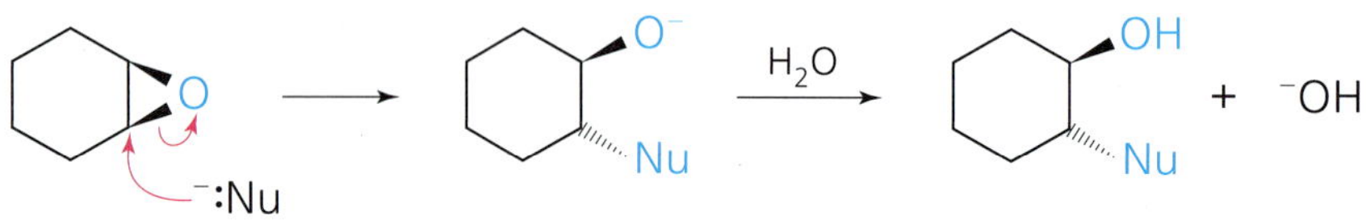

예를 들어 2,2-Dimethyloxirane 반응은 친핵체인 $^-OCH_3$(알콕사이드 이온)가 입체장애가 적은 탄소를 공격하고 S_N2 반응으로 이루어진다.

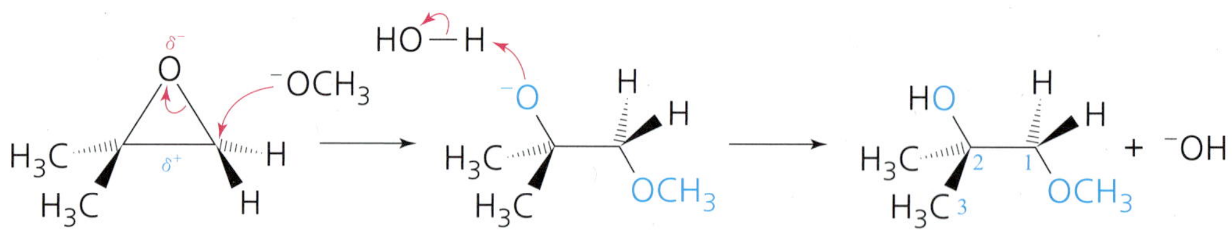

11.11.2 산성조건 에폭사이드의 친핵성 고리 열림 반응

이 반응은 S_N1 반응으로 친핵체는 더 안정한 탄소양이온(안정도:3차 > 2차 > 1차)이 생성되는 방향을 우선하여 공격한다. 이를 산 촉매 조건에서 에폭사이드의 위치선택적 고리 열림 반응이라 한다. 예를 들어 2,2-Dimethyloxirane 반응은 다음과 같다.

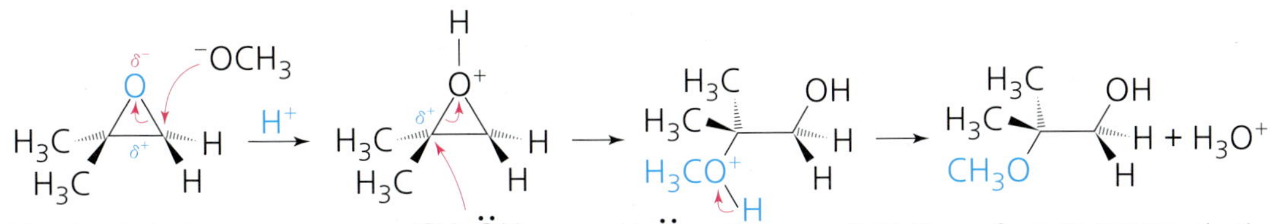

참 고 **에폭사이드 반응**

양성자가 에폭사이드의 산소 원자에 배위하면 친핵체와의 반응성이 커져 고리 열림 반응이 더 쉽게 일어나게 된다. 양성자 촉매 조건에서 친핵체는 에폭사이드의 2 위치 중 알킬기가 더 치환된 곳을 공격하게 된다 (S_N1 반응). 이를 위치선택성 (Regioselectivity)이라고 한다. 그 이유는 알킬 치환기가 더 많은 탄소 원자에 생긴 부분 양이온이 더 안정하기 때문이다. 염기성 조건에서 친핵체는 입체 장애가 덜한 탄소원자를 공격한다 (S_N2반응).

11.12 크라운 에터

고리형 폴리에터의 일종으로 가운데 일정한 크기의 구멍을 가지고 있어 금속 양이온과 착물을 형성할 수 있다. 크라운 에터-금속 착물을 호스트-게스트(Host-Guest) 착물 또는 내포 착물(Inclusion Complex)이라 한다. 크라운 에터(Crown Ether)가 호스트(Host)이고 금속 이온이 게스트(Guest)이다. 이와 같은 종류의 화합물은 고리 안으로 배향되어 있는 산소 원자의 비공유 전자쌍 때문에 고리 안의 구멍이 음전하를 띠게 되어 특정 금속 양이온과 착물을 형성할 수 있다. 이러한 특성을 호스트-게스트 착물과 상 전이 촉매에 응용된다. 그리고 특정한 양이온과 결합하는 호스트(Host)의 능력을 분자 인식(Molecular Recognition)이라 한다.

11.12.1 크라온 에터 명명법

크라운 에터의 명칭은 [X]-크라운-[Y]라 명명한다. 여기서 [X]는 고리의 원자수 이고 [Y]는 고리를 구성하는 산소 원자의 수이다. 예를 들어 크라운 에터의 종류는 다음과 같다.

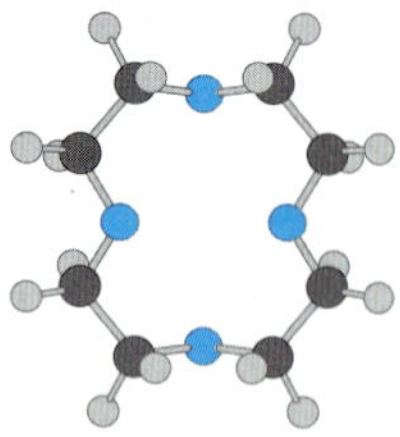

12-Crown-4 (Host)

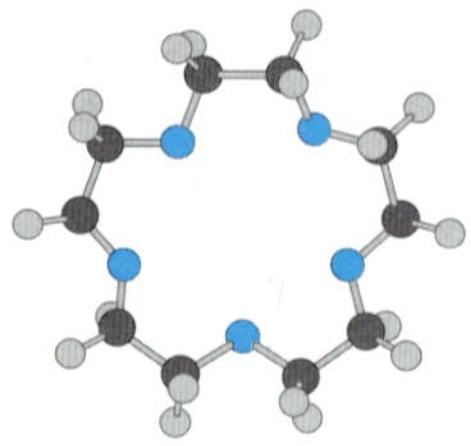

15-Crown-5 (Host)

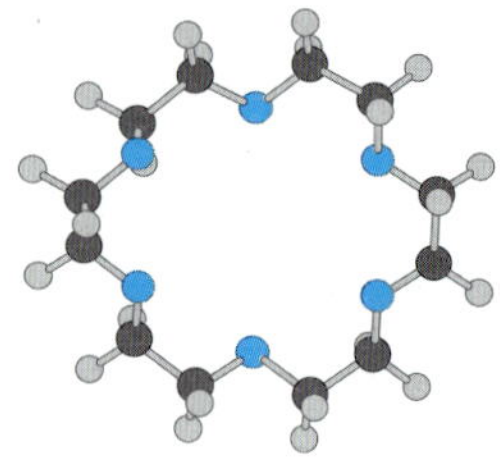

18-Crown-6 (Host)

12-Crown-4의 구멍 크기는 Li^+ 이온의 크기와 비슷하고 15-크라운-5의 경우 Na^+ 이온, 18-Crown-6의 경우 K^+ 이온의 크기와 비슷하여 이들 사이에 안정한 착물을 다음과 같이 형성한다.

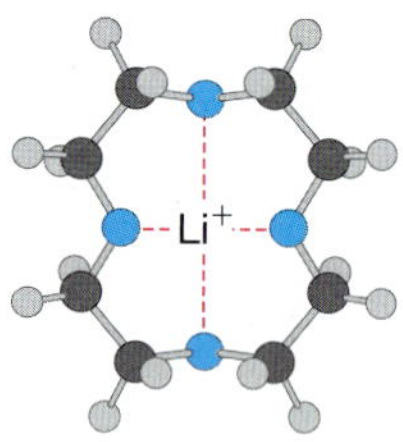

Li^+ (Guest)

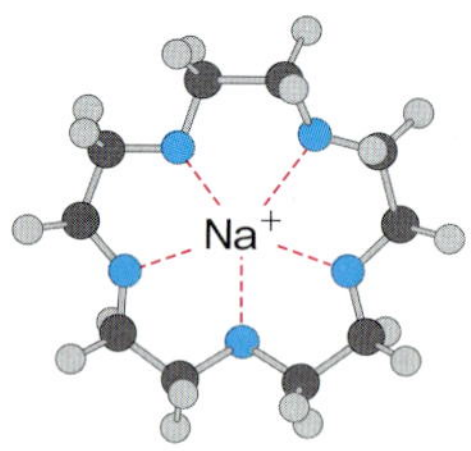

Na^+ (Guest)

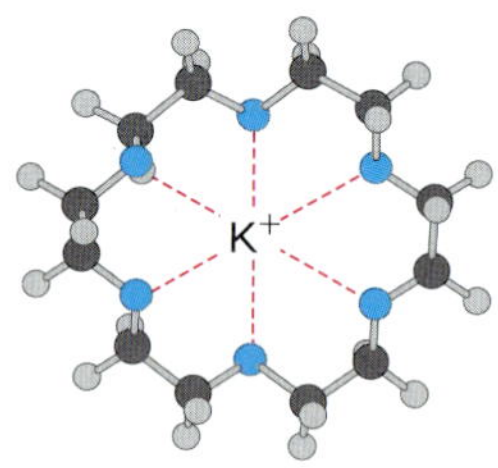

K^+ (Guest)

11.13 싸이올/설파이드/다이설파이드

다음의 싸이올(Thiol), 설파이드(Sulfide), 다이설파이드(Disulfide)는 황화물에 속한다.

11.13.1 싸이올

알킬기 또는 아릴기에 SH기가 붙어 있는 화합물(RSH 또는 ArSH)을 싸이올(Thiol)이라 한다. 일반명은 머캅탄(Mercaptan)이다. 머캅탄은 수은 이온(Hg^{2+})과 착물을 형성하여 침전물인 머캅타이드(Mercaptide)를 형성한다. 실제로 2,3-Dimercaptopropanol [BAL(British Anti-Lewisite) 또는 Dimercaprol]은 Hg^{2+}, Cd^{2+}, Sb^{3+}, As^{3+} 등과 같은 중금속 이온의 해독제로 사용한다.

Mercaptide

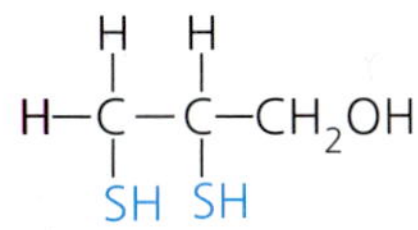

2,3-Dimercaptol-1-propanol
(2,3-Disulfanylpropan-1-ol)
(Dimercaprol; BAL)

일반적으로 황을 포함한 화합물은 불쾌한 냄새를 지니고 있다. 특히 낮은 분자량의 싸이올은 악취(Stench)가 난다. 스컹크 방귀의 고약한 냄새는 다음과 같은 2가지의 싸이올로 구성된 혼합물에 기인한다.

$\overset{4}{C}H_3\overset{3}{C}H{=}\overset{2}{C}H\overset{1}{C}H_2SH$

2-Butene-1-thiol

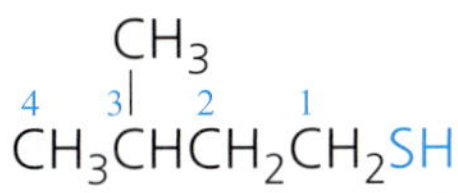

3-Methyl-1-butanethiol

천연가스 및 LPG 가스는 원래 냄새가 없다. 그러나 시판되고 있는 이들 제품에서 냄새가 나는 것은 가스 누출 감지를 위해서 인위적으로 다음과 같은 싸이올 화합물의 부취제(Odorant)를 첨가했기 때문이다.

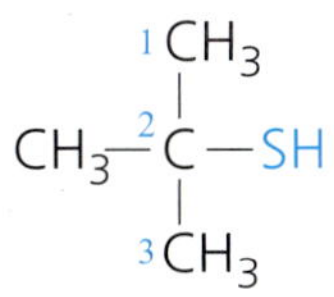

2-Methyl-2-propanethiol
(*tert*-Butyl Mercaptan)

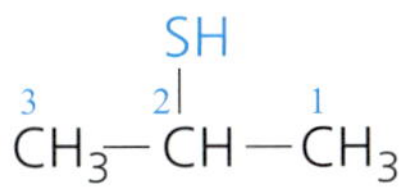

2-Propanethiol
(Isopropyl Mercaptan)

11.13.2 싸이올 명명법

IUPAC법은 알케인의 이름에 -thiol을 붙인다(Alkanethiol). 관용법은 알킬기의 이름 다음에 Mercaptan이란 접미사를 붙인다(Alkyl Mercaptan). RSH의 관용명은 Alkyl Mercaptan이다. 그리고 치환기로서 SH기 이름은 Sulfanyl 또는 Mercapto기라 부른다.

CH_3CH_2SH

Ethanethiol
(Ethyl Mercaptan)

$\overset{3}{C}H_2{=}\overset{2}{C}H\overset{1}{C}H_2SH$

2-Propene-1-thiol
(Allyl Mercaptan)

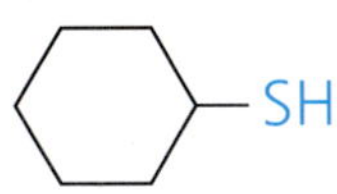

Cyclohexanethiol
(Cyclohexyl Mercaptan)

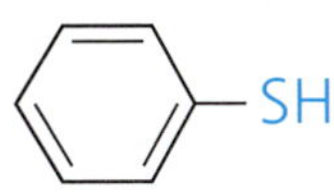

Benzenethiol
(Thiophenol)

11.13.3 싸이올의 물리적 성질

싸이올의 물리적 성질은 다음과 같다.

(1) 싸이올의 끓는점

RSH는 탄소수가 같은 알코올보다 끓는 점이 낮다. 이것은 황 원자의 전기 음성도가 산소보다 작아서 분자 사이에 수소 결합이 알코올의 경우보다 약하기 때문이다.

CH_3SH (6℃) vs CH_3OH (65℃)
CH_3CH_2SH (37℃) vs CH_3CH_2OH (78℃)

(2) 싸이올 산도

싸이올 RSH(pK_a=10)는 알코올 ROH(pK_a=15)보다 강한 산도를 나타낸다. 싸이올은 황 원자의 편극성이 산소 원자보다 커서 짝염기의 음이온을 안정화시킬 수 있기 때문에(짝염기의 염기도가 낮기 때문에) 알코올보다 산도가 세다. 실제로 RSH는 NaOH와 중화 반응하여 염을 형성할 수 있다.

CH_3CH_2SH + NaOH ⟶ CH_3CH_2SNa + H_2O
CH_3CH_2OH + NaOH ⟶ 반응하지 않음

11.13.4 싸이올의 제법 및 반응

싸이올의 제법과 반응은 다음과 같다.

(1) 싸이올 제법

RSH는 RX(X:Br,I)에 친핵체인 수소화 설파이드 이온($^-$SH) 또는 싸이오우레아(Thiourea)를 S_N2 반응시켜 만들 수 있다.

R—Br + KSH ⟶ R—SH

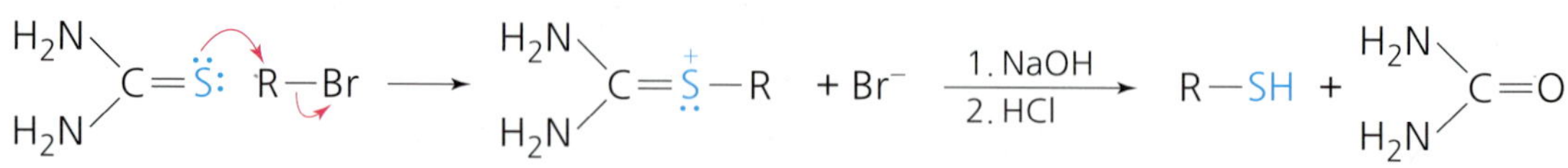

Thiourea

(2) 싸이올 반응

RSH는 산화제에 의하여 쉽게 산화되어 다이설파이드(Disulfide)를 형성한다. 이 반응은 가역적이다.

환원

Alkyl Disulfide

좀 더 강한 산화제로 산화 반응시키면 황 원자가 산화되어 설펜산(Sulfenic Acid), 설핀산(Sulfinic Acid)을 거쳐 설폰산(Sulfonic Acid)까지 산화된다. 알코올과 다른 점은 황 원자만 산화되고 그것과 결합한 탄소 원자는 산화되지 않는다.

$$CH_3SH \xrightarrow{[O]} CH_3SOH \xrightarrow{[O]} CH_3SO_2H \xrightarrow{[O]} CH_3SO_3H$$

Methanethiol　Methanesulfenic Acid　Methanesulfinic Acid　Methanesulfonic Acid

11.13.5 여러가지 싸이올 명명 보기

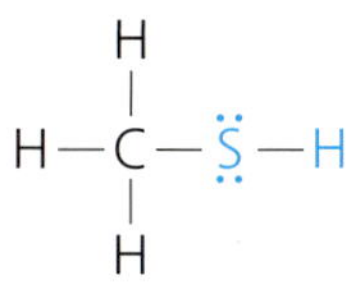 Methanethiol	CH_3CH_2SH Ethanethiol (Ethyl Mercaptan)	$\overset{3}{C}H_3\overset{2}{C}H(CH_3)\overset{1}{C}H_2SH$ 2-Methyl-1-propanethiol (Isobutyl Mercaptan)
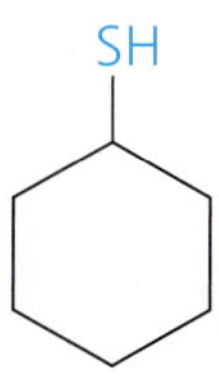 Cyclohexanethiol	CH_3CH_2SH Ethanethiol	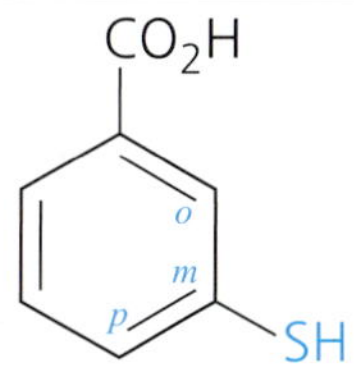 *m*-Mercaptobenzoic Acid
$HS\overset{2}{C}H_2\overset{1}{C}H_2OH$ 2-Mercaptoethanol	$\overset{8}{C}H_3\overset{7}{C}H_2\overset{6}{C}H_2\overset{5}{C}H_2\overset{4}{C}H_2\overset{3}{C}H_2\overset{2}{C}H_2\overset{1}{C}H_2-SH$ 1-Octanethiol	

11.13.6 설파이드(Sulfide)/다이설파이드(Disulfide)

에터(C-O-C)의 산소 대신에 황이 들어간 C-S-C 구조(R-S-R 혹은 Ar-S-Ar)를 가진 화합물을 설파이드(Sulfide) 혹은 싸이오에터(Thioether)라고 한다. 화학 무기로 사용되는 겨자 가스(Mastard Gas)는 설파이드 구조를 가지고 있는 물질이다. 또한 C–S–S–C (R–S–S–R 또는 Ar–S–S–Ar) 구조를 가진 화합물을 다이설파이드(Disulfide, 2황화물)라고 한다. 참고로 겨자와 마늘 그리고 양파의 매운 성분은 이 작용기(Diallyl Disulfide)를 가지고 있다.

11.13.7 설파이드/다이설파이드 명명법

에터 명명법과 유사하다.

CH_3-S-CH_3

Dimethyl Sulfide

$CH_3CH_2-S-CH_3$

Ethyl Methyl Sulfide
(Methythioethane)

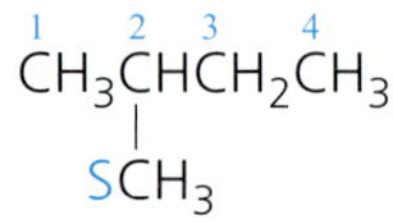

2–Methylthio Butane

$ClCH_2CH_2-S-CH_2CH_2Cl$

Mustard Gas (겨자 가스)

$CH_2=CHCH_2-S-S-CH_2CH=CH_2$

Diallyl Disulfide (양파 및 마늘 기름 성분)

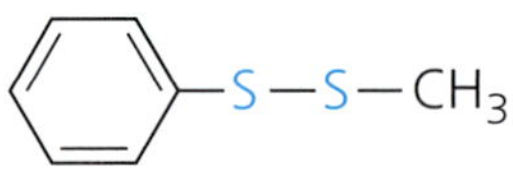

Methyl Phenyl Disulfide

11.13.8 몇가지 설파이드 명명 보기

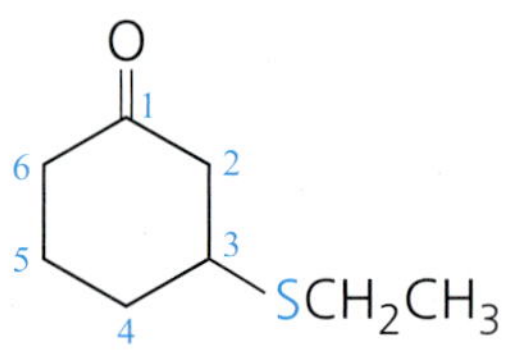

3–(Ethylthio)cyclohexanone

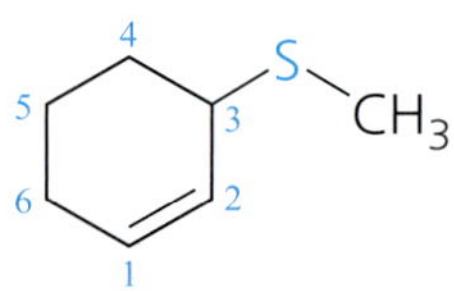

3–(Ethylthio)cyclohexene

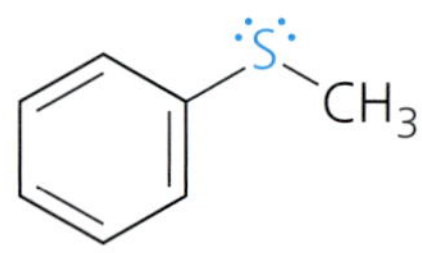

Methyl Phenyl Sulfide

11.13.9 설파이드/다이설파이드 제법 및 반응

제법과 반응은 다음과 같다.

(1) 설파이드 제법

설파이드는 할로젠화 알킬에 싸이올 또는 설파이드 싸이올레이트 음이온(^-SR)을 반응시켜 얻는다. 다이설파이드는 싸이올을 약한 산화제로 처리하여 합성한다.

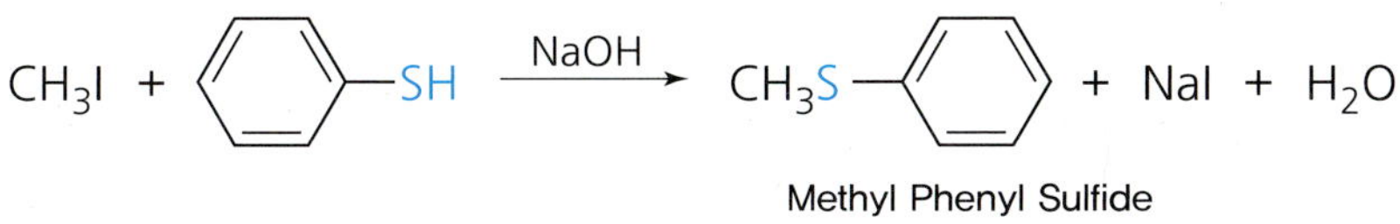

(2) 설파이드 반응 (산화)

설파이드는 할로젠화 알킬과 반응하여 설포늄염(Sulfonium Salt)을 형성한다. 그리고 설파이드는 H_2O_2와 같은 산화제로 산화시키면 설폭사이드(Sulfoxide)를 거쳐 설폰(Sulfone) 화합물로 산화한다.

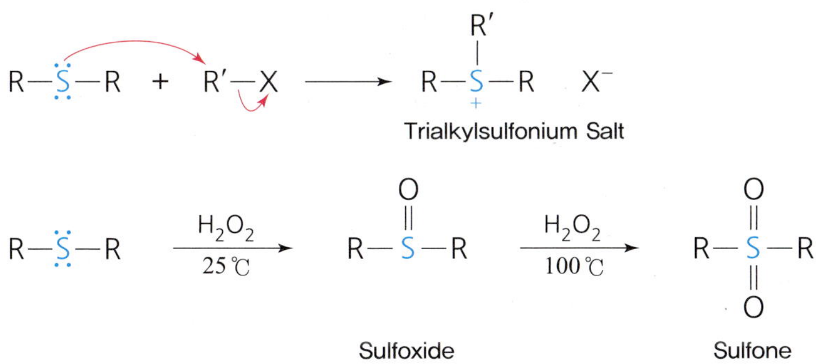

(3) 다이설파이드 반응 (환원)

다이설파이드는 환원제에 의해 싸이올(Thiol)로 환원된다.

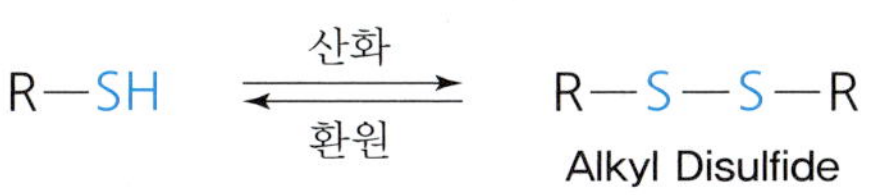

11.13.10 천연 싸이올/설파이드 결합 화합물

싸이올(R–SH) 혹은 설파이드(R–S–R′) 결합을 가지고 있는 천연 유기황 화합물에는 다음과 같은 물질들이 있다. 즉 ① 황을 포함한 천연 아미노산의 Methionine, Cysteine, Cystine ② 지방 생합성과 CO_2 이용 관여 영양소의 Biotin ③ 피루브산 산화대사 과정 보조인자/항산화제의 Lipoic Acid, 항산화 효과(활성 산소 제거)/해독 효과(독성 물질 배출)의 Glutathione ④ 황 성분을 가진 항산화성 기능성 식품인 마늘 및 양파의 Allicin/Ajoene, 표고버섯 향의 Lenthionine ⑤ 브로콜리의 Sulforaphane등이 있다.

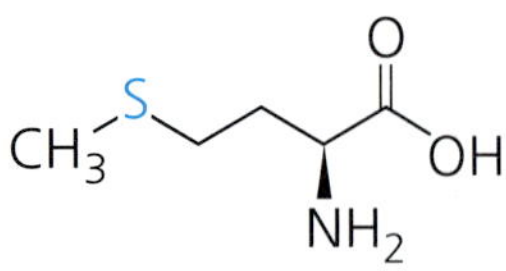

Methionine

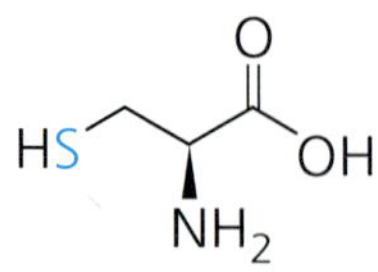

Cysteine

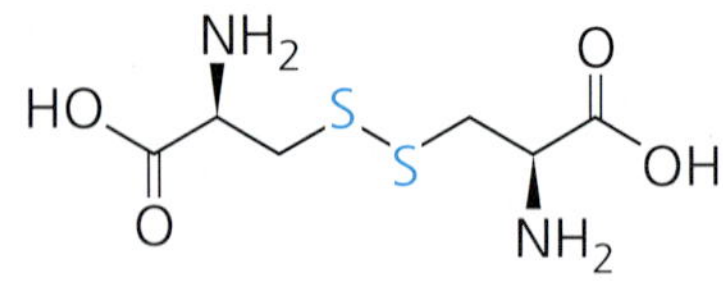

Cystine

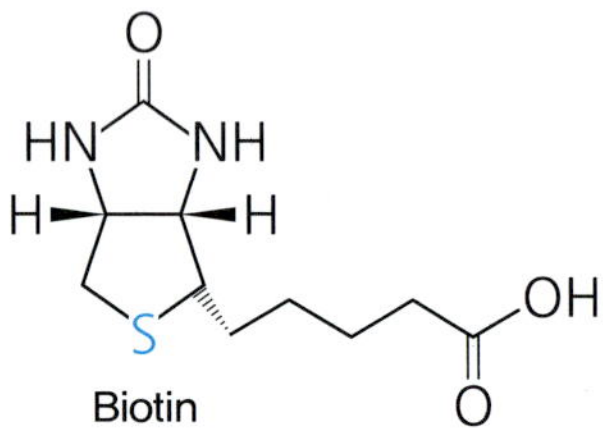

Biotin

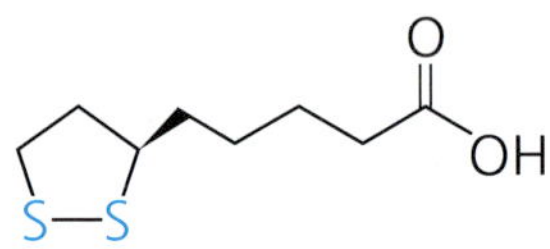

Lipoic Acid

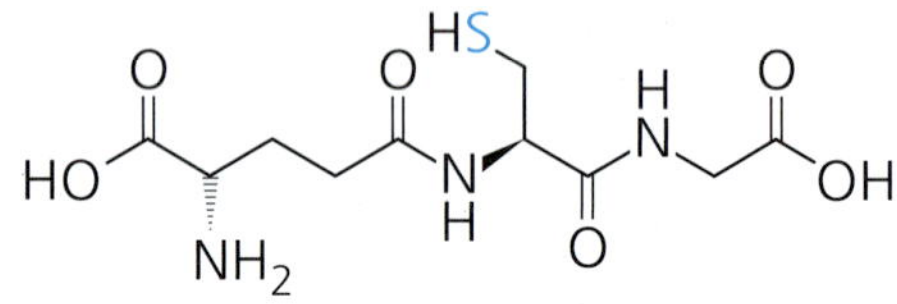

Glutathione

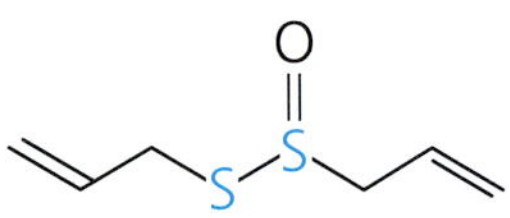

Allicin
(마늘 및 양파)

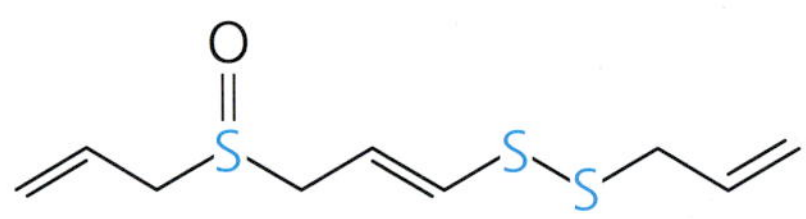

Ajoene
(마늘 및 양파)

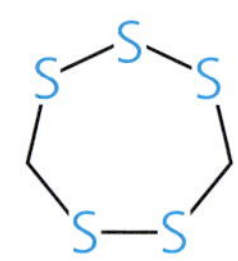

Lenthionine
(표고버섯 향)

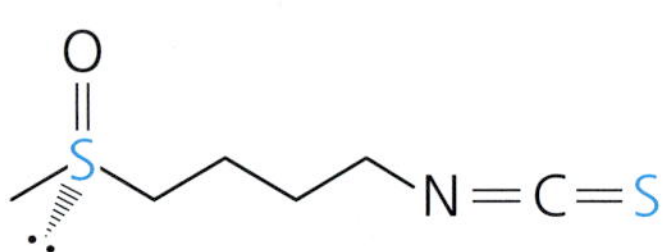

Sulforaphane
(브로콜리)

11.14 기타 에터와 황 화합물 보기

천연의 에터와 황 화합물에는 다음과 같은 것들이 있다.

11.14.1 브레베날의 해양 에터

브레베날(Brevenal)은 적조기에 증식하는 단세포 유기체인 카레니아 브레비스(Karenia Brevis)에서 생성되는 무독성 해양 폴리에터다. 이는 해조류를 적색, 갈색, 녹색으로 변화시켜 바다의 색을 거대하게 바꿔 놓는다. 아래에 천연 해양 생성물인 브레베날의 에터와 알코올을 표시한 구조식을 나타내었다.

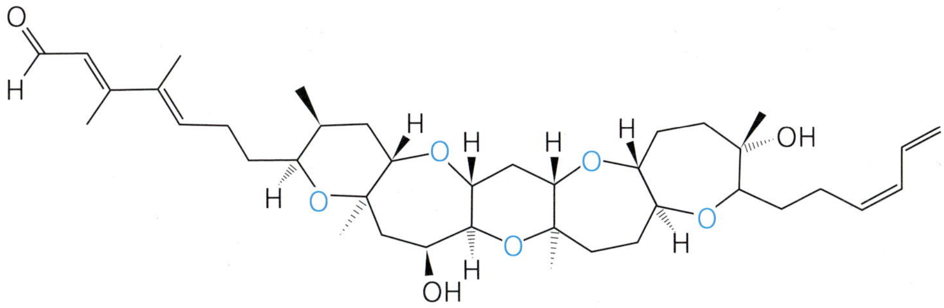

브레베날

그림 11.1 카레니아 브레비스

11.14.2 커피의 황 화합물

버섯, 양파, 마늘, 커피는 모두 황화합물을 포함하고 있다. 커피에 있는 황화합물은 다음과 같다.

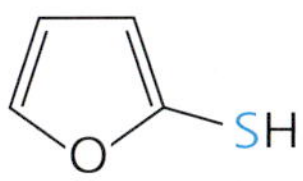

그림 11.2 커피

11.14.3 마늘의 황 화합물

마늘의 냄새 성분은 알리신(Allicin)이다. 이것은 조금 불안정한 분자로 통마늘에 존재하는 것이 아니라 통마늘을 으깨거나 흠집을 내면 효소의 작용으로 생산된다.

그림 11.3 마늘

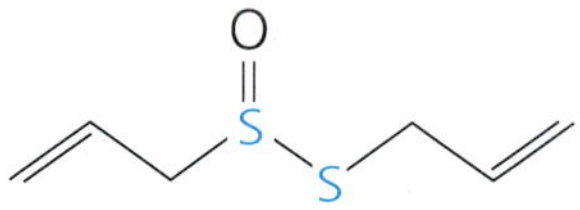

알리신

11.14.4 그레이프푸루트의 황 화합물

그리고 그레이프푸루트는 머캅탄(Mercaptan)의 강한 향을 가진다.

그림 11.4 그레이프푸루트

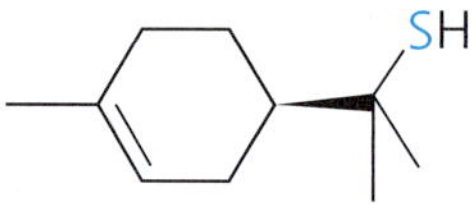

11.14.5 스컹크의 싸이올 악취

저분자량의 싸이올(Thiol)은 강한 악취를 가진다. 스컹크, 썩은 달걀, 하수구로부터 나는 불쾌한 냄새는 싸이올 때문이다. 스컹크의 냄새는 주로 아래 두 가지 싸이올에 기인한다.

그림 11.5 스컹크

$CH_3CH{=}CHCH_2SH$ — 2-Butene-1-thiol

$CH_3-(CH_3)CHCH_2CH_2SH$ — 3-Methyl-1-butanethiol

12장

아민

12 장

아민

질소 원자에 하나 이상의 유기 치환기(알킬기 혹은 아릴기)가 결합된 암모니아의 유도체를 아민(Amine)이라 한다. 아민은 질소 원자에 결합된 유기 치환기가 1 개, 2 개 또는 3 개에 따라 각각 1차(RNH_2), 2차(R_2NH), 3차 아민(R_3N)으로 분류한다.

표 12.1 아민 분류

암모니아 (Ammonia)	1차 아민 (Primary Amine)	2차 아민 (Secondary Amine)	3차 아민 (Tertiary Amine)
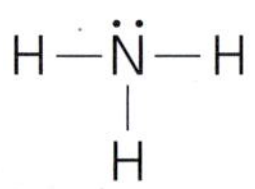	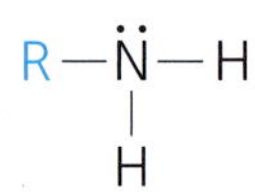	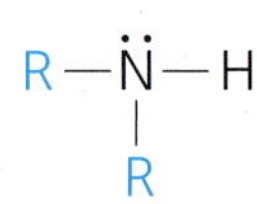	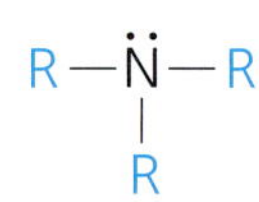
	RNH_2 (N에 1 개 R기)	R_2NH (N에 2 개 R기)	R_3N (N에 3 개 R기)

질소에 알킬기와 수소가 직접 결합되어 있는 아민은 지방족 아민(Aliphatic Amine), 1개 이상의 아릴기가 질소에 결합되어 있는 아민은 방향족 아민(Aromatic Amine)이라 한다. 즉 RNH_2와 $ArNH_2$ 형태를 말한다. 질소는 4개의 치환기와 결합할 수 있다. 질소 원자에 수소가 없이 4개의 치환기 모두가 알킬기나 아릴기이면 4차 암모늄염(Quaternary Ammonium Salt)이라 한다. 이 경우 하나 이상의 수소가 질소 원자에 결합되어 있으면 아민염(Amine Salt)이라 한다. 이때 질소 원자는 형식 양전하를 가지고 있다.

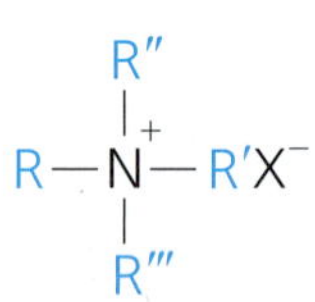

4차 암모늄염
(Quaternary Ammonium Salt)
(N에 R기 4개)

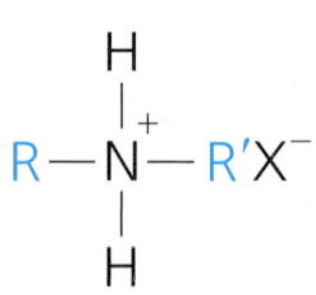

2차 아민염
(Dialkylammonium Salt)

아민은 자연계에 존재하는 가장 중요한 염기성 유기화합물로 생물학적 산-염기 반응에 관여하는 물질이다. 질소 원자의 고립 전자쌍으로 인하여 아민은 염기성을 나타내며 친핵성이다. 유기 화합물 중에서 아민을 포함한 화합물들은 흥미 있는 몇 가지 효과를 만들어 낸다. 많은 아민들은 습관성을 띠고 있어서 이것을 섭취하면 기분 전환을 하거나 환각작용 또는 죽음에 이르는 생물학적 반응이 일어난다. 아민은 식물이나 동물에 널리 존재한다. 예를 들면 트라이메틸아민은 동물 조직에 존재하며, 특히 생선의 독특한 냄새의 원인 중 하나이다. 니코틴은 담배 속에 들어있고 코카인은 남아메리카산 코카 관목에 들어 있는 흥분제이다. 아민은 암모니아의 알킬- 또는 아릴- 치환 유도체이다.

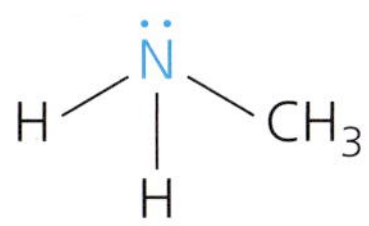

Methylamine

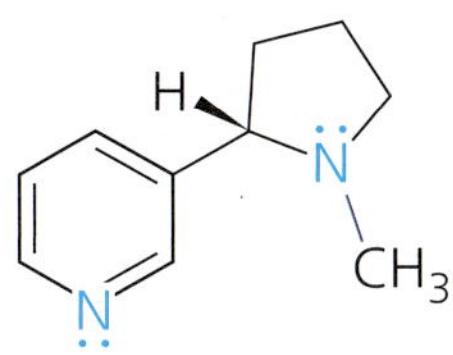

Nicotine

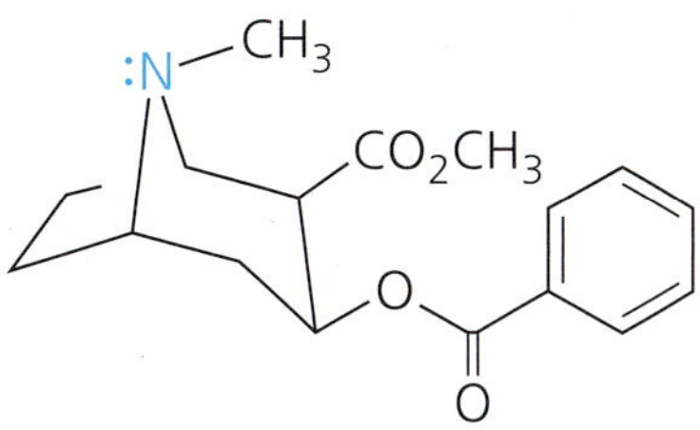

Cocaine

12.1 아민의 구조와 결합

알킬아민의 구조는 암모니아의 결합 구조와 비슷하다. 질소 원자는 5개의 원자가전자를 가지고 있고 비공유 전자쌍을 가지고 있다. 질소 원자는 sp^3 혼성궤도함수를 가지며 3 개는 정4면체의 3모서리를 차지하며 고립 전자쌍은 나머지 모서리를 차지한다.

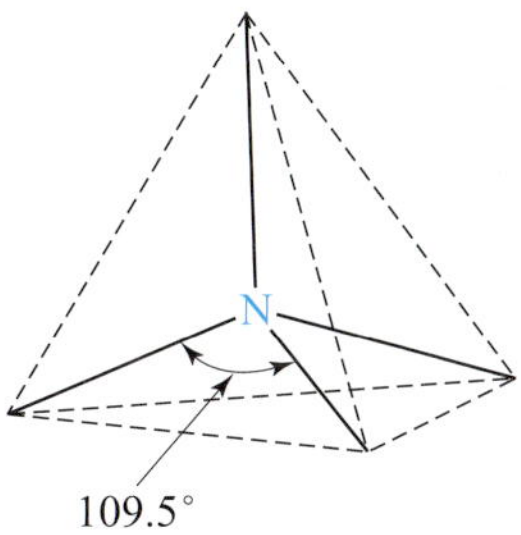

피라밋형

따라서 아민은 피라미드 형의 구조를 가지고 있다. 질소 원자는 sp^3 혼성궤도함수 3 개를 사용하여 치환기 3개와 결합하여 σ결합을 형성한다. 나머지 1개의 궤도함수는 고립 전자쌍으로 존재하여 아민에 염기성과 친핵성을 부여하는 역할을 한다. 그리고 정전기 전위 지도는 질소의 비공유 전자쌍 때문에 음전하가 편재되어 있음을 보여 주고 있다.

$2p^3$ 혼성화

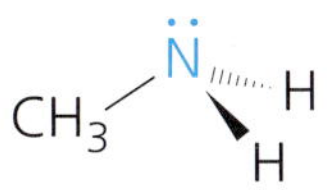

1차 아민

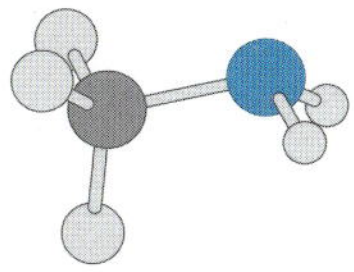

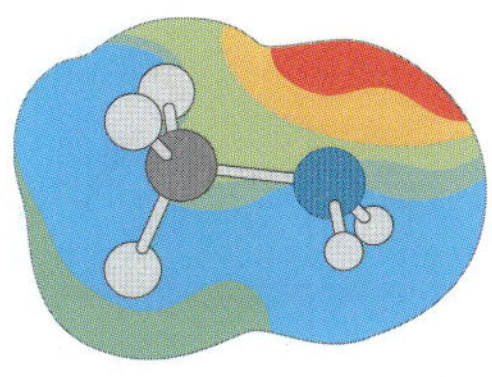

CH_3NH_2의 정전기 전위 지도

또한 아민의 질소가 중심이 되는 4면체형 피라밋 구조는 4가의 탄소와 같은 결합각 109.5°를 가질 것이다. 암모니아와 트라이메틸아민 (3차 아민)은 다음과 같은 결합각을 가진다.

NH_3 (H–N–H): 107°
$N(CH_3)_3$ (C–N–C): 108°

여기서 트라이메틸아민에서 볼 수 있는 108°의 결합각은 sp^3혼성궤도의 결합각인 109.5°에 매우 가깝다. 질소는 4개의 sp^3궤도함수를 갖는데, 그 중 3개의 궤도함수에는 1개의 전자가, 나머지 1개 궤도함수에는 고립전자쌍이 채워져 있다. 전자 1개가 채워진 질소의 궤도함수는 수소의 s궤도함수나 탄소의 sp^3궤도함수와 결합할 수 있다. 질소는 고립전자쌍을 가지고 있는데 이는 질소가 루이스 염기의 성질을 가질 수 있다는 것을 뜻하며, 전자 주개기로 작용하여 전자가 부족한 원자나 이온의 빈 궤도함수와 겹칠 수 있다.

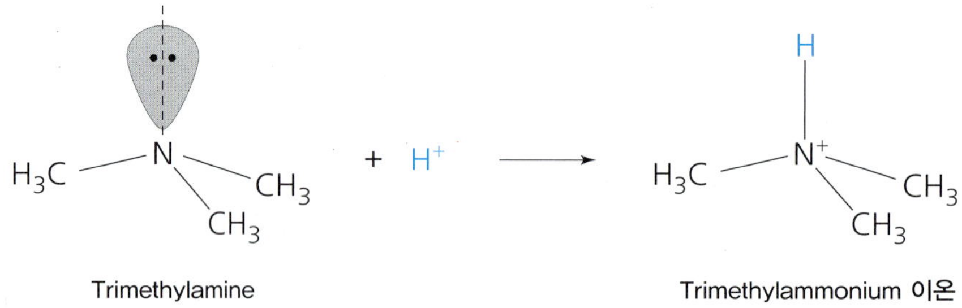

질소 원자에 3개의 서로 다른 치환기가 결합된 아민은 카이랄이다. 따라서 비대칭탄소 원자를 가진 화합물과 같이 2개의 포개어지지 않는 거울상이성질체를 가진다.

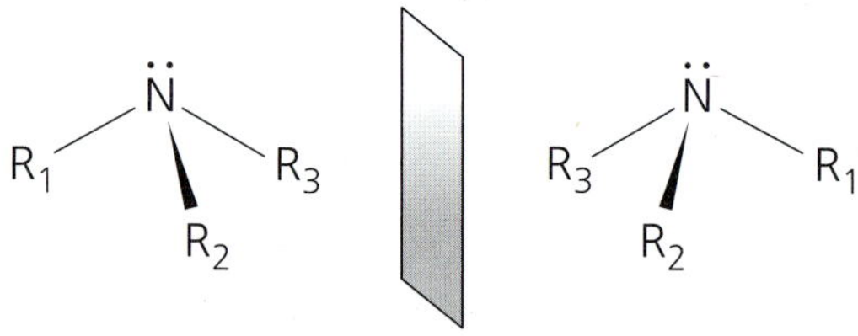

카이랄 탄화수소와 달리 아민의 2거울상이성질체는 분리되지 않는다. 2거울상이성질체가 빠른 속도로 상호전환하기 때문이다. 이러한 과정을 반전(Inversion)이라 한다.

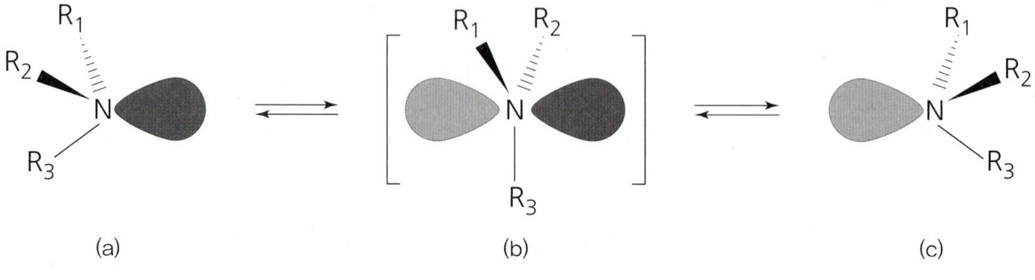

(a)에서 (c)로 될 때에는 평면의 전이 상태인 (b)을 거치며, 이 전환에 필요한 에너지(ΔE 반전)는 불과 5Kcal/mol 밖에 되지 않는다. 실온에서 아민 분자는 전환을 시작할 수 있을 만큼 충분한 열 에너지를 가지고 있다. 따라서 거울상이성질체의 비대칭성 아민의 분할은 불가능하다. 이와 같이 질소 원자가 비대칭 중심을 가지고 있더라도 아민 반전 현상 때문에 거울상 이성질체를 가지지 않는다. 그러나 비대칭 탄소 원자를 가진 화합물과 같이 비대칭으로 치환된 암모늄염은 결합이 끊어지지 않는 한 거울상이성질체의 상호전환이 불가능하기 때문에 광학 이성질체로 분할할 수 있다. 즉 거울상이성질체를 가진다.

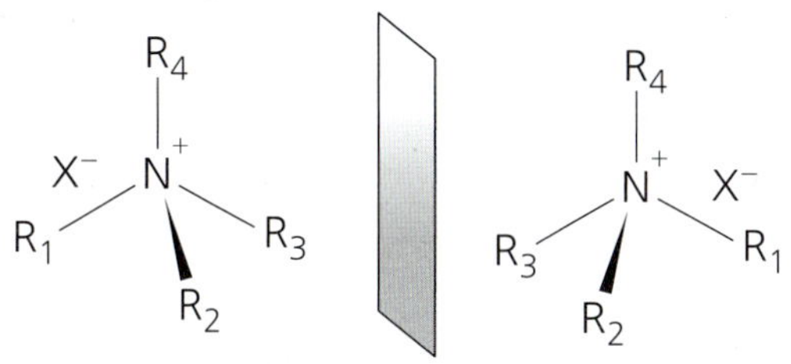

12.2 아민의 명명법

(1) 지방족 1차 아민의 IUPAC명은 알킬기의 탄소수에 해당하는 알케인명 −e 대신에 −아민(−amine)을 붙여서 Alkanamine으로 명명한다. 아미노기가 붙은 탄소 위치의 번호는 되도록 작은 숫자로 하여 −amine 앞에 붙인다.

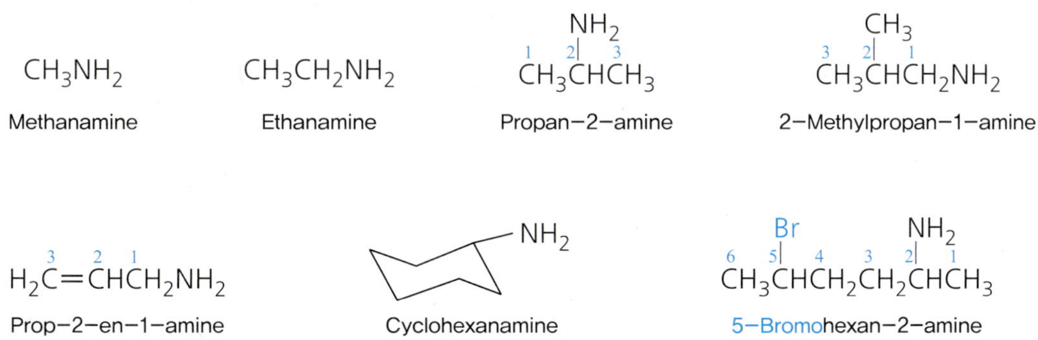

(2) 비대칭적으로 치환된 2차 및 3차 아민은 가장 큰 알킬기를 모체로 하고 나머지 알킬기는 N−알킬 치환기로 간주하여 명명한다(질소에 붙어 있기 때문에 N을 쓴다). 질소 원자에 치환된 유기기의 명칭은 알파벳 순으로 배열한다.

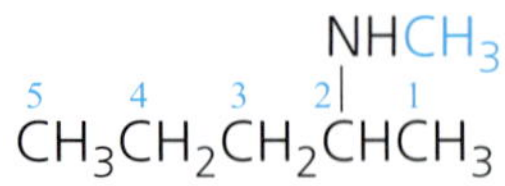

N–Methylpentan–2–amine

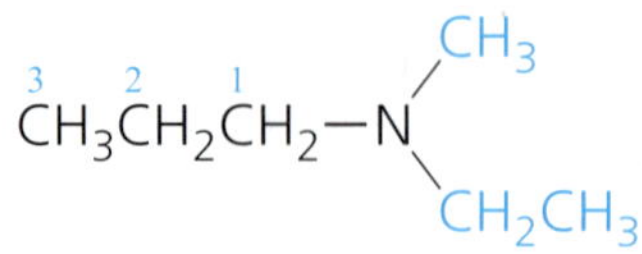

N–Ethyl–N–methylpropan–1–amine

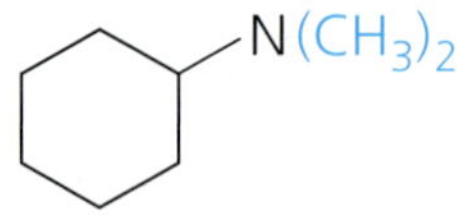

N,N–Dimethylcyclohexanamine

(3) 아미노기가 2개 이상을 가진 아민은 접미사 –다이아민(–diamine), –트라이아민(–triamine)등을 모체화합물 이름 뒤에 붙여서 명명한다. 이때 아미노기의 위치를 나타내는 숫자는 –다이아민 앞에 놓는다.

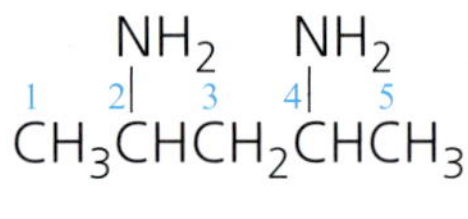

Pentane–2,4–diamine

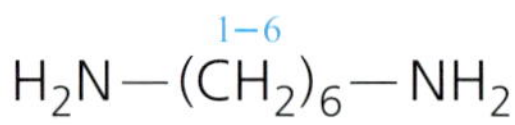

Hexane–1,6–diamine
(Hexamethylenediamine)

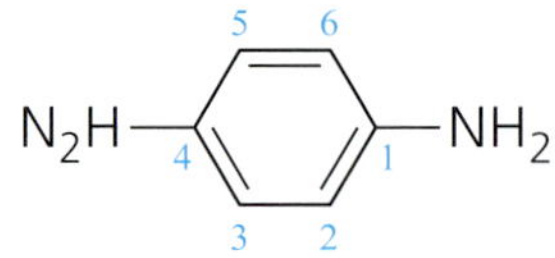

Benzene–1,4–diamine

(4) 방향족 아민은 아닐린을 기본명으로 하고 그 유도체에 해당하는 치환기의 이름을 붙여 명명한다. 아닐린은 관용명이나 IUPAC 추천명의 모체명이다.

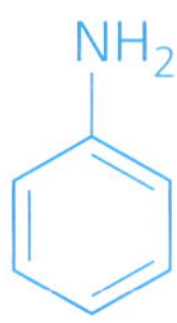

Aniline

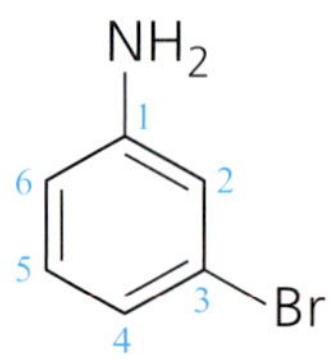

3–Bromoaniline

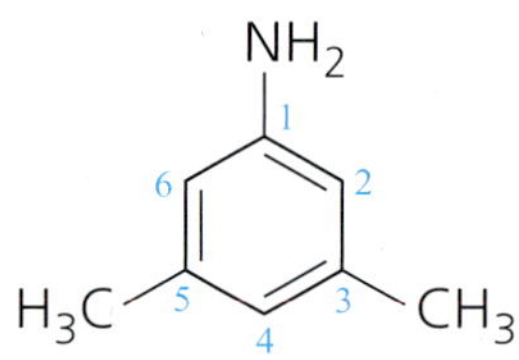

3,5–Dimethylaniline

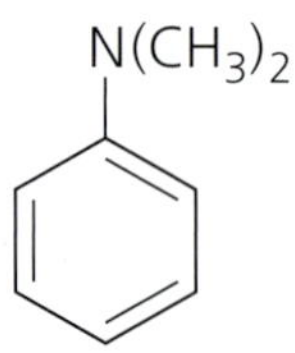

N,N–Dimethylaniline

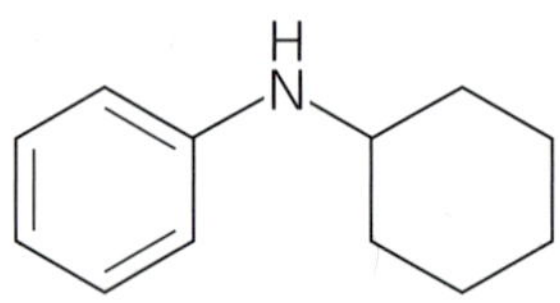

N–Cyclohexylaniline

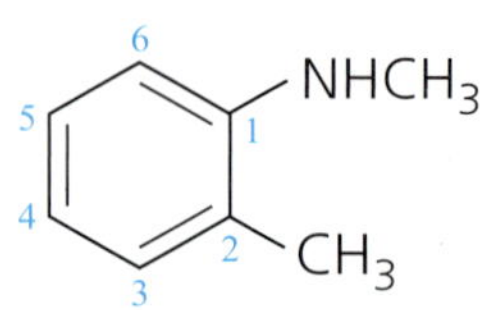

2–Methyl–N–methylaniline

(5) 관용명으로 간단한 아민은 질소 원자에 연결된 알킬기의 이름 뒤에 –아민(–amine)을 붙여서 명명한다.

CH_3NH_2

Methylamine

$CH_3CH_2NH_2$

Ethylamine

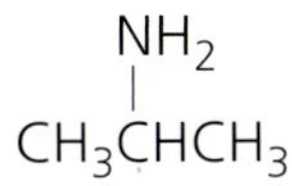

Isopropylamine

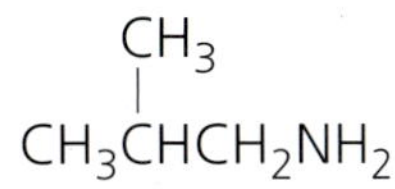

Isobutylamine

$H_2C{=}CHCH_2NH_2$

Allylamine

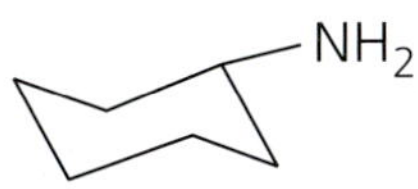

Cyclohexylamine

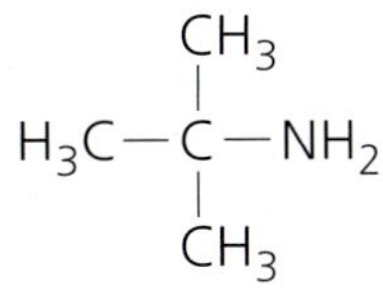

tert–Butylamine

(6) 대칭적인 2차 및 3차 아민은 알킬기에 접두어 다이–(di–), 트라이–(tri–)를 붙여서 명명한다. 괄호 안은 IUPAC 추천명이다.

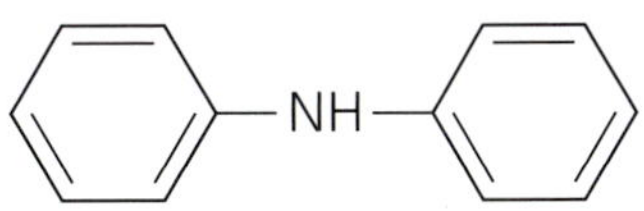

Diphenylamine
(*N*–Phenylaniline)

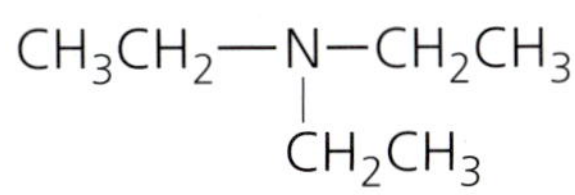

Triethylamine
(*N,N*–Diethylethanamine)

(7) 비대칭적인 2차 및 3차 아민은 가장 긴 유기기를 모체로 택하여 N–치환 1차 아민으로 명명한다.

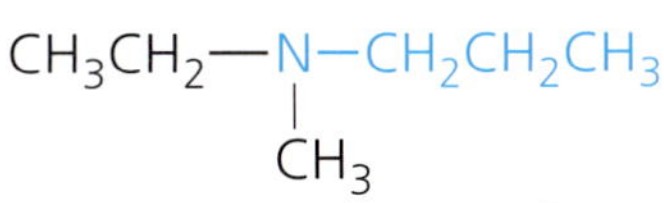

N–Ethyl–*N*–methylpropylamine

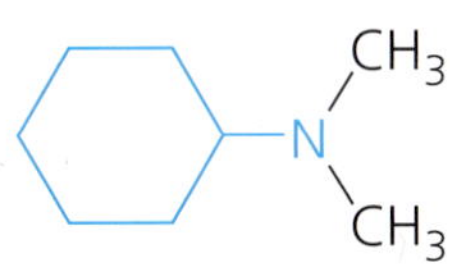

N,N–Dimethylcyclohexylamine

(8) 우선 순위가 큰 다른 작용기를 가진 아민에서는 $-NH_2$를 아미노(Amino) 치환기로 취급하여 명명한다.

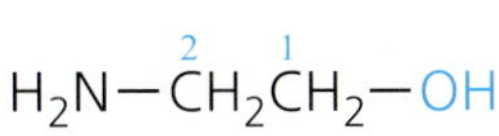

2–Aminoethanol

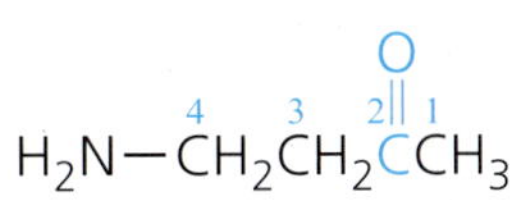

4–Aminobutan–2–one

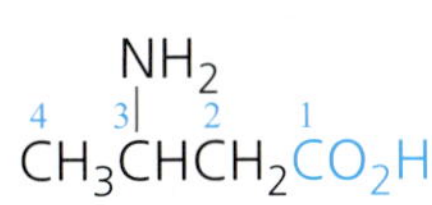

3–Aminobutanoic Acid

(9) 헤테로고리 아민은 질소 원자가 고리의 한 부분을 차지하는 화합물로 자신들의 모체명을 가지고 있다. 헤테로 고리 질소 원자를 1번으로 한다.

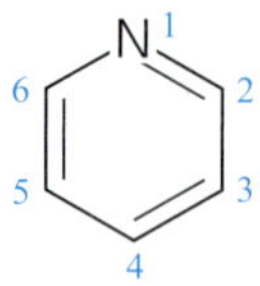

Pyridine
(피리딘)

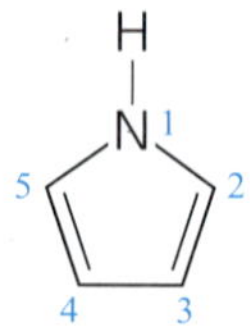

Pyrrole
(피롤)

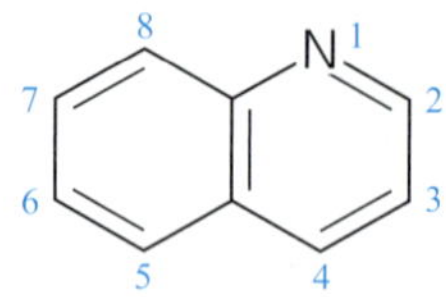

Quinoline
(퀴놀린)

(10) 아민염 및 암모늄염의 명명은 다음과 같다.

$CH_3{}^{+}NH_3Cl^-$	$(CH_3CH_2)_2{}^{+}NH_2Br^-$	$(CH_3)_4N^+Cl^-$
Methylammonium Chloride (염화 메틸암모늄)	Diethylammonium Bromide (브로민화 다이에틸암모늄)	Tetramethylammonium Chloride (염화 4메틸암모늄)

12.3 여러가지 아민 명명 보기

아민의 여러 가지 명명 보기는 다음과 같다.

(1) 지방족 1차 아민

3 2 1 $CH_3CH_2CH_2NH_2$ Propan-1-amine	4 3 2 1 $CH_3CH_2CH_2CH_2NH_2$ Butanamine	NH_2 1 2 3 4 5 6 $CH_3CH_2CHCH_2CH_2CH_3$ Hexan-3-amine
NH_2 5 4 3 2 1 $H_3CCH_2CH_2CHCH_3$ Pentan-2-amine	NH_2 3 2 1 $CH_3CHCH_2NHCH_3$ *N*-Methylpropan-2-amine	CH_3 $CH_3CHCH_2NH_2$ Isobutylamine
CH_3 $H_3C-C-NH_2$ CH_3 *tert*-Butylamine	CH_3 4 3 2 1 $CH_3C{=}CHCH_2NH_2$ 3-Methylbut-2-en-1-amine	4 3 2 1 $CH_3CH{=}CHCH_2NH_2$ But-2-en-1-amine

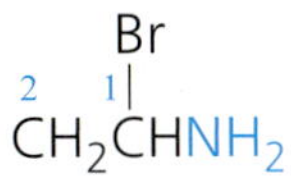 1–Bromoethanamine	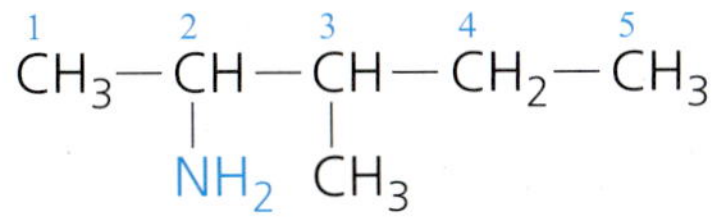 2–Amino–3–methylpentane

(2) 지방족 2차 아민

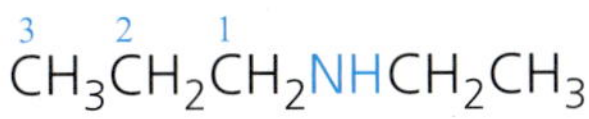 *N*–Ethylpropan–1–amine	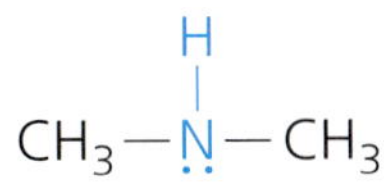 *N*–Methylmethanamine (Dimethylamine)	 *N*–Methylethanamine

(3) 지방족 3차 아민

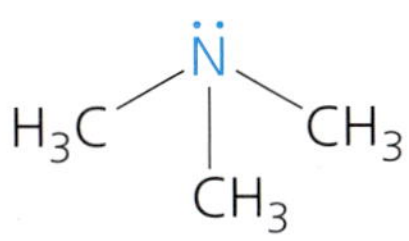 Trimethylamine	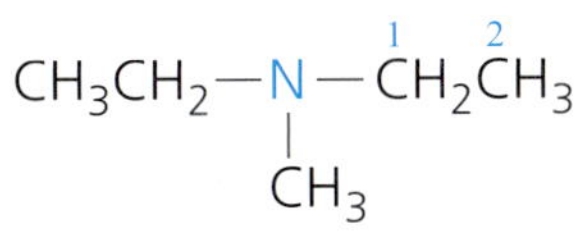 *N*–Ethyl–*N*–methylethanamine	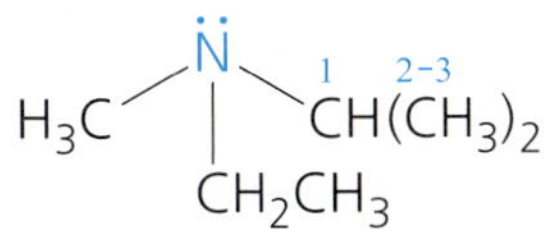 *N*–Ethyl–*N*–methylisopropylamine
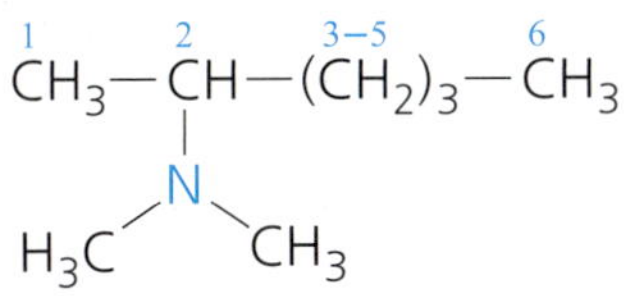 2–(*N*,*N*–Dimethylamino)hexane	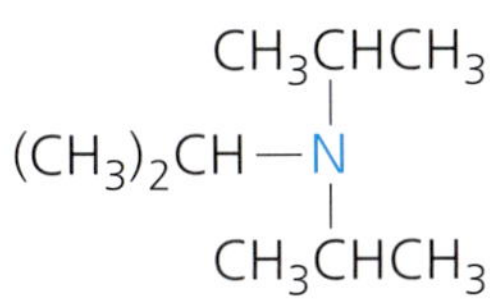 Triisopropylamine	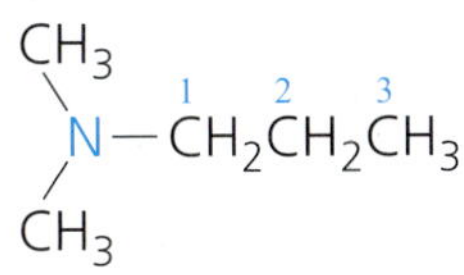 *N*,*N*–Dimethylpropylamine

(4) 우선 순위가 큰 작용기의 지방족/방향족 아민

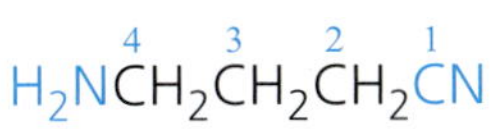 4–Aminobutanenitrile	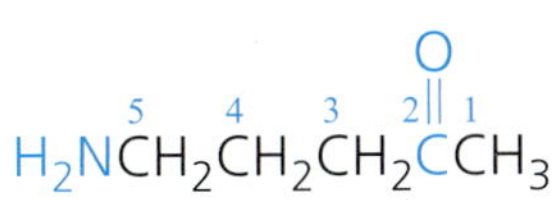 5–Aminopentan–2–one	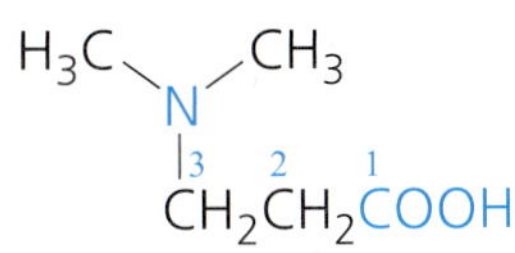 3–(*N*,*N*–Dimethylamino)propanoic Acid

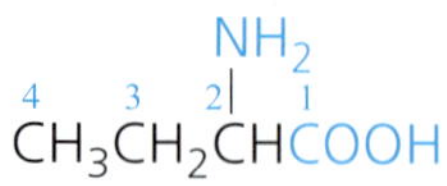 2-Aminobutanoic Acid	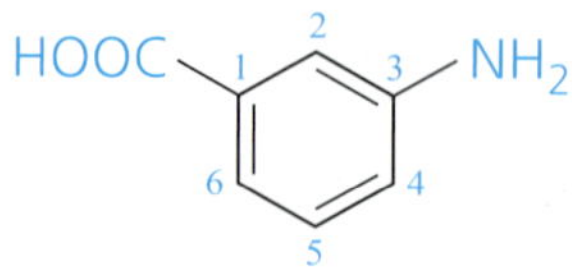 3-Aminobenzoic Acid	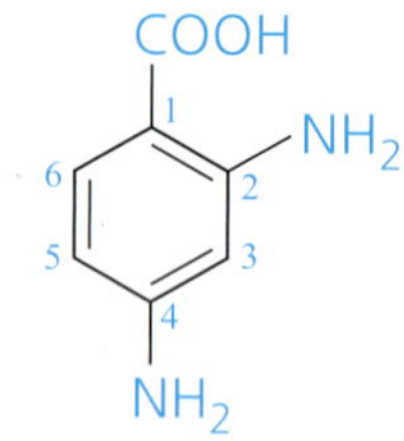 2,4-Diaminobenzoic Acid

(5) 지방족 다이 아민

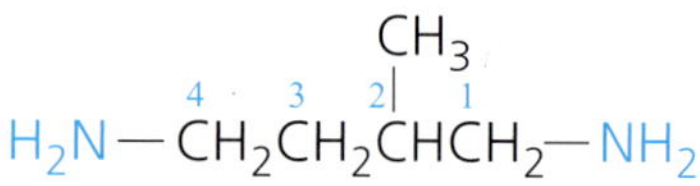 2-Methylbutane-1,4-diamine	$H_2N-\overset{3}{C}H_2\overset{2}{C}H_2\overset{1}{C}H_2-NH_2$ Propane-1,3-diamine	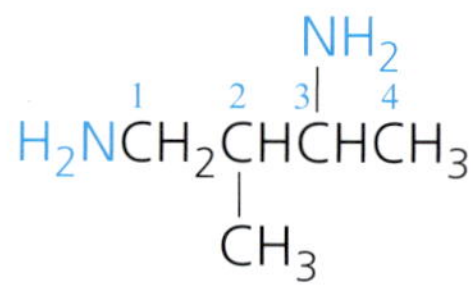 2-Methylbutane-1,3-diamine
$NH_2\ \overset{1}{C}H_3\overset{2}{C}H_2\overset{3}{C}H_2\overset{4}{C}H_2\ NH_2$ Butane-1,4-diamine	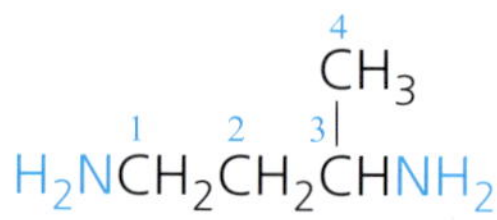 Butane-1,3-diamine	$H_2N-CH_2CH_2-NH_2$ Ethanediamine

(6) 방향족 아민

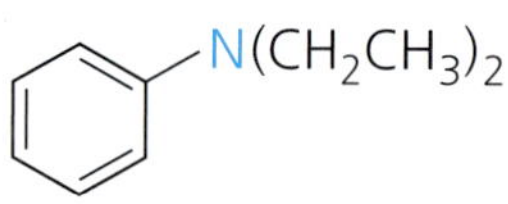 *N,N*-Diethylaniline	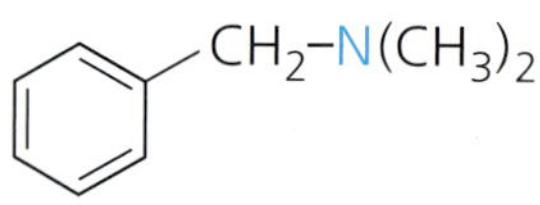 *N,N*-Dimethylbenzylamine	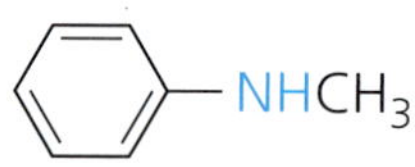 *N*-Methylbenzenamine (*N*-Methylaniline)
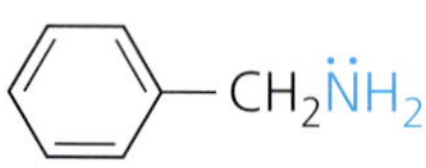 Benzylamine	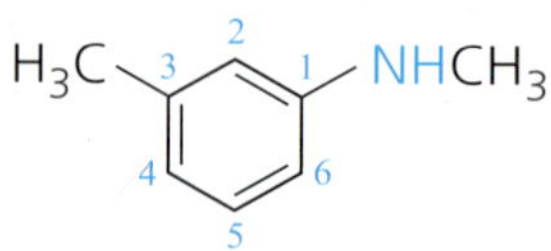 3-Methyl-*N*-methylaniline	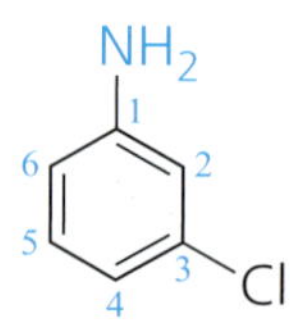 3-Chloroaniline (*m*-Chloroaniline)

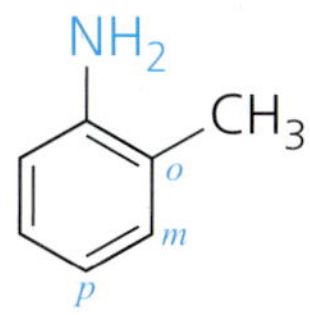 *o*–Toluidine	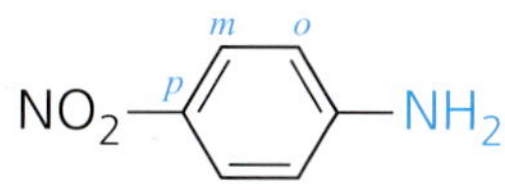 *p*–Nitroaniline	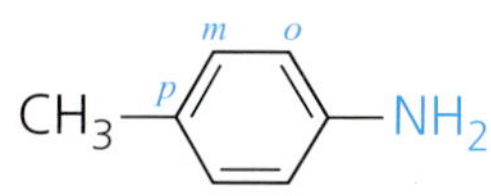 *p*–Toluidine
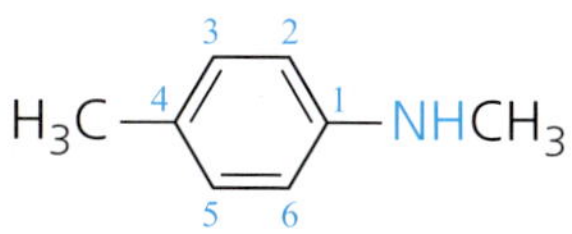 4–Methyl–*N*–methylaniline	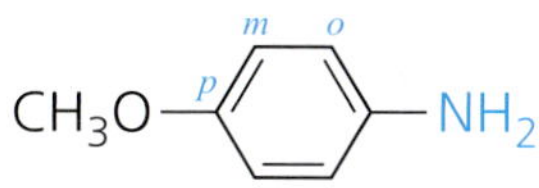 *p*–Anisidine	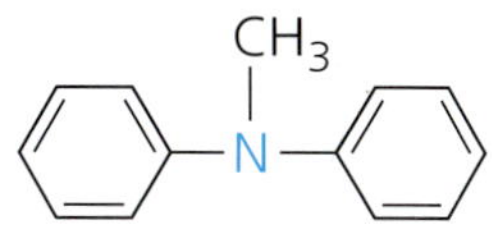 *N*–Methyl–*N*–phenylaniline (*N*–Methyl–*N*–phenylbenzenamine)
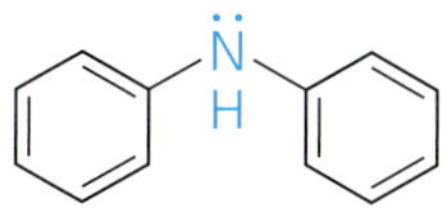 Diphenylamine	$(Ph_3)N$ Triphenylamine (*N,N*–Diphenylaniline)	

(7) 고리형 아민

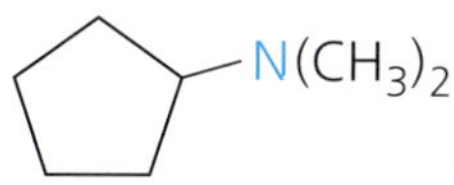 *N,N*–Dimethylcyclopentanamine	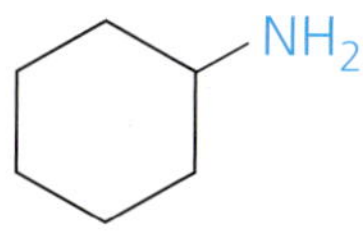 Cyclohexylamine	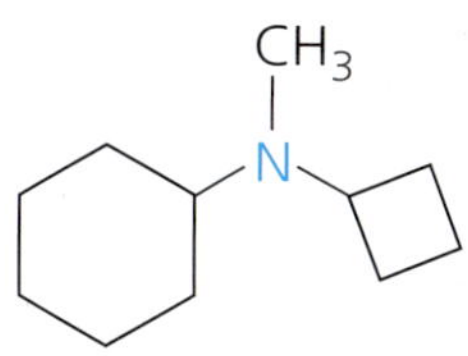 *N*–Cyclobutyl–*N*–methylcyclohexanamine
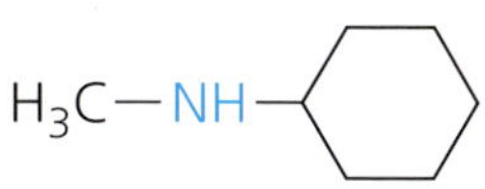 *N*–Methylcyclohexylamine	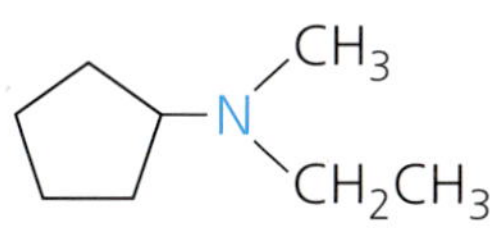 *N*–Ethyl–*N*–methylcyclopentylamine	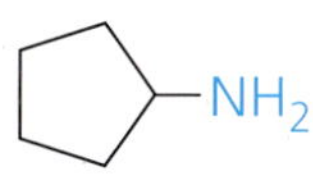 Cyclopentanamine (Cyclopentylamine)
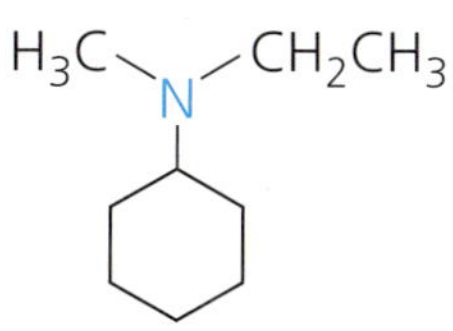 *N*–Ethyl–*N*–methylcyclohexylamine	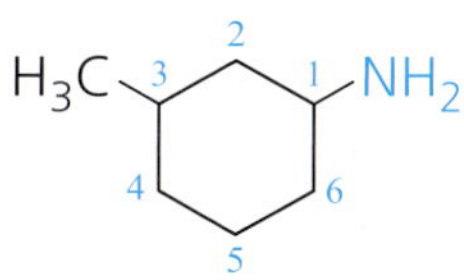 3–Methylcyclohexanamine	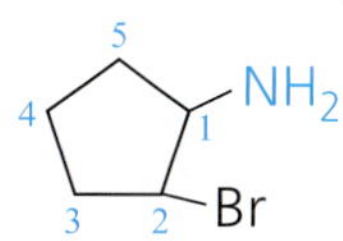 2–Bromocyclopentanamine

(8) 헤테로 고리 아민

 Aziridine (아지리딘)	 Azetidine (아제티딘)	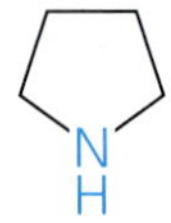 Pyrrolidine (피롤리딘)
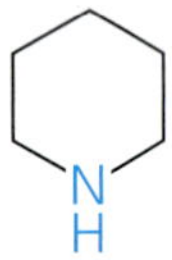 Piperidine (피페리딘)	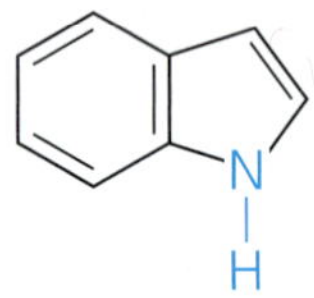 Indole (인돌)	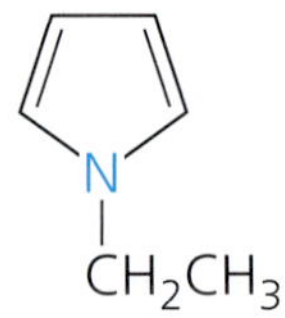 *N*–Ethylpyrrole
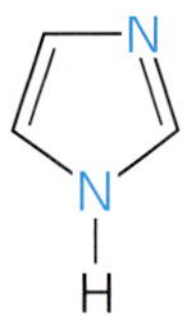 Imidazole (이미다졸)	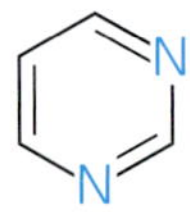 Pyrimidine (피리미딘)	

(9) 4차 암모늄염

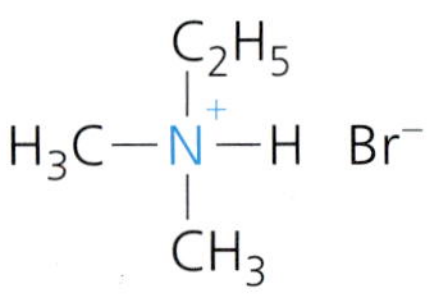 Dimethylethylammonium Bromide	$(CH_3CH_2)_4N^+Br^-$ Tetraethylammonium Bromide	$(CH_3)_3H\overset{+}{N}Br^-$ Trimethylammonium Bromide

12.4 아민의 물리적 성질

아민의 특성은 아민에 있는 질소원자의 고립 전자쌍에 의하여 크게 영향을 받는다. 즉 고립 전자쌍에 의하여 아민은 염기성이며 친핵성이다. 그리고 아민은 산과 반응을 하여 산–염기 염을 형성한다.

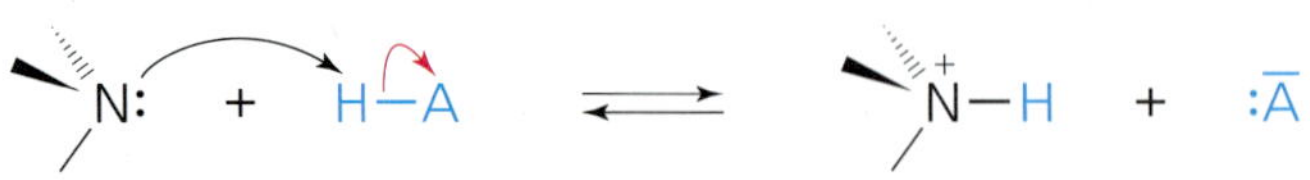

아민 (염기) 산 염

12.4.1 끓는점 (Boiling Point)

알코올과 유사하게 탄소 수가 6개 이하인 아민은 물에 잘 녹는다. 또한 질소 원자가 수소 원자를 가진 1차 및 2차 아민은 알코올과 같이 분자간에 수소결합을 형성하고 회합한다. 그러나 순수한 액체상태의 3차 아민은 N－H 결합이 없기 때문에 아민 분자간의 수소결합은 없다.

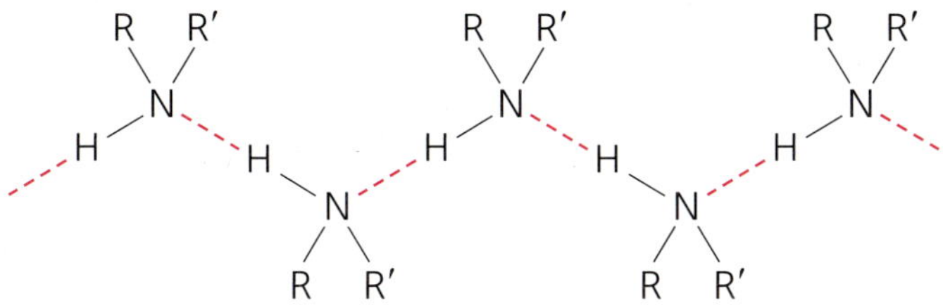

2차 아민

질소 원자는 산소 원자보다 전기음성도가 작고 N－H 결합이 O－H보다 덜 극성이기 때문에 알코올의 수소결합보다 약하다. 따라서 비슷한 분자량의 에터보다는 끓는점이 높고 알코올 보다는 낮다.

표 12.2 아민과 에터/알코올 끓는점

에터	2차 아민	알코올
$CH_3CH_2OCH_2CH_3$	$(CH_3CH_2)_2NH$	$CH_3CH_2CH_2CH_2OH$
34.5℃	56℃	117℃

3차 아민의 끓는점은 비슷한 분자량의 2차 아민이나 1차 아민보다 낮고 알케인의 끓는점과 비슷하다. 아민의 또 다른 특징으로 표준상태에서 가스상태인 메틸아민 및 에틸아민은 암모니아 냄새가 나고 저분자량의 아민은 불쾌한 고기 비린내가 나는 액체이다. 아릴아민은 끓는점이 상대적으로 높고 물에 대한 용해도가 낮다.

12.4.2 염기도(Basicity)

아민이 물에 녹으면 물은 산으로 작용하여 물 분자의 양성자를 받아 OH^- 이온을 만들어 평형이 이루어진다. 카복실산의 산의 세기를 산도 상수 K_a로 나타내는 것과 마찬가지로 아민의 염기의 세기를 염기도 상수 K_b로 나타낸다. K_b값이 클수록(pK_b 값이 작을수록) 더 센 염기이다

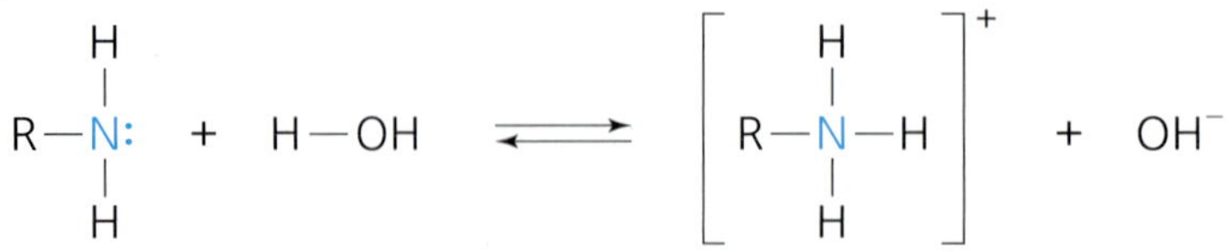

$$K_b = \frac{[RNH_3^+][OH^-]}{[RNH_2]} \qquad pK_b = -\log K_b$$

아민의 염기의 세기는 전자 유발 효과, 입체 효과, 공명 효과 및 방향족성 효과 등에 영향을 받는다.

(1) 전자 유발 효과와 입체 효과

수용액에서 알킬아민은 암모니아보다 약 10배 정도 강한 염기이다. 일반적으로 암모니아보다 알킬기가 하나 치환된 1차 알킬아민의 염기도가 크며 2차 알킬아민은 더 크다. 즉 암모니아의 수소 원자 대신에 알킬기의 치환이 많을수록 염기도가 증가한다. 그 이유는 알킬기(예: 메틸기)의 전자를 주는 (+) 전자 유발 효과로 질소 원자의 전자 밀도와 짝산의 용매화 안정도를 높이기 때문이다. 그러나 3차 알킬아민의 염기도는 2차 알킬아민보다 오히려 감소한다. 이는 1차 아민(메틸아민)의 경우 짝산(RNH_3^+)의 수소 원자가 3 개, 2차 아민(다이메틸아민)은 2개($R_2NH_2^+$)인 반면 3차 아민(트라이메틸아민)은 1개(R_3NH^+)여서 수용액에서 물과 수소 결합에 의한 용매화 안정도가 떨어질 뿐만 아니라 3개의 메틸기에 의한 입체 장애도 더 크게 작용하기 때문이다. 따라서 염기도는 1차 아민 〉 2차 아민 〉 3차 아민 〉 암모니아 순이 된다.

표 12.3 메틸 아민의 경우 염기도

	암모니아	1차 아민	2차 아민	3차 아민
분자식	NH_3	CH_3NH_2	$(CH_3)_2NH$	$(CH_3)_3N$
구조식	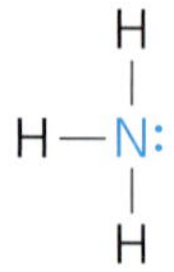	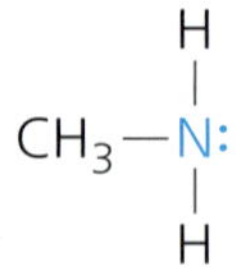	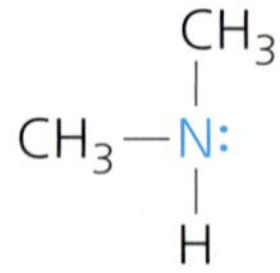	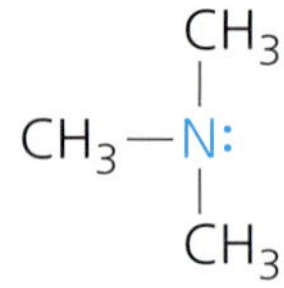
염기도(pK_b)	4.74	3.34	3.27	4.19

주) $CH_3CH_2NH_2$ pK_b= 3.19

또한 전자 유발 효과 측면에서 4-메틸아닐린은 4-나이트로아닐린보다 더 강한 염기도를 나타내는데 이것은 메틸기와 나이트로기의 전자 유발 효과의 차이 때문이다. 메틸기는 벤젠 고리에 전자를 주는 치환기이기 때문에 질소 원자의 전자 밀도를 높이는데 기여하지만 나이트로기는 전자를 빼앗아가므로 반대 효과를 나타낸다.

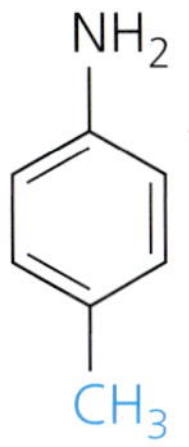

$pK_b = 8.92$
4-Methylaniline

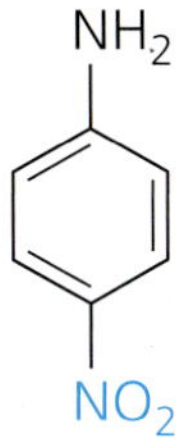

$pK_b = 13.0$
4-Nitroaniline

몇 가지의 아민 염기도는 다음 표와 같다.

표 12.4 몇 가지 아민의 염기도

아민	분자식	염기도(pK_b)	비고
Triethylamine	$(CH_3CH_2)_3N$	2.99	
Ethylamine	$CH_3CH_2NH_2$	3.19	강한 염기
Dimethylamine	$(CH_3)_2NH$	3.27	
Methylamine	CH_3NH_2	3.34	
Diethylamine	$(CH_3CH_2)_2NH$	3.51	
Trimethylamine	$(CH_3)_3N$	4.19	
Ammonia	NH_3	4.74	
Pyridine	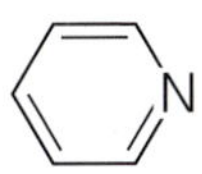	8.75	
Aniline	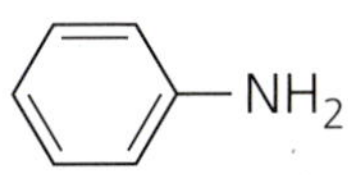	9.37	약한 염기

(2) 공명효과

일반적으로 아민 화합물에서 치환기가 전자 주는 기(Electron-donating Substituent)는 아민의 염기도를 증가시키고, 전자 끄는 기(Electron-withdrawing Substituent)는 염기도를 감소시킨다. 아릴아민은 암모니아나 지방족 아민보다 훨씬 약한 염기이다. 예를 들면, 방향족 아민인 아닐린의 염기도는 지방족 아민인 사이클로헥실아민의 약 1백만분의 1밖에 안 된다.

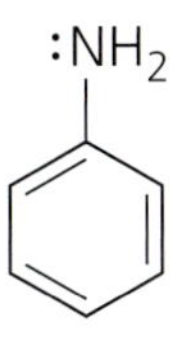

Aniline
$pK_b = 9.37$

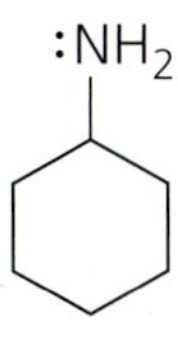

Cyclohexylamine
$pK_b = 3.36$

그 이유는 아닐린의 질소 원자의 비공유 전자쌍은 벤젠 고리의 π전자와 공명(π오비탈 겹침)을 하여 비편재화(전자 밀도가 낮아져) 되어 양성자와 결합하는 능력이 떨어지는 반면 사이클로헥실아민은 오히려 사이클로헥실기가 질소 원자에 전자를 밀어주기 때문이다. 이와 같이 공명 효과로 방향족 아민이 지방족 아민 보다 염기도가 더 낮다. 다시 말해 아릴아민이 알킬아민보다 염기도가 낮은 것은 아닐린에서 질소의 고립 전자쌍은 공명구조를 이루어 비편재화 되어 있어 아닐린을 안정화시킨다. 따라서 아닐린이 전자를 내주기 어렵게 되고 산과 결합하기가 어려워지기 때문이다.

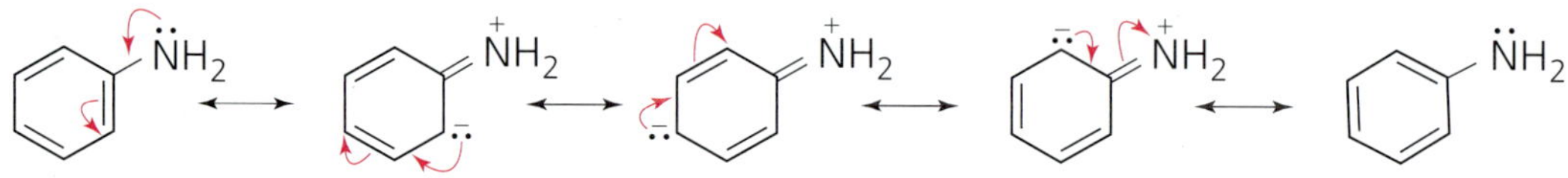

한편 아민과 달리 아마이드($RCONH_2$)는 염기성이 아니다. 아민의 수용액은 염기성이지만 아마이드 수용액은 중성이다. 그 이유는 아민에서는 고립 전자쌍이 질소 원자에 편재되어 있으나, 아마이드는 질소의 고립 전자쌍이 카보닐기의 공명구조와 겹침에 의해 산소 원자까지 비편재화되어 아민보다 더 안정하게 되며 반응성이 작게 되고 따라서 염기성이 작다.

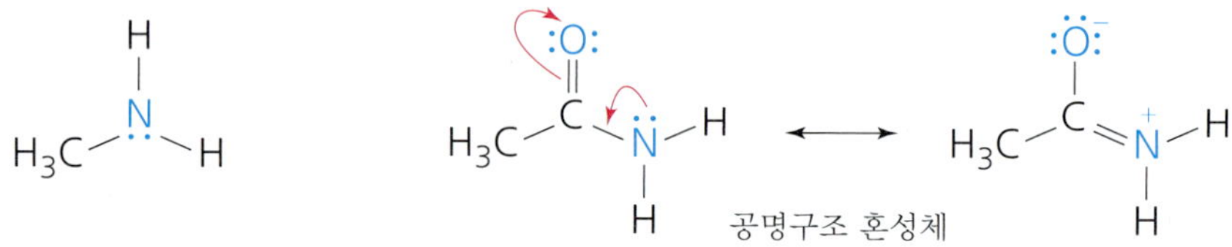

아민
Methylamine

아마이드
(Acetamide)

(3) 방향족성 효과

6원자 헤테로고리 아민인 피리딘(Pyridine)의 염기도는 5원자 고리의 피롤(Pyrrole)보다 10^5배나 강한 염기이다. 피리딘의 경우 탄소 원자에 있는 π 전자만으로도 6π 전자계를 이루면서 Hückel 법칙을 만족시키고 방향족성을 가질 수 있기 때문에 질소 원자의 비공유 전자쌍은 양성자와 결합하는 데에만 사용될 수 있다. 반면에 피롤의 경우 질소 원자의 비공유 전자쌍을 포함하여야 6π 전자계로 방향족성을 가질 수 있으므로 염기로서의 역할이 피리딘보다 불리하게 된다.

Pyridine
$pK_b = 8.75$

Pyrrole
$pK_b = 13.66$

아민의 끓는점, 용해도, 염기도의 물리적 성질은 다음 표와 같다.

표 12.5 아민의 물리적 성질

구분	아민	구조식	끓는점 (℃)	물에 용해도 (25℃)	염기도 (pK_b)
1차 알킬아민	Methylamine	CH_3-NH_2	−7.5	∞	3.34
	Ethylamine	$C_2H_5-NH_2$	17	∞	3.19
2차 알킬아민	Diethylamine	$(C_2H_5)_2NH$	55	−	3.27
고리 아민	Cycloethyleneamine	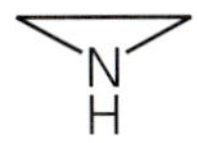	55	∞	−
지방족 다이아민	Ethylenediamine	$H_2N-CH_2CH_2-NH_2$	117	녹음	−
방향족 1치환아민	*N*–Methylaniline	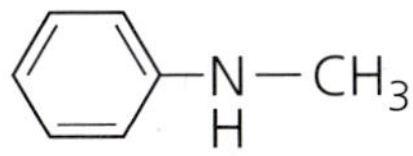	196	약간 용해	5.14
치환방향족 아민	*o*–Toluidine	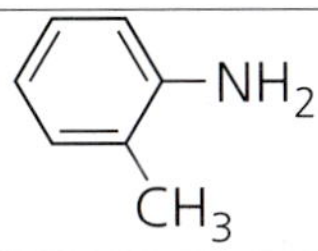	200	1.7	5.60
	o–Nitroaniline	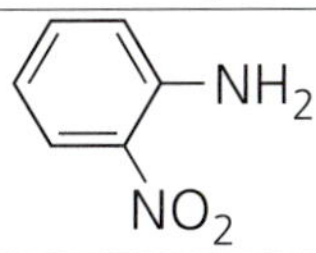	284	0.1	9.46
방향족 다이아민	*o*–Phenylenediamine	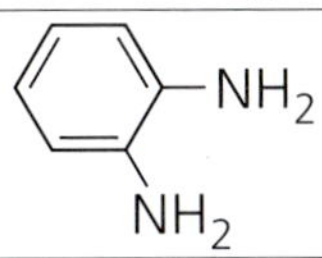	252	3	5.49

12.5 아민의 제법

아민은 다음과 같이 4가지 방법으로 합성할 수 있다.

12.5.1 질소를 함유한 작용기의 환원

아자이드(Azide, $-N_3$), 나이트릴(Nitrile, $-C\equiv N$), 나이트로(Nitro, $-NO_2$), 옥심(Oxime, $-C=NOH$) 및 아마이드(Amide, $-CONR_2$) 등과 같이 질소 함유 작용기를 환원하여 아민을 합성

하는 방법이다.

(1) 아자이드화 알킬의 환원에 의한 1차 아민 생성

할로젠화 알킬(RX)에 NaN_3를 S_N2 반응시켜 얻은 아자이드화 알킬(RN_3)을 수소화알루미늄리튬($LiAlH_4$)으로 환원하여 1차 아민을 합성한다.

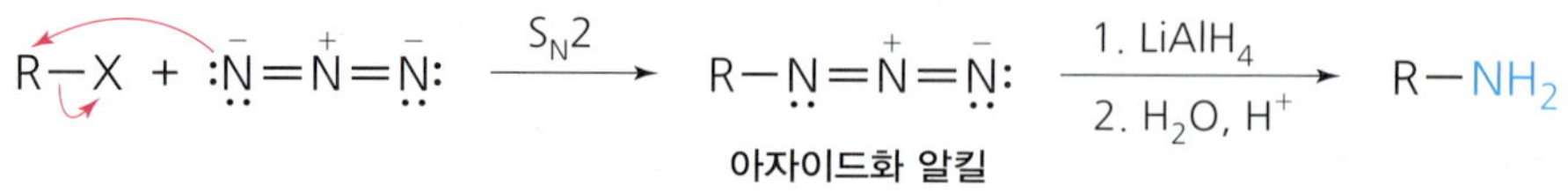

(2) 나이트릴기의 환원에 의한 1차 아민 생성

할로젠화 알킬(RX)에 NaCN을 S_N2 반응시켜 얻은 나이트릴 화합물(RCN)을 수소화알루미늄리튬($LiAlH_4$)으로 환원하여 1차 아민을 합성한다.

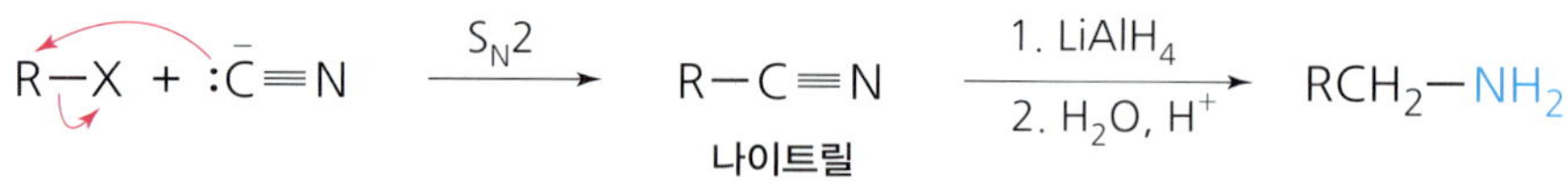

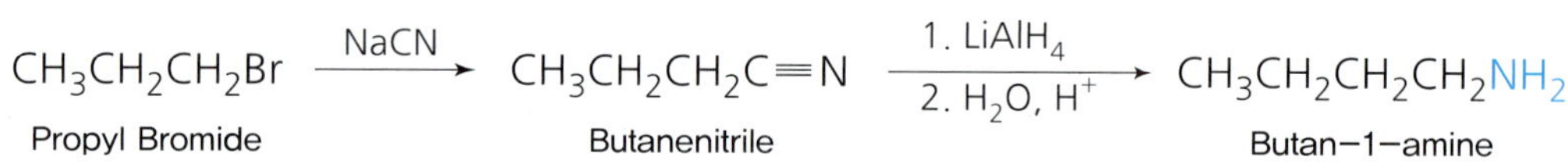

(3) 나이트로기의 환원에 의한 방향족 1차 아민 생성

나이트로화 반응을 통해 얻은 나이트로기를 환원하여 1차 아민을 제조하는 방법으로 주로 방향족 아민을 합성하는데 이용된다. 사용되는 환원제로는 촉매(백금)-수소, Fe + HCl, $SnCl_2$ 및 $LiAlH_4$ 등이 있다.

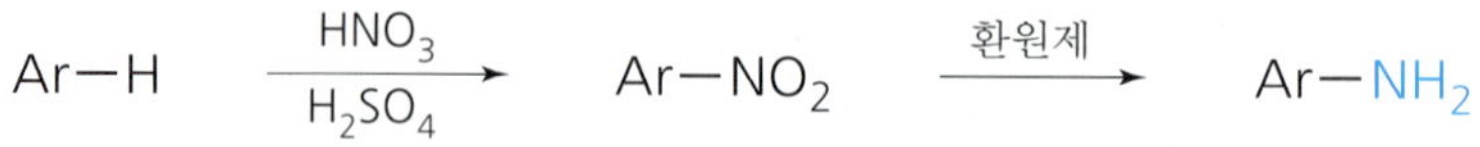

예를 들어 방향족 나이트로 화합물(나이트로 벤젠)의 나이트로기를 환원하면 아릴 아민(방향족 아민)이 생성된다.

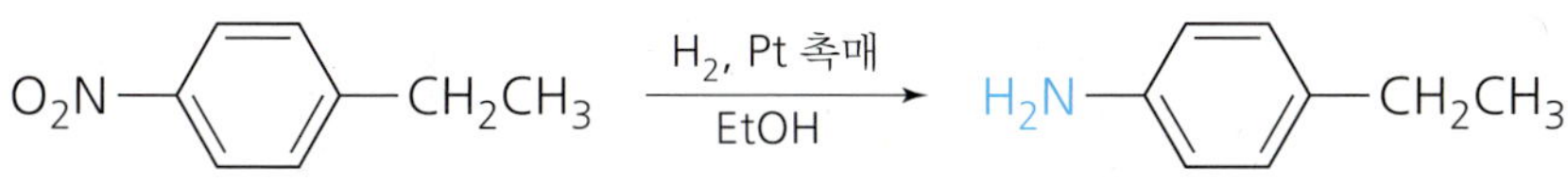

p–Ethylnitrobenzene *p*–Ethylaniline

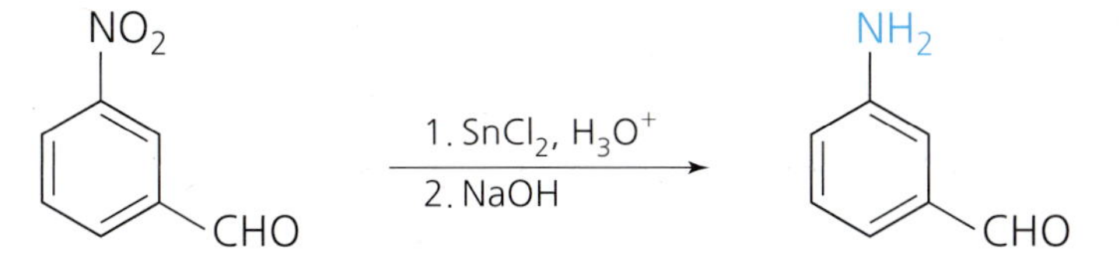

m–Nitrobenzaldehyde *m*–Aminobenzaldehyde

(4) 옥심 또는 아민의 환원에 의한 1차/2차 아민 생성

알데하이드 또는 케톤으로부터 얻은 알독심(Aldoxime) 또는 케톡심(Ketoxime)을 $LiAlH_4$로 환원하면 1차 아민이 된다. 그리고 알데하이드 또는 케톤으로부터 얻은 알디민(Aldimine) 또는 케티민(Ketimine)으로부터는 2차 아민이 생성된다.

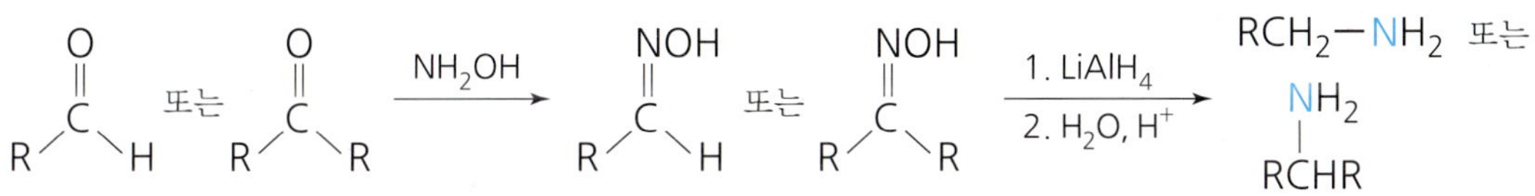

Aldoxime Ketoxime

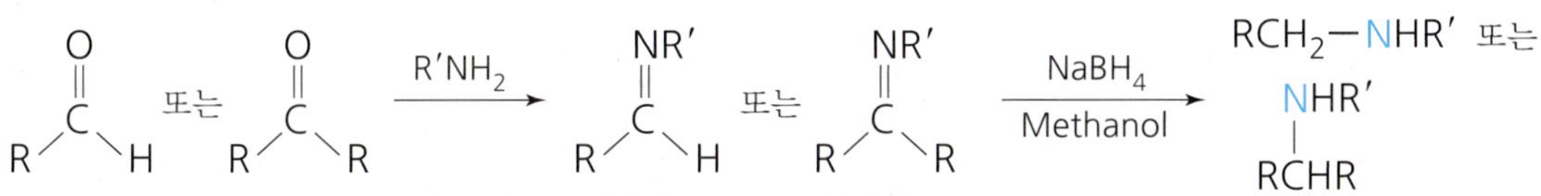

Aldimine Ketimine

참고로 아래 (a)와 같이 아조 화합물은 하이드라조(치환 하이드라진) 화합물을 거쳐서 1차 아민으로 환원되고 (b)와 같이 아조 벤젠을 촉매 수소화 반응시키면 아닐린으로 된다.

(a) 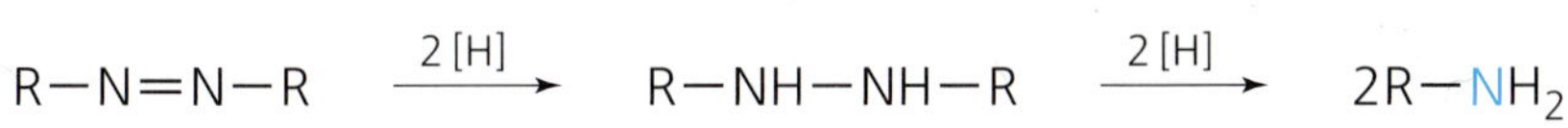

Azo 화합물 Hydrazo 화합물

(b) 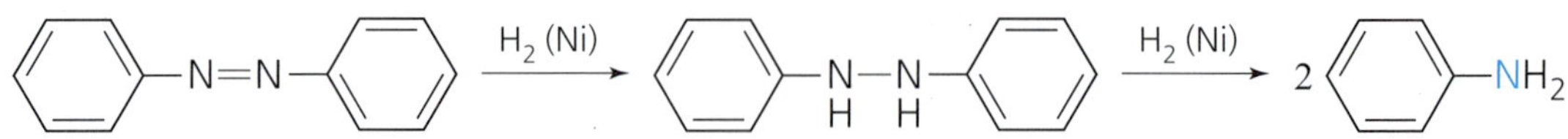

Azobenzene Hydrazobenzene Aniline

(5) 아마이드의 환원에 의한 아민 생성

1차, 2차 및 3차 아마이드를 $LiAlH_4$로 환원하면 각각 1차, 2차 및 3차 아민을 제조할 수 있다.

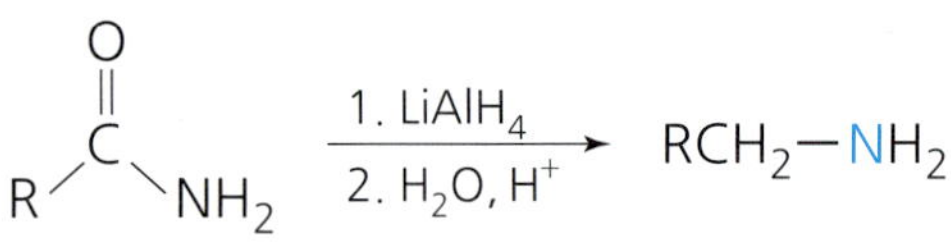

1차 아마이드

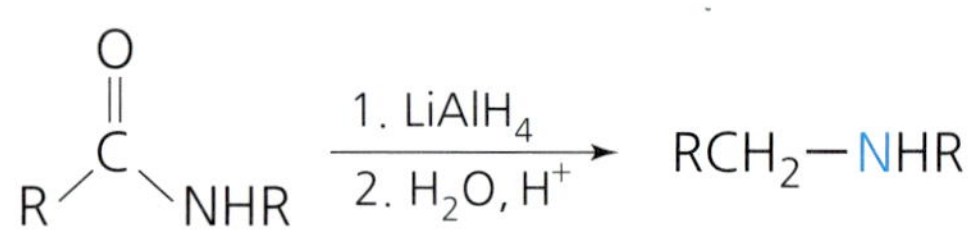

2차 아마이드

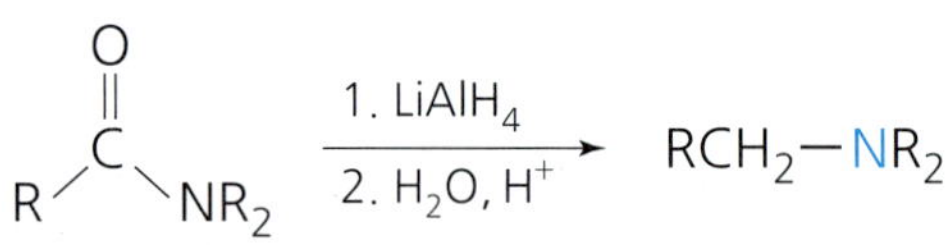

3차 아마이드

예를 들어 사이클로헥세인카보닐아마이드를 환원하면 1차 아민인 사이클로헥실메테인아민이 된다.

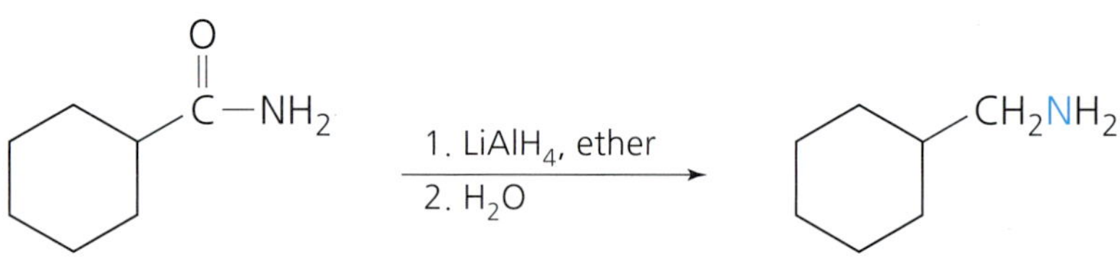

Cyclohexanecarbonyl Amide Cyclohexylmethanamine

12.5.2 질소 친핵체를 이용한 친핵성 치환 반응

이 방법은 할로젠화 알킬(RX)에 질소 친핵체를 반응시켜 아민을 합성한다.

(1) 암모니아 친핵체의 치환 반응에 의한 아민 제조

할로젠화 알킬(RX)에 암모니아 또는 아민을 친핵체로 사용하여 아민을 합성하는 방법이다. 이 반응의 첫 단계에서는 암모늄염을 생성하며 여기서 양성자를 제거하면 아민이 생성된다. 이 반응은 주로 S_N2 반응을 통하여 일어나므로 R이 메틸(CH_3X) 또는 1차 알킬(RCH_2X)의 경우에만 사용할 수 있다. 그러나 이 반응에서 일차적으로 생성된 아민이 다시 친핵체로 작용하여 부산물로 2차 및 3차 아민 그리고 4차 암모늄염까지도 생성될 수 있다.

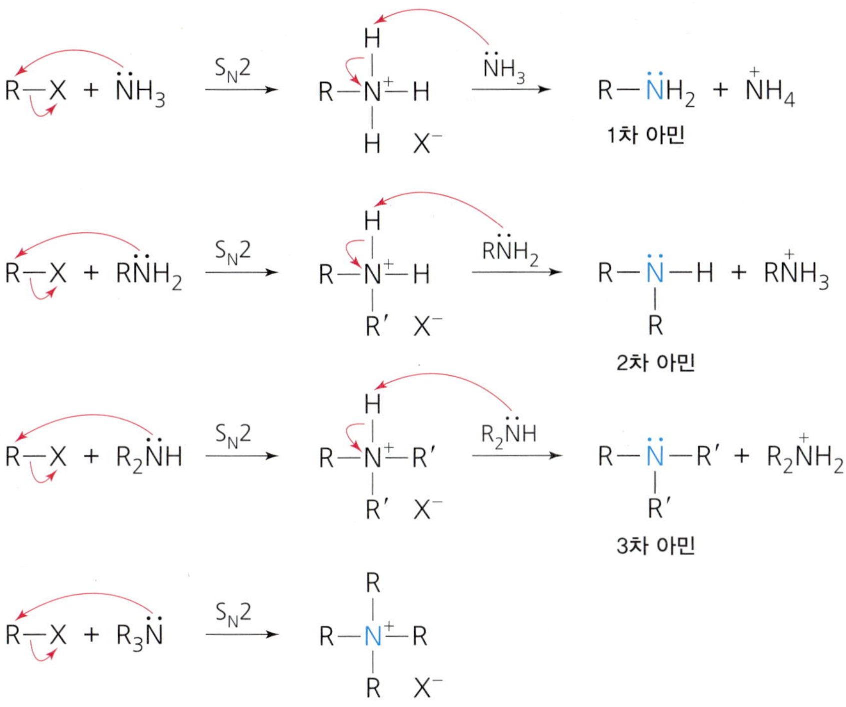

4차 암모늄염

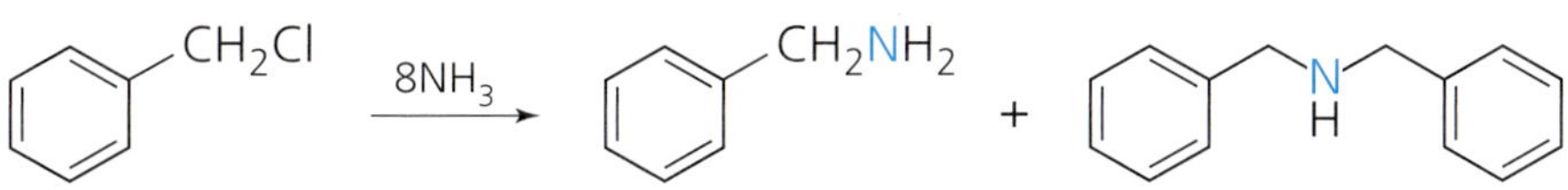

Benzyl Chloride　　Benzyl Amine　　Dibenzyl Amine

(2) Gabriel 합성법에 의한 아민 제조

1차 할로젠화 알킬(CH_3X 또는 RCH_2X)에 친핵체인 프탈이미드 음이온(프탈이미드를 KOH와 반응시켜 얻음)을 S_N2 반응시켜 얻은 N-알킬프탈이미드 유도체를 KOH로 가수분해 또는 하이드라진(NH_2NH_2)으로 분해시키면 1차 아민이 생성된다. 이를 가브리엘(Gabriel) 합성법이라 한다.

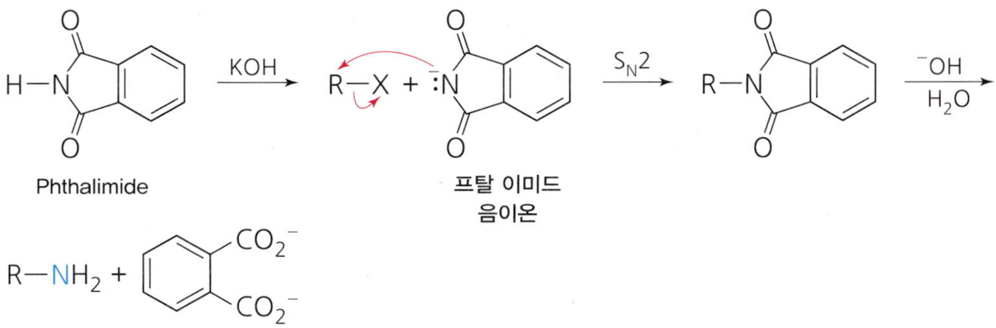

12.5.3 카보닐화합물의 환원성 아민화(아미노화) 반응

알데하이드 또는 케톤에 암모니아, 1차 또는 2차 아민을 환원제 존재하에서 반응시키면 1차, 2차, 3차 아민이 생성된다. 이 반응을 환원성 아민화 반응(Reductive Amination)이라 한다.

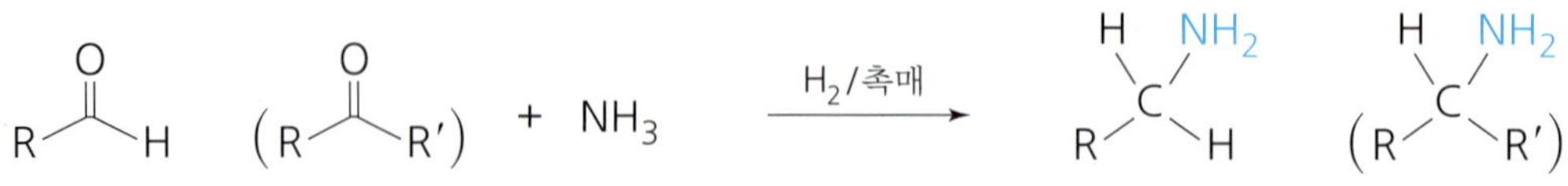

1차 아민

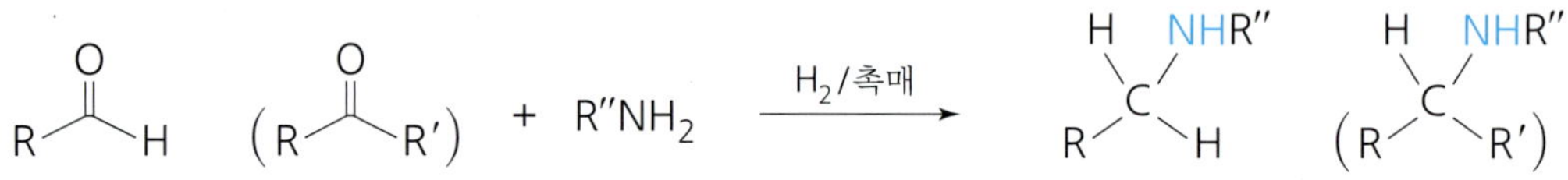

2차 아민

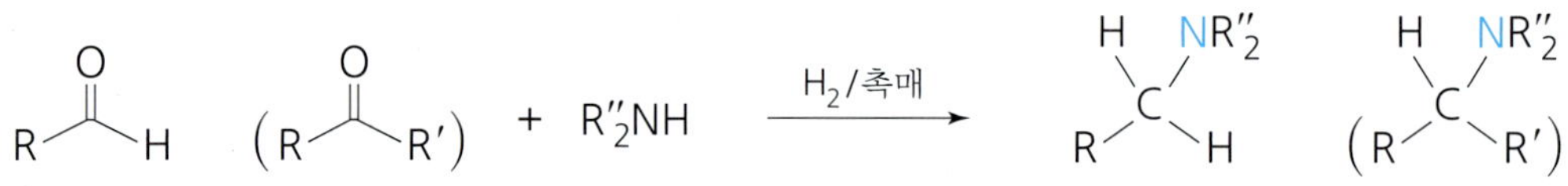

3차 아민

예를 들면 중추 신경계 자극제인 암페타민(Amphetamine)은 상업적으로 환원제로서 니켈(Ni) 촉매 위에서 수소 가스를 써서 1-Phenylpropan-2-one과 암모니아의 환원성 아민화 반응으로 합성된다.

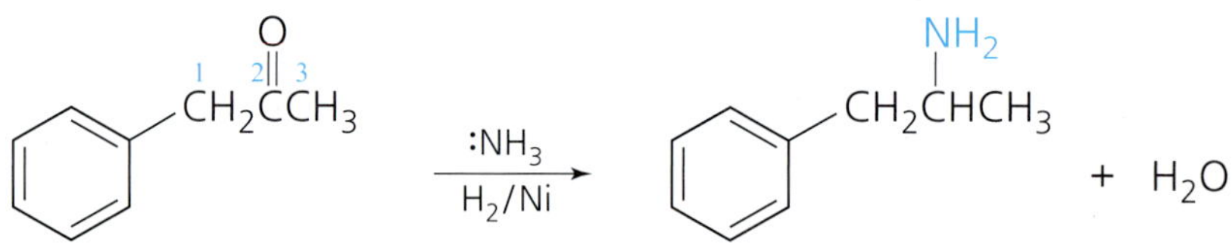

1-Phenylpropan-2-one　　Amphetamine

환원성 아민화 반응은 다음의 반응 경로로 일어난다. 먼저 암모니아는 친핵성 첨가 반응으로 카보닐기를 공격하여 중간체인 카비놀 아민을 생성한다. 그리고 중간체는 물을 잃고 이민을 형성한다. 마지막으로 이민은 니켈 촉매 위에서(이민 C=N결합은) 환원되어 아민 생성물을 생성한다. 암모니아, 1차 아민 및 2차 아민 모두가 환원성 아민화 반응을 하며 각각 1차, 2차 및 3차 아민으로 생성된다.

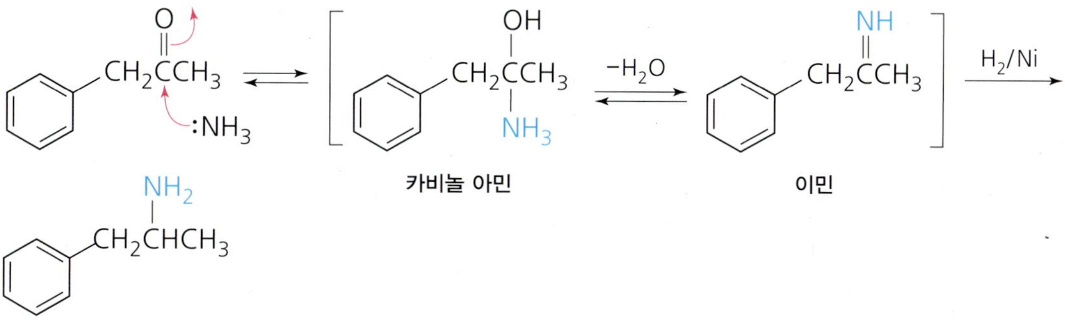

카보닐 화합물을 2차 아민과 반응시키면 엔아민(Enamine)을 형성한다. 엔아민을 촉매 수소화 반응을 시키면 포화된 3차 아민이 만들어진다.

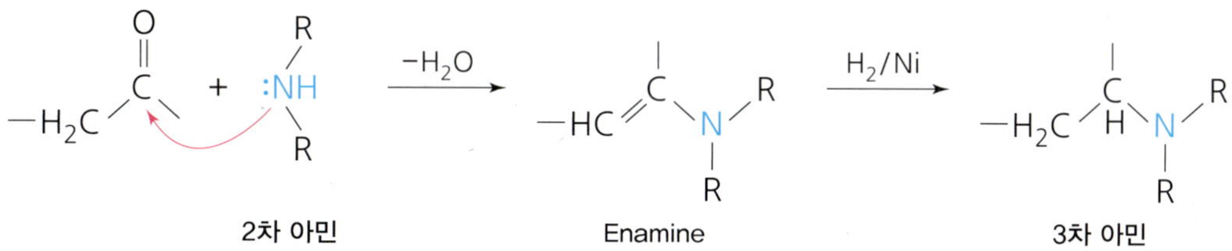

12.5.4 아마이드의 재배열 반응

이 반응에는 다음과 같이 호프만과 커티우스 반응이 있다

(1) 호프만(Hofmann) 재배열 반응

1차 아마이드($RCONH_2$)를 NaOH 수용액 중에서 브롬 또는 염소와 반응시켜 탄소 원자가 하나 감소한 1차 아민을 합성하는 반응이다.

$$R-\overset{\overset{\displaystyle O}{\|}}{C}-NH_2 + Br_2 + 4NaOH \xrightarrow{H_2O} RNH_2 + 2NaBr + Na_2CO_3 + 2H_2O$$

이 반응의 메커니즘은 다음과 같다. 즉 1단계 염기가 N-H의 양성자를 떼어낸다(아마데이트 이온 형성). 2단계 질소 음이온이 Br_2와 반응하여 N-Bromide가 생성된다. 3단계 염기가 N-Bromide에 있는 양성자를 떼어낸다. 4단계 카보닐기 산소의 전자 이동과 동시에 R기가 질소 원자로 자리 이동하면서 중간체로 이소시아네이트(R-N=C=O)가 생성된다. 5단계 이소시아네이트 중간체에 물이 첨가되어 Carbamic Acid($RNHCO_2H$)가 생성된다. 6단계 Carbamic Acid로부터 탈카복실 반응이 일어나 1차 아민이 생성된다.

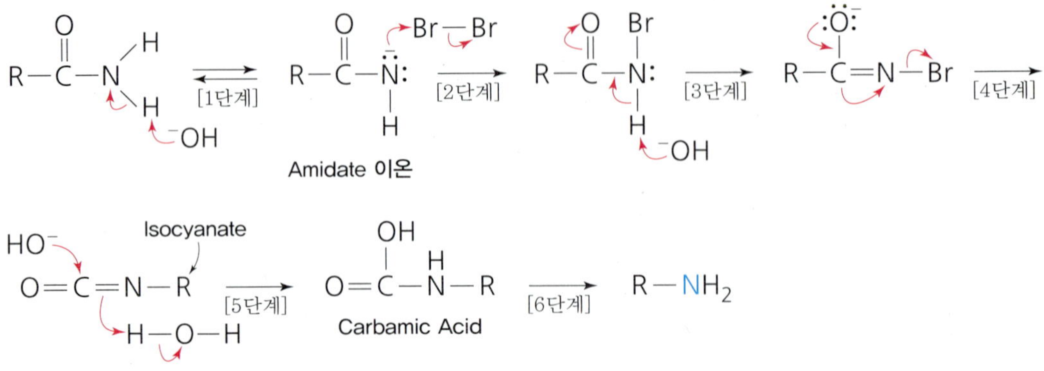

(2) 커티우스(Curtius) 재배열 반응

아실 아자이드($RCON_3$)를 가열하여 1차 아민을 합성하는 방법으로 중간체로 Hofmann 재배열 반응과 동일한 반응 중간체인 이소시아네이트가 생성된다.

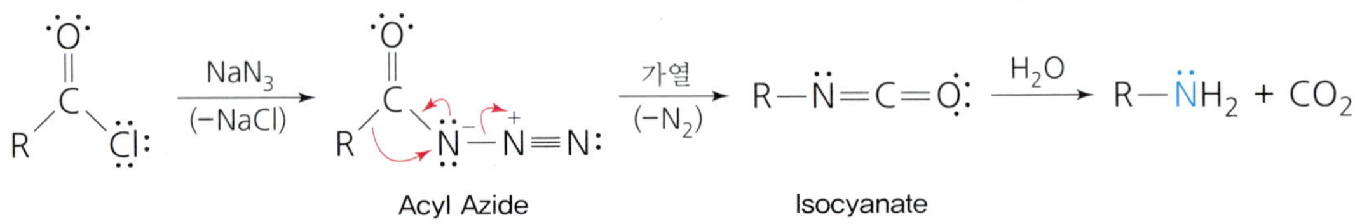

12.6 아민의 반응

앞에서 언급한 것처럼 암모니아와 아민은 비공유 전자쌍을 가진 질소를 가지므로 염기로 행동하여 양성자를 받아들여 암모늄 이온을 형성한다. 암모니아와 아민은 물보다 강한 염기이며 무기산 수용액 속에서 암모늄염을 만든다.

$$R-NH_2 + HCl \longrightarrow R-NH_3^+ + Cl^-$$

방향족 아민은 지방족 아민보다 약한 염기이며 지방족 아민은 암모니아보다 더 센 염기이다. 이와 같이 알킬기는 질소 원자에 있는 양전하를 분산시키므로 알킬암모늄 이온을 안정하게 한다. 유리 아민에서는 알킬기가 질소 원자 쪽으로 전자를 줌으로써 질소의 비공유 전자쌍이 양성자와 공유하는 것을 돕는다. 즉 비공유전자쌍이 활성화되어 양성자와의 반응성이 높아진다.

이러한 효과로 지방족 아민의 염기성이 암모니아보다 더 크다. 또한 앞에서 말한 것처럼 질소 원자에 결합되어 있는 알킬기가 많을수록 아민의 염기성도 더 크게 된다. 따라서 2차 아민은 1차 아민보다 염기성이 크다. 그러나 3차 아민은 물과 용매화가 잘 일어나지 않고 또 양성자 첨가가 입체적인 방해를 받기 때문에 2차 아민보다 염기도가 작다. 아닐린의 질소 원자의 비공유 전자쌍은 양성자뿐만 아니라, 벤젠 고리에 있는 6개의 π 전자와도 상호작용을 하므로 공명에 의한 안정화는 증가된다.

12.6.1 아민의 친핵체로서의 반응

다음과 같이 할로젠화 알킬과 반응, 알데하이드와 반응, 아실할라이드와 반응, Hofmann제거 반응이 있다.

(1) 아민의 할로젠화 알킬과의 반응(아민의 알킬화 반응)

1차 아민은 할로젠화 알킬과 친핵성 치환반응을 하여 2차 아민으로 전환된다. 생성된 2차 아민은 다시 친핵체로 할로젠화 알킬과 반응하여 3차 아민이 되며 이것이 다시 친핵체로 알킬화 반응이 일어나 4차 암모늄염이 된다.

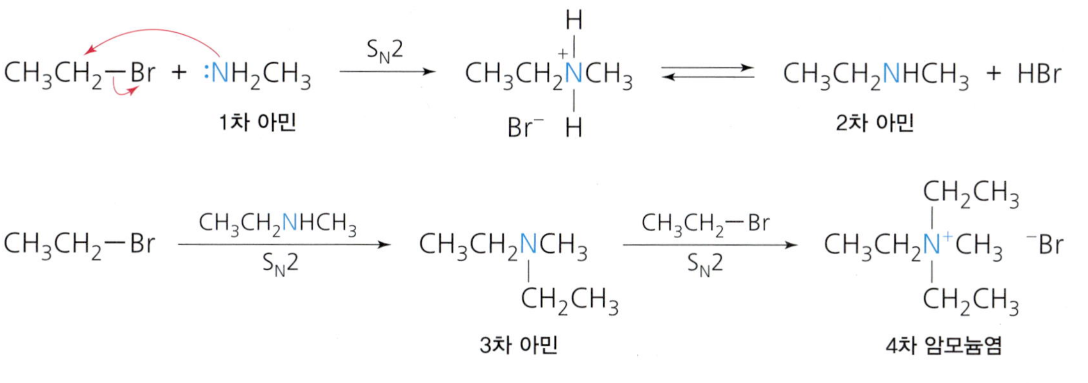

(2) 아민의 알데하이드(케톤)와의 이민(엔아민) 형성 반응

1차 아민은 알데하이드(케톤)와 친핵성 첨가 반응을 하여 이민(Imine)을, 2차 아민은 알데하이드(케톤)와 반응을 하여 엔아민(Enamine)을 각각 생성한다. 이들은 모두 반응 중간체로 생성된 카비놀아민(Carbinolamine)에서 탈수 반응이 일어나 만들어진다.

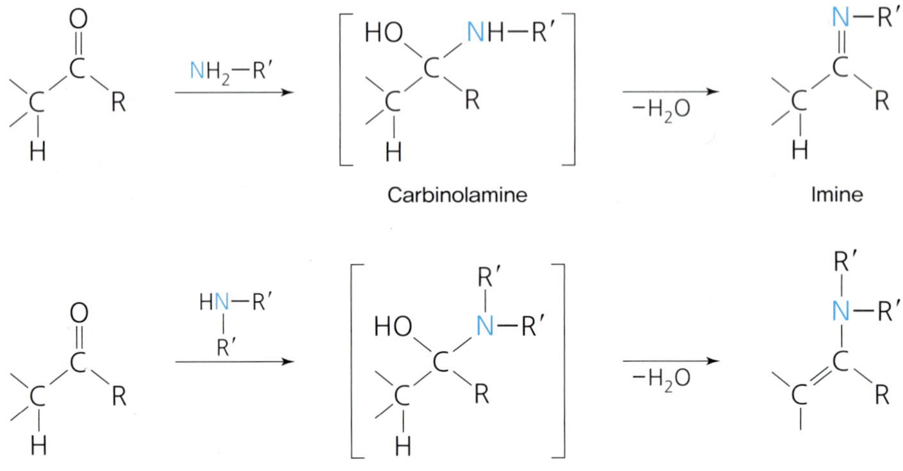

R=H 또는 알킬

(3) 아민의 아실할라이드(산무수물)와 아마이드 형성 반응

암모니아, 1차 및 2차 아민은 산염화물(RCOCl) 또는 산무수물 [$(RCO)_2O$]과의 반응에서 친핵체로 작용하여 친핵성 첨가 반응에 의해 각각 1차, 2차, 3차 아마이드를 생성한다.

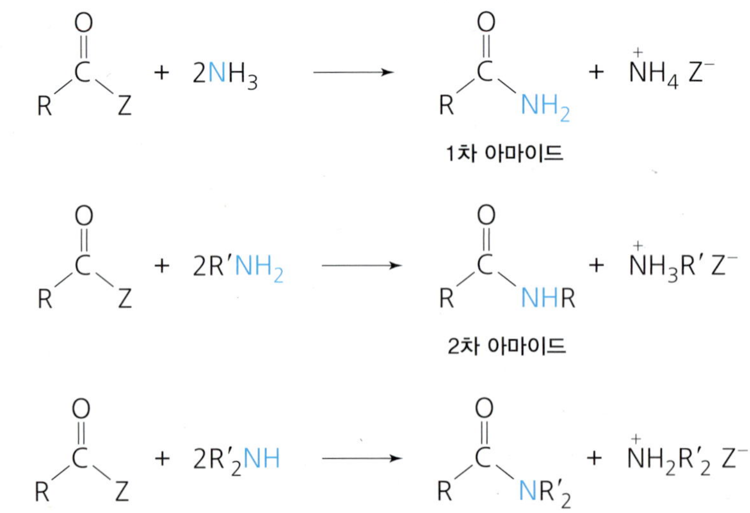

Z=Cl 또는 OCOR

3차 아마이드

(4) 아민의 Hofmann 제거 반응에 의한 설폰아마이드 생성 반응

1차 및 2차 아민은 설포닐 클로라이드($R'SO_2Cl$)와 반응하여 설폰아마이드($R'SO_2NR_2$)를 생성한다. 3차 아민은 반응하지 않는다. 1차 아민과의 반응에서 생성된 설폰아마이드($R'SO_2NHR$)의 N−H 결합의 수소 원자는 산성이 강해 KOH와 중화되어 물에 녹는 염을 생성할 수 있다(단, 2차 설폰아마이드는 수소 원자가 없어 중화 반응을 할 수 없다). 이 반응을 이용하면 1차, 2차, 3차 아민을 쉽게 구별할 수 있다. 이것을 힌스버그(Hinsberg) 시험이라고 한다.

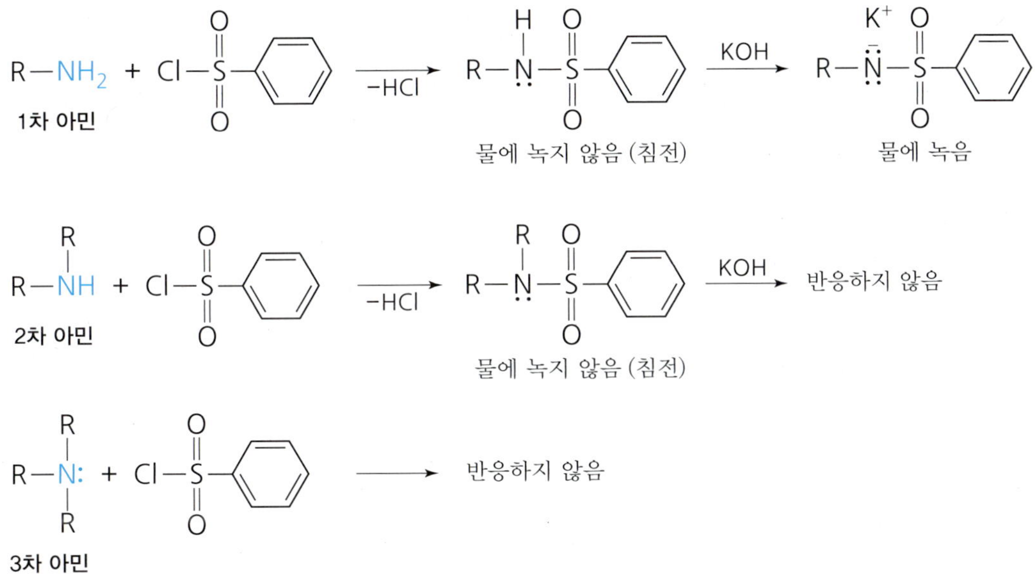

참 고 **회와 레몬즙**

생선에 레몬즙을 뿌려 먹는 이유는 생선에서 풍기는 비린내의 주성분인 Et_3N(Triethylamine)을 레몬에 있는 구연산(Citric Acid)으로 중화시키기 위함이다.

참 고 **설파제 (설폰아마이드 화합물)**

1935년 G. Domagk(1895~1964, 독일 태생, 병리 및 세균학자, 1939년 노벨 생리의학상 수상자)가 붉은색 염료의 일종인 프론토실(Prontosil)이 몸 안에서 설폰아마이드로 전환되어 세균(Streptococcus)의 성장을 저해함을 발견한 이래 수많은 설폰아마이드 화합물(설파제)이 세균 감염 치료제(화학요법제)로 개발되었다. 이 약들은 항생물질과 더불어 현재까지 항균제로 널리 사용되고 있다.

12.6.2 아민의 Hofmann 제거 반응에 의한 알켄 생성

1차, 2차, 3차 아민의 아미노기는 이들의 강한 염기도 때문에 좋은 이탈기가 아니나 4차 암모늄염이 되면 좋은 이탈성을 가지게 되어 제거 반응의 반응 기질로 이용된다. 이를 Hofmann제거 반응이라고 한다. 이 반응은 보통 1차, 2차, 3차 아민에 과량의 아이오딘화메틸(Methyl Iodide, CH_3I)를 반응시켜 4차 암모늄염을 형성시킨 후 산화은(Silver Oxide, Ag_2O) 수용액과 반응시켜 만들어진 수산화 4차 암모늄염의 아민을 가열시켜 알켄을 얻는 방법이다.

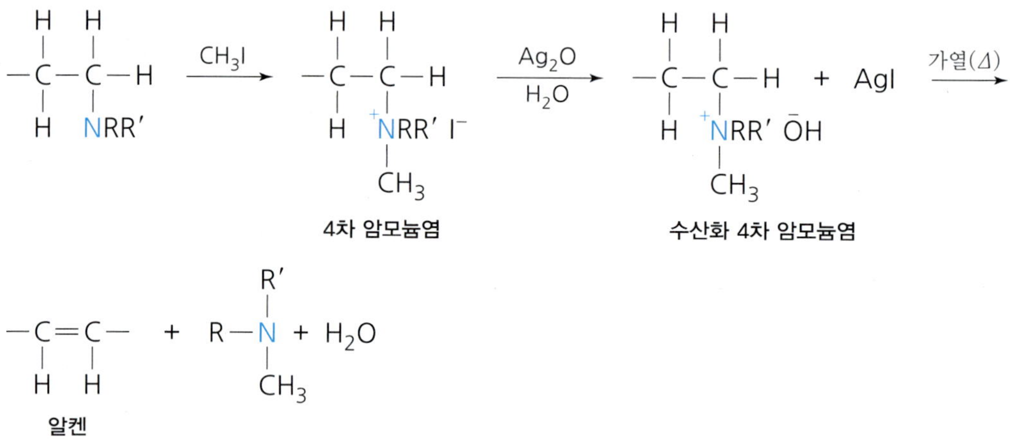

이 반응의 특징은 할로젠화 알킬(RX)의 제거 반응과는 달리 치환기가 많은 알켄이 생성(Zaitsev 규칙) 되는 것이 아니라 덜 치환된 알켄이 생성되는 것이다(anti-Zaitsev 규칙). 즉 Hofmann 제거 반응을 이용하면 anti-Zaitsev형 알켄을 주생성물로 얻을 수 있다.

일반 제거 반응과 Hofmann 제거 반응의 차이점은 아래와 같다.

(1) 일반 제거 반응은 Zaitsev 규칙에 의해 많이 치환된 알켄이 생성된다.

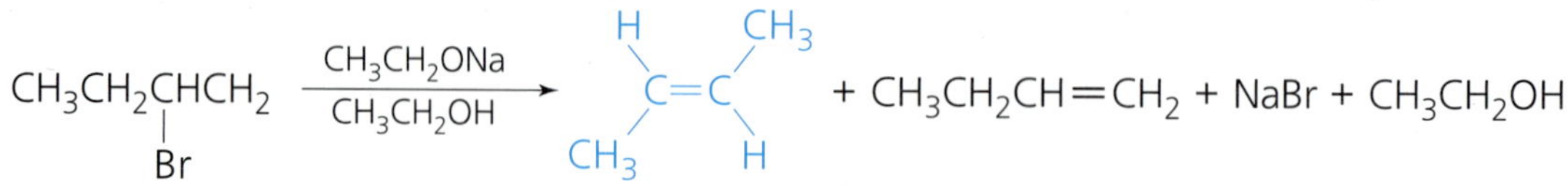

75 % 25 %

(2) Hofmann 제거 반응은 anti-Zaitsev 규칙에 의해 덜 치환된 알켄이 생성된다.

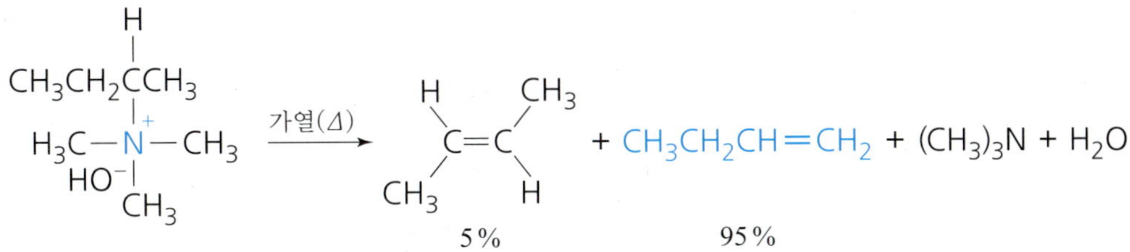

12.6.3 아민의 아질산과의 아릴다이아조늄 생성 반응

아질산(HNO_2)는 불안정하여 물과 친전자체인 나이트로소늄 이온(Nitrosonium Ion, $^+N{=}O$)으로 분해된다. 이 나이트로소늄 이온이 아민의 질소 원자와 반응한다.

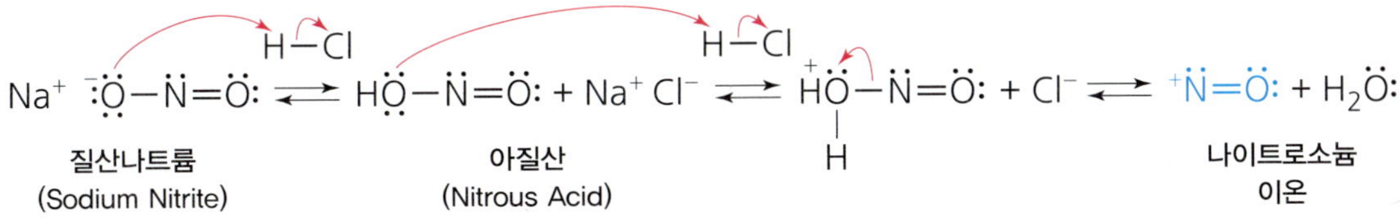

1차 아민은 다이아조늄염을 형성한다. 그리고 2차 아민은 N-나이트로사민(N-Nitrosamine)을 형성하고 3차 아민은 불안정한 N-나이트로소암모늄염(N-Nitrosoammonium Salt)를 각각 형성한다.

(1) 지방족 알킬 아민과 아질산과의 반응

1차 알킬 아민은 매우 불안정한 다이아조늄염을 형성한다. 즉 이 생성 염은 낮은 온도에서조차 불안정하여 질소 분자를 잃고 자발적으로 분해하여 탄소양이온을 생성한다. 생성된 탄소양이온은 양성자를 잃고 알켄이 되거나 물과 반응하여 알코올 또는 X^-이온과 반응하여 할로젠화 알킬을 생성한다. 이 반응은 여러 가지 종류의 혼합물이 생성되므로 합성 반응으로서 이용 가치가 낮은 반응이다.

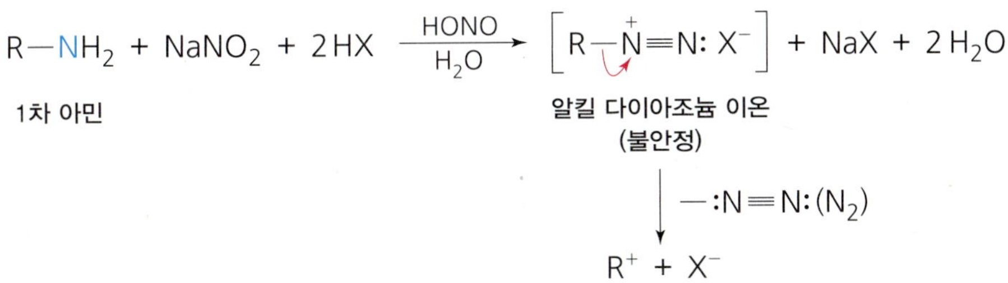

예를 들면 다음과 같다.

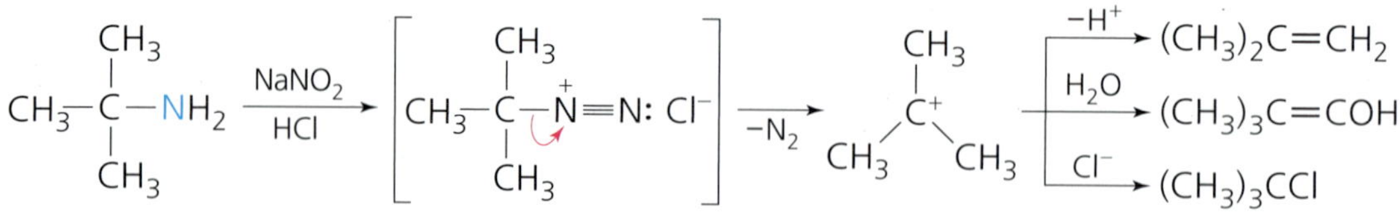

1차 알킬아민　　알킬 다이아조늄염 (불안정)　　탄소양이온

알킬 다이아조늄염 생성 메커니즘은 1차 아민이 친핵체로 친전자체인 ^{+}NO를 공격하여 생성된 N-나이트로사민에서 탈수 반응이 일어나 형성된 것으로 불안정하여 여러 종류의 물질로 전환한다.

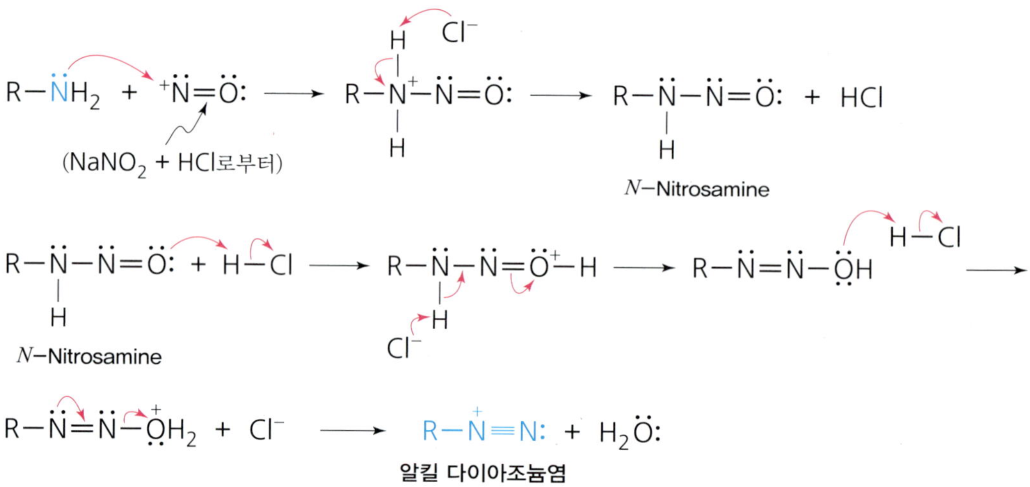

(2) 방향족 아릴 아민과 아질산과의 반응

1차 아릴 아민은 저온에서 비교적 안정한 아릴다이아조늄염을 형성한다. 즉 아닐린(1차 아릴 아민)이 아질산과 반응하여 생성된 아릴 다이아조늄염은 알킬 다이아조늄과는 다르게 저온(0℃)에서 상당히 안정하여 유기 반응에 매우 유용하게 사용된다.

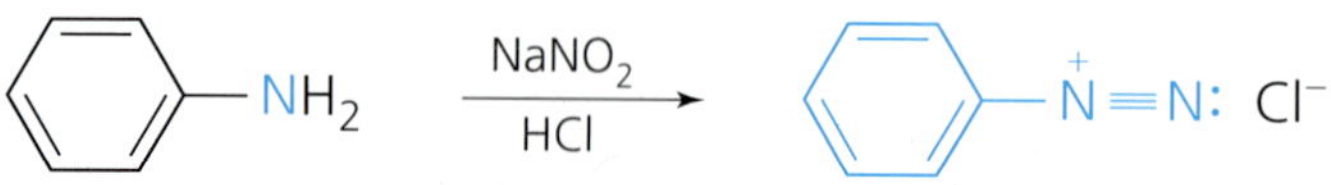

아릴 다이아조늄염

(3) 2차 아민과 아질산의 반응

2차 알킬 아민과 아릴 아민은 모두 아질산과 반응하여 N-나이트로사민(N-Nitrosamine)을

형성한다. 이들 상당수는 강력한 발암 물질로 알려져 있다.

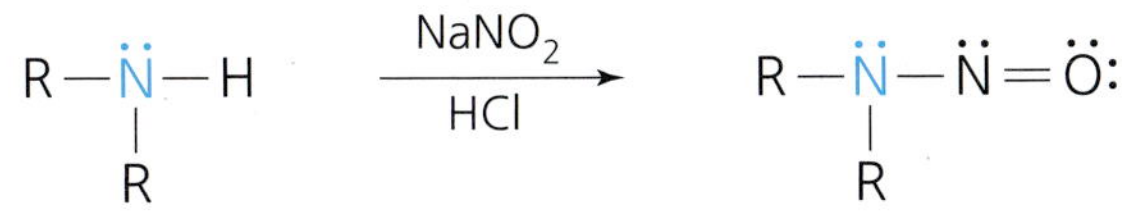

2차 알킬 아민 　　　　 *N*–나이트로사민

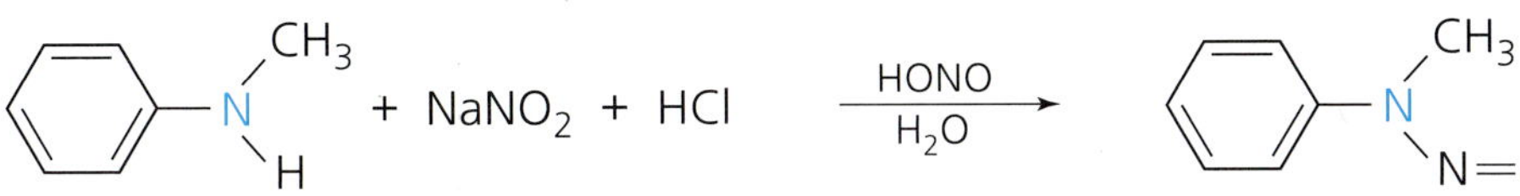

아릴 아민
(*N*–Methylaniline)

N–Nitroso–*N*–methylaniline

참 고 **아민과 냄새**

아민 화합물은 대부분 악취를 가지고 있다. 생선에서 나는 냄새의 성분은 주로 메틸 아민(Methyl Amine)과 트리메틸 아민(Trimethyl Amine)과 같은 분자량이 작은 아민 화합물이다. 동물의 조직이 부패할 때 생기는 냄새는 주로 1,4–Butanediamine(Putrescine)과 1,5–Pentanediamine (Cadaverine)인데 심한 냄새의 성분이다. 이들은 단백질의 구성 성분인 아미노산이 분해되어 생성되는 물질이다. Putrescine은 생체 세포에서도 생성되며 세포 분열에 필요한 성분이다. 한편 폴리아민의 일종인 Spermine과 Spermidine은 사람의 정액에서 발견되며 이들은 DNA 복제시 활성 산소로부터 공격을 막아주는 역할을 한다.

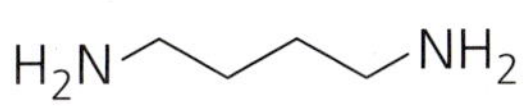

1,4–Butanediamine (Putrescine)

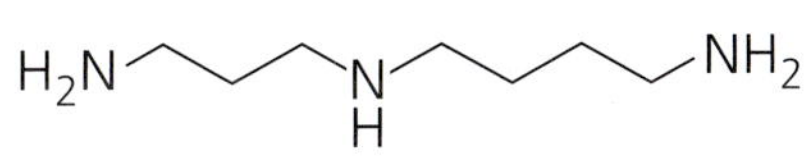

Spermidine

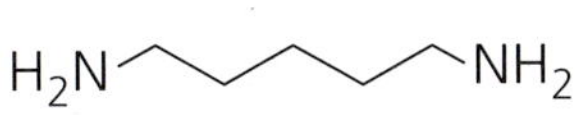

1,5–Pentanediamine (Cadaverine)

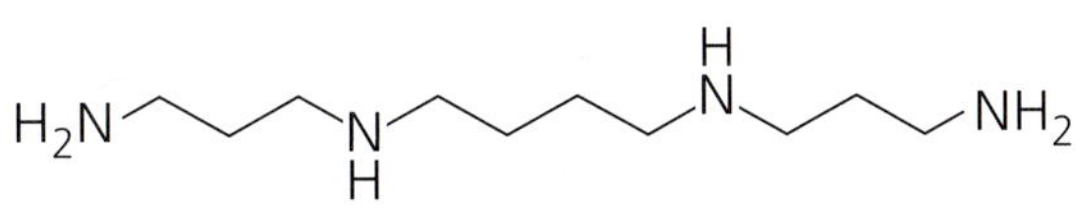

Spermine

(4) 3차 아민과 아질산의 반응

3차 알킬 아민의 경우 매우 불안정한 N–나이트로소암모늄염(N–Nitrosoammonium Salt)을 형성하나 아릴 아민의 경우 벤젠 고리에 나이트로소($^+$NO)기가 치환되는 친전자성 치환 반응이 일어난다.

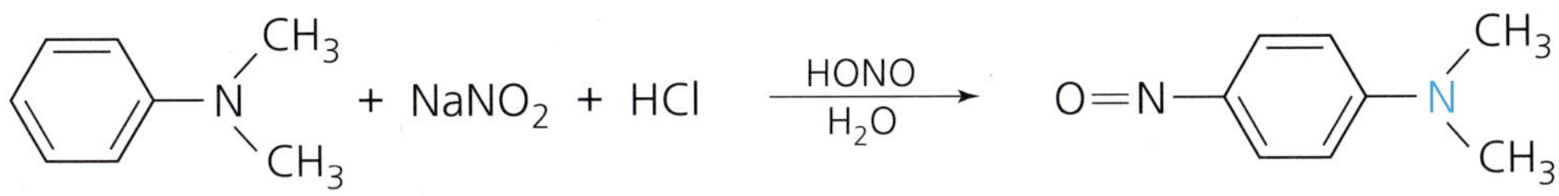

아릴 아민
(*N*,*N*–Dimethylaniline)

p–Nitroso–*N*,*N*–dimethylaniline

12.6.4 아릴 아민의 아릴 다이아조늄염의 반응

앞에서 언급한 바와 같이 1차 아릴아민의 아릴다이아조늄염은 낮은 온도에서 상당히 안정하여 벤젠 고리의 치환 반응(Sandmeyer 반응)과 짝지음(Coupling) 반응에 이용된다.

(1) 아릴 다이아조늄염의 벤젠 고리의 치환 반응(Sandmeyer반응)

아릴 다이아조늄염에 여러 가지 시약을 반응시키면 다이아조늄염 자리에 Z 즉 X(F, Cl, Br, I), CN, OH기 및 H 원자가 치환되는 반응이 일어난다. 이 가운데 Cl, Br, CN기로 치환되는 반응을 Sandmeyer 반응이라 한다. 이 반응은 방향족 친핵성 치환 반응으로 분류된다.

아릴 다이아조늄염

Z=F, Cl, Br, I, CN, OH, H

Sandmeyer 반응 예는 다음과 같다.

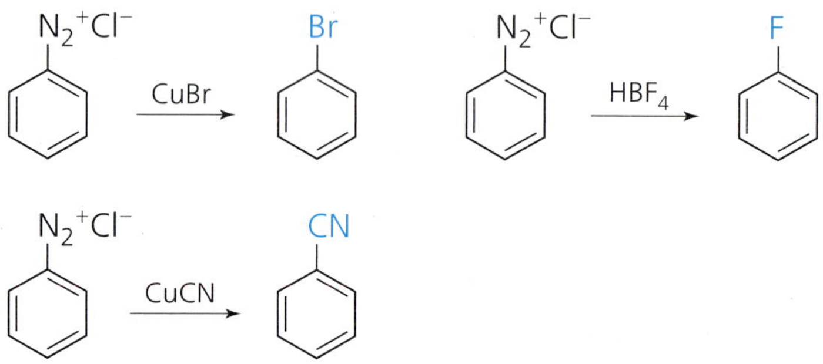

(2) 아릴 다이아조늄염을 이용한 짝지음 반응

아릴 다이아조늄염이 아닐린 또는 페놀 등과 같이 벤젠 고리를 활성화시키는 치환기를 가진 벤젠 유도체와 반응하면 2 벤젠 고리가 서로 결합된 아조 화합물이 생긴다. 이 반응에서 다이아조늄염은 친전자체로 작용한다. 이와 같은 반응을 짝지음(Coupling) 반응이라 한다. 다음 반응식에서 Y는 NH_2, NHR, NR_2, OH와 같은 강력한 전자를 주는 기이다.

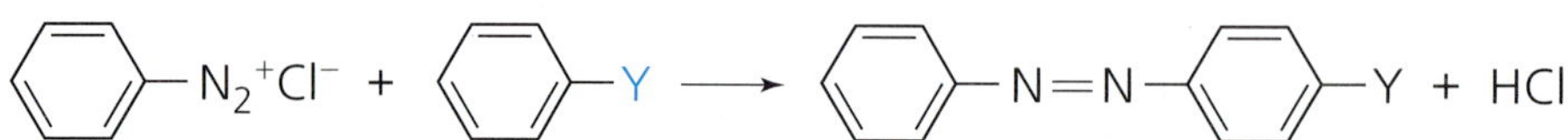

아조 화합물

Y=NH_2, NHR, NR_2, OH

아조 화합물은 N=N결합이 벤젠의 이중 결합과 짝지어 있기 때문에 발색단(Chromophore) 역할을 하게 된다. 벤젠 고리의 치환기 종류에 따라 여러 가지 색깔을 나타내게 된다. 아조 결합(N=N 결합)을 가지고 있는 염료를 일반적으로 아조 염료라 한다. 즉 이 반응은 아조 염료 합성에 응용한다. 아조 염료의 예는 다음과 같다.

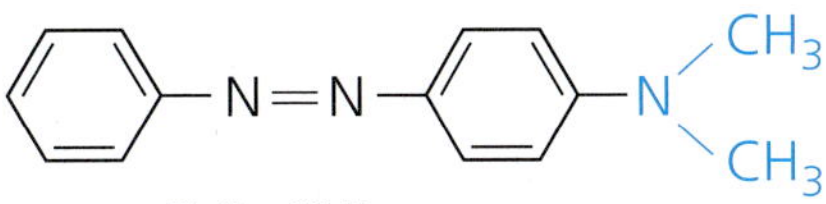

Butter Yellow

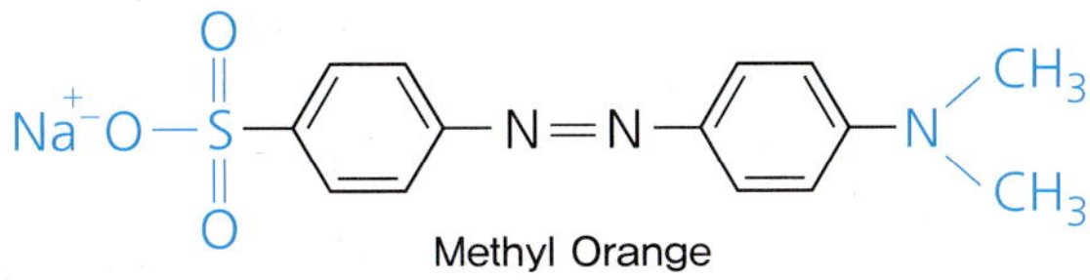

Methyl Orange

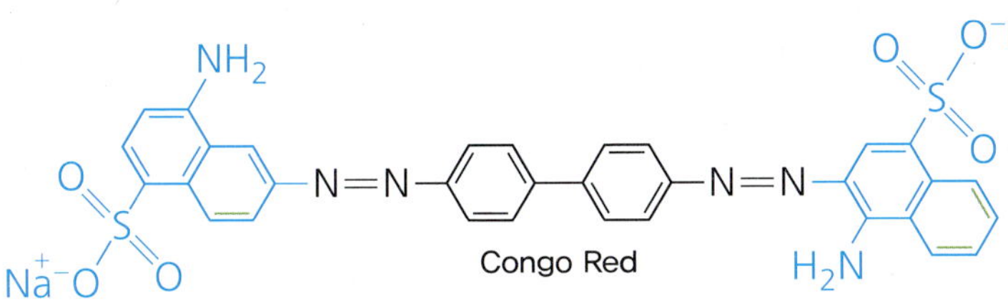

Congo Red

12.6.5 4차 암모늄염의 상전이 촉매(PTC, Phase Transfer Catalyst)

4차 암모늄염은 전하를 가지고 있는 이온성 물질이기 때문에 녹는다. 또한 알킬기를 가지고 있기 때문에 이온성 물질임에도 불구하고 비극성 용매에도 잘 녹는다. 이러한 성질을 이용하여 물에 녹아 있는 이온성 물질과 유기 용매에 녹아 있는 비이온성 물질을 반응시키는 촉매를 상전이 촉매(PTC, Phase Transfer Catalyst)라고 한다. 예를 들면 1-Bromobutane과 NaCN과의 반응에서 2반응 물질은 용매에 녹아야만 반응이 빨리 진행될 수 있다. 그러나 1-Bromobutane(RX)은 유기 용매에 녹지만 NaCN은 녹지 않는다. 반면에 NaCN은 물에 녹지만 1-Bromobutane은 녹지 않는다. 이 경우 상전이 촉매를 사용하면 2상 사이에 녹아 있는 반응 물질이 반응이 잘 되게 매개해 준다. 상전이 촉매(Q^+X^-)와 반응의 예는 다음과 같다.

(1) 상전이 촉매(PTC, Q^+X^-)는 다음과 같다.

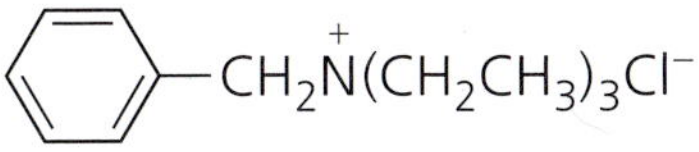

Benzyltrimethylammonium Chloride

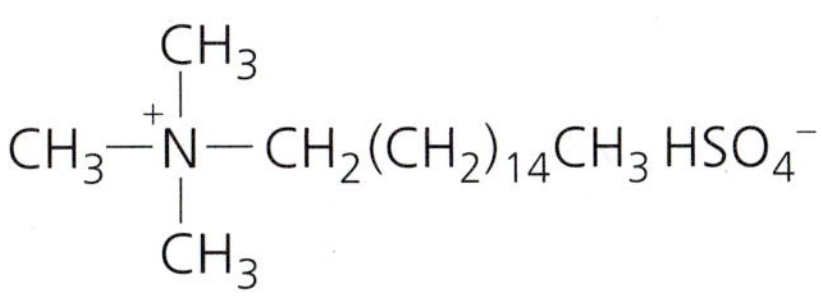

Hexadecyltrimethylammonium Hydrogen Sulfate

(2) 상전이 촉매를 이용한 반응 예는 다음과 같다.

$$CH_3CH_2CH_2CH_2—Br + NaCN \xrightarrow[\text{유기용매–물}]{\text{PTC}(Q^+X^-)} CH_3CH_2CH_2CH_2—CN + NaBr$$

상전이 촉매 조건에서 일어나는 할로젠화 알킬(RX)과 NaCN의 S_N2의 반응은 다음과 같다. 아래 그림에서 왼쪽은 물속에 녹아 있는 친핵체인 CN^-은 유기상으로 들어가 RX와 반응할 수 없기 때문에 반응이 일어나지 않는다. 그러나 오른쪽은 상전이 촉매가 사이안화 이온을(Q^+CN^-로) 유기상으로 전달하여 $CN^- + RX \rightarrow RCN + X^-$ 반응이 신속히 일어나도록 도와준다.

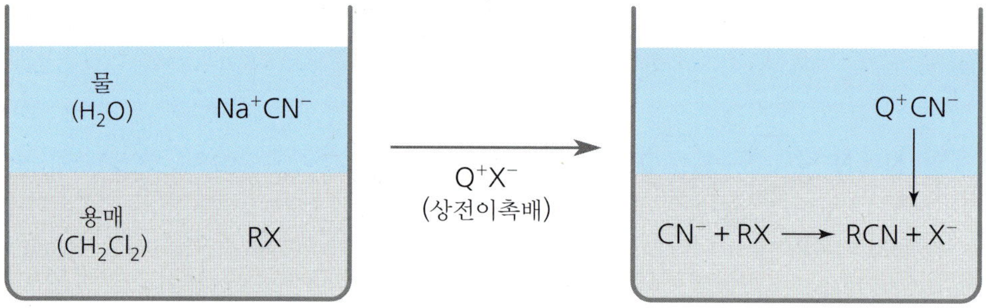

12.7 이종 원자 고리 아민

고리 내에 2개 또는 그 이상의 원소들의 원자가 포함된 고리형 유기 화합물을 헤테로고리(Heterocycle) 화합물이라고 부른다. 헤테로고리 아민은 매우 흔하며 생물학적으로 중요한 성질을 갖는 것이 많다. 보조 효소인 피리독살 인산(Pyridoxal Phosphate), 잘 알려진 의약품인 실데나필(Sildenafil, 비아그라, Viagra) 그리고 혈액 속에서 산소를 운반하는 헴(Heme) 등이 그 예이다.

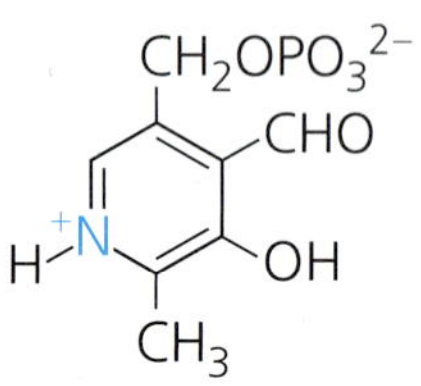

Pyridoxal Phosphate
(보조효소)

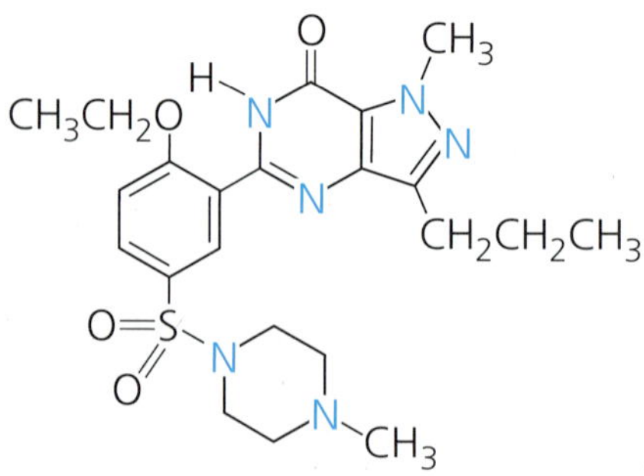

Sildenafil
(Viagra)

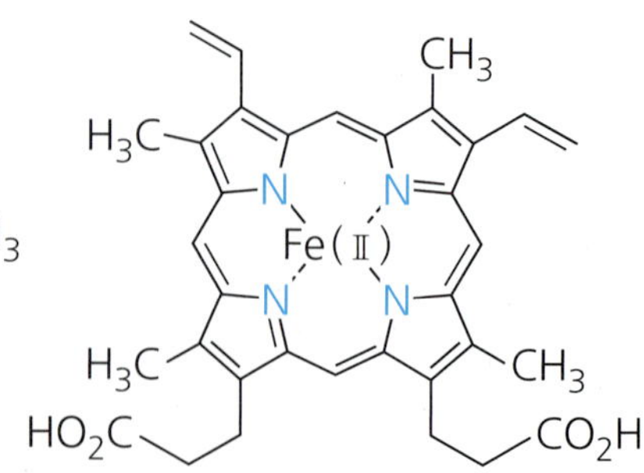

Heme

그 외 생물학적 이종 원자 아민 화합물에는 다음과 같은 물질이 있다.

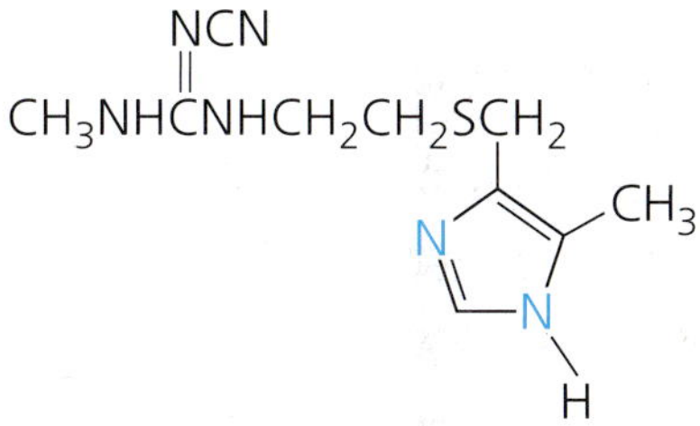

Cimetidine (항궤양제)

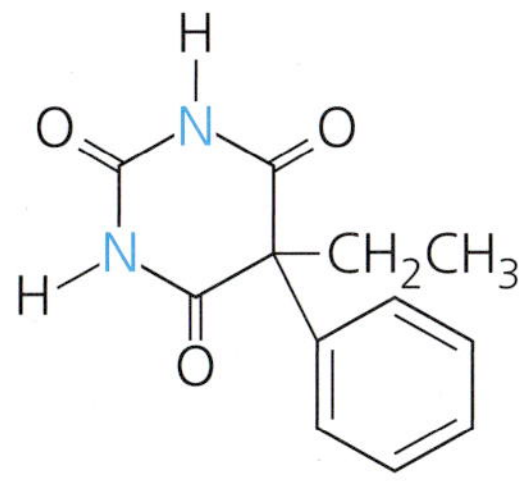

Phenobarbital (진정제)

12.7.1 피롤(Pyrrole)의 방향족성 이종 5원자고리

가장 간단한 5원자 불포화 헤테로 고리 아민인 피롤은 상업적으로 400℃에서 알루미나 촉매하에 퓨란(Furan)을 암모니아(Ammonia)와 반응시켜 얻는다. 산소를 포함하는 피롤과 유사체인 퓨란은 귀리 껍질이나 옥수수대에 들어 있는 5탄소로 이루어진 당을 산-촉매 탈수 반응하여 얻는다. 방향족성 이종 원자 고리인 피롤은 벤젠과 유사한 π 전자 구조를 가지고 있다. 질소 원자는 염기성이 아니다.

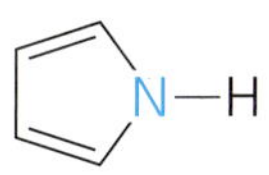

Pyrrole

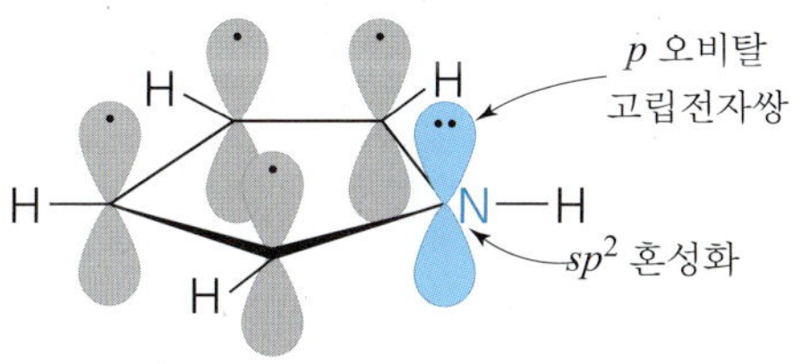

6개 π 전자

피롤의 반응은 벤젠과 마찬가지로 친전자체와 반응에서 고리의 수소원자가 치환된다.

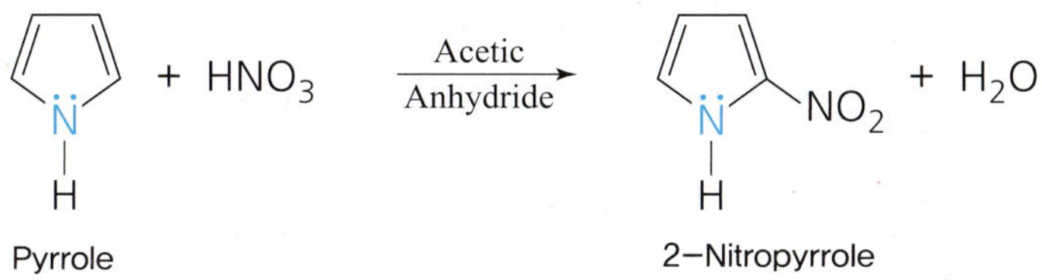

12.7.2 피리딘(Pyridine)의 방향족성 이종 6원자고리

피리딘은 질소를 함유하는 벤젠의 이종원자고리 유사체이다. 벤젠과 같이 피리딘은 약 120°의 결합각과 단일결합과 2중결합의 중간의 길이를 갖은 평면분자이다. 벤젠의 질소 함유 유사체인 피리딘(Pyridine)의 전자 구조체는 다음과 같다. 벤젠과는 다르게 피리딘은 친전자성 방향족 치환 반응이 잘 일어나지 않는다.

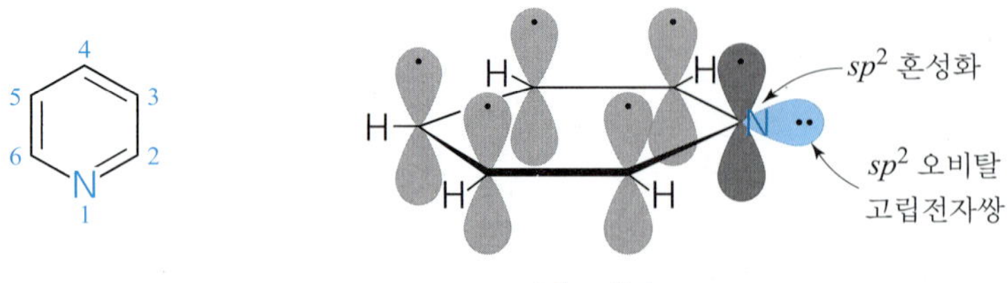

6개 π 전자

그리고 비타민 B_6 군의 하나인 피리독살과 피리독신은 치환된 피리딘으로서 생물학적으로 중요하고 아미노산들의 생합성에 필수적이다.

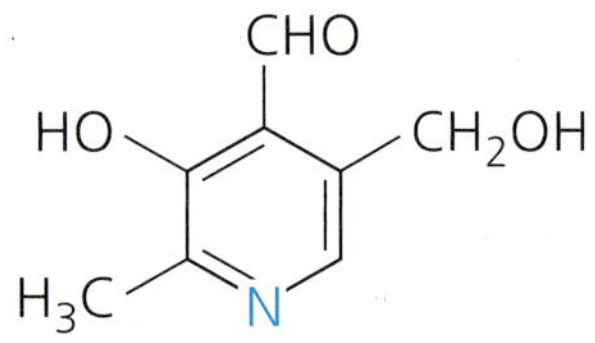

Pyridoxal

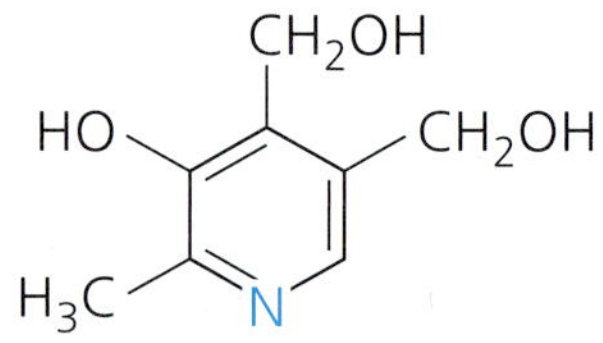

Pyridoxine

12.7.3 여러 고리의 방향족성 이종원자 접합고리(Fused Ring Aromatic Heterocycle)

유용한 생물학적 특성을 가진 여러 고리 헤테로 고리 화합물에는 퀴놀린(Quinoline), 아이소퀴놀린(Isoquinoline), 인돌(Indole), 퓨린(Purine) 등이 있다. 이 중에서 퓨린을 제외한 나머지 3가지 화합물은 벤젠 고리와 헤테로 고리의 방향족성 고리를 모두 가지고 있다. 한편 퓨린은 서로 연결된 2개의 헤테로 고리가 붙어 있다. 이들 4개의 고리계는 모두 자연계에서 흔하게 존재하며 이들 고리를 갖는 많은 화합물들은 생물학적 활성을 나타낸다. 예를 들면 퀴놀린계 알칼로이드인 퀴닌(Quinine)은 항말라리아제로 광범위하게 사용되며, 트립토판(Tryptophan)은 흔한 아미노산이고, 퓨린(Purine)과 아데닌(Adenine)은 핵산(DNA)의 구성 성분 그리고 인돌 알칼로이드인 향정신성 약품의 N,N-Dimethyltryptamine이 있다.

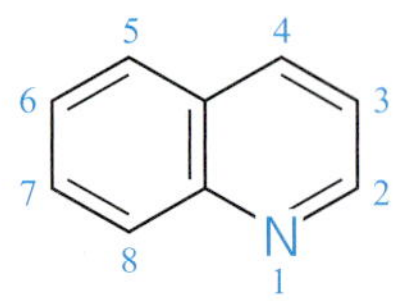

Quinoline

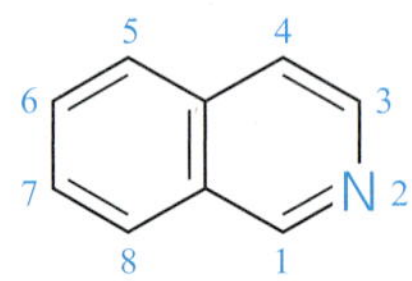

Isoquinoline

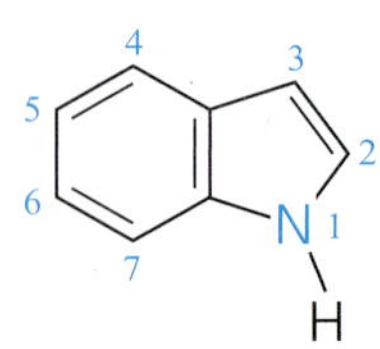

Indole

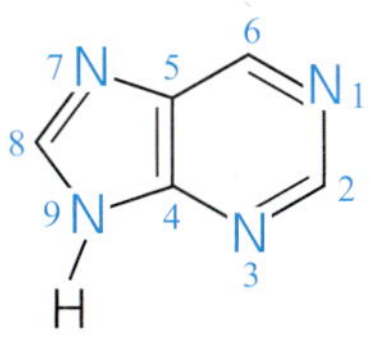

Purine

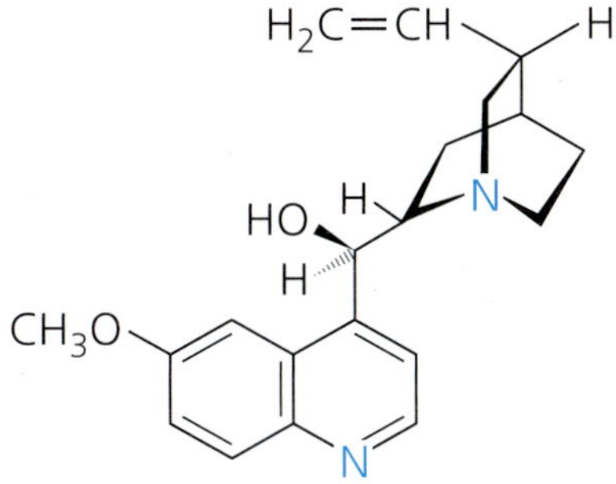

Quinine

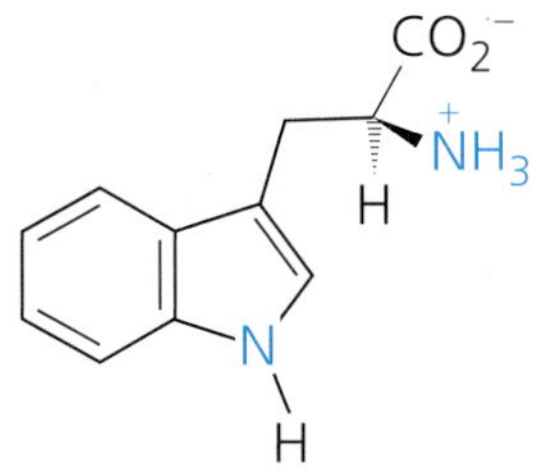

Tryptophan

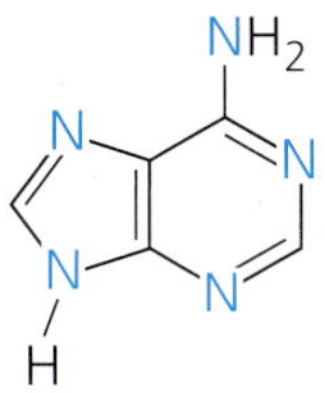

Adenine

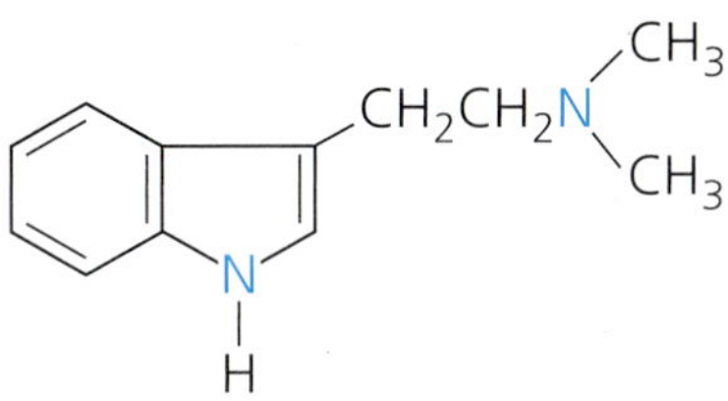

N,*N*−Dimethyltryptamine

12.8 천연 아민(알칼로이드)

식물에서 얻은 천연 아민을 알칼로이드(Alkaloids)라 부르고 이들은 생물학적으로 활성을 가진 아민의 일종으로서 수용액에 약간 염기성을 나타낸다. 이들은 1개 이상의 질소 헤테로 원자를 가지며 식물의 잎, 나무껍질, 뿌리, 씨앗에서 생산되는 천연물질로 현재 알칼로이드는 30,000 여종에 이른다. 식물에서 유래한 이들 천연 아민은 약한 염기성을 띠므로 식물 알칼리로 알려져 있으나 지금은 알칼로이드(Alkaloid)라고 한다. 이것은 아주 간단한 것에서 복잡한 것에 이르기까지 구조가 다양하다. 많은 알칼로이드는 훌륭한 생물학적인 성질을 가지는데 천연물로부터 얻을 수 있는 알칼로이드로 니코틴, 카페인, 코카인, 양귀비의 모르핀, 코데인, 헤로인 등이 이에 속한다.

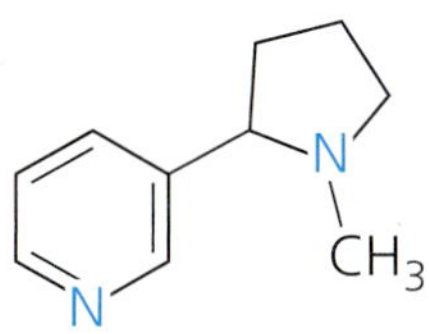

Nicotine

Caffeine

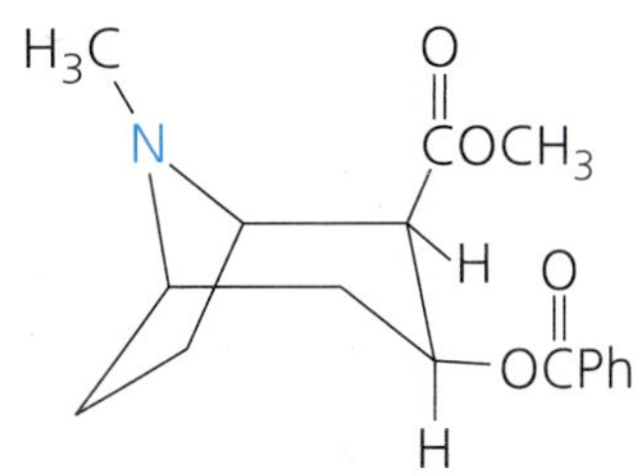

Cocaine

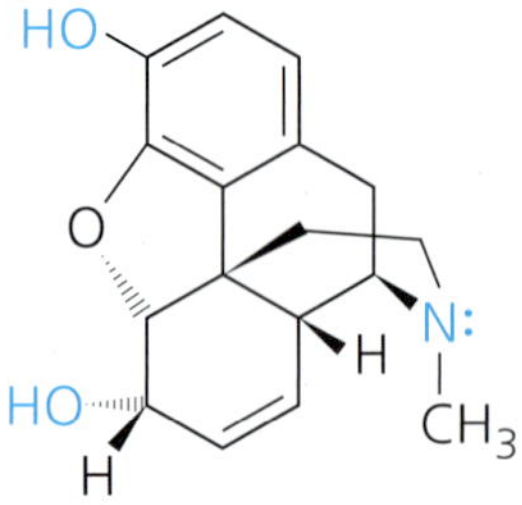

Morphine

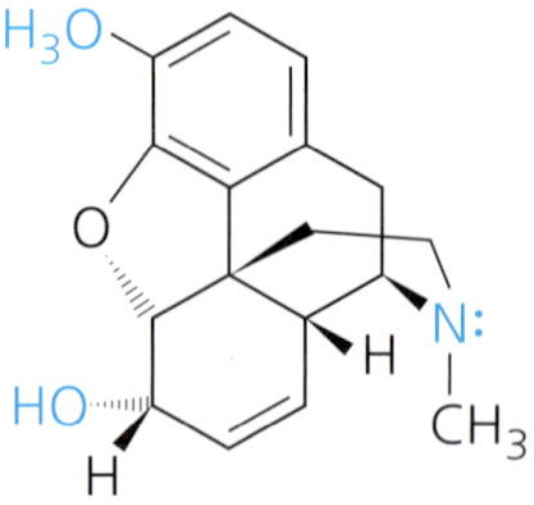

Codeine

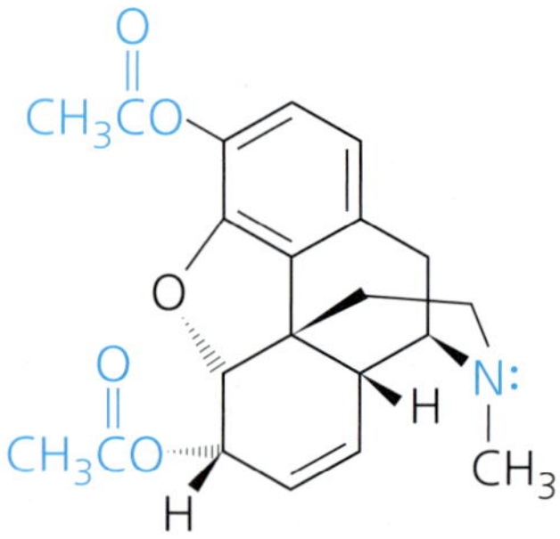

Heroin

오늘날 사용되는 많은 약품들은 천연에서 얻은 알칼로이드가 많다. 예를 들면 대장염 치료에 쓰이는 아트로핀(Atropine), 마취제 및 중추신경자극제인 코카인(Cocaine), 진정제 또는 항고혈압제인 레서핀(Reserpine), 기관지 확장 및 가래 제거제로 쓰이는 에페드린(Ephedrine) 등이 천연 식물에서 얻은 것들이다. 그 밖에 썩은 생선 냄새의 트리메틸아민(Trimethylamine)이 있다.

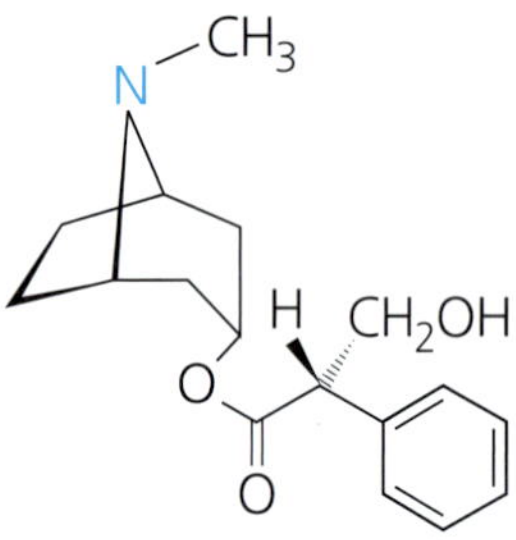

Atropine

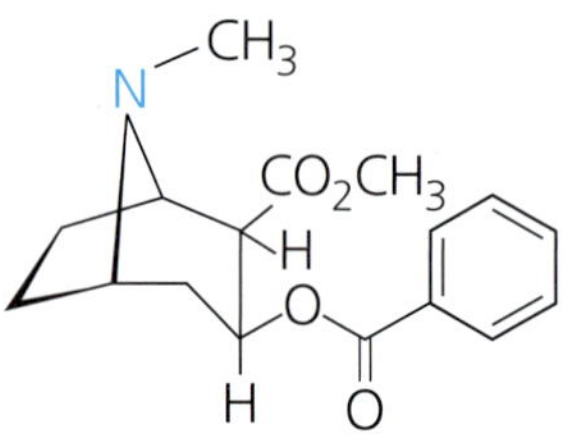

Cocaine

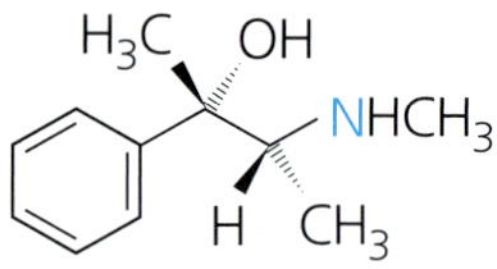

Ephedrine

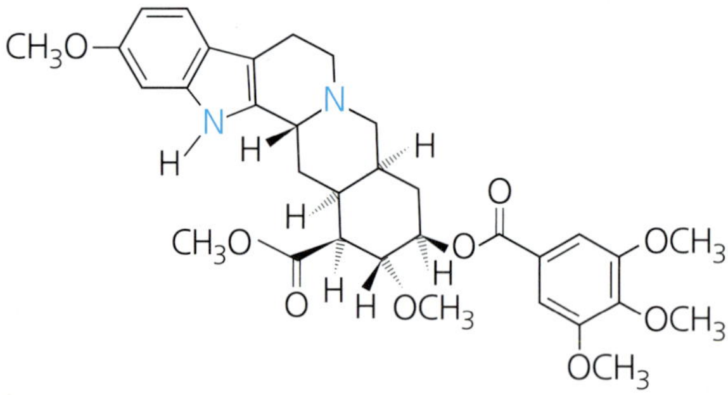

Reserpine

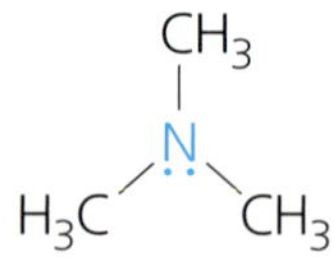

Trimethylamine

참 고 천연 수면제 멜라토닌 (Melatonin)과 기분조절제 세로토닌(serotonine)

멜라토닌(Melatonin)은 뇌에 있는 송과선에서 분비되는 호르몬이다. 이는 수면을 유도하는 천연 수면제이다. 이 물질은 빛에 의해 분비가 조절되는데 낮에는 분비가 적어지고 밤이 되면 분비가 증가되어 밤에는 잠자고 낮에는 깨어 있게 되어 생체 리듬을 조절한다. 밤과 낮이 바뀌는 비행기 여행 때 경험하는 시차 적응의 문제도 멜라토닌의 균형이 깨지기 때문이다. 한편 세로토닌(Serotonine)은 신체 여러 기관에서 발견되는 신경전달 물질의 일종으로 특히 중추신경계에 있는 세로토닌은 수용체와 작용하여 기분, 식욕, 인지 능력을 조절하는 기능을 가지고 있다. 이 물질의 부족은 우울증을 유발시킬 수 있다. 따라서 이 물질을 산화시키는 효소를 억제하거나(모노아민 산화효소 억제제) 또는 이 물질이 수용체에 도달하기 전에 재흡수되는 것을 저해하여 적정량의 세로토닌이 수용체와 결합할 수 있게 하는 약물이 우울증 치료제이다. 이들 멜라토닌과 세로토닌은 둘 다 아미노산인 트립토판(Tryptophan)에서 생합성되는 모노아민 유도체이다.

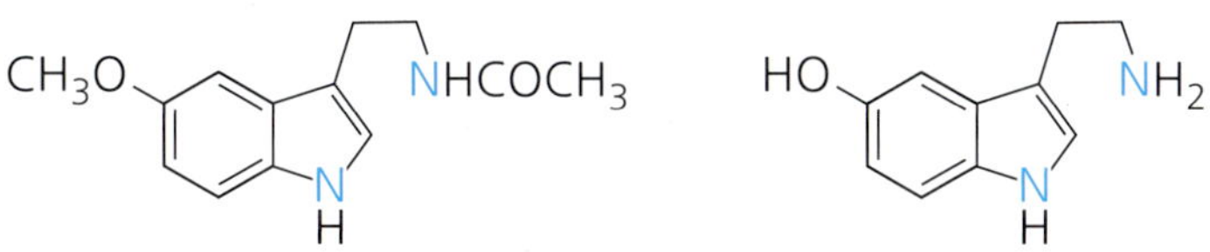

Melatonin Serotonine

참 고 생리 활성 모노아민 유도체

신경전달물질은 체내 신경세포에서 분비되는 화학물질이다. 이는 신경세포와 신경 사이 또는 수용체에 정보 전달, 증폭, 조절하는 역할을 한다. 알려진 여러 신경전달물질 중 도파민(Dopamine), 노레핀프린(Norepinephrine), 에핀프린(Epinephrine)은 카테콜아민(Catecholamine)계 신경전달물질이다. 이들은 수용체와 결합하여 특이한 생리 활성을 나타낸다. 그리고 모노아민 산화효소 (Monoamine Oxidase, MAO)에 의해 분해된다. 또한 이들은 아미노산인 티로신(Tyrosine)으로부터 생합성된다. 카테콜아민 중에서 도파민(Dopamine)은 뇌의 인지능력과 행동, 감정을 조절하는 작용에 관여하는 물질이다. 이 물질이 부족하면 파킨슨병 증상이 나타난다. 한편 노레핀프린(Norepinephrine)과 에핀프린(Epinephrine)은 교감신경 말단에서 분비되는 신경전달물질인 동시에 부신 수질에서 나오는 호르몬이다. 이 2 물질은 스트레스 호르몬으로 인체가 스트레스에 노출되었을 때 그 수치가 높아진다. 이는 스트레스에 반응하는 인체 방어 기능의 하나이다. 우리가 스트레스를 받았을 때 심장 박동이 빨라지고 동공이 확대되며 혈관이 수축되는 것은 이 때문이다.

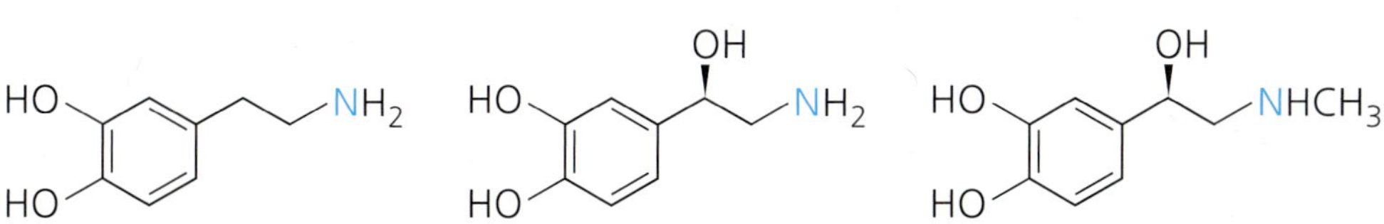

Dopamine Norepinephrine (Noradrenaline) Epinephrine (Adrenaline)

12.9 아민 유기 화합물 보기

다음에 여러 가지의 천연 아민 유기 화합물을 소개한다.

12.9.1 생선의 비린 냄새

생선의 비린내는 트리메틸아민(Trimethylamine)에 기인한다.

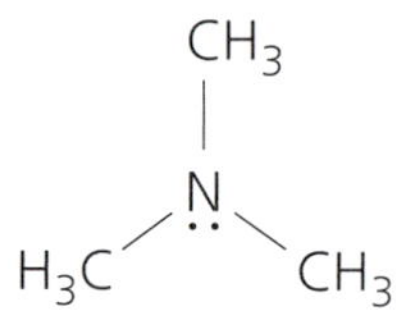

트리메틸아민

그림 12.1 생선

12.9.2 담배의 니코틴

일반적인 알칼로이드는 담배의 니코틴(Nicotine), 벨라돈나의 아트로핀(Atropine), 독미나리의 코니인(Connine) 성분이 있다. 니코틴은 담배로부터 분리된 중독성이 있고 독성을 가진 화합물이다. 소량 복용은 자극제로서 작용하지만 과다 복용은 우울증, 구토, 심지어 죽음에까지 이르게 한다. 니코틴은 곤충의 약탈에 대항하기 위해 식물에서 합성되고 상업적으로는 살충제로 이용된다.

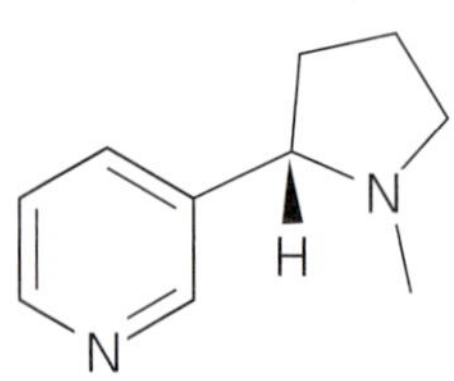

니코틴

그림 12.2 담배

12.9.3 벨라돈나의 아트로핀

아트로핀(Atropine)은 가지 속 식물인 벨라돈나(Atropa Belladonna)에서 분리된 알칼로이드이다. 르네상스 시대에 여성들은 화장을 목적으로 동공을 확장하기 위하여 이들 식물 열매의 주스를 사용하였다. 아트로핀은 심장 박동수를 증가시키고 평활근을 완화시킨다. 또한 아세틸콜린(Acetylcholine)에 의하여 전달되는 신경 자극을 억제한다. 과량의 아트로핀은 독성이 강하여 경련, 혼수 및 사망에 이르게 한다.

그림 12.3 벨라돈나

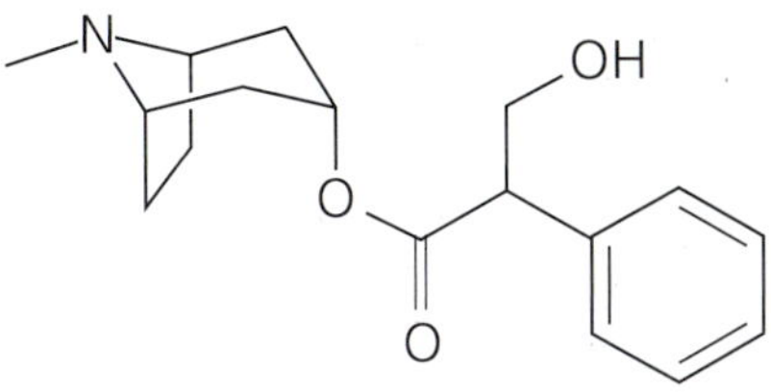

아트로핀

12.9.4 독미나리의 코니인

코니인(Coniine)은 독미나리(Hemlock, Conium Maculatum)의 뿌리, 잎, 씨앗에서 분리된 독성 알칼로이드로서 고려시대부터 알려져 왔다. 이를 섭취하면 병약해지고 마비가 되며 결국에는 죽음에 이른다. 그리스의 철학자 소크라테스는 B.C. 339년에 독미나리로 제조한 독약으로 사형에 처해졌다.

그림 12.4 독미나리

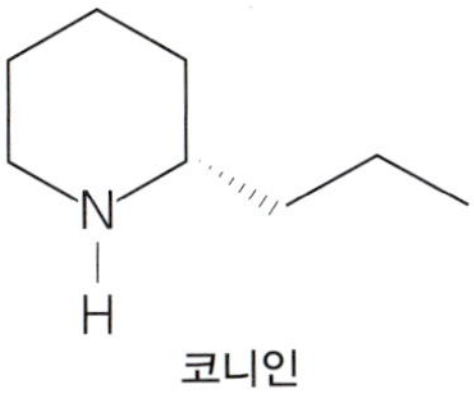

코니인

12.9.5 마황의 에페드린

초목의 일종인 마황(Ma Huang)으로부터 추출되는 에페드린(Ephedrine)은 중국의 전통 의학에서 호흡기 질환 치료제(기관지 확장제)로 사용되었다. 예전에 체중 감소와 근육 강화를 촉진하는데 인기가 있었던 약품인 에페드린이 현재는 돌연사, 심장마비 및 뇌졸중을 일으키는 것으로 의심되고 있다.

그림 12.5 마황

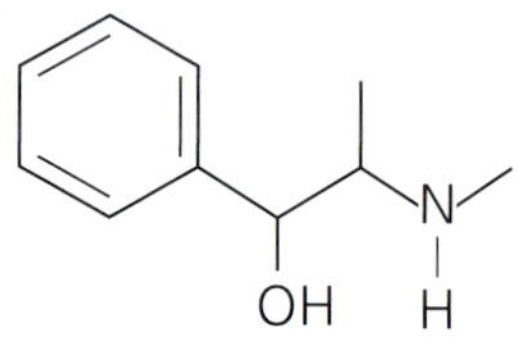

에페드린

12.9.6 부포 두꺼비의 부포테닌

세로토닌(Serotonin)의 물질대사를 방해하는 약품은 정신 상태에 크게 영향을 준다. 예를 들면 아마존 정글에 사는 부포 두꺼비(Bufo Toads)에서 분리된 부포테닌(Bufotenin)과 실로시브(Psilocybe) 버섯에서 분리된 실로신(Psilocin)은 구조에서 세로토닌과 매우 비슷하며 두 물질 모두 강한 환각을 일으킨다. 아마존 정글에 사는 부포 두꺼비는 환각제인 부포테닌의 원천이다.

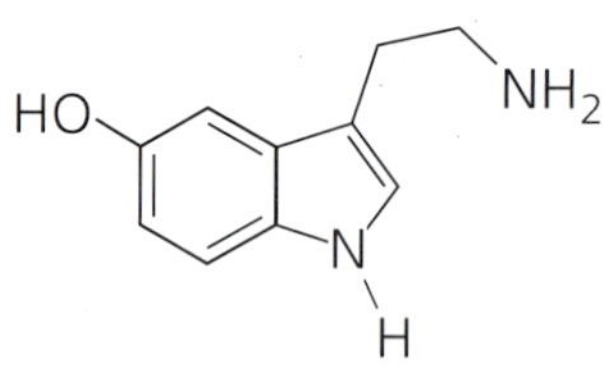

세로토닌

그림 12.6 부포 두꺼비

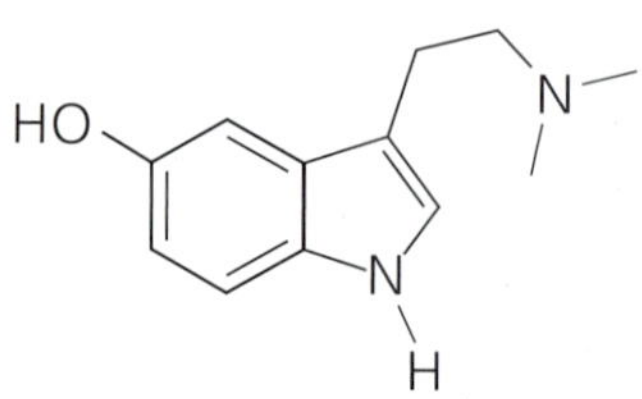

부포테닌

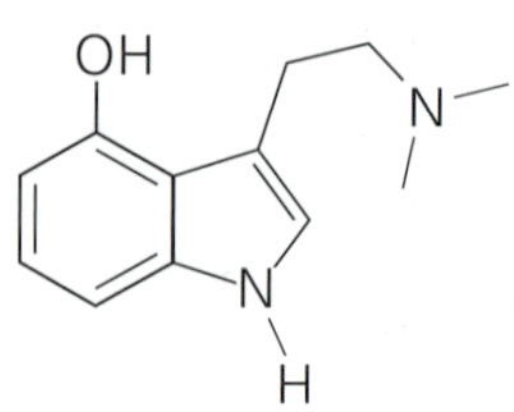

실로신

12.9.7 천사 나팔꽃의 스코폴라민

스코폴라민(Scopolamine)은 남아프리카에 자생하는 큰 트럼펫 모양의 꽃이 피는 관상용 식물의 천사 나팔꽃(Angel's Trumpet)에서 발견되는 복잡한 구조의 아민이다. 소량의 스코폴라민을 방출하는 경피 패치는 멀미로 인한 구역질이나 구토를 치료하는데 쓰인다. 스코폴라민은 식물로부터 발생되는 천연 아민인 알칼로이드이다.

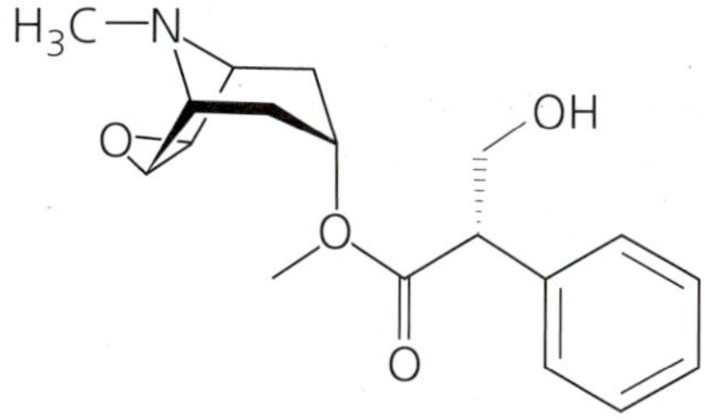

스코폴라민

그림 12.7 천사 나팔꽃

12.9.8 루핀의 마트린

루핀(Lupin)은 페루 안데스 산맥과 알래스카 일부에서 흔히 볼 수 있는 길가에 피는 야생화이다. 이것에서 마트린(Matrine)이라는 루핀 알칼로이드가 추출된다.

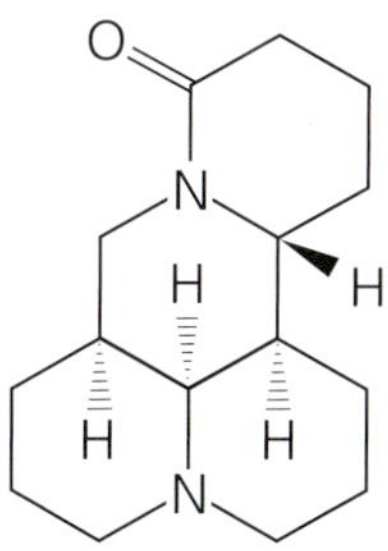

마트린

그림 12.8 루핀

12.9.9 낭아초의 인디고

1856년까지 모든 염료는 자연의 식물, 동물, 광물로부터 얻어졌다. 수 세기 동안 알려진 3가지 천연 염료는 인디고(Indigo), 티리언 퍼플(Tyrian Purple), 알리자린(Alizarin)이다. 이 3가지 염료 모두 천연의 원료로부터 얻어지므로 구하기가 매우 어렵고 만드는데 비용이 많이 들어 특권층만 이용할 수 있었다. 이들 중 낭아초(Indigofera Tinctoria) 식물로부터 분리된 푸른 염료인 인디고는 수천 년 동안 인도에서 사용되었다. 이는 상인들에 의해 지중해 지역에 소개되면서 유럽에 알려졌다.

그림 12.9 낭아초

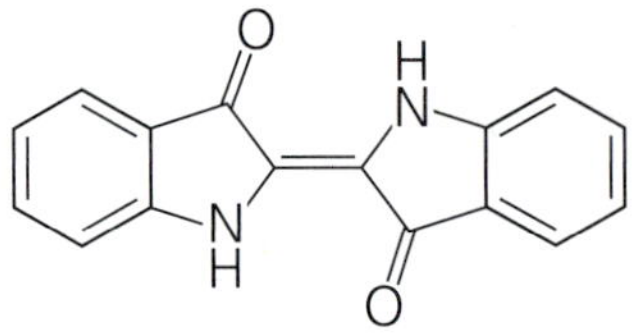

인디고

12.9.10 지중해 달팽이의 티리언 퍼플

뿔소라(Murex) 속 지중해 달팽이의 점액질 분비기관으로부터 얻어진 천연의 어두운 자주색 염료인 티리언 퍼플(Tyrian Purple)은 로마 제국의 붕괴 전에는 왕권의 상징이었다.

그림 12.10 지중해 달팽이

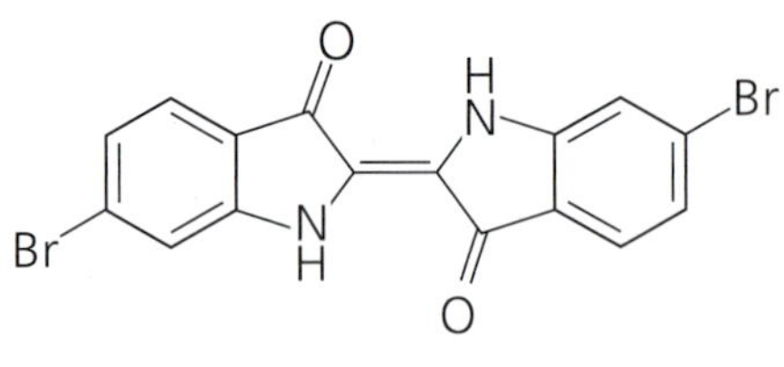

티리언 퍼플

12.9.11 꼭두서니플의 알리자린

인도와 동북아시아산 식물인 꼭두서니풀(Rubia Tinctorum)로부터 얻어진 밝은 붉은색 염료인 알리자린(Alizarin)은 매장된 이집트 미라의 옷에서 발견되었다.

그림 12.11 꼭두서니풀

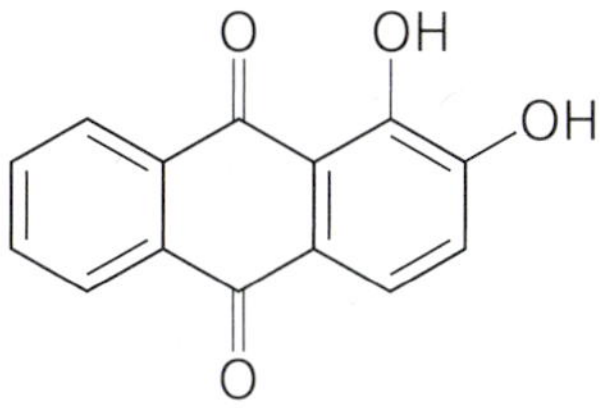

알리자린

12.9.12 복어의 테트로도톡신

몇 개의 6원자 고리가 서로 연결되어 있는 접합 고리(Fused Ring)를 포함하는 복잡한 구조의 천연물인 테트로도톡신(Tetrodotoxin)은 복어의 간과 알집에 존재하는 독성 물질이다. 복어는 위급할 때 자신의 몸을 공처럼 부풀리기 때문에 이와 같은 이름이 붙여졌다. 테트로도톡신을 합성하는 여러 단계 중 하나는 딜스-알더(Diels-Alder) 반응에 의해 6원자 고리를 생성하는 단계이다.

그림 12.12 복어

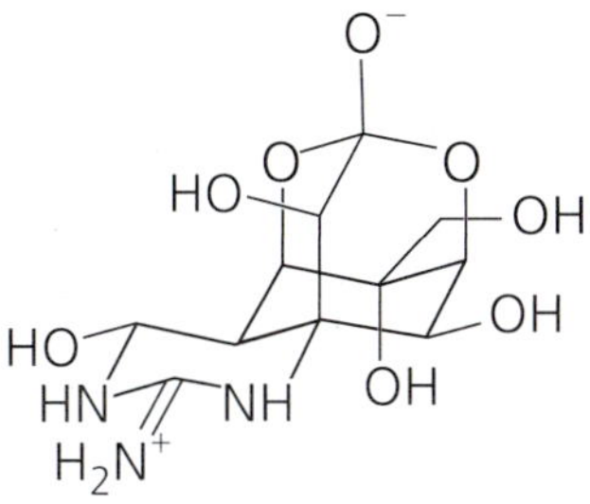

테트로도톡신

13장

알데하이드와 케톤

13 장

알데하이드와 케톤

카보닐기(C=O)는 탄소 원자에 산소 원자가 2중 결합을 이루고 있는 원자단을 말한다. 이 원자단을 가지고 있는 화합물을 카보닐 화합물이라 한다. 카보닐기의 탄소 원자에 붙어 있는 치환기의 종류에 따라 알데하이드, 케톤, 카복실산, 에스터, 아마이드, 산염화물, 산무수물 등과 같은 여러가지 작용기로 분류한다.

표 13.1 카보닐 화합물

알데하이드와 케톤			카복실산과 그 유도체		
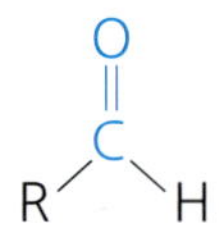	알데하이드 (Aldehyde)	RCHO	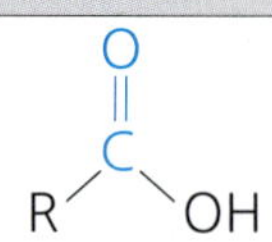	카복실산 (Carboxylic Acid)	RCO_2H
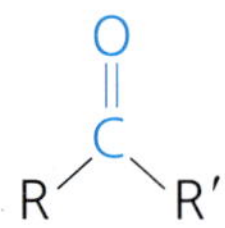	케톤(Ketone)	RCOR′	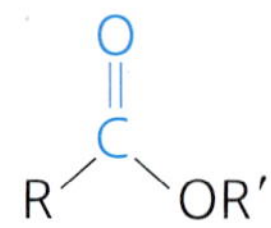	에스터 (Ester)	RCO_2R'
기타 고리형			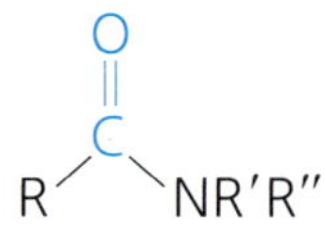	아마이드 (Amide)	RCONR′R″
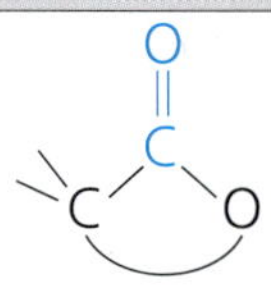	락톤 (고리형 에스터)		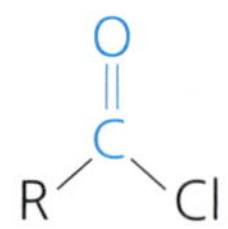	산염화물 (Acid Chloride)	RCOCl
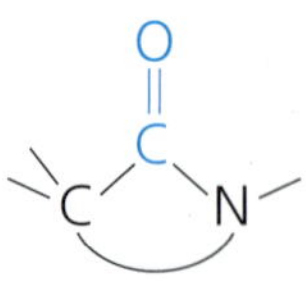	락탐 (고리형 아마이드)		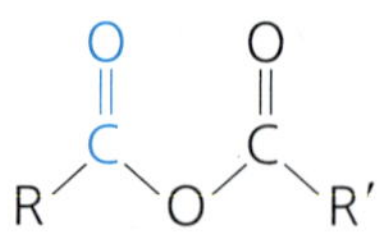	산무수물 (Acid Anhydride)	$(RCO)_2O$

카보닐기를 가진 화합물은 많은 의약품의 합성에서, 자연계의 살아있는 유기체들이 필요한 비타민, 아미노산, 단백질 등과 과일의 향, 그리고 생물의 대사과정 및 성호르몬에 이르기까지 생물학적 경로의 많은 물질에서 발견된다.

13.1 알데하이드와 케톤의 분류 및 용도

카보닐 화합물 중에서 알데하이드(Aldehyde)는 카보닐기의 탄소 원자에 수소 원자 1개가 결합된 화합물로 일반식이 RCHO이다. 여기서 R은 수소 또는 알킬기 혹은 아릴기이다.

표 13.2 알데하이드 종류

	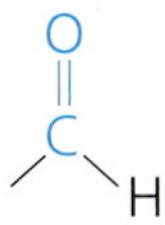	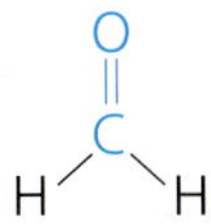	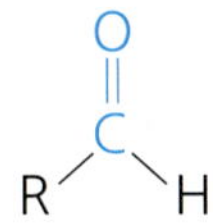	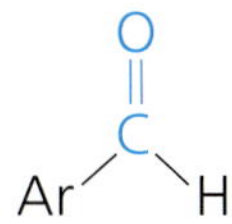
카보닐기 (Carbonyl Group)	알데하이드기 (Aldehyde Group)	폼알데하이드 (Formaldehyde)	지방족 알데하이드 (Aliphatic Aldehyde)	방향족 알데하이드 (Aromatic Aldehyde)

케톤(Ketone)은 카보닐기의 탄소에 다른 탄소 원자 2개가 결합된 화합물로 일반식은 RCOR이다. 케톤의 형태는 다음과 같다.

표 13.3 케톤 종류

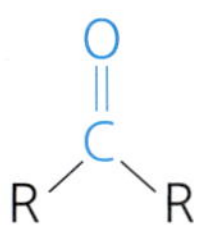	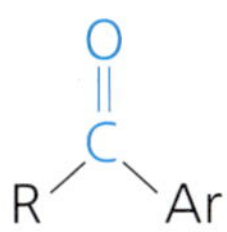	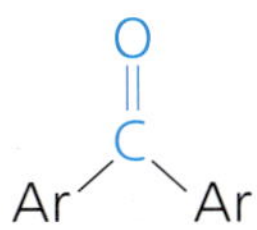	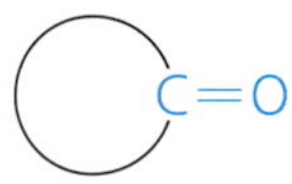
케톤 (Ketone)	지방족/방향족 케톤 (Alkyl Aryl Ketone)	방향족 케톤 (Aromatic Ketone)	고리형 케톤 (Cyclic Ketone)

참고 가장 간단한 카보닐 화합물

알데하이드의 작용기는 H 원자와 결합된 카보닐기이며 가장 간단한 알데하이드는 폼알데하이드이다. 케톤의 작용기는 2개의 탄소 원자와 결합된 카보닐기이며, 아세톤이 가장 간단한 케톤이다. 이들 용도를 보면 폼알데하이드는 가구나 합판, 칩보드 등의 접착제 제조에 사용되고 아세톤은 산업용 용매로 널리 쓰이고 있다. 일반적으로 화학산업에서 알데하이드와 케톤은 간단한 용매로 사용되고 상업적으로 필요한 다양한 유기화합물을 합성하는 출발 물질로 널리 이용되고 있다.

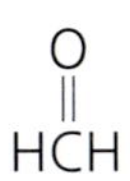	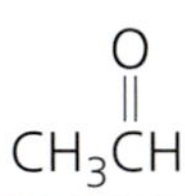	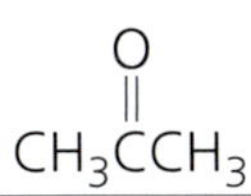
Methanal (Formaldehyde)	Ethanal (Acetaldehyde)	Propanone (Acetone)

13.2 알데하이드와 케톤의 구조 및 결합

카보닐기(C=O)의 탄소가 3개의 다른 원자와 결합하고 있으므로 sp^2 혼성궤도함수를 가진다. 산소는 1개의 원자와 결합하고 또한 2개의 비공유전자쌍을 가지고 있으므로 sp^2혼성을 하게 된다. 따라서 카보닐 탄소는 3개의 σ결합을 형성한다. 카보닐 탄소에 남아 있는 1개의 원자가전자는 탄소의 p궤도함수에 남아서 산소의 p궤도함수와 겹침으로써 π결합을 형성한다. 산소의 2개의 비공유전자쌍은 산소의 남아 있는 2개의 혼성궤도함수를 점유하고 있다. 다시 말해 카보닐기의 2중 결합은 sp^2 혼성 오비탈 겹침에 의해 형성된 하나의 σ 결합과 평행한 $2p$ 오비탈 겹침에 의해 형성된 하나의 π 결합으로 구성된다. 카보닐기의 탄소 원자에 연결된 원자 3개의 결합각은 거의 120°로 동일 평면 상에 놓여 있다.

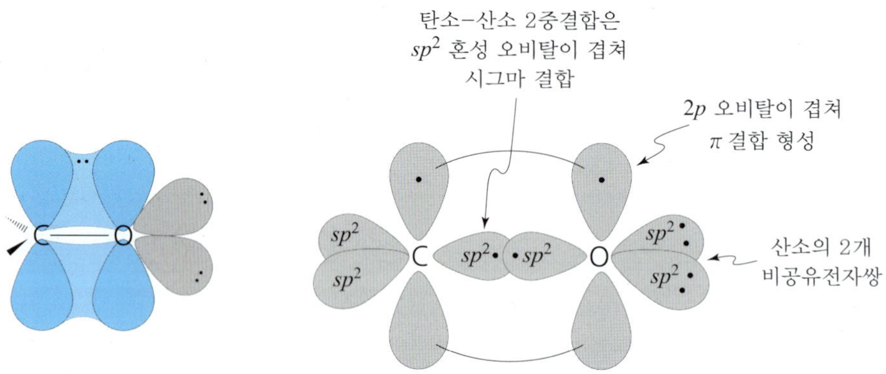

카보닐기 산소 원자의 원자가 전자의 전자 배치는 다음과 같다.

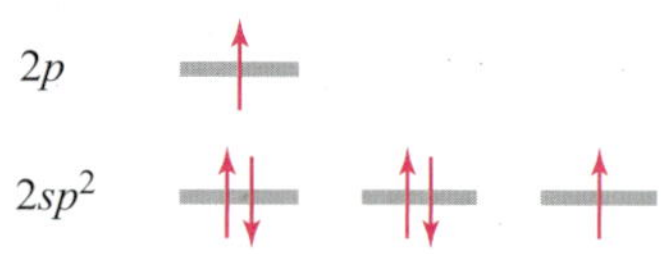

카보닐기(C=O)의 2중 결합은 알켄의 C=C 2중 결합과 다른 반응성을 보인다. 카보닐기의 탄소 원자는 전기음성도가 더 큰 산소와 결합하고 있기 때문에 π 전자가 산소 쪽으로 편극되어 있다. 이 편극 때문에 카보닐기의 탄소 원자는 전자가 부족한 상태가 되어(부분적으로 양전하를 띠어) 친전자성을 나타내게 되며 친핵체의 공격을 받게 된다. 반면에 산소 원자는 전자가 풍부한 상태가 되어(부분적으로 음전하를 띠어) 친전자체(특히 양성자)의 공격을 받게 되는데 이들 반응은 전체적으로 친핵성 첨가 반응으로 나타나게 된다.

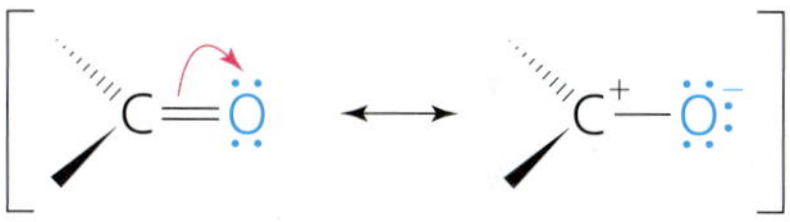

카보닐기 공명구조

카보닐기 편극현상

13.3 알데하이드와 케톤의 명명법

알데하이드와 케톤의 명명법은 각각 다음과 같다.

13.3.1 알데하이드의 명명법

(1) 알데하이드의 IUPAC명은 카보닐기를 포함하는 가장 긴 곧은 탄소사슬의 알케인의 어미 −e를 알(−al)로 바꿔 명명한다(Aldehyde의 al을 따온 것임).

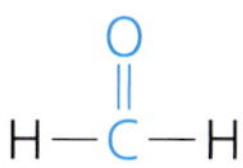

Methanal

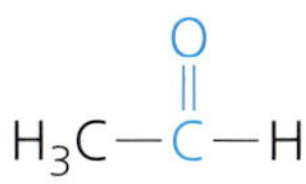

Ethanal

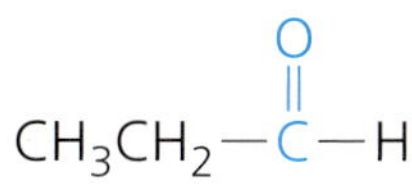

Propanal

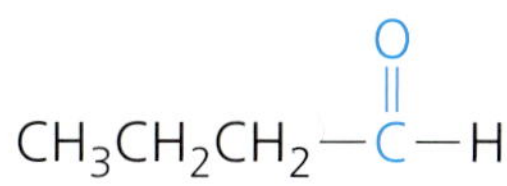

Butanal

(2) 치환기가 들어 있는 알데하이드 화합물은 −CHO기로부터 번호를 붙여 치환기의 위치를 표시한다. 이때 알데하이드기 −CHO기의 탄소가 1번이 된다. 분자구조에서 알데하이드기는 항상 말단에 위치하기 때문에 이름 내에 −CHO기의 위치는 표시할 필요가 없다.

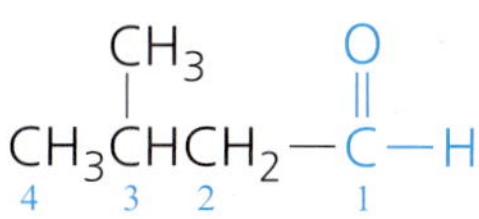

3−Methylbutanal

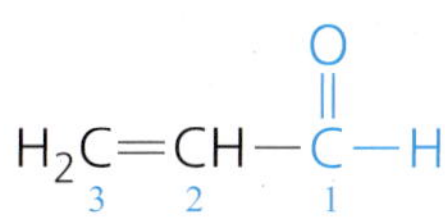

Prop−2−enal

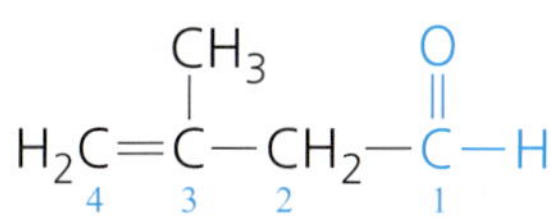

3−Methylbut−3−enal

(3) 치환기로 −OH기를 가지면 −CHO기가 −OH기보다 우선권이 있는 작용기이므로 −OH기를 치환기로 취급하여 Hydroxy로 명명한다.

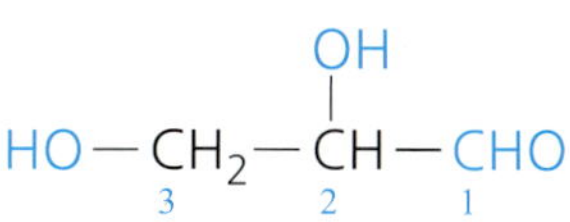

2,3−Dihydroxypropanal

(4) −CHO기가 고리에 붙어 있는 고리 계통의 알데하이드는 접미어 −카브알데하이드

(−carbaldehyde)를 붙여서 명명하다. 이러한 계에서 카보닐기가 붙어 있는 고리의 탄소가 C_1이고 카보닐기 탄소에는 번호를 매기지 않는다.

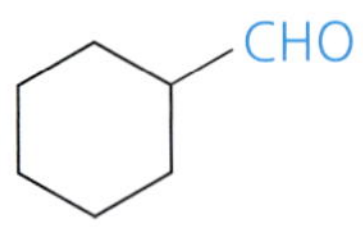

Cyclohexanecarbaldehyde

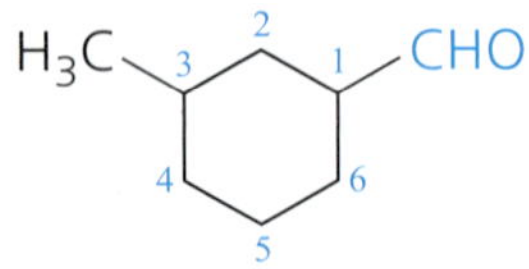

3−Methylcyclohexanecarbaldehyde

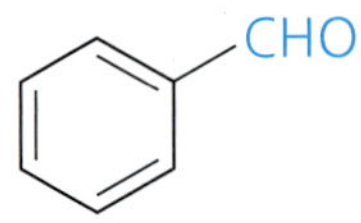

Benzenecarbaldehyde

(5) 2개의 −CHO기를 가지면 알케인명에 −다이알(−dial)을 붙여서 명명한다. 이때 −다이알 앞에 번호를 붙이지 않으며, 알케인의 −e는 생략하지 않고 붙이는 것에 유의한다.

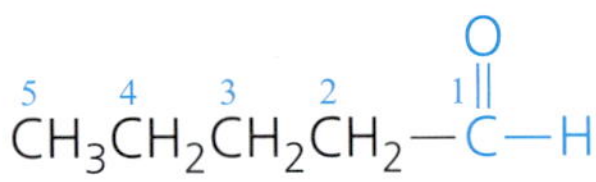

Pentanal

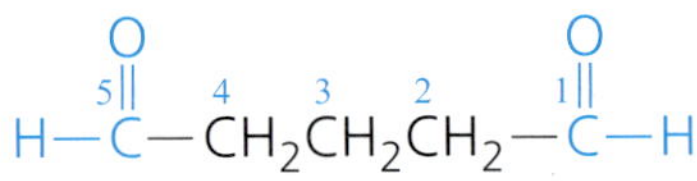

Pentanedial

(6) 2개 이상의 −CHO기가 달린 고리 화합물은 −CHO기의 위치를 나타내는 숫자를 −다이카브알데하이드(−dicarbaldehyde) 앞에 붙여서 명명한다

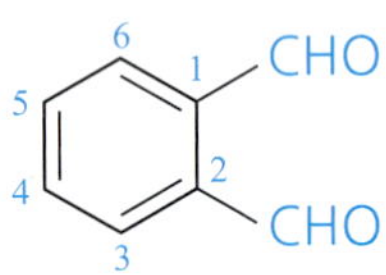

Benzene−1,2−dicarbaldehyde
(*o*−Benzenedicarbaldehyde)

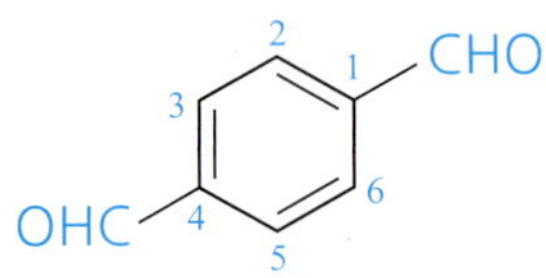

Benzene−1,4−dicarbaldehyde
(*p*−Benzenedicarbaldehyde)

(7) 알데하이드의 관용명은 산화하여 생성되는 카복실산의 관용명에서 유도된다. 카복실산의 어미 −ic 또는 −oic대신에 −aldehyde를 붙여서 부른다.

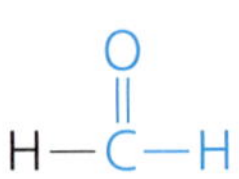

Formaldehyde
(Formic Acid에서)

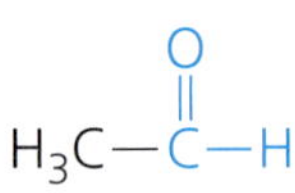

Acetaldehyde
(Acetic Acid에서)

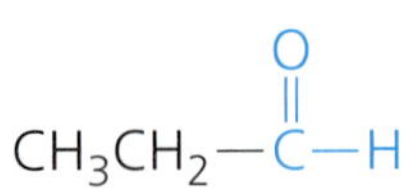

Propionaldehyde
(Propionic Acid에서)

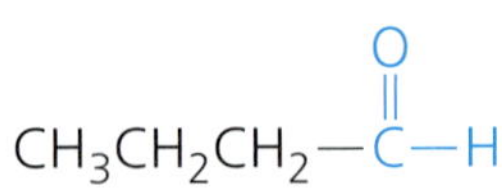

Butyraldehyde
(Butyric Acid에서)

참고로 관용명에서 유래 예는 다음과 같다.

Formic Acid → Formaldehyde   Acetic Acid → Acetaldehyde

(8) 몇 가지 방향족 알데하이드는 관용명이 더 많이 사용된다.

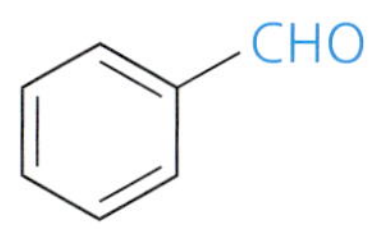

Benzaldehyde

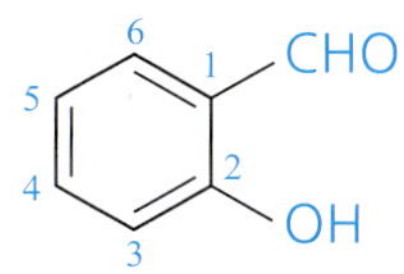

2-Hydroxybenzaldehyde

몇 가지 간단한 알데하이드의 관용명은 다음 표와 같다.

표 13.4 알데하이드 관용명

화합물	관용명	IUPAC명
HCHO	Formaldehyde(폼알데하이드)	Methanal(메탄알)
CH_3CHO	Acetaldehyde(아세트알데하이드)	Ethanal(에탄알)
CH_3CH_2CHO	Propionaldehyde(프로피온알데하이드)	Propanal(프로판알)
$CH_3CH_2CH_2CHO$	Butyraldehyde(뷰티르알데하이드)	Butanal(뷰탄알)
$CH_3CH_2CH_2CH_2CHO$	Valeraldehyde(발레르알데하이드)	Pentanal(펜탄알)
CH_2=CHCHO	Acrolein(아클롤레인)	Prop-2-enal(프롭-2-엔알)
CH_3CH=CHCHO	Crotonaldehyde(크로톤알데하이드)	But-2-enal(뷰트-2-엔알)
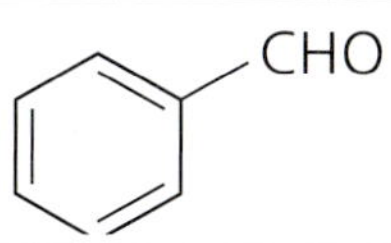	Benzaldehyde(벤즈알데하이드)	Benzenecarbaldehyde (벤젠카브알데하이드)

13.3.2 케톤의 명명법

(1) 케톤의 IUPAC명은 카보닐기를 포함하는 가장 긴 곧은 탄소사슬의 알케인의 어미 -e를 온(-one)으로 바꿔서 명명한다(Ketone의 -one에서 따온 것임).

$CH_3(CH_2)_4CHO$

Hexanal

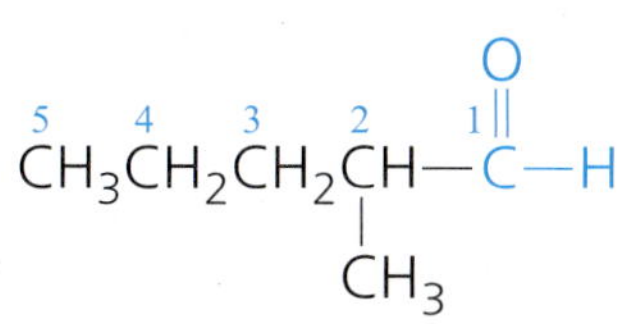

2-Methylpentanal

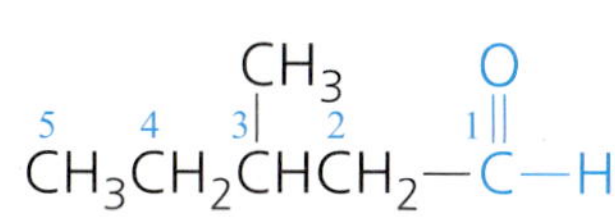

3-Methylpentanal

(2) 탄소사슬이 긴 케톤은 탄소에 번호를 붙이되 카보닐기의 탄소가 가장 작은 번호가 되도록 한다. 알켄과 알코올에서와 같이, 케톤의 카보닐 탄소 위치의 번호는 접미사 –one 바로 앞에 붙여 명명한다. 예를 들면 Propanone은 Propan–2–one이다.

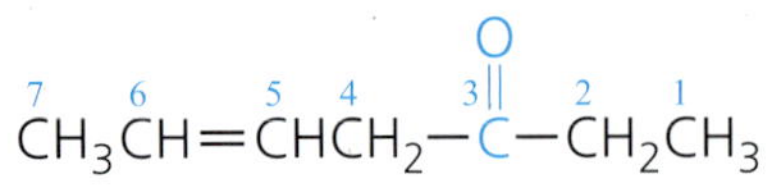

Hept–5–en–3–one

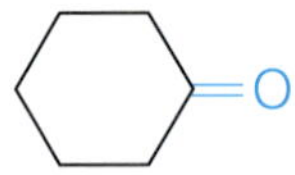

Cyclohexanone

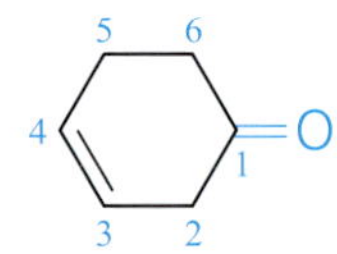

Cyclohex–3–en–1–one

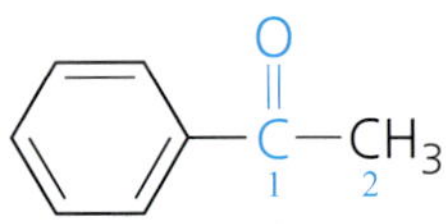

1–Phenylethan–1–one

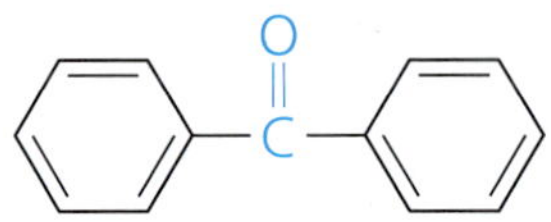

Diphenylmethanone

(3) 케톤의 관용명은 카보닐기에 결합되어 있는 알킬기 또는 아릴기의 이름을 알파벳 순서로 적고 뒤에 Ketone을 붙여서 명명한다.

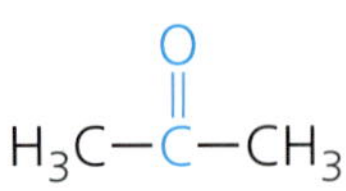

Dimethyl Ketone

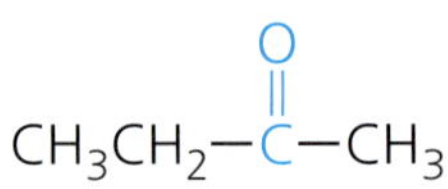

Ethyl Methyl Ketone

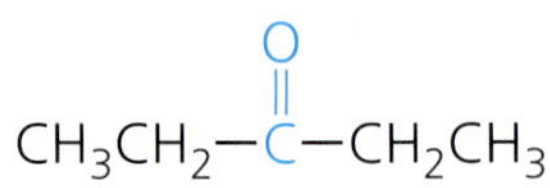

Diethyl Ketone

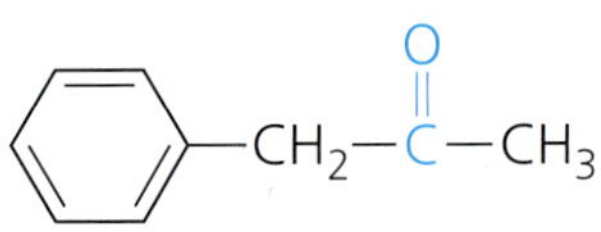

Benzyl Methyl Ketone

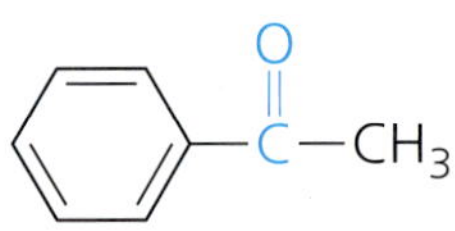

Methyl Phenyl Ketone

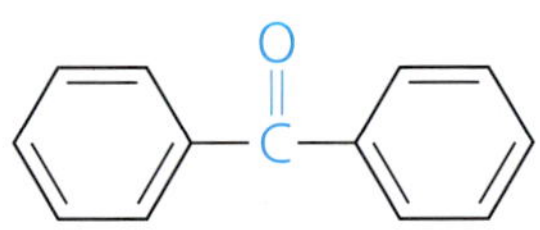

Diphenyl Ketone

(4) 몇몇 케톤은 고유한 관용명을 가진다.

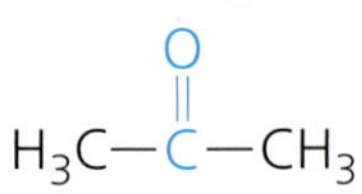

Acetone
Dimethyl Ketone
Propan–2–one

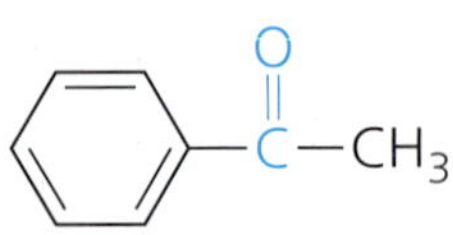

Acetophenone
Methyl Phenyl Ketone
1–Phenylethan–1–one

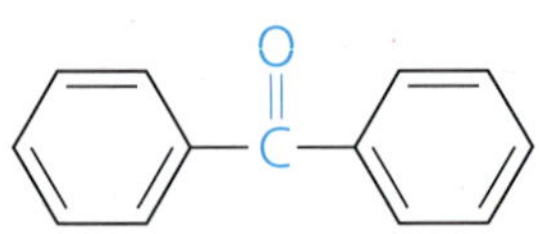

Benzophenone
Diphenyl Ketone
Diphenylmethanone

(5) 만일 $-COOH$와 같은 우선기가 높은 다른 작용기가 있어 카보닐 산소를 치환기로 취급하여야 할 때는 접두어 옥소(oxo$-$)를 사용한다.

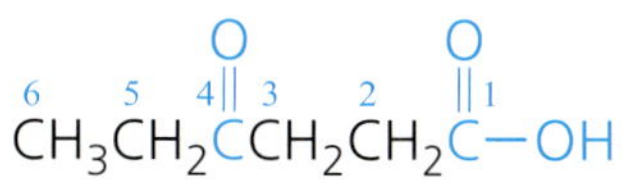

4−Oxohexanoic Acid

(6) $RCO-$기를 치환체로 취급할 경우에는 아실기(Acyl Group)라 부른다. 카복시기($-COOH$)는 알데하이드기($-CHO$) 보다 우선한다. 아실기에는 다음과 같은 것이 있다.

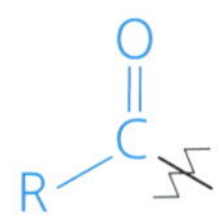

Acyl
(R= Alkyl, Alkenyl)

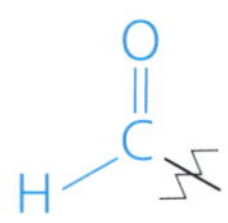

Formyl

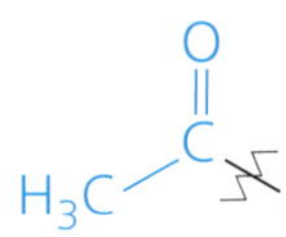

Acetyl

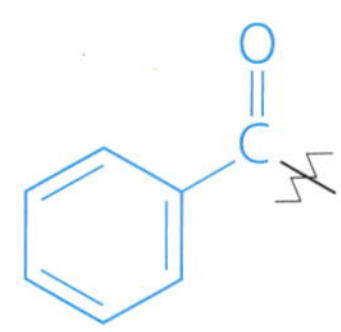

Benzoyl

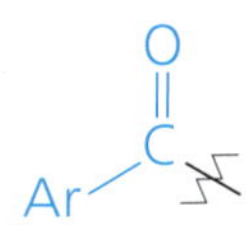

Aroyl
(Ar= 방향족)

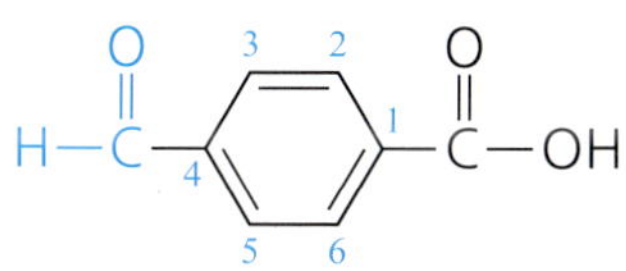

4−Formylbenzoic Acid

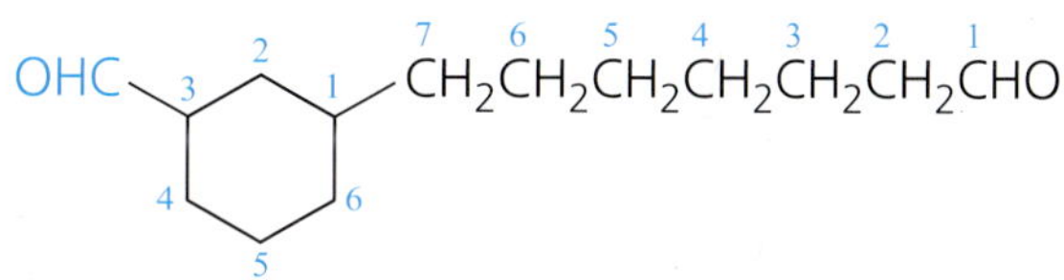

7−(3−Formylcyclohexyl)heptanal

13.4 여러 가지 알데하이드와 케톤의 명명 보기

알데하이드와 케톤의 명명 보기는 각주 다음과 같다.

13.4.1 알데하이드 화합물의 명명 보기

(1) 알케인 지방족 알데하이드

$CH_3(CH_2)_4CHO$ Hexanal	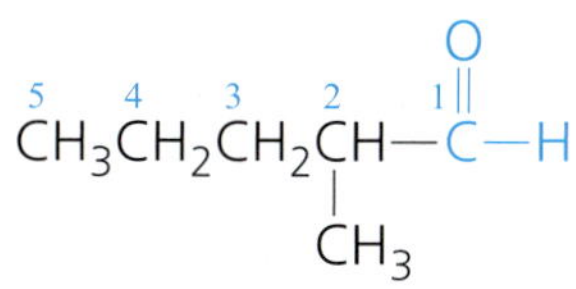 2−Methylpentanal	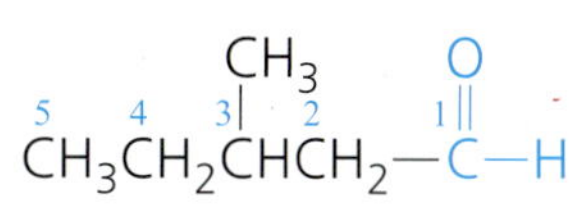 3−Methylpentanal

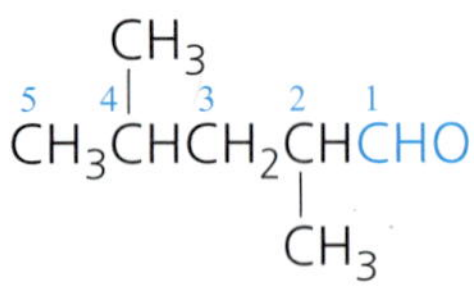 2,4-Dimethylpentanal	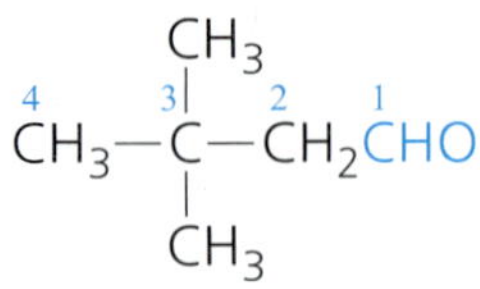 3,3-Dimethylbutanal	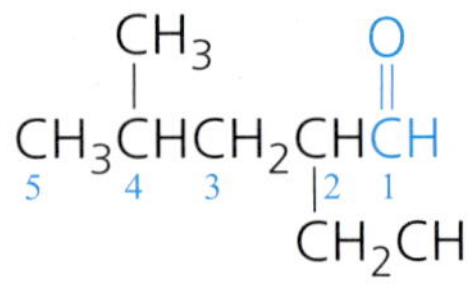 2-Ethyl-4-methylpentanal
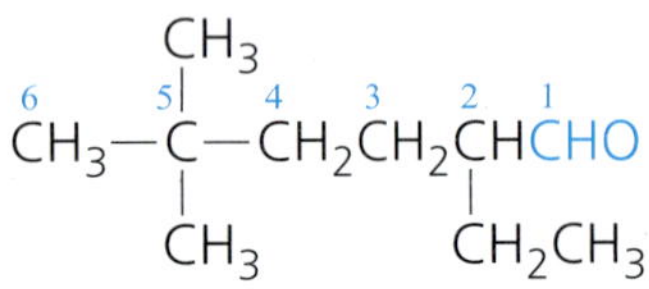 2-Ethyl-5,5-dimethylhexanal	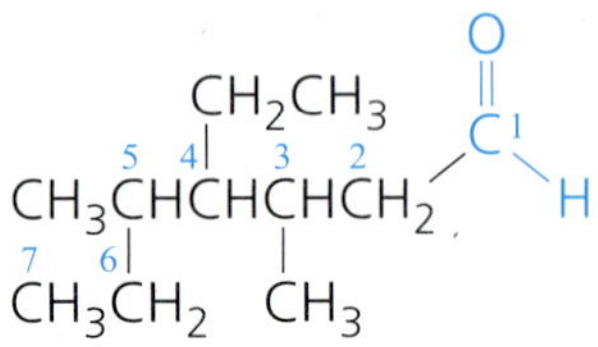 4-Ethyl-3,5-dimethylheptanal	

(2) 알켄 지방족 알데하이드

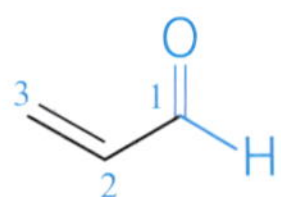 Prop-2-enal (Acrolein)	 But-3-enal (3-Butenal)	 Hex-5-enal (5-Hexenal)
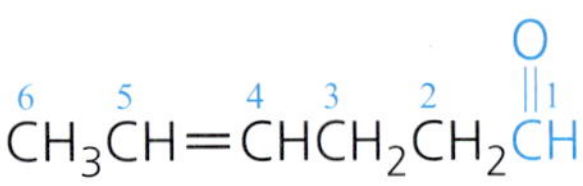 Hex-4-enal	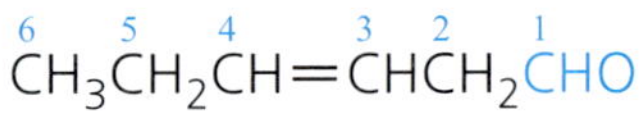 Hex-3-enal	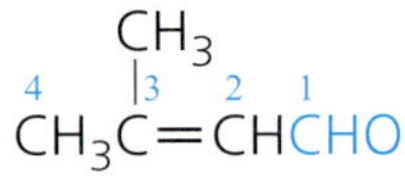 3-Methylbut-2-enal
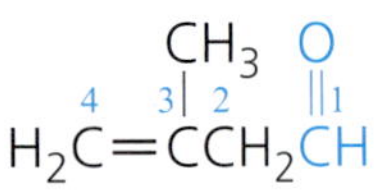 3-Methylbut-3-enal	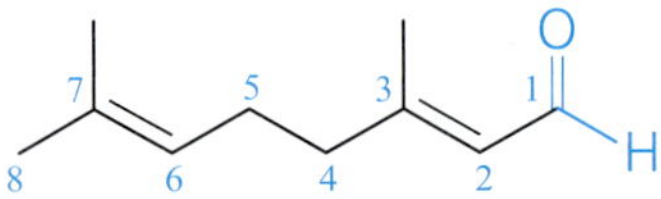 3,7-Dimethyl-2,6-octadienal (Geranial)	

(3) 2중 알데하이드기 가진 알데하이드

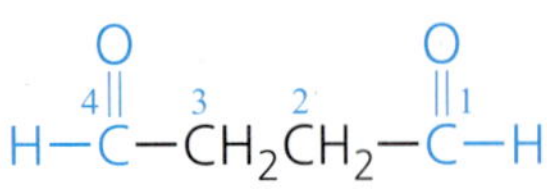 Butanedial	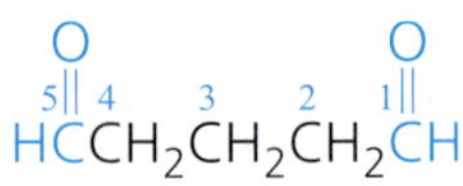 Pentanedial	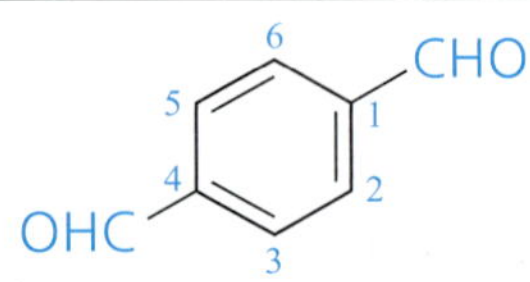 Benzene-1,4-dicarbaldehyde

(4) 고리형 알데하이드

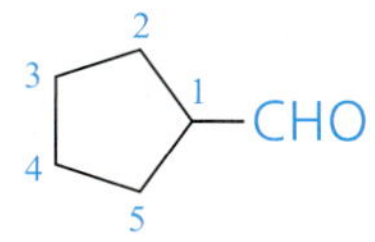 Cyclopetane Carbaldehyde	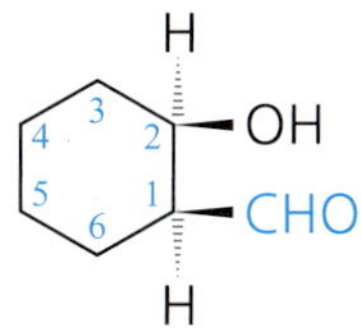 *cis*−2−Hydroxycyclohexane Carbaldehyde	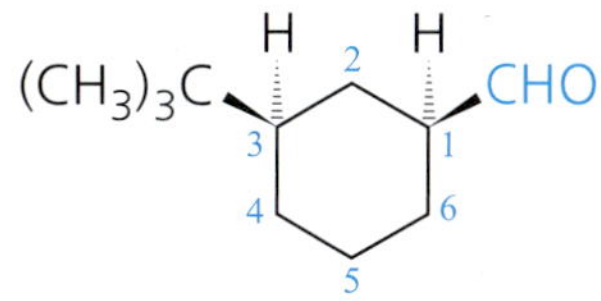 *cis*−3−*tert*−Butylcyclohexane Carbaldehyde
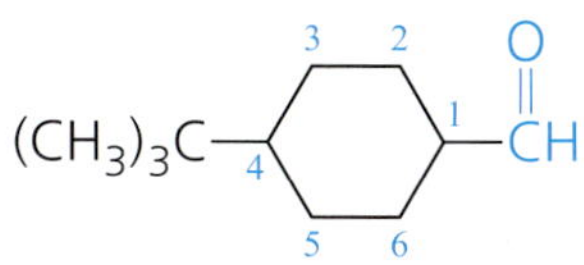 4−*tert*−Butylcyclohexane Carbaldehyde	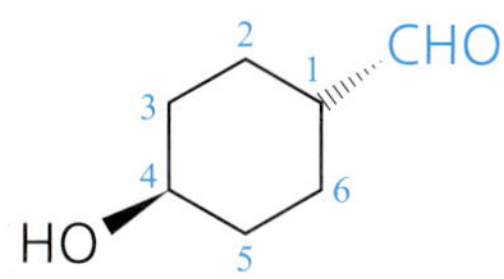 *trans*−4−Hydroxycyclohexane Carbaldehyde	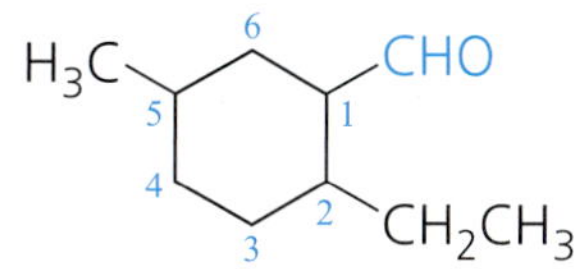 2−Ethyl−5−methylcyclohexane Carbaldehyde
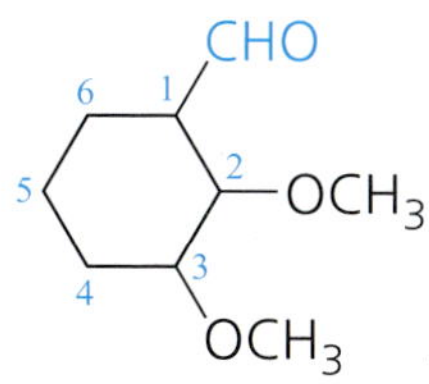 2,3−Dimethoxycyclohexane Carbaldehyde		

(5) 방향족 알데하이드

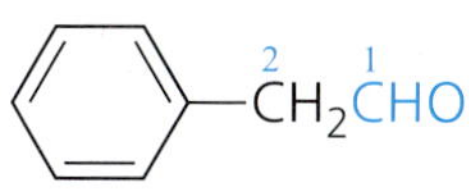 2−Phenylacetaldehyde (2−Phenylethanal)	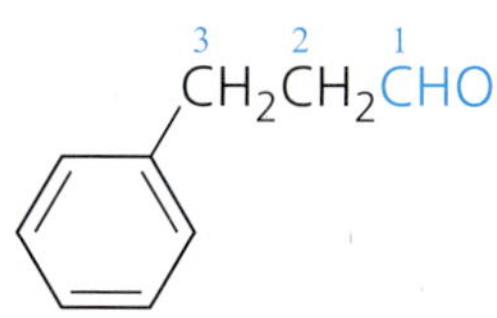 3−Phenylpropanal	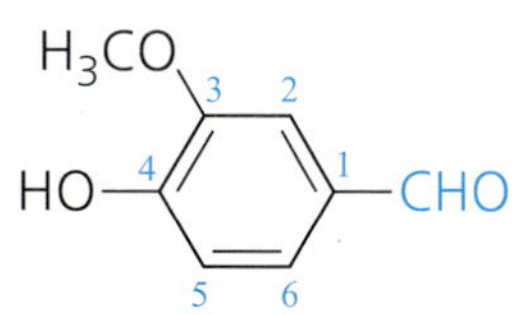 4−Hydroxy−3−methoxy Benzaldehyde
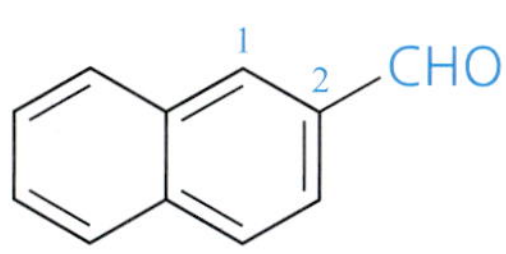 2−Naphthalene Carbaldehyde		

(6) 다른 작용기 가진 알데하이드

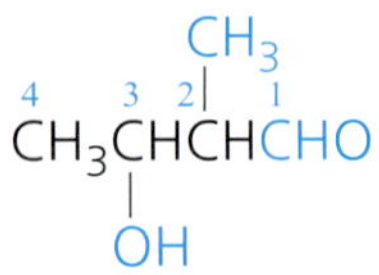 3−Hydroxy−2−methylbutanal	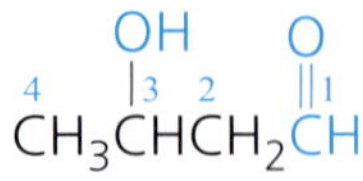 3−Hydroxybutanal	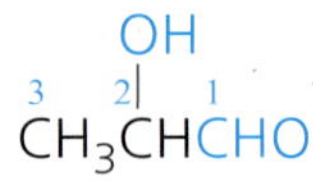 2−Hydroxypropanal (α−Hydroxypropionaldehyde)
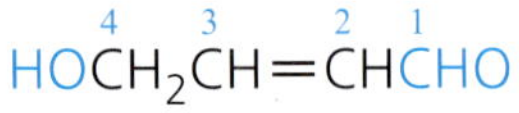 4−Hydroxybut−2−enal (4−Hydroxy−2−butenal)	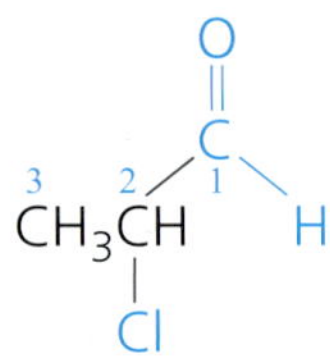 2−Chloropropanal (α−Chloropropionaldehyde)	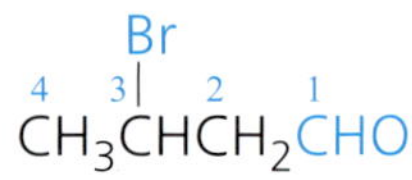 3−Bromobutanal (β−Bromobutyraldehyde)
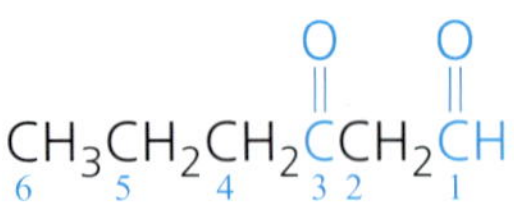 3−Oxohexanal	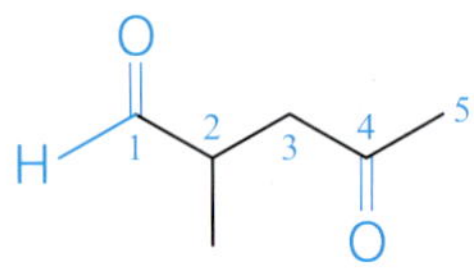 2−Methyl−4−oxopentanal	

13.4.2 케톤 화합물의 명명 보기

(1) 알케인 지방족 케톤

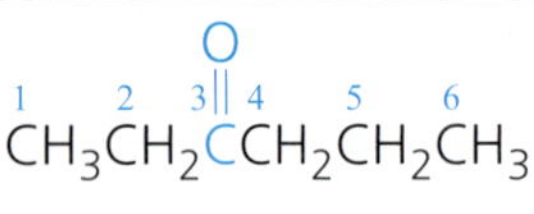 Hexan−3−one (3−Hexanone)	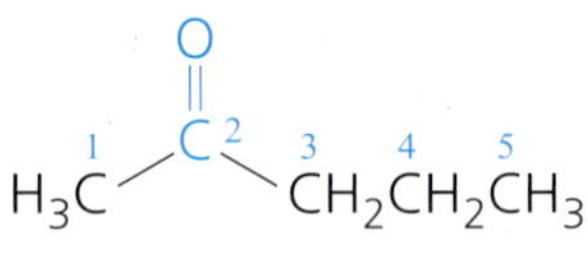 Pentan−2−one	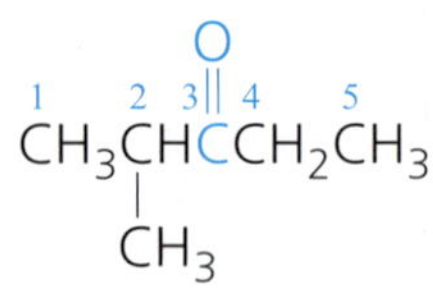 2−Methylpentan−3−one (Ethyl Isopropyl Ketone)
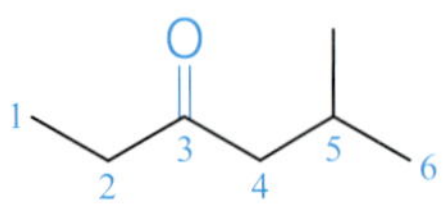 5−Methyl−3−hexanone	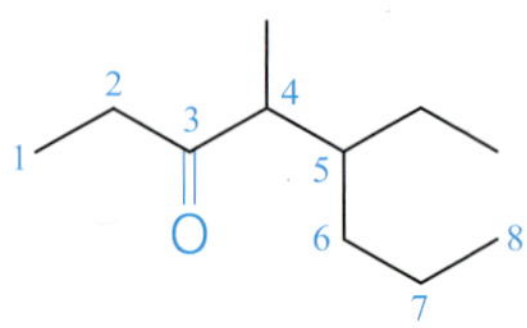 5−Ethyl−4−methyloctan−3−one	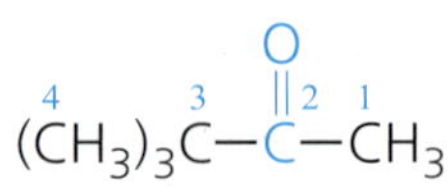 3,3−Dimethylbutan−2−one

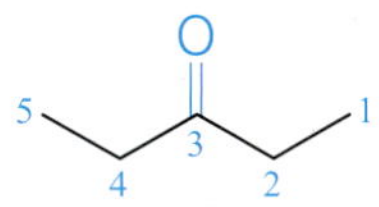 Pentan−3−one (Diethyl Ketone)	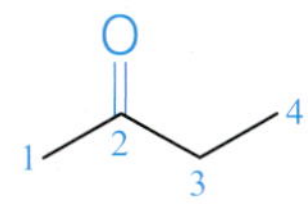 Butan−2−one (Methyl Ethyl Ketone, MEK)

(2) 알켄 지방족 케톤

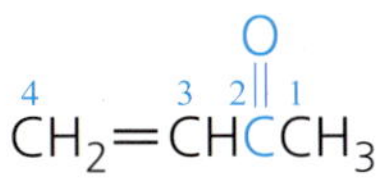 But−3−en−2−one (Methyl Vinyl Ketone)	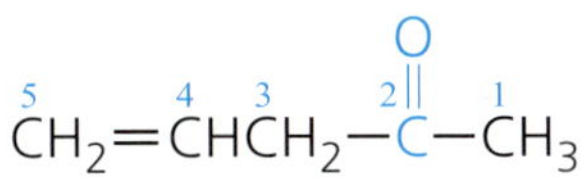 Pent−4−en−2−one (Allyl Methyl Ketone)	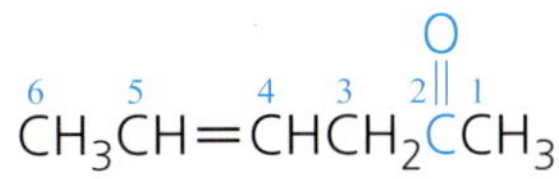 Hex−4−en−2−one (4−Hexen−2−one)
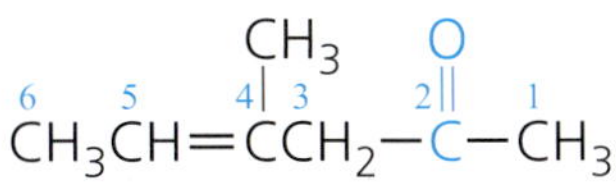 4−Methylhex−4−en−2−one		

(3) 케톤기 2개 가진 케톤

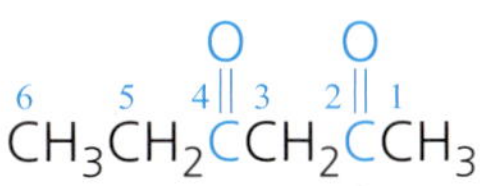 Hexan−2,4−dione (2,4−Hexanedione)	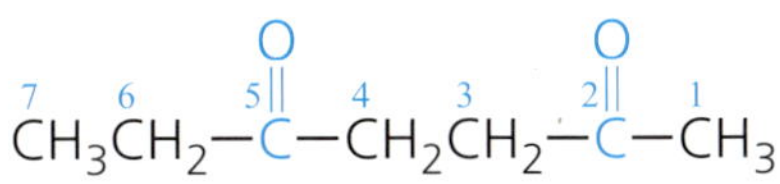 Heptane−2,5−dione

(4) 고리형 케톤

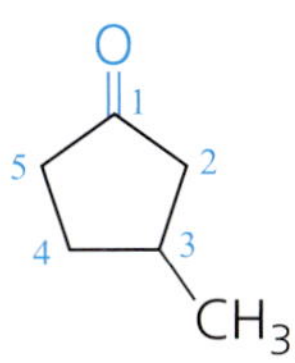 3−Methylcyclopentanone	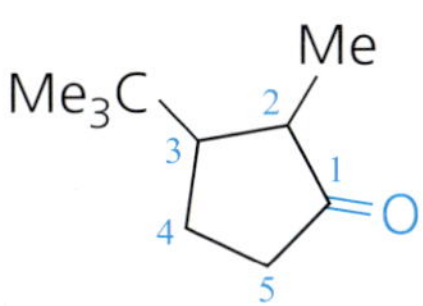 3−*tert*−Butyl−2−methylcyclopentanone	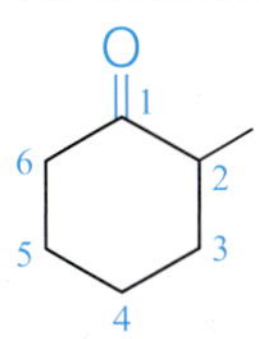 2−Methyl− cyclohexanone

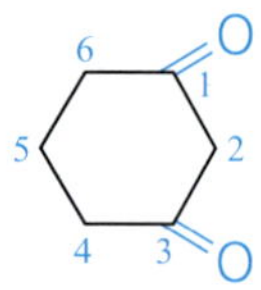 Cyclohexane−1,3−dione	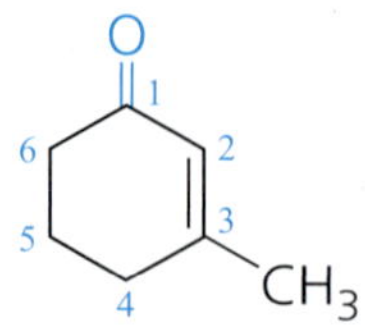 3−Methylcyclohex−2−enone	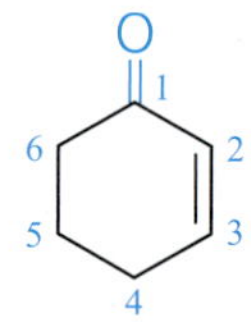 Cyclohex−2−enone (2−Cyclohexenone)
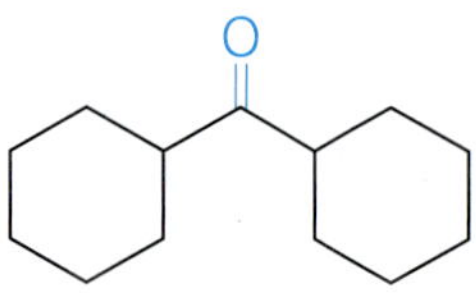 Dicyclohexyl Ketone		

(5) 방향족 케톤

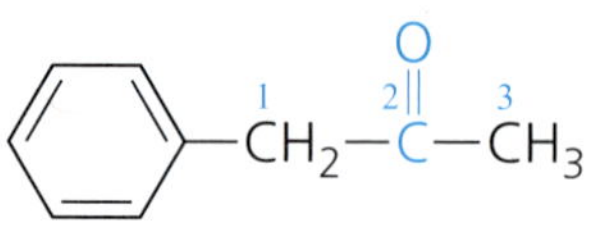 1−Phenylpropan−2−one	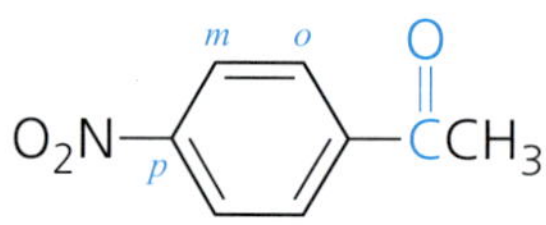 *p*−Nitroacetophenone

(6) 다른 작용기 가진 케톤

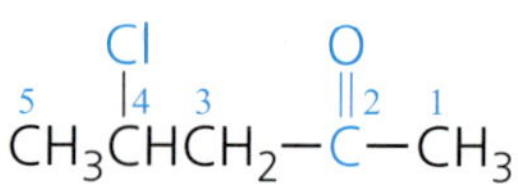 4−Chloropentan−2−one	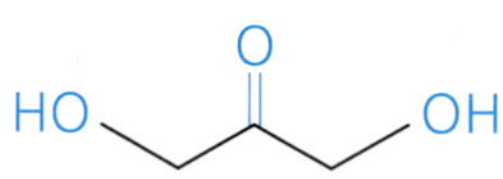 Dihydroxyacetone	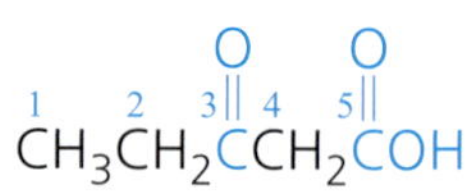 3−Oxopentanoic Acid
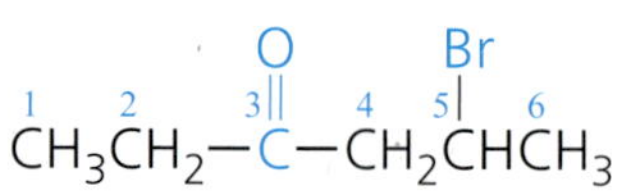 5−Bromohexan−3−one		

13.5 알데하이드와 케톤의 물리적 성질

카보닐기의 편극현상은 카보닐기의 물리적 성질에도 영향을 미친다. 예를 들면 카보닐 화합물은 비슷한 분자량을 가진 탄화수소보다는 높은 온도에서 끓고 알코올보다는 낮은 온도에서 끓는다. 어떤 화합물이 끓을 때 에너지가 필요한데 액체상태에서 기체상태로 될 때 편극현상에 의한 분자간의 인력을 극복하는 에너지가 필요하다. 카보닐 화합물은 이러한 분자간의 인력이 있으나 탄화수소에는 거의 없기 때문에 카보닐 화합물이 탄화수소보다 끓는점이 높다. 알코올은 O−H로 인하여 분자간에 수소결합이 존재하나 카보닐 화합물은 이러한 수소결합이 없으므로 알코올보다는 끓는점이 낮게 된다.

표 13.5 탄화수소/ 카보닐 화합물/ 알코올의 끓는 점

구 분	Hexane	Pentanal	Pentan−1−ol
분자식	$CH_3(CH_2)_4CH_3$	$CH_3(CH_2)_3CHO$	$CH_3(CH_2)_3CH_2OH$
분자량	86	86	88
끓은점(℃)	68.5~69.1	102~103	137~139

카보닐기의 편극현상은 용해도에도 영향을 미친다. 알코올은 분자간에 수소결합을 할 뿐 아니라 물과도 수소결합을 형성하므로 물에 잘 녹는다. 반면에 카보닐 화합물은 분자간에는 서로 수소결합을 못하지만 물과는 수소결합을 할 수 있으므로 분자량이 작은 카보닐 화합물은 물에 잘 녹는다.

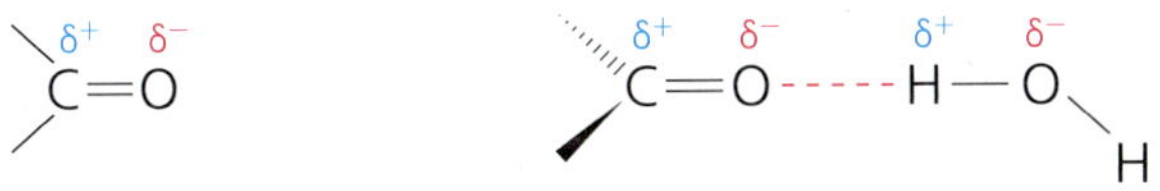

참 고 **알데하이드와 케톤의 성질**

알데하이드와 케톤은 비슷한 분자량을 가지고 있는 알켄이나 에터에 비하여 끓는점이 더 높고 물에 대한 용해도도 더 크다. 그 이유는 카보닐기 결합(C=O)은 탄소와 산소의 전기음성도 차이가 커서 극성 공유 결합이다. 따라서 극성이 알켄과 에터 결합보다 더 크게 작용하고 분자간 쌍극자-쌍극자 인력 또한 크게 작용하기 때문이다. 그러나 분자간 수소 결합은 하지 못하기 떼문에 알코올이나 카복실산보다는 낮다.

13.6 알데하이드와 케톤의 제법

알데하이드와 케톤의 제법은 각각 다음과 같다.

13.6.1 알데하이드의 합성

여러 가지 방법으로 알데하이드를 제조할 수 있다. 작용기 전환 반응을 통한 알데하이드 제법으로 1차 알코올의 산화 그리고 에스터/ 산염화물/ 나이트릴과 같은 카복실산 유도체의 부분 환원, 카복실산 유도체의 Grignard 반응, 알켄의 가오존분해 반응, 알카인의 수소붕소 첨가-산화 반응을 통해 제조할 수 있다.

(1) 1차 알코올 산화에 의한 알데하이드 생성

1차 알코올은 다이클로로메테인(CH_2Cl_2)과 같은 유기 용매에서 산화제인 PCC(Pyridinium Chlorochromate, $C_5H_5NH+CrO_3Cl$)를 사용하여 알데하이드로 산화된다.

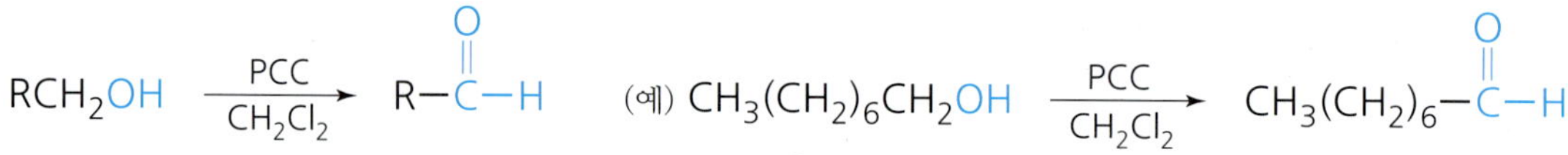

Octan-1-ol　　Octanal

(2) 에스터/ 나이트릴/ 산염화물의 부분 환원에 의한 알데하이드 생성

에스터 또는 나이트릴을 수소화 다이아이소뷰틸알루미늄(Diisobutylaluminium Hydride, DIBALH)과 낮은 온도에서 반응시키면 부분 환원 반응이 일어나 알데하이드로 전환된다. 또한 산염화물을 환원제 $LiAlH[OC(CH_3)_3]_3$로 환원 반응시키거나 Pd−$BaSO_4$ 촉매하에서 수소 환원(Rosenmund 환원) 시켜도 알데하이드를 합성할 수 있다.

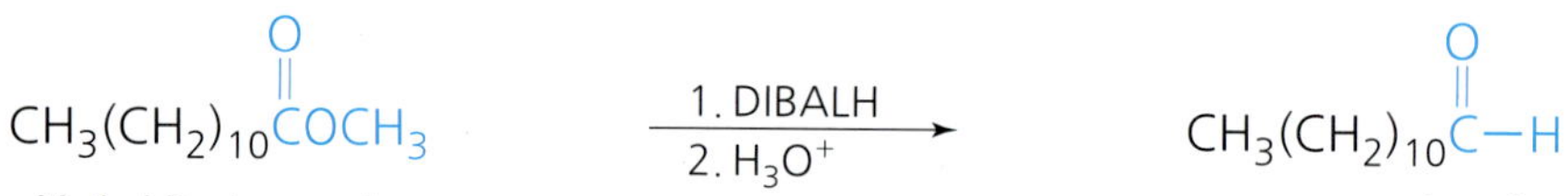

Methyl Dodecanoate　　Dodecanal (88%)

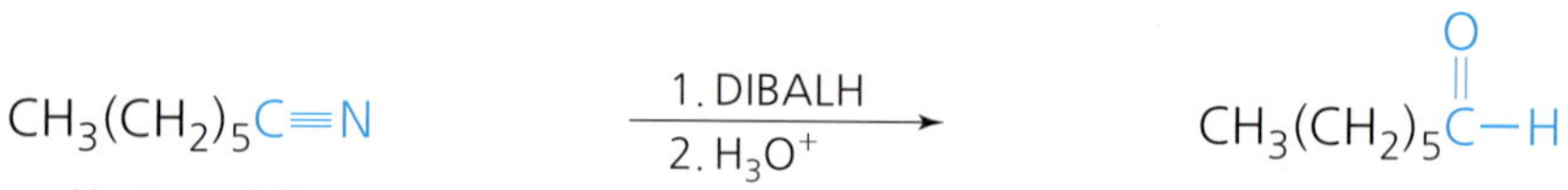

Heptanenitrile　　Heptanal (80%)

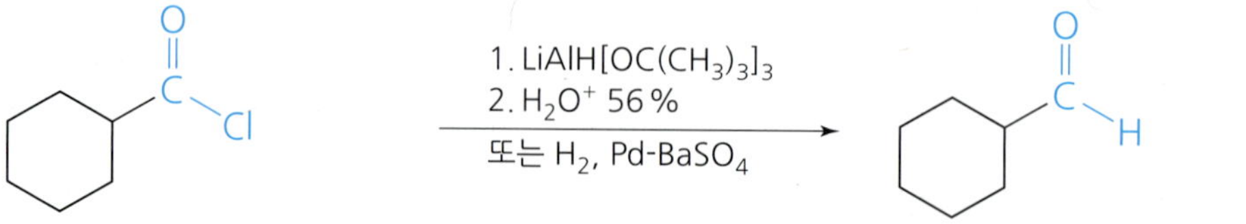

Cyclohexanecarbonyl Chloride　　Cyclohexanecarbaldehyde

(3) 알켄의 가오존분해 반응 또는 알카인의 수소붕소 첨가–산화 반응에 의한 알데하이드 생성

알켄의 가오존분해 반응과 말단 알카인의 수소붕소 첨가–산화 반응을 이용하여 알데하이드를 합성할 수 있다.

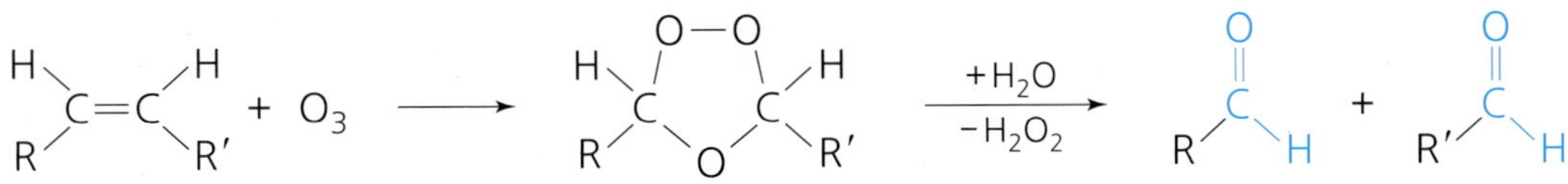

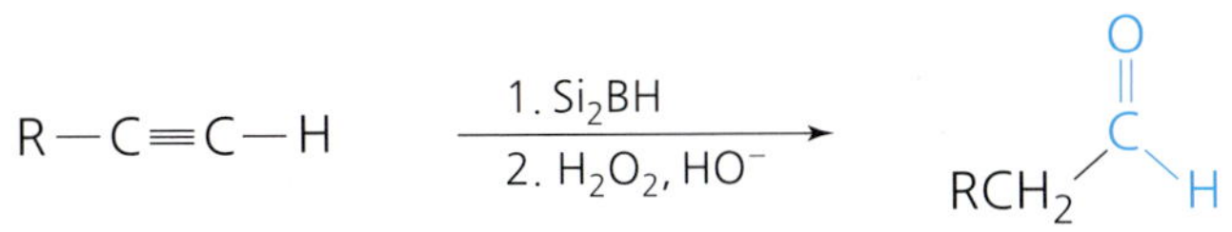

13.6.2 케톤의 합성

케톤의 합성법은 알데하이드와 비슷하다. 케톤은 2차 알코올의 산화 반응 그리고 산염화물/카복실산염/ 나이트릴에 유기금속 시약과의 반응, 알켄의 가오존분해 반응, 알카인의 수화 반응, 벤젠의 Friedel–Crafts 아실화 반응으로부터 얻을 수 있다.

(1) 2차 알코올의 산화 반응에 의한 케톤 생성

케톤을 합성하는 방법 중에서 가장 보편적인 방법이다. 산화제로 CrO_3, $Na_2Cr_2O_7$, $KMnO_4$, PCC 등이 사용된다. 산화제의 선택은 반응의 크기, 가격, 알코올의 산 혹은 염기에 대한 반응성 등과 같은 여러 조건에 달려 있다

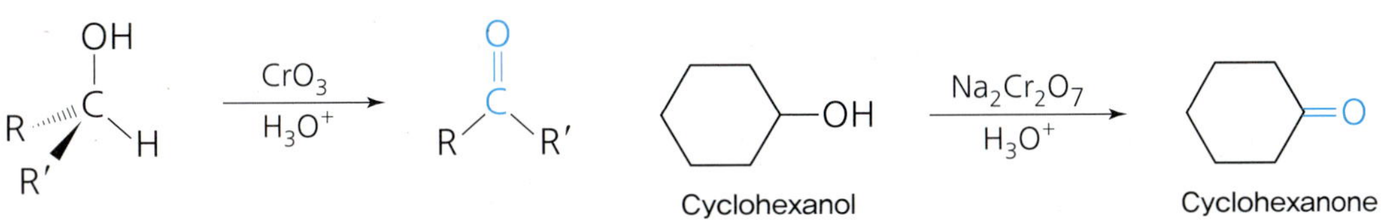

(2) 산염화물과 구리 시약, 카복실산염과 리튬 시약, 나이트릴과 Grignard 시약 반응에 의한 케톤 생성

이들 각각의 일반 반응식은 다음과 같다.

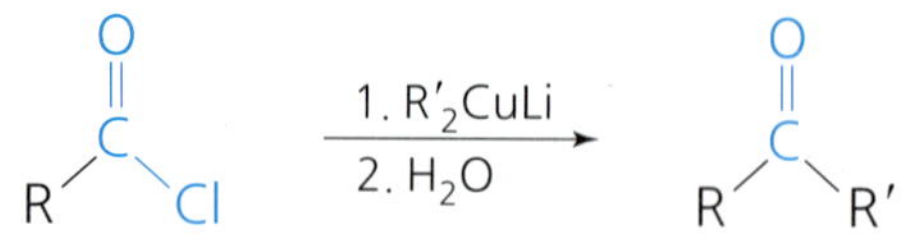

산염화물

카복실산염

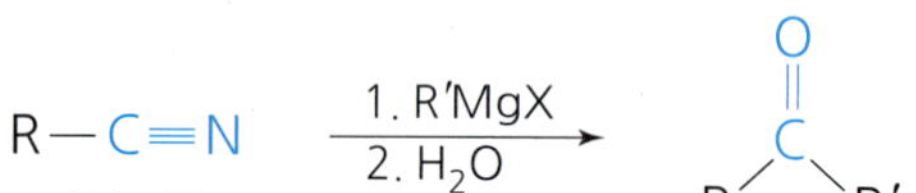

나이트릴

(3) 알켄의 가오존분해 반응에 의한 케톤 생성

불포화 탄소 원자 중에 1개가 2치환되어 있다면, 알켄의 가오존 분해반응과 수화반응에 의해서 케톤이 형성된다.

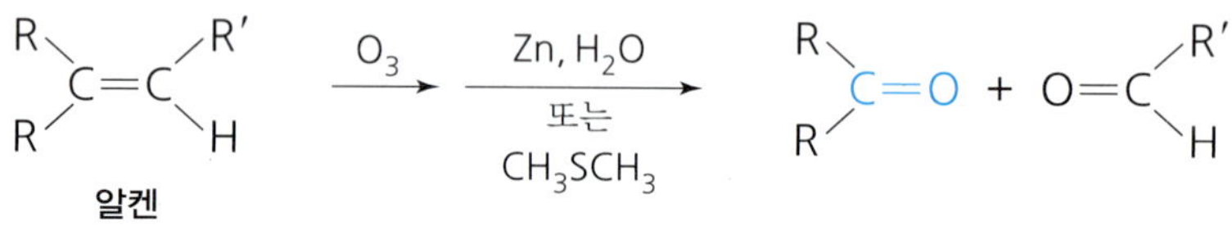

알켄

또한 2중결합 탄소가 수소를 가지지 않은 알켄을 산성 용액에서 $KMnO_4$로 산화를 시키면 탄소－탄소 2중결합이 쪼개져서 케톤이 생성된다.

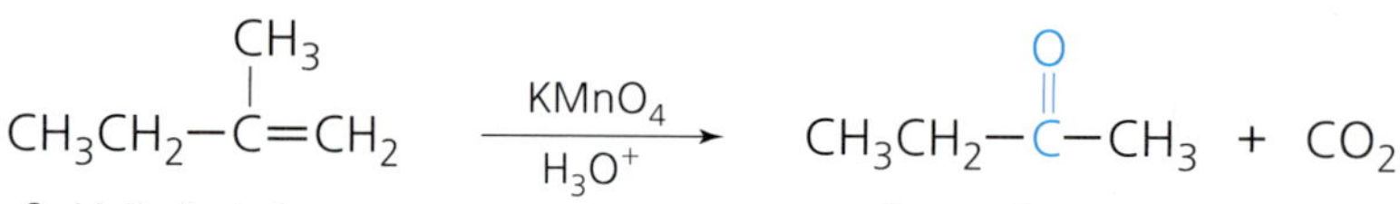

2–Methylbut–1–ene　　　Butan–2–one

(4) 알카인의 수화 반응에 의한 케톤 생성

말단에 3중 결합을 가진 알카인에 물을 첨가하는 수화반응은 황산과 황산수은 촉매를 혼합한 용액에서 반응시키면 Markovnikov규칙의 첨가에 의해 엔올(Enol) 중간체를 거쳐 메틸케톤이 생성된다.

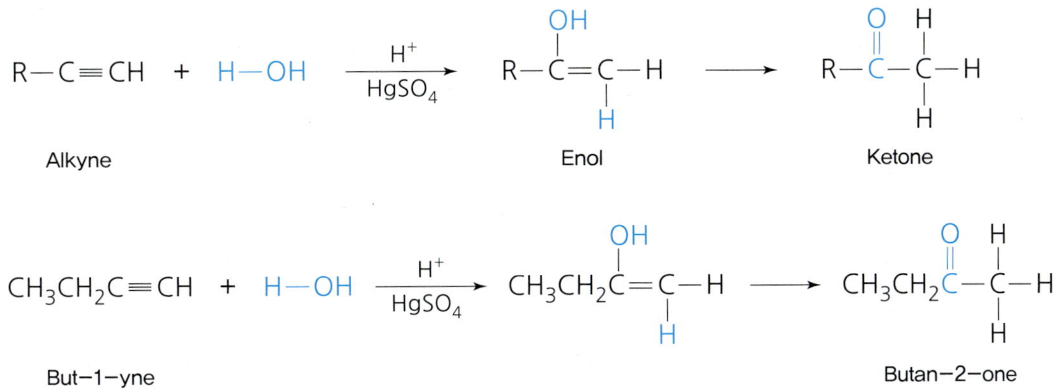

(5) Friedel–Crafts 아실화 반응에 의한 케톤 생성

방향족 화합물에 무수 염화 알루미늄($AlCl_3$) 촉매 하에서 산 염화물과 반응하여 아실기(RCO–)가 도입되는 아실화 반응으로 알킬 아릴 케톤이 생성된다. 예를 들면, 벤젠과 염화 아세틸을 Friedel–Crafts 아실화 반응을 시키면 아세토페논이 합성된다.

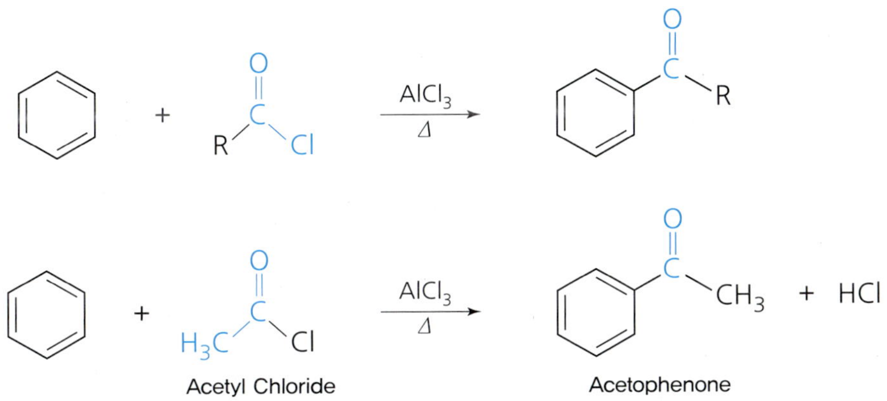

13.7 알데하이드와 케톤의 반응

카보닐기 화합물에서 일어나는 반응으로는 카보닐기의 친핵성 첨가 반응과 카보닐기 바로 옆 탄소 원자(α 탄소)의 치환 반응으로 나눌 수 있다. 즉 알데하이드 및 케톤의 친핵성 첨가 반응, 카복실산 및 그 유도체의 친핵성 아실 치환 반응, 카보닐(알데하이드, 케톤, 카복실산 및 그 유도체의) α 탄소의 치환 반응으로 구분할 수 있다. 여기서는 알데하이드 및 케톤의 친핵성 첨가 반응을 위주로 언급하기로 한다.

13.7.1 알데하이드의 산화 반응에 의한 카복실산 생성

알데하이드는 산화제에 의해 카복실산으로 산화된다. 반면에 케톤은 더 이상 산화되지 않는다. 그 이유는 케톤은 산화가 일어나는 동안 떼어낼 수 있는 수소가 없고 알데하이드는 CHO기에 제거될 수 있는 양성자 H를 가지고 있기 때문이다.

산화제로는 CrO_3, $Na_2Cr_2O_7$, $K_2Cr_2O_7$ 또는 $KMnO_4$, Ag_2O와 같은 다양한 산화제가 사용된다. 주로 많이 사용하는 산화제로는 산성 수용액 중에서 CrO_3가 일반적이다.

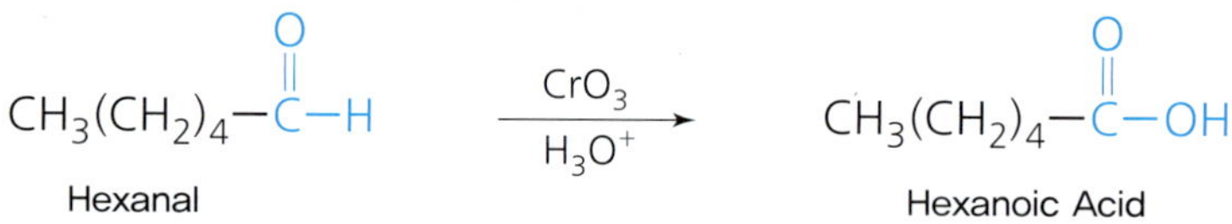

알데하이드는 약한 산화제인 Ag^+, Cu^{2+}로도 산화되기 때문에 이를 이용하면 알데하이드와 케톤을 쉽게 구별할 수 있다. 이러한 구별에 사용되는 시약이 톨렌스 시약(Tollens' Reagent)으로 이것은 질산은($AgNO_3$) 수용액에 암모니아수를 넣어 만든 암모니아성 질산은 용액의 착물인 $Ag(NH_3)_2^+$ 용액이다. 톨렌스 시약을 알데하이드와 반응시키면 알데하이드는 산화되어 카복실산이 되고 은(I)은 환원되어 은이 석출되는 반응을 톨렌스 반응(Tollens' Reaction) 혹은 은거울 반응(Silver Mirror Reaction)이라 한다.

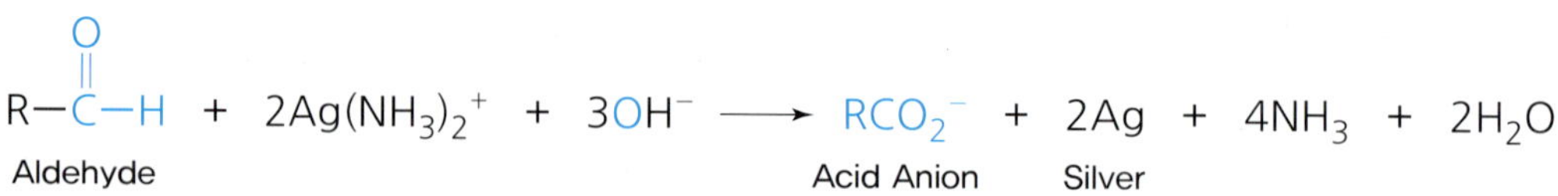

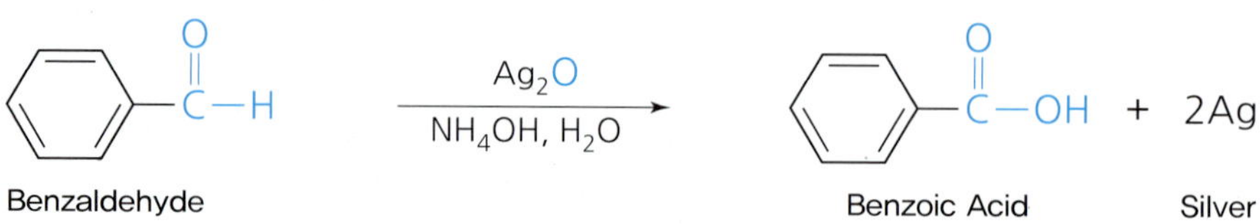

13.7.2 알데하이드와 케톤의 공통 반응

카보닐기 탄소의 친핵성 첨가 반응과 α 탄소의 치환 반응이 있다.

(1) 카보닐기 탄소의 친핵성 첨가 반응

알데하이드와 케톤의 가장 일반적인 반응은 친핵체가 카보닐기의 친전자성 탄소에 첨가되는 친핵성 첨가반응(Nucleophilic Addition)이다. 즉 카보닐기의 탄소 원자에는 친핵체(Nu)가 첨가되고 산소 원자에는 양성자(H^+)가 각각 첨가되는 반응이다.

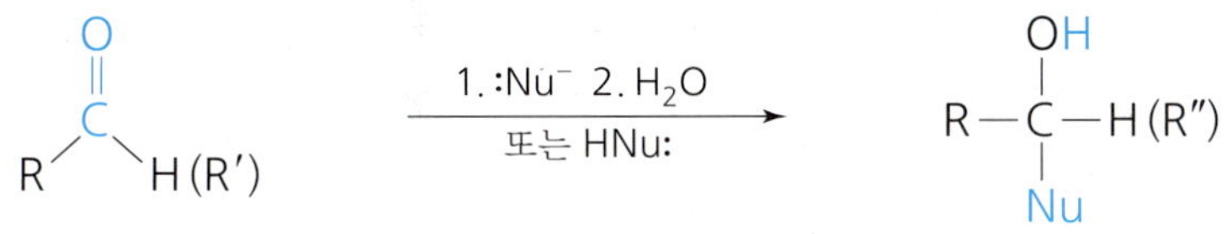

반응 메커니즘으로 카보닐기는 전기음성도가 큰 산소쪽으로 분극되어 탄소 원자가 약한 양성을 띠므로 친핵체의 공격을 받기 쉽게 된다. 카보닐기의 산소 원자의 비공유전자쌍은 루이스 염기로 작용하기 때문에 양성자와 결합할 수 있다. 염기성 조건하에서 친핵체는 음으로 하전되고(:Nu^-) 이것이 알데하이드나 케톤의 카보닐기의 분극된 탄소에 첨가된다. 알데하이드나 케톤의 카보닐기는 sp^2 혼성궤도함수로 되어 있는데, 친핵체의 공격으로 sp^3 혼성궤도함수를 형성하게 된다. C=O의 π결합의 1쌍의 전자가 산소 원자로 밀려 알콕시화 이온을 형성하고, 여기에 양성자 H^+가 결합하여 중성인 알코올이 생성된다.

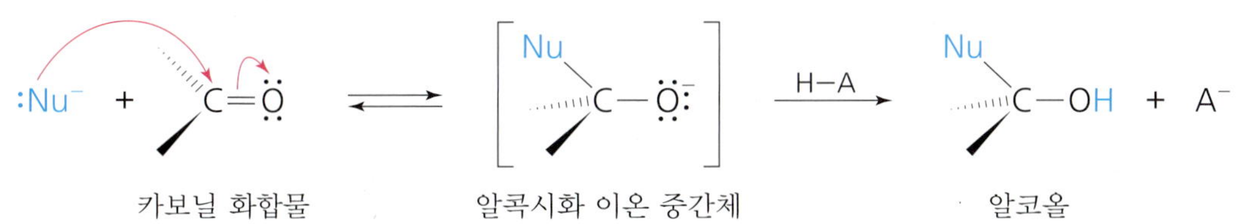

산성 조건하에서는 양성자가 먼저 카보닐기의 산소에 결합하여 카보닐기가 더 센 친전자성이 되도록 한다. C=O의 π결합의 1쌍의 전자가 산소 원자로 밀려 산소는 중성이 되고 탄소 양이온을 형성한다. 여기에 친핵체가 첨가되어 생성물이 얻어진다.

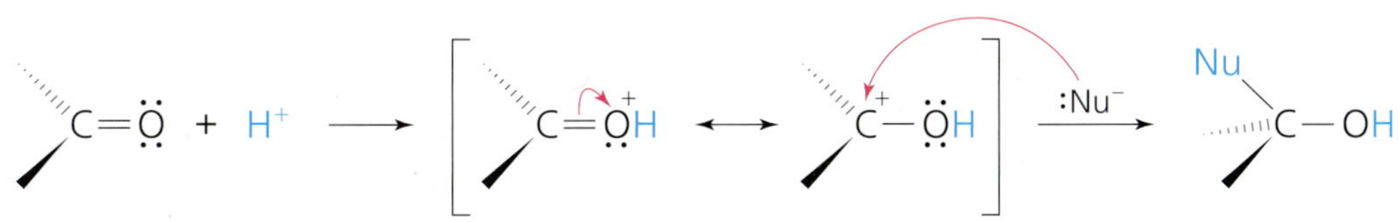

카보닐 화합물의 염기성 반응과 산성 반응의 차이는 양성자 첨가의 순서에 있음에 주의한다. 염기성 조건하에서 카보닐 화합물의 친핵성 첨가반응은 친핵체가 음으로 하전되어 먼저 카보닐기에 첨가되고 양성자 첨가는 나중에 일어난다. 반면에 산성 조건하에서는 양성자가 먼저 카보닐기에 첨가되고 나중에 친핵체가 첨가된다.

(2) 카보닐기 이웃의 α 탄소 치환 반응

알데하이드와 케톤의 α 탄소의 수소 원자(α 수소)는 다른 C-H의 수소 원자보다 산성이 강하다. 따라서 염기와 반응하면 양성자로 제거되어 탄소음이온(Carbanion)이 되기 쉽다. α탄소의 치환 반응은 이 탄소음이온이 친핵체로 작용하여 친전자체와 반응함으로써 탄소-탄소 결합을 형성하는 반응에 이용된다. 이 반응은 카보닐기의 토토머화 반응에 의하여 생성된 엔올에 의해서도 일어난다.

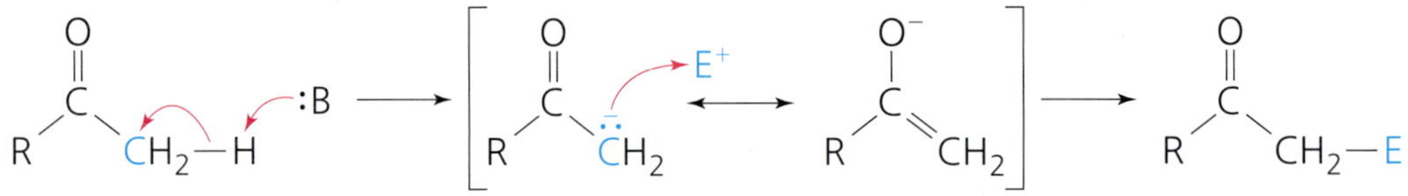

참 고 **곤충 유인 성 페로몬**

최근 과학자들은 오스트레일리아와 유럽에 있는 난초과 식물 중 어떤 종은 꽃가루 수정을 위하여 암컷 말벌이 가지고 있는 페로몬(Pheromone) 물질을 만들어 냄을 발견하였다. 이 식물들은 마치 암컷 말벌이 있는 것처럼 속여 수컷 말벌을 유인하는 고리형 케톤 구조를 가진 Chiloglottone 물질을 만들어 낸다. 그 결과 식물은 수컷 말벌이 묻혀온 꽃가루로 수정을 하게 된다.

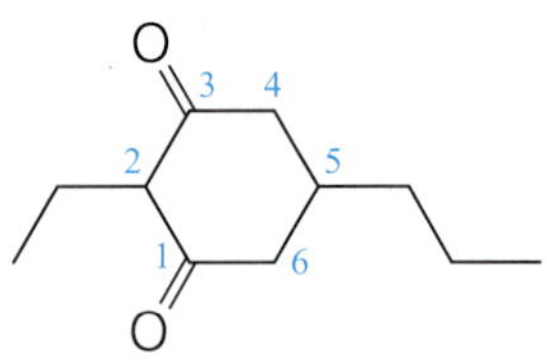

2-Ethyl-5-propylcyclohexan-1,3-dione
(Chiloglottone)

13.7.3 알데하이드와 케톤의 친핵성 첨가 반응

알데하이드와 케톤에 있는 카보닐기의 탄소 원자는 산소 원자보다 전기음성도가 낮기 때문에 결합에 있는 π전자는 산소 원자 쪽으로 쏠리게 되어 C=C 결합 탄소 원자와는 다르게 전자가 부족한 상태인 친전자성 탄소가 된다.

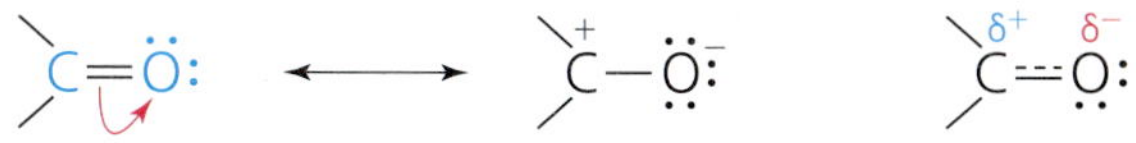

따라서 친전자성 탄소는 전자가 풍부한 화학종인 친핵체의 공격을 받아 π 결합이 끊어지고 sp^2 혼성 탄소 원자는 sp^3 혼성화되면서 4면체 구조를 갖는 알콕사이드 이온 중간체가 생성된다. 이 알콕사이드 음이온이 물의 양성자와 반응하면 첨가 생성물이 만들어진다. 즉 이 반응은 2단계로 일어나며 평형 반응이다. 1단계는 친핵체가 카보닐탄소를 공격하여 4면체 구조인 알콕사이드 이온이 생성(느림) 되고, 2단계는 알콕사이드 이온에 양성자가 첨가(빠름) 된다.

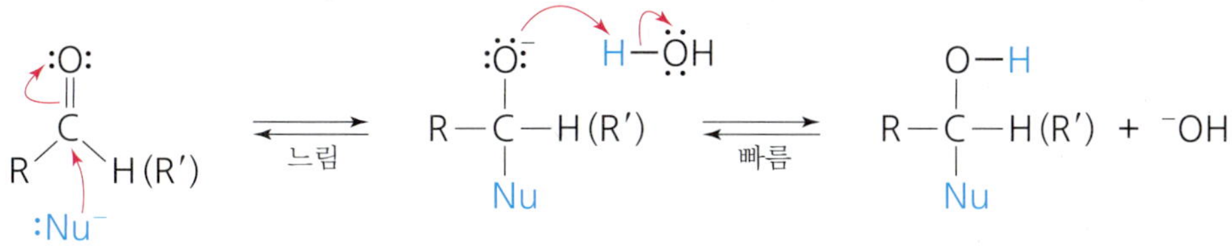

다시말해 케톤과 알데하이드의 주된 반응은 친핵성 첨가반응으로 친핵체가 카보닐기의 친전자성 탄소에 첨가가 되는 반응으로 메커니즘은 2단계로 일어난다. 1단계는 친핵체의 전자쌍이 친전자성 카보닐 탄소를 공격하여 C=O결합의 전자쌍을 산소 쪽으로 밀어내고 알콕시화 음이온이 된다. 카보닐 탄소는 sp^2에서 sp^3로 재혼성화 된다. 2단계는 친핵성 공격으로 생긴 알콕시화 음이온이 양성자 첨가를 받아 중성 알코올 첨가 생성물을 형성한다.

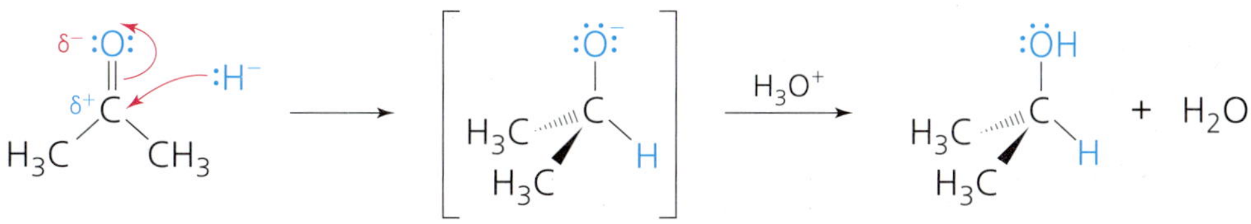

13.7.4 알데하이드와 케톤의 반응성 비교

친핵성 첨가 반응은 전자 효과와 입체 효과에 영향을 받는다. 알데하이드가 케톤보다 전자 효과와 입체 효과에서 유리하므로 친핵성 첨가 반응을 더 잘 한다. 반응성의 크기는 아래와 같다.

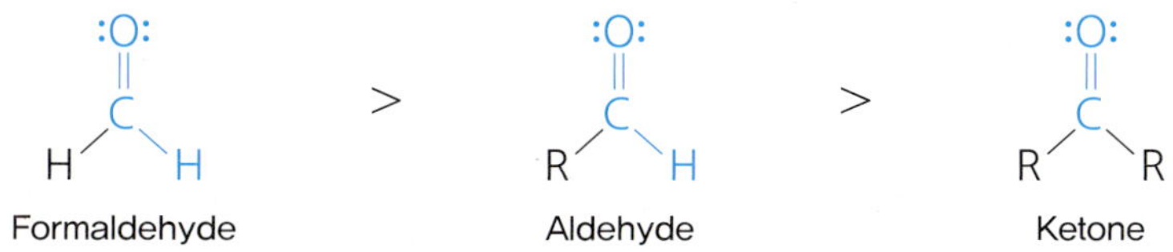

알데하이드는(+)전자 유발 효과로 카보닐 탄소의 전자 부족 현상을 감소시키는 R기가 1개 있다. 그리고 입체 효과는 H 덩치가 작아 친핵체의 접근이 용이하다.

케톤은(+)전자 유발 효과로 카보닐 탄소의 전자 부족 현상을 감소시키는 R기가 2개 있다. 그리고 입체 효과는 R 덩치가 커서 친핵체의 접근이 곤란하다.

13.7.5 알데하이드와 케톤 친핵성 첨가 반응의 친핵체의 종류

할로젠화 알킬의 친핵성 치환 반응에 사용되었던 친핵체와는 반드시 일치하지 않는다. 카보닐 탄소에 유용하게 작용하는 친핵체는 강염기들이 대부분이다. 알데하이드와 케톤의 카보닐기에 작용하는 친핵체의 종류는 다음과 같다.

표 13.6 알데하이드/ 케톤의 친핵체

친핵체	친핵 시약	반응명
탄소 친핵체	RMgX, RLi $RC{\equiv}C^{-}\,Na^{+}$ $HC{\equiv}N$ $Ph_3P{=}CHR$	Grignard 반응 아세틸렌화 반응 사이안화 반응 Wittig 반응
질소 친핵체	RNH_2 R_2NH NH_2OH $RNHNH_2$	이민 형성 반응 엔아민 형성 반응 옥심 형성 반응 하이드라존 형성 반응
산소 또는 황 친핵체	H_2O ROH RSH $NaHSO_3H$	수화 반응 아세탈 반응 싸이오아세탈 반응 아황산 수소 첨가
수소음이온	$NaBH_4$ $LiAlH_4$	환원 반응

참고로 할로젠 이온(X^-) 또는 아자이드 이온(N_3^-)은 카보닐기의 친핵성 첨가 반응에는 적당치 않다. 그 이유는 친핵성 첨가 반응은 중간체인 4면체 알콕사이드 이온 형성 단계가 가역 반응인데 친핵체인 X^- 또는 N_3^-는 알콕사이드 이온보다 약한 염기이기 때문에 반응의 평형이 역방향으로 진행되기 때문이다.

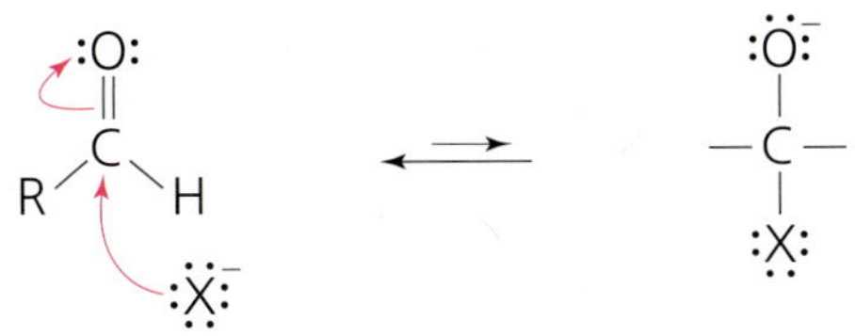

13.7.6 알데하이드와 케톤의 탄소 친핵성 첨가 반응

Grignard 시약(RMgX, ArMgX), 유기리튬 시약(RLi, ArLi), 말단 알카인으로부터 얻을 수 있는 아세틸라이드 이온(RC≡CNa)과 같은 유기금속 시약들은 탄소음이온(Carbanion)으로서 강염기인 동시에 강한 친핵체이므로 카보닐 탄소에 친핵성 첨가 반응을 일으킨다. 이들 반응은 카보닐 탄소에 알킬기, 아릴기, 아세틸렌기를 도입시키는데 유용하게 사용된다. 즉 탄소-탄소 결합을 형성시키는데 매우 중요한 반응으로 사용된다.

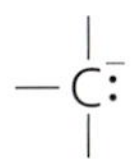

탄소 음이온

따라서 강염기인 Grignard 시약을 포함한 유기금속 시약은 물, 알코올, 싸이올, 아민에 있는 OH, SH, NH_2기 등의 활성 수소(Active Hydrogen)에 의해 파괴되기 때문에 이들 화합물과 함께 사용할 수 없다. 그리고 친핵체로서의 작용과 염기로서의 작용은 각각 다음과 같다.

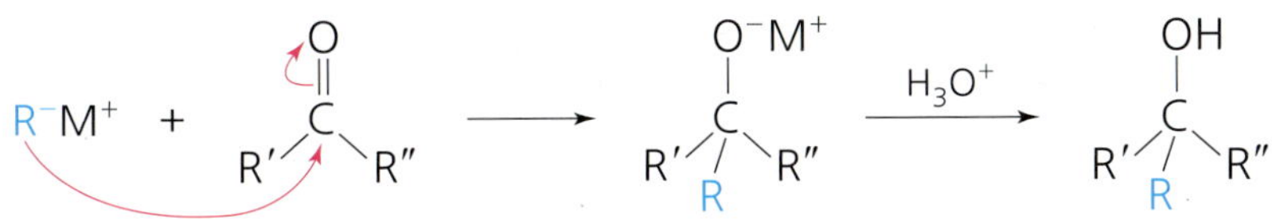

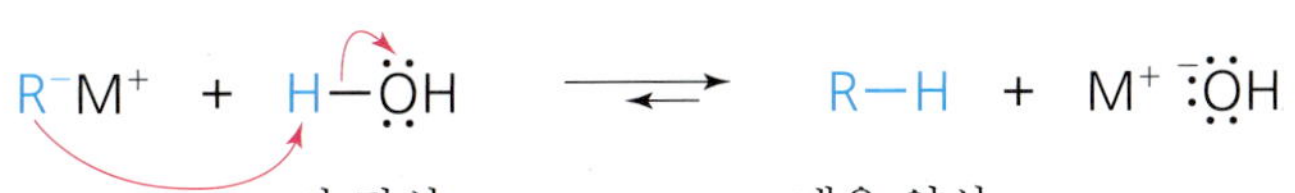

(1) 알데하이드와 케톤의 Grignard 시약 첨가 반응

Grignard 시약은 R 또는 Ar기의 탄소음이온을 제공하는 시약이다. 이들은 폼알데하이드(HCHO)와 반응시키면 탄소 친핵체로 작용하여 1차 알코올(RCH_2OH, $ArCH_2OH$), 알데하이드(RCHO)의 경우 2차 알코올, 케톤(RCOR″)의 경우 3차 알코올이 각각 생성된다. 일반적으로 반응은 Grignard 시약의 에터 용액에 알데하이드나 케톤을 서서히 넣으면 반응이 시작되어 할로젠화 알콕시마그네슘(Alkoxymagnesium Halide, ROMgX) 중간체가 생성된다. 이 중간체를 산성 수용액으로 가수분해하면 알코올이 생성된다. Grignard 시약과 카보닐 화합물의 반응은 여러 가지 알코올 화합물을 합성하는 유용한 반응이다.

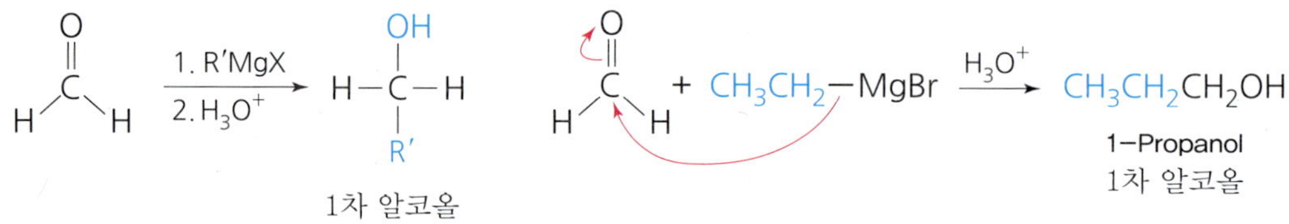

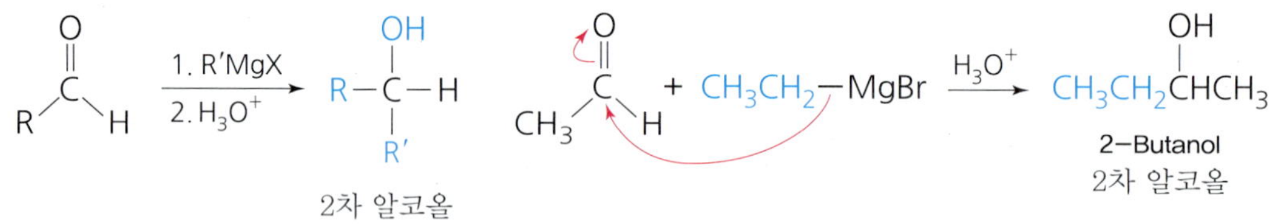

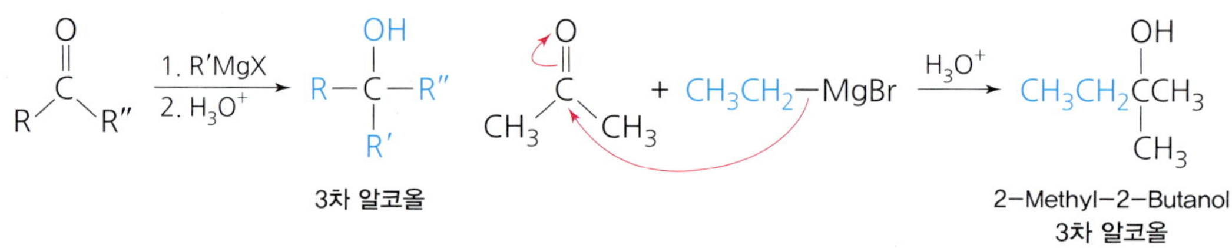

(2) 알데하이드와 케톤의 아세틸렌화 반응

알데하이드 또는 케톤에 강한 탄소 친핵체인 아세틸라이드 음이온(HC≡C:⁻)을 반응시키면 아세틸렌기가 첨가된 아세틸렌 알코올이 생성된다. 이 반응은 탄소–탄소 결합 생성 반응의 또 다른 예로서 생성물에 있는 아세틸렌기를 다시 다른 작용기로 전환시킬 수 있기 때문에 합성 반응에서 다양하게 이용된다.

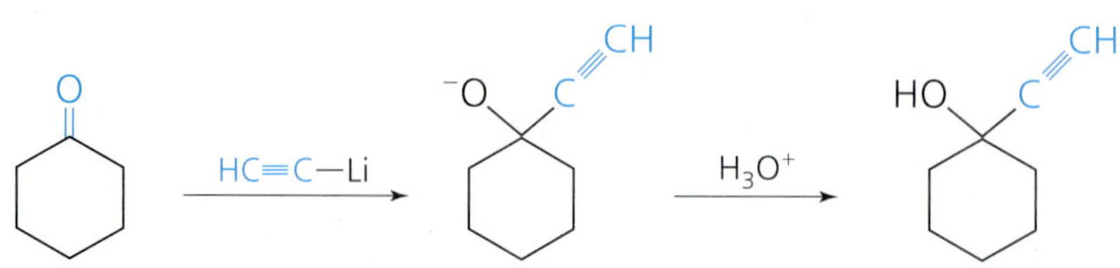

(3) 알데하이드와 케톤의 사이안화 반응

알데하이드 또는 케톤에 HCN을 반응시키면 ^{-}CN 이온과 ^{+}H가 카보닐기의 탄소 원자와 산소 원자에 각각 첨가되어 사이아노하이드린(Cyanohydrin)이 생성된다. 보통 유독성 기체인 HCN을 직접 사용하지 않고 NaCN에 HCl을 첨가하여 반응 용액 속에서 HCN을 만들어 사용한다. 이 반응은 탄소-탄소 결합 형성 반응의 일종으로 탄소 1개를 늘리는 방법에 사용한다. CN기(−C≡N)는 가수분해하면 COOH기로 전환되고, CN기를 환원하면 CH_2NH_2기로 전환된다. 카보닐기의 사이안화 반응은 유기합성에서 탄소-탄소 결합 형성 반응에 사용되는 중요한 반응이다.

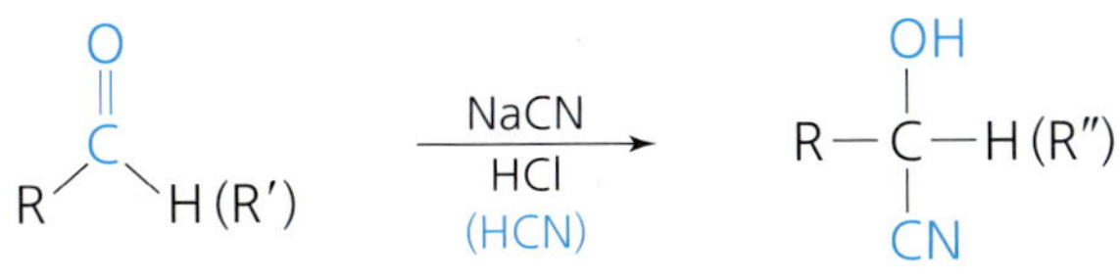

Cyanohydrin

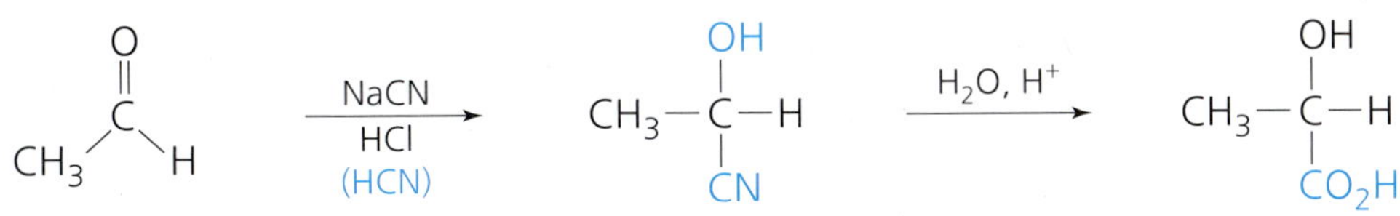

Acetaldehyde Cyanohydrin

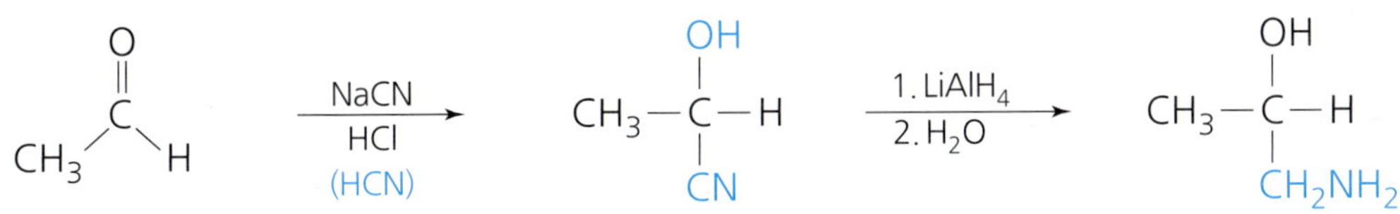

Acetaldehyde Cyanohydrin

상기 반응의 메커니즘은 다음과 같다. 즉 1단계는 친핵성 공격이고 2단계는 양성자 첨가로 이루어진다.

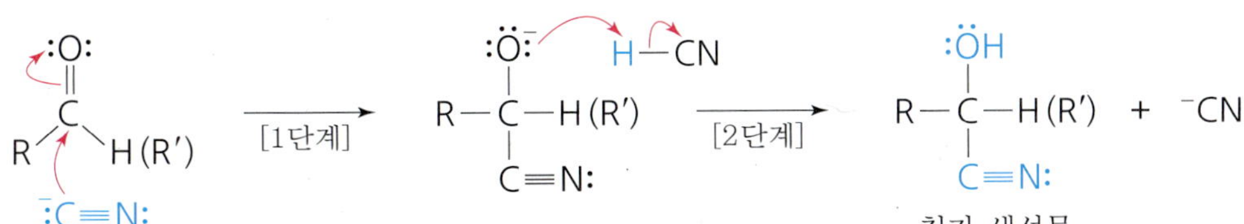

첨가 생성물

Cyanohydrin은 알칼리 용액에서는 불안정하여 출발 물질인 알데하이드 또는 케톤으로 되돌아간다. 즉 1단계는 양성자 이탈이고 2단계는 중간체인 4면체 알콕사이드 구조에서 약염기인 -CN이 제거되는 역반응이 일어난다.

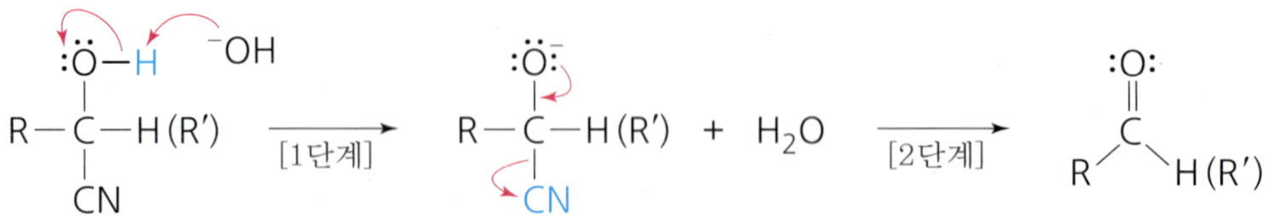

(4) 알데하이드와 케톤의 Wittig 반응에 의한 알켄 형성

1979년 노벨 화학상을 수상한 Georg Wittig에 의해 발견된 반응으로 알데히드 또는 케톤에 탄소 친핵체인 Wittig 시약을 반응시켜 C=O결합을 C=C결합으로 전환시키는 반응이다. 이 반응은 알켄 제법으로도 유용하게 사용된다.

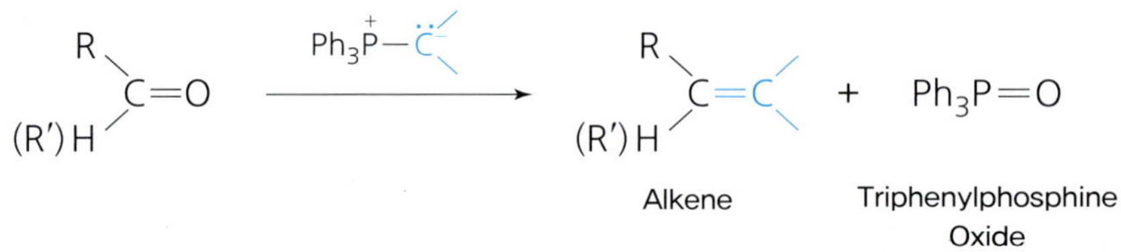

상기 Wittig 반응 메커니즘은 다음과 같다. 즉 1단계는 일라이드(Ylide)의 첨가 반응과 4원자 고리 형성 단계이고, 2단계는 $Ph_3P=O$ 제거와 알켄 형성 반응이다.

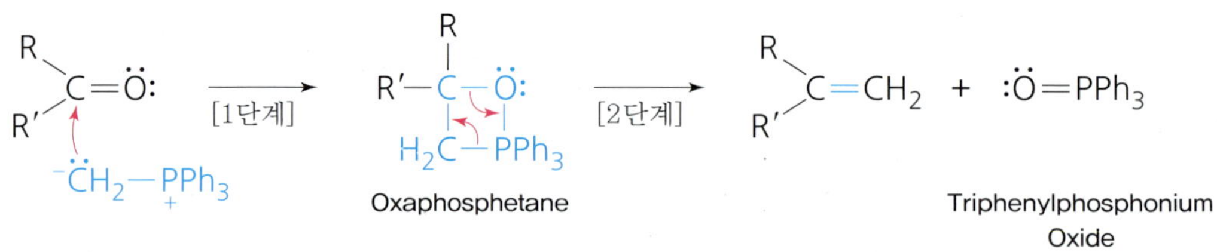

참 고 Wittig시약

트라이페닐포스포늄 일라이드(Triphenylphosphonium Ylide)를 말한다. 여기서 Ylide란 옆에 위치한 2 원자가 팔원자 규칙을 만족하나 반대의 전하를 가지고 있는 화학종을 지칭하는 명칭이다.

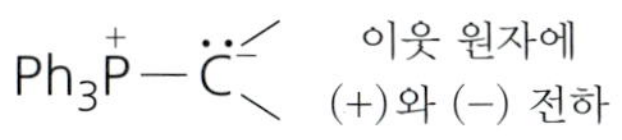

Ylide

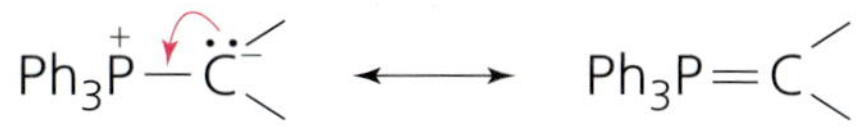

친핵성 탄소 원자

Wittig 시약 공명 구조

13.7.7 알데하이드와 케톤의 질소 친핵성 첨가 반응

알데하이드와 케톤이 1차 아민, 2차 아민, 하이드록실 아민, 하이드라진과 같은 질소 친핵체와 반응하여 C=N기를 생성한다. 이 반응은 약산성(pH 4~5)에서 수행되며 첨가 반응과 물이 제거되는 반응을 수반한다.

(1) 알데하이드와 케톤의 1차 아민 첨가 반응에 의한 이민 생성

알데하이드와 케톤이 1차 아민과 반응하면 이민(Schiff 염기라고도 함)을 생성한다. 이 반응은 중간체로 생성된 4면체 구조를 가진 불안정한 카비놀아민(Carbinolamine)에서 탈수 반응에 의한 제거 반응이 일어나 아민을 생성시키는 과정을 거쳐 일어난다.

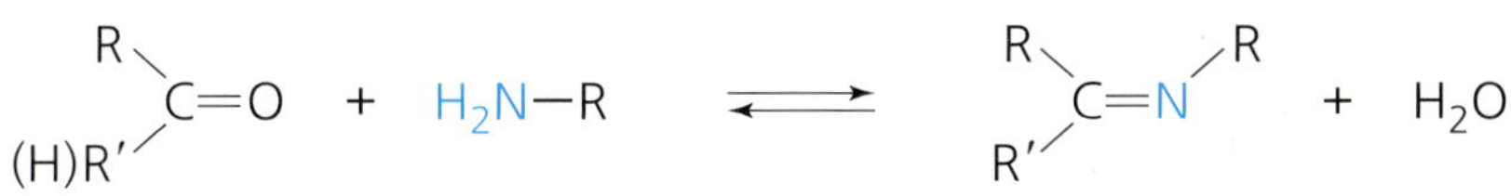

1차 아민 이민

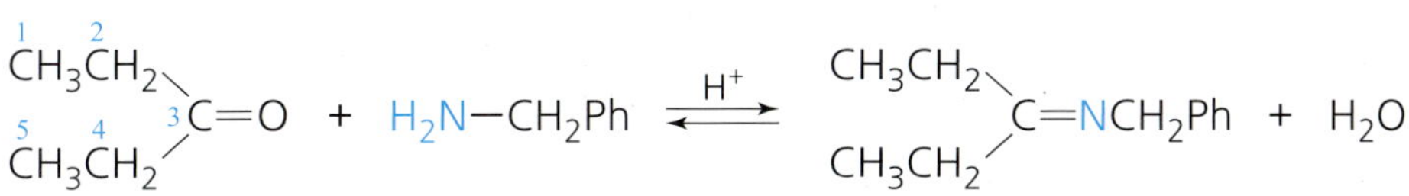

이 반응의 메커니즘은 카비놀아민 형성 단계와 이민 생성 단계로 나눈다. 즉 카비놀아민 형성 단계는 1차 아민의 친핵성 공격과 양성자 이동에 의해 불안정한 카비놀아민이 생성된다.

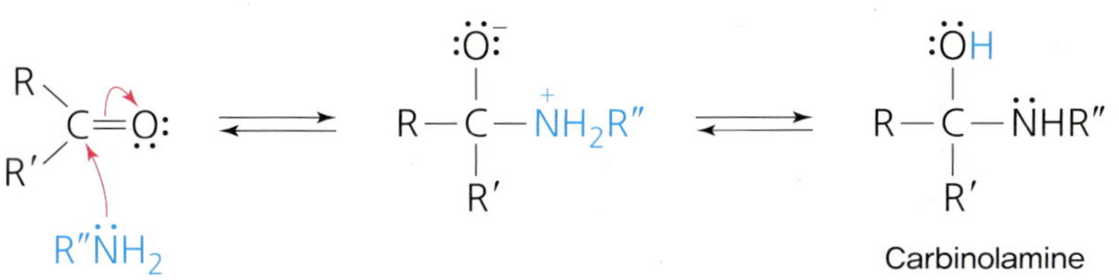

이민 생성 단계는 카비놀아민에 양성자가 첨가된 후 물이 제거되어 공명 구조를 갖는 이미늄 이온이 생성된 다음 양성자 이탈 반응에 의해 이민($R_2C=NR'$)이 형성된다.

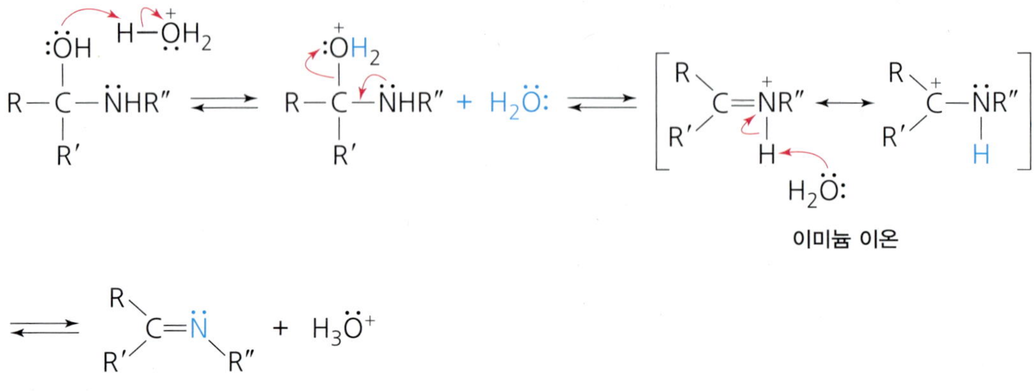

참 고 **카보닐 화합물의 아민 생성**

알데하이드와 케톤에 1차 아민($R'NH_2$)이 첨가되어 이민(Imine), $R_2C=NR'$ 을 생성한다. 아민 유도체는 질소 원자에 비공유전자쌍이 있으므로 카보닐기와의 반응에서 친핵체로 작용할 수 있다. 이민은 친핵성 아민이 카보닐기에 첨가된 후 생성된 아미노 알코올 생성물로부터 물이 빠져 나오면서 생성된다. 이민은 아미노산이 합성되고 분해되는 것과 같은 생물학적 반응에 중요한 중간체이다.

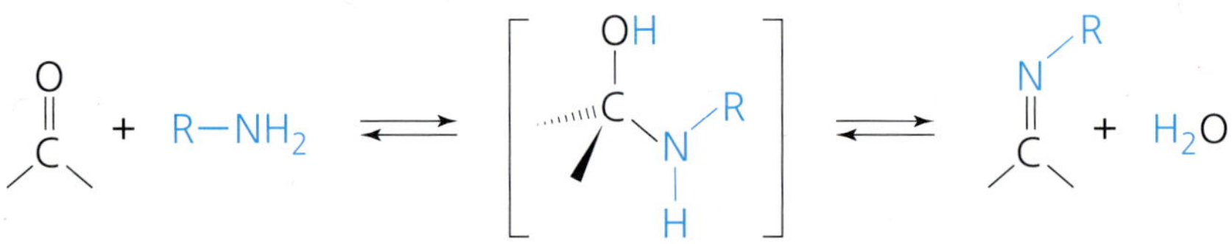

(2) 알데하이드와 케톤의 2차 아민 첨가 반응에 의한 엔아민 생성

알데하이드와 케톤이 2차 아민과 반응하면 엔아민(Enamine)을 형성한다. 엔아민은 Alkene의 ene과 Amine의 합성어이다.

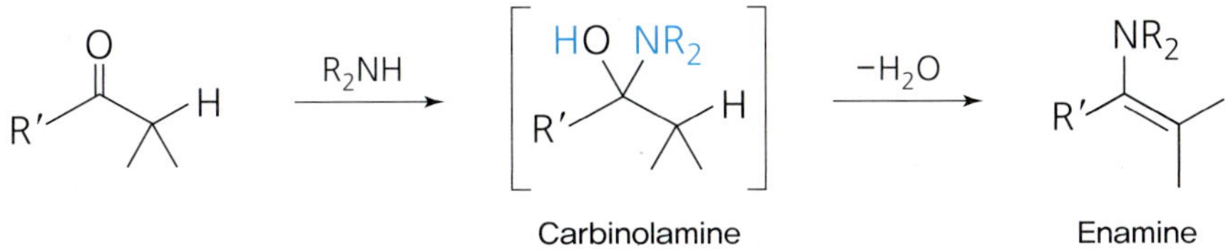

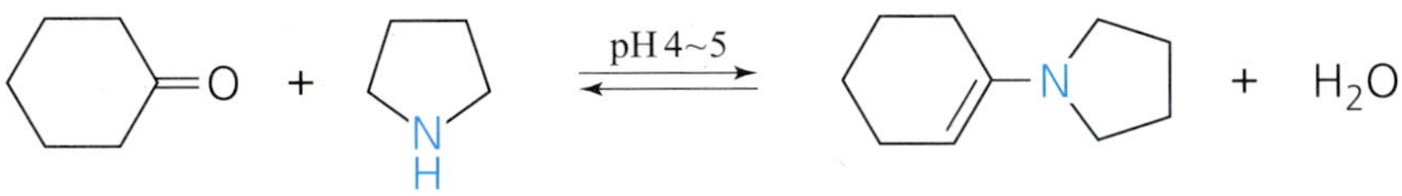

케톤이 1차 아민 및 2차 아민과 반응하여 생성된 중간체인 이미늄 이온(Iminium Ion) 구조에서 1차 아민의 경우 질소에 수소 원자가 있으므로 이것이 양성자로 제거되어 중성인 이민(C=N)이 생성된다. 그러나 2차 아민의 경우 질소에 수소 원자가 없으므로 이웃 탄소 원자에 있는 수소 원자가 양성자로 제거되어 엔아민을 생성한다.

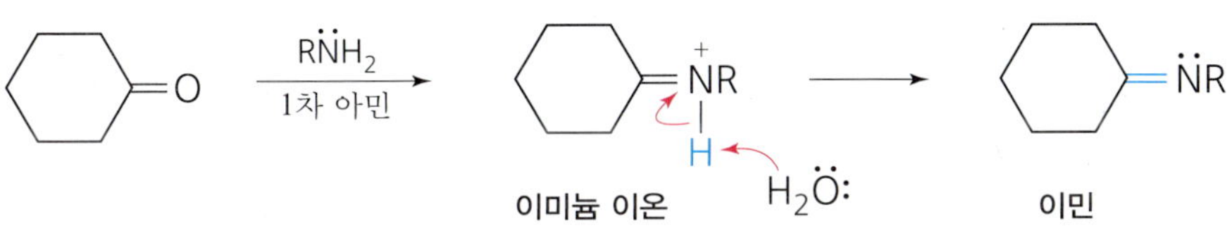

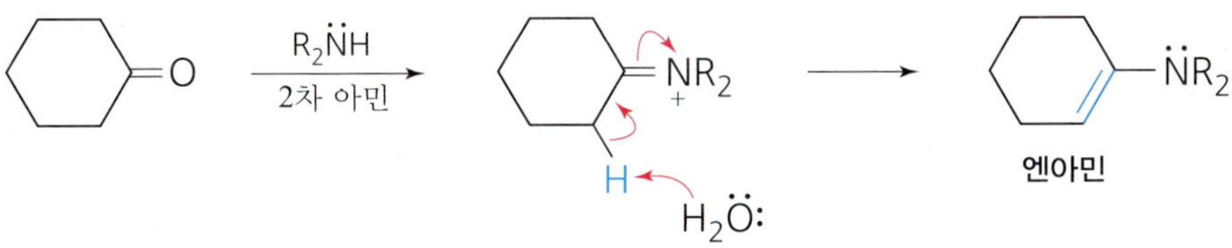

(3) 알데하이드와 케톤의 하이드록실아민 및 하이드라진 첨가 반응

하이드록실아민(NH_2OH), 페닐하이드라진($PhNHNH_2$), 세미카바자이드($H_2NNHCONH_2$) 등은 모두 $-NH_2$기를 가지고 있어 알데하이드 및 케톤과 반응하여 이민 유도체를 생성한다. 이 반응으로부터 얻은 생성물은 각각 옥심(C=NOH), 페닐하이드라존(C=N−NHPh), 세미카바존($C=NNHCONH_2$)이라 지칭한다.

알데하이드 혹은 케톤 Oxime

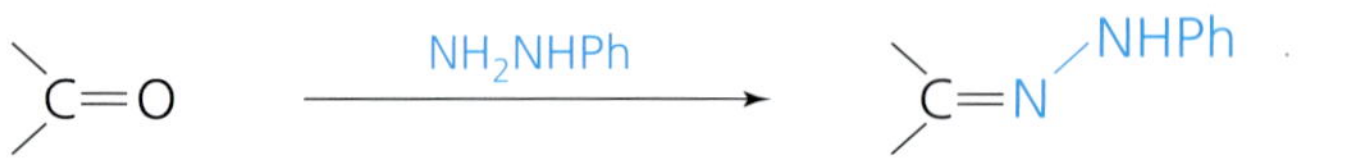

알데하이드 혹은 케톤 Phenylhydrazone

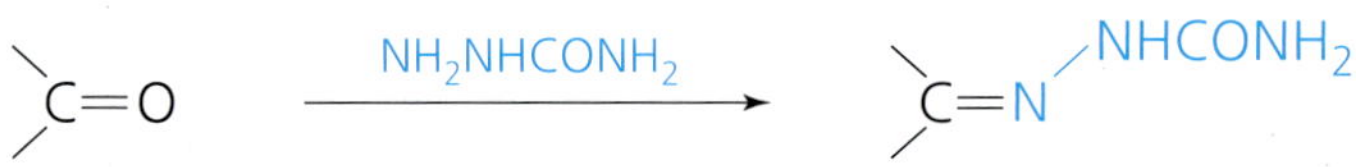

알데하이드 혹은 케톤 Semicarbazone

생성 옥심은 산 촉매에 의해 재배열 반응을 일으켜 아마이드를 형성하는데 이를 베크만 재배열 반응(Beckmann Rearrangement)이라고 한다. 이 반응은 주로 Ketoxime에서 일어나며 산 촉매하에서 옥심 구조에 있는 OH기는 H_2O분자로 이탈하는 동시에 anti 위치에 있는 R기가 옥심의 질소 원자로 이동하여 재배열되면서 일어난다. 이 반응에서 중간체로 생성된 Nitrilium 이온에 있는 탄소 원자에 물 분자가 첨가된 후 토토머화 반응이 일어나 아마이드가 생성된다.

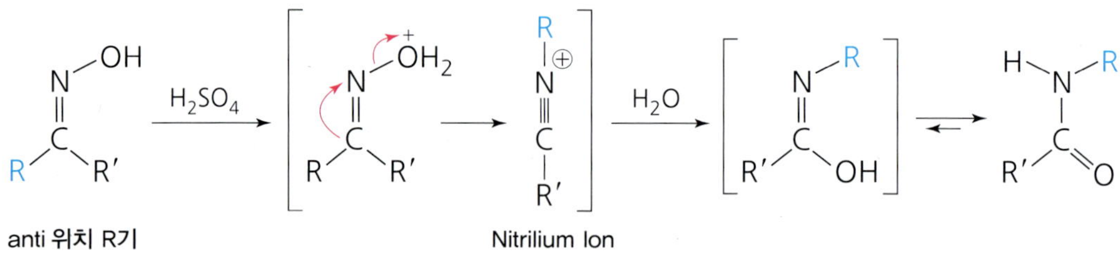

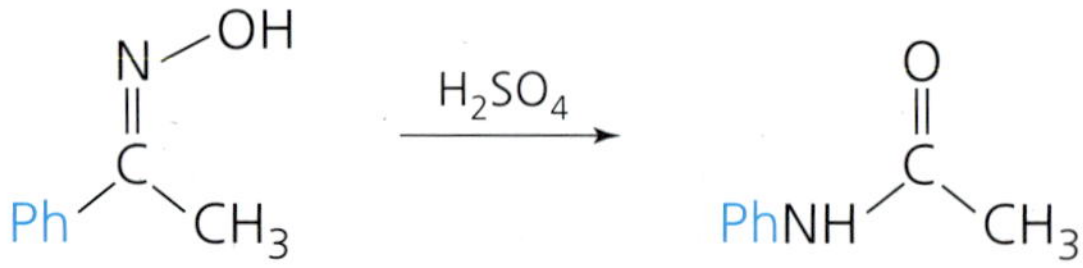

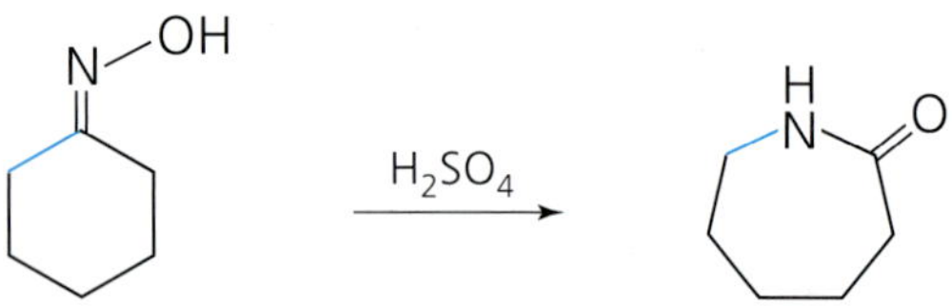

(4) 알데하이드와 케톤의 환원성 아민화 반응

알데하이드 또는 케톤을 환원제 존재 하에 암모니아, 1차 아민, 2차 아민과 반응시켜 각각 1차, 2차, 3차 아민을 얻는(C=O기를 C−N기로 전환시키는) 반응을 말한다. 이 반응은 반응 과정에서 중간체로 생성된 이민 화합물의 환원 반응에 의해 일어난다. 흔히 사용되는 환원제로는 수소−팔라듐 촉매, 사이안화수소화붕소 소듐($NaBH_3CN$), $NaBH(OAc)_3$, 수소화붕소소듐−붕산 환원제 등이 있다.

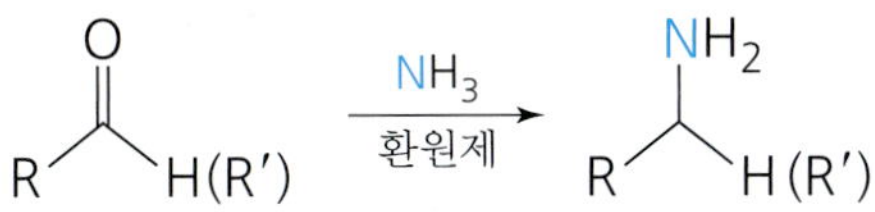

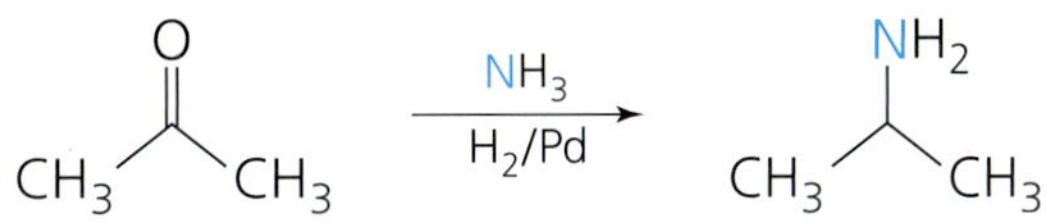

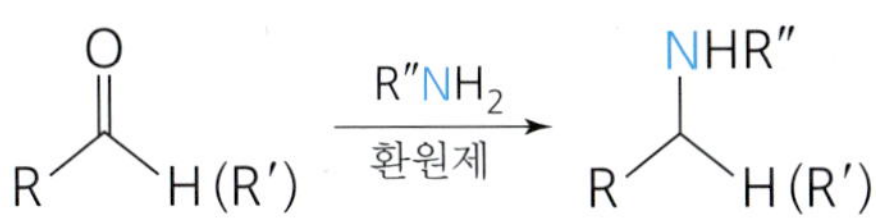

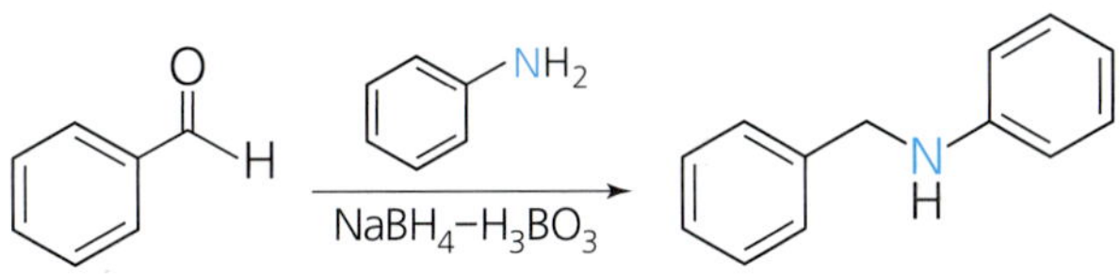

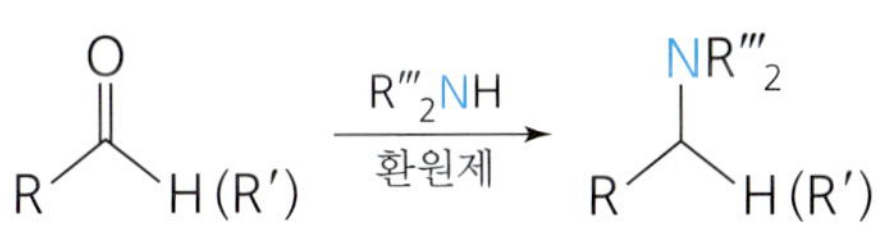

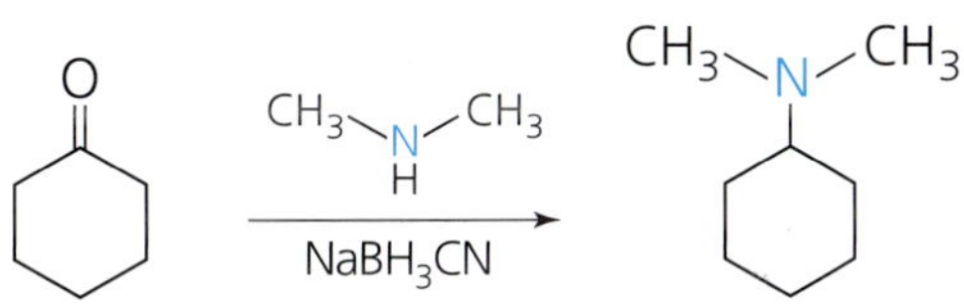

13.7.8 알데하이드와 케톤의 산소 친핵성 첨가 반응

물 첨가 반응(수화 반응)과 알코올 첨가 반응(아세탈, 케탈 형성 반응)이 있다.

(1) 알데하이드와 케톤의 물 첨가 수화 반응

산 또는 염기 촉매하에서 알데하이드나 케톤을 물과 반응시키면 첨가 생성물인 카보닐 수화물(Hydrate)의 같은 자리−다이올(gem−Diol)이 생성된다.

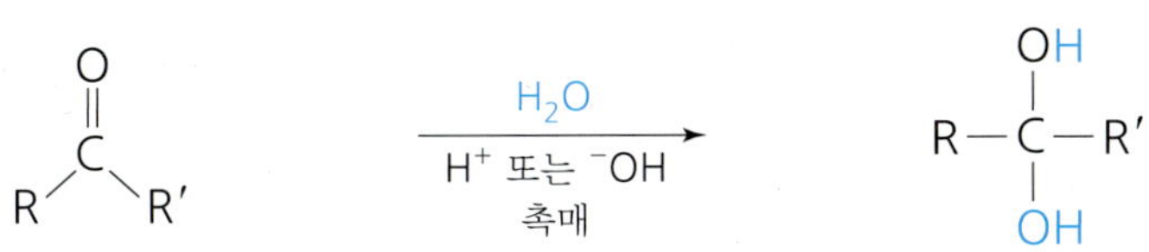

R′=H 또는 알킬

gem−Diol (수화물)

이와 같은 물 첨가 반응은 가역 반응으로 일어나며 폼알데하이드 또는 트라이클로로아세트알데하이드와 같이 카보닐 탄소의 전자 밀도가 적은 경우(덜 안정한 카보닐기)에는 반응이 잘 수행되지만 전자를 주는 알킬기가 치환된 카보닐기(안정한 카보닐기)를 갖는 알데하이드 또는 케톤의 경우 반응이 잘 진행되지 않는다. 따라서 반응에서 폼알데하이드는 99.9%, 알데하이드 58%, 케톤 0.2%의 *gem*-Diol 생성물을 각각 얻는다.

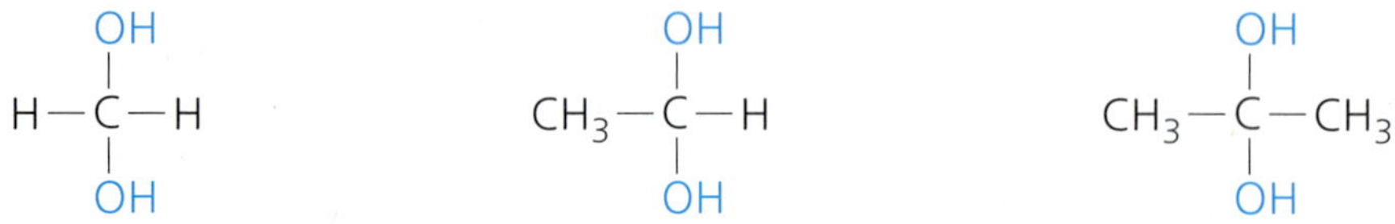

99.9%　　　58%　　　0.2%

염기 촉매에 의한 수화 반응 메커니즘은 수산화 이온(OH^-)이 중성인 물보다는 반응성이 더 큰 친핵체이다. 따라서 수산화 이온(OH^-) 친핵체는 케톤이나 알데하이드의 카보닐기에 첨가되어 알콕시화 음이온(Alkoxide) 중간체를 만든다. 그리고 염기성인 알콕시화 음이온 중간체는 물에서 양성자(H^+)을 떼어 내어 같은 자리-다이올(gem-Diol)을 형성하고 수산화 이온 촉매를 재생한다.

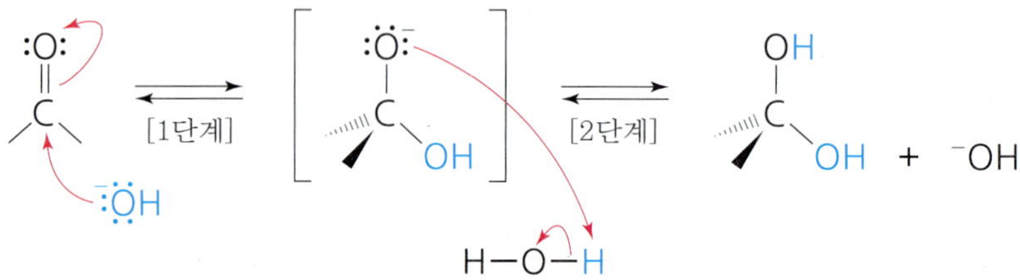

한편 산 촉매에 의한 수화 반응 메커니즘에서는 산 촉매는 출발 물질인 카보닐기를 양성자화하여 이를 더욱 친잔자성으로 만듬으로서 반응성이 커지게 된다. 즉 산 촉매는 염기성 카보닐 산소에 양성자를 첨가하여 케톤이나 알데하이드가 친핵체를 더 잘 받게 한다. 중성 물분자는 친핵성 첨가를 일으켜 양성자가 첨가된 같은 자리 다이올을 만든다. 양성자 이탈은 산 촉매를 재생하고 중성인 같은 자리-다이올(gem-Diol)을 생성한다.

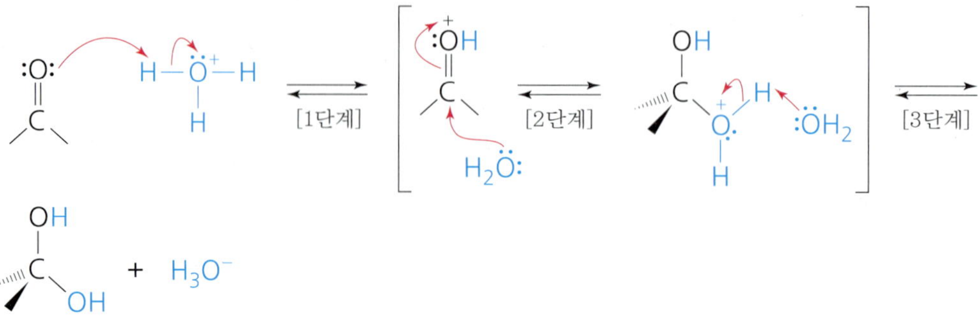

(2) 알데하이드와 케톤의 알코올 첨가 반응에 의한 아세탈(케탈) 생성

알데하이드나 케톤은 산촉매 하에서 알코올을 첨가하면 카보닐기 탄소에 2개의 에터 작용기 $-OR'$를 가진 화합물인 아세탈(Acetal) $[R_2C(OR')_2]$을 생성한다. 아세탈 생성 반응은 가역 반응이다

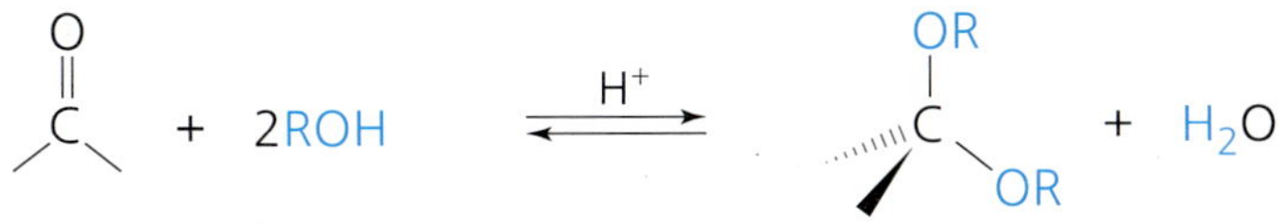

아세탈

알데하이드와 케톤의 아세탈 생성반응은 친핵성 첨가반응의 1가지 예이다. 전체적인 반응은 2단계로 진행된다. 1단계에서 알코올 1분자가 친핵성 첨가를 하여 하이드록시 에터 중간체인 반아세탈(Hemiacetal)을 생성한다. 다음 2단계에서 이 반아세탈은 다른 1분자의 알코올과 반응하여 아세탈과 물을 생성한다.

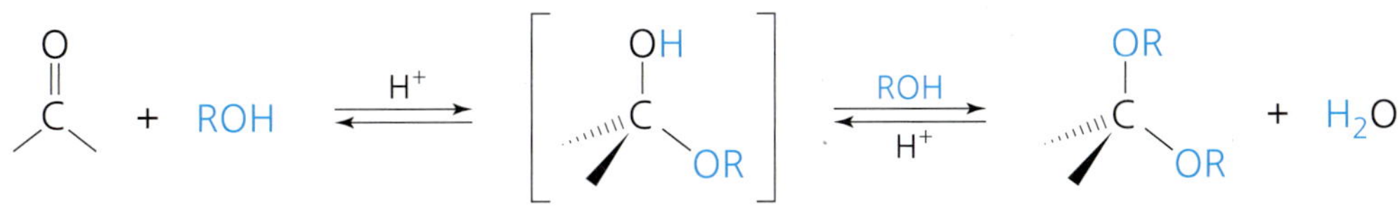

반아세탈 아세탈

반응물인 카보닐 화합물 및 알코올과 생성물인 아세탈 사이에 평형이 이루어진다. 반응 조건에 따라 정반응과 역반응이 영향을 받는다. 과량의 알코올을 사용하면 아세탈이 생성되는 정반응이 유리하다. 또한 물을 제거해도 같은 효과를 얻을 수 있다. 반면에 과량의 물이 존재하면 역반응이 유리하다. 알코올 대신 에틸렌 글라이콜과 같은 다이올을 이용하면 고리형 아세탈이 형성된다.

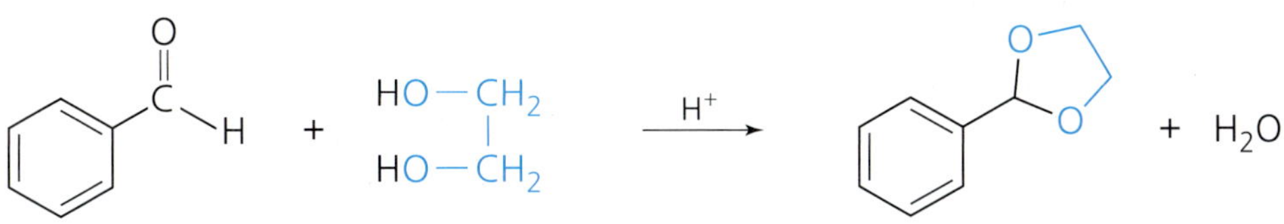

Benzaldehyde Ethylene Glycol Benzaldehyde Ethylene Glycol Acetal

참 고 카보닐 화합물의 아세탈/케탈 생성

알데하이드 또는 케톤에 1당량의 알코올이 첨가되어 생성된 생성물은 알데하이드의 경우 헤미아세탈(Hemiacetal), 케톤의 경우 헤미케탈(Hemiketal)이라 한다. 알코올 1당량이 더 첨가되어 생성된 생성물을 알데하이드의 경우 아세탈(Acetal), 케톤의 경우 케탈(Ketal)이라 한다. 알코올은 물과 비슷한 약한 친핵체이므로 이 반응은 산촉매에 의해 반응이 촉진된다.

1) 아세탈(케탈) 형성 반응 메커니즘

아세탈 또는 케탈화 반응은 양성자화 단계, 헤미아세탈(또는 헤미케탈) 형성 단계, 탈수 및 아세탈(또는 케탈) 형성 단계등 3단계를 거쳐 일어난다.

1 단계 카보닐기 산소 원자의 양성자 첨가물은 공명 안정화된 양이온을 생성한다.

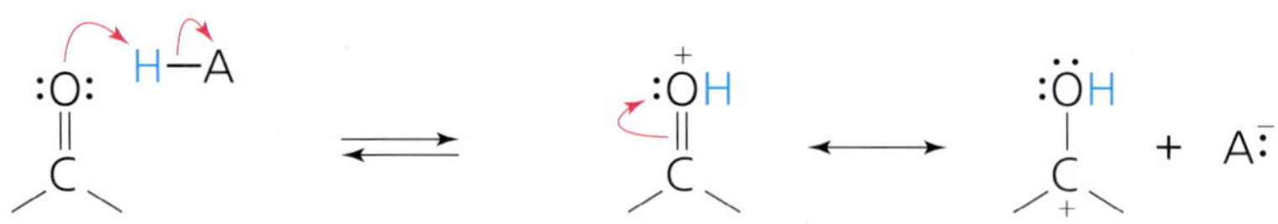

양성자 첨가 공명 안정화 양이온

2 단계 공명 안정화된 양이온에 ROH가 공격하여 헤미아세탈을 생성한다.

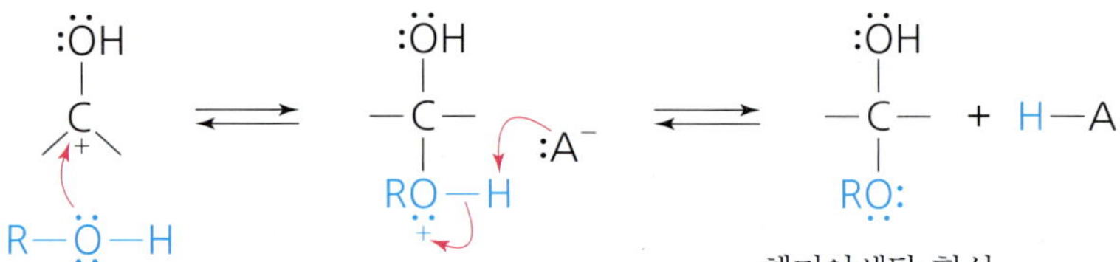

헤미아세탈 형성

친핵성 공격

3 단계 헤미아세탈의 OH기에 양성자가 첨가되어 OH기가 좋은 이탈기(H_2O)로서 제거(탈수)되면 공명 안정화된 양이온을 형성한다. 여기에 ROH기가 친핵체로 공격하여 아세탈이 생성된다.

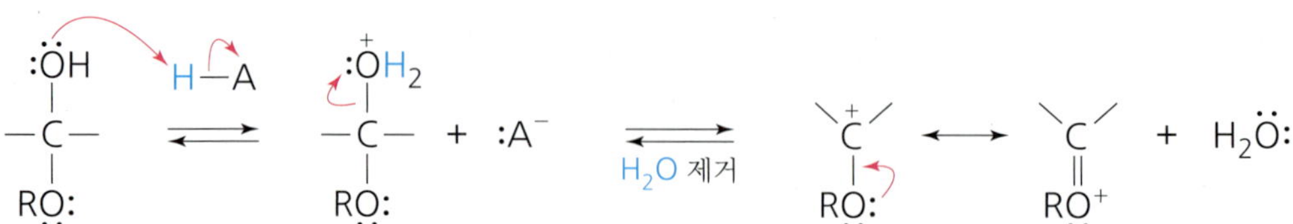

헤미아세탈 공명 안정화 양이온

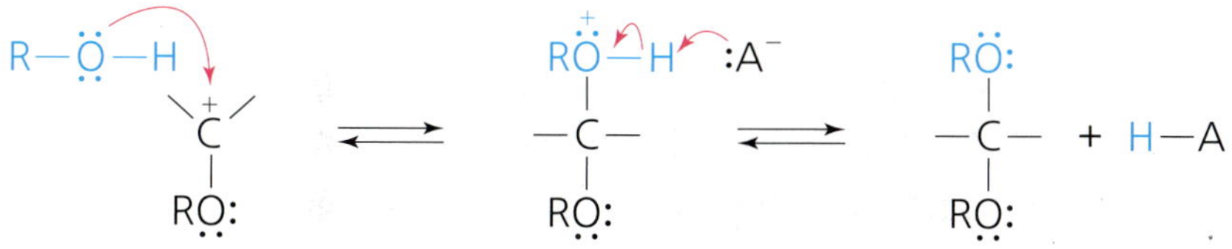

2) 고리형 헤미아세탈(아세탈)

분자 내에 OH기를 가지고 있는 알데하이드 또는 케톤은 분자 내 헤미아세탈(또는 헤미케탈)화 반응이 일어나 고리형 헤미아세탈 또는 헤미케탈을 형성한다. 특히 5원자 고리나 6원자 고리의 경우 안정하여 분리도 가능하다. 일반적으로 비고리형 헤미아세탈(또는 헤미케탈)은 불안정하여 분리할 수 없다. 산촉매를 사용하여 ROH와 반응시키면 아세탈이 생성된다.

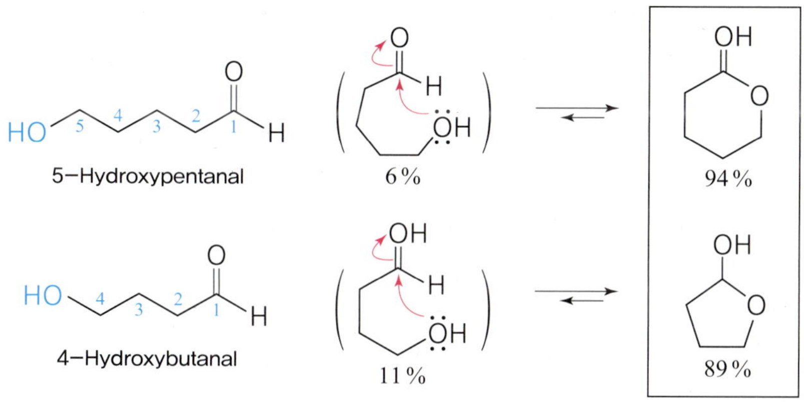

안정화된 헤미아세탈

3) 보호기로서 아세탈(케탈)의 응용

아세탈과 케탈은 알칼리 수용액에서는 안정하지만 산 수용액에서는 가수분해되어 알데하이드와 케톤으로 되돌아 간다(헤미아세탈과 케탈은 알칼리 수용액에서도 불안정).

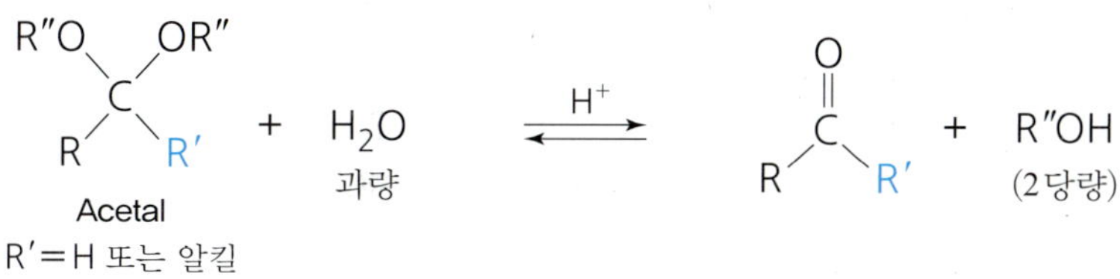

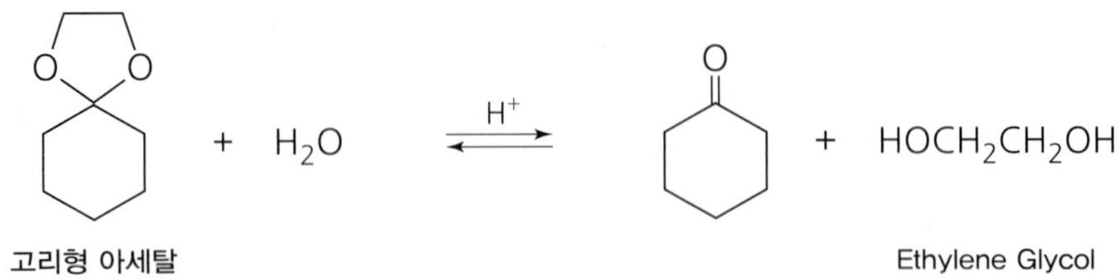

이 성질을 이용하여 합성 반응에서 알데하이드 또는 케톤기의 보호기로서 이용된다. 예를 들어 케톤(C=O)과 에스터(CO_2R)의 2작용기를 가지고 있는 화합물로부터 케톤기는 그대로 두고 에스터기만 환원하고자 할 때 케톤기를 보호할 목적으로 케탈화 반응을 이용한다.

참 고　천연아세탈과 케탈

자연계에는 아세탈 또는 케탈 구조를 가지고 있는 다양한 천연 물질이 존재한다. 대부분 2 고리형 케탈(Bycyclic Ketal) 또는 스파이로케탈(Spiroketal) 형태로 미생물, 곰팡이, 해양생물, 곤충, 식물 등에 존재한다. 소나무 딱정벌레 성 페로몬(Brevicomin), 유럽느릅나무 딱정벌레의 성 페로몬(Multistriatin), 소나무 딱정벌레 공격 페로몬(Frontalin) 등은 2고리 케탈 형태의 화합물이다. Frontalin은 아시아 수코끼리의 발정 시 관자놀이샘에서 분비되는 분비물에서도 발견된다. 올리브나무 파리의 성 페로몬[수컷 파리(R)–I, 암컷 파리(S)–I] 화합물과 어떤 종의 곰팡이가 만들어 내는 독성 물질인 Talaromycin은 스파이로케탈 구조를 가지고 있다. 화학자들은 천연물에 다양하게 분포되어 있는 이들 화합물을 이용하여 해충 박멸은 물론 새로운 약효를 발견하기 위하여 꾸준한 노력을 계속하고 있다.

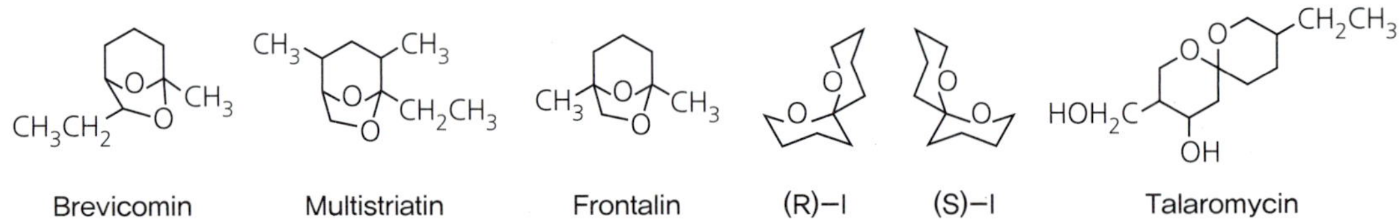

13.7.9 알데하이드와 케톤의 황 친핵성 첨가 반응(싸이오 아세탈, 케탈 생성 반응)

싸이올 첨가 반응과 아황산수소 소듐 첨가 반응이 있다.

(1) 알데하이드와 케톤의 싸이올 첨가 반응

산촉매에서 알코올(ROH) 대신 싸이올(RSH)을 알데하이드 또는 케톤과 반응시키면 싸이오아세탈 또는 싸이오케탈이 생성된다. 반응 메커니즘은 아세탈 또는 케탈 형성 반응과 동일하다.

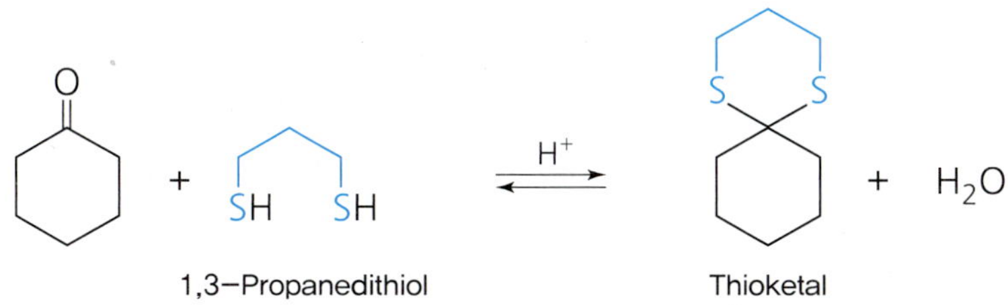

(2) 알데하이드와 케톤의 아황산수소 소듐 첨가 반응

알데하이드 또는 케톤에 아황산수소 소듐($NaHSO_3$) 포화 수용액을 넣고 반응시키면 카보닐기의 아황산수소 소듐 첨가 생성물이 생성된다. 이 첨가물은 고체 물질이어서 분리 정제가 가능하다. 또한 이 반응은 가역적이어서 약산 또는 약염기 수용액에서 원래의 알데하이드나 케톤으로 되돌아갈 수 있다.

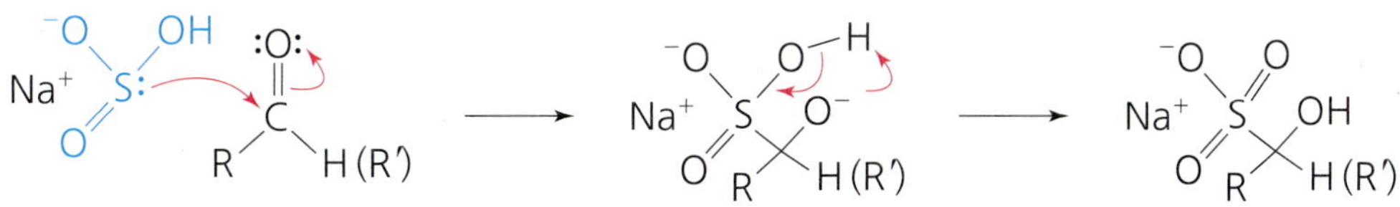

13.7.10 알데하이드와 케톤의 환원 반응

알데하이드와 케톤의 환원 반응은 각각 1차 알코올과 2차 알코올로 전환되는 반응과 탈산소 반응에 의하여 알케인으로 전환되는 2종류의 반응이 있다.

(1) 알데하이드와 케톤의 수소음이온 첨가 반응에 의한 1차(2차) 알코올 생성

수소붕소 소듐($NaBH_4$)과 수소화 알루미늄 리튬($LiAlH_4$)는 모두 수소음이온(H^-)을 제공하는 시약이다. 이 시약은 각각 중심 금속인 붕소와 알루미늄에 수소가 결합되어 있는 화합물로서 중심 금속의 전기음성도가 수소보다 낮아 수소 원자가 수소음이온 성질을 가지고 친핵체로 작용하게 한다.

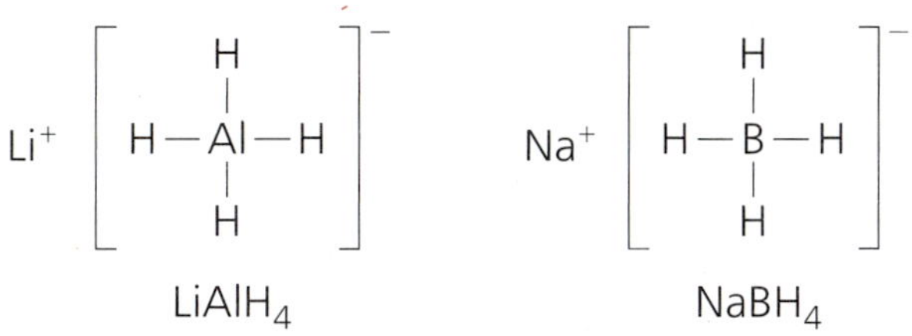

따라서 이들을 수소화 금속(Metal Hydride) 환원제라고 한다. 2종류의 환원제 중 $LiAlH_4$가 $NaBH_4$보다 환원력이 훨씬 강하다. 실제로 $NaBH_4$는 오직 알데하이드, 케톤, 산염화물의 카보닐기만 환원할 수 있지만 $LiAlH_4$는 이들 작용기를 포함하여 에스터, 아마이드, 나이트릴 등 $NaBH_4$가 환원할 수 없는 많은 종류의 작용기를 환원할 수 있다. 이론적으로 $LiAlH_4$ 또는 $NaBH_4$ 1몰은 알데하이드 또는 케톤 4몰을 환원할 수 있으며 이 반응은 친핵체인 수소음이온(H^-)이 친전자성인 카보닐 탄소를 공격하여 알코올이 생성되는 반응이다.

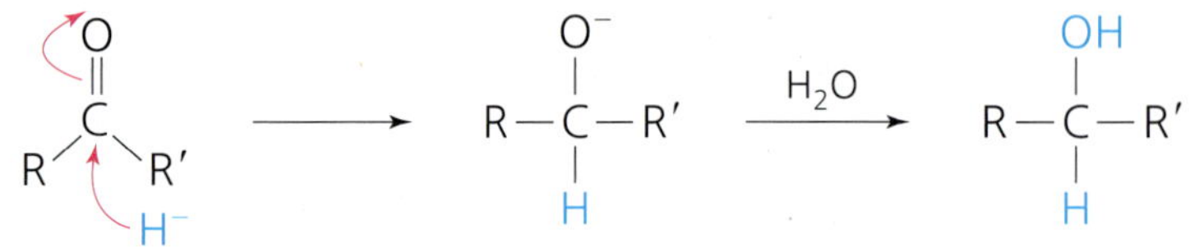

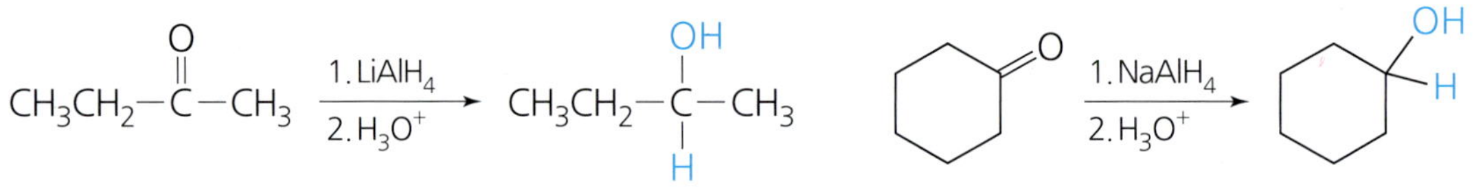

Butan−2−one　Butan−2−ol　Cyclohexanone　Cyclohexanol

다시 말해 시약인 금속 수소화물은 금속 양이온과 수소 음이온으로 편극화되어 있으므로 수소화 음이온(H^-)이 카보닐기를 공격하여 알콕시화 음이온을 만들고 여기에 양성자가 첨가되어 중성의 알코올을 생성한다. 이 반응은 비가역적으로 일어난다. 첫 단계 반응에서는 환원제의 수소화 이온에 의해 알콕시화 이온이 생성되고, 이 물질은 가수분해 되어 알코올을 생성한다. 결과적으로 이 반응은 카보닐기의 탄소와 산소의 2중결합에 수소 원자가 각각 첨가되는 반응이다.

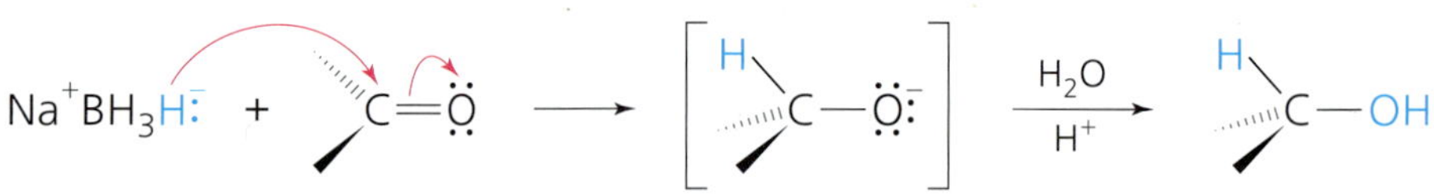
카보닐 화합물　알콕시화 이온　알코올

또한 한 분자 내에 탄소−탄소 2중결합과 탄소−산소 2중결합이 동시에 존재할 때 환원제 $NaBH_4$와 $LiAlH_4$는 탄소−탄소 2중결합은 환원시키지 않고 카보닐기의 탄소−산소 2중결합만 선택적으로 환원시킨다.

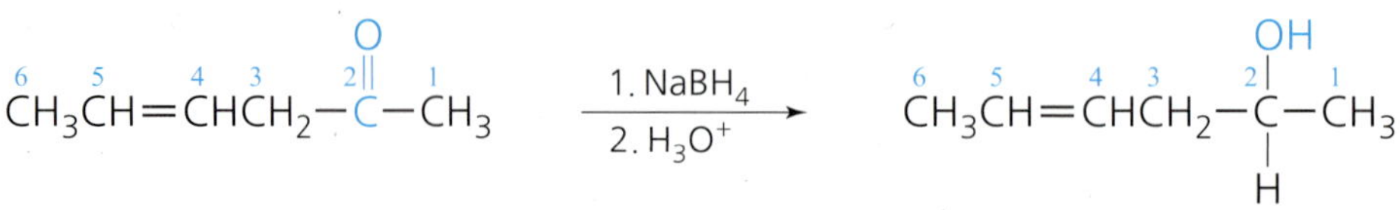

Hex−4−en−2−one　Hex−4−en−2−ol

(2) 알데하이드와 케톤의 탈산소 반응에 의한 알케인 생성

알데하이드와 케톤의 카보닐기는 탈산소 반응(Deoxygenation)을 통해 C=O기가 CH_2로 전환될 수 있다. 이들 방법을 소개하면 다음과 같다.

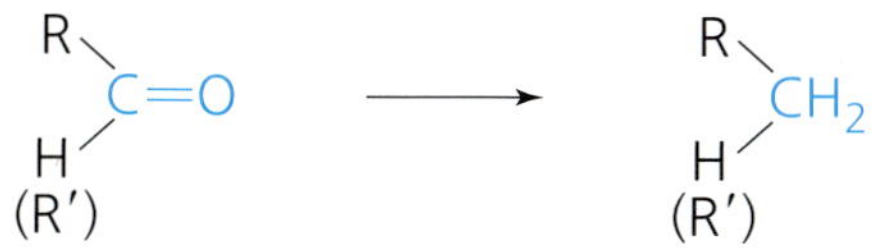

1) 알데하이드와 케톤의 Clemmensen 환원

알데하이드나 케톤을 진한 염산 속에서 아연 아밀감(아연과 수은의 합금, Zn–Hg)을 넣고 끓이면 탈산소 반응이 일어나 C=O기가 CH_2기로 전환되는 반응이다.

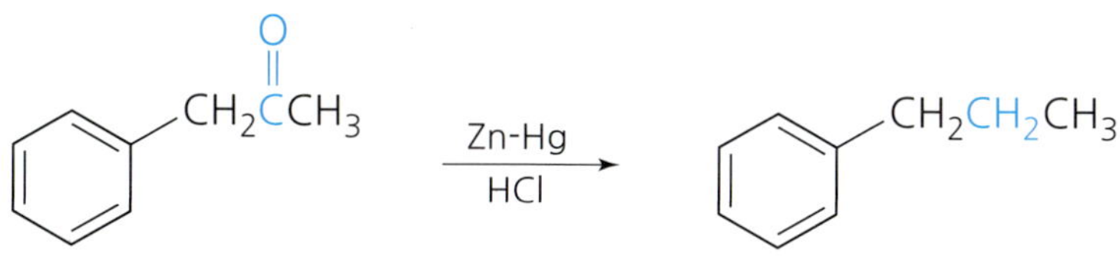

2) 알데하이드와 케톤의 Wolff-Kishner 환원

높은 끓는 점을 가지고 있는 용매 속에 알데하이드나 케톤을 하이드라진(NH_2NH_2)과 KOH를 넣고 높은 온도로 끓여 탈산소 반응을 일으키는 반응을 말한다. 이 반응은 중간체로 하이드라존(Hydrazone)이 생성되어 일어난다. 또한 이 반응은 강염기 조건하에서 반응이 수행되므로 강산 환경에서 수행되는 Clemmensen 환원과는 상호 보완적으로 사용한다.

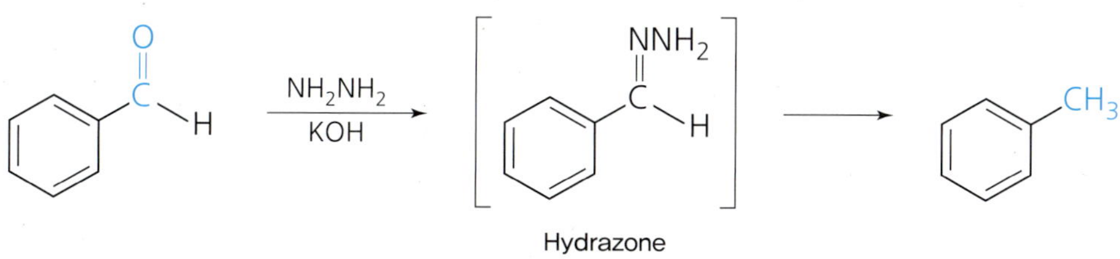

3) 방향족 케톤의 촉매 수소 환원

방향족 케톤을 촉매 수소화 반응을 시키면 탈산소 반응이 일어난다. 이 반응물은 환원 생성물인 벤질 탄소의 OH기가 가수소분해반응(Hydrogenolysis)에 의해 일어나는 특수 반응으로 벤질 탄소가 없는 일반 알데하이드나 케톤에서는 탈산소 반응이 일어나지 않는다.

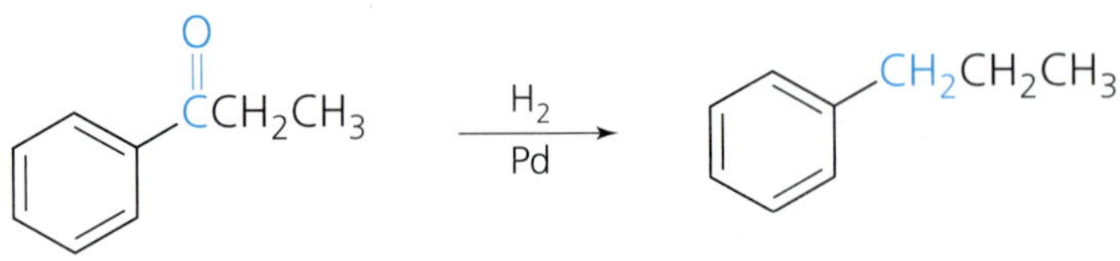

4) 알데하이드나 케톤의 싸이올 아세탈(케탈)의 탈황 반응

알데하이드나 케톤의 싸이올 아세탈(또는 케탈)을 레이니-니켈(Raney-Ni; Al-Ni 합금을 알칼리 용액으로 처리한 금속)로 처리하여 탈황 반응을 통해 C=O기를 CH_2기로 전환시키는 방법이다. 이 반응은 중성 조건에서 수행시킬 수 있다는 점이 특징이다.

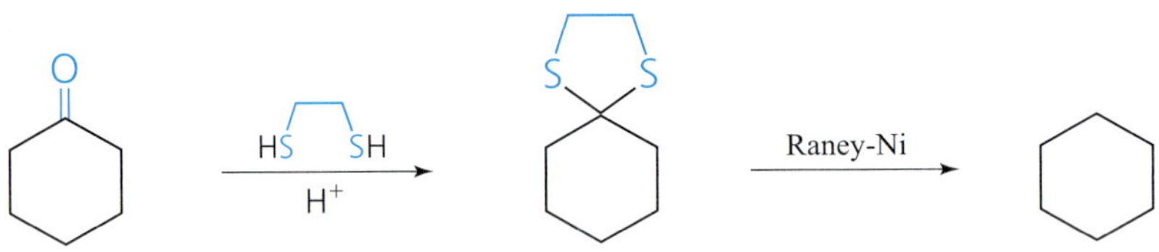

13.7.11 케톤의 Baeyer-Villiger 산화 반응

알데하이드와는 다르게 케톤은 산화제에 의해 더 이상 산화되지 않는다. 그러나 과산소산(Per Acid)과 반응하면 재배열 반응이 일어나 산소 원자가 카보닐 탄소와 결합된 C-C 결합에 삽입되어 에스터(또는 락톤)를 생성하는 방법이 일어난다. 이 반응을 Baeyer-Villiger 산화 반응이라 한다.

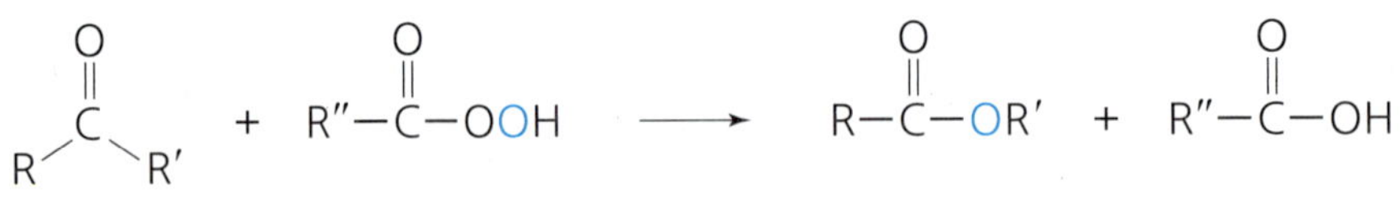

예를 들어 Acetophenone에 산화제 mCPBA(meta-Chloroperoxybenzoic acid)을 반응시키면 아세트산의 에스터가 생성된다.

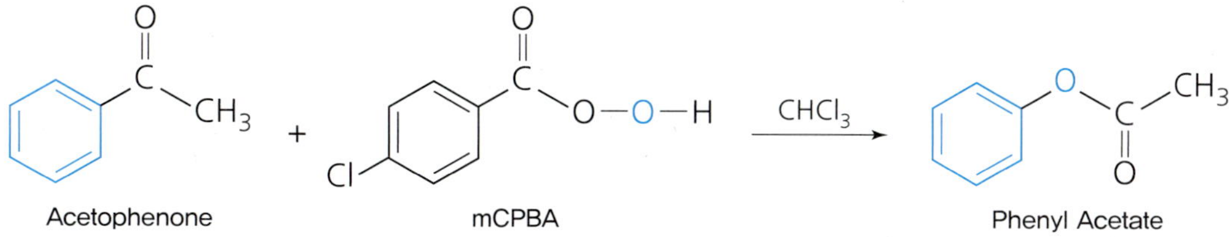

반응 메커니즘은 C=O기의 탄소 원자에 과산소산의 산소가 친핵성 첨가 반응을 일으킨 후 알킬기(아릴기)가 자리 옮김하여 일어난 반응이다.

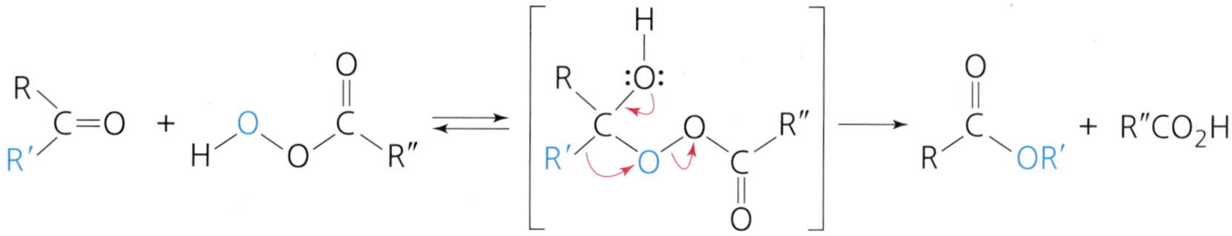

13.7.12 알데하이드와 케톤의 케토-엔올 토토머화

알데하이드와 케톤은 케토형(Keto Form)과 엔올형(Enol Form) 2형태의 이성질체와 빠르게 평형상태로 존재할 수 있다. 이 2가지 형태는 수소 원자와 2중결합의 위치가 서로 다르다. 2 이성질체간에 수소의 위치와 2중결합의 위치가 자발적으로 상호 변환하는 현상을 토토머화(Tautomerism)라 하고, 케토 및 엔올 이성질체를 토토머(Tautomer)라고 한다.

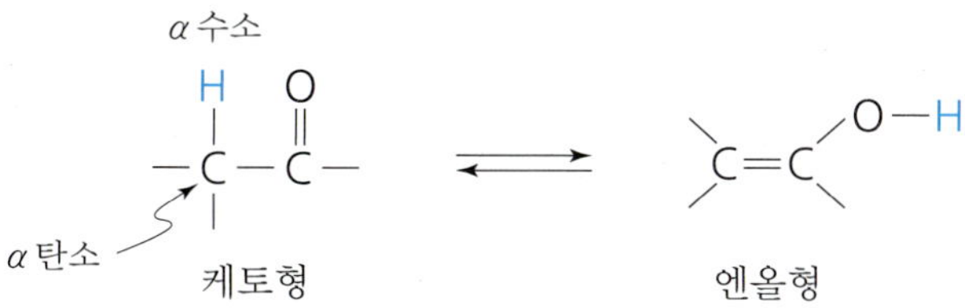

엔올 형태로 존재하려면 카보닐기에 결합된 탄소에 수소 원자가 있어야 한다. 카보닐기 바로 옆에 있는 탄소를 α 탄소라 하고 α 탄소에 결합되어 있는 수소를 α 수소라 한다. α 수소가 없는 카보닐 화합물은 엔올형으로 존재할 수가 없고 단지 케토형만 존재한다. 예를 들면 다음과 같은 화합물이 이에 속한다.

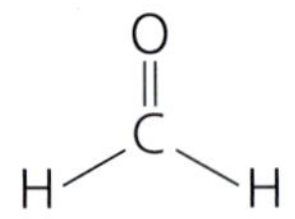

Formaldehyde

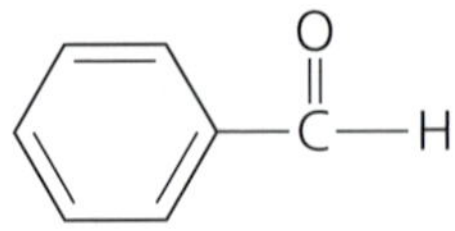

Benzaldehyde

평형상태에서 대부분의 카보닐 화합물은 대부분 케토형으로 존재한다. 예를 들면, 아세톤은 실온에서 케토 토토머를 99.9997%, 엔올 토토머를 0.0003%만 가지고 있다.

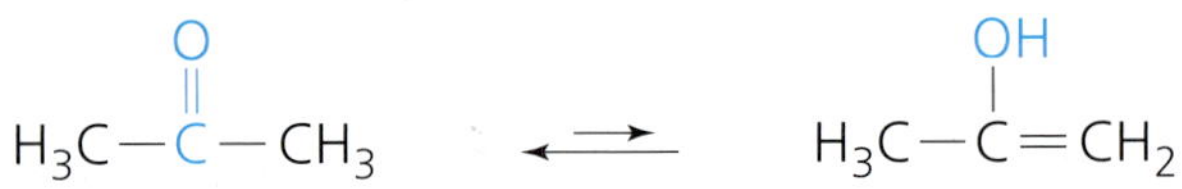

Acetone 99.9997% ⇌ Propen-2-ol 0.0003%

13.8 알데하이드와 케톤 화합물 보기

자연에는 많은 알데하이드와 케톤이 존재하는데 이들은 향기를 내는 특성을 가지고 있다.

13.8.1 천연 알데하이드 화합물 보기

다음은 여러 가지의 천연 알데하이드 유기 화합물의 예를 나타낸다.

(1) **오이 알데하이드:** 신선하게 자른 오이의 뚜렷한 냄새는 오이 알데하이드 때문이다.

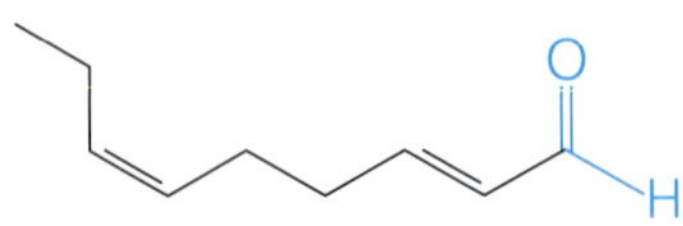

오이 알데하이드

그림 13.1 오이

(2) **바닐린:** 바닐린(Vanillin)은 바닐라 콩(Vanilla Bean)에서 추출한 바닐라 향이 나는 방향족 알데하이드이다. 바닐린 자체는 단맛이 나지 않지만 식품에 단맛을 더해주는 향료로서

초콜릿, 아이스크림, 케이크, 쿠키, 사탕, 커피 등의 향신료로 쓰인다. 현재는 합성 바닐린이 상당 부분 천연 바닐린을 대신하고 있다. 바닐린은 최초로 소나무 뿌리로부터 얻은 코니페린(Coniferin)으로 바닐린을 합성하였고 그후 제지 공정의 부산물인 리그닌(Lignin)을 함유한 폐기물로부터 합성하게 되었다. 지금은 석유화학에서 얻어지는 구아야콜(Guaiacol)과 글리옥실산(Glyoxylic Acid)으로부터 대부분의 합성 바닐린을 만들고 있다. 2000년 초에는 쌀겨로부터 추출한 페룰산(Ferulic Acid)을 발효하여 바닐린을 얻게 되었다. 이는 원료가 석유제품이 아닌 천연물이므로 가격이 더 비싸다.

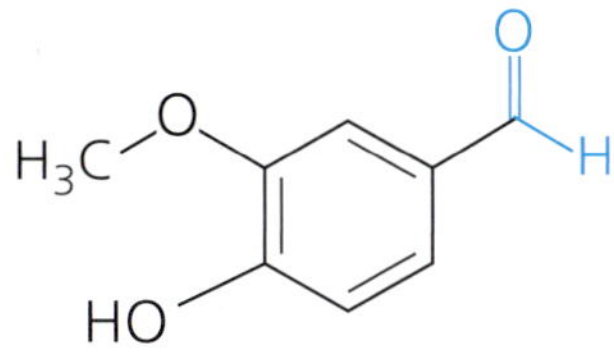

바닐린

그림 13.2 바닐라 콩

(3) **11-시스-레틴알**: 11-시스-레틴알(11-cis-Retinal)에 있는 탄소-탄소 2중결합을 E 또는 Z로 표시한다. 빛이 망막에 닿았을 때 이 화합물에 있는 2중 결합 중 하나가 덜 분비는 입체이성질체로 이성질화 한다. 11-시스-레틴알은 모든 척추동물, 절지동물, 연체동물 등의 시각 화학에서 중요한 역할을 하는 광반응성 알데하이드이다.

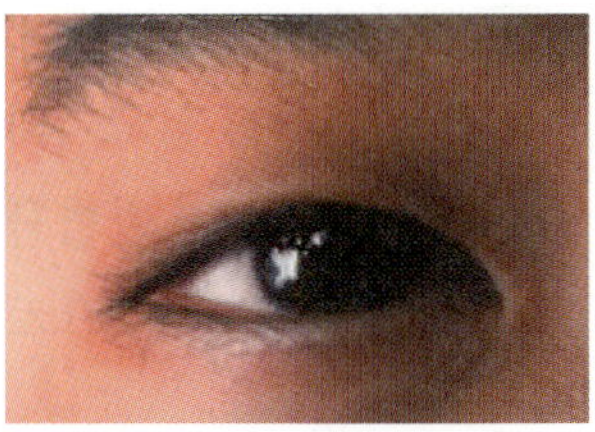

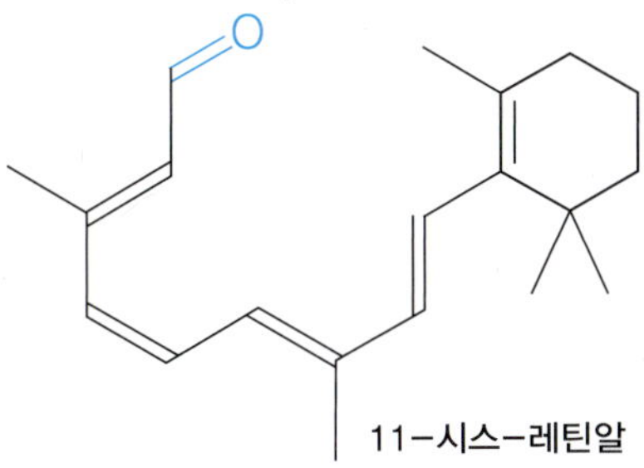

11-시스-레틴알

그림 13.3 시각 화학

(4) **α사이넨살**: 알데하이드 α사이넨살은 남중국의 만다린 나무에서 얻어지는 만다린 기름에서 나는 오렌지 향의 주성분이다.

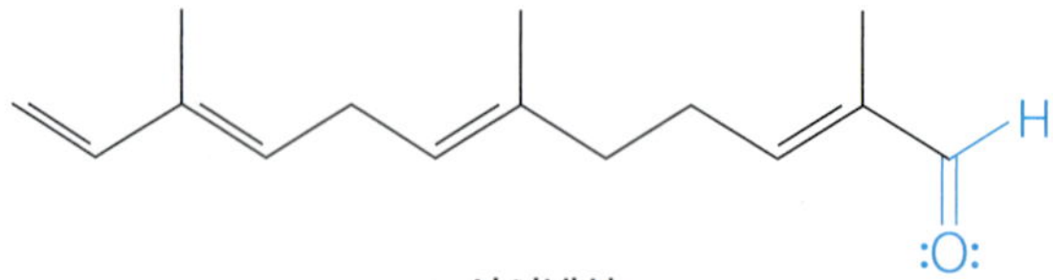

α 사이넨살

그림 13.4 만다린 나무

(5) **신남알데하이드:** 신남알데하이드(Cinnamaldehyde)는 계피의 향이다. 녹나무과에 속하는 상록 교목인 생달나무의 나무껍질로 만든 약재이다. 계피는 후추, 정향과 함께 세계 3대 향신료 중 하나이다. 그 맛이 맵고 달아 여름철 수정과를 끓여 차게 마시면서 더위를 식힌다.

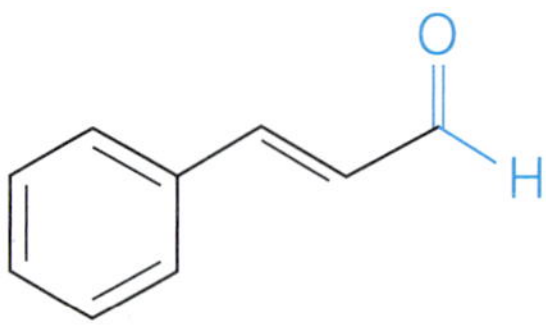

신남알데하이드

그림 13.5 계피

(6) **레몬그라스:** 레몬그라스(Lemongrass)에서 시트로넬랄(Citronellal)과 제라니알(Geranial)의 레몬 향을 분리한다. 레몬그라스는 이름에서 느껴지듯이 레몬 향이 나는 허브다. 레몬그라스의 억새를 닮은 잎은 찢어서 비벼보면 레몬 향기가 난다. 이 향기의 주성분은 레몬과 같은 시트랄(Citral)로 정유의 70~80%를 차지한다. 레몬그라스의 정유는 약품, 향수, 비누, 린스, 캔디에 사용된다. 요리에 쓰는 부위는 뿌리 쪽에서 가까운 하얀 부분인데 수프, 소스, 닭고기와 생선요리에 쓰인다. 노란색 어린잎은 차로 만들면 향기가 좋으며 소화를 촉진하고 빈혈을 예방하는 효과가 있다. 복통, 설사, 두통, 발열의 치료에도 쓰이는데 살균작용이 있는 것으로 알려져 있다.

그림 13.6 레몬그라스 줄기

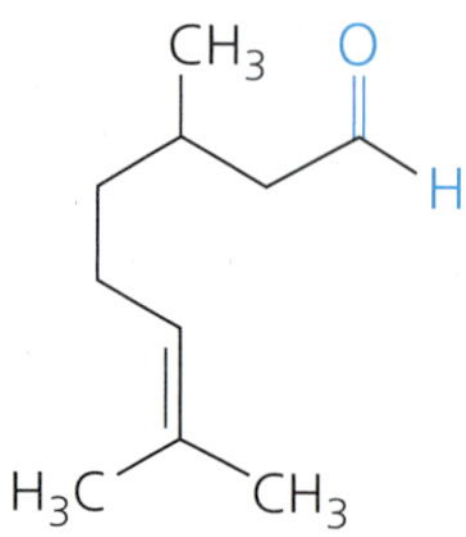

Citronellal

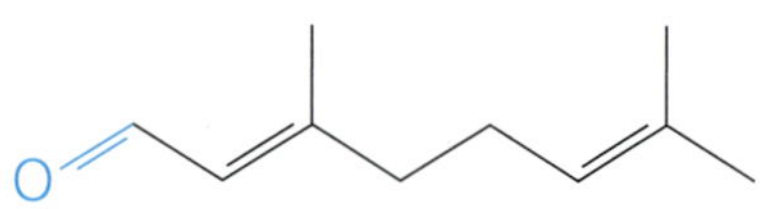

Geranial
(2E)-3,7-Dimethyl-2,6-octadienal

13.8.2 천연 케톤 화합물 보기

아래는 여러 가지 천연 케톤 유기 화합물의 예를 나타낸다.

(1) **시스-재스몬**: 재스민 꽃은 향료 성분인 시스-재스몬(cis-Jasmone)의 원천이다.

그림 13.7 재스민 꽃

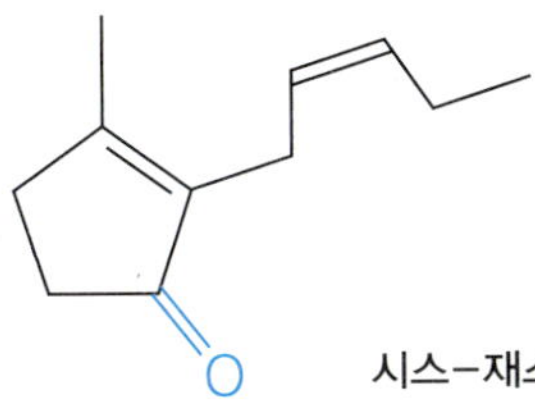

시스-재스몬

(2) **비타민 K_1**: 비타민 K_1(필로퀴논, Phylloquinone)은 혈액이 응고하는데 필요한 단백질 합성을 조절하는 지용성 비타민이다. 비타민 K_1은 꽃양배추, 브로콜리, 녹색 채소, 녹차 등을 섭취하여 얻을 수 있다. 비타민 K_1이 심각할 정도로 결핍되면 혈액 응고가 이루어지지 않아 과도한 출혈이 일어나고 때로는 사망을 초래할 수도 있다. 비타민 K_1은 친전자성 방향족 치환 반응의 하나인 생물학적인 프리델-크래프츠 반응에 의하여 합성한다.

그림 13.8 꽃양배추와 브로콜리 및 녹차

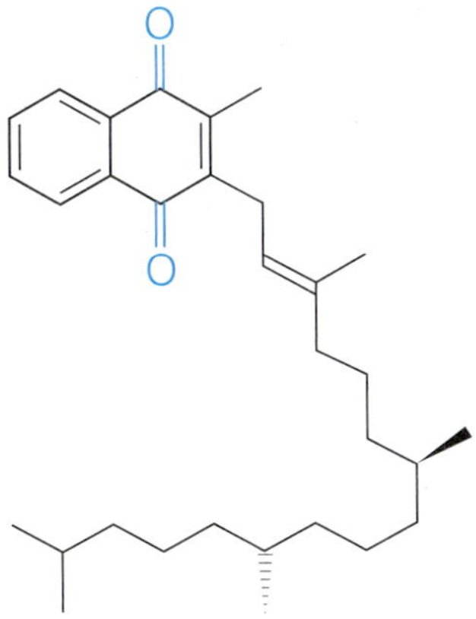

비타민 K_1

(3) 무수콘: 무수콘(Muscone)은 사향의 주성분으로서 향 중에서 가장 오래되었다고 알려져 있다. 사향은 원래 숫사향노루에서 분리되었지만 현재 여러 가지 방법으로 실험실에서 합성으로 제조가 가능하다. 중국과 티벳의 산악에서 발견되는 뿔 없는 작은 사슴인 숫사향노루는 사향 때문에 오랫동안 사냥되어 왔다. 사향은 초기에는 약품으로 최근에는 향수의 원료로 사용되는 강한 향을 가진 액체이다.

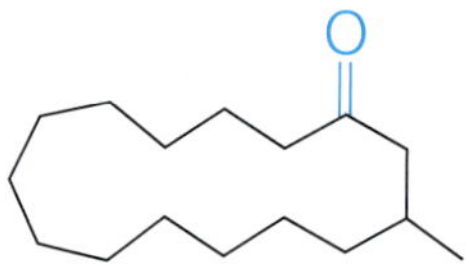

무수콘

그림 13.9 숫사향노루

(4) ar-투르메론: ar-투르메론은 심황(Turmeric) 뿌리의 주요한 오일 주성분이다. 생강 계열의 열대지방의 다년생 식물인 심황 식물의 건조시킨 뿌리나 빻은 뿌리는 카레 가루의 주요 성분이다.

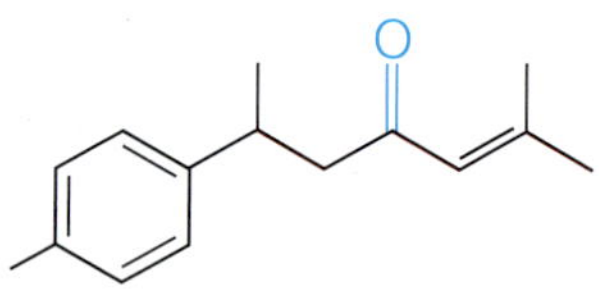

ar-투르메론

그림 13.10 심황 뿌리

14장

카복실산과 그 유도체

14.1 카복실산과 그 유도체의 구조 및 결합
14.2 카복실산과 그 유도체의 명명법
14.3 카복실산과 그 유도체의 명명 보기
14.4 카복실산과 그 유도체의 물리적 성질
14.5 카복실산의 제법
14.6 카복실산 유도체의 제법
14.7 카복실산 반응
14.8 카복실산 유도체의 친핵성 아실 치환 반응
14.9 카복실산 유도체 산염화물의 반응
14.10 카복실산 유도체 산무수물의 반응
14.11 카복실산 유도체 에스터와 락톤의 반응
14.12 카복실산 유도체 아마이드의 반응
14.13 카복실산 유도체 나이트릴의 반응
14.14 카보닐 화합물의 중합 고분자
14.15 카보닐 α 탄소의 반응
14.16 α 탄소의 할로젠 치환 반응
14.17 α 탄소의 알킬 치환 반응
14.18 카보닐 축합 반응
14.19 탄소 친핵체의 콘쥬게이트 첨가 반응
14.20 생체내 카보닐 α 탄소의 반응
14.21 카복실산과 그 유도체 화합물 보기

14 장

카복실산과 그 유도체

카복실산은 일반식이 RCO_2H (RCOOH)인 화합물로 유기 화합물 가운데 산화 상태가 가장 높아 안정한 화합물이다. 이 때문에 자연계의 생물체는 여러 종류의 포화, 불포화 및 방향족 카복실산을 가지고 있다. 예를 들면 아세트산(Acetic Acid), 시트르산(Citric Acid), 말산(Malic Acid), 타타르산(Tartaric Acid), 옥살산(Oxalic Acid) 등은 과일을 비롯한 여러 종류의 식물에서 발견되고 이 밖에 다양한 종류의 포화 및 불포화 지방산들이 동식물의 지방 성분으로 존재한다.

카복시기(COOH)는 카보닐기(CO)와 하이드록시기(OH)를 포함하며, 2작용기의 상호작용으로 특유의 화학적 성질을 가진다. 아주 많은 카복실산이 자연계에서 발견된다. 아세트산은 식초의 주요 성분이고, 뷰탄산 (Butanoic Acid)은 상한 버터 냄새가 나며, 헥산산 (Hexanoic Acid)은 더러운 발 냄새가 난다. 또한 팔미틱산은 지방과 다른 식물성 기름의 생물학적 전구체로 긴 사슬 형태의 지방족산이다. 카복실산은 많은 산업공정과 대부분의 생물학적 과정에 포함되기 때문에 카복실산의 성질 및 반응을 이해하는 것은 유기화학을 이해하는 기본이 된다.

카복실산의 OH기 대신에 다른 치환기가 붙어 있는 화합물을 카복실산 유도체라고 부른다. 산할로젠화물(RCOX), 산무수물(RCOOCOR), 에스터(RCOOR'), 아마이드 (RCONRR') 등이 있다. 이들은 물과 반응(가수분해 반응)하여 모두 카복실산으로 전환될 수 있다. 자연에 존재하는 천연 카복실산과 그 유도체 중에는 생명을 유지하는데 필요한 필수 영양소와 생리기능을 조절하는 중요한 물질이 많으며 합성 의약품 중에도 이들 구조를 가진 화합물이 무수히 많다. 카복실산과 그 유도체는 공통적으로 아실기라 부르는 RCO(ArCO)기를 가지고 있는데 이들 화합물은 아실기에 전기음성도가 탄소 원자보다 큰 원자가 결합된 화합물이다.

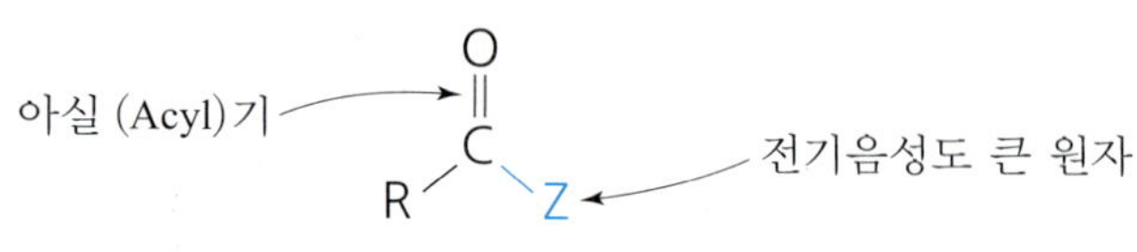

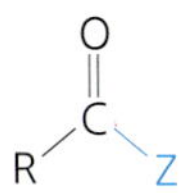	카복실산 (Carboxylic Acid)	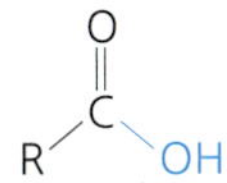	RCO_2H	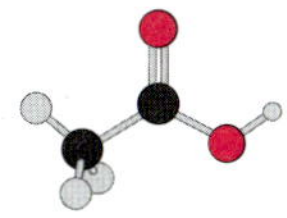
	산염화물 (Acid Chloride)	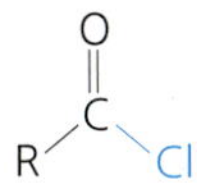	RCOCl	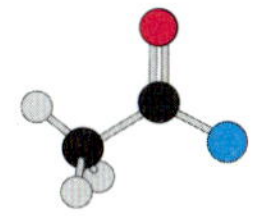
	산무수물 (Acid Anhydride)	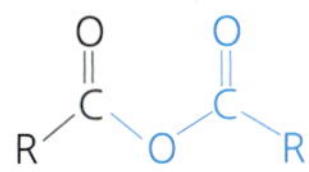	$(RCO)_2O$	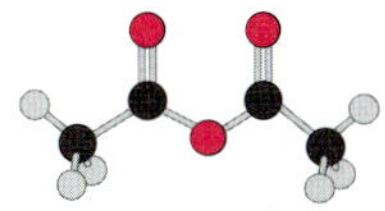
	에스터 (Ester)	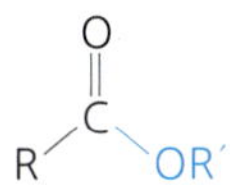	RCOOR'	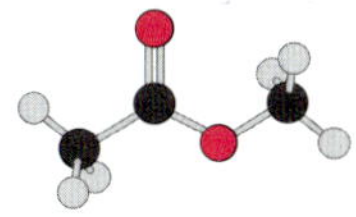
	아마이드 (Amide)	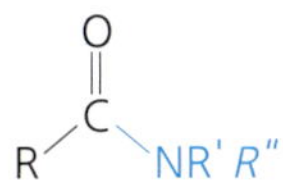	RCONRR'	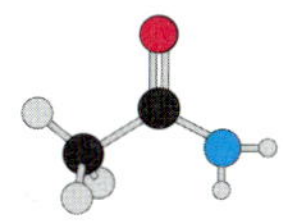

이외에 카복실산 유도체로 싸이오에스터와 아실인산염 등이 있는데 이들은 생화학적으로 아실기를 도입하는데 중요한 역할을 한다.

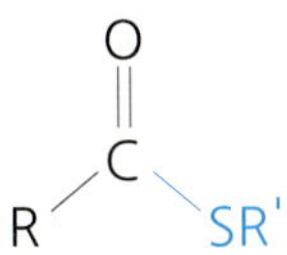

싸이오에스터

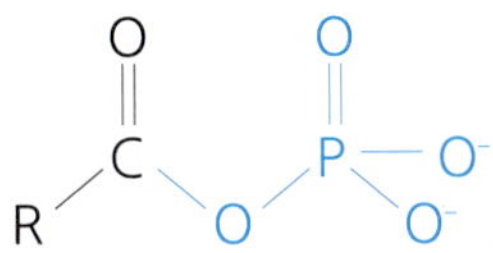

아실인산염

또한 나이트릴(RC≡N)은 아실기를 가지고 있지 않지만 카복실산으로 쉽게 전환되므로 카복실산 유도체에 포함시키다.

$$\overset{\delta+}{} \quad \overset{\delta-}{}$$
$$CH_3 - C \equiv N:$$

sp 혼성화

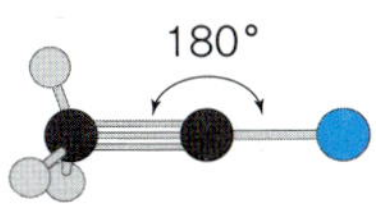

Acetonitrile

참 고　카복실산과 그 유도체

카복실산(Carboxylic Acid)은 카복시기(COOH)를 가진 화합물을 일컫는다. 카복실산 유도체는 아실기(Acyl Group) RCO를 가지고 있는 화합물로 가장 일반적인 반응은 친핵성 아실 치환반응이다. 산할로젠화물(Acyl Halide)는 카복실산의 OH기가 할로젠 원소로 치환된 화합물 RCOX이다. X는 주로 Cl과 Br이 사용된다. 카복실산 유도체 중에서 가장 반응성이 좋다. 에스터(Ester)는 카복실산의OH기가 OR'기로 치환된 화합물 RCOOR'이다. 아마이드(Amide)는 카복실산의 OH기가 아미노기(NH_2)로 치환된 화합물 $RCONH_2$이다. 산무수물(Acid Anhydride)은 카복실산 2분자에서 물 1분자를 제거한 나머지 부분이 결합한 물질 RCOOCOR이고, 나이트릴(Nitrile)은 탄화수소기에 사이안화기(C≡N)가 결합된 화합물 RC≡N이다.

14.1 카복실산과 그 유도체의 구조 및 결합

카복시기(COOH)는 카보닐기(CO)와 하이드록시기(OH)로 이루어져 있으므로 구조적으로 카보닐 화합물 및 알코올과 비슷하고 이런 관점에서 카보닐 화합물 및 알코올과 비슷한 성질을 가질 것으로 예상할 수 있다. 카보닐 화합물에서와 같이 카복실 탄소는 sp^2 혼성을 하고 있다. 따라서 카복실산은 평면구조로 R기와 OH기는 약 120°의 결합각을 가진다. 알코올과 같이 극성을 띠고 있다.

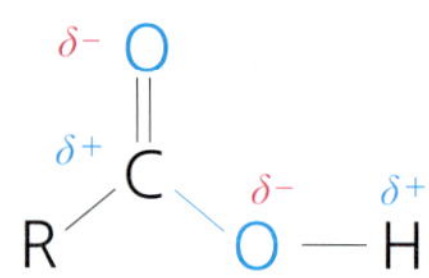

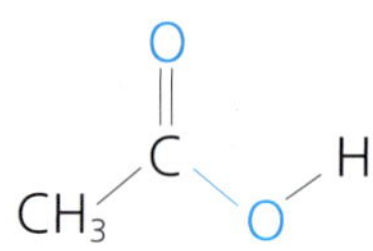

Acetic Acid

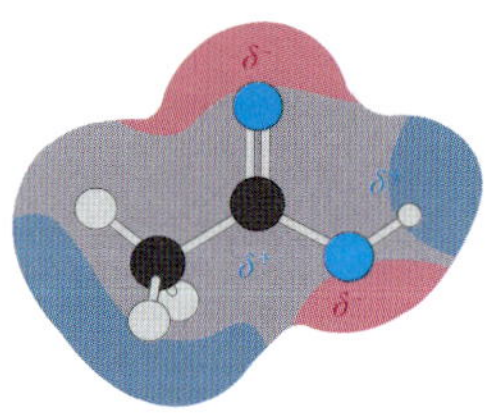

카복실산 구조에서 아실기(RCO)의 sp^2혼성 탄소 원자는 2개의 σ 결합과 1개의 π 결합을 형성하고 있고 C=O의 결합 길이는 C−O 결합 길이보다 짧다. 한편 카복실산의 C=O와 O−H 결합은 결합하고 있는 2원자 사이의 전기음성도 차이 때문에 극성을 나타낸다. 그 결과 카복실산 분자는 쌍극자−쌍극자 상호작용에 의한 이량체 구조를 갖게 된다.

산염화물, 산무수물, 에스터, 아마이드 등과 같은 카복실산 유도체의 경우도 카보닐기의 sp^2 혼성 탄소 원자를 가지고 있기 때문에 카복실산과 유사하게 결합각이 120°인 3각 평면 구조를 나타낸다.

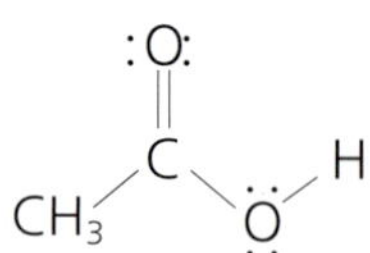

Acetic Acid

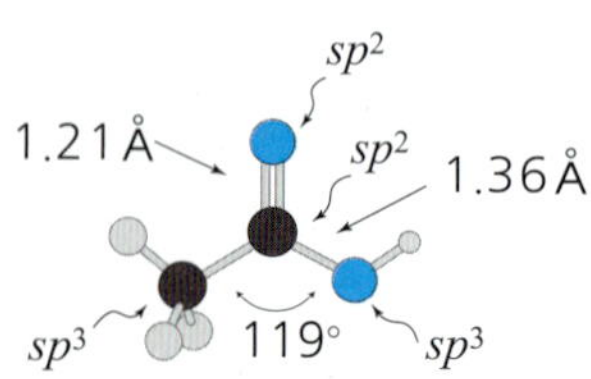

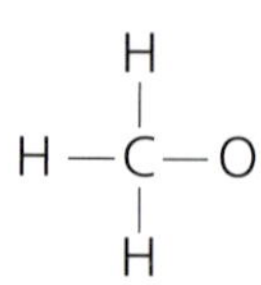

Methanol

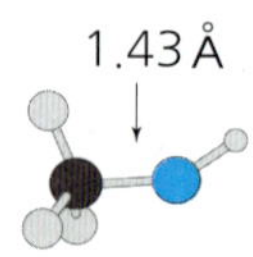

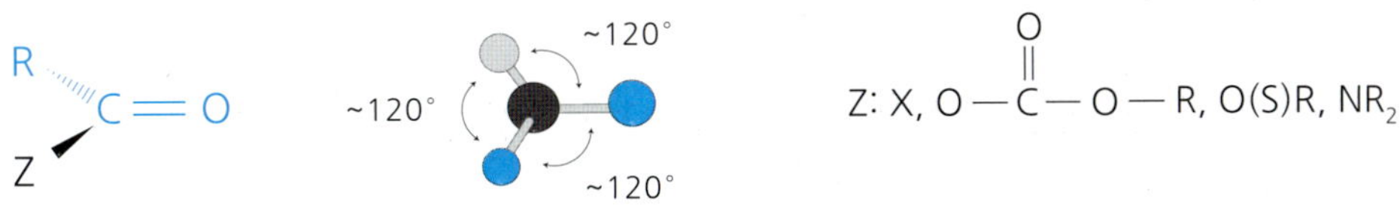

그리고 카복실산과 그 유도체들에 있는 카보닐기는 알데하이드와 케톤의 카보닐기와는 다른 반응성과 반응 형태를 나타낸다. 즉 알데하이드와 케톤의 경우 Z는 H와 C로서 카보닐기 탄소와 전기음성도가 비슷하고 공명 기여체가 2개 존재하며 오직 첨가 반응만 한다. 따라서 알데하이드와 케톤은 친핵체와 반응하여 친핵성 첨가 반응 생성물을 형성한다.

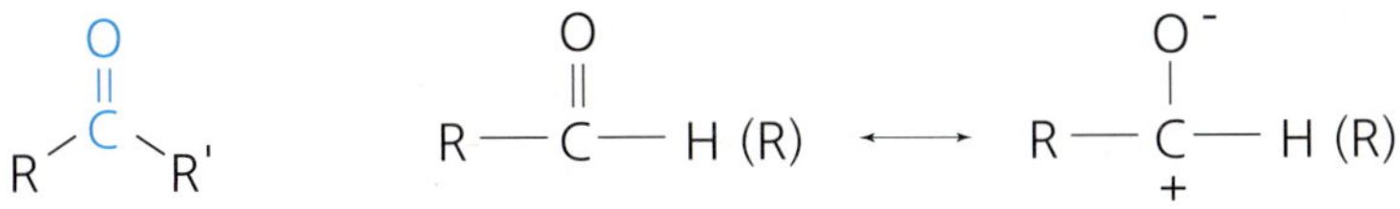

반면에 카복실산과 그 유도체의 Z는 X, O(S), N로서 전기음성도가 카보닐기 탄소보다 크고 비공유 전자쌍을 가진 Z 원소 때문에 공명 기여체가 3개 존재하며 첨가-제거 반응(친핵성 아실 치환 반응)을 한다. 따라서 카복실산과 그 유도체들은 친핵성 아실 치환 반응 생성물을 형성한다.

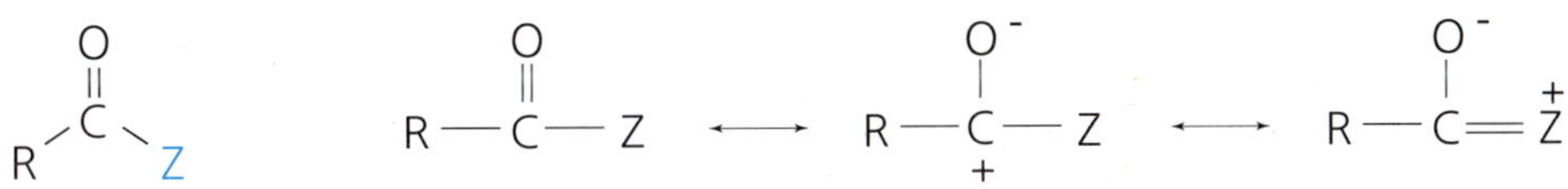

이와 같은 특징은 카보닐기에 결합한 원자들에 의한 카보닐기 탄소의 극성과 반응 중간체의 안정도에 차이가 있기 때문이다

참 고 **소염 진통제**

동서양을 막론하고 사람들은 버드나무 껍질을 씹거나 달인 물을 마시면 해열과 진통 효과가 있다는 사실을 일찌기 알고 있었다. 1829년에 이르러 과학자들이 진통 효과를 내는 유효 성분이 살리실 알코올과 포도당이 결합한 구조인 살리신(Salicin) 이라고 밝혀냈다. 이로부터 소염, 진통, 해열 효과가 더 강력한 아스피린(Aspirin)이 살리실산(Salicylic Acid)으로 부터 합성되었다. 한편 아스피린과 유사한 약리작용을 나타내면서 위장 장애가 이 약보다 덜해 오늘날 소염 진통제로 많이 사용되는 이부프로펜(Ibuprofen)은 합성 의약품이다. 최근 과학자들은 국화과 식물의 성분인 Chemazulene Carboxylic Acid가 이부프로펜과 유사한 소염 진통 효과가 있음을 발견하였다. 아스피린의 경우와는 반대로 합성 의약품의 효능을 자연에서 나중에 발견한 경우이다. 이것은 인간이 자연에서 알아내야 할 것들이 아직 많이 남아 있다는 것을 시사하고 있다.

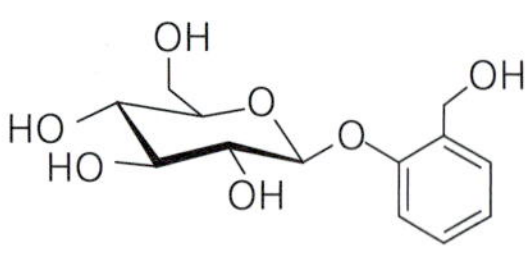

Salicin (천연)

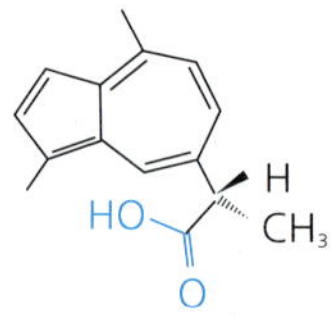

Chemazulene Carboxylic Acid (천연)

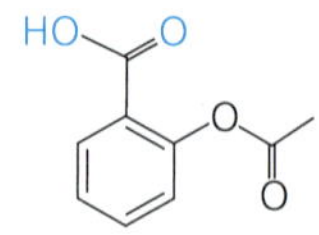

Aspirin (합성)

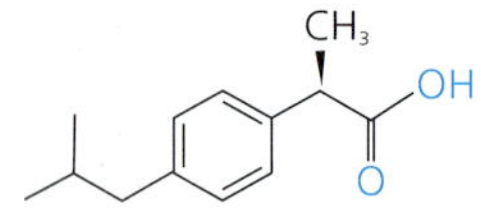

(S)−Ibuprofen (합성)

14.2 카복실산과 그 유도체의 명명법

카복실산과 그 유도체들 즉 산염화물, 산물수물, 아실인산염, 에스터, 카복실산염 및 락톤, 싸이오에스터, 아마이드, 락탐 및 나이트릴의 명명법은 다음과 같다.

14.2.1 카복실산 (RCO_2H, RCOOH)

RCO_2H에서 R이 Alkyl기이면 지방산이고, R이 Aryl기면 방향족산이다.

(1) 열린 사슬형태의 지방족 카복실산의 계통명은 알케인명의 끝 −e를 −oic acid로 치환하여 부른다. 우리말 명명은 해당 알케인명 끝에 −산을 붙여 프로판산, 뷰탄산, 펜탄산 등과 같이 명명한다. 폼산(Formic Acid)과 아세트산(Acetic Acid)은 관용명이나 IUPAC에서의 추천명이다.

표 14.1 지방족 카복실산 (지방산)

탄소수	구조식	IUPAC명	관용명	근원
1	HCOOH	Methanoic Acid	Formic Acid	개미
2	CH_3COOH	Ethanoic Acid	Acetic Acid	식초
3	CH_3CH_2COOH	Propanoic Acid	Propionic Acid	우유
4	$CH_3(CH_2)_2COOH$	Butanoic Acid	Butyric Acid	버터
5	$CH_3(CH_2)_3COOH$	Pentanoic Acid	Valeric Acid	쥐오줌풀
6	$CH_3(CH_2)_4COOH$	Hexanoic Acid	Caproic Acid	염소, 산양
7	$CH_3(CH_2)_5COOH$	Heptanoic Acid	Enanthic Acid	넝쿨나무꽃
8	$CH_3(CH_2)_6COOH$	Octanoic Acid	Caprylic Acid	염소, 산양
9	$CH_3(CH_2)_7COOH$	Nonanoic Acid	Pelargonic Acid	제라니움
10	$CH_3(CH_2)_8COOH$	Decanoic Acid	Apric Acid	염소, 산양
16	$CH_3(CH_2)_{14}COOH$	Hexadecanoic Acid	Palmitic Acid	동식물 지방
18	$CH_3(CH_2)_{16}COOH$	Octadecanoic Acid	Stearic Acid	돈지, 우지

(2) 치환기가 있는 지방족 카복실산의 계통명은 카복시기 탄소를 C1으로 하여 치환기의 위치를 표시한다.

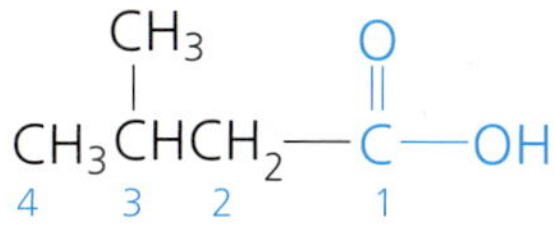

3-Methlybutanoic Acid

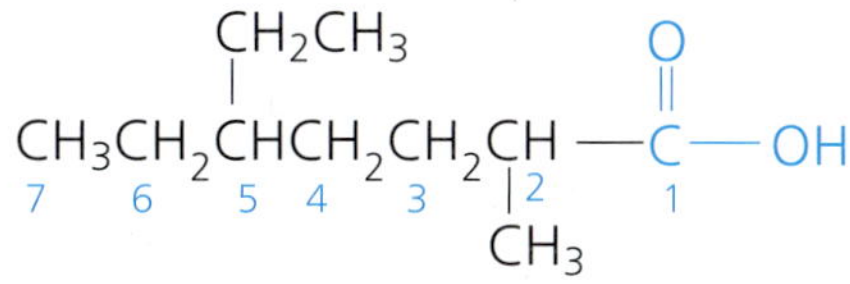

5-Ethyl-2-methylheptanoic Acid

(3) 2중결합을 가진 불포화 지방족 카복실산은 -엔산(-enoic acid)으로 명명하고, 2중결합을 가진 탄소를 나타내는 숫자를 -enoic acid 앞에 붙여 명명한다.

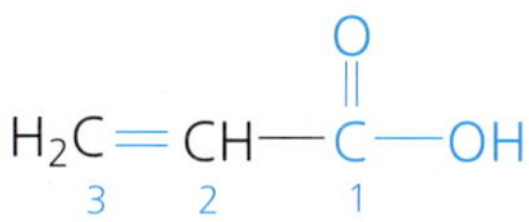

Prop-2-enoic Acid

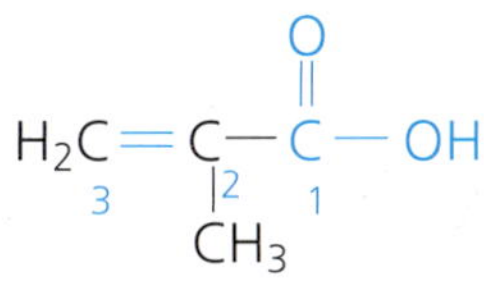

2-Methylprop-2-enoic Acid

(4) 카복시기 COOH가 고리화합물의 탄소에 결합된 화합물은 고리 화합물명에 접미어 -카복실산(-carboxylic acid)을 붙여 명명한다. 이때 카복시기가 붙은 고리 화합물의 탄소가 C1이고 카복시기 탄소는 번호를 부여하지 않는다.

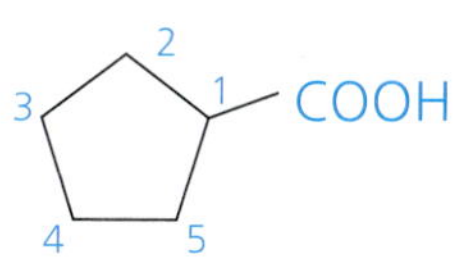

Cyclopentanecarboxylic Acid

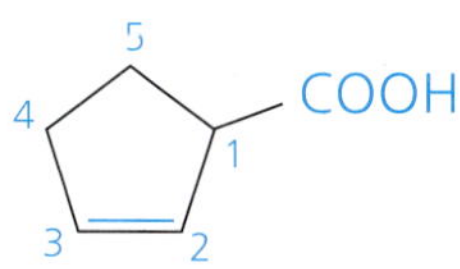

Cyclopent-2-enecarboxylic Acid

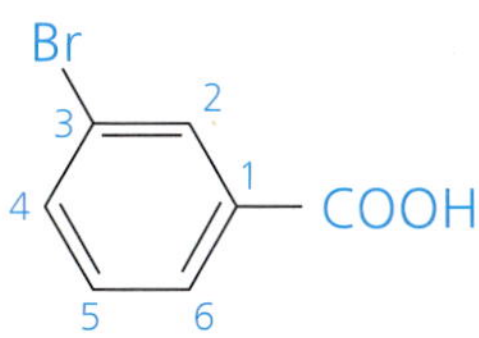

3-Bromobenzenecarboxylic Acid

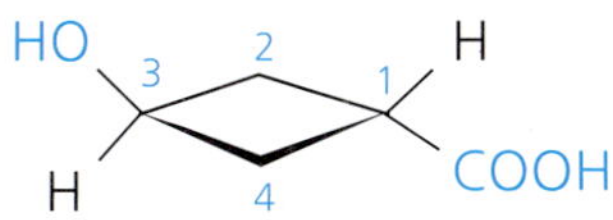

trans-3-Hydroxycyclobutanecarboxylic Acid

(5) 1분자에 카복시기가 2개 있는 지방족 2가 산(Dicarboxylic Acid)의 이름은 탄화수소 이름에 접미사 -이산(-dioic acid)을 붙여서 명명한다.

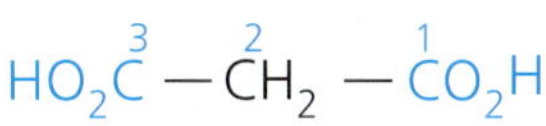

Propanedioic Acid

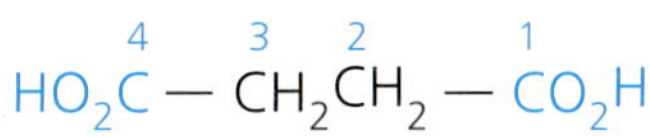

Butanedioic Acid

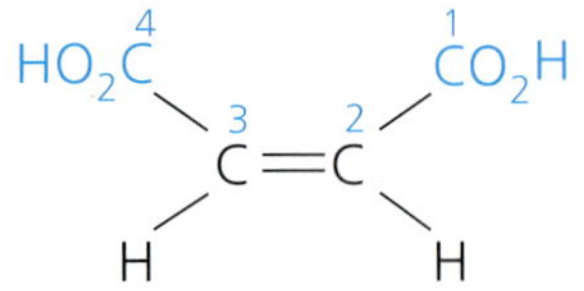

cis–But–2–enedioic Acid
(Z)–But–2–enedioic Acid

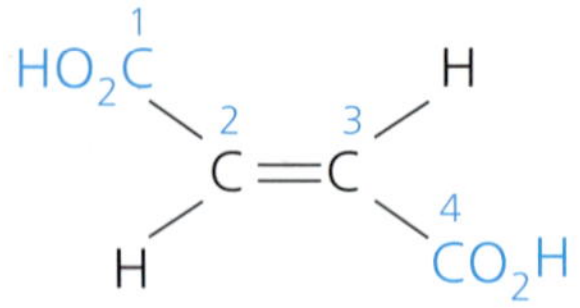

trans–But–2–enedioic Acid
(E)–But–2–enedioic Acid

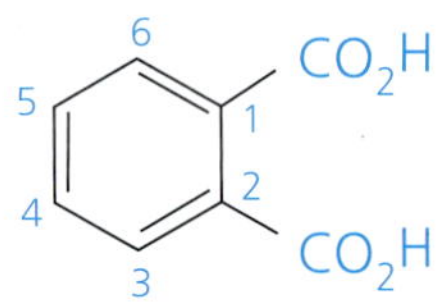

Benzene–1,2–dicarboxylic Acid

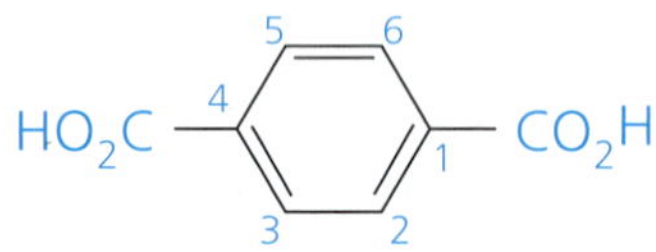

Benzene–1,4–dicarboxylic Acid

(6) 가지가 없는 탄소사슬에 3 또는 그 이상의 카복시기가 붙어 있으면 –트라이카복실산(–tricarboxyic acid), –테트라카복실산(–tetracarboxylic acid) 등과 같은 접미사를 탄화수소의 기본명에 붙여 명명한다. 이때 카복시기가 붙어 있는 탄소의 번호 표시를 –tricarboxylic acid 앞에 붙인다.

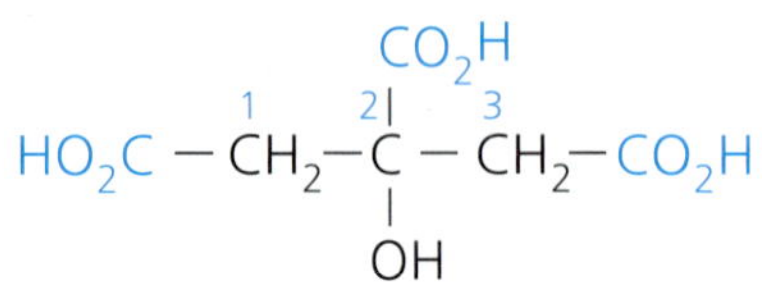

2–Hydroxypropane–1,2,3–tricarboxylic Acid
(Citric Acid, 구연산)

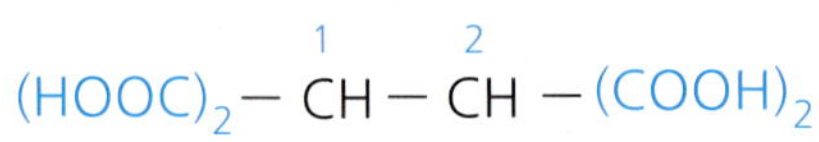

Ethane–1,1,2,2–tetracarboxylic Acid

(7) COOH기는 CHO, CO, OH 등의 작용기보다 우선한다. 이때 카보닐기 C=O는 치환기 옥소(–oxo)로 명명한다.

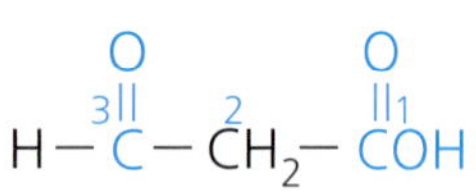

3–Oxopropanoic Acid

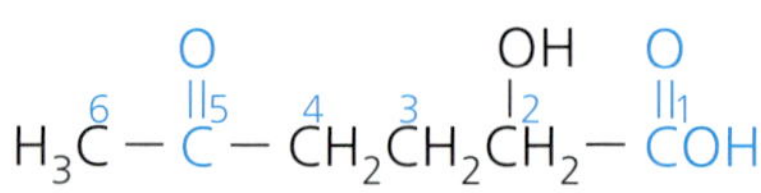

2–Hydroxy–5–oxohexanoic Acid

(8) 카복실산은 유기화합물 중에서 가장 오래전부터 사용되었기 때문에 관용명을 사용하는 경우가 많다. 특히 폼산(Formic Acid), 아세트산(Acetic Acid), 벤조산(Benzoic Acid)은 관용명이 계통명보다 널리 사용되고 IUPAC 추천명이다. 카복실산들의 일반적인 관용명을 앞에서 표에 나타내었다. 관용명은 보통 –ic acid의 어미를 가지고 있다.

HCO_2H

Formic Acid

CH_3CO_2H

Acetic Acid

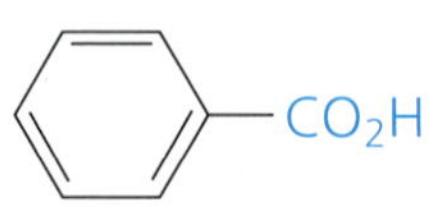

Benzoic Acid

$CH_3CH_2CO_2H$

Propionic Acid
(Propanoic Acid)

$CH_3CH_2CH_2CO_2H$

Butyric Acid
(Butanoic Acid)

$CH_3(CH_2)_{16}CO_2H$

Stearic Acid
(Octadecanoic Acid)

(9) 카복실산의 치환기의 위치를 표시할 때 카복시기의 이웃탄소를 관용명으로 α 그리고 β, γ, δ 순으로 명명한다.

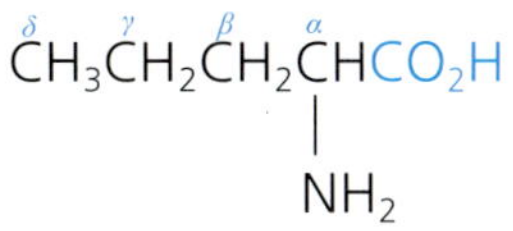

α-Aminopentanoic Acid

(10) 카복실산 관용명으로 폼산, 아세트산, 벤조산 등 추천명을 제외하고는 치환기가 달린 카복실산의 관용명은 허용되지 않는다.

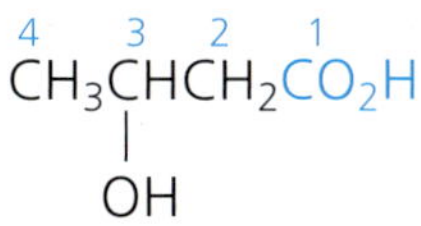

3-Hydroxybutanoic Acid

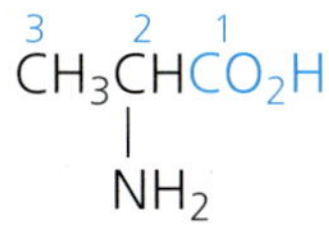

2-Aminopropanoic Acid

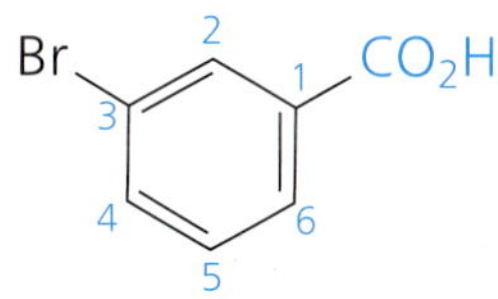

3-Bromobenzoic Acid

(11) 뷰트-2-엔이산 2개의 이성질체 및 벤젠다이카복실산 3개의 이성질체는 다음과 같은 관용명을 가진다.

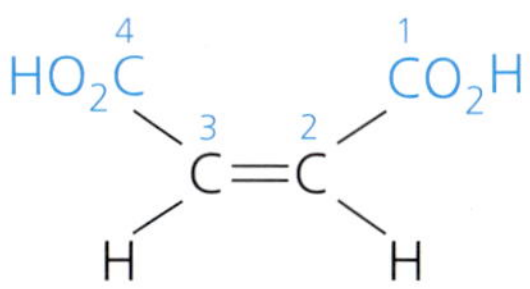

Maleic Acid (말레산)
(Z)-But-2-enedioic Acid

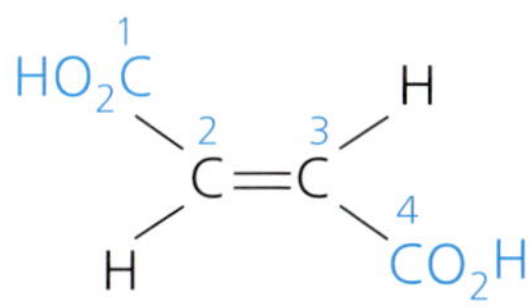

Fumaric Acid (퓨말산)
(E)-But-2-enedioic Acid

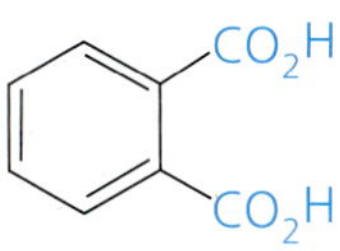

Phthalic Acid
(프탈산)

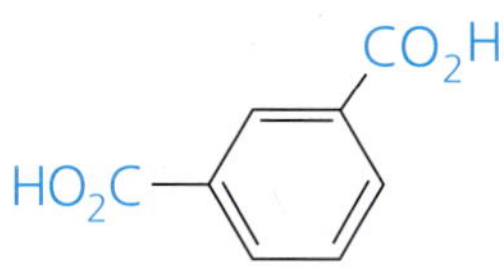

Isophthalic Acid
(아이소프탈산)

Terephthalic Acid
(테레프탈산)

(12) 자연계에는 많은 다이카복실산(Dicarboxylic Acid) 이 존재하는데 이들은 보통 관용명을 따르는 경우가 많다. 몇 가지 지방족 다이카복실산 예는 다음 표와 같다.

표 14.2 자연계 지방족 다이카복실산

구조식	관용명	IUPAC명	근원
HOOC–COOH	Oxalic Acid	Ethanedioic Acid	괭이밥식물군
$HOOC-CH_2-COOH$	Malonic Acid	Propanedioic Acid	사과
$HOOC-(CH_2)_2-COOH$	Succinic Acid	Butanedioic Acid	호박
$HOOC-(CH_2)_3-COOH$	Glutaric Acid	Pentanedioic Acid	글루텐
$HOOC-(CH_2)_4-COOH$	Adipic Acid	Hexanedioic Acid	지방
$HOOC-(CH_2)_5-COOH$	Pimelic Acid	Heptanedioic Acid	지방

(13) 아실기(Acyl Group, RCO-)의 관용명은 카복실산의 -ic acid를 -yl로 바꾸어 명명한다. 계통명은 -oic aㅍcid를 -oyl로 바꾸거나 -carboxylic acid를 -carbonyl로 바꾸어 명명한다. 폼일, 아세틸, 벤조일기들은 널리 사용되는 관용명이다.

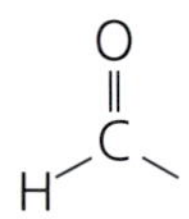
Formyl
(Methanoyl)

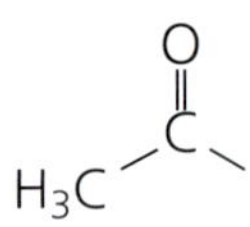
Acetyl
(Ethanoyl)

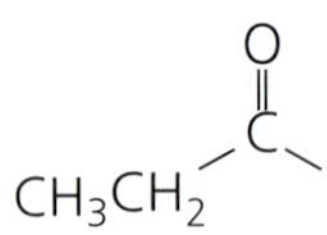
Propionyl
(Propanoyl)

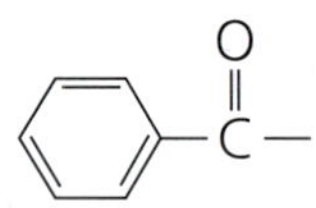
Benzoyl
(Benzenecarbonyl)

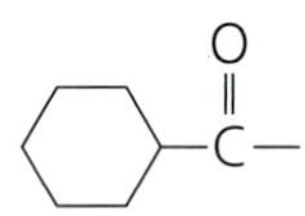
Cyclohexanecarbonyl

$OHC-\overset{3}{C}H_2\overset{2}{C}H_2-\overset{1}{C}OOH$

3–Formylpropanoic Acid
(4–Oxobutanoic Acid)

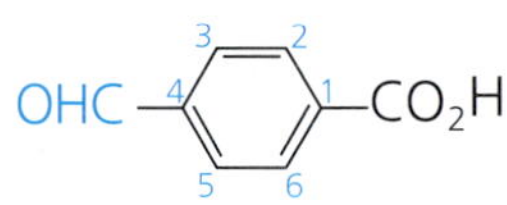

3–Formylbenzoic Acid
(4–Formylbenzenecarboxylic Acid)

일반적으로 카복실산 및 아실기의 IUPAC명과 관용명은 다음과 같다.

표 14.3 카복실산과 아실기 명명

카복실산 (RCO_2H)			아실기 (RCO–)		
구조	IUPAC 명	관용명	구조	IUPAC 명	관용명
HCO_2H	Methanoic Acid(메탄산)	Formic Acid(폼산)	HCO–	Methanoyl	Formyl
CH_3CO_2H	Ethanoic Acid(에탄산)	Acetic Acid(아세트산)	CH_3CO–	Ethanoyl	Acetyl
$CH_3CH_2CO_2H$	Propanoic Acid(프로판산)	Propionic Acid(프로피온산)	CH_3CH_2CO–	Propanoyl	Propionyl
$CH_3(CH_2)_2CO_2H$	Butanoic Acid(뷰탄산)	Butyric Acid(뷰티르산)	$CH_3(CH_2)_2CO$–	Butanoyl	Butyryl
$CH_3(CH_2)_3CO_2H$	Pentanoic Acid(펜탄산)	Valeric Acid(발레르산)	$CH_3(CH_2)_3CO$–	Pentanoyl	Valeryl
$CH_3(CH_2)_4CO_2H$	Hexanoic Acid(헥산산)	Caproic Acid(카프로산)	CH3(CH2)$_4$CO–	Hexanoyl	Caproyl
$CH_3(CH_2)_{10}CO_2H$	Dodecanoic Acid	Lauric Acid(라우르산)	$CH_3(CH_2)_{10}CO$–	Dodecanoyl	Lauroyl
$CH_3(CH_2)_{14}CO_2H$	Hexadecanoic Acid	Palmitic Acid(팔미트산)	$CH_3(CH_2)_{14}CO$–	Hexadecanoyl	Palmitoyl
$CH_3(CH_2)_{16}CO_2H$	Octadecanoic Acid	Stearic Acid(스테아르산)	$CH_3(CH_2)_{16}CO$–	Octadecanoyl	Stearoyl
HO_2CCO_2H	Ethanedioic Acid	Oxalic Acid(옥살산)	–OCCO–	Ethanedioyl	Oxalyl
$HO_2CCH_2CO_2H$	Propanedioic Acid	Malonic Acid(말론산)	–$OCCH_2CO$–	Propanedioyl	Malonyl
$HO_2C(CH_2)_2CO_2H$	Butanedioic Acid	Succinic Acid(석신산)	–$OC(CH_2)_2CO$–	Butanedioyl	Succinyl
CH_2=$CHCO_2H$	Propenoic Acid	Acrylic Acid(아크릴산)	CH_2=CHCO–	Propenyl	Acryloyl
$PhCO_2H$	Benzenecarboxylic Acid	Benzoic Acid(벤조산)	PhCO–	Benzenecarbonyl	Benzoyl
$HOCH_2CO_2H$	–	Glycolic Acid	–	–	Glycoloyl
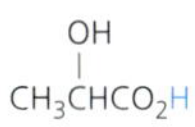	2–Hydroxypropanoic Acid	Lactic Acid(젖산)	$CH_3CH(OH)CO$–	–	Lactoyl
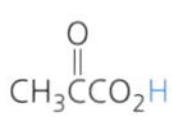	2–Oxopropanoic Acid	Pyruvic Acid(피루브산)	CH_3COCO–	–	Pyruvoyl
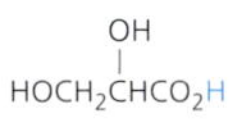	2,3–Dihydroxypropanoic Acid	Glyceric Acid(글리세린산)	CH_2OH–CHOH–CO–	–	Glyceroyl
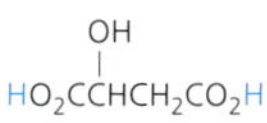	3–Hydroxybutanedioic Acid	Malic Acid(말산)	–COCH(OH) CH_2CO–	–	Maloyl
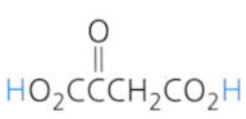	3–Oxobutanedioic Acid	Oxaloacetic Acid (옥살로아세트산)	–$COCOCH_2CO$–	–	Oxaloacetyl
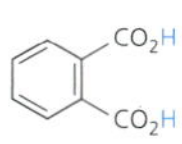	1,2–Benzenedicarboxylic Acid	Phthalic Acid(프탈산)	–CO–C_6H_6–CO–	–	Phthaloyl

14.2.2 산염화물(산할로젠화물, RCOX)

산 할로젠화물은 아실기를 먼저 부르고 해당하는 할로젠 원소명 −ine를 −ide로 바꾼 halide를 붙여서 명명한다. 우리말은 할로젠화 아실로 명명한다.

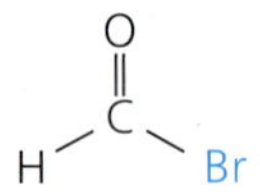

Formyl Bromide
(브롬화 폼일)

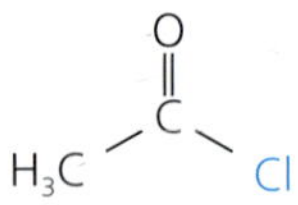

Acetyl Chloride
(염화 아세틸)

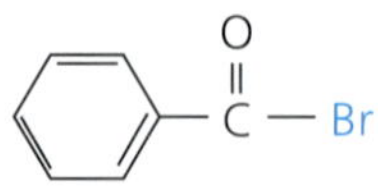

Benzoyl Bromide
(브롬화 벤조일)

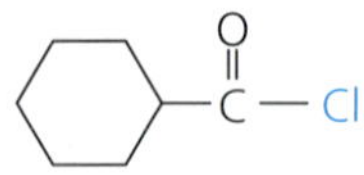

Cyclohexanecarbonyl Chloride
(염화 사이클로헥세인카본일)

14.2.3 산무수물[RCO_2COR, RCOOCOR]

간단한 카복실산으로부터의 대칭형 산무수물과 다이 카복실산으로부터의 고리형 산무수물은 산(Acid)을 무수물(Anhydride)로 바꾸어 부른다.

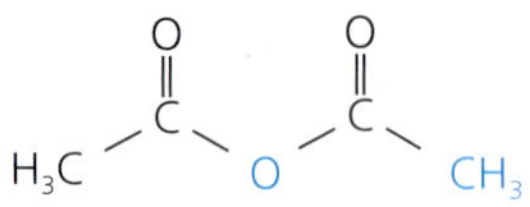

Acetic Anhydride
(아세트산 무수물)

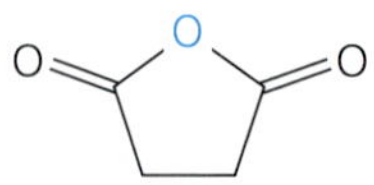

Succinic Anhydride
(석신산 무수물)

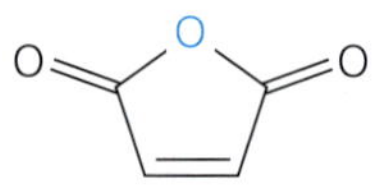

Maleic Anhydride
(말레산 무수물)

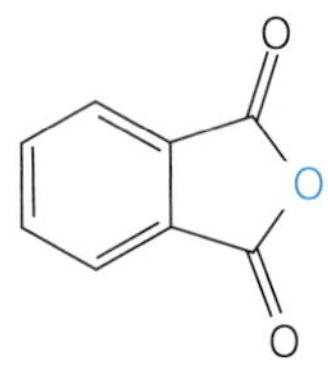

Phthalic anhydride
(프탈산 무수물)

2개의 다른 카복실산으로부터 합성된 비대칭 무수물은 카복실산 2개를 알파벳 순서로 나열한 다음 무수물을 붙인다.

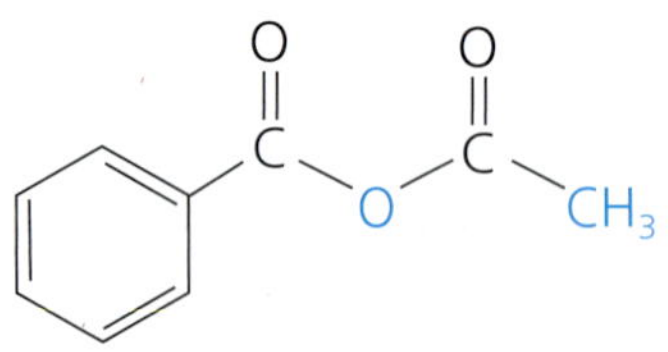

Acetic Benzoic Anhydride
(아세트산 벤조산 무수물)

14.2.4 아실인산염($RCO_2PO_3^{2-}$, RCO_2PO_3R')

카복실산과 인산 또는 인산 에스터에서 물이 제거된 일종의 산무수물이다. IUPAC법은 Alkanoyl Phosphate이다.

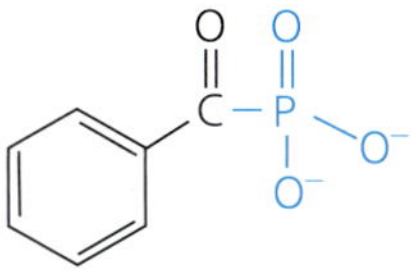

Benzoyl Phosphate

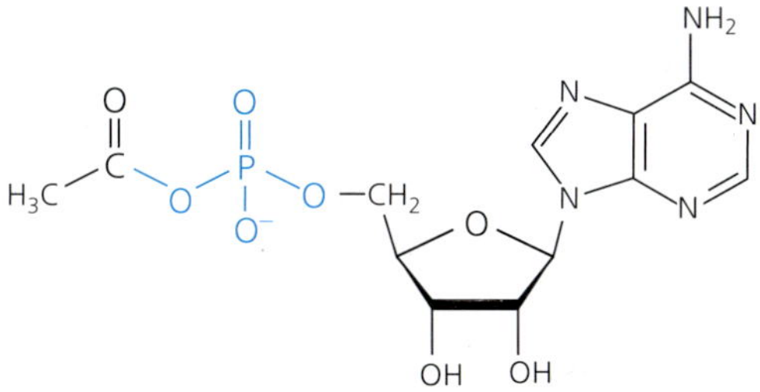

Acetyl Adenosyl Phosphate

14.2.5 에스터 (RCO_2R')

에스터의 체계명은 산소에 결합된 알킬기(R')의 이름을 먼저 부르고 해당하는 카복실산의 –ic acid를 –ate로 바꾸어 부른다. 한글명은 –산 알킬로 부른다.

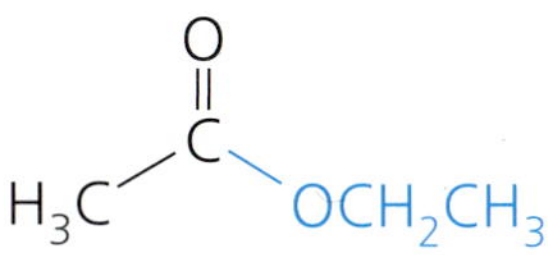

Ethyl Acetate
(아세트산 에틸)

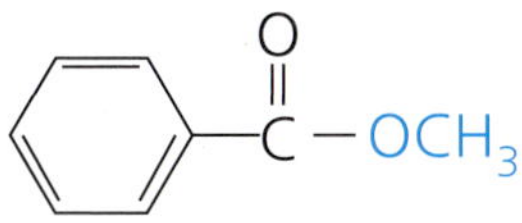

Methyl benzoate
(벤조산 메틸)

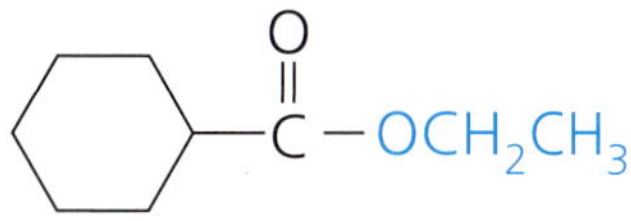

Ethyl Cyclohexanecarboxylate)
(사이클로헥세인카복실산 에틸)

14.2.6 카복실산염 (RCO_2M) 및 락톤

(1) 카복실산염

양이온 명을 먼저 명명하고 –ic acid를 –ate로 변경한다.

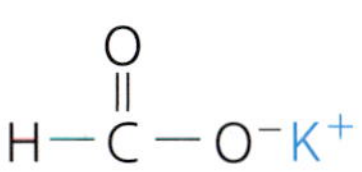

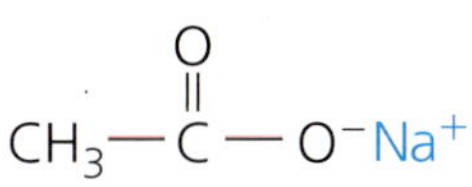

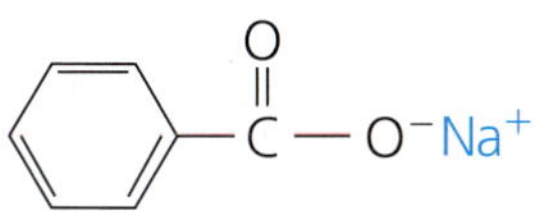

Potassium Methanoate	Sodium Ethanoate	Sodium Benzenecarboxylate	IUPAC명
Potassium Formate	Sodium Acetate	Sodium Benzoate	관용명

(2) 락톤 (Lactone)

분자내 에스터를 지칭한다. 락톤은 고리형 에스터이다. 간단한 락톤의 경우 관용명이 흔히 사용된다. 카복실산의 관용명 중 –ic acid 대신에 –olactone을 붙인다. 이때 하이드록시기의 위치를 나타내는 번호를 명칭 앞에 붙인다.

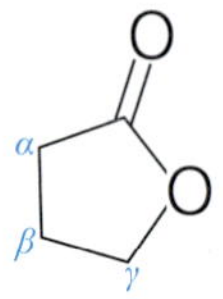

γ–Butyrolactone

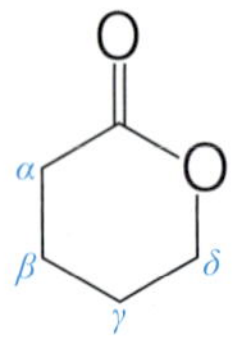

δ–Valerolactone

14.2.7 싸이오에스터(RCOSR')

(1) 싸이오에스터는 에스터의 OR'기 대신에 SR'기가 치환된 화합물이다.

(2) IUPAC명은 Alkanethioate 또는 Cycloalkanecarbothioate이다. 관용명은 에스터명(–ate) 앞에 thio를 덧붙인다.

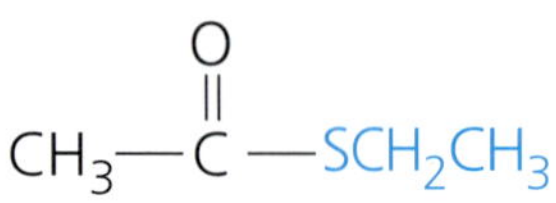

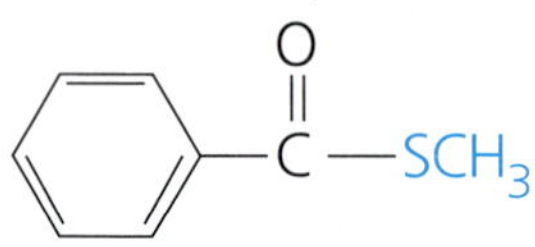

Ethyl Ethanethioate	Methyl Benzenecarbothioate	IUPAC명
Ethyl Thioacetate	Methyl Thiobenzoate	관용명

14.2.8 아마이드($RCONH_2$, RCONRR')

아마이드는 아미노기(NH_2)의 질소 원자의 치환에 따라 1차 아마이드($RCONH_2$), 2차 아마이드(RCONHR), 3차 아마이드($RCONR_2$)로 분류한다.

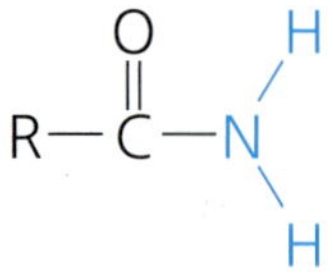

1차 아마이드

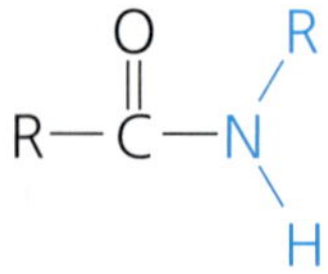

2차 아마이드

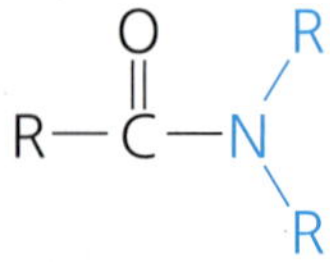

3차 아마이드

(1) 아미노기의 질소 원자에 치환이 없는 1차 아마이드는 카복실산의 어미 –oic acid 또는

−ic acid를 −아마이드(−amide)로 바꾸거나, 또는 −카복실산(−carboxylic acid)을 −카복스아마이드(−carboxamide)로 바꾸어 명명한다.

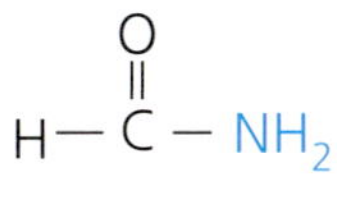
Formamide
(폼아마이드)

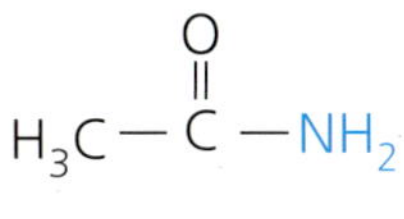
Acetamide
(아세트아마이드)

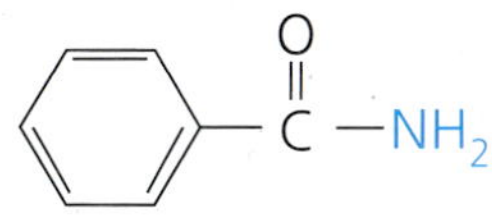
Benzamide
(벤즈아마이드)

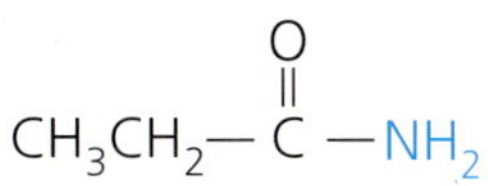
Propanamide
(프로판아마이드)

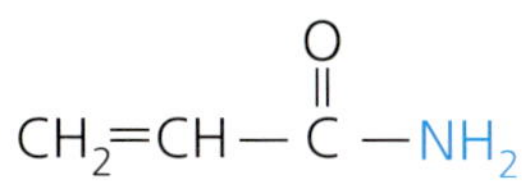
Prop−2−enamide
(프룝−2−엔아마이드)

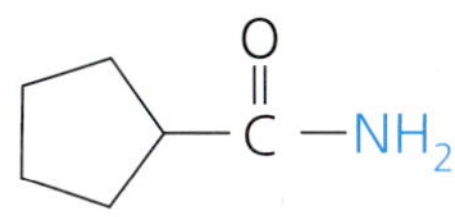
Cyclopentanecarboxamide
(사이클로펜테인카복스아마이드)

(2) 아미노기의 질소 원자가 치환되어 있는 2차 및 3차 아마이드는 질소에 붙은 치환기를 N−알킬로 먼저 부르고 1차 아마이드와 같은 방법으로 명명한다. N−알킬은 치환기들이 질소에 직접 결합되어 있음을 의미한다.

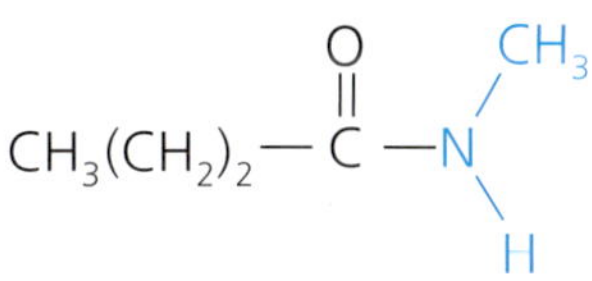
N−Methylbutanamide

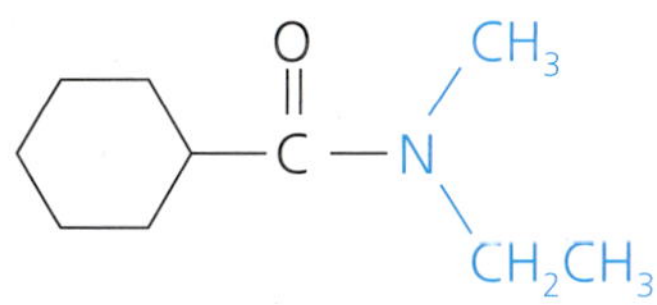
N−Ethyl−N−methyl−cyclohexanecarboxamide

14.2.9 락탐 및 나이트릴

(1) 락탐(Lactam)

분자내 아마이드를 지칭한다. 락톤의 경우와 동일한 방법으로 명명한다. 즉 카복실산 어미 −ic acid 대신에 lactam을 붙이고 이때 아미노기는 생략하며 그 위치를 나타내는 번호를 lactam 앞에 붙여서 명명한다. 간단한 락탐은 관용명이 흔히 사용된다.

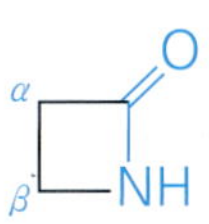
β−Propiolactam
Azetidin−2−one

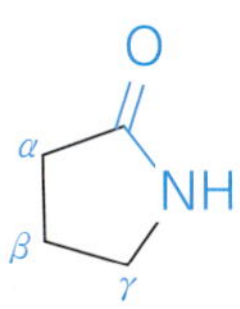
γ−Butyrolactam

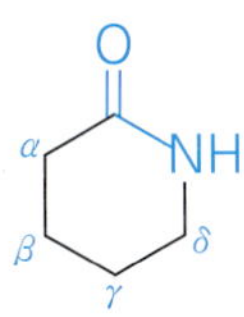
δ−Valerolactam

(2) 나이트릴 (Nitrile)

탄화수소기에 사이안화기 (−C≡N) 가 결합된 화합물을 나이트릴 (Nitrile)이라 하고 사이안화물 (Cyanide)이라고도 한다.

1) 간단한 비고리형 나이트릴은 알케인명에 접미어 나이트릴 (−nitrile)을 붙여 명명한다. 이때 번호는 나이트릴의 탄소가 C_1이 된다.

$\overset{4}{C}H_3\overset{3}{C}H_2\overset{2}{C}H_2\overset{1}{C}N$

Butanenitrile

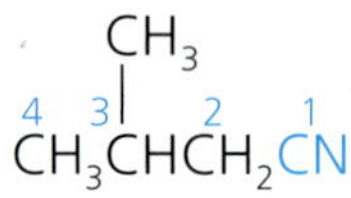

3−Methylbutanenitrile

$\overset{5}{NC} - \overset{2\text{-}4}{(CH_2)_3} - \overset{1}{CN}$

Pentanedinitrile

2) 산의 유도체로 취급하여 −ic acid 또는 −oic acid를 −오나이트릴 (−onitrile)로 바꾸어 명명한다.

CH_3CN

Acetonitrile
(Acetic Acid에서)

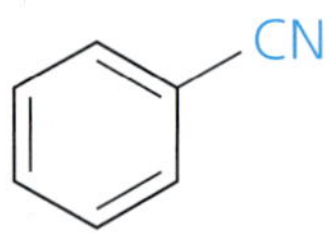

Benzonitrile
(Benzoic Acid에서)

$CH_2{=}CHCN$

Acrylonitrile
(Acrylic Acid에서)

3) 고리형 나이트릴은 산의 유도체로 취급하여 카복실산 (−carboxylic acid)를 −카보나이트릴 (−carbonitrile)로 바꾸어 명명한다.

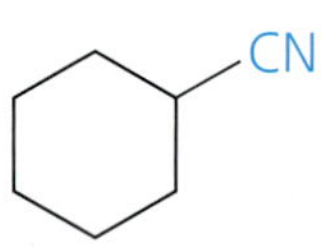

Cyclohexanecarbonitrile

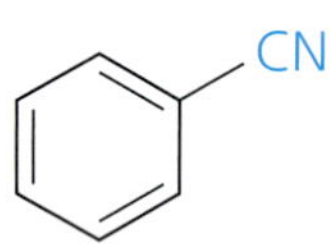

Benzenecarbonitrile

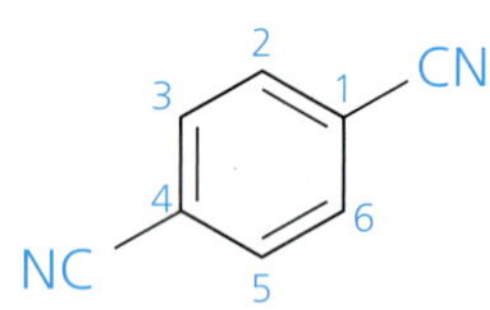

Benzene−1,4−dicarbonitrile

4) 관용명은 알킬기 이름 뒤에 사이아나이드 (cyanide)를 붙여서 명명한다. 우리말은 사이안화 알킬로 명명한다.

CH_3CN

Methyl Cyanide

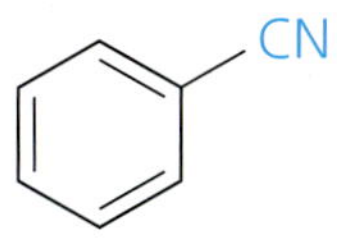

Phenyl Cyanide

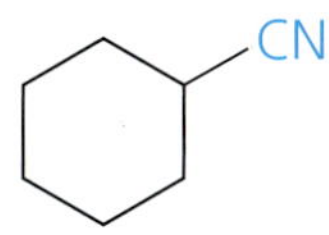

Cyclohexyl Cyanide

5) 나이트릴은 카보닐 화합물인 알데하이드나 케톤보다 우선한다. 그러나 카복실산에서는 치환체로서 $-CN$기는 사이아노(cyano−)로 명명한다.

$$\overset{O}{\overset{\|}{H-\overset{4}{C}}}-\overset{3}{C}H_2\overset{2}{C}H_3-\overset{1}{C}N$$

4−Oxobutanenitrile

$$\overset{4}{C}H_2\overset{CN}{\overset{|}{\overset{3}{C}}}H\overset{2}{C}H_3-\overset{1}{C}O_2H$$

3−Cyanobutanoic Acid

또한 카복실산 및 그 유도체의 어미명을 정리하면 다음 표와 같다.

표 14.4 카복실산과 그 유도체 어미명

이름	구조식	어미명		예 (R= CH_3)
		IUPAC	관용명	
카복실산	$R-\overset{O}{\overset{\|}{C}}-OH$	−oic Acid (Carboxylic Acid)	−ic Acid	Ethanoic Acid Acetic Acid
산염화물 (할로젠화 아실)	$R-\overset{O}{\overset{\|}{C}}-Cl$	−oyl Chloride (Carbonyl Chloride)	−yl Chloride	Ethanoyl Chloride Acetyl Chloride
산무수물	$R-\overset{O}{\overset{\|}{C}}-O-\overset{O}{\overset{\|}{C}}-R$	−oic Anhydride (Carboxylic Anhydride)	−ic Anhydride	Ethanoic Anhydride Acetic Anhydride
에스터	$R-\overset{O}{\overset{\|}{C}}-OR'$	−oate (Carboxylate)	−ate	Ethyl Ethanoate Ethyl Acetate
아마이드	$R-\overset{O}{\overset{\|}{C}}-NH_2$	−amide (Carboxamide)	−amide	Ethanamide Acetamide
나이트릴	$RC\equiv N$	−nitrile (Carbonitrile)	−onitrile Cyanide	Methanenitrile Acetonitrile Methyl Cyanide

주) ( )는 R이 고리형 알킬 경우

14.3 카복실산과 그 유도체의 명명 보기

카복실산과 그 유도체의 명명 보기는 다음과 같다.

14.3.1 카복실산(RCOOH)

아래는 카복실산의 여러 가지 명명 보기이다.

[1] 지방족 카복실산

(1) 사슬형태 포화지방족 카복실산

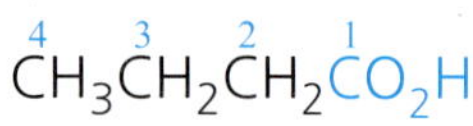 Butanoic Acid	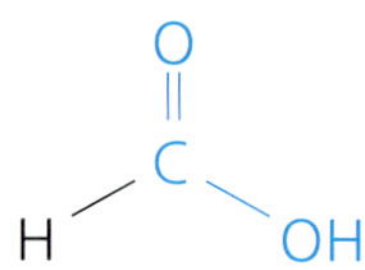 Methanoic Acid	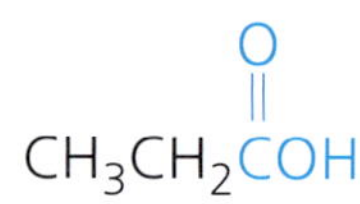 Propanoic Acid

(2) 사슬형태 불포화지방족 카복실산

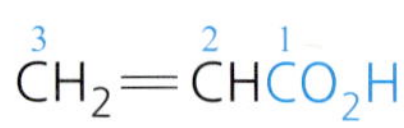 Propenoic Acid	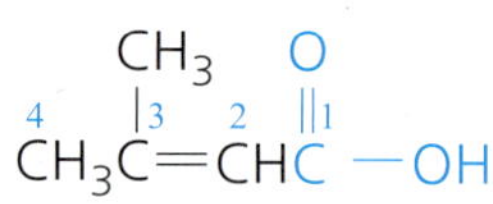 3-Methylbut-2-enoic Acid	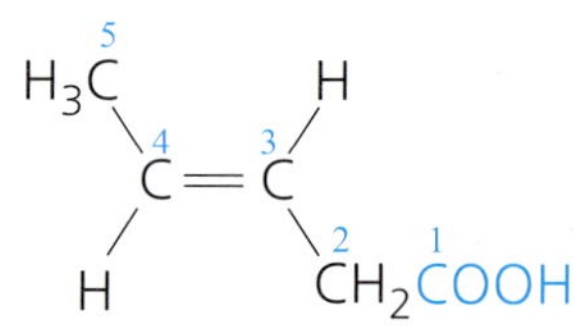 *trans*-Pent-3-enoic Acid
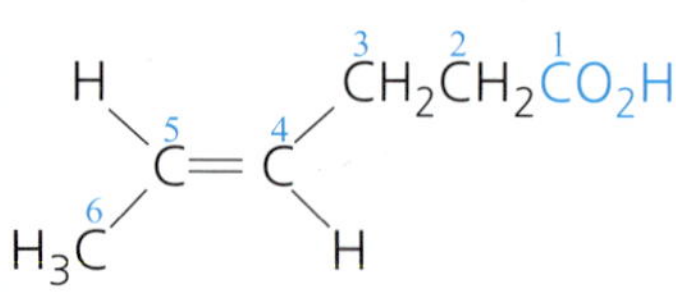 *trans*-hex-4-enoic Acid	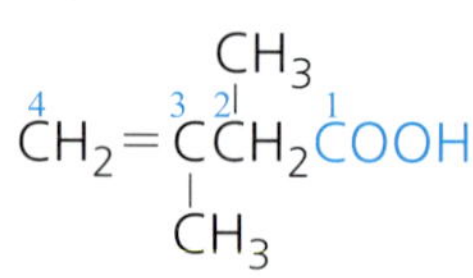 2,3-dimethylbut-3-enoic Acid	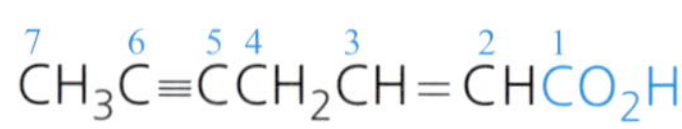 hept-2-en-5-ynoic Acid
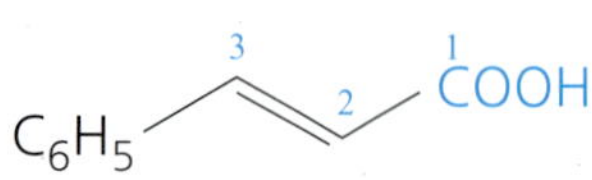 *trans*-3-Phenylpropenoic Acid (Cinnamic Acid)	$CH_3CH_2(CH_2CH{=}CH)_5CH_2CH_2CO_2H$ Eicosapentaenoic Acid (an Omega-3 Fatty Acid)	

(3) 다중 카복시기 카복실산

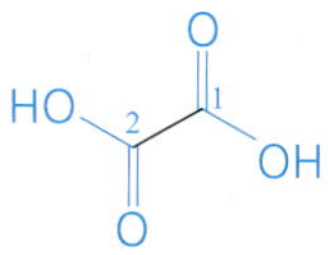 Ethanedioic Acid (Oxalic Acid)	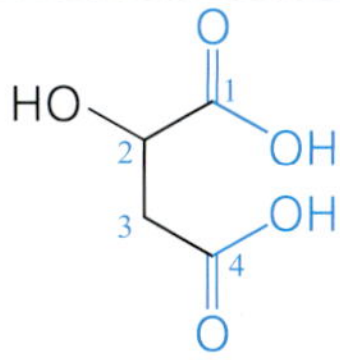 2–Hydroxybutanedioic Acid (Malic Acid)	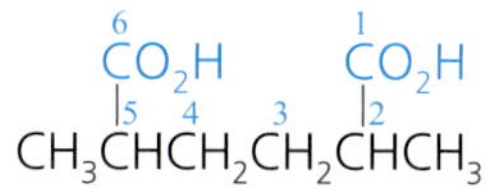 2,5,–Dimethylhexanedioic Acid
$HO_2CCH_2CH_2CH_2CH_2CH_2CO_2H$ Heptanedioic Acid	$HO_2C-CH_2CH_2CH_2-CO_2H$ Pentanedioic Acid	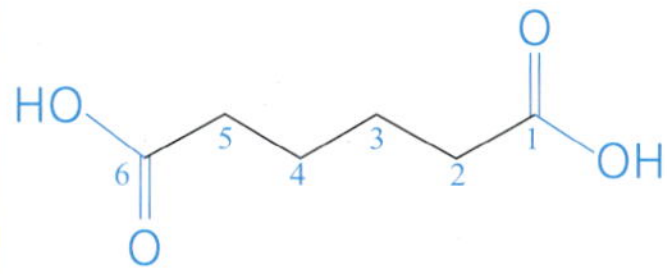 Hexanedioic Acid (Adipic Acid)
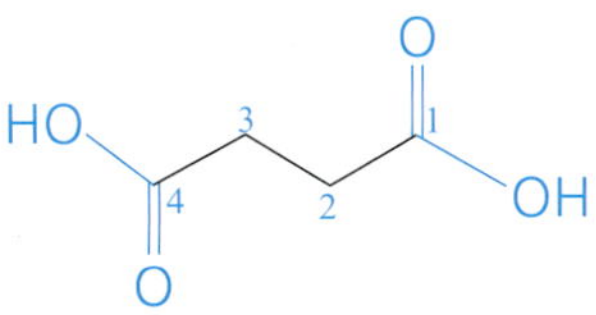 Butanedioic Acid (Succinic Acid)	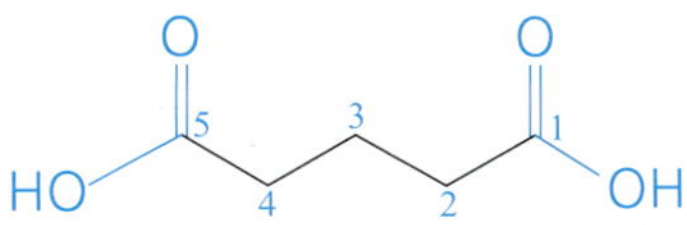 Pentanedioic Acid (Glutaric Acid)	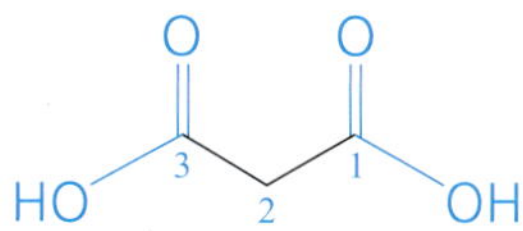 Propanedioic Acid (Malonic Acid)
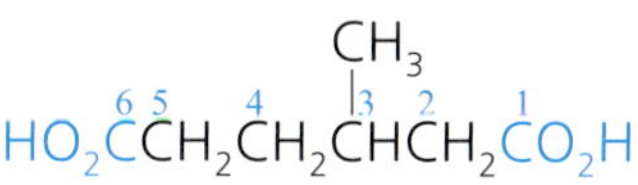 3–Methylhexanedioic Acid	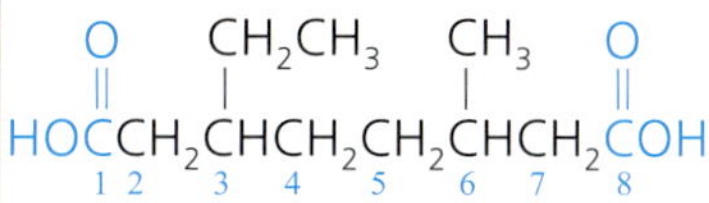 3–Ethyl–6–methyloctanedioc Acid	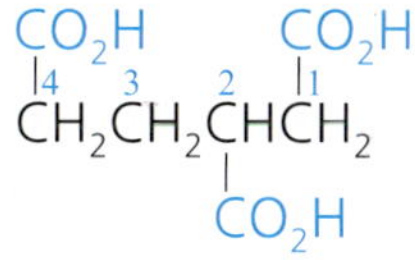 Butane–1,2,4–tricarboxylic Acid
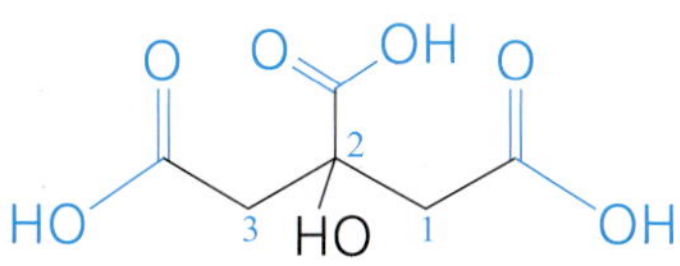 2–Hydroxypropane–1,2,3–tricarboxylic Acid (Citric Acid)		

(4) 타 치환기 카복실산

① 알킬기(메틸, 에틸, 프로필기)

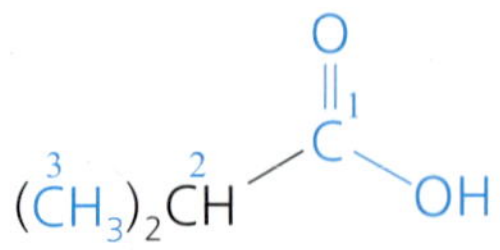 2-Methylpropanoic Acid	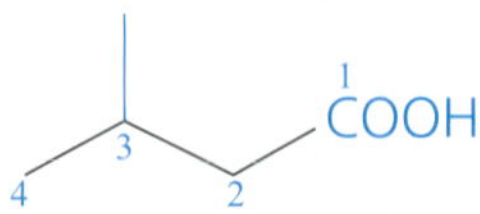 3-Methylbutanoic Acid (Isovaleric Acid)	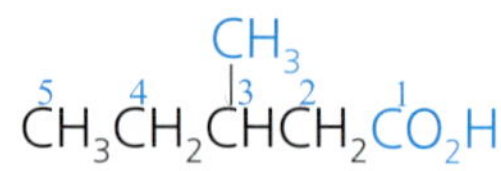 3-Methylpentanoic Acid
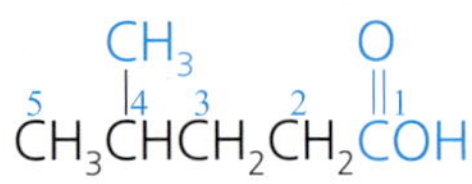 4-Methylpentanoic Acid	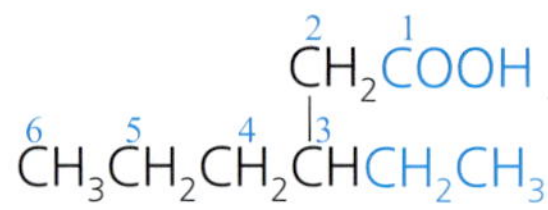 3-Ethylhexanoic Acid	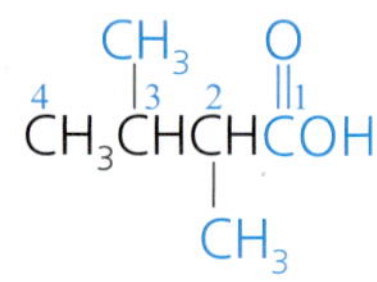 2,3-Dimethylbutanoic Acid
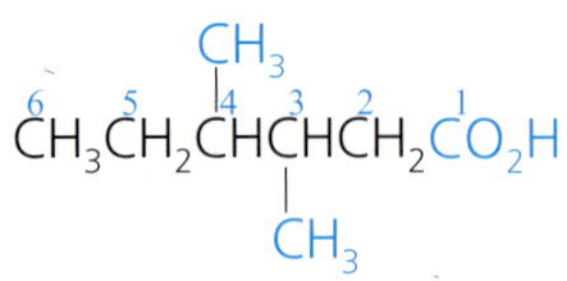 3,4-imethylhexanoic Acid	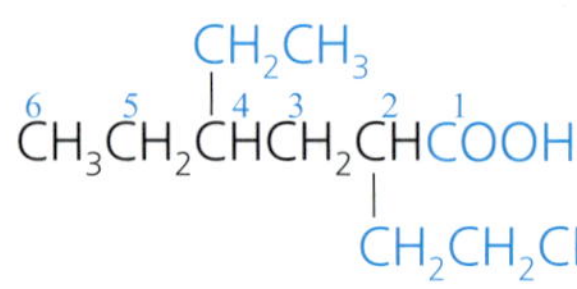 4-Ethyl-2-propylhexanoic Acid	

② 할로젠기

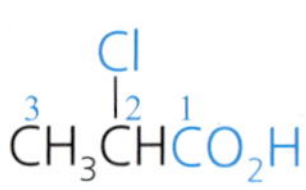 2-Chloropropanoic Acid	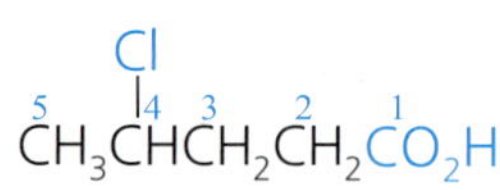 4-chloropentanoic Acid	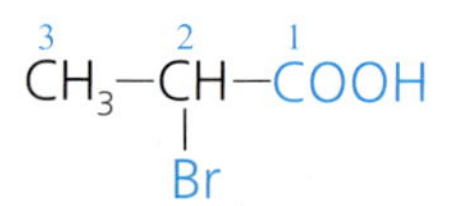 2-Bromopropanoic Acid (α-Bromopropanoic Acid)
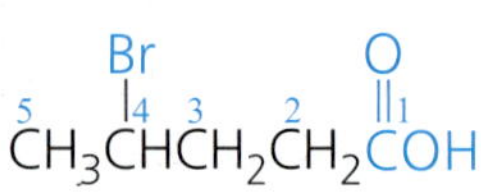 4-Bromopentanoic Acid	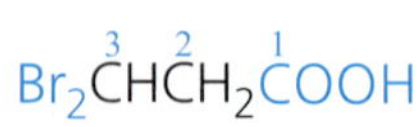 3,3-Dibromopropanoic Acid	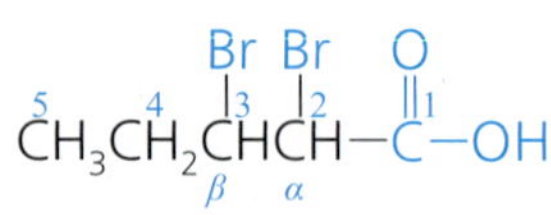 2,3-Dibromopentanoic acid (α,β-Dibromovaleric Acid)

③ 하이드록시기

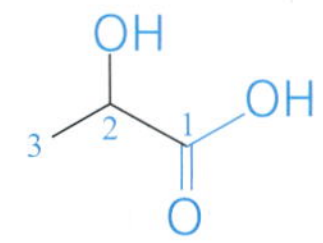 2−Hydroxypropanoic Acid (Lactic Acid)	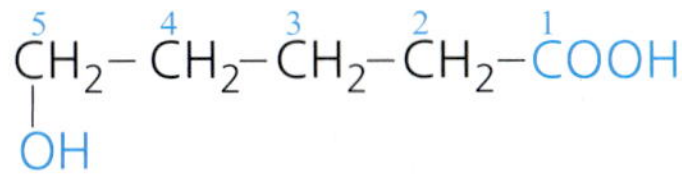 5−Hydroxypentanoic Acid (δ−Hydroxyvaleric Acid)	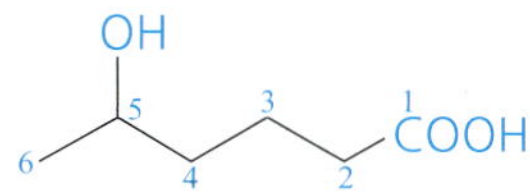 5−Hydroxyhexanoic Acid
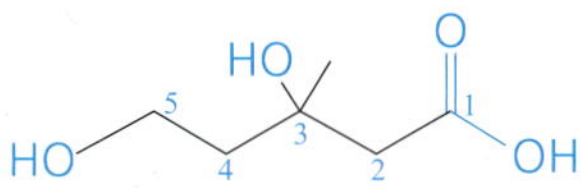 3,5−Dihydroxy−3−methylpentanoic Acid (Mevalonic Acid)		

④ 옥소기

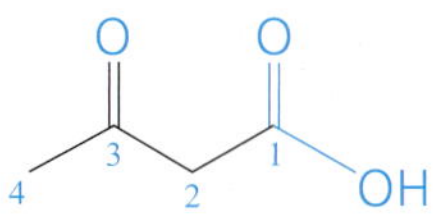 3−Oxobutanoic Acid (β−Ketobutyric Acid, Acetoacetic Acid)	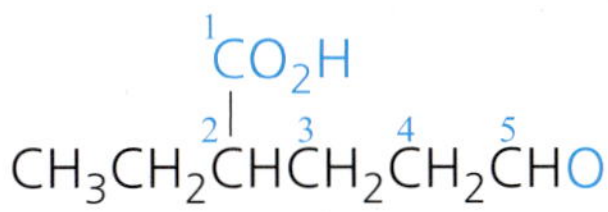 2−Ethyl−5−oxopentanoic Acid	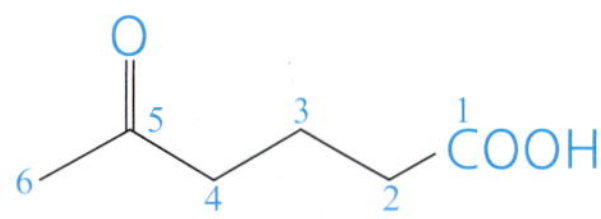 5−Oxohexanoic Acid
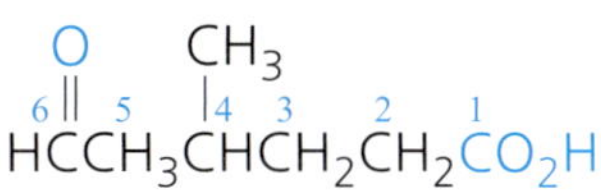 4−Methyl−6−oxohexanoic Acid		

⑤ 아미노기

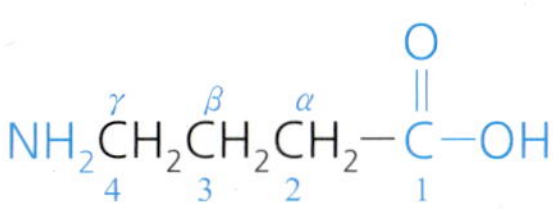 4−Aminobutanoic Acid (γ−Aminobutyric Acid)	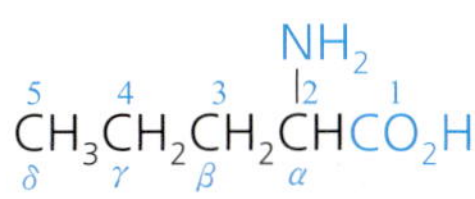 2−Aminopentanoic Acid (α−Aminopentanoic Acid)	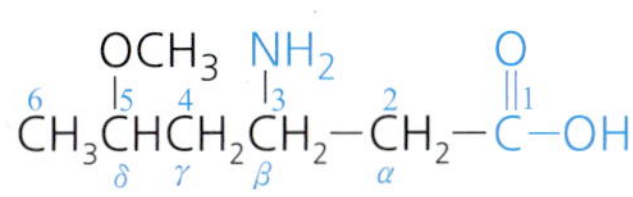 3−Amino−5−methoxyhexanoic Acid (β−Amino−δ−methoxycaproic Acid)

[2] 고리형 카복실산

(1) 고리형 카복실산

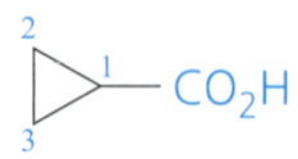 Cyclopropanecarboxylic Acid	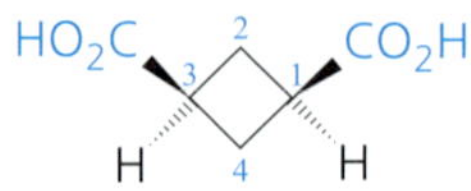 *cis*−Cyclobutane−1,3−Discarboxylic Acid	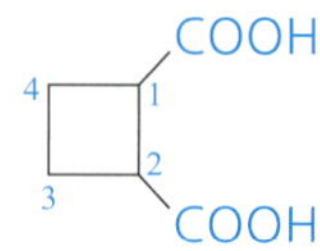 Cyclobutane−1,2−Discarboxylic Acid
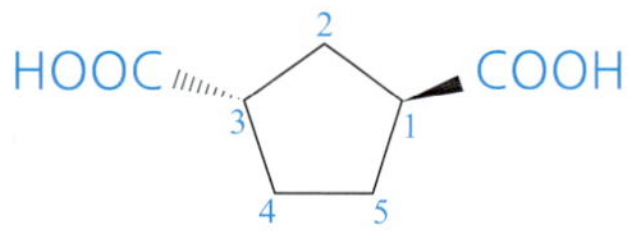 *trans*−1,3−Cyclopentane−dicarboxylic Acid	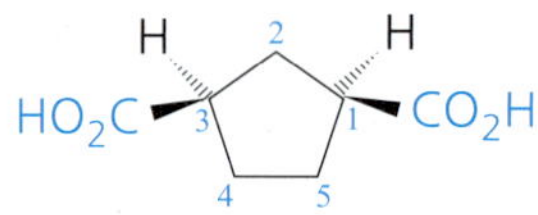 *cis*−1,3−Cyclopentanedicarboxylic Acid	

(2) 고리형 불포화 카복실산

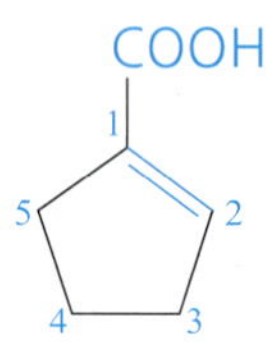 1−Cyclopentenecarboxylic Acid	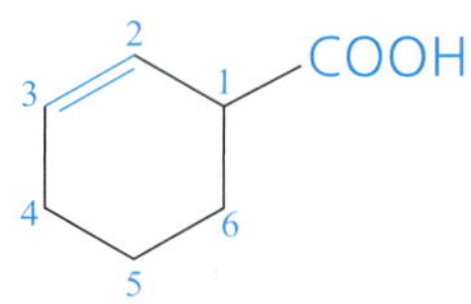 2−Cyclohexenecarboxylic Acid

(3) 타 치환기 고리화 카복실산

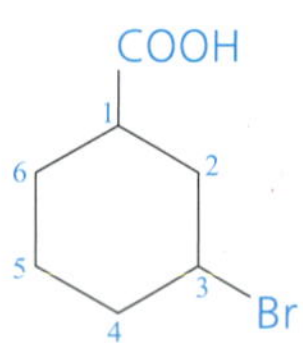 3−Bromocyclohexane carboxylic Acid	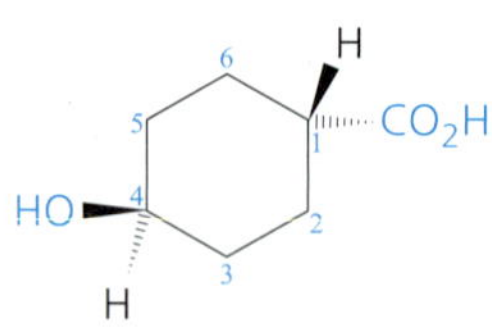 *trans*−Hydroxycyclohexanecarboxylic Acid	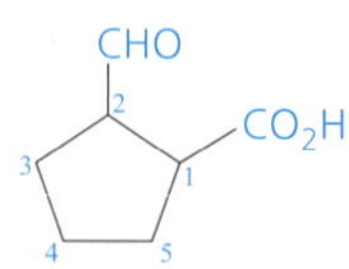 2−Formylcyclopentane carboxylic Acid
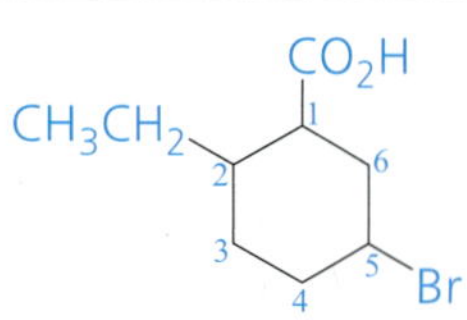 5−Bromo−2−ethylcyclohexane carboxylic Acid		

[3] 방향족 카복실산

(1) 방향족 카복실산

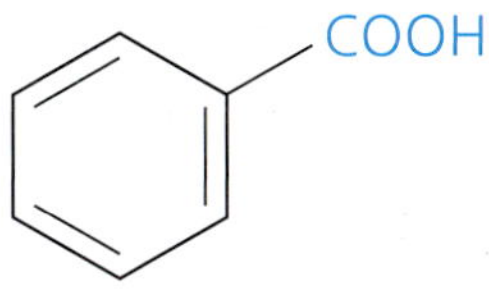 Benzoic Acid (Benzenecarboxylic Acid)	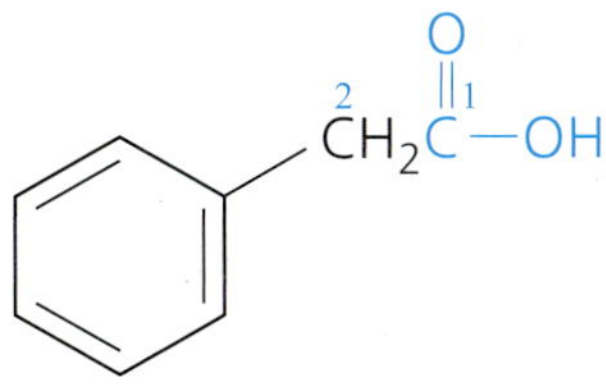 Phenylethanoic Acid

(2) 다중 카복시기 방향족 카복실산

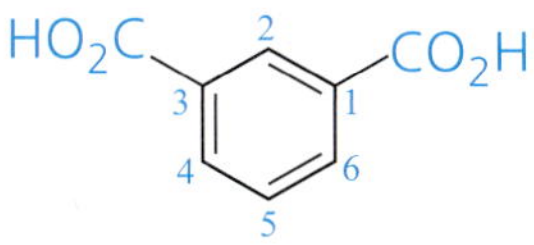 Benzene–1,3–dicarboxylic Acid	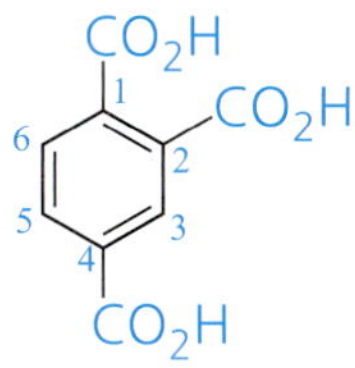 1,2,4–Benzenetricarboxylic Acid	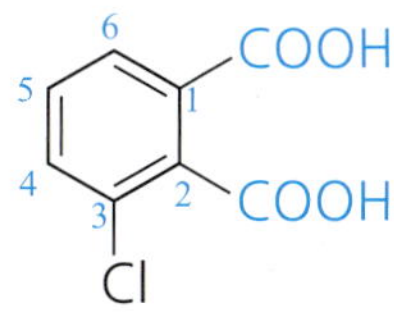 3–Chlorophtahalic Acid

(3) 타 치환기 1개 치환 방향족 카복실산

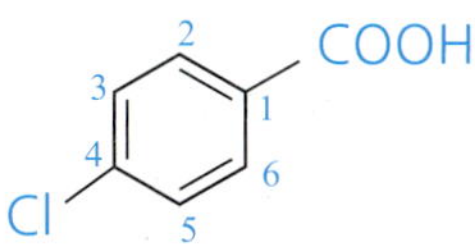 *p*-Chlorobenzoic Acid (4–Chlorobenzenecarboxylic Acid)	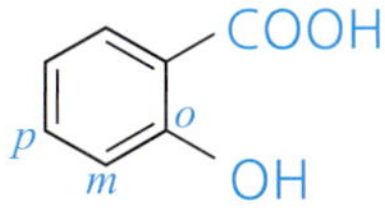 *o*-Hydroxybenzoic Acid	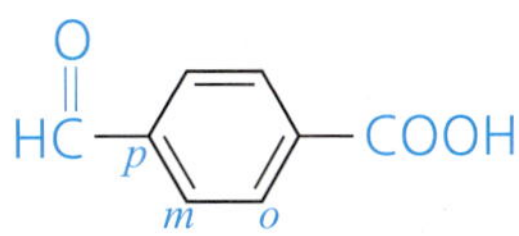 *p*-Formylbenzoic Acid
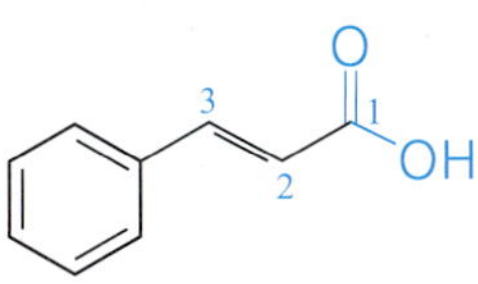 (*E*)-3-Phenylprop-2-enoic Acid (Cinnamic Acid)		

(4) 타 치환기 2개 치환 방향족 카복실산

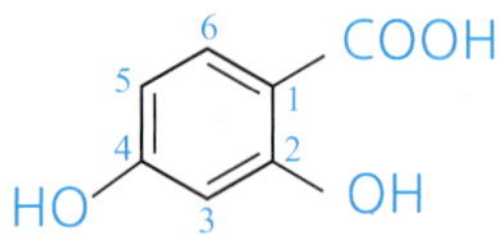 2,4-Dihydroxybenzoic Acid	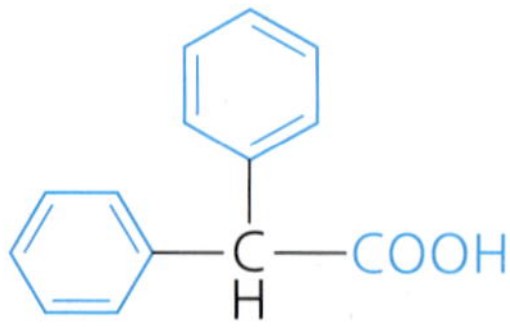 Diphenylacetic Acid	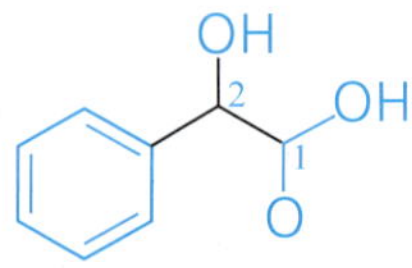 2-Hydroxy-2-phenylethanoic Acid (Mandelic Acid)

14.3.2 산염화물 (RCOX)

아래는 산 염화물의 명명 보기이다.

(1) Cl 염화물

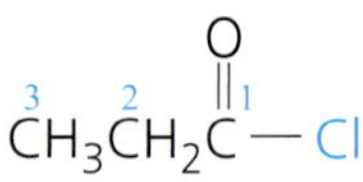 Propanol Chloride (Propionyl Chloride)	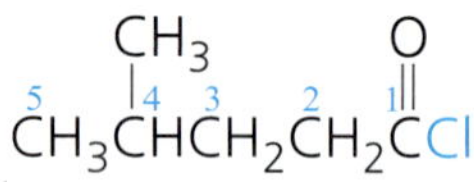 4-Methylpentanoyl Chloride	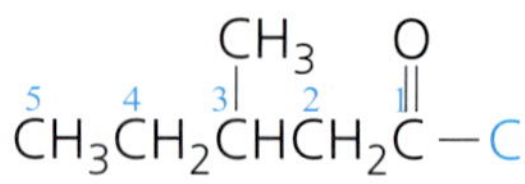 3-Methylpentanoyl Chloride
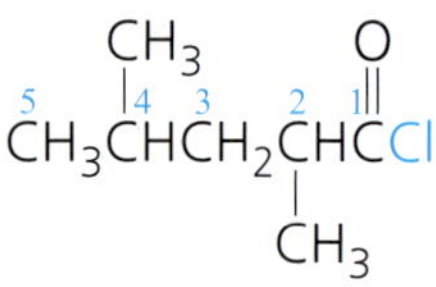 2,4−Dimethylpentanoyl Chloride	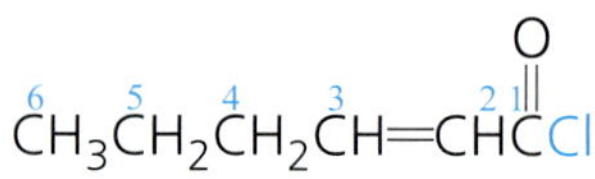 Hex−2−enoyl Chloride	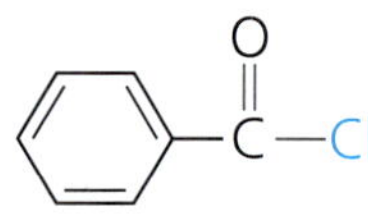 Benzenecarbonyl Chloride

(2) Br 염화물

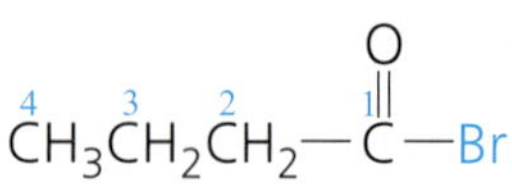 Butanoyl Bromide (Butyryl Chloride)	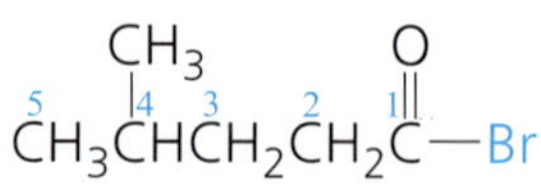 4−Methylpentanoyl Bromide	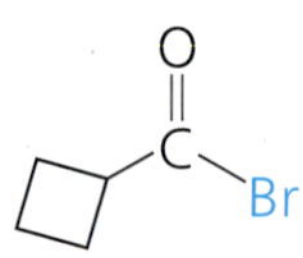 Cyclobutanecarbonyl Bromide

14.3.3 산무수물 (RCO₂COR')

아래는 산무수물의 명명 보기이다.

(1) 지방족 산무수물

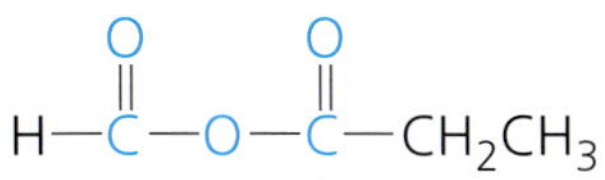 Formic Propanoic Anhydride	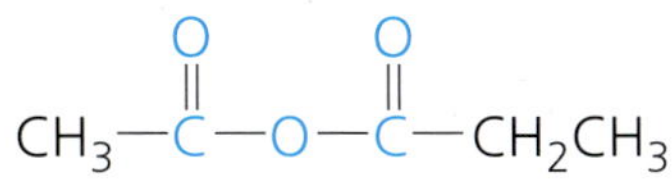 Ethanoic Propanoic Anhydride	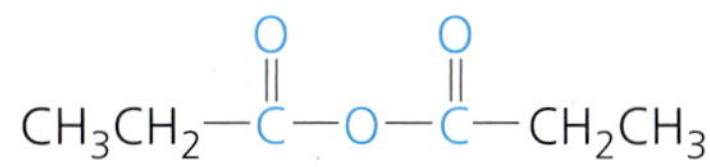 Propanoic Anhydride (Propionic Anhydride)

(2) 방향족 산무수물

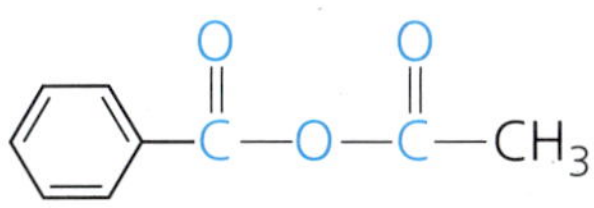 Benzoic Ethanoic Anhydride (Acetic Benzoic Anhydride)	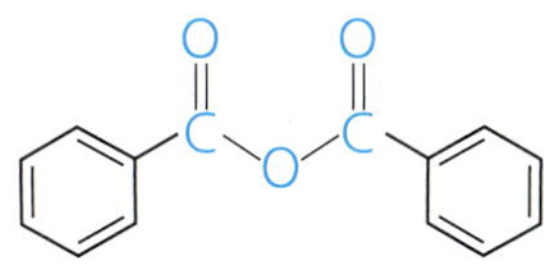 Benzoic Anhydride (벤조산 무수물)	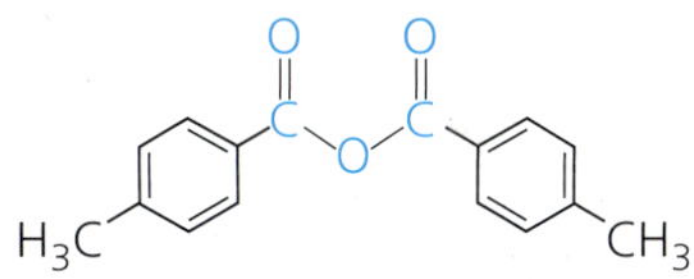 *p*-Methylbenzoic Anhydride

(3) 인산 무수물

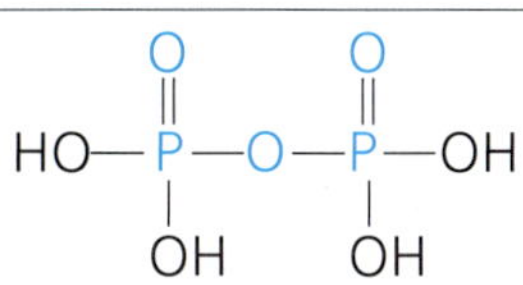 Diphosphoric Acid (Pyrophosphoric Acid)	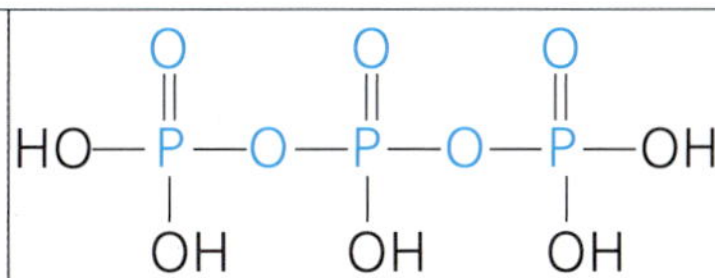 Triphosphoric Acid

14.3.4 에스터 (RCO₂R')

아래는 에스터의 명명 보기이다.

(1) 지방족 에스터

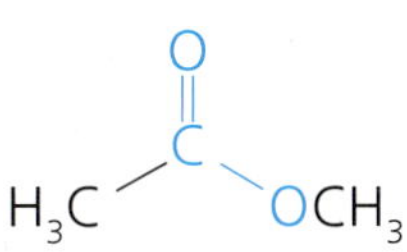 Methyl Acetate	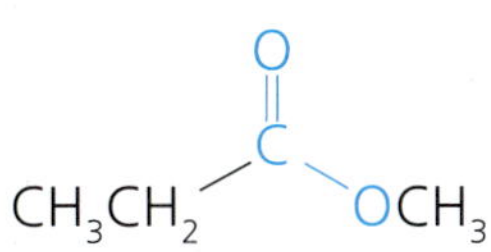 Methyl Propanoate	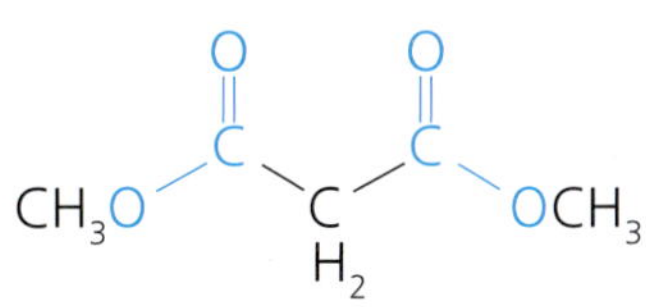 Dimethyl Malonate

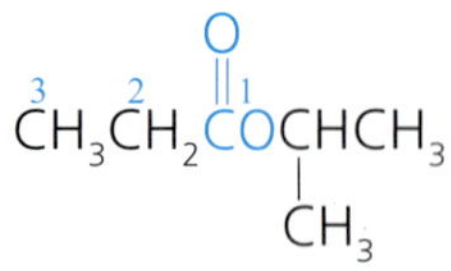 Isopropyl Propanoate	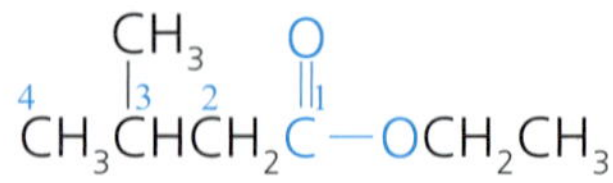 Ethyl 3-Methylbutanoate	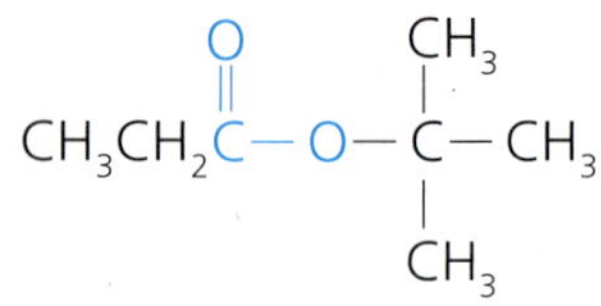 *tert*-Butyl Propanoate
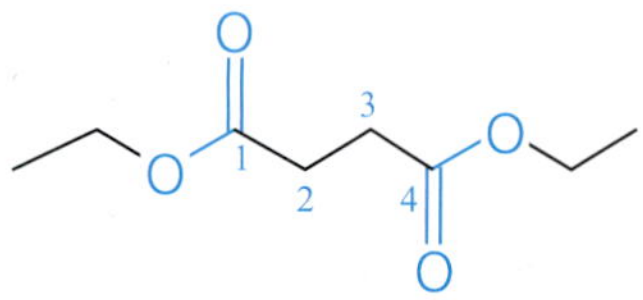 Diethyl Butanedioate (Diethyl Succinate)		

(2) 고리형 에스터

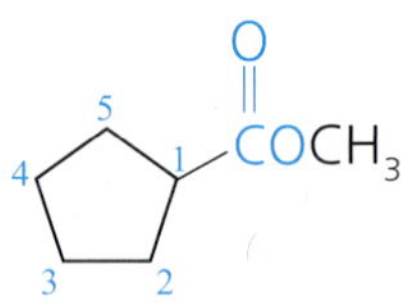 Methyl Cyclopentane Carboxylate	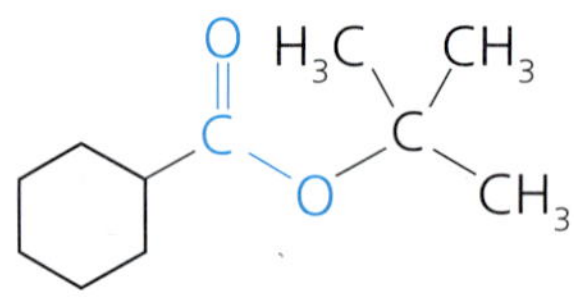 *tert*-Butyl Cyclohexanecarboxylate	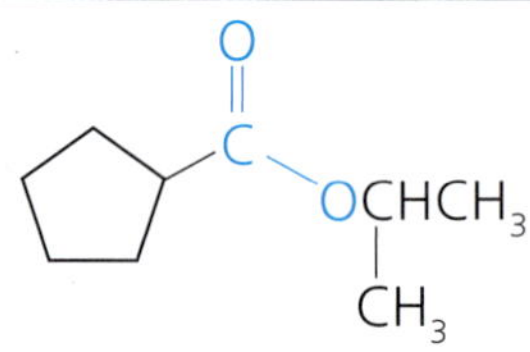 Isopropyl Cyclopentane Carboxylate
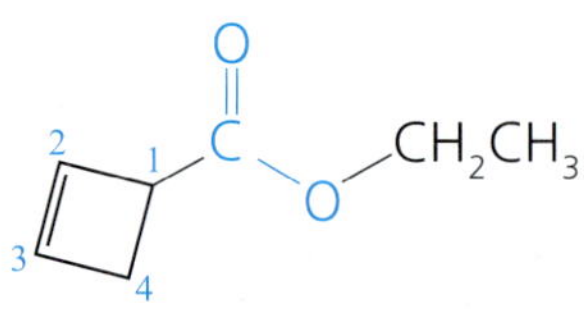 Ethyl Cyclobut-2-ene Carboxylate		

(3) 방향족 에스터

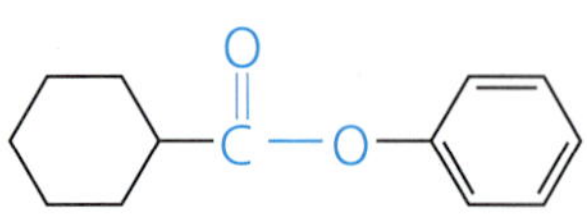 Phenyl Cyclohexane Carboxylate	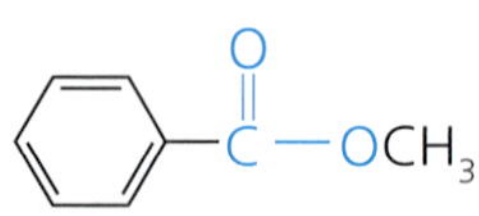 Methyl Benzene Carboxylate (Methyl Benzoate)	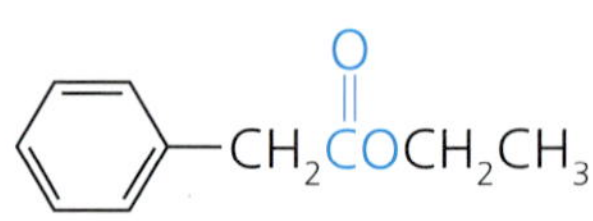 Ethyl 2-Phenylacetate

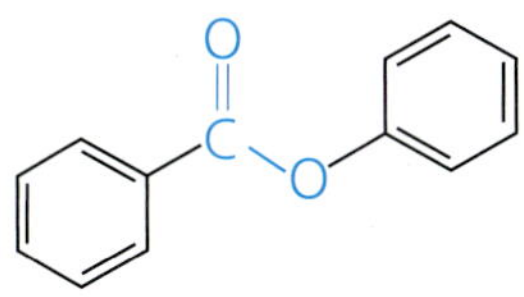

Phenyl Benzoate

(4) 고리형 에스터 (락톤)

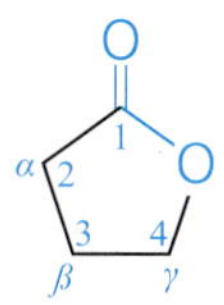

4–Butanolactone
(γ-Lactone)

(5) 인산 에스터

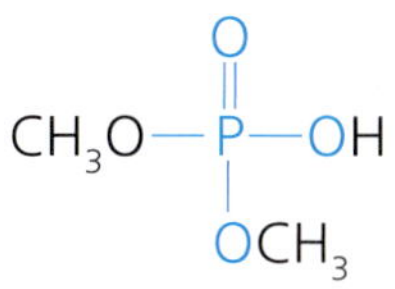 Dimethyl Phosphate	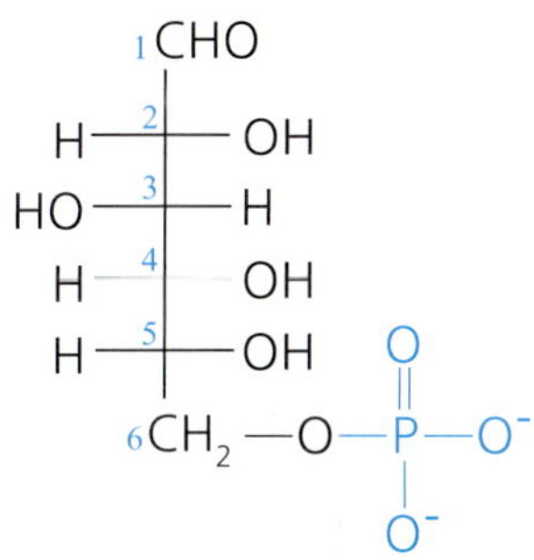 D–Glucose 6–Phosphate	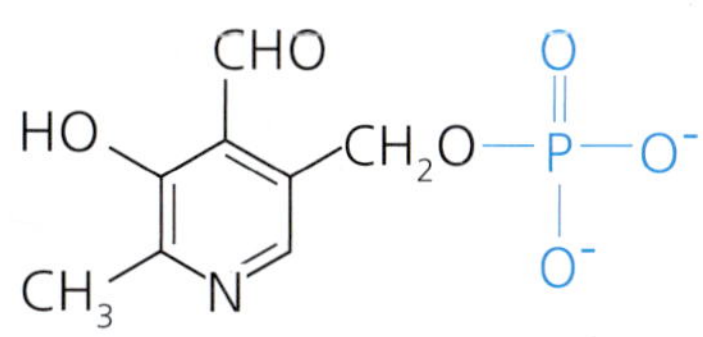 Pyridoxal Phosphate

14.3.5 싸이오에스터 (RCOSR')

다음은 싸이오에스터의 명명 보기이다.

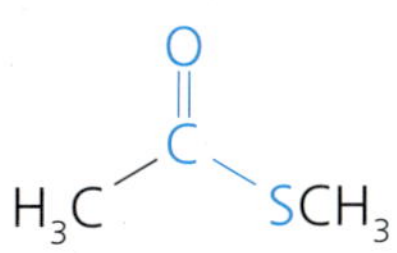 Methyl Thioacetate	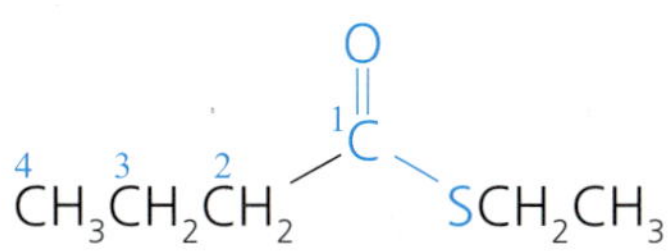 Ethyl Butanethioate	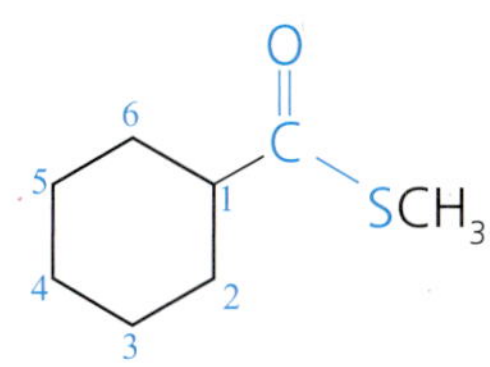 Methyl Cyclohexane Carbothioate

14.3.6 아마이드 (RCONH₂, RCONRR')

아래는 아마이드의 여러가지 명명 보기이다.

(1) 지방족, 고리형, 방향족 1차 아마이드

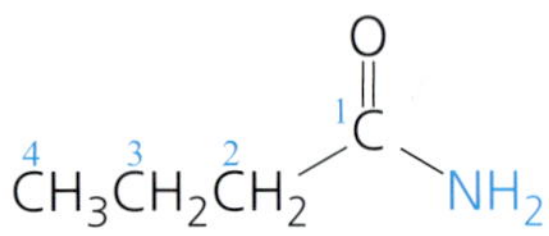 Butanamide	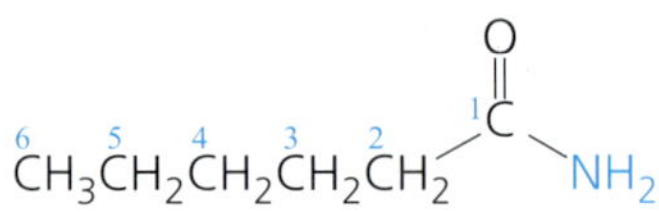 Hexanamide	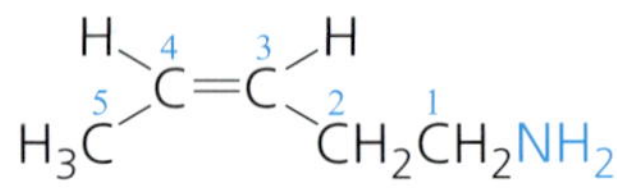 (*Z*)–Pent–3–enamide
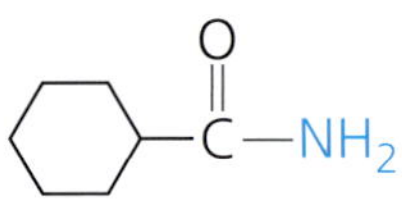 Cyclohexanecarboxamide	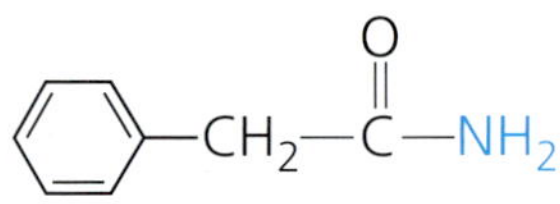 Phenylethanamide (Phenylacetamide)	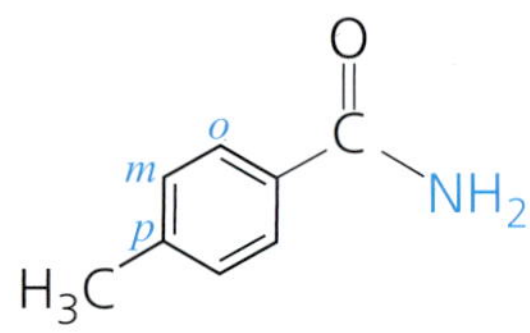 *p*–Methylbenzamide
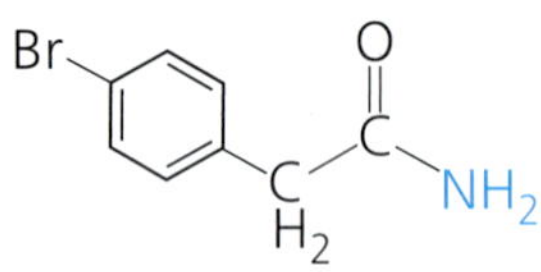 *p*–Bromophenylacetamide	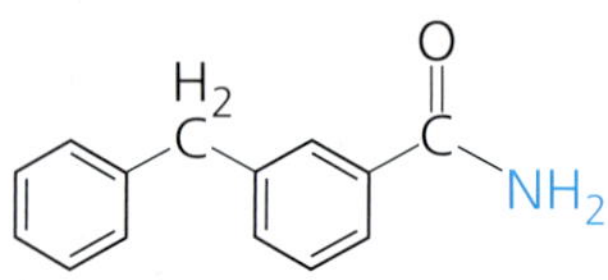 *m*–Benzoylbenzoamide	

(2) 지방족, 고리형, 방향족 2차 아마이드

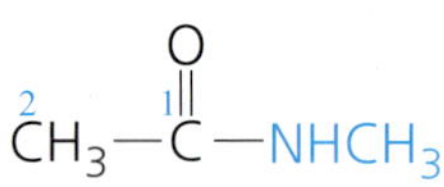 *N*–Methylelethanamide (*N*–Methylacetamide)	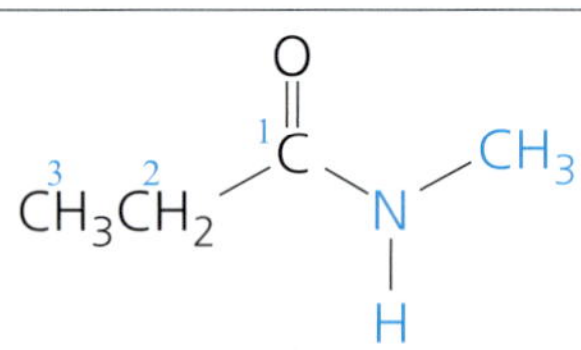 *N*–Methylpropanamide	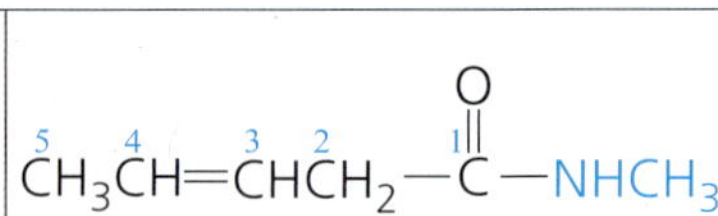 *N*–Methylpent–3–enamide
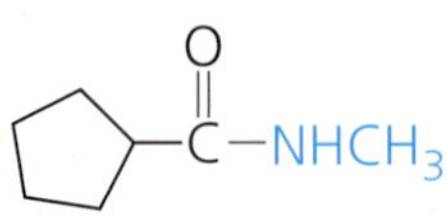 *N*–Methylcyclopentane carboxamide	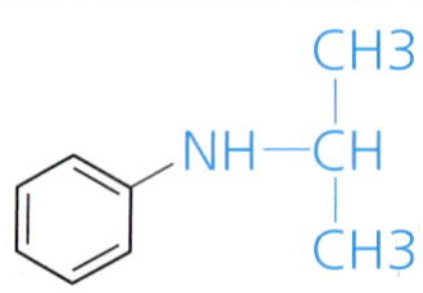 *N*–isopropylbenzamide	

(3) 지방족, 고리형, 방향족 3차 아마이드

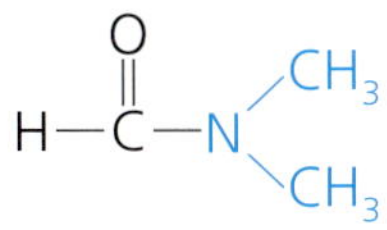 *N,N*−Dimethylmethanamide *N,N*−Dimethylformamide	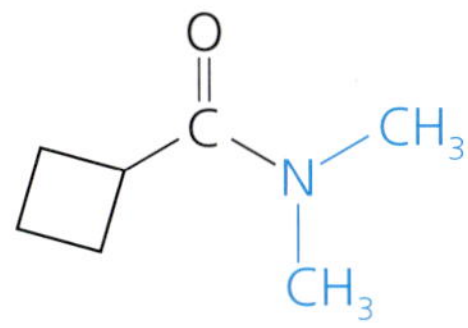 *N,N*−Dimethylcyclobutane Carboxamide	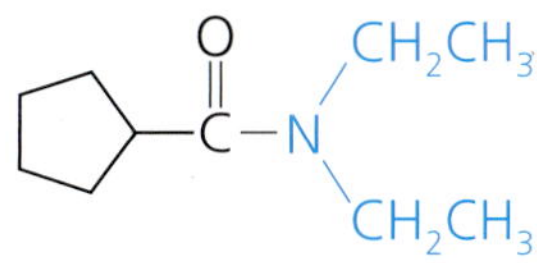 *N,N*−Diethylcyclopentane Carboxamide
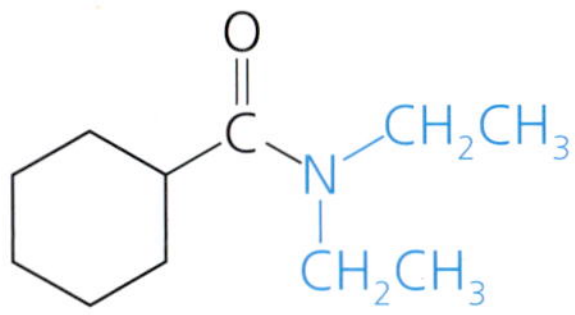 *N,N*−Diethylcyclohexane	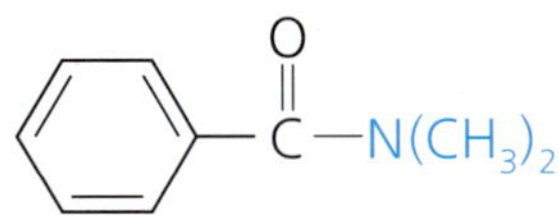 *N,N*−Dimethylbenzamide	

(4) 고리형 아마이드 (락탐)

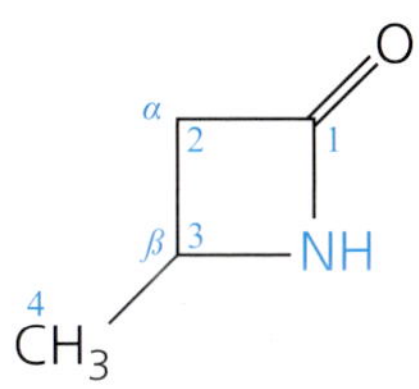 *3*−Butanolactam (*β*−락탐)	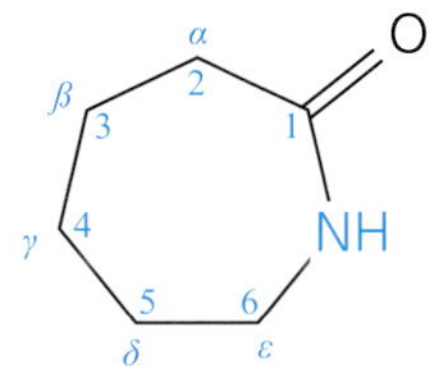 *6*−Hexanolactam (*ε*−락탐)

① 페니실린은 *β*−락탐 계열 항생제이다. 모든 페니실린의 공통적인 구조적 특징은 S 원자 1개와 N 원자 1개를 포함하는 5원자 고리에 융합된 *β*−락탐 고리이다. 그리고 페니실린들은 카보닐 탄소에 붙은 아실기가 다르다.

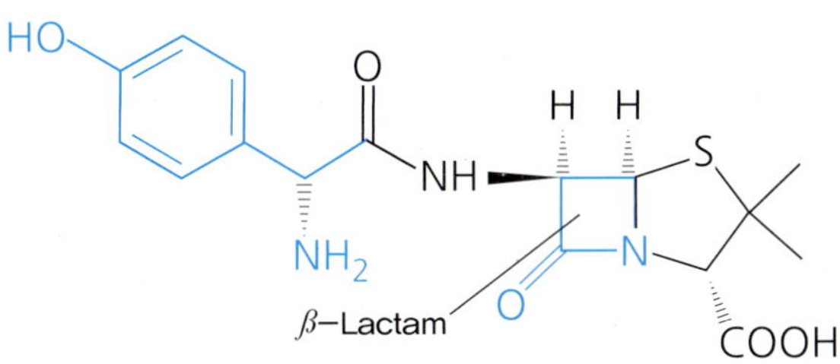

Amoxicillin
(*β*−락탐 항생제)

② 다음의 세팔로스포린도 β-락탐 항생 물질이다. 세팔로스포린(상품명: Keflex)의 구조적 특징은 카보닐 탄소에 붙은 아실기가 다르고 6각형 고리 탄소에 붙은 작용기(-CH_3)가 다르다.

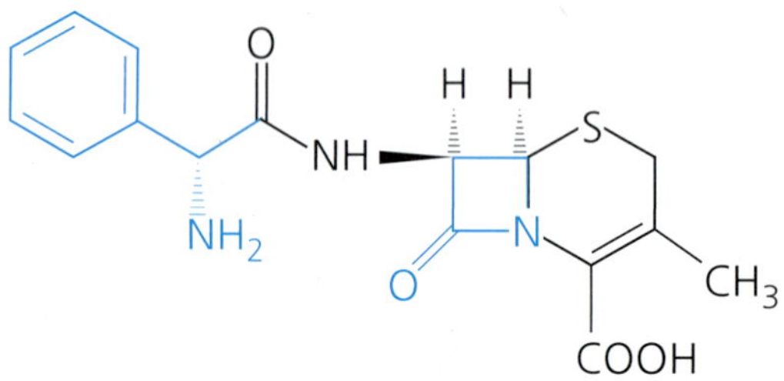

Cephalosporin
(β-락탐 항생제)

14.3.7 나이트릴(RC≡N)

다음은 나이트릴의 명명 보기이다.

(1) 지방족 나이트릴

$\overset{2}{C}H_3\overset{1}{C}{\equiv}N$ Ethanenitrile (Acetonitrile Methyl Cyanide)	$\overset{3}{C}H_3\overset{2}{C}H_2\overset{1}{C}{\equiv}N$ Propanenitrile	CH_3 (C4), ^{1}CN (C2) $\overset{5}{C}H_3\overset{4}{C}H\overset{3}{C}H_2\overset{2}{C}HCH_3$ 2,4–Dimethylpantanenitrile
CH_3 (C2) $\overset{4}{C}H_3\overset{3}{C}H_2\overset{2}{C}H\overset{1}{C}{\equiv}N$ 2–Methylbutanenitrile (α–Methylbutyronitrile *sec*–Butyl Cyanide)	$\overset{6}{C}H_3\overset{5}{C}H_2\overset{4}{C}H{=}\overset{3}{C}H\overset{2}{C}H_2\overset{1}{C}N$ Hex–3–enenitrile	CH_3 (C4) $\overset{5}{C}H_3\overset{4}{C}H\overset{3}{C}H_2\overset{2}{C}H_2\overset{1}{C}N$ 4–Methylpentanenitrile
CH_3 (C4) $\overset{6}{C}H_3\overset{5}{C}H_2\overset{4}{C}H\overset{3}{C}H_2\overset{2}{C}H_2\overset{1}{C}{\equiv}N$ 4–Methylhexanenitrile	CH_3 (C4) $\overset{6}{C}H_3\overset{5}{C}H_2\overset{4}{C}\overset{3}{C}H_2\overset{2}{C}H_2\overset{1}{C}N$ CH_3 (C4) 4,4–Dimethylthexanenitrile	

(2) 고리형 나이트릴

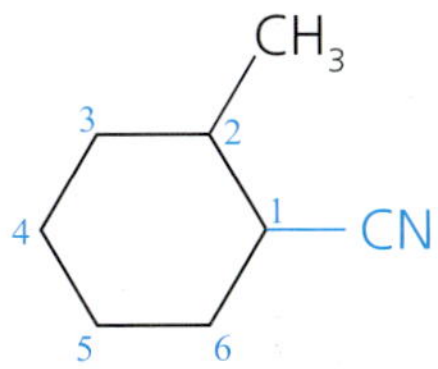 2-Methylcyclohexane Carbonitrile	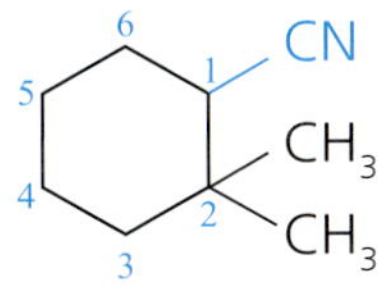 2,2-Dimethylcyclohexane Carbonitrile	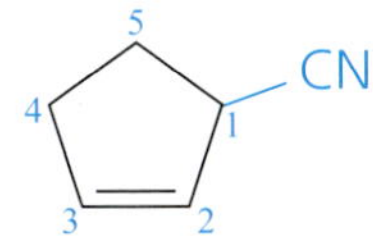 Cyclopent-2-ene Carbonitrile

(3) 방향족 나이트릴

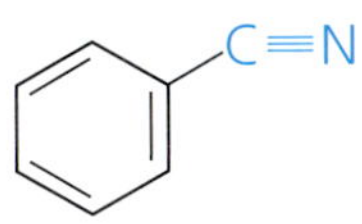 Benzonitrile (Benzenecarbonitrile Phenyl Cyanide)	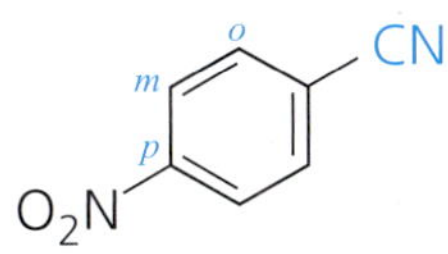 *p*-Nitrobenzonitrile	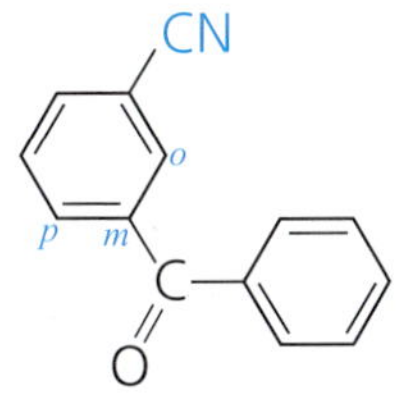 *m*-Benzoylbenzonitrile

14.4 카복실산과 그 유도체의 물리적 성질

알코올에서와 같이 카복실산은 물과 수소결합을 형성한다. 또한 대부분의 카복실산은 2분자가 수소결합으로 고리형 이량체(Dimer)를 형성한다.

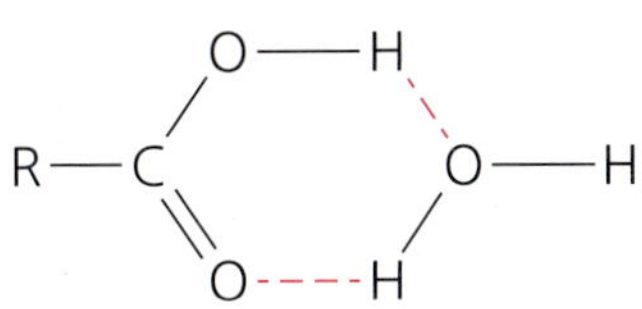

물과 수소결합

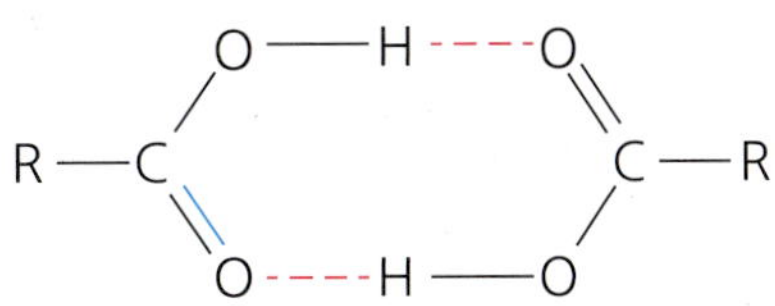

카복실산 이량체

카복실산의 이와 같은 강한 수소결합은 끓는점에 영향을 미쳐 카복실산은 비슷한 분자량을 가진 알코올보다 끓는점이 높다. 예를 들면 분자량이 서로 같은 아세트산은 119℃, 프로판-2-올은 97℃에서 끓는다. 또한 탄소수 4개까지의 저분자 카복실산이 물에 잘 녹는 이유도 수소결합 때문이다. 카복실산은 자연에서 많이 발견된다. 아세트산은 식초(Vinegar)의 주된 유기성분이다. 아세트산은 녹는점이 17℃로 상온에서 얼어 빙초산(Glacial Acetic Acid)이라고 한다. 식초는 아세트산이 4~5% 정도 들어 있으며 독특한 향기와 냄새가 난다.

14.4.1 카복실산의 산도

카복실산은 알코올과 비교할 때 양성자(H^+)를 쉽게 내주어 산도가 더 높다. 이것은 짝염기의 안정도 차이 때문이다. 알코올의 경우 짝염기인 알콕사이드 음이온의 산소 원자에 음전하의 전자 밀도가 몰려(편재화) 있지만 카복실산은 짝염기인 카복실산 음이온은 공명에 의해 음전하의 전자 밀도가 비편재화 될 수 있기 때문에 안정화되어 있다. 그 결과 카복실산 짝염기의 염기도는 알콕사이드의 음이온보다 낮아져서 H^+의 해리가 더 잘 일어나게 된다. 즉 산도가 증가한다.

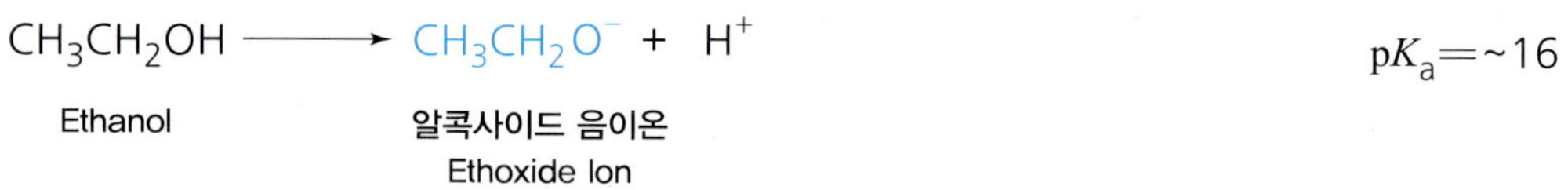

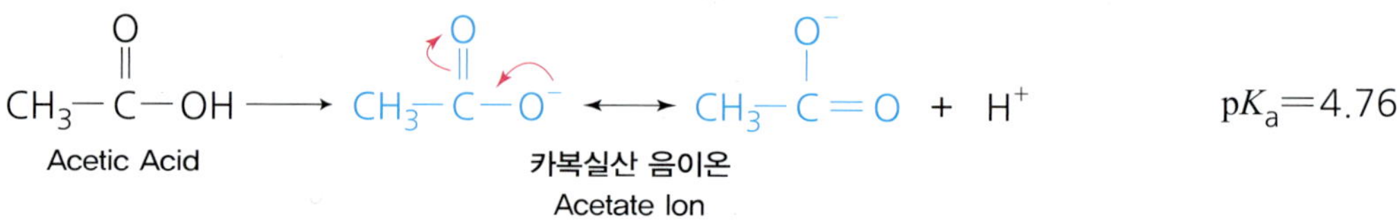

14.4.2 카복실산의 산도에 영향을 주는 인자

카복실산의 산도 크기는 카복시기(–COOH) 인근에 붙어 있는 치환기의 전자 유발 효과에 영향을 받는다. 전자를 끄는 치환기는 짝염기를 안정화(음전하 전하 밀도를 감소) 시킴으로써 짝산의 산도를 증가시킨다(–I 효과). 전자를 주는(미는) 치환기는 짝염기의 전하를 증가시킴으로서 짝산의 산도를 감소시킨다(+I 효과). 예를 들어 아래 3가지 카복실산의 산도의 차이는 카복시기의 α 탄소에 붙어 있는 치환기의 전자 유발 효과 차이 때문이다. 즉 전기음성도가 H보다 큰 Cl기는 짝염기인 카복실산 음이온의 음전하를 끌어당겨 음전하 밀도를 감소(짝염기 안정도 증가, 짝염기 염기도 감소) 시켜서 H^+를 잘 떨어져 나가게 한다. 따라서 산도가 증가한다. 반면에 전자를 주는 메틸기는 카복실산 음이온의 음전하 밀도를 증가시켜 H^+의 떨어져 나감을 어렵게 하여 산도를 감소시킨다.

표 14.5 카복실산 치환기와 산도

카복실산	$ClCH_2CO_2H$	CH_3CO_2H	$(CH_3)_3CO_2H$
구조식	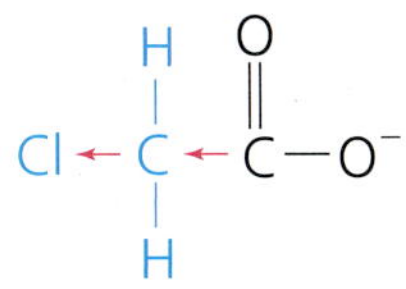	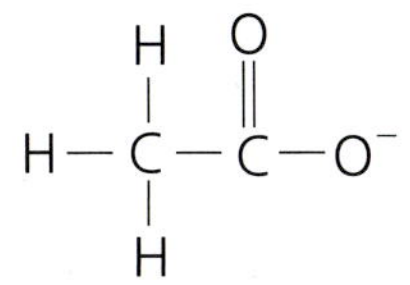	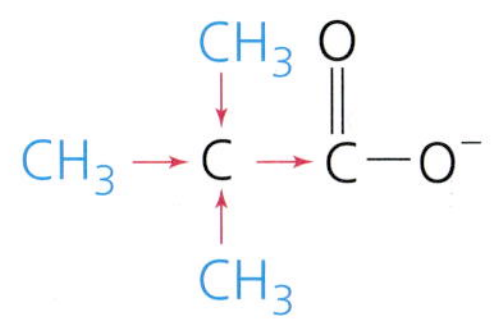
산도	$pK_a = 2.8$	$pK_a = 4.8$	$pK_a = 5.1$

이러한 전자 유발 효과에 의한 산도의 세기는 치환기의 전기음성도 세기, 치환기 개수, 치환된 위치 등에 영향을 받는다.

(1) 전기음성도가 큰 치환기일수록 강한 산도를 나타낸다.

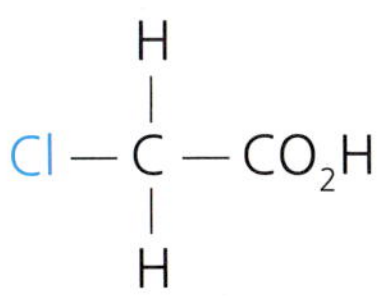

$pK_a = 2.8$

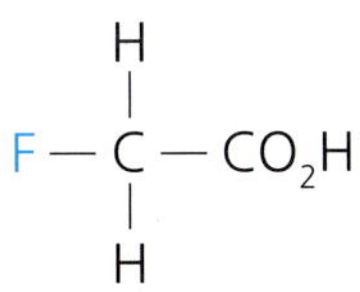

$pK_a = 2.6$

(2) 전기음성도가 큰 치환기의 수가 많을수록 강한 산도를 나타낸다.

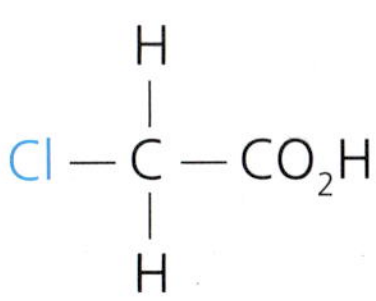

$pK_a = 2.8$

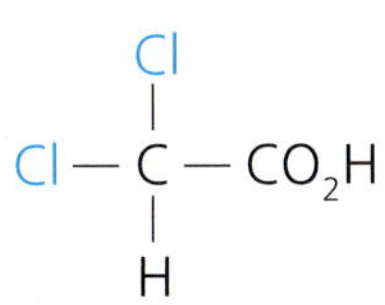

$pK_a = 1.3$

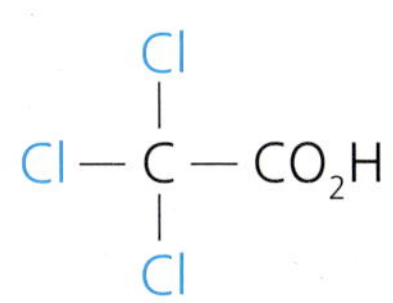

$pK_a = 0.9$

(3) 전기음성도가 큰 치환기가 카복시기에 가깝게 위치할수록 강한 산도를 나타낸다.

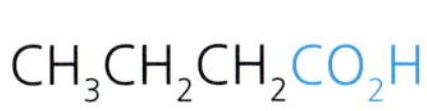

$pK_a = 5.0$

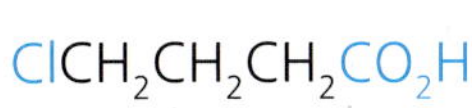

$pK_a = 4.5$

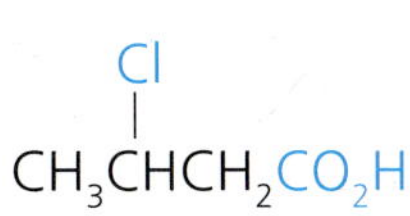

$pK_a = 4.1$

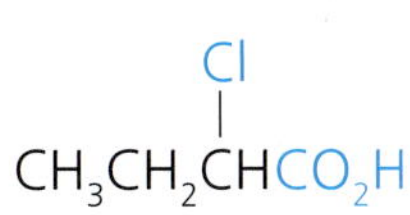

$pK_a = 2.9$

카복실산의 산도에 영향을 미치는 치환기의 전자 유발 효과는 다음과 같다. 즉 pK_a값이 작을수록 산도가 증가한다. 이 산도 증가는 짝염기 안정도 증가와 같으며 짝염기의 염기도 감소를 의미한다.

$pK_a = 2.8$

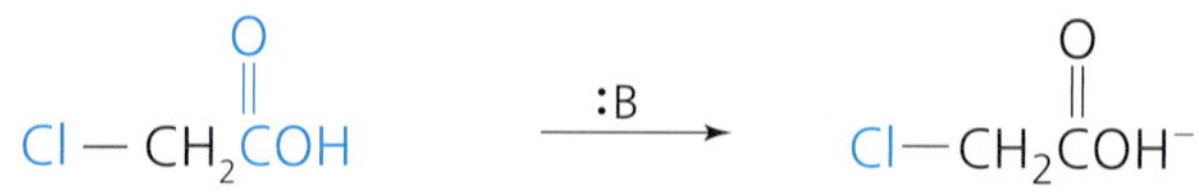

α Chloroacetic Acid

$pK_a = 4.8$

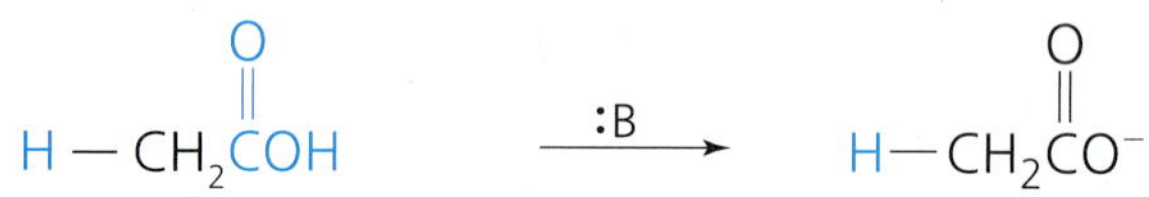

Acetic Acid

$pK_a = 5.1$

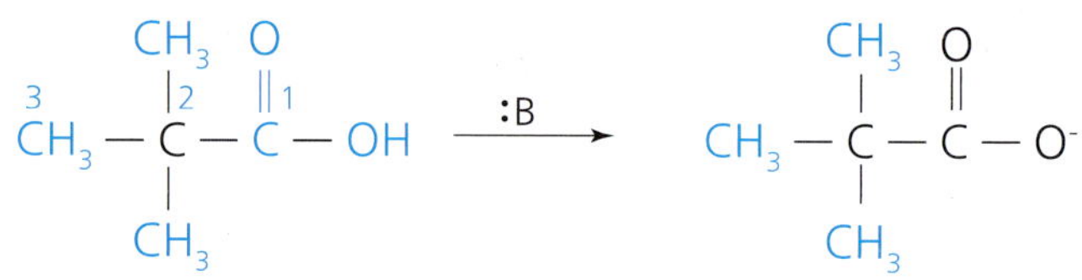

2,2–Dimethylpropanoic Acid
(Trimethylacetic Acid)

방향족 카복실산에서는 치환기로 전자를 주는기(G) 예를 들면 R, NHCOR, OR, OH, NH_2, NHR, NR_2로 치환될 경우 산도는 감소한다. 한편 전자를 끄는기(W)인 X, CHO, COR, CO_2R, CO_2H, CN, SO_3H, NO_2, N^+R_3가 치환될 경우는 산도가 증가한다.

표 14.6 방향족 카복실산 치환기와 산도

치환기 (G:전자주기 W:전자끌기)	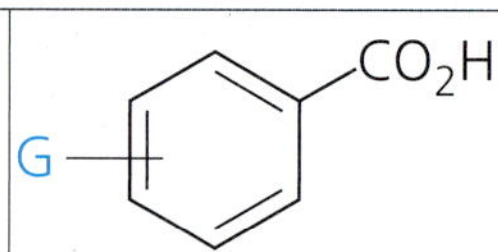	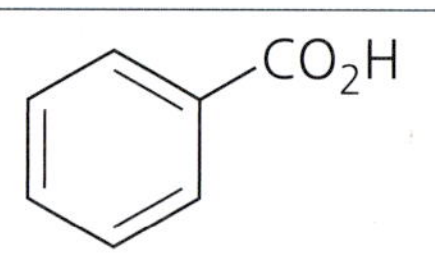	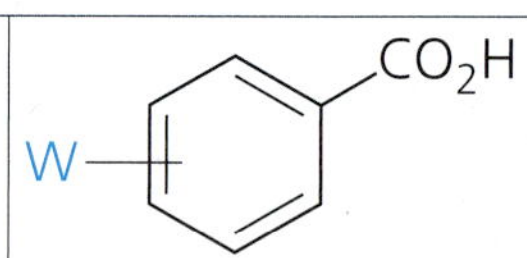
산도	$pK_a > 4.2$	$pK_a = 4.2$	$pK_a < 4.2$

14.4.3 다이카복실산의 산도

다이카복실산의 산도는 첫 번째 수소 이온(양성자)의 해리가 더 크므로 산도가 더 높다. 그 이유는 짝염기인 카복실산 음이온의 전자끌기 효과 때문이다.

$$HO_2C - CO_2H + H_2O \rightleftharpoons HO_2C - CO_2^- + H_3O^+ \qquad pK_{a1} = 1.2$$

$$HO_2C - CO_2^- + H_2O \rightleftharpoons {}^-O_2C - CO_2^- + H_3O^+ \qquad pK_{a2} = 4.2$$

몇가지 다이카복실산의 pK_a값은 다음과 같다.

표 14.7 다이카복실산의 산도

다이카복실산	IUPAC명	관용명	pK_{a1}	pK_{a2}
HO_2C-CO_2H	Ethanedioic Acid	Oxalic Acid	1.2	4.2
$HO_2CCH_2CO_2H$	Propanedioic Acid	Malonic Acid	2.9	5.7
$HO_2C(CH_2)_2CO_2H$	Butanedioic Acid	Succinic Acid	4.2	5.5
$HO_2C(CH_2)_3CO_2H$	Pentanedioic Acid	Glutaric Acid	4.4	5.4
cis-$HO_2CCH=CHCO_2H$	cis-Butenedioic Acid	Maleic Acid	1.9	5.1
trans-$HO_2CCH=CHCO_2H$	trans-Butenedioic Acid	Fumaric Acid	3.0	4.4
$C_6H_4(CO_2H)_2$	1,2-Benzenedicarboxylic Acid	Phthalic Acid	2.9	5.4

14.4.4 카복실산의 물에 대한 용해도

탄소 원자의 수가 4 개 미만인 카복실산- Formic Acid, Acetic Acid, Propionic Acid, Butyric Acid은 물에 잘 녹으나 탄소 원자의 수가 증가할수록 용해도는 감소한다. 이유는 친유성 부분이 증가하기 때문이다. 방향족산의 경우는 물에 거의 녹지 않는다. 몇 가지 카복실산의 물리적 성질은 다음 표와 같다.

표 14.8 몇 가지 카복실산의 물리적 성질

구조	관용명	물에 용해도 g/ml, 25℃	끓는점, ℃	pK_a
HCO_2H	Formic Acid	무한대	100.5	3.8
CH_3CO_2H	Acetic Acid	무한대	118	4.8
$CH_3CH_2CO_2H$	Propionic Acid	무한대	141	4.9
$CH_3(CH_2)_2CO_2H$	Butyric Acid	무한대	164	4.8
$CH_3(CH_2)_3CO_2H$	Valeric Acid	4.97	187	4.8
$ClCH_2CO_2H$	Chloroacetic Acid	매우 잘 녹음	189	2.8
Cl_2CHCO_2H	Dichloroacetic Acid	매우 잘 녹음	192	1.3
Cl_3CCO_2H	Trichloroacetic Acid	매우 잘 녹음	198	0.9
$CH_3CHClCO_2H$	α-Chloropropionic Acid	녹음	186	2.8
$ClCH_2CH_2CO_2H$	β-Chloropropionic Acid	녹음	204	4.0
$(CH_3)_3CCO_2H$	Trimethylacetic Acid	2.50	164	5.1
$C_6H_5CO_2H$	Benzoic Acid	0.34	(122)	4.2
p-$CH_3C_6H_4CO_2H$	*p*-Methylbenzoic Acid	0.03	(180)	4.4
p-$NO_2C_6H_4CO_2H$	*p*-Nitrobenzoic Acid	0.03	(242)	3.4

주 ( )는 녹는점

14.4.5 카복실산과 그 유도체의 끓는점

카복실산은 극성을 띤 C-O결합과 O-H결합을 가지고 있어 쌍극자-쌍극자 상호작용을 나타내는 동시에 2군데에서 수소결합도 할 수 있기 때문에 2분자가 이량체(Dimer)를 이루고 있다. 따라서 비슷한 분자량을 가진 다른 화합물보다 끓는점이 훨씬 높다.

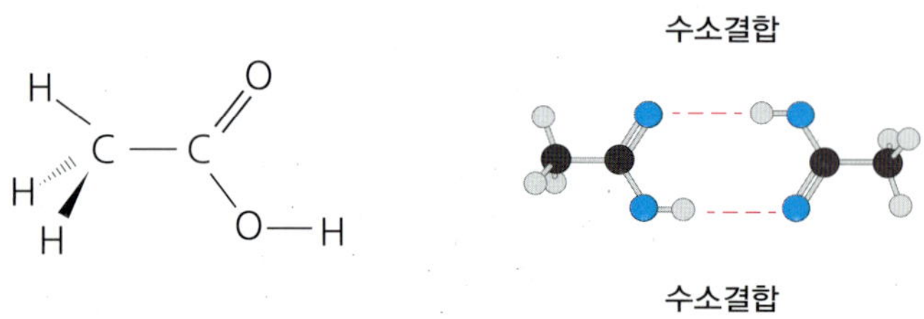

표 14.9 카복실산의 끓는점 비교

	$CH_3CH_2CH_2CH_3$ (알케인)	CH_3CH_2CHO (알데하이드)	$CH_3CH_2CH_2OH$ (알코올)	CH_3CO_2H (카복실산)
분자량	58	58	60	60
끓는점(℃)	0	48	97	118

한편 카복실산 유도체 중 산염화물과 에스터는 극성 화합물이긴 하지만 산소 원자에 결합된 수소 원자가 없기 때문에 수소 결합을 할 수 없다. 따라서 이들 화합물의 끓는점은 수소 결합을 하는 알코올 또는 카복실산의 끓는점보다 훨씬 낮고 비슷한 분자량을 가진 알데하이드 또는 케톤과 비슷하거나 보다 낮다. 반면에 아마이드와 나이트릴의 경우는 이들의 강한 쌍극자-쌍극자 상호작용 때문에 끓는점이 매우 높다.

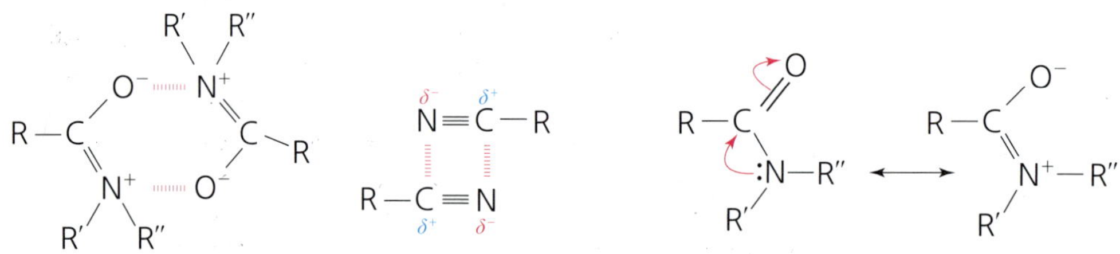

아마이드 나이트릴

쌍극자-쌍극자 상호작용

아마이드 공명 기여 구조

표 14.10 카복실산 유도체의 끓는점

유도체	$CH_3-C(=O)-Cl$	$CH_3-C(=O)-OCH_3$	$CH_3CH_2-C(=O)-CH_3$	$CH_3CH_2-C(=O)-NH_2$	$CH_3CH_2CH_2-C{\equiv}N$
	산염화물	에스터	케톤	아마이드	나이트릴
분자량	78.5	74	72	73	69
끓는점(℃)	51	58	80	213	118

14.4.6 흥미로운 카복실산 유도체

분자 내에 카복시기 이외에 아미노기(NH_2), 하이드록시기(OH), 케톤기(C=O), 2중 결합(=) 등 다른 작용기를 가진 카복실산을 작용기 카복실산(작용기 산, Functional Carboxylic Acid)이라 한다. 이들 유도체 중에는 자연계에 존재하고 생화학적으로 중요한 기능을 하는 천연 지방산 유도체들이 많다. 이들의 몇 가지 예는 다음 표와 같다. 참고로 자연계에서 산염화물과 산무수물 같이 반응성이 강한 화합물은 아직 발견되지 않았다.

표 14.11 천연 지방산 유도체

분류	화합물	작용 및 기능
아미노산	생체분자	단백질 구성 단위
하이드록시산	(S)–(+)–Lactic Acid	우유 성분 및 무산소 운동시 생성 물질
	(S)–(−)–Malic Acid	미성숙 과일맛 및 시트르산 회로 물질
케토산	Pyruvic Acid	탄수화물 대사 물질
불포화지방산	α–Linolenic Acid/ EPA/DHA	생선 기름 성분, 필수 지방산 (오메가–3 지방산)
	Linoleic Acid/Arachidonic Acid	필수 지방산, 오메가–6 (야자유, 해바라기유)
	Oleic Acid/Erucic Acid	오메가–9, 필수지방산 아님, 올리브유, 포도씨유, 해바라기유
2가 또는 3가산	Oxalic Acid Succinic Acid Citric Acid	시금치 성분 시트르산 회로 물질 레몬의 신만 및 시트르산 회로 물질
에스터 및 락톤	Benzyl Acetate Isopentyl Acetate Octyl Acetate Methyl Butanoate Ethyl Butanoate Methyl 2–Aminobenzoate Ascorbic Acid	재스민향 바나나향 오렌지향 사과향 파인애플향 포도향 비타민 C
아마이드	Capsaicin Piperine Caffeine	고추 매운맛 성분 후추 매운맛 성분 커피 성분, 각성제

14.5 카복실산의 제법

카복실산(RCO_2H)는 여러 가지 산화 반응, Grignard시약(RMgX) 반응, 유도체 가수분해 반응의 3가지 방법으로 제조할 수 있다.

14.5.1 산화 반응

1차 알코올 및 알데하이드의 산화, 알켄의 산화 반응, 알카인의 가오존분해 반응, 알킬 벤젠의 산화 반응이 있다. 이들 각각의 반응식은 다음과 같다.

(1) 1차 알코올 및 알데하이드의 산화

1차 알코올을 강한 산화제로 산화하여 카복실산을 얻는다. 산화제로는 $KMnO_4$, HO^-, $Na_2Cr_2O_7$, $K_2Cr_2O_7$, $CrO_3/H_2SO_4/H_2O\,(H_2Cr_2O_7)$가 있다.

$$CH_3CH_2CH_2OH \xrightarrow{\text{산화제}} CH_3CH_2CO_2H$$

알데하이드를 산화제인 Ag_2O, $Ag(NH_3)_2^+$, HO^-로 산화하여 카복실산을 생성한다.

$$CH_3CH_2CHO \xrightarrow{\text{산화제}} CH_3CH_2CO_2H$$

(2) 알켄의 산화 반응

알켄을 염기성 수용액으로 가열하면 C=C 결합이 끊어져 카복실산이 생성된다.

$$CH_3-HC=CH-CH_2CH_3 \xrightarrow[\text{가열}]{KMnO_4,\ HO^-} \xrightarrow{H_3O^+} CH_3CO_2H + CH_3CH_2CO_2H$$

(3) 알카인의 가오존분해 반응

알카인에 가오존을 가하면 C≡C 결합이 끊어지면서 카복실산이 생성된다.

$$CH_3-C\equiv C-CH_2CH_3 \xrightarrow{O_3} \xrightarrow{H_2O} CH_3CO_2H + CH_3CH_2CO_2H$$

$$CH_3CH_2CH_2-C\equiv C-H \xrightarrow{O_3} \xrightarrow{H_2O} CH_3CH_2CH_2CO_2H + CO_2$$

(4) 알킬 벤젠의 산화 반응

이 반응은 벤질자리에 C–H 결합이 1개라도 있는 알킬 벤젠에서만 가능하고 알케인의 C–H

결합에서는 일어나지 않는다

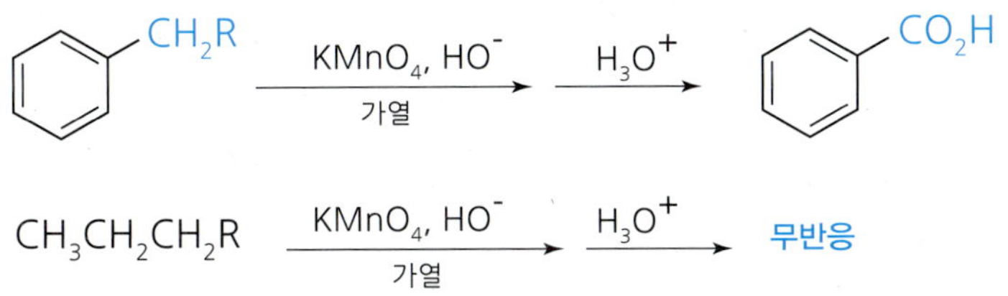

14.5.2 Grignard 시약의 카복실화 반응(탄산화 반응)

Grignard 시약에 CO_2를 반응시킨 후 가수분해하면 카복실산이 생성된다.

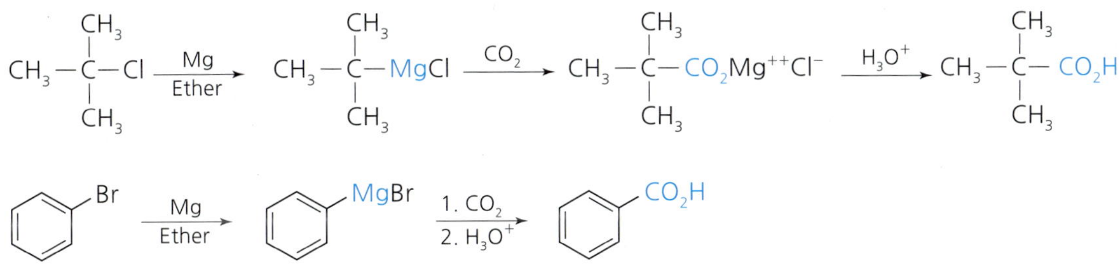

14.5.3 카복실산 유도체의 가수 분해

산염화물, 산무수물, 에스터, 아마이드, 나이트릴 등의 카복실산 유도체를 산 또는 알칼리 수용액으로 가수분해시키면 카복실산으로 전환된다.

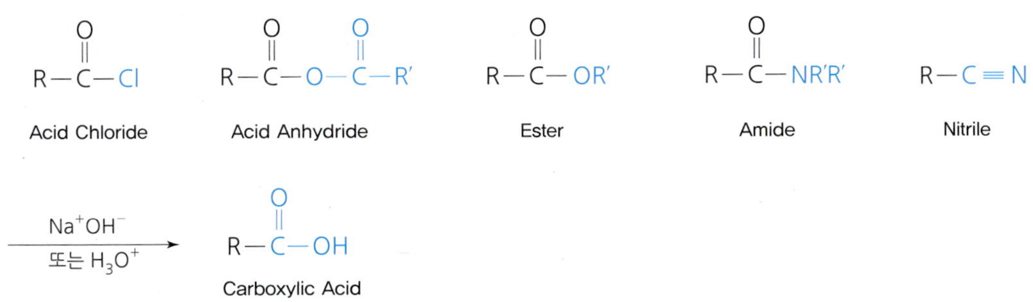

14.6 카복실산 유도체의 제법

카복실산 유도체 중 산염화물, 산무수물, 에스터, 아마이드는 카복실산의 OH기를 직접 변환시켜 만들 수 있다. 나이트릴은 1차 아마이드의 탈수 반응과 할로젠화 알킬 또는 알킬설포네이트의 친핵성 치환 반응으로부터 만들 수 있다. 한편 산무수물, 에스터, 아마이드 경우 반응성이 큰 카복실산 유도체인 친핵성 아실 치환 반응을 이용하여도 합성할 수 있다.

14.6.1 산염화물의 제법

다음과 같이 카복실산으로부터 3가지 반응이 있다. 이들 중에서 $SOCl_2$는 반응 후 생성물로 산염화물과 기체인 SO_2, HCl 만을 생성하기 때문에 반응물로부터 생성물의 분리가 용이하다.

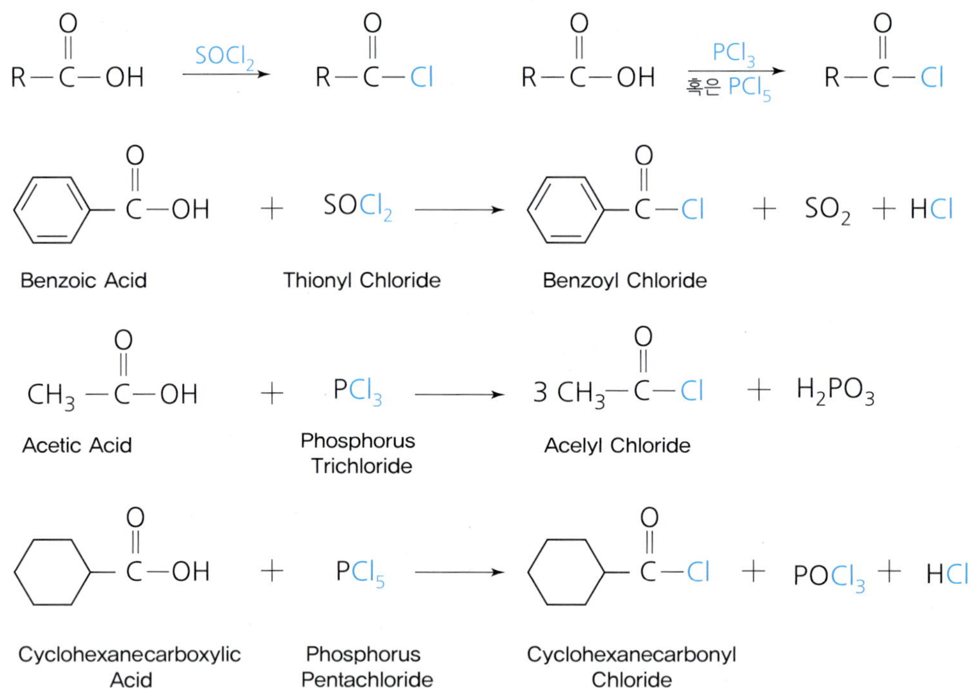

예를 들어 카복실산과 $SOCl_2$ 와의 반응 메커니즘은 다음과 같다. 결국 이 반응은 이탈성이 나쁜 OH기를 이탈성이 좋은 이탈기로 전환시켜 반응이 쉽게 일어나도록 한다.

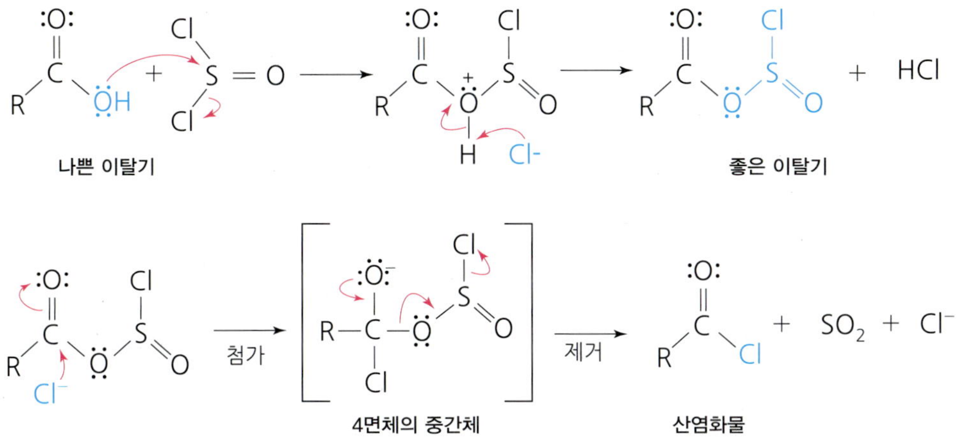

14.6.2 산무수물의 제법

다음과 같은 산염화물과 카복실산염의 반응, 카복실산과 무수아세트산의 반응, 다이카복실산의 탈수 반응과 같은 3 가지 방법이 있다.

(1) 산염화물과 카복실산염의 반응

카복실산염인 벤조산소듐(Sodium Benzoate)과 산염화물인 Benzoyl Chloride를 반응시키면 산무수물이 얻어진다.

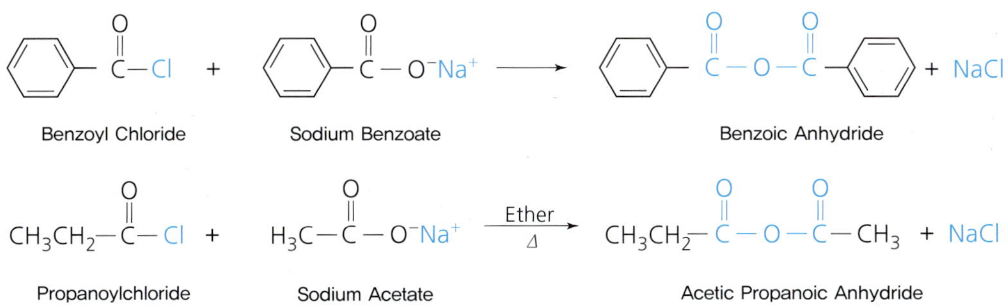

(2) 카복실산과 무수아세트산의 반응

카복실산과 무수아세트산을 반응시키면 카복실산 2 분자 사이에서 탈수 반응이 일어나 산무수물이 생성된다. 이 반응은 고급 지방산 또는 방향족산의 산무수물을 합성할 때 자주 사용된다.

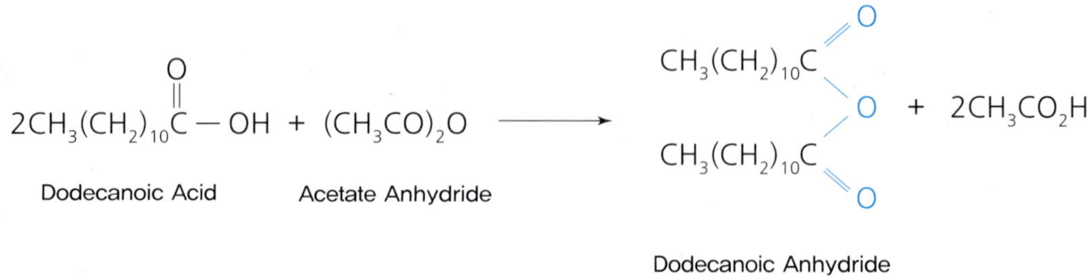

(3) 다이카복실산의 탈수 반응

다이카복실산 중 석신산(Succinic Acid), 말레산(Maleic Acid), 글루타르산(Glutaric Acid) 등과 같이 5원자 또는 6원자 고리를 형성할 수 있는 경우 이들을 가열하면 분자 내 2개의 카복시기 사이에서 탈수 반응이 일어나 고리형 산무수물이 형성된다. 그러나 말레산의 입체이성질체인 퓨마르산(Fumaric Acid)은 2개의 카복시기가 트랜스 형태로 멀리 떨어져 있어 탈수 반응이 일어날 수 없기 때문에 산무수물을 형성하지 못한다.

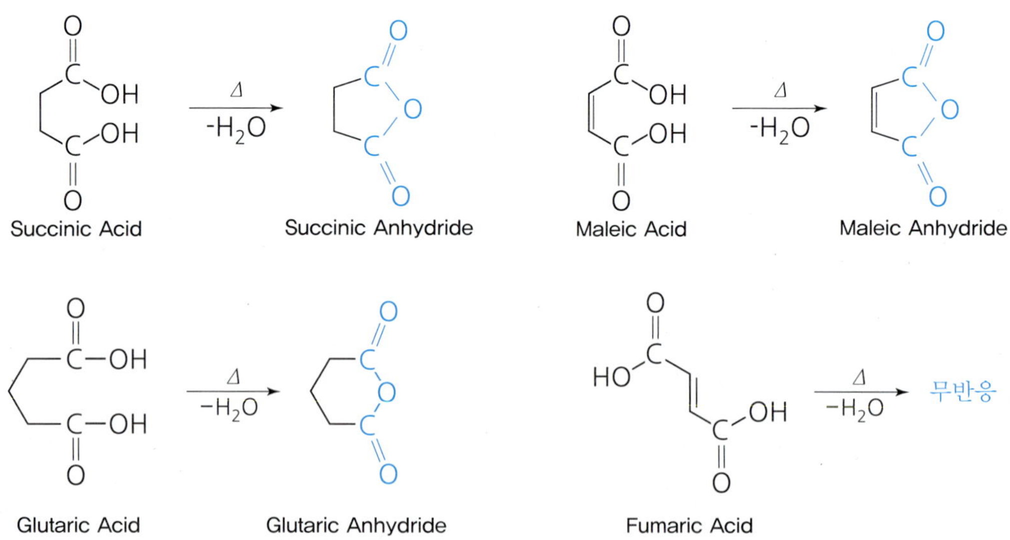

한편 옥살산(Oxalic Acid)과 말론산(Malonic Acid) 같은 다이카복실산은 가열하면

탈카복실화(탈탄산 반응) 반응이 일어나 각각 폼산(Formic Acid)과 아세트산(Acetic Acid)이 형성된다.

$$\underset{\text{Oxalic Acid}}{HO_2C{-}CO_2H} \xrightarrow{\Delta} \underset{\text{Formic Acid}}{HCO_2H} + CO_2 \qquad \underset{\text{Malonic Acid}}{HO_2CCH_2CO_2H} \xrightarrow{\Delta} \underset{\text{Acetic Acid}}{CH_3CO_2H} + CO_2$$

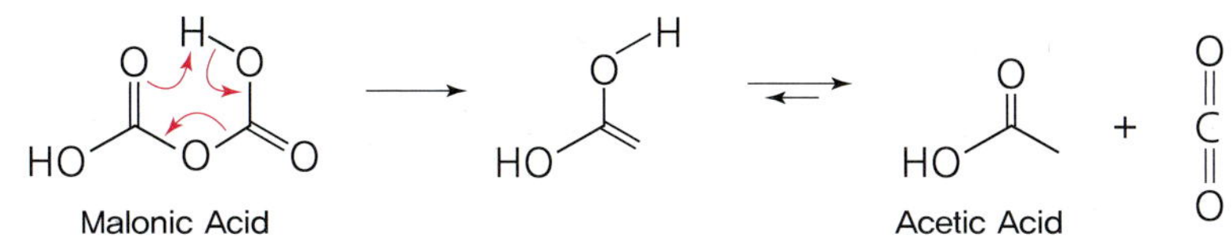

14.6.3 에스터와 락톤의 제법

에스터 제법에는 Fischer의 에스터화 반응, 산염화물 및 산무수물의 가알코올 분해반응, 할로젠화 알킬의 친핵성 치환 반응(SN2 반응)을 이용한 에스터의 합성이 있다.

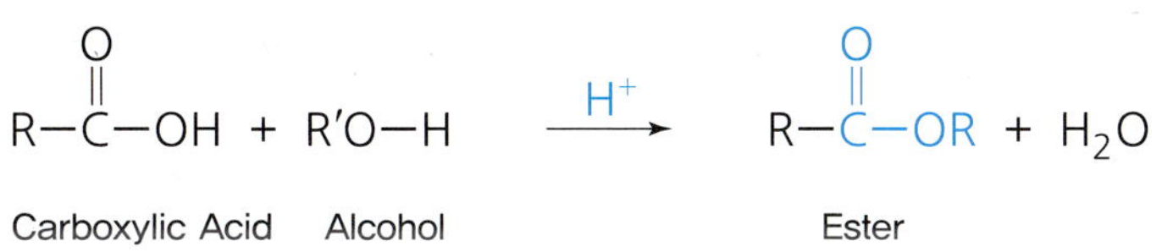

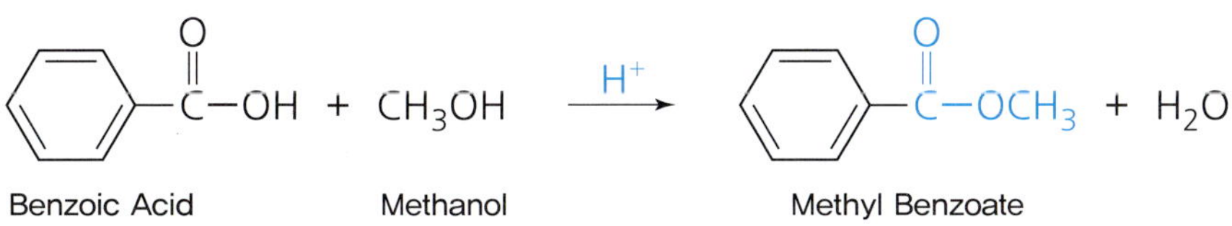

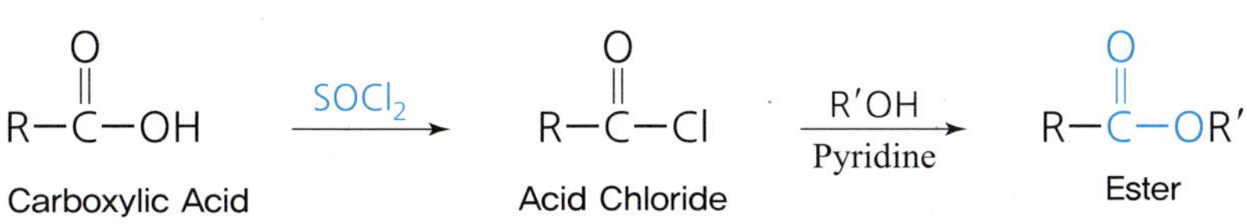

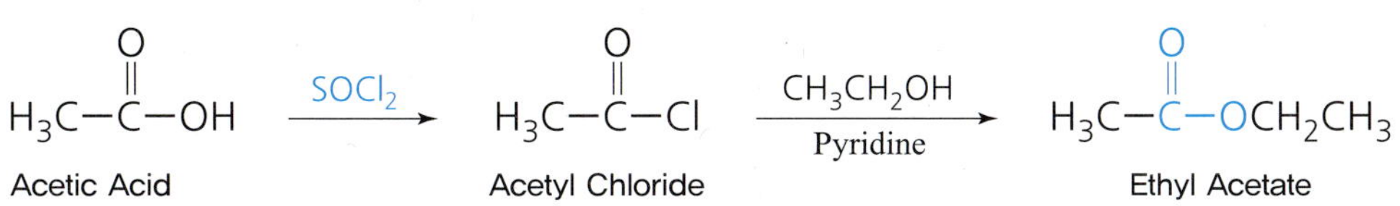

[1] Fischer의 에스터화 반응

카복실산을 H^+ 촉매하에서 알코올과 반응시키면 에스터가 생성된다. 이 반응은 평형 반응이므로 생성물의 수율을 높이기 위하여 과량의 알코올을 사용하던가 생성되는 물을 제거해야 한다.

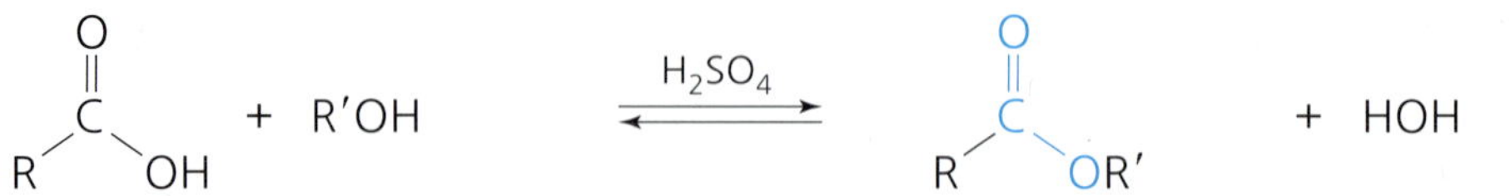

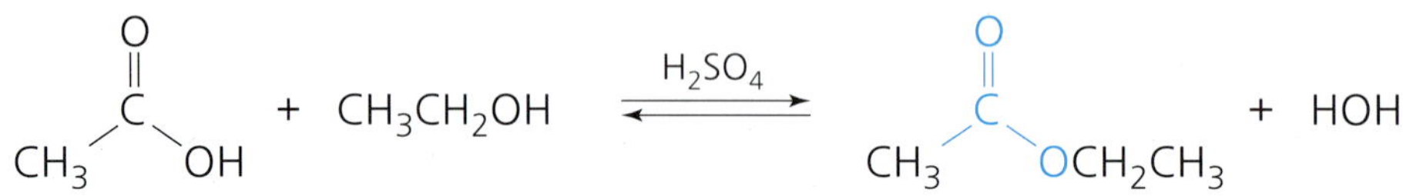

이 반응에서 촉매로 사용되는 양성자가 아실기 산소 원자에 배위되어 카보닐 탄소의 친전자성을 증가시켜 친핵체의 공격을 쉽게 하는 역할을 한다. 카복시기에는 양성자가 배위할 수 있는 2개의 산소 원자가 있으나 아실기 산소 원자에 배위되는 것이 OH기의 산소 원자에 배위하는 것보다 짝산을 더 안정화시킬 수 있다. Fischer의 에스터화 반응의 메커니즘은 크게 친핵체 R'OH의 첨가와 이탈기 H_2O의 제거로 볼 수 있다.

(1) 친핵체 R'OH 첨가

1단계에서 아실기 산소 원자에 양성자가 첨가되어 카보닐 탄소의 친전자성을 증가시킨다. 2~3단계에서 R'OH가 친핵체로 첨가하여 4면체형 중간체를 형성한다.

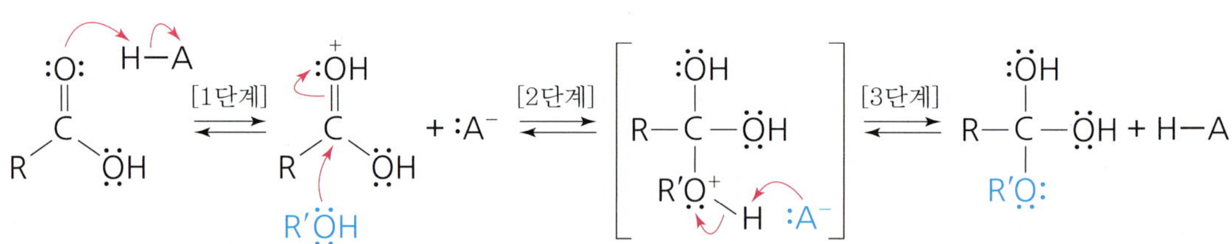

(2) 이탈기 H_2O 제거

4단계에서 OH기의 산소 원자에 양성자가 첨가되어 이탈성을 증가시킨다. 5단계에서 H_2O의 제거 반응이 일어나고 6단계에서 양성자를 잃고 에스터를 형성한다.

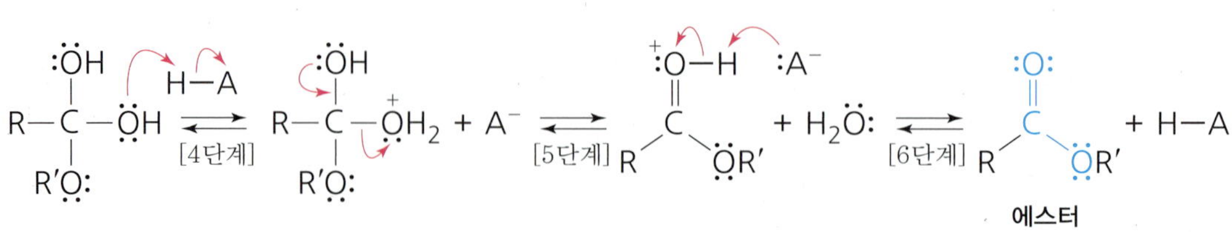

결국은 에스터 생성 반응은 친핵성 아실 치환 반응의 한 종류로 첨가-제거의 2단계 반응이 연달아 일어나는 반응 메커니즘이다. Fischer의 에스터화 반응에서 카복실산의 OH기와 알코올의 H 사이에서 물이 제거된다.

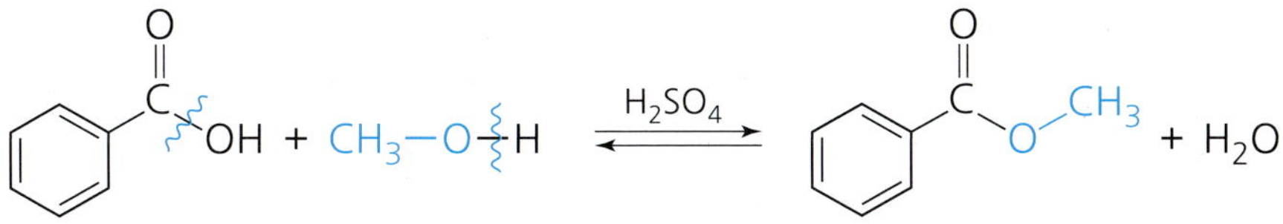

[2] 산염화물 및 산무수물의 가알코올 분해반응

산염화물 또는 산무수물을 알코올과 반응시키면(가알코올 분해 반응) 에스터가 생성된다. 이 반응은 첨가-제거 반응을 경유하는 친핵성 아실 치환 반응이다.

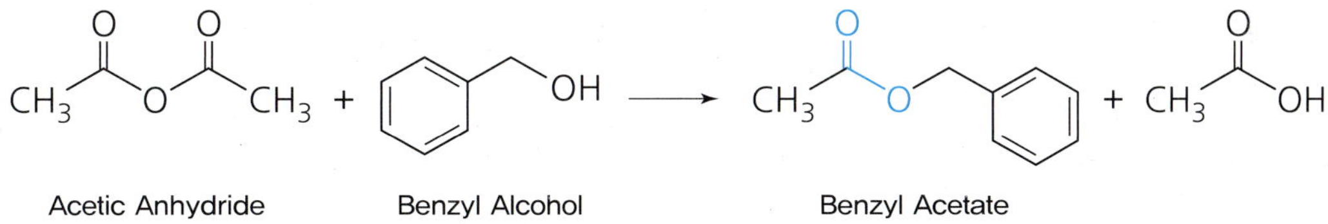

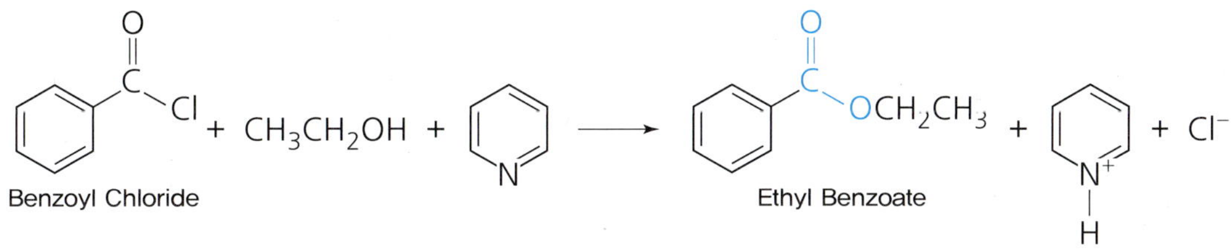

반응 메커니즘은 알코올이 친핵체로 작용하여 산염화물 또는 산무수물의 카보닐 탄소를 공격하여 4면체형 중간체를 형성한다(친핵성 첨가). 그리고 4면체형 중간체에서 양성자가 제거된다. 이탈기인 RCO_2- 또는 Cl-은 R'O보다 약염기이므로 이들이 4면체 중간체로부터 제거되어 에스터를 형성한다(제거 반응).

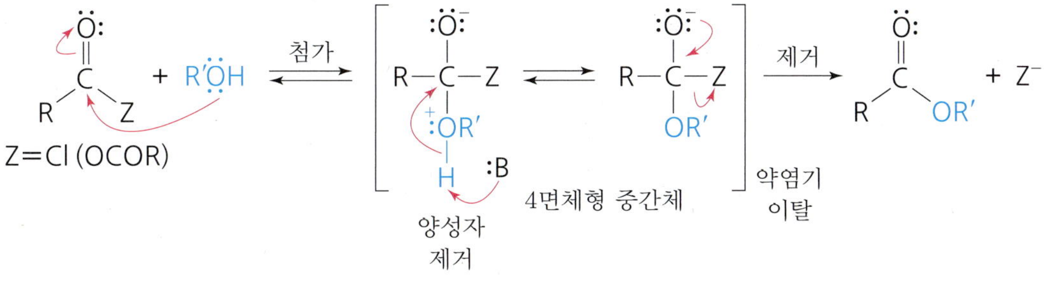

[3] 할로젠화 알킬의 친핵성 치환 반응(SN2 반응)

할로젠화 알킬에 친핵체로 카복실산 음이온을 반응시키면 에스터가 생성된다.

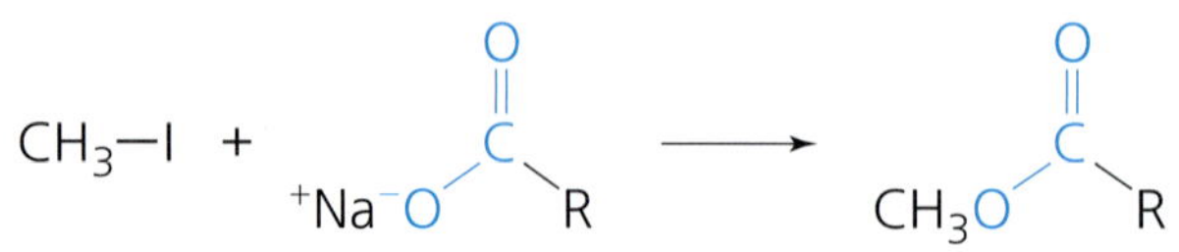

그리고 락톤 제법에는 분자 내 에스터화 반응으로 Lactide와 Marcrolide가 있다.

(1) 분자 내 에스터화 반응

분자 내에 –OH기를 가지고 있는 카복실산의 경우 분자 내에서 자체적으로 에스터화 반응을 하여 고리형 에스터인 락톤(Lactone)이 생성된다. 이는 5원자 고리 혹은 6원자 고리를 만들 수 있는 감마(γ) 또는 델타(δ) 위치에 OH기가 치환되어 있는 카복실산에서 주로 일어난다.

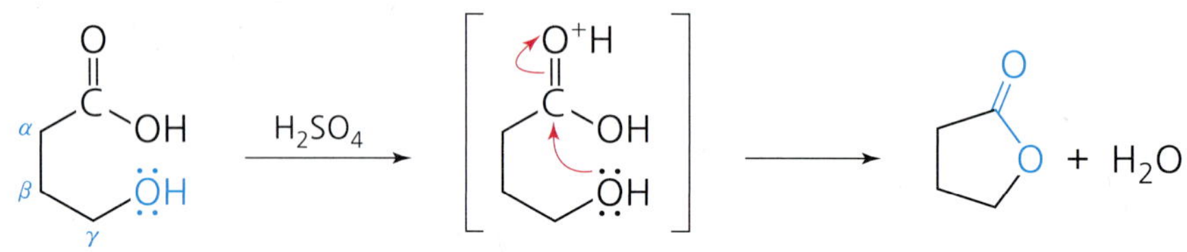

γ–Hydroxybutyric Acid

γ–Butyrolactone
(γ–Lactone)

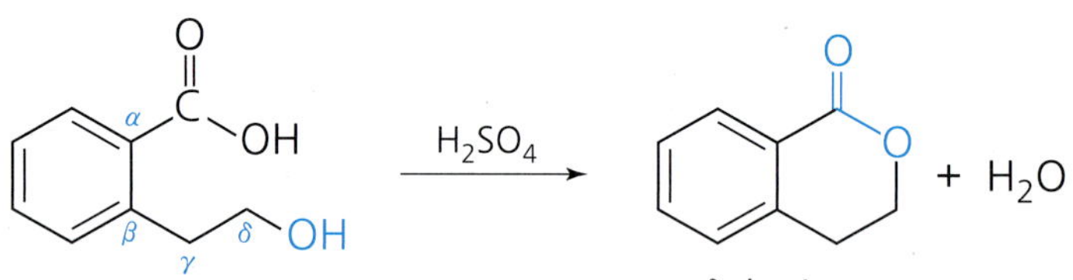

δ–Lactone

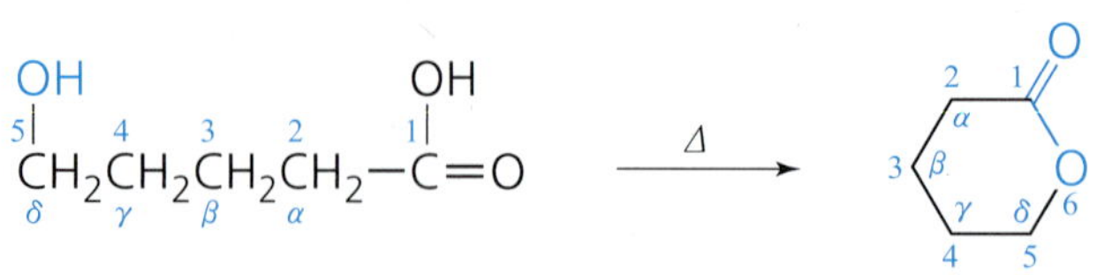

5–Hydroxypentanoic Acid
(δ–Hydroxyvaleric Acid)

Pentano–5–lactone
(δ–Hydroxyvalerolactone)

참 고 **락톤**

하이드록시 카복실산의 하이드록시기와 카복시기가 분자내 탈수에 의해 에스터화 반응을 통해 형성된 고리형 에스터를 락톤(Lactone)이라 한다. γ− 및 δ−하이드록시카복실산은 안정한 5−원자고리 또는 6−원자고리 락톤을 형성하기 때문에 자발적으로 반응이 일어난다. 그 외의 위치에 하이드록시기가 있는 카복실산은 산촉매 하에 에스터가 형성된다. 락톤은 자연에 널리 존재하며 비타민 C인 아스코브산은 락톤류이다.

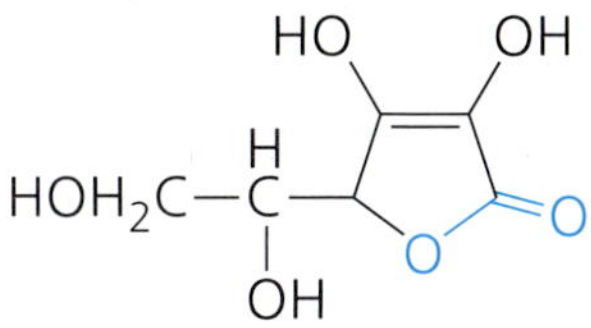

Ascorbic Acid (Vitamin C)

(2) Lactide와 Marcrolide

Lactide는 α−Hydroxy Acid(α 위치에 OH기가 치환되어 있는 카복실산)의 2분자 사이에서 에스터가 형성되어 만들어진 고리 화합물이다. Marcrolide는 분자간에 만들어진 거대고리 화합물을 지칭한다. Erythromycin 등과 같은 항생물질이 이 구조를 가지고 있다.

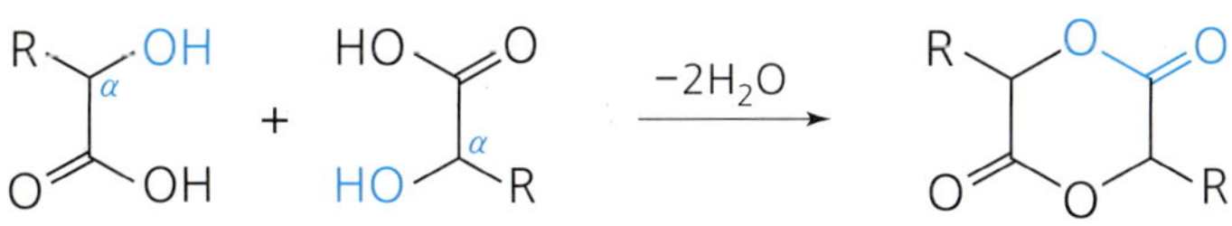

α−Hydroxy α−Hydroxy Lactide

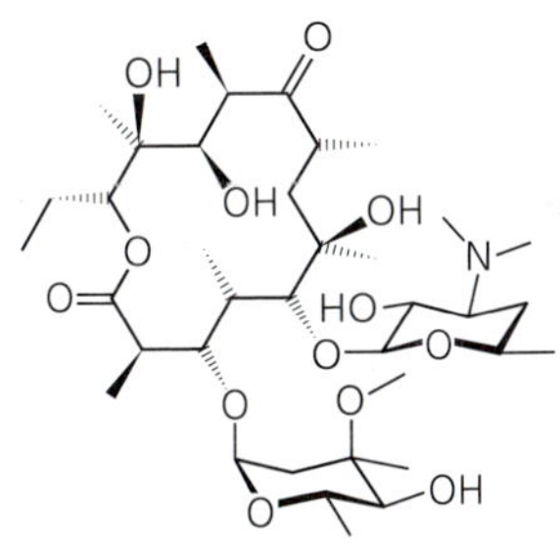

Erythromycin

참 고 **자연계 에스터 화합물**

에스터는 자연에 널리 분포하는 화합물로 과일과 꽃의 향기에 존재하는 향긋한 냄새는 액체 에스터로 향수로 쓰인다. 예를 들면, Propyl Acetate는 배의 향기, Ethyl Butanoate는 파인애플의 향기, 3−Methylbutyl(혹은 Isopentyl) Acetate는 바나나의 향기를 내는 에스터이다.

14.6.4 아마이드와 락탐의 제법

아마이드의 제법에는 카복실산으로부터 합성, 산염화물, 산무수물 및 에스터로부터 합성, 나이트릴의 부분 가수분해에 의해서 각각 합성된다.

[1] 카복실산과 암모니아 반응

카복실산에 NH_3를 작용시켜 암모늄염을 형성시킨 후 이를 가열하면 1차 아마이드가 생성된다.

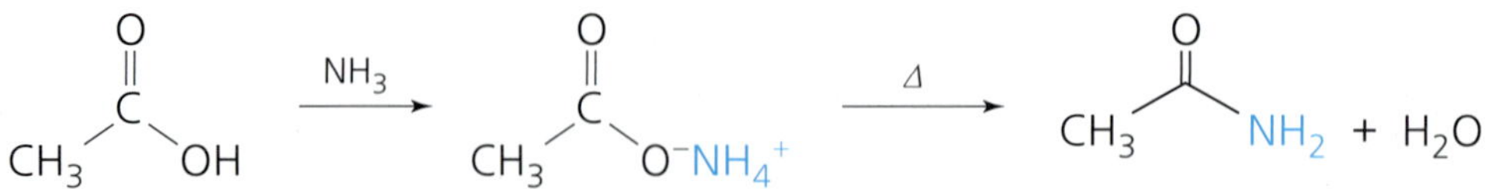

Ammonium Acetate / Acetamide

[2] 산염화물, 산무수물, 에스터와 암모니아(아민) 반응

산염화물, 산무수물, 에스터에 NH_3, RNH_2(1차 아민) 및 RR'NH(2차 아민)를 가하여 반응시키면(가아민 분해반응) 각각 1차, 2차, 3차 아마이드가 생성된다.

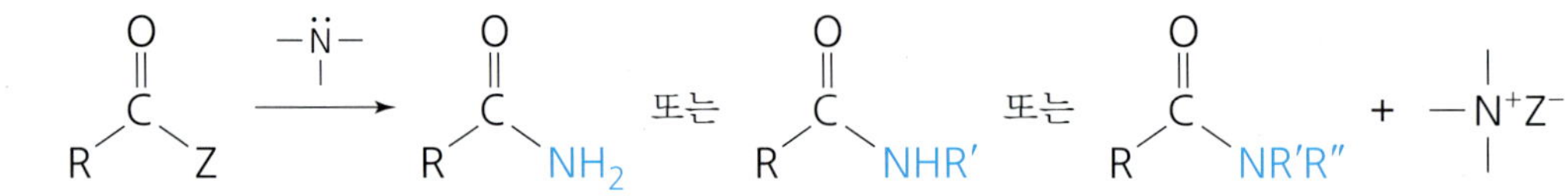

Z=Cl, OCOR′, OR′ / 1차 아마이드 / 2차 아마이드 / 3차 아마이드

(1) 산염화물

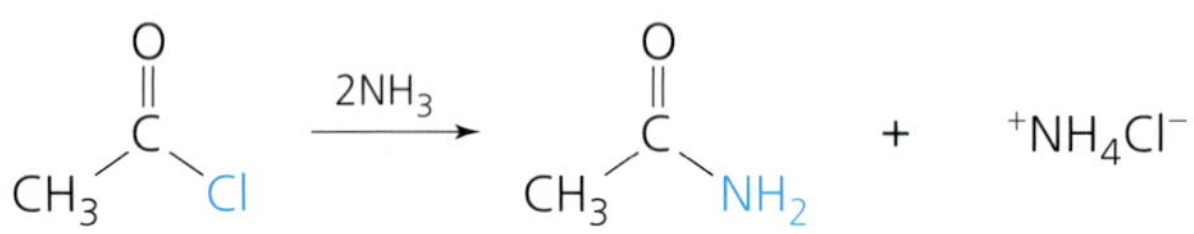

Acetyl Chloride / Acetamide / Ammonium Chloride

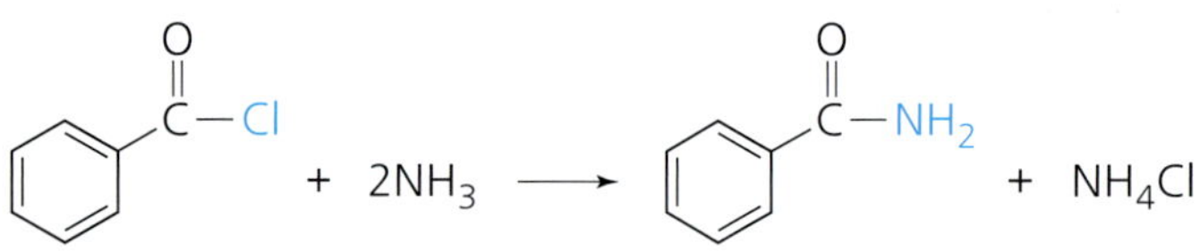

Benzoyl Chloride / Benzamide / Ammonium Chloride

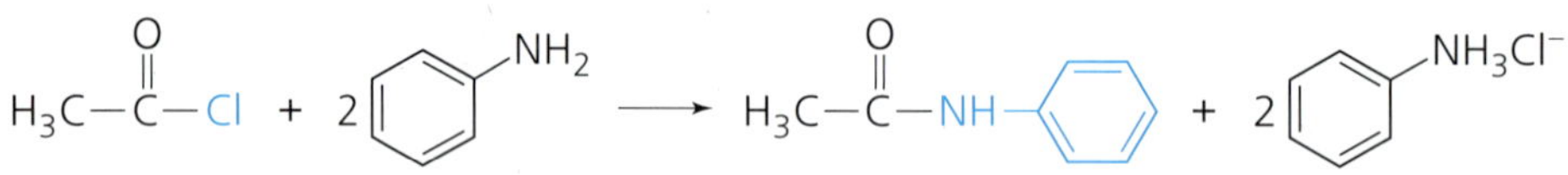

Acetyl Chloride / 1차 아민 (Aniline) / *N*–Phenylacetamide / Anilinium Chloride

(2) 산무수물

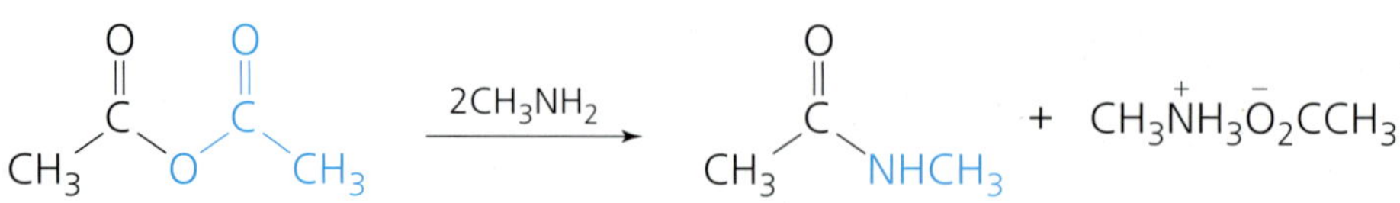

(3) 에스터

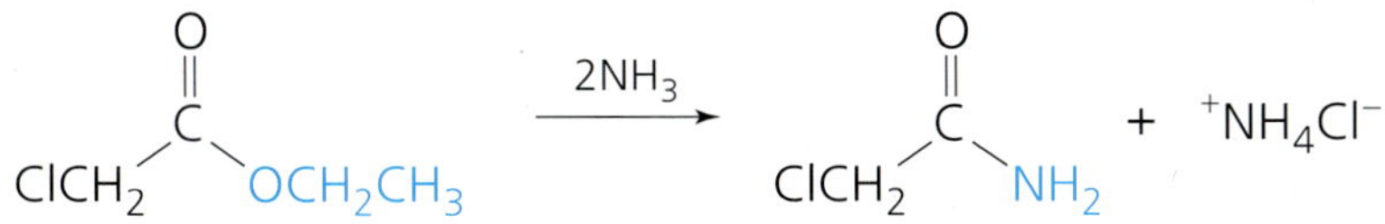

[3] 나이트릴의 부분 가수분해

나이트릴을 완전 가수분해시키면 카복실산으로 전환된다. 그러나 온화한 반응 조건에서 반응시키면(부분 가수분해) 1차 아마이드를 얻을 수 있다.

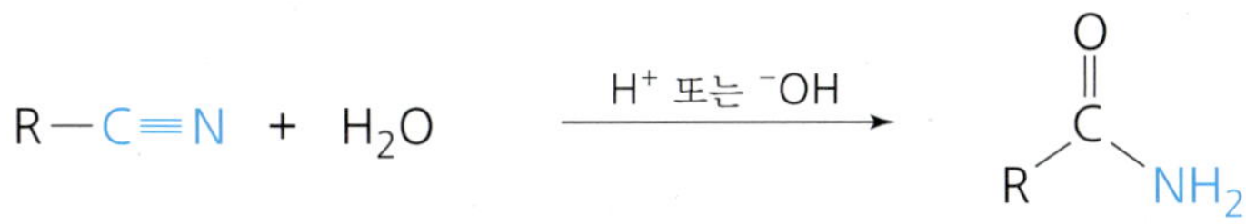

한편 락탐은 아미노산(Aminoacid)의 탈수 반응으로 생성된다. 즉 아미노기와 카복시기가 결합하여 물이 제거되고 아마이드를 형성한다.

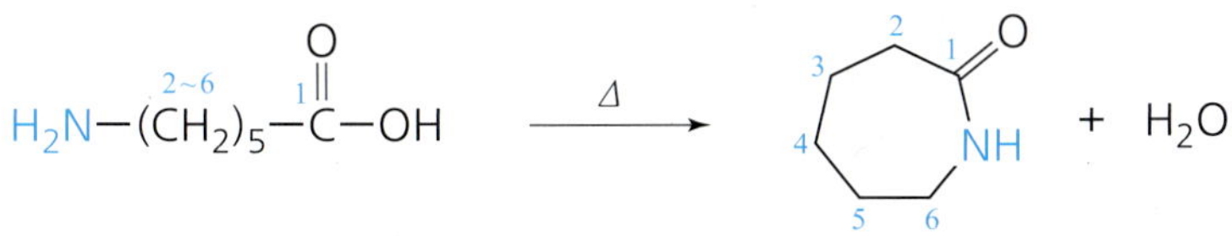

6-Aminohexanoic Acid (ε-Aminocaproic Acid) → Hexano-6-lactam (ε-Caprolactam)

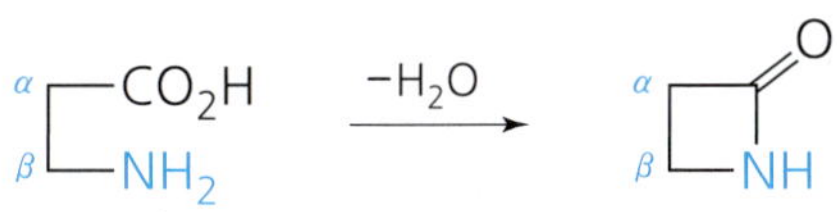

β-Aminoacid → β-Lactam

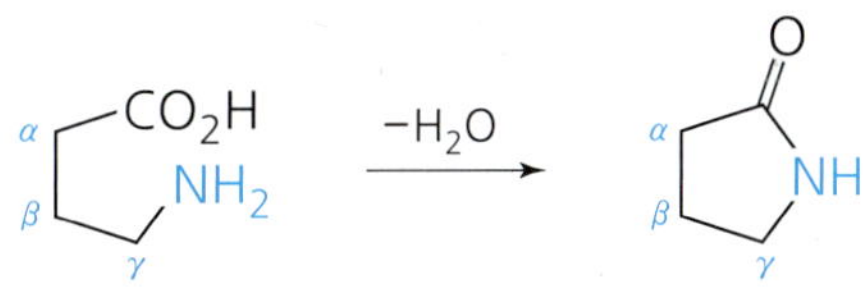

γ-Aminoacid → γ-Lactam

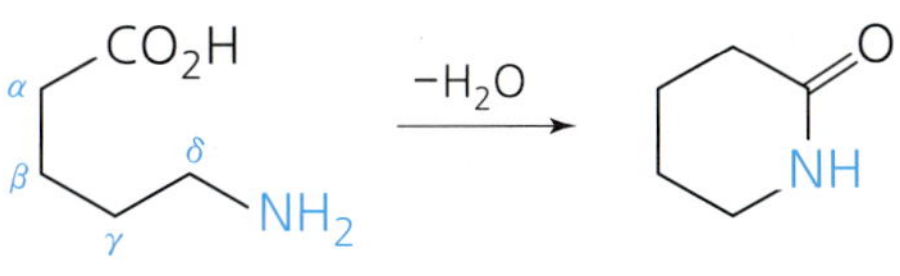

δ-Aminoacid → δ-Lactam

참 고 **락탐**

락탐 고리에 아마이드기(–CONH–)를 가진 고리형 아마이드 화합물을 락탐(Lactam)이라 한다. Hexano-6-lactom은 관용명으로 ε-카프로락탐이라고 하며 이것은 나일론 6을 만드는 원료이다.

14.6.5 나이트릴의 제법

나이트릴 제법에는 1차 아마이드의 탈수 반응, 할로젠화 알킬의 친핵성 치환 반응, 아닐린의 친핵성 방향족 치환 반응을 이용하는 방법이 있다.

(1) 1차 아마이드의 탈수 반응

1차 아마이드를 탈수제(P_2O_5, $POCl_3$, $SOCl_2$)로 반응시킨다.

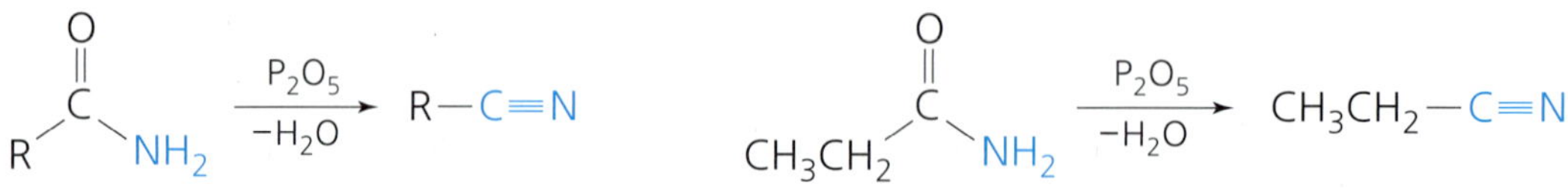

(2) 할로젠화 알킬의 친핵성 치환 반응

할로젠화 알킬 또는 알킬 설포네이트을 NaCN 또는 KCN과 반응시킨다.

$$R{-}X \xrightarrow{NaCN} R{-}C{\equiv}N \qquad CH_3CH_2CH_2CH_2X \xrightarrow{:C\equiv N} CH_3CH_2CH_2CH_2C{\equiv}N$$

X=할로젠, OSO_2R

Pentanenitrile (Valeronitrile)

$$RCH_2Br + Na^+CN^- \longrightarrow RCH_2C{\equiv}N + NaBr$$

(3) 아닐린의 친핵성 방향족 치환 반응

Aniline 등과 같은 방향족 1차 아민에 HNO_2를 작용시켜 다이아조늄염을 생성시킨 후 CuCN을 반응시키면 방향족 나이트릴이 생성된다.

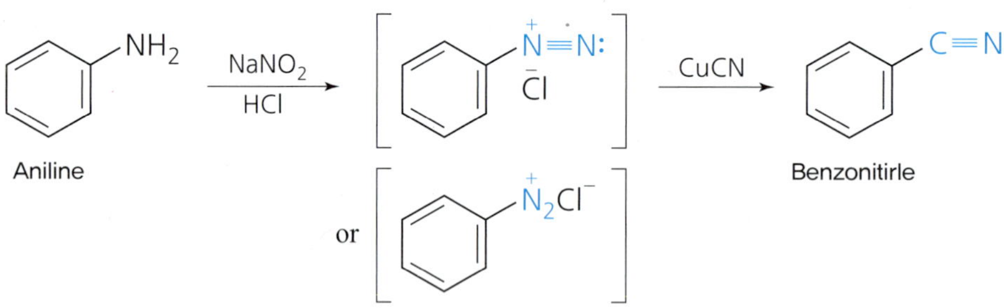

Aniline

Benzonitirle

Benzenediazonium Chloride

14.6.6 몇가지의 천연/합성 카복실산과 그유도체

(1) 카복실산

천연 지방산(카복실산)에는 다음과 같이 포화 지방산과 불포화 지방산이 있다.

표 14.12 천연 카복실산

포화 지방산	
$CH_3(CH_2)_{10}COOH$	Lauric Acid
$CH_3(CH_2)_{12}COOH$	Myristic Acid
$CH_3(CH_2)_{14}COOH$	Palmitic Acid
$CH_3(CH_2)_{16}COOH$	Stearic Acid
$CH_3(CH_2)_{18}COOH$	Arachidic Acid
불포화 지방산	
$CH_3(CH_2)_5CH{=}CH(CH_2)_7COOH$	Palmitoleic Acid
$CH_3(CH_2)_7CH{=}CH(CH_2)_7COOH$	Oleic Acid
$CH_3(CH_2)_4(CH{=}CHCH_2)_2(CH_2)_6COOH$	Linoleic Acid(오메가 6)
$CH_3CH_2(CH{=}CHCH_2)_3(CH_2)_6COOH$	Linolenic Acid
$CH_3(CH_2)_4(CH{=}CHCH_2)_4(CH_2)_2COOH$	Arachidonic Acid

그리고 카복실산의 합성 비스테로이드성 소염 진통제(NSAID)에는 아스피린(Aspirin), (S)-Ibuprofen, (S)-Naproxen, (S)-Ketoprofen, Abscisic Acid(아브시스산, 식물 스트레스 호르몬) 등이 있다.

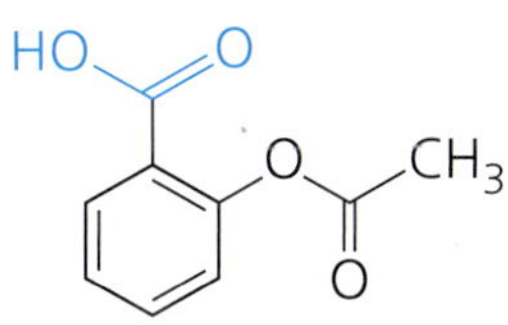

Aspirin

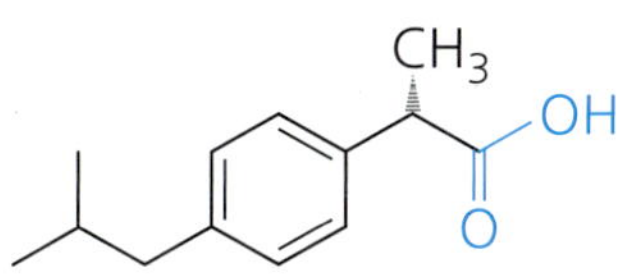

(S)-Ibuprofen

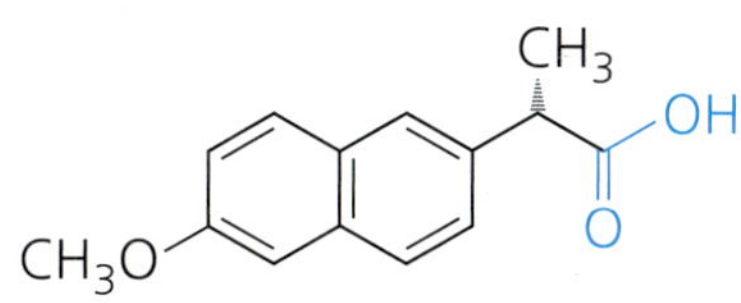

(S)-Naproxen

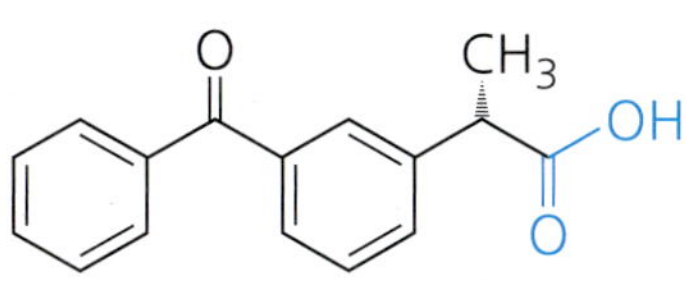

(S)-Ketoprofen

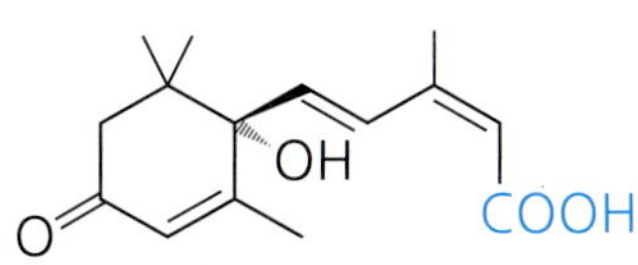

Abscisic Acid

(2) 에스터

인공 향미 성분의 에스터에는 사과 향미(Methyl Butanoate), 파인애플 향미(Ethyl Butanoate), 오렌지 향미(Octyl Acetate), 자스민 향미(Benzyl Acetate), 포도 향미(Methyl-2-Aminobenzoate) 등이 있다.

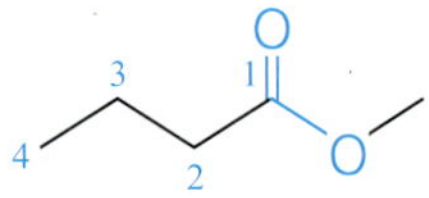
Methyl Butanoate

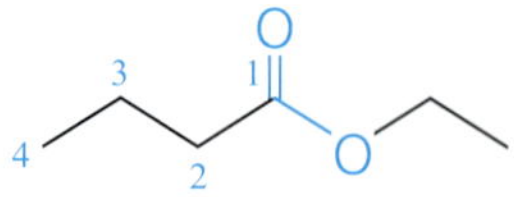
Ethyl Butanoate

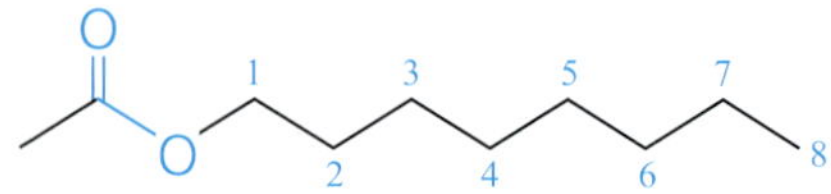
Octyl Acetate

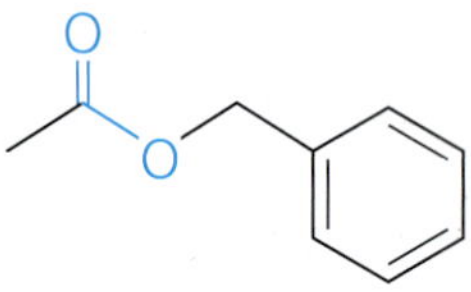
Benzyl Acetate

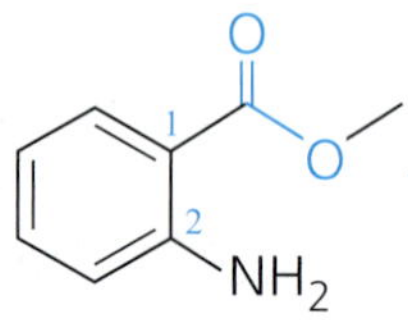
Methyl-2-Aminobenzoate

(3) 아마이드

천연 아마이드에는 Niacinamide, Penicilin G, Cephalosporin C, Capsaicin(고추의 매운 맛 성분), Piperine(후추 성분) 등이 있다.

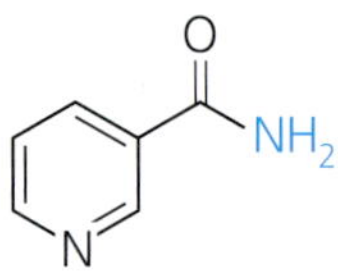
Niacinamide

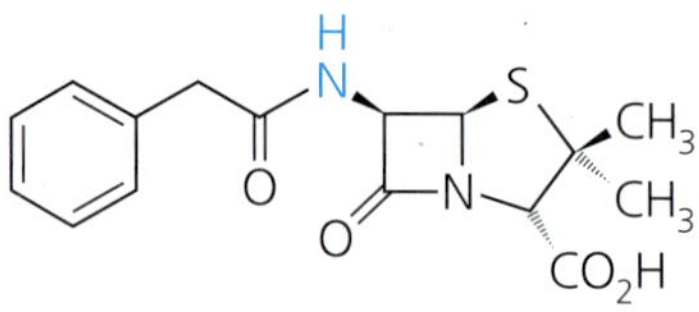
Penicilin G

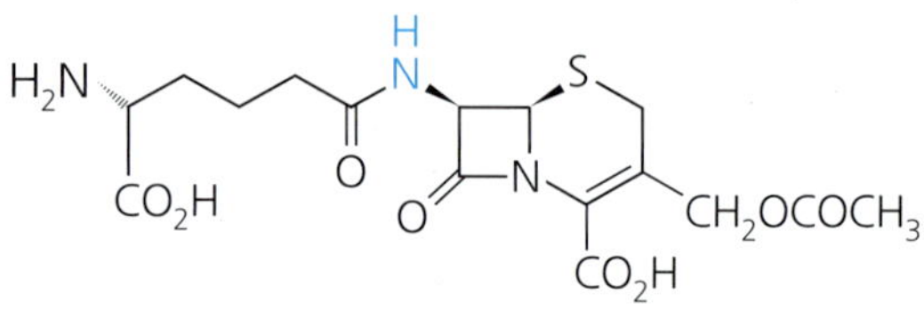
Cephalosporin C

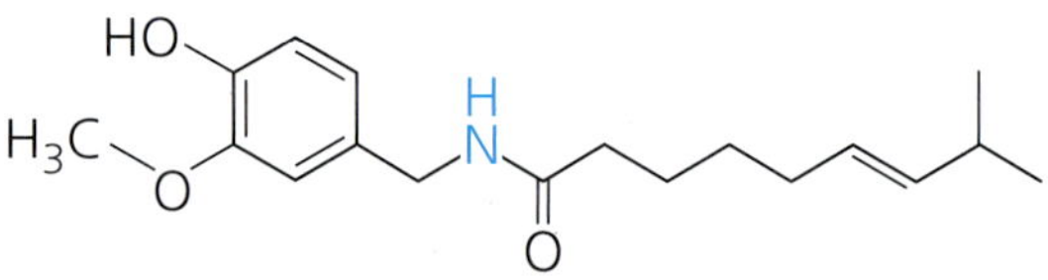
Capsaicin

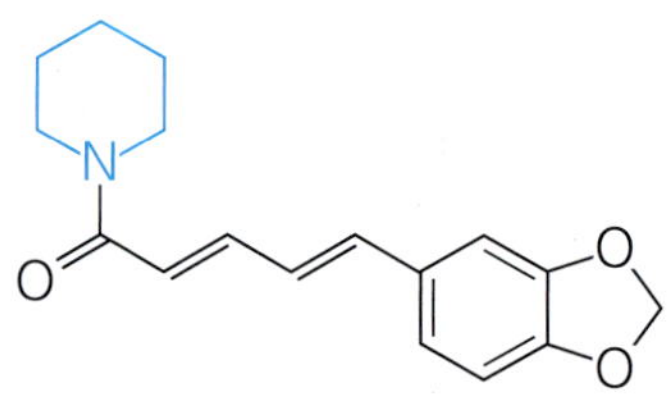
Piperine

14.7 카복실산 반응

카복실산 반응에는 중화반응, 에스터화 반응, 탈카복실화(탈수반응), 염화 아실화 반응, 환원 반응이 있다.

14.7.1 카복실산의 중화반응

카복실산은 NaOH, KOH와 같은 강염기로 처리하면 염이 생성한다. 이 반응은 중화반응이며 발열반응이다.

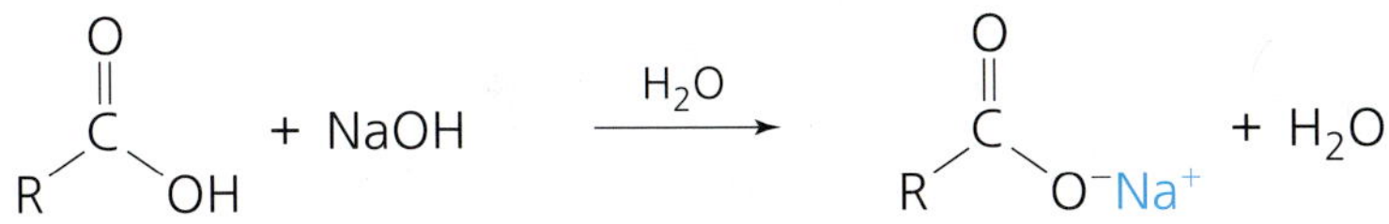

$$CH_3COOH + NaOH \xrightarrow{H_2O} CH_3COONa + H_2O$$

Acetic Acid　　　　　　　　　　Sodium Acetate

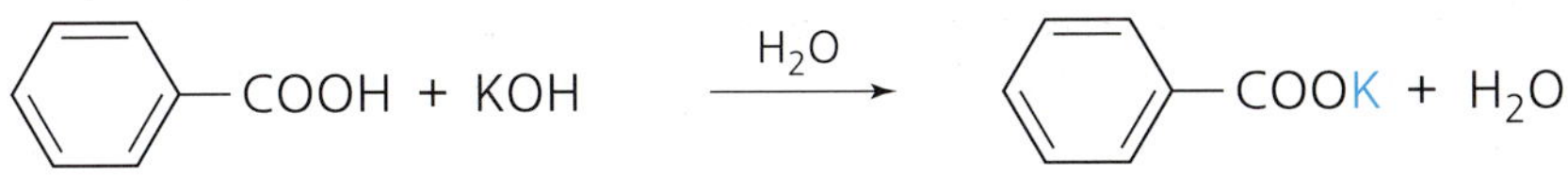

Benzoic Acid　　　　　　　　　　Potassium Benzoate

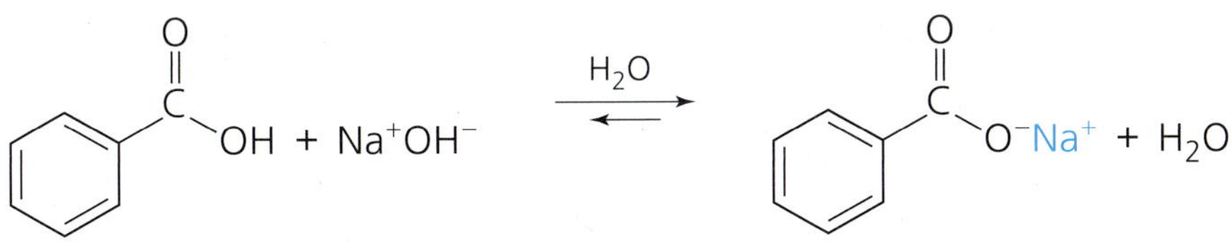

Benzoic Acid　　　　　　　　　　Sodium Benzoate

14.7.2 카복실산의 에스터화 반응

카복실산을 알코올과 함께 산촉매 하에서 가열하면 에스터가 생성된다. 이 반응은 친핵성 아실 치환 반응으로 Fischer 에스터화 반응(Fischer Esterification) 이라고 한다. 에스터화 반응은 진한 황산의 촉매 하에서 환류시키면서 진행한다. 카복실산의 OH기와 알코올의 H 원자가 결합하여 물이 제거된다.

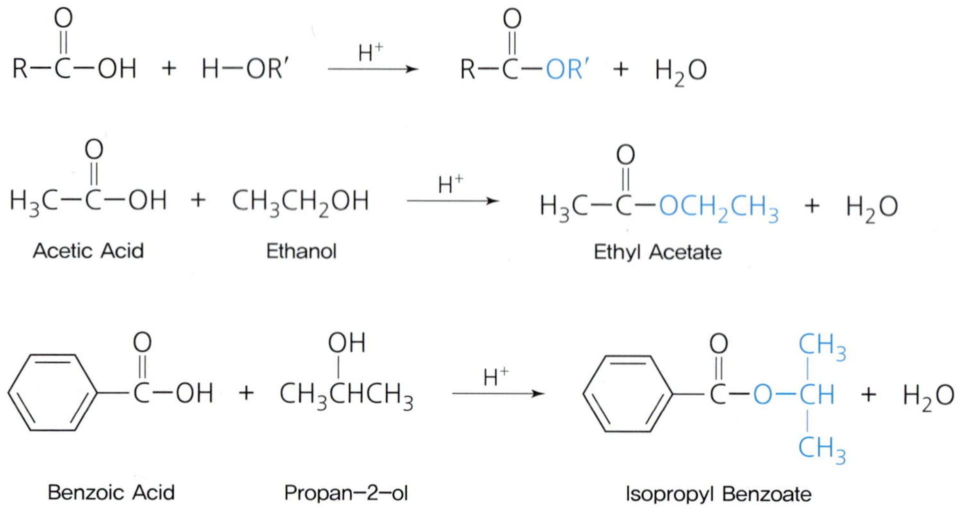

반응 메커니즘은 카보닐 산소가 양성자화 되고 알코올의 친핵성 공격에 의하여 정4면체 중간체를 만든다. 그리고 한 산소 원자에서 다른 산소 원자로 양성자가 옮아가서 2번째 정4면체 중간체를 만들고 OH기가 좋은 이탈기로 되게 한다. 마지막으로 양성자를 잃으면 산촉매가 재생되고 에스터가 생성한다.

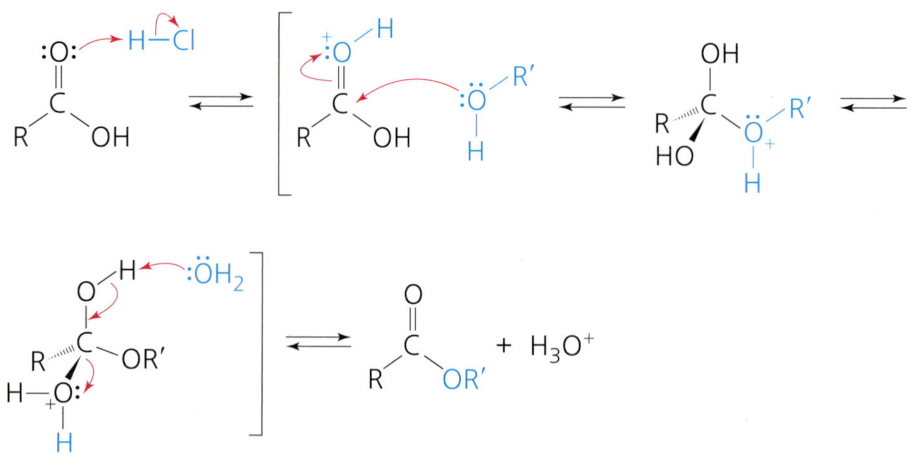

14.7.3 다이카복실산과 케토산의 탈카복실화 반응 및 탈수 반응

카복실산의 분자 내에서 CO_2가 제거되는 반응을 탈카복실화 반응이라 한다. Oxalic Acid 및 Malonic Acid와 같은 다이카복실과 β−Keto Acid을 가열하면 탈카복실화 반응이 일어난다.

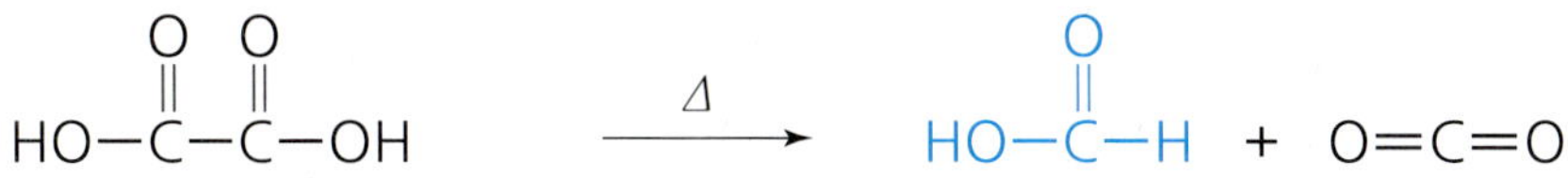

Oxalic Acid　　Formic Acid

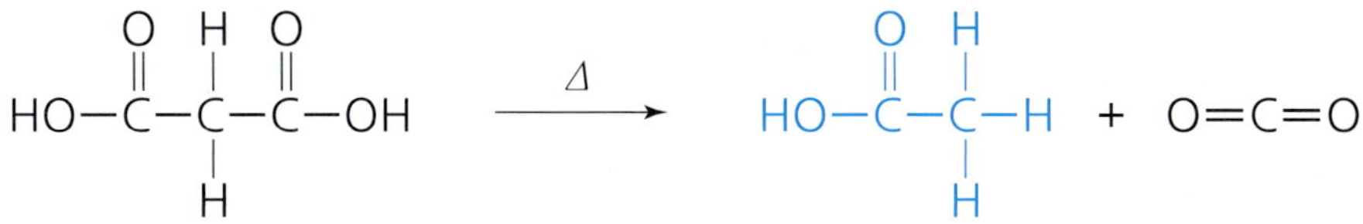

Malonic Acid　　Acetic Acid

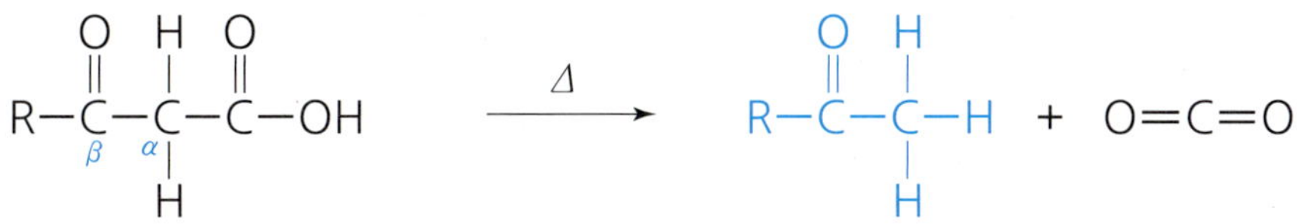

β−Keto Acid　　Methyl Ketone

5 또는 6원자 고리를 생성할 수 있는 경우에는 탈수 반응이 일어나 산무수물이 생성된다.

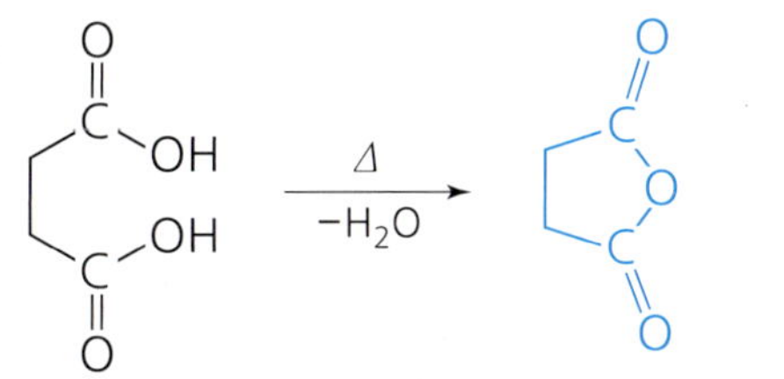

Succinic Acid　　Succinic Anhydride

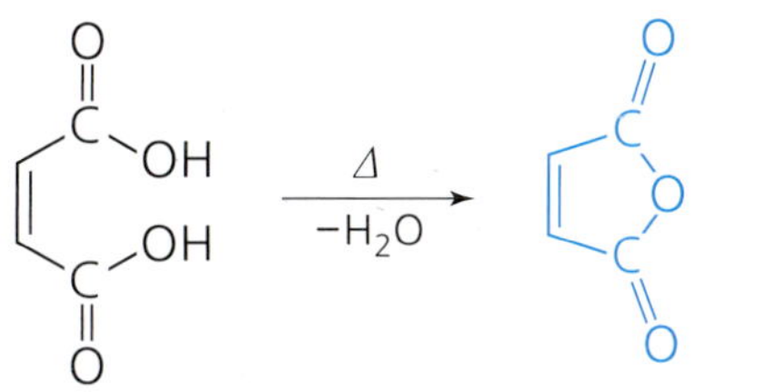

Maleic Acid　　Maleic Anhydride

14.7.4 카복실산의 염화 아실화 반응

카복실산은 5염화인(PCl_5, Phosphorus Pentachloride) 혹은 염화 싸이오닐($SOCl_2$, Thionyl Chloride)과 반응하면 염화 아실이 생성된다.

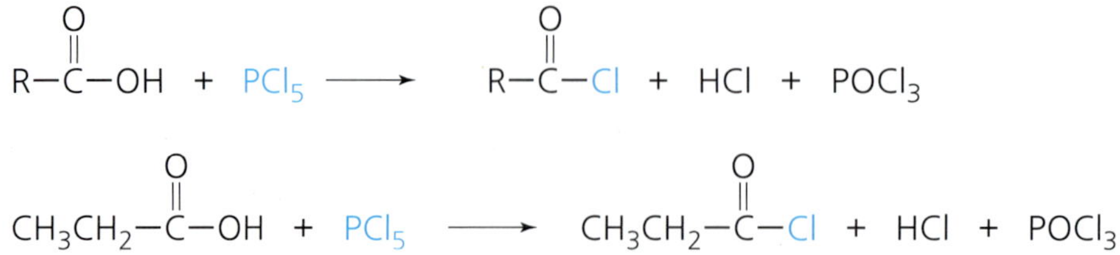

Propanoic Acid　　Propanoyl Chloride

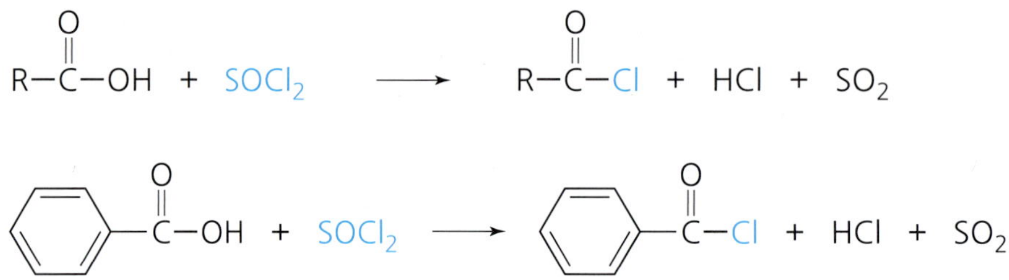

Benzoic Acid　　Benzoyl Chloride

14.7.5 카복실산의 환원 반응

카복실산은 수소화 알루미늄리튬($LiAlH_4$)으로 환원시키면 1차 알코올을 생성한다.

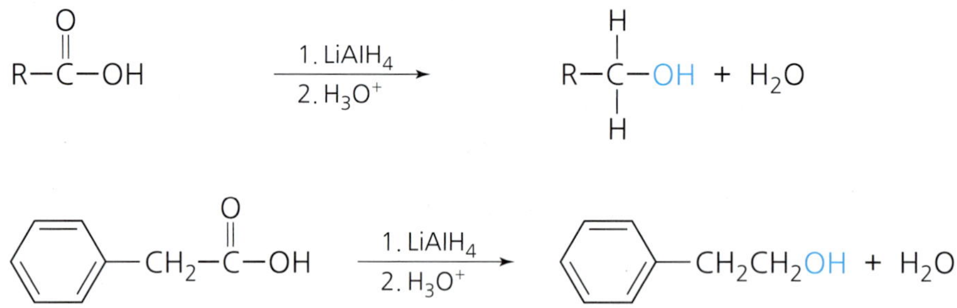

Phenylacetic Acid　　2–Phenylethanol

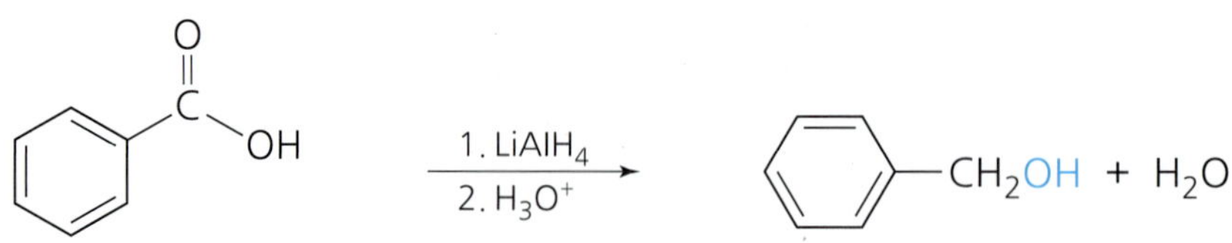

Benzoic Acid　　1–Phenylmethanol

14.8 카복실산 유도체의 친핵성 아실 치환 반응

카보닐기의 반응성은 카보닐기의 극성 때문이다. 산소는 탄소보다 전기음성도가 크므로 카보닐 탄소는 부분적으로 양전하를 띠고 친핵체의 공격을 받기 쉽다.

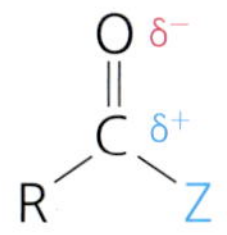

카복실산 유도체는 아실기에 이탈기(Z)가 붙어 있는 반면에, 알데하이드와 케톤에는 이탈기가 없고 C=O 2중결합만 존재한다. 따라서 알데하이드와 케톤의 카보닐기에는 첨가반응이 일어나고 카복실산 유도체는 이탈기와 교체되는 치환반응이 일어난다. 카보닐기에 친핵체가 첨가될 때 탄소-산소 π결합은 끊어지고 중간체가 생성된다. 이 중간체는 반응물의 sp^2 탄소가 sp^3 탄소로 되어 정4면체형 중간체(Tetrahedral Intermediate)라 한다. 알데하이드와 케톤은 초기에 형성된 정4면체형 중간체에 양성자가 첨가되어 알코올이 얻어지거나 카보닐기가 제거되어 새로운 C-Nu 결합이 생기는 친핵성 아실 첨가 반응이다.

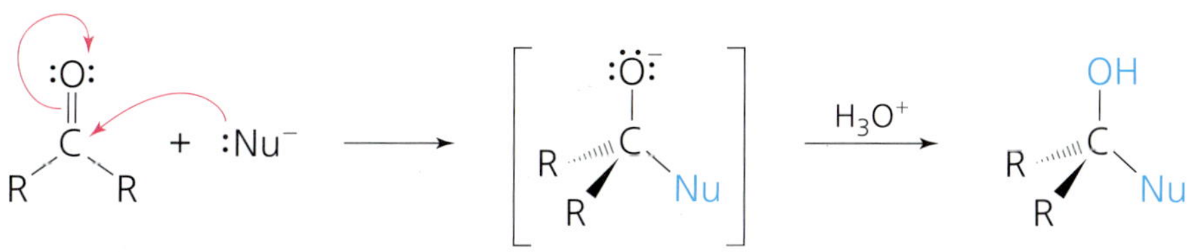

그러나 카복실산 유도체에 친핵체(:Nu⁻)가 첨가될 때에는 다른 반응 과정이 일어난다. 일반적으로 산소에 결합되어 있는 sp^2 탄소는 다른 전기음성도가 큰 원자에 결합되어 있으면 불안정하다. Z와 Nu가 모두 전기음성도가 큰 원자이므로 산소의 고립전자쌍은 π결합을 다시 형성하고 2 치환기 Z와 Nu 중 하나는 결합 전자와 함께 이탈된다. 이 반응은 친핵체가 반응물의 아실기에 결합하고 있는 치환체(Z)를 치환하였으므로 친핵성 아실 치환 반응(Nucleophilic Acyl Substitution Reaction)이라 한다.

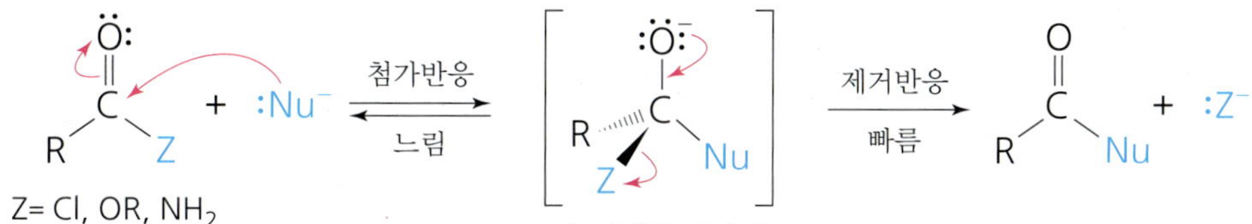

친핵성 아실 첨가 반응과 친핵성 아실 치환 반응 모두 친핵체가 극성인 C=O 결합에 첨가되어 정4면체인 알콕시화 이온을 형성하는 것으로 시작한다. 카복실산과 그 유도체들(RCOZ)에 있는 아실기의 카보닐 탄소 원자는 전자가 부족한 상태에 있으므로 친전자성을 나타내며 친핵체의 공격을 받기 쉽다. 이들 화합물의 아실기 탄소 원자는 이 탄소 원자와 결합되어 있는 Z(Cl, OCOR', OR', NR'R")기가 알데하이드와 케톤의 카보닐기 탄소 원자와 결합되어 있는 수소 원자 또는 알킬기(아릴기)에 비해 전기음성도가 더 크기 때문에 더 강한 친전자성을 나타낸다. 이들 유도체와 친핵체의 반응은 알데하이드와 케톤의 경우와는 다르게 친핵성 첨가에 의해 생성된 정4면체형 중간체에서 멈추지 않고 Z 음이온이 이탈기로 떨어져 나가(제거 반응) 결과적으로는 아실기에 친핵체가 치환된 형태의 화합물이 형성된다.

친핵성 아실 치환 반응에서 연속된 2단계 과정, 즉 친핵체가 첨가되어 정4면체 중간체가 생성되는 첨가 반응과 치환체가 제거되는 제거 반응으로 이루어져 있다. 따라서 최종 효과는 아실 탄소에 결합된 −Z기가 친핵체에 의해 치환이 일어난 것으로 볼 수 있고, 이 과정은 외견상으로는 친핵성 치환반응의 S_N2 반응 과정과 동일하게 보인다. 그러나 2 반응 사이의 메커니즘은 전혀 다르다. S_N2 반응은 이탈기의 뒤쪽을 공격하여 치환되는 1단계 친핵성 치환 반응이지만, 친핵성 아실 치환 반응은 정4면체형 중간체를 포함하는 2단계 반응으로 일어난다.

14.8.1 카복실산과 그 유도체의 상대적 반응성

카복실산과 그 유도체들 가운데 친핵성 아실 치환 반응에 대한 반응성은 산염화물이 가장 크고 아마이드가 가장 작다. 앞에서 언급한 것처럼 친핵성 아실 치환 반응은 친핵성 첨가 반응과 제거 반응이 연달아 일어나는 반응이다. 친핵성 아실 치환 반응은 친핵성 첨가 단계에서 아실기의 카보닐 탄소 원자의 친전자성이 클수록 잘 일어난다. 따라서 RCOZ에서 Z기의 전기음성도가 클수록 반응성이 커진다. 위 반응에서 제거 단계는 Z기의 이탈성이 좋을수록 잘 일어난다. 카복실산 유도체(RCOZ) 중 산염화물의 반응성이 가장 큰 이유는 이탈기인 Cl^- 이온이 가장 약염기로 이탈성이 좋기 때문이다. 카복실산과 그 유도체들의 상대적 반응성은 다음과 같다.

이탈성 증가 (이탈기 염기도 감소)

이탈기	$^-NH_2$	$^-OH \approx {}^-OR'$	$R'COO^-$	Cl^-
반응성	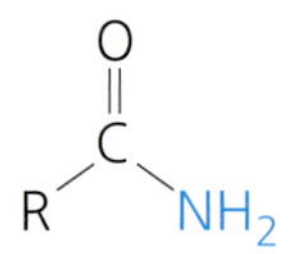	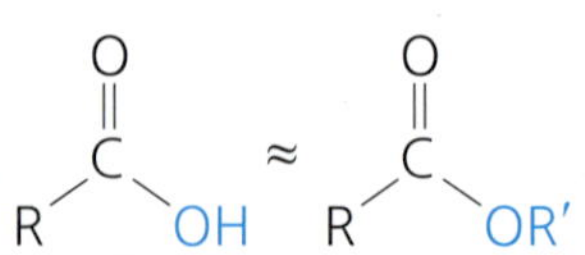	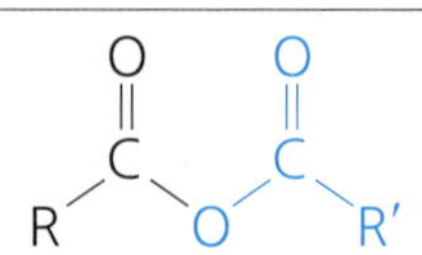	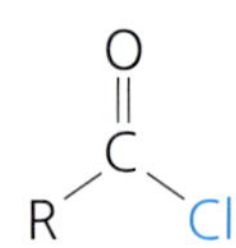

반응성 증가

카보닐 탄소 원자에 산소 원자가 결합하고 있는 것은 동일하지만 산무수물이 에스터와 카복실산보다 반응성이 더 큰 이유는 산무수물의 공명 구조가 에스터와 카복실산보다 덜 안정하기 때문이다. 바꾸어 말해 에스터와 카복실산은 산무수물보다 안정한 공명 구조를 가지고 있어 C=O기가 친핵체의 공격에 무디기 때문이다. 실제로 2개의 공명 구조를 가지고 안정화된 카복실산 음이온은 친핵성 아실 치환 반응을 하지 않는다.

산무수물 **에스터**

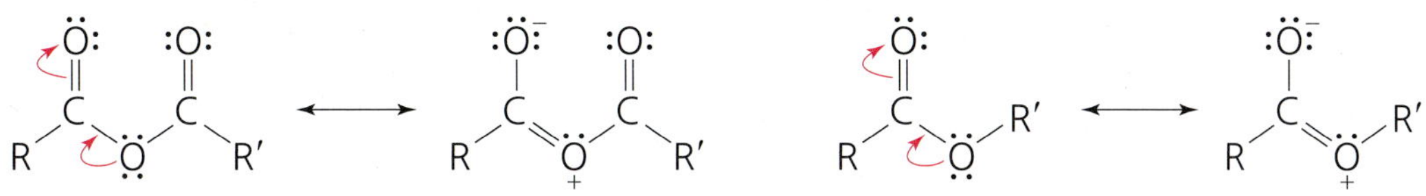

불안정한 공명 구조 안정한 공명 구조

친핵성 아실 치환 반응에서 흔히 사용되는 친핵체로는 물, 알코올, 아민, 수소음이온(H^-), 탄소음이온(예: RMgX) 등이 있다. 이들을 이용한 반응의 유형과 생성물은 다음과 같다. 즉 카복실산 유도체들의 친핵성 아실 치환 반응 종류는 다음과 같이 분류할 수 있다.

(1) 카복실산 유도체의 가수분해 반응(Hydrolysis): 물이 친핵체로 반응하여 카복실산을 생성하는 반응이다.

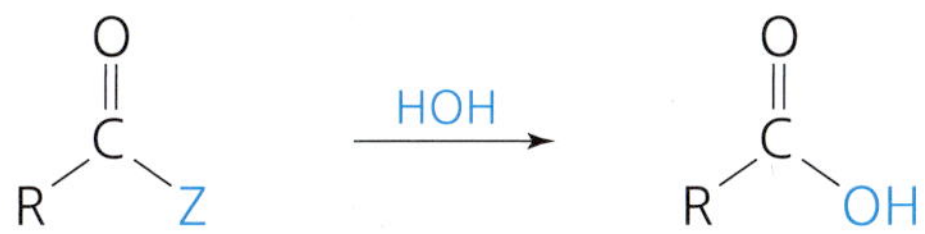

카복실산 및 유도체 **카복실산**

(2) 카복실산 유도체의 가알코올 분해 반응(Alcoholysis): 알코올이 친핵체로 반응하여 에스터를 생성하는 반응이다.

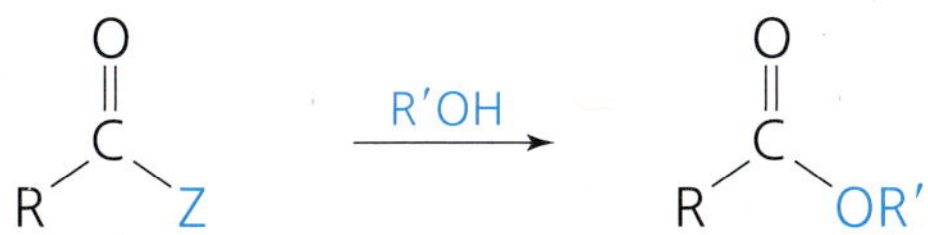

카복실산 및 유도체 **에스터**

(3) 카복실산 유도체의 가아민분해 반응(Aminolysis): 암모니아 또는 아민이 친핵체로

반응하여 아마이드를 생성하는 반응이다.

카복실산 및 유도체 아마이드

(4) 카복실산 유도체의 환원 반응(Reduction): 환원제인 수소음이온이 친핵체로 반응하여 알데하이드, 1차 알코올, 아민을 생성하는 반응이다.

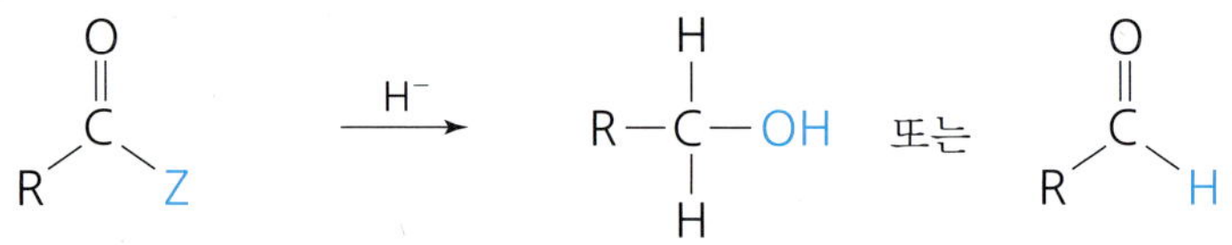

카복실산 및 유도체

(5) 카복실산 유도체의 알킬화 반응(Alkylation): Grignard 시약 등과 반응하여 케톤 또는 알코올을 생성하는 반응이다.

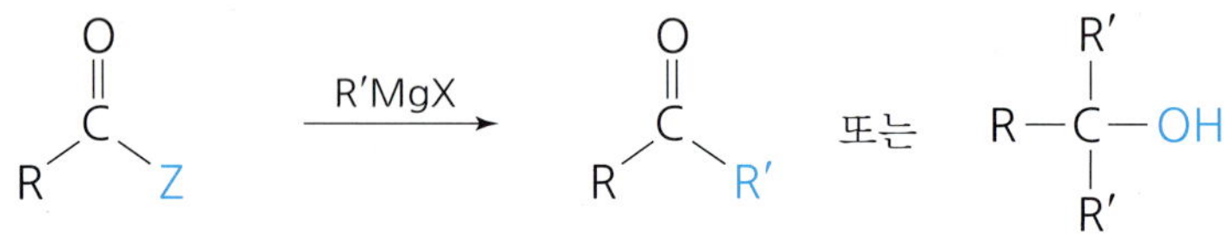

카복실산 및 유도체

카복실산과 그 유도체들의 친핵성 아실 치환 반응은 다음과 같다.

표 14.13 친핵성 아실 치환 반응

구 분	친핵체(:Nu)	생성물 (RCONu)	
		구조식	이 름
산소 친핵체	HO^- 또는 H_2O	RCO_2H	카복실산
	$R'O^-$ 또는 $R'OH$	RCO_2R'	에스터
	$R'CO_2^-$ 또는 $R'CO_2H$	RCO_2OCR'	산무수물
황 친핵체	HS^- 또는 H_2S	RCOSH	싸이오카복실산
	$R'S^-$ 또는 $R'SH$	RCOSR′	싸이오에스터
질소 친핵체	NH_3	$RCONH_2$	1차 아마이드
	NH_2R' 또는 NHRR′	RCONHR, RCONRR′	2차, 3차 아마이드
수소 친핵체	$H^-(NaBH_4, LiAlH_4)$	RCH_2OH 또는 RCH_2NRR'	알코올 또는 아민
탄소 친핵체	R′MgX 또는 R′Li	RR′R′COH	3차 알코올
	R'_2CuLi	RCOR′	케톤

14.8.2 카복실산과 그 유도체의 상호전환 반응

카복실산과 그 유도체들은 친핵성 아실 치환 반응에 의하여 구조가 상호전환될 수 있다. 그러나 반응성이 큰 카복실산 유도체에서 반응성이 작은 유도체로 전환은 가능하지만 그 역반응은 일어나지 않는다. 예를 들어 반응성이 가장 높은 산염화물은 이보다 반응성이 낮은 산무수물, 에스터, 카복실산, 아마이드로 쉽게 전환되지만 반응성이 낮은 에스터에서 이보다 반응성이 높은 산염화물과 산무수물로 직접 전환되지 않는다. 그 이유는 반응의 정4면체형 중간체에서 염기도가 더 낮은 이탈기가 먼저 이탈되기 때문이다. 반응성이 낮은 카복실산 유도체에서 더 높은 반응성을 가지는 유도체로 전환시키려면 먼저 카복실산으로 전환시켜야 가능하다.

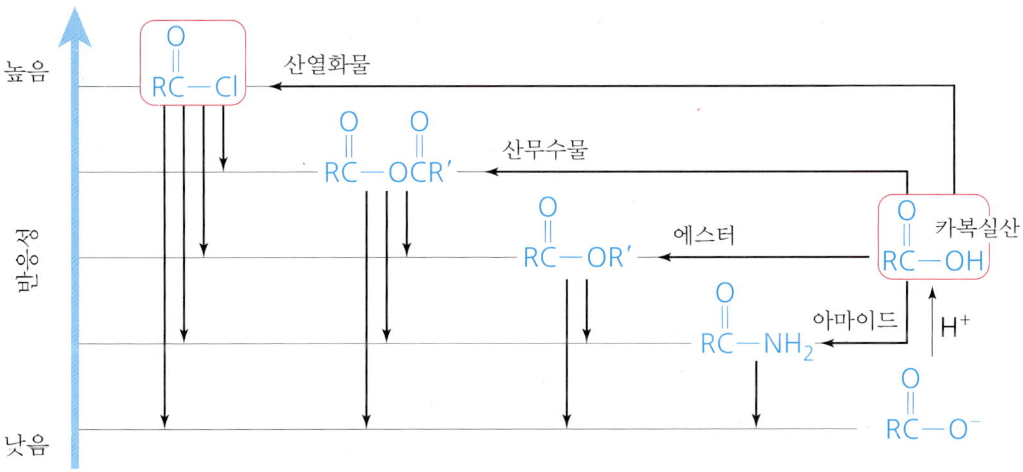

카복실산과 그 유도체들의 상호전환 반응은 친핵체가 이탈기보다 염기도가 더 커야 반응이 일어난다. 즉 아래 (a)의 경우는 Z에 비해 Nu가 더 약한 염기이므로 반응하지 않으나 (b)는 Nu에 비해 Z가 더 약한 염기이므로 반응이 일어난다.

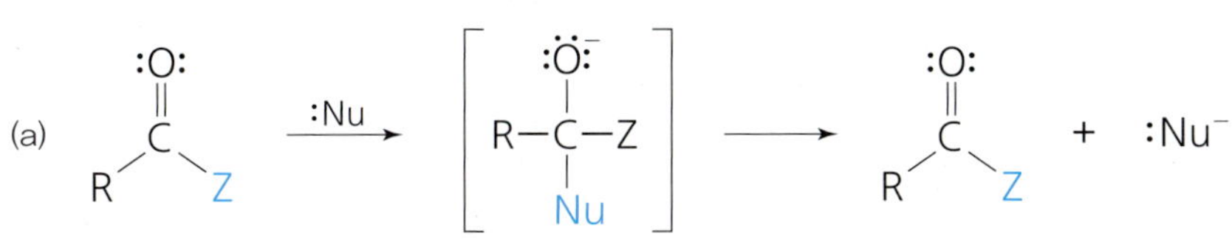

정4면체형 중간체

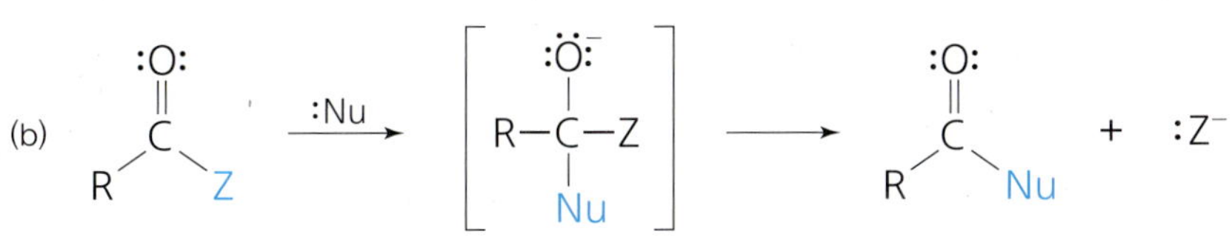

정4면체형 중간체

예를 들면 산무수물로부터 산염화물을 합성할 수 없다.

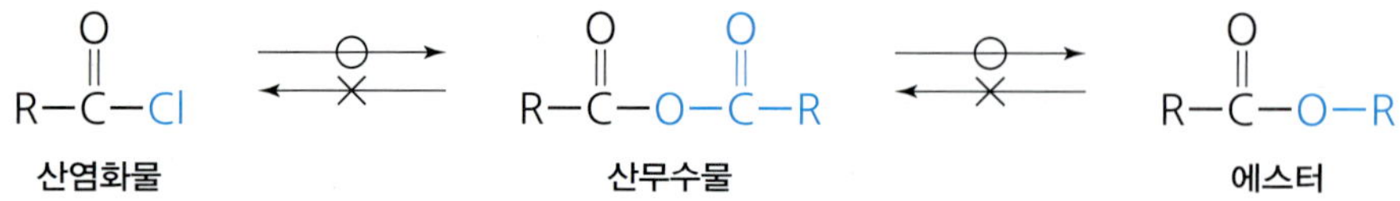

14.9 카복실산 유도체 산염화물의 반응

카복실산 유도체 중 산염화물(Acyl Chloride)이 가장 반응성이 크다. 이것에는 산소 친핵체와의 반응, 질소 친핵체와의 반응, 환원 반응, 유기금속 시약과의 반응이 있다. 이들의 반응 개요는 다음과 같다.

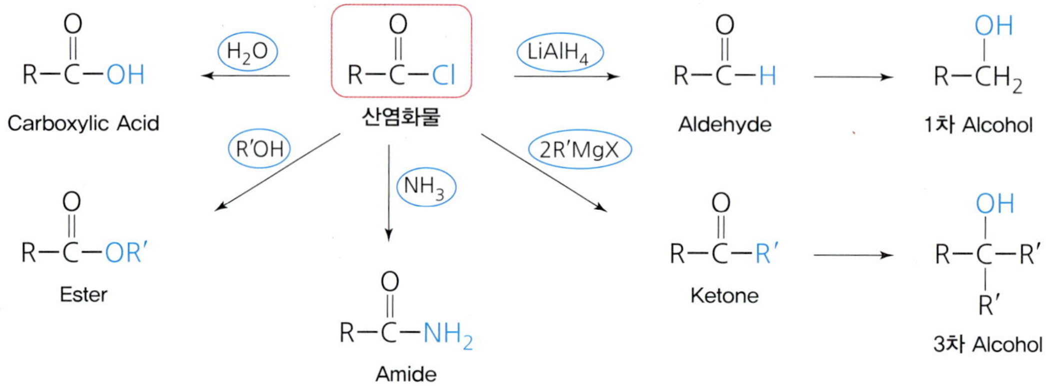

14.9.1 산염화물의 산소 친핵체와 반응

산염화물은 산소 친핵체인 카복실산(카복실산 음이온)과 반응하여 산무수물, 알코올과 반응하여(가알코올분해 반응) 에스터, 물과 반응하여(가수분해 반응) 카복실산을 각각 생성한다.

(1) 카복실산 음이온과 반응 산무수물 생성

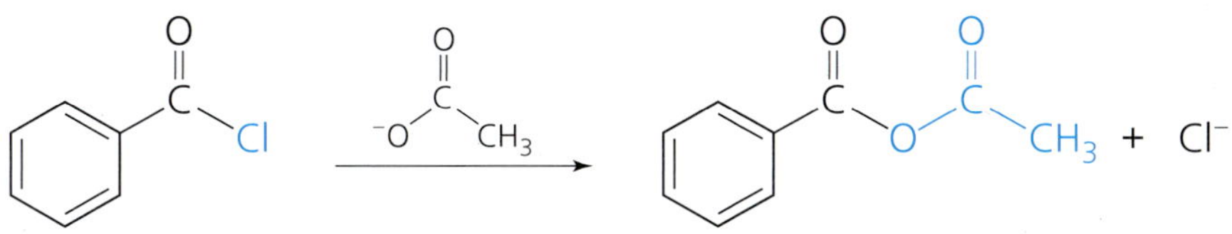

Benzoyl Chloride　　Acetic Benzoic Anhydride

(2) 가알코올 분해반응에 의한 에스터 생성

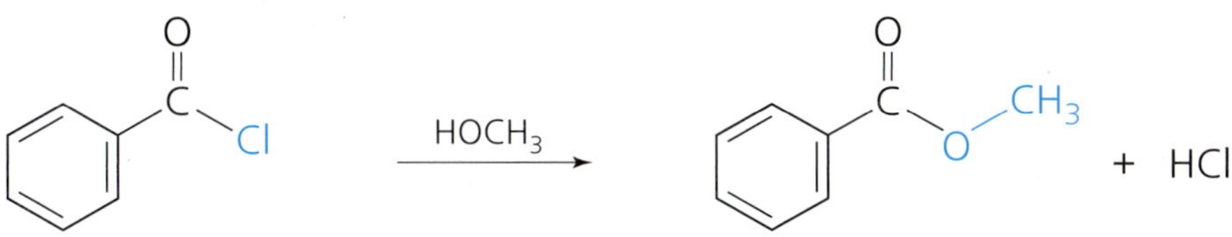

Benzoyl Chloride　　Methyl Benzoate

Acetyl Chloride　　Ethanol　　Ethyl Acetate

(3) 가수분해에 의한 카복실산 생성

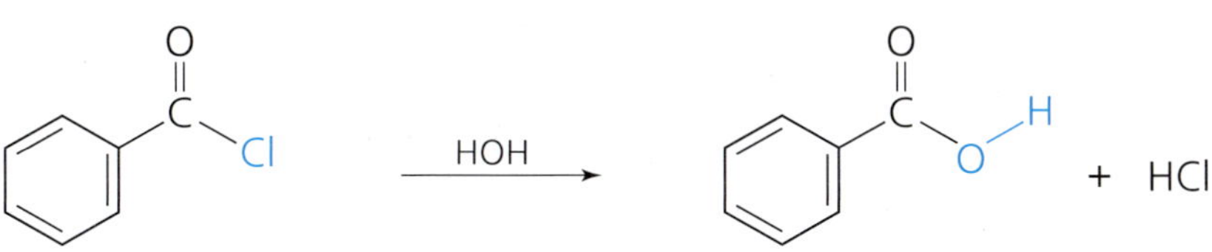

Benzoyl Chloride　　Benzoic Acid

14.9.2 산염화물의 질소 친핵체와 반응

산염화물은 질소 친핵체인 암모니아, 1차 아민, 2차 아민과 반응(가아민분해 반응)하여 1차, 2차, 3차 아마이드를 각각 생성한다. 이 경우 생성되는 HCl을 제거하기 위하여 아민을 과량 사용하거나 다른 염기를 추가 사용해야 한다.

(1) 암모니아 반응에 의한 1차 아마이드 생성

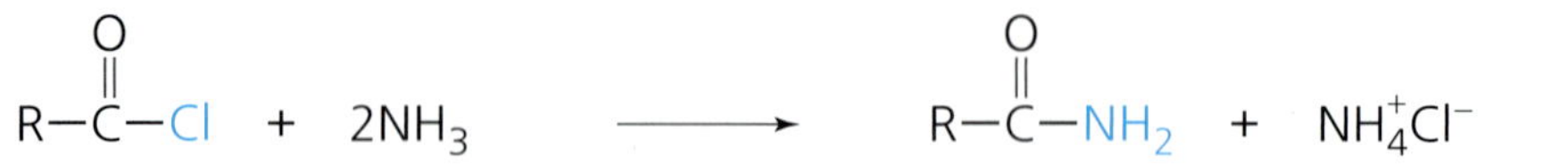

Acyl Chloride　Ammonia　1차 Amide　Ammonium Chloride

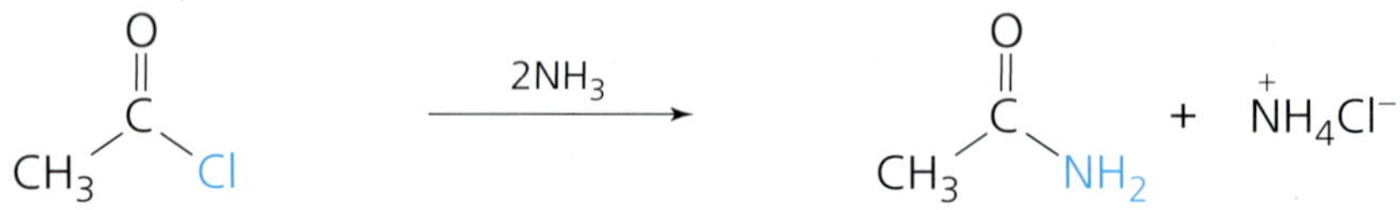

Acetyl Chloride　Acetamide

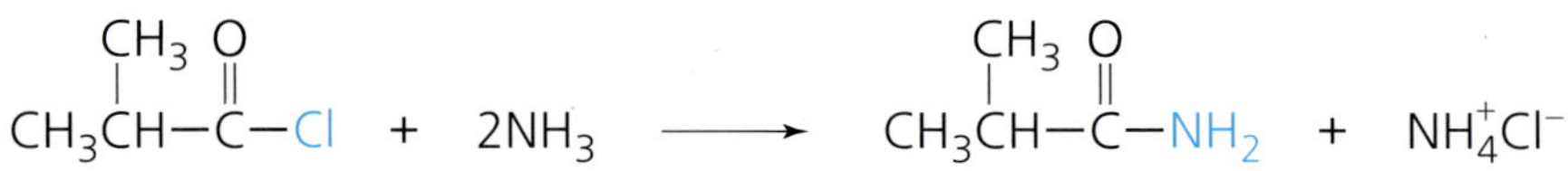

2–Methylpropanoyl Chloride　2–Methylpropanamide

(2) 1차 아민에 의한 2차 아마이드 생성

Acyl Chloride　1차 Amine　2차 Amide

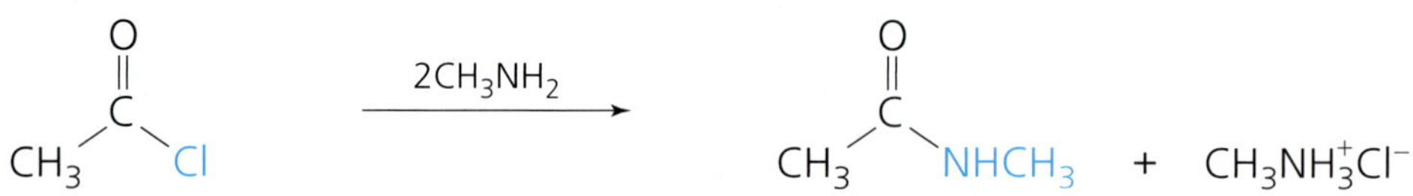

Acetyl Chloride　*N*–Methylacetamide

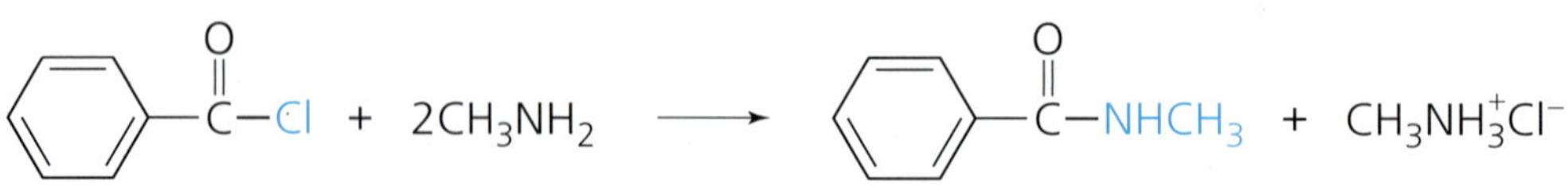

Benzoyl Chloride　Methylamine　*N*–Methylbenzamide

(3) 2차 아민에 의한 3차 아미이드 생성

Acyl Chloride 2차 Amine 3차 Amide

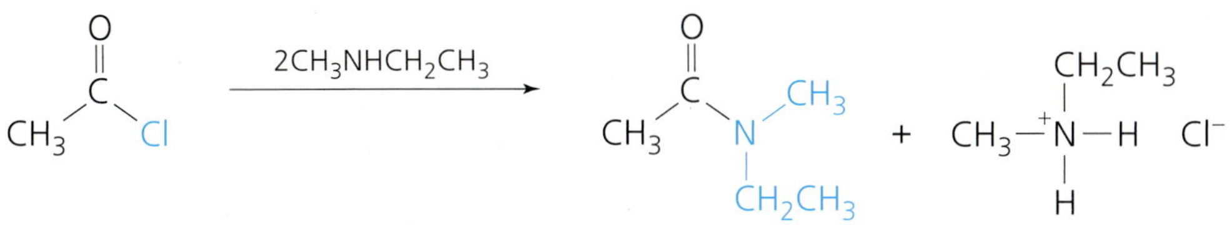

Acetyl Chloride *N*−Ethyl−*N*−Methylacetamide

14.9.3 산염화물의 환원 반응

산염화물을 $LiAlH_4$와 반응으로 1차 알코올이 생성된다. 환원력이 매우 약한 환원제인 LTBA [Lithium Tri−tert−Butoxy Aluminium Hydride], $LiAlH[OC(CH_3)_3]_3$를 낮은 온도에서 사용하면 부분 환원 반응이 일어나 알데하이드를 생성한다. $Pd/BaSO_4$ 촉매를 사용하여 수소 환원시켜도 알데하이드를 얻을 수 있다. 이 반응을 Rosenmund 환원이라 부른다. 환원시약 LTBA와 Rosenmund 환원법은 알데하이드의 합성법으로 중요하다.

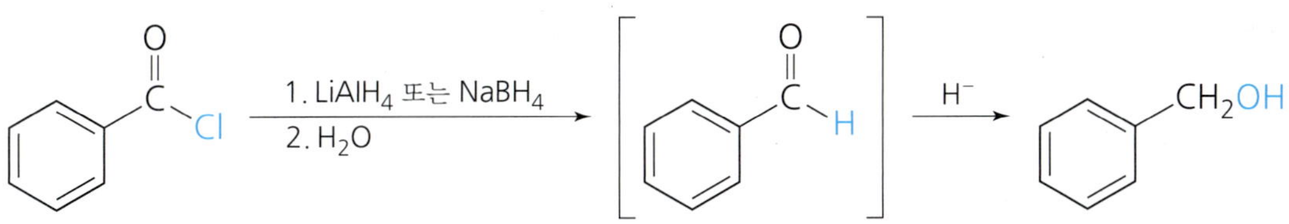

Benzoyl Chloride Benzyl Alcohol

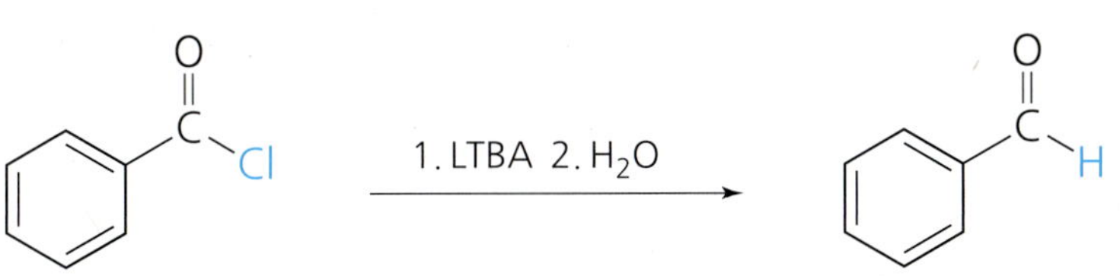

Benzoyl Chloride Benzaldehyde

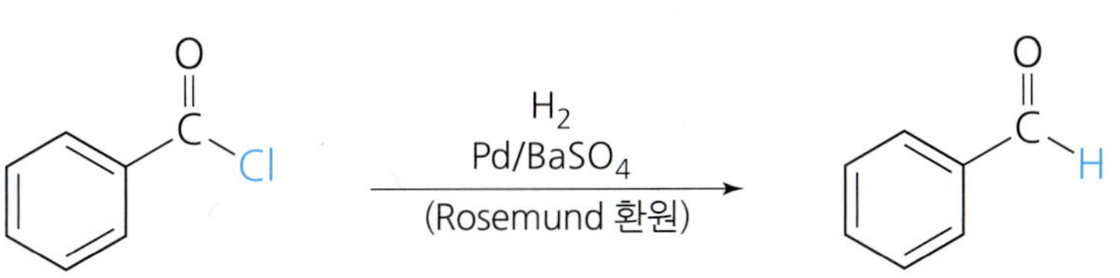

Benzoyl Chloride Benzaldehyde

환원제로 흔히 사용되는 $LiAlH_4$, $NaBH_4$와 같은 금속 수소화물은 수소음이온을 제공하는 시약이다. 상기 첫 예에서 보듯이 수소음이온은 친핵체로 작용하여 산염화물과 첨가-제거 반응을 하면 알데하이드가 생성되는데 이들 환원제는 알데하이드를 산염화물보다 더 빨리 1차 알코올로 환원시키기 때문에 중간체인 알데하이드를 분리할 수 없다.

14.9.4 산염화물의 유기금속 시약과 반응

산염화물은 Grignard 시약 또는 알킬 (아릴) 리튬 시약과 반응하여 3차 알코올을 생성하고 구리 시약(Gilman 시약)과는 반응하여 케톤을 생성한다.

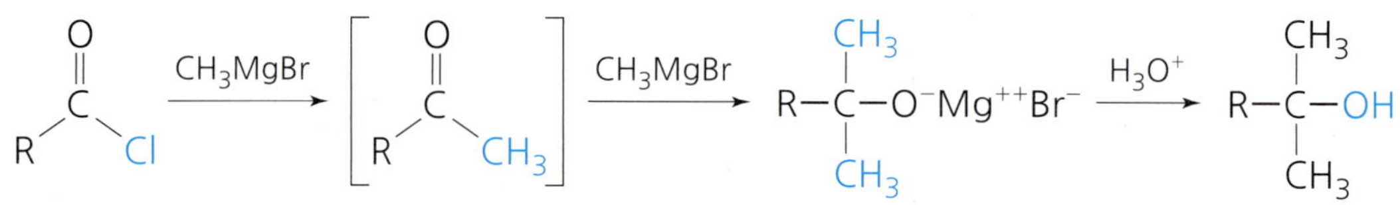

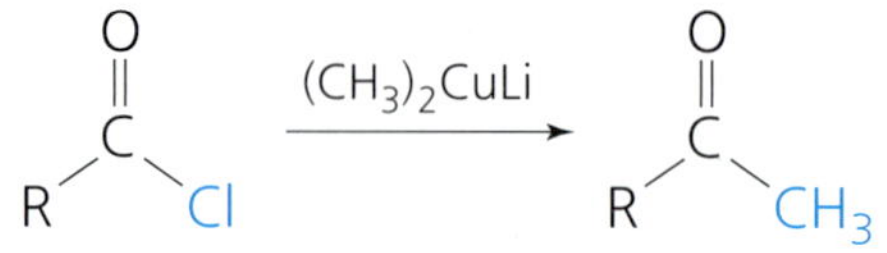

14.10 카복실산 유도체 산무수물의 반응

산무수물의 반응에는 산소 및 질소 친핵체와의 반응, 환원 반응, Grignard 반응이 있다.

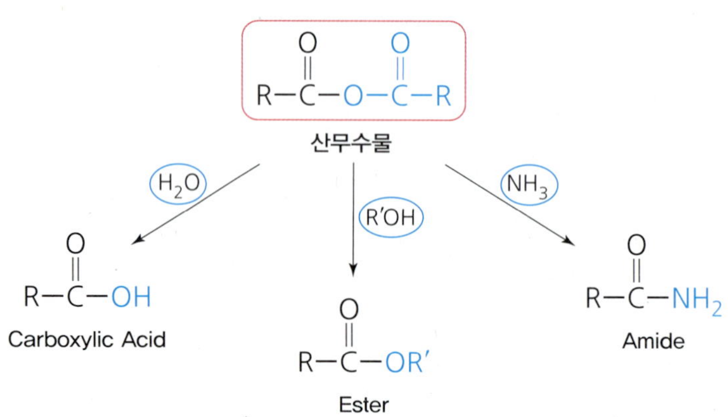

14.10.1 산무수물의 산소 친핵체(물, 알코올) 및 질소 친핵체(아민)와 반응

산무수물은 물과 반응하여(가수분해) 카복실산, 알코올과 반응하여 에스터, 아민과 반응하여 아마이드를 각각 생성한다. 이 반응은 아스피린(에스터의 일종)과 타이레놀(아마이드 일종) 합성에 응용된다.

(1) 가수분해에 의한 카복실산 생성

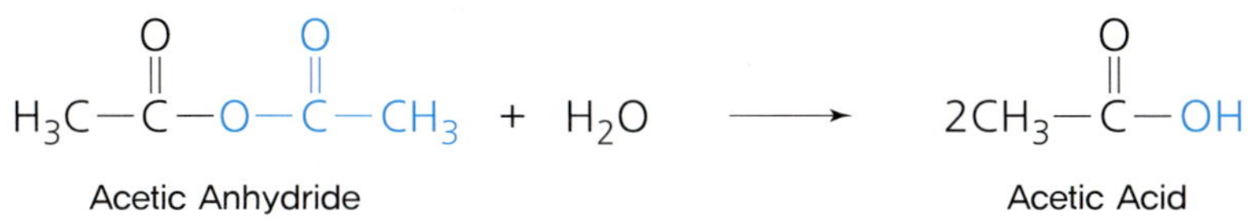

(2) 가알코올 분해반응에 의한 에스터 생성

부산물로 생성되는 카복실산을 제거하기 위하여 피리딘이나 3차 아민을 이용한다.

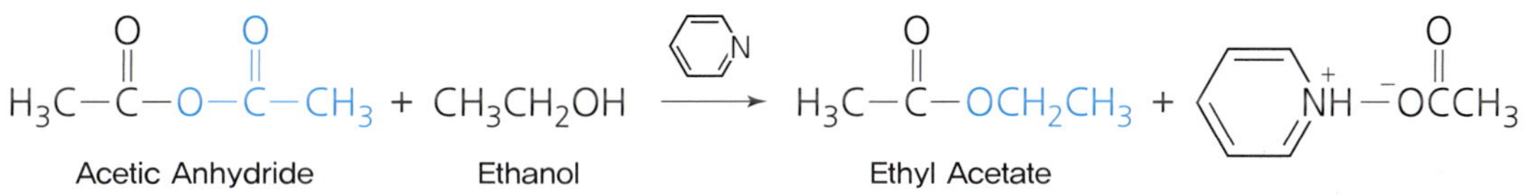

(3) 가아민 분해반응에 의한 아마이드 생성

산무수물은 암모니아, 1차 또는 2차 아민과 반응하여 아마이드를 생성한다. 2 당량의 암모니아나 아민을 사용하여 생성되는 카복실산을 중화한다.

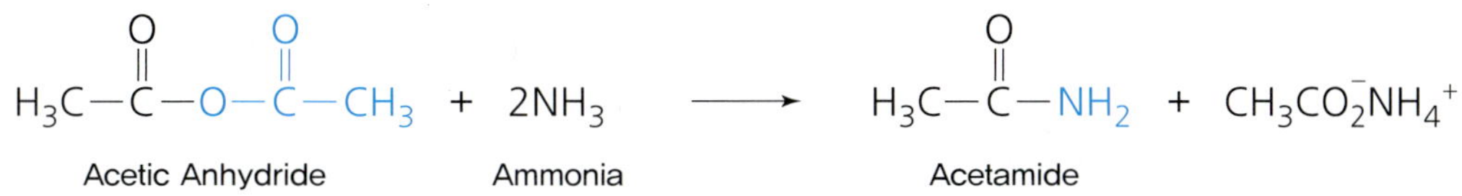

(4) 복잡한 알코올의 에스터와 아민과의 반응으로 아스피린과 타이레놀 생성

아세트산 무수물은 복잡한 알코올의 에스터와 아민으로부터 아세트아마이드를 합성하는데 주로 사용된다. 예를 들면, o-하이드록시벤조산(살리실산)을 아세트산 무수물과 반응시켜 살리실산 에스터인 아스피린(Aspirin)을 합성한다. 또한 유사한 방법으로 p-하이드록시아닐린을 아세트산 무수물과 반응시켜 진통제인 타이레놀(Tylenol)의 활성 성분인 아세트아미노펜을 합성한다.

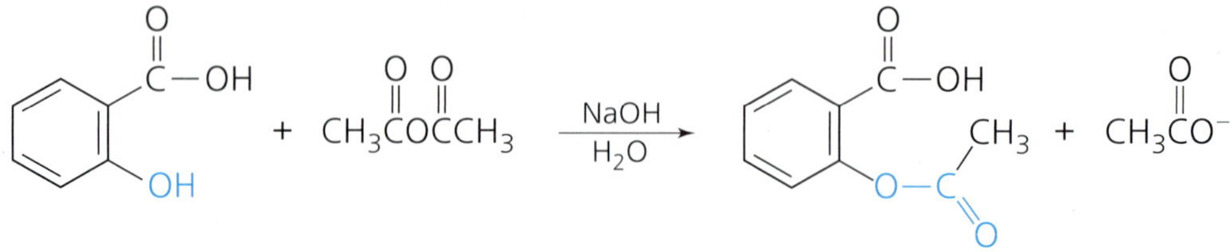

o−Hydroxybenzoic Acid (Salicylic Acid) Acetic Anhydride 2−Acetoxybenzoic Acid (Aspirin)

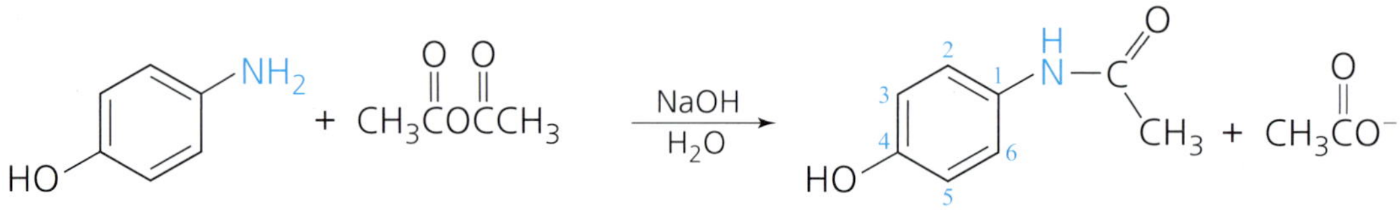

p−Hydroxyaniline (*p*−Aminophenol) Acetic Anhydride *N*−(4−Hydroxyphenyl)acetamide or *p*−Acetaminophen (Tylenol)

14.10.2 산무수물의 환원 반응에 의한 알코올 생성

산무수물을 $LiAlH_4$로 환원하면 1차 알코올이 생성된다.

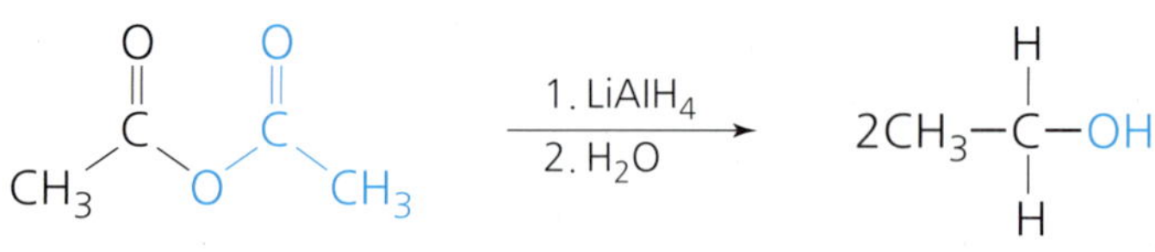

14.10.3 산무수물의 Grignard 반응에 의한 알코올과 케톤 생성

산무수물에 Grignard 반응을 수행하면 3차 알콜올이 생성된다. 그러나 이 반응을 낮은 온도(−78℃)에서 수행하면 다음과 같이 케톤이 생성된다.

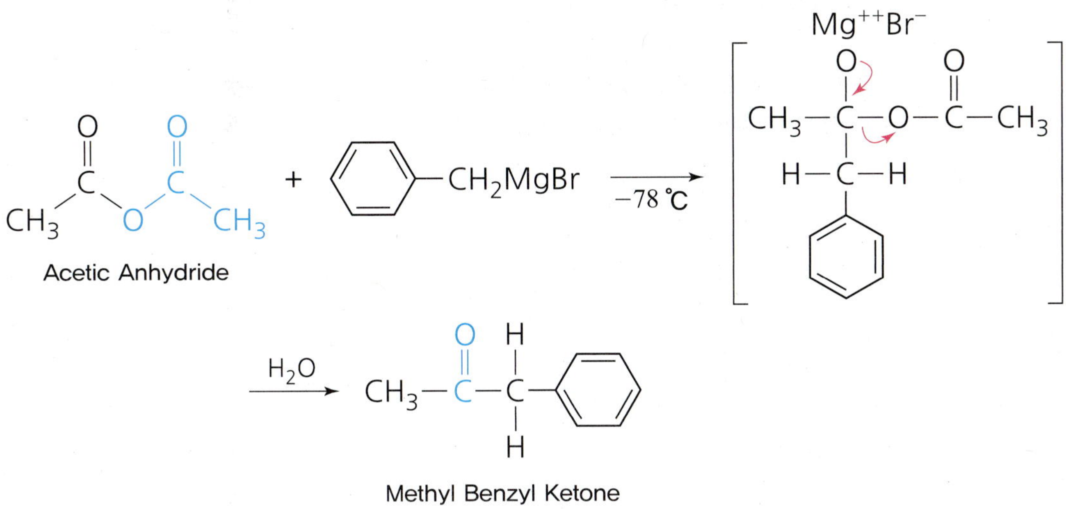

14.11 카복실산 유도체 에스터와 락톤의 반응

에스터는 물과 반응하여(가수분해 반응) 카복실산을 생성하고 알코올과는 산 촉매하에서 에스터교환 반응(Transesterification)을 일으키며 아민과 반응하여(가아민 분해 반응) 아마이드를 생성한다. 그리고 에스터의 환원반응과 Grignard 반응이 있다.

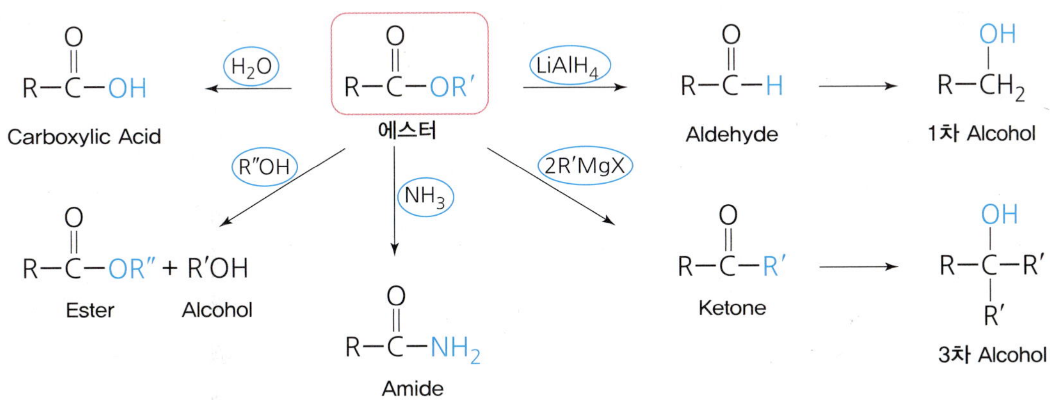

14.11.1 에스터의 가수분해 반응

에스터는 물과 염기나 산 수용액 중에서 가수분해되어 카복실산(카복실산염)과 알코올을 생성한다. 이는 가역과정이다. 즉 에스터와 과량의 물을 사용하면 가수분해되어 카복실산이 생성된다. 역반응으로 에스터를 합성하기 위해서는 일반적으로 알코올을 과량으로 사용하면 된다.

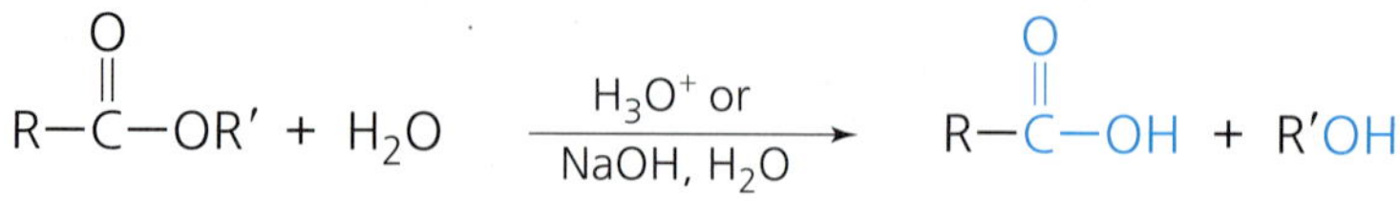

(1) 산촉매에 의한 에스터 가수분해 반응

에스터 생성 반응의 역반응이며 모든 카복실산 유도체의 공통 반응인 친핵성 아실 치환 반응으로 첨가-제거의 2단계 반응으로 일어난다.

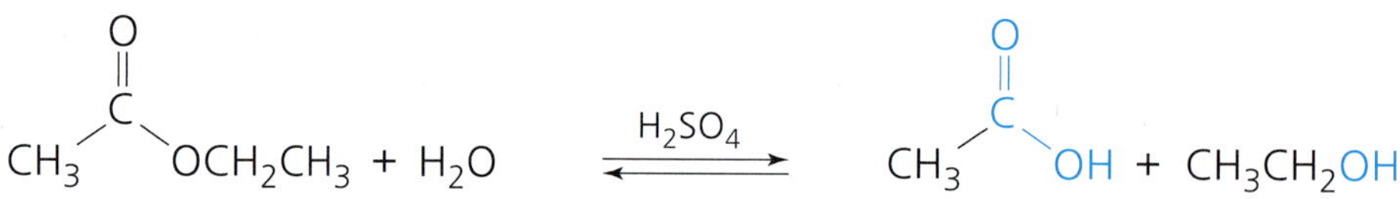

산촉매 가수분해 반응은 1단계는 양성자가 아실기 산소 원자에 배위되어 카보닐 탄소의 친전자성을 증가시켜 친핵체인 H_2O가 친핵성 첨가 반응을 쉽게 하도록 도우며 2단계는 제거 반응 단계에서 양성자가 다시 재생되는 반응 메커니즘으로 진행된다. 즉 1단계에서는 첫째, 아실기 산소 원자에 양성자가 첨가되어 카보닐 탄소 원자의 친전자성을 높인다. 둘째, H_2O의 친핵성 첨가는 4면체형 중간체를 형성하고 양성자를 상실하면서 첨가 생성물을 형성한다. 2단계에서는 첫째, 첨가 생성물의 OR'기에 양성자가 첨가되어 R'OH로서 좋은 이탈기가 되게 한다(이탈성 증가). 둘째, R'OH가 제거된 후 카복실산이 형성된다.

1 단계 H_2O의 친핵체 첨가

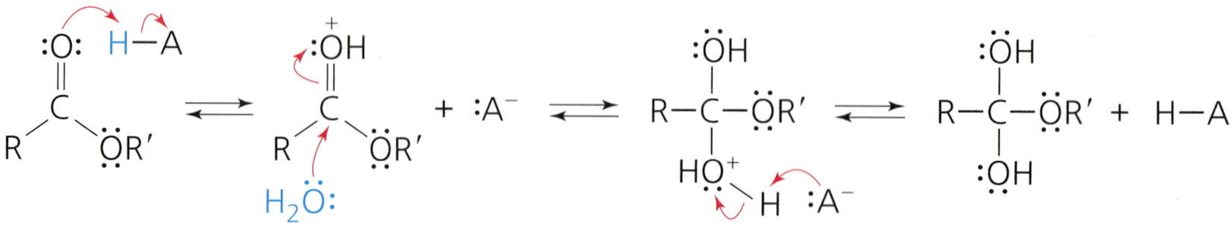

2 단계 R'OH의 제거

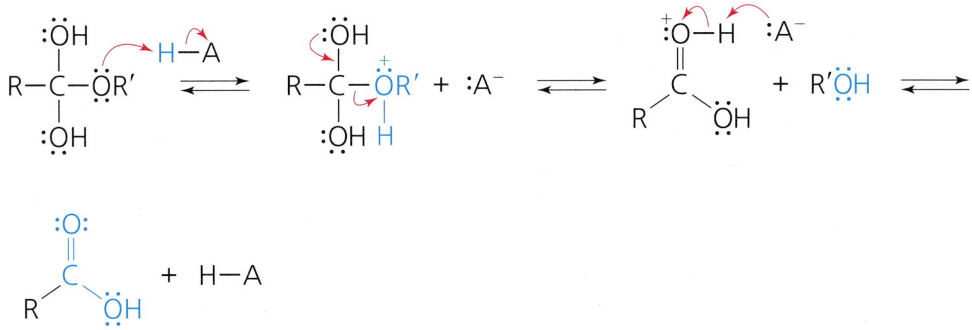

Carboxylic Acid

(2) 염기성 수용액에서 에스터 가수분해

카복실산 음이온을 형성한다. 에스터의 염기성 가수분해 반응을 비누화 반응(Saponification)이라고 한다. 이는 비누의 성분이 동물성 또는 식물성 지방을 염기성 가수분해하여 얻은 긴 사슬 지방산(C_{12}~C_{20}) 소듐염이기 때문에 붙여진 이름이다. 비누화 반응은 염기성 수용액에서 만들어진 ^{-}OH 이온이 에스터의 카보닐기에 친핵성 첨가 반응하여 생성된 4면체형 중간체에서 OR'기가 ^{-}OH기에 우선하여 이탈하여 일어나는 반응이다.

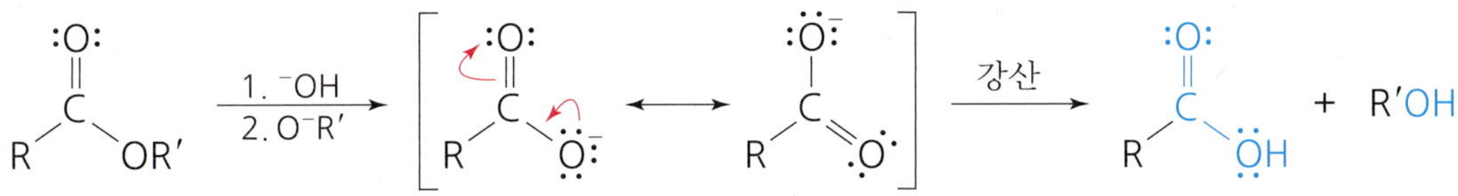

카복실산 음이온 공명 안정화

에스터의 ^{-}OH 이온 촉진 가수분해 반응 메커니즘은 다음과 같다. 1단계와 2단계에서 ^{-}OH기의 친핵성 첨가와 $R'O^{-}$의 제거 반응이 일어난다. 3단계에서 생성물인 카복실산이 이탈기인 $R'O^{-}$와 중화 반응하여 카복실산염을 생성한다. 비누의 화학 성분은 카복실산 소듐염($RCO_2^{-}\ Na^{+}$)이다.

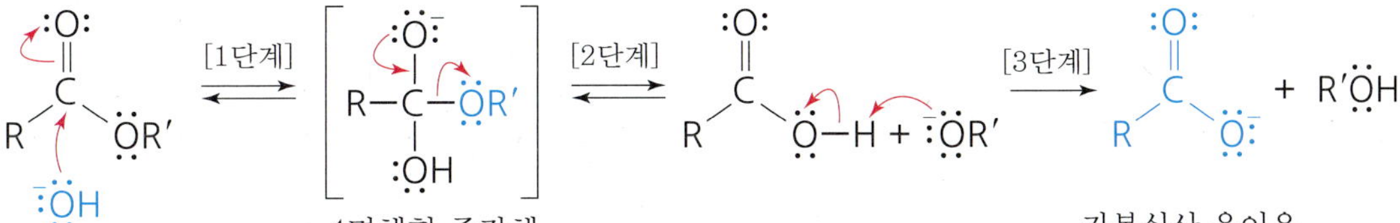

4면체형 중간체

카복실산 음이온

14.11.2 에스터의 알코올과 에스터 교환반응

에스터를 산 촉매하에서 다른 알코올과 반응시키면 에스터의 알콕시기($^-OR'$)가 다른 알코올의 알콕시기($^-OR''$)로 교환된다. 산촉매 가수분해 반응과 에스터화 반응이 연이어 일어난 결과이다. 이 반응은 저급 알코올의 에스터(예: 메틸 에스터)를 고급 알코올의 에스터(예: 부틸 에스터)로 전환시키는데 이용한다.

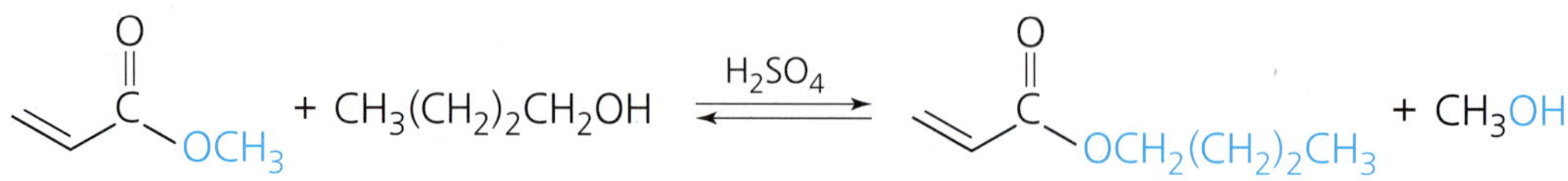

14.11.3 에스터의 가아민 분해반응

에스터는 암모니아나 1차 및 2차 아민과 반응하여 아마이드를 생성한다. 아마이드 제조는 산 염화물로부터 출발하는 것이 경제적이므로 에스터를 이용하는 반응은 잘 이용되지 않는다.

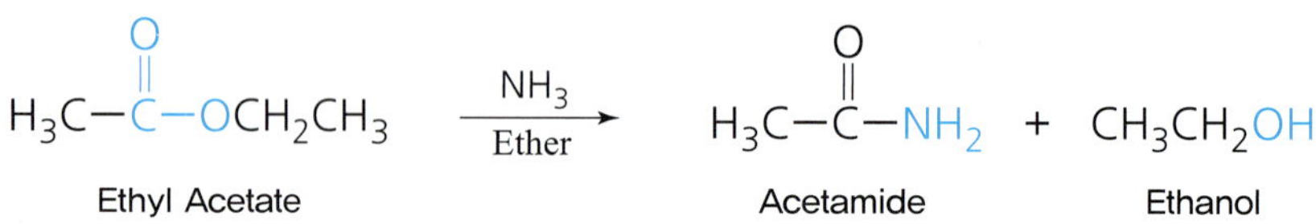

14.11.4 에스터의 환원반응

에스터를 $LiAlH_4$로 환원하면 1차 알코올이 생성된다. 또한 낮은 온도에서 DIBALH로 환원하면 알데하이드를 얻을 수 있다.

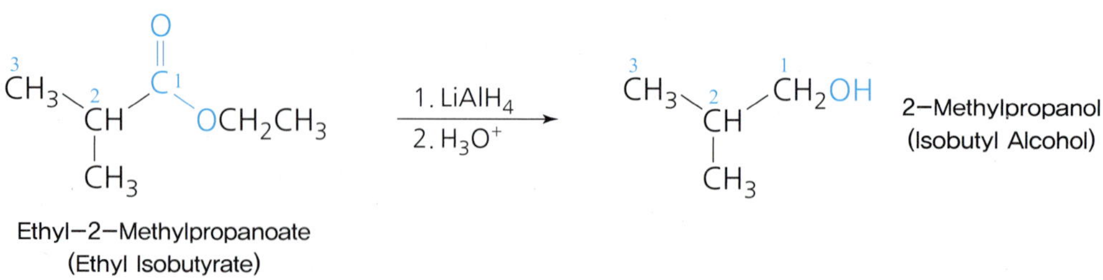

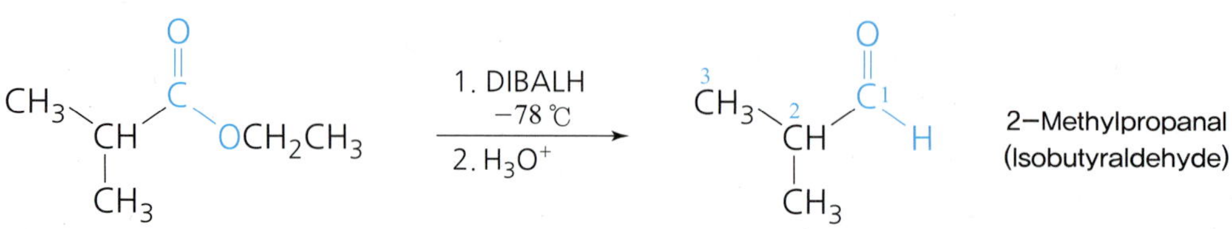

14.11.5 에스터의 Grignard 반응

에스터가 Grignard 시약 또는 유기리튬 시약과 반응하면 3차 알코올을 생성한다. 이때 Grignard 시약은 2 당량의 과량이 필요하다.

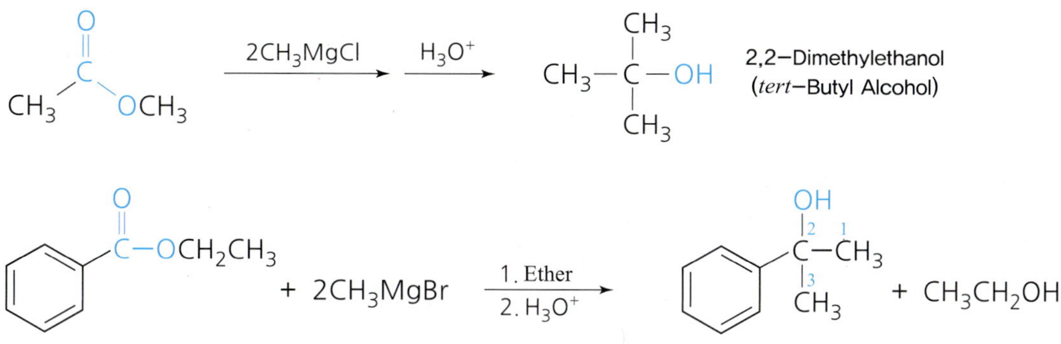

Ethyl benzoate 2-Phenylpropan-2-ol

14.12 카복실산 유도체 아마이드의 반응

아마이드는 카복실산 유도체 중에서 반응성이 가장 낮은 화합물이다. 이 화합물은 질소 원자의 비공유 전자쌍이 아실기와 공명 안정화되어 있고 이탈성이 가장 나쁜 이탈기(이탈기의 염기도가 가장 큼)를 가지고 있기 때문이다. 질소 원자는 산소 원자보다 전기음성도가 더 낮아 아마이드 비공유 전자쌍의 공명 기여도가 더 크다. 따라서 아마이드 카보닐 탄소의 친전자성이 더 감소한다.

아마이드 공명 구조 에스터 공명 구조

아마이드 반응에는 가수분해 반응, 환원반응, Grignard 반응, Hofmann 재배열(자리옮김) 반응이 있다.

14.12.1 아마이드의 가수분해 반응

에스터와 마찬가지로 산과 염기 조건에서 가열하면 가수분해되어 카복실산이 된다. 이 경우 산과 염기는 촉매가 아니고 반응물이다. 이 반응은 가역과정이 아니다.

(1) 아마이드의 공명구조를 파괴하기 때문에 H^+는 질소 원자에 붙지 않고(배위되지 않고) 산소 원자에 붙는다.

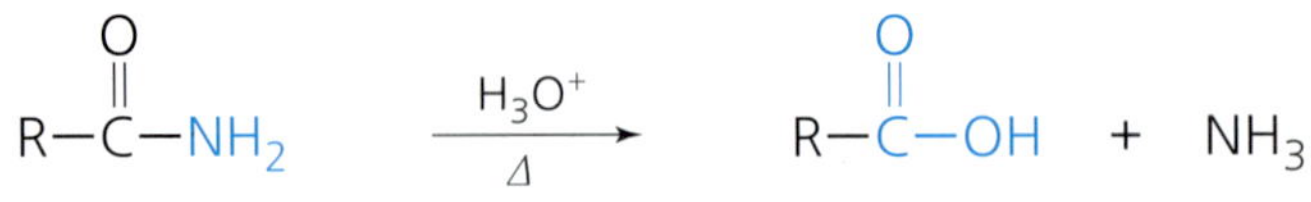

산성 용액에서 가수분해 반응 메커니즘은 다음과 같다.

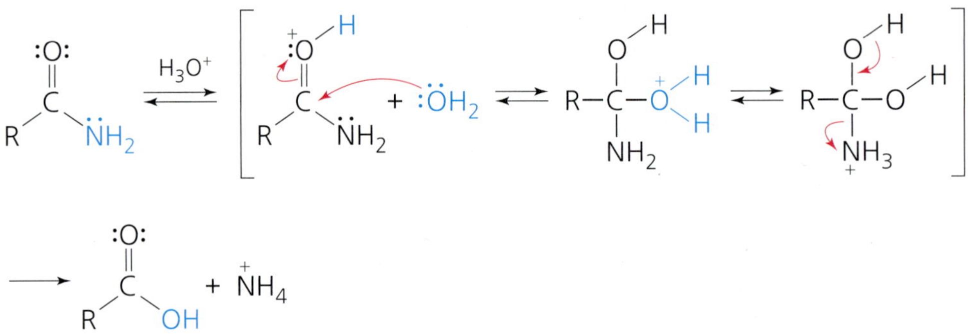

(2) NH_2기는 나쁜 이탈기이나 카복실산으로부터 H^+를 받아 NH_3로 이탈된다. 생성물인 카복실산 음이온이 공명 안정화될 수 있기 때문에 반응의 추진력이 생긴다(평형이 오른쪽으로 이동할 수 있다).

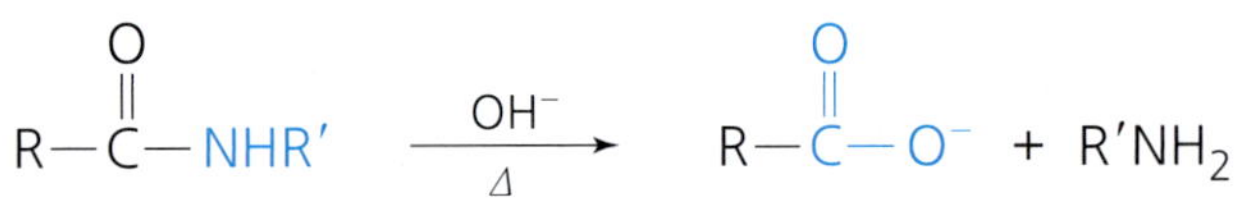

염기성 용액에서 가수분해 반응 메커니즘은 다음과 같다.

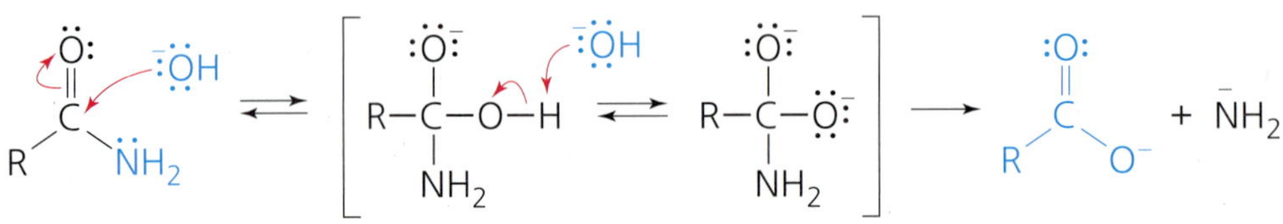

14.12.2 아마이드 환원 반응

아마이드는 $LiAlH_4$에 의해 환원되어 아민을 생성한다. 아마이드의 환원 효과는 아마이드 카보닐기를 메틸렌기(−CH_2−)로 전환시키는 것임을 알 수 있다. 이 반응은 아민을 합성하는 좋은 방법이다.

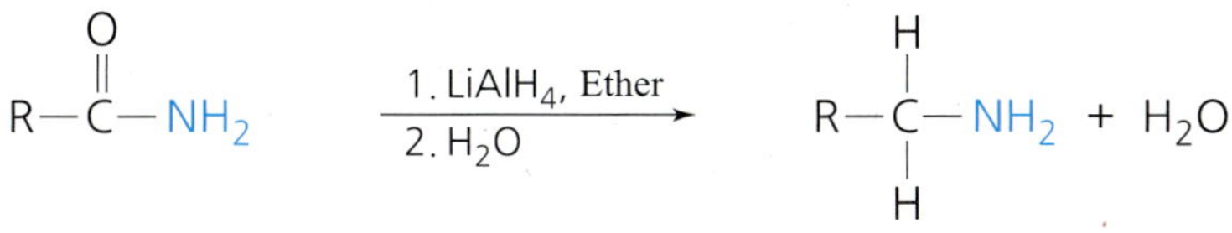

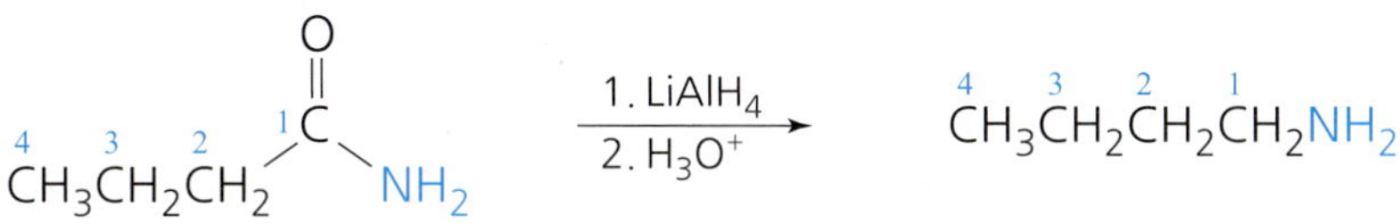

Butanamide (Butyramide) Butanamine (*n*−Butyl Amine)

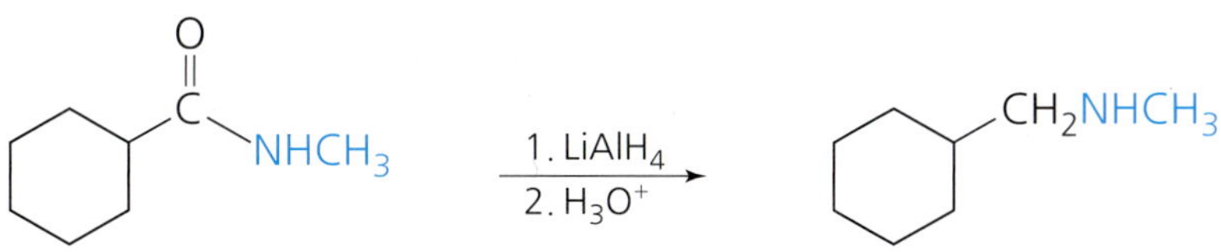

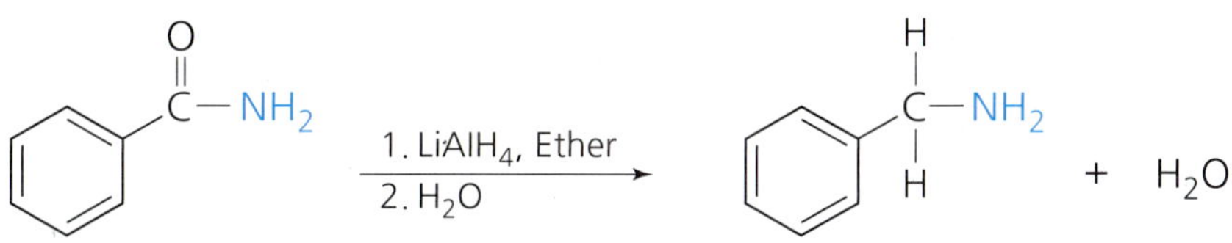

Benzamide Benzylamine

아마이드의 환원반응 메커니즘은 다음과 같다.

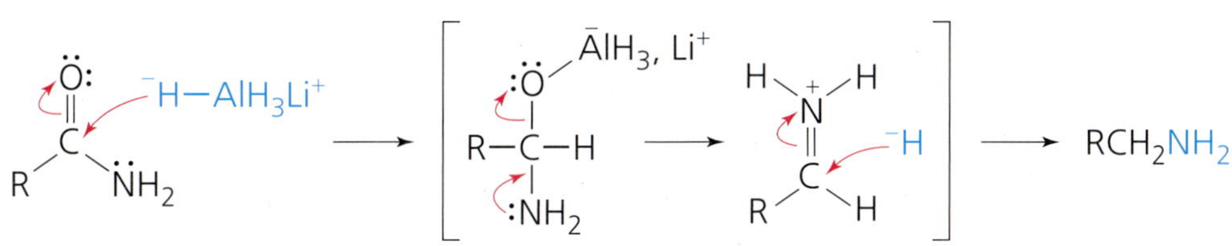

14.12.3 3차 아마이드의 Grignard 반응

1차 및 2차 아마이드는 질소 원자에 있는 활성화 수소(H의 산성도) 때문에 Grignard 시약을 파괴한다. 그러나 3차 아마이드는 활성화 수소가 없기 때문에 Grignard 시약과 반응하여 케톤을 형성한다.

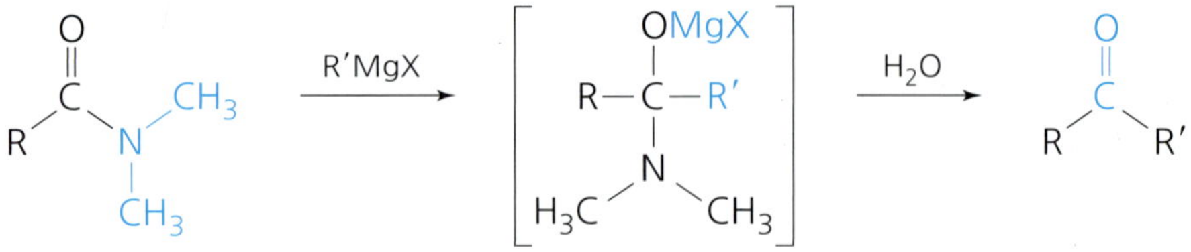

14.12.4 1차 아마이드의 Hofmann 재배열 반응

1차 아마이드를 알칼리(NaOH) 수용액에서 브로민(Br_2) 또는 염소(Cl_2)와 반응시키면 자리옮김 반응이 일어나 탄소 원자가 하나 감소한 1차 아민이 형성된다.

$$R-\overset{\overset{\large O}{\|}}{C}-NH_2 + Br_2 \xrightarrow[H_2O]{NaOH} \underset{\text{1차 아민}}{RNH_2} + 2NaBr + Na_2CO_3$$

14.13 카복실산 유도체 나이트릴의 반응

나이트릴은 질소 원자의 전기음성도가 탄소 원자보다 커서 질소 원자쪽에 강하게 편극화 되어 있다. 따라서 나이트릴의 탄소 원자는 친전자성이며 친핵체의 공격을 받아 친핵성 첨가 반응을 하기 쉽다. 나이트릴 반응에는 카복실산 생성 산(염기) 촉매 가수분해, 아민 및 알데하이드 생성 환원 반응, 케톤 생성 Grignard 반응이 있다

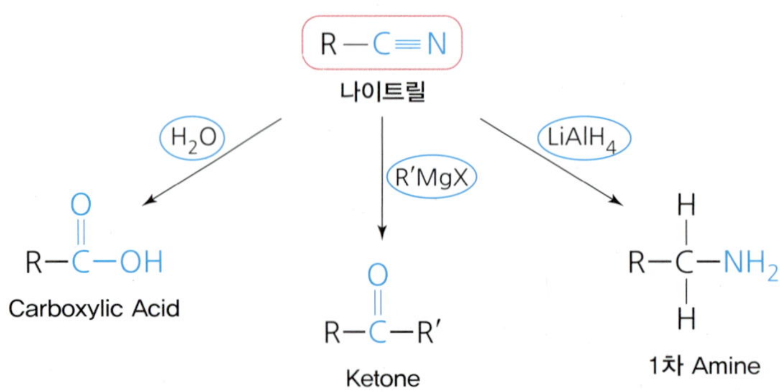

나이트릴의 화학은 여러 면에서 카보닐 화합물의 화학과 유사하다. 예를 들면 나이트릴 탄소는 질소에 결합 셋으로 연결되어 있고 카복실산 탄소는 2산소에 결합 셋으로 각각 연결되어 있다. 따라서 나이트릴은 카복실산 유도체와 같은 종류의 반응을 일으킨다. 나이트릴의 탄소원자는 친전자성이며 친핵체의 공격을 받아 쉽게 sp^2혼성화된 중간체인 이민 이온을 생성한다.

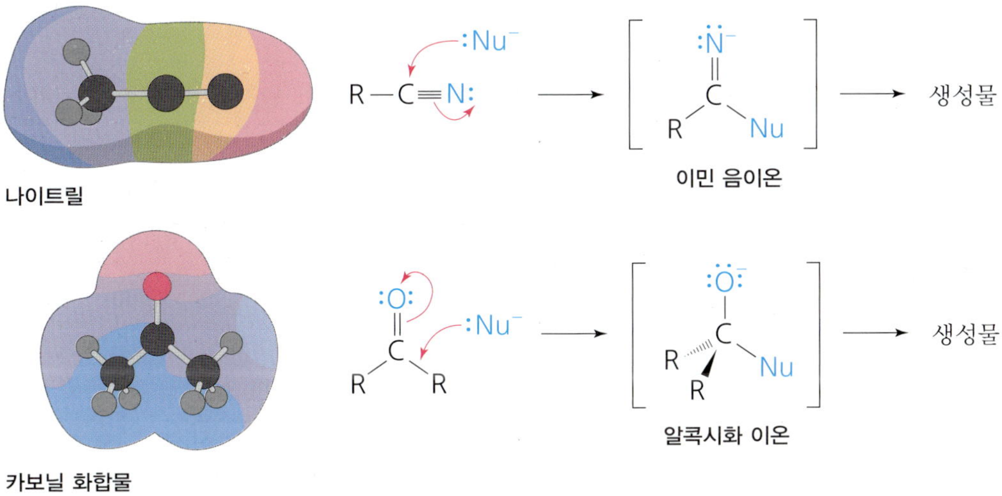

14.13.1 나이트릴의 가수분해 반응

나이트릴을 산 또는 염기 촉매하에서 높은 온도에서 가수분해시키면 아마이드를 거쳐 카복실산이 생성된다. 이 반응은 온화한 반응 조건에서는 아마이드를 얻을 수 있다.

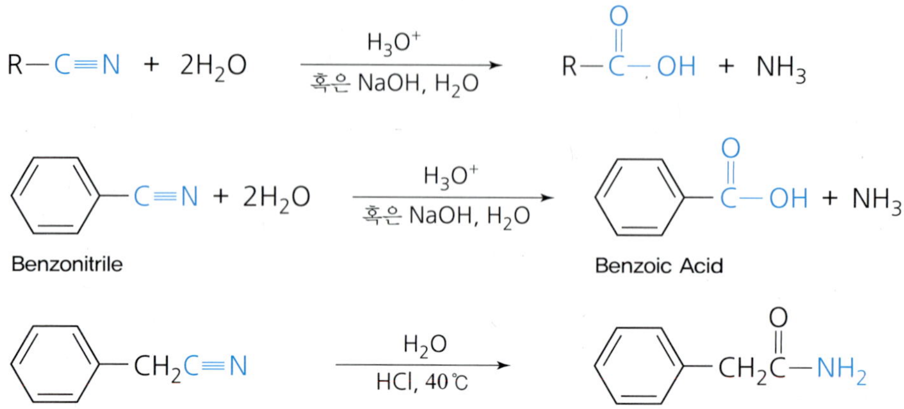

이 반응의 메커니즘은 다음과 같다. 나이트릴의 탄소 원자는 질소 원자의 전기음성도 차이로 친전자성을 띠게 되므로 친핵체인 물 분자의 공격을 받을 수 있다. 산(염기) 촉매하에서 물과 반응하여 생성된 이미드산(Imidic Acid)는 아마이드와 토토머 관계이다. 이는 온화한 반응 조건에서 반응시키면 아마이드를 분리할 수 있는 이유이다. 카복실산은 아마이드가 다시 가수분해하여 생성된 것이다.

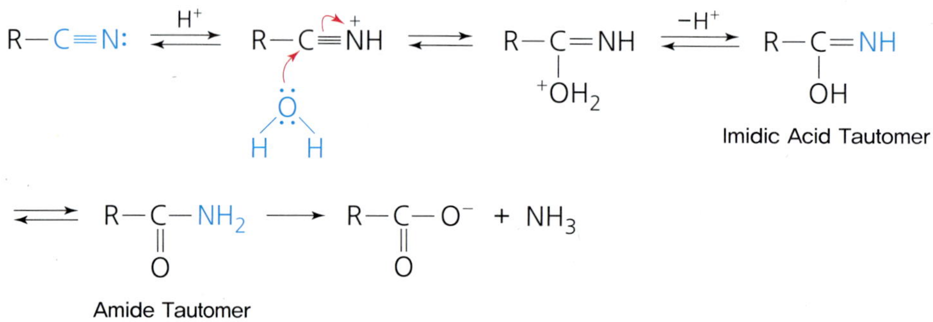

14.13.2 나이트릴의 환원 반응

나이트릴의 환원 반응에 의하여 아민과 알데하이드가 생성된다.

(1) 아민 생성

나이트릴을 $LiAlH_4$로 환원하면 1차 아민이 생성된다. 이 반응은 H^-가 2당량 첨가되어 생성된다.

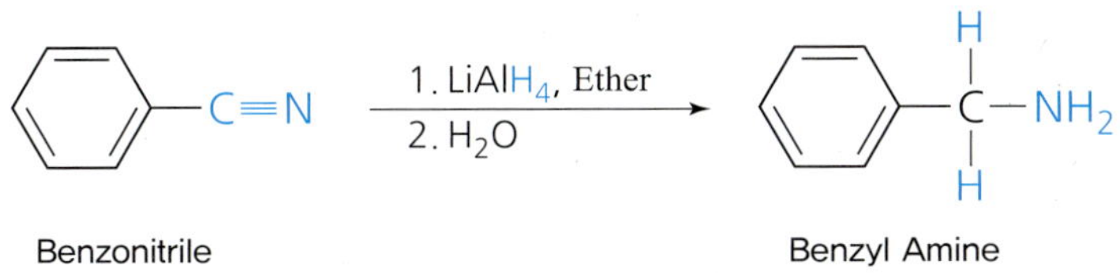

나이트릴의 아민 생성 환원 반응 메커니즘은 다음과 같다.

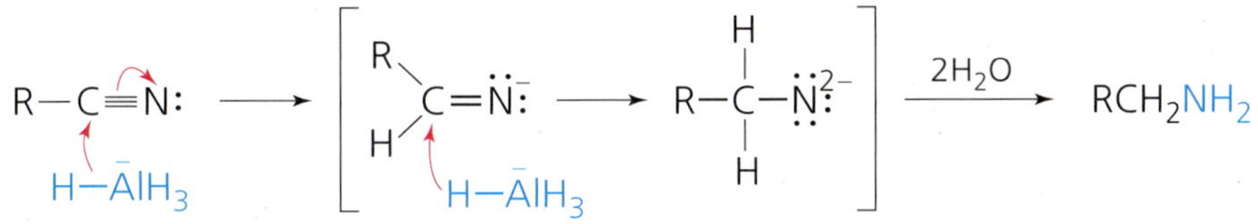

(2) 알데하이드 생성

나이트릴을 1당량의 DIBALH로 낮은 온도에서 반응시킨 후 가수분해하면 알데하이드가 생성된다.

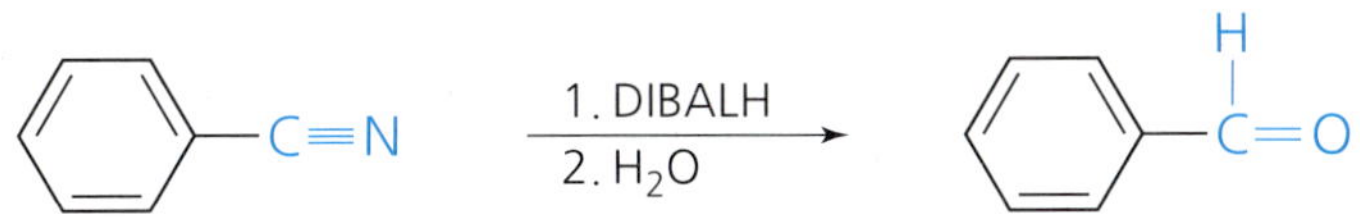

나이트릴의 알데하이드 생성 환원 반응 메커니즘은 다음과 같다.

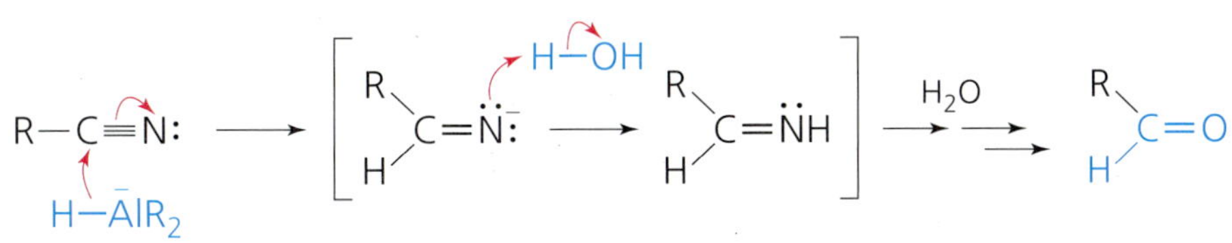

14.13.3 나이트릴의 Grignard 반응

나이트릴을 Grignard시약 또는 유기리튬 시약(RLi, ArLi)과 반응시켜 가수분해하면 케톤이 생성된다.

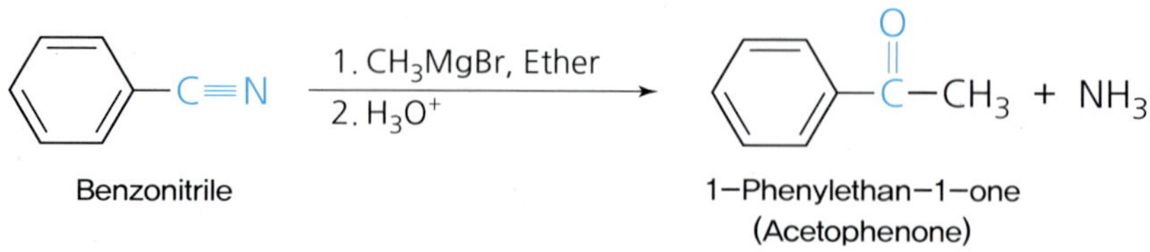

반응 메커니즘은 다음과 같다. 반응 중간체로 생성된 금속 이민 화합물이 Grignard 시약과 더 이상 반응하지 않은 결과이다.

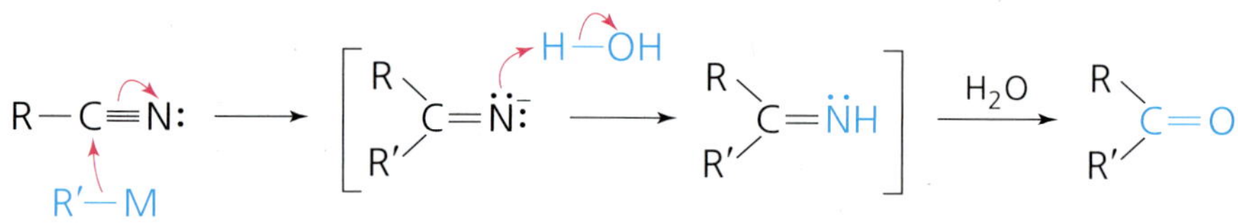

14.14 카보닐 화합물의 중합 고분자

고분자(Polymer)란 단위체(Monomer)가 반복하여 공유 결합으로 생성된 거대 분자(Macromolecule)을 말하며 중합체라고도 한다. 천연 고무, 녹말, 단백질 등과 같은 천연 고분자와 인공적으로 만들어진 합성 고분자가 있다. 합성 고분자는 중합 형태에 따라 연쇄 성장 고분자(Chain Growth Polymer)와 단계 성장 고분자(Step Growth Polymer)로 분류한다.

(1) 연쇄 성장 고분자(첨가 고분자)

폴리에틸렌(PE), 폴리스타이렌(PS), 염화폴리비닐(PVC) 등과 같이 1개의 작용기를 가진 알켄으로 구성된 단위체가 라디컬 혹은 음이온(양이온) 중간체를 거쳐 연쇄적으로 중합되어 만들어진 중합체이다. 예를 들어 PVC 생성은 다음과 같다.

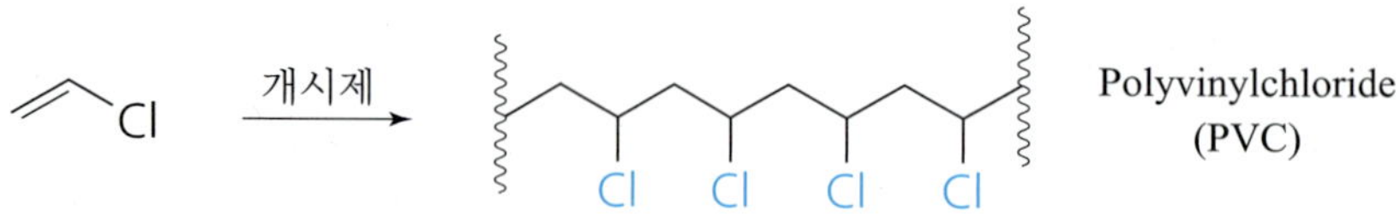

(2) 단계 성장 고분자(축합 고분자)

2개의 작용기를 가진 단위체가 단계적으로 결합하여 생성된 고분자를 말한다. 몇 가지 단계 성장 중합체와 그 용도는 다음 표와 같다.

표 14.14 단계 성장 고분자와 용도

단위체	단위체 구조식	중합체(상품명)	용도
Hexamethylene Diamine Adipic Acid	$H_2N(CH_2)_6NH_2$ $HO_2C(CH_2)_4CO_2H$	Nylon 66	섬유 의류 타이어 코드 베어링
Ethylene Glycol Dimethyl Terephthalate	$HOCH_2CH_2OH$ 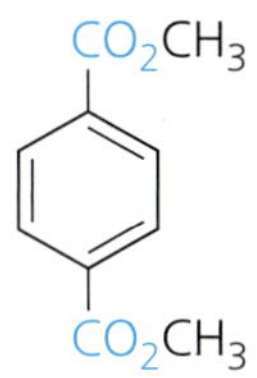	Dacron Terylene Mylar	섬유 의류 타이어 코드 필름
Caprolactam	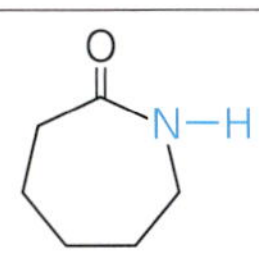	Nylon 6 Perlon	섬유 대형주조물

여기서는 카보닐 화합물의 중합체인 폴리에스터, 폴리카보네이트, 폴리아마이드, 폴리우레탄의 합성법에 대해 알아보기로 한다.

14.14.1 폴리에스터(Polyester)

에스터기가 반복적으로 나타나는 구조로 카복실산(에스터)과 알코올의 친핵성 아실 치환 반응(에스터 형성 반응, 에스터 교환 반응)을 통하여 합성한다. 용도로는 음료수 페트병 및 옷감(스포츠용 의복) 용으로 사용되는 PET(폴리에틸렌 테레프탈레이트)와 수술용 봉합사로 쓰이는 폴리글리콜산(PLG, Polyglycolic Acid) 및 폴리락트산(PLA, Polylactic Acid)을 예로 들 수 있다.

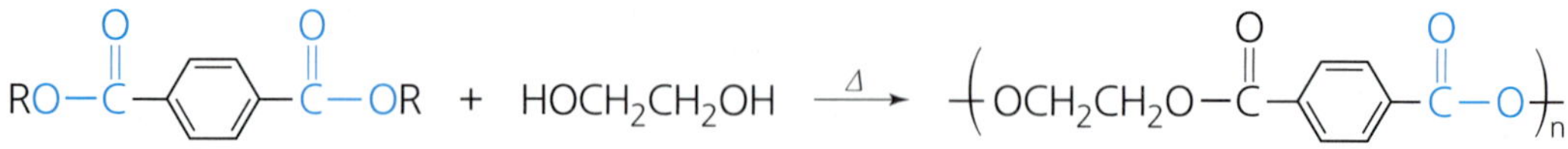

R=OH : Terephthalic Acid
R=CH_3 : Dimethyl Terephthalate

Ethylene Glycol

Polyethylene Terephthalate (PET)

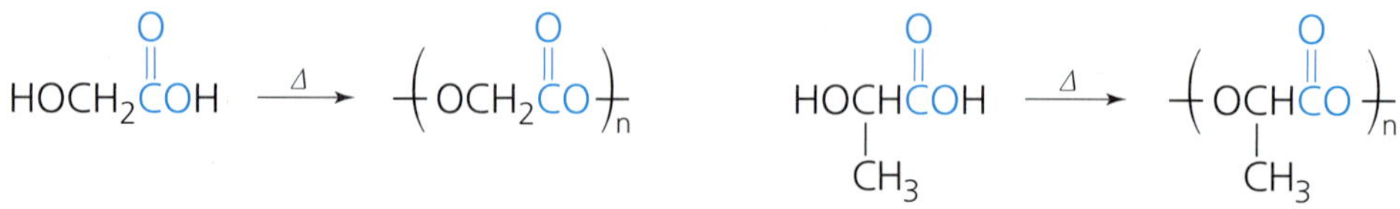

Glycolic Acid

Polyglycolic Acid (PLG)

Lactic Acid

Polylactic Acid (PLA)

14.14.2 폴리카보네이트 (Polycarbonate)

포스젠(Phosgene, $COCl_2$)과 알코올 2당량이 반응하여 카보네이트(Carbonate, ROCOR)가 생성물로 얻어진다. 이 카보네이트 단위가 반복적으로 나타나는 중합체를 말한다. 많이 사용하는 Lexan은 충격에 강하고 투명성이 있어 헬멧, 고글, 신호등, 전화기, 여행용 가방, 방탄 유리 등에 이용한다.

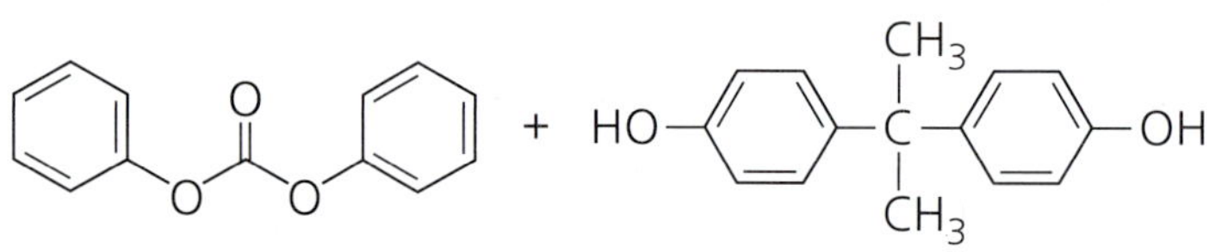

Diphenyl Carbonate

Bisphenol A

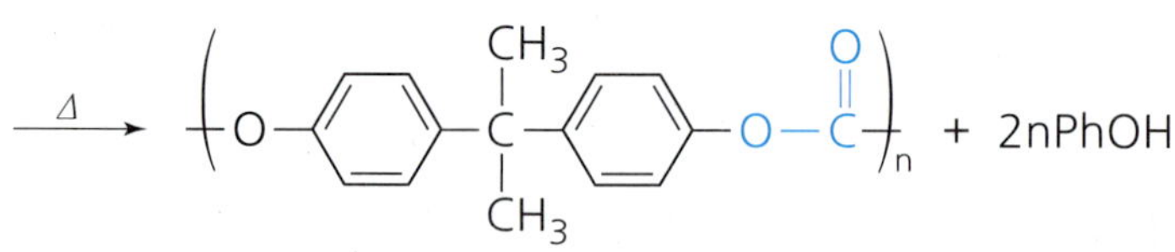

Polycarbonate (Lexan)

14.14.3 폴리아마이드 (Polyamide)

다이카복실산과 다이아민이 축합 반응하여 생성한 아마이드의 결합이 반복적으로 나타나는 구조를 가진 중합체로 나일론이 대표적인 예이다. 나일론 66는 아디프산(Adipic Acid,

1,6-Hexanedioic Acid)과 1,6-Diaminohexane이 반응하여 만들어진 폴리아마이드이다. 옷감 재료로 많이 사용되는 나일론 6는 ϵ-Caprolactam이 중합 반응하여 만들어진 고분자이다. 특히 Kevlar상품은 강도 및 탄성이 높아 방탄복, 군사용 헬멧, 타이어 원료 등으로 널리 사용된다.

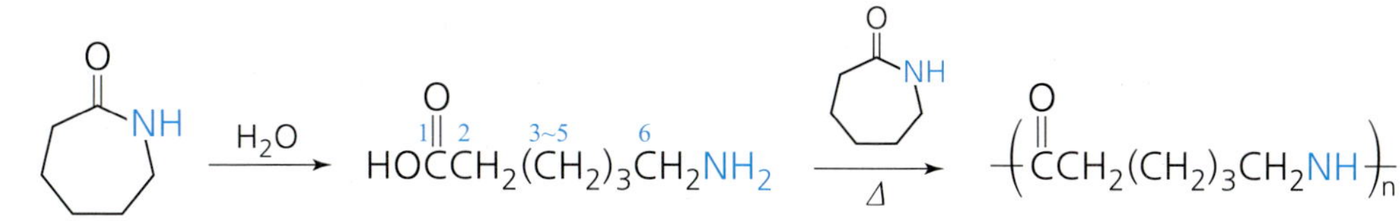

ε-Caprolactam 6-Aminohexanoic Acid Nylon 6

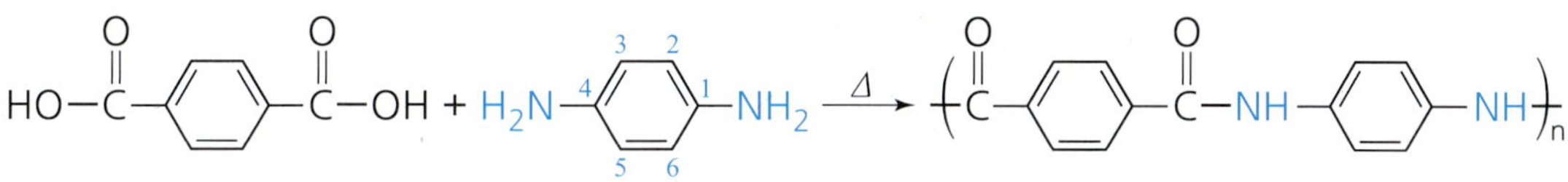

Terephthalic Acid 1,4-Diaminobenzene Polyamide (Kevlar)

14.14.4 폴리우레탄(Polyurethane)

우레탄(카바메이트)는 카보닐기에 OR기와 아미노기(아민기)가 붙어 있는 화합물(ROCONR$_2$)이다. 이 단위가 반복적으로 나타나는 중합체를 폴리우레탄(또는 폴리카바메이트)이라 한다. 이 중합체는 이소시아네이트(Isocyanate, R−N=C=O)와 에틸렌 글리콜(Ethylene Glycol)과의 중합 반응으로 합성된다. 상품 Spandex은 옷감용으로 널리 사용되고 있다.

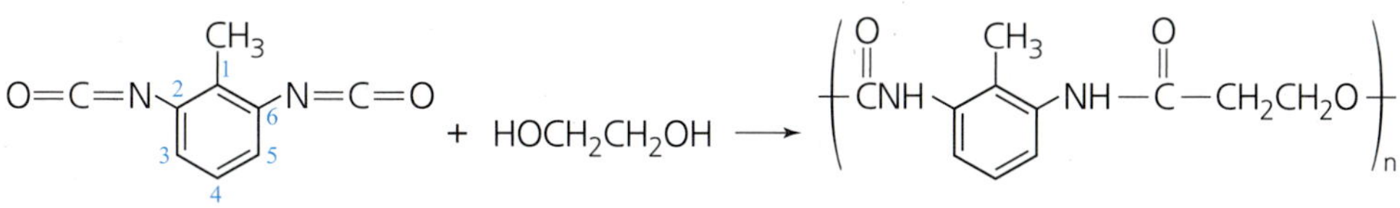

Toluene 2,6-Diisocyanate Ethyene Glycol Polyurethane

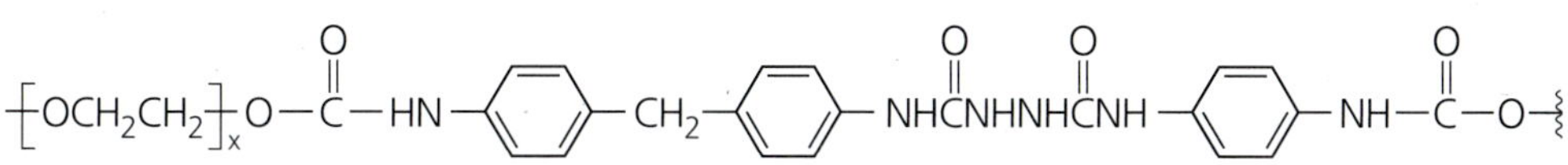

Spandex

참 고 아스코브산(비타민 C)

1923년 최초로 발견되어 1933년 구조가 밝혀진 비타민 C는 아스코브산(Ascorbic Acid)으로 매년 36,000톤 이상이 생산된다. 비타민 C의 결핍은 괴혈병을 발생시킨다. 그리고 비타민 C의 합성 화학은 다음과 같다.

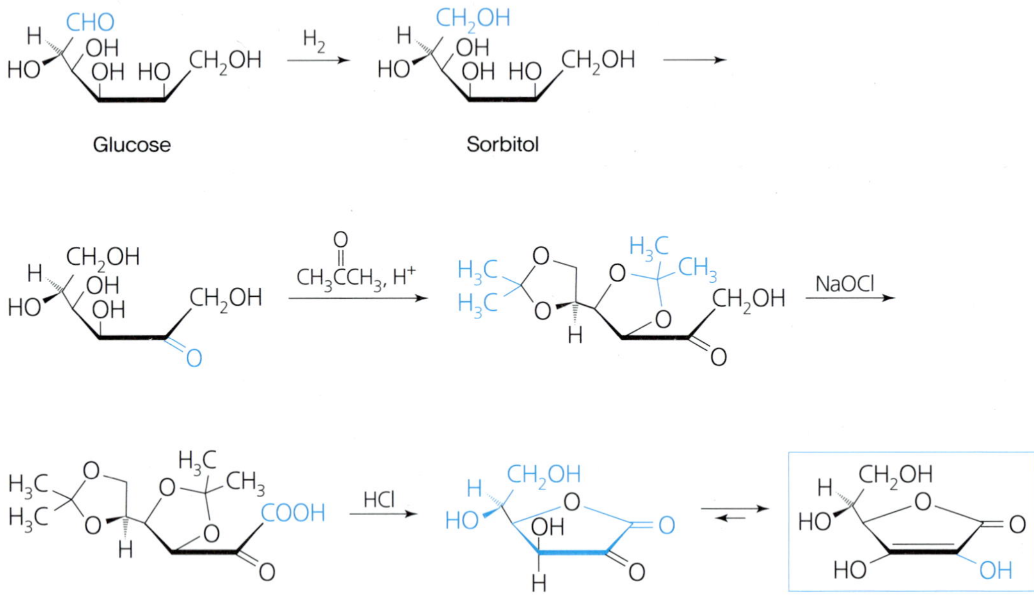

Ascorbic Acid
(비타민 C)

14.15 카보닐 α 탄소의 반응

카보닐기를 가지고 있는 알데하이드, 케톤, 카복실산, 카복실산 유도체들(카보닐 화합물, 카보닐 유도체)의 반응은 크게 카보닐기 탄소 원자에서 일어나는 반응과 α 탄소 원자에서 일어나는 반응으로 분류할 수 있다. 즉 카보닐기의 탄소 원자가 친핵체의 공격을 받아 일어나는 케톤과 알데하이드에서의 친핵성 첨가반응 및 카복실산과 그 유도체에서의 친핵성 아실 치환반응에 이어 카보닐 α 탄소에서 일어나는 반응을 살펴보기로 한다.

친핵성 첨가 반응 **친핵성 아실 치환 반응**

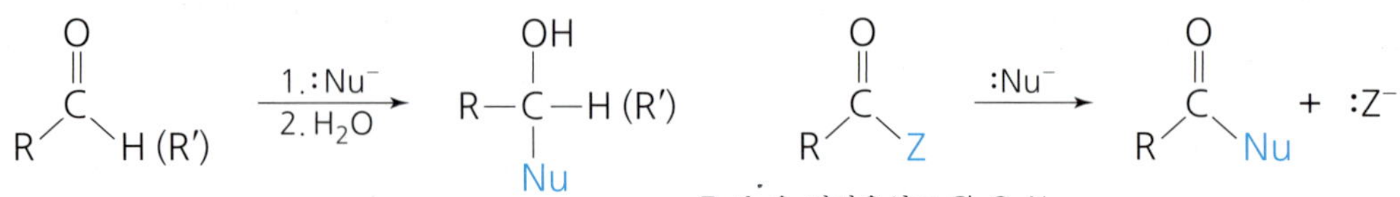

Z = 높은 전기음성도 Cl, O, N

카보닐기의 α 수소(α 위치의 탄소 원자에 결합되어 있는 수소 원자)는 sp^3혼성 탄소 원자에 결합되어 있지만 알케인의 수소 원자와는 다르게 짝염기가 공명 안정화될 수 있기 때문에 약산이다. 이 수소 원자는 염기에 의해 탈양성자화 되어 탄소음이온(Carbanion)이 된다. 이 음이온은 인접해 있는 카보닐기와 공명하여 엔올 음이온(Enolate)으로 전환되어 안정화된다. 한편 α 수소를 가진 카보닐기는 토토머화(Tautomerism)에 의해 엔올 토토머를 생성시킨다. 이들 탄소음이온(엔올 음이온)과 엔올은 탄소 친핵체로서 작용하여 카보닐기의 α 탄소에 치환 반응과 카보닐기에 축합 반응을 일으킨다.

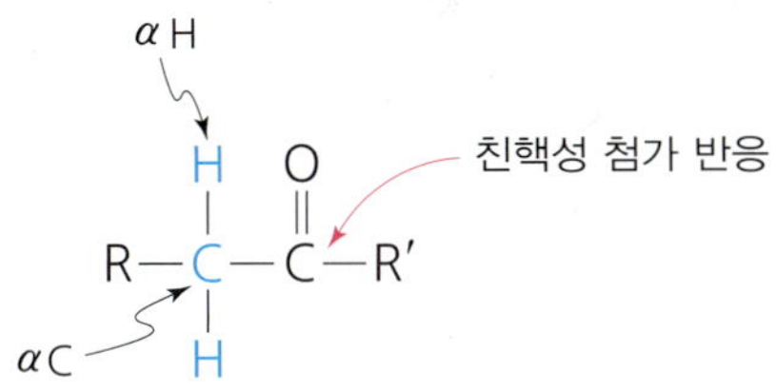

이들의 대표적인 반응은 α 탄소의 치환 반응으로 (a)할로젠화 반응과 (b)알킬화 반응이 있다. 그리고 카보닐 축합 반응으로 (c)알돌 축합 반응과 (d)에스터 축합 반응을 들 수 있다.

(1) α 탄소의 치환 반응

(a) 할로젠화 반응

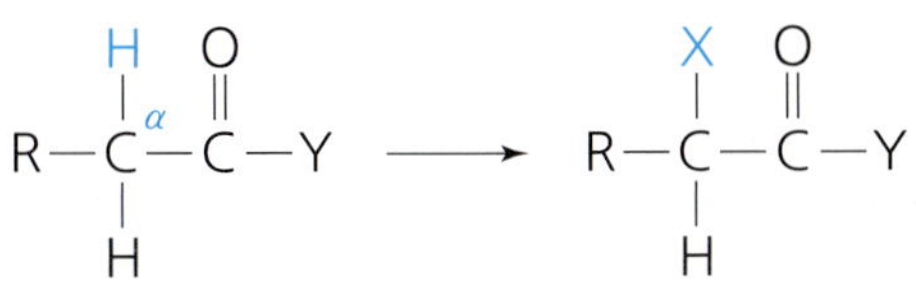

(Y=H, R′, OH)

(b) 알킬화 반응

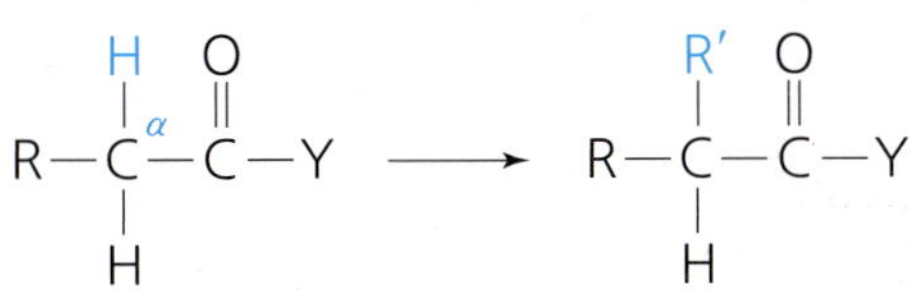

(Y=H, R′, OR′, NR'_2)

(2) 카보닐 축합 반응

(a) 알돌 축합 반응

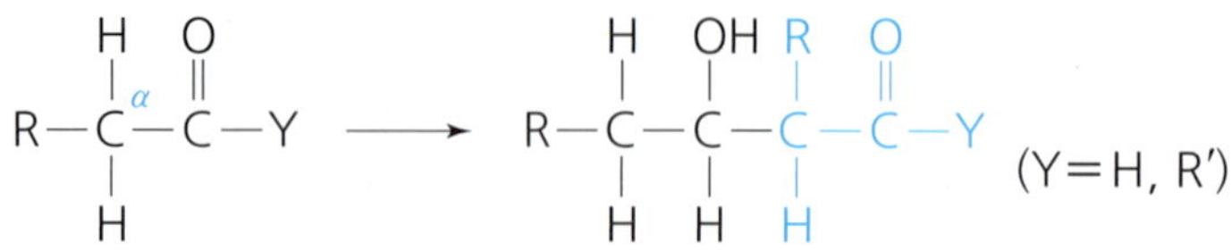

(b) 에스터 축합 반응

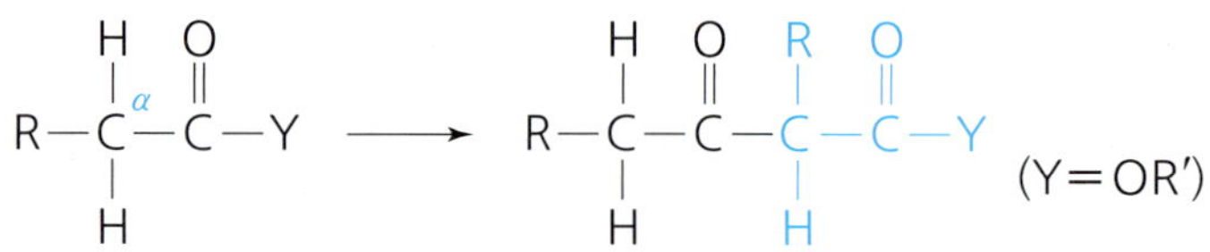

14.15.1 케토-엔올 토토머

α수소를 가지고 있는 카보닐기 화합물은 빠르게 상호작용하는 엔올(Enol) 형 구조체와 평형을 이루고 있다. 원래의 카보닐(C=O) 구조체를 케토(Keto) 형이라 한다. 엔올이란 C=C 결합의 탄소에 OH가 직접 붙어 있는 일종의 비닐성 알코올로서 알켄의 en과 알코올의 ol의 합성어이다.

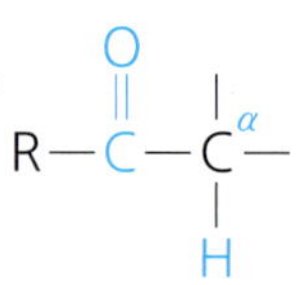

Keto형

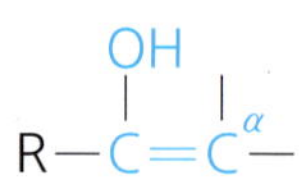

Enol형

이들 케토형과 엔올형은 α수소와 2중 결합의 위치가 서로 다른 이성질체 관계이다. 이들 각 이성질체를 토토머(Tautomer) 또는 양성자 자리이동 이성질체라 한다. 이들 사이의 이성질 현상을 토토머 현상(Tautomerism)이라고 한다. 이들 토토머 사이의 평형은 C=O 결합이 C=C 결합보다 더 강한 결합이므로 대부분의 카보닐 화합물에서는 케토형 [아래 그림에서(a)]으로 존재한다. 그러나(b)와 같이 1,3-다이카보닐 화합물처럼 α탄소 양쪽에 카보닐기가 직접 결합되어 있는 경우 엔올형이 더 많이 존재한다. 그 이유는 엔올형의 분자 내 수소 결합으로 π 전자 밀도가 비편재화되어 있어 케토형보다 안정화될 수 있기 때문이다.

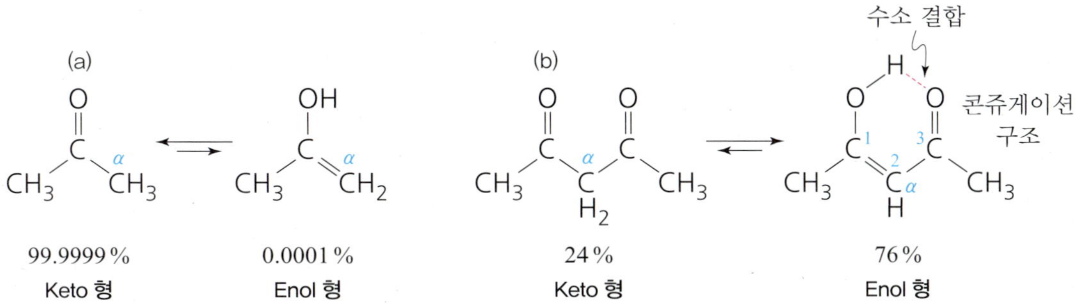

14.15.2 엔올의 형성

엔올 토토머는 카보닐기의 산소 원자에 양성자가 첨가되고 α 탄소에서 수소 원자 1개가 양성자로 제거되는 과정을 거쳐 생성된다. 이 엔올화 반응은 산 또는 염기 촉매에 의해 촉진된다. 산촉매에 의한 엔올 형성 과정은 다음과 같다. 즉 양성자가 Lewis 염기 성질을 가진 카보닐 산소 원자의 비공유 전자쌍에 배위(양성자화) 하면 공명 기여체로 탄소 양이온 중간체가 생성되고 이 중간체의 α 수소가 양성자로 이탈하여 엔올이 생성된다.

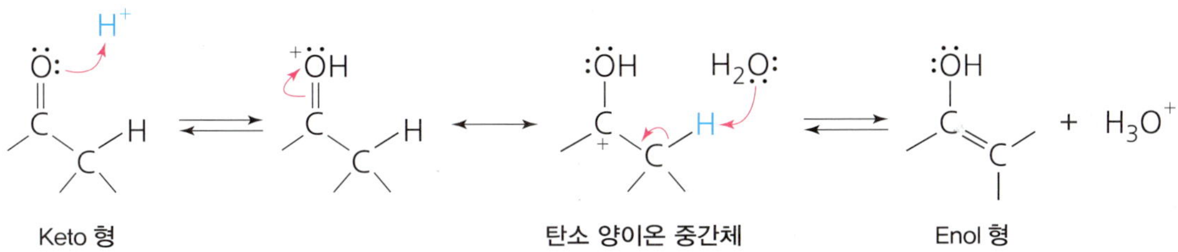

그리고 염기 촉매에 의한 엔올화 반응은 α 수소의 양성자 이탈 반응으로 시작한다. 이는 카보닐기의 α 수소는 다른 sp^3혼성화 탄소의 수소보다 산도가 세기 때문이다. α 수소가 염기에 의해 양성자로 제거되어 생성된 탄소음이온이 공명에 의해 엔올 음이온으로 전환된 후 물로부터 양성자를 받아 엔올을 생성하게 된다.

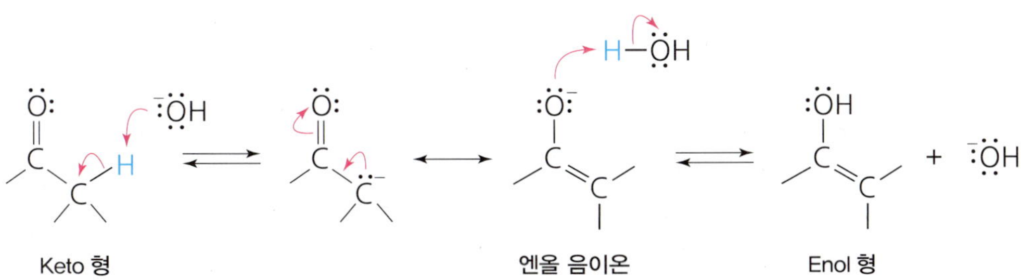

14.15.3 엔올 음이온(α 수소의 산도)

카보닐기의 α 탄소에 결합되어 있는 수소 원자가 염기에 의해 양성자로 제거되면 탄소음이온(Carbanion)이 생성된다. 이 음이온이 인근의 카보닐기와 공명하여 생성된 화학종을 엔올 음이온(Enolate)이라고 한다.

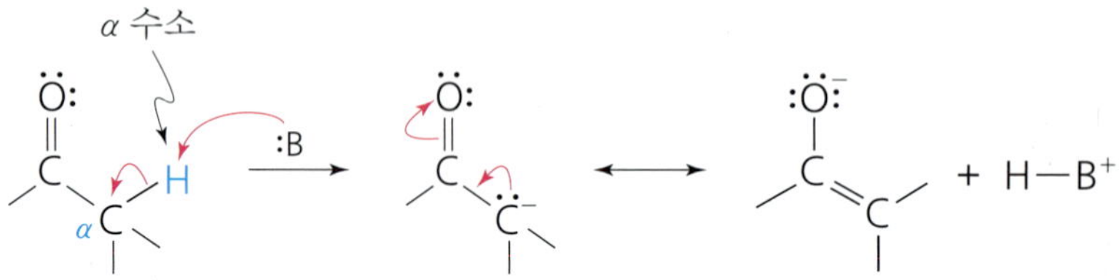

탄소음이온 엔올 음이온

탄소 원자에 있는 수소가 산으로 작용하는 경우 이를 탄소산(Carbon Acid)이라 한다. 다음에 몇 가지 종류의 탄소산에 대한 pK_a값을 나타낸다.

표 14.15 탄소산의 산도

화합물	예	pK_a	산도
나이트로알케인	$CH_3CH_2NO_2$	8.6	↑ 짝염기 음전하의 비편재화 증가
1,3-다이케톤	$CH_3-C(=O)-CH_2-C(=O)-CH_3$ (3, 2, 1)	9.0	
β-케토에스터	$CH_3-C(=O)-CH_2-C(=O)-OCH_2CH_3$ (α, β)	11	
1,3-다이에스터	$CH_3CH_2O-C(=O)-CH_2-C(=O)-OCH_2CH_3$ (1, 2, 3)	13	
알데하이드	$CH_3-C(=O)-H$	17	
케톤	$CH_3-C(=O)-CH_3$	19	
에스터	$CH_3-C(=O)-OCH_2CH_3$	25	
나이트릴	$CH_3-C\equiv N$	25	
알카인	$HC\equiv CH$	25	
아마이드	$CH_3-C(=O)-N(CH_3)_2$	30	
알켄	$CH_2=CH_2$	44	
알케인	CH_3CH_3	50	

알케인의 sp^3혼성화 탄소에 붙어 있는 수소 원자는 pK_a 값이 너무커서(산도가 너무 낮아) 염기에 의해 양성자로 떨어져 나오기가 힘든다. 인근에 카보닐기, 나이트릴기, 나이트로기 같은 작용기가 있으면 산도가 증가한다. 그 이유는 이와 같은 치환기들의 전자를 끌어당기는 효과에 의해 짝염기의 전자 밀도가 비편재화(분산) 되기 때문이다(공명 안정화). 앞에서 언급한 것처럼 산도의 세기는 짝염기의 염기도가 낮을수록 커진다. 즉 양성자를 붙잡고 있는 짝염기의 전자 밀도가 낮을수록 강산이다. 이 전자 밀도는 전자가 공명에 의해 비편재화(분산화) 될수록 감소한다. 요약하면 α 수소의 산도는 짝염기인 탄소음이온이 공명 안정화되어 전자 밀도가 비편재화가 잘 될수록 α 수소의 산도(탄소산의 산도)는 증가한다.

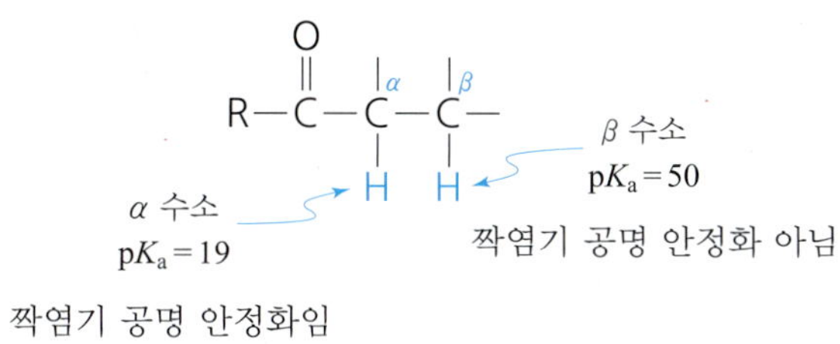

(a) 알케인 탄소의 수소

$$CH_3CH_3 \rightleftharpoons \ddot{C}H_2CH_3 + H^+ \qquad pK_a = 50$$

전자 밀도 편재화

(b) 작용기가 있는 탄소의 수소

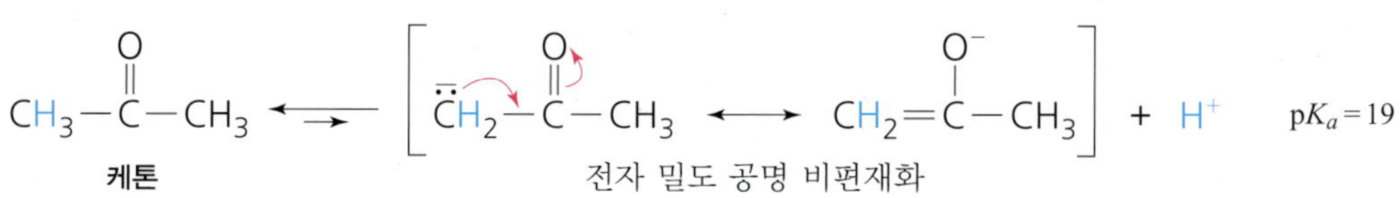

14.15.4 엔올 음이온 생성에 사용되는 염기

엔올 음이온 생성 반응은 산-염기 평행 반응이다. 따라서 강염기일수록 엔올 음이온을 많이 생성시킬 수 있다. 엔올 음이온을 얻기 위하여 흔히 사용되는 염기는 하이드록시 이온(HO^-), 알콕사이드 이온(RO^-), 수소 음이온(H^-), 아마이드 음이온(NH_2^-) 등이다. 엔올 음이온을 효과적으로 생성시키기 위해서는 카보닐 화합물의 α 수소 pK_a 값보다 더 강한 염기를 사용해야 한다. 예를 들어 카보닐 화합물의 α 수소의 pK_a 값(~20) 보다 작은 pK_a 값(~16)을 가지는 짝산(HB$^+$)의 HO$^-$/RO$^-$ 같은 약염기를 사용하면 극히 적은 양의 엔올 음이온만 생성시킬 수 있다. 반면에 짝산(HB$^+$)의 pK_a 값(40)이 큰 LDA(Lithium Diisopropylamide)와 같은 강염기를 사용할 경우 엔올 음이온을 100% 얻을 수 있다.

아래에 여러 종류 염기의 짝산(HB$^+$)의 pK_a값을 나타낸다.

(1) 약염기 사용 경우

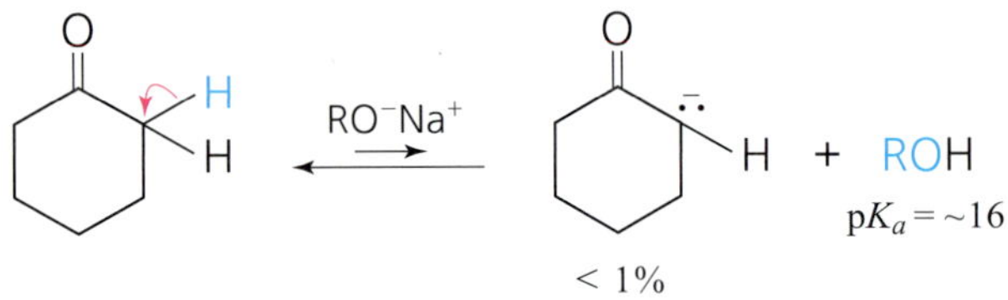

(2) 강염기 사용 경우

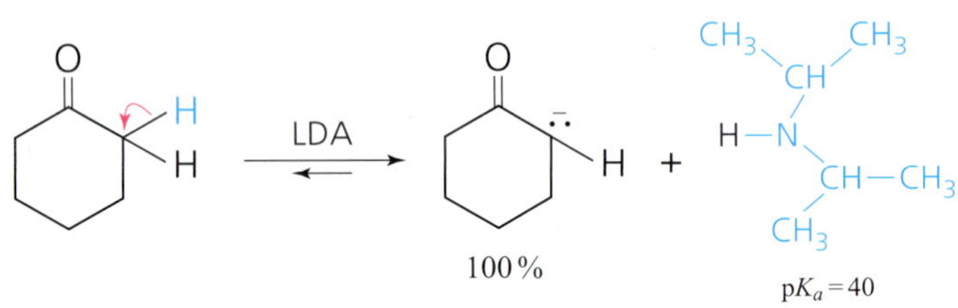

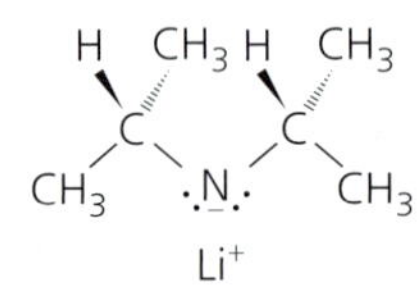

Lithium Diisopropylamide (LDA)

아래에 여러 종류 염기의 짝산(HB$^+$)의 pK_a값을 나타낸다.

표 14.16 탄소산의 산도

염기(B:)	짝산(HB$^+$)	HB$^+$의 pK_a값
Na^+ ^-OH	H_2O	15.7
Na^+ $^-OCH_2CH_3$	CH_3CH_2OH	16
Na^+ $^-OC(CH_3)_3$	$(CH_3)_3COH$	18
Na^+ H^-	H_2	35
Li^+ $^-N[CH(CH_3)_2]_2$	$HN[CH(CH_3)_2]_2$	40

14.15.5 탄소 친핵체로서의 엔올과 엔올 음이온

유기 반응에서 엔올과 엔올 음이온은 모두 전자쌍을 제공할 수 있는 탄소 친핵체로 작용한다.

이 중 엔올 음이온은 중성인 엔올보다 더 친핵성이다. 이들은 치환 반응과 카보닐 축합 반응에 참여한다.

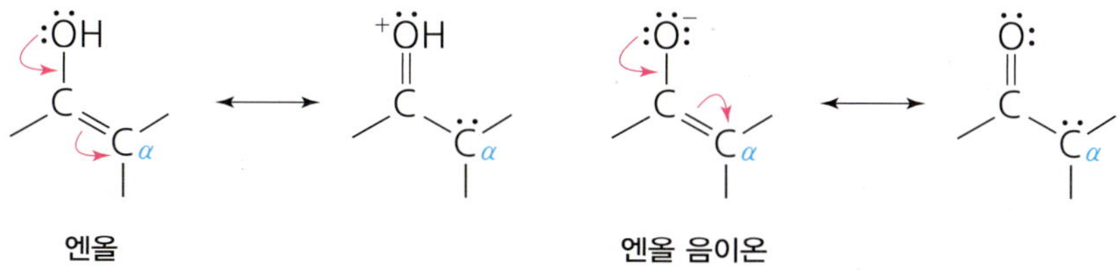

카보닐 α 탄소의 치환 반응은 할로젠화 반응과 알킬화 반응이 대표적이다. 이 반응에서 엔올과 엔올 음이온이 탄소 친핵체로 작용하여 할로젠 또는 할로젠화 알킬 같은 친전자성 화합물과 반응한다.

(1) 할로젠화 반응

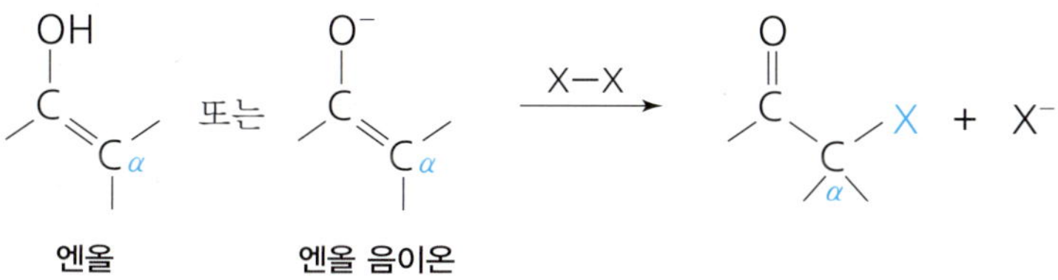

(2) 알킬화 반응

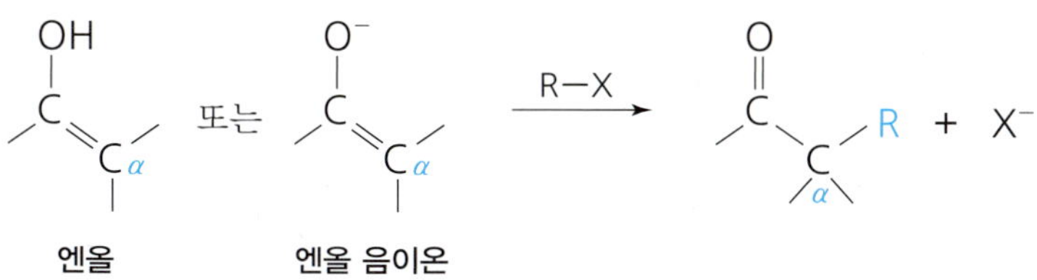

14.16 α 탄소의 할로젠 치환 반응

이것에는 알데하이드와 케톤의 할로젠화 반응과 카복실산의 α 탄소 할로젠화 반응(Hell–Volhard–Zelinsky)이 있다.

14.16.1 알데하이드와 케톤의 할로젠화 반응

α 수소를 가진 알데하이드와 케톤을 산(염기) 촉매를 사용하여 할로젠 원소와 반응시키면 α 탄소의 수소 원자가 할로젠기로 치환되어 α 할로 알데하이드 혹은 케톤이 얻어진다. 이 반응은 산 또는 염기 촉매에 의해 모두 진행될 수 있는데 생성물이 서로 다르다.

(1) 산촉매 할로젠화 반응

흔히 아세톤산을 촉매로 사용하여 반응시킨다. 반응은 엔올 중간체를 거쳐 일어나며 α 수소 1개만 할로젠 원자로 치환된다.

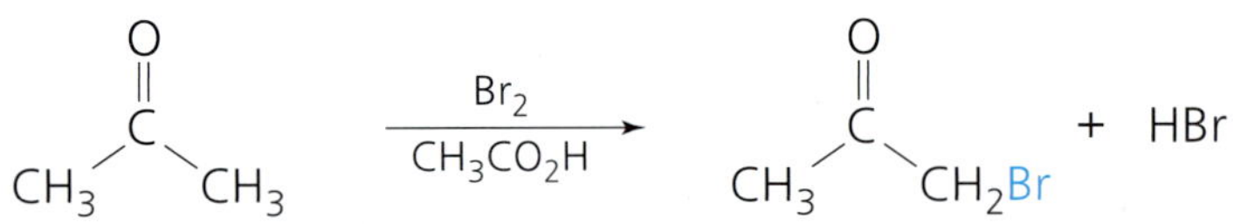

반응 메커니즘은 다음과 같다.

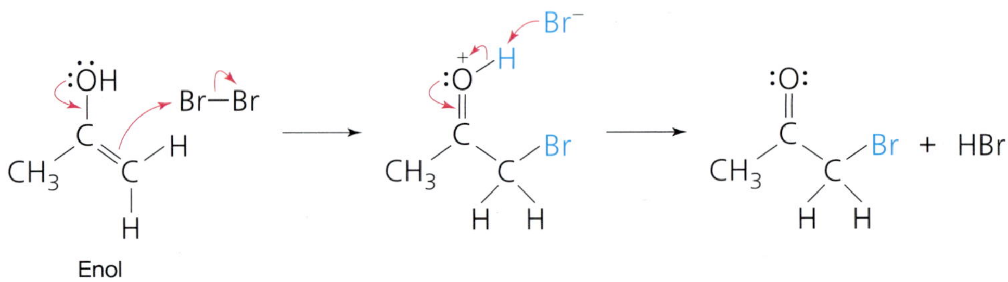

(2) 염기 촉매 할로젠화 반응

염기 촉매에서의 할로젠화 반응은 엔올 음이온 중간체를 거쳐 일어난다. 산 촉매 반응과는 다르게 α 수소 전체가 할로젠 원자로 치환된다. 예를 들어 프로피오페논(Propiophenone)을 NaOH 수용액에서 브롬과 반응시키면 다이브로모케톤(Dibromoketone)이 생성된다.

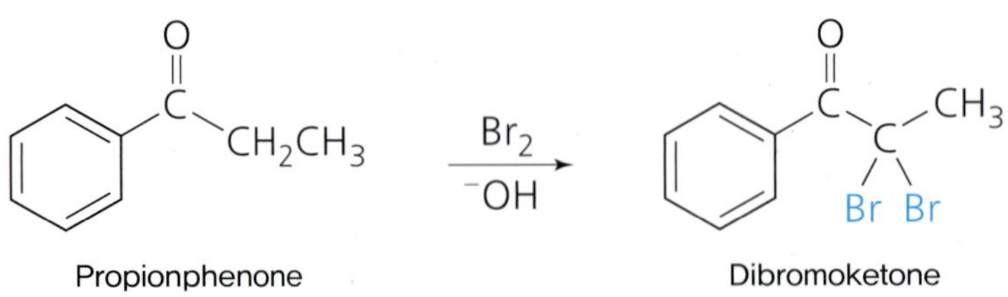

브롬기의 치환이 α 수소 원자 1개에서 멈추지 않고 더 진행되는 이유는 브롬기 하나가 치환된 1차적 생성물의 α 수소의 산도가 탄소 원자보다 전기음성도 값이 더 큰 Br 원자로 인하여 출발 물질인 Propiophenone의 α 수소보다 더 크기 때문이다. 따라서 염기에 의한 2번째 탈양성자 반응이 출발 물질의 탈양성자 반응보다 더 빠르게 일어난다. 반응 메커니즘은 다음과 같다.

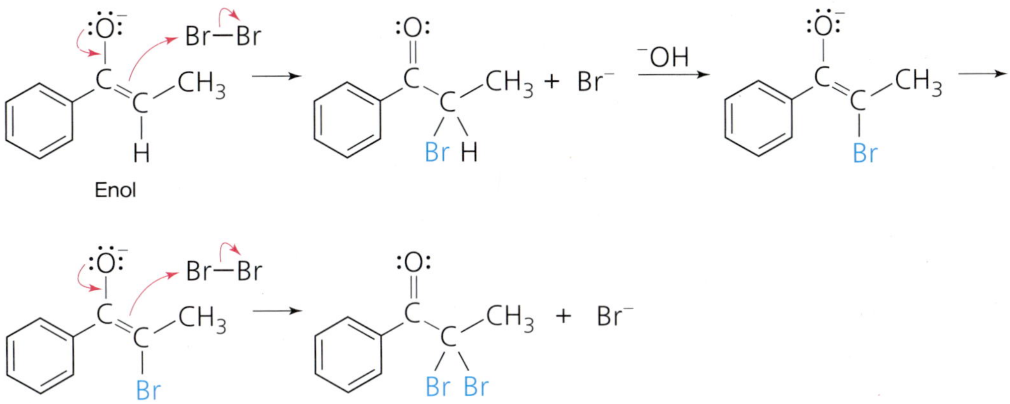

(3) 할로폼(Haloform) 반응

할로폼이란 구조가 CHX_3인 화합물을 말한다. 메틸 케톤($RCOCH_3$)을 과량의 염기 촉매하에 할로젠과 반응시켜 카복실산 음이온과 할로폼이 생성된다. X가 Cl, Br, I이면 각각 클로로폼(Chloroform), 브로모폼(Bromoform), 아이오도폼(Iodoform)이다. 이 반응은 메틸 케톤의 존재를 알아내는데 이용된다.

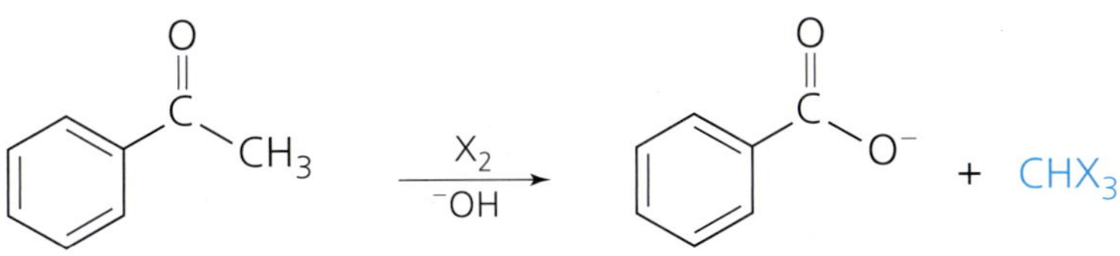

Haloform 반응 메커니즘은 메틸기의 α 수소 3개가 엔올 음이온 중간체를 거쳐 할로젠화 치환 반응이 3번에 걸쳐 일어나 Trihalomethyl Ketone($RCOCX_3$)이 생성된다. 그 후 −OH기에 의해 가수분해가 일어난 반응이다.

1) 할로젠화 단계: 엔올 음이온 중간체를 거쳐 메틸기의 α 수소 3개가 I로 치환된다.

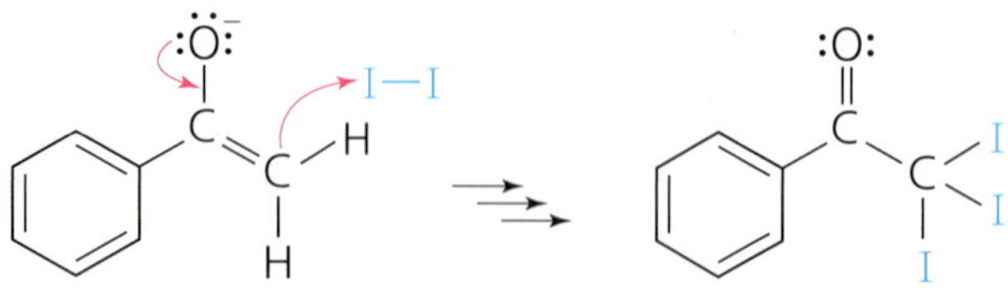

2) 가수분해 단계: 생성된 $PhCOCI_3$는 ^-OH에 의한 친핵성 첨가-제거 반응을 통해 C-C 결합이 끊어진다. 이 과정에서 4면체형 중간체로부터 $^-:CI_3$가 이탈기로 제거된다.

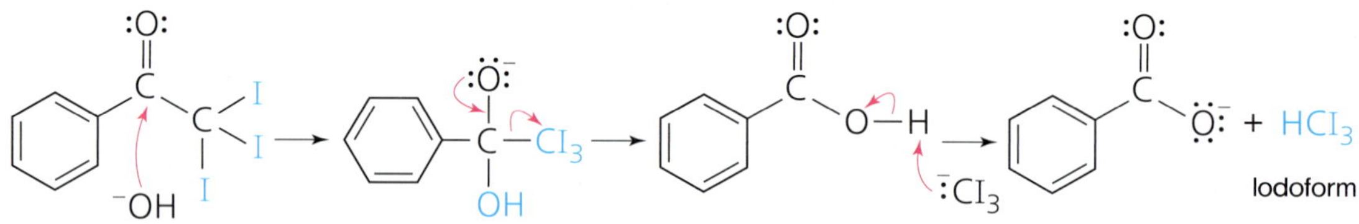

14.16.2 카복실산의 α 탄소 할로젠화 반응(Hell-Volhard-Zelinsky)

카복실산의 경우 PBr_3 존제하에 Br_2와 반응시키면 α 탄소에 할로젠기 치환 반응이 일어난다. 이 반응을 Hell-Volhard-Zelinsky(HVZ) 반응이라고 한다. 이 반응에서 PBr_3 대신에 붉은 인과 과량의 Br_2를 사용해도 같은 결과를 얻을 수 있다.

이 반응 메커니즘은 카복실산이 먼저 PBr_3에 의해 산브로민화로 전환되고 이것이 엔올화되어 α 탄소에 브로민화 반응이 일어난 것이다. 시약을 PBr_3대신에 $SOCl_2$를 사용해도 같은 결과를 얻는다.

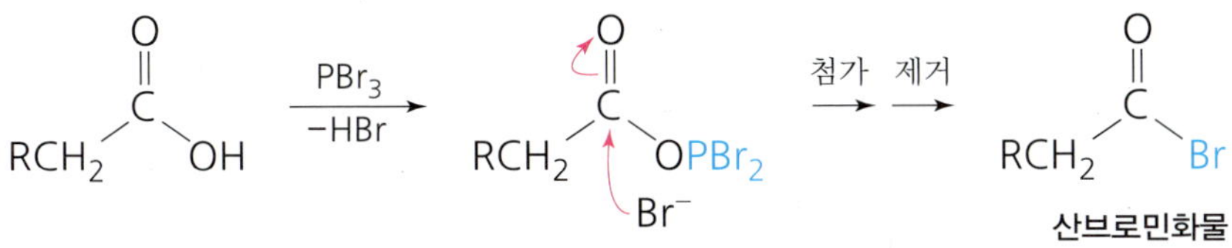

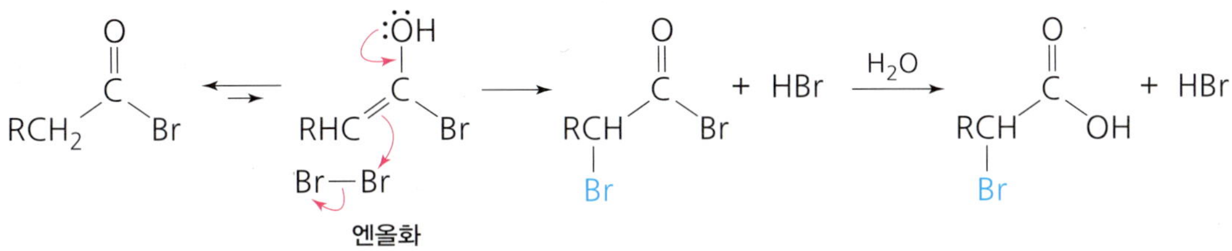

14.17 α 탄소의 알킬 치환 반응

엔올 음이온 알킬화 반응, 비대칭 케톤에 대한 알킬화 반응, 엔아민 알킬화 반응. 말론산 에스터 합성(카복실산의 합성법), 아세토아세트산 에스터 합성(메틸 케톤의 합성), β-케토 에스터의 알킬화 반응 등이 있다.

14.17.1 엔올 음이온 알킬화 반응

α 수소를 가진 알데하이드, 케톤, 에스터 및 나이트릴을 염기와 반응시켜 탄소 음이온 또는 엔올 음이온의 친핵체를 생성시킨다. 그 후 할로젠화 알킬과 친핵성 치환 반응(S_N2)을 시키는 것이다.

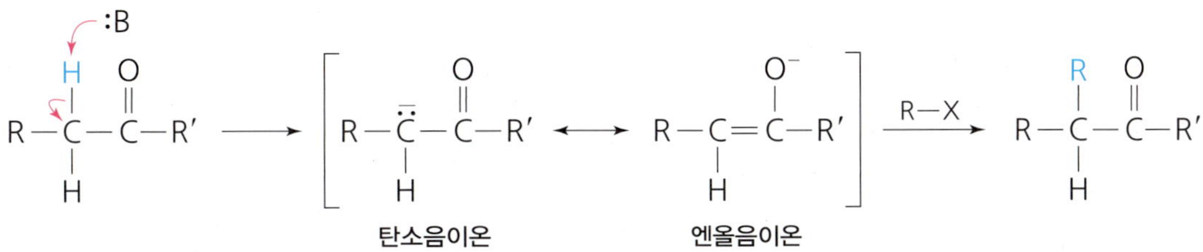

이 반응의 특징은 생성된 엔올 음이온이 친핵체로 작용하여 RX와 S_N2 반응이 일어난 것이다. 흔히 낮은 온도(~78℃)와 THF용매에서 비친핵성 강염기인 LDA를 사용하여 엔올 음이온을

생성시키고 RX의 R이 메틸, 1차 알킬, 알릴기, 벤질기일 때 잘 일어난다. 몇 가지 반응 예는 다음과 같다.

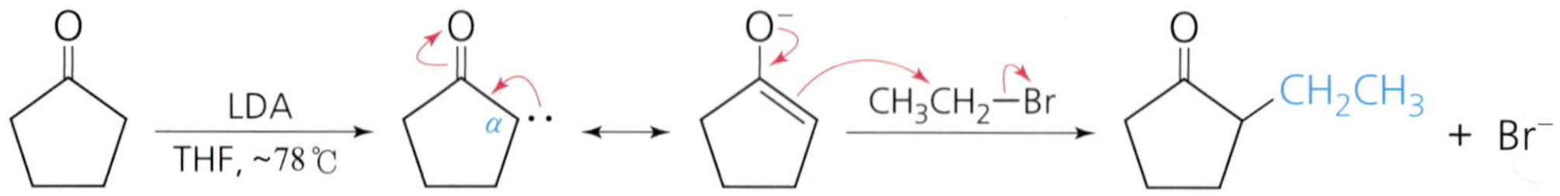

케톤

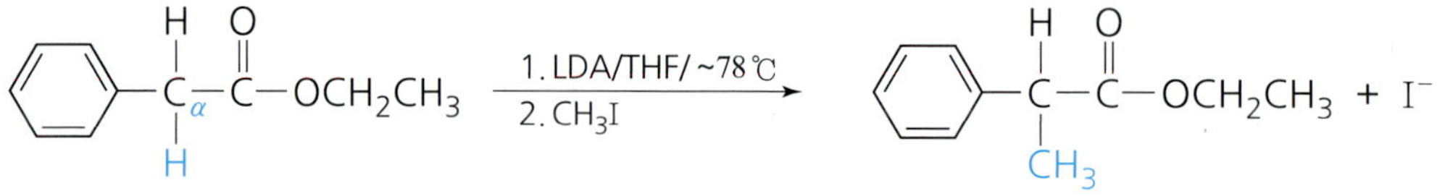

에스터

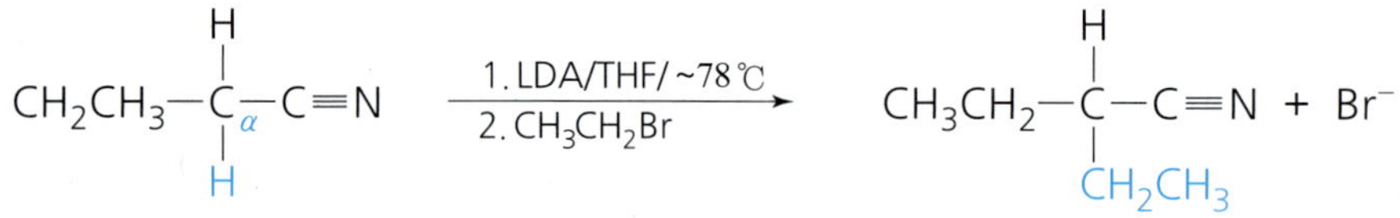

나이트릴

14.17.2 비대칭 케톤에 대한 알킬화 반응

2-Methylcyclohexanone과 같은 비대칭 케톤의 경우 서로 다른 환경에 있는 2군대의 α 탄소에서 알킬화 반응이 일어날 수 있다. 이 경우 반응 조건을 조절해 줌으로써 위치 선택적으로 반응을 시킬 수 있다. 즉 (a) 케톤을 낮은 온도(~78℃)와 비양자성 극성 용매(THF)와 강염기(LDA) 조건에서 CH_3I와 반응시키면 입체장애가 적은 α 탄소에 메틸기가 치환된 2,6-Dimethylcyclohexanone이 우선적으로 생성 된다. 이는 반응 속도론적 제어이다. (b) 덜 강한 염기($NaOCH_2CH_3$)와 양성자 용매(에탄올)을 사용하여 상온에서 반응시키면 열역학적으로 덜 안정한 엔올 음이온이 생성되어 2,2-Dimethylcyclohexanone이 우선적으로 생성된다. 이는 열역학적 제어 반응이다.

(1) 반응 속도론적 엔올 음이온

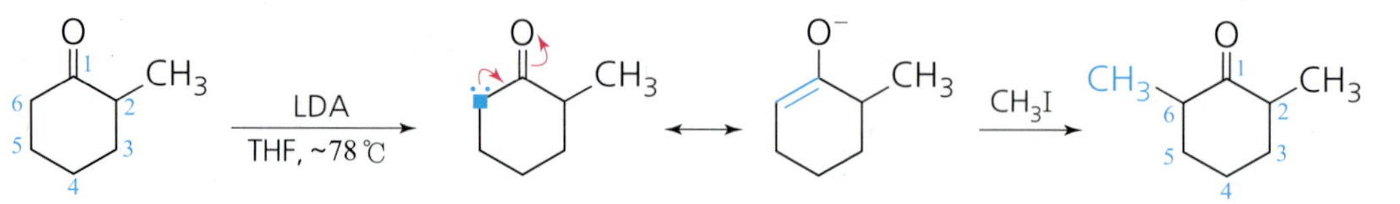

2,6-Dimethylcyclohexanone

(2) 열역학적 엔올 음이온

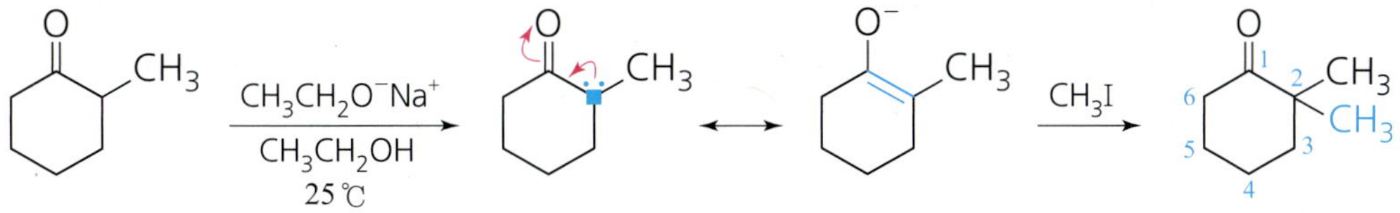

2,2-Dimethylcyclohexanone

14.17.3 엔아민 알킬화 반응

알데하이드와 케톤은 2차 아민과 반응하여 엔아민(Enamine)을 형성한다. 예를 들어 2-Methylcyclohexanone에 피롤리딘(Pyrrolidine)을 작용시키면 입체 장애가 덜한 쪽에 엔아민이 생성된다. 엔아민의 질소에 있는 비공유 전자쌍은 공명에 의해 입체 장애가 적은 쪽에 탄소 음이온을 형성하게 된다. 이 탄소 음이온이 친핵체로 작용하여 할로젠화 알킬과 S_N2반응을 하게되면 2,6-Dimethylcyclohexanone을 얻게 된다. 이를 Stork 엔아민 알킬화 반응이라고도 한다.

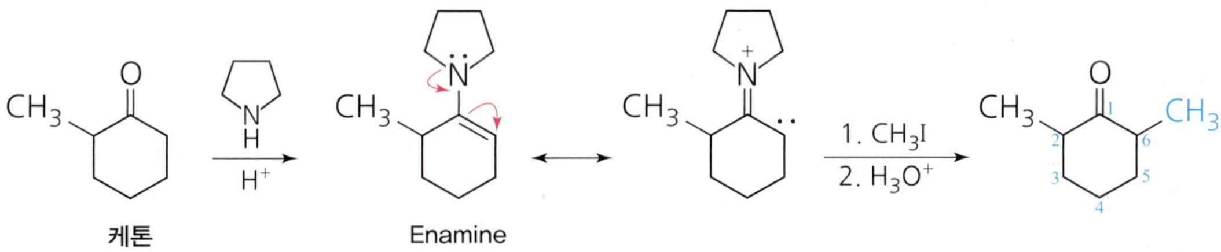

14.17.4 말론산 에스터 합성(카복실산의 합성)

Diethyl Malonate에 CH_3CH_2ONa(염기)를 작용시켜 엔올 음이온을 생성시킨 후 할로젠화 알킬을 작용시켜 알킬화시키고, 가수분해한 후 탈카복실화 반응시키면 알킬화된 카복실산이 얻어진다. 이 반응을 말론산 에스터 합성(Malonic Ester Synthesis)이라 한다.

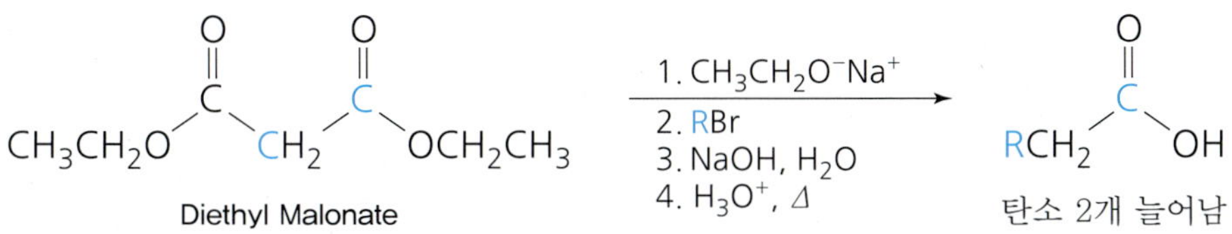

Diethyl Malonate

탄소 2개 늘어남

다시 말해 말론산(Diethyl Malonate)의 α 수소의 pKa 값은 13으로 알데하이드 또는 케톤의 pKa값(17~19) 보다 더 산성이다. 따라서 약한 염기인 알콕사이드 음이온에 의해서 탈양성자화가 가능하며 생성된 탄소 음이온은 친핵체로 RX(R: 메틸, 1차 알킬, 벤질, 알릴)와 S_N2 반응을 한다. 또한 1,3-다이카복시 화합물은 가열에 의해 탈카복실화 반응이 가능하다. 이 2 반응을 이용하여 RX의 R기에 탄소 원자 2개가 늘어난 카복실산을 합성할 수 있다.

이 반응 메커니즘은 탈양성자화 단계, 알킬화 단계, 탈카복실화 단계 등 3단계로 일어나는 반응이다. 1단계에서 생성된 탄소 음이온은 인근의 에스터기와 공명하여 안정하게 된다. 2단계에서 S_N2 반응 생성물에 아직 α 수소가 하나 더 남아 있다면 다시 탈양성자화 단계를 거쳐 알킬화 반응이 한번 더 일어날 수 있다. 이 방법은 알킬기가 2개 치환된 카복실산을 합성하는 데에도 이용할 수 있다.

(1) 탈양성자화 단계

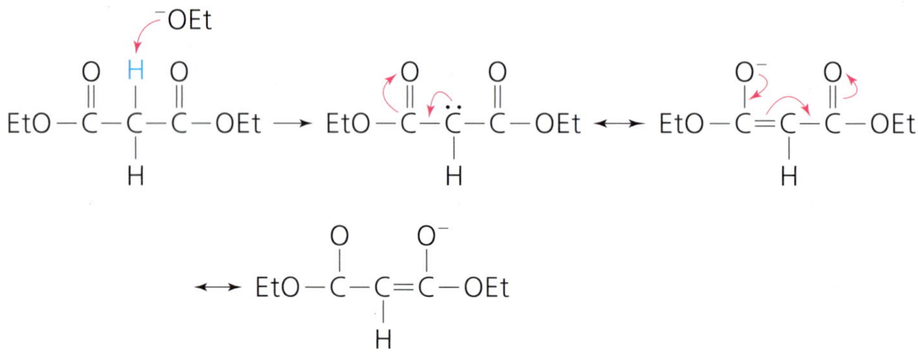

(2) 알킬화 단계

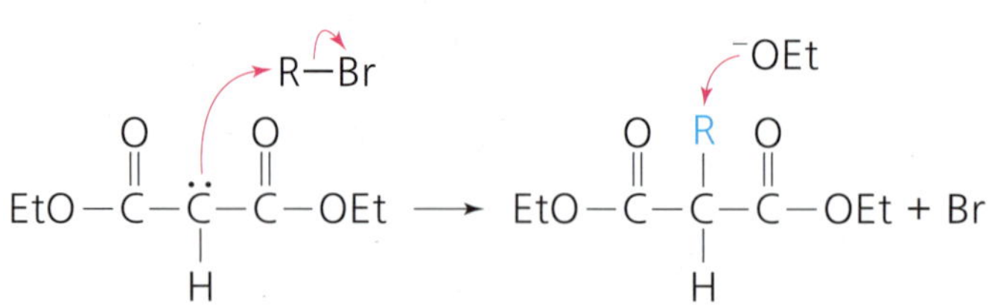

(3) 가수분해 및 탈카복실화 단계

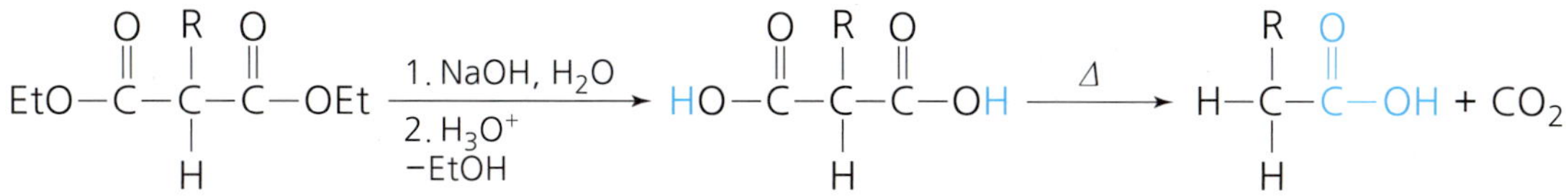

여기서 탈카복실화 메커니즘은 다음과 같다.

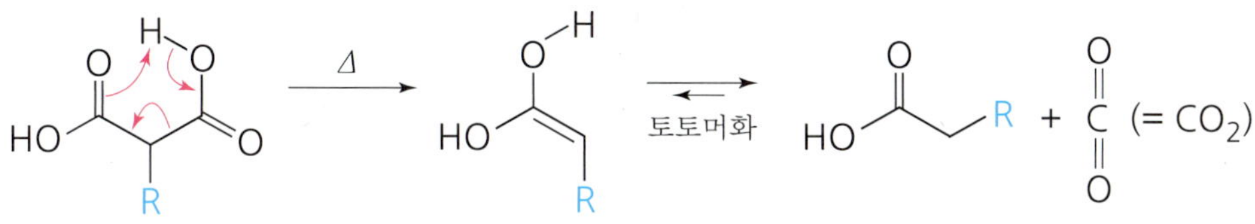

말론산 에스터 합성은 RX로부터 탄소 2개가 늘어난 카복실산 RCH_2CO_2H을 합성하는데 매우 유용한 방법이다. 이 방법으로 2번에 걸친 알킬화 반응을 통하여 동일한 알킬기가 치환된 카복실산(R_2CHCO_2H) 또는 서로 다른 알킬기가 치환된 카복실산인 $RR'CHCO_2H$를 합성할 수 있다.

14.17.5 아세토아세트산 에스터 합성(메틸 케톤의 합성)

β-케토 에스터의 일종인 아세토아세트산 에틸(Ethyl Acetoacetate)에 있는 α 수소의 pKa값(11)은 말론산 에스터의 경우보다 더 강한 산도를 나타낸다. 염기 존재하에 알킬화 반응을 시키면 말론산 에스터의 경우와 비슷한 3 단계 반응 메커니즘(탈양성자화, 알킬화, 탈카복실화 반응)을 거쳐 알킬 메틸 케톤이 생성된다. 이 반응은 말론산 에스터 합성법과 함께 안정한 탄소 음이온을 이용하여 알킬화 반응을 수행하는 대표적인 예이다.
구체적인 반응 메커니즘은 아세토아세트산 에틸에 염기를 가하여 엔올 음이온을 생성시킨 뒤 할로젠화 알킬을 반응시켜 얻은 알킬화된 β-케토 에스터(β-Keto Ester)를 가수분해하고 탈카복실화시키면 메틸 알킬 케톤이 생성된다.

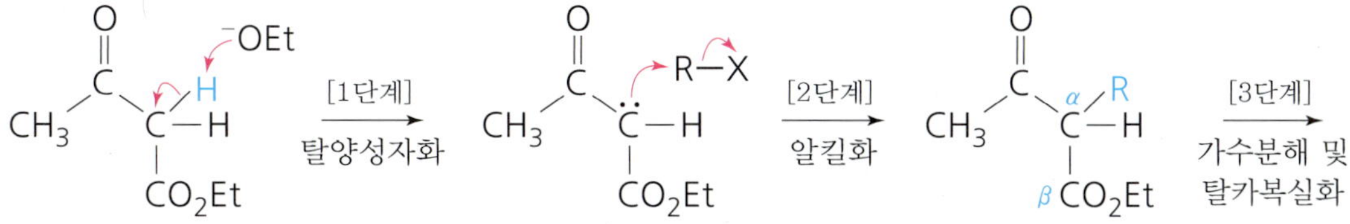

Ethyl Acetoacetate

여기서 탈카복실화 메커니즘은 다음과 같다.

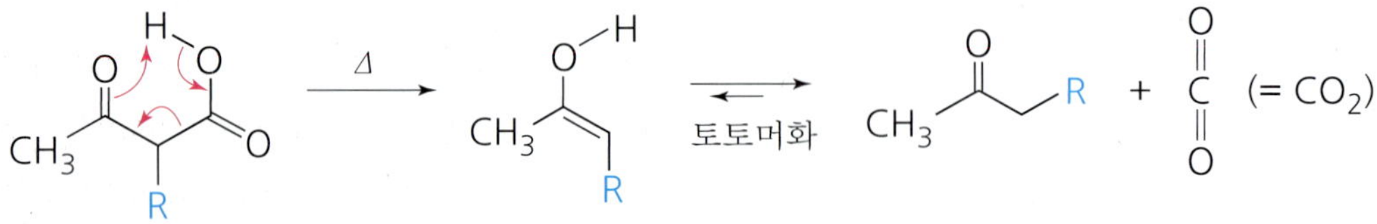

아세토아세트산 에틸(Ethyl Acetoacetate)과 비슷한 구조를 가진 다른 β-케토 에스터들도 엔올 음이온에 의한 알킬화 반응과 탈카복실화 반응을 거치면 α 탄소에 알킬기가 치환된 케톤을 생성한다.

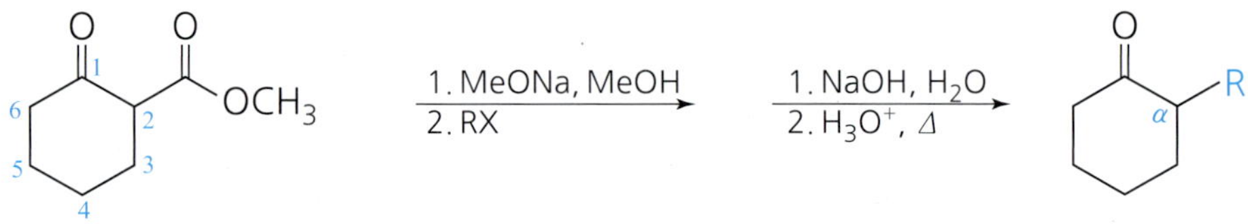

Methyl 2-Oxocyclohexane Carboxylate

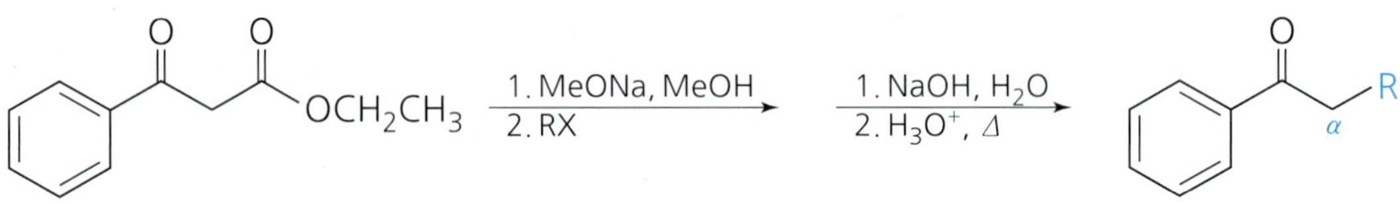

Ethyl Benzoyl Acetate

아세토아세트산을 포함한 β-케토 에스터는 안정한 엔올 음이온을 생성할 수 있으므로 α 알킬 치환 케톤(RCOCHRR')을 합성하는데 이용된다.

14.18 카보닐 축합 반응

카보닐 축합 반응은 친핵체인 엔올 음이온이 카보닐 탄소를 공격하여 새로운 C-C결합을 형성하는 반응이다. 알데하이드와 케톤의 경우 친핵성 첨가 반응 생성물(알돌 생성물)을 얻지만 카복실산 유도체(에스터)의 경우는 α 탄소에 아실기가 치환된 생성물(β-케토 에스터)을 얻는다. 즉 알데하이드, 케톤, 에스터 등에서 생성된 엔올 음이온은 친핵체로 작용하여 C=O기에 친핵성 첨가 반응 또는 첨가-제거 반응(아실 치환반응)을 일으킨다. 다시말해 알데하이드 및 케톤의 알돌 축합 반응과 에스터 축합 반응에 의한 β-케토 에스터 생성 반응의 Claisen 축합 반응이 있다.

(1) 알데하이드와 케톤의 알돌(축합) 반응

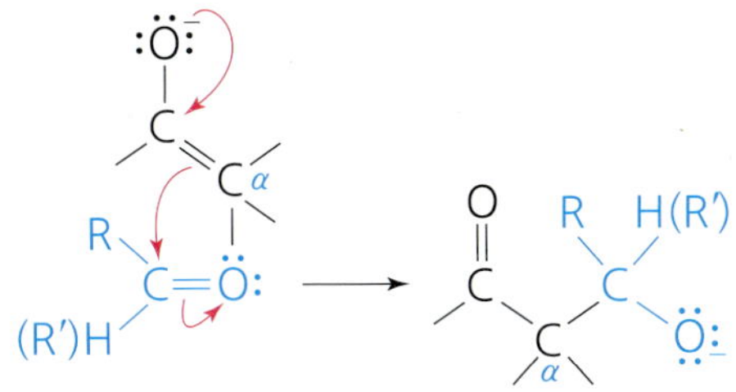

(2) 에스터의 Claisen 축합 반응

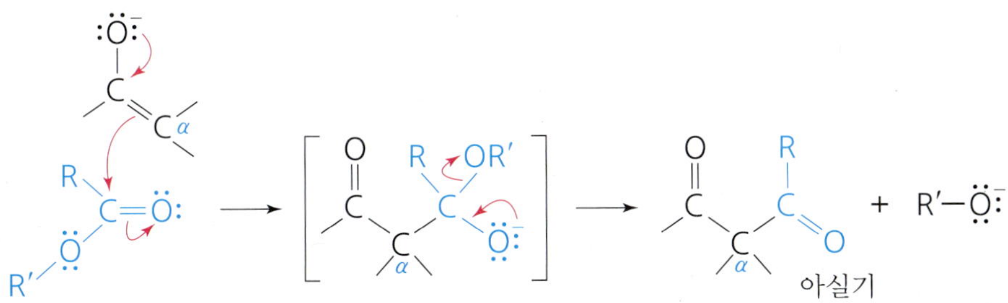

14.18.1 알데하이드와 케톤의 알돌 축합 반응

α 수소를 가지고 있는 알데하이드(케톤)의 2분자가 염기 조건에서 분자 간 친핵성 첨가 반응을 일으켜 생성한 물질이 알돌 생성물이다. 알돌은 β위치에 하이드록시기(OH)를 가진 알데하이드(케톤) 화합물이다. 알데하이드의 ald와 알코올의 ol의 합성어이다. 예를 들어 아세트알데하이드(Acetaldehyde)[에탄알(Ethanal)]을 수용액 NaOH로 처리하면 3-Hydroxybutanal(3-Hydroxybutyraldehyde)이 생성된다. 알돌 반응은 α 수소가 염기에 의해 탈양성자화되어 생성된 엔올 음이온이 친핵체로서 카보닐기에 친핵성 첨가 반응을 하여 일어난 반응이다. 따라서 α 수소를 가지고 있지 않은 알데하이드(케톤)에서는 알돌 반응이 일어나지 않는다.

알돌 반응 메커니즘은 다음과 같다. 1단계는 염기가 α 수소를 제거해 공명 안정화된 엔올 음이온을 생성한다. 2단계는 친핵체인 엔올 음이온이 알데하이드의 카보닐 탄소를 공격하여 C-C 결합을 생성한다. 3단계는 알콕사이드에 양성자가 첨가되어 β-Hydroxyaldehyde(알돌)을 생성한다.

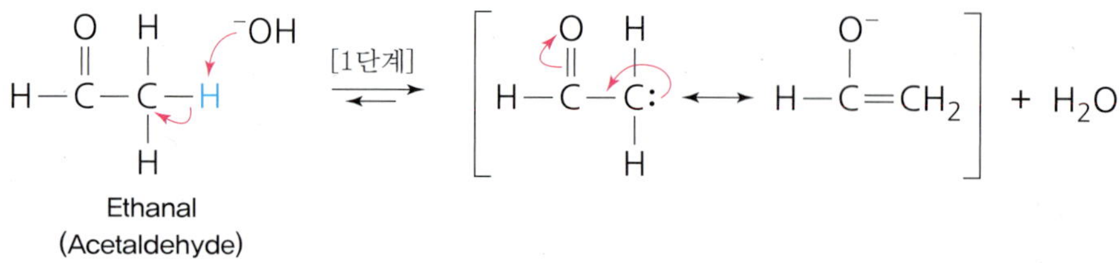

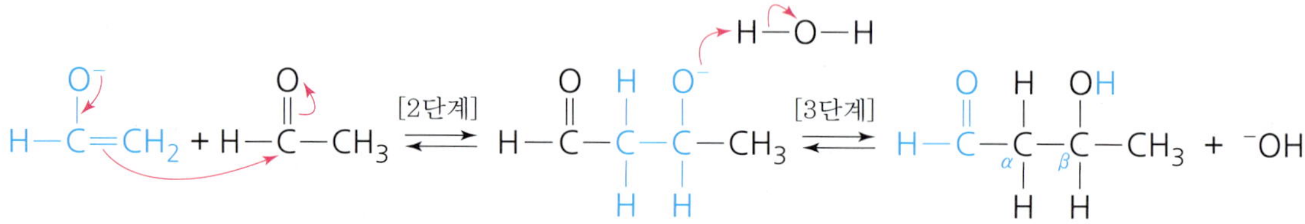

알돌 반응은 전체가 가역 반응이다. 생성된 알돌 화합물 3-Hydroxybutanal은 산 또는 염기 촉매에서 가열되면 α 수소와 β 탄소에 있는 OH사이에서 탈수 반응이 일어나 α,β-불포화 카보닐 화합물인 2-Butenal(Crotonaldehyde)을 생성한다. 이 반응은 안정한 콘쥬게이트 화합물을 형성하는 반응이므로 비가역 반응이다.

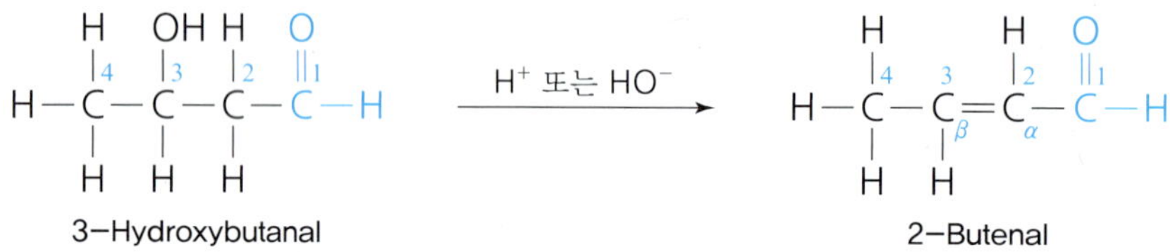

알돌 축합 반응이란 α,β 불포화 카보닐 화합물을 생성하는 반응을 말한다. 탈수 반응(제거 반응)은 산과 염기 촉매에서 모두 일어난다. 산촉매 존재하에서 제거 반응은 E2 반응이고 염기 촉매 존재하에서 제거 반응은 E1cB(Elimination Conjugate Base)반응 메커니즘으로 일어난다. 다음은 탈수 반응(α,β 불포화 알데하이드의 생성) 메커니즘이다.

(a) 산 촉매하 알돌 축합 반응

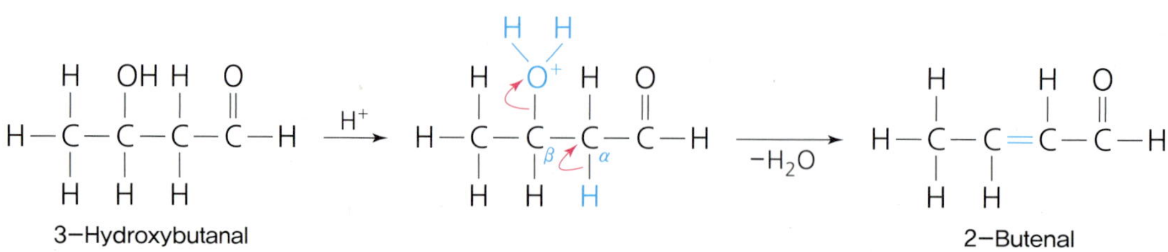

(b) 염기 촉매하 알돌 축합 반응

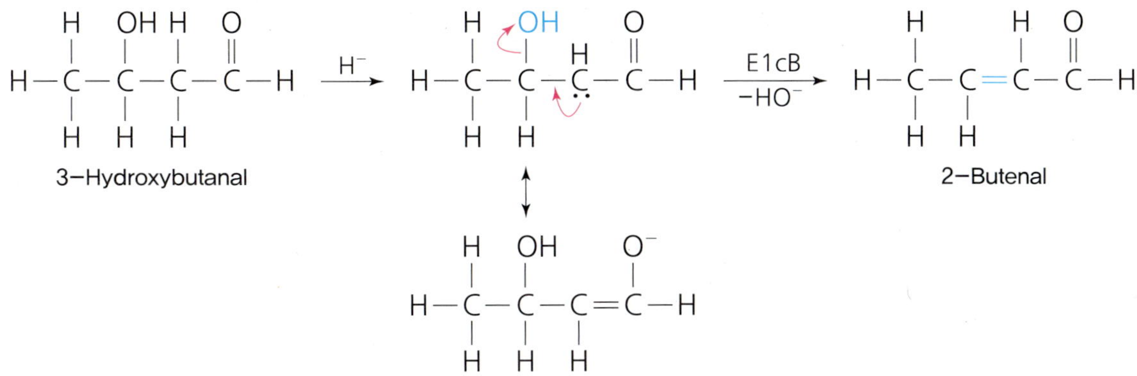

(1) 교차(혼성) 알돌 축합 반응

α수소를 가진 서로 다른 알데하이드 또는 케톤 사이에서 일어나는 알돌 반응을 지칭한다.

α수소가 있는 서로 다른 알데하이드 사이의 알돌 축합 반응으로 4종류의 α, β불포화 카보닐 화합물인 생성물을 얻을 수 있다.

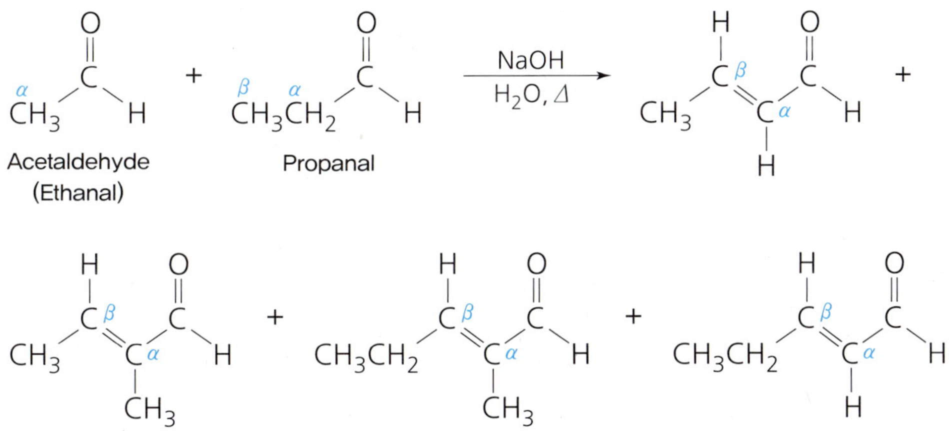

2종류의 알데하이드 중 α수소가 1종류에만 있는 경우의 알돌 축합 반응으로 2종류의 생성물을 얻을 수 있다.

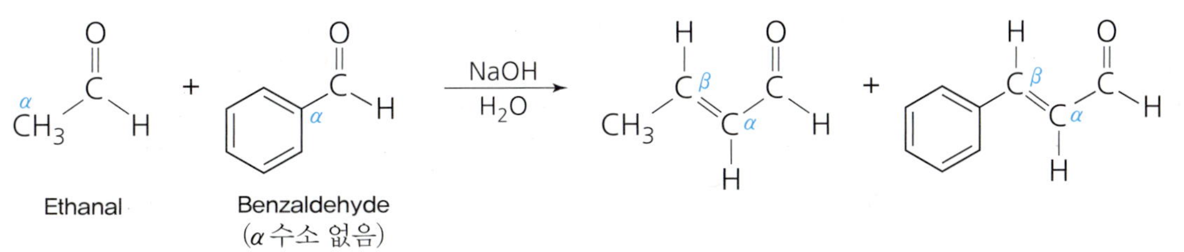

(2) 분자 내 알돌 축합 반응

분자 내에 α수소가 있는 2 개의 C=O 기를 가진 다이알데하이드(또는 다이케톤) 화합물은 분자 내에서 알돌 축합 반응이 일어나 고리형 Enone 화합물이 생성된다.

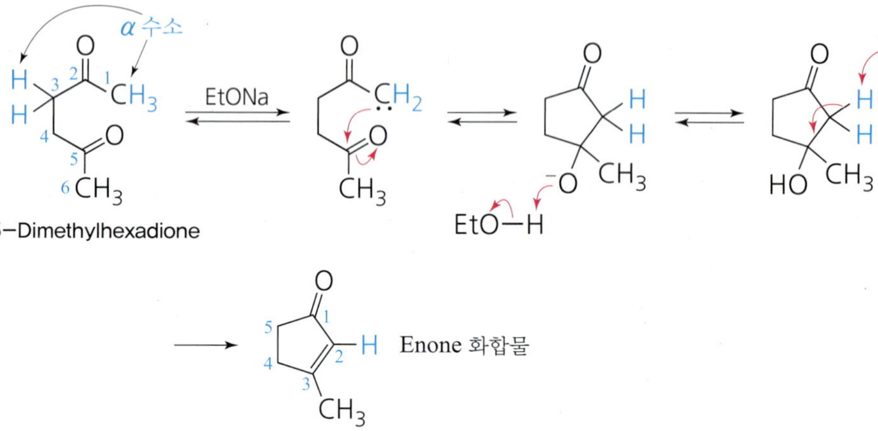

2,5−Dimethylhexadione

3−Methyl−2−Cyclopentenone

(3) Cannizzaro 반응

Benzaldehyde처럼 α수소가 없는 알데하이드를 진한 NaOH 수용액으로 처리하면 카복실산염(산화 생성물)과 알코올(환원 생성물)이 생성되는 반응을 지칭한다. 이 반응은 HO^-가 알데하이드기의 카보닐기에 친핵성 첨가 반응하여 생성된 4면체형 구조에서 수소 음이온의 자리옮김 반응을 하여 다른 분자의 알데하이드를 환원함으로써 산화와 환원 반응이 동시에 일어난 결과이다. 일반적으로 알데하이드(케톤)의 첨가 반응에서는 제거 반응이 일어나지 않으나 이 반응은 강염기인 H^-가 제거되는 특이한 반응이다.

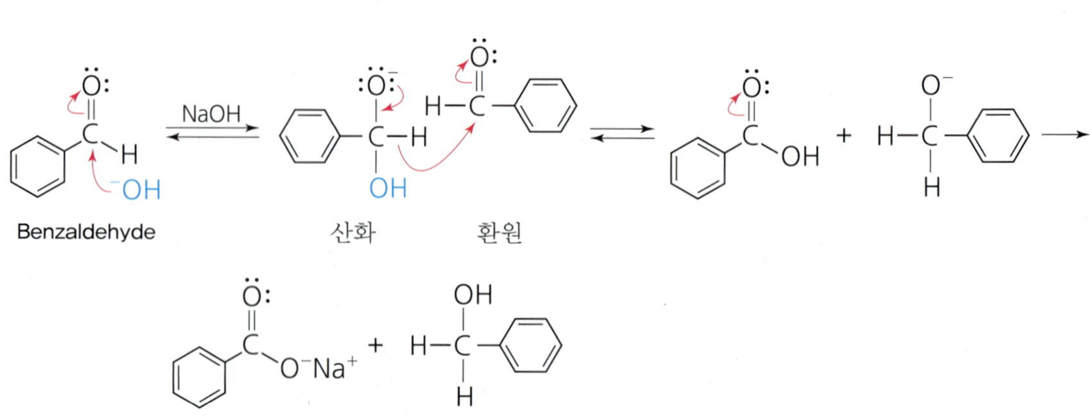

Benzaldehyde

Sodium Benzoate

Benzyl Alcohol

14.18.2 Claisen 축합 반응(에스터 축합 반응)

α 수소를 가지고 있는 에스터를 EtONa(Sodium Ethoxide)와 같은 염기로 처리하면 2분자의 에스터가 반응하여 β-케토 에스터를 생성한다. 이 반응은 염기 조건에서 생성된 에스터의 엔올 음이온이 다른 분자의 에스터 카보닐기 탄소에 친핵성 첨가하여 4면체형 중간체를 이루고 여기서 에스터의 알콕시기가 제거되어 일어난 반응이다. 결과적으로 이 반응에서 에스터의 α 수소 하나에 아실기가 치환된 형태인 β-케토 에스터가 생성된다. 예를 들어 Ethyl Acetate를 EtONa(CH_3CH_2ONa)와 반응시키면 Ethyl Acetate 2분자 사이에서 친핵성 첨가-제거 반응이 일어나 Ethyl Acetoacetate가 만들어진다.

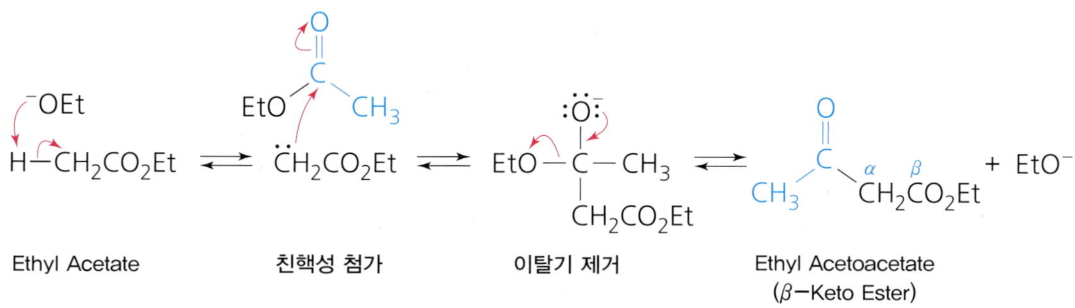

(1) 교차(혼성) Claisen 축합 반응

서로 다른 에스터 사이의 Claisen 축합 반응을 지칭한다. α 수소를 가진 2 개의 다른 에스터에서 일어나는 반응과 2개 중 하나는 α 수소가 없는 경우의 반응이 가능하다. 2개 중 α 수소가 하나 없는 경우의 예는 다음과 같다.

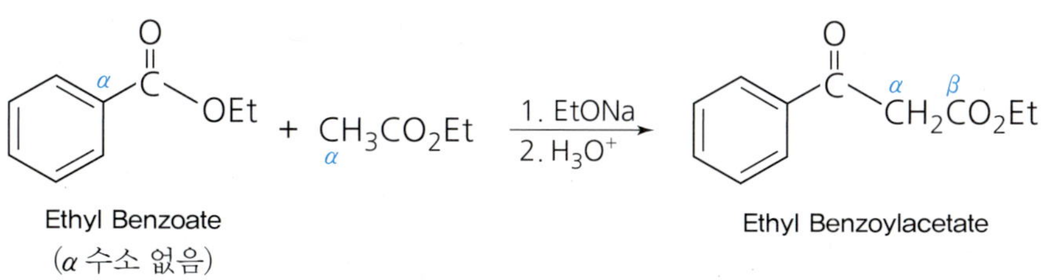

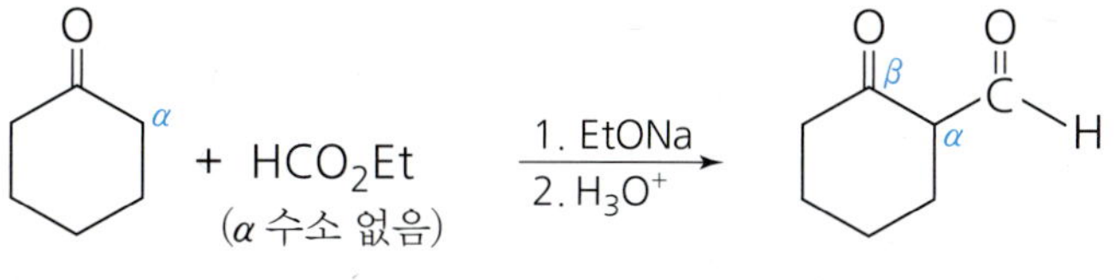

(2) Dieckmann 축합 반응(분자 내 Claisen 축합 반응)

1분자 내에 2개의 에스터기가 있고 그 중 하나는 α 수소를 가지고 있는 경우 염기로 처리 시

분자 내에서 Claisen 축합 반응이 일어나 고리형 β-Keto Ester가 생성되는 반응을 지칭한다. 이 반응은 5 또는 6원자 고리를 형성하는 조건에서 잘 일어난다.

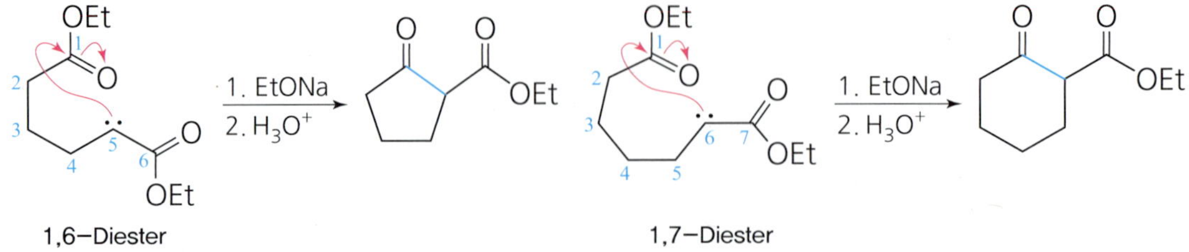

(3) 에스터와 케톤의 축합 반응(케톤의 아실화 반응)

케톤의 엔올 음이온이 친핵체로 작용하여 에스터에 첨가-제거 반응을 하여 β-케토 에스터 또는 1,3-다이 케톤을 생성하는 반응이다. 케톤 탄소산의 pK_a가 에스터보다 더 작다(더 산성이다).

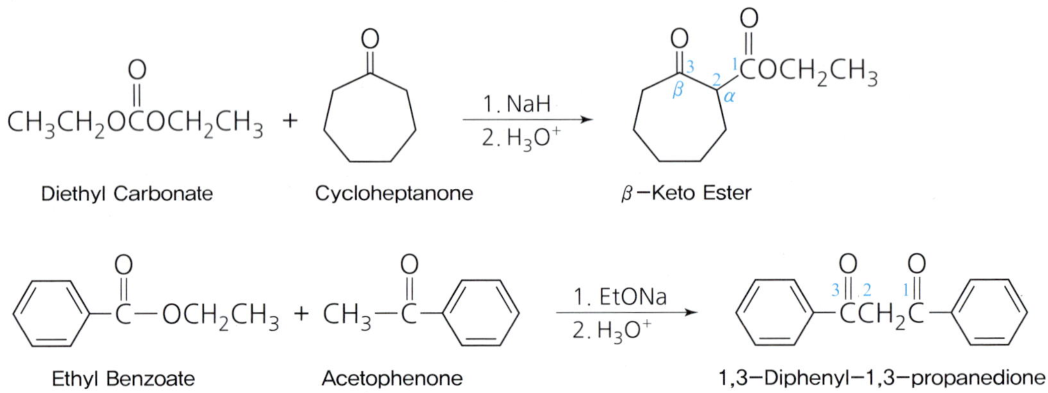

14.19 탄소 친핵체의 콘쥬게이트 첨가 반응

알데하이드 및 케톤의 α, β 위치에 2중 결합을 가지고 있는 화합물을 α,β 불포화 알데하이드(케톤) 화합물이라 한다. 이들 화합물은 공명 구조 때문에 친핵체가 카보닐 탄소에만 첨가 반응(1,2 첨가 반응) 하는 것이 아니라 β 위치의 탄소에 첨가하는 반응도 동시에 일어난다. 이와 같은 반응을 콘쥬게이트 첨가 반응 또는 1,4 첨가 반응이라 한다. 이 반응은 약한 친핵체와의 반응에서 주로 일어난다. 다시 말해 β 탄소의 치환 반응으로 α, β 불포화 알데하이드 또는 케톤은 공명 구조 때문에 친전자성이 C=O기의 탄소 부위 뿐만 아니라(1,2첨가) β 탄소에도 생긴다. 이 β 탄소에 친핵체가 결합하는 반응을 콘쥬게이트 첨가 반응(또는 1,4 첨가 반응)이라 한다.

1,2 Addition　　α,β 불포화 알데하이드 (케톤) 공명 구조　　1,4 Addition

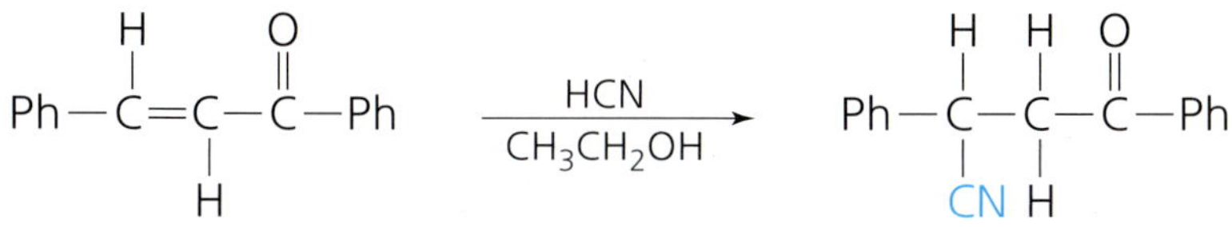

1,4 Addition

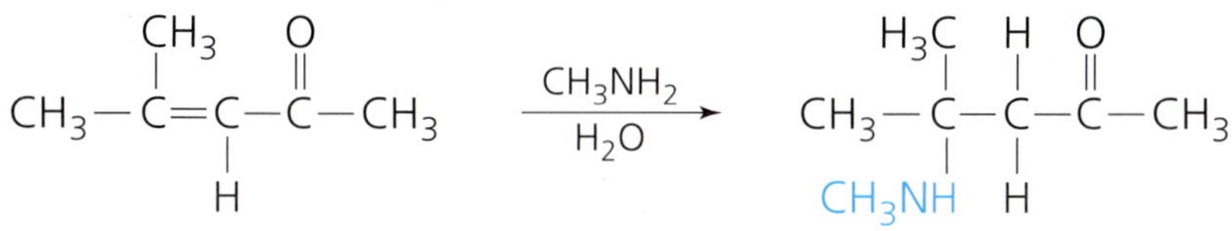

1,4 Addition

한편 CH_3MgCl의 친핵체 CH_3는 $(CH_3)_2CuLi$의 친핵체 CH_3보다 강한 친핵성을 나타내므로 1,2 첨가 반응을 한다.

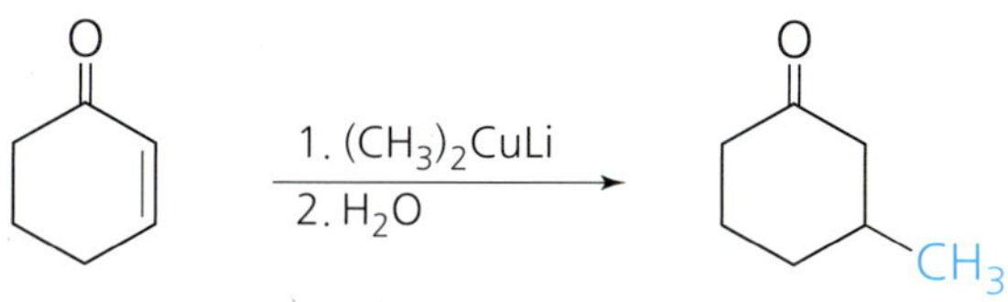

1,4 Addition

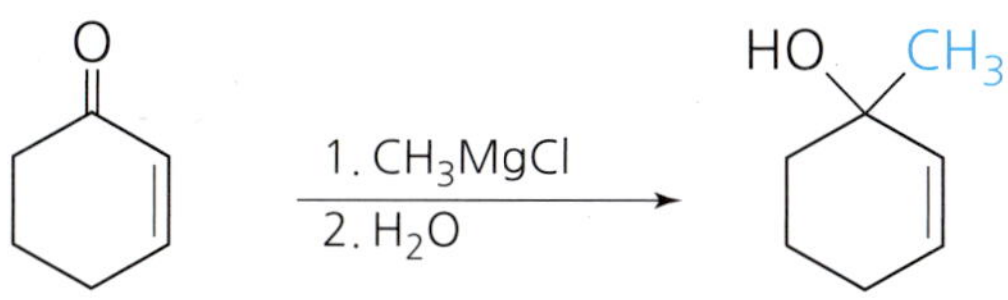

1,2 Addition

14.19.1 Michael 첨가 반응

공명 안정화된 엔올 음이온이 탄소 친핵체로 작용하여 α,β 불포화 카보닐 화합물에 콘쥬게이트 첨가(1,4 첨가)하는 반응을 지칭한다. 엔올 음이온(탄소 친핵체) 형성에 사용되는 화합물을 Michael 주개(Michael Donor)라고 한다. 이에 해당하는 물질은 다음과 같으며 약한 염기에서도 엔올 음이온이 잘 형성되는 물질(공명 안정화된 엔올 음이온)이다.

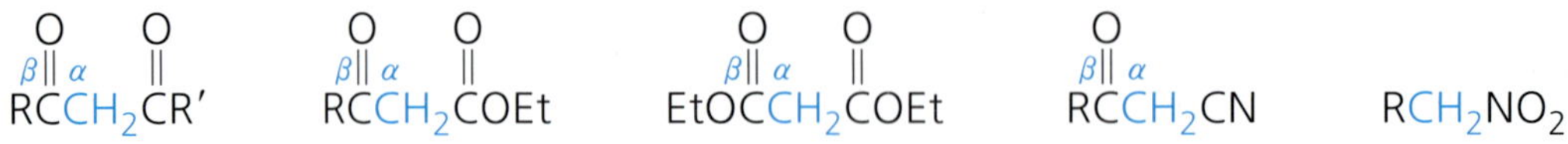

β-Diketone β-Keto Ester β-Diester β-Keto Nitrile Nitro 화합물

한편 친전자성을 나타내는 α, β 불포화 카보닐 화합물을 Michael 받개(Michael Acceptor)라고 한다. 이에 해당하는 물질로는 α, β 불포화 알데하이드, 케톤, 에스터, 아마이드, 나이트릴 등이 있다.

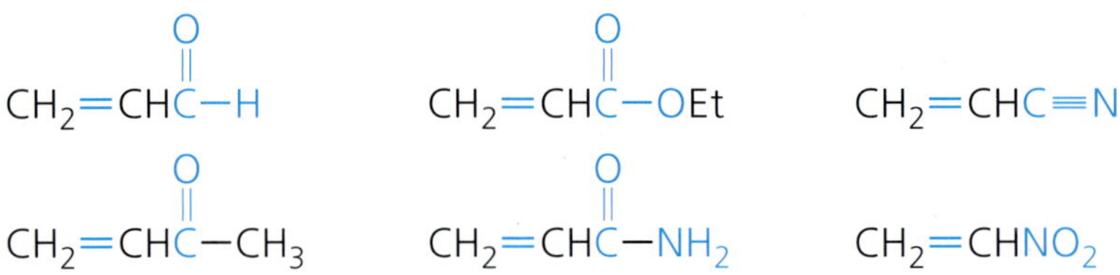

Michael 반응은 공명 안정화된 엔올 음이온이 α, β 불포화 카보닐 화합물의 β 탄소에 콘쥬게이트 첨가(1,4 첨가)하는 반응이다. α, β 불포화 카보닐 화합물의 β 탄소는 공명 구조에 의하여 친전자성을 띠게 되어 친핵체의 공격을 받는 부위가 된다.

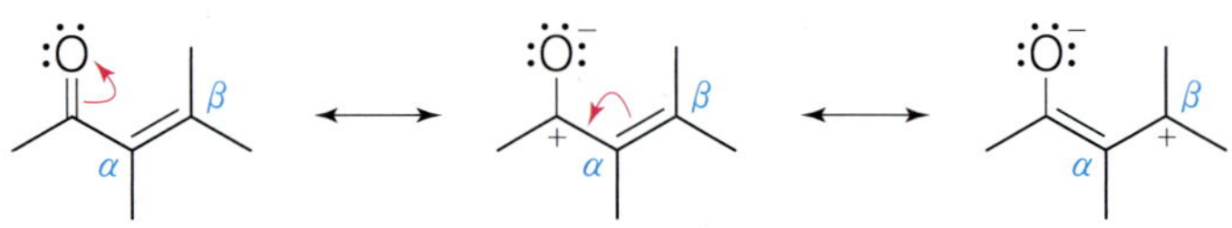

공명구조

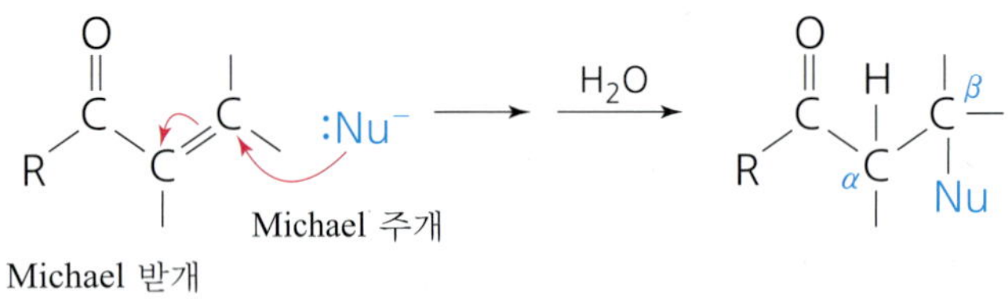

Michael 반응 예는 다음과 같다.

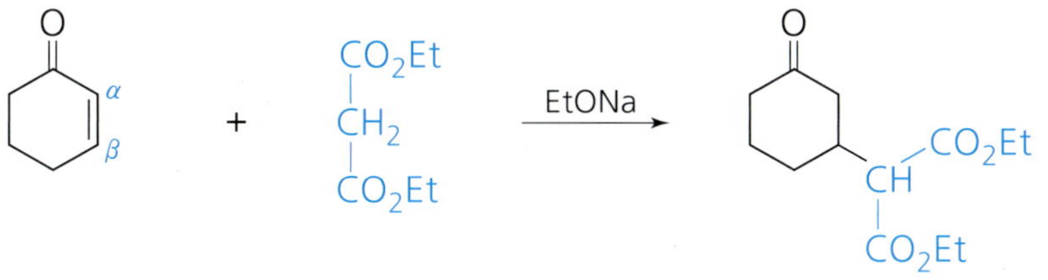

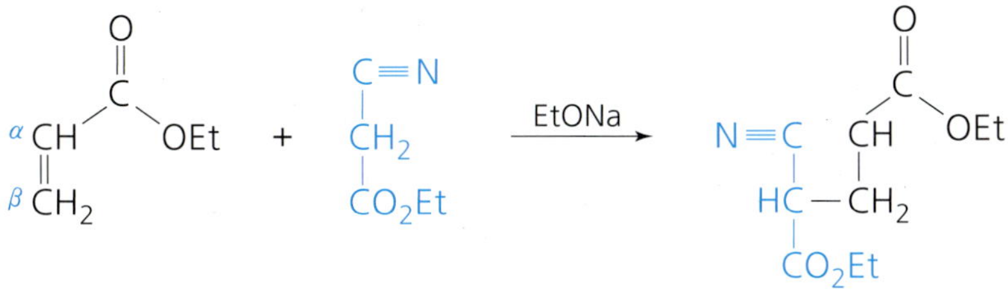

Michael 반응 메커니즘은 다음과 같다.

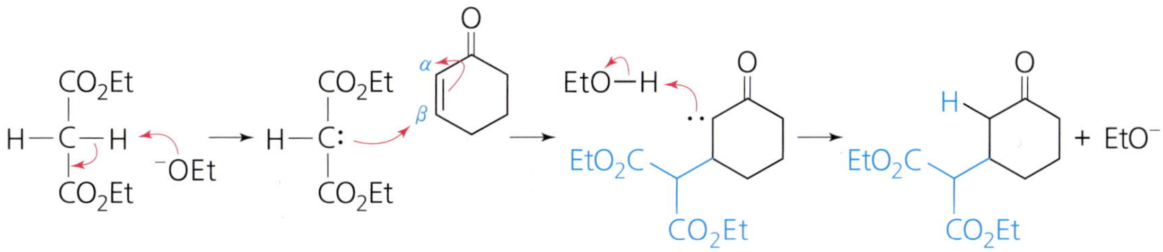

14.19.2 Robinson 고리 만듬 반응

이 반응은 Michael 첨가 반응 생성물이 2차적으로 분자 내 알돌 반응을 일으켜 고리 화합물이 만들어지는 반응이다. 반응 예로서 3-Buten-2-one과 Ethyl Acetoacetate의 염기 존재하의 Robinson Annulation 반응을 들 수 있다. 즉 Michael 반응과 분자 내 알돌 반응이 연달아 일어나 고리가 형성되는 반응이다.

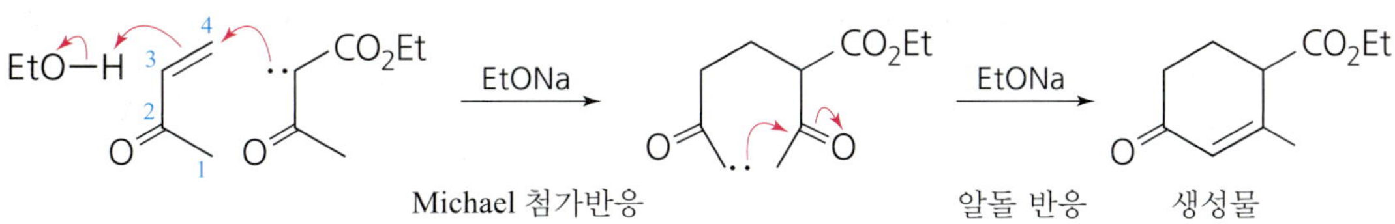

14.20 생체내 카보닐 α 탄소의 반응

여기에는 생체내 알킬화 반응, 생체내 알돌 반응, 생체내 Claisen 축합 반응이 있으며 간략히 살펴보면 다음과 같다.

14.20.1 생체내 알킬화 반응

Indol 핵을 가진 항생물질인 Indolmycin은 생합성 과정에서 SAM(S-Adenosylmethionine)에 의해 α-Keto Acid인 Indolylpyruvate의 α탄소에 메틸기가 치환된 것이다.

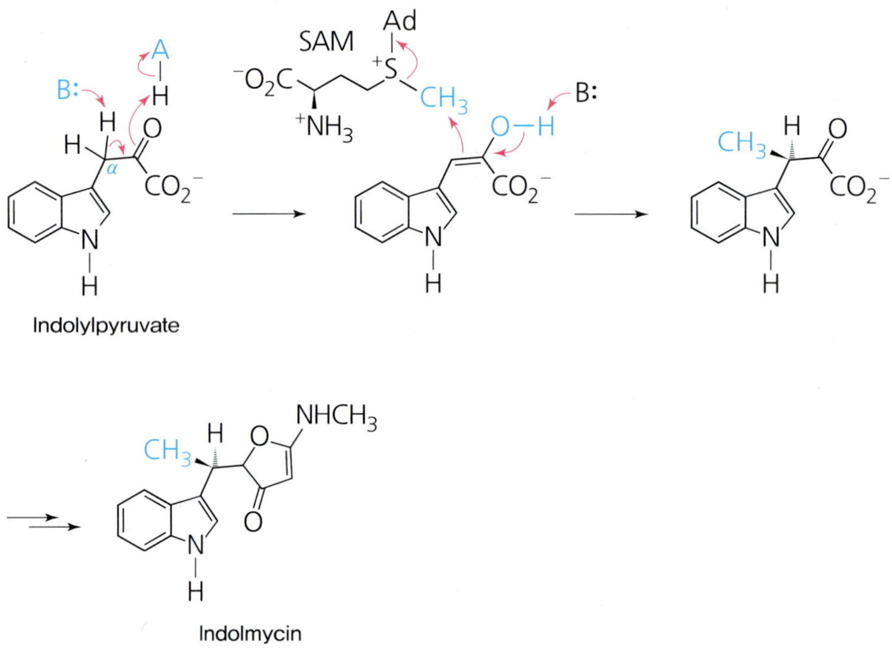

14.20.2 생체내 알돌 반응

2가지 예를 들면 다음과 같다. 첫 번째는 Glucose 생합성 과정 중 DHAP(Dihydroxyacetone Phosphate)와 GAP(Glyceraldehyde-3-Phosphate)가 반응하여 Fructose 인산염이 생성되는 반응이다.

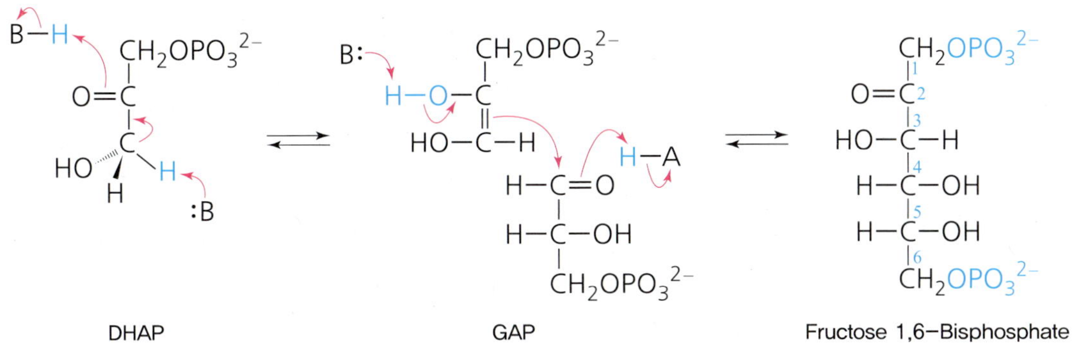

2번째는 해당과정 중 시트르산 회로에서 Oxaloacetate와 조효소 A가 반응하여 시트르산염을 생성하는 반응이다.

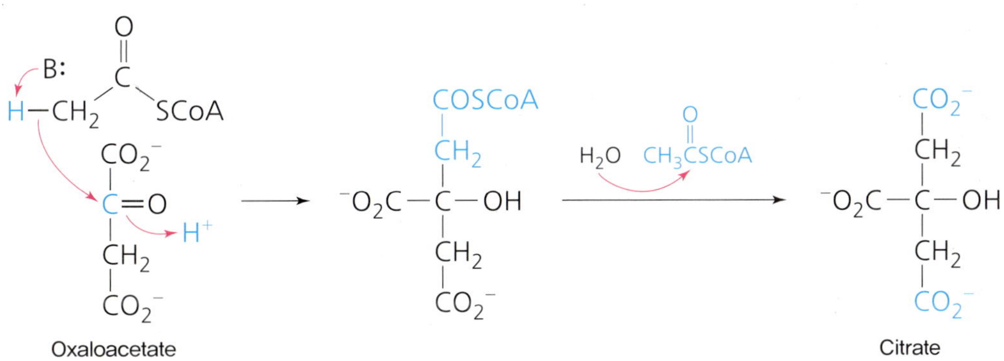

14.20.3 생체내 Claisen 축합 반응

Thioester의 일종인 아세틸 조효소 A(Acetyl CoA–SH)가 효소의 도움을 받아 Acetoacetyl CoA를 생성하는 반응이 그 예이다. 축합 생성물은 터펜과 스테로이드 생합성 중간체인 Mevalonate를 형성하는 출발 물질이다.

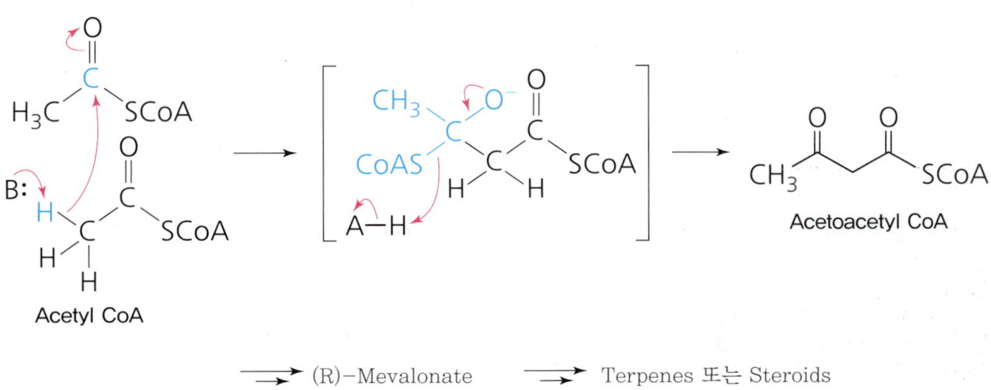

14.21 카복실산과 그 유도체 화합물 보기

천연 및 합성 카복실산과 그 유도체 유기 화합물의 보기는 다음과 같다.

14.21.1 카복실산

(1) 개미의 폼산(Formic Acid)

폼산은 1670년에 개미로부터 처음 얻었다. 개미의 라틴어 속명이 Fomica이다. 이것은 개미가 물 때 내놓는 독성 중의 한 성분이다. 독침개미는 천연 폼산(HCOOH)의 공급원이다.

그림 14.1 개미

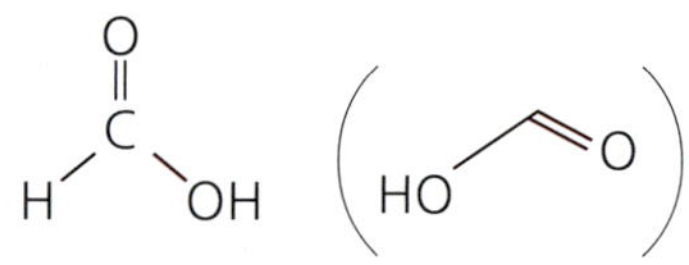

폼산

(2) 식물 성장 억제 호르몬 아브시스산

아브시스산(ABA, Abscisic Acid)은 식물의 성장 중에 일어나는 여러 과정을 억제하는 식물 호르몬이다. 세스키터펜(Sesquiterpene)의 일종으로 휴면 중의 종자, 나무눈, 알뿌리 등에 많이 들어 있으며 보통 발아되면서 함량이 감소한다. 식물의 수분결핍시 ABA가 많이 합성되고 기공이 닫혀 식물의 수분을 보호한다. 또한 식물이 여러 종류의 스트레스를 받을 때 식물체 내에서 ABA의 함량이 증가한다. 따라서 ABA는 스트레스에 대한 식물의 반응을 조절하는 것으로 생각되고 있다. 덜 익은 목화 과일의 낙과를 연구하다가 여기에서 낙엽 촉진물질인 아브시스 Ⅱ를 단리해 내고 나무눈의 겨울 휴면을 연구하던 중 자작나무의 잎에서 휴면 유도물질인 도르민(Dormin)을 분리하였다. 이들은 ABA와 같은 물질이라는 것을 확인하였다.

그림 14.2 식물 낙엽

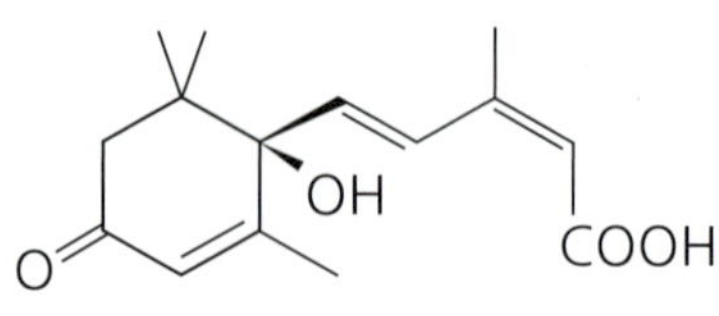

아브시스산

(3) 아보카도의 판토텐산

아보카도(Avokado)는 비타민 B_5인 판토텐산(Pantothenic Acid)의 훌륭한 섭취원이다.

그림 14.3 아보카도

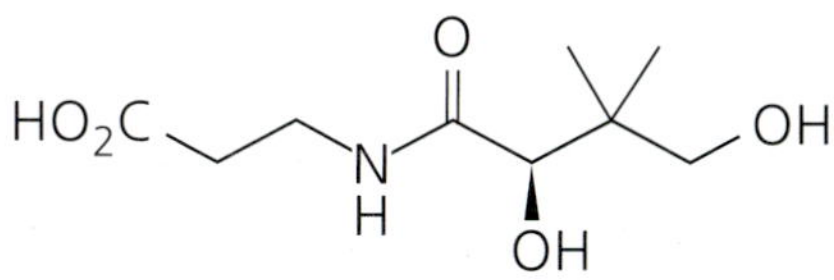

판토텐산

(4) 콩의 나이아신

NADH의 산화된 구조인 NAD^+(Nicotinamide Adenine Dinucleotide)는 알코올을 카보닐 화합물로 산화시켜 NADH를 형성할 수 있는 생물학적 산화제이다. NAD^+는 비타민 B_3인 나이아신(Niacin)으로부터 합성되는데 콩을 통한 식이 요법으로 얻을 수 있다. 나이아신은 그것을 자연적으로 함유한 콩 같은 음식이나 그것이 강화된 아침 식사용 시리얼로부터 얻을 수 있다. 아침 식사용 시리얼은 이 비타민 B_3의 하루 권장량을 섭취할 수 있게 도와 주는 나이아신을 함유하며 영양가가 강화된 것이다.

그림 14.4 콩

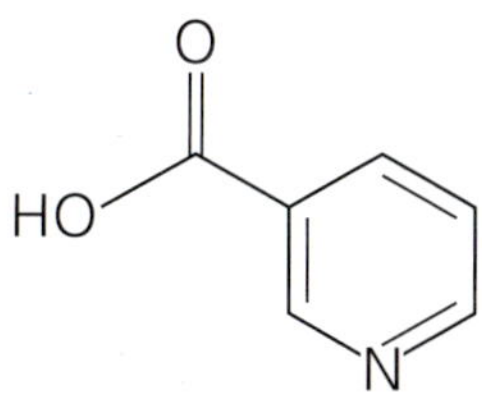

나이아신

(5) 시금치의 옥살산

옥살산(Oxalic Acid)은 다이카복실산(COOHCOOH)이다. 비록 옥살산은 독성이 있지만 한번에 4Kg정도의 시금치를 섭취해야 사람에게 해를 끼칠수 있다.

그림 14.5 시금치

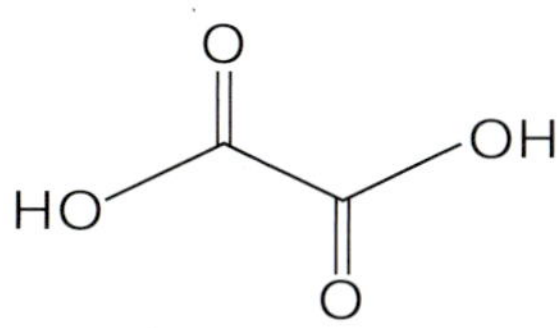

옥살산

(6) 대황의 옥살산

대황은 에테인산인 옥살산(Oxalic Acid)의 천연 공급원이다. 대황의 잎에는 포타슘염과 소듐염으로서 옥살산이 존재한다.

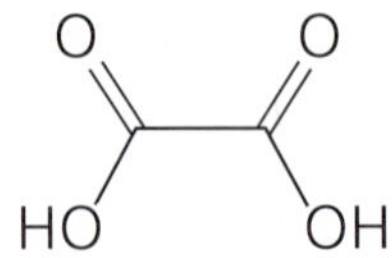

옥살산

그림 14.6 대황

(7) 로즈마리의 로즈마린산

로즈마린산(Rosemarinic Acid)은 로즈마리(Rosemary)로부터 분리된 항산화제이다. 로즈마리 추출물은 불포화 식물유의 산화를 방지하는 항산화제인 로즈마린산을 포함하고 있다. 또한 항균과 살균 작용이 뛰어나고 보습 효과에도 좋으며 피부를 부드럽게 진정시켜주어 화장품 원료로 사용된다.

그림 14.7 로즈마리

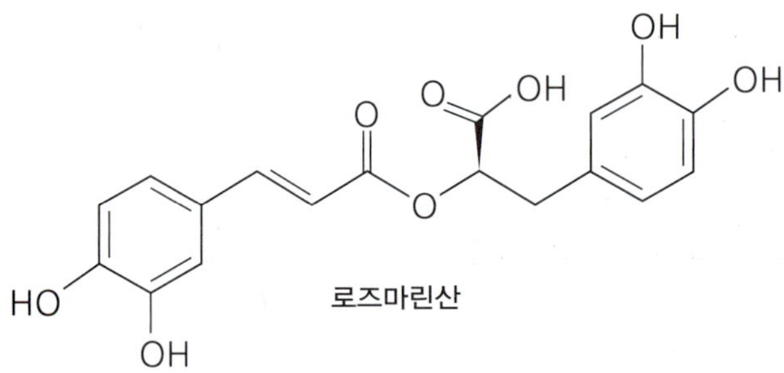

로즈마린산

(8) 나이론 66의 원료 아디프산

나이론 66를 만드는 2가지 화합물 중 하나는 아디프산(Adipic Acid)이다. 즉 아디프산과 헥사메틸렌다이아민(Hexamethylenediamine)을 축합반응시켜 나이론 66를 얻게 된다. 밧줄의 섬유는 나일론 66로 만들어진다.

Nylon 66

그림 14.8 나이론 밧줄

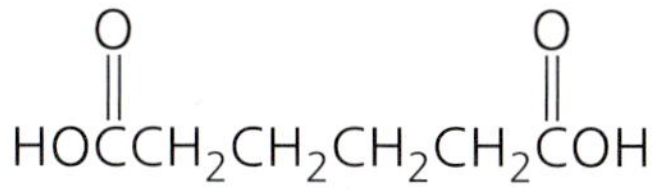

아디프산

(9) 헬리오트로프의 발레르산

정원수 헬리오트로프(Heliotrope)의 뿌리는 발레르산(Valeric Acid, 길초산)의 천연 공급원이다. 발레르산의 분자식 탄소수는 5개이다.

그림 14.9 헬리오트로프

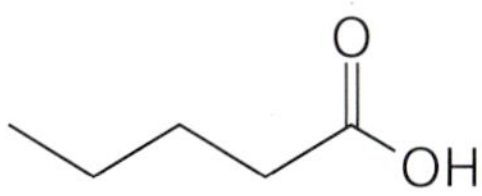

발레르산

(10) 은행나무 씨앗의 카프로산

카프로산(Caproic Acid)은 헥산산의 일반적 이름으로 은행나무 씨앗의 다육질 피막에서 발견되는 카복실산이다. 이는 씨앗에서 불쾌하고 역겨운 냄새가 나게 하는 원인이다. 카프로산의 분자식 탄소수는 6개이다.

그림 14.10 은행나무 씨앗

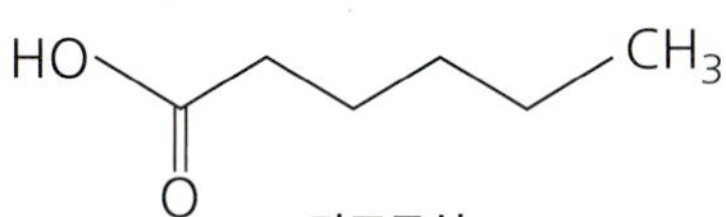

카프로산

(11) 염소의 카프로산

염소는 카프로산 [Caproic Acid, ($CH_3(CH_2)nCOOH$, n= 4, 6, 8)]의 천연 공급원이다. 분자식 탄소수가 6개이다.

그림 14.11 염소

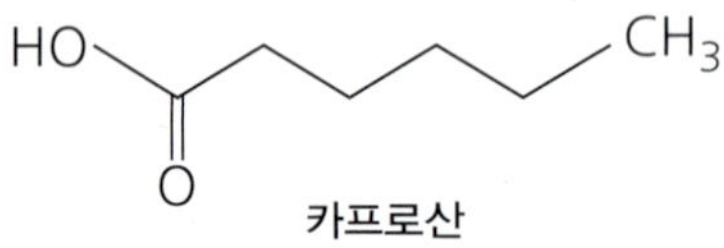

카프로산

(12) 자외선 차단제 *p*-아미노벤조산과 패디메이트 O

오랫동안 햇빛에 노출되면 멜라닌(Melanin)이 흡수할 수 있는 양보다 더 많은 양의 자외선이 피부에 닿는다. 시판되는 자외선를 사용함으로써 피부를 자외선으로부터 보호할 수 있다. 이러한 차단제들은 자외선을 흡수하는 콘쥬게이션 화합물을 함유하고 있어서 일정 시간 동안 자외선의 해로운 영향으로부터 피부를 보호한다. 이러한 목적으로 사용되어 온 자외선 차단제로 *p*−아미노벤조산(PABA)과 패디메이트 O(Padimate O) 등이 있다. 상업적으로 판매되는 자외선 차단제에는 자외선을 차단하는 정도에 따라 SPF(Sun Protection Factor) 값이 표기되어 있다. 숫자가 클수록 자외선 차단효과도 크다.

그림 14.12 자외선 차단제

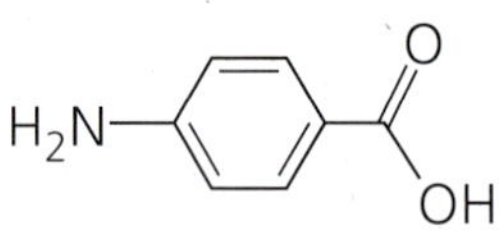

p−아미노벤조산

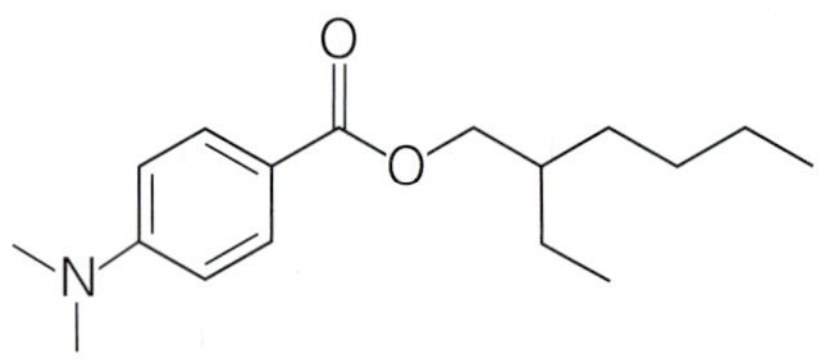

패디메이트 O

(13) 소염제/진통제(이부프로펜)

일반 의약품 소염제 중에서 화학자가 2−[4−(2−메틸프로필)페닐]프로피온산(2−[4−(2−

Methylpropyl)phenyl]propanoic Acid)이라고 부르는 화합물은 이부프로펜(Ibuprofen)이라는 일반명을 갖고 있다. 이것은 모트린(Mortrin), 애드빌(Advil)등 여러가지 상품명으로 판매된다. 아스피린처럼 이부프로펜은 아라키돈산(Arachidonic Acid)으로부터 프로스타글란딘의 합성을 막아줌으로써 소염제로 작용한다. 이부프로펜을 상업적으로 합성하는 1가지 방법은 친핵성 엔올음이온을 친전자성 카보닐기와 반응시키는 것이다.

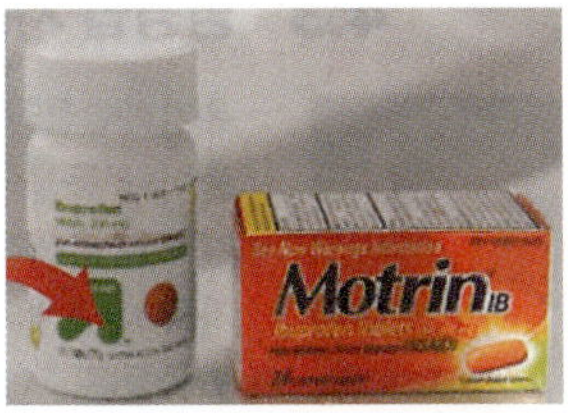

그림 14.13 모트린 (애드빌)

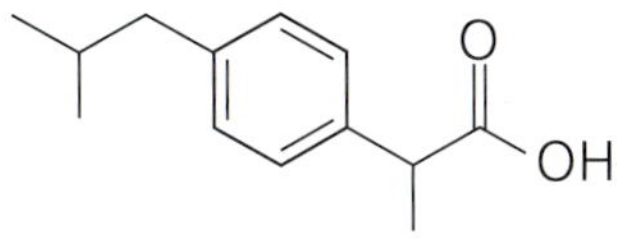

이부프로펜

14.21.2 에스터

(1) 여러 가지 과일의 에스터 향

많은 과일의 특징적인 냄새는 저분자량의 에스터(Ester)에 기인한다. 예를 들면 바나나 향의 이소아밀아세테이트(Isoamyl Acetate), 망고 향의 에틸뷰타노에이트(Ethyl Butanoate), 파인애플 향의 메틸-2-메틸뷰타노에이트(Methyl-2-methylbutanoate)가 있다. 그 외 사과 향의 메틸뷰타노에이트(Methyl Butanoate), 오렌지 향의 옥틸 아세테이트(Octyl Acetate), 포도 향의 메틸-2-아미노벤조에이트(Methyl-2-aminobenzoate) 등이 있다.

그림 14.14 과일 향

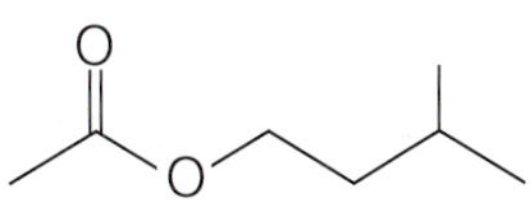

Isoamyl Acetate
바나나 향

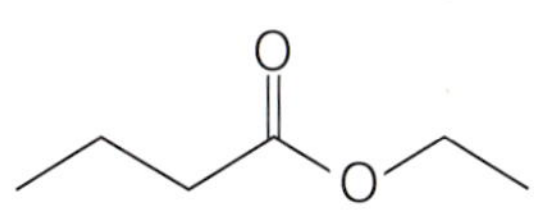

Ethyl Butanoate
망고 향

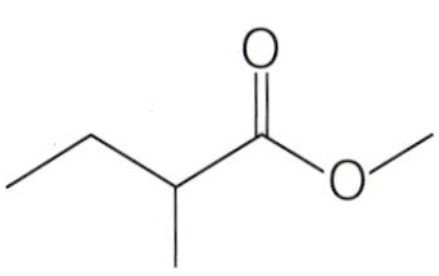

Methyl-2-methylbutanoate
파인애플 향

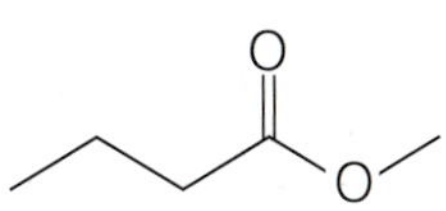

Methyl Butanoate
사과 향

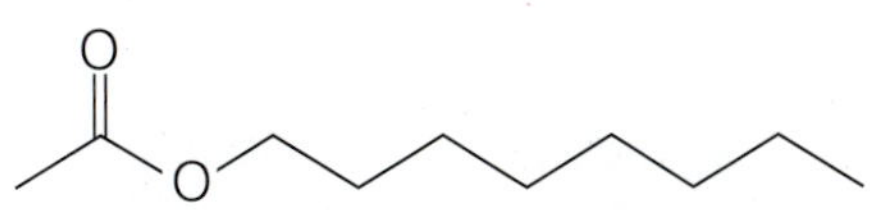

Octyl Acetate
오렌지 향

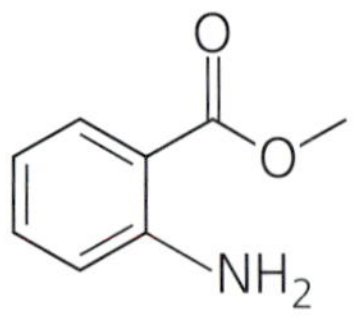

Methyl−2−aminobenzoate
포도 향

(2) 아세트산 에틸 용매 포함 생활용품

아래 제품들은 모두 용매로서 아세트산 에틸(Ethyl Ethanoate, Ethyl Acetate)이 포함되어 있다.

그림 14.15 생활용품

$$CH_3\overset{O}{\overset{\|}{C}}OCH_2CH_3$$

아세트산 에틸

(3) 유포르비아의 인제놀 유도체 화합물

인제놀 메뷰테이트(Ingenol Mebutate)는 인제놀로부터 얻어지는 에스터 화합물이다. 인제놀은 유럽, 북아프리카, 서아시아 등지에서 서식하는 대극과 식물인 유포르비아(Euphorbia Peplus)의 수액에서 얻어지는 천연물질이다. 인제놀 유도체 화합물이 유용한 생리 활성을 나타내지만 천연 자원에서 인제놀의 분리가 쉽지 않으므로 합성 화학자들은 실험실에서 효율적으로 합성할 수 있는 방법을 개발하였다. 인제놀(상품명:Picato)의 겔 제품은 햇볕에 과다 노출되어 생기는 편평 세포암의 한 종류인 광선 각화증에 효과가 있는 것으로 입증되었다.

그림 14.16 유포르비아

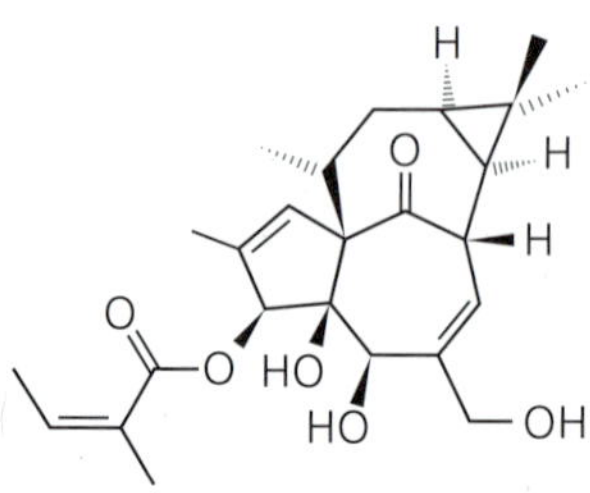

인제놀 메뷰테이트

(4) 향유 고래의 세틸팔미테이트

향유 고래(Sperm Whale) 머리에서 얻어진 오일을 냉각하면 경랍(Spermaceti)이 얻어지는데 이 혼합물로부터 희고 진주 광택이 있는 반투명한 왁스가 결정화된다. 고래오일의 11%를 차지하는 경랍은 주로 헥사데실 헥사데카노에이트 [(Hexadecyl Hexadecanoate); 세틸팔미테이트(Cetyl Palmitate)]로 이루어져 있다. 한때는 경랍이 화장품, 향비누, 양초를 만드는데 널리 사용되었다.

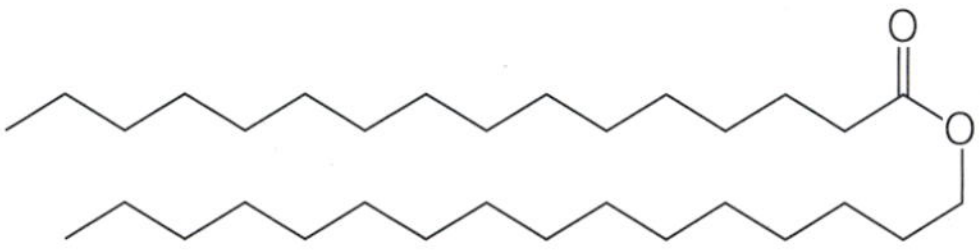

세틸팔미테이트

그림 14.17 향유 고래

(5) 코카식물의 중독성 코카인

코카인(Cocaine)이나 비타민 C와 같이 중요한 생리 활성을 나타내는 에스터도 있다. 코카 식물인 Erythroxylon Coca는 중독성 약품인 코카인의 원천이다. 코카인은 코카나무 잎에서 얻어지는 중독성이 있는 물질로서 수천년 전부터 남아프리카 토착민들은 쾌감을 얻을 목적으로 코카나무 잎을 씹었다. 코카 잎은 코카콜라의 생산 초기 20년간 미량 첨가되기도 했다. 코카인의 남용이 심각한 지경에 이르러 전세계 대부분의 나라는 소지하거나 남용하는 것을 불법화하였다.

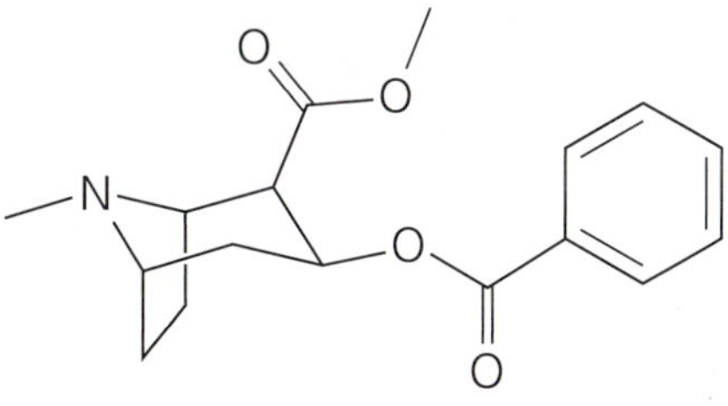

코카인

그림 14.18 코카 식물

(6) 제충국의 피레트린 II/피레트로신

제충국은 국화과의 여러해살이 풀이다. 이것에서 천연 피레트린 II(Pyrethrin II)와 피레트로신(Pyrethrosin)이 추출된다. 이 중에서 Pyrethrin II는 천연 살충제이고 그 자체로 판매된다.

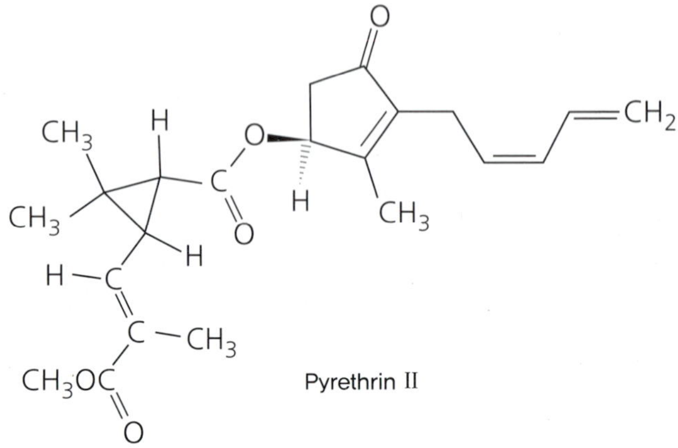

Pyrethrin II

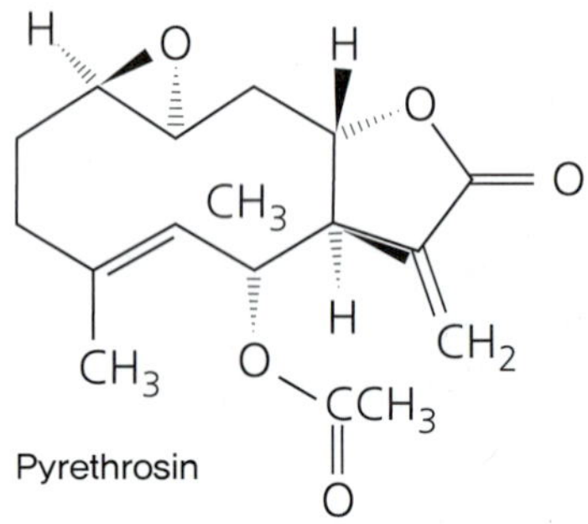

Pyrethrosin

그림 14.19 제충국

(7) 포도의 타타르산 다이에틸

(+)-DET(Diethyl Tartrate)는 (+)-(R,R)-타타르산 [Tartaric Acid, $HO_2CCH(OH)CH(OH)CO_2H$]으로부터 제조된다. 이 산은 포도에서 발견되며 양조 산업의 부산물로 시판되는 자연계에 존재하는 카복실산이다.

그림 14.20 포도

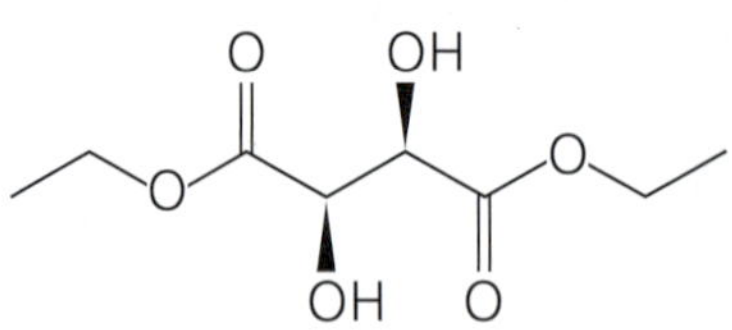

(+)-(*R*,*R*)-타타르산 다이에틸
(+)-DET

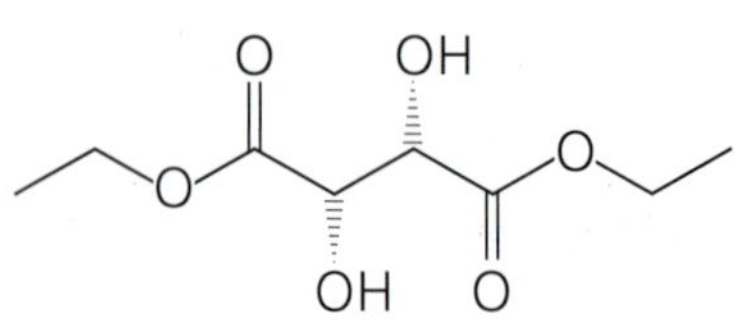

(−)-(*S*,*S*)-타타르산 다이에틸
(−)-DET

(8) 폴리에스터의 원료 다이메틸 테레프탈레이트

데이크론(Dacron)은 폴리에스터(Polyester)로 다이메틸 테레프탈레이트(Dimethyl Terephthalate)로부터 만들어진다. 즉 다이메틸 테레프탈레이트와 에틸렌글리콜(Ethylene Glycol)을 축합반응시켜 제조한다. 가장 흔한 폴리에스터는 폴리에틸렌 테레프탈레이트(PET, Polyethylene Terephthalate)이다. 이것의 에스터 결합은 탄소 골격을 하나로 합친다. 일반적으로 플라스틱 섬유로서 베갯속으로 사용된다.

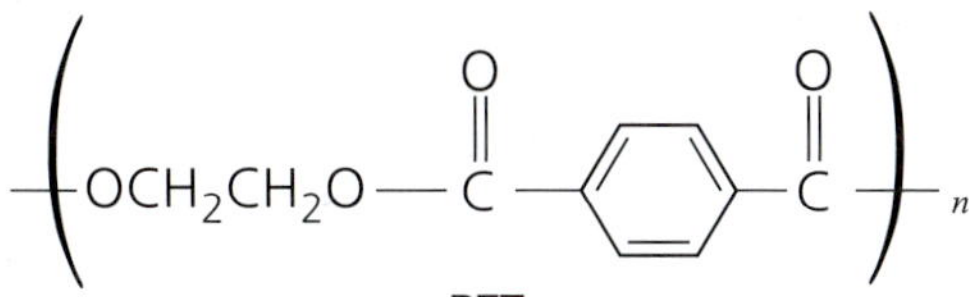

PET

그림 14.21 폴리에스터 베갯속

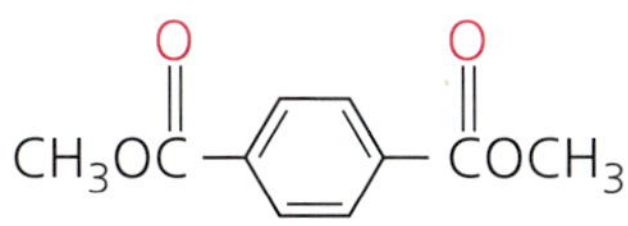

다이메틸 테레프탈레이트

(9) 목장 썩은 클로버의 쿠마린/디쿠마롤

목장에서 소들이 썩은 클로버를 먹으면 피가 응고되는 것이 방해되어 작은 상처나 피가 멈추지 않아 결국 죽는다는 것을 알아내었다. 즉 곰팡이가 낀 클로버로부터 혈액 응고를 지연시키거나 방해하는 응고제인 디쿠마롤(Dicoumarol)이라는 화합물이 처음 추출되었다. 디쿠마롤은 비타민 K의 작용을 방해하여 항응고 효과를 나타낸다. 디쿠마롤은 클로버의 향기 물질인 고리형 에스터인 쿠마린(Coumarin)의 유도체이다. 혈액 응고를 방해하지 않고 향료로 사용되는 쿠마린은 클로버가 썩으면서 디쿠마롤로 변환된다. 쿠마린은 락톤(고리형 에스터)이고 디쿠마롤은 다이락톤이다. 더 강력한 항응고제로 와파린(Wafarin)이 개발되었고 현재 주로 쥐약으로 사용한다. 쥐가 와파린을 먹으면 혈액이 응고되지 않아 결국 죽게 된다. 쿠마린이라는 상표로 팔리는 와파린은 사람의 혈액 희석제로도 사용된다. S 거울상 이성질체는 R 이성질체보다 활성이 강하다. 상업 제품은 라세미 혼합물이다.

그림 14.22 목장

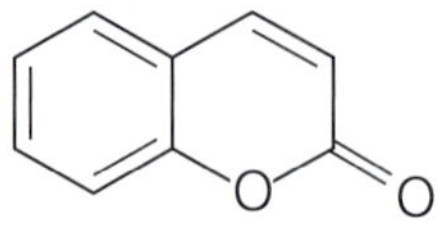

쿠마린

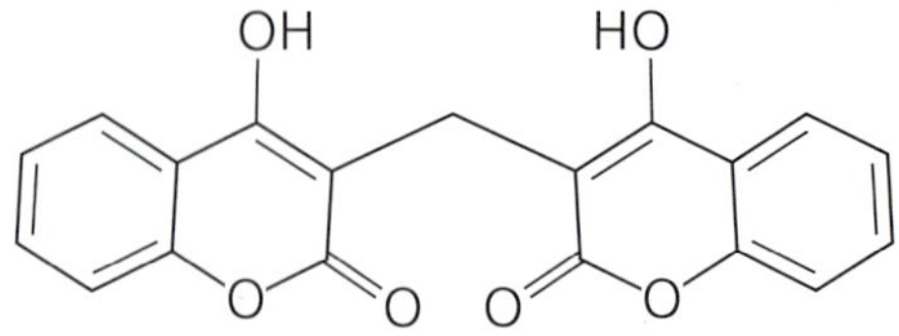

디쿠마롤

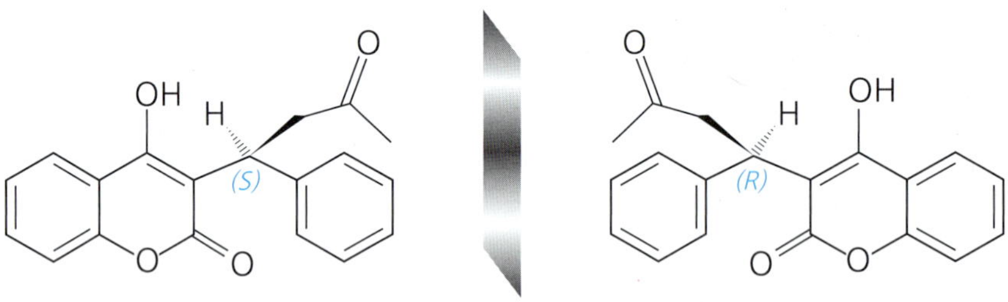

와파린

14.21.3 산염화물

(1) 제초제 농약 2,4-D/2,4,5-T

아릴 염화물은 생물학적으로 활성이다. 제초제는 재배 대상 식물을 제외한 다른 식물을 죽이는 화학물질을 의미한다. 경작지에서 흔히 잡초(풀)라고 부르는 초본식물의 잎을 말라 죽게하는 고엽제(농약)을 말한다. 흙 속에는 세균, 방사상균, 사상균(곰팡이) 등 미생물이 사는데 제초제를 계속 사용할 경우 세균과 방사상균에 비해 사상균의 비율이 높아져서 곰팡이형 토양이 된다. 또한 토양 미생물의 활동이 약해져서 유기물의 분해가 잘 안 되고, 산성이 되며, 땅 온도와 토양 수분이 변화해 토양을 나쁘게 한다. 제초제는 안 쓰거나 적게 쓰는 것이 좋지만 쓰는 경우 유기물과 석회를 주어 제초제의 피해를 줄여야 한다. 다음의 2,4-D와 2,4,5-T는 고엽제의 활성 성분이다.

그림 14.23 고엽제 살포

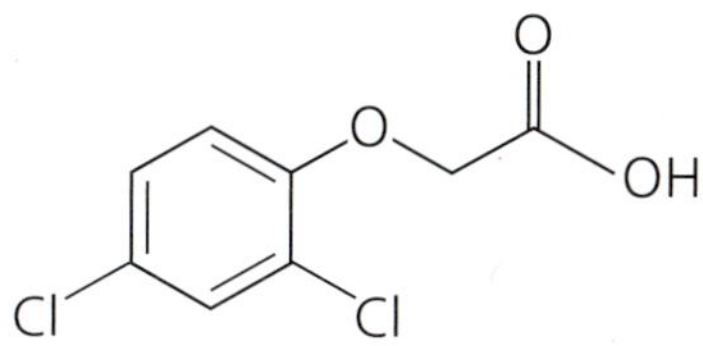

2,4-D

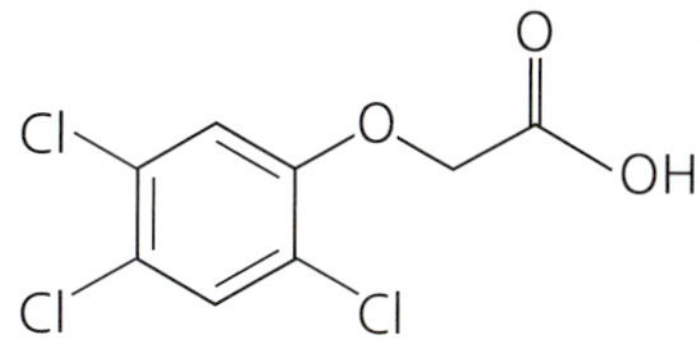

2,4,5-T

14.21.4 산아마이드

(1) 호밀 맥각균의 리세르그산다이에틸아마이드

리세르그산 다이에틸아마이드(LSD, Lysergic Acid Diethylamide)는 맥각 알칼로이드의 구성 성분인 리세르그산(Lysergic Acid)에서 합성되어 얻어진 환각 유발약이다. LSD는 1938년 스위스 산도스사의 약리연구소의 호프만(Hofmann) 박사가 맥각균(Claviceps Purpurea)에서 합성한 물질로서 자연적으로 형성되는 뇌신경전달물질인 세로토닌(Serotonin)과 화학구조가 유사하다. 이 물질을 처음에는 LSD-25라고 명명했는데, 이는 리세르그산 계열 중 25번째로 만들어진 화합물이기 때문이다. LSD 소량으로도 도취, 환각, 조현증(정신분열증) 증세를 나타낸다. 이 작용은 치료상으로 그다지 중요하지 않으나, 일시적인 정신장애를 일으키게 하는 연구 수단으로서 신경생리학적 또는 약리학적으로 중요시 된다. 참고로 맥각균은 잡초, 특히 호밀에 기생하여 생장하는 실 모양의 곰팡이로 이것이 호밀 이삭에 붙으면 길고 검은 쐐기가 생기면서 맥각병을 일으킨다.

그림 14.24 호밀 맥각병

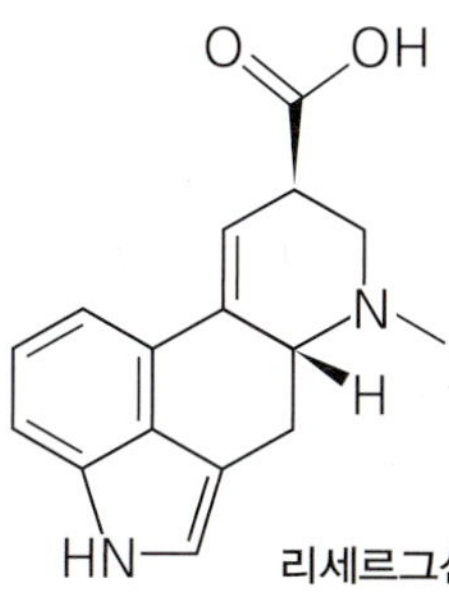

리세르그산

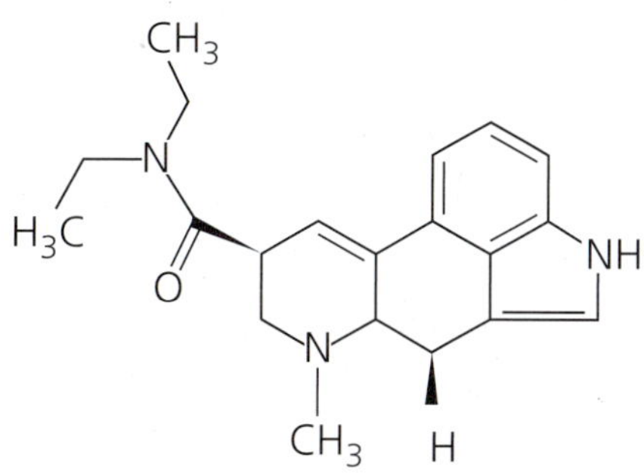

리세르그산 다이에틸아마이드

(2) 해충 퇴치제 DEET

산염화물은 다이에틸아민과 반응시키면 3차 아마이드의 일종인 DEET(N,N-Diethyl-meta-toluamide, Diethyltoluamide)를 생성한다. 이 DEET는 광범위하게 사용되는 살충제로 모기, 벼룩, 진드기 등의 구제에 효과가 있다. DEET를 함유하는 해충 퇴치제는 최근 들어 인기가 높아지고 있다. 이유는 웨스트나일 바이러스나 라임병과 같은 곤충이 매개하는 질병이 널리 퍼지고 있기 때문이다. DEET는 곤충을 죽일 수는 없으나 쫓아 버릴 수는 있다. 그 이유는 잘 알려져 있지 않으나 동물 주위의 따뜻하고 습한 공기를 인지하는 곤충의 인지 기능에 혼란을 초래하는 것으로 추정된다.

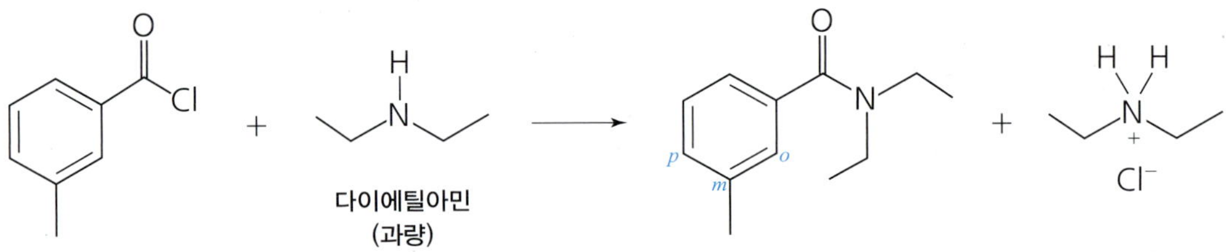

N,N-다이에틸-*m*-톨루아마이드
(DEET)

그림 14.25 해충 퇴치제

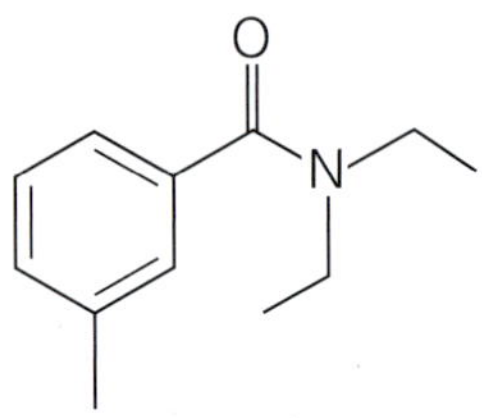

N,N-다이에틸-*m*-톨루아마이드
(DEET)

(3) 곰팡이의 페니실린 항생제

페니실린(Penicillin)은 1928년에 스코틀랜드의 세균학자 Alexander Fleming 경에 의해 발견되었다. Fleming이 페니실린을 발견한 곰팡이는 페니실륨 노타툼(Penicillum Notatum)으로 낮은 수득율의 페니실린을 만드는 변종이다. 항생 물질의 상업적인 생산은 P. Chrysogenum을 사용하는데 이것은 Illinois주 Peoria 시장의 자몽에서 성장하는 곰팡이에서 배양된 변형이다. 페니실린의 항균력은 박테리아 세포벽 주요 부분의 생합성을 저해시키는 일반적인 메커니즘에 기인한다. 모든 페니실린의 공통적인 구조적 특징은 S 원자 1개와 N원자 1개를 포함하는 5(6)원자 고리에 융합된 β-락탐 고리이다(락탐은 고리형 아마이드이다). 페니실린이 임상 치료에 도입된 이래 박테리아의 페니실린 저항성 변종이 나타나 확산되기 시작하였다. 저항성 변종과 싸우는 하나의 접근 방법으로는 새롭고 효과적인 페니실린을 합성하는 것이다. 개발된 것 가운데에는 아목시실린(Amoxicillin)이 있다. 또 다른 접근 방법으로는 더 새롭고 더 효과적인 β-락탐 항생 물질을 찾는 것이다. 지금까지 발견된 가장 효과적인 것으로는 균류 Cephalosporium Acremonium에서 처음 분리된 세팔로스포린(Cephalosporin)이다. 이러한 종류의 β-락탐 항생 물질은 더 광범위한 항균력을 가지며 많은 페니실린 저항성 박테리아 변종에 보다 더 효과적이다.

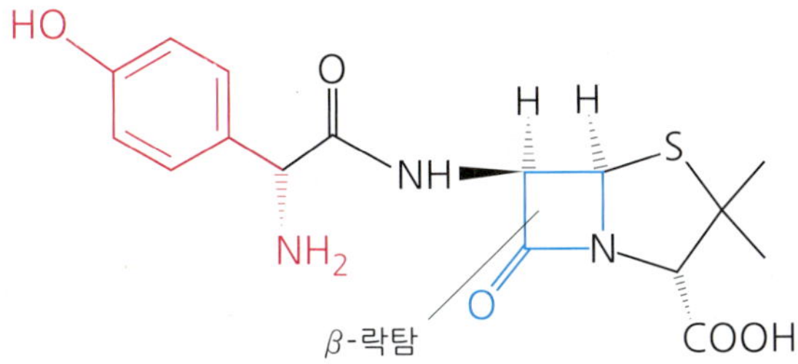

아목시실린 (페니실린, 항생제)

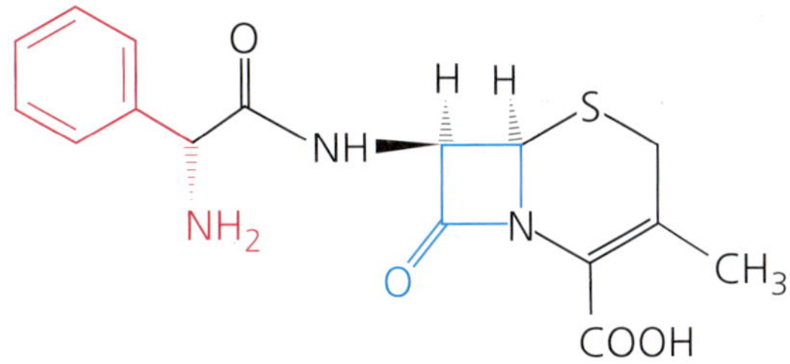

세팔로스포린 (페니실린, 항생제)

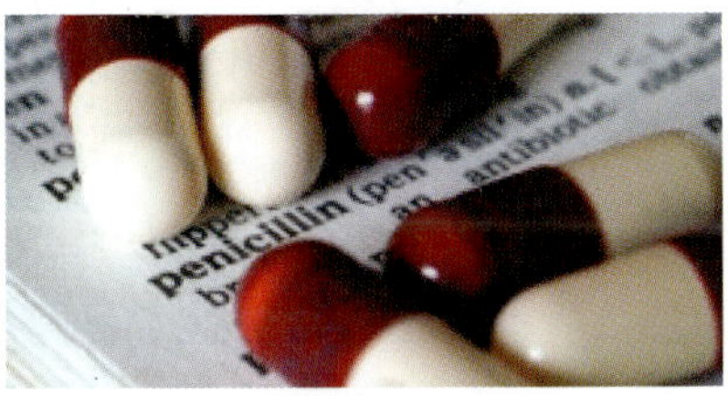

그림 14.26 페니실린

14.21.5 나이트릴

(1) 과일 씨앗의 아미그달린

사이아노기(–CN)와 하이드록시기(–OH)를 동시에 가지는 화합물을 사이아노하이드린(Cyanohydrin)이라 부른다. 이것은 일반적인 작용기가 아니지만 리나마린(Linamarin)과 아미그달린(Amygdalin)은 자연에 존재하는 2가지 사이아노하이드린 유도체이다. 이들 모두 유독성 화합물로 대사에 의하여 사이아노하이드린이 되고 가수분해하여 카보닐기와 유독성 시안화수소(HCN, Hydrogen Cyanide) 기체가 생긴다(참조: 카사바의 리나마린의 대사 과정 참조). 아미그달린은 씨앗과 과일인 살구, 복숭아, 야생 체리들의 씨에서 얻을 수 있다. 아미그달린은 상품명으로 레이어트릴(Laetrile)이라 부르기도하고 항암제의 목적으로 권유되었으며 그 효능이 입증된 것은 아니지만 이 목적으로 몇 나라에서는 아직 이용하고 있다. 특히 살구와 복숭아의 씨앗이 빠진 우묵한 곳은 사이아노하이드린 유도체인 아미그달린의 천연 원천이다.

그림 14.27 복숭아와 살구 씨앗

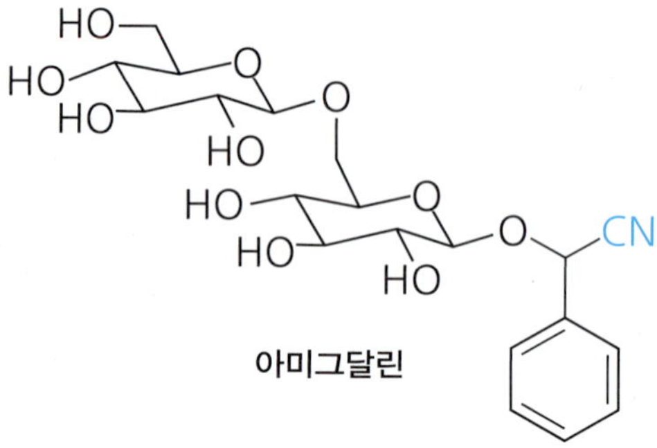

아미그달린

(2) 카사바 식물의 리나마린

리나마린(Linamarin)은 남아메리카와 아프리카의 습한 열대 지역의 뿌리 채소처럼 관목을 이룬 카사바(Cassava) 식물로부터 분리되었다. 카사바는 뿌리 채소 작물이며 16세기에 포르투갈 상인에 의하여 브라질에서 아프리카로 처음 소개되었다. 껍질을 벗긴 뿌리는 끓이거나 구워서 먹는다. 카사바 뿌리는 효소를 사용하여 주의 깊게 처리하면 리나마린이 다음과 같은 일련의 과정으로 대사된다. 따라서 뿌리를 섭취하기 전에 독성인 HCN이 방출되어 뿌리를 안전하게 먹을 수 있다.

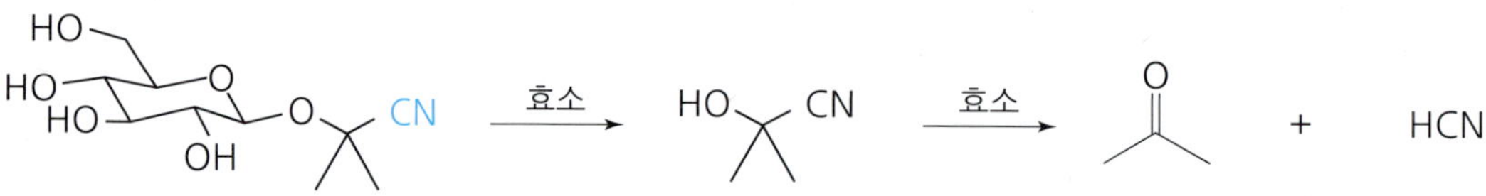

리나마린 (사이아노하이드린 유도체) 사이아노하이드린 아세톤 독성 부산물

그림 14.28 카사바

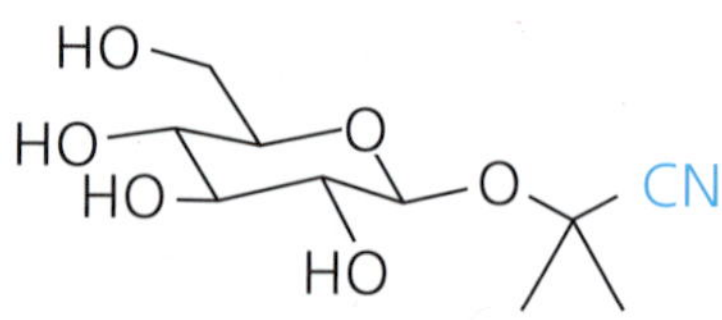

리나마린

15장

생체분자화학

15 장

생체분자화학

생화학(Biochemistry)은 최근에 들어서 가장 활발히 연구되고 있는 화학의 한 분야로서 생명체 내에서 일어나고 있는 여러 가지 화학적 반응을 다루는 분야이다. 즉 생명체의 구성, 구조, 물질의 반응을 연구하는 학문이다. 생명체 중 인간의 신체는 크게 혈액, 뼈, 여러 가지 장기로 구성되어 있지만, 모든 화학반응은 세포 내에서 일어난다.

세포(Cell)는 생명활동을 위한 기본체로서 성장능력, 물질 및 에너지 전이능력, 외부자극에 대한 반응력 그리고 재생산 능력을 가지고 있다. 세포의 구성 성분에는 다양한 분자들이 있는데 이들 성분을 크게 분류하면 분자량이 작은 유기화합물 또는 무기물 종류와 분자량이 큰 고분자 물질이다. 이들 고분자 물질을 생체고분자라고 하며 탄수화물, 단백질, 지방 및 핵산으로 대별되고 있다. 주로 이 분자들은 세포 자체내에서 생산되는데 동물 세포의 경우 보통 음식물로부터 필요한 유기물 및 무기물을 섭취하고 이들을 이용하여 필요한 생체고분자 물질을 만들게 된다.

대사(Metabolism)는 세포내에 흡수된 유기분자들을 더욱 큰 분자로 만들어 주는 합성 과정과 작은 분자로 분해시켜주는 분해 과정으로 이루어지며, 이 과정들은 효소에 의한 촉매작용으로 진행되는 것이다. 효소란 촉매작용을 하는 단백질로서 세포내에 존재하는 대부분의 단백질들이 효소라고 해도 과언이 아니다. 효소에 의한 일련의 촉매 반응 묶음을 신진대사 경로라고 한다.

인간의 생체분자는 여러 가지 화합물로 이루어져 있으나 그 구성을 원자의 측면으로 살펴보면 10여종에 불과하다. 그 중에서 대부분을 차지하는 산소, 수소, 탄소는 고유결합 상태로 인간의 신체를 구성하지만, 나트륨, 칼륨, 칼슘, 염소 등은 이온 상태로 존재한다. 생체분자 중 원자의 구성비가 반드시 높아야 중요한 역할을 하는 것은 아니다. 요오드는 갑상선의 기능을 위해 반드시 필요하고, 코발트는 비타민 B_{12}에 포함되어 있으며, 아연, 구리, 망간은 효소를 구성하는 중요한 미량 원소이다. 생체분자들은 저분자의 대표적인 것들로서는 물, 비타민 류, 기타 무기물질 또는 유기물질 등이 있고, 고분자 물질로는 앞에서 언급한 탄수화물, 단백질, 지방 그리고 핵산이다.

식품의 당과 녹말, 나무 및 종이의 셀룰로오스는 탄수화물로서 모든 동식물에 들어 있는 필수적인 화합물이다. 동식물의 생물 세포를 구성하고 있는 아미노산이 펩타이드 결합하여 생긴 고분자 물질은 단백질이다. 지질은 세포막의 구성 성분으로 생체에서 중요한 유기화합물이다.

핵산은 생물체의 유전정보를 저장하고 전달하는 기능을 가진 당－인산 골격의 화합물이다.

15.1 탄수화물 화학

탄수화물(Carbohydrate)은 녹색식물의 광합성에 의해 만들어지는 물질이다. 즉 대부분은 성장하는 녹색식물들에 의해 이산화탄소와 물로부터 태양 에너지를 이용하여 글루코오스(Glucose)로 변환시키는 광합성 과정을 통해서 만들어진다. 많은 글루코오스 분자들이 식물체에 저장되기 위하여 화학적으로 결합하여 녹말이나 셀룰로오스 형태로 변환된다.

$$6CO_2 + 6H_2O \xrightarrow{h\nu} \underset{\text{글루코오스}}{C_6H_{12}O_6} + 6O_2 \longrightarrow \text{녹말, 셀룰로오스}$$

탄수화물 중 당과 녹말 등은 생명체의 주요한 에너지원으로 사용되며 셀룰로오스는 초식동물의 먹이이자 목재, 종이, 솜을 만드는 원료로 이용된다. 또한 당의 일종인 리보스(Ribose)와 옥시리보스(Oxyribose)는 생명체의 유전 정보 전달과 단백질 합성에 관여하는 핵산의 구성 성분이기도 하다. 탄수화물은 주로 C, H, O로 구성되어 있는 물질이다. 탄수화물은 당류(Saccharide)라고 하는데 이는 단맛을 내는 설탕에서 유래되어 붙인 말이다. 분자 구조로 볼 때 탄수화물은 2개 이상의 하이드록시기(−OH)를 가지고 있는 알데하이드 또는 케톤 화합물이다.

탄수화물(당류)은 구성하고 있는 기본 당의 단위수에 따라 단당류(Monosaccharide), 이당류(Bisaccharide), 올리고당(Oligosaccharide), 다당류(Polysaccharide)로 분류한다.

15.1.1 단당류(Monosaccharide)

가수분해에 의해 더 이상 분해되지 않는 당을 말한다. 단당류 중 분자 내 작용기로 알데하이드기를 가지고 있는 것을 알도스(Aldose), 케톤기를 가지고 있는 것을 케토스(Ketose)라 한다. 가장 잘 알려진 Aldohexose는 포도당(Glucose)이며 Ketohexose는 과당(Fructose)이다.

표 15.1 단당류 예

알도스(Aldose)	케토스(Ketose)
알도헥소스(Aldohexose)	케토헥소스(Ketohexose)
포도당(Glucose)	과당(Fructose)
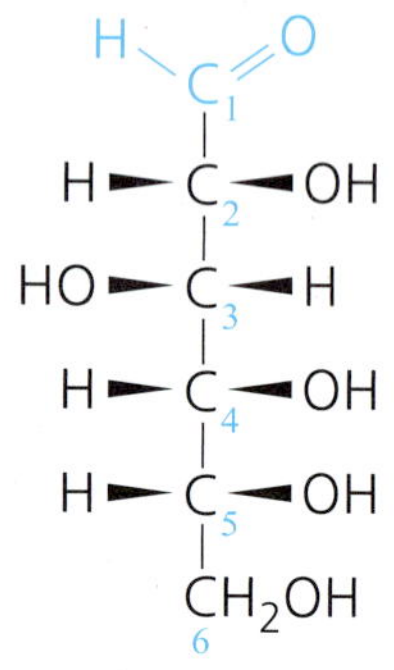	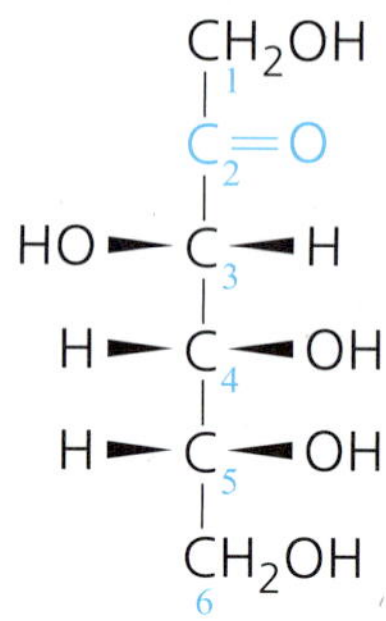

(1) 단당류의 구조

단당류는 탄소 원자의 수에 따라 3탄당(Triose,탄소 원자가 3개,C_3), 4탄당(Tetrose, C_4), 5탄당(Pentose,C_5), 6탄당(Hexose,C_6) 등으로 분류된다. 여기에 Aldose 또는 Ketose인지에 따라 Aldotriose 또는 Ketotriose 등으로 재 분류된다. 단당류 중 가장 간단한 구조를 가지고 있는 3탄당으로서 Aldose에 해당되는 단당류는 Glyceraldehyde이며, Ketose는 1,3-Dihydroxyacetone이다. 이들의 관계는 구조 이성질체이다.

표 15.2 단당류 구조 이성질체 예

알도스(Aldose)	케토스(Ketose)
Aldotriose	Ketotriose
D-Glyceraldehyde	1,3-Dihydroxyacetone
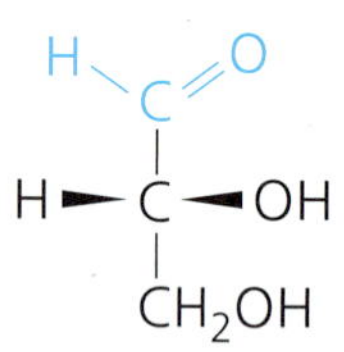	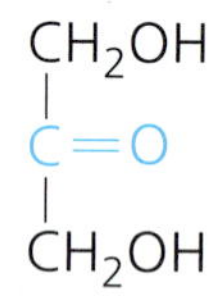

(2) 단당류의 입체화학

Ketotriose인 1,3-Dihydroxyacetone을 제외한 모든 단당류는 1개 이상의 입체 중심(비대칭 탄소)을 가지고 있다. 예를 들면 Aldotriose인 Glyceraldehyde는 1개, Aldohexose인 Glucose는 4개, Ketohexose인 Fructose는 3개의 입체 중심을 가지고 있다. 입체 중심의 수가 n개이면 입체이성질체(거울상이성질체)의 수는 2^n개이므로 이들은 각각 2개, 16개,

8개의 입체이성질체를 가지고 있다.

표 15.3 단당류 입체화학 예

단당류	D-Glyceraldehyde (Aldotriose)	D-Glucose (Aldohexose)	D-Fructose (Ketohexose)
구조식	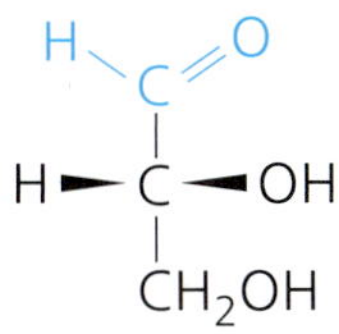	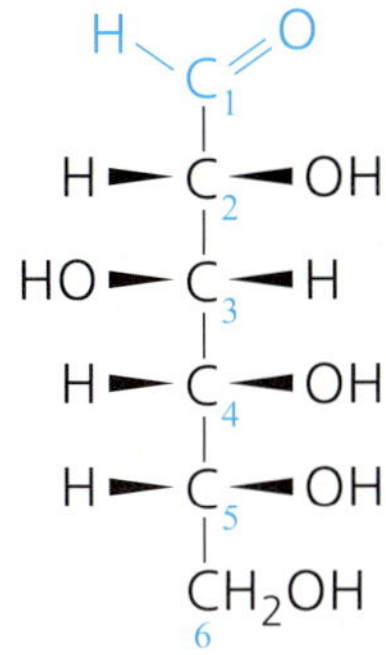	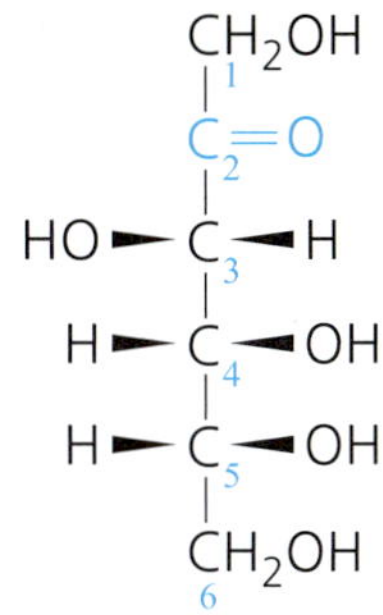
입체 중심수	1개	4개	3개
입체이성질체 수	2개	16개	8개

탄수화물의 입체 중심을 나타내는 방법으로 가장 많이 사용되는 것은 Fisher 투영법(DL 배열법)이다. Fischer 투영법을 나타내는 방법(규칙)으로 (a) 정사면체의 4개의 꼭지점이 동서남북 방향의 십자가로 표시되어 있고, 교차점에 탄소 원자를 배치한다. (b) 산화 상태가 높은 알데하이드 또는 케톤기가 북쪽(위쪽)에 배치한다. (c) 수평의 결합(동서 방향)들은 종이면 앞쪽으로 배향되게 한다. (d) 수직 결합(남북 방향)들은 종이면 뒤쪽으로 배향되게 한다. 예로서(R)-Glyceraldehyde를 Fischer 투영법으로 나타내면 다음과 같다.

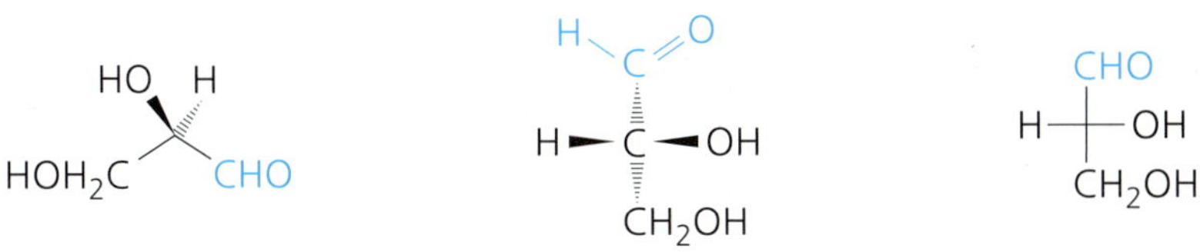

또한 D-Glucose의 Fischer투영법은 분자의 수직 방향의 탄소 골격은 원통의 표면에 감겨 있는 배향을 하고 있고 수평 결합은 앞 방향으로 튀어나온 모습이다.

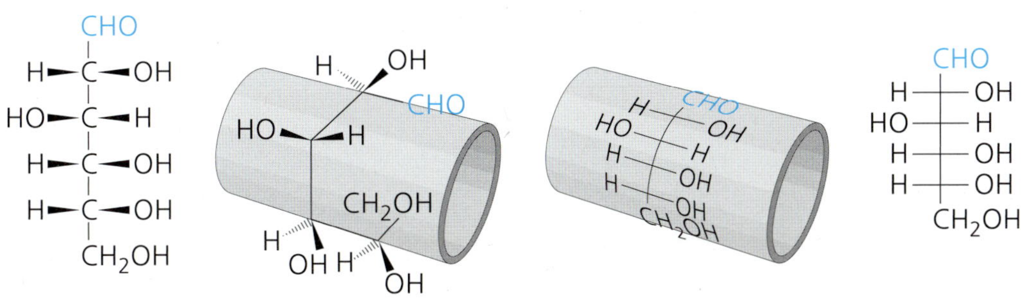

(3) D, L 배열 표기법

단당류 구조에 있는 비대칭 중심의 절대 배열을 나타내는 방법으로 R,S 배열법(CIP법)보다 D,L배열법(Fischer 투영법)을 더 많이 사용한다. 기준 물질은 D-Glyceraldehyde와 L-Glyceraldehdye이고 이 2 물질 사이의 관계는 거울상 이성질체이다.

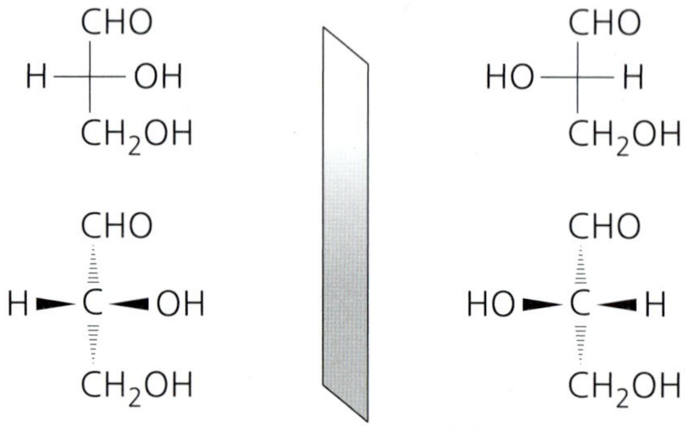

(*R*)-Glyceraldehyde (*D*-Glyceraldehyde) (*S*)-Glyceraldehyde (*L*-Glyceraldehyde)

D와 L은 Fischer 투영식으로 나타낸 구조 중 알데하이드 또는 케톤기로부터 가장 멀리 떨어진 입체중심의 -OH기가 오른쪽에 배열되어 있으면 D, 왼쪽에 배열되어 있으면 L로 표기한다. Glucose를 비롯하여 자연계에 존재하는 모든 당은 D계열이다.

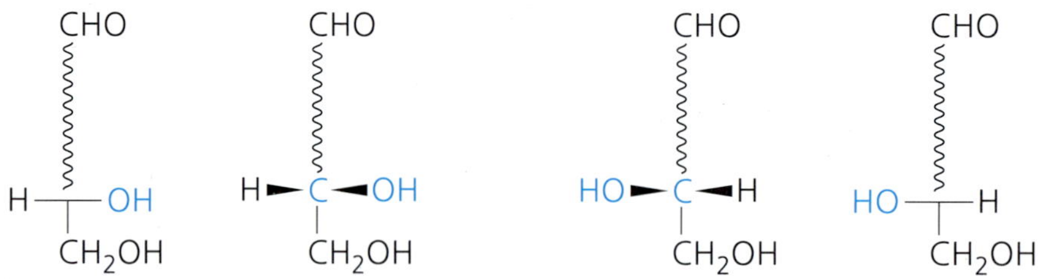

D-계열당 *L*-계열당

(4) D-Aldose 배열

Triose인 D-Glyceraldehyde의 C_1과 C_2 사이에 탄소 원자 하나를 첨가하고 좌우 양쪽에 H와 OH기를 교대로 배치하면 서로 입체이성질체 관계인 D-Erythrose와 D-Threose가 생성된다. 이를 반복적으로 시행하면 4종류의 Pentose와 8종류의 Hexose가 생성되는데 이들의 구조에는 D-Glyceraldehyde의 입체 중심의 절대 배열을 공통적으로 가지고 있다. 이를 D-Aldose 계열 단당류라 한다. 다음 페이지에 Fischer 투영법으로 나타낸 D-Aldose의 입체 배열을 보여준다.

2개 이상의 비대칭 중심을 가진 분자에서 어떤 위치의 비대칭 중심의 배열은 같으나 다른 위치는 다를 경우 이들의 관계를 에피머(Epimer)라 한다. 에피머는 부분입체이성질체 관계이다. 예를 들어 D-Glucose와 D-Mannose는 C_2 위치의 입체배열만 다르고 다른 3 개의 입체배열은 동일하다. 따라서 이들 관계는 C_2 에피머 관계이다.

표 15.4 에피머(부분입체 이성질체) 예

D-Glucose	D-Mannose
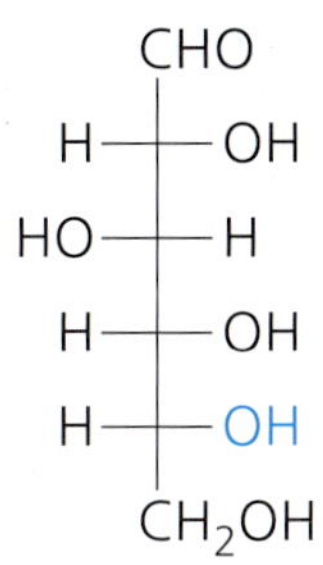	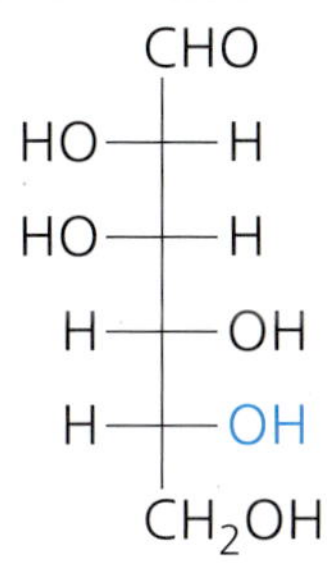

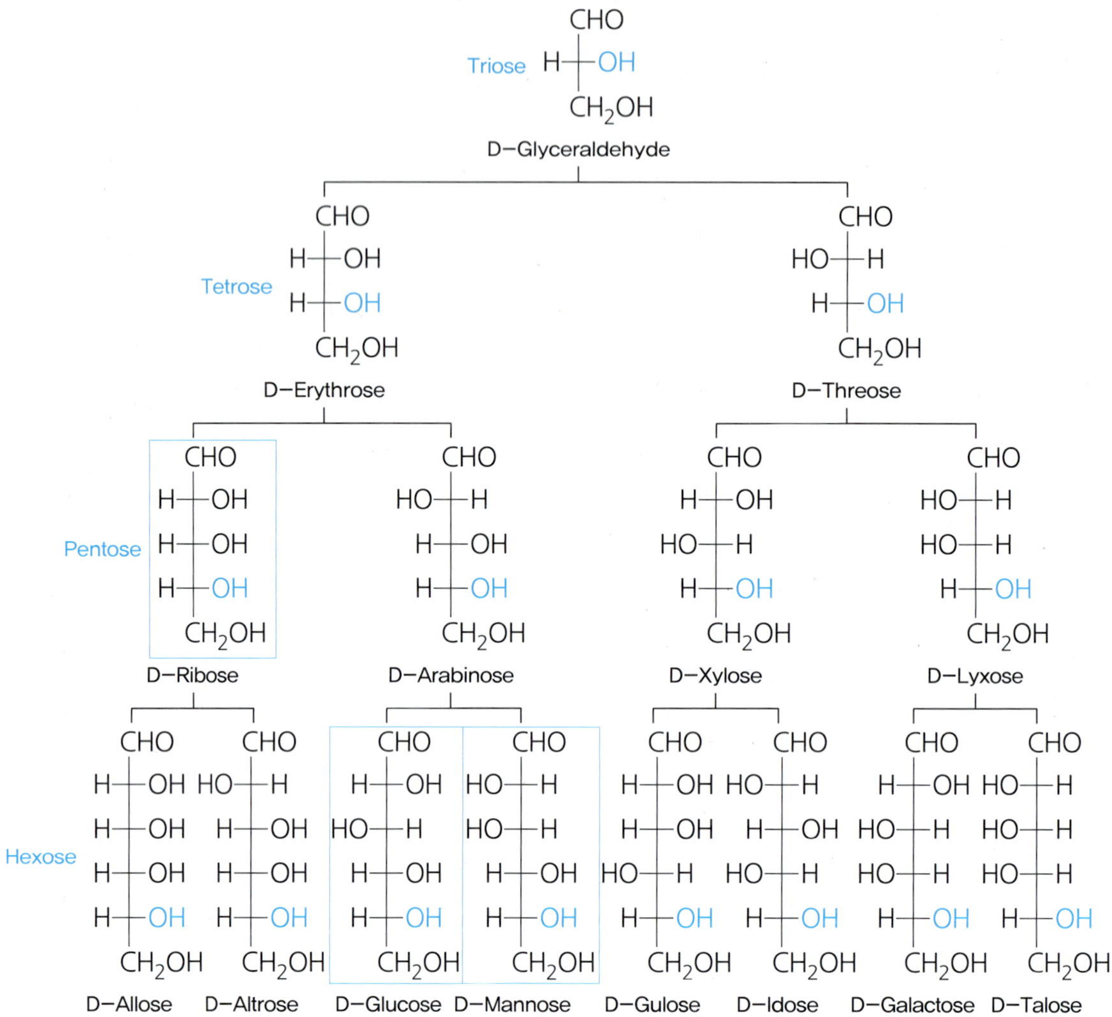

(5) 단당류의 고리구조(고리형 헤미아세탈)

분자 내에 OH기를 가지고 있는 알데하이드 또는 케톤의 경우 5원자 또는 6원자 고리형 헤미아세탈을 생성할 수 있다. 단당류는 분자 내에 OH기를 하나 이상 가진 알데하이드 또는 케톤 구조를 가지고 있으므로 분자 내 OH기 하나가 카보닐기와 친핵성 첨가 반응을 하여 5원자 또는 6원자 고리형 헤미아세탈을 형성하여 존재한다. 산소 원자 하나를 포함한 5원자 헤테로고리를 테트라하이드로퓨란(Tetrahydrofuran)이라 부르며, 6원자 헤테로고리를 테트라하이드로피란(Tetrahydropyran)이라 부른다. 이들 형태의 고리를 포함한 헤미아세탈 구조를 가진 당류를 각각 퓨라노스(Furanose)와 피라노스(Pyranose)라 한다.

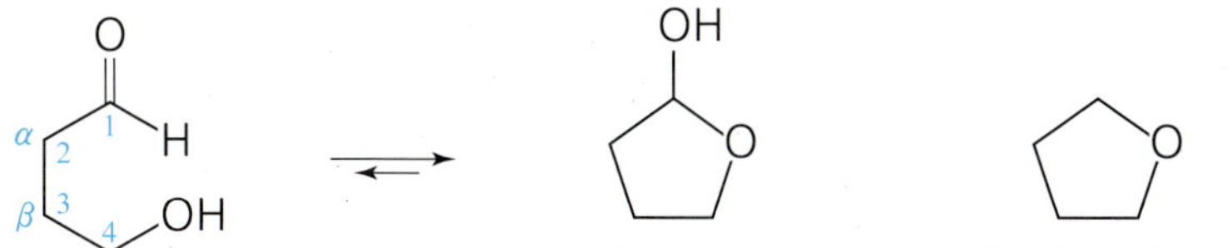

Furanose
5원자 고리

Tetrahydrofuran

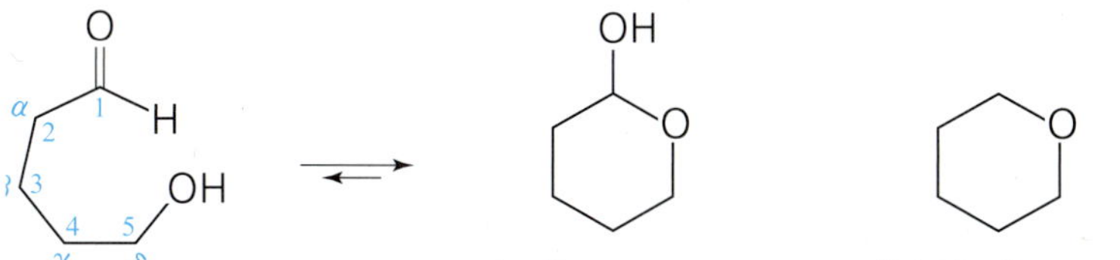

Pyranose
6원자 고리

Tetrahydropyran

(6) 퓨라노스와 피라노스의 구조

이들의 구조에는 Haworth 투영식 의자 형태가 있다.

1) Haworth 투영식 표기법

(a) 퓨라노스와 피라노스를 각각 평면 5각형 또는 6각형으로 그린다.

(b) 고리 산소 원자를 상단에 나타내되 6각형의 경우 오른쪽 상단에 오도록 한다.

(c) Hexose 아래쪽의 CH_2OH기는 고리의 상단에 오도록 배치한다.

(d) Fisher 투영법으로 나타낸 구조에서 오른쪽에 있는 OH기는 고리의 하단 α 위치에 위치하게 하고, 왼쪽 β 위치에 있는 OH기는 고리 상단에 나타나게 그린다.

D-Ribose

β-D-Ribofuranose

α-D-Ribofuranose

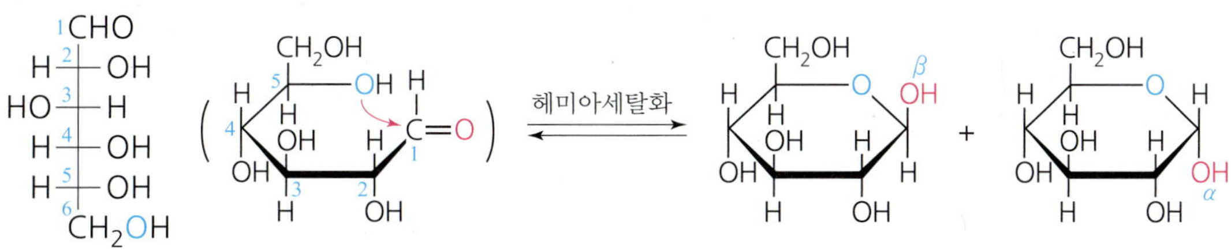

D-Glucose

β-D-Glucopyranose

α-D-Glucopyranose

2) 의자 형태 구조

Glucose 같은 Hexose의 경우 의자 형태 구조로 나타낼 수 있다. 이 경우 보통 의자의 등받이 형태가 왼쪽에, 발받이 형태가 오른쪽에 위치하고, 고리 산소 원자가 오른쪽 상단에 오도록 그린다. 의자 형태로 보면 β-D-Glucopyranose 형태는 C_1 위치의 OH기가 수평 방향에 있으므로 α-D-Glucopyranose 보다 안정할 것이다. Pyranose의 의자 형태 구조는 아래와 같이 나타내도록 약속한다.

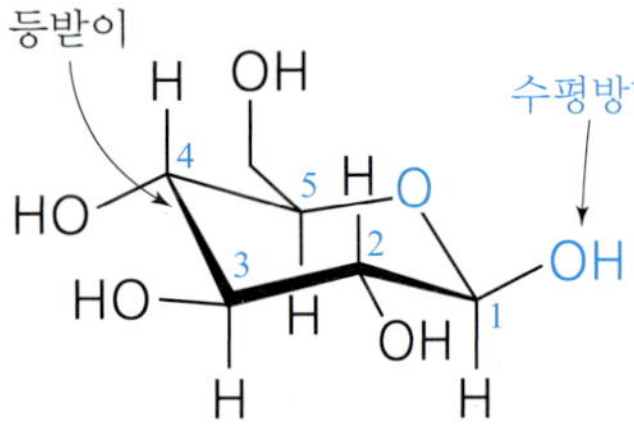

β-D-Glucopyranose
더 안정

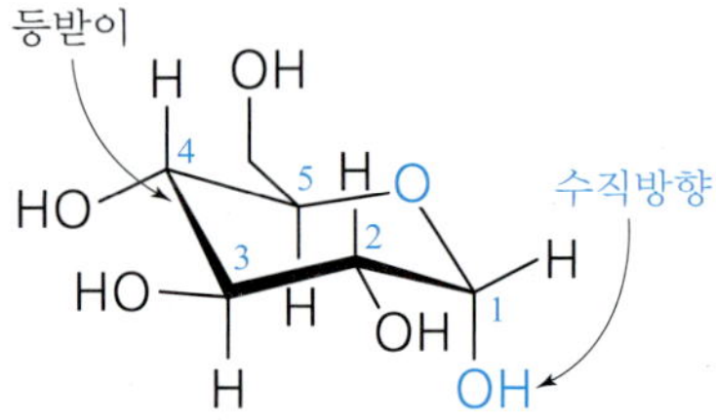

α-D-Glucopyranose
덜 안정

(7) 아노머와 변광회전

다음은 아노머와 변광회전에 관한 내용이다.

1) 아노머(Anomer)

비고리형 단당류가 고리형 헤미아세탈 구조를 형성할 때 카보닐 탄소의 위치에서 OH기가 α-와 β-위치에 배향되는 새로운 비대칭 중심이 생성되는데 이들 입체이성질체를 아노머라 하고 새로 생성된 비대칭 중심 탄소를 아노머성 탄소라 한다. 다음은 α-D-Glucopyranose와 β-D-Glucopyranose의 아노머 생성 메커니즘을 나타낸다.

비고리형 D-Glucose

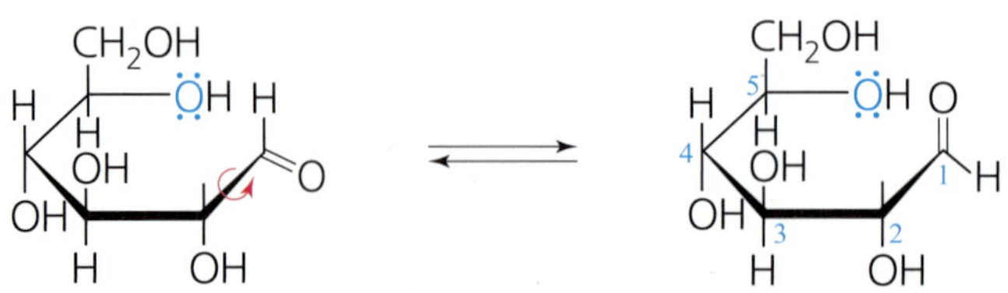

고리형 D-Glucose

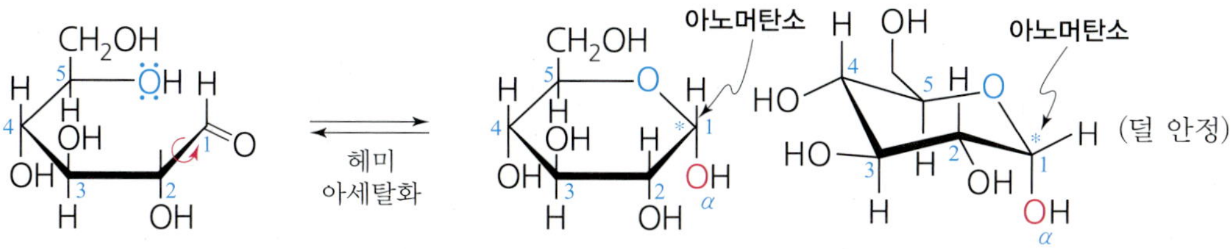

α−D−Glucopyranose
아노머

+

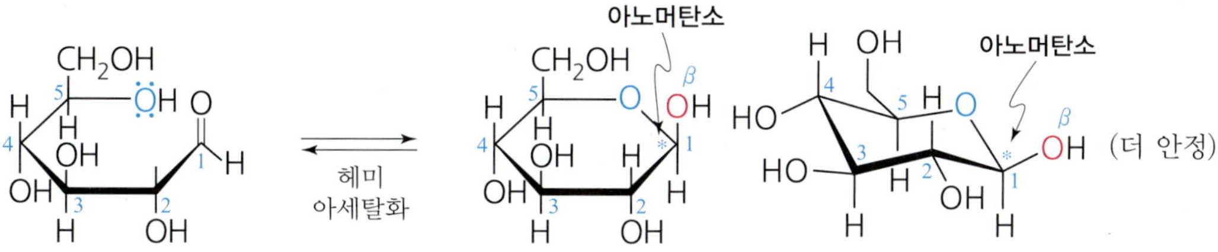

β−D−Glucopyranose
아노머

2) 변광회전(Mutarotation)

순수한 α−D−Glucose의 고유광회전도값 $[\alpha]_D = +112.2°$ 인데 이것을 물 속에 넣고 방치한 후 다시 $[\alpha]_D$를 측정하면 그 값이 $+52.7°$ 가 될 때까지 변한다. 이러한 현상을 변광회전이라 한다. 이는 α−D−Glucose가 물속에서 헤미아세탈의 고리가 가수분해에 의해 풀어져 더 안정한 β−D−Glucose($[\alpha]_D = +18.7°$)의 헤미아세탈 고리를 다시 형성하는 반응이 평형에 이를 때까지 일어나기 때문이다.

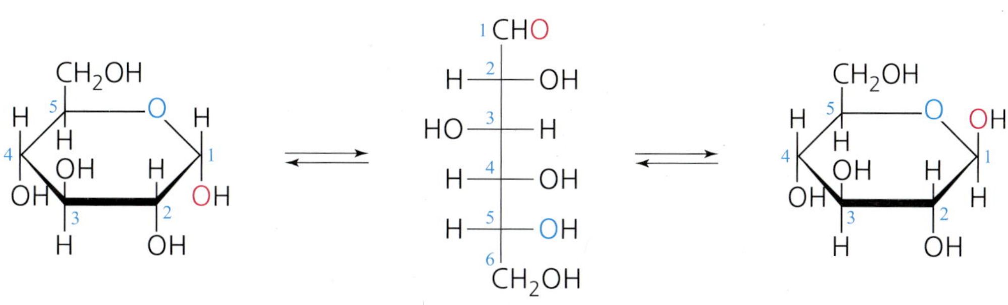

α−D−Glucopyranose 37 %

비고리형 D−Glucose 평형시 $[\alpha]_D = +52.7°$

β−D−Glucopyranose 63 %

15.1.2 단당류의 반응

Aldose의 반응인 경우 작용기인 CHO기와 OH기 및 α 탄소에서 반응이 일어난다.

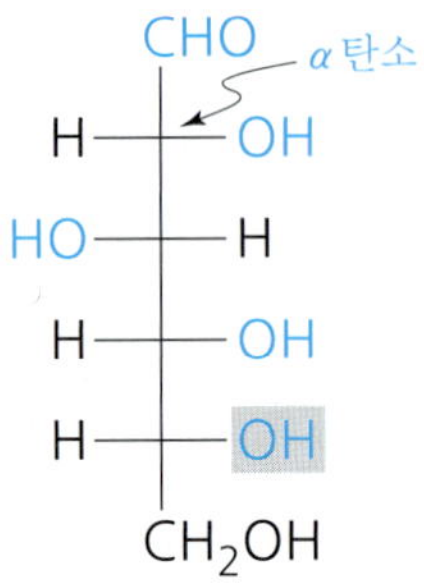

D-Glucose

(1) 단당류의 이성질화 반응

알도스와 케토스는 염기성 용액에서 이성질화 반응에 의하여 다른 종류의 당류가 생성된다. 예를 들어 글루코스(Glucose)를 염기성 용액에 놓아 두면 그 일부가 Mannose와 Fructose로 전환되고 이들 혼합물과 평형을 이루게 된다. 이는 Glucose에 있는 알데하이드의 α 수소가 염기에 의해 탈양성자화 되어 엔올 음이온이 형성되어 이성질화 반응에 참여하기 때문이다. 단당류의 염기 촉매 이성질화 반응 메커니즘은 다음과 같다.

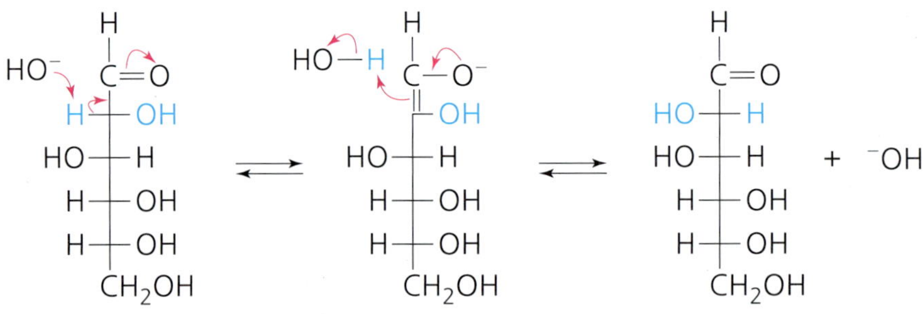

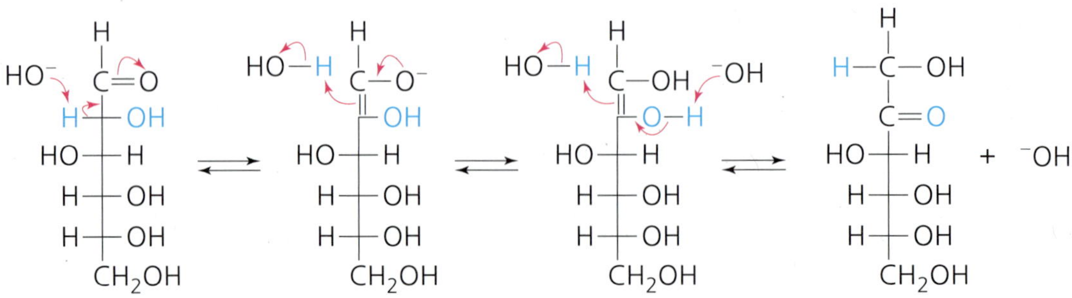

(2) 단당류의 아세탈화 반응

D-Glucose는 헤미아세탈 결합에 의하여 α-와 β-D-Glucopyranose 같은 고리형 구조를 형성한다. 이것을 HCl존재하에 알코올과 반응시키면 알코올 1분자가 더 첨가되어 글리코사이드(Glycoside)라 부르는 아세탈 형태로 전환된다. 이 반응에서는 α-와 β-D-Glucopyranoside가 모두 생성될 수 있다. 단당류끼리 결합하여 이당류 또는 다당류가 형성되는 원리도 이와 같은 글리코사이드 결합을 통하여 이루어진다. 반응 메커니즘은 아세탈 형성 반응과 유사하다.

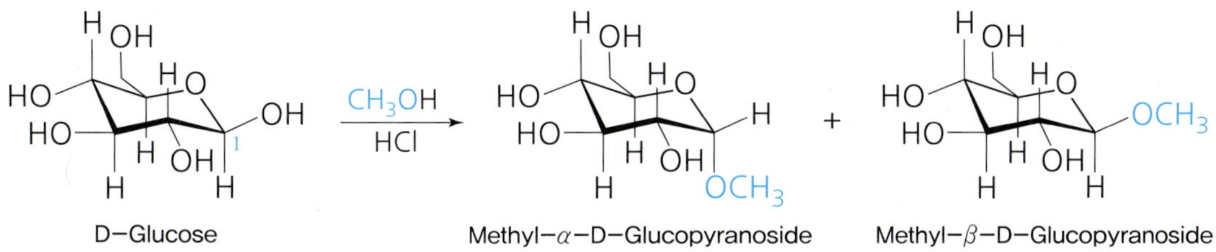

(3) 단당류의 산화-환원 반응

1) Aldose에서 알데하이드가 산화되어 카복실산으로 전환된 물질을 알돌산(Aldonic Acid)이라 한다. 브롬 수용액과의 반응에서는 알도스만 산화되고 케토스는 반응하지 않아 알도스와 케토스를 구별하는데 이용된다. 그리고 Tollens시약(Ag^+이온의 암모니아 수용액), Fehling시약(Cu^{2+}의 타타르산 소듐 수용액), Benedict 시약(Cu^{2+}의 시트르산 소듐 수용액)과 같은 약한 산화제와도 반응하여 알돌산을 생성한다. 그러나 Tollens 같은 염기성 시약은 Ketose도 알돌산으로 전환시킬 수 있다. 그 이유는 염기성 용액에서 케토스는 엔올 중간체를 거쳐 알도스와 평형 상태를 이룰 수 있기 때문이다.

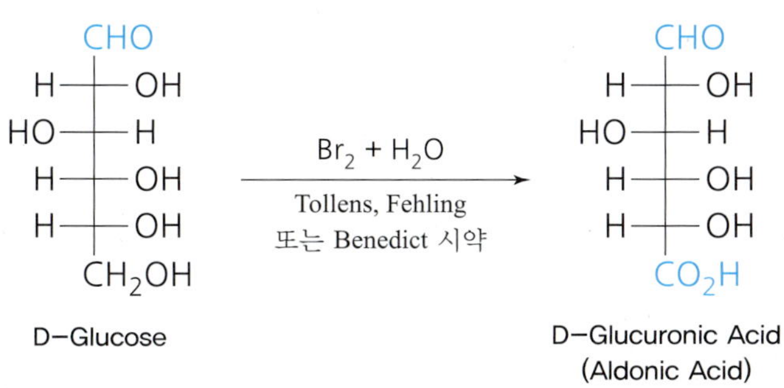

2) 알도스를 질산과 같은 더 강한 산화제로 산화시키면 알데하이드와 말단에 있는1차 알코올이 모두 산화되어 다이카복실산으로 전환된 물질을 알다르산(Aldaric Acid)이라 한다.

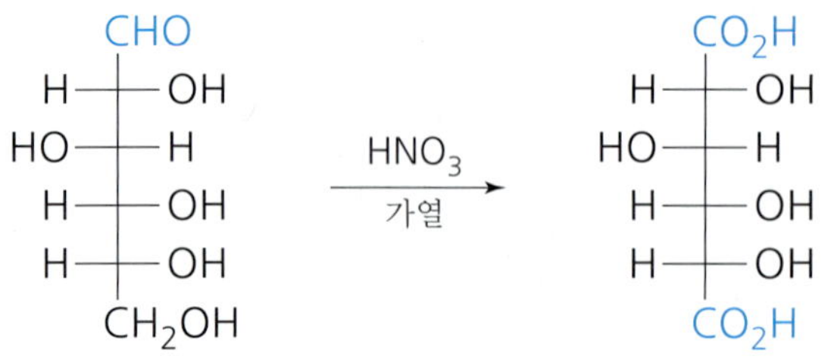

D-Glucose D-Glucaric Acid (Aldaric Acid)

3) 알도스에서 알데하이드는 그대로 있고 맨 끝 탄소의 1차 알코올만 산화되어 카복실산으로 전환된 물질을 우론산(Uronic Acid)이라 한다. 우론산은 대사 과정에서 생합성되는 물질이다. 비타민 C도 글루크론산(Glucuronic Acid)으로부터 생합성되는 물질 중 하나다.

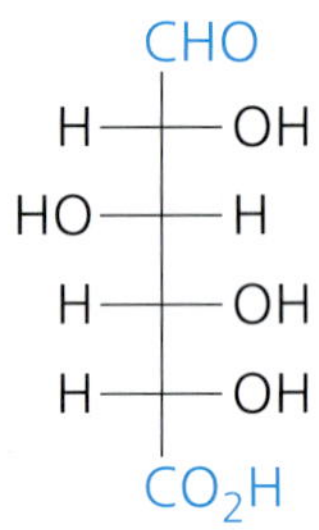

D-Glucuronic Acid

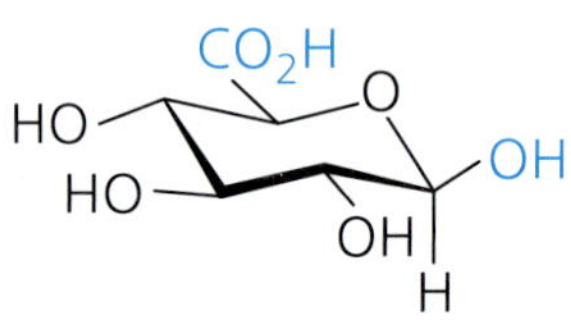

β-D-Glucuronic Acid의 pyranose 구조

4) 알도스를 $NaBH_4$환원제에 의하여 알데하이드가 환원되어 1차 알코올로 전환된 물질을 알디톨(Alditol)이라 한다. 예를 들어 D-Glucose를 $NaBH_4$로 환원하면 D-Glucitol (Sorbitol)이 된다.

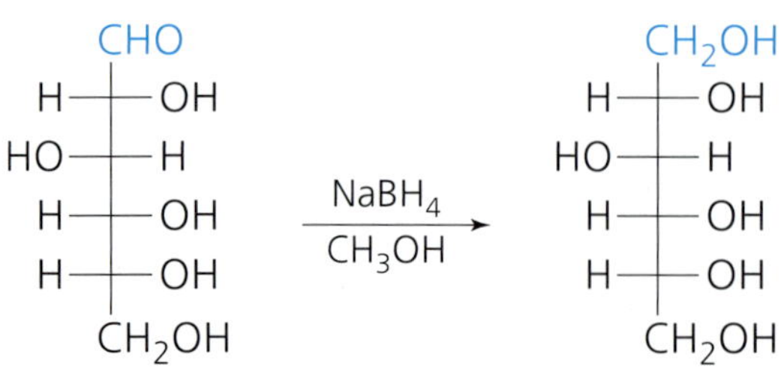

D-Glucose D-Glucitol (Sorbitol)

(4) 단당류의 오사존(Osazone) 형성 반응

알데하이드 또는 케톤을 $C_6H_5NHNH_2$(Phenylhydrazine)와 반응하여 Phenylhydrazone을 형성한다. 이처럼 알도스 또는 케토스를 시약 $C_6H_5NHNH_2$와 반응시키면 C_1 및 C_2 위치에 2개의 Phenylhydrazone 구조를 가진 결정성 물질인 오사존(Osazone)이 생성된다. 이 반응을 이용해 단당류를 분리, 확인, 정제할 수 있다. 이 반응은 C_2 위치의 산화 반응을 동반하기 때문에 C_2 에피머(Epimer) 관계를 가진 단당류는 모두 같은 종류의 오사존이 만들어진다. 예를 들어 C_2 에피머 관계인 Glucose와 Mannose는 동일한 오사존을 생성한다. 또한 케토스인 Fractose의 경우도 C_1 위치의 알코올이 산화되어 오사존을 형성하기 때문에 Glucose와 동일한 오사존이 생성된다. 즉 Glucose, Fructose, Mannose는 동일한 오사존을 생성한다.

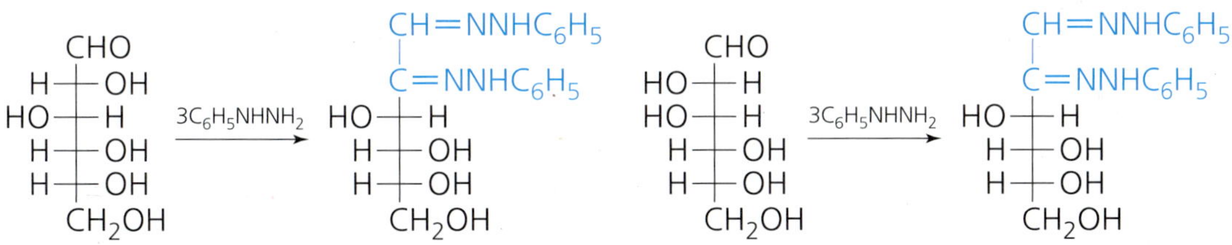

D−Glucose　D−Glucose Osazone　D−Mannose　D−Glucose Osazone

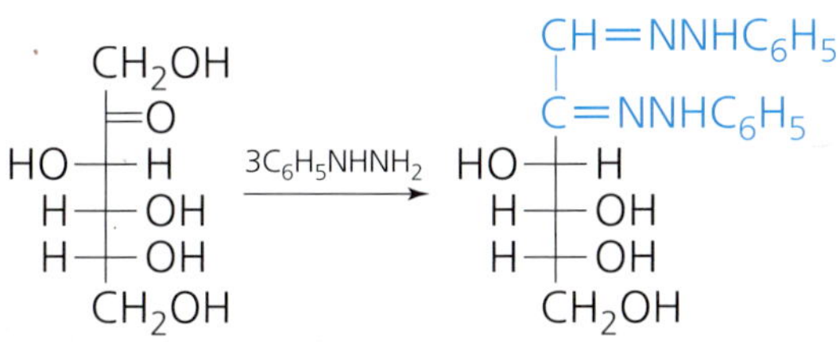

D−Fructose　D−Glucose Osazone

(5) 단당류의 사슬 늘림 반응(Kiliani-Fischer 합성법)

알도스에 HCN을 반응시켜 얻은 사이아노하이드린(Cyanohydrin)을 부분 환원하여 얻은 이민을 가수분해 시키면 탄소 원자가 1개 늘어난 알도스가 생성되는 반응을 지칭한다. 예를 들어 Tetrose인 D−Erythrose로부터 Pentose인 D−Ribose와 D−Arabinose(이 2당은 C_2 에피머 관계임)를 합성할 수 있다. 즉 Kiliani−Fischer 합성법은 단당류의 탄소 사슬 하나를 더 늘리는 반응이다.

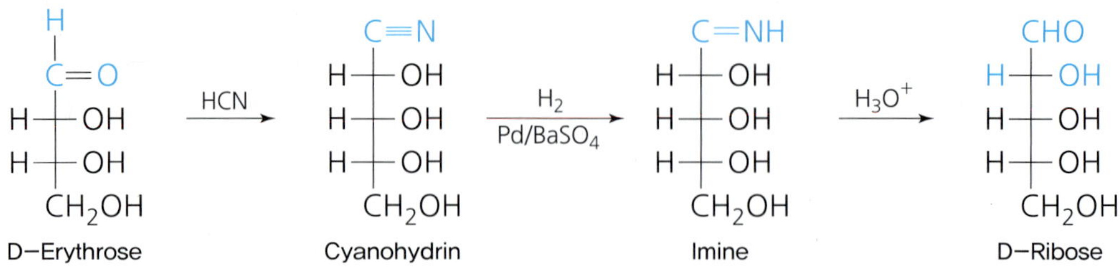

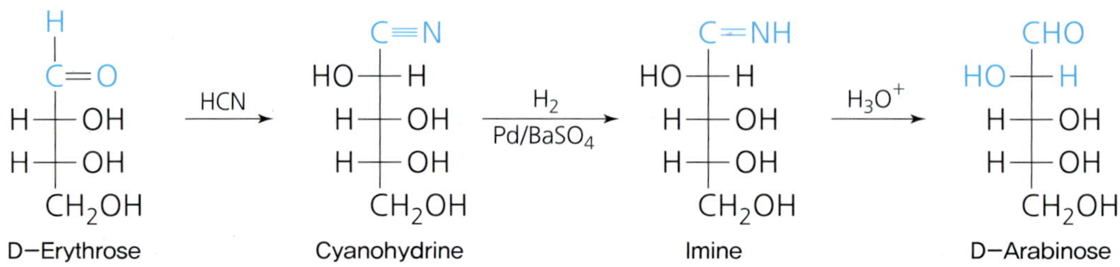

(6) 단당류의 사슬 줄임 반응(Wohl 분해 반응)

알도스에 NH_2OH(Hydroxylamine)을 반응시켜 얻은 옥심(Oxime)을 무수아세트산으로 탈수시켜 나이트릴기로 전환시키고 부분 가수분해하면 사이아노하이드린(Cyanohydrin)이 생성된다. 이 사이아노하이드린은 염기성 용액에서 사이아노하이드린 생성 역반응이 일어나 결과적으로 탄소 사슬이 1개 줄어든 알도스가 생성된다. 즉 Wohl 분해 반응은 단당류의 탄소 사슬 하나를 더 줄이는 반응이다.

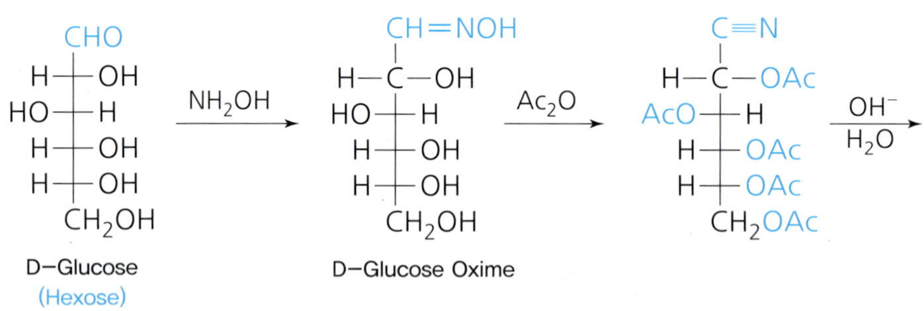

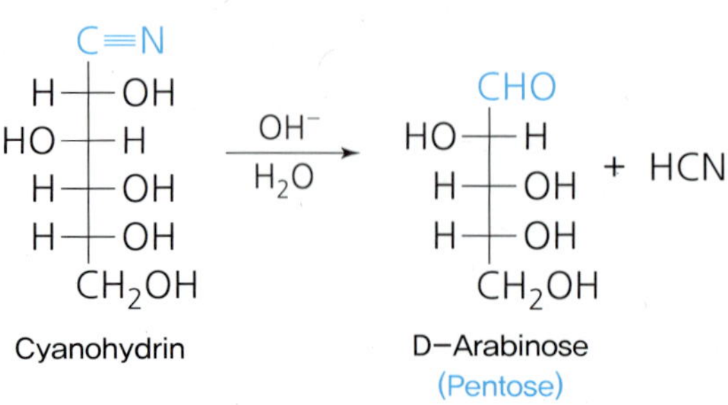

(7) 단당류의 에테르 및 에스테르화 반응

당류의 구조 중 OH기의 산소 원자가 친핵체로서 할로젠화 알킬과 반응하여 에터가 생성되고 산염화물 또는 산무수물과 반응하여 에스터가 형성된다. 이 반응은 단당류뿐 아니라 이당류와 다당류를 포함한 모든 당에서 일어난다.

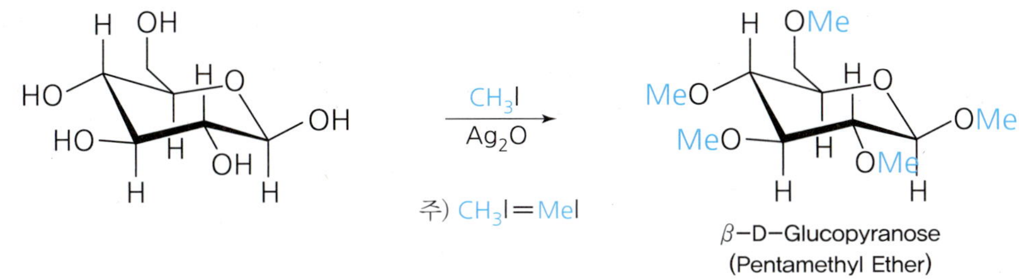

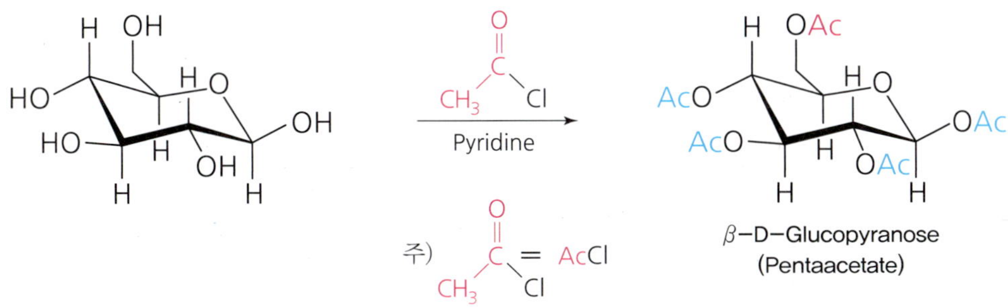

15.1.3 2당류(Disaccharides)

2당류는 동일한 또는 다른 단당류 2개가 글리코사이드 결합(아세탈 형성)을 통하여 만들어진 당을 말한다. 이때 단당류 2개 중 1개는 알코올로서 작용한다. 글리코사이드 결합은 당과 당 사이의 아세탈 결합을 지칭한다. 당1과 당2는 같거나 다르며 당2는 알코올로 참여한다. 화합물명을 부여할 경우 당2가 모체가 되며 당1은 치환기로 취급한다. 2당류에는 맥아당, 젖당, 설탕이 있다.

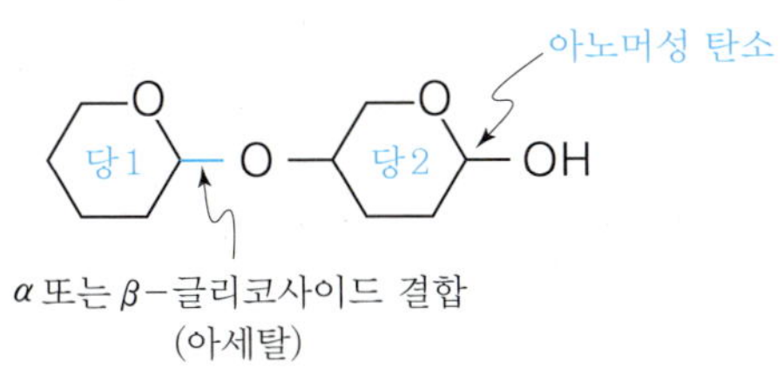

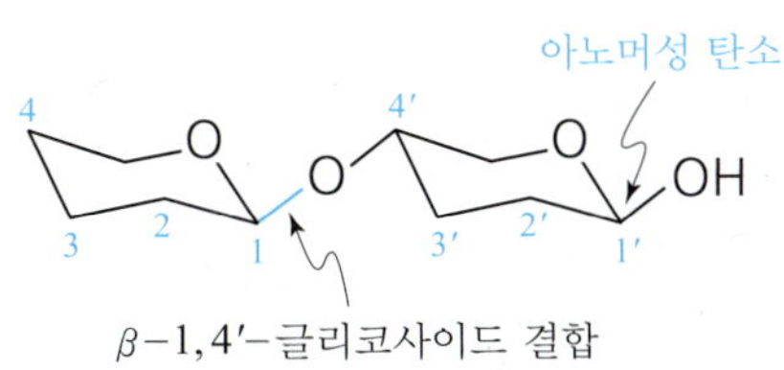

(1) 맥아당(Maltose)

보리와 같이 싹이 트는 곡물에서 발견되는 당으로 글루코스 2분자가 결합한 2당류이며 그 구조는 α 또는 β−D−Glucose의 4′−OH기가 α−D−Glucose의 헤미아세탈 작용기와 α −1,4′−글리코사이드 결합한 구조이다. 이 당은 헤미아세탈 구조를 가지고 있으므로 환원당에 속하고 또한 아노머성 탄소를 가지고 있기 때문에 변광회전을 일으킨다. 이 물질의 α−1,4′−글리코사이드 결합은 소화 효소인 아밀라아제(Amylase)에 의해 가수분해(소화)되고 포도당이 되어 몸속으로 흡수된다. 알코올로서 참여한 글루코스의 아노머성 탄소의 구조에 따라 α 또는 β−Maltose의 2이성질체가 존재한다. 주로 β−Maltose로 존재한다.

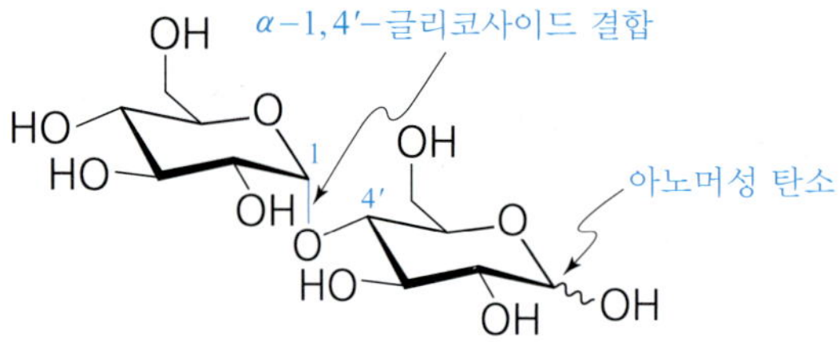

Maltose

4′−O−α−D−Glucopyranosyl−α−D−Glucopyranose (α−Maltose)
4′−O−α−D−Glucopyranosyl−β−D−Glucopyranose (β−Maltose)

(2) 젖당(Lactose)

동물의 젖에서 발견되는 당으로 Galactose 1분자와 Glucose 1분자가 결합된 2당류이다. β−D−Glucose의 4′−OH기가 β−D−Galactose의 아노머 탄소 원자와 β−1,4′−글리코사이드 결합한 구조이다. 이 당류 역시 변광회전을 일으키고 환원당에 속한다. 젖당은 몸 안에서 젖당 분해 효소인 Lactase에 의해 β −1,4′−글리코사이드 결합이 가수분해되어 갈락토스와 포도당으로 흡수된다. 이 효소가 부족하면 젖당 과민증이 나타난 복통 및 설사가 일어난다. 이 효소는 젖먹이 유아기에는 활발하게 작용하나 성인이 되면 효소 생산이 점차 감소된다.

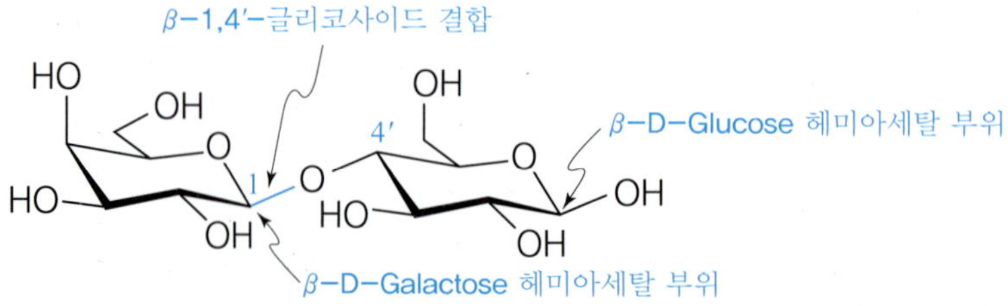

β−Lactose (4′−O−β−D−Galactopyranosyl−β−D−glucopyranose)

(3) 설탕(Sucrose)

사탕수수에서 얻을 수 있는 설탕은 자연계에서 발견되는 가장 흔한 2당류이다. 이 물질은 α-D-Glucopyranose의 C_1 위치에 있는 헤미아세탈의 OH기와 β-D-Fractofuranose의 C_2 위치의 헤미아세탈이 반응하여 각각 아세탈과 케탈이 형성된 구조를 가지고 있다. 다시 말하면 Glucose와 Fractose에 있는 2개의 아노머성 탄소가 글리코사이드 결합으로 연결되어 있는 구조로서 설탕은 아세탈 결합 1개와 케탈 겹합 1개를 동시에 가지고 있기 때문에 비환원성에 속하고 물속에서 가수분해되지 않으므로 변광회전이 일어나지 않는다.

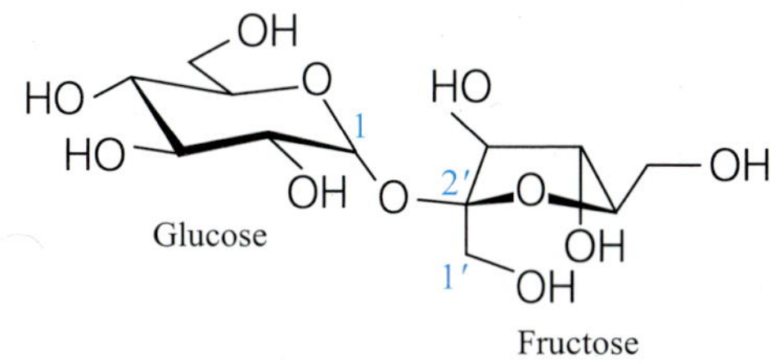

2′-O-α-D-Glucopyranosyl-β-D-fructofuranose
(Sugar, Sucrose, Saccharose)

15.1.4 다당류(Polysaccharides): 녹말, 글리코젠, 셀룰로스

수십 개 이상의 단당류가 글리코사이드 결합으로 연결된 당을 말한다. 자연계에 존재하는 대표적인 당류로는 녹말(Starch)과 셀룰로스(Cellulose) 등이 있다. 녹말은 α-글리코사이드 결합으로 이루어진 글루코스 중합체이다. 녹말은 구성 성분의 약 20%가 곧은 사슬 모양의 1,4′-α 글리코사이드 결합(말토스 단위가 반복)으로만 이루어진 아밀로스(Amylose)로서 구성되어 있고 나머지 80%는 1,6′-α 글리코사이드 결합을 가진 가지가 달린 사슬 모양의 아밀로펙틴(Amylopectin)으로 구성되어 있다.

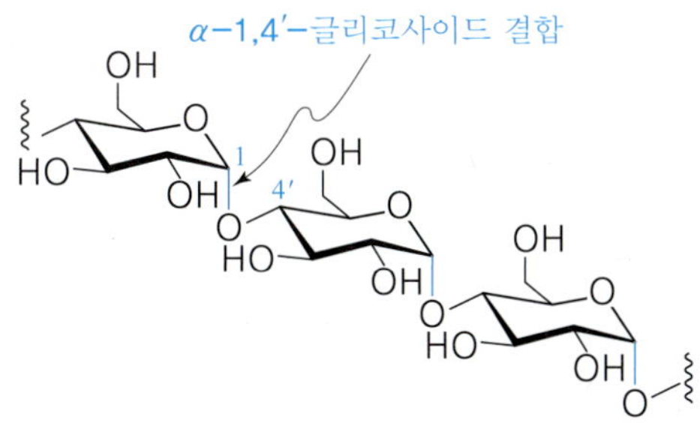

Amylose 구조

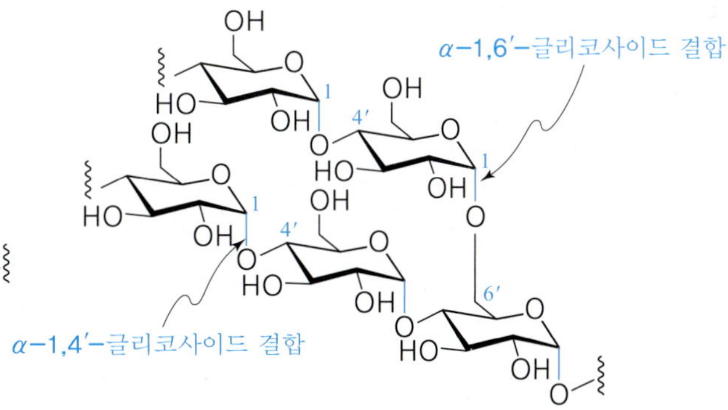

Amylopectin 구조

식물은 잉여 포도당을 주로 뿌리나 줄기에 녹말의 형태로 저장하지만 동물은 간과 근육에 글리코젠(Glycogen)의 형태로 저장한다. 글리코젠은 아밀로펙틴보다 곁가지가 더 있는 형태를 가진 다당류이다.

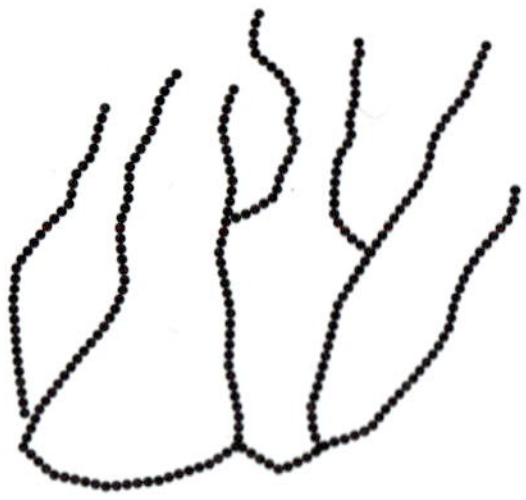

아밀로펙틴

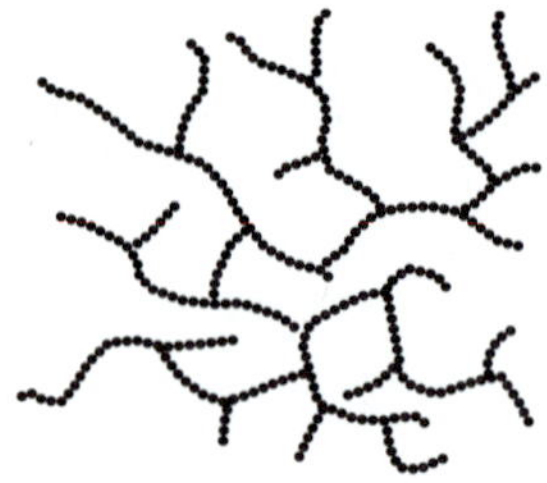

글리코젠

셀룰로스는 거의 모든 식물의 세포벽에서 발견되는 물질로서 나무나 줄기의 골격을 구성하는 성분이다. 또한 솜도 셀룰로스로 이루어져 있다. 이 물질은 β−D−Glucose가 연속된 β−1,4′글리코사이드 결합으로 형성되어 있으며 β−Glucosidase에 의하여 글루코스로 가수분해된다. 소나 양과 같이 되새김질을 하는 동물은 소화계에 사람이 가지고 있지 않은 β−Glucosidase를 가지고 있어 영양분(포도당)을 풀이나 나무로부터 얻을 수 있다.

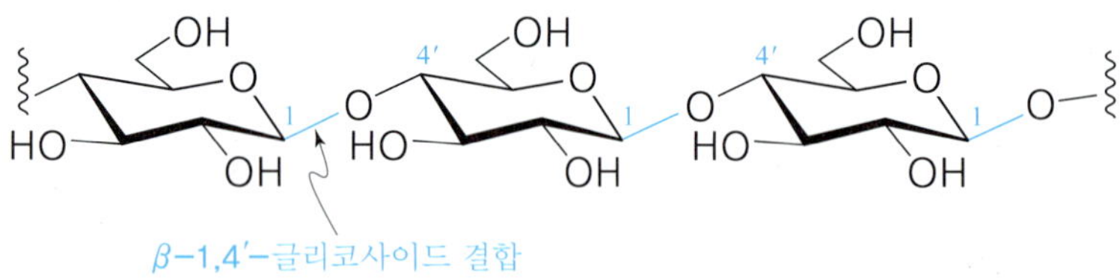

15.1.5 아미노당: 글루코사민과 키틴

당의 OH기 하나가 NH_2기로 치환된 화합물을 아미노당이라고 한다. 그 중 가장 잘 알려진 것이 D−Glucosamine이다. 또한 게나 새우와 같은 갑각류의 껍질 성분에 많이 포함된 키틴(Chitin)과 키토산(Chitosan)은 D−Glucosamine이 β−1,4′글리코사이드 결합을 한 중합체이다. 구조 중에 아미노당을 포함하는 겐타마이신(Gantamycin), 토브라마이신(Tobramycin)등과 같은 항생물질을 아미노글루코사이드 항생제(Aminoglucoside Antibiotics)라고 한다. 이들 항생제들은 세균의 단백질 합성을 저해하는 물질로 주로 혐기성 박테리아 감염증의 치료약으로 사용되고 있다.

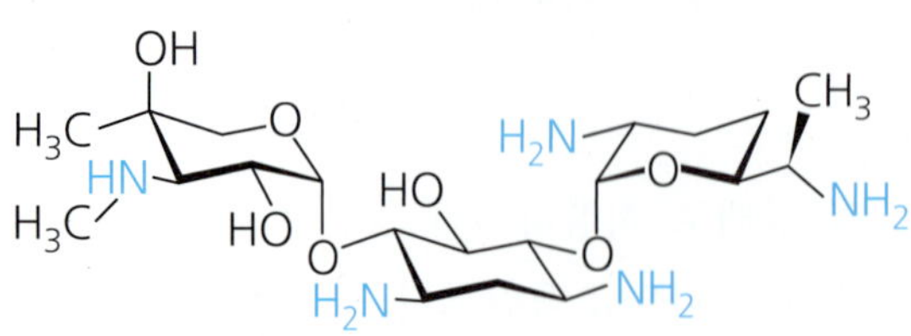

Gentamycin

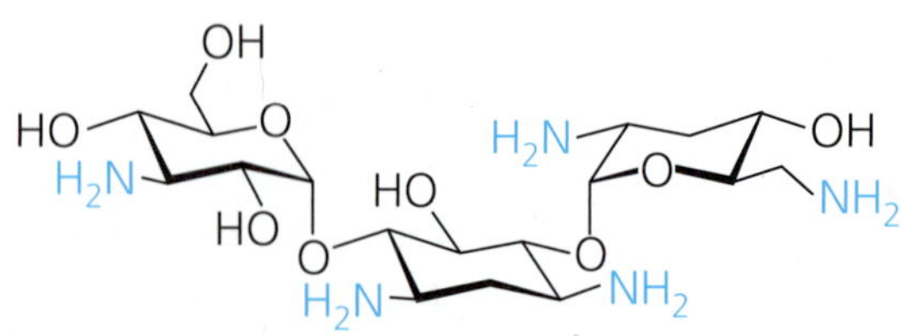

Tobramycin

15.1.6 기타 당 유도체: 데옥시당, 당인산염, 비타민 C(아스코브산)

기타 당 유도체에 대한 내용은 다음과 같다.

(1) 데옥시당(Deoxy Sugar)

당의 구조 중 OH기 대신에 H가 결합되어 있는 당을 데옥시당이라 한다. DNA의 당 성분인 2-데옥시리보스(2-Deoxyribose)가 여기에 속한다. 이 당은 리보스(Ribose)의 C_2 위치의 OH기가 H로 치환되어 있다. DNA 구조에서 퓨라노스 형태로 존재한다.

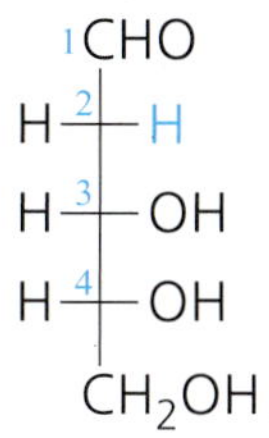

2-Deoxy-D-ribose

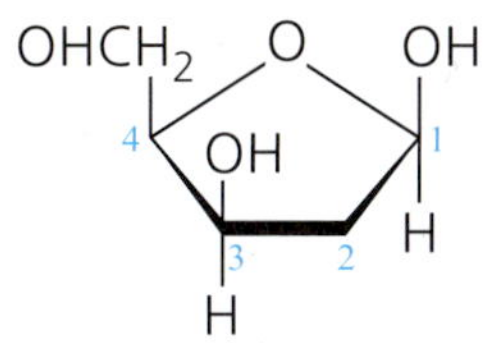

2-Deoxy-β-D-ribofuranose

(2) 당인산염(Sugar Phosphate)

당인산염은 탄수화물이 체 내에서 대사할 때 생성되는 중간물질로서 당의 하이드록시기가 인산과 반응하여 생성된 인산 에스터이다. 잘 알려진 당인산염으로 다음과 같은 것이 있다.

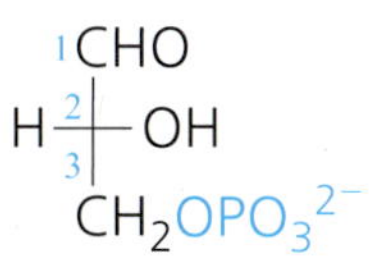

D-Glyceraldehyde-3-phosophate

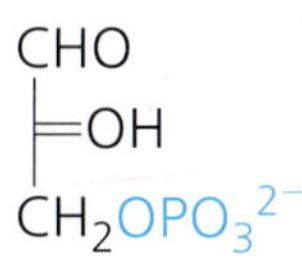

Dihydroxyacetone Phosphate

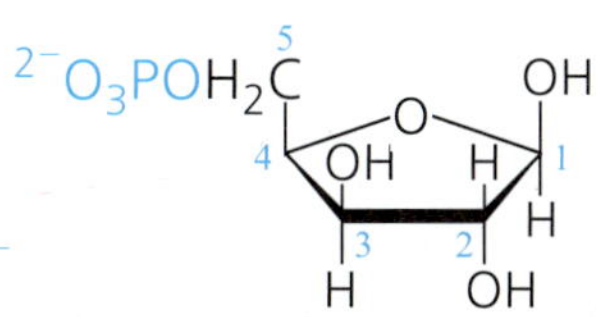

β-D-Ribofuranose-5-phosphate

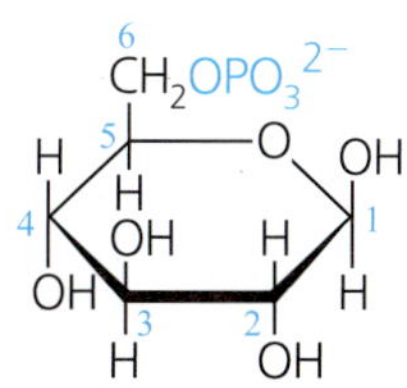

β-D-Glucopyranose-6-phosphate

(3) 비타민 C(Ascorbic Acid, 아스코브산)

Glucose로부터 생합성 되는 5각형 형태의 γ-Lactone 구조를 가지고 있는 물질이다. 사람은 이물질을 생합성할 수 없다. 산화제에 의해 Dehydroascorbic Acid로 전환될 수 있다. 이 성질을 이용하여 항산화제로 사용된다. 엔다이올의 특이한 구조 때문에 C_3에 있는 OH기는 산성을 나타낸다.

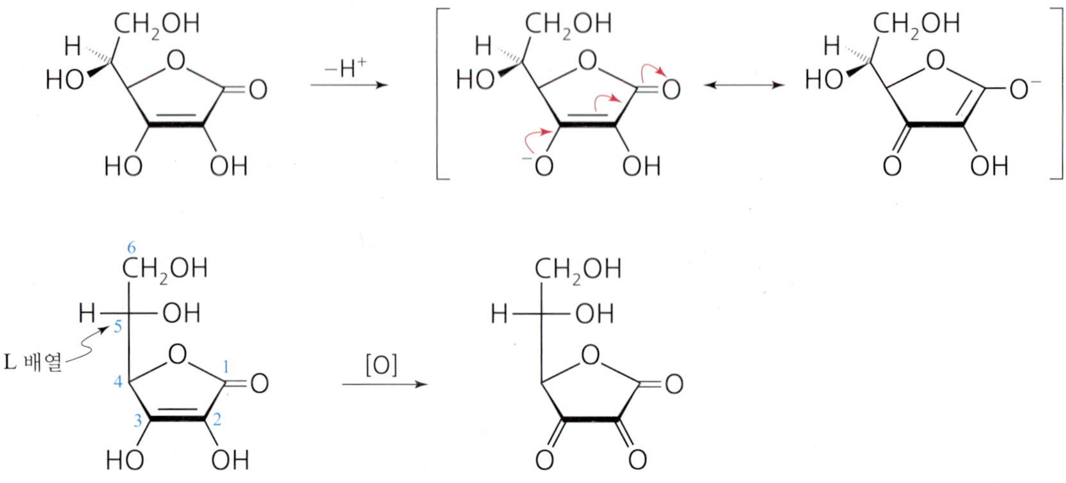

L-Ascorbic Acid

Dehydroascorbic Acid

15.2 핵산 화학

핵산이란 생명체가 생명을 유지하고 후손에게 유전 정보를 제공하는 핵 속에 존재하는 물질로 DNA(Deoxyribonucleic Acid)와 RNA(Ribonucleic Acid)의 2종류가 있다. 핵산이란 용어는 핵에서 발견된 산성 물질이란 의미이지만 구성 성분은 인산, 당(Deoxyribose 또는 Ribose), 핵산 염기로 이들이 결합한 중합체로 되어 있다. DNA는 분자량이 수십 억인 거대 분자이고 RNA는 이보다 적은 분자량을 가지고 있다. DNA는 전사 과정을 거쳐 RNA를 복제하고 RNA는 DNA로부터 받은 유전 정보를 이용(번역)하여 아미노산의 배열 순서를 결정함으로써 단백질의 생합성에 관여한다.

15.2.1 핵산의 기본 구조

핵산은 뉴클레오타이드의 중합체이다. 효소에 의해 인산, 당, 핵산 염기로 가수분해된다. 뉴클레오타이드(Nucleotide)란 뉴클레오사이드(Nucleoside)의 5'- 와 3'- 인산 에스터이다. 뉴클레오사이드란 D-Deoxyribose 또는 D-Ribose에 핵산 염기가 N-글리코사이드 결합을 하고 있는 물질이다.

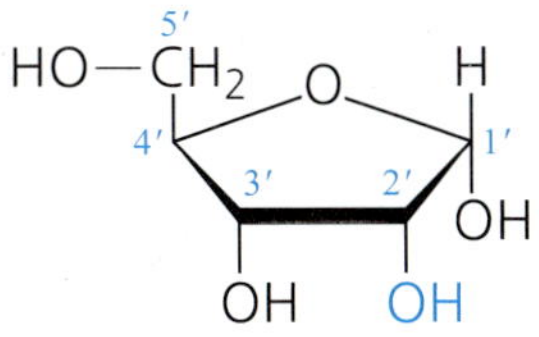

α–D–Ribofuranose

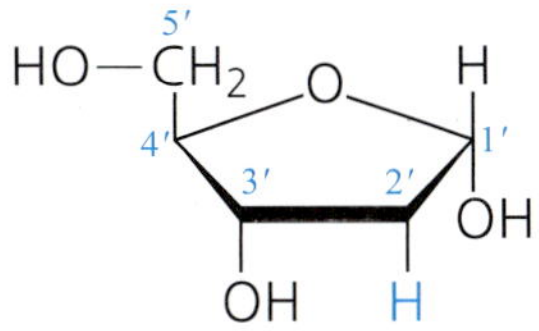

2–Deoxy–α–D–Ribofuranose

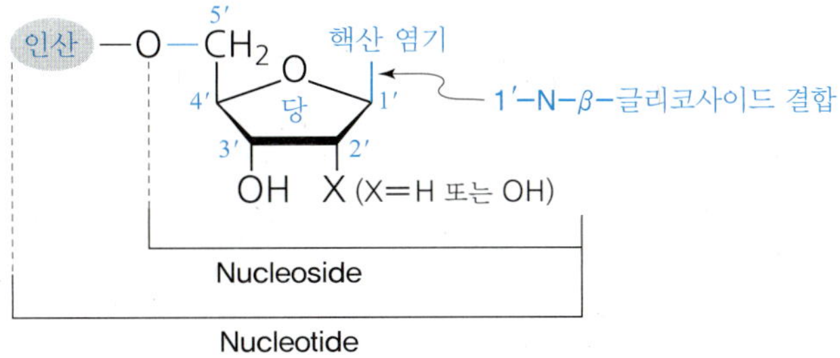

15.2.2 핵산 염기

핵산 염기란 D–Deoxyribose 또는 D–Ribose와 N–글리코사이드 결합을 하는 헤테로 고리를 가진 염기로서 2종류의 Purine계 염기와 3종류의 Pyrimidine계 염기가 있다. DNA 염기는 A, G, C, T이고, RNA 염기는 A, G, C, U이다.

표 15.5 염기 종류

구분	종류		
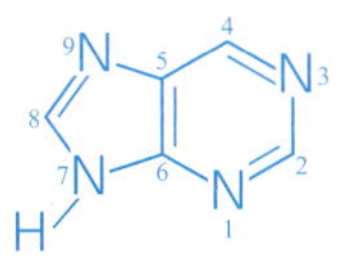 Purine계	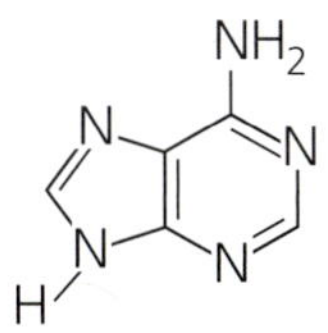 Adenine (A) DNA, RNA	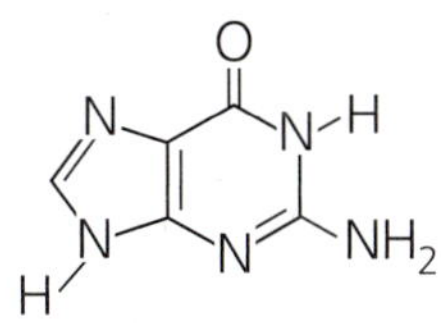 Guanine (G) DNA, RNA	
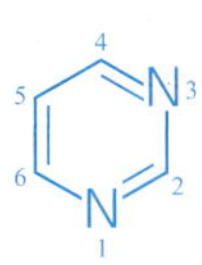 Pyrimidine계	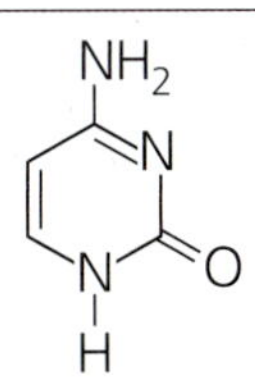 Cytosine (C) DNA, RNA	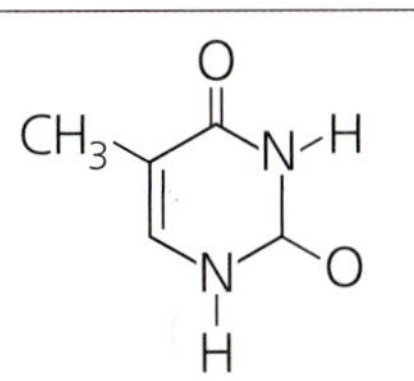 Thymine (T) DNA	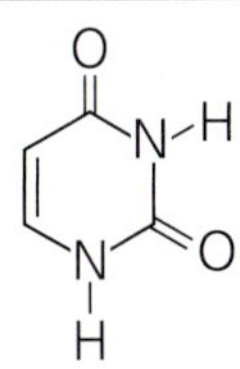 Uracil (U) RNA

15.2.3 뉴클레오사이드와 뉴클레오타이드의 명명법

핵산 염기와 단당류를 기준으로 명명한다.

예 1 Adenine(핵산 염기) + Ribose(단당류)로 구성된 뉴클레오사이드의 명칭은 Adenosine이다.

예 2 Adenine(핵산 염기) + Deoxyribose(단당류)로 구성된 뉴클레오사이드의 명칭은 Deoxyadenosine이다.

예 3 Adenosine의 5′ 위치의 OH기와 과인산과의 에스터를 이룬 뉴클레오타이드의 명칭은 Adenosine 5′-Monophosphate(AMP)이다.

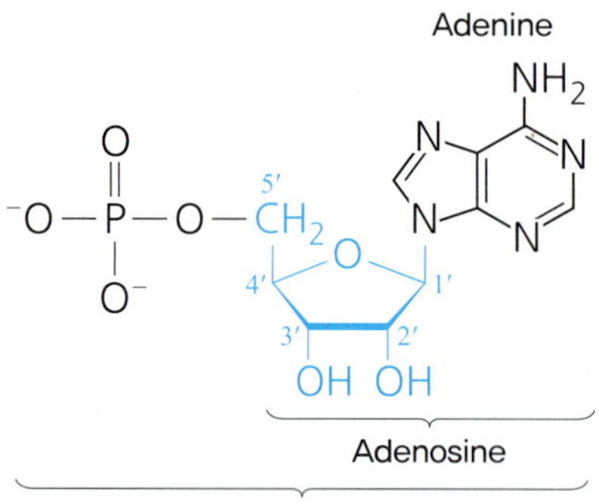

AMP= Adenosine 5′-Monophosphate

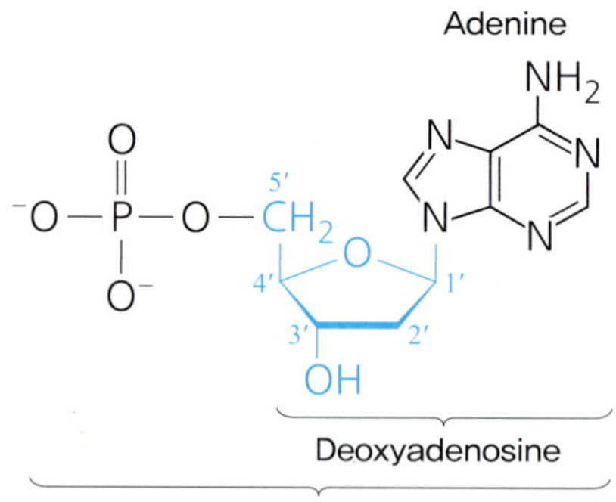

*d*AMP= Deoxyadenosine 5′-Monophosphate

뉴클레오사이드와 뉴클레오타이드의 명칭은 다음과 같다.

표 15.6 뉴클레오사이드/뉴클레오타이드

	Nucleoside		Nucleotide	
당 / 염기	Ribose	Deoxyribose	Ribose	Deoxyribose
Adenine(A)	Adenosine	Deoxyadenosine	Adenosine 5′-Monophosphate(AMP)	2′-Deoxyadenosine-5′-Monophosphate(*d*AMP)
Guanine(G)	Guanosine	Deoxyguanosine	Guanosine 5′-Monophosphate(GMP)	2′-Deoxyguanosine-5′-Monophosphate(*d*GMP)
Cytosine(C)	Cytidine	Deoxycytidine	Cytidine 5′-Monophosphate(CMP)	2′-Deoxycytidine-5′-Monophosphate(*d*CMP)
Thymine(T)	–	Thymidine	–	Thymidine 5′-Monophosphate(*d*TMP)
Uracil(U)	Uridine	–	Uridine 5′-Monophosphate(UMP)	–

15.2.4 DNA와 RNA의 1차 구조

뉴클레오타이드의 당 구조 중 5'-위치에 있는 인산기가 다른 뉴클레오타이드의 당 구조의 3'-

OH와 에스터기로 연결되어 있다. 이들 연결 순서는 규약에 의해 5'→3' 방향, 즉 5'-말단 뉴클레오타이드의 염기를 맨 왼쪽에 나타내고 3'-말단 뉴클레오타이드의 염기를 맨 오른쪽에 나타낸다. 다음은 DNA의 1차 구조 개념도인 핵산 중합체의 연결 순서를 나타낸다. 예를 들어 어떤 핵산의 염기 서열이 ATGAGCC로 되었다면 5'-말단 핵산 염기는 아데닌(A)이고 3'-말단 핵산 염기는 사이토닌(C)이다.

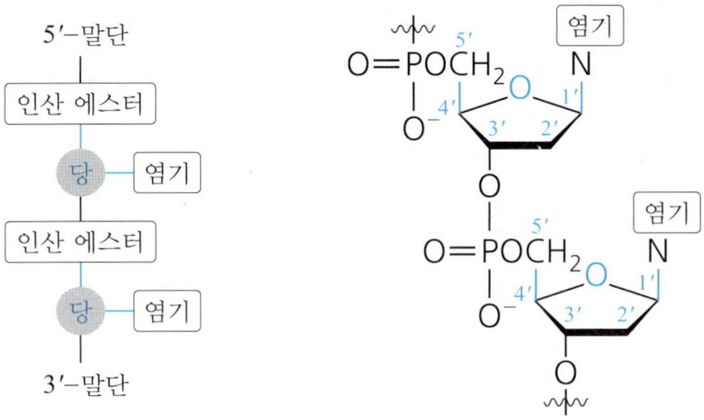

15.2.5 DNA의 2차 구조

DNA는 2중 나선 구조로 되어 있다. 그 모양은 나선형 계단 모양으로 당과 에스터의 사슬은 난간에 해당되고 계단은 염기들 상호간의 상보적 수소 결합에 해당된다. 다음은 DNA의 2중 나선을 나타낸다.

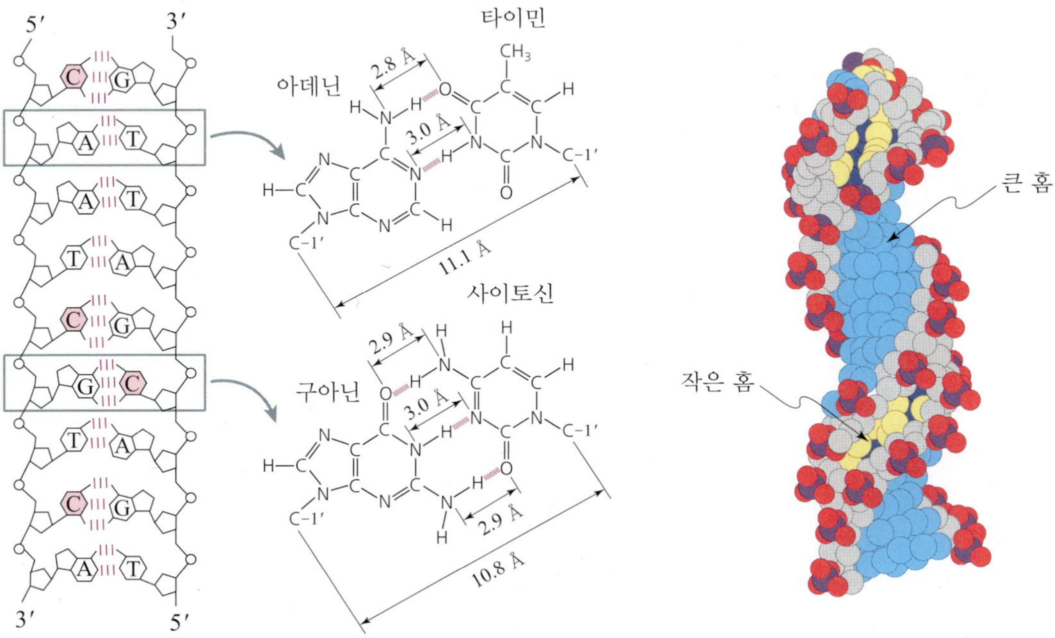

(1) 상보적 수소 결합

핵산 염기 중 Purine계 염기와 Pyrimidine계 염기는 같은 것끼리는 서로 수소 결합을 하지 않고 반드시 A−T와 G−C 쌍처럼 Purine계 염기와 Pyrimidine계 염기의 쌍 사이에서만 서로 상보적으로 수소 결합한다. 예를 들면 A−T는 2개의 수소 결합, G−C는 3개의 수소 결합을 한다.

수소 결합 2개 수소 결합 3개

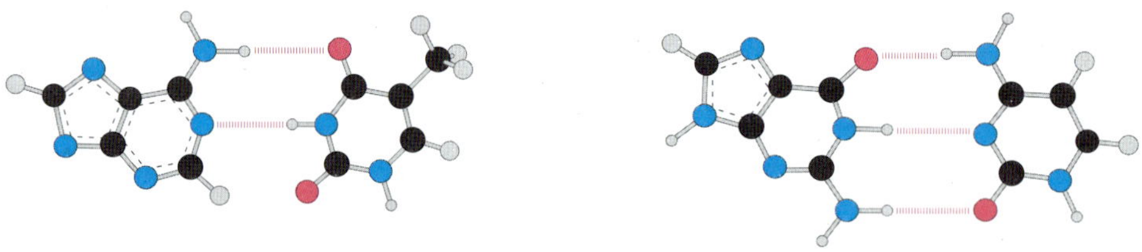

(2) 쌓임 현상(Stacking Interaction)

2중 나선은 평면이 아니고 오른쪽으로 감기는 코일 형태이다. 이는 Purine계 염기와 Pyrimidine계 염기고리의 π 전자들의 상호 작용 때문이다. 이 현상은 나선이 꼬일 때 Purine계 염기들 사이에서 더 크게 일어나며 큰 홈과 작은 홈이 나타나는 것도 이 때문이다.

15.2.6 기타 뉴클레오타이드: AMP, ADP, ATP; 조효소 A; NAD^+($NADP^+$), NADH(NADPH)

기타 뉴클레오타이드에 대한 내용은 다음과 같다.

(1) AMP, ADP, ATP

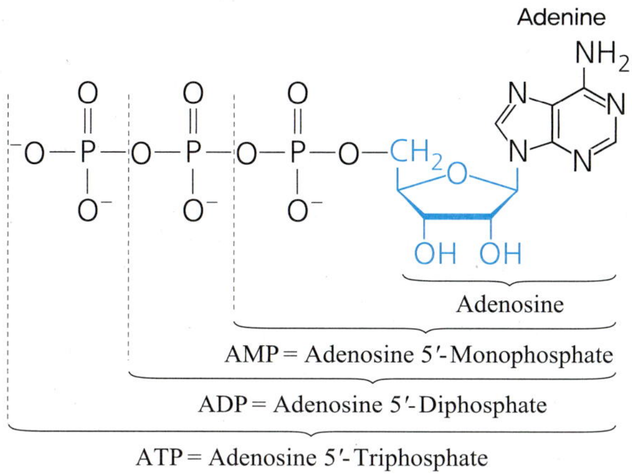

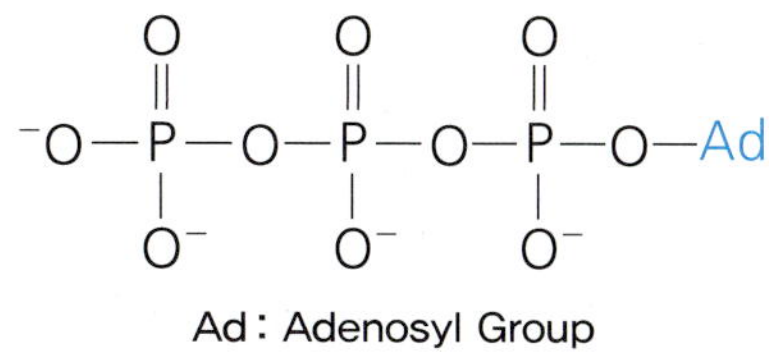

모든 생화학 반응에서 ATP는 에너지의 저장과 운반에 중요한 역할을 한다. 이 ATP는 무수인산 결합이 2개 있으며 ADP, AMP로 가수분해 될 경우 많은 에너지가 방출된다.

(2) 조효소 A(CoA-SH)

생체 반응에서 아실기 운반체와 지방의 대사과정에서 중요한 역할을 한다. 이 구조에 뉴클레오타이드인 ADP가 포함되어 있다.

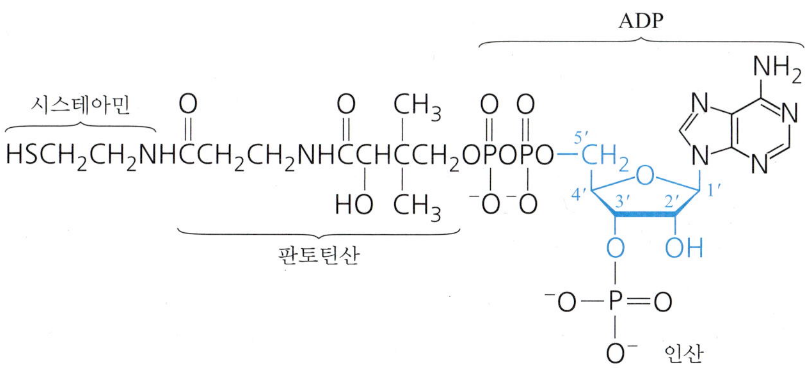

(3) NAD$^+$(NADP$^+$)와 NADH(NADPH)

생화학적 산화–환원 반응에 관여한다. 니코틴산 뉴클레오타이드와 아데닌 뉴클레오타이드가 인산 무수물로 서로 결합하고 있는 구조를 가지고 있다.

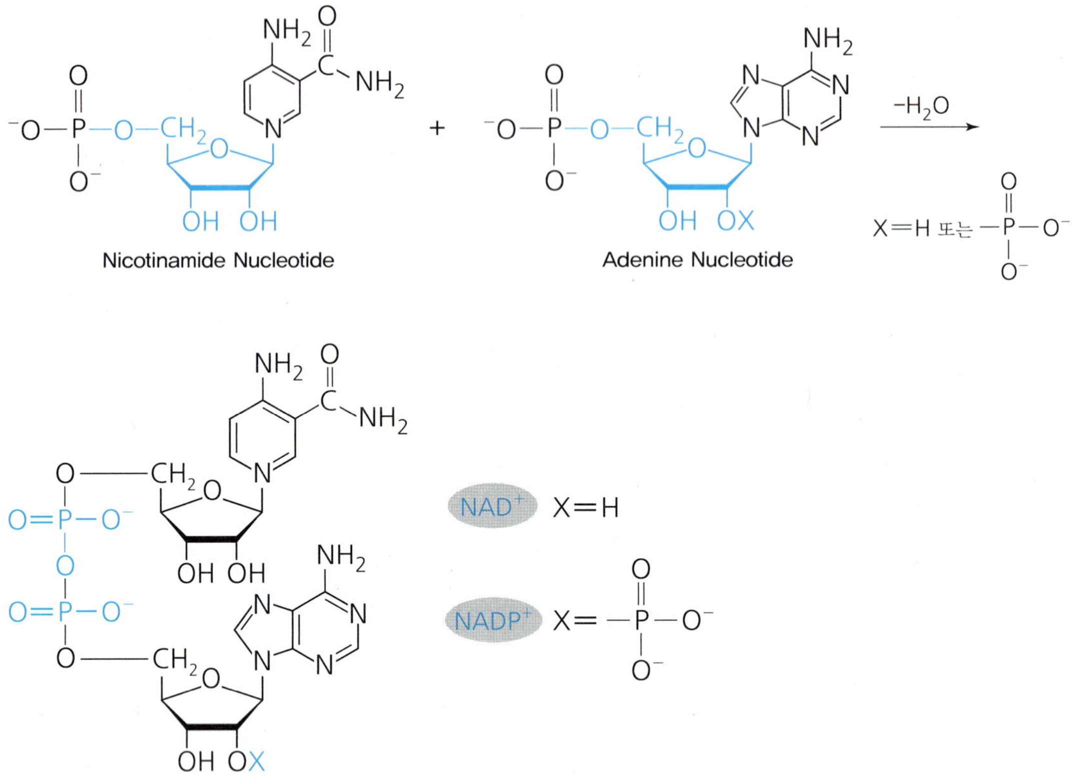

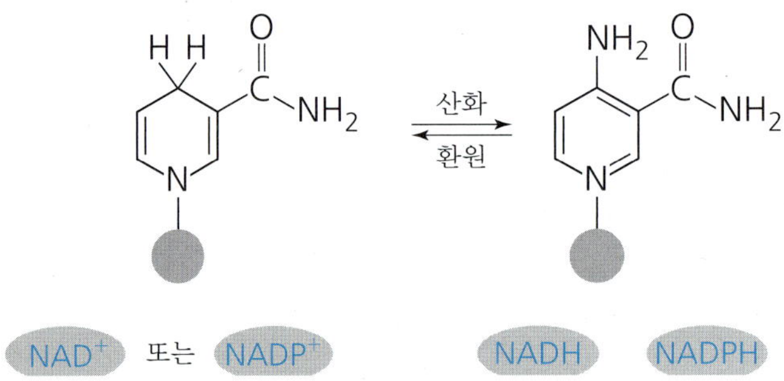

주) NAD: Nicotinamide Adenine Dinucleotide

NADP: Nicotinamide Adenine Dinucleotide Phosphate

15.3 단백질 화학

단백질은 모든 생명체에 존재하는 거대 생체분자 중 하나로서 세포 내에서 가장 다양하고 중요한 기능을 하는 물질이다. 생체 반응과 기능을 조절하는 효소, 생체의 구조를 형성하고 유지하는 피부, 뼈와 근육을 포함하는 연결조직, 산소를 운반하는데 관여하는 헤모글로빈, 생체 방어 역할의 항체, 당 대사를 조절하는 인슐린 등이 모두 단백질에 속한다. 자연계에는 수백만 가지의 단백질이 존재하며 이들 단백질은 아미노산들이 펩타이드 결합으로 반복적으로 연결된 중합체 형태의 폴리펩타이드(Polypeptide) 구조로 이루어져 있다.

15.3.1 α-아미노산의 구조 및 종류

α 위치에 아미노기가 있는 카복실산을 α－아미노산(α－Amino Acid)이라 하는데 자연계에서 발견되는 거의 모든 단백질(천연 단백질)은 20가지 종류의 아미노산(단백질 아미노산이라 함)으로 구성되어 있다. 이들 아미노산 중 글라이신(Glycine)을 제외하고는 모두 α 위치에 1개의 치환기(R)가 있기 때문에 입체 중심을 가지고 있다. 천연 단백질을 구성하고 있는 모든 아미노산의 입체 중심의 절대 배열은 Fischer 투영법으로 표시하면 L배열이다. 이 때문에 천연 아미노산을 L－아미노산이라 한다. L－아미노산을 RS법으로 표시하면 시스테인(Cysteine)을 제외하고는 모두 S－배열에 해당한다.

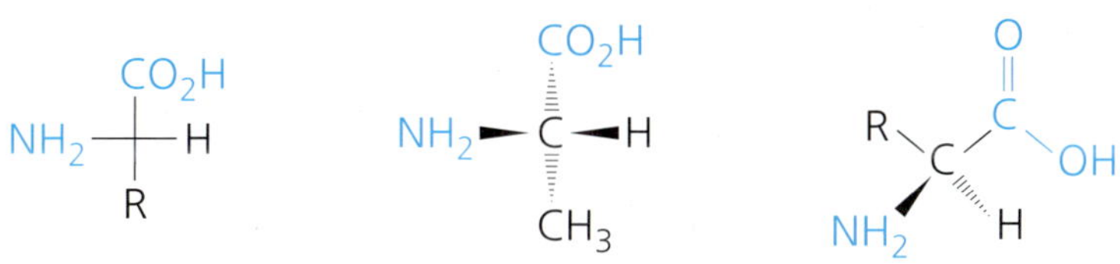

L－Amino Acid (*S*)－Amino Acid

천연 단백질을 구성하고 있는 20가지 종류의 아미노산 중 10가지는 인체에서 탄수화물 또는 지방으로부터 생합성되지만 나머지 10가지는 인체에서 합성될 수 없다. 인체에서 합성되지 않는 아미노산은 음식물로 섭취해야만 한다. 이들을 필수 아미노산(Essential Amino Acid)이라 한다. 아래 표에서 이들 10종의 필수 아미노산(Isoleucine, Leucine, Methionine, Phenylalanine, Threonine, Tryptophan, Valine, Arginine, Histidine, Lysine)을 별표 *로 나타내었다. 아미노산의 이름은 주로 관용명을 사용하며 필요에 따라 약어도 사용된다. 아미노산은 곁사슬(R기)에 있는 작용기의 화학적 성질에 따라 중성 아미노산, 산성 아미노산, 염기성 아미노산으로 분류된다. 천연 아미노산의 종류는 다음과 같다.

(1) 중성 아미노산

중성 아미노산에는전체 17종이 있으며 그중 프롤린(Proline)을 제외한 모든 아미노산들은

1차 아민기를 가지고 있다(프롤린은 2차 아민 구조). 한편 아이소루신(Isoleucine)과 트레오닌(Threonine)은 β 탄소에 입체 중심을 하나 더 가지고 있는 아미노산으로서 4개의 입체이성질체의 존재가 가능하나 자연에는 그 중 1개만 존재한다.

표 15.7 중성 아미노산

이름	구조	약어
Alanine(알라닌)	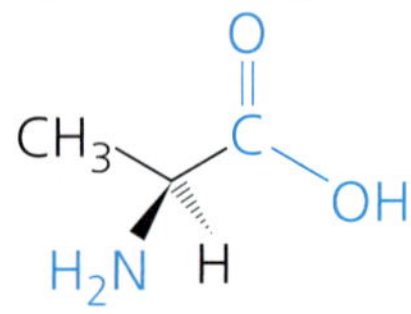	Ala 또는 A
Asparagine(아스파라진)	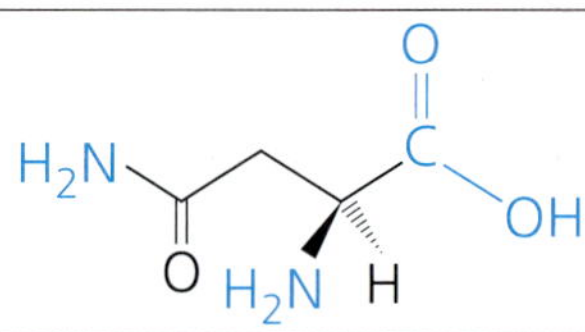	Asn 또는 N
Cysteine(시스테인)	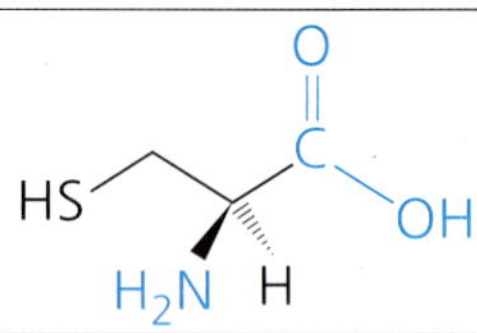	Cys 또는 C
Glutamine(글루타민)	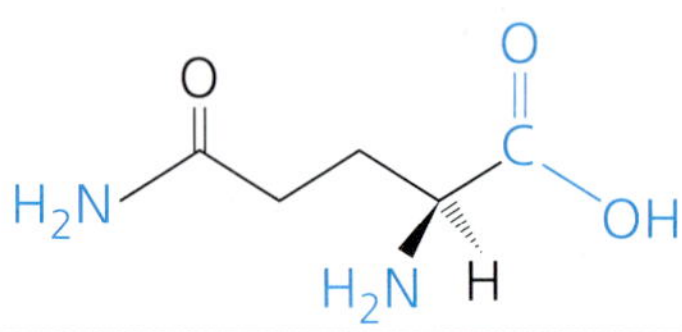	Gln 또는 Q
Glycine(글라이신)	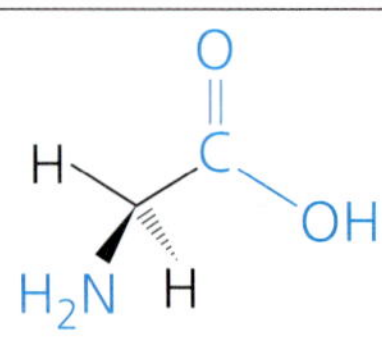	Gly 또는 G
Isoleucine * (아이소루신)	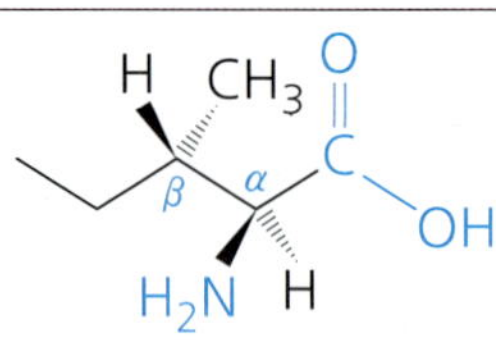	Ile 또는 I
Leucine * (루신)	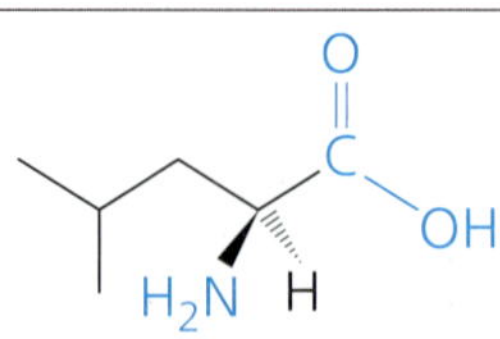	Leu 또는 L
Methionine * (메싸이오닌)	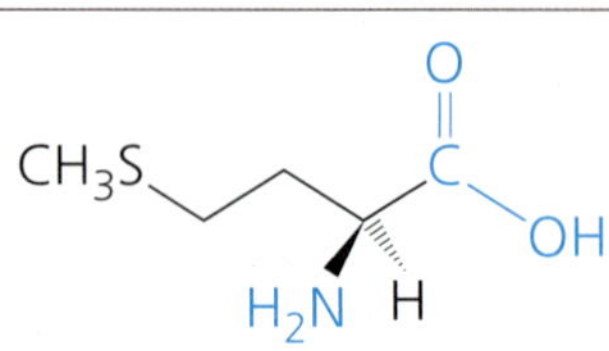	Met 또는 M

이름	구조	약어
Phenylalanine * (페닐알라닌)	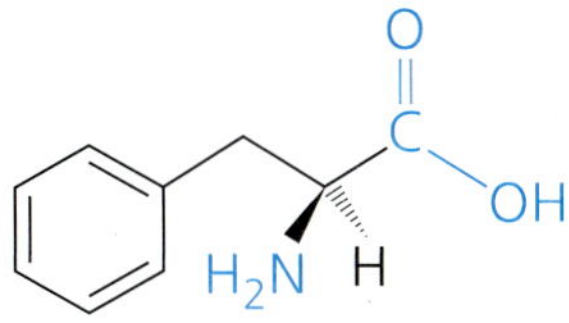	Phe 또는 F
Proline(프롤린)	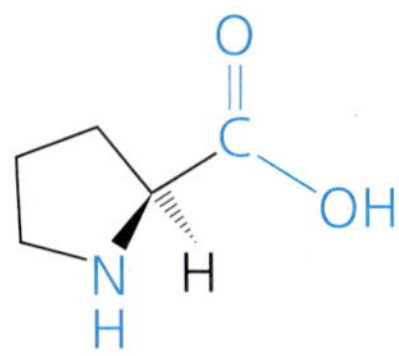	Pro 또는 P
Serine(세린)	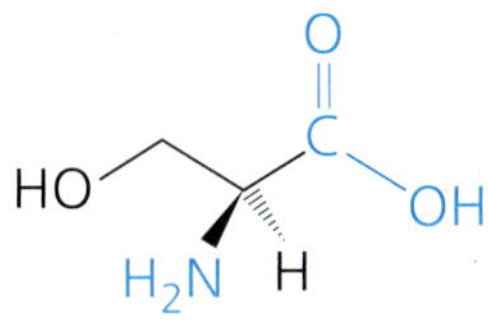	Ser 또는 S
Threonine * (트레오닌)	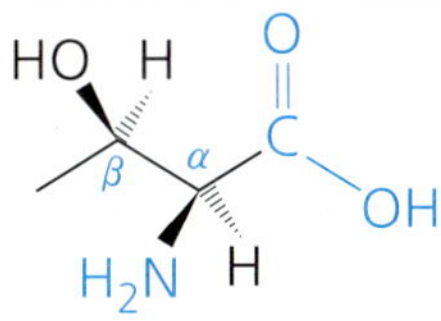	Thr 또는 T
Tryptophan * (트립토판)	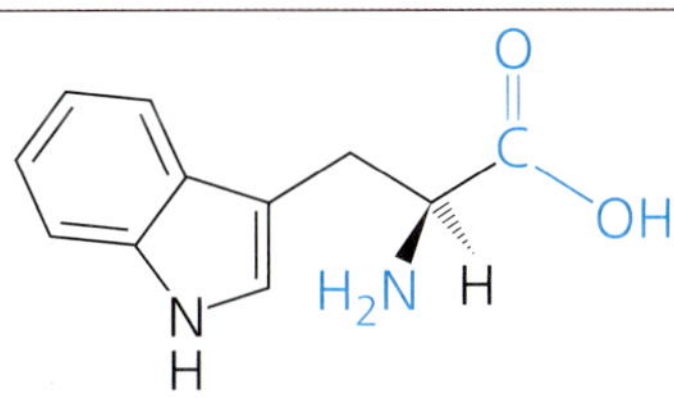	Trp 또는 W
Tyrosine(타이로신)	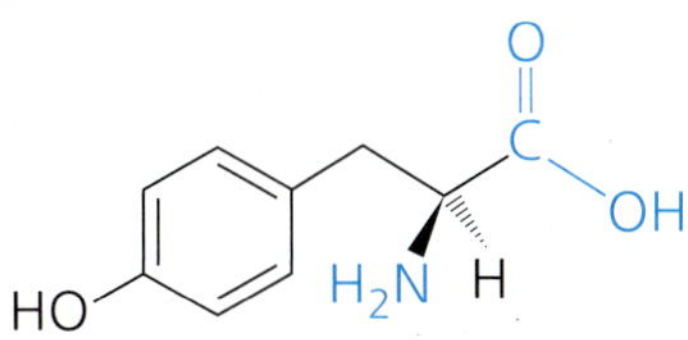	Tyr 또는 Y
Valine * (발린)	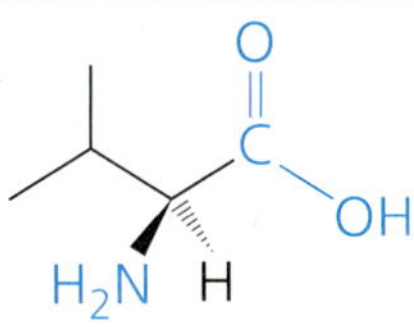	Val 또는 V

(2) 산성 아미노산

산성 아미노산은 곁사슬에 카복시기를 추가적으로 가지고 있는 다이카복실산 유도체이고 다음과 같이 2종이 있다.

표 15.8 산성 아미노산

이름	구조	약어
Aspartic Acid(아스파트산)	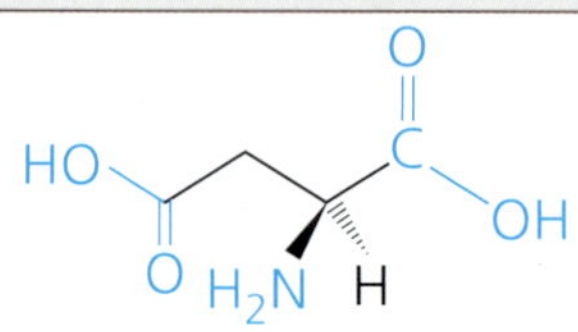	Asp 또는 D
Glutamic Acid(글루탐산)	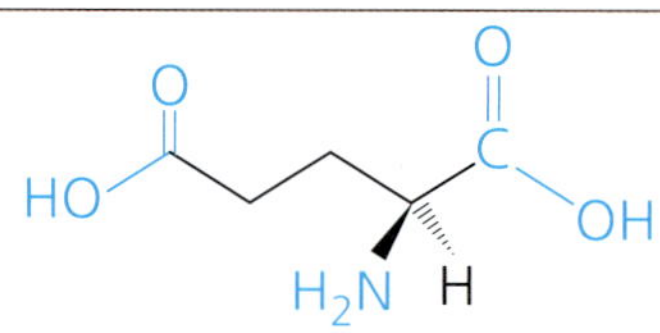	Glu 또는 E

(3) 염기성 아미노산

염기성 아미노산은 R기에 염기성을 띠는 아민기를 추가적으로 가지고 있으며 아래와 같이 3종이 있다.

표 15.9 염기성 아미노산

이름	구조	약어
Arginine * (아르지닌)	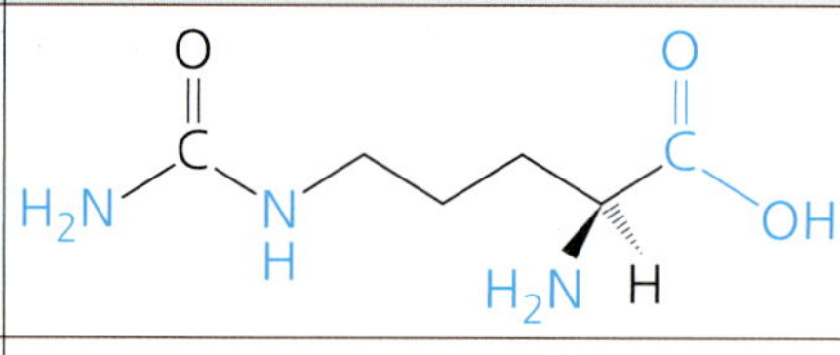	Arg 또는 R
Histidine * (히스티딘)	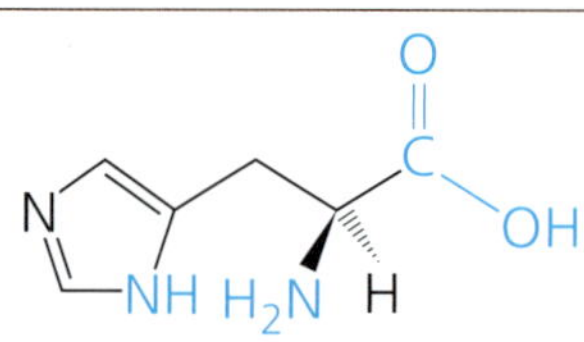	His 또는 H
Lysine * (라이신)	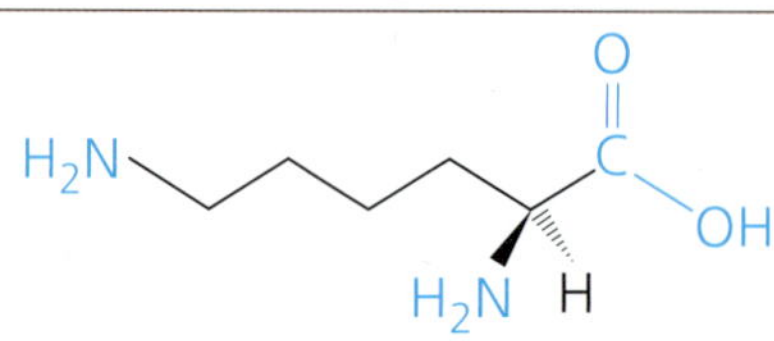	Lys 또는 K

15.3.2 α-아미노산의 쯔비터 이온과 등전점 및 전기이동법

α-아미노산의 쯔비터 이온, 등전점, 전기이동법에 대한 설명은 다음과 같다.

(1) 쯔비터 이온(Zwitter Ion)

한 분자내에 양이온과 음이온을 동시에 가지고 있는 분자를 말한다. α-아미노산은 염기성인 아미노기와 산성인 카복시기를 동시에 가지고 있어 분자 내 염(Inner Salt) 형태로 존재한다. 아미노산이 물에는 잘 녹으나 유기 용매에는 녹지 않고 녹는점이 높은 결정성 물질인 것은 이런 분자내 염을 이루고 있기 때문이다.

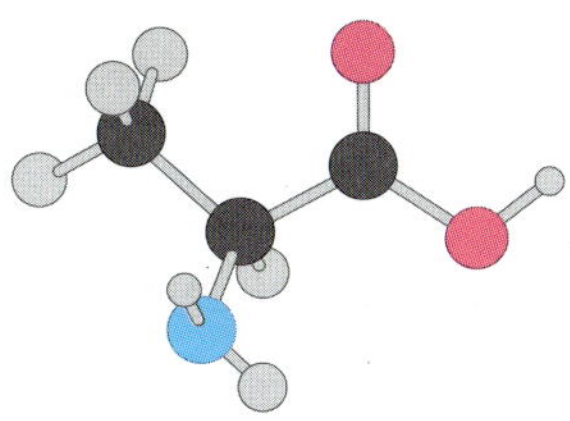

L-알라닌 (Alanine)

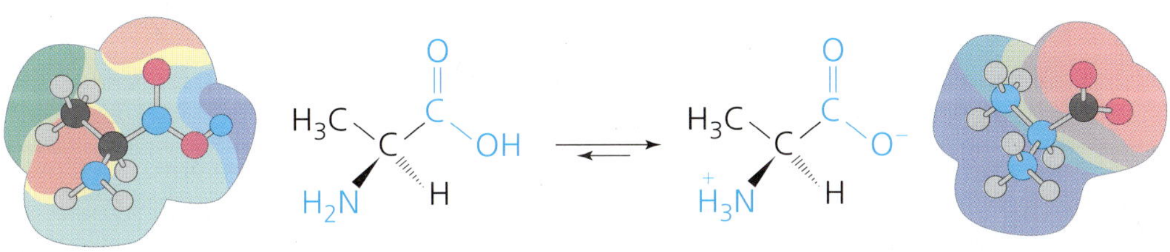

전하 없음 알라닌 쯔비터 이온

아미노산의 쯔비터 이온은 중성 형태이지만 수용액의 pH 조건에 따라 산과 염기 양쪽성을 가지고 있다. 이런 성질을 양쪽성이라고 한다. 낮은 pH 용액(강산성)에서는 (+)전하를 띤 암모늄 이온으로, 높은 pH 용액(강염기성)에서는 (−)전하를 띤 카복실산 음이온으로 존재한다.

(a) 낮은 pH

$$\overset{+}{N}H_3-CH(R)-CO_2^- + H_3O^+ \rightleftharpoons \overset{+}{N}H_3-CH(R)-CO_2H + H_2O$$

(b) 높은 pH

$$\overset{+}{N}H_3-CH(R)-CO_2^- + HO^- \rightleftharpoons NH_2-CH(R)-CO_2^- + H_2O$$

(2) 등전점(Isoelectric Point, pI)

수용액에서 양이온과 음이온이 균형을 이루고 있는 pH를 말한다. 각 아미노산의 등전점은 아미노산 구조에 있는 R기에 따라 다르며 고유한 값을 가진다. 중성 아미노산의 등전점은 $-COOH$와 $-NH_3^+$의 두 pKa값의 평균값이다. 보통 pH 5.0~6.5 범위의 값을 가진다. 이온화가 가능한 곁사슬을 가지고 있는 아미노산의 등전점은 카복실산의 pKa값과 곁사슬의 pKa값의 평균값이다. 아미노산 가운데 가장 등전점이 낮은 아미노산은 산성 아미노산인 Aspartic Acid(아스파트산, pI=2.98) 이며, 등전점이 가장 높은 아미노산은 염기성 아미노산인 Arginine(아르지닌, pI=10.76)이다.

표 15.10 아미노산의 등전점 예

곁사슬 주사슬	곁사슬 없음	곁사슬 주사슬
Aspartic acid	Alanine	Lysine
산성 아미노산	중성 아미노산	염기성 아미노산
$pK_a=3.86$ $pK_a=2.10$ 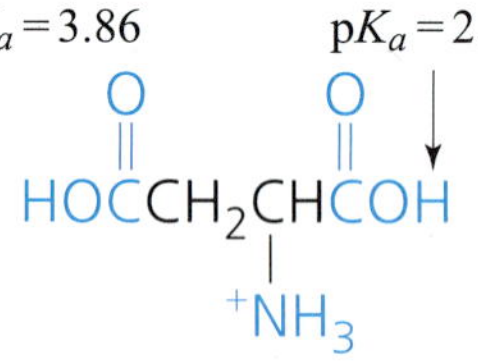 $pK_a=9.82$	$pK_a=2.35$ 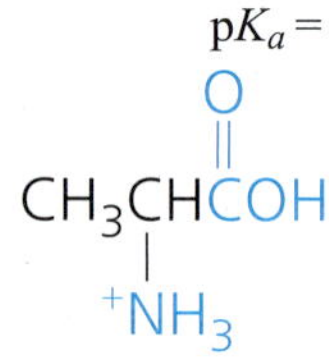 $pK_a=9.87$	$pK_a=10.53$ $pK_a=2.18$ 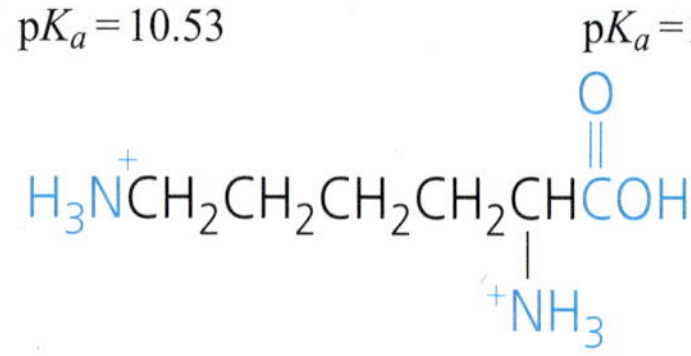 $pK_a=8.95$
$pI=\frac{2.10+3.86}{2}=2.98$	$pI=\frac{2.35+9.87}{2}=6.11$	$pI=\frac{8.95+10.53}{2}=9.74$

(3) 전기이동법(Elctrophorosis)

이 분석법은 양쪽에 전극이 연결된 종이 또는 젤의 중간 부분에 아미노산 혼합물 용액을 떨어뜨리고 일정 pH 조건에서 전하를 걸어 주었을 때, 각 아미노산은 등전점 이하의 pH에서는 (+)전하를, 등전점 이상의 pH에서는 (−)전하를 가진다. 이 성질을 이용하여 아미노산을 분리 및 정량하는 방법을 말한다.

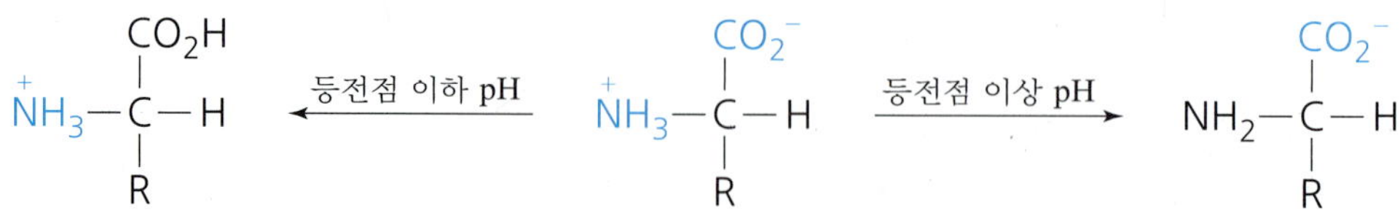

전기 이동법에 의한 아미노산 혼합물의 분리로서 글라이신(Glycine)은 pH=6.06에서 중성으로 존재하므로 (+) 또는 (−)극으로 이동하지 않으나 염기성의 라이신(Lysine)은 양성자가 첨가되어 (−)극 쪽으로 이동하고 산성의 아스파트산(Aspartic Acid)는 양성자 이탈이 일어나 (+)극 쪽으로 이동한다.

종이 띠 : pH = 6.06

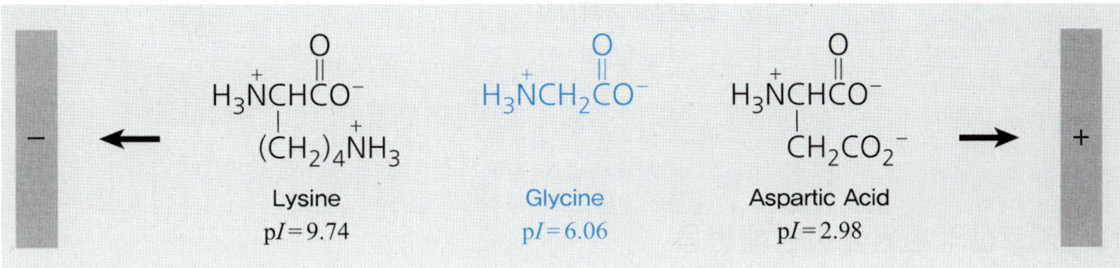

15.3.3 아미노산의 제법

α−아미노산은 다음과 같은 방법으로 합성한다. 이들 방법으로 합성된 아미노산은 모두 라세미 혼합물이다. 광학 활성 아미노산은 거울상선택 반응을 통해 합성할 수도 있다. 여기서는 라세미 혼합물 합성에 대해 알아보기로 한다.

(1) Strecker 합성

알데하이드에 NH_3와 HCN(또는 NH_4Cl과 NaCN)을 반응시키면 이민 중간체를 거쳐 α−아미노나이트릴이 생성된다. 이를 산 또는 염기로 가수분해하면 α−아미노산이 되는데 이 방법을 Strecker 합성이라고 한다.

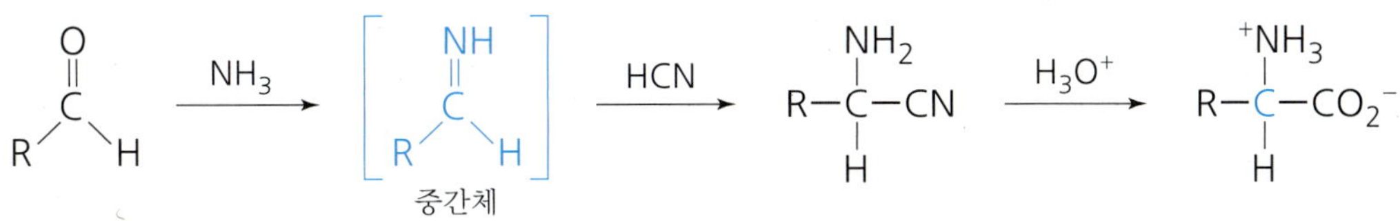

(2) α - 할로젠화 카복실산의 아민화 반응

카복실산에서 Hell−Volhard−Zelinskii(HVZ) 반응으로 얻은 α−할로젠화 카복실산에 과량의 암모니아를 SN2 반응시켜 아미노산을 합성하는 방법이다.

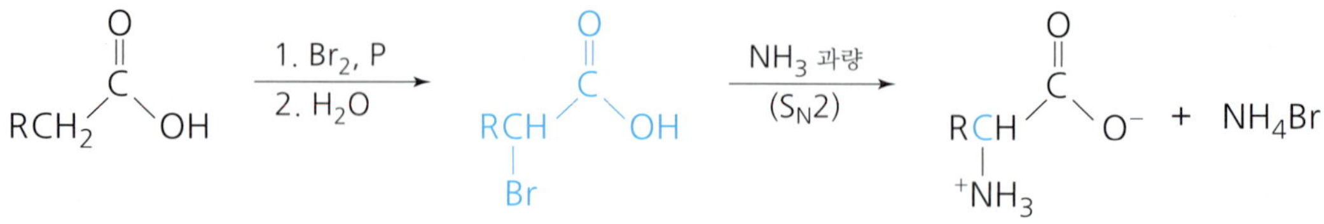

α−할로젠화 카복실산

(3) α - 케토산의 환원성 아민화 반응

α−케토산에 과량의 암모니아를 약한 환원제와 함께 반응시키면, 케톤기에 이민 중간체를 거치는 환원성 아민화 반응이 일어나 아미노산이 생성된다.

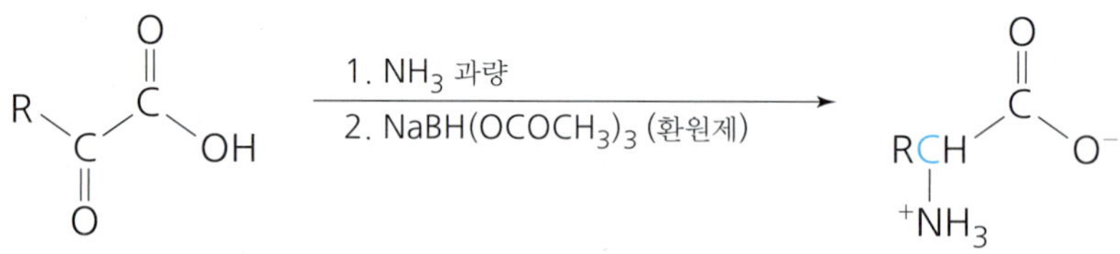

(4) 아미도말론산 에스터의 알킬화 반응

α−브로모말론산 에스터와 프탈이미드 포타슘을 SN2 반응시켜 얻은 N−프탈이미도 말론산 에스터의 α위치에 알킬기를 도입시킨 후, 가수분해 반응과 탈카복실화 반응을 시키면 아미노산이 생성된다. 이 반응은 Gabriel 반응과 말론산 에스터 합성법을 혼합한 방법이다.

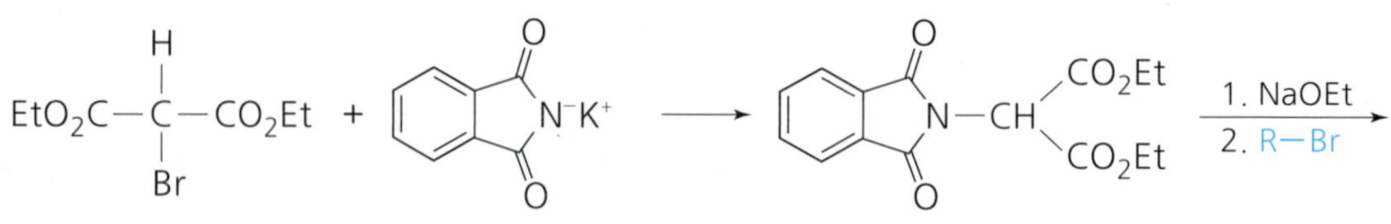

Diethyl α−Bromomalonate　Potassium Phthalimide　Diethyl *N*−Phthalimido Malonate

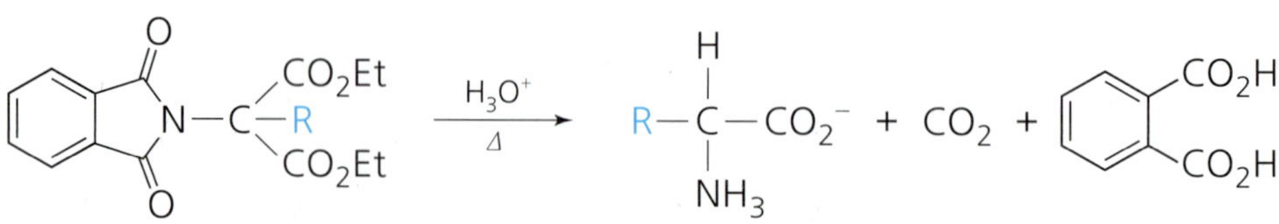

L−Amino Acid

15.3.4 아미노산의 거울상이성질체 분할

화학적 방법, 액체 컬럼 크로마토그래프법, 속도론적 효소 분할법에 대하여 간단히 설명하면 다음과 같다.

(1) 화학적 방법

아미노산의 아미노기와 카복시기 중 어느 한쪽 작용기를 보호기로 보호하여, 쯔비터 이온 상태의 아미노산을 라세미 아민 또는 카복실산 형태로 전환시킨 뒤, 거울상 분할제를 작용시켜 얻은 부분입체 이성질체를 용해도 차이를 이용하여 분할하는 방법이다. 즉 라세미 혼합물에 카이랄 물질인 거울상 분할제(Resolving Agent)를 반응시켜 부분입체 이성질 형태의 염을 만들어 광학 분할을 가능하게 한다. 거울상 분할제는 주로 Cinchonine, Cinchonidine, Quinine, α-Methylbenzylamine과 같은 카이랄 아민과 L-Tataric Acid 또는 D-Camphorsulfonic Acid와 같은 카이랄 산이 자주 사용된다.

(2) 액체 컬럼 크로마토그래프법

이 방법은 카이랄 고정상이 들어 있는 관에 라세미 혼합물을 액체상과 함께 흘려보내면, 고정상에 있는 카이랄 물질과 아미노산의 거울상이성질체가 서로 다르게 상호작용하는 성질 때문에, 관 속에 머무름 시간(Retention Time)의 차이가 발생한다. 이를 이용하여 라세미 혼합물을 분리하는 방법이다.

(3) 속도론적 효소 분할법

효소의 입체특이적인 반응을 이용하는 방법으로, 효소를 입체 배열이 다른 D와 L 중 어느 1가지만 선택적으로 반응하게 하여 이를 분리하는 반응이다. 예를 들면, 라세미 N-Acetylalanine을 돼지 신장에 있는 아마이드 가수분해 효소와 반응시키면 L-N-Acetylalanine만 가수분해되어 L-Alanine을 생성하고, D-N-Acetylalanine은 반응하지 않은 채 그대로 있다. 그 결과 생성물인 L-Alanine과 D-N-Acetylalanine을 서로 분리할 수 있다.

15.3.5 아미노산의 반응

아미노산의 반응에는 닌하이드린 반응, 탈아민화 반응, 에스터 및 아마이드 형성 반응이 있다.

(1) 아미노산의 닌하이드린 반응

중성의 프롤린(Proline)을 제외한 모든 아미노산은 닌하이드린(Ninhydrin)과 반응하면 보라색이 나타난다. 이 반응은 아미노산의 정성 및 정량 반응에 매우 중요한 반응이다.

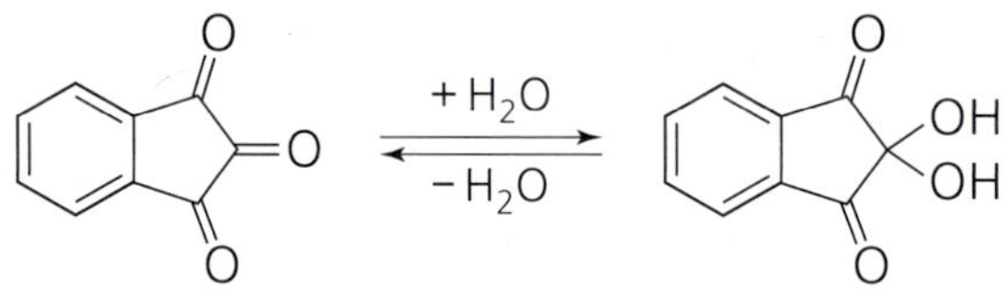

Indane−1,2,3−trione　　Ninhydrin

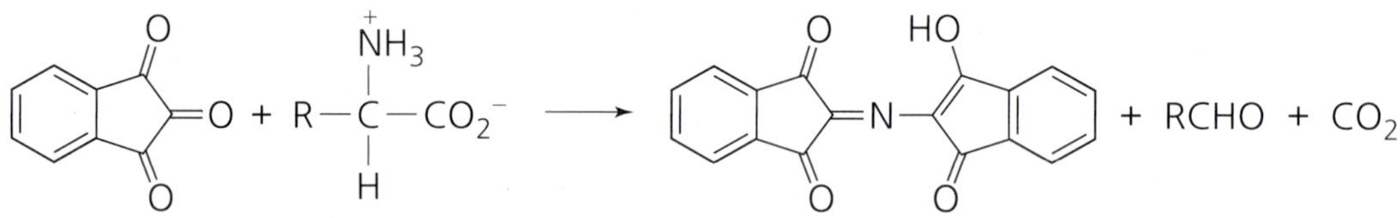

Ninhydrin　　Amino Acid　　보라색

(2) 아미노산의 탈아민화 반응

아미노산의 아미노기는 아질산과 반응하면 N_2기체를 정량적으로 발생한다. 이를 Van-Slyke의 아미노산 질소 정량법이라고 한다.

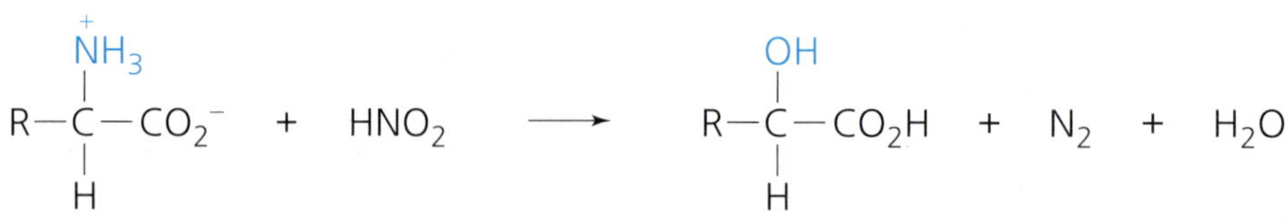

(3) 아미노산의 에스터 및 아마이드 형성 반응

아미노산은 카복시기와 아미노기를 가지고 있으므로 2작용기 모두 반응에 참여할 수 있다. 아미노산을 Methanol 또는 Ethanol 속에서 HCl 기체를 불어넣어 주던가 또는 $SOCl_2$를 소량 넣고 반응시키면 해당하는 알코올의 에스터를 생성한다. 한편, 산무수물 또는 산염화물을 아미노산과 반응시키면 해당하는 아마이드를 형성한다.

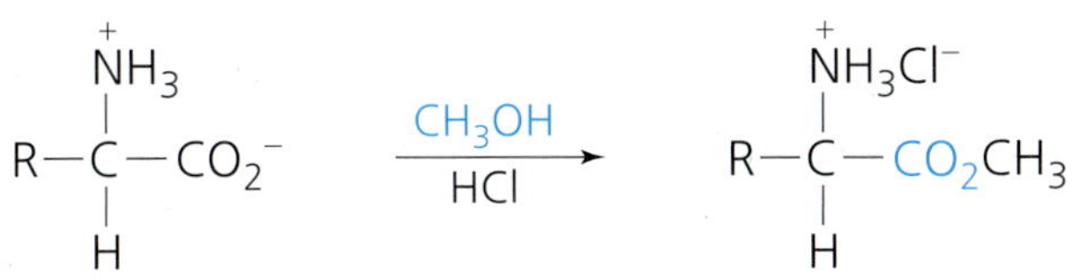

에스터

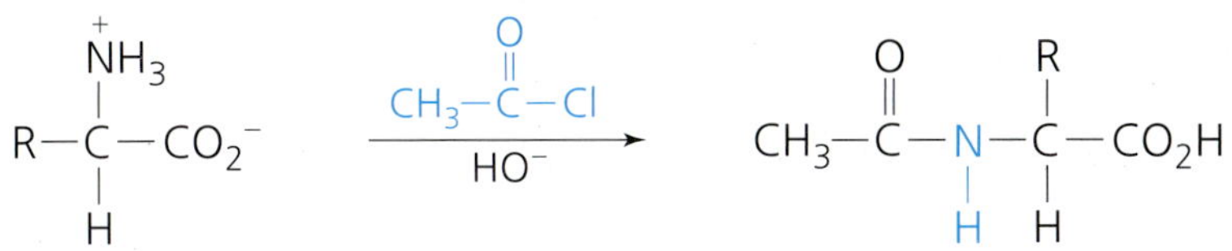

아마이드

15.3.6 펩타이드와 단백질

α-아미노산 분자에 있는 아미노기와 카복시기 사이에서 탈수 반응이 일어나 생성된 아마이드 결합을 펩타이드(Peptide) 결합이라 한다.

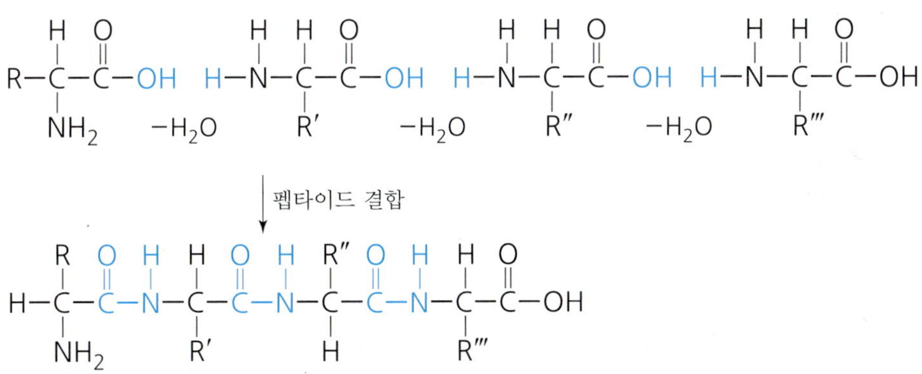

(1) 올리고펩타이드와 폴리펩타이드

2개의 아미노산이 1개의 아마이드 결합으로 연결된 화합물을 다이펩타이드(Dipeptide), 3개의 아미노산이 2개의 아마이드 결합으로 연결된 화합물을 트라이펩타이드(Tripeptide), 2~10개의 아미노산으로 이루어진 펩타이드를 올리고펩타이드(Oligopeptide)라 한다. 단백질은 보통 40개 이상의 아미노산들이 아마이드 결합에 의해 사슬로 연결된 아미노산 중합체인 폴리펩타이드(Polypeptide)이다.

(2) N-말단 및 C-말단 아미노산

펩타이드 결합을 구성하는 단위체인 아미노산을 잔기(Residue)라 한다. 펩타이드 결합 반응에 참여하는 아미노산 잔기 중 카복시기가 펩타이드 결합 반응에 참여하고 아미노기는 반응하지 않은 채 남아 있는 아미노산을 N-말단 아미노산이라 하고, 아미노기가 반응에 참여하고 카복시기는 반응하지 않은 채 남아 있는 아미노산을 C-말단 아미노산이라 한다.

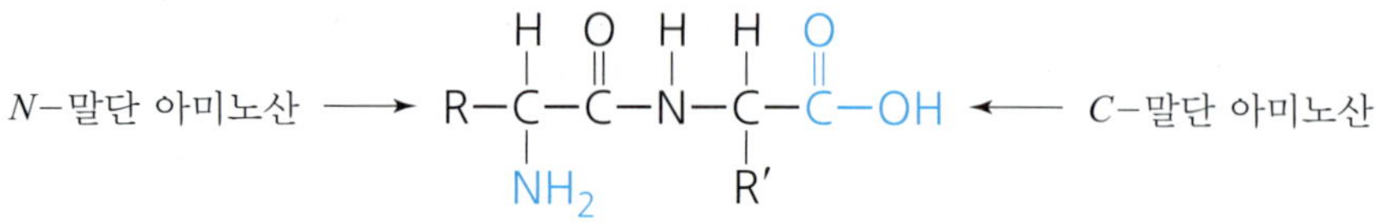

(3) 펩타이드 결합의 표시법과 명명법

펩타이드 결합을 나타낼 때 N-말단 아미노산을 맨 왼쪽 또는 맨 위쪽에 나타내고, C-말단 아미노산은 맨 마지막 또는 맨 아래쪽에 나타내며, 결합은 하이픈(-)으로 나타낸다. 예를 들어 Ala-Phe-Val-Gly로 나타낸 올리고펩타이드의 경우 N-말단 아미노산은 Alanine이고 C-말단 아미노산은 Glycine이다.

펩타이드의 명명은 N-말단 아미노산을 시작으로 순차적으로 연결되어 있는 아미노산의 이름의 어미 ine 대신에 yl을 붙여 나열한 후 C-말단 아미노산 이름을 붙인다. 예를 들어 Ala-Phe-Val-Gly의 이름은 Alanyl-Phenylalanyl-Valyl-Glycine으로 명명한다.

(4) 팹타이드 결합의 구조 특성

팹타이드는 아마이드 결합이다. 아마이드의 C-N 단일 결합이 회전하면 s-trans체와 s-cis체인 2가지 아마이드의 형태 이성질체가 생길 수 있는데 구조에 따라 R기가 멀리 떨어져 있는 s-trans체가 더 안정한 형태가 된다. 따라서 아마이드(펩타이드) 결합의 C-N 결합은 주로 s-trans 형태를 가진다.

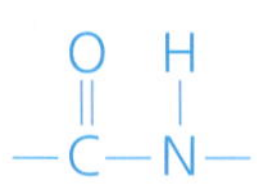

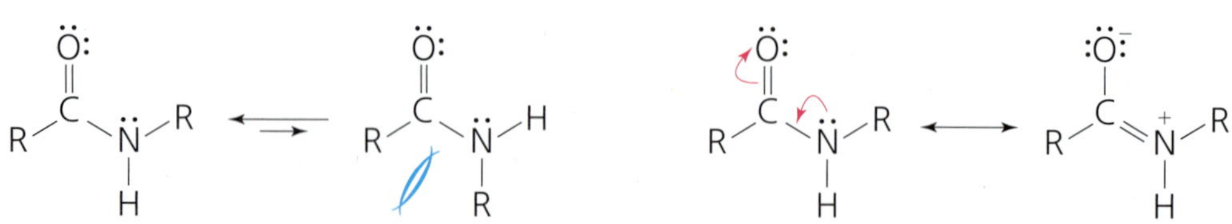

s-trans (더안정) *s*-cis (불안정) 아마이드 공명 구조

한편 아마이드의 카보닐 탄소는 sp^2혼성화되어 있어 평면 구조이고 질소 원자의 비공유

전자쌍은 공명 구조에 참여하고 있기 때문에 염기성이 매우 낮다. 또한 아마이드 결합은 공명에 의해 부분적으로 C=N결합을 이루고 있어 결합 사이의 자유 회전이 제한된다. 이 때문에 펩타이드 결합에 참여한 4개 원자에 2개 α탄소를 합한 6 개의 원자는 모두 동일 평면에 놓여 있게 되는 동시에 C=O 결합은 전자간 반발력을 최소화하기 위하여 N-H 결합과 정반대인 위치에 놓여 있게 되어 전체 모양은 지그-재그 사슬 모양을 하게 된다.

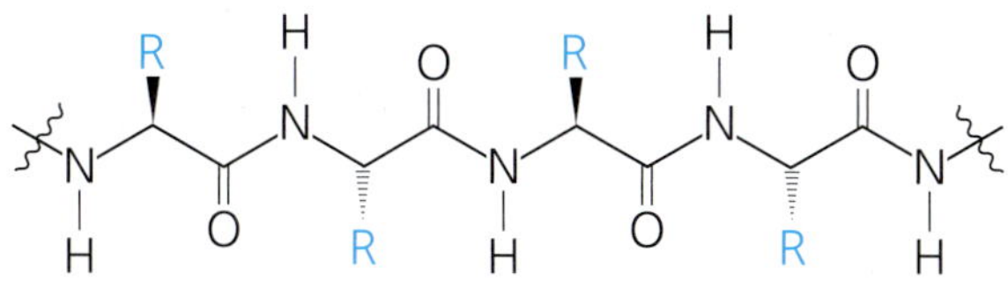

그리고 다음과 같이 프롤린(Proline) 잔기가 포함될 경우 지그-재그 모양이 파괴된다.

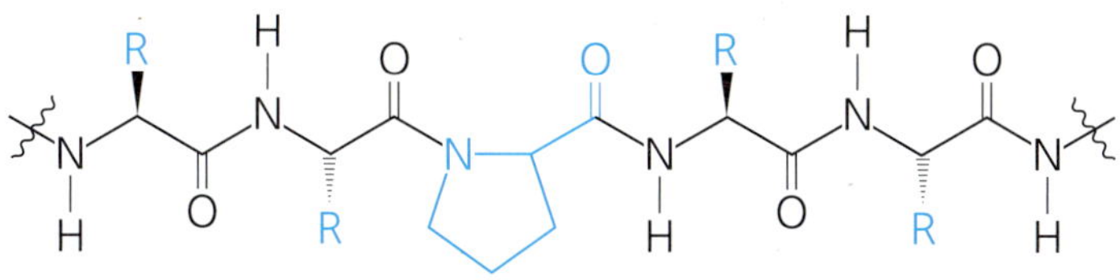

또한 산화되기 쉬운 SH-기를 가진 시스테인(Cysteine)이 잔기로 포함될 경우 Disulfide결합(R-S-S-R)을 생성시킬 수 있다. 이 결합은 같은 사슬에서 루프(Loop) 형태로 생성될 수도 있고 다른 사슬의 Cysteine 잔기와 연결 고리를 형성할 수 있다.

(a) 같은 사슬에 있는 두 SH기 사이　　　(b) 다른 사슬에 있는 두 SH기 사이

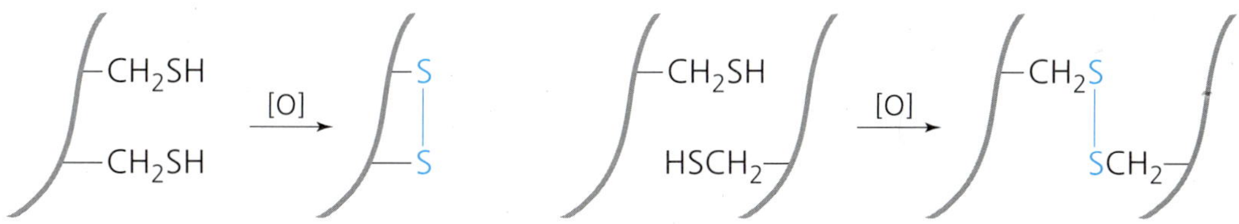

예로서 뇌하수체 호르몬인 Vasopressin(항이뇨, 혈압 상승 작용)과 Oxytoxin(자궁 수축 작용)은 같은 사슬 안에 Disulfide 결합을 가진 펩타이드이고, 인슐린(Insulin) 또한 Disulfide 결합을 이루고 있는 펩타이드 호르몬이며, 그 외 파마 웨이브를 들 수 있다.

(5) 팹타이드의 합성

아미노기로부터 펩타이드를 합성하기 위해서는 우선 쯔비터 이온으로 되어 있는 아미노산의 아미노기와 카복시기를 할성화시켜야 한다. 이를 위한 여러 가지 방법이 있다. 이들

방법의 원리는 아미노기의 염기성 또는 카복시기의 산성을 제거하여 아미노산을 아민 또는 카복실산으로서 반응하게 하는 것이다. 펩타이드 결합의 일반적인 합성법은 아미노기 또는 카복시기가 보호된 아미노산의 합성, 아미노산 사이의 축합 반응(펩타이드 합성), 보호기 제거 등 3단계 반응으로 진행된다.

1 단계 **아미노기 보호**: 아미노산의 아미노기를 반응 후 제거하기 쉬운 아마이드기로 전환시켜(이를 아미노기를 보호한다고 함) 아미노기의 염기성을 제거함으로써 카복시기를 활성화시킨다. 아미노기가 보호된 아미노산은 카복실산으로 반응한다.

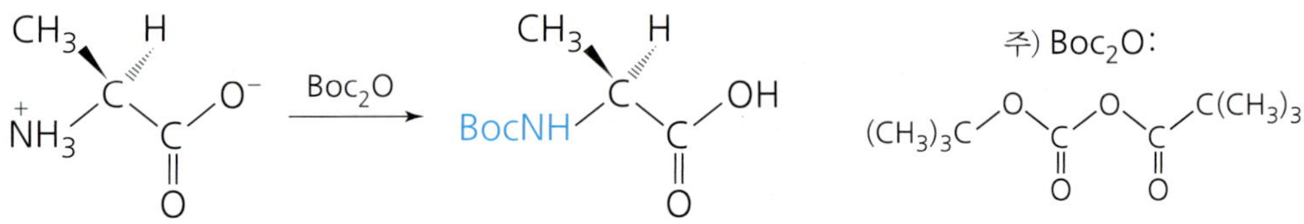

2 단계 **카복시기 보호**: 아미노산의 카복시기를 반응 후 제거하기 쉬운 에스터기로 전환시켜(이를 카복시기를 보호한다고 함) 카복실산의 산성을 제거함으로써 아미노기를 활성화시킨다. 카복시기가 보호된 아미노산은 아민으로 반응한다.

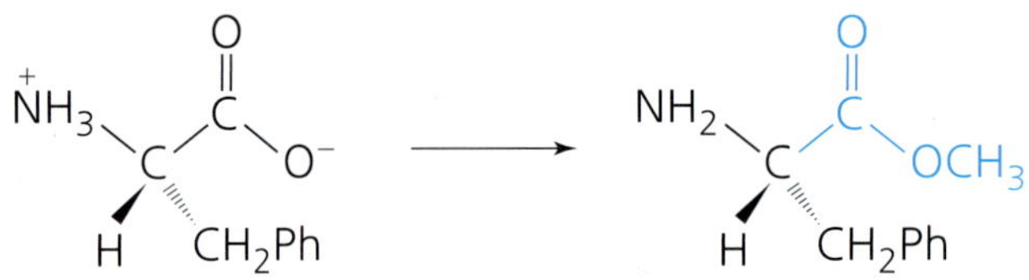

(*S*)−Phenylalanine (Phe)

3 단계 **아마이드(펩타이드) 형성**: DCC와 같은 축합제(탈수제)를 사용하여 아미노기가 보호된 아미노산(카복시기가 활성화된 아미노산)과 카복시기가 보호된 아미노산(아미노기가 활성화된 아미노산) 사이에서 물을 제거시켜 펩타이드 결합을 형성시킨다.

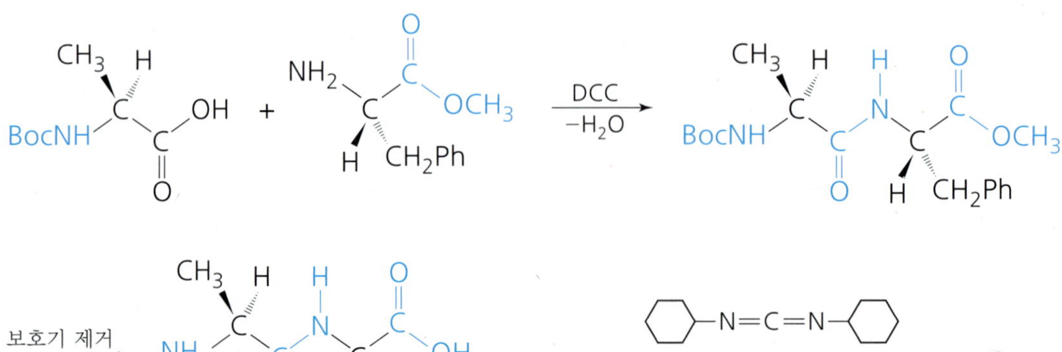

주) DCC = *N*, *N′*−Dicyclohexylcarbodiimide (축합제)

펩타이드 합성 시 자주 사용되는 아미노기 보호기(N−보호기)에는 [Boc(tert−Botoxycarbonyl, t−BuOCO−)기: CF_3CO_2H, HBr 또는 HCl로 제거], [Cbz(Benzyloxycarbonyl, $PhCH_2OCO$−)기: 촉매 가수분해 반응으로 제거], [Fmoc(9−Fluorenylmethoxycarbony)기: NH_3 또는 아민으로 제거]가 있다. 그리고 펩타이드 합성 시 자주 사용되는 카복시기 보호기(RCO_2R')에는 R': Me, Et, t−Bu, Ph, $PhCH_2$,$(CH_3)_3SiCH_2CH_2$, CH_2=$CHCH_2$ 또는 $PhCOCH_2$이다.

(6) Merrifield 고체상법

앞에서 언급한 펩타이드 합성법은 용액 내에서 수행되는 방법이므로 단계마다 생성물을 분리하고 불순물을 제거하는 정제 과정이 필요하다. 따라서 간단한 펩타이드 합성법으로는 유용하나 여러 개의 아미노산이 관여하는 복잡한 펩타이드 합성법으로는 적당하지 않다. 복잡한 펩타이드 합성법으로는 Merrifield 고체상 펩타이드 합성법이 있다. 이 방법은 N−보호 아미노산의 카복시기를 염소화 메틸기를 포함한 불용성 폴리머($ClCH_2$−Ⓟ)와 반응시켜 폴리머가 부착된 에스터 형태로 전환시킨 후 N−보호기를 제거하여 생성한 아미노산의 아미노기를 순차적으로 다른 N−보호 아미노산과 펩타이드 생성 반응을 반복적으로 시행하여 펩타이드를 합성하는 방법이다. 현재는 이 방법을 이용한 자동화 합성 장치도 시판되고 있다.

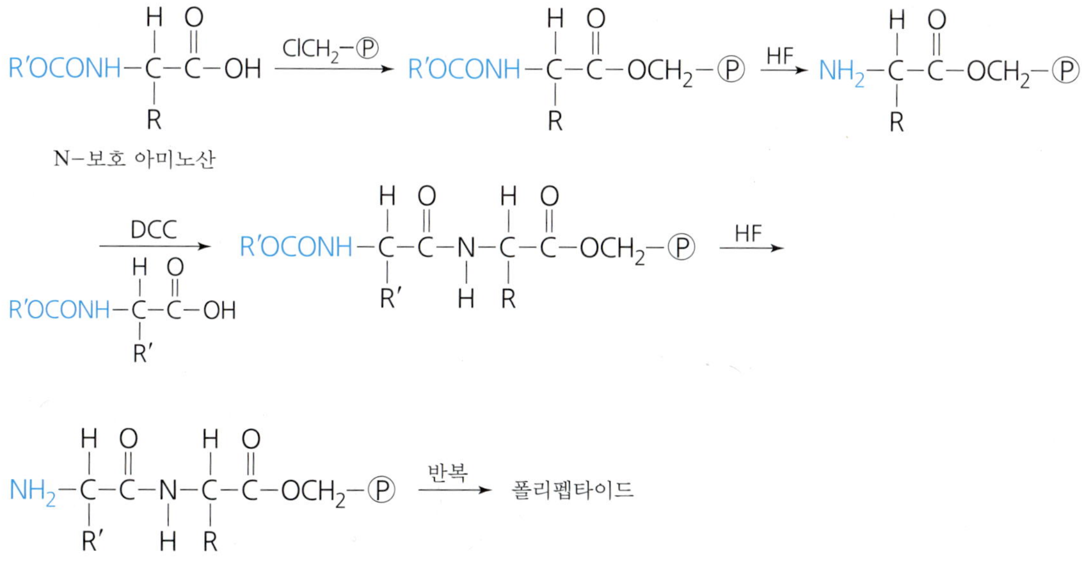

(7) 단백질의 구조 결정(아미노산의 서열 결정법)

단백질 또는 펩타이드는 여러 종류의 아미노산이 펩타이드 결합으로 연결되어 있기 때문에 이들의 구조를 알아내기 위하여는 다음 4 단계를 거쳐야 한다.

1 단계 아미노산 분석기를 사용하여 구성 아미노산의 종류 및 함량을 확인한다.

2 단계 다음과 같이 Sanger법(사용시약: 1-Fluoro-2,4-dinitrobenzene, Dinitrophenyl기 표지 펩타이드 생성) 또는 Edman법(사용시약: Phenylisothiocyanate, Phenylthiocarbamoyl기 표지 펩타이드 생성)으로 N-말단 아미노산의 종류를 확인한다.

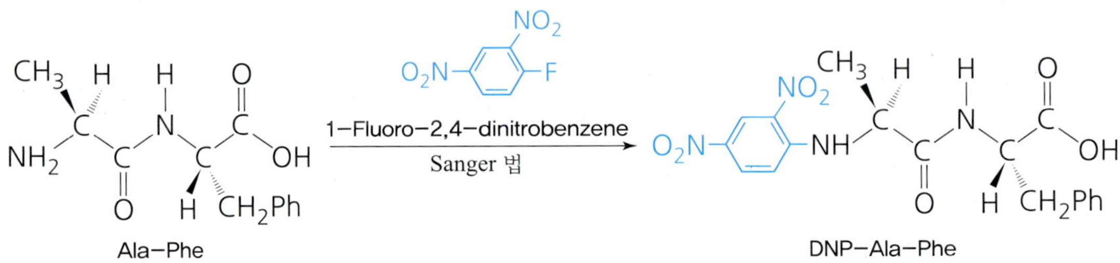

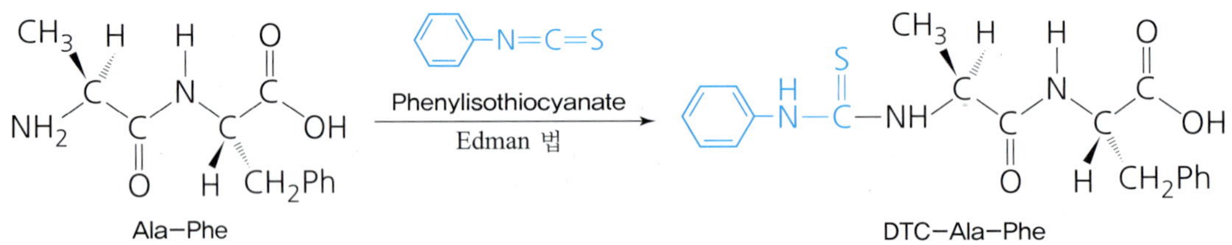

3 단계 특정 효소 및 화학 시약을 사용하여 단백질의 C-말단 아미노산을 확인한다. 다음은 폴리펩타이드를 선택적으로 분해하는 몇 가지 효소와 시약이다.

표 15.11 효소(시약) 별 아미노산 분해 위치

효소 또는 시약	분해 위치
Trypsin	Lys, Arg 의 카복시기 부분
Chymotrypsin	Phe, Tyr, Trp의 카복시기 부분
Cyanogen Bromide(CNBr)	Met의 카복시기 부분
Carboxylpeptidase	C-말단 아미노산

4 단계 특정 아미노산의 펩타이드 결합을 분해 후 2~3단계를 반복한다.

위와 같이 최종적으로 1~4단계를 종합하여 전체 단백질의 아미노산 서열을 결정하게 된다.

15.4 지질 화학

지질(Lipid)은 물에는 녹지 않고 비극성 유기 용매에 녹는 생체 내 물질을 말한다. 지질은 화학적 구조로 분류한 것이 아니고 용매에 대한 용해도로 정의된 용어이기 때문에 다양한 구조를 가진 유기 화합물이 여기에 포함된다. 이들의 화학 구조는 탄수화물, 핵산, 단백질과는 다르게 중합체가 아니다. 다시 말해 지질은 살아있는 생명체의 세포의 구성물질 중 비수용성 물질로서 물에는 녹지 않으나 에테르, 벤젠 등과 같은 비극성 유기용매에는 잘 용해한다. 이러한 용해 성질 때문에 세포나 조직에서 지질을 쉽게 분리해 낼 수가 있다. 비극성 용매에 대한 지질의 용해도는 지질의 탄화수소 성분 때문이다. 지질은 기름(Oil)이나 지방(Fat)의 성질을 가진다

15.4.1 지질 분류와 종류

지질은 가수분해 성질과 구성 성분에 따른 2가지 기준에 따라 분류한다. 우선 가수분해 성질에 따른 분류는 가수분해형 지질(분자 내에 에스터기 가짐)과 비가수분해형 지질로 나눈다.

표 15.12 가수분해 성질에 따른 지질 분류

구분	종류
가수분해형	· 중성 지방(지방, 기름): 글릴세롤의 지방산 에스터 · 왁스(Wax): 고급 알코올의 지방산 에스터 · 인지질: 글리세롤의 지방산과 인산 에스터 · 스핑고지질: 아미노알코올 함유 지질 · 당지질: 탄수화물 글리세라이드
비가수분해형	· 지방산: 단순 지방산 및 에이코사노이드 · 고급 알코올: 탄소 원자가 많은 알코올 · 지용성 비타민: 비타민 A, D, E, K · 탄화수소: 파라핀류 및 터펜 · 스테로이드: 콜레스테롤, 담즙산, 성호르몬 및 부신피질호르몬

다른 1가지는 구성 형태에 따라 단순, 복합, 유도 지질로 분류한다. 즉 ① 단순 지질은 중성 지방 및 왁스 ② 복합 지질은 인지질, 스핑고지질, 당지질 ③ 유도 지질은 비가수분해형 지질(지방의 가수분해 및 생합성에서 생긴 지질)을 포함한다.

15.4.2 중성지방 트리글리세라이드(유지)

유지는 동물성 지방(Fat)과 식물성 기름(Oil)을 말하는데 이것은 자연계에 널리 분포하는 지질이다. 유지는 글리세롤의 3개의 OH기가 지방산과 에스터를 이루는 트라이아실글리세롤(Triacylglycerol)

또는 트라이글리세라이드(Triglyceride) 이다.

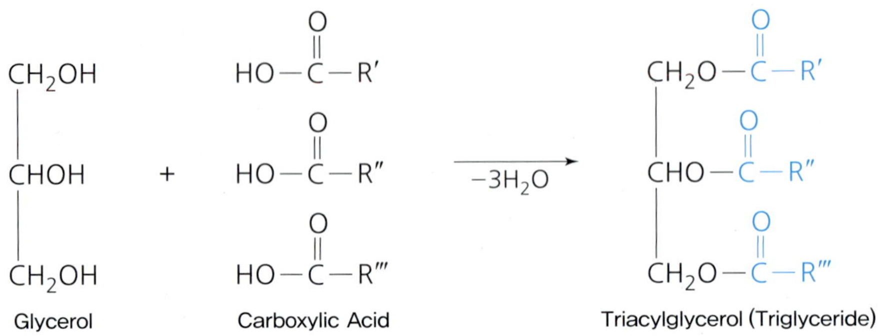

트라이글리세라이드는 2가지 형태가 가능한데, 3가지 지방산이 모두 같은 단순형 트라이글리세라이드와 서로 다른 지방산으로 이루어진 혼합형 트라이글리세라이드가 있다. 일반적으로 지방이나 기름은 1종류의 단순형 트라이글리세라이드가 아니라 트라이글리세라이드의 복잡한 혼합물로 이루어져 있다.

$CH_3(CH_2)_7CH{=}CH(CH_2)_7COOH$

Oleic Acid
(녹는점: 4℃)

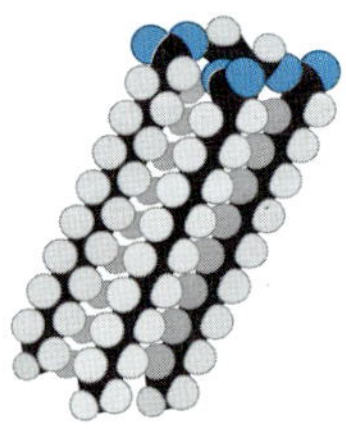

지방 (고체)

$CH_3(CH_2)_{16}COOH$

Stearic Acid
(녹는점: 69℃)

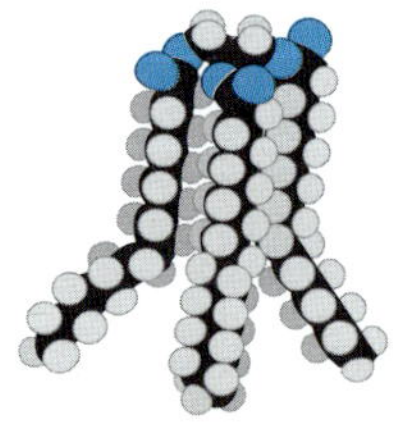

기름 (액체)

$CH_3CH_2(CH{=}CHCH_2)_3(CH_2)_6COOH$

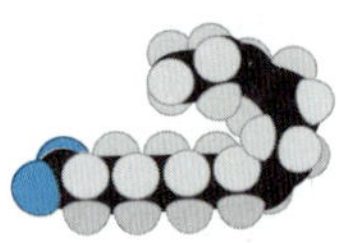

Linolenic Acid
(녹는점: −11℃)

기름은 상온에서 액체이나 지방은 고체 혹은 반고체이다. 기름은 보통 옥수수, 콩, 올리브, 땅콩 등의 식물에서 얻는다. 기름은 주로 불포화 지방산 성분의 트라이글리세라이드로 시스 형태의 구조를 가진다. 이러한 구조는 지그-재그 형태로 꼬여서 서로 단단하게 쌓일 수 없어 상대적으로 낮은 녹는점을 가지고 실온에서 액체로 존재하게 된다. 지방은 보통 동물들에서 얻어지며 포화되거나 혹은 하나의 2중결합만을 가진 지방산을 성분으로 가진 트라이글리세라이드로 이루어져 있다. 포화 지방산 성분의 지방은 서로 가깝게 쌓여서 분자들간의 결합력이 상대적으로 커져서 녹는점이 높게 되고 실온에서 고체가 된다. 기름(액체)과 지방(고체)은 기본적으로 같은 구조를 가진 트라이글리세라이드이다. 자연에서 산출되는 대부분의 지방과 기름은 다양한 포화 지방산과 불포화 지방산이 포함된 트라이글리세라이드 혼합물이다. 일반적으로 식물과 냉혈동물로부터 얻은 기름은 항온동물로부터 나온 기름보다 불포화도가 높다.

그리고 대부분의 지질(유지)은 가수분해하면 지방산을 생성한다. 지방산(Fatty Acid)은 긴 탄소사슬을 가진 카복실산이다. 지방산의 성질은 탄소 사슬에 의해 좌우된다. 자연에서 발견되는 대부분의 지방산은 탄소 2개를 가진 아세트산 유도체에서 합성되기 때문에 탄소수가 짝수이며 가지가 없다. 지방산은 포화 지방산과 2중결합을 가진 불포화 지방산이 있다. 2개 이상의 2중결합을 가진 지방산을 다중 불포화 지방산이라 한다. 자연계에서 발견되는 불포화 지방산은 안정한 트랜스 형태가 아니고 시스 구조로서 하나의 CH_2에 의해 나누어져 있다. 다음 표에 자연에서 흔히 발견되는 지방산을 나타내고 있다.

(1) 포화 지방산

주로 동물성 지방에 많이 포함되어 있고 상온에서 고체이다. 포화 지방산의 녹는점은 분자량이 증가함에 따라 증가한다.

표 15.13 포화지방산 예

관용명(계통명)	탄소수	녹는점(℃)	구조식
Lauric Acid (Dodecanoic Acid)	12	44	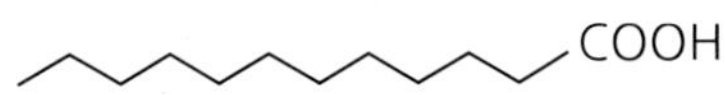
Myristic Acid (Tetradecanoic Acid)	14	54	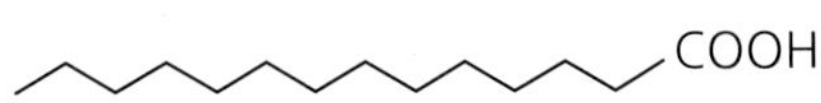
Palmitic Acid (Hexadecanoic Acid)	16	63	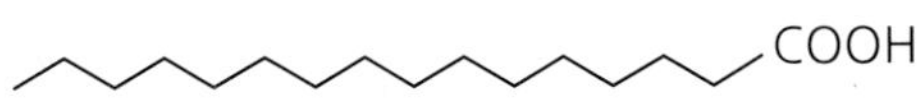
Stearic Acid (Octadecanoic Acid)	18	69	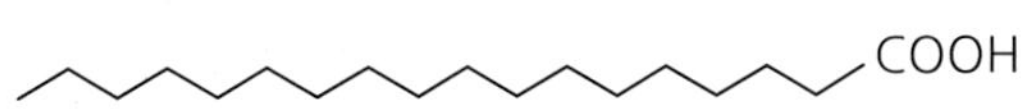
Arachidic Acid (Icosanoic Acid)	20	76	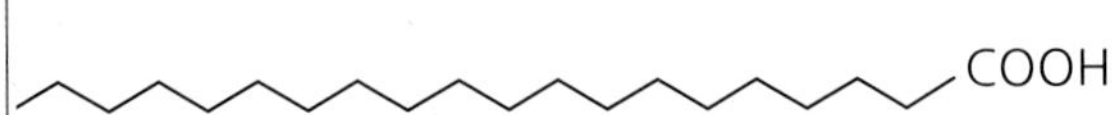

(2) 불포화 지방산

주로 식물성 기름에 많이 포함되어 있고 상온에서 액체이다. 불포화 지방산의 녹는점도 분자량이 증가함에 따라 증가하나 비슷한 분자량을 가진 포화 지방산보다 현저하게 낮다. 이는 시스 형태의 2중결합은 분자 안에서 지그-재그 형태의 구부러진 구조를 만들고 이는 불포화 지방산이 포화 지방산처럼 층층이 쌓이는 것을 막아서 분자 상호간의 인력을 작게 하여 녹는점이 낮아진다. 시스 형태의 2중결합의 개수가 증가할수록 녹는점은 더 낮아짐을 알 수 있다.

표 15.14 불포화지방산 예

관용명(계통명)	탄소수	녹는점 (℃)	구조식
Oleic Acid [(Z)–Hexadec–9–eonic Acid]	18	13	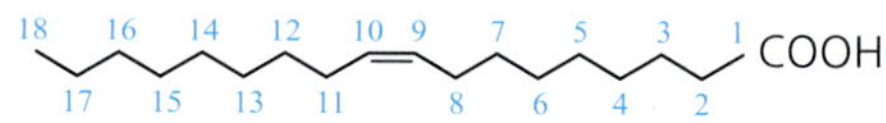
Linoleic Acid(리놀레산) [(9Z, 12Z)–Octadeca– 9,12–dienoic Acid]	18	–5	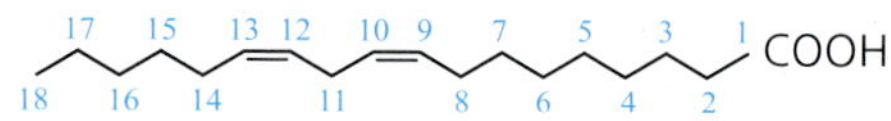
Linolenic Acid(리놀렌산) [(9Z, 12Z, 15Z)–Octadeca– 9,12,15–trienoic Acid]	18	–11	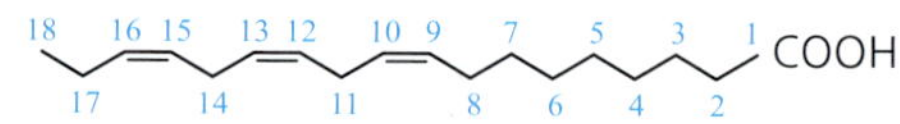
EPA[(5Z, 8Z,11Z,14Z,17Z)–Eicosa– 5,8,11,14,17–pentaenoic Acid	20	–49	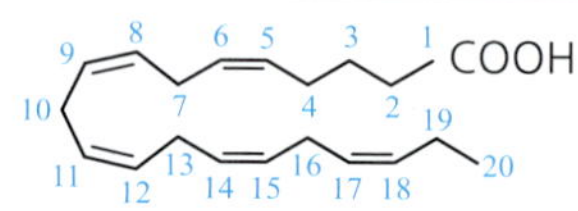

참 고 **트라이아실글리세롤**

중 상온에서 고체인 물질을 지방이라 하고 액체인 물질을 기름이라 하는데 구성 지방산이 포화 지방산이면 지방이 되고 불포화 지방산이면 기름이 된다. 이는 지방과 기름의 분자간 인력에 작용하는 van der Waals 인력의 차이 때문에 일어나는 현상으로 기름인 경우 구성 성분이 cis 형 입체 구조를 가진 불포화 지방산이어서 구부러진 분자 모양 때문에 van der Waals 인력이 포화 지방산에 비해 약하다. 보통 동물성 지방은 포화 지방산이 그리고 식물성 기름에는 불포화 지방산이 상대적으로 많이 포함되어 있다.

15.4.3 필수 지방산(오메가 지방산)

우리 몸은 지질 성분이 아니더라도 생체내 반응(대사 과정)을 통하여 탄수화물과 단백질로부터 필요한 많은 종류의 지방산을 만들어 사용한다. 그러나 필수 지방산은 인체에서 생합성 되지 않는 지방산으로 음식물로 섭취해야 되는 지방산을 말한다. 소위 오메가–3 지방산이라 부르는 EPA(20:5), DHA(22:6), α –Linolenic Acid(18:3)와 오메가–6지방산이라 부르는 γ –Linolenic Acid(18:3), Arachidonic Acid(20:4)등이 여기에 속한다. 이들은 2중 결합이 2개 이상 있는 불포화 지방산들이다. EPA(20:5)란 탄소 20개로 2중 결합 5개를 가지고 있는 지방산이라는 의미이다. 또한 오메가-3 지방산이란 명칭도 카복시기 반대쪽 맨 끝 탄소 원자를 시작으로 번호를 붙여 3번째 탄소 원자에 2중 결합을 가지고 있는 지방산이라는 의미이다. 이들은 등 푸른 생선에 많이 포함되어 있고 혈액에 있는 중성 지방 또는 콜레스테롤을 낮추고 류마티스 관절염과 건선과 같은 자기면역 질환에서 증상을 완화시키는 기능이 있다고 알려진 기능성 식품이다.

(1) 오메가(ω)-3 지방산

오메가-3 지방산에는 아래와 같이 EPA, DHA, α-Linolenic Acid가 있다.

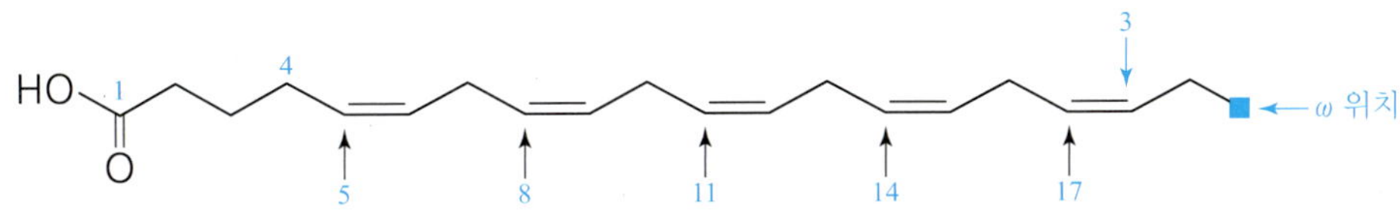

IUPAC명	(5Z, 8Z, 11Z, 14Z, 17Z)-Eicosa-5,8,11,14,17-pentaenoic Acid
관용명	Eicosapentaenoic Acid(EPA)

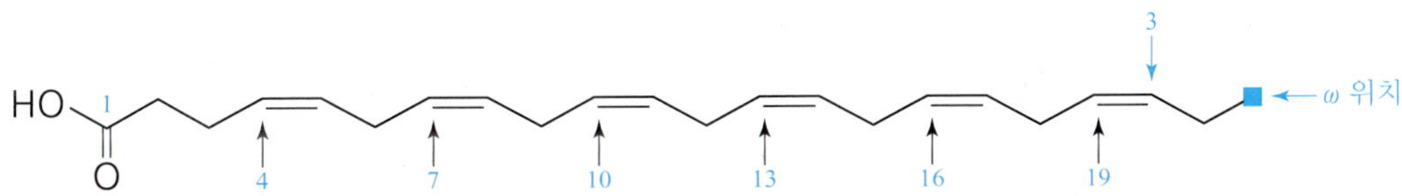

IUPAC명	(4Z, 7Z, 10Z, 13Z, 16Z, 19Z)-Docosa-4,7,10,13,16,19-hexaenoic Acid
관용명	Docosahexaenoic Acid(DHA)

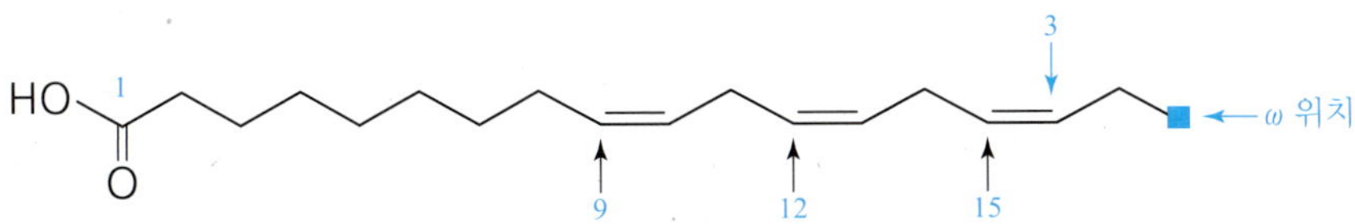

IUPAC명	(9Z, 12Z, 15Z)-Octadeca-9,12,15-trienoic Acid
관용명	γ-Linolenic Acid

(2) 오메가(ω)-6 지방산

오메가-6 지방산에는 아래와 같이 γ-Linolenic Acid와 Arachidonic Acid가 있다.

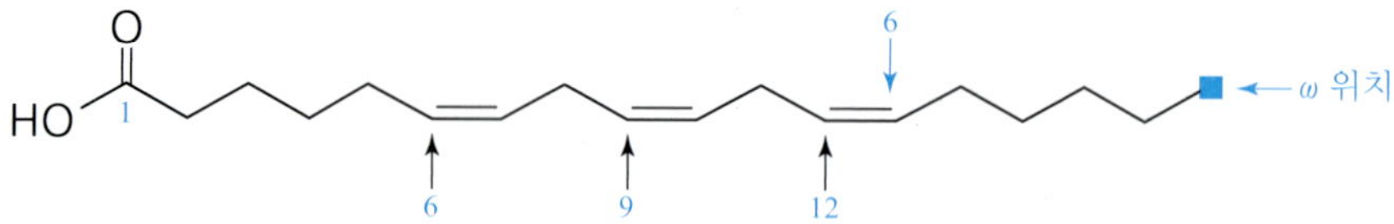

IUPAC명	(6Z, 9Z, 12Z)–Octadeca–6,9,12–trienoic Acid
관용명	γ–Linolenic Acid

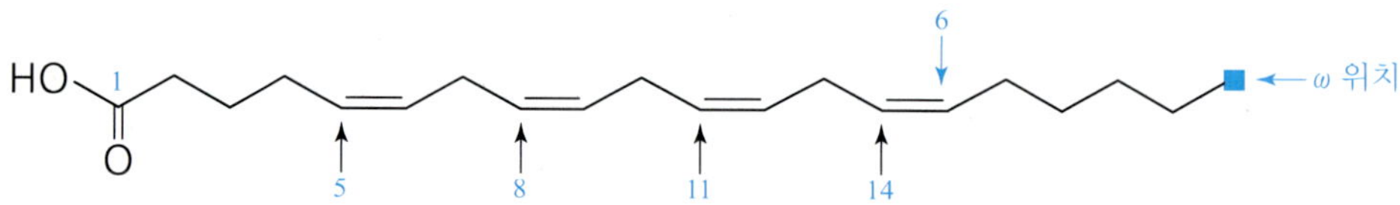

IUPAC명	(5Z, 8Z, 11Z, 14Z)–Eicosa–5,8,11,14–tetraenoic Acid
관용명	Arachidonic Acid

참 고 **오메가 지방산**

불포화 지방산에서 메틸기로부터 첫 번째 2중결합의 위치를 가리킬 때 오메가(ω) 지방산으로 부른다. 예를 들면, α–리놀렌산은 첫 번째 2중결합이 3번째 탄소에 있기 때문에 오메가–3 지방산(Omega–3 Fatty Acid)이라고 하고, 같은 방법으로 γ–리놀렌산은 오메가–6 지방산(Omega–6 Fatty Acid)이 된다. α–리놀렌산은 아마인유(Linseed Oil)에 다량 함유되어 있고, EPA와 DHA는 고등어, 정어리, 청어, 참치, 꽁치 등과 같은 등이 푸른 생선에 많이 함유되어 있다. DHA는 어린이들의 뇌발달, 노화방지, 기억력 향상에 효과가 있고, EPA는 혈중 LDL(Low Density Lipoprotein, 저밀도 지방 단백질) 콜레스테롤(Cholesterol)을 저하시키고 고혈압, 동맥경화, 심근경색 등 심혈관계 질환을 예방하는 효과가 있는 것으로 알려져 있다.

15.4.4 경화유와 트랜스 지방

동물 지방은 식물유에 비해 포화 지방산의 비율이 상대적으로 높다. 콩, 면실유와 같은 식물유를 촉매 수소화 반응시키면 구성 성분인 불포화 지방산의 C=C 결합에 수소가 첨가되어 포화 지방산으로 전환되면서 고형화된다. 일종의 액체 유지인 기름을 고형화 내지 반고형화된 지방으로 전환시킨 것이다. 마가린과 튀김 요리에 사용되는 쇼트닝 기름이 여기에 속한다.

(1) 경화유

다중불포화 기름의 C=C 2중결합은 니켈 촉매를 사용하는 촉매 수소첨가반응(Catalytic Hydrogenation)에 의하여 환원시킬 수 있는데 이 반응을 경화(Hardening)라고 한다. 이 반응으로 고체 또는 반고체 상태의 지방을 만들 수 있다. 튀김 요리에 사용되는 쇼트닝(Shortening) 기름은 홍화씨 기름과 콩 기름과 같은 식물성 기름을 수소를 첨가하여 만드는 식물성 지방이다. 수소첨가반응으로 이중결합을 환원하면 라드(Lard, 정제된 동물성 기름에서 얻어지는 부드럽고 흰 고체)와 비슷한 크림 같은 부드러운 지방이 생성된다. 마가린(Margarine)은 버터와 같은 맛을 내려고 뷰탄알(Butanal)로 풍미를 더한 쇼트닝과 유사한 물질이다. 쇼트닝과 마가린은 라드를 대신하여 음식을 만들고 빵을 굽는 데 사용되고 있다.

몇 가지의 유지(지방과 기름)을 가수분해시 얻어지는 지방산의 대략적 조성은 다음 표와 같다.

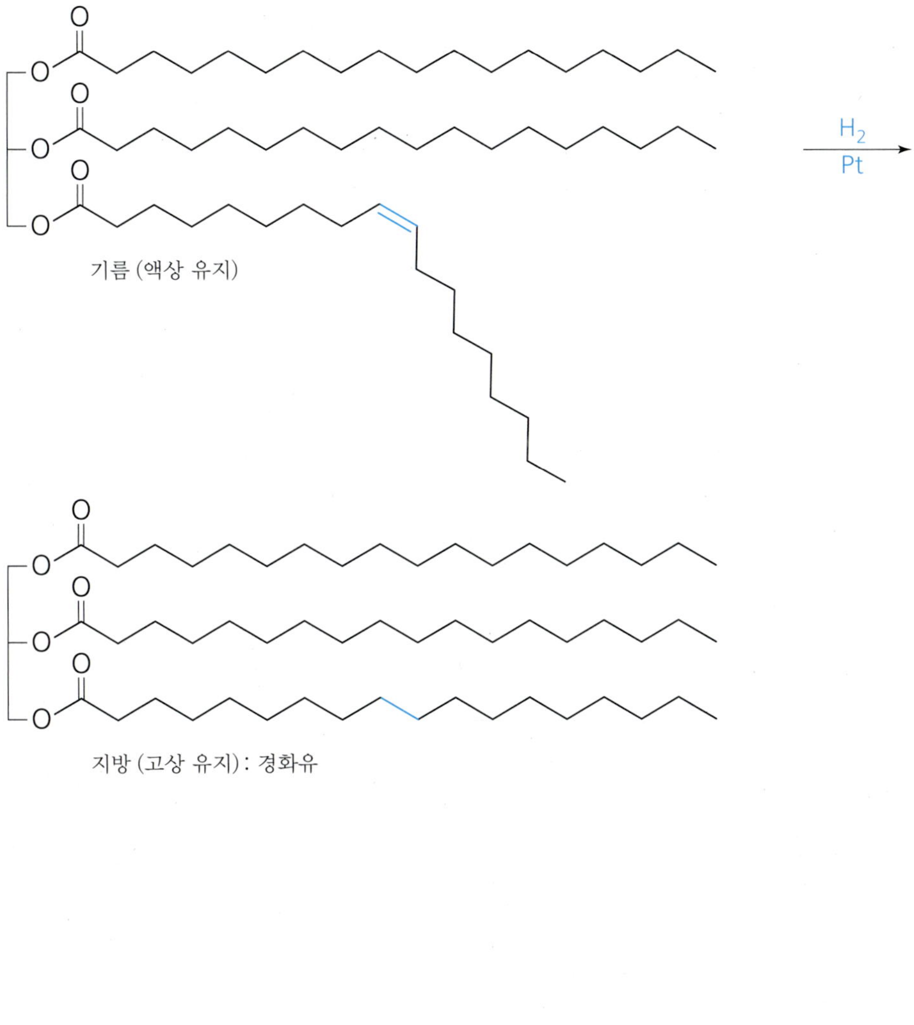

표 15.15 유지 가수분해시 생성 지방산

근 원		용융점 (℃)	포화지방산				불포화 지방산		
			Lauric C_{12}	Myristic C_{14}	Palmitic C_{16}	Stearic C_{18}	Oleic C_{18}	Linoieic C_{18}	Linolenic C_{18}
동물성 지방	버터	32	2	10	30	9	25	4	–
	고래기름	24	–	8	12	3	35	10	–
	쇠기름	44	–	1	3	28	23	40	2
식물성 기름	옥수수	20	–	1	10	4	35	45	–
	올리브	–6	–	–	10	2	81	7	–
	땅콩	3	–	–	8	3	56	26	–
	참깨	–6	–	–	10	4	45	40	–
	콩	–16	–	–	8	5	28	54	5

(2) 트랜스유

경화유를 만드는 과정에서 수소첨가 반응 조건이 완벽하지 못하면 부분첨가 반응 생성물이 만들어질 수 있는데 이 과정에서 cis형 입체 구조가 trans 입체 구조로 바뀌는 이성질화 반응이 일어나게 된다. 이 결과 생성된 지방산을 트랜스 지방(trans Fat)이라고 한다. 다시 말해 식물성 기름의 수소화 과정에서 자연계에서 존재하던 시스 구조가 수소화 반응에 사용되는 열에 의하여 2중결합의 일부에 시스-트랜스 이성질화 반응이 일어나 약 10~15%의 트랜스 지방산(trans Fatty Acid)이 포함된 지방이 생성된다. 예를 들면 리놀레산(Lenoleic Acid)이 이성질화 반응에 의해 올레산의 이성질체인 엘라이드산으로 전환된다.

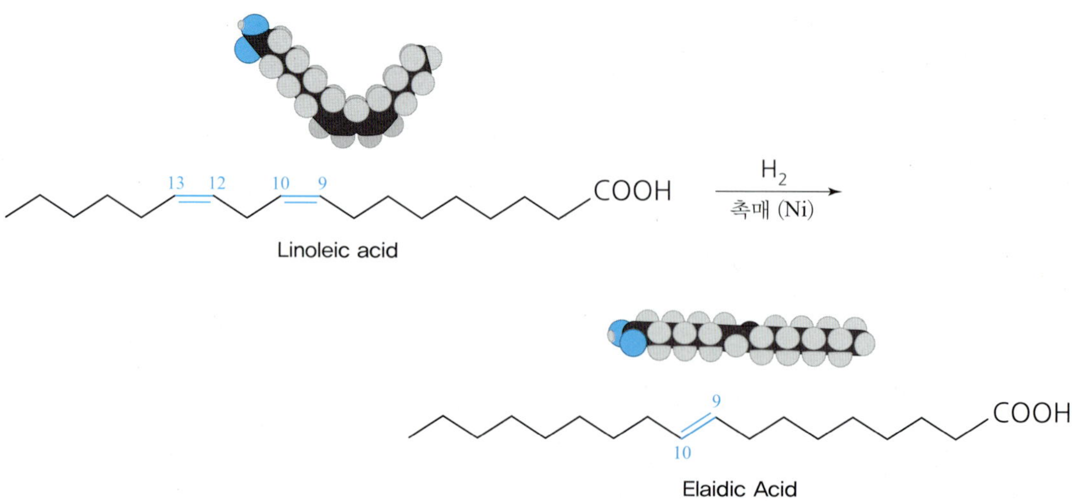

트랜스 지방을 많이 섭취하면 고지혈증과 같은 심혈관계 질병에 걸릴 수 있는데 이것은 우리 몸이 가지고 있는 지방 가수분해인 Lipase는 트랜스 지방을 가수분해 할 수 없어 트랜스 지방이 혈액 속에 그내로 남아 있기 때문이다. Lipase는 cis형 지방산으로 구성되어 있는 천연 유지만 가수분해 할 수 있다.

15.4.5 비누화 반응

트라이아실글리세롤(지방, 기름)을 NaOH 수용액으로 가수분해하면 글리세린과 지방산 소듐이 생성된다. 이렇게 생성된 지방산 소듐이 비누이다. NaOH 대신에 KOH를 사용하면 포타슘 비누가 만들어진다. 비누 분자는 물에 녹는 친수성 부분(카복실산염)과 친유성(소수성) 부분(탄화수소 사슬 부분)을 함께 가지고 있다. 따라서 비누 분자 전체가 물에 녹는 것이 아니라 친수성 부분은 물에 녹고 친유성 부위는 기름에 녹는다. 비누는 물속에서 개별 이온으로 존재하지 않고 탄화수소 꼬리는 소수성 구형 내부에서 서로 뭉치고 뭉치 표면에 있는 부분(카복실산염의 이온성 부분)은 물층을 향하게 된다. 이러한 구형 뭉치를 마이셀(Micelle)이라 한다. 비누의 세척 원리는 오염원인 기름이 비누의 마이셀 중앙의 비극성 부분에 녹아 들어 물에 쉽게 분산되는 것이다. 비누는 Mg^{2+} 또는 Ca^{2+}이 다량 녹아 있는 센물(경수)에서는 양이온 교환 반응이 일어나 물에 녹지 않는 마그네슘 또는 칼슘 비누가 생성되기 때문에 비누로서의 기능이 떨어진다. 세제로서의 이러한 결점을 보완하기 위하여 합성세제가 개발되었다. 이들 합성세제 대부분은 탄소 사슬이 긴 설폰산염 구조를 가지고 있다. 이들 분자는 친수성과 친유성 부위를 모두 가지고 있으며 어느 정도의 센물에서도 세제로서의 사용이 가능하다.

참 고 **비누(Soap) 제법**

유지를 알칼리와 함께 가수분해하면 글리세롤과 긴 사슬의 지방산 나트륨 혹은 칼륨 염의 혼합물이 생기는데 이 반응을 비누화 반응(Saponification)이라 한다.

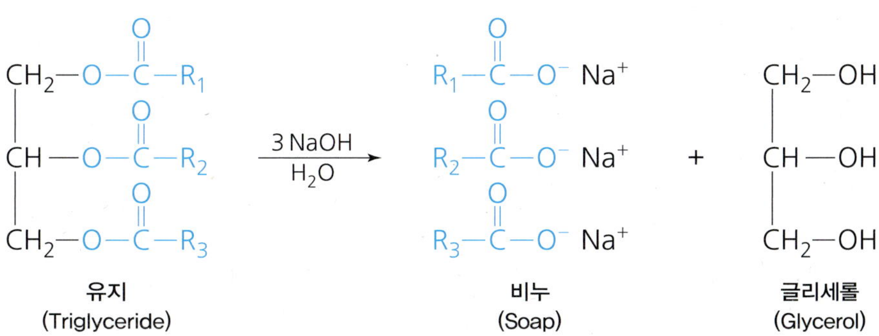

비누화 반응으로 생긴 혼합물에는 지방산 나트륨 염인 비누와 함께 글리세롤과 과잉의 남은 알칼리가 포함되어 있다. 여기에 물과 함께 NaCl을 첨가하면(염석이라 함) 순수한 비누를 정제해 낼 수 있다. 비누는 분자의 양쪽 끝이 서로 다른 작용기를 가지기 때문에 세척제로 사용된다. 비누 분자의 카복실산 음이온 말단은 친수성(Hydrophilic, 물과 친함)으로 물에 잘 녹는 성질이 있고, 분자의 긴 지방족 사슬 부분은 친유성(Hydrophobic, 기름과 친함)으로 기름에 잘 녹게 된다.

일반적으로 1분자 내에 친수성기와 친유성(소수성)기를 동시에 가진 화합물을 계면활성제(Surfactant: Surface Active Agent)라 한다. 비누는 계면활성제로 분류되며, 비누의 이러한 2가지의 상반된 성질 때문에 비누는 물때와 기름때 모두에 결합성을 가지게 되므로 세제로 사용된다.

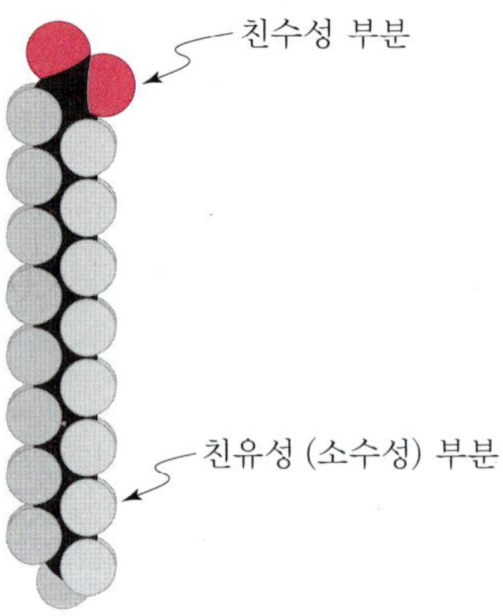

비누 분자

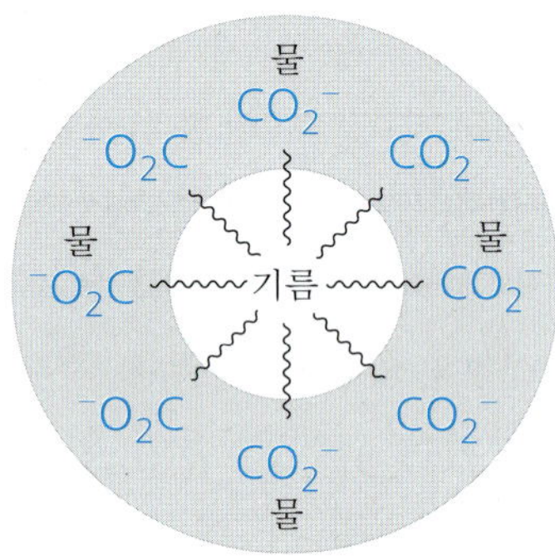

마이셀 (Micelle)

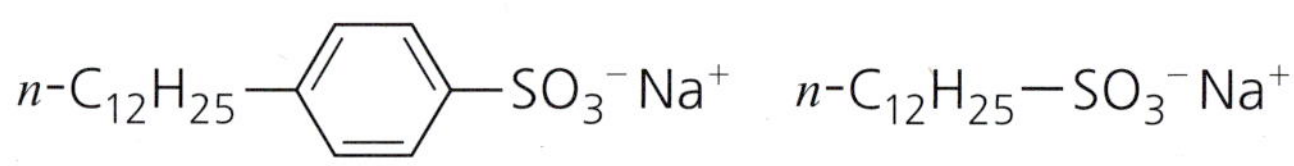

Sodium Dodecylbenzenesulfonate   Sodium Laurylsulfate

합성세제로서 설폰산염

15.4.6 왁스(Wax)

소수성 고체로서 식물의 잎, 동물의 털, 조류의 깃털에서 발견되는 생체 보호용 피복물질이다. 화학적 조성은 가지가 없는 긴 사슬의 지방산과 긴 사슬의 알코올 사이에서 만들어진 에스터이다. 예를 들면 벌집의 구조체인 밀납(꿀벌 왁스, Beewax)과 비누와 화장품의 연화제로 사용되는 향유고래 왁스인 Spermaceti는 C_{16}의 포화지방산인 Palmitic Acid(Hexadecanoic Acid)의 에스터이다. 또한 야자수잎 왁스로 자동차나 가구의 광택제로 사용되는 카노바(Carnauba) 왁스는 C_{32}지방산과 C_{34}알코올의 에스터이다. 한편 의약품 연고 기제로 사용되는 바셀린과 양초 원료로 많이 사용되는 파라핀 왁스는 왁스란 이름은 동일하지만 탄화수소로만 되어 있는 물질이다.

$CH_3(CH_2)_{14}\overset{O}{\overset{\|\|}{C}}OCH_2(CH_2)_{28}CH_3$	$CH_3(CH_2)_{14}\overset{O}{\overset{\|\|}{C}}OCH_2(CH_2)_{14}CH_3$	$CH_3(CH_2)_{30}\overset{O}{\overset{\|\|}{C}}OCH_2(CH_2)_{32}CH_3$
Triacontyl Hexadecanoate **꿀벌 왁스 성분**	Hexadecyl Hexadecanoate **향유고래 왁스 성분**	Tetracontanyl Dotriacontanoate **카노바 왁스 성분**

15.4.7 복합 지질

복합 지질에는 인지질과 스핑고지질이 있다.

(1) 인지질(Phospholipid)

트라이아실글리세롤에 있는 글리세롤의 말단 OH기가 지방산 대신 인산과 에스터를 형성한 구조를 가진 물질이다. 포스포아실글리세롤(Phosphoacylglycerol) 또는 포스포아실글리세라이드(Phosphoacylglyceride)라고 한다. 인지질에서 보통 인산 잔기는 에스터 형태로 존재하나 잔기가 인산으로 존재하고 C_2의 입체 배열이 R인 화합물을 포스파티드산(Phosphatidic Acid)이라 한다. 이것은 세포막의 지질 2중층을 형성하는 주성분으로 극성 부분인 인산 잔기는 2중층 양쪽 표면에 노출되어 있고 지방산은 2중층 내부를 이루고 있다. Cephalin은 포스파티드산의 인산기가 아미노 알코올과 에스터를 형성한 물질로 세포막 성분 중 하나이다.

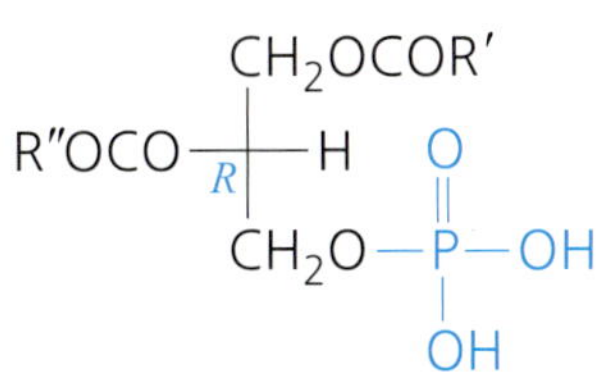

Phosphatidic Acid

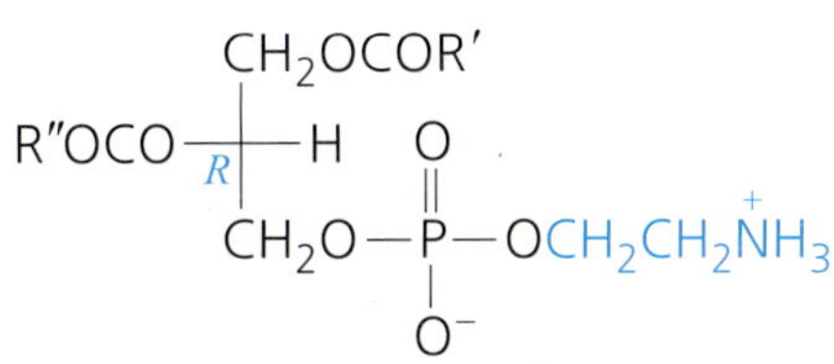

Cephalin

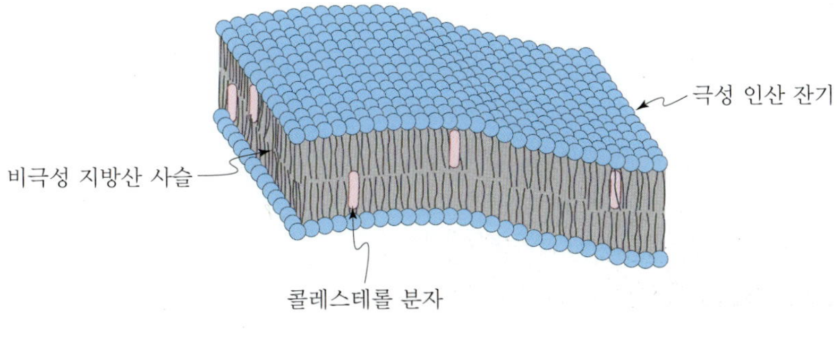

세포막 지질 2중층

(2) 스핑고지질(Sphingolipid)

아미노 알코올인 스핑고신(Sphingosine)의 아미노기에 아마이드 결합을 한 지방산 잔기와 C_1의 OH기에 무수물 형태로 결합한 인산 잔기 또는 당류가 글리코사이드 결합 형태인 잔기로 존재하는 지질이다. 그중 대표적인 것이 신경 섬유에 많이 분포되어 있는 스핑고마이엘린(Sphingomyelin)인데 이들은 입체 배열이 S,S인 구조를 가지고 있다.

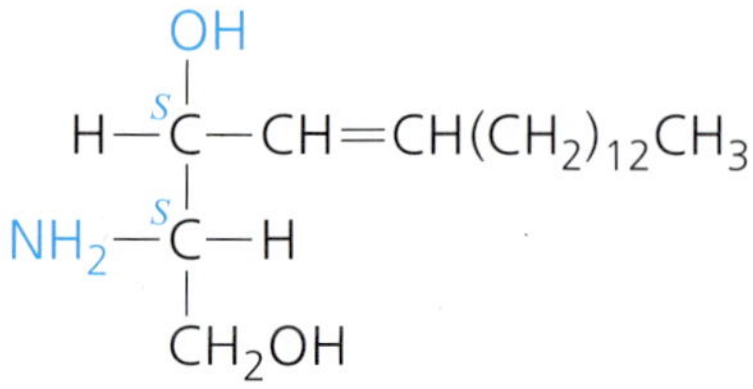

Sphingosine

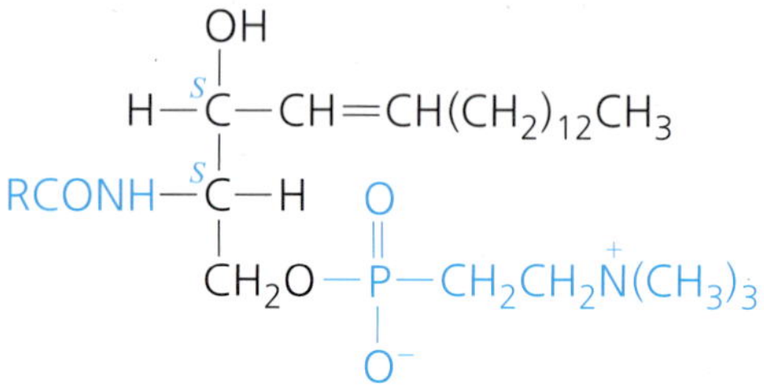

Sphingomyelin

15.4.8 에이코사노이드(Eicosanoid)

20개의 탄소 사슬과 4개의 시스 알켄 구조를 가진 불포화 지방산인 Arachidonic Acid(20:4)에서 만들어진 프로스타글란딘(Prostaglandin), 류코트리엔(Leucotriene), 트롬복세인(Thromboxane), 프로스타싸이클린(Prostacycline) 등을 통틀어 부르는 이름이다. 이들은 체내의 모든 조직에서 만들어지는 다양한 생리활성을 가진 불포화 지방산들로서 이들 물질은 미리 만들어져 축적되는 것이 아니라 외부 자극에 의하여 만들어진다. 이들 에이코사노이드의 생리 작용은 각각 다음과 같다.

(1) 프로스타글란딘(Prostaglandin)

염증 조절, 혈압 조절, 혈소판 응집 억제, 자궁 수축(유도 분만제로 사용), 위액 분비 감소, 위점액 분비 자극(위궤양 치료제로 사용)에 관여한다.

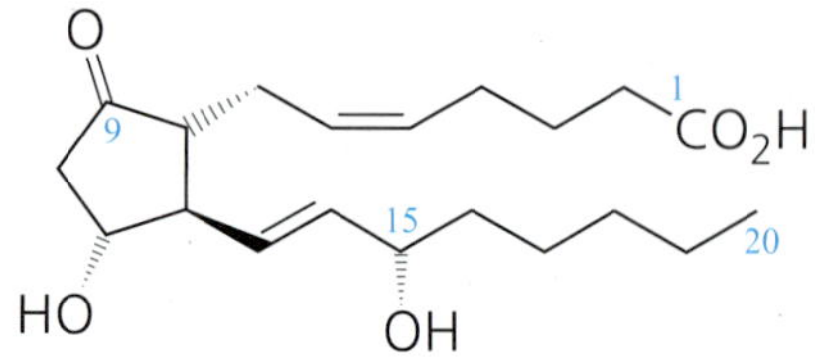

PGE_2(Prostaglandin)

(2) 류코트리엔(Leucotriene)

폐의 기도를 둘러싼 평활근을 수축함으로써 천식을 유발하고, 또한 과민성 알러지 반응에 관여하는 물질이다.

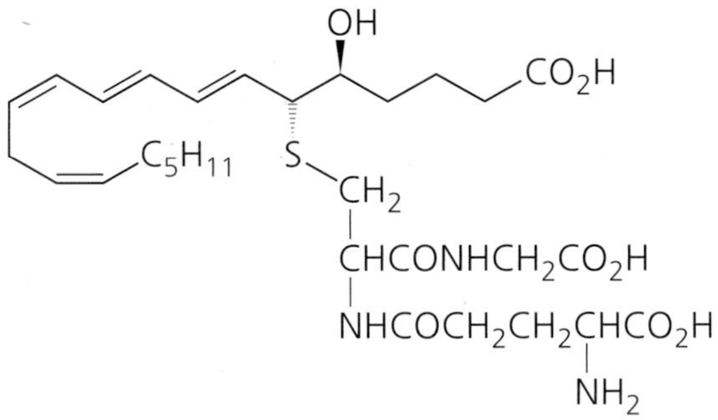

LTC_4(Leukotriene)

(3) 트롬복세인(Thromboxane)

혈소판 응집과 혈관 수축에 관여하는 물질이다.

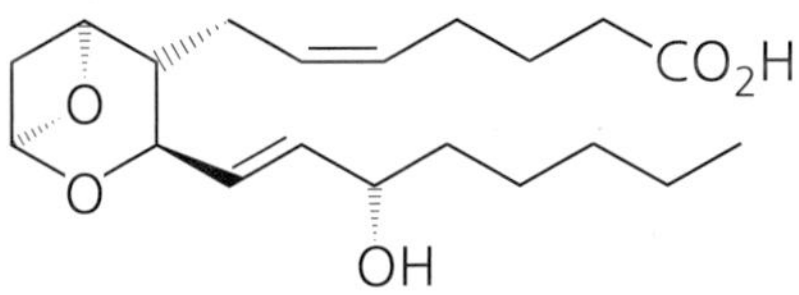

TA_4(Thromboxane)

(4) 프로스타싸이클린(Prostacycline)

혈소판 응집을 방해하고 혈관을 확장함에 관여하는 물질이다.

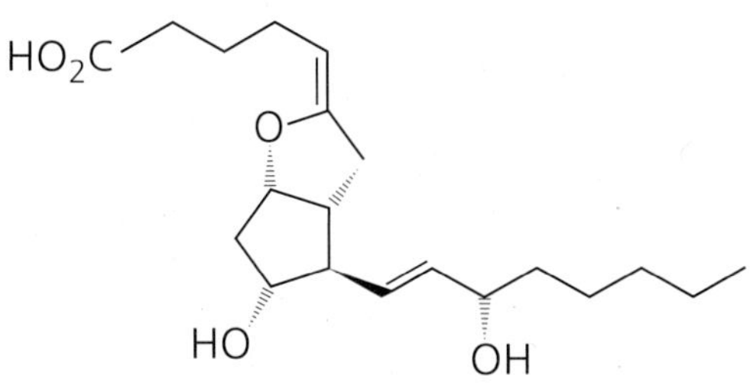

PGI_2(Prostacycline)

15.4.9 터펜(Terpene)

자연계에 존재하는 탄소와 수소 원자로만 구성된 순수한 알켄 화합물이거나 알코올, 알데하이드 또는 케톤 작용기를 포함한 알켄 화합물을 통틀어 일컫는 이름이다.

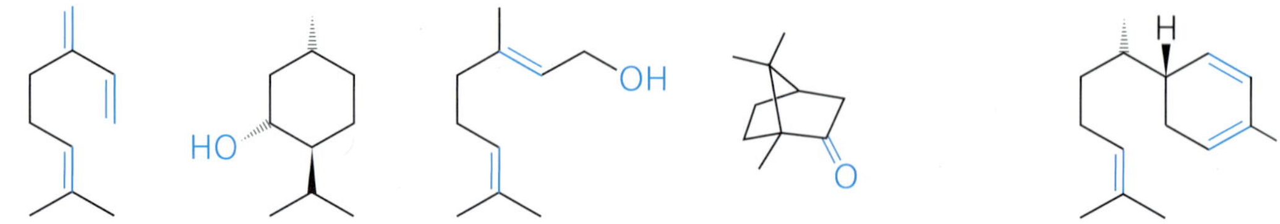

Myrcene 월계수 열매 | Menthol 박하유 | Geraniol 장미유 | Camphor 장뇌 | Zingiberene 생강유

Monoterpene (C_{10}) Sesquiterpene (C_{15})

터펜은 아이소프렌(Isoprene)이라고 하는 C_5 단위가 반복하여 꼬리–머리(Tail to Head) 부위의 탄소 원자가 단일 결합으로 서로 결합한 형태의 구조를 가지고 있다. 따라서 천연 터펜은 C_{10}(Monoterpene), C_{15}(Sesquiterpene), C_{20}(Diterpene), C_{25}(Sesterterpene), C_{30}(Triterpene), C_{40}(Tetraterpene)인 화합물이 대부분이다. 장미유 같이 식물에서 증류하여 얻어 향료로 많이 사용되는 방향성 정유(Essential Oil)의 성분도 주로 터펜 화합물이다.

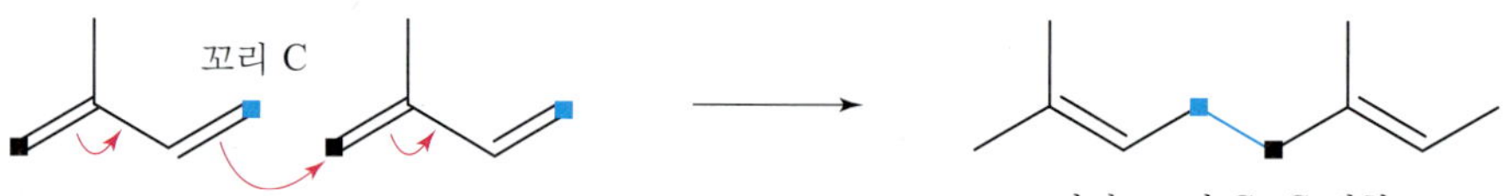

Isoprene + Isoprene Monoterpene

표 15.16 여러 가지 터펜 예

이름	탄소수	Isoprene 단위	예
Monoterpene	10	2	Myrcene, Menthol, Camphor, Geraniol
Sesquiterpene	15	3	Zingiberene
Diterpene	20	4	비타민 A
Sesterterpene	25	5	Scalarolide(해면동물에서 발견된 성분)
Triterpene	30	6	Squalene
Tetraterpene	40	8	β–Carotene, Lycopene

Triterpene (C_{30})

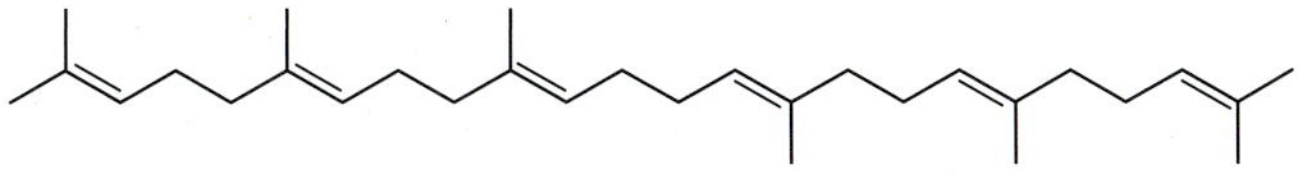

Squalene
상어 기름

Tetraterpene (C_{40})

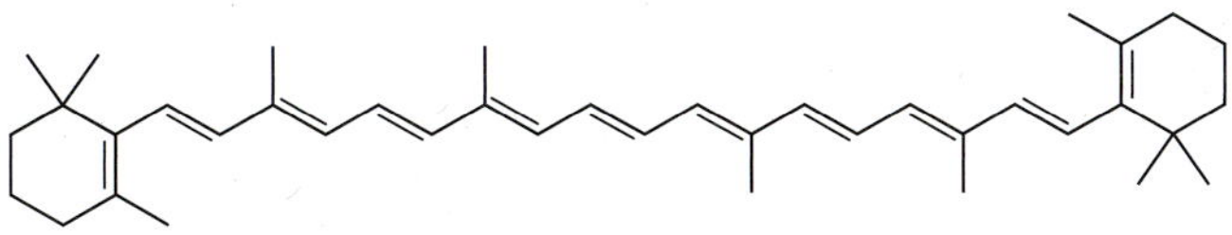

β−Carotene
당근의 주황색 성분

15.4.10 지용성 비타민

비타민(Vitamin) 이란 소량으로도 동물의 정상적인 대사와 성장에 반드시 필요한 유기 화합물을 말한다. 이들은 주로 조효소 역할을 하며 생체 내 대사 과정에 참여한다. 거의 대부분이 몸속에서 만들어지지 않아 음식물로 섭취해야 한다. 비타민은 수용성과 지용성으로 구분할 수 있으며 비타민 A, D, E, K는 지용성 비타민으로 지질의 일종이다. 이 중 비타민 A는 Retinol이라고 하는데 Tetraterpene인 β−Carotene의 중간 C=C 결합이 산화적 분해하여 생성된 Retinal이 환원된 형태로 Sesquiterpene의 일종이다. 이 때문에 β−Carotene을 비타민 A의 전구체라고 한다.

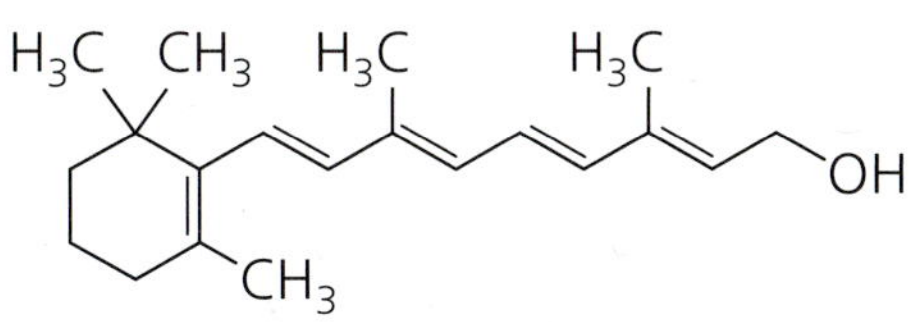

Vitamin A

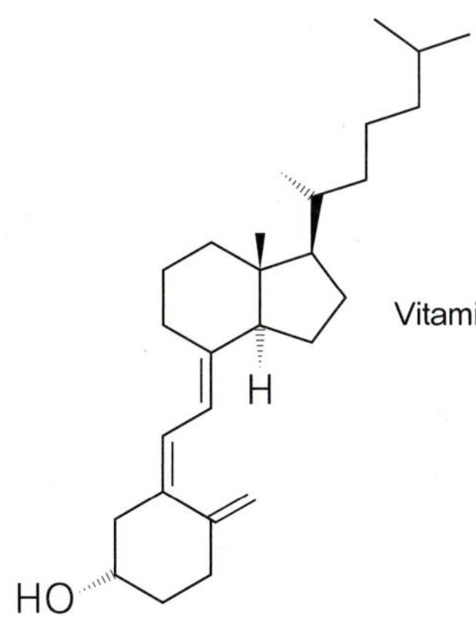

Vitamin D_3

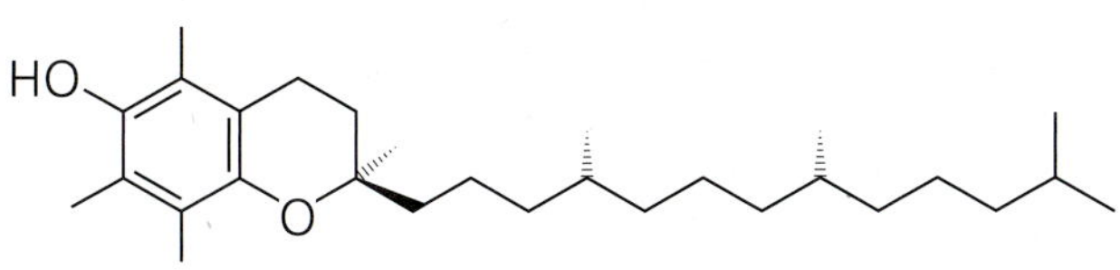

Vitamin E (α−Tocopherol)

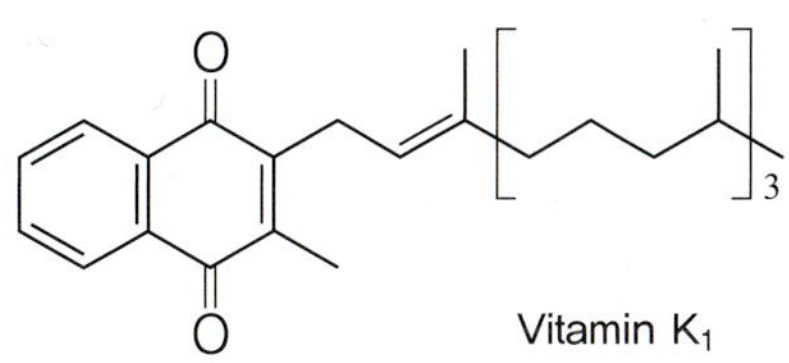

Vitamin K_1

15.4.11 스테로이드(Steroid)

3개의 탄소 6원자 고리(A, B, C)와 5원자 고리(D)가 서로 접합되어 있는 구조를 가진 화합물을 통틀어 일컫는 말이다. 4개의 탄소 고리(A~D)가 트랜스 구조로 접합되고 전체적인 입체 모양은 평면이다. 스테로이드 골격을 가지고 있는 물질로는 콜레스테롤, 성호르몬, 부신피질 호르몬 등이 대표적이다. 이들 물질은 모두 지질로 분류된다.

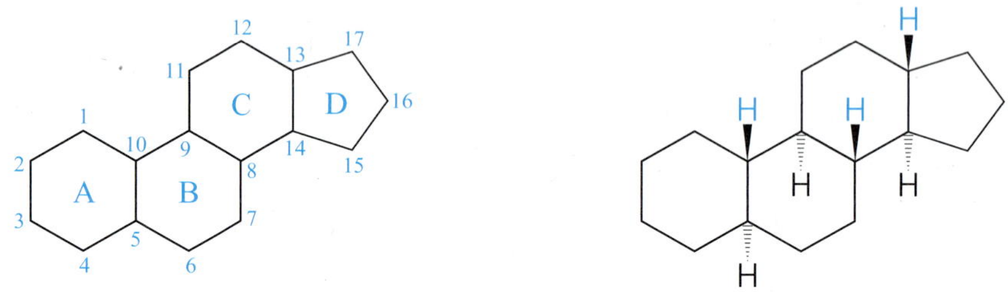

기본 골격

(1) 콜레스테롤(Cholesterol)

C_{30} 터펜(Triterpene)인 Squalene으로부터 생합성되는 C_{27} 스테로이드 구조를 가진 물질로 동물의 세포막을 구성하는 중요한 성분이다. 성호르몬과 당질부신피질(Adrenocorticoid Hormone)과 같은 모든 스테로이드 호르몬과 비타민 D 및 담즙산염의 생합성 전구체로서 생명 유지에 중요한 물질이다. 콜레스테롤은 OH기 하나를 가지고 있지만 분자 내의 비극성 부위가 너무 커서 물에 잘 녹지 않기 때문에 혈액 내에 이 물질이 많이 있으면 고지혈증을 일으키게 된다.

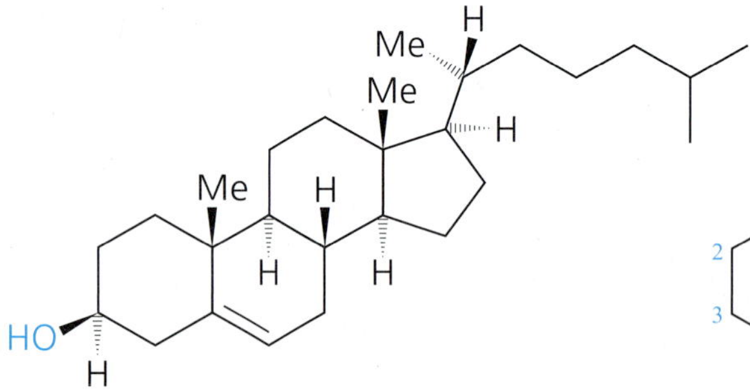

Cholesterol

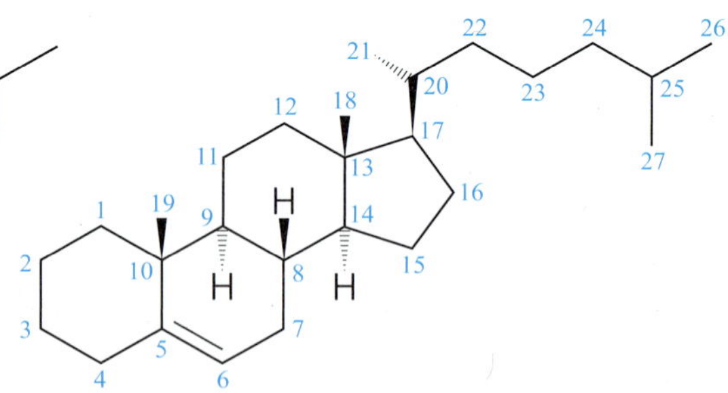

(2) 성호르몬(Sex Hormone)

여성의 2차 성징 발현과 월경 주기를 조절하는 여성 호르몬인 Estradiol과 Estrone은 C_{18} 스테로이드로서 난소에서 합성된다. 임신 유지 호르몬인 Progesterone은 황체에서 만들어져 황체 호르몬이라고 한다. 이는 C_{21} 스테로이드이다. 한편 남성의 고환에서 만들어지는 남성 호르몬인 Testosterone과 Androsterone은 C_{19} 스테로이드 구조를가지고 있다. 특이한 것은 성호르몬 가운데 여성 호르몬인 Estradiol과 Estrone은 그 구조에 벤젠 고리를 가지고 있다는 것이다.

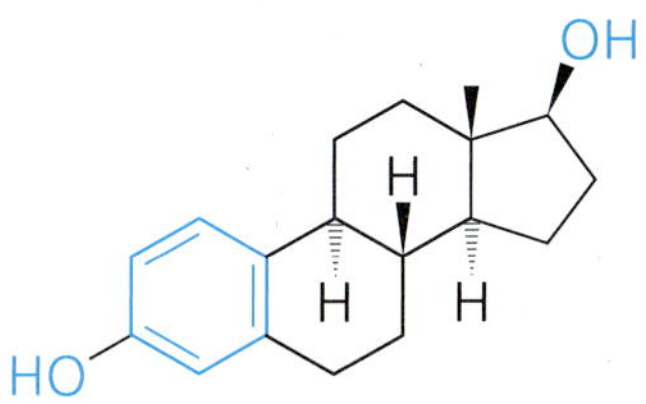

Estradiol (C_{18})

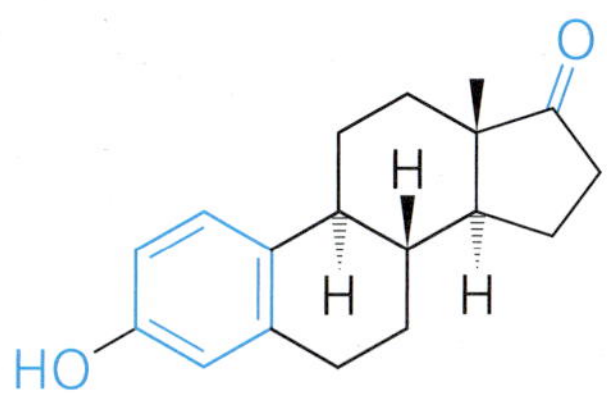

Estrone (C_{18})

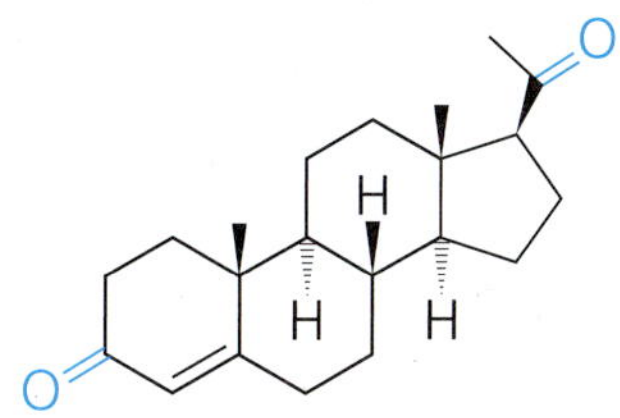

Progesterone (C_{21})

여성 호르몬

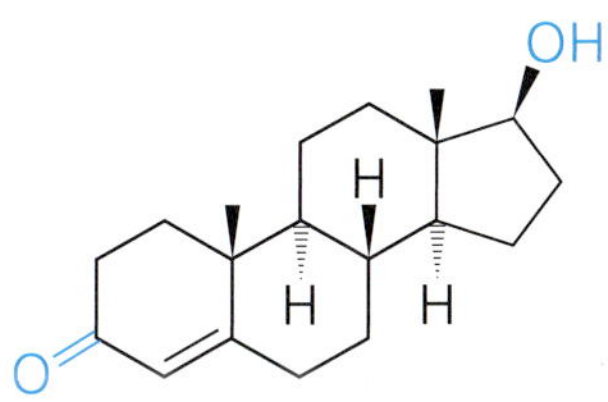

Testosterone (C_{19})

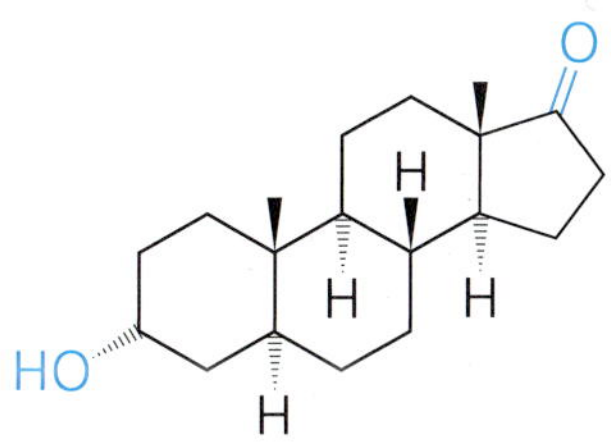

Androsterone (C_{19})

남성 호르몬

(3) 부신피질 호르몬(Corticosteroid)

부신피질에서는 2종류의 호르몬을 분비하는데 그 중 하나는 항염증 기능과 탄수화물 대사에 관여하는 호르몬인 Cortisone과 Hydrocortisone이고 다른 하나는 체액의 소듐과 포타슘 이온 농도를 조절하여 혈압과 혈액의 양을 조절하는데 관여하는 이뇨 조절 호르몬인 Aldosterone이다. 이 2종류의 호르몬은 모두 C_{21} 스테로이드 구조를 가지고 있다.

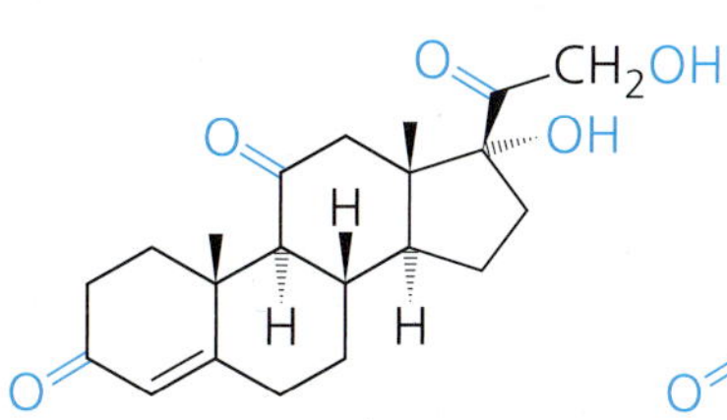

Cortisone (C_{21})

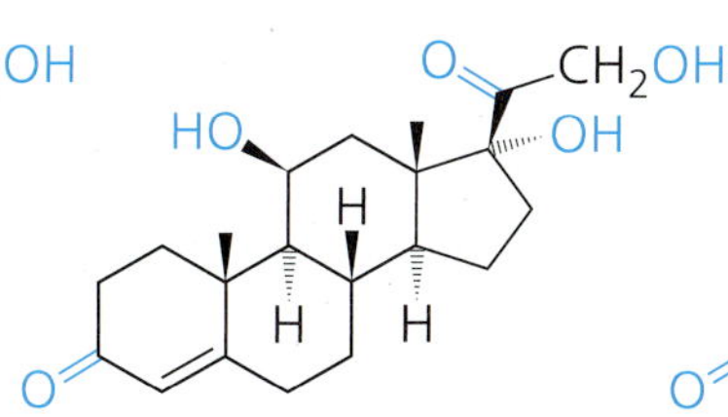

Hydrocortisone (C_{21})

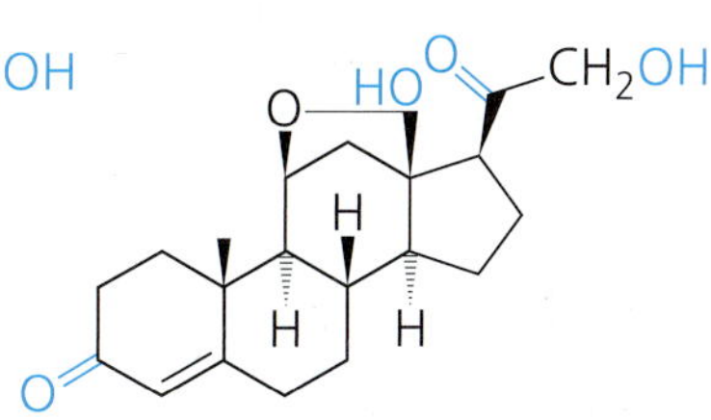

Aldosterone (C_{21})

15.5 대사

세포내에서 일어나는 모든 화학반응을 대사(Metabolism)라고 한다. 음식물의 3대 요소인 탄수 화물, 단백질, 지방 등은 우리 몸에서 일어나는 소화(Digestion) 과정에서 모두 분해하여 더 작은 분자로 변화되어 장의 벽이나 세포막을 통하여 흡수된다. 녹말과 같이 탄수화물은 포도당으로 분해되고 지방은 글리세린과 지방산으로 가수분해되며, 단백질은 아미노산으로 분해된다. 녹말은 침 속에 있는 프티알린(Ptyalin)이라는 효소로 소화되는데, 주로 소장에서 분해되어 포도당으로 된다. 단백질은 몸의 조직을 구성하고 효소를 만들어 주며 몇 가지 호르몬을 합성하는데 필요한 물질을 공급하여 주는 등 신진대사를 거쳐 조직을 만드는데 필요한 물질이다. 지방은 주로 소장에서 소화되는데 담낭에서 나오는 담즙 중의 담즙산염에 의해 유화된 후 췌장(이자)액 중의 리파아제(Lipase)에 의해 소화된다. 지방은 일부만이 가수분해되고 나머지는 지방의 유탁액이 되어 림프계로 들어가 혈액을 따라 순환한다.

15.6 생체 분자 화합물 보기

다음은 생체 분자 화합물의 몇 가지 예를 나타낸다.

15.6.1 탄수화물과 당

다음은 탄수화물과 당의 몇 가지 화합물을 나타낸다.

(1) 곡물의 탄수화물

녹말 (Starch)과 셀룰로스 (Cellulose)는 탄수화물 (Carbohydrate)이라고 부르는 생분자(Biomolecule) 군(Family)에 속하는 2고분자이다. 고분자는 단위체(Monomer)라고 부르는 작은 반복 단위가 공유 결합된 거대 분자이다. 빵, 곡물, 파스타는 탄수화물의 원천이다. 자연에 가장 많은 탄수화물은 글루코스(Glucose)이다. 글루코스($C_6H_{12}O_6$)는 대표적인 알도헥소스(Aldohexose)로 탄소 6개를 가지며 알데하이드기를 가지는 단당류이며 D-글루코스를 포도당(Grape Sugar)이라 한다. 탄수화물 대사의 중심적 화합물로서 1분자당 38개의 ATP(Adenosine Triphosphate)를 합성할 수 있다.

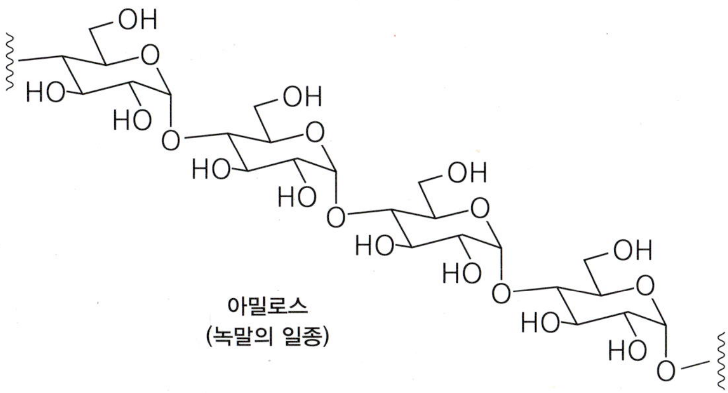

아밀로스
(녹말의 일종)

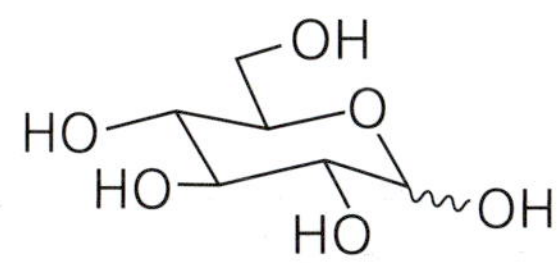

글루코스

그림 15.1 곡물

(2) 벌꿀의 당

벌꿀은 설탕(사탕수수로부터 추출)에 의해 대체되기 전까지는 최초이자 또한 가장 인기 있는 단맛을 내는 물질이었다. 벌꿀은 대부분이 D-프룩토스(케톤, 케토스)와 D-글루코스(알데하이드, 알도스)로 이루어져 있는 혼합물이다.

그림 15.2 벌꿀

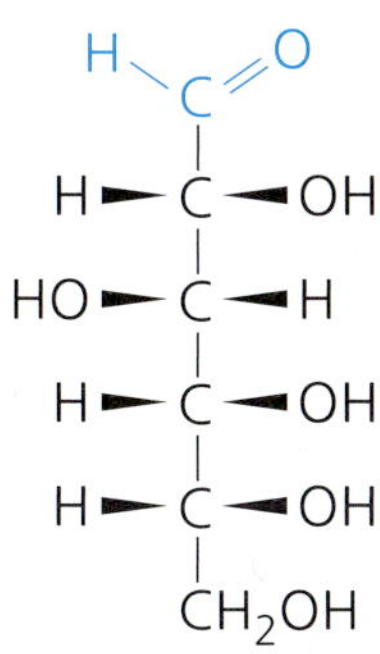

D-글루코스

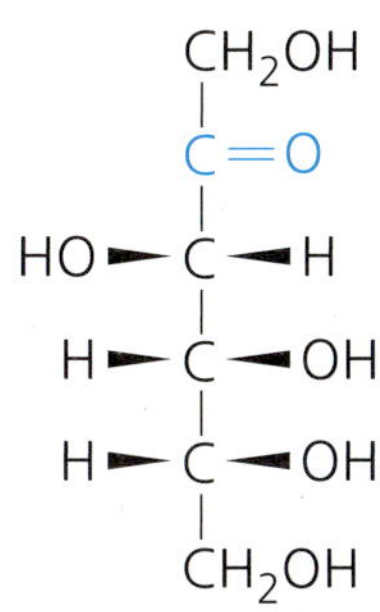

D-프룩토스

(3) 협죽도의 올레안드린

올레안드린(Oleandrin)에 아세탈의 구조가 있다. 올레안드린은 몇몇 국가에서 울혈성 심부전 치료제로 사용되는 심장 독성이 있는 당화합물이다. 열대나 아열대 지방의 일반적인 관상용 식물인 협죽도(Nerium Oleander)의 수액에서 얻는다(아세탈: 알데하이드나 케톤에 2당량의 알코올이 친핵성 공격하여 카보닐 탄소에 알콕시기가 2개 결합된 형태의 화합물을 말한다).

그림 15.3 협죽도

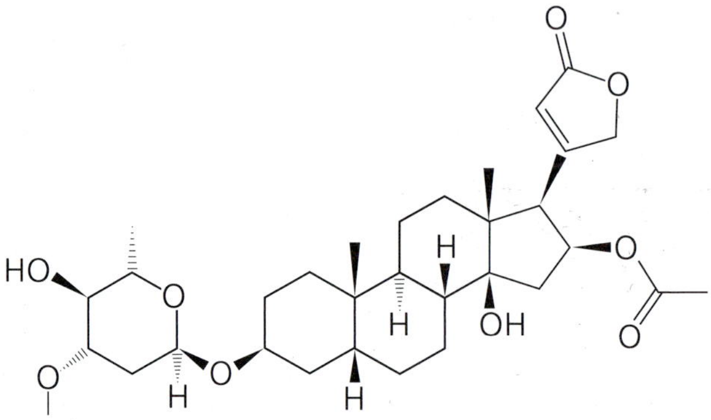

올레안드린

(4) 디기탈리스의 디기톡신

D-디기톡소스(D-Digitoxose)로서 널리 알려진 2,6-다이데옥시-디-알트로스(2,6-Dideoxy-D-Altrose)는 자주빛의 디기탈리스(Digitalis)로부터 추출된 천연 물질인 디기톡신(Digitoxin)의 가수분해로부터 얻어진 단당류이다. 디기톡신은 맥박 속도를 낮추고 심장 박동을 조절하며 심박을 강화시켜 준다는 이유로 심장학 분야에서 널리 사용되고 있다. 이 천연물인 디기톡신은 심장의 펌프 기능이 약해서 체내에 체액이 쌓이는 증상이 나타나는 충혈성 심장 기능 부전증을 앓는 환자에게 1960년대 이래로 처방하고 있다. 간단한 전구 물질에서 합성되는 많은 상용 의약품과는 달리 디기톡신은 아직도 털이 많은 디기탈리스 식물의 잎에서 추출하고 있는데 네덜란드에서 자라는 이 식물은 가공을 위하여 미국에 수출된다. 1천 킬로그램을 건조시킨 잎에서 1킬로그램의 디기톡신이 얻어지며 라녹신(Lanoxin)이라는 상품명으로 판매되고 있다. 디기톡신은 카보닐기에

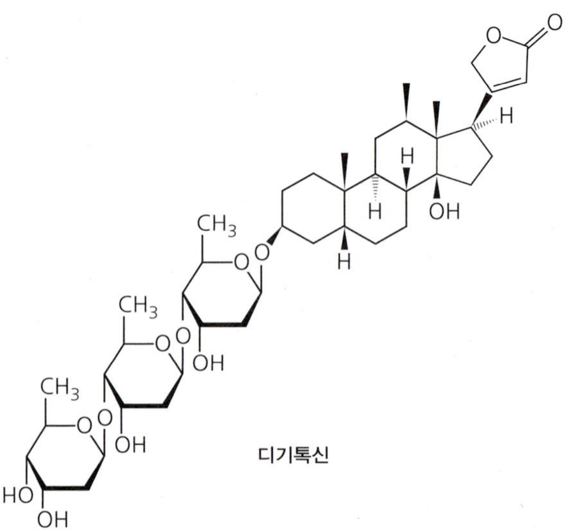

디기톡신

첨가반응으로 형성된 3개의 아세탈 단위체를 가지고 있다.

그림 15.4 디기탈리스

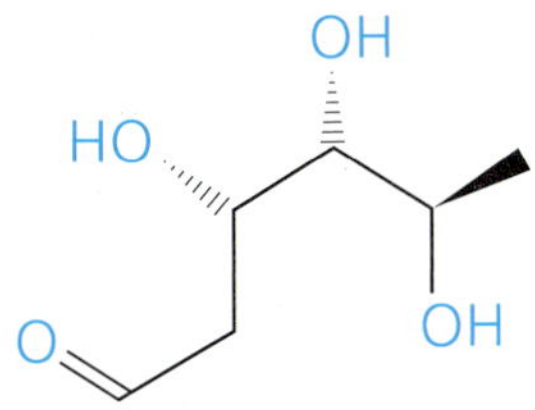

D-디기톡소스

(5) 맥아의 말토스

녹말의 가수분해에 의하여 생성되는 말토스(Maltose)는 보리와 같이 싹이 튼 곡물에서 발견된다. 말토스는 1→4-α-글리코사이드 결합에 의하여 연결된 2 개의 글루코스로 구성된다. 말토스는 하나의 아세탈 탄소와 하나의 헤미아세탈 탄소로 구성된다. 말토스라는 이름은 보리와 다른 곡물로부터 얻어진 액체인 맥아(Malt)에서 유래하였다.

그림 15.5 보리의 맥아

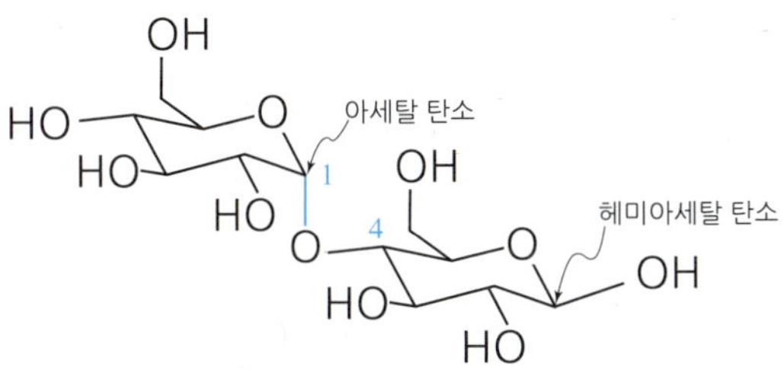

말토스

(6) 우유의 락토스

락토스(Lactose)는 사람과 소의 젖에서 발견되는 가장 중요한 2당류이다. 많은 단당류나 2당류와 달리 락토스는 느낄 수 있을 만큼 달지 않다. 락토스는 1개의 갈락토스(Galactose)와 1개의 글루코스로 구성되어 있고 갈락토스의 아노머 탄소로부터 글루코스 4번 탄소로 1→4-β-글리코사이드 결합으로 연결되어 있다. 우유는 2당류인 락토스를 함유한다.

그림 15.6 우유

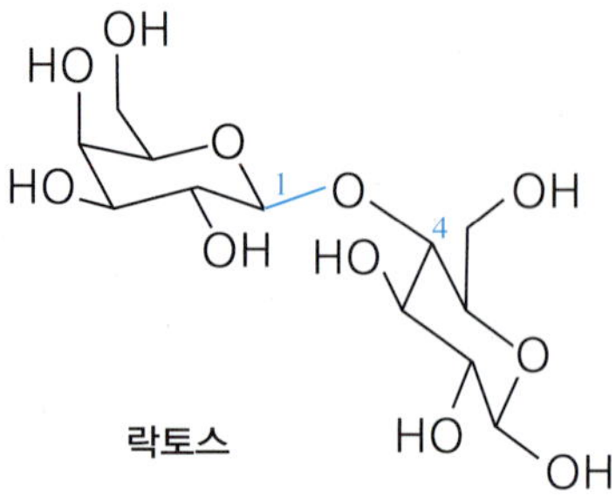

락토스

β 아노머

(7) 사탕수수의 슈크로스

슈크로스(Sucrose)의 구조는 말토스 및 락토스와 다른 몇 가지 특징을 갖는다. 첫째, 말토스와 락토스가 모두 2개의 6원자 고리를 가지는데 반하여 슈크로스는 1개의 6원자 고리(글루코스)와 1개의 5원자 고리(프럭토스)를 가진다. 슈크로스에서 6원자 글루코스 고리는 프럭토퓨라노스의 C_2에 α-글리코사이드결합으로 연결된다. 결과적으로 슈크로스는 2개의 아세탈을 함유하고 헤미아세탈은 함유하지 않는다. 그러므로 슈크로스는 비환원당이고 변광회전을 일으키지 않는다. 슈크로스는 시리얼이나 빵 등에 단맛을 내는데 널리 사용된다. 미국 사람들은 슈크로스를 평균적으로 매년 45kg씩 섭취한다. 그렇지만 슈크로스는 다른 탄수화물처럼 열량이 높다. 단맛을 내면서 섭취하는 열량을 줄이기 위해서 다양한 인공감미료들이 개발되었는데 슈크라로오스(Sucralose), 아스파탐(Aspartame), 사카린(Saccharin)등이 있다. 슈크로스보다 훨씬 더 단맛을 내기 때문에 아주 소량의 첨가만으로 슈크로스를 넣었을 때와 같은 효과를 낼 수 있다.

그림 15.7 사탕수수(설탕)

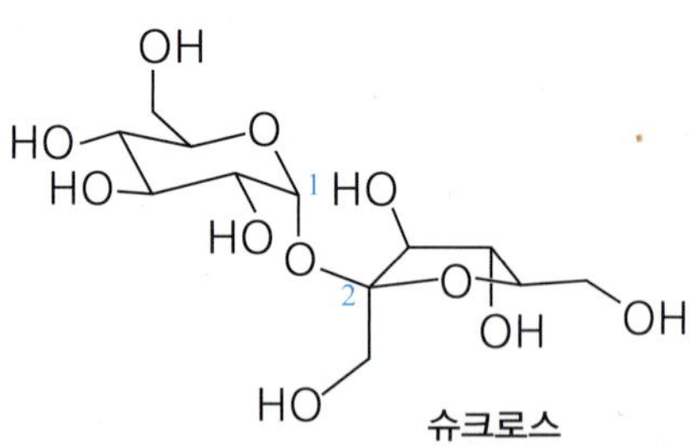

슈크로스
(설탕)

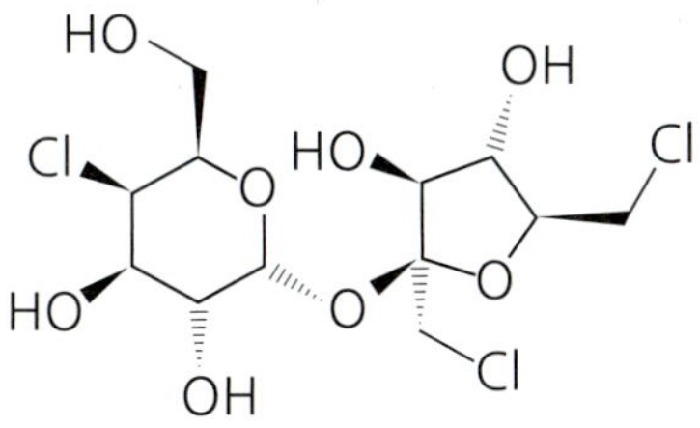

슈크라로오스

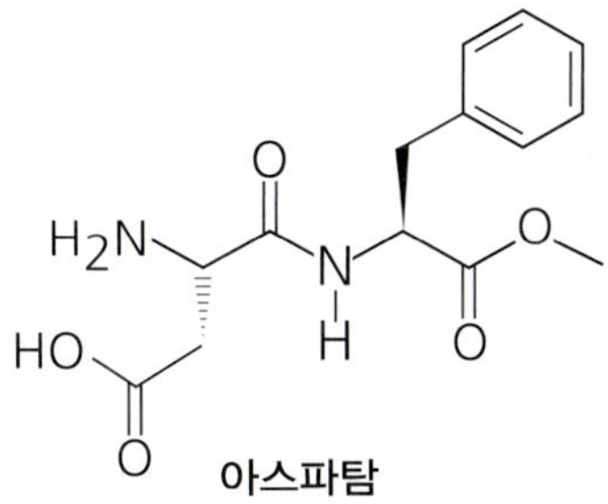

아스파탐

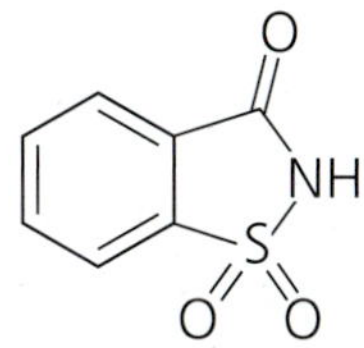

사카린

(8) 저칼로리 물질

과당인 D-프럭토스(D-Fructose)는 가정용 설탕(슈크로스)과 그램당 칼로리가 거의 비슷하지만 거의 2배의 단맛을 낸다. 저칼로리의(Lite) 식품들은 같은 수준의 단맛을 위해 슈크로스 절반 양의 프럭토스를 사용한다. 따라서 이러한 화합물 같은 저칼로리 물질은 많지 않다.

그림 15.8 저칼로리의 식품

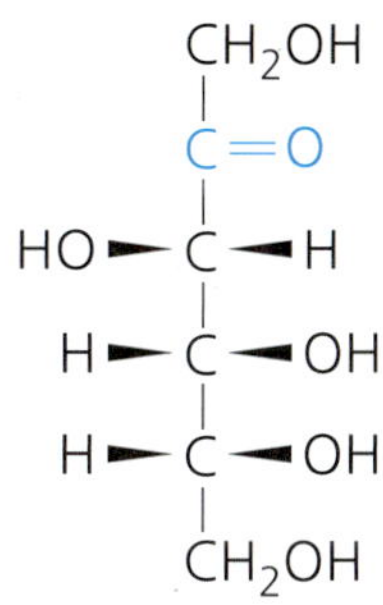

D-프럭토스

(9) 스테비아의 리바우디오사이드 A

리바우디오사이드 A(Rebaudioside A) 분자 내에 4개의 글리코사이드(Glycoside) 결합이 존재한다. 리바우디오사이드 A는 트루비아(Truvia) 라는 상품명으로 시판되고 있는데 남미 파라과이에서 수백 년간 음식의 단맛을 내는데 사용되었던 스테비아(Stevia) 식물로부터 얻는 글리코사이드의 일종이다. 리바우디오사이드는 설탕보다 400배 정도 더 단맛을 내는 자연에 존재하는 글리코사이드이다. 이것은 중앙아메리카와 남아메리카가 원산지인 스테비아 잎에 들어 있는 물질이다.

그림 15.9 스테비아 잎

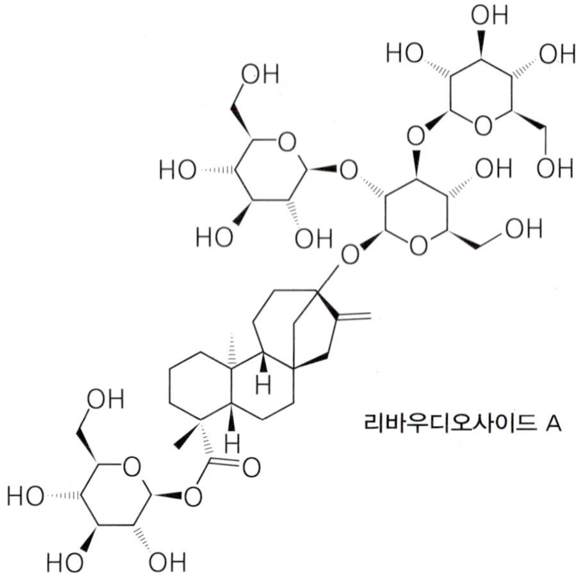

리바우디오사이드 A

(10) 무당 제품 솔비톨과 자일리톨

많은 무당 제품들은 솔비톨(Sorbitol)과 자일리톨(Xylitol) 같은 당 알코올을 포함한다. D-솔비톨은 지구 상에서 베리류, 체리, 자두, 배, 사과, 해초, 조류 등의 식물체에서 널리 발견된다. 즉 솔비톨은 식물계에 널리 분포하고 있으며 해조류 중에 13%, 감귤류 등에 1-10% 들어 있고 동물계에도 존재한다. 솔비톨의 합성법으로서는 전분, 덱스트린, 맥아당 등의 분해 환원, 설탕의 전화 환원, 과당의 환원 등으로 얻어지지만, 포도당을 환원시키는 방법이 가장 경제적이고 또 순수한 솔비톨이 얻어지기 때문에 현재는 모두 이 방법이 채택되고 있다. 그리고 자일리톨은 추잉껌, 제과, 의약품, 구강위생제 등에 사용되는 당알코올계 감미료이다. 이는 자작나무, 떡갈나무, 옥수수, 벚나무, 채소, 과일 등의 식물에 주로 들어 있다. 이것은 부족한 설탕의 대용품으로 연구되기 시작한 후 당뇨병 환자용을 거쳐 1970년대 초부터 치의학 분야에 활용되면서 충치 예방에 적합한 천연 감미료로 인정받았다. 인체 내에서 포도당 대사의 중간물질로 생성되기도 하지만 주로 식물에 분포한다. 6개의 탄소로 만들어지는 6탄당인 포도당과 달리 5개의 탄소만으로 이루어진 특유한 5탄당 구조를 가지고 있다. 핀란드산 자작나무에서 주로 추출하기 때문에 자작나무 설탕으로 부르기도 한다. 당도는 설탕과 비슷하다.

그림 15.10 무당 제품

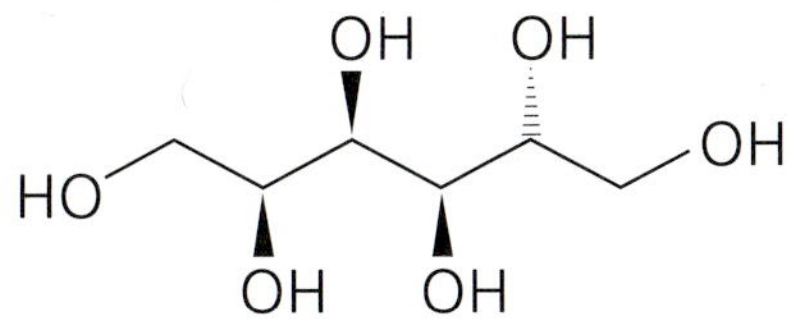

솔비톨

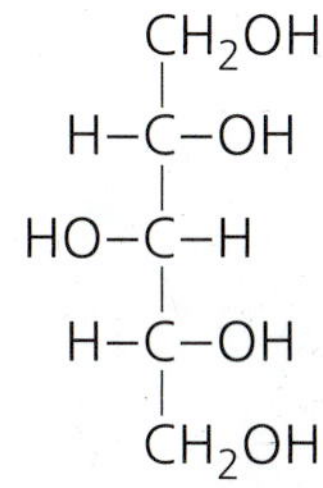

자일리톨

(11) 목화의 셀룰로스

목면은 D-글루코스의 중합체인 셀룰로스 100%이다. 셀룰로스는 D-글루코스가 1→4-β 글리코사이드 결합으로 연결된 선형 고분자로 평균 분자량이 400,000g/mol로 분자당 2,800여 개의 글루코스로 되어 있다. 셀룰로스는 식물의 골격을 구성하는 다당류로 가장 널리 분포하며 목재 세포벽의 반 이상을 차지하며 솜은 거의 다 셀룰로스로 되어 있다. 셀룰로스 분자는 견고한 막대와 같은데 이와 같은 특성 때문에 수평적 분자의 배열이 가능하고 높은 강도를 가지며 OH기의 수 많은 분자간 수소 결합으로 조직적이며 불용성의 섬유를 갖는다. 강하게 수소 결합하고 있는 셀룰로스 섬유가 물에 있을 때 각각의 셀룰로스 분자를 떼어낼 수 있는 충분한 -OH기가 셀룰로스 표면에 존재하지 않는다. 인간과 일부 동물들은 셀룰로스를 먹이로 이용할 수 없는데 이는 β-글리코사이드 결합의 가수 분해를 촉진하는 요소인 β-글루코사이드 분해 효소를 소화 기관 내에 갖고 있지 않기 때문이다. 인간은 대신 α-글리코사이드 분해 효소를 갖고 있기 때문에 전분이나 글리코젠을 글루코스원으로 이용한다. 한편 많은 세균과 미생물은 β-글루코사이드 분해 효소를 갖고 있어 셀룰로스를 소화할 수 있으며 흰개미는 다행스럽게도 그들의 소화기관 내에 이러한 세균을 갖고 있기 때문에 목재를 주된 먹이로 이용한다. 반추(되새김) 동물과 말은 소화기관 내에 β-글루코사이드 분해 효소 분비 미생물을 갖고 있어서 풀이나 목초를 소화할 수 있다.

그림 15.11 목화

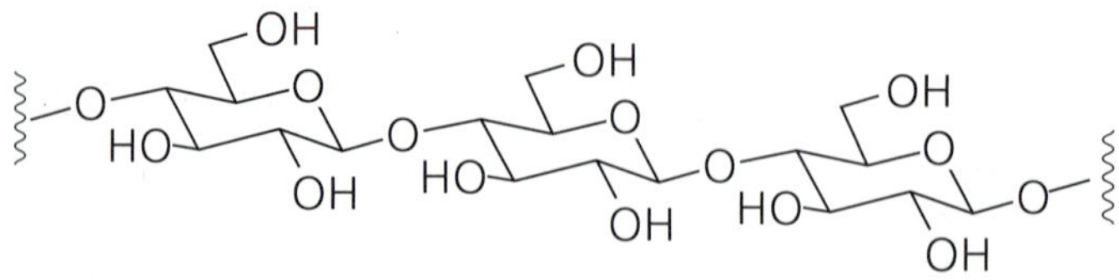

셀룰로스

(12) 게껍질의 키틴

키틴(Chitin)은 2번째로 자연에 풍부한 탄수화물 중합체로서 NAG(N-아세틸-D-글루코사민) 단위가 1→4-β-글리코사이드 결합으로 서로 연결되어 생성된 다당류이다. 각각의 C_2의 OH기가 $NHCOCH_3$로 치환되어 있다는 것을 제외하면 키틴의 구조는 셀룰로스와 동일하다. 가재, 게, 새우의 외부 골격은 키틴으로 구성되어 있다. 셀룰로스와 같은 키틴 사슬은 수소 결합의 광범위한 네트워크에 의해 함께 연결되어 있어 물에 녹지 않은 판을 형성한다. 게껍질이 단단한 것은 분자량이 큰 탄수화물인 키틴으로 이루어져 있기 때문이다. 키틴을 사용하는 코팅은 과일의 저장 기간을 연장하는 것 같은 다양한 상업적 응용에 이용된다. 다양한 제품에 사용하기 위하여 많은 공장들이 게, 바닷가재, 새우의 껍질을 원료로 키틴과 여러 유도체를 생산하고 있다.

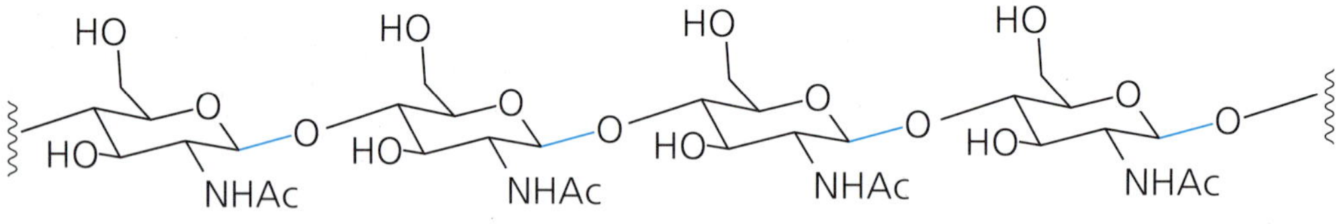

키틴

그림 15.12 게 껍질

(13) 감자의 솔라닌

감자의 잎, 줄기, 녹색 반점에는 솔라닌(Solanine)이라는 독성 물질이 있다. 이것은 곤충과 동물로부터 스스로를 보호하기 위해 식물이 만들어 내는 물질이다. 솔라닌은 탄수화물 유도체로 글리코사이드라 불리는 아세탈로 연결된 3 개의 단당류와 복잡한 구조의 아민으로 이루어져 있다. 솔라닌의 탄수화물에 존재하는 많은 OH기는 물에 대한 용해도를 증가시킨다.

그림 15.13 감자

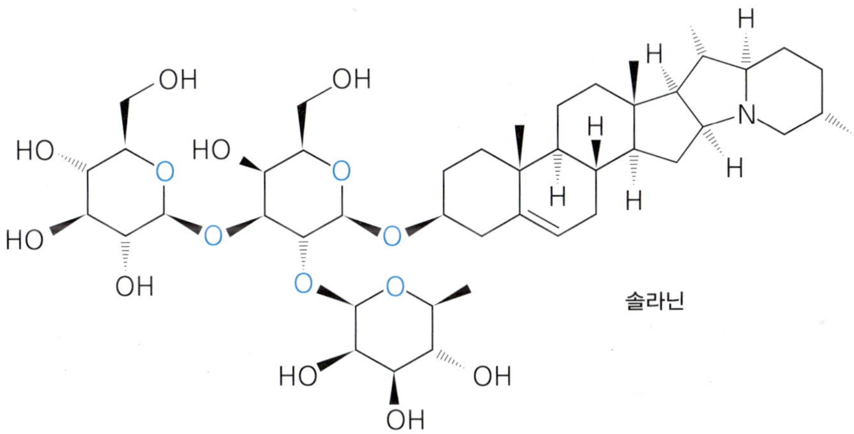

솔라닌

(14) 까마중의 솔라닌

살리신(Salicin)과 솔라닌(Solanine)은 분자 구조 내에 글리코사이드 결합을 갖는 천연물이다. 살리신은 버드나무 껍질에서 분리된 진통 효능을 갖는 화합물이며 솔라닌은 가지과 식물의 열매에서 분리된 독성 화합물이다. 여기서 솔라닌은 감자의 푸른 부분에도 들어 있는데 이것은 곤충이나 벌레의 접근을 막는 역할을 한다. 살리신과 솔라닌 모두에 들어 있는 당 부분은 물에 대한 용해도를 증가시키는 역할을 할 것으로 판단된다. 가지과 식물인 까마중(Solanum Nigrum)의 열매에는 독성을 갖는 알칼로이드(Alkaloid)의 솔라닌이 들어 있다. 그리고 솔라닌의 분자 구조식은 위에 언급되었다.

그림 15.14 까마중

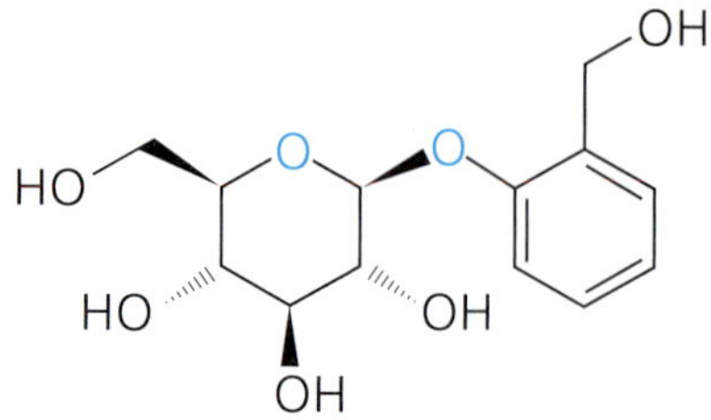

주) 살리신

15.6.2 아미노산과 단백질

다음은 아미노산과 단백질의 몇 가지 화합물을 나타낸다.

(1) 퀴노아 곡물의 라이신

인간은 단백질 합성에 필요한 20개의 아미노산 중 단 10개만 합성할 수 있다. 나머지 10개를 필수 아미노산(Essential Amino Acids)이라고 하는데 거의 매일 일상의 음식물로부터 규칙적으로 섭취하여야 한다. 라이신(Lysine)은 단백질 합성에 필요한 필수 아미노산 중의 하나이다. 다른 아미노산처럼 카복실산과 아민 염기를 모두 갖고 있다. 인간은 체내에서 이 아미노산을 합성할 수도 없고 저장도 못한다. 라이신을 일반적으로 섭취할 수 있는 음식물은 육류, 콩, 완두, 두부, 땅콩 등이다. 대부분의 곡류는 라이신 함량이 적지만 퀴노아는 상대적으로 라이신 함량이 높아 채식주의 식단에는 필수 아미노산을 섭취하기에 좋은 곡류이다. 이와 같이 채식주의 식단은 모든 필수 아미노산을 골고루 섭취할 수 있도록 균형 잡혀야 한다. 곡물의 밀, 쌀, 옥수수는 라이신 아미노산이 적고 콩과 식물인 콩, 완두콩, 땅콩은 필수 아미노산인 메싸이오닌(Methionine)이 적다. 따라서 이 음식물들을 같이 섭취하면 필요한 아미노산을 모두 취할 수 있다. 예를들어 밀빵에 땅콩버터를 바른 샌드위치를 먹는 것이다.

그림 15.15 퀴노아 곡물

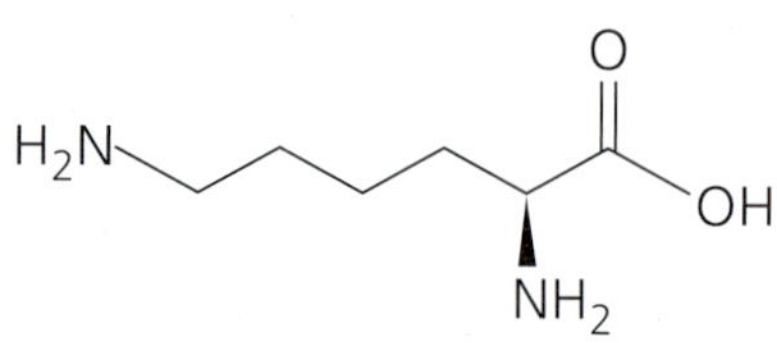

L-라이신

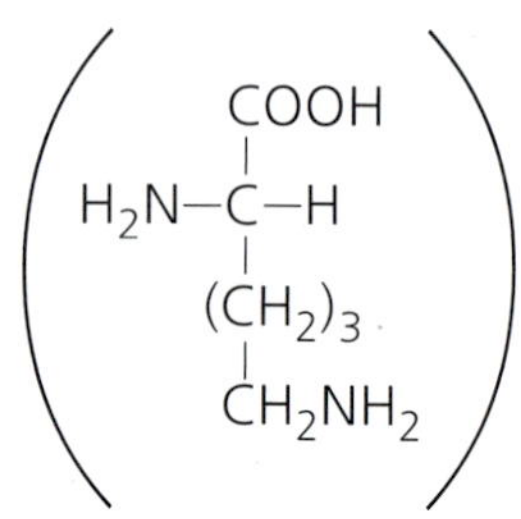

(2) 식이 보충제(라이신)

한 종류 이상의 아미노산을 보충하는 식이 보충제이다.

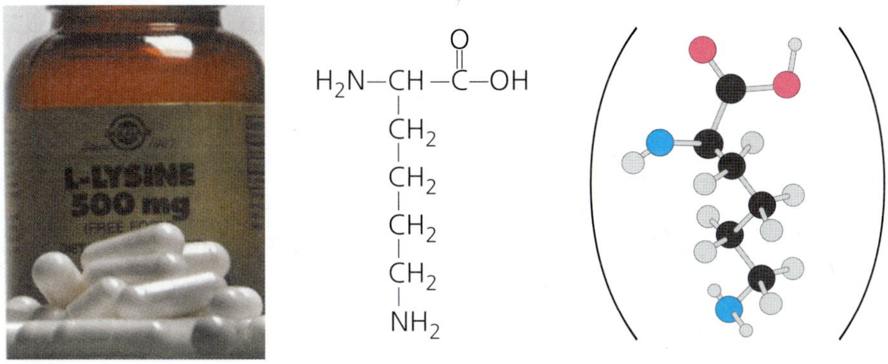

그림 15.16 식이 보충제

(3) 건강 보조제(L-루신)

필수 아미노산인 루신(Leucine)은 바디 빌더가 근육 손상을 방지하거나 근육 손상 후 치료를 위한 건강보조제로 팔리고 있다.

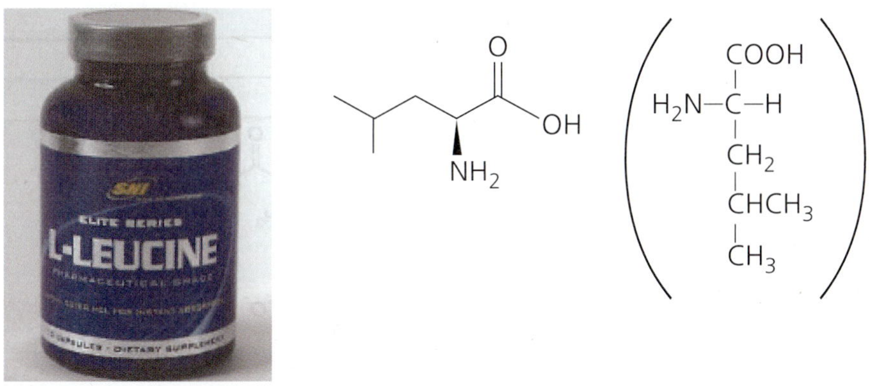

그림 15.17 건강 보조제

(4) 만새기의 히스티딘

많은 조직에서 형성되는 생물학적으로 활성인 아미노산의 히스타민(Histamine)은 2개의 N원자가 있는 방향족 헤테로 고리화합물인데 2개의 N원자 중 하나는 피리딘의 N원자와 유사하고 나머지 하나는 피롤의 N원자와 유사하다. 만새기(Mahimahi)와 참치 같은 물고기를 부적절하게 냉장된 상태로 섭취하면 안면 홍조, 발진, 가려움증과 관련 있는 고등어과 물고기의 독성을 초래한다. 많은 양을 섭취할 때 박테리아가 아미노산의 일종인 히스티딘(Histidine)을 히스타민으로 바꾸어 이러한 병리 증후를 유발한다.

그림 15.18 만새기

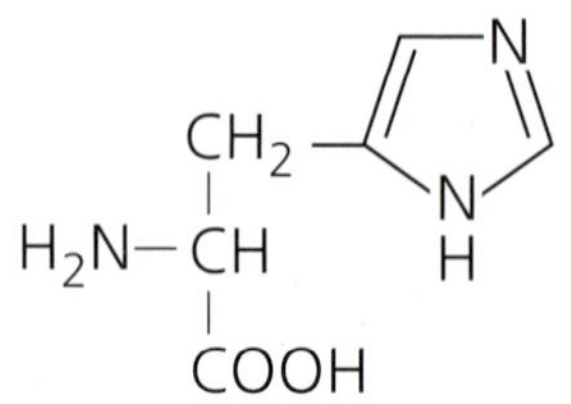

히스티딘 (Histidine)

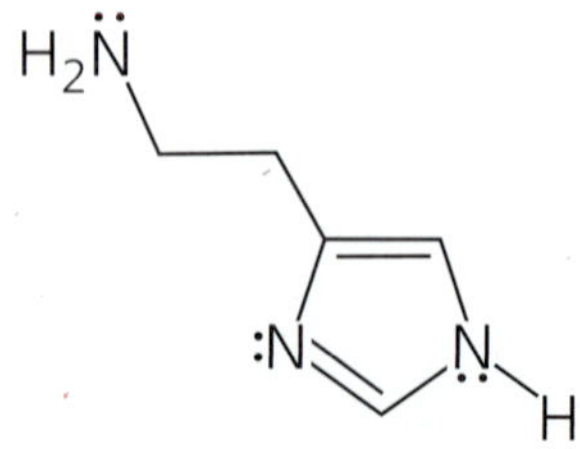

히스타민

(5) 혹등 고래의 마이오글로빈

혹등 고래는 산소의 저장 형태로 마이오글로빈(Myoglobin)을 필요로 한다. 마이오글로빈은 153개 아미노산이 단일 폴리펩타이드(Polypeptide) 사슬로 연결된 구형 단백질이고 비단백질 부분인 헴(Heme) 단위를 포함한다. 헴 부분은 질소를 포함하는 큰 헤테로고리 화합물이 Fe^{2+}와 착물을 형성하고 있다(헴은 Fe^{2+} 이온 1개에 포피린 분자의 4개 질소 원자가 4각 평면 배열로 배위되어 있다). Fe^{2+} 이온은 혈액 내에서 산소와 결합하고 이것을 조직에 저장한다. 고래는 근육에 아주 높은 농도의 마이오글로빈을 갖고 있다. 이것은 고래가 오랫동안 잠수해 있을 때 산소 저장고 역할을 한다. 참고로 헴의 구조는 마이오글로빈과 헤모글로빈에서 찾을 수 있다. 즉 근세포 속에 있는 헤모글로빈과 비슷한 헴 단백질이다.

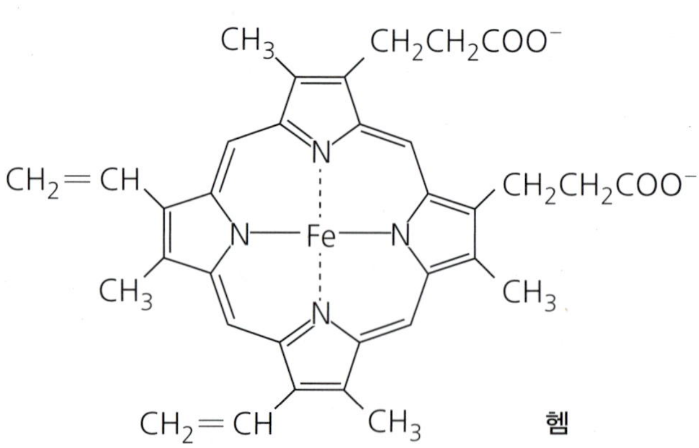

헴

마이오글로빈의 3차원 구조의 결정은 분자 구조의 연구에서 하나의 이정표를 나타낸다. 영국인 John C. Kendrew와 Max F. Perutz는 마이오글로빈의 3차원 구조의 결정으로 1962년 화학 분야에서 노벨상을 공동 수상하였다. 단일 폴리펩타이드 사슬은 복잡하게 접혀 있다.

그림 15.19 고래

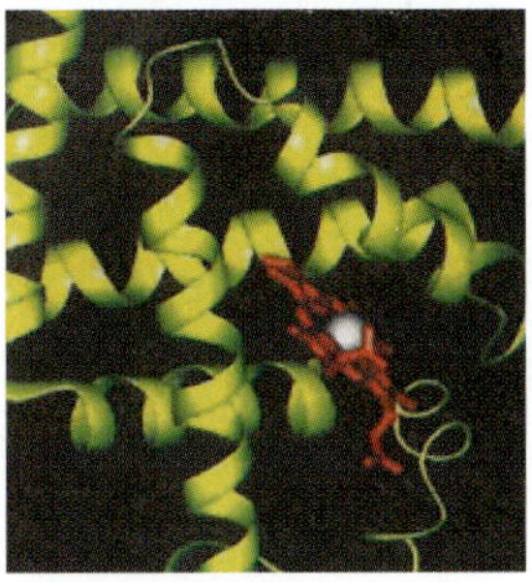

마이오글로빈

(6) 달걀의 단백질

달걀 흰자와 노른자는 각각의 특이적인 생물학적인 기능을 하는 많은 양의 단백질이 들어 있다. 즉 계란에는 단백질, 지방, 탄수화물, 비타민, 미네랄 등 여러 영양소가 골고루 들어 있다. 계란 노른자에는 다양한 영양소가 함유돼 있다. 오메가 3 지방산과 두뇌 및 신경조직을 만드는 인지질이 들어 있다. 흰자에는 단백질이 아주 풍부하다. 1개 계란의 흰자에는 단백질이 3.5g 정도 들어 있는 반면 지방은 거의 없다. 그래서 근육을 키우려면 계란 흰자를 챙겨 먹는 게 큰 도움이 된다. 그러나 둘 다 섭취하여 모든 영양소를 골고루 챙기는 것이 중요하다.

그림 15.20 달걀

(7) 파마의 시스테인 결합

파마(Permanent)는 모발에서 서로 다른 단백질 다발 사이의 2황화 결합을 끊거나 결합하는 화학적 방법으로 만들 수 있다. 즉 2황화 결합(Disulfide Bond)은 기본적인 3차 구조를 유지하는데 중요한 역할을 한다. 2황화 결합은 하나의 2황화 결합을 형성하기 위해서 시스테인(Cysteine) 아미노산 자신의 싸이올기(−SH)의 산화에 의해서 2개의 시스테인 단위의 결사슬 사이에서 형성된다. 환원제로 2황화 결합을 처리하면 싸이올기가 다시 생성된다.

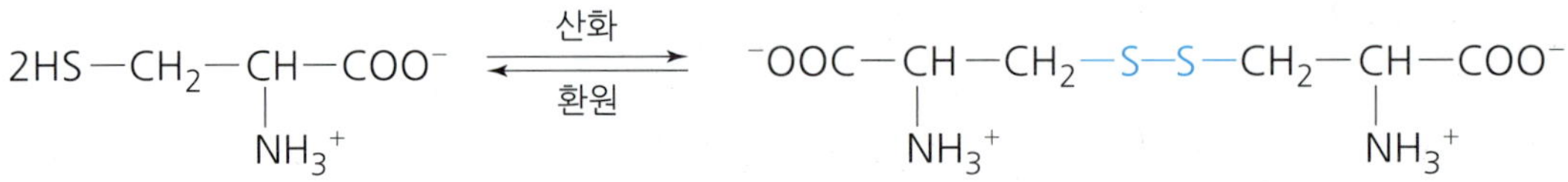

시스테인 (Cysteine) 시스틴 (Cystine)

그림 15.21 파마

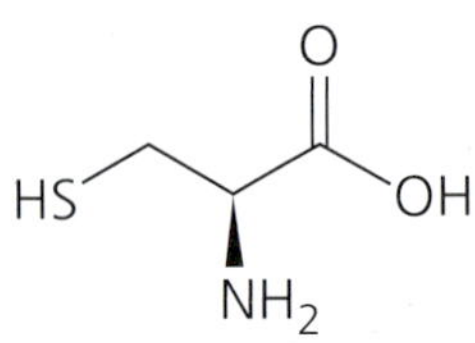

시스테인

(8) 인슐린 단백질

인슐린(Insulin)은 2 이황화 결합으로 서로 연결된 2개의 폴리펩티드 사슬로 구성된 작은 단백질이다. 인슐린은 췌장 세포의 군에서 합성되어 혈당 농도를 조절하는 단백질이다. 인슐린이 결핍되면 당뇨병이 생긴다. 이 병으로 인한 많은 증상들은 인슐린 주사로 조절될 수 있다. 최근 유전 공학 기술로 사람 인슐린을 합성할 수 있게 되기 전까지는 당뇨병 치료에 사용되었던 모든 인슐린은 돼지나 소에서 얻었다. 이들 동물 인슐린의 아미노산 서열은 인간 인슐린의 아미노산 서열과 약간 다르다. 돼지 인슐린과는 단지 1 개의 아미노산만이 다르고 소의 인슐린은 3 개의 아미노산이 사람의 것과 다르다.

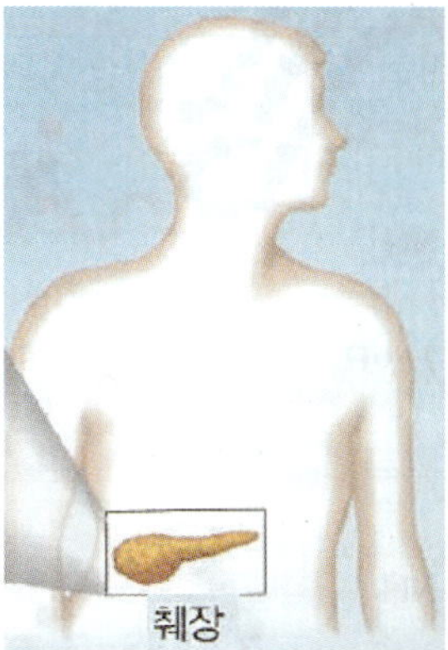

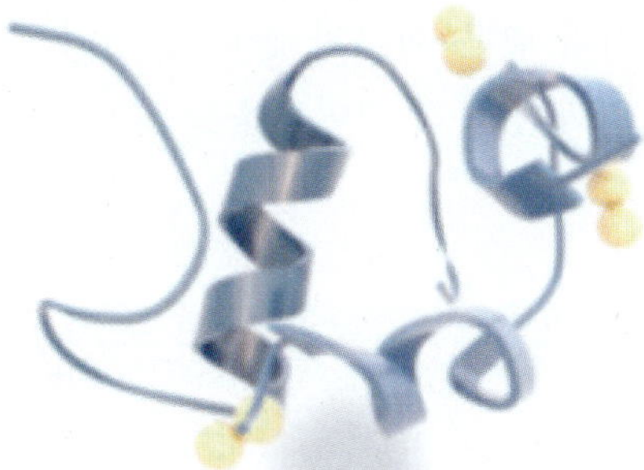

그림 15.22 췌장

(9) 거미줄 실크

그림 15.23 거미줄

거미줄의 실크는 어느 것에도 비할 바 없는 강하고 질긴 섬유상 단백질이다. 이 섬유상 단백질 실크의 주성분은 D-알라닌(D-Alanine)과 글라이신(Glycine)이다. 우리 사회의 기술적인 혁신은 자연계로부터 영감을 얻어 왔다. 예를 들면 벨크로(Velcro)는 식물의 거친 표면을 모방한 것이다. 수영의 스포츠를 혁신적으로 변화시킨 내수 처리된 수영복은 상어 외피를 모방하여 제작하였다. 그리고 수 많은 의약품이 천연물로부터 얻어지고 있다. 그러나 수세기 동안 이용이나 모방이 힘들었던 자연의 한 물질은 바로 거미 실크이다. 거미 실크의 가닥은 동일한 지름의 강철 가닥보다 거의 5배 강하다. 그것의 강도와 더불어 거미 실크의 가닥은 끊어짐 없이 그 길이의 30~40% 이상 늘어나게 할 수 있다. 거미 실크의 2차 구조는 그림에 나타낸 바와 같이 가닥이 양질의 비결정성 영역(A), 결정성 영역(B), 완전한 비결정성 영역(C)으로 이루어진다. 양질의 비결정성 영역은 수소 결합에 의해 상호 연결되어 있어 거미 실크 고유의 신축성을 가지게 된다. 결정성 영역은 거미줄의 강도와 가장 관련성이 있다. 거미 실크는 β 병풍 구조로 이루어져 있고 높은 소수성을 가지며 물에 불용성으로 인해 비나 이슬에도 견딜 수 있다. 수세기 동안 거미 실크는 그 특성으로 인해 높은 수요가 있었지만 불행하게도 거미들은 누에와 달리 가축화 할 수 없었다.

이것은 거미줄의 유용성을 이용하기 위한 단지 하나의 선택 사항으로 남아 있다. 그것은 인공적인 수단을 이용하여 재생하는 것이다. 이러한 오랜 연구로 거미 실크의 자세한 구조가 밝혀지게 되었다. 그러나 거미 실크가 주로 알라닌과 글라이신으로 이루어져 있다는 사실에도 불구하고 연구자들은 아직까지 실험실에서 거미 실크와 유사한 가닥을 만드는 방법을 찾지 못하고 있다. 그런데 거미줄의 끈적거림이 없어지면 대부분의 거미들은 거미줄을 먹어서 그 단백질을 재생하거나 자연의 이와 같은 화학과 공학적 경이로움의 흔적도 없이 떠난다. 위와 같이 거미의 실크는 자연의 화학과 공학적 경이로움을 말해 주고 있다.

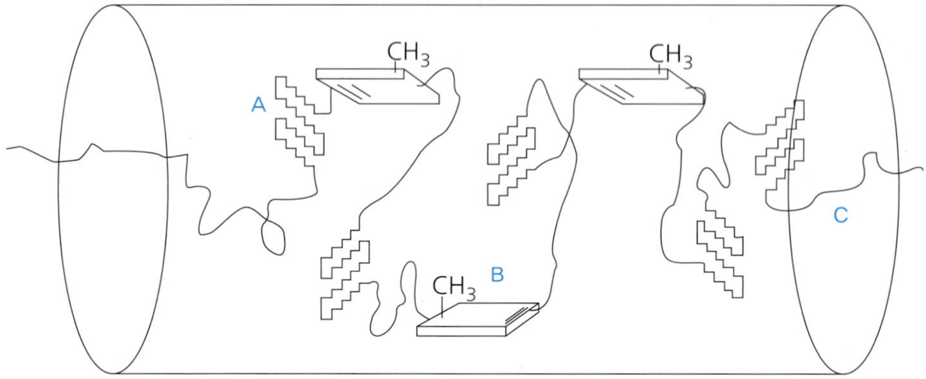

15.6.3 지질

다음은 몇 가지의 지질 화합물을 나타낸다.

(1) 캔들넛의 리놀레산/리놀렌산

리놀레산(Linoleic Acid)과 리놀렌산(Linolenic Acid)은 체내에서 합성되지 않기 때문에 음식을 통하여 섭취되어야 하는 필수 지방산이다. 하와이에서 쿠쿠이 너츠(Kukui Nuts)로 알려진 캔들넛(Candlenuts)은 리놀레산과 리놀렌산의 2가지 불포화 지방산이 풍부하다. 불포화 지방산에는 하나 이상의 탄소–탄소 2중 결합을 포함하는 탄소 사슬에 결합된 카복시기(CO_2H)가 있다. 2중 결합의 존재는 이들 화합물의 화학적 물리적 특성에 크게 영향을 미친다.

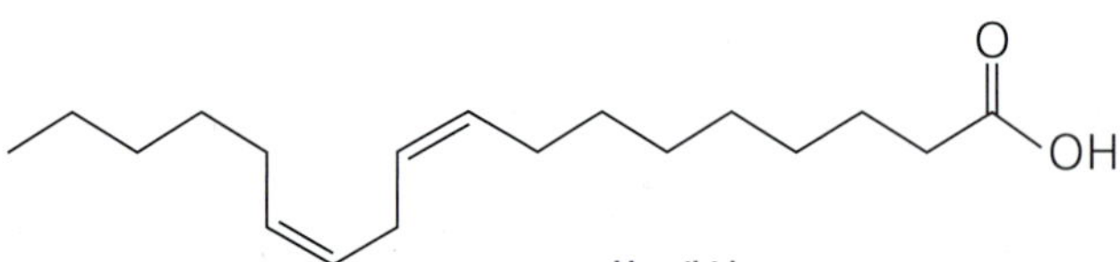

리놀레산

그림 15.24 캔들넛

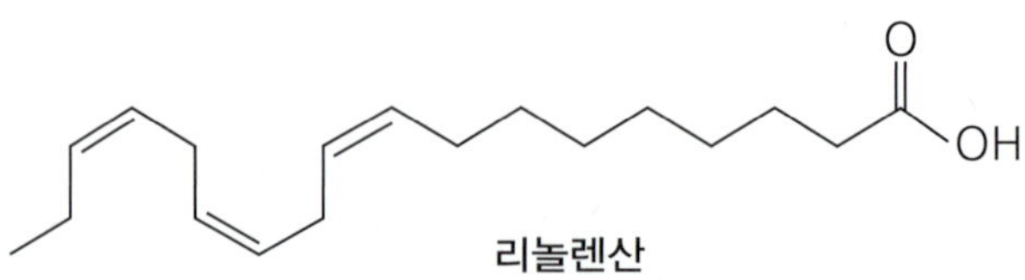

리놀렌산

(2) 카놀라 등의 리놀렌산

카놀라(Canola), 콩, 아마 등은 우리 몸에 좋은 지방산인 리놀렌산을 섭취할 수 있는 아주 좋은 재료들이다. 오메가-3-지방산에 속하는 이들 기름은 심장병의 진행을 막는 효과가 있다고 알려져 있다. 포화 지방은 전형적으로 동물로부터 얻지만 불포화 기름은 일반적으로 식물에서 얻는다. 따라서 버터와 돼지 기름은 포화 트라이아실글리세롤이며, 올리브 기름과 잇꽃(Safflower) 기름은 불포화 트라이아실글리세롤이다. 예외적으로 코코넛 기름은 많은 포화 알킬 곁사슬로 구성되어 있다.

그림 15.25 카놀라, 콩, 아마

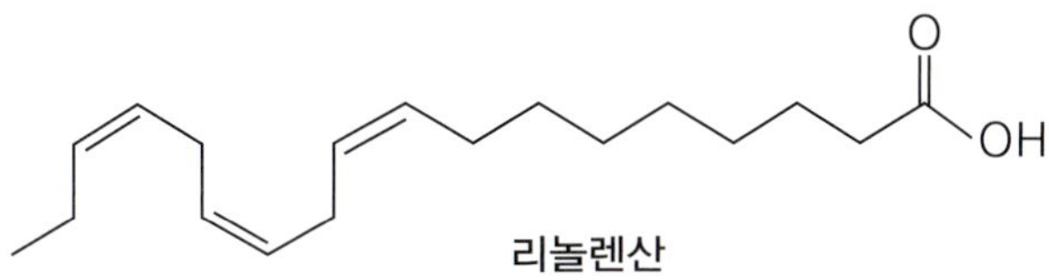

리놀렌산

(3) 전지 우유의 리놀레산/리놀렌산

리놀레산(Linoleic Acid)과 리놀렌산(Linolenic Acid) 같은 필수 지방산의 일반적인 공급원은 전지 우유이다. 초기 수유기에 탈지유를 섭취한 아이들은 이 필수 지방산을 충분히 공급받지 못하기 때문에 잘 자라지 못한다.

그림 15.26 전지 우유

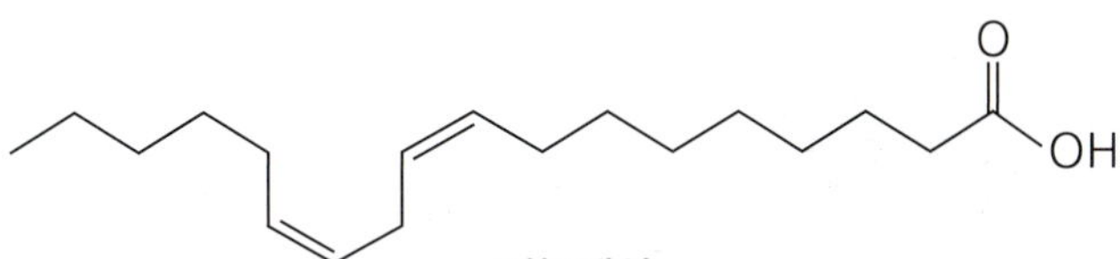

리놀레산

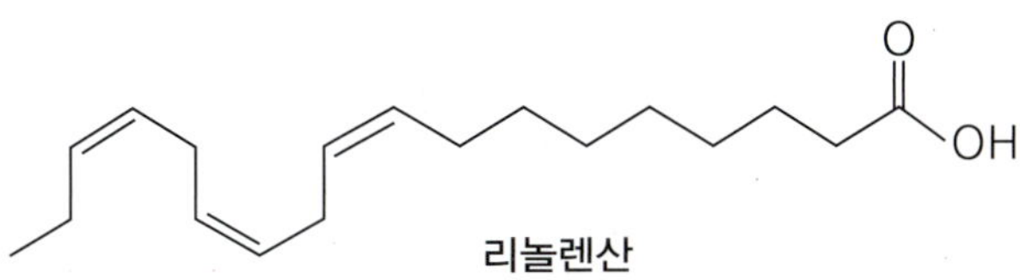

리놀렌산

(4) 비누의 지방산 염

비누는 라드(Lard, 돼지 기름), 수지(소나 양 기름), 코코넛 기름, 또는 야자유를 이용해 만든다. 대부분의 비누는 같은 원리로 작용하지만 지질의 종류에 따라 다소 다른 특징을 가진다. 사용하는 지방산의 탄소 사슬의 길이와 불포화 정도에 의해 비누의 특성이 영향을 받는다. 모든 비누는 지방산의 염이다. 비누들 사이의 주된 차이점은 세척 특성을 바꾸지 않는 다른 성분, 즉 색을 만드는 염료, 기분 좋은 냄새를 만드는 향, 미끄럽게 만드는 기름의 첨가이다. 뜨는 비누에는 물보다 밀도를 낮게 하기 위해 탄산가스가 들어 있다. 비누는 지방산에서 유래한 카복실산 염이다.

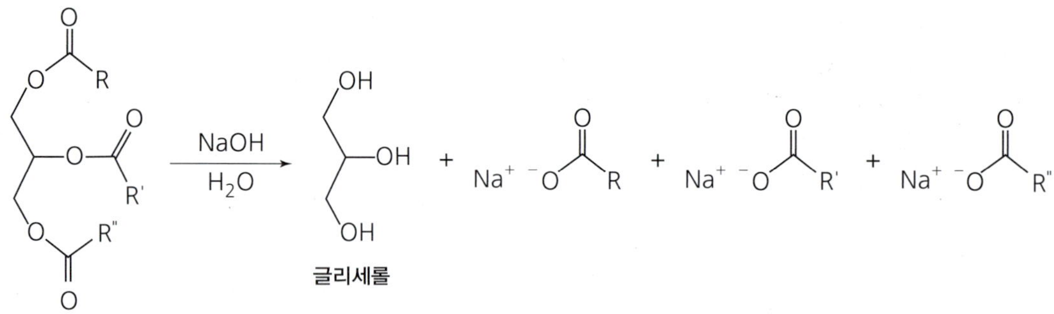

트라이아실글리세롤

그림 15.27 비누

(5) 가짜 지방 올레스트라

지방 함유량이 높은 음식물의 섭취는 피하에 저장되는 지방의 양을 늘려 결국 과체중을 유발한다. 그래서 최근에는 간식과 스낵 제품의 칼로리를 낮추기 위해 올레스트라(Olestra)와 같은 가짜 지방(Fake Fat)을 진짜 지방인 트라이아실글리세롤을 대체하는 방식이 사용되기도 한다. 몇 가지의 스낵 식품은 가짜 지방인 올레스트라를 포함하고 있는데 이것은 칼로리를 의식하는 소비자들에게 저 칼로리를 제공해 준다. 올레스트라는 설탕의 폴리에스터 합성 지방으로 R기는 11~19개의 C를 가진다.

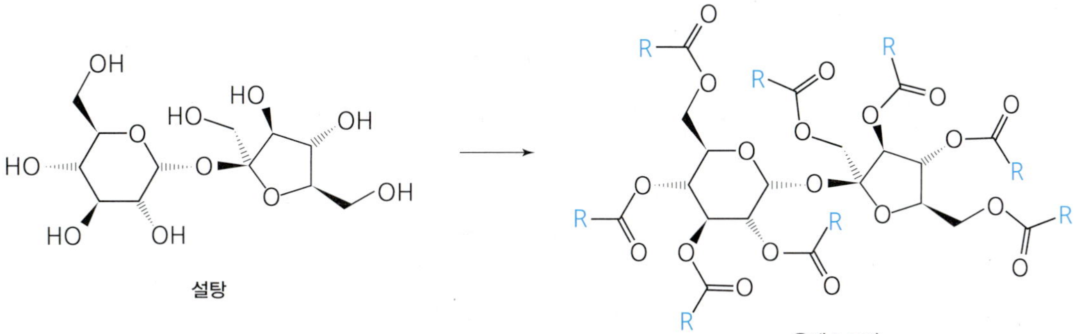

설탕 올레스트라

그림 15.28 올레스트라

(6) 인간의 담석 지질(콜레스테롤)

인간의 담석은 거의 순수한 콜레스테롤(Cholesterol, $C_{27}H_{46}O$)로 되어 있다. 이것은 지질(Lipid)이다.

그림 15.29 담석

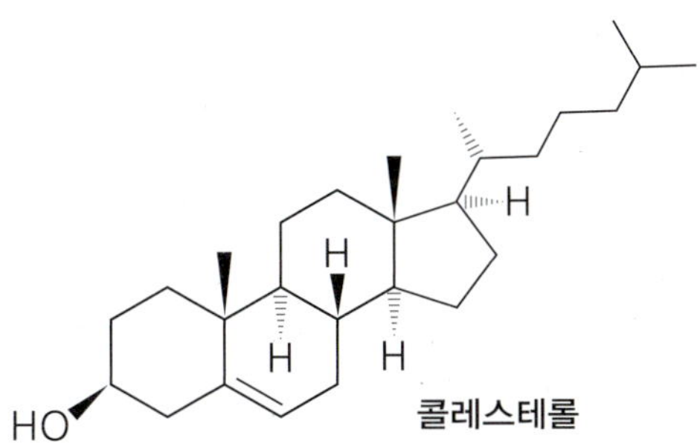

콜레스테롤

16장

유기화학 구조 분석

16 장

유기화학 구조 분석

분자 분광학은 물질이 흡수하거나 방출하는 전자기 복사의 진동수와 이들 진동수와 특정한 형태의 분자구조의 상관관계를 연구하는 것이다. 우리는 분자 분광학의 2가지 유형을 살펴본다. 즉 전자기 스펙트럼의 적외선(Infrared) 영역과 무선 주파수(Radio Frequency) 영역이다. 전자기 복사 에너지의 흡수에서 적외선 영역은 진동 에너지의 전이(Vibrational Energy Transition)를 그리고 무선 주파수 영역은 핵스핀 에너지(Nuclear Spin Energy)의 전이를 각각 가져온다.

아래 그림에서와 같이 원자나 분자가 전자기 복사 에너지를 흡수하면 E_1 에너지 상태(기저 상태)에서 더 높은 E_2 에너지 상태(여기 상태)로 들뜨게 된다. 전자기 복사 에너지(Electromagnetic Radiation Energy)는 E_2와 E_1 사이의 에너지 차이(ΔE)와 같다. 에너지 차이가 이 값보다 크거나 작으면 이러한 천이가 일어나지 않는다.

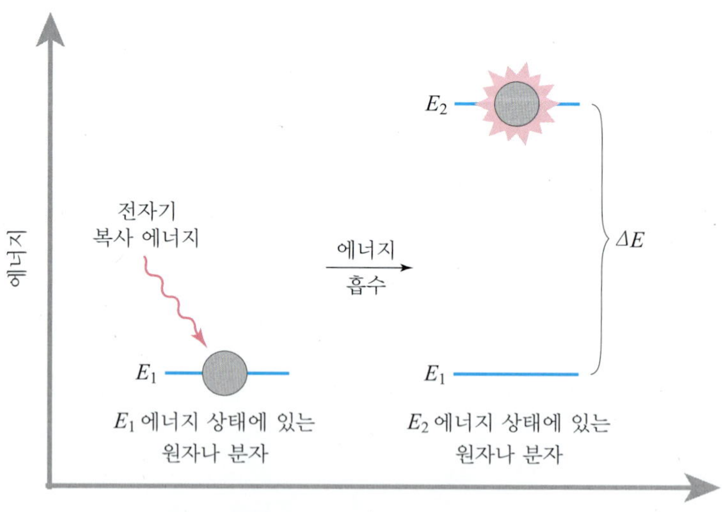

유기화학 구조 분석법에는 어떠한 작용기가 존재하는지를 분석하는 적외선 분광법(IR Spectroscopy), 콘쥬게이션 π 전자계가 존재하는지를 알아보는 자외선 분광법(UV Spectroscopy), 그리고 어떤 탄소-수소 골격이 존재하는지를 살펴볼 수 있는 핵자기 공명 분석법(NMR Spectroscopy)이 있다. 다음은 이들 분석법에 대하여 그 개요를 알아보기로 한다.

16.1 전자기 스펙트럼

적외선 분광계(Infrared Spectroscopy, IR)은 분자와 적외선 복사 에너지 사이의 상호작용을 이용하여 구조를 결정하는 방법이다.

16.1.1 전자기 복사(Electromagnetic Radiation)

가시광선이나 X-선, 마이크로파, 라디오파 등은 모두 파장이 다른 전자기 복사이고 다음 그림은 이들이 이루고 있는 전자기 스펙트럼이다.

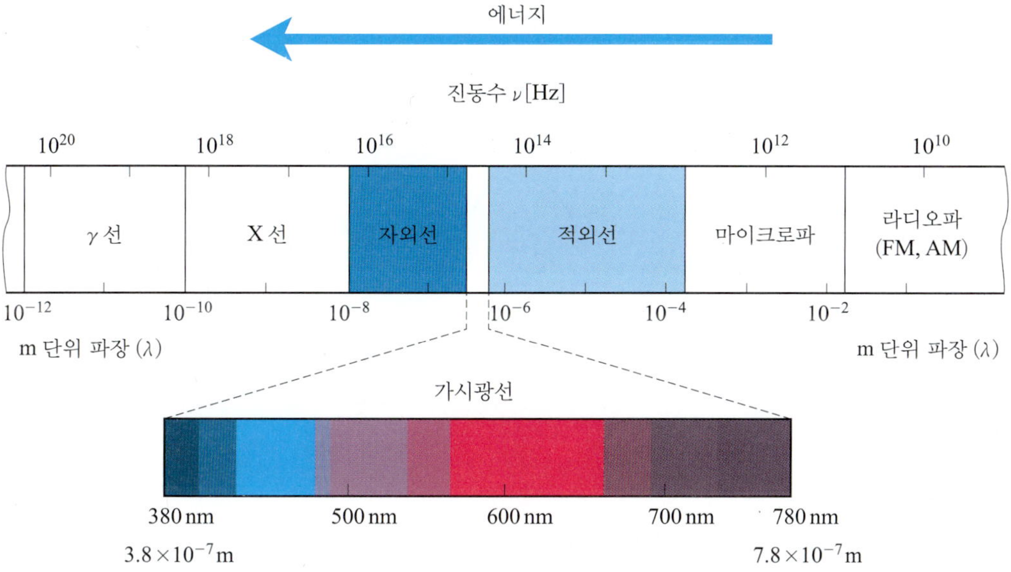

16.1.2 전자기 복사 성질

입자의 성질과 파동의 성질을 갖는다. 전자기 복사는 파동과 진동수와 진폭으로 기술을 할 수 있다.

(1) 진동수(ν, nu): 단위 시간 동안 고정된 지점을 지나는 파동의 수이다. Hertz(Hz, 1 Hz =1 s^{-1})로 나타낸다.

(2) 파장(λ, Lamda): 파동의 한 정점에서 다음 정점까지의 거리를 말한다.

(3) 진폭(Amplitude): 정점과 극지점 사이 중간점에서 정점까지 측정한 파의 높이 이다. 복사 에너지의 세기는 진폭의 제곱에 비례한다.

아래에서 (a)는 파장(λ)은 연속적인 파동의 최고점간 거리이다. 진폭은 중심에서 측정한 파동의 높이이다. (b)와 (c)는 우리가 다르다고 느끼는 여러 전자기 복사는 단지 다른 파장과 진동수(ν)의 파동일 뿐이다.

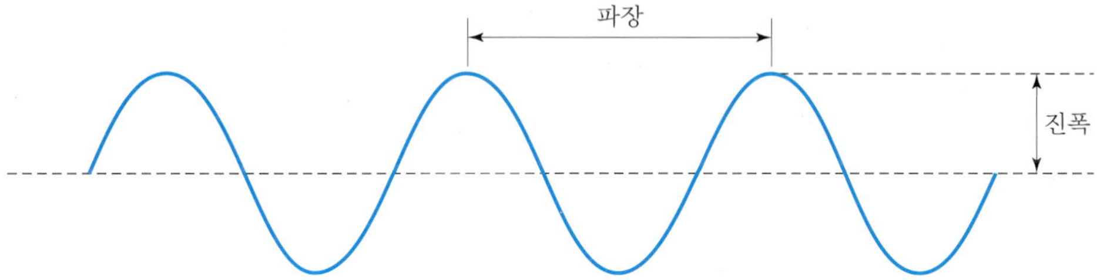

(a) 파장 (Wave Length)

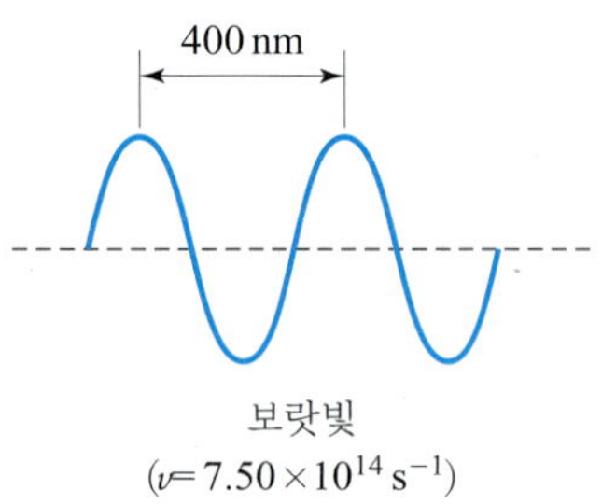

(b) 보랏빛 파장

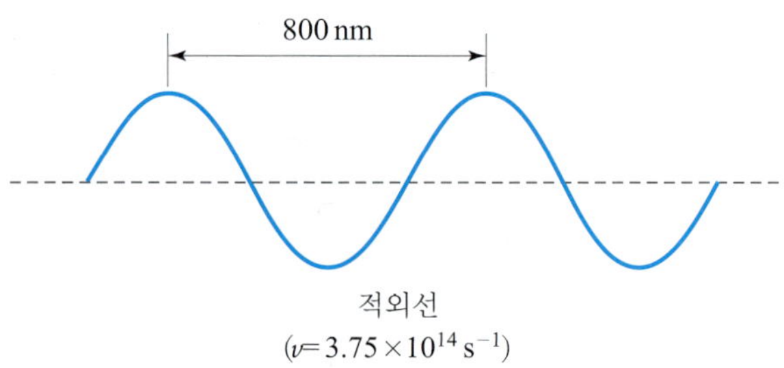

(c) 적외선 파장

16.1.3 흡수 스펙트럼(Absorption Spectrum)

유기 화합물을 전자기 복사에 노출을 시키면 시료는 어떤 특정 파장의 에너지를 흡수하고 다른 파장의 에너지는 그대로 투과를 시킨다. 그러므로 수많은 파장들로 이루어진 에너지를 어떤 유기화합물에 쪼인 뒤 어느 것이 흡수되고 투과되었는지를 그 흡수 스펙트럼에서 알 수 있다. 예를 들어 유기화합물인 에탄올(CH_3CH_2OH)의 적외선(IR) 흡수 스펙트럼은 다음과 같다. 여기서 투광도 100%는 모든 에너지가 시료를 통과함을 의미한다. 낮은 투광도는 에너지의 일부가 흡수되었음을 나타낸다. 따라서 아래를 향한 뾰족한 피크는 에너지 흡수에 해당한다.

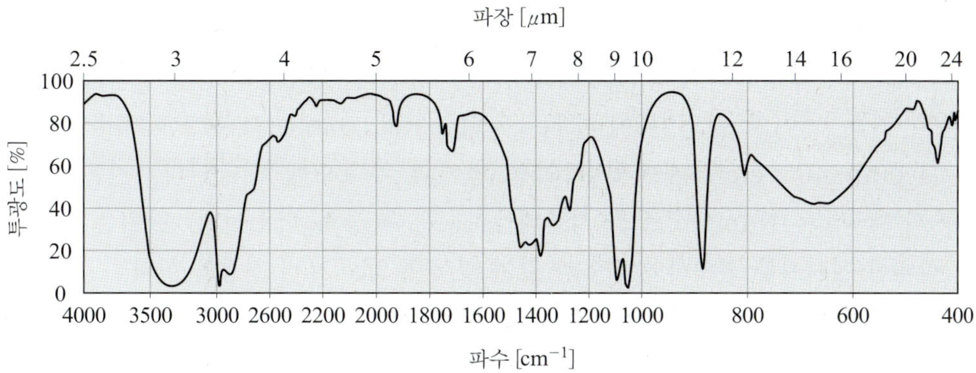

16.2 유기 분자의 적외선(IR) 분광법

16.2.1 적외선 영역

전자기 스펙트럼에서 진동 적외선 영역은 가시광선(7.8×10^{-7}m)의 바로 위에서 약 10^{-4}m까지이나 유기화학자들은 그 중 중간영역 ($2.5 \times 10^{-5} \sim 2.5 \times 10^{-6}$ m) 만을 이용한다. 적외선 복사의 빈도는 일반적으로 파동으로 표현된다. 파수($\bar{\nu}$)는 센티미터 당 파동의 수, cm^{-1}(역센티미터 라고 읽음)이다. 적외선 스펙트럼의 진동 영역을 파수로 나타내면 4000 cm^{-1} ~ 400 cm^{-1} 이 된다. 적외선 영역에 해당하는 전자기 스펙트럼은 다음과 같다.

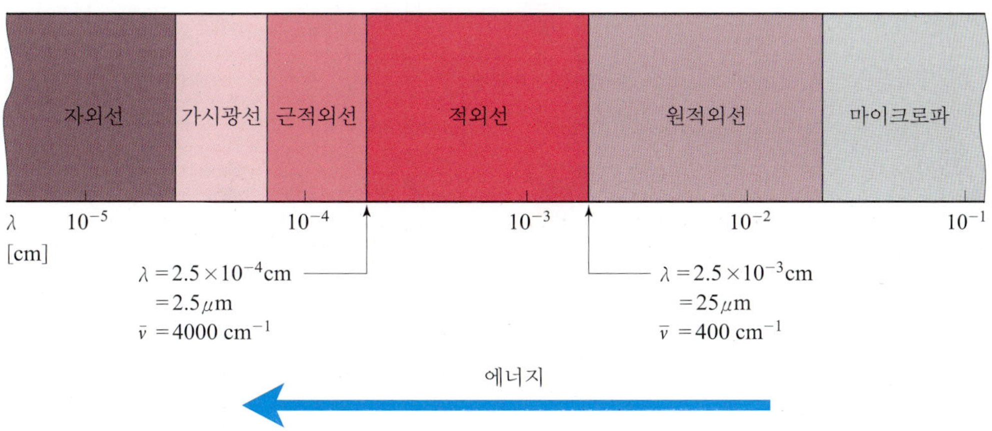

16.2.2 진동수(ν)

공유 결합으로 결합된 분자는 서로 지속적인 진동을 겪는다. 이러한 진동과 관련된 에너지는 양자화된다. 분자 내에서 특정 진동 에너지 준위만 허용된다. 대부분의 공유 결합에 대한 진동 에너지 준위 간의 전이와 관련된 에너지는 2~10 Kcal/mol(8.4~42 kJ/mol)이다. 이 에너지는 4,000~400 cm^{-1} 사이의 적외선 영역의 주파수에 해당된다. 진동수는 보통 Hz보다는 파수(Wave Number)로 표시한다. 파수는 파장의 역수이며, 단위는 cm^{-1}이다. 분자들은 적외선 에너지를 흡수하여 다음과 같이 몇 종류의 허용된 진동을 한다.

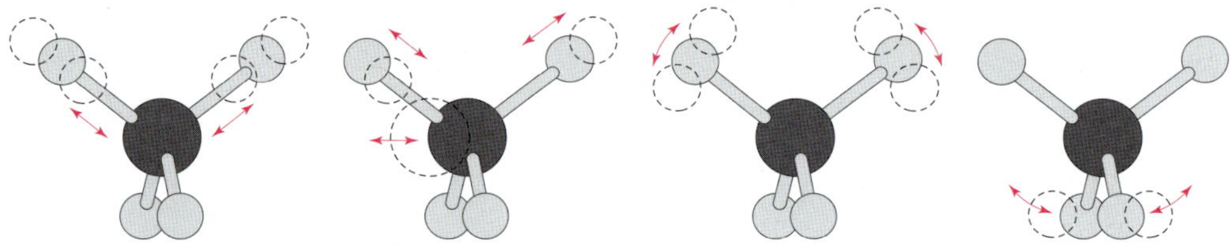

대칭신축　　반대칭신축　　평면내 굽힘　　평면외 굽힘

예를 들어 메틸렌기(CH_2)의 기본적인 진동 방식은 다음과 같다.

표 16.1 여러 형태의 분자 진동

신축 진동	굽힘 진동	
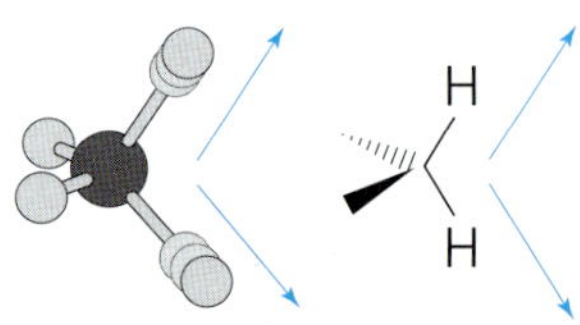 대칭신축	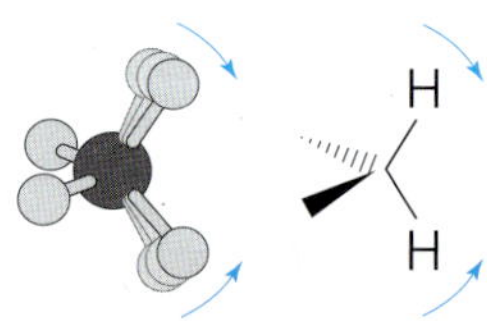 가위질	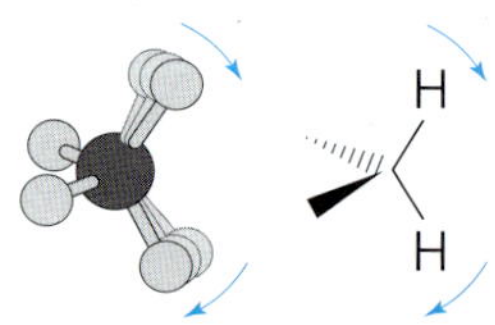 좌우흔듬
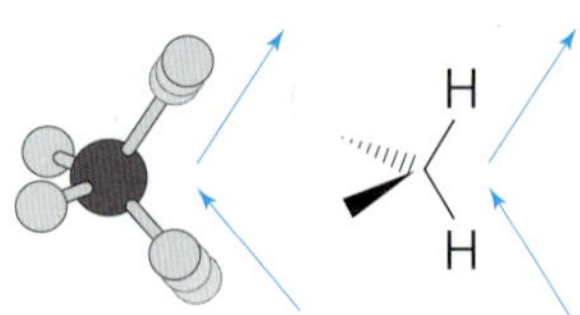 비대칭 신축	 앞뒤흔듬	 꼬임

16.2.3 적외선 흡수

분자의 진동 흡수에서 적외선 복사를 흡수하는 결합의 경우는 복사선의 주파수는 결합 진동의 진동수와 일치해야 한다. 진동 운동하는 결합은 극성이어야 한다. 극성이 클수록 흡수가 강해진다. 이 기준을 충족시키지 못하는 공유 결합은 적외선(IR)이 비활성이라고 한다. 이러한 비극성 분자의 다중 결합은 적외선 활성이 아니다. 예를 들면 아래 2 물질은 적외선 활성이 아니다. 이유는 결합 주변의 대칭성으로 인하여 진동 운동이 쌍극자의 변화를 일으키지 않기 때문에 이들 분자의 불포화 결합은 모두 적외선 활성이 아니다. 화살표는 C=C 2중 결합을 이루는 2 탄소 원자 그리고 이들과 결합하고 있는 메틸기의 운동 방향을 나타낸다.

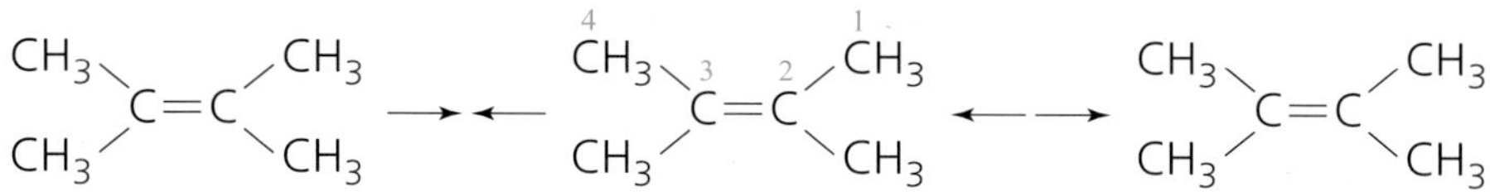

2,3-Dimethyl-2-butene

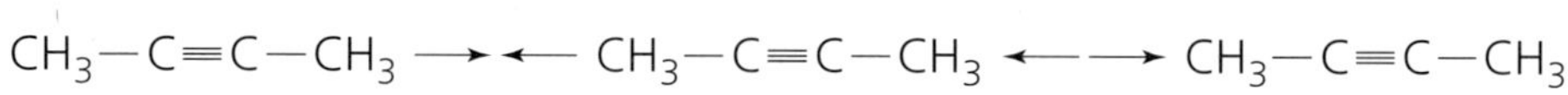

2-Butyne

다시 말해 어떤 유기분자에 적외선을 쬐였을 때, 복사선의 진동수와 분자 진동의 진동수가 일치하면 에너지가 흡수되고 에너지가 흡수되면 그 진동의 진폭이 커지게 된다. 분자에 흡수된 각 진동수는 고유한 분자운동에 해당한다. 즉 IR 스펙트럼 → 어떤 분자 운동 → 어떤 작용기인지를 알아내는 것이다. 다음 표는 몇 가지 작용기들에 대한 특징적인 적외선 흡수를 나타낸다.

표 16.2 여러 작용기들의 적외선 흡수영역

작용기		흡수띠 위치 (cm^{-1})	흡수 세기
알케인, 알킬기	C—H	2850–2960	중간 또는 강함
알켄	=C—H C=C	3020–3100 1640–1680	중간 중간
알카인	≡C—H —C≡C—	3300 2100–2260	강함 중간
할로젠화 알킬	C—Cl C—Br C—I	600–800 500–600 500	강함 강함 강함
알코올	O—H C—O	3400–3650 1050–1150	강함, 넓음 강함
방향족	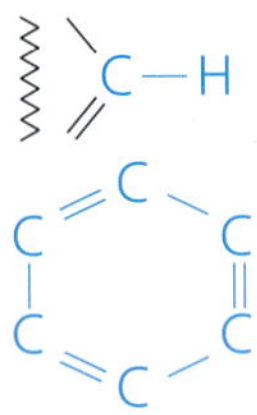	3030 1660–2000 1450–1600	약함 약함 중간
아민	N—H C—N	3300–3500 1030–1230	중간 중간
카보닐 화합물*	C=O	1670–1780	강함
카복실산	O—H	2500–3100	강함, 매우 넓음
나이트릴	C≡N	2210–2260	중간
나이트로 화합물	NO_2	1540	강함

주) * 카복실산, 에스터, 알데하이드, 케톤

다음 그래프는 몇 가지 작용기들에 대한 적외선 흡수 스펙트럼을 나타낸다. 적외선 스펙트럼의 바탕선은 도표의 윗 부분에 위치해 있다. 그리고 적외선 스펙트럼에서 피크는 아래쪽을 향해 뾰족하게 나타난다.

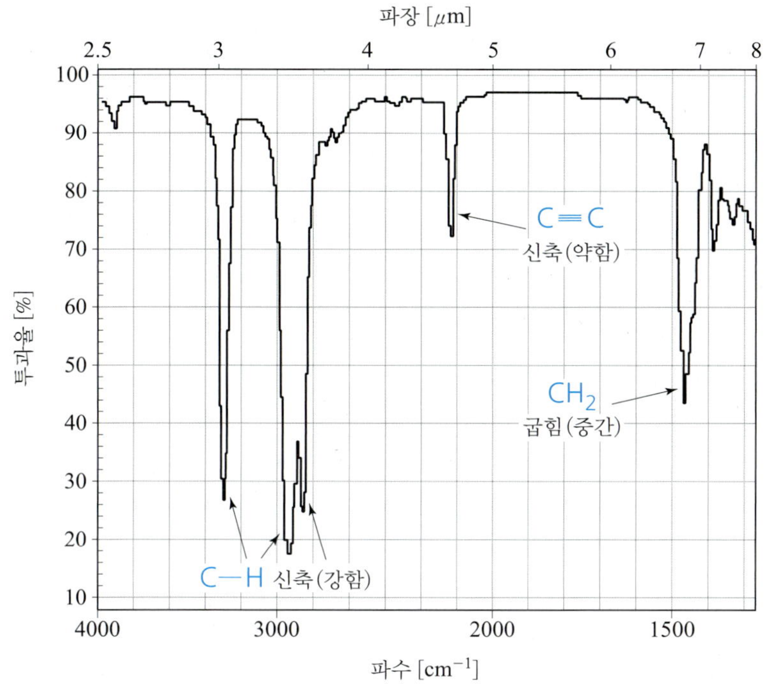

상기 표에서 흡수 세기와 적외선 스펙트럼에서 피크는 그 흡수 강도를 말한다. 즉 피크가 아래로 내려올수록(투과율이 낮을수록) 흡수강도는 높음을 의미한다.

16.2.4 적외선 영역의 구분

4000에서 200cm^{-1}의 적외선 영역의 구분으로 여러 작용기의 흡수 위치를 쉽게 기억할 수 있다.

(1) 4000~2500cm^{-1}: N−H, C−H, O−H 결합의 신축 운동에 해당한다.

(2) 2500~2000cm^{-1}: RC≡N, RC≡CR 3중결합의 신축 운동에 해당한다.

(3) 2000~1500cm^{-1}: C=O, C=N, C=C 2중결합 흡수에 해당한다.

(4) 1500cm^{-1}: 소위 지문 영역이다. C−O, C−C, C−N 단일 결합의 진동에서 나타나는 많은 흡수가 일어나서 각 화합물마다 독특한 모양을 형성하게 됨으로써 각 유기화합물을 확인할 수 있는 지문 역할을 하게 된다.

다음 도표는 적외선 스펙트럼의 단일결합 영역, 2중결합 영역, 3중결합 영역, 지문영역을 나타낸다.

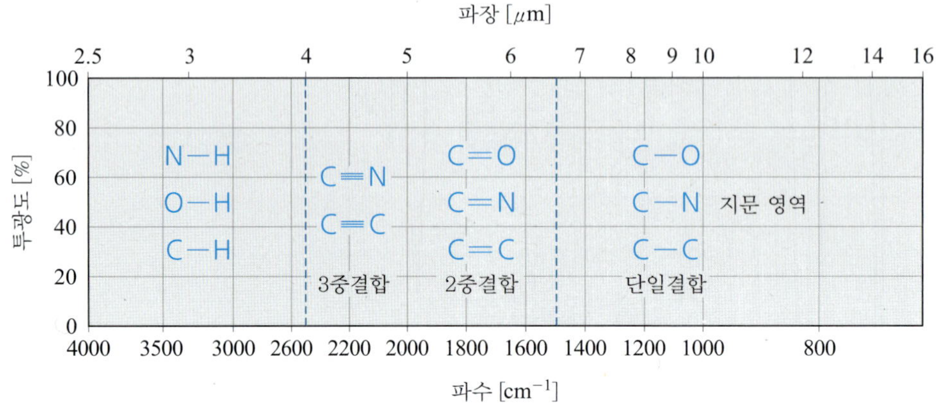

16.2.5 적외선 스펙트럼의 해석

작용기는 화합물이 다르더라도 거의 변하지 않는 고유한 적외선 흡수를 보인다. 예를 들어 C=O 흡수는 항상 1680~1750cm^{-1}, O-H 흡수는 3400~3650 cm^{-1}, C=C 흡수는 1600~1680 cm^{-1}에서 나타난다. 실제 Cyclohexanol과 Cyclohexanone의 적외선(IR) 스펙트럼은 각각 아래와 같다.

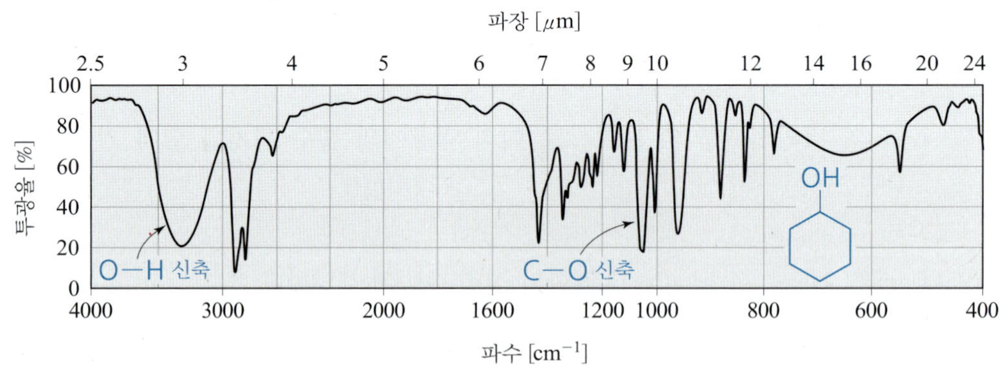

(a) Cyclohexanol

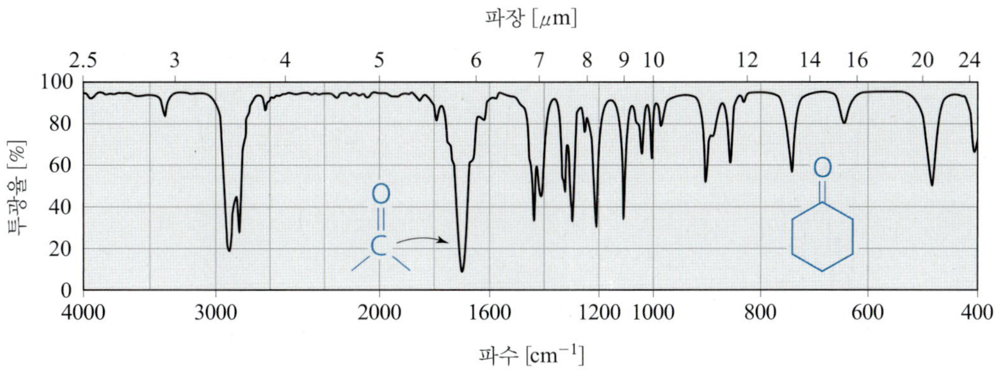

(b) Cyclohexanone

또 하나의 예로서 아세톤과 2-Propen-1-ol은 이성질체이다. IR을 이용하여 식별을 할 수 있는 방법은 아세톤 C=O는 1750 cm^{-1}, 알코올 -OH는 3500 cm^{-1}, 2중결합 C=C는 1660 cm^{-1}에 나타나는 피크로 각각 식별할 수 있다. 그리고 유기화합물에 대한 구체적인 적외선 흡수 스펙트럼의 여러가지 예를 아래에 정리하여 기술하였다.

[1] 알케인(Alkane)/알켄(Alkene)/알카인(Alkyne)의 특성

적외선(IR) 흡수의 상관 관계표는 다음과 같다.

표 16.3 탄화수소의 적외선 흡수 영역

탄화수소		분자 진동	파수 범위(cm^{-1})	흡수 세기
알케인	C—H	신축	2850–3000	강함
	CH_2	굽힘	1450–1465	중간
	CH_3	굽힘	1375 & 1450	약함–중간
알켄	C—H	신축	3000–3100	약함–중간
	C=C	신축	1600–1680	약함–중간
알카인	C—H	신축	3300	약함–중간
	C≡C	신축	2100–2260	약함–중간

(1) 알케인(Alkane)

알케인은 2850에서 3000 cm^{-1} 사이의 C-H 신축을 보여준다. 예를 들어 데케인(Decane), $CH_3(CH_2)_8CH_3$의 적외선 스펙트럼은 다음과 같다. 스펙트럼에서 C-H 피크는 대부분의 유기 분자에 알킬기가 존재하므로 이러한 흡수 피크는 다수의 적외선 스펙트럼에서 자주 관찰된다.

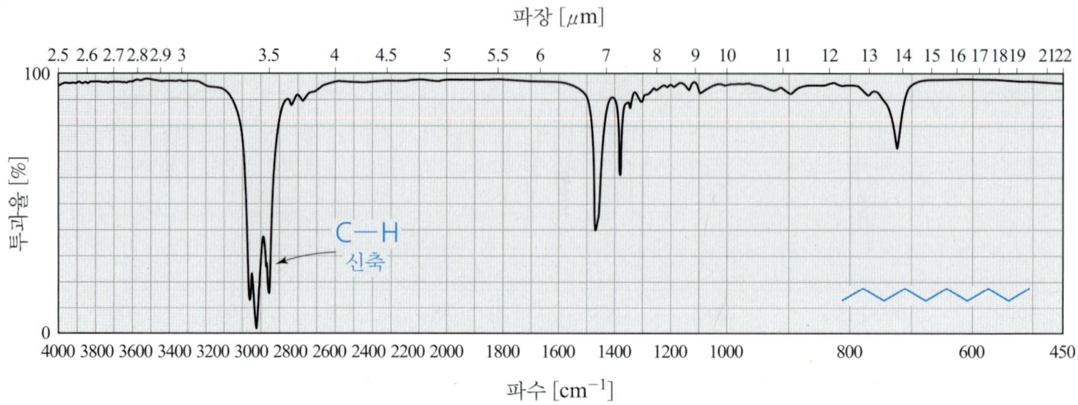

(2) 알켄(Alkene)

알켄은 1600에서 1680 cm^{-1} 사이의 C=C 신축을 보여준다. 예를 들어 사이클로펜텐(Cyclopentene), C_5H_8의 적외선 스펙트럼은 아래와 같다. 스펙트럼에서 왼쪽 첫 번째 비닐 신축 진동으로 C=C 결합에 수소가 존재하는 알켄의 경우에서만 관찰되고 왼쪽 3번째의 신축 진동 피크는 C=C 결합을 중심으로 대칭성을 갖는 알켄에서는 관찰되지 않는다.

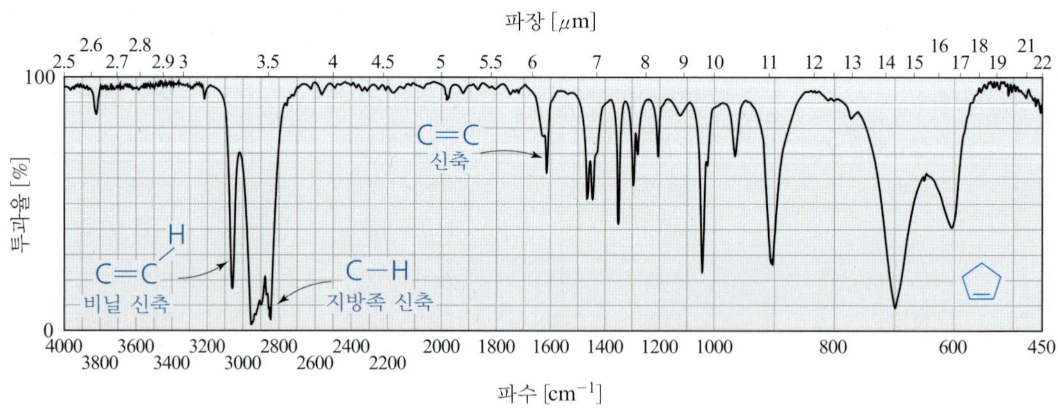

(3) 알카인(Alkyne)

말단 알카인의 경우는 3300 cm^{-1} 에서 C−H의 신축이 나타난다. 모든 알카인은 2100~2260 cm^{-1} 사이에서 탄소 3중 결합 신축을 보여준다. 예를 들어 1−옥타인(1−Octyne), C_8H_{14}의 적외선 스펙트럼은 다음과 같다. 스펙트럼에서 왼쪽 첫 번째 신축 진동 피크는 말단 알카인에서만 관찰되고 2번째 신축 진동 피크는 C≡C 결합을 중심으로 대칭성을 갖는 알카인에서는 관찰되지 않는다.

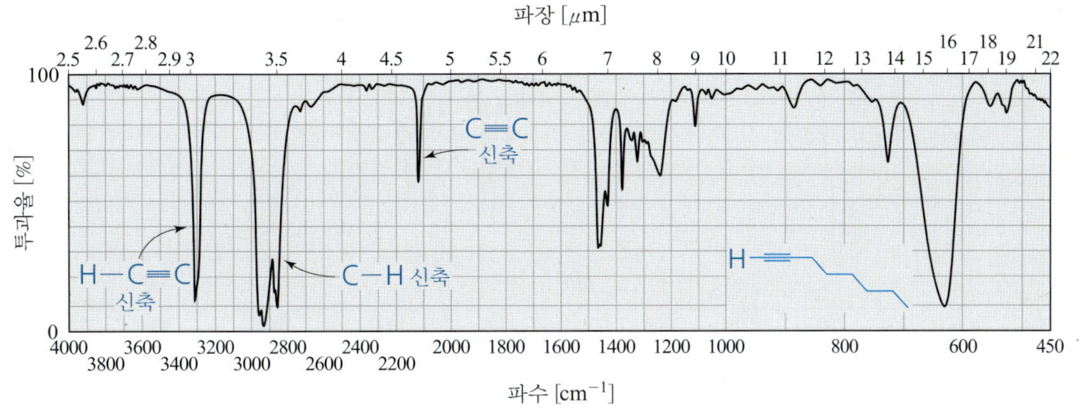

[2] 알코올(Alcohol)

O-H 신축 흡수의 세기와 위치는 모두 수소 결합의 정도에 따라 달라진다. O-H 신축은 3200~3500 cm^{-1} 에서 넓은 피크로 나타난다. C-O 신축 진동은 1050~1250 cm^{-1} 영역에서 나타난다. 다음은 1-펜탄올(1-Pentanol), $CH_3CH_2CH_2CH_2CH_2OH$의 적외선 스펙트럼 예를 나타낸다. 스펙트럼에서 왼쪽 첫 번째 넓은 신축 피크는 수소 결합의 O-H기 피크이다.

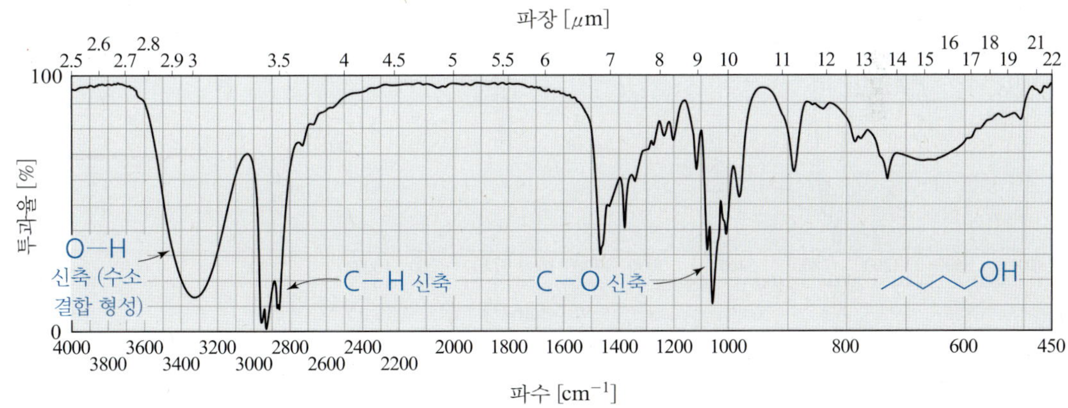

[3] 에터(Ether)

에터의 C-O 신축 진동수는 알코올과 에스터에서 관찰되는 것과 유사하며 1070~1150 cm^{-1} 영역에서 관찰된다. 다음은 다이에틸 에터(Diethyl Ether), $(C_2H_5)_2O$의 적외선 스펙트럼이다. 스펙트럼에서 오른쪽 첫 번째 신축 피크가 에터의 C-O기 피크이다.

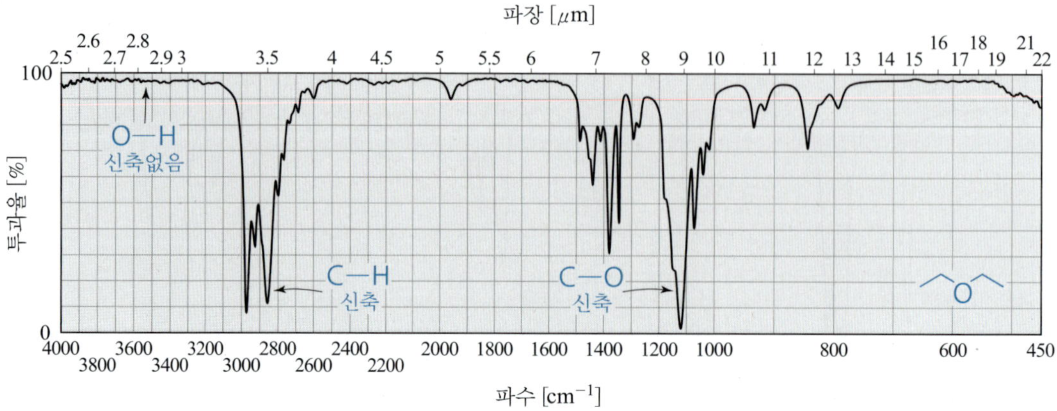

[4] 아민(Amine)

N-H 신축 진동은 3100~3500cm^{-1} 영역에 나타난다. 1차 아민은 이 영역에서 2개의 흡수를 갖는다. 2차 아민에는 1개의 흡수가 있다. 3차 아민에는 아무것도 없다. 다음은 1차 아민의 스펙트럼 예를 나타낸다. 스펙트럼에서 왼쪽에 $-NH_2$의 1차 아민 신축 피크를 나타낸다. 2차 아민의 경우는 이 영역에서 하나의 흡수 피크만 나타낸다.

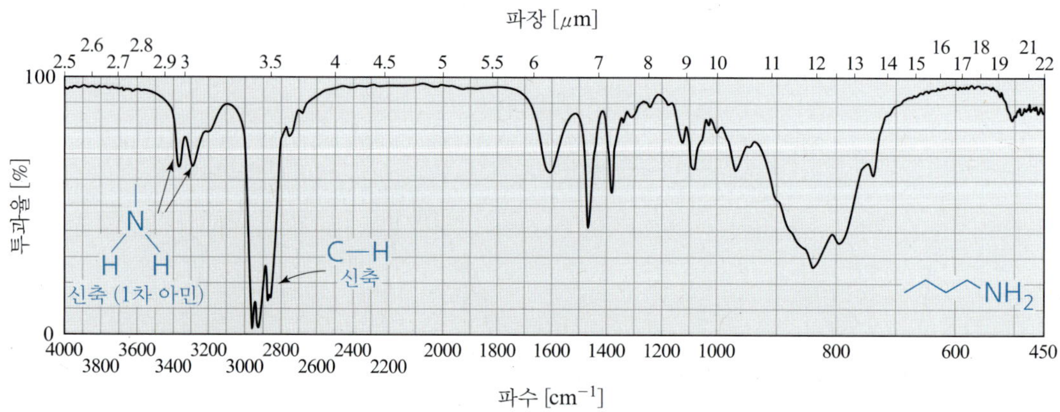

[5] 알데하이드(Aldehyde)와 케톤(Ketone)

알데히드와 케톤은 1705~1780cm^{-1} 사이의 강한 C=O 흡수를 나타낸다. 예를 들어 케톤인 멘톤(Menthone), $C_{10}H_{18}O$의 적외선 스펙트럼은 아래와 같다. 스펙트럼에서 오른쪽에 신축 진동의 카보닐기 C=O 피크를 나타낸다.

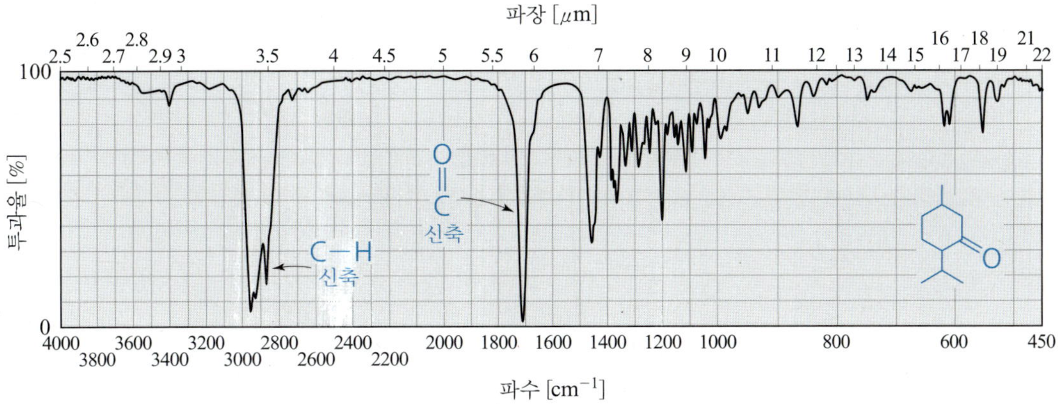

[6] 카복실산(Carboxylic Acid)과 그 유도체(Derivatives)

카복시기 –COOH는 2개의 특징적인 피크를 갖는다. C=O 신축 진동 영역은 1700~1725 cm^{-1}이고 O–H 신축 진동 영역은 2400~3400 cm^{-1}이다. 예를 들어 뷰탄산(Butanoic Acid), $CH_3CH_2CH_2COOH$의 적외선 스펙트럼은 다음과 같다. 스펙트럼에서 신축 진동의 O–H와 C=O 결합 피크를 각각 나타내고 있다.

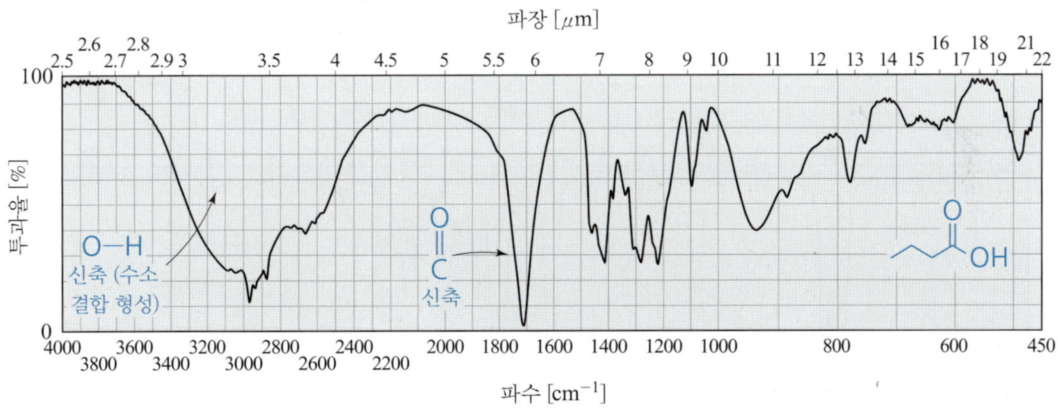

[7] 에스터(Ester)

에스터는 1735~1800 cm^{-1} 영역에서 강한 C=O 신축 흡수를 나타낸다. 또한 1000~1250 cm^{-1} 영역에서도 강한 C–O 신축 흡수를 나타낸다. 다음은 에틸뷰탄오에이트(Ethyl Butanoate), $CH_3CH_2CH_2COOCH_2CH_3$의 적외선 스펙트럼 예를 보여준다. 스펙트럼에서 C=O와 C–O의 신축 진동 흡수 피크를 각각 나타내고 있다.

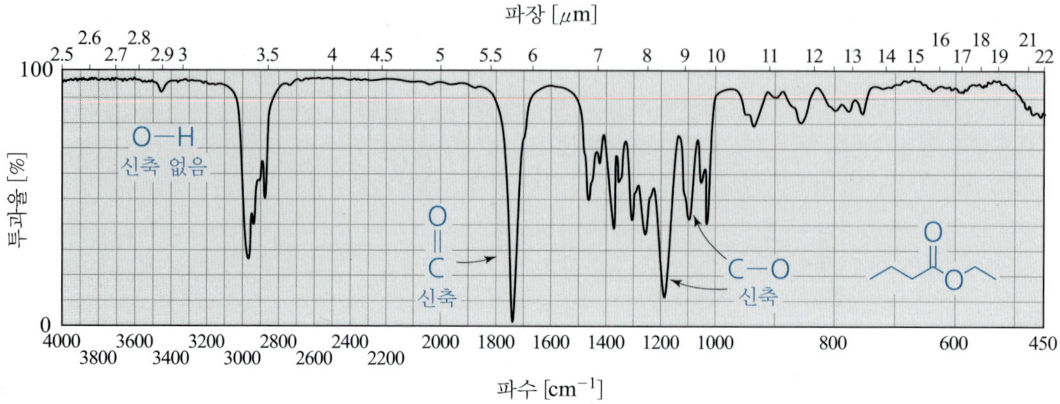

[8] 3차 아마이드(Amide)

아마이드의 C=O 신축은 1630~1680 cm^{-1} 에서 나타난다. 1차 아마이드와 2차 아마이드는 3200~3400 cm^{-1} 영역에서 N−H 신축이 나타난다. 3차 아마이드는 N−H 신축 흡수가 나타나지 않는다. 예를 들어 N,N−다이에틸도데칸아마이드(N,N−Diethyldodecanamide), $CH_3(CH_2)_{10}CON(C_2H_5)_2$ 의 적외선 스펙트럼을 나타낸다. 이 물질은 3차 아미이드이기 때문에 스펙트럼에서 왼쪽에 신축 진동 피크가 나타나지 않는다.

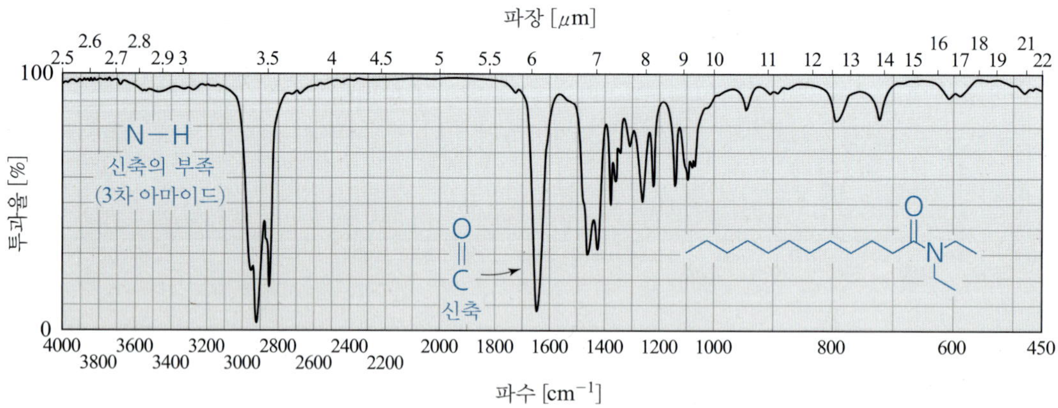

[9] 2차 아마이드(Amide)

2차 아마이드는 단일 N−H 흡수를 나타낸다. 예를 들어 메틸벤즈아마이드(N−Methylbenzamide), $C_6H_5CONHCH_3$의 적외선 스펙트럼은 다음과 같다. 스펙트럼에서 왼쪽에 2차 아마이드의 1개 N−H 신축 진동 피크를 보여주고 있다.

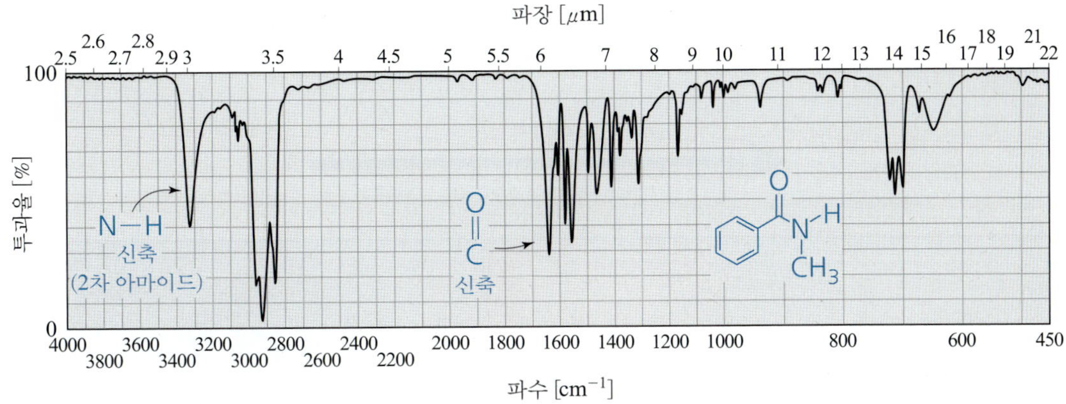

[10] 1차 아마이드(Amide)

1차 아마이드는 2개의 N-H 흡수를 나타낸다. 다음은 뷰탄아마이드(Butanamide), $CH_3CH_2CH_2CONH_2$의 적외선 스펙트럼의 예를 나타낸다. 스펙트럼에서 왼쪽에 1차 아마이드의 2개 N-H 신축 진동 피크를 가지고 있다.

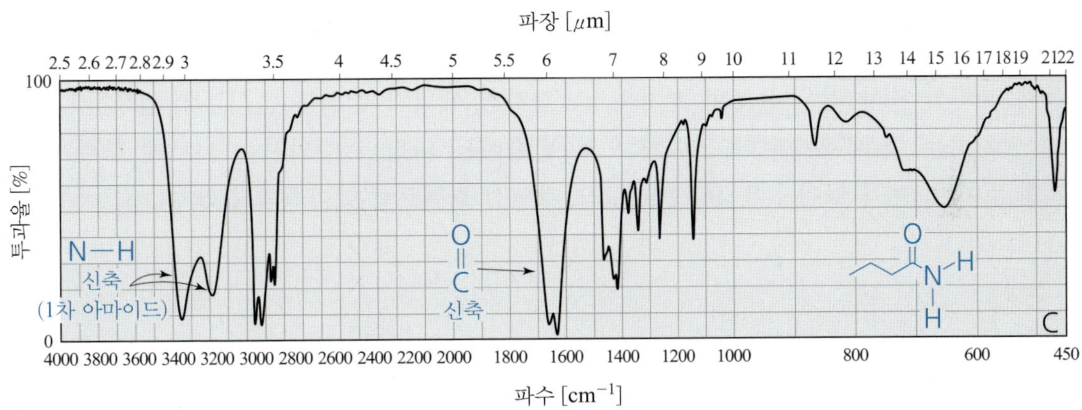

16.3 유기 분자의 자외선(UV) 분광법

16.3.1 자외선(Ultraviolet, UV) 영역

가시광선의 짧은 파장 끝(4 x 10^{-7}m)에서 시작을 하여 10^{-8}m까지를 말한다. 유기화합물의 경우에는 2 x 10^{-7}~4 x 10^{-7}m(200~400 nm)까지 좁은 범위이다. 자외선 영역에 해당하는 전자기 스펙트럼은 다음과 같다.

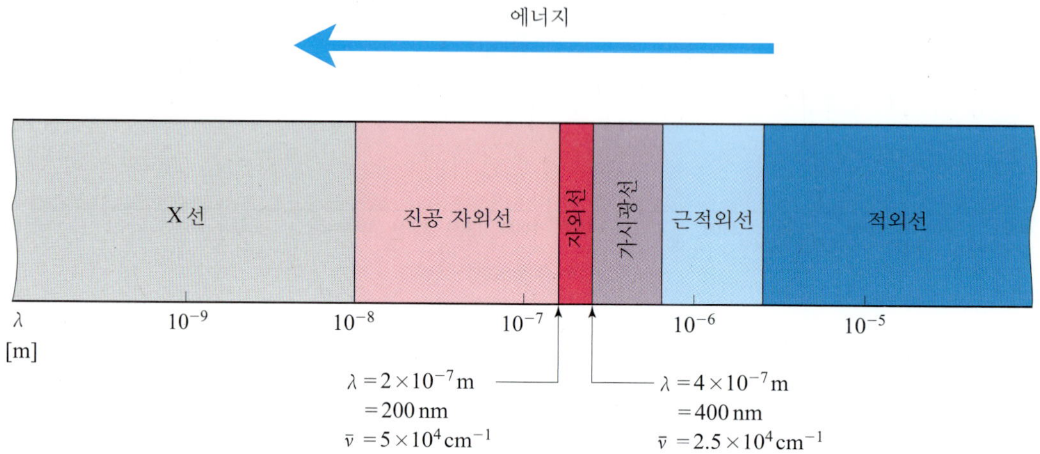

16.3.2 자외선 스펙트럼

유기분자에 전자기 복사선을 조사하면 복사선 에너지의 준위에 따라서 흡수 혹은 통과를 하는데 자외선 복사 경우 불포화 분자의 π 전자의 에너지 준위를 올리는데 필요한 에너지 양에 일치하는 경우 흡수된다. 연속적으로 변화하는 파장의 자외선을 시료에 쪼여가면서 기록한 것이다. 예를 들어 1,3-Butadiene의 자외선 스펙트럼은 아래와 같다.

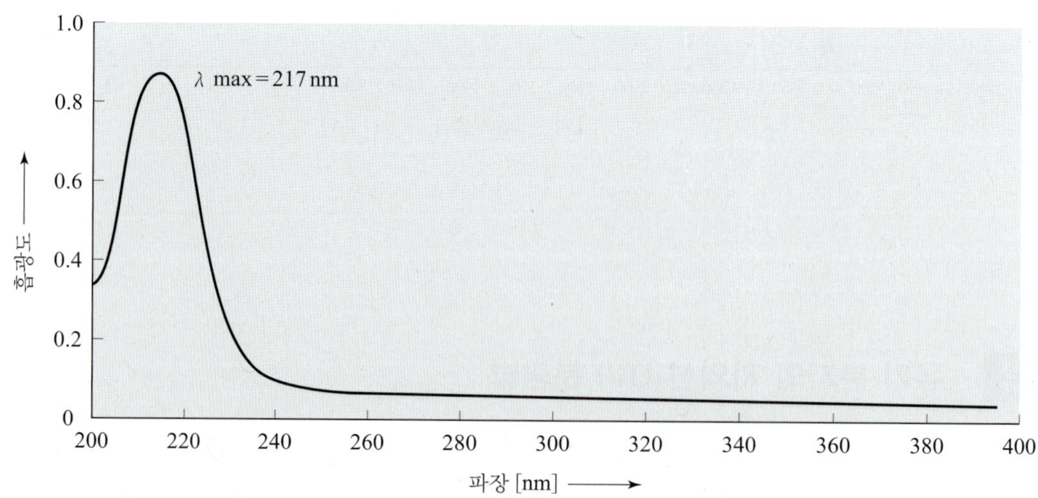

16.3.3 자외선 스펙트럼 해석: 콘쥬게이션 효과

콘쥬게이션(Conjugation)은 2중결합과 단일결합의 규칙적인 짝지움의 구조를 발한다. 불포화 분자에서 π전자를 들뜨게 하는데 필요한 복사선의 파장은 분자내 π전자계의 성질에 의존한다. 콘쥬게이션이 증가하면 전자 전이에 필요한 에너지는 감소한다. 예를 들어 1,3-Butadiene의 흡수는 217nm, 1,3,5-Hexatriene은 258nm, 1,3,5,7-Octatetraene는 290nm에서 각각 흡수한다 (더 긴 파장은 더 낮은 에너지를 의미한다).
다음은 몇 가지 콘쥬게이션 분자들의 최대 흡수 파장을 나타낸다.

표 16.4 콘쥬게이션의 자외선 흡수 파장

이름	구조	λ_{max}(nm)
Ethylene	$H_2C{=}CH_2$	171
2-Methyl-1,3-butadiene	$H_2C{=}C(CH_3){-}CH{=}CH_2$	220
1,3-Cyclohexadiene	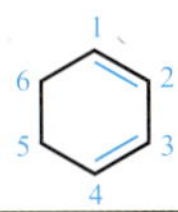	256
1,3,5-Hexatriene	$H_2C{=}CH{-}CH{=}CH{-}CH{=}CH_2$	258
3-Butene-2-one	$H_2C{=}CH{-}C(CH_3){=}O$	219
Benzene	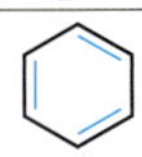	254

16.4 핵자기 공명(NMR) 분광법

핵자기 공명 분광학(Nuclear Magnetic Resonance, NMR)은 1 분자에 있는 원자의 개수와 종류에 대한 정보를 제공하는 분광 기술을 말한다. 예를 들어 수소 원자의 개수와 종류를 알 수 있는 ^{1}H-NMR 분광학과 탄소 원자의 개수와 종류를 알 수 있는 ^{13}C-NMR 분광학으로 구분한다.

16.4.1 핵자기 공명 분광법

유기분자들의 탄소-수소 골격의 지도를 제공한다. 타 방법과 비교를 할 수 있다. 앞에서 언급한 바와 같이 적외선(IR) 분광법은 작용기를, 자외선(UV) 분광법은 π 전자계를, 핵자기 공명(NMR) 분광법은 탄소-수소 골격 지도를 제공한다.

16.4.2 핵자기 공명 분광법 원리

전자는 +1/2 ~ −1/2의 허용 값을 가지는 1/2의 스핀 양자수를 가진다. 스핀 전하는 이와 연관된 자기장을 만든다. 사실상 하나의 전자는 하나의 작은 막대자석과 같이 행동하고 자기 모멘트라고 불리는 것을 가지고 있다. ^{1}H와 ^{13}C 원자의 집합체 안에서 작은 원자핵 막대자석의 스핀은 완전히 불규칙적인 방향성을 지니고 있다. +1/2 스핀을 가진 핵이 자기장에 놓여질 때, 핵은 외부 자기장과 같은 방향으로 정렬되고 낮은 스핀 에너지 상태에 있다. 다시 말해 ^{1}H, ^{13}C의 핵은 축을 중심으로 회전을 하는 팽이처럼 행동하는데, 핵은 양으로 하전되어서 회전하는 핵은 작은 자석처럼 행동하여 외부 자기장(B_0)과 상호작용을 한다. 외부 자기장이 없으면 자성을 띤 핵 스핀(Nuclear Spin)이 무작위적으로 배향된다. 이들 핵종을 포함하는 시료를 강력한 자석 사이에 두면 특정한 배향을 갖는다.

아래 그림에서(a) 핵 스핀들은 강한 외부 자기장이 없을 때는 제 멋대로 배향되나(b) 강한 외부 자기장 B_0가 있을 때는 특정한 방향으로 배향된다. 어떤 스핀(푸른색)은 외부 자기장과 평행하게 배열되고 다른 것(검은색)은 역평행 배향을 하고 있다. 평행된 스핀 상태가 더 낮은 에너지를 가진다.

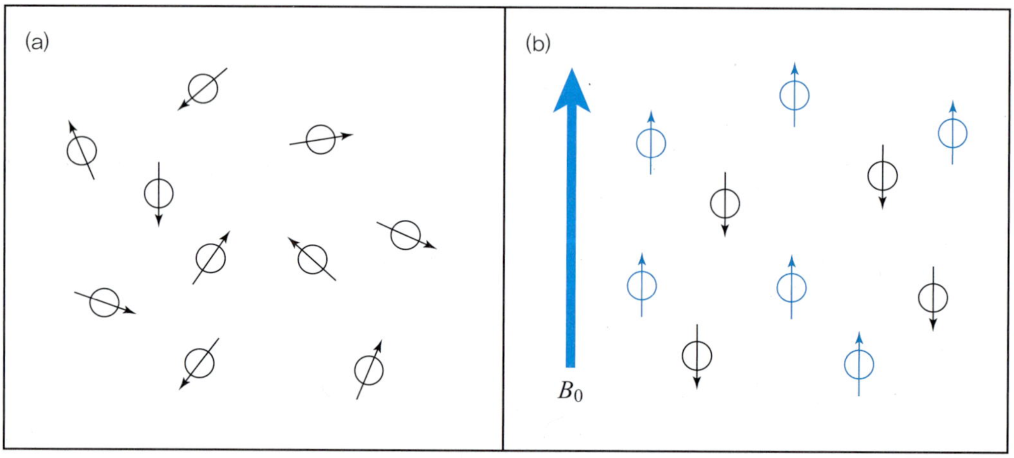

만약 평행으로 배향한 핵을 적절한 진동수를 가진 전자기 복사선으로 쪼이면 에너지 흡수가 일어나, 낮은 에너지 상태의 스핀은 스핀이 젖혀져(Spin−flip) 높은 에너지 상태가 된다. 이것이 일어날 때 핵은 가해준 복사선과 공명한다고 한다. 여기서 핵자기 공명(Nuclear Magnetic Resonance)이라는 말이 생겨났다. 즉 핵자기 공명은 회전하고 있는 핵이 전자기 복사를 흡수함으로써 낮은 에너지 상태로부터 높은 에너지 상태로 스핀이 뒤 바뀌는 것을 말한다. 우리가 다른 모든 원자와 전자로부터 격리된 ^{1}H 핵을 다룬다면, ^{1}H 에 대한 신호를 생성하는 외부 자기장과 복사선의 어떤 조합도 모두 ^{1}H 에 대한 신호만을 생성 할 것이다(^{13}C 핵도 마찬가지임). 그러나 유기 분자의 수소는 다른 원자와 분리되지 않는다. 그들은 전자들로 둘러싸여 있으며, 이는 외부 자기장의 존재에 의해 순환하게 된다. 전자의

순환은 외부 자기장과 반대되는 국소 자기장(Local Magnetic Fields) 을 생성함으로써 외부 자기장으로부터 수소 원자를 가려막는 작용(Shielding)을 한다. 1 분자 내에 있는 다양한 ^{1}H 핵들의 가려막기로 인한 공명 진동수의 차이는 일반적으로 매우 작다.

16.4.3 NMR 흡수의 성질

(1) 유효자기장: B유효 = B가해준 - B국지

모든 핵은 전자구름에 둘러 쌓여 있다. 시료 분자에 외부 자기장을 가해주면 핵 주위를 움직이는 전자들은 그들 자신의 국지적 자기장을 생성한다. 이 국지적 자기장은 가해준 자기장의 반대 방향으로 작용하여 핵이 느끼는 유효자기장은 가해준 자기장보다 작아진다.

(2) 가려짐(Shielding)

국지적 자기장 효과를 달리 이야기하면 탄소와 수소 핵들은 그들을 둘러싸고 있는 전자들에 의해 가해준 자기장으로부터 가려져 있다고 말 할 수 있다. 1 분자 내에서 각각의 ^{1}H, ^{13}C의 핵들은 약간씩 다른 환경에 처해 있다. 즉 개개의 핵은 다른 정도로 가려져 있으며 각 핵은 다른 유효 자기장을 느낀다.

다음 그림은 메틸아세테이트(CH_3COOCH_3)의 ^{1}H 스펙트럼과 ^{13}C 스펙트럼을 나타낸다. 각 스펙트럼에서 가장 오른쪽의 TMS로 표시된 봉우리는 기준 봉우리이다.

가로축: 핵들이 느끼는 유효 자기장

세로축: 라디오파 에너지의 흡수세기

(a) ^{1}H 스펙트럼

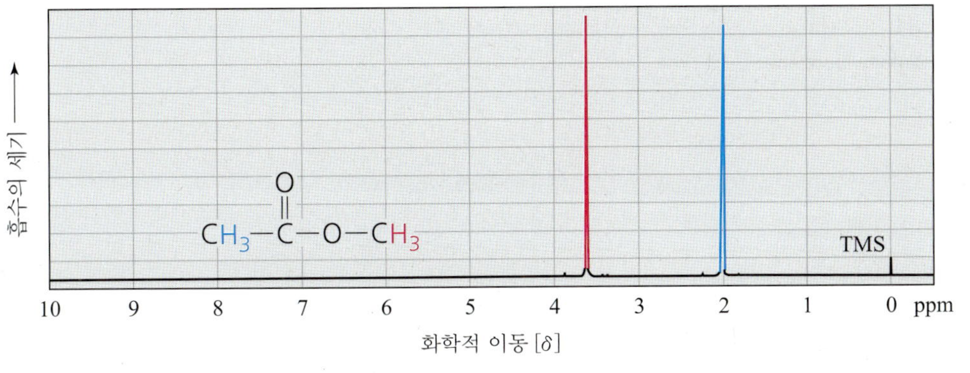

(b) ^{13}C 스펙트럼

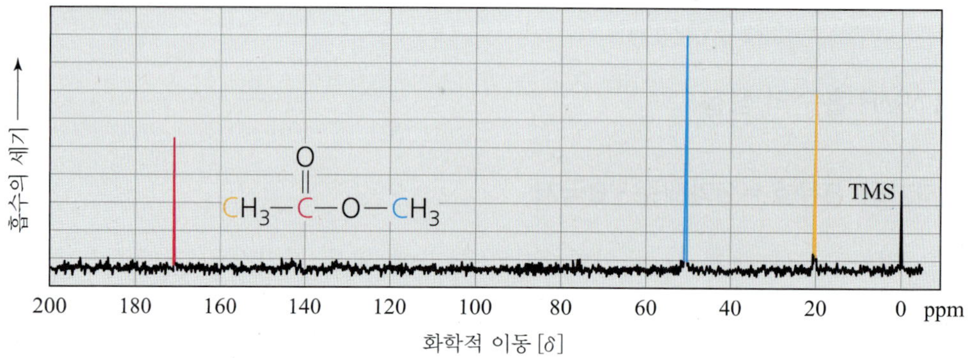

(3) 동등함(Equivalent)

상기 16.4.3의 [그림(a)]에서 $CH_3C=O$, $-OCH_3$의 수소들은 단일 피크로 각 수소들이 동동하다. 반면에 탄소는 16.4.3의 [그림(b)]에서 3개의 곡선이다.

예를 들어 p-Dimethylbenzene의 ^{1}H과 ^{13}C NMR 스펙트럼에서 각각 몇 개의 신호가 나타나겠는지 살펴보자. 아래 구조식에 표시한 것처럼 수소가 2 종류 그리고 탄소가 3 종류의 신호가 각각 나타난다.

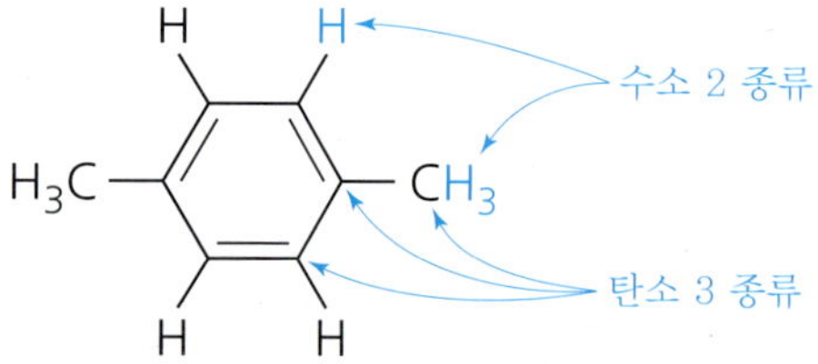

p-Dimethylbenzene

16.5 핵자기 공명의 화학적 이동

핵자기 공명과 관련된 내용에는 다음과 같은 것이 있다.

(1) 낮은장(Low Field)/높은장(High Field)

스펙트럼의 왼쪽은 낮은 장이고 오른쪽은 높은 장을 나타낸다. 흡수를 일으키는 핵들은 공명하는데 높은 세기의 자기장을 필요로 하고 이는 핵들이 강하게 막혀 있음을 의미한다.

(2) 표준물질 TMS(Tetramethylsilane)

흡수위치를 나타내기 위해서 필요한 기준점을 잡기 위해서 TMS를 사용한다. TMS는 보통 다른 유기 화합물의 흡수보다 훨씬 높은 자기장(도표에서 오른쪽)에서 하나의 흡수 봉우리만을 나타냄으로 ^{1}H이나 ^{13}C 스펙트럼에서 표준물질로 사용한다. 일반적으로는 각 개별 핵의 공명 진동수를 표준물질 내에 있는 동일한 핵의 공명 진동수에 대해 측정한다. 표준물질 TMS의 분자 구조식은 다음과 같다.

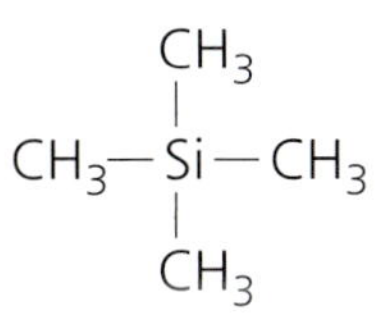

Tetramethylsilane (TMS)

(3) 화학적 이동(Chemical Shift)

도표에서 한 핵종이 흡수하는 위치를 말한다. 관습적으로 TMS의 화학적 이동을 0으로 맞추며 다른 신호들은 보통 이보다 도표 왼쪽인 낮은 장에 나타난다.

(4) 델타(δ)의 단위

진동수의 단위로 분광기 작동 진동수의 백만분의 일(1ppm)에 해당한다. 예를 들어 300 MHz에서 1 델타(δ)는 300 Hz이다.

16.5.1 ^{1}H NMR 스펙트럼에서 화학적 이동

^{1}H NMR 흡수는 대부분 0에서 10 델타(δ)에서 나타난다. sp^3탄소에 결합된 양성자는 높은 장(스펙트럼 오른쪽)이고 sp^2탄소에 결합된 양성자는 낮은 장(스펙트럼 왼쪽)이다. 다음 표는 ^{1}H NMR에서 화학적 이동과 환경과의 상관관계를 나타낸다

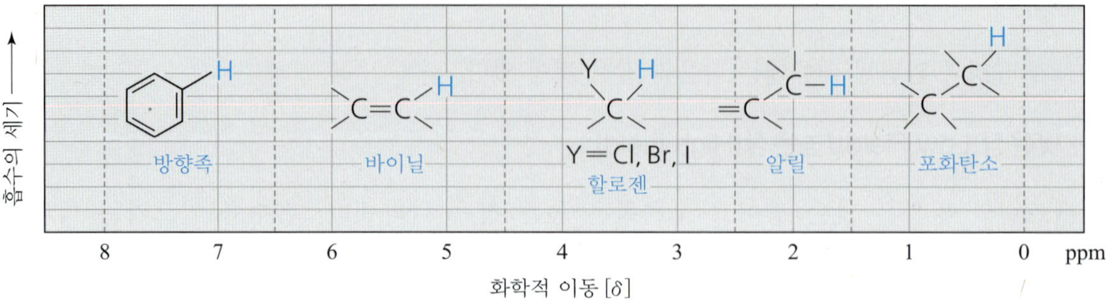

표 16.5 여러가지 수소 형태의 화학적 이동(δ) 값

수소의 형태		화학적 이동(δ)	수소의 형태		화학적 이동(δ)
기준	$(CH_3)_4Si$	0	할로젠화 알킬 (X= Cl, Br, I)	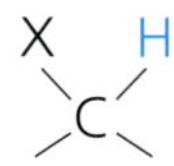	2.5–4.0
포화1차	$-CH_3$	0.7–1.3	알코올	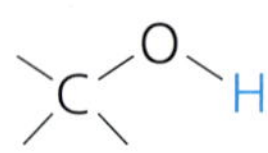	2.5–5.0
포화2차	$-CH_2-$	1.2–1.6	알코올, 에터	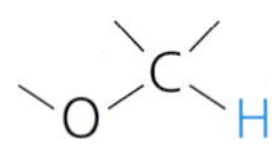	3.3–4.5
포화3차	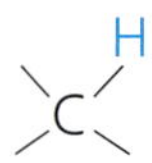	1.4–1.8	바이닐	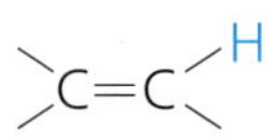	4.5–6.5
알릴	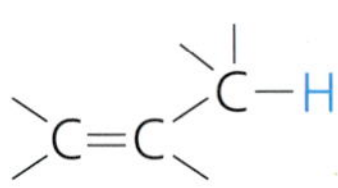	1.6–2.2	방향족	Ar—H	6.5–8.0
메틸케톤	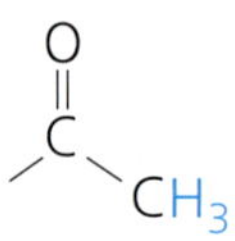	2.0–2.4	알데하이드	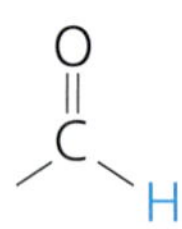	9.7–10.0
방향족 메틸	$Ar-CH_3$	2.4–2.7	카복실산	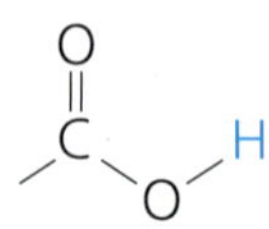	11.0–12.0
알카인	$-C\equiv C-H$	2.5–3.0			

예로서 Methyl 2,2-Dimethylpropanoate는 ^1H NMR 스펙트럼에서 흡수 봉우리 2개를 나타낸다. 이들의 대략적인 화학적 이동 값은 상기 표를 참조하면 $-CH_3O$ 양성자들은 산소에 결합된 탄소에 붙어 있어서 3.5~4.0 델타(δ)이고 $-(CH_3)_3C$ 양성자들은 대표적인 알케인의

양성자이므로 1.0 델타(δ) 부근에서 흡수한다.

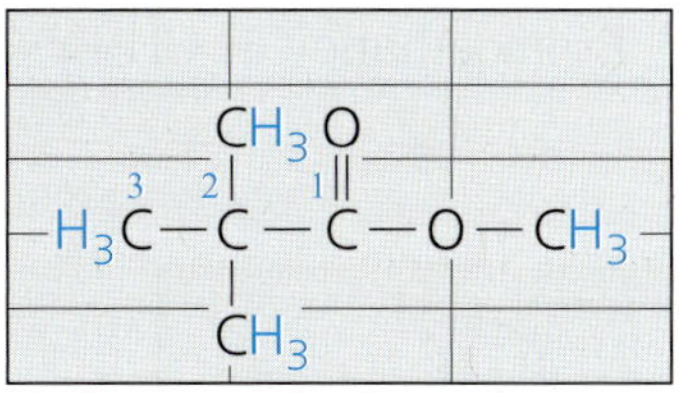

Methyl 2,2-Dimethylpropanoate

16.5.2 ^{1}H NMR 스펙트럼의 적분(양성자 수 세기)

스펙트럼 적분은 스펙트럼에서 각 흡수 봉우리 아래 면적은 그 신호 봉우리를 나타내는 양성자들의 수에 비례한다. 봉우리 아래 면적을 측정하여 분자 내에서 각 종류의 양성자들의 상대적인 수를 셀 수 있다. 이는 스펙트럼에서 계단모양으로 표시한다. 예를 들어 2 봉우리는 적분을 하면 1:3(또는 3:9)의 비율로 높이가 나타난다. 이는 CH_3O- 양성자 3개가 동등하며 $(CH_3)_3C-$ 양성자 9개가 동등하다는 것에서 예측을 할 수 있다는 것과 같은 결과이다.

다음 도표는 Methyl 2,2-Dimethylpropanoate의 ^{1}H NMR 스펙트럼을 나타낸다. 신호 봉우리의 계단식 적분은 각 봉우리 신호를 나타내는 양성자들의 수의 비율(3:9)에 해당하는 1:3의 비율을 보인다.

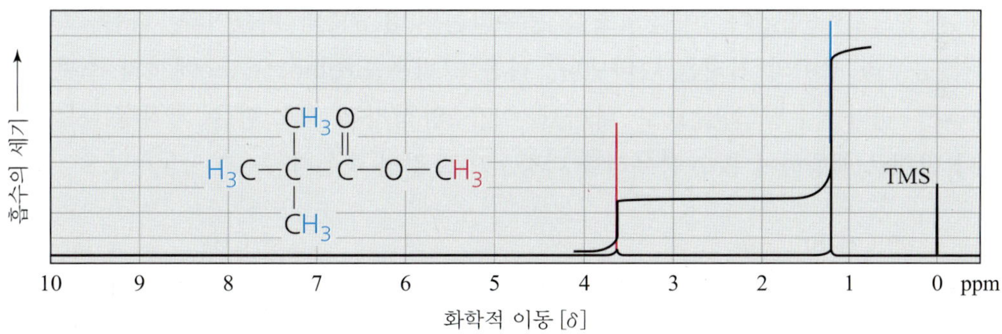

16.5.3 ^{1}H NMR 스펙트럼에서 스핀 (스핀 갈라짐)

다중 흡수 현상은 스핀-스핀(Spin-Spin) Splitting이라고 하는데, 이 현상은 이웃 원자들 사이에서 핵 스핀이 상호작용 즉 짝지음(Coupling) 하기 때문에 일어난다. 예를 들어 아래 Bromoethane의 ^{1}H NMR 스펙트럼에서 $-CH_2Br$ 양성자들은 4봉우리(4중선, Quartet)로 3.42 델타(δ)에 나타나고, $-CH_3$ 양성자들은 3중선(Triplet)으로 1.68 델타(δ)에 나타난다.

3개의 동등한 $-CH_3$ 양성자들은 2개의 다른 자기적 핵들인 $-CH_2Br$ 양성자와 이웃하고 있다. 각 $-CH_2Br$ 양성자들의 핵 스핀은 가해준 자기장에 나란하거나 반대로 배향을 하게 되며 이들 핵 스핀은 이웃 $-CH_3$ 양성자들에게 미세한 영향을 미치게 된다. 다음은 Bromoethane(CH_3CH_2Br)의 ^1H NMR 스펙트럼을 나타낸다.

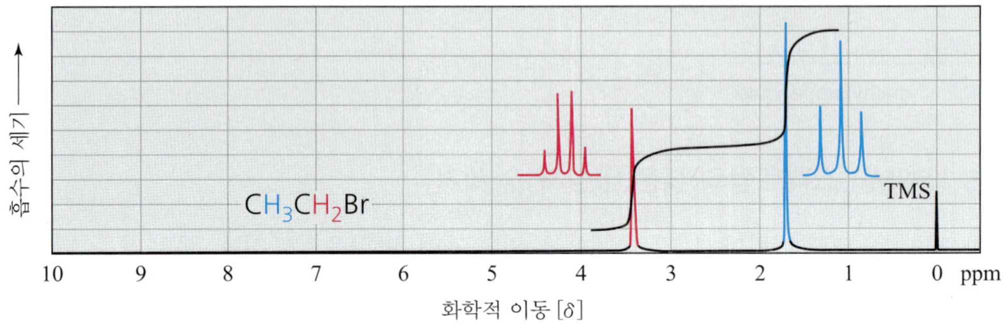

[1] 스핀-스핀 짝 지움

Bromoethane의 $-CH_3$ 양성자가 NMR 스펙트럼에서 3중선으로 갈리고 $-CH_2Br$ 양성자들은 4중선으로 갈린다. 이웃 $-CH_3$ 양성자들의 3스핀은 4가지 조합으로 배열한다(n+1 규칙). 즉 3개 모두가 가해준 자기장에 나란히 배열, 2은 나란히 1는 반대로, 1는 나란히 2은 반대, 3은 모두 반대 배향으로 조합된다. 이들 4조합 봉우리는 1:3:3:1의 비율이다. 다음 그림에서 J상수는 각 봉우리 사이의 거리를 나타낸다. 다음 그림은 Bromoethane에서의 스핀-스핀 짝지음을 나타낸다. 수평 화살표로 나타낸 이웃 양성자의 핵스핀은 가해준 자기장에 평행하거나 반대로 배향하여 흡수 봉우리를 다중선으로 갈라 놓는다.

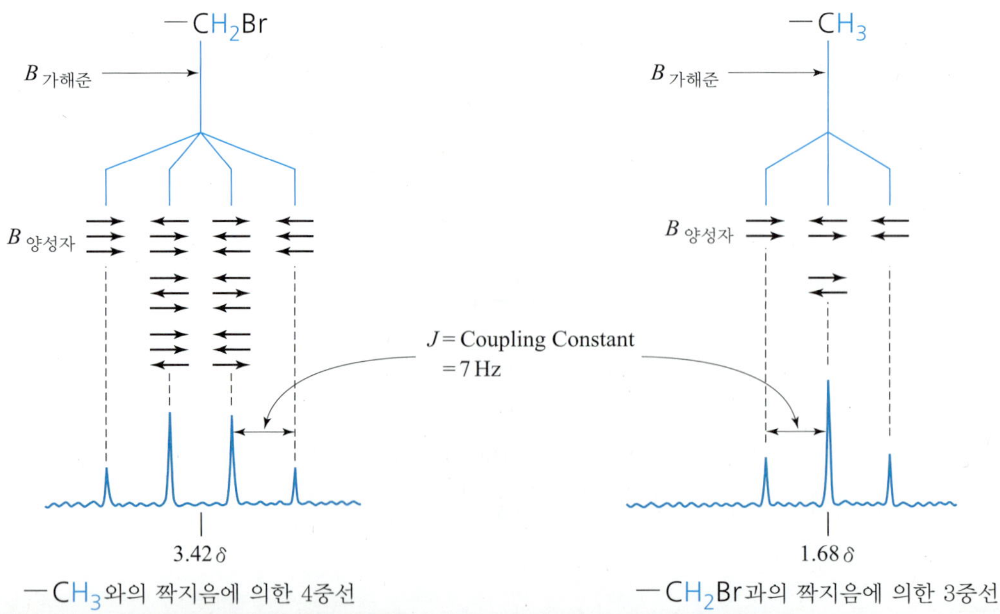

[2] 스핀-스핀 갈라짐

(1) 화학적으로 동등한 양성자들은 스핀-스핀 갈라짐을 보이지 않는다.

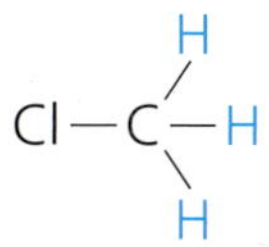

화학적으로 동등한
3개 C−H 양성자들은
갈라지지 않음

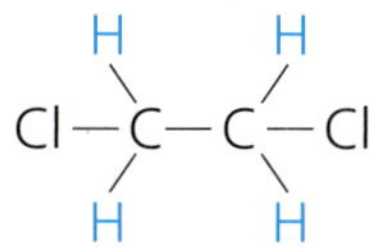

화학적으로 동등한
4개 C−H 양성자들은
갈라지지 않음

(2) 동동한 이웃 양성자 n개를 가진 양성자의 신호는 짝지움 상수 J로 n+1개 봉우리 다중선으로 갈라진다.

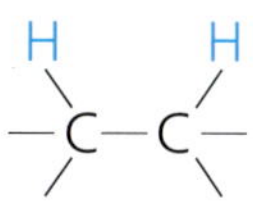

짝지음이 나타남

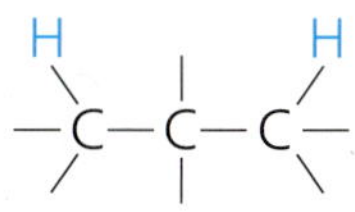

짝지음이 나타나지 않음

(3) 서로 짝지은 2양성자 무리는 같은 짝지음 상수 J를 가진다.

예로서 Isopropyl Propanoate에서 각 수소가 갈라지는 양상을 예측하면 다음과 같이 4종류의 양성자가 있다.

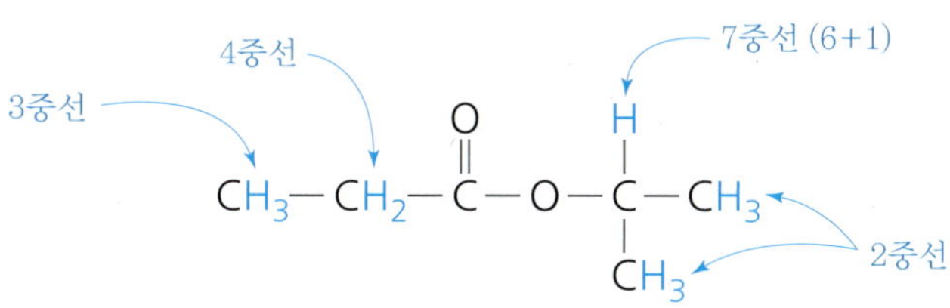

Isopropyl Propanoate

16.5.4 ¹H NMR 스펙트럼의 이용

^1H NMR로 화합물의 구조분석 예로서 아래와 같은 1-Methylcyclohexene의 반응 생성물의 ^1H NMR 스펙트럼을 살펴보자.

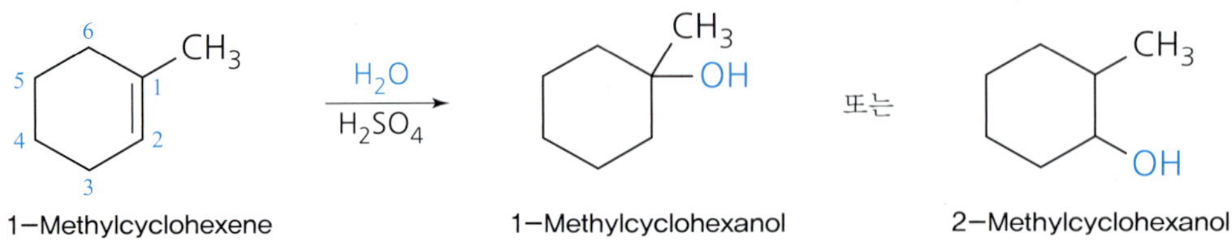

^1H NMR 스펙트럼은 다음 그림과 같다. 그림에서 보는 바와 같이 $-CH_3$는 예상델타(δ) 0.7~1.3 부근에 다중 피크이고 R_2CHOH는 예상델타(δ) 2.5~5.0 부근에 피크가 없다.
즉 물과 1-Methylcyclohexene의 반응 생성물의 1H NMR 스펙트럼에서 1.2델타(δ) 에서 $-CH_3$ 양성자 신호가 보이는 반면 4델타(δ)에서 신호가 보이지 않으므로 생성물이 1-Methylcyclohexanol임을 알 수 있다.

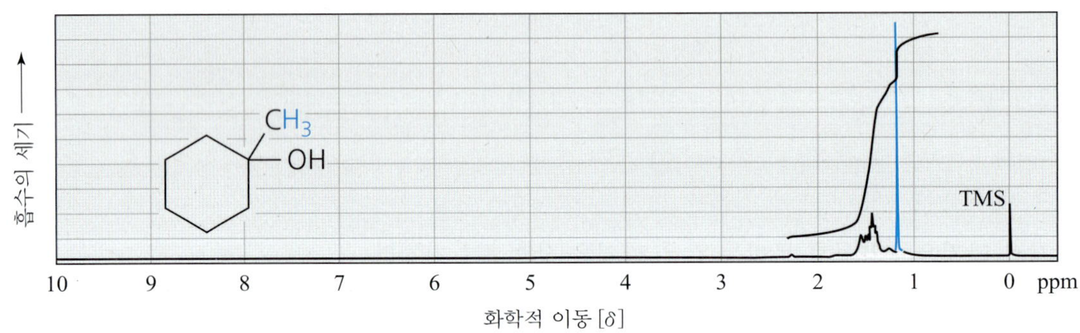

16.5.5 ^{13}C NMR 분광법

^{13}C NMR 분광법은 다음과 같다.

(1) ^{13}C NMR 분광법

분자내에서 탄소수를 세는 방법으로 탄소는 ^{12}C는 핵 스핀이 없으나 ^{13}C는 1.1% 핵 스핀이 존재하여 Computer의 기술발전으로 낮은 존재비에서도 분석이 가능하게 되었다.

(2) ^{13}C NMR 분광 스펙트럼

다음과 같이 ${}^{13}C$ NMR에서 화학적 이동(δ) 상관관계를 나타낸다.

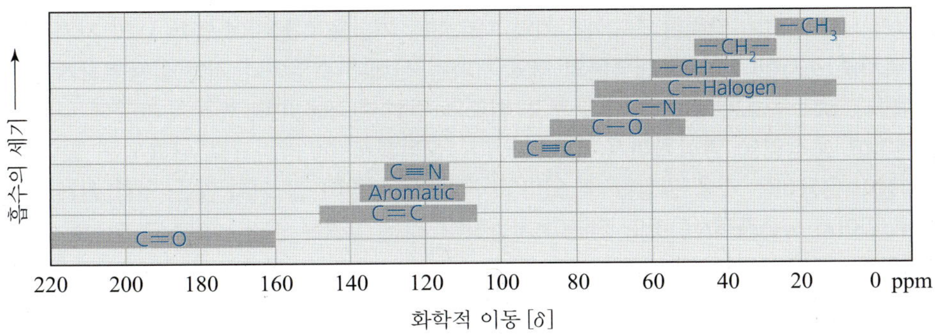

예를 들어 p-Bromoacetophenone($BrC_6H_4COCH_3$)의 ${}^{13}C$ NMR 스펙트럼은 다음과 같이 나타난다.

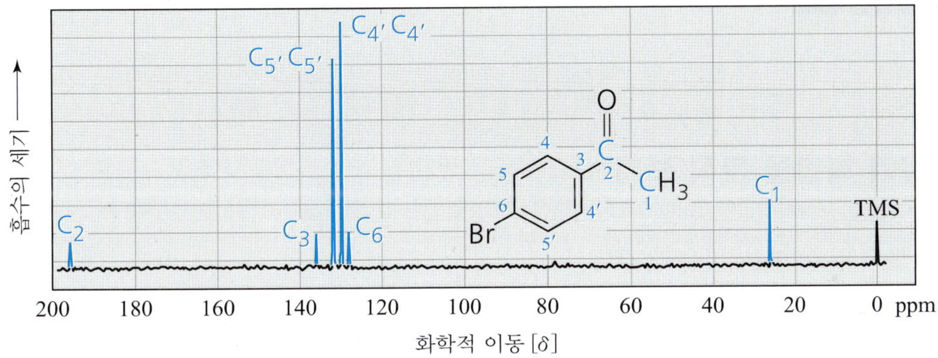

예로서 Methylcyclopentane의 ${}^{13}C$ NMR 분광스펙트럼에서 몇 개의 봉우리가 나타나는지를 살펴보면 대칭면이 존재하고 4 종류의 탄소가 존재하여서 ${}^{13}C$ NMR에서 4개의 피크가 존재한다.

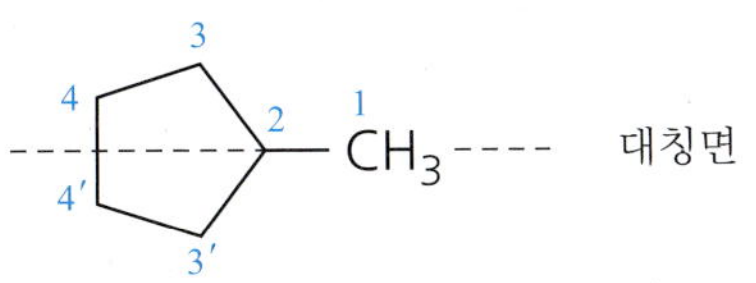

참 고 **자기공명영상(Magnetic Resonance Imaging, MRI)**

NMR과는 달리 MRI 기기는 강력한 전자계산기와 자료처리 기술을 이용하여 인체 내의 자기적 핵들의 3차원적인 위치를 조사한다. 현재 대부분의 MRI 기기는 신체내 수분이나 지방에 풍부하게 존재하는 수소를 관찰한다. MRI 신호는 수소 원자의 분포 밀도와 주위 환경에 따라 변하기 때문에 다른 형태의 조직을 분별하고 움직임을 영상화까지 할 수 있다. 심장에서 한 박동으로 분출되는 혈액의 양을 측정하고 심장이 운동하는 것을 관찰할 수 있다. X-선에서 관찰이 잘 되지 않은 연한 신체 조직까지 관찰을 할 수 있어서 뇌졸증 같은 것도 진단이 가능하다. 다음 그림은 인간 뇌의 MRI 화상을 나타낸다. 원으로 표시한 부분이 뇌하수체이다.

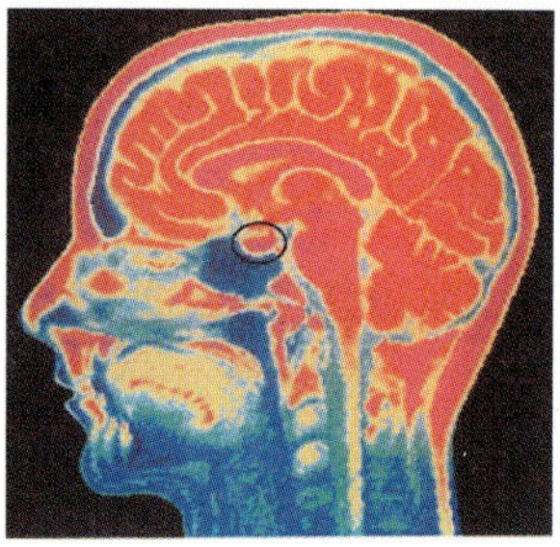

16.6 유기 화합물 분석 보기

천연 유기화합물의 분석 예는 다음과 같다.

16.6.1 마리화나 잎 분석

2종류의 분석 방법, 즉 기체 크로마토그래피(GC,Gas Chromatography)와 질량 분석법(MS)을 하나로 통합하여(GC-MS) 여러 화합물이 섞여 있는 혼합물을 분석할 수 있다. 기체 크로마토그래피를 사용하여 혼합물을 분리해 내고 질량 분석기로는 각 성분의 질량 스펙트럼을 얻어낸다. 다른 규제 물질과 같이 마리화나(대마초) 잎에서 얻어지는 테트라하이드로칸나비놀(Tetrahydrocannabinol)은 GS-MS로 미량을 검출할 수 있다.

그림 16.1 마리화나 잎

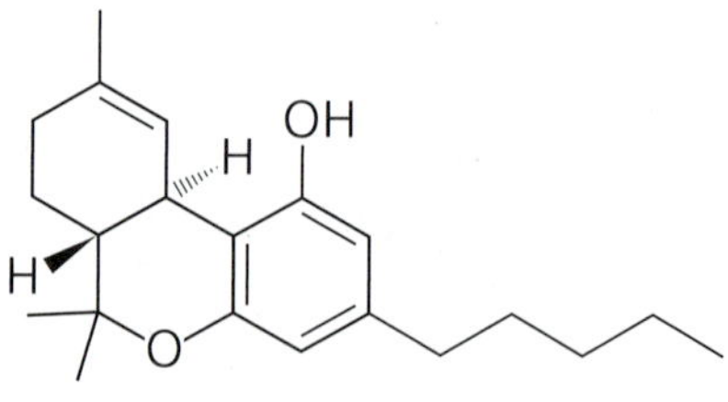

테트라하이드로칸나비놀

16.6.2 푸른곰팡이 분석

페니실린의 항생제 성질은 알렉산더 플래밍(Alexander Fleming) 경이 푸른 곰팡이가 어떤 박테리아의 성장을 방해한다는 사실을 관찰했을 때 발견했다. 페니실린은 그 구조가 확실하게 밝혀지기 전에 항생제로 사용되었다. 1940년대 적외선 분광법은 항생제의 일종인 페니실린 G의 구조를 밝혀내는 데 큰 역할을 하였다. 아마이드 구조의 4원자 고리인 β-락탐의 카보닐기는 보통의 다른 카보닐기가 흡수하는 것보다 훨씬 높은 진동수에서(~1760cm^{-1}) 흡수를 일으킨다. 그 후 X선 결정구조법으로 그 구조가 확인되었다.

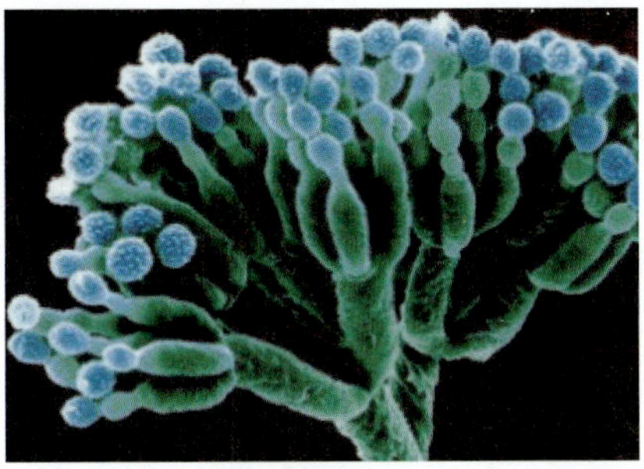

그림 16.2 푸른곰팡이

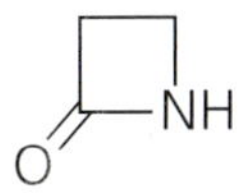

β-락탐

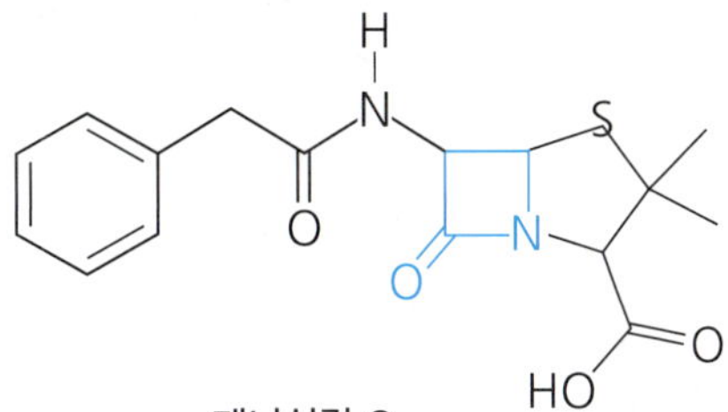

페니실린 G

참고 **여러가지 비타민**

여러 가지 비타민 유기화합물을 정리하면 다음과 같다.

(1) 비타민 C(아스코브산)

비타민 C [Vitamin C, 아스코브산(Ascorbic Acid)]는 피부, 근육 그리고 혈관의 연결 조직을 서로 붙여주는 단백질인 콜라젠의 형성에 중요하다. 비타민 C는 6개의 탄소 원자를 갖고 있으며 그 각각은 수소 결합할 수 있는 산소 원자에 결합되어 있어서 수용성이고 5원자 고리 락톤을 포함하고 있다. 대부분의 동물들은 비타민 C을 합성할 수 있으나 사람, 기니피그, 인도 과일박쥐, 명금새(Bulbul Bird)는 음식물을 섭취하여 얻어야 한다. 그래서 비타민 C는 감귤류와 여러 다른 과일이나 채소를 섭취하여 얻는다. 또한 실험실에서 합성한 비타민 C가 들어 있는 정제(Tablets)를 복용함으로써 일일 권장 섭취량을 충족할 수도 있다. 오렌지에 들어 있는 천연 비타민 C와 비타민 보충제에 들어 있는 합성 비타민 C는 모두 동일하다. 비타민 C가 감기부터 암까지의 모든 종류의 질병을 예방한다는 주장이 있으나 일일 최소 요구량 이상은 소변으로 배설되기 때문에 과량의 비타민C 섭취에 대한 효과는 정확히 알려져 있지 않다. 비타민 C가 부족하면 괴혈병에 걸리게 된다. 초기 극지 탐험가들은 북반구 극지대 해안에서 자라는 풀인 양고추냉이를 섭취함으로써 비타민 C를 보충할 수 있었다. 비타민 A 는 체내의 지방 세포 내에 저장되는 반면, 비타민 C 는 소변으로 배출된다.

그림 16.1 감귤류와 양고추냉이

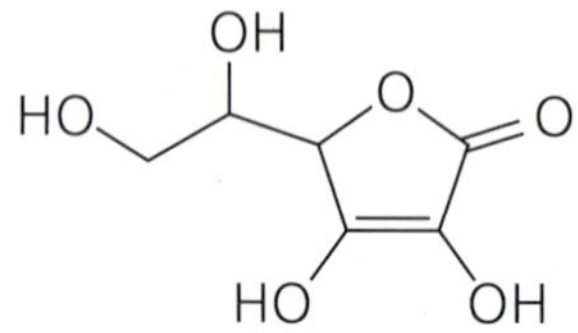

비타민 C

(2) 비타민 A

비타민 A는 음식물을 섭취함으로써 직접 얻는다. 또한 당근 같이 여러 식물에서 발견되는 주황 색소인 β-카로틴(β-Carotene)이 우리 몸 속에서 비타민 A로 전환되기도 한다. 당근을 많이 먹는다고 비타민 A가 많이 비축되는 것은 아니다. β-카로틴을 필요 이상으로 많이 섭취하면 몸은 추가의 비타민 A가 요구될 때까지 이를 전구체 상태로 비축한다. 카로틴과 카로틴 유사 분자들은 자연에서 햇빛을 수확하는데 도움이 되는 알켄(Alkene)을 함유한 화합물이다. 토마토의 붉은색은 라이코펜(Lycopene) 때문으로 카로틴과 아주 밀접한 관계가 있다. 그리고 β-카로틴과 같이 단일 결합과 2중 결합이 번갈아 나타나는 분자를 콘쥬게이션 되었다고 한다.

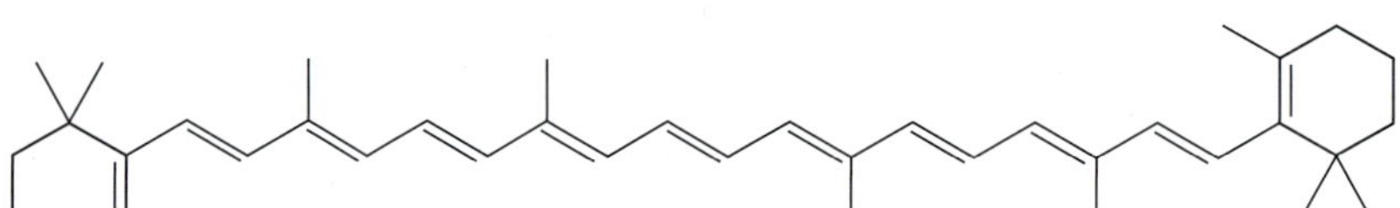

β-카로틴

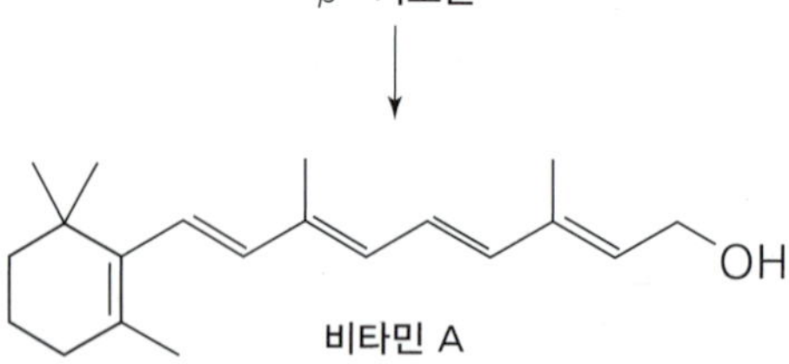

비타민 A

그림 16.2 당근과 토마토

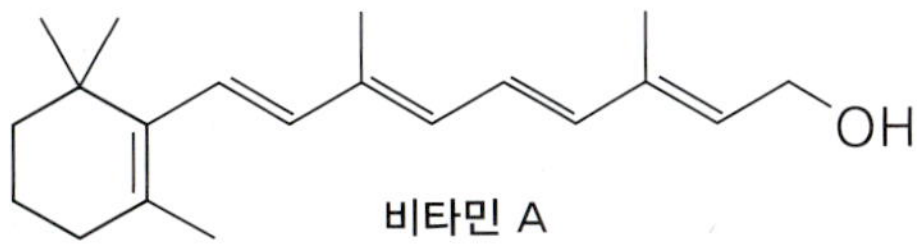

비타민 A

(3) 비타민 E

항산화제는(Antioxidant)는 산화반응이 일어나는 것을 억제시키는 화합물이다. 자연에서 생성된 항산화제인 비타민 E는 세포의 손상을 일으키는 라디컬 반응을 방해한다. 개암, 아몬드와 같은 유형의 견과류는 천연 항산화제인 비타민 E의 우수한 공급원이다.

그림 16.3 개암과 아몬드

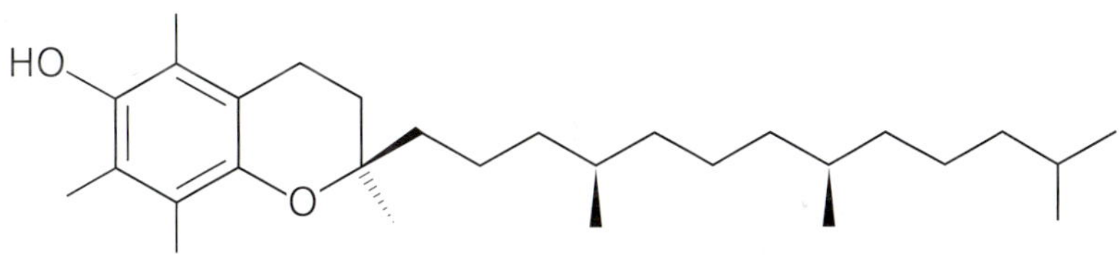

비타민 E

(4) 비타민 D

비타민 D 중에서 가장 흔한 비타민 D_3는 우유, 연어, 고등어 같은 지방성 생선에 들어 있는 화합물인 7-디하이드로콜레스테롤(7-Dehydrocholesterol)에서 합성된다. 피부가 햇볕을 받으면 광화학적 전자 고리화 고리 열림이 일어나서 프로비타민 D_3(Provitamin D_3)가 생기고 이는 시그마 결합 자리 옮김 반응에 의하여 비타민 D_3로 변화된다. 비타민 D는 칼슘의 흡수를 조절한다. 따라서 비타민 D의 농도가 올바른 골격의 성장에 필요하다. 미국에서 팔리는 비타민 D로 강화된 우유는 우유를 자외선에 노출시켜 생산한다.

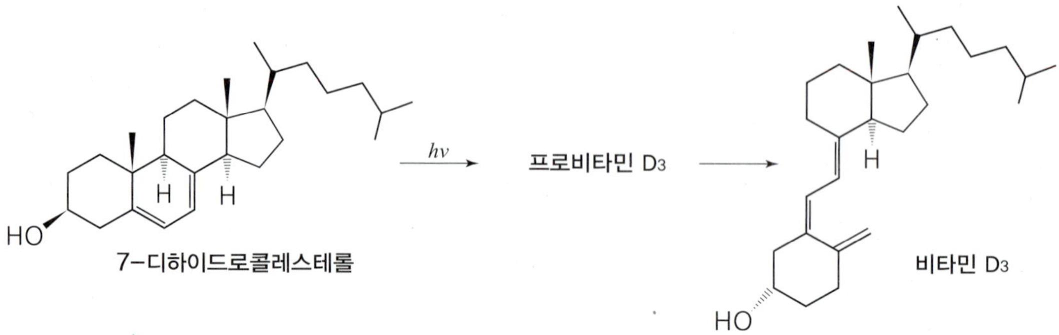

그림 16.4 비타민 D 우유

(5) 비타민 B_6(피리독살)

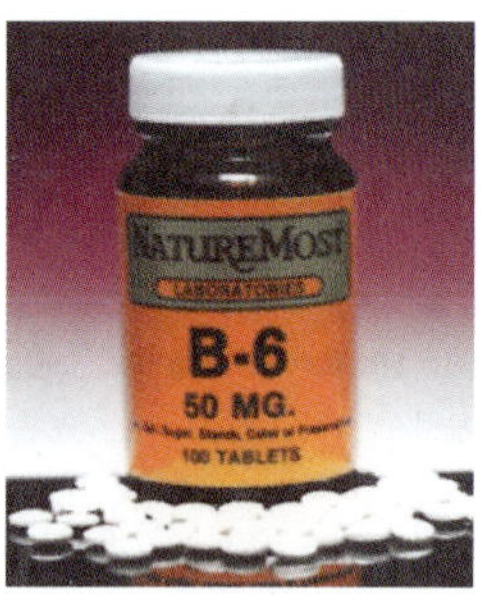

그림 16.5 비타민 B_6

다음 2개의 인산 에스터는 생물계에서 특별히 중요하다. 글루코스의 첫 번째 대사 반응은 D-글루코스의 인산 에스터 생성 반응으로 D-글루코스-6-인산이 된다. 인산 피리독살(Pyridoxal)은 비타민 B_6의 대사적 활성 형태 중 하나이다. 아래에 이런 에스터들을 혈장의 pH인 7.4에서 이온화된 형태로 나타내었다. 각 인산기의 2개의 수소가 이온화되어 마이너스(–) 전하가 2개인 인산기를 만든다.

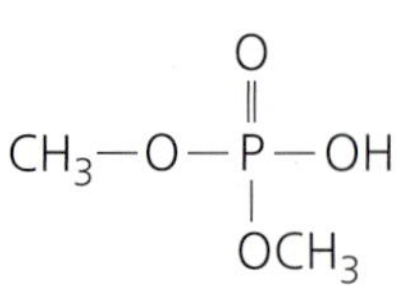

Dimethyl Phosphate

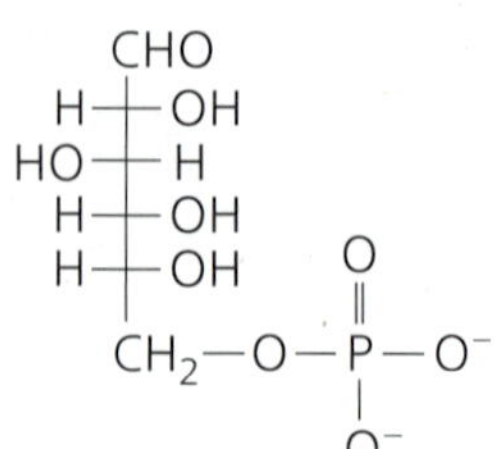

D-Glucose-6-phosphate

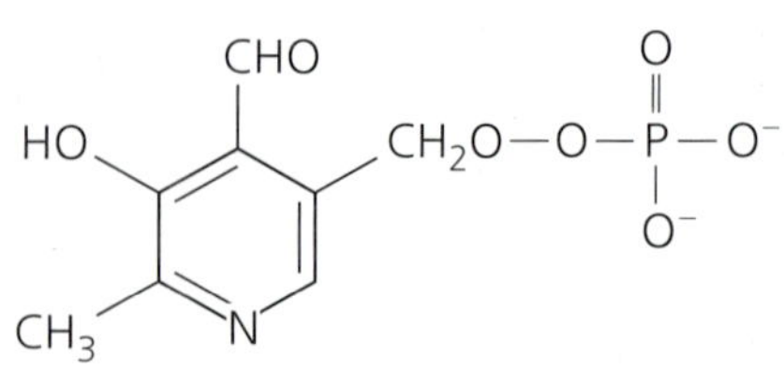

Pyridoxal phosphate

참 고 **살리실산과 아스피린**

살리실산과 아스피린 관련 유기 화합물을 정리하면 다음과 같다.

(1) 천연 살리실산

최근에 식물 생리학자들은 몇몇 식물들은 병원체에 대하여 자신을 방어할 수 있다(즉 식물의 체계적인 후천성 저항성)는 것을 발견하였다. 예를 들면 담배 모자이크 바이러스(TMV, Tobacco Mosaic Virus)는 담배, 오이, 토마토 같은 식물에 특별히 치명적인 병원체이다. 과학자들은 이러한 식물들의 특정한 변종들은 TMV에 감염이 되었을 때 상당히 많은 양의 살리실산을 배출한다는 것을 발견하였다. 감염이 되면 식물의 잎에 손상이 나타나고 이것은 손상이 이러한 영역에 국한되도록 도와준다. 더구나 과학자들은 이웃하는 식물들이 TMV에 약간의 저항성을 갖도록 한다는 것을 발견하였다. 감염된 식물은 살리실산(Salicylic Acid)을 낮은 끓는점과 높은 증기압을 가지는 살리실산 메틸(Methyl Salicylate)로 전환시켜서 이웃하는 식물에 임박한 위험을 경고하는 것으로 나타났다.

그림 16.1 담배식물(Nicotiana Tobacum)

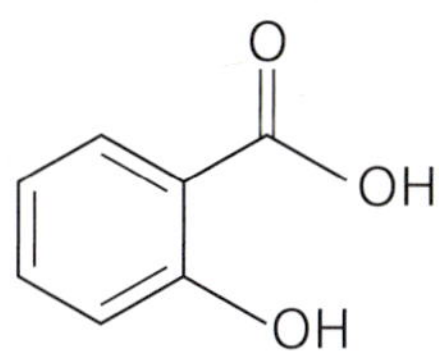

살리실산

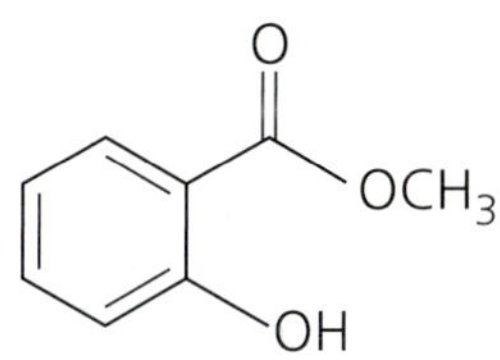

살리실산 메틸

(2) 합성 살리실산

아스피린(Aspirin)은 버드나무 껍질에서 분리되는 살리신(Salicin)과 톱니꼬리조팝나무에서 발견되는 살리실산(Salicylic Acid)과 구조가 비슷한 합성 카복실산인 아세틸살리실산(Acetylsalicylic Acid)이다. 살리실산은 입과 위의 점액질막을 자극하며, 살리실산 소듐은 대부분의 환자에게 너무 달았다. 합성 아스피린은 독일 화학자 호프만(Felix Hoffmann)이 바이엘사에서 상업적으로 쉽게 합성할 수 있는 방법을 개발한 후 1899년에 처음으로 판매되었다.

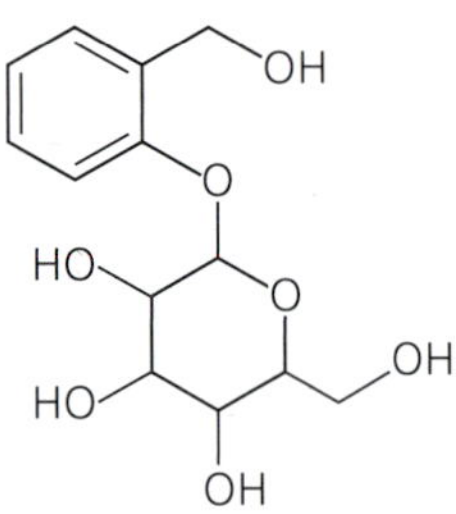

살리신

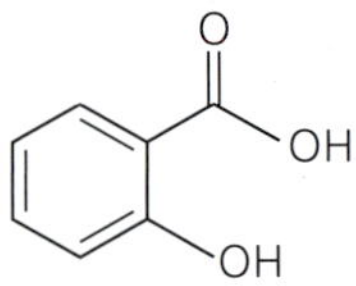

살리실산

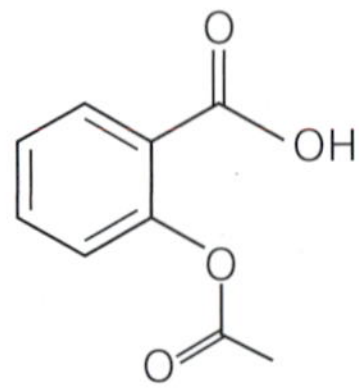

아스피린 (아세틸살리실산)

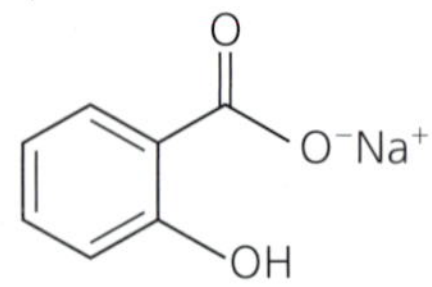

살리실산 소듐

그림 16.2 버드나무

(3) 아세틸살리실산 제법

버드나무껍질의 활성 성분인 살리신을 물과 반응시켜서 살리실알코올(Salicyl Alcohol)을 만든 후 산화시키면 살리실산이 된다. 살리실산의 페놀의 −OH기를 에스테르로 만들면 아스피린이 된다. 화학적으로는 아세틸살리실산이다.

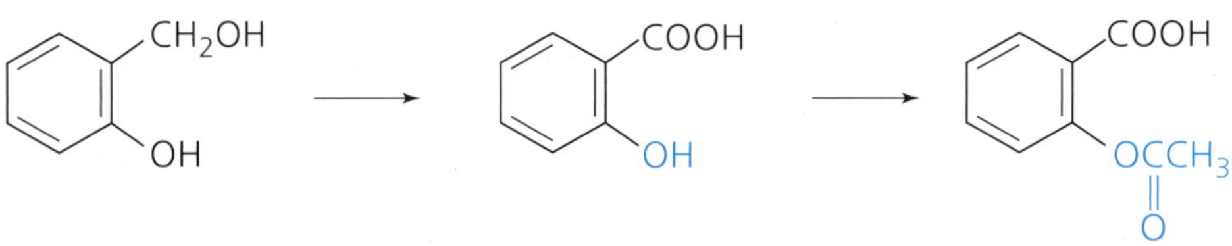

살리실알콜　　　　살리실산　　　　아세틸살리실산 (아스피린)

(4) 아스피린

가장 흔한 비스테로이드 소염제(NSAID, Nonsteroidal Anti-inflammatory Drug)로서

아스피린(Aspirin)은 처방전 없이 약국에서 쉽게 살 수 있는 약 중의 하나이다. 이것은 천연에 존재하지 않은 합성 화합물로서 처음 일반에 판매되기 시작한 이후로 지금은 전 세계에 걸쳐 1억명 이상의 사람들이 규칙적으로 복용하고 있다. 많은 약이 그렇듯이 아스피린을 복용하면 양성자 이동 반응이 일어난다.

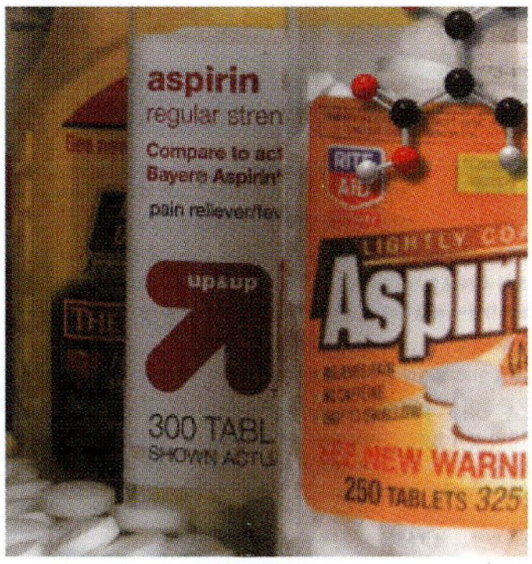

그림 16.3 아스피린

상기 아스피린의 아세틸살리실산과 같이 때로는 화학자들이 비록 천연물과 비슷하지만 천연에 존재하지 않는 분자들을 합성한다. 왜냐하면 이러한 화합물이 천연에 존재하는 상대보다 탁월한 특성을 가지기 때문이다. 아세틸살리실산은 석유 산업의 생산물인 페놀에서 2단계 공정으로 합성한다. 뛰어난 진통 효과와 소염 성질이 있으며 값싸고 쉽게 구할 수 있기 때문에 아스피린은 가장 인기 있고 널리 쓰이는 유기화합물 가운데 하나이다. 아스피린 합성의 출발물인 페놀은 산업적 합성에서 대량으로 사용되는 대부분의 출발물처럼 하나의 석유 제품이다. 따라서 석유 비축이 모자라면 교통 수단의 연료 공급만이 아니라 대부분 화학 합성에 필요한 원료 물질 공급도 영향을 받는다.

참고 **여러가지 의약품**

여러 가지 의약품 관련 유기 화합물을 정리하면 다음과 같다.

(1) 당뇨병 치료제(엑세나타이드)

당뇨병 치료제인 엑세나타이드 [Exenatide(상품명: Byetta)]는 위산에 의해 펩타이드 결합이 가수 분해되기 때문에 경구 투여할 수 없다. 효소 촉매하의 펩타이드 결합의 가수 분해 트립신(Trypsin)과 카이모트립신(Chymotrypsin)을 비롯한 단백질 가수 분해 효소의 기는 특정한 펩타이드 결합의 가수 분해를 촉진하는데 이용된다. 트립신은 아르지닌(Arginine)과 라이신(Lysine)의 카복시기에 의해 형성된 펩타이드 결합의 가수 분해를 촉진한다.

카이모트립신은 페닐알라닌(Phenylalanine), 타이로신(Tyrosine), 트립토판(Tryptophan)의 카복시기에 의해 형성된 펩타이드 결합의 가수 분해를 촉진한다.

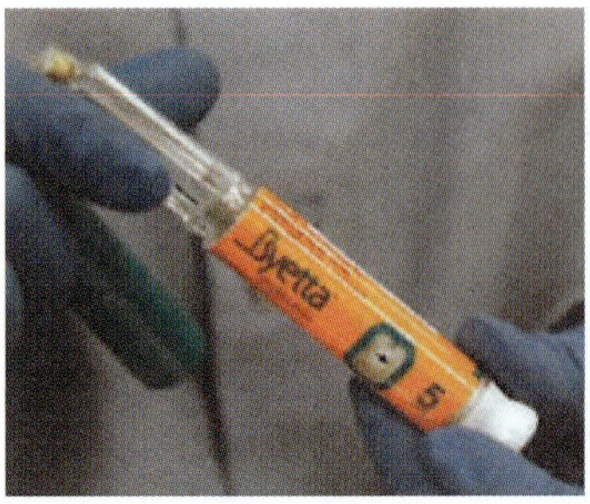

그림 16.1 Byetta

(2) 고혈압 치료제(리시노프릴)

리시노프릴(Lisinopril)은 고혈압 치료제로 사용된다. 리시노프릴[(상품명:제스트릴, (Zestril)]은 혈액의 안지오텐신(Angiotensin)의 양을 감소시켜 혈압을 낮추는 의약품으로서 ACE(Angiotensin Converting Enzyme) 억제제(Inhibitor)이다. 안지오텐신은 폴리아마이드로서 혈관을 좁혀 혈압을 증가시킨다.

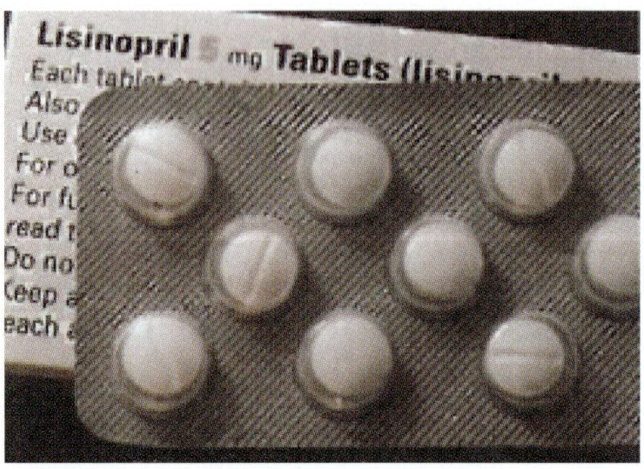

그림 16.2 리시노프릴

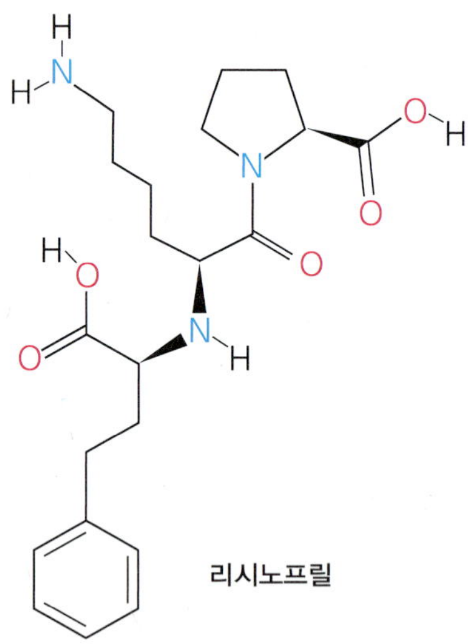

리시노프릴

(3) 천식 환자 기관지 확장제(알부테롤)

알부테롤(Albuterol)은 기관지 확장제의 일반명이고 상품명은 프레벤틸,벤톨린이다. 기관지 확장제의 합성에서 에폭사이드의 고리 열림 반응을 이용한다. 합성 과정에서 중요 단계는 질소 친핵체에 의한 에폭사이드 고리 열림 반응으로 푸른색으로 표시한 새로운 C-N 결합을 형성하는 것이다.

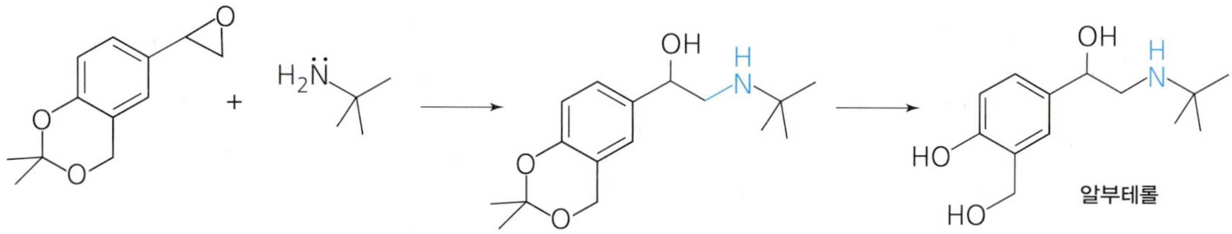

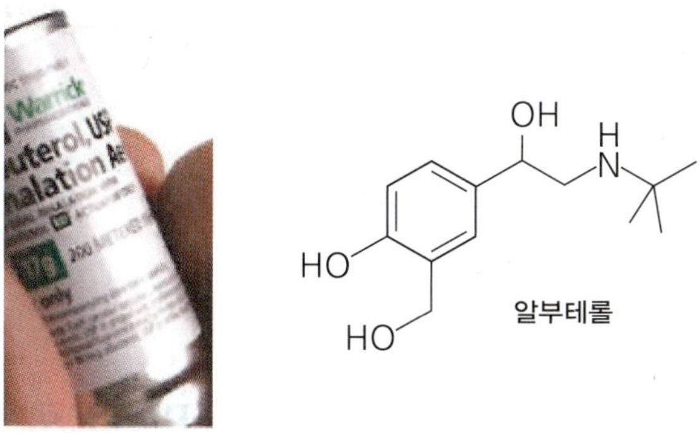

그림 16.3 알부테롤

(4) 진통제/마약(모르핀)

모르핀(Morphine)은 양귀비(Papaver Somniferum)로부터 분리되는 진통제이자 마약으로 분류된다. 양귀비를 칼로 베어 나온 유액을 굳혀 만든 아편(Opium)은 수 세기 동안 기분 전환용 약제 및 통증 치료제로서 사용되었고 모르핀이 들어 있는 양귀비 씨앗 차는 2차 세계대전까지 영국 지방에서 민간치료 요법으로 사용되었다. 양귀비, 아편, 양귀비 씨앗 차는 모두 모르핀 성분을 포함하고 있다.

그림 16.4 양귀비 씨앗

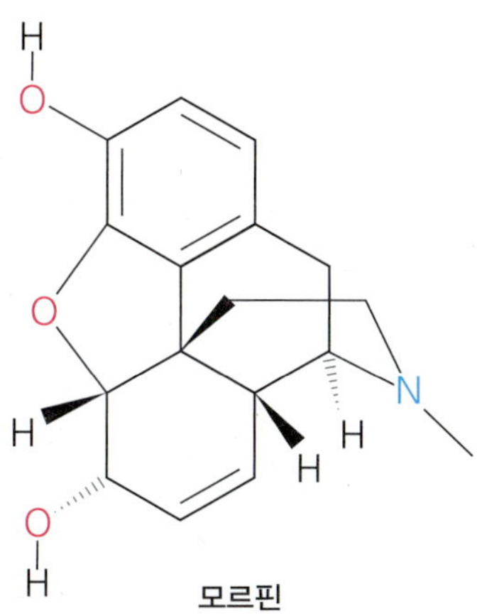

모르핀

(5) 2형 당뇨병 치료제(시타글립틴)

시타글립틴(Sitagliptin)의 상품명 자누비아(Januvia)는 인슐린 분비 장애와 인슐린 저항성이 관여하는 2형 당뇨병의 치료제이다. 자누비아(Januvia)는 혈당 수치를 낮춰 주는 신체 활동을 증가시키므로 2형 당뇨병 치료를 위해 단독으로 또는 다른 약물과 함께 사용된다.

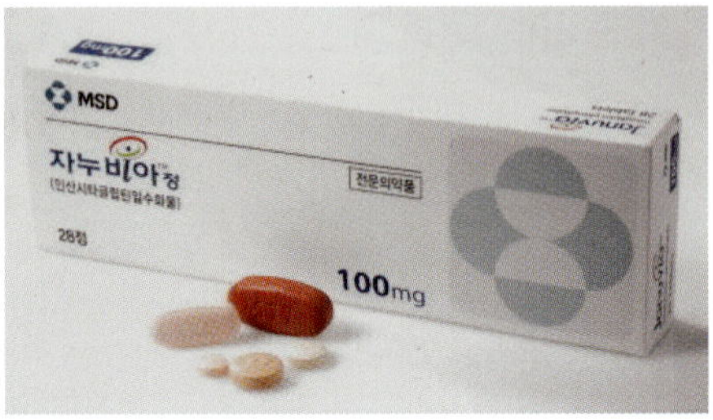

그림 16.5 시타글립틴

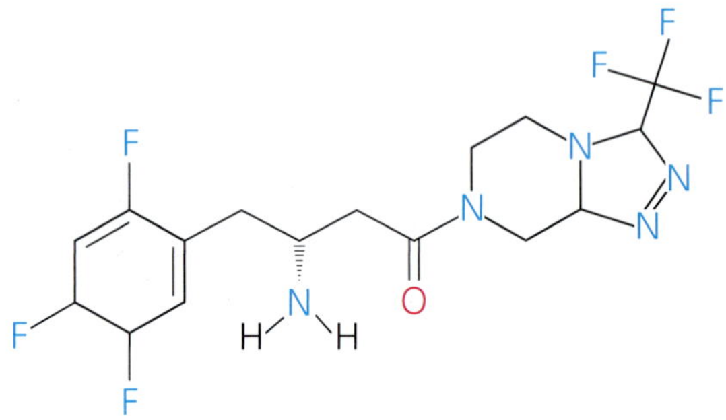

시타글립틴

(6) 우울증 치료제(설트랄린)

분자내 프리델-크래프트(Friedel Crafts) 아실화 반응(Acylation)으로 우울증 치료제인 설트랄린(Sertraline)을 합성한다. 상품명 졸로프트(Zoloft)인 설트랄린은 뇌의 신경 전달물질의 농도를 증가시키므로 효과적인 항우울제이다.

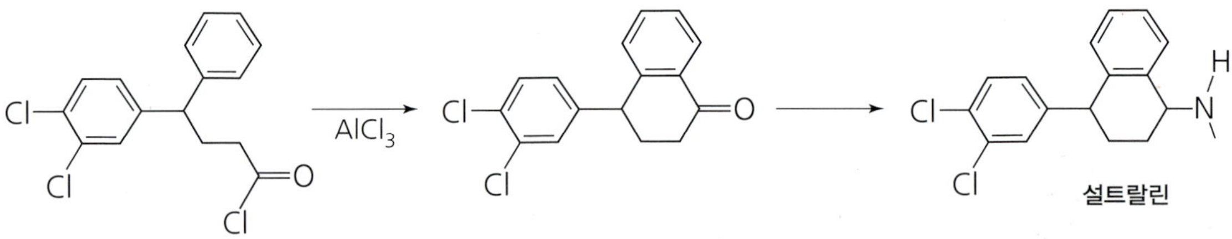

설트랄린

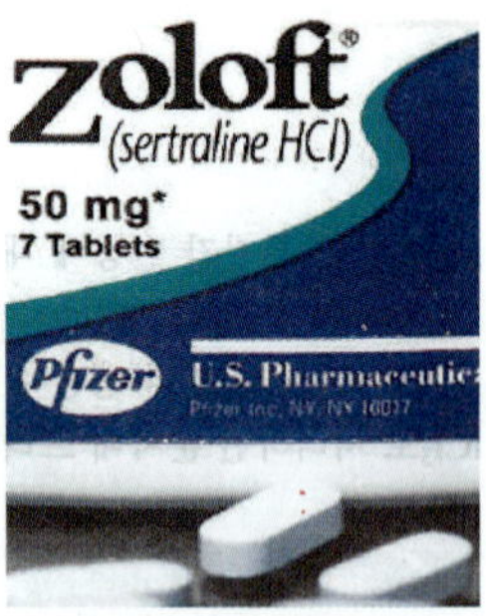

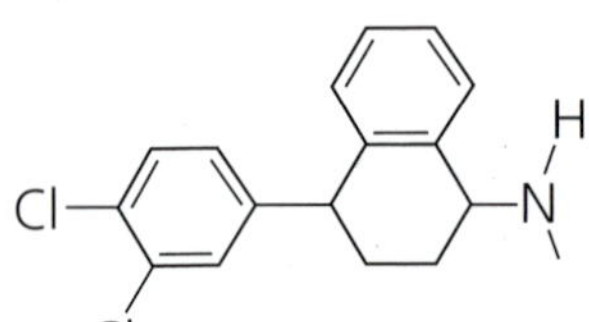

설트랄린

그림 16.6 설트랄린

(7) 국부 마취제(벤조카인)

벤조카인(Benzocaine; p-아미노벤조산 에틸)은 의사의 처방 없이 살 수 있는 국부 마취제인 오라젤(Ora-jel)의 주요 성분이다.

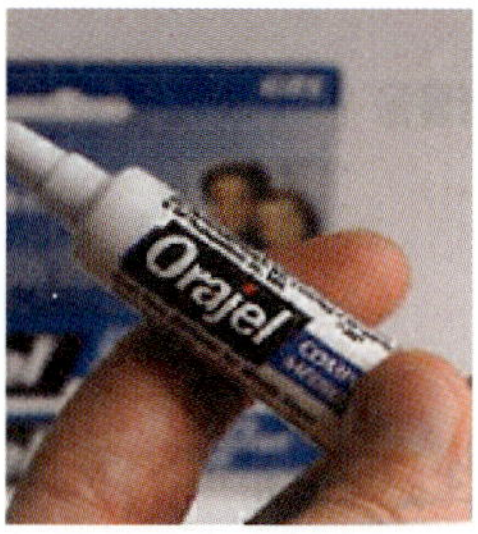

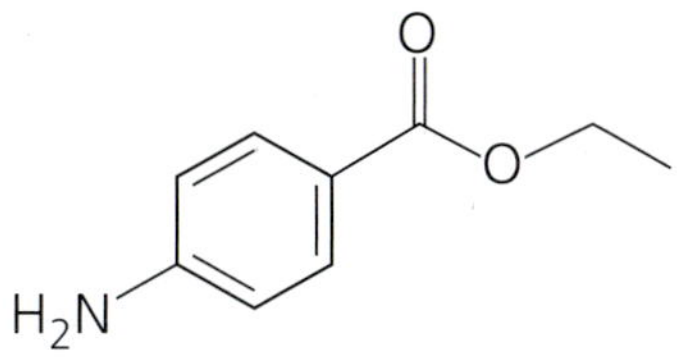

벤조카인
(p-아미노벤조산 에틸)

그림 16.7 벤조카인

(8) 콜레스테롤 강하제(에제티미브)

에제티미브는 고지혈증 치료제이다. 에제티미브(Ezetimibe)는 제티아라는 상품명으로 단독 혹은 또 다른 콜레스테롤 강하제인 심바스타틴(Simvastatin)과 배합하여 바이토린(Vytorin)으로 팔린다. 이러한 약들은 다른 콜레스테롤 강하제인 약물 치료로 효과가 없거나 내성이 있는 환자에게 처방된다.

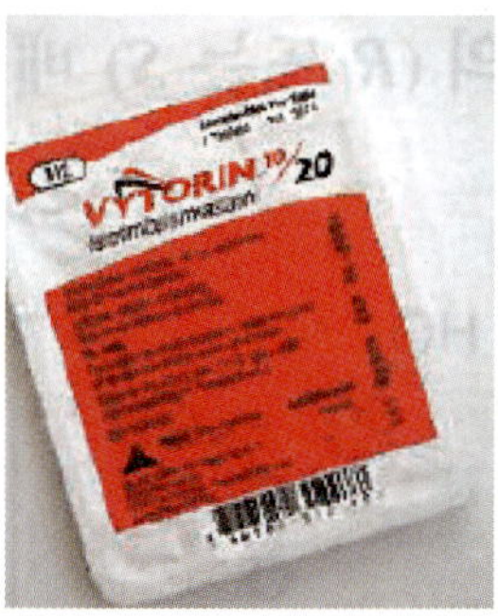

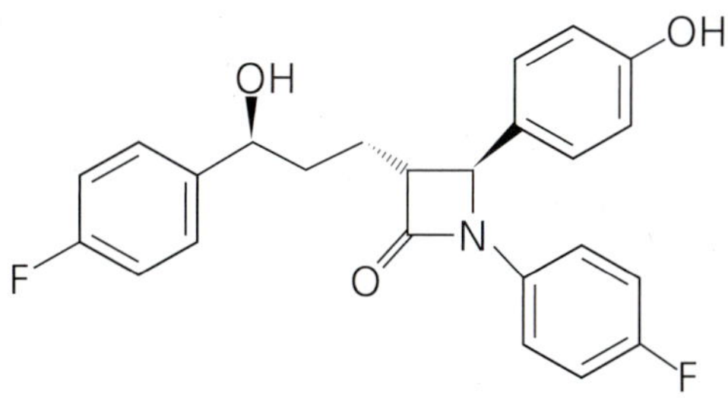

에제티미브

그림 16.8 에제티미브

(9) 치매 치료/기억력 증진(징코라이드)

징코라이드(Ginkgolide) B는 은행잎(Ginkgo Biloba) 추출물의 주성분으로 구조가 매우 복잡한 천연물이다. 1967년에 그 구조가 규명되었다. 20개의 탄소로 이루어진 이 화합물($C_{20}H_{24}O_{10}$)은 매우 단단한 고리 구조로 되어 있어 실험실에서의 합성이 아주 까다로운 물질로 1988년에 와서야 전 합성 방법이 노벨상 수상자인 하버드 대학의 코리(E. J. Corey)와 그의 공동연구자들에 의해 알려졌다. 은행나무 추출물은 치매를 치료하고 기억력을 증진시키는 약초로 사용되어 왔으나 최근 미국 보건 당국은 장기적인 인지 기능의 개선 효과에 대해 의문을 제기한 바 있다.

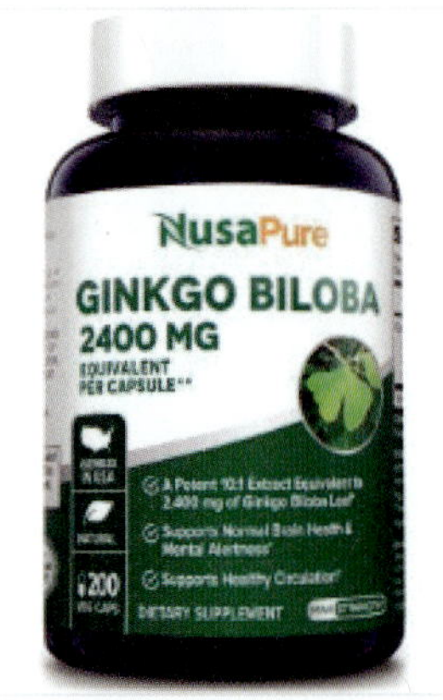

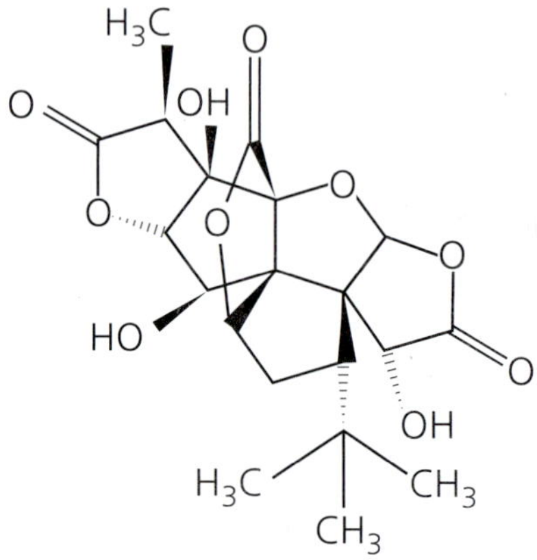

징코라이드

그림 16.9 은행나무 잎

(10) 유방암 치료제(타목시펜)

타목시펜(Tamoxifen)은 유방암의 치료에 널리 쓰이는 강력한 항암제이다. 이 약은 에스트로젠(Estrogen) 수용체에 결합하여 에스트로젠을 필요로 하는 유방암의 성장을 멈추게 한다. 타목시펜을 합성하는 1가지 방법은 중간체인 엔올 음이온을 이용하여 카보닐기의 α 탄소에 새로운 C–C 결합(Z 이성질체)을 만드는 것이다. 타목시펜은 놀바덱스(Nolvadex)라는 상표로 1970년대부터 판매되고 있다.

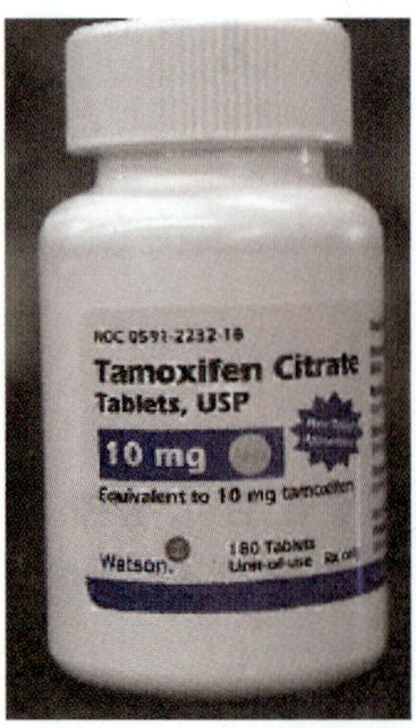

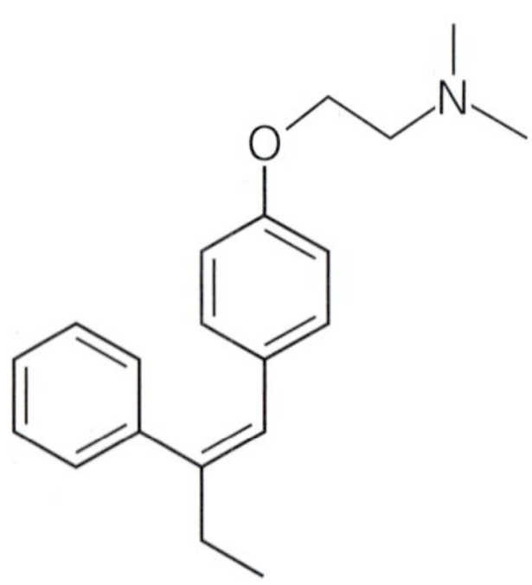

타목시펜

그림 16.10 타목시펜

(11) 항종양제(일루딘-S)

노란색을 띠는 호박등(Jack-O′-Lantern) 버섯에서 분리한 항종양제인 일루딘-S(Illudin-S)의 합성이 가능하다. 즉 항종양제인 일루딘-S가 호박등 버섯에 들어 있다.

그림 16.11 호박등 버섯

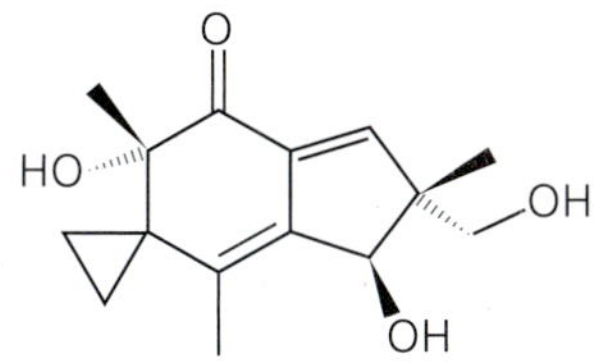

일루딘-S

(12) 알츠하이머형 치매 치료제(도네페질)

도네페질 [Donepezil, 상품명:아리셉트(Aricept)]은 치매와 알츠하이머병으로 고통을 받는 환자들의 인식 기능을 개선시켜 주는 약품이다.

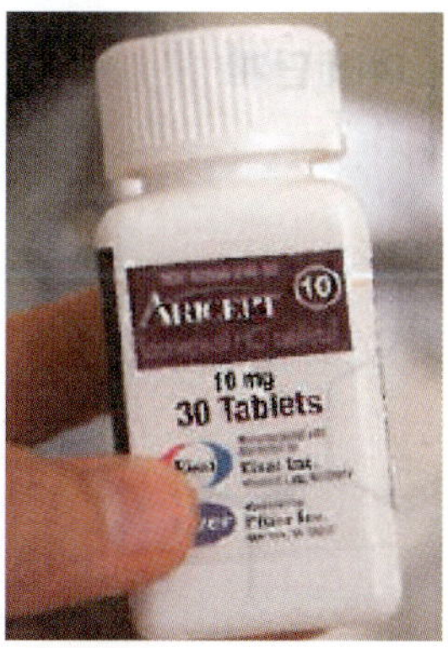

그림 16.12 도네페질

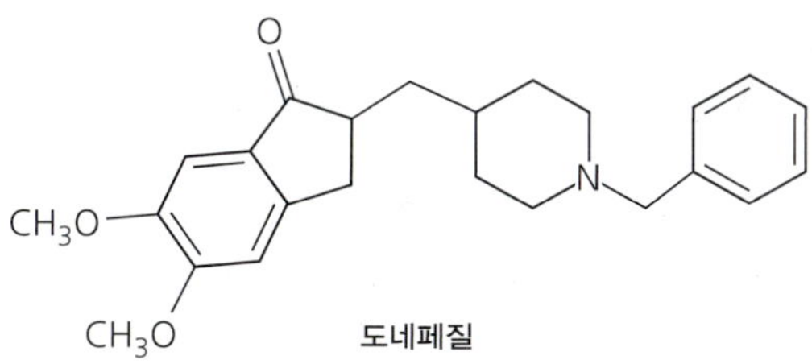

도네페질

(13) 골관절염 치료제(글루코사민)

글루코사민(Glucosamine)이 함유된 식이 보충제는 골관절염 환자에게 사용된다. 아세틸 CoA(조효소 아세틸화, Coenzyme Acetylation)에 의한 글루코사민의 아세틸화(Ac: CH_3COO-)는 NAG로 약칭되는 N-아세틸-D-글루코사민을 생성한다.

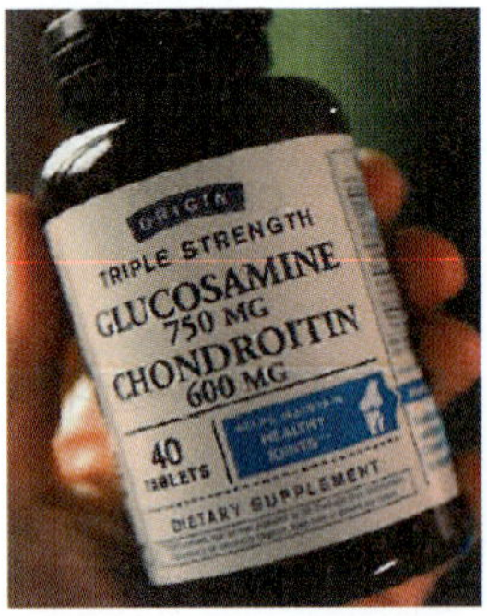

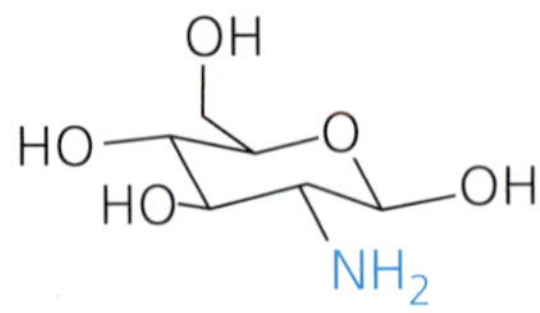

D-글루코사민

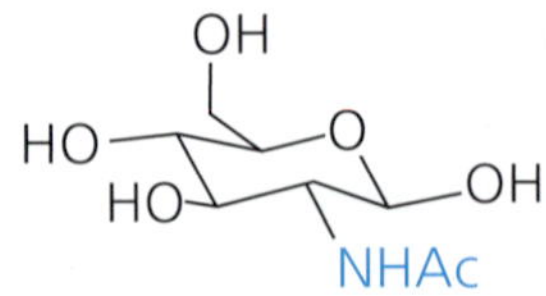

NAG (*N*-아세틸-D-글루코사민)

그림 16.13 글루코사민

(14) 말라리아 치료제(클로로퀸)

1945년 이래로 클로로퀸(Chloroquine)은 학질 모기에 의해 전파되는 원생동물 기생충이 원인이 되는 감염증인 말라리아(Malaria)를 치료하는데 사용되었다.

그림 16.14 학질 모기

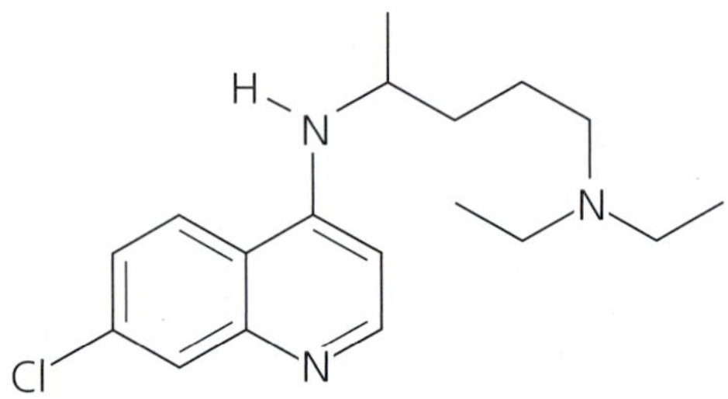

클로로퀸

(15) 알츠하이머 치료제(가수벨린 A)

가수벨린(Garsubellin) A는 알츠하이머(Alzheimer) 같은 신경퇴행성 질환의 치료에 사용할 수 있는 약이 될 수도 있다. 이것은 일본 오키나와에서 자라는 복나무(Garcinia Subelliptica)의 목재에서 추출된다.

그림 16.15 일본 오키나와 복나무

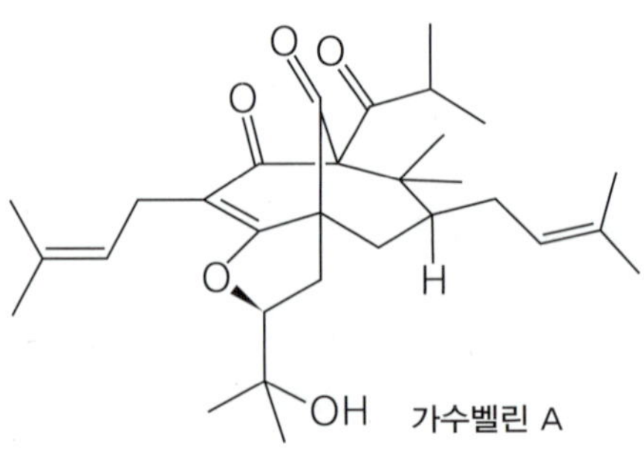

가수벨린 A

부록

1. 작용기 (Functional Groups)
2. 원소 주기율표
3. 찾아보기

부록

1. 작용기 (Functional Groups)

(1) 일반 탄화수소

명칭	그룹	화학식	구조식	접두어	접미어	예
Alkane	Alkyl	$R(CH_2)_nH$		alkyl−	−ane	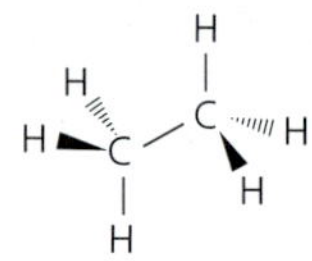 Ethane
Alkene	Alkenyl	$R_2C{=}CR_2$	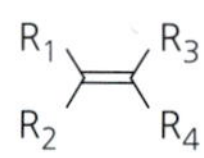	alkenyl−	−ene	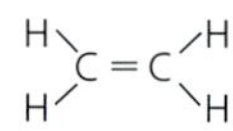 Ethylene (Ethene)
Alkyne	Alkynyl	$RC{\equiv}CR'$	$R-C{\equiv}C-R'$	alkynyl−	−yne	$H-C{\equiv}C-H$ Acetylene (Ethyne)
Benzene derivative	Phenyl	RC_6H_5 RPh	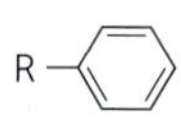	phenyl−	−benzene	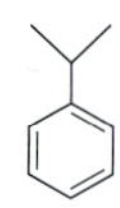 Cumene (2−phenylpropane)

(2) 할로젠 포함

명칭	그룹	화학식	구조식	접두어	접미어	예
Haloalkane	Halo	RX	R−X	halo−	Alkyl halide	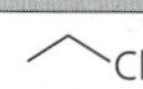 Chloroethane (Ethyl chloride)

(3) 산소 포함

명칭	그룹	화학식	구조식	접두어	접미어	예
Alcohol	Hydroxyl	ROH	$R-O-H$	hydroxy−	−ol	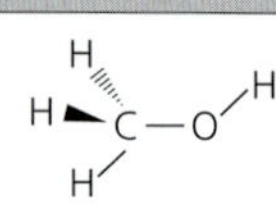 Methanol

Ketone	Carbonyl	RCOR'	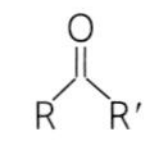	−oyl (−COR') or oxo− (=O)	−one	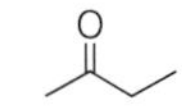 Butanone (Methyl ethyl ketone)
Aldehyde	Aldehyde	RCHO	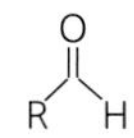	formyl (−COH) or oxo− (=O)	−al	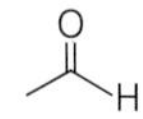 Acetaldehyde (Ethanal)
Acyl halide	Haloformyl	RCOX	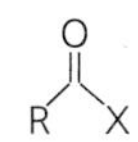	carbonofluoridoyl− carbonochloridoyl− carbonobromidoyl− carbonoiodidoyl−	−oylhalide	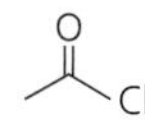 Acetyl chloride (Ethanoyl chloride)
Carbonate	Carbonate ester	ROCOOR	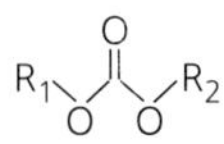	(alkoxycarbonyl) oxy−	akyl carbonate	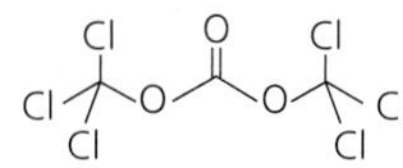 Triphosgene (bis (trichloromethyl) carbonate)
Carboxylate	Carboxylate	$RCOO^-$	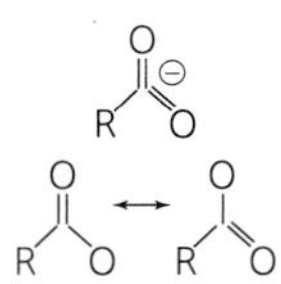	carboxy−	−oate	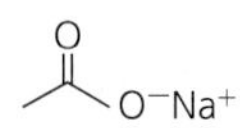 Sodium acetate (Sodium ethanoate)
Carboxylic acid	Carboxyl	RCOOH	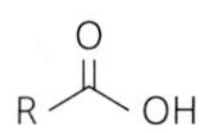	carboxy−	−oic acid	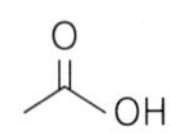 Acetic acid (Ethanoic acid)
Ester	Ester	RCOOR'	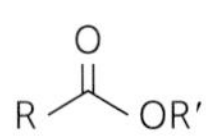	alkanoyloxy− or alkoxycarbonyl−	alkyl alkanoate	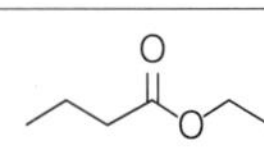 Ethyl butyrate (Ethyl butanoate)
Methoxy	Methoxy	$ROCH_3$	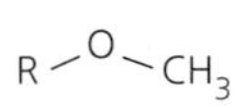	methoxy−	−	−
Hydroperoxide	Hydroperoxy	ROOH	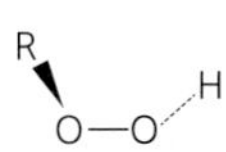	hydroperoxy−	alkyl hydroperoxide	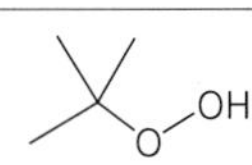 tert−Butyt hydroperoxide
Peroxide	Peroxy	ROOR'	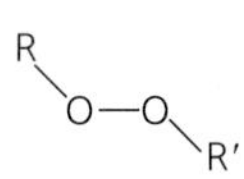	peroxy−	alkyl peroxide	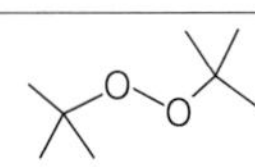 Di−tert−butyl peroxide
Ether	Ether	ROR'	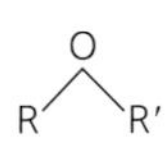	alkoxy−	alkyl ether	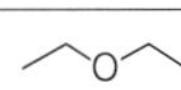 Diethyl ether (Ethoxyethane)

Acetal	Acetal	RCH(OR')(OR")	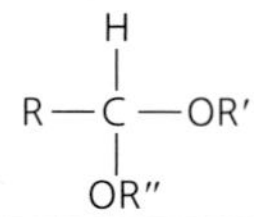	dialkoxy–	–al dialkyl acetal	–

(4) 질소 포함

명칭	그룹	화학식	구조식	접두어	접미어	예
Amide	Carboxamide	$RCONR_2$	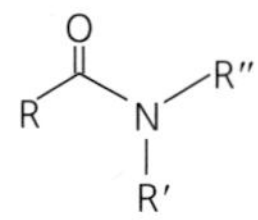	carboxamido– or carbamoyl–		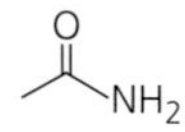 Acetamide (Ethanamide)
Amines	Primary amine	RNH_2	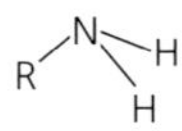	amino–	–amine	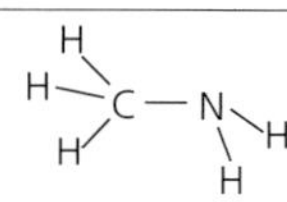 Methylamine (Methanamine)
	Secondary amine	R_2NH	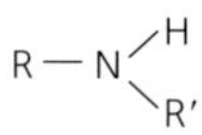	amino–	–amine	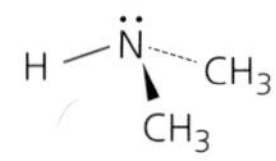 Dimethylamine
	Tertiary amine	R_3N	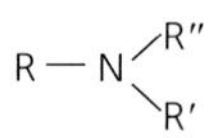	amino–	–amine	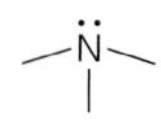 Trimethylamine
	4° ammoniumion ion	R_4N^+	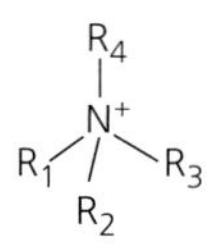	ammonio–	–ammonium	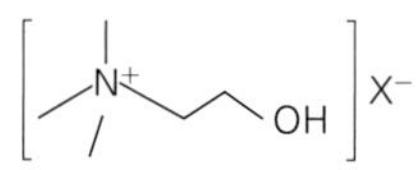 Choline
Imide	Imide	$(RCO)_2NR'$	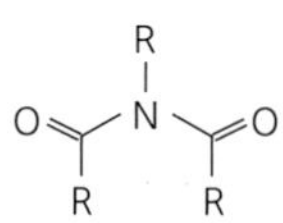	imido–	–imide	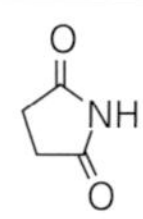 Succinimide (Pyrrolidine–2,5–dione)
Azo compound	Azo (Diimide)	RN_2R'	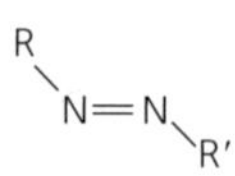	azo–	–diazene	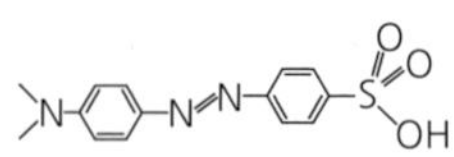 Methyl orange (p–dimethylamino–azobenzensulfonic acid)

명칭	그룹	화학식	구조식	접두어	접미어	예
Cyanates	Cyanate	ROCN	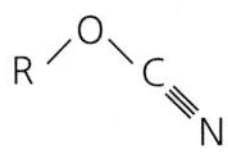	cyanato−	alkyl cyanate	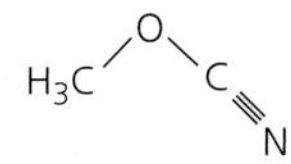 Methyl cyanate
	Isocyanate	RNCO	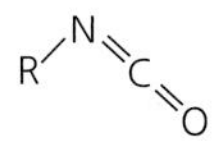	isocyanato−	alkyl isocyanate	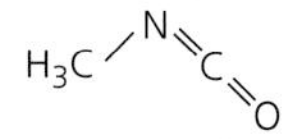 Methyl isocyanate
Nitrate	Nitrate	$RONO_2$	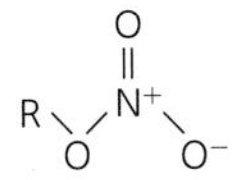	nitrooxy− nitroxy−	alkyl nitrate	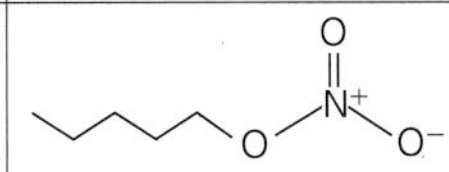 Amyl nitrate (f−nirooxypentane)

명칭	그룹	화학식	구조식	접두어	접미어	예
Nitrite	Nitrile	RCN	R—≡N	cyano−	alkanenitrile alkyl cyanide	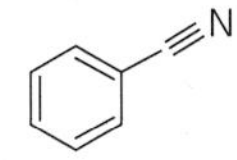 Benzonitrile (Phenyl cyanide)
	Isonitrile	RNC	$R—N^+≡C^-$	isocyano−	alkaneisonitrile alkyl isocyanide	$H_3C—N^+≡C^-$ Methyl isocyanide
Nitrite	Nitrosooxy	RONO	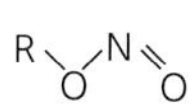	nitrosooxy−	alkyl nitrite	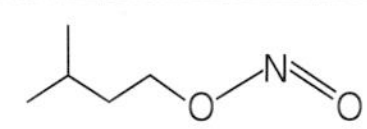 Isoamyl nitrite (3−methyl−1−nitrosooxy butane)
Nitro compound	Nitro	RNO_2	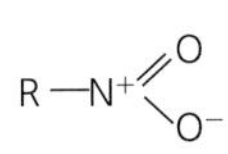	nitro−	−	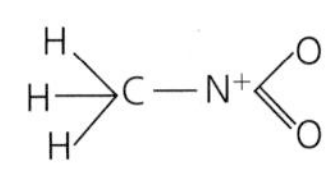 Nitromethane
Pyridine derivative	Pyridyl	RC_5H_4N	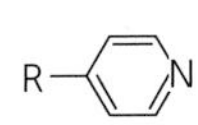 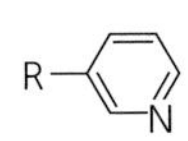 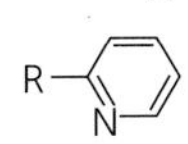	4−pyridyl (pyridin−4−yl) 3−pyridyl (pyridin−3−yl) 2−pyridyl (pyridin−2−yl)	−pyridine	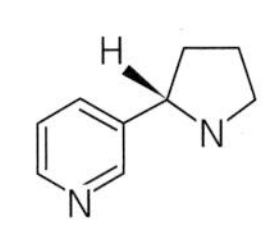 Nicotine

(5) 황 포함

명칭	그룹	화학식	구조식	접두어	접미어	예
Thiol	Sulfanydryl	RSH	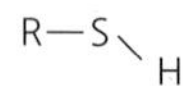	sulfanydryl– (–SH)	–thiol	 Ethanethiol
Sulfide (Thioether)	Sulfide	RSR'		substitunent sulfanyl– (–SR')	di(Substituent) sulfide	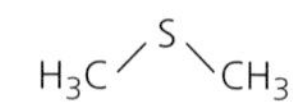 (Methylsulfanyl) methane(prefix) or Dimethyl sulfide (suffix)
Disulfide	Disulfide	RSSR'	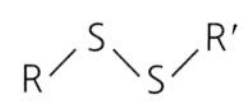	substituent sulfanyl– (–SSR')	di(Substituent) disulfide	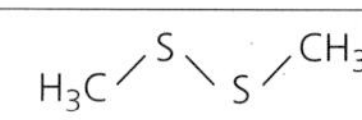 (Methylsulfanyl) methane(prefix) or Dimethyl dislfide (suffix)
Sulfone	Sulfonyl	RSO_2R'	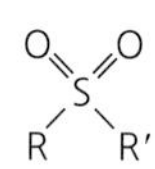	–sulfonyl ($-SO_2R'$)	di(substituent) sulfone	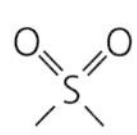 (Methanesulfanyl) methane(prefix) or Dimethyl sulfone (suffix)
Sulfinic acid	Sulfino	RSO_2H	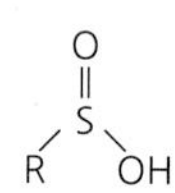	sulfino– ($-SO_2H$)	–sulfinic acid	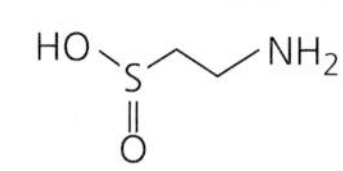 2–Aminoethanesulfinic acid
Sulfonic acid	Sulfo	RSO_3H	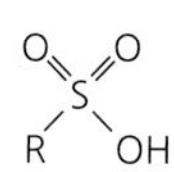	sulfo– ($-SO_3H$)	–sulfonic acid	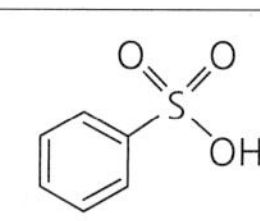 Benzenesulfonic acid

Thiocyanate	Thiocyanate	RSCN	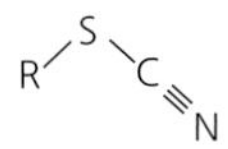	thiocyanato– (–SCN)	Substituent thiocyanate	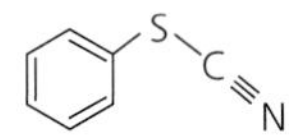 Phenyl thiocyanate
	Isothiocyanate	RNCS	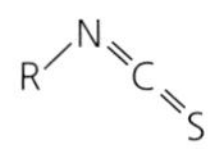	isothiocyanato– (–NCS)	Substituent isothiocyanate	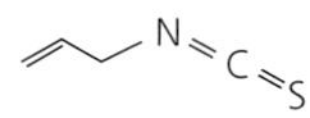 Allyl isothiocyanate
Thione	Carbonothioyl	RCSR'	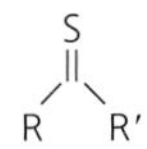	–thioyl– (–CSR') or sulfanylidene– (= S)	–thione	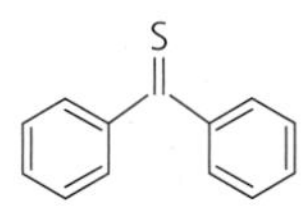 Diphenylmethanethione (Thiobenzophenone)
Thial	Carbonothioyl	RCSH	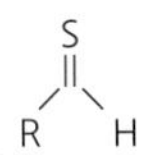	methanethioyl– (–CSH) or sulfanylidene– (= S)	–thial	–

(6) 인 포함

명칭	그룹	화학식	구조식	접두어	접미어	예
Phosphate	Phosphate	ROP (= O) $(OH)_2$	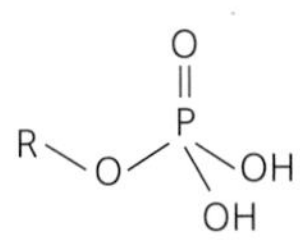	phosphonooxy– or O–phosphono– (phospho–)	substituent phosphate	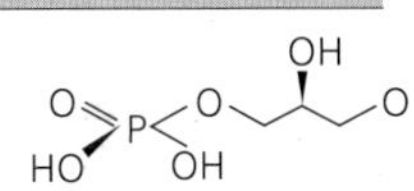 Glyceraldehyde 3–phosphate (suflix) 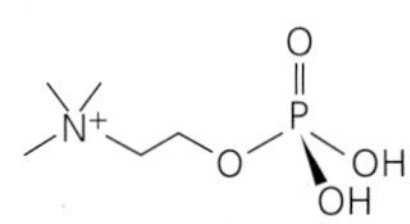 O–Phosphonocholine (prefix) (Phosphocholine)
Phosphodiester	Phosphate	HOPO $(OR)_2$	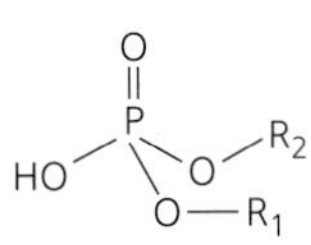	[(alkoxy) hydroxyphosphoryl] oxy– or o–[(alkoxy)hydroxyp hosphoryl]	di(substituent) hydrogen phosphate or phosphoric acid di (substituent) ester	DNA o–[(2–Guanidinoethoxy) hydroxyphosphoryl] –L–Serine(prefix) (Lombricine)

2. 원소 주기율표

2. 원소 주기율표 (Periodic Table of the Elements)

원소기호 — C 6 — 원자번호
원소명 — Carbon 탄소
원자량 — 12.011

족 (Group) / 주기 (Period)

전이 원소 (Transition Elements): 3–12

주기 (Period)	1 (IA)	2 (IIA)	3 (IIIB)	4 (IVB)	5 (VB)	6 (VIB)	7 (VIIB)	8	9 (VIIIB)	10	11 (IB)	12 (IIB)	13 (IIIA)	14 (IVA)	15 (VA)	16 (VIA)	17 (VIIA)	18 (VIIIA)
1	H 1 Hydrogen 수소 1.0078																	He 2 Helium 헬륨 4.0026
2	Li 3 Lithium 리튬 6.941	Be 4 Beryllium 베릴륨 9.0122											B 5 Boron 붕소 10.811	C 6 Carbon 탄소 12.011	N 7 Nitrogen 질소 14.0067	O 8 Oxygen 산소 15.9994	F 9 Fluorine 플루오린 18.9984	Ne 10 Neon 네온 20.1797
3	Na 11 Sodium 소듐 (나트륨) 22.9898	Mg 12 Magnesium 마그네슘 24.305											Al 13 Aluminium 알루미늄 26.9815	Si 14 Silicon 규소 28.0855	P 15 Phosphorus 인 30.9738	S 16 Sulfur 황 32.0650	Cl 17 Chlorine 염소 35.4533	Ar 18 Argon 아르곤 39.948
4	K 19 Potassium 포타슘 (칼륨) 39.0983	Ca 20 Calcium 칼슘 40.078	Sc 21 Scandium 스칸듐 44.9559	Ti 22 Titanium 타이타늄 47.867	V 23 Vanadium 바나듐 50.9415	Cr 24 Chromium 크로뮴 51.9961	Mn 25 Manganese 망가니즈 54.938	Fe 26 Iron 철 55.845	Co 27 Cobalt 코발트 58.9332	Ni 28 Nickel 니켈 58.6934	Cu 29 Copper 구리 63.546	Zn 30 Zinc 아연 65.409	Ga 31 Gallium 갈륨 69.723	Ge 32 Germanium 저마늄 72.64	As 33 Arsenic 비소 74.9216	Se 34 Selenium 셀레늄 78.96	Br 35 Bromine 브로민 79.904	Kr 36 Krypton 크립톤 83.798
5	Rb 37 Rubidium 루비듐 85.4678	Sr 38 Strontium 스트론튬 87.62	Y 39 Yttrium 이트륨 88.9059	Zr 40 Zirconium 지르코늄 91.224	Nb 41 Niobium 나이오븀 92.9064	Mo 42 Molybdenum 몰리브데넘 95.94	Tc 43 Technetium 테크네튬 98.9063	Ru 44 Ruthenium 루테늄 101.07	Rh 45 Rhodium 로듐 102.9055	Pd 46 Palladium 팔라듐 106.42	Ag 47 Silver 은 107.8682	Cd 48 Cadmium 카드뮴 112.411	In 49 Indium 인듐 114.818	Sn 50 Tin 주석 118.71	Sb 51 Antimony 안티모니 121.76	Te 52 Tellurium 텔루륨 127.6	I 53 Iodine 아이오딘 126.9045	Xe 54 Xenon 제논 131.293
6	Cs 55 Cesium 세슘 132.9055	Ba 56 Barium 바륨 137.327	*	Hf 72 Hafnium 하프늄 178.49	Ta 73 Tantalum 탄탈럼 180.9479	W 74 Tungsten 텅스텐 183.84	Re 75 Rhenium 레늄 186.207	Os 76 Osmium 오스뮴 190.23	Ir 77 Iridium 이리듐 192.217	Pt 78 Platinum 백금 195.078	Au 79 Gold 금 196.9666	Hg 80 Mercury 수은 200.59	Tl 81 Thallium 탈륨 204.3833	Pb 82 Lead 납 207.2	Bi 83 Bismuth 비스무트 208.9804	Po 84 Polonium 폴로늄 208.9824	At 85 Astatine 아스타틴 209.9871	Rn 86 Radon 라돈 222.0176
7	Fr 87 Francium 프랑슘 223.0197	Ra 88 Radium 라듐 226.0254		Rf 104 Rutherfordium 러더포듐 261.1088	Db 105 Dubnium 더브늄 262.1142	Sg 106 Seaborgium 시보귬 266.1219	Bh 107 Bohrium 보륨 264.1247	Hs 108 Hassium 하슘 269.13	Mt 109 Meitnerium 마이트너륨 268.1388	Ds 110 Darmstadtium 다름슈타튬 271.15	Rg 111 Roentgenium 뢴트게늄 272.1535	Cn 112 Copernicium 코페르니슘 (277)	Nh 113 Nihonium 니호늄	Fl 114 Flerovium 플레로븀	Mc 115 Moscovium 모스코븀	Lv 116 Livermorium 리버모륨	Ts 117 Tennessine 테네신	Og 118 Oganesson 오가네손

* 내부 전이 원소 (Inner Transition Elements)

란타넘족 6 (Lanthanides)	La 57 Lanthanum 란타넘 138.9055	Ce 58 Cerium 세륨 140.116	Pr 59 Praseodymium 프라세오디뮴 140.9077	Nd 60 Neodymium 네오디뮴 144.24	Pm 61 Promethium 프로메튬 146.9151	Sm 62 Samarium 사마륨 150.36	Eu 63 Europium 유로퓸 151.964	Gd 64 Gadolinium 가돌리늄 157.25	Tb 65 Terbium 터븀 22.9898	Dy 66 Dysprosium 디스프로슘 162.5	Ho 67 Holmium 홀뮴 164.93	Er 68 Erbium 어븀 167.259	Tm 69 Thulium 툴륨 168.9342	Yb 70 Ytterbium 이터븀 173.04	Lu 71 Lutetium 루테튬 174.967
악티늄족 7 (Actinides)	Ac 89 Actinium 악티늄 227.0278	Th 90 Thorium 토륨 232.0381	Pa 91 Protactinium 프로트악티늄 231.0359	U 92 Uranium 우라늄 238.0289	Np 93 Neptunium 넵투늄 237.0482	Pu 94 Plutonium 플루토늄 244.0642	Am 95 Americium 아메리슘 243.0614	Cm 96 Curium 퀴륨 247.0703	Bk 97 Berkelium 버클륨 247.0703	Cf 98 Californium 칼리포늄 251.0796	Es 99 Einsteinium 아인슈타이늄 252.083	Fm 100 Fermium 페르뮴 257.0951	Md 101 Mendelevium 멘델레븀 258.0984	No 102 Nobelium 노벨륨 259.101	Lr 103 Lawrencium 로렌슘 262.1097

금속 (Metal)
준금속 (Semimetal)
비금속 (Nonmetal)

● 고체(Solid)
● 기체(Gas)
● 액체(Liquid)

3. 찾아보기

ㄱ

ㄴ

ㄷ

ㄹ

ㅁ

ㅂ

ㅅ

ㅇ

ㅈ

ㅊ

ㅋ

ㅌ

ㅍ

ㅎ

A

B

C

D

E

F

G

H

J

K

L

M

N

P

R

S

V

W

기호

번호

저자 소개

저 자: 장 구 수 공학박사

- GS Caltex 근무
- 미국 GTC Technology 근무
- 국립한경대학교 일반대학원 화학공학과 시간강사
- 국립한경대학교 화학공학과 겸임교수
- (현) 수원대학교 화학공학과 객원교수
- (현) 인도 HPCL 국영정유사 기술고문

저 서:

≪Fired Heater Theory and Practice (English)≫
- Book Lab (2018.2.28)

≪석유화학공학≫
- 도서출판 동화기술 (2019.3.10)

≪대기오염 및 처리기술≫
- 도서출판 동화기술 (2019.9.10)

≪고분자공학≫
- 도서출판 동화기술 (2020.3.10)

유기화학

초판인쇄 I 2023년 6월 15일
초판발행 I 2023년 6월 22일

저　　자 I 장구수
발 행 인 I 이성범
발 행 처 I 문운당
주　　소 I 서울시 종로구 혜화로5길 16(명륜1가 45-3)
전　　화 I (02)762-6010
팩　　스 I 영업 (02)745-0265 / 편집 02)762-8758
이 메 일 I 영업 munun2@chol.com
편집 munundang@naver.com
홈페이지 I http://munundang.co.kr

ISBN 979-11-5692-669-6 93430

정가 60,000원